제5판

Power Tools를 활용한

# 전력계통해석 및 최적설계기술

기술사 **손이조** 저

문운당

# 머 리 말

전력계통해석은 전력계통을 구성하는 전력공급설비와 전력사용설비의 전기적 데이터를 이용하여 전력계통에서 발생할 수 있는 이상 현상을 시뮬레이션 하여 얻은 결과를 기초로 정적 또는 동적특성을 분석하여 최적의 전력계통이 구성될 수 있도록 수행하는 기술검토라고 할 수 있습니다.

전기에너지는 다른 에너지에 비하여 사용하기 편리하고, 환경공해를 발생하지 않으며, 에너지의 운반 및 다른 에너지로의 전환이 용이한 점 등 장점이 많이 있습니다. 이러한 장점으로 인하여 모든 산업분야에서 전기에너지의 수요가 지속적으로 증가하고 있는 추세입니다. 전기에너지는 우리의 경제활동 및 일상생활에서의 필요성은 실로 막대하다고 할 수 있습니다. 모든 산업현장에서의 전기설비들은 전기에너지의 공급으로 운영되고 있으며, 많은 부분이 자동화·전자화되어 감에 따라 현대 사회에서 없어서는 안 될 필수 에너지입니다. 또한 가정에서도 전기가 없으면 불편함이 커서 잠시라도 지내기 힘들게 됩니다.

전기에너지를 생산하여 소비에 이르기까지 전력계통은 많은 발전소, 변전소, 송·배전선로, 분산전원설비, 병렬운전 발전기, 부하설비 등 다양한 전기설비들이 일체로 구성되어 전력의 발생 및 소비가 이루어지는 시스템이라고 할 수 있습니다. 이와 같은 전력계통은 안정성과 신뢰성이 요구되므로 전압과 주파수를 일정하게 유지하여야 하며, 정전을 최소화 할 수 있도록 고려하여야 하며, 고품질의 전력이 공급될 수 있도록 계통구성이 되어야 하여야 합니다. 아울러 초기투자와 운전비의 절감을 고려하여 충분히 경제성이 있도록 계획, 설계, 시공 및 운전이 되어야 합니다.

전력계통은 외적, 내적요인 등으로 인하여 전기적 사고가 지속적으로 발생하고 있습니다. 이러한 전기적 고장으로 인하여 전력공급에 지장을 초래하는 정전이 발생하면, 이에 따른 생산차질이 발생합니다. 특히 최근 산업설비에서는 반도체 소자로 된 자동화 전자설비의 채택이 급속도로 증가하고 있습니다. 이러한 설비들은 순시전압강하, 전압불평형, 순간정전, 고조파, 노이즈, 써어지 등 전력품질에 민감하게 반응하여 이들 기기의 오동작으로 인하여 생산공정의 일부가 정지되어 피해를 발생하는 일이 있습니다. 따라서 전력계통의 신뢰성, 안정성, 전력품질, 및 경제성을 고려한 최적의 전력계통을 구성하기 위해서는 전력계통해석을 필요로 하며, 이에 대한 해석분야는 다음과 같이 다양합니다.

· 단락고장전류해석(Short Circuit Fault Current Calculation)
· 전력조류해석(Load Flow Analysis)
· 최대수요전력해석(Demand Load Studies)
· 변압기 및 케이블의 적정용량해석(Feeder & Transformer Sizing Studies)
· 보호협조해석(Protective Device Coordination Studies)
· 전동기 기동해석(Transient Motor Starting Analysis)
· 고조파해석(Harmonic Analysis)
· 과도안정도해석(Transient Stability Analysis)
· 부하차단해석(Load Shedding Analysis)
· 접지망 분석(Ground Mat Studies)
· 아크플래시 평가(Arc Flash Evaluation)

상기와 같은 각 분야별의 해석결과를 설계에 반영하려면 종래에는 계통이 단순하여 충분히 계산하여 적용할 수 있었지만 최근에는 계통용량이 증대하고, 계통구성이 복잡해져서 많은 시간과 노력을 필요로 합니다. 최근 컴퓨터에 의한 계통해석 프로그램이 개발되어 보다 용이하게 계통분석을 하여 설계에 반영할 수 있지만 프로그램을 처음 접하는 전기기술자는 이를 활용하여 설계에 반영하기에는 아직 어려운 일입니다. 저자는 지난 이십여 년간 설계, 감리, 안전관리 및 전력계통해석 분야에 종사하는 전기기술자를 대상으로 한 컴퓨터 프로그램인 SKM Power Tools for Windows를 이용한 강의 경력과 국내외 다양한 Project 수행경험을 바탕으로 하여 전력계통해석 분야에 쉽게 접근할 수 있도록 각 해석분야별로 상세한 기초이론기술과 Power Tools를 활용한 해석방법 등에 대하여 상세한 설명과 도해를 본 도서에서 제공하여 쉽게 이해할 수 있도록 하였습니다. 본 도서가 전기기술자 여러분의 계통해석 및 기술능력 향상에 도움이 될 수 있도록 최선의 노력을 기울였다고 생각하나, 탈고하고 보니 미흡한 점이 한 두 가지가 아닙니다. 이러한 점은 시간을 두고 연구, 분석 및 검토를 거쳐 차후 수정 및 보완할 것을 약속드립니다.

끝으로, 본서의 출판을 위하여 도움을 주신 (주)엠케이파워텍 백민규 대표님과 문운당의 대표님 이하 모든 직원들께 감사를 드립니다.

저자 손 이 조 씀

# 차 례

CONTENTS

CONTENTS

CONTENTS

# 1장 Power System Analysis 개요

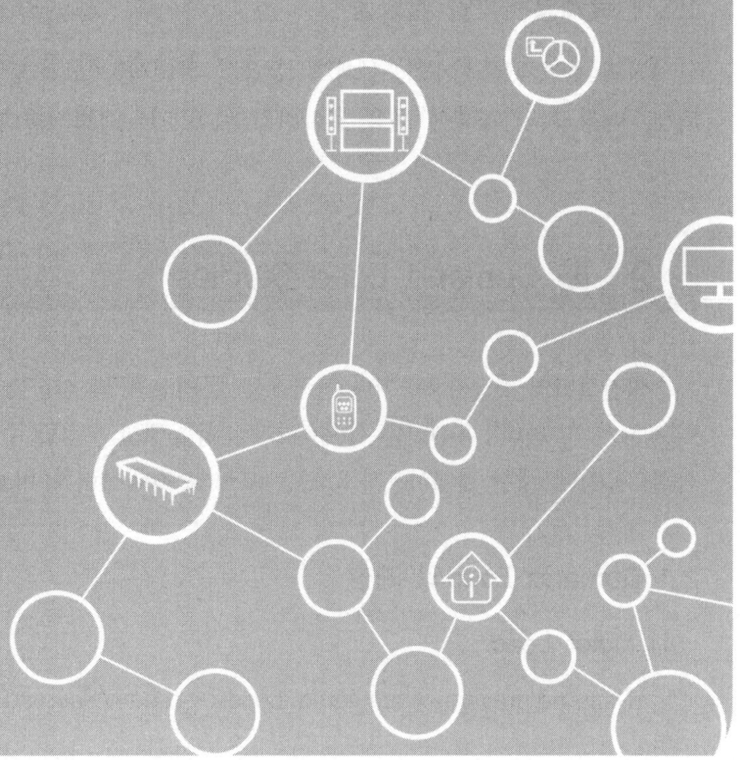

# 1 Power System Analysis 개요

전력계통은 다양한 전력설비들이 유기적으로 결합되어 운용되고 있는 시스템이다. 이러한 전력계통은 규정된 전압과 주파수를 유지하여 양질의 전력을 공급하여야 하며, 충분한 경제성을 유지하며, 정전을 최소화하는 공급신뢰성이 보장되도록 설계, 설치, 운용이 되어야 한다. 전력계통해석은 전력계통의 구성 요소인 발전소, 송배전선로, 변전소, 배전설비, 수용설비 등에 대한 데이터를 이용하여 전력계통 또는 전력설비의 정적 또는 동적인 특성을 해석 및 분석하고, 전력계통의 이상 현상에 대한 전력계통 구성 및 운용의 최적화 방안을 찾아내며, 전력설비를 감시 보호하는 보호계전기의 최적 정정치 도출 등을 목적으로 신규 전력계통의 설계 또는 전력계통의 수정 또는 변경단계에서 수행하는 기술검토라고 할 수 있다.

## 1.1 전력품질 저하 요인

필요한 신뢰도와 안정도 상태 하에서 적정 전력품질 유지가 가능하도록 하여야 하며, 전력품질 저하 요인으로는 전기적 사고(3상단락, 선간단락, 1선지락, 2선지락), 뇌격, 순시전압강하, 플리커, 이상전압, 전압변동, 불평형 및 고조파 등이 있다.

## 1.2 전력품질 저하로 인한 전력장애

정전의 발생, 순간전압의 동요, 고조파에 의한 교란으로 전자설비의 오동작, 주파수 변동, 전압 변동, 전압 불평형 등이 발생한다.

## 1.3 전력계통해석의 필요성

최적의 전력계통의 계획, 설계 및 운용을 위해서는 초기 단계부터 평가, 계통의 장래성, 계통의 신뢰성, 안정성 및 경제성 등을 조사하기 위한 기술검토, 즉 전력계통해석이 필요하다.

# 2 Demand Load Studies

수변전설비의 변압기용량이나 전력간선, 분기선 등의 적정한 단면적을 선정하기 위하여 최대수용전력이 필요하다. 최대수용전력은 설비용량과 수용률에서 추정할 수 있다. 수용률은 수용장소에 설치된 총부하설비용량에 대한 실제사용하고 있는 부하의 최대전력의 비율을 나타낸 것이다.

## 2.1 Demand Load의 계산

### 1) Motor Load

Demand Load = Connected Load × Load Factor(Default LF=1.0)

### 2) Non-Motor Load

① Energy Audit Load(Default)

Demand Load = Connected Load × Load Factor(Default LF=1.0)

② Demand Library Load

부하의 종류에 따라 Category에서 가장 적합한 부하 형태를 선택한다.

Demand Load = Connected Load × Multi Level Demand Factor

## 2.2 Design Load의 계산

### 1) Design load의 계산식

Design load = Demand Load × Design Factor

### 2) Motor Load의 Design factor

① Largest Motor : 1.25(Default)

② Remaining Motor : 1.0(Default)

### 3) Non-Motor Load의 Design factor

① Energy Audit Load : 1.0(Default)

② Demand Library Load : 부하의 종류에 따라 Category에서 선택

# 3 Feeder & Transformer Sizing Studies

Demand Load와 Design Load에 근거하여 Cable의 단면적과 Transformer의 용량을 계산하여 Library의 Data 중에서 가장 적합한 것을 적용한다.

1) Cable의 허용전압강하 5%(Default) 고려

2) Cable의 허용전류

분기회로 : 전동기 정격전류 × 125%, 기타부하전류 × 100%

간 선 : 최대용량전동기 정격전류 × 125% + 기타부하전류 × 100%

3) 주위온도에 의한 Derating Factor(감소계수) 고려

# 4 Load Flow Analysis

전력조류계산은 전력계통의 전력발생에서 소비에 이르기까지 각 전력설비의 전압이나 전류분포가 어떻게 되는 것인가를 계산하는 것이다. 따라서 운전 가능한 여러 가지 전력계통 구성형태를 고려하여 전력계통 계획 및 운용 시 전력조류가 각 전력설비의 안전운전 허용범위인가와 각 모선전압이 규정범위 이내인가를 검토할 수 있게 한다.

### 4.1 전력조류 분석 내용

전력 생산에서 소비에 이르기까지 각 모선 및 각 전력설비의 전압, 전류 및 유효, 무효전력을 계산한다.

### 4.2 계산결과의 이용

1) 최적의 안정된 전력계통 구성 및 운영방안
2) 적정 전압조건을 위한 최적 탭 선정
3) 과부하조사 및 해소대책 수립
4) 역률개선을 위한 전력콘덴서의 적정위치와 용량을 결정
5) 전력설비 용량 결정 및 전동기 기동 검토
6) 안정도해석 및 고조파해석 입력자료로 활용

## 5 Comprehensive Short Circuit Studies

고장전류계산은 전력계통에서 단락고장 및 지락고장이 발생할 경우 각 전력설비에 나타나는 전압, 전류 및 고장전력을 계산하여 최적의 전력계통 운용이 가능하도록 각 전력설비의 전기적, 기계적, 열적강도가 고려된 전력계통을 구성하는 것이다.

### 5.1 분석 내용

전력계통에서 발생하는 단락 및 지락고장시 각 모선 및 전력설비에 나타나는 전압, 전류 및 유효 · 무효전력을 계산한다.

### 5.2 분석결과 적용

1) 차단기의 차단용량 선정
2) 차단기를 포함한 전력설비의 기계적 · 열적강도 선정
3) 보호계전방식의 선정 및 보호계전기정정
4) 순시전압강하 검토
5) 통신유도장애의 검토
6) 유효접지조건 및 주변압기 중성점 운영방식 검토
7) 고장전류 억제대책 수립

## 6 ANSI/IEEE Fault Short Circuit Studies

단락고장전류 계산방법은 크게 미국의 ANSI/IEEE 방법과 유럽 표준의 IEC 방법으로 나뉘며, 이 두 가지 방법이 산업계에서 주로 사용된다. 단락전류계산의 목적은 전기기기, 주로 차단기가 단락전류에 견디는가를 확인하기 위한 단락용량을 계산하며, 보호계전기의 정정치가 단락전류에 동작하는지 여부를 판단하기 위하여 사용된다.

1) 원격전원과 근접전원의 구분(교류감쇠를 고려한다)
2) 세 가지 Impedance Network(Momentary, Interrupting, Steady State)
3) ANSI Multiplying Factor

A_FAULT Study는 American National Standards Institute(ANSI) C37.010, C37.5, C37.13 그리고 IEEE Std 141 표준을 따른다.

## 7 IEC 60909 Short Circuit Studies

이 표준은 주파수 50 Hz 또는 60 Hz, 공칭전압 240 kV까지의 교류계통에서 단락전류계산과 기기정격을 선정하는데 사용된다. 이 표준은 3상단락, 1선지락, 선간단락 및 2선지락의 경우에 적용한다. KS C IEC 60909와 관련 표준은 단락전류 크기와 발전기로부터의 거리가 멀다(far), 가깝다(near)에 따라 구분된다. 최대고장전류는 보호계전기 정정시 보호계전기의 감도결정에 사용된다. 발전기의 근접 또는 원격 분류는 계산에서 교류성분 감소를 모델링하느냐 않느냐 여부에 따라 결정한다.

1) 최대고장전류와 최소고장전류로 구분하여 계산하다.
   (Voltage Factor 적용, 선로저항의 온도 보정, 전동기의 기여전류 고려)
2) 원격전원과 근접전원으로 구분하여 계산(교류감쇠를 고려)
3) 근접전원에 의한 고장전류는 교류감쇠계수를 적용(회전기 : $\mu$, 유도기 : q)
4) 변압기, 발전기, 발전 Unit은 임피던스 보정계수를 적용한다.
5) 전력계통을 단일전원, Non-Mesh 계통, Mesh 계통으로 구분한다.

## 8 IEC 61363 Short Circuit Studies

이 표준은 선박용 및 고정식 해양구조물 교류전기설비에서 발생할 수 있는 Non-Mesh 계통의 3상단락전류의 계산에 적용하며 다음의 각 항목을 포함한다.

1) 50 Hz 또는 60 Hz에 사용한다.
2) 계통전압은 KS C IEC 60092-201의 표 2에 명기된 전압이다.

3) 하나 이상의 다른 전압레벨를 갖는 경우
4) 발전장치, 동기전동기, 비동기전동기, 변압기, 리액터, 케이블 및 컨버트
5) 임피던스를 통하여 선체 외판에 연결된 중성점(단락전류 한계값을 선체 외판에 통하도록 설계)
6) 선체 외판으로부터 분리된 중성점

계산방법은 3극 동시에 발생하는 단락전류, 선체의 단락 또는 3상도체의 단락 같은 3상 대칭단락 조건용이다. 비대칭 단락상태로 발생되는 단락전류의 계산은 높은 비반복적인 요인(DC)를 초래하며, 이 표준에서는 고려하지 않는다.

## 9 Single phase & Unbalanced 3 Phase Studies

Single phase & Unbalanced 3 Phase Studies는 다음 Study Module에 대하여 계산 및 분석을 수행한다.

1) Demand Load
2) Feeder and Transformer Sizing
3) Load Flow
4) Short Circuit

## 10 DC System Analysis

DC System의 분석에는 다음 4개의 Study Module이 있으며, 각 Module에 대하여 계산 및 분석을 할 수 있다.

1) Battery Sizing
2) DC Load Flow
3) DC Short Circuit(ANSI)
4) DC Short Circuit(IEC)

## 11 Protective Device Coordination

보호장치는 전력계통을 구성하고 있는 전력설비를 감시하여 절연파괴 등과 같은 고장이 발생하거나 전력계통에 단락 또는 지락고장 등과 같은 이상이 발생하였을 때 이를 검출하여 고장부분을 최단시간내에 계통으로부터 분리함으로써 전력공급 지장을 최소화하고 아울러 전력설비의 손상을 억제하는 기능을 갖는다.

### 11.1 보호계전기 정정

보호계통구성이 적정한가를 검토하고, 각종 보호계전기 정정값이 주보호, 후비보호, 보호계전기간 협조가 되도록 하여 정전범위의 최소화 및 정전시간의 최소화를 기하기 위함이다.

### 11.2 과전류 보호협조

선로에 과전류가 발생하였을 때 전선이나 케이블을 보호하기 위해 도체의 단락시 허용전류값보다 과전류보호기의 동작전류값이 적어야 과전류보호협조가 이루어진다고 할 수 있다.

### 11.3 분석 내용

보호설비의 적정 보호협조를 검토·확인할 수 있도록 보호설비 동작곡선을 TCC(Time Current Curve)에 나타낸다.

1) 각종 계전기 및 차단기의 모델링
2) 전동기 기동특성곡선 산출
3) 변압기의 열적, 기계적 특성곡선 산출
4) 단선도, TCC, TMS Interface

### 11.4 분석 결과 적용

1) 보호시스템 구성 방안 도출
2) 보호계전기 협조
3) 변압기, 케이블 등 적정 규격의 선정

## 12 Low Voltage Overcurrent Protection

과부하 보호장치로서 KS C IEC 60364-4-43에서 규정하는 조건을 만족하여야 하며, 설치점의 추정 단락 전류 차단이 가능하도록 단락 보호기의 통과 에너지가 과부하 보호기를 손상하지 않고 견딜 수 있는 값을 초과하지 않도록 양쪽 보호장치의 특성을 협조시켜야 한다.

### 12.1 과부하에 대한 보호

회로의 과부하 전류에 대해 전선 절연, 회로의 온도상승 허용값과의 협조를 구한 과부하 보호기를 과부하 보호조건(Nominal Current Rule, Tripping Current Rule)에 따라 시설하여야 한다.

### 12.2 단락 보호장치의 특성

다음 조건에 적합한 내용을 규정한다.

1) 단락 보호기의 차단용량 ≥ 설치점 추정 단락 전류일 것(전원측에 설치된 것이 이를 만족하는 경우는 제외한다. 단 해당회로 통과에너지와의 협조를 구할 것).
2) 단락 발생시 회로로 사용하는 전선의 허용 제한 온도를 초과하지 않도록 전류를 차단할 것(5초 이하에서의 단락으로 전선이 제한 온도에 이르는 시간의 계산식을 나타낸다).

## 13 Equipment Evaluation Study

전력계통에 접속된 차단기, 변압기, 케이블 등 전력설비의 고장전류에 대한 과전류강도, 차단기의 차단용량, 부하전류 및 전동기의 기동전류 등에 의한 전압강하, 부하전류에 의한 도체의 전류용량을 설정치와 비교 · 분석하여 적정성 여부를 평가한다.

### 13.1 분석 내용

1) Protective Device의 차단용량이 계통의 고장전류값과 비교하여 적합한지 판정한다.
2) 기기의 정격전류가 실부하전류와 비교하여 적합한지 평가한다.
3) 부하전류에 의한 전압강하가 허용범위 이내인지 평가한다.
4) 입력값의 오류여부를 Check 한다.

### 13.2 분석결과 적용

1) 최적 전력계통 구성 방안 도출
2) 차단기를 포함한 전력설비 정격의 결정
3) 보호계전시스템 구성 및 운영 방안 수립
4) 전력설비 용량을 결정

## 14 Transient Motor Starting

전동기는 기동시 기동전류로 인하여 전압강하가 발생한다. 전력계통에서 대형전동기의 기동시 전압강하로 인하여 기동불능 또는 인접 설비에 나쁜 영향을 미치게 된다. 따라서 대형전동기는 계획단계에서부터 기동상태를 해석하여 대책을 수립하여야 한다. 일반적으로 전력계통에 접속되는 전동기의 용량이 전원용량의 30%이상이 되는 경우에는 기동상태를 검토하여야 한다.

### 14.1 분석 내용

전동기의 기동에서부터 정상운전까지의 전압강하, 토크, 기동전류, 속도, 효율 등을 계산하여 과도현상을 분석한다.

### 14.2 분석결과 적용

1) 전동기 기동시 문제점 검토 및 분석
2) 적정 전동기 기동방안 선정
3) 경제적인 변압기 용량 선정
4) 최적 전력계통 구성방안 도출

## 15 Harmonic Analysis

최근 전력계통에 정지형 전력변환장치의 설치 증가로 인하여 전력계통에 고조파가 발생하여 인접 전력기기 또는 케이블을 열화 시키고 개폐장치 고장을 유발할 뿐 아니라 역률보상용 콘덴서 또는 리액터 소손사고를 일으키는 사례가 증가되고 있다. 따라서 고조파 발생설비가 설치될 경우 고조파분석을 실시하여 고조파 억제대책을 수립하거나 고조파 영향을 최소화 되도록 사전에 적절한 전력계통 구성이 되도록 하여야 한다.

### 15.1 분석 내용

전력계통에서 발생하는 고조파전압, 전류 및 전력을 계산하고, 고조파에 의한 직 · 병렬 공진 가능성을 계산한다.

### 15.2 분석결과 적용

1) 고조파 영향을 분석
2) 고조파 억제 전력계통 구성방안 수립
3) 필터 설계
4) 콘덴서뱅크 이상 고장 분석

## 16 Ground Grid Design

전기설비에 대한 접지의 근본목적은 인체에 대한 감전으로부터의 안전성의 확립과 기기 및 설비의 기능향상이다. 사람이나 동물에 대한 감전의 방지와 전력시설이나 정보 · 통신설비 및 건축물의 재해방지, 전기설비회로의 특성 및 기능의 향상, 이상전압의 발생 억제, 보호계전기의 동작확보, 전로의 대지전압의 저감과 같은 접지효과에 의한 전기적 특성의 향상이나 대지귀로로 이용하는 것도 접지의 주요 목적이다. 저압전로나 빌딩의 전기설비 등의 접지설계와 비교하여 발전소, 변전소, 산업플렌트 등의 접지계는 대규모이고, 따라서 설계요소도 다양하다. 이들 대규모 접지계의 접지목적은 저압전로와 마찬가지로 감전방지, 기기손상방지 등인데 지락고장전류가 크므로 지표면의 전위상승을 억제하려면 소요 접지저항이 매우 작아야 한다. 접지설계방법은 우리나라와 미국간에는 약간의 차이가 있다. 그 중 큰 차이점의 하나는 우리나라에서는 소요 접지저항을 얻기 위한 접지전극설계를 위주로 하지만, 미국은 인체의 보폭전압, 접촉전압, 메시전압 등을 고려한 전위경도 경감대책을 주로 한다는 점이다. 이 장에서는 IEEE Std 80의 변전소 접지안전지침을 기준으로 한 접지설계를 기술한다.

1) 현장 데이터 정보를 파악한다.
2) 접지선의 단면적을 결정한다.
3) 감전방지를 위한 안전한계의 기준값을 결정한다.
4) 초기접지설계의 접지전극 제원을 결정한다.
5) 접지저항을 계산한다.
6) 접지전극에 흐르는 지락전류의 크기를 결정한다.
7) GPR과 접촉전압의 크기를 비교하여 판정한다.
8) 구내의 전위경도를 평가하기 위한 목표 값을 결정한다.
9) Mesh 전압과 접촉전압의 한계값을 비교하여 판정한다.
10) Step 전압과 Step 전압의 한계 값을 비교하여 판정한다.
11) Step 9, 10에서 접촉 및 보폭전압의 안전기준값을 만족하지 못하는 경우 설계제원을 수정하여 Step 5 이하를 다시 검토한다.
12) 설계 완료

# 17 Arc Flash Evaluation Studies

Arc Flash Study는 잠재하는 아크 발생원으로부터 일어나기 쉬운 Arc Flash 에너지에 대한 노출을 평가한다. 아크고장은 전류가 두 개의 도전재료 사이에 증기를 통하여 흐를 때 일어난다. 이러한 높은 온도의 아크는 아크로부터 1m정도 이내에 있을 때 치명적인 화상의 원인이 될 수 있다. 전기적인 아크는 주변지역에 열로 녹은 재료의 작은 입자로 쏟아지고, 더 나아가서 위험 원인이 된다. Arc Flash Study는 작업자가 전기설비의 가까이 있거나 일할 때 위험에 노출될 수도 있는 Arc Flash 위험거리와 아크발생에너지를 결정하기 위하여 NFPA 70E-2012, IEEE 1584-2002 방법에 따라 Arc Flash를 평가한다. Arc Flash Study는 단락고장계산과 실험식, 아크에너지를 평가하기 위한 보호장치의 차단시간, 일반적인 작업거리에 요구되는 보호복을 결합하여 평가한다.

## 17.1 Arc Flash Study 수행 내용

1) Working Distance에서의 Incident Energy 계산
2) Arc Flash Boundary 계산
3) 요구되는 PPE Category를 Bus별로 선정

4) Bus별 Custom Label(Danger, Warning)
5) Energized Electrical Work PERMIT
6) Arc Flash Bus Detail Data

### 17.2 Arc Flash 발생원인

Arc Flash의 발생원인은 부적절한 설계 및 장비의 사용, 부적절한 작업절차에 따라 발생하며 대표적인 발생원인은 다음과 같다.

1) 대표적으로 낙하공구 또는 풀린 부품으로부터 유효한 부분에 접촉
2) 절연파괴
3) 과전압
4) 먼지
5) 부식
6) 응축

### 17.3 Arc Flash Study 수행 목적

1) 작업자를 부상이나 사망사고로부터 보호(예방)
2) 소송비용 회피
3) 설비피해를 최소화
4) 시스템의 정지시간을 최소화
5) 표준과 안전규칙(OSHA, NFPA, NEC)의 준수
6) 보험에서 요구

## 18 Transient Stability Analysis

전력계통에서는 끊임없는 부하변동이 발생하거나 전기사고 등에 의하여 전력의 생산과 수요간에 불균형이 발생하게 되며, 이로 인하여 발전기 상차각이 변하게 되는데 이의 상태변화 여하에 따라서 동기운전이 깨어질 수 있다. 즉 전기적 외란의 크기, 발전기 특성 또는 전력계통 구성 상태에 따라 전력계통의 안정도가 결정된다.

안정도해석은 주어진 전력계통에서 발생할 수 있는 전기적 외란, 즉 단락 또는 지락사고, 발전기 탈락, 연계선로 분리사고 등에서 모선 또는 발전기의 전압, 주파수, 상차각, 유효전력, 무효전력 및 여자전압 등 전력계통의 상태 변화를 시뮬레이션 하여 안정도를 판별하게 된다.

### 18.1 분석 내용

전력계통의 단락, 지락, 회로차단, 재폐로, 부하투입, 부하제거 및 발전기 탈조와 같은 외란에서 안정

도를 판단하기 위한 각 모선의 전압과 주파수 및 발전기 속도, 상차각, 전압, 전력 및 여자기 동특성 해석한다.

### 18.2 분석 및 결과 적용

1) 최적의 전력계통구성 및 운전 방안 수립
2) 보호계전 시스템 구성 및 운영방안
3) 모선절체와 같은 설비 조작 방안
4) 전동기 기동 문제점 분석 및 기동방안 수립
5) 전력계통 안정화 대책 수립
6) 보호계전기 정정
7) 부하차단 방안 수립

## 19 Reliability Analysis

신뢰도란 정해진 시간과 운전 조건하에서 시스템이 적절히 자기 기능을 할 수 있는 확률로 정의 된다. 전력시스템에서 신뢰도는 수용가에 만족할 만한 양질의 전기를 계속 공급할 수 있는 확률이다. 기본적인 신뢰도를 평가하는 지수는 정해진 기간내에 평균 고장률, 평균 고장기간, 평균 활용률 등이다. 전력계통의 신뢰도 지수는 정전률 $\lambda$ , 정전시간 r, 연간정전시간 U 이 3개의 지수가 가장 중요하지만, 항상 전력계통의 특성이나 반응을 완전하게 표현할 수 있는 것은 아니다. 계통에서 발생하는 각 정전의 심각성이나 중요성을 판별하고 구분 짓기 위해서는 추가적인 신뢰도 지수를 통해 평가해야 한다. 고객 관점의 지수평가에서 가장 중요한 변수는 각 부하점에서 고객 전체 수 혹은 정전을 경험한 고객 수이다.

### 19.1 분석 내용

신뢰도 분석 모듈은 전력배전계통에 대한 다음의 분석을 제공한다.

1) 부하점 신뢰도지수 계산
2) 보호구역 신뢰도 지수 계산
3) 유틸리티 계통 평가
4) 전력배전계통 평가

### 19.2 분석 및 결과 적용

1) 정전을 최소화 하는 공급신뢰성이 보장되도록 전력시스템을 계획, 운용, 유지 보수하기 위하여 적용.
2) 부하 증가에 따른 설비의 수정 또는 변경에 대처하기 위한 신뢰도 확보.
3) 기설 설비보다 더 높은 신뢰도의 요구.

# 2장 Demand Load Studies

# 1 개 요

Demand Load Study는 전력계통의 변압기 용량, 전력간선, 분기회로 등 도체의 적정한 단면적을 선정하기 위하여 최대수용전력의 계산이 필요하다. 최대수용전력은 수용률에서 추정할 수 있으며, 수용률은 수용장소에 설치된 총부하설비 용량에 대한 실제 사용하고 있는 부하의 최대전력의 비율을 나타낸 것이다.

Demand Load Study는 전력계통의 각 Bus와 지로에서 피상전력의 합계와 전류를 계산한다. 임피던스를 통과하는 손실전력과 지역발전은 제외한다. Demand Load Study의 목적은 부하의 비동시성 효과를 포함하여 각 Bus에 연결된 최대수요부하와 설계부하 값을 계산하기 위한 것이다. 계산 부하 전류는 부하 버스에서 공칭계통전압을 기준으로 산정된다.

Demand Load Study는 전력계통 전반에 걸쳐 Cable Size, 변압기에 대한 개별적인 부하를 집계하여 Load Flow Study를 위한 데이터를 제공한다. Load Center Summary에 기록된 총 분기회로의 부하를 계산한다.

Demand Load Study는 단일 전원에 의한 방사상 전력계통에 필요로 한다. 전력계통에 Loop가 포함되어 있다면, Study는 Loop를 감지하여 일시적으로 Loop를 열고, 계산을 계속하고, Study를 완료시 원래 계통구성으로 복원한다. Demand Load Study는 단일 프로젝트에서 10개의 독립적인 전력계통을 분석할 수 있다.

전원으로부터 가장 멀리 떨어진 Bus에서 시작하며, Demand Load Study는 Bus에서 전체부하 크기의 벡터 합으로 계산하며, 연결부하, 최대수요부하, 설계부하의 크기를 계산하여 출력한다. 이러한 과정은 전기적인 계통에서 각각의 상위 지로에 대하여도 반복된다. Demand Load Study는 Connected Load를 근거로 하여 Demand Load와 Design Load를 계산하는 것이다. 최대수요부하 및 설계부하의 계산은 NEC(National Electrical Code)의 원칙을 기본으로 한다. NEC의 기본적인 전제는 한 개의 피더로부터 공급되는 여러 지로의 부하는 동시에 피크가 발생되지 않는다. 이 개념은 동시에 발생하지 않는 최대수요부하라 부른다. Demand Load Study는 피더 부하 크기를 계산할 때 부등률을 고려한다(NEC).

# 2 분석 용어

## 2.1 Connected Load(연결부하)

정격용량 또는 Bus에 연결된 부하 구성요소의 정격용량의 합계.

## 2.2 Demand Load Value(수요부하의 크기)

연결된 부하에 대한 최대 또는 피크부하의 크기. 연결된 부하보다 항상 적다.

## 2.3 Demand Factor(수용률)

연결된 부하에 대한 최대부하의 비율로 항상 1.0보다 적다. 수용률에 대하여 예를 들어 설명하면, Bus에 연결된 25 hp 3대의 전동기가 연결된 계통에 대하여 고려하여 본다. 3대의 전동기에 의한 피크 부하는 12, 15, 25 hp이다. 연결된 부하의 크기의 합계는 75 hp이다. 동시에 발생하는 최대수요부하는 3대의 피크부하의 합인 52 hp 이다.

$$\text{Demand Load} = 12\,\text{hp} + 15\,\text{hp} + 25\,\text{hp} = 52\,\text{hp}$$

Demand Factor는 연결부하에 대한 최대수요부하의 비율이다.

$$\text{Demand Factor} = \frac{\text{Demand Load}}{\text{Connected Load}} = \frac{52\,\text{hp}}{75\,\text{hp}} = 0.69$$

## 2.4 Design Load Value(설계부하의 크기)

Demand Load에 LCL(long continuous load factor) 또는 Design Factor를 곱한 수요부하의 크기.

## 2.5 Long Continuous Load Factor(장시간 연속부하계수)

연속부하에 대한 케이블 허용전류 감소계수의 역수(design factor). NEC는 한 번에 3시간 이상 운전하는 부하에 대하여 연속부하로 정의한다. 연속부하에 연결된 분기회로와 간선의 크기는 NEC 전류비율계수(LCL 또는 Design Factor)를 반드시 사용하여야 한다. 예를 들어, 조명부하 30kVA가 항상 점등되고 있다고 가정한다. 연결부하는 30kVA이고, 수용률은 100%이다. 따라서 조명부하에 대한 최대수요부하는 30 kVA 이다. 장기간 연속부하계수가 125%이라면, 그때의 Design Load 크기는 아래와 같이 37.5 kVA가 된다.

$$\begin{aligned}\text{Design Load} &= \text{Demand Load} \times \text{Long Continuous Loading Factor}\\ &= 30\ \text{kVA} \times 1.25 = 37.5\ \text{kVA}\end{aligned}$$

## 2.6 Continuous Load(연속부하)

최대전류가 연속하여 3시간 이상 지속될 것으로 예상되는 부하.

## 2.7 Non-Coincident Demand(동시에 발생하지 않는 최대수요부하)

하나 또는 여러 수준의 최대수요계수에 의하여 조정되는 접속된 부하의 합계. 또한, Bus에서 개별 최대부하 크기는 동일한 시간에 Peak가 아니라고 가정한 실제 최대부하 값의 합이다. 이 값은 Demand Load Study 전반에 걸쳐 최대수요부하라고 한다.

## 2.8 Coincident Demand(동시에 발생하는 최대수요부하)

Bus에 직접 연결된 부하에 대하여 각 지로에서의 최대수요부하의 합계

## 2.9 Net Branch Diversity

Bus에 기록되는 동시에 발생하는 최대수요부하와 동시에 발생하지 않는 최대수요 부하의 차이.

## 2.10 Diversity Factor(부등률)

동시에 발생하는 수요부하 크기를 동시에 발생하지 않는 최대수요부하로 나눈 값으로 항상 1보다 크다. NEC의 Chapter 2에서는 콘센트 부하의 최대수요부하의 크기는 다음 결과를 기초로 하여 계산한다.

- 연결된 부하 중 최초 10kVA에 대하여 100%의 수용률로 계산한다.
- 나머지 부하는 50%의 수용률로 계산한다.

콘센트 부하가 15kVA 이면, Bus에서 최대수요부하의 크기는 다음과 같이 계산하며, 12.5kVA가 된다.

$$\begin{aligned}\text{Demand Load} &= (10\ \text{kVA} \times 100\%) + (5\ \text{kVA} \times 50\%)\\ &= 12.5\ \text{kVA}\end{aligned}$$

다음 단일 Feeder 회로로부터 공급되는 2개의 15kVA 콘센트 지로를 가정한다. 각 지로에서 최대수요부하의 크기는 12.5 kVA이다. Feeder에 접속된 부하의 크기는 다음과 같다.

$$\begin{aligned}\text{Connected Load} &= \Sigma \text{Branch load connected value}\\ &= 15\ \text{kVA} + 15\ \text{kVA}\\ &= 30\ \text{kVA}\end{aligned}$$

Feeder 최대수요부하의 크기도 계산할 수 있다. 이것은 동시에 발생하지 않는 최대수요부하의 크기이며, 또한 Feeder에서 동시에 발생하지 않는 최대수요부하라고 알려져 있다.

$$\begin{aligned}\text{Demand Load} &= (10\ \text{kVA} \times 100\%) + (20\ \text{kVA} \times 50\%)\\ &= 20\ \text{kVA}\end{aligned}$$

Feeder에서 최대수요부하의 크기는 20 kVA이다. 이것은 동시에 발생하는 2개의 지로 수요부하 크기의 합계인 25 kVA가 아니다. 동시에 발생하지 않는 최대수요부하 20 kVA는 개개의 동시에 발생하는 부하의 합계 25 kVA 보다 적다.

$$\begin{aligned}\text{Diversity Factor} &= \frac{\Sigma\,\text{Coincident Demand Load}}{\text{Non}-\text{Coincident Demand}}\\ &= \frac{12.5\text{kVA} + 12.5\text{kVA}}{20\text{kVA}} = 1.25\end{aligned}$$

# 3 Demand Load와 Design Load의 계산

부하는 전동기 또는 비전동기부하로 구분되며, 그리고 모두 최대수요부하 크기를 결정하는 사양을 필요로 한다. 전동기부하에 대하여, 연결된 부하의 크기는 전동기 정격용량에 전동기 대수를 곱한 용량과 동일한다. 최대수요부하의 크기는 연결된 부하 크기에 전동기 Load Factor를 곱한 값이다.

비전동기 부하는 Energy Audit type과 Demand Load type으로 세분한다. Energy Audit Type의 최대수요부하와 설계부하의 크기는 부하 크기(연결부하)에 Load Factor를 곱한 값이 된다. Demand Load Type에 대하여, Demand Load Study는 Demand Load Library에 있는 Demand Factor와 Design Load Factor를 사용하여 최대수요부하와 설계부하의 크기를 계산한다.

## 3.1 Demand Load의 계산

### 1) Motor Load

전동기 부하의 최대수요부하의 계산은 연결부하의 크기에 Load Factor를 곱하여 아래와 같이 계산한다(Motor Diversity에서 Load Type에는 무관).

$$\text{Demand Load} = \text{Connected Load} \times \text{Load Factor(LF=1.0 Default Value)} \quad (2.1)$$

### 2) Non-Motor Load

#### (1) Energy Audit Load(Default)

$$\text{Demand Load} = \text{Connected Load} \times \text{Load Factor(LF=1.0 Default Value)} \quad (2.2)$$

#### (2) Demand Library Load

부하의 종류에 따라 Category에서 가장 적합한 부하 형태를 선택한다. 적합한 Multi Level Demand Factor 값이 없는 경우에는 Demand Load Library를 Edit 하여 적용하여야 한다.

$$\text{Demand Load} = \text{Connected Load} \times \text{Multi Level Demand Factor} \quad (2.3)$$

예를 들면, NEC Table 220-13에 따라 콘센트 부하의 최대수요의 크기는 다음 값을 기준으로 하여 계산한다.

- 1st Level 연결부하중 10 kVA까지 100%
- 2nd Level Remaining Load 50%

## 3.2 Design Load의 계산

### 1) 계산식

Design Load의 계산은 최대수요부하의 크기에 'Design Factor'를 곱하여 계산한다.

$$\text{Design Load} = \text{Demand Load} \times \text{Design Factor} \quad (2.4)$$

### 2) Design Factor

#### (1) Motor Load

① Largest Motor : 1.25(Default Value)

② Remaining Motors : 1.0(Default Value)

#### (2) Non-Motor Load

① Energy Audit Load

Design Factor = 1.0(Default Value)

② Demand Library Load

Design Factor = LCL(Long Continuous Load) Factor

부하의 종류에 따라 Demand Load Library의 Category에서 LCL(Long Continuous Load) Factor를 선택하여 적용한다. 적합한 LCL Factor 값이 없는 경우에는 Demand Load Library를 Edit 하여 적용하여야 한다. NEC에서는 3시간이상 연속하여 운전하는 부하의 간선과 분기회로에 대하여 Long Continuous Load Factor를 반드시 적용하여야 한다고 정의하고 있다.

## 4 Demand Load Library

최대수요부하로 지정한 비전동기부하는 Demand Load Library에서 20개의 최대수요부하 카테고리 중의 하나로 할당되어야 한다. 20개의 최대수요부하 각각에 대하여, Library는 3개 레벨의 수용률을 저장할 수 있다. 보통 하나 또는 2개의 최대수요레벨이 사용된다. 부가하여 각 최대수요 카테고리는 특정 장기 지속 부하 계수(LCL : Long Continuous Loading Factor)를 갖는다. 다음의 표는 Demand Load Library의 Multi Level Demand Factor 및 LCL Factor을 적용 예를 나타내고 있다.

**표 2-1 Demand Load Library의 예**

| 부하의 종류 | Multi Level Demand Factor | | | | LCL Factor |
|---|---|---|---|---|---|
| | 1st Level | | 2nd level | | |
| | kVA | % | kVA | % | |
| General Loads | 100 | 100 | Remaining Load | 50 | 1.0 |
| Lighting | Total Load | 100 | | | 1.25 |
| Receptacles | 10 | 100 | Remaining Load | 50 | 1.0 |
| Office Equipment | Total Load | 100 | | | 1.0 |
| Heating | Total Load | 100 | | | 1.25 |
| Capacitors | Total Load | 100 | | | 1.35 |

# 5 응용 예제

## 5.1 동시에 발생하지 않는 최대수요부하의 계산

이 예제에서 Demand Load Study는 동시에 발생하지 않는 최대수요부하를 계산하는 방법을 보여준다. 다음의 One-Line은 2개의 1000kVA 비전동기부하가 지로에 접속되어 있다.

2개의 부하 모두 부하의 종류는 General Loads의 카테고리이며, Bus-3과 Bus-4 모두에서 최대수용부하의 합계는 표 2-1의 Multi Level Demand Factor를 적용하여 다음과 같이 계산한다.

$$\text{Demand Load} = (100\ \text{kVA} \times 100\%) + (900\ \text{kVA} \times 50\%) = 550\ \text{kVA}$$

Bus-2에 연결된 부하는 2,000kVA이며, 최대수요부하의 계산에 요구되는 방법은 다음과 같다.

$$\text{Demand Load} = (100\ \text{kVA} \times 100\%) + (1{,}900\ \text{kVA} \times 50\%) = 1{,}050\ \text{kVA}$$

연결부하, 최대수요부하, 설계부하는 다음의 One-Line에서 보여주고 있다.

그림에서 Bus-3과 Bus-4에서 동시에 발생하는 최대수요부하 기록은 550 kVA이다. 이러한 것들의 동시에 발생하는 피크의 크기는 1,100 kVA이다. 그럼에도 불구하고 Bus-2에서 동시에 발생하지 않는 최대수요부하는 1,050 kVA이다. 이러한 것은 NEC 고유의 다중 레벨 최대수요계수(Multi Level Demand Factor)에 기인하는 방법론 때문이다.

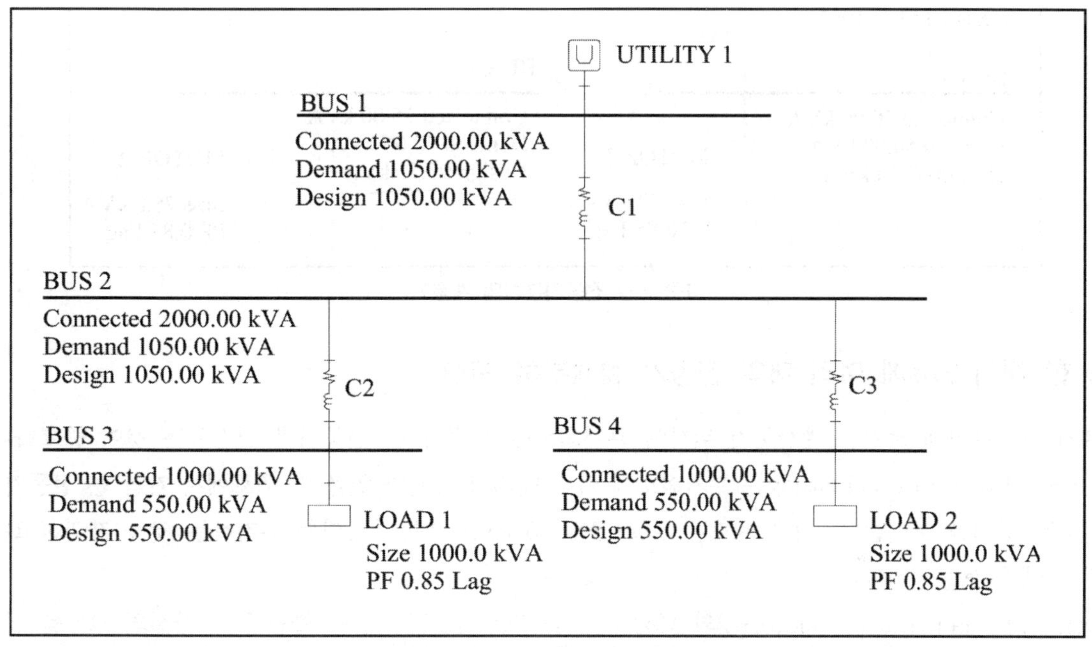


그림 2-1 비전동기부하의 계통도

## 5.2 전동기부하의 설계부하 계산

이 예제는 Demand Load Study가 전동기의 최대수요부하와 설계부하의 크기를 분기회로와 간선에서 어떻게 계산하는 방법을 설명한다. 다음의 One-Line Diagram은 Bus-3과 Bus-4의 부하가 유도전동기로 변경된 것을 제외하면, 앞의 예제와 동일한다. 연결된 부하의 크기가 다른 것은 Demand Load Study에서 분기회로와 간선에서 가장 큰 전동기를 결정하는 방법을 보여주기 위하여 이 예제에서 사용된다. 설계부하의 크기는 가장 큰 전동기 정격용량에 125%를 곱하여 계산하고, 다른 모든 전동기의 정격용량의 합계에 100%를 곱하여 가산한다.

다음의 One-Line Diagram에서 볼 수 있는 Motor-2는 Motor-1보다 크다. Bus-2에서 설계부하의 계산은 Motor-2의 정격용량 75 kVA는 가장 큰 전동기 용량에 125%가 곱해지고, Motor-1은 나머지 전동기이며, 정격용량 50 kVA에는 100%가 곱해진다. 따라서 Bus-2에서 두 전동기의 설계부하의 합은 143.75 kVA가 된다.

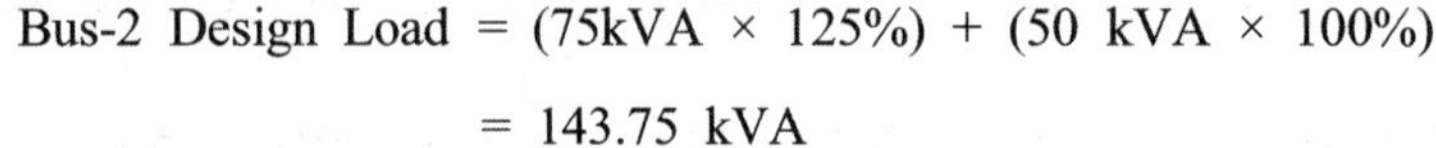

$$\text{Bus-2 Design Load} = (75\text{kVA} \times 125\%) + (50\ \text{kVA} \times 100\%) = 143.75\ \text{kVA}$$

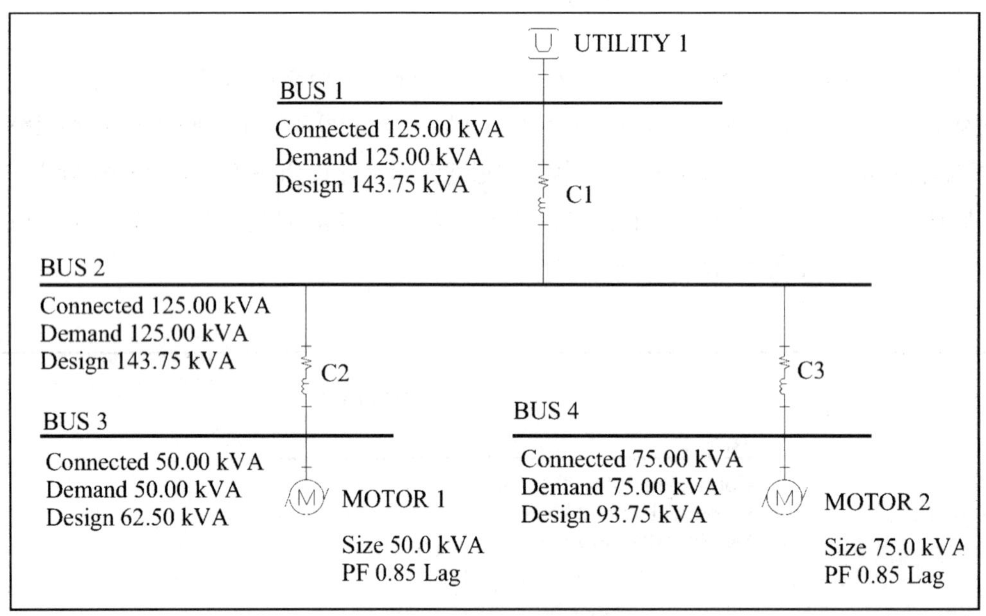


그림 2-2 전동기부하의 계통도

## 5.3 한 개의 Bus에 여러 대의 전동기 설계부하 계산

분기회로 부하의 크기를 계산하기 위하여 분기회로에서 가장 큰 전동기를 결정하는 것이 중요하다. 이 예제는 Demand Load Study는 분기회로에 여러 대의 전동기가 있을 때 회로에서 가장 큰 전동기를 결정하는 방법을 보여준다. 다음 예제는 Bus-3에 75 kVA 전동기 1대를 추가하는 것을 제외하고는, 이전의 예제와 동일하다.

Demand Load Study는 Motor-2와 Motor-3 둘 모두 75 kVA임을 확인하고, 간선의 크기를 결정하는 가장 큰 전동기 하나를 임의로 선택한다. Bus-1과 Bus-2에서 설계부하의 크기는 Motor-3의 추

가의 결과로 증대한다. 그림에서 보이지만, Motor-2와 Motor-3 중에서 가장 큰 전동기로 선택되는 것은 중요하지 않다.

Bus-1과 Bus-2의 설계부하의 크기는 218.75 kVA이다. 다음의 One-Line Diagram에서 데이터는 아래의 계산과 동일하다.

$$\begin{aligned}\text{Bus-2 Design Load} &= (\text{가장 큰 전동기} \times 125\%) + (\text{나머지 전동기} \times 100\%)\\ &= (75\text{kVA} \times 125\%) + [(75 + 50\ \text{kVA}) \times 100\%]\\ &= 218.75\ \text{kVA}\end{aligned}$$

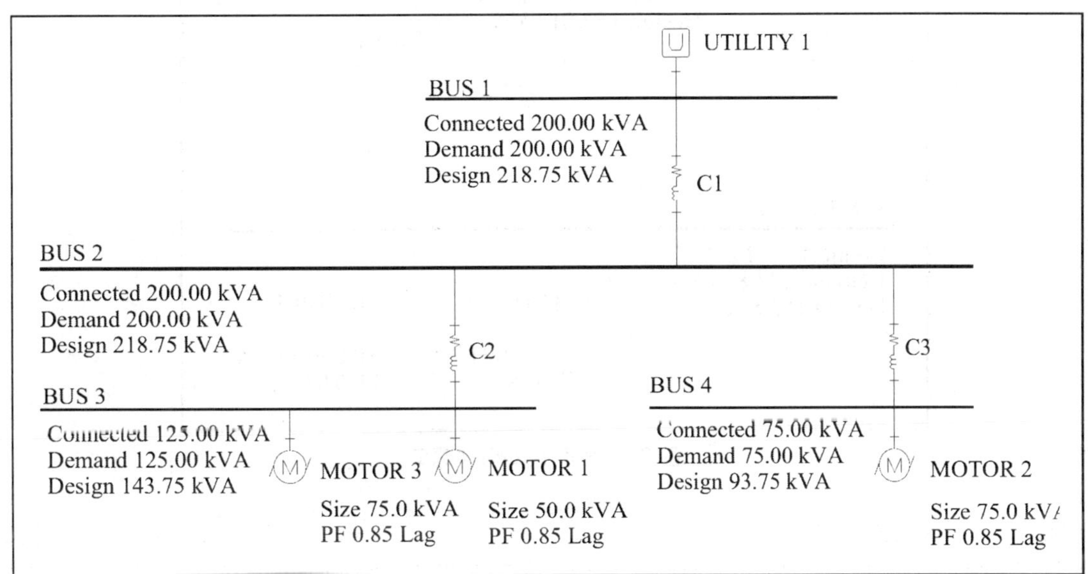


그림 2-3 전동기부하의 계통도

## 5.4 MCC에 할당된 전동기부하

MCC에 할당된 전동기는 MCC에 배치되지 않은 전동기와 다르게 취급한다. 이 예제는 Demand Load Study는 전동기 회로를 설계할 때 반드시 사용하는 NEC FLA로 주어지는 부하 크기로 계산하는 방법을 보여주고 있다. 다음의 One-Line Diagram에서 MCC는 Bus-3에 추가된다. Bus-3에서 2대의 전동기는 2대의 전동기 정격용량의 합계에 해당하는 연결된 부하로 생성되는 항목으로 접속된다.

$$\text{Connected Load} = 75\ \text{kVA} + 50\ \text{kVA}$$

최대수요부하 및 설계부하는 Motor Control Center Library에서 사용할 수 있는 전부하전류(FLA)를 기초로 하며, 연결된 전동기의 전부하전류는 접속된 부하 크기를 기준으로 하지 않는다. Demand Load Study Report의 다음 부분은 2대의 전동기에 대한 50kVA와 75kVA의 접속된 부하를 보여준다. 이것은 60.1A와 90.2A와 동일하다. 최대수요부하전류의 크기는 NEC Table 430-150에 기초한 Motor Control Center Library로부터 가져온 것이다. 460V 75 hp 전동기는 NEC FLA 값이 96A이다. 때문에 75 hp 전동기는 Bus에서 가장 큰 전동기이며, 설계부하의 크기는 최대수요부하 크기(96A)의 125%가 된다. 최대수요부하와 설계부하의 kVA 크기는 NEC FLA로부터 계산되는 것이다.

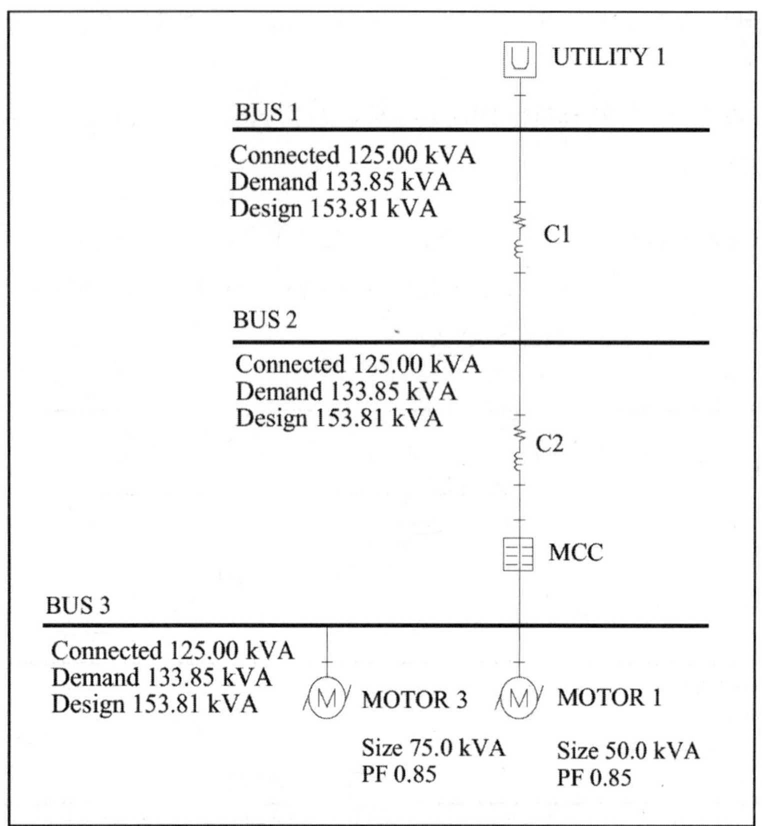


그림 2-4 전동기부하의 계통도

LOAD SCHEDULE FOR BUS-0003 480. VOLTS LINE TO LINE

| ITEM DESCRIPTION | CONNECTED LOAD KVA | CONNECTED LOAD AMPS | DEMAND LOAD KVA① | DEMAND LOAD AMPS② | DESIGN LOAD KVA | DESIGN LOAD AMPS | % P F |
|---|---|---|---|---|---|---|---|
| END USE LOADS | | | | | | | |
| KVA TYPE MTR | 50.0 | 60.1 | 54.0 | 65.0 | 54.0 | 65.0 | 85.00 |
| LARGEST KVA MTR | 75.0 | 90.2 | 79.8 | 96.0 | 99.8 | 120.0③ | 85.00 |
| TOTALS | 125.0 | 150.4 | 133.9 | 161.0 | 153.8 | 185.0 | 85.00 |

*[비고] ① $kVA=\sqrt{3}\times 0.48\times AMPS$, ② NEC Table 430-150, ③ $120=96\times 1.25$*

## 5.5 Panel Schedule에서 단상 비전동기부하

이 예제에서 208/120V 3상 4선식 Panel Schedule이 회로에 있다. 7개의 15A 단상 단극 부하는 조명과 가전제품 Panel에 설치된다. 2개의 30A 단상 2극 히터 회로도 또한 Panel에 설치된다. 각 상에서 전력과 전류는 다음과 같다.

7개의 단상 15A 회로와 함께 panel은 평형이 되지 않는다. A상은 45A의 조명부하임에 반하여, B와 C상은 각각 30A의 부하를 갖는다. A상의 전력은 5.4 kVA, B와 C상은 각각 3.6 kVA를 가진다. 각상에 대한 전력과 전력의 합은 다음과 같다.

$$\text{Apparent Power} = 5.4\ \text{kVA} + 3.6\ \text{kVA} + 3.6\ \text{kVA}$$
$$= 12.6\ \text{kVA}$$

산술 평균전류는 부하들이 모두 동일한 역률을 가지고 있기 때문에 3상전류의 합에 3을 나눈 값이 된다.

$$\text{Average} = \frac{45\,\text{A} + 30\,\text{A} + 30\,\text{A}}{3} = 35.0\,\text{A}$$

| Load Type | Panel Schedule에서 피상전력과 평균전류 | | | | | | | |
|---|---|---|---|---|---|---|---|---|
| | A–N | | B–N | | C–N | | Total | |
| | kVA | A | kVA | A | kVA | A | kVA | A |
| Lighting | 5.4 | 45 | 3.6 | 30 | 3.6 | 30 | 12.6 | 35 |

다음에 2개의 단상 2극 온수히터부하는 Panel에 추가 되었다. 또 부하는 3상에 걸쳐 균등하게 분포되지 않는다. 1개의 히터는 A상과 B상에 걸쳐 접속되고, 나머지 1개의 히터는 B상과 C상에 걸쳐 접속되었다.

$$\text{Apparent Power} = 6.24\ \text{kVA} + 6.24\ \text{kVA} = 12.48\ \text{kVA}$$

| Load Type | Panel Schedule에서 피상전력과 평균전류 | | | | | | | |
|---|---|---|---|---|---|---|---|---|
| | A–B | | B–C | | C–A | | Total | |
| | kVA | A | kVA | A | kVA | A | kVA | A |
| Heating | 6.24 | 30 | 6.24 | 30 | – | – | 12.48 | 34.6 |

2개의 온수히터부하를 7개의 단극 조명부하와 묶어버리면 상전류는 A상 75A, B상 90A, C상 60A가 된다. 이 상전류는 'Schedule dialog box' 아래쪽에 기재된다.

히터 당 가열부하는 6.24 kVA이다. 2대의 히터가 있기 때문에 가열부하 12.48 kVA를 모델링 한다. 이 부하는 아래 표와 같이 3상으로 분할한다. 각각의 히터는 2개의 상에 걸쳐 균등하게 분할하여 6.24 kVA 또는 각 상마다 3.1 kVA를 공급한다. B상은 2개의 히터에 대하여 전류를 공급한다.

| Load Type | Panel Schedule에서 피상전력(kVA) | | | |
|---|---|---|---|---|
| | A상 | B상 | C상 | Total |
| Lighting | 5.4 | 3.6 | 3.6 | 12.6 |
| Heating | 3.12 | 6.24 | 3.12 | 12.48 |
| Total | 8.52 | 9.84 | 6.72 | 25.08 |

다음의 최대수요부하 보고서는 kVA 단위의 부하를 기재하고 있다. 2개의 부하는 연속부하로 간주한다.

LOAD SCHEDULE FOR BUS-0002 — 208. VOLTS LINE TO LINE
SOURCE OF PWR BUS-0001

| ITEM DESCRIPTION | CONNECTED LOAD KVA | CONNECTED LOAD AMPS | DEMAND LOAD KVA | DEMAND LOAD AMPS | DESIGN LOAD KVA | DESIGN LOAD AMPS | % P F |
|---|---|---|---|---|---|---|---|
| END USE LOADS | | | | | | | |
| LIGHTING | 12.6 | 35.0 | 12.6 | 35.0 | 15.8 | 43.8 | 95.0 |
| HEATING | 12.5 | 34.6 | 12.5 | 34.6 | 15.6 | 43.3 | 95.0 |
| TOTALS | 25.1 | 69.6 | 25.1 | 69.6 | 31.4 | 87.1 | 95.0 |

*[Note] 표 2-1 Demand Load Library의 Demand Factor와 LCL Factor을 적용*

## 5.6 역률이 다른 부하

이전의 예제에서 Bus에서 모든 부하는 동일한 역률 이었다. 이 예제에서 2대의 전동기부하는 정격용량과 효율은 동일하지만, 역률이 다르다. Motor-1에서 부하역률 95% 50 kVA 부하는 유효전력 47.5 kW 무효전력 15.6 kVAR이다. 75%의 역률 Motor-2은 유효전력 37.5 kW 무효전력 33.1 kVAR이다. 유효전력의 합은 85 kW, 무효전력의 합은 48.7 kVAR이다.

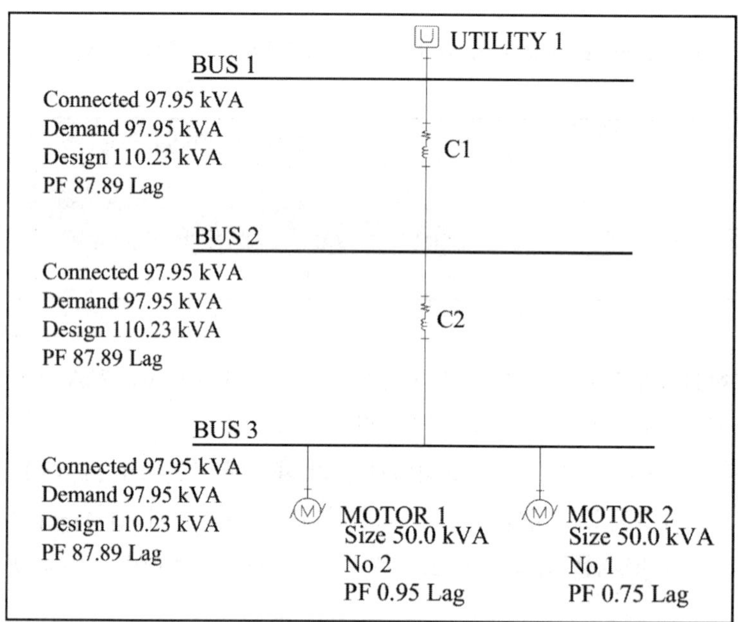


그림 2-5 전동기부하의 계통도

### 1) Connected Load의 계산

$$P = P_1 + P_2 = 50 \times 0.95 + 50 \times 0.75 = 47.5 + 37.5 = 85\,\mathrm{kW}$$

$$Q = Q_1 + Q_2 = 50 \times \sqrt{1-0.95^2} + 50 \times \sqrt{1-0.75^2} = 15.61 + 33.07 = 48.68\,\mathrm{kVAR}$$

$$S = P + jQ = 85 + j48.684 = 97.954\,\mathrm{kVA}$$

### 2) Design Load의 계산

$$P = P_1 + P_2 = 50 \times 0.95 + 50 \times 1.25 \times 0.75 = 94.375\text{kW}$$

$$Q = Q_1 + Q_2 = 50 \times \sqrt{1-0.95^2} + 50 \times 1.25 \times \sqrt{1-0.75^2} = 56.95\text{kVAR}$$

$$S = P + jQ = 94.375 + j56.95 = 110.2268\text{kVA}$$

$$PF = \frac{P}{S} = \frac{94.375}{110.2268} = 0.8562\ (\text{BUS-2에서의 역률})$$

최대수요부하 크기에 반올림 한 98.0 kVA로 피상전력 계산의 결과는 보고서에 기록된다. 결합된 부하에 대한 역률 85.62%는 설계부하 크기를 기준으로 한다.

LOAD SCHEDULE FOR BUS-0003 480. VOLTS LINE TO LINE

| ITEM DESCRIPTION | CONNECTED LOAD KVA | CONNECTED LOAD AMPS | DEMAND LOAD KVA | DEMAND LOAD AMPS | DESIGN LOAD KVA | DESIGN LOAD AMPS | % P F |
|---|---|---|---|---|---|---|---|
| END USE LOADS | | | | | | | |
| KVA TYPE MTR | 50.0 | 60.1 | 50.0 | 60.1 | 50.0 | 60.1 | 95.0 |
| LARGEST KVA MTR | 50.0 | 60.1 | 50.0 | 60.1 | 62.5 | 75.2 | 75.0 |
| TOTALS | 98.0 | 117.8 | 98.0 | 117.8 | 110.2 | 132.6 | 85.62 |

## 5.7 단일 전동기 구성요소로 여러 대의 전동기 운전

이 예제는 Demand Load Study가 단일 전동기 구성요소로 여러 대의 전동기를 모델링 하는 경우 한 개의 Bus에 가장 큰 전동기를 확인하는 방법을 보여준다. 다음의 One-Line Diagram에서 두 전동기 구성요소는 Bus-3에 접속되어 있다. Motor-1의 구성요소는 실제로 50 kVA 두 대의 전동기를 나타내며, Motor-2의 구성요소는 75 kVA 1대의 전동기로 나타낸다.

최대수요부하로 결합하기 전에 Demand Load Study는 Motor-1이 합계 100kVA의 연결부하를 가지고 있더라도, Bus-3에서 가장 큰 용량의 전동기로서 Motor-2 75 kVA 1대를 정확하게 인식한다. Design Load의 계산은 다음과 같이 한다.

$$\text{Design Load} = (75\ \text{kVA} \times 125\%) + (50\ \text{kVA} \times 2 \times 100\%)$$
$$= 193.75\ \text{kVA}$$

Bus-3에서 Design Load의 크기는 다음의 One-Line Diagram에서 볼 수 있는 것과 같이 193.8 kVA이다.

다음 보고서는 가장 큰 전동기의 Design Load 93.8 kVA와 Design Load의 합계 193.8 kVA를 보여주고 있다.

```
LOAD SCHEDULE FOR  BUS-0003                                  480. VOLTS LINE TO LINE
SOURCE OF PWR      BUS-0002
=======================================================================================
ITEM  DESCRIPTION   *   CONNECTED LOAD   *   DEMAND LOAD   *   DESIGN LOAD   *   %
                          KVA    AMPS          KVA   AMPS        KVA   AMPS       P F
=======================================================================================
END USE LOADS
KVA TYPE MTR            100.0   120.3       100.0  120.3       100.0  120.3      85.0
LARGEST KVA MTR          75.0    90.2        75.0   90.2        93.8  112.7      85.0
=======================================================================================
TOTALS                  175.0   210.5       175.0  210.5       193.8  233.0      85.0
```

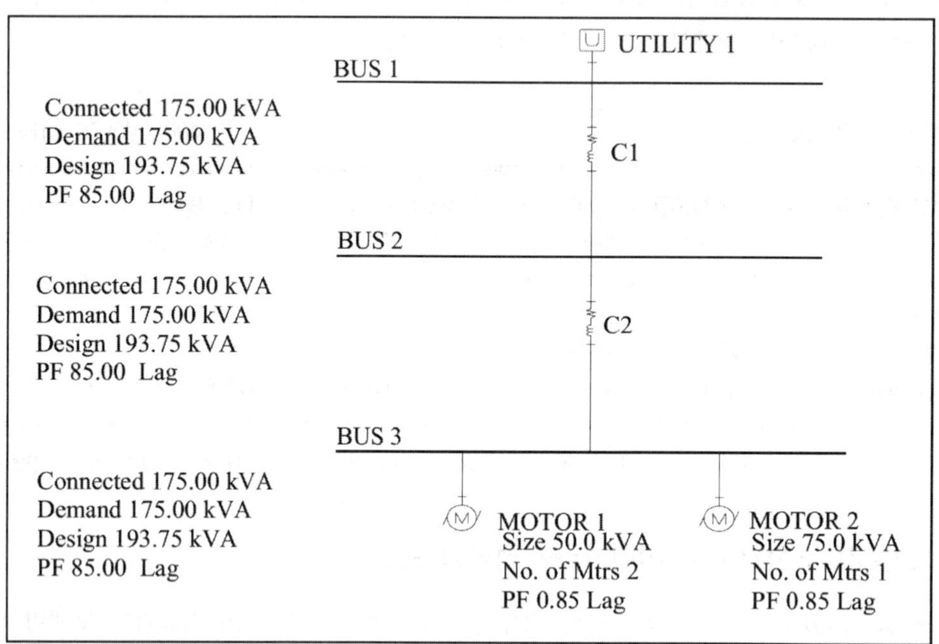


그림 2-6 전동기부하의 계통도

## 5.8 전동기의 기동

이 예제는 전동기 50kVA 1대의 기동에 대한 Demand Load Study의 계산 방법에 대하여 보여 준다. 기동 조건에서, 전동기 구속회전자 전류는 Component Editor의 ANSI Contribution Subview에 있는 ANSI Contribution Data로부터 결정된다. 구속회전자 전류의 비율은 전동기의 초기과도 리액턴스에 반비례한다. 이 예제에서 초기과도 리액턴스는 0.25 pu로 정하면, 구속회전자 전류의 비율은 4.0 pu가 된다. 기동시 역률은 전동기의 X/R 비율과 관련이 있다. 전동기의 X/R 비율은 5.0으로 정한다면, 기동시 역률은 다음의 계산 결과와 같이 19.6%가 된다.

$$
\begin{aligned}
\text{Starting Power Factor} &= \cos(\arctan X/R) \\
&= \cos(\arctan 5) \\
&= \cos(78.7°) \\
&= 19.61 \text{ Lag}
\end{aligned}
$$

다음의 One-Line Diagram은 기동시 역률에 대하여 보여 주고 있다. 전동기 부하 특성은 Demand Load Study의 결과에 영향을 주지 않지만, 이러한 기동 모의시험을 하는 동안 일정한 kVA 부하용량으로부터 임피던스가 일정한 부하로 변환된다.

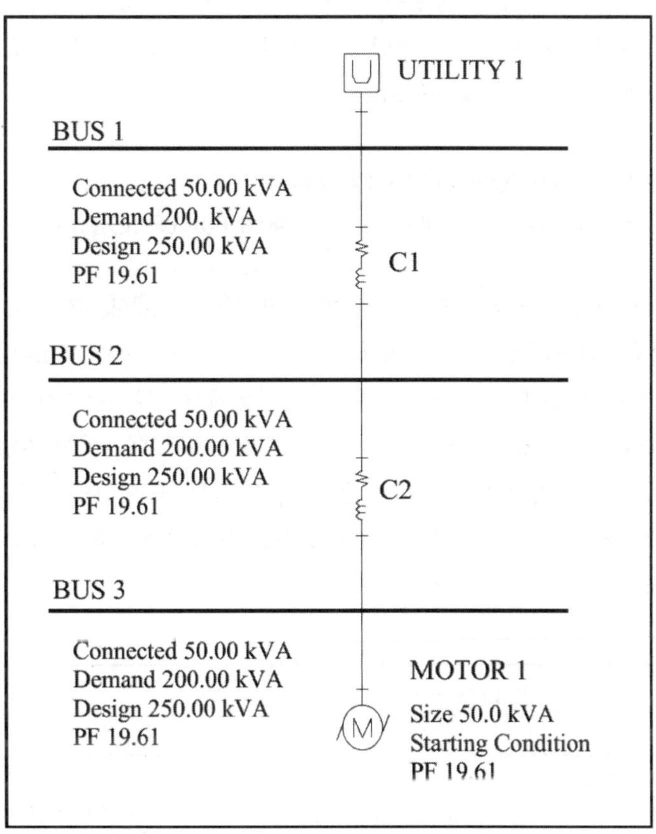

그림 2-7 전동기 기동부하의 계통도

다음의 보고서는 가장 큰 전동기의 최대수요부하의 크기는 200 kVA임을 보여 주고 있다.

LOAD SCHEDULE FOR BUS-0003 480. VOLTS LINE TO LINE
SOURCE OF PWR BUS-0002

| ITEM DESCRIPTION | CONNECTED LOAD KVA | CONNECTED LOAD AMPS | DEMAND LOAD KVA | DEMAND LOAD AMPS | DESIGN LOAD KVA | DESIGN LOAD AMPS | % P F |
|---|---|---|---|---|---|---|---|
| END USE LOADS | | | | | | | |
| LARGEST Z MTR | 50.0 | 60.1 | 200.0 | 240.6 | 250.0 | 300.7 | 19.61 |
| TOTALS | 50.0 | 60.1 | 200.0 | 240.6 | 250.0 | 300.7 | 19.61 |

*[Note] Demand Load = Connected Load × 1/x"d, Design Load = Demand Load × 1.25*

## 5.9 계통에 다중 Loop의 존재

이 예제의 목적은 Demand Load Study가 전력계통에서 Loop를 식별하고, 회로를 개방하는 방법을 보여주는 것이다. 다음의 One-Line Diagram에서 Loop는 2개의 Utility 연결로 인하여 존재한다. Utility-1과 Utility-2 사이에 Loop가 생성된 Bus-6은, Demand Load Study가 찾아내고, 회로를 열고, 최대수요부하와 설계부하의 크기를 계산하며, 최종적으로 Loop를 닫아 버린다. Loop가 열릴 때마다 다음과 같은 Message가 보고서에 표시된다.

```
*** NOTICE *** BUS BUS-0006 COMPLETES LOOP IN SYSTEM
BRANCH BUS-0006 TO BUS-0005 IS AUTOMATICALLY TAKEN OUT OF SERVICE
```

Bus-5에서 Bus-6까지 지로가 일시적으로 계산에서 제외하기 때문에, Bus-4와 Bus-5에서 연결부하, 최대수요부하, 설계부하의 크기는 0으로 계산된다. 부가하여 Bus-1과 Bus-2 사이의 지로에서 최대수요부하의 크기는 125 kVA이다. Utility-1은 전력계통에서 모든 부하에 대한 공급전원이 된다. Bus-2에서 Bus-6까지의 지로가 Bus-5에서 Bus-6까지의 지로를 대신하여 개방된다면, 두 개의 공급전원은 균등하게 부하에 공급할 것이다. 전력계통에 Loop가 있는 경우, 자동적으로 열리는 지로에 대하여 주의를 기울여 닫아야 한다. 가끔 지로사이에 부하균형을 보장하기 위하여 수작업으로 지로를 개방하는 것이 최선이 될 수도 있다.

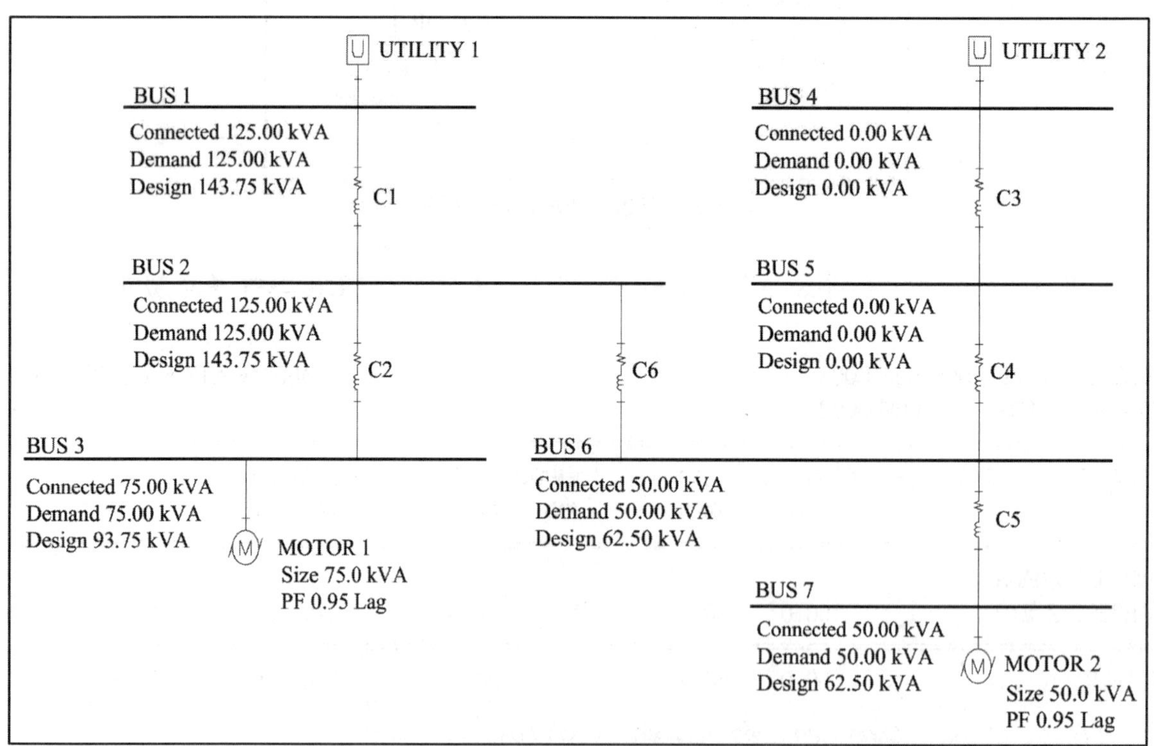


그림 2-8 Multiple Loop의 계통도

# 6 Power Tools를 이용한 Demand Load Study

## 6.1 전력계통도에서 각 설비의 Data 입력

아래의 One-Line에 전력설비의 특성을 아래 계통도에 입력하여 Demand Load 및 Design Load를 계산하여 본다.

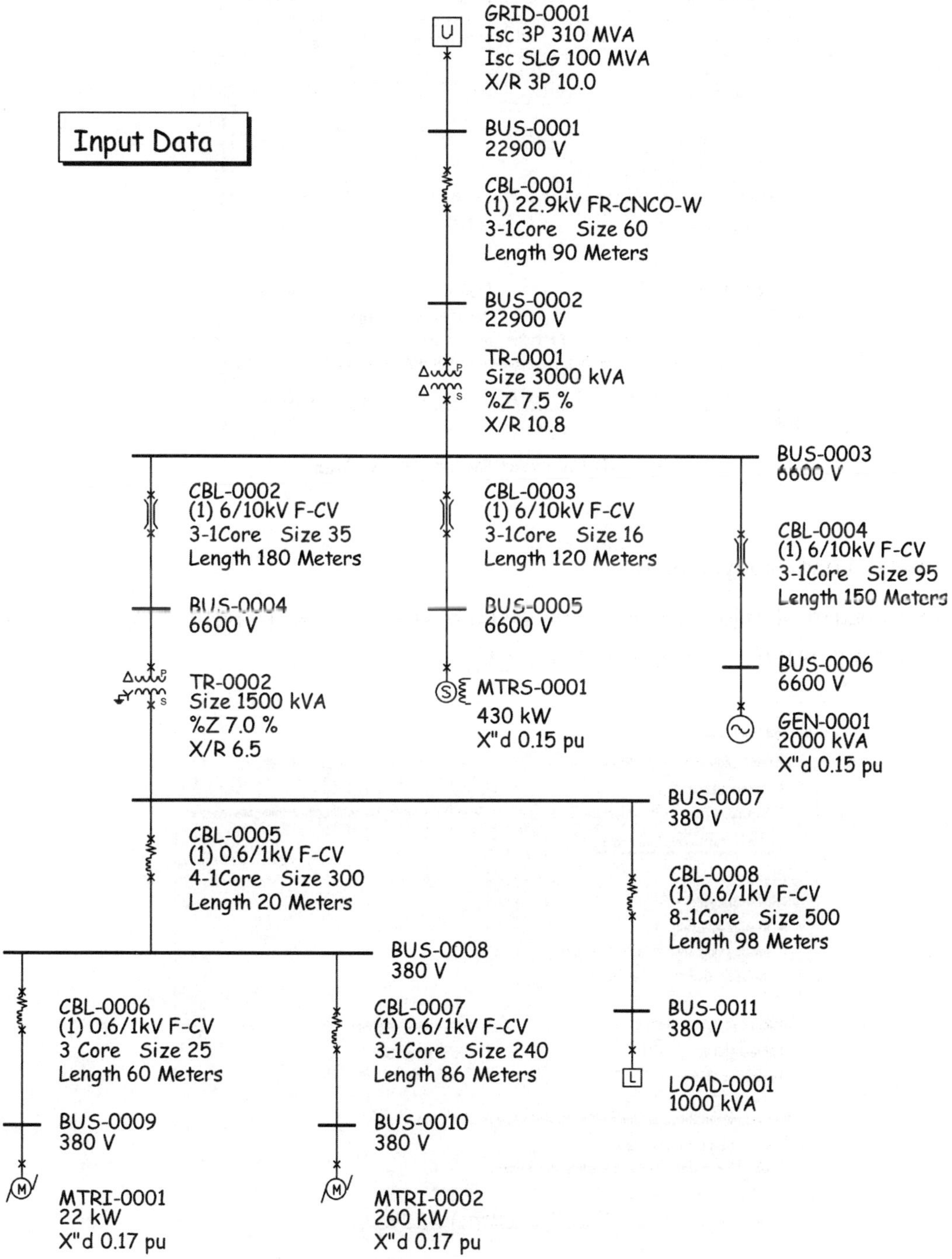

Input Data

GRID-0001
Isc 3P 310 MVA
Isc SLG 100 MVA
X/R 3P 10.0

BUS-0001
22900 V

CBL-0001
(1) 22.9kV FR-CNCO-W
3-1Core Size 60
Length 90 Meters

BUS-0002
22900 V

TR-0001
Size 3000 kVA
%Z 7.5 %
X/R 10.8

BUS-0003
6600 V

CBL-0002
(1) 6/10kV F-CV
3-1Core Size 35
Length 180 Meters

CBL-0003
(1) 6/10kV F-CV
3-1Core Size 16
Length 120 Meters

CBL-0004
(1) 6/10kV F-CV
3-1Core Size 95
Length 150 Meters

BUS-0004
6600 V

BUS-0005
6600 V

BUS-0006
6600 V

TR-0002
Size 1500 kVA
%Z 7.0 %
X/R 6.5

MTRS-0001
430 kW
X"d 0.15 pu

GEN-0001
2000 kVA
X"d 0.15 pu

BUS-0007
380 V

CBL-0005
(1) 0.6/1kV F-CV
4-1Core Size 300
Length 20 Meters

CBL-0008
(1) 0.6/1kV F-CV
8-1Core Size 500
Length 98 Meters

BUS-0008
380 V

CBL-0006
(1) 0.6/1kV F-CV
3 Core Size 25
Length 60 Meters

CBL-0007
(1) 0.6/1kV F-CV
3-1Core Size 240
Length 86 Meters

BUS-0011
380 V

LOAD-0001
1000 kVA

BUS-0009
380 V

BUS-0010
380 V

MTRI-0001
22 kW
X"d 0.17 pu

MTRI-0002
260 kW
X"d 0.17 pu

그림 2-9 Input Data 계통도

## 6.2 계산 설정

### 1) 'Balanced System Studies'의 'Setup' 대화창 열기

상위 메뉴 'Run'에서 'Balanced System Studies'를 클릭하면 그림 2-10의 'Setup' 대화창이 나올 것이다.

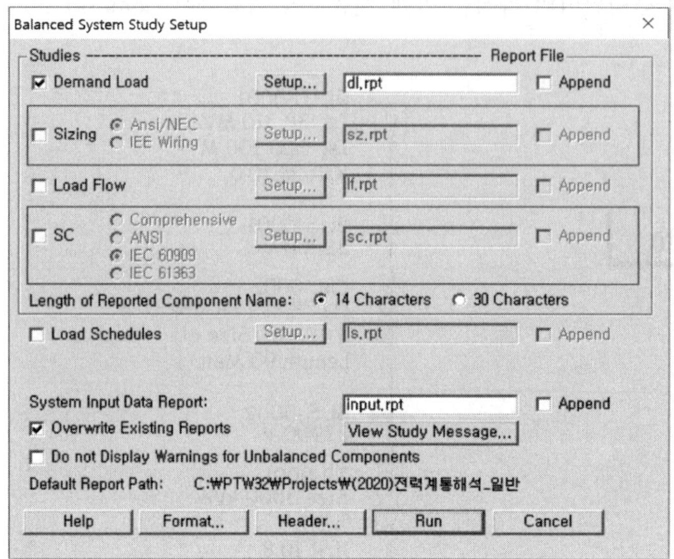


그림 2-10 Balanced System Study Setup

### 2) Demand Load Study의 Setup

'Demand Load'에 체크하고 'Setup' 버튼을 클릭하여 다음의 대화창이 나타나면, 각 항목에 대하여 설정을 하고 "OK" 버튼을 클릭하여 설정을 완료한다.

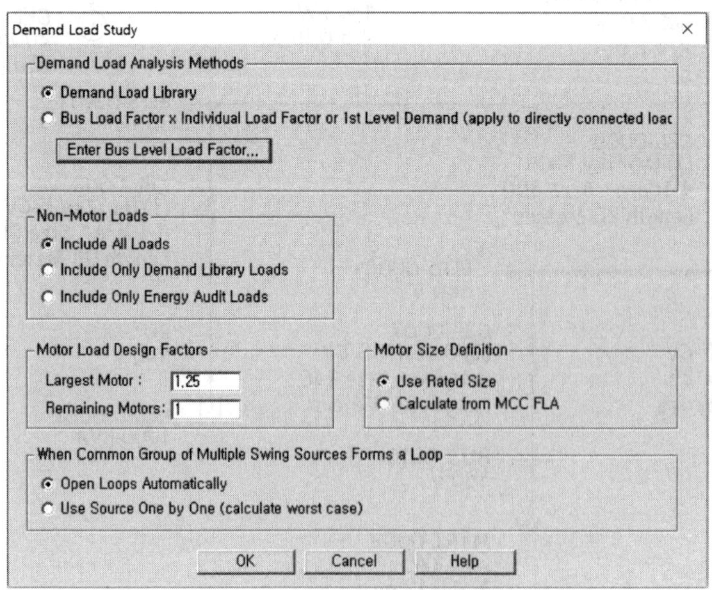


그림 2-11 Demand Load Setup

(1) Non-Motor Loads

다음의 3가지 선택버튼 중 하나를 선택할 수 있으며, Default value은 Include All Loads 이다.

- Include All Loads
- Include Only Demand Library loads
- Include Only Energy Audit Loads

① Include All Loads
Demand Library Load 및 Energy Audit Load와 같은 모든 비전동기 부하를 포함하여 계산한다.
② Include Only Demand Library Loads
Demand Load로 입력하는 비전동기 부하만을 포함하여 계산한다.
③ Include Only Energy Audit Loads
Energy Audit Loads로 입력하는 비전동기 부하만 포함하여 계산한다.

(2) Motor Load Design Factor

Demand Load Study는 전동기 Component에서 “In Server"에 체크되어 있는 모든 전동기를 포함한다. 이러한 요소 들은 분기회로와 간선에서 가장 큰 용량 전동기와 나머지 전체 전동기의 설계부하 크기를 계산하는데 사용된다. 기본값은 최대용량 전동기에 대하여 1.25 이고, 나머지 전동기에 대하여 1.0이다.

- Largest Motor : [ 1.25 ](default)
- Remaining Motor : [ 1.0 ](default)

① Largest Motor Load Design Factor
분기회로에서 가장 큰 전동기에 대하여 곱하는 설계부하계수. Demand Load Study는 각 분기회로에서 가장 큰 전동기를 식별하고, 설계부하를 결정하기 위하여 이 Design Factor를 정격 용량에 곱한다.
② Remaining Motors Load Design Factor
분기회로에서 나머지 모든 전동기에 대하여 곱하는 설계부하계수. Demand Load Study는 분기회로에서 나머지 전동기의 정격용량의 벡터 합으로 하고, 설계부하를 결정하기 위하여 이 'Design Factor'를 곱한다.

Demand Load Study는 가장 큰 용량의 전동기로 각 분기회로에서 1대의 전동기를 식별한다. 유도전동기와 동기전동기 모두 고려하여야 한다. Component Editor에서 전동기 대수가 1대를 초과하는 경우에는, Demand Load Study는 정격용량에 전동기 대수를 곱한 최대수요부하 크기를 계산한다. 설계부하의 크기는 그 위의 단계가 요구된다. 첫 번째, Demand Load Study는 Bus에서 가장 큰 전동기를 결정하기 위하여 Bus에서 모든 전동기의 정격용량을 조사한다. 그 다음에 가장 큰 전동기의 정격용량은 Demand Load Study의 “Setup Dialog Box”로부터 가장 큰 전동기에 적용하는 “Design Factor”를 곱한다.

(3) Motor Size Definition

- Use Rated Size
- Calculate from MCC FLA

① Use Rated Size
연결된 부하를 계산하기 위하여 'Component Editor'에서 입력한 정격 용량을 사용한다.

② Calculate from MCC FLA
연결된 부하를 계산하기 위하여 MCC Library의 전부하전류를 사용한다.

(4) When Common Group of Multiple Swing Sources Forms a Loop

- Open Loops Automatically
- Use Source One by One(calculate worse case)

① Open Loops Automatically
Program은 계통의 Loop를 자동으로 감지하여 일시적으로 Loop를 열고, 계산을 수행하며, Study를 완료시 원래 계통구성으로 복원한다.

② Use Source One by One(calculate worse case)
한번에 1개의 전원을 사용하여 평가할 경우에 사용한다.

## 6.3 Demand Load Study의 실행

"RUN" 버튼을 클릭하면 Demand Load 계산을 수행하면서 다음 Study Messages가 나타나며, Errors가 없으면 "Close" 버튼을 클릭한다.

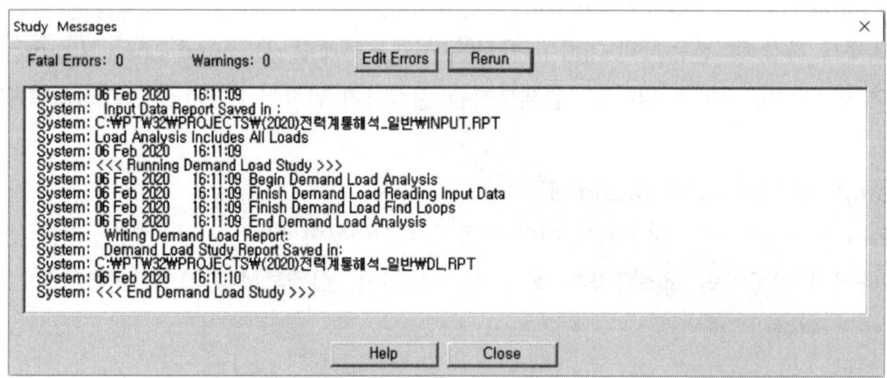


그림 2-12 Study Messages

## 6.4 Demand Load Study의 Report

### 1) Text Report 열기

Demand Load Study의 계산결과를 보기 위하여 상위 메뉴 중에서 "Document"를 선택한 후 "Report"를 클릭하면 다음 그림의 대화창이 열릴 것이다.

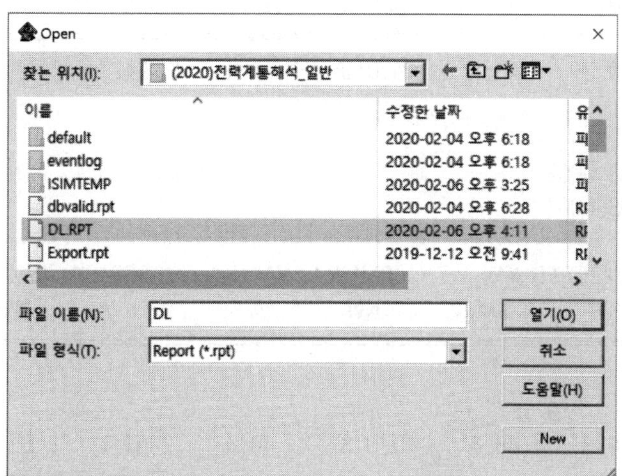


그림 2-13 Document Open

## 2) Text Report 보기

그림 2-13에서 "DL.RPT"를 선택한 후 "열기" 버튼을 클릭하면 Demand Load Study 결과를 아래의 보고서와 같이 볼 수 있다.

```
---------------------------------------------------------------------------
ALL INFORMATION PRESENTED IS FOR REVIEW, APPROVAL, INTERPRETATION
AND APPLICATION BY A REGISTERED ENGINEER ONLY
SKM DISCLAIMS ANY RESPONSIBILITY AND LIABILITY RESULTING
FROM THE USE AND INTERPRETATION OF THIS SOFTWARE.
---------------------------------------------------------------------------
SKM POWER*TOOLS FOR WINDOWS
DEMAND LOAD ANALYSIS REPORT
COPYRIGHT SKM SYSTEMS ANALYSIS, INC. 1995-2019
---------------------------------------------------------------------------

         *** SOLUTION COMMENTS ***
         =========================

     LOAD ANALYSIS INCLUDES ALL LOADS.


                          LOAD SUMMARY
*******************************************************************************

LOAD SCHEDULE FOR  BUS-0001                       22900. VOLTS LINE TO LINE
SOURCE OF PWR      SOURCE BUS
===============================================================================
ITEM DESCRIPTION * CONNECTED MAX PH *  DEMAND  MAX PH  *  DESIGN  MAX PH * %
                     KVA      AMPS      KVA     AMPS       KVA     AMPS   P F
===============================================================================
END USE LOADS
BRANCH LOADS
```

```
 BUS-0002           1920.3     48.4     1920.3     48.4     2054.7       51.8  80.00 LAG
=========================================================================================
     TOTALS         1920.3     48.4     1920.3     48.4     2054.7       51.8  80.00 LAG


LOAD SCHEDULE FOR  BUS-0002                           22900. VOLTS LINE TO LINE
SOURCE OF PWR      BUS-0001
=========================================================================================
ITEM DESCRIPTION * CONNECTED MAX PH *  DEMAND  MAX PH  *  DESIGN  MAX PH * %
                      KVA      AMPS      KVA    AMPS       KVA     AMPS    P F
=========================================================================================
END USE LOADS
BRANCH LOADS
 BUS-0003           1920.3     48.4     1920.3     48.4     2054.7       51.8  80.00 LAG
=========================================================================================
     TOTALS         1920.3     48.4     1920.3     48.4     2054.7       51.8  80.00 LAG


LOAD SCHEDULE FOR  BUS-0003                            6600. VOLTS LINE TO LINE
SOURCE OF PWR      BUS-0002
=========================================================================================
ITEM DESCRIPTION * CONNECTED MAX PH *  DEMAND  MAX PH  *  DESIGN  MAX PH * %
                      KVA      AMPS      KVA    AMPS       KVA     AMPS    P F
=========================================================================================
END USE LOADS
BRANCH LOADS
 BUS-0004           1382.8    121.0     1382.8    121.0     1471.1      128.7  80.00 LAG
 BUS-0005            537.5     47.0      537.5     47.0      671.9       58.8  80.00 LAG
 BUS-0006              0.0      0.0        0.0      0.0     WARNING: LOAD IS ZERO
=========================================================================================
     TOTALS         1920.3    168.0     1920.3    168.0     2054.7      179.7  80.00 LAG


LOAD SCHEDULE FOR  BUS-0004                            6600. VOLTS LINE TO LINE
SOURCE OF PWR      BUS-0003
=========================================================================================
ITEM DESCRIPTION * CONNECTED MAX PH *  DEMAND  MAX PH  *  DESIGN  MAX PH * %
                      KVA      AMPS      KVA    AMPS       KVA     AMPS    P F
=========================================================================================
END USE LOADS
BRANCH LOADS
 BUS-0007           1382.8    121.0     1382.8    121.0     1471.1      128.7  80.00 LAG
=========================================================================================
     TOTALS         1382.8    121.0     1382.8    121.0     1471.1      128.7  80.00 LAG


LOAD SCHEDULE FOR  BUS-0005                            6600. VOLTS LINE TO LINE
SOURCE OF PWR      BUS-0003
=========================================================================================
ITEM DESCRIPTION * CONNECTED MAX PH *  DEMAND  MAX PH  *  DESIGN  MAX PH * %
                      KVA      AMPS      KVA    AMPS       KVA     AMPS    P F
```

```
================================================================================
END USE LOADS
LARGEST KVA MTR    537.5      47.0     537.5      47.0      671.9      58.8  80.00 LAG
BRANCH LOADS
================================================================================
     TOTALS        537.5      47.0     537.5      47.0      671.9      58.8  80.00 LAG


LOAD SCHEDULE FOR  BUS-0006                             6600. VOLTS LINE TO LINE
SOURCE OF PWR      BUS-0003
================================================================================
ITEM DESCRIPTION * CONNECTED MAX PH *  DEMAND  MAX PH  *  DESIGN  MAX PH * %
                      KVA      AMPS      KVA    AMPS       KVA     AMPS   P F
================================================================================
END USE LOADS
BRANCH LOADS
================================================================================
***  WARNING  ***  DESIGN LOAD IS ZERO KVA


LOAD SCHEDULE FOR  BUS-0007                             380. VOLTS LINE TO LINE
SOURCE OF PWR      BUS-0004
================================================================================
ITEM DESCRIPTION * CONNECTED MAX PH *  DEMAND  MAX PH  *  DESIGN  MAX PH * %
                      KVA      AMPS      KVA    AMPS       KVA     AMPS   P F
================================================================================
END USE LOADS
BRANCH LOADS
 BUS-0008          382.8     581.7     382.8     581.7      471.1     715.8  80.00 LAG
 BUS-0011         1000.0    1519.3    1000.0    1519.3     1000.0    1519.3  80.00 LAG
================================================================================
     TOTALS       1382.8    2101.0    1382.8    2101.0     1471.1    2235.2  80.00 LAG


LOAD SCHEDULE FOR  BUS-0008                             380. VOLTS LINE TO LINE
SOURCE OF PWR      BUS-0007
================================================================================
ITEM DESCRIPTION * CONNECTED MAX PH *  DEMAND  MAX PH  *  DESIGN  MAX PH * %
                      KVA      AMPS      KVA    AMPS       KVA     AMPS   P F
================================================================================
END USE LOADS
BRANCH LOADS
 BUS-0009           29.6      44.9      29.6      44.9       37.0      56.2  80.00 LAG
 BUS-0010          353.3     536.7     353.3     536.7      441.6     670.9  80.00 LAG
================================================================================
     TOTALS        382.8     581.7     382.8     581.7      471.1     715.8  80.00 LAG


LOAD SCHEDULE FOR  BUS-0009                             380. VOLTS LINE TO LINE
SOURCE OF PWR      BUS-0008
================================================================================
```

```
ITEM DESCRIPTION * CONNECTED MAX PH *  DEMAND  MAX PH  *  DESIGN  MAX PH * %
                       KVA      AMPS     KVA     AMPS       KVA     AMPS   P F
==================================================================================
END USE LOADS
LARGEST KVA MTR      29.6     44.9      29.6     44.9      37.0      56.2  80.00 LAG
BRANCH LOADS
==================================================================================
     TOTALS          29.6     44.9      29.6     44.9      37.0      56.2  80.00 LAG


LOAD SCHEDULE FOR  BUS-0010                             380. VOLTS LINE TO LINE
SOURCE OF PWR      BUS-0008
==================================================================================
ITEM DESCRIPTION * CONNECTED MAX PH *  DEMAND  MAX PH  *  DESIGN  MAX PH * %
                       KVA      AMPS     KVA     AMPS       KVA     AMPS   P F
==================================================================================
END USE LOADS
LARGEST KVA MTR     353.3    536.7     353.3    536.7     441.6     670.9  80.00 LAG
BRANCH LOADS
==================================================================================
     TOTALS         353.3    536.7     353.3    536.7     441.6     670.9  80.00 LAG


LOAD SCHEDULE FOR  BUS-0011                             380. VOLTS LINE TO LINE
SOURCE OF PWR      BUS-0007
==================================================================================
ITEM DESCRIPTION * CONNECTED MAX PH *  DEMAND  MAX PH  *  DESIGN  MAX PH * %
                       KVA      AMPS     KVA     AMPS       KVA     AMPS   P F
==================================================================================
END USE LOADS
ENERGY AUDIT KVA   1000.0   1519.3    1000.0   1519.3    1000.0    1519.3  80.00 LAG
BRANCH LOADS
==================================================================================
     TOTALS        1000.0   1519.3    1000.0   1519.3    1000.0    1519.3  80.00 LAG


                    TOTAL SOURCE LOAD SUMMARY
*****************************************************************************
=============================================================================
LOAD DESCRIPTION   UNITS    CONNECTED    DEMAND     DESIGN       POWER FACTOR
TYPE                           LOAD       LOAD       LOAD             %
=============================================================================
ENERGY AUDIT KVA    KW          800.0      800.0      800.0
                    KVAR        600.0      600.0      600.0
                    KVA        1000.0     1000.0     1000.0      80.00 LAGGING

LARGEST KVA MTR     KW          430.0      430.0      537.5
                    KVAR        322.5      322.5      403.1
                    KVA         537.5      537.5      671.9      80.00 LAGGING

KVA TYPE MTR        KW          306.3      306.3      306.3
```

| | | | | | |
|---|---|---|---|---|---|
| | KVAR | 229.7 | 229.7 | 229.7 | |
| | KVA | 382.8 | 382.8 | 382.8 | 80.00 LAGGING |

---

| | | | | |
|---|---|---|---|---|
| TOTAL LOADS | KW | 1536.3 | 1536.3 | 1643.8 |
| | KVAR | 1152.2 | 1152.2 | 1232.8 |
| | KVA | 1920.3 | 1920.3 | 2054.7 |
| | % PF | 80.0 | 80.0 | 80.0 |
| | | LAGGING | LAGGING | LAGGING |

LOAD DEMAND TABLE

| LOAD DESCRIPTION | LOAD TYPE | FIRST DEMAND KVA | FIRST DEMAND % | SECOND DEMAND KVA | SECOND DEMAND % | THIRD DEMAND KVA | THIRD DEMAND % | DESIGN FACT |
|---|---|---|---|---|---|---|---|---|
| GEN | K | 100 | 100 | ALL | 50 | ALL | 100 | 1.00 |
| LTS | K | ALL | 100 | ALL | 100 | ALL | 100 | 1.25 |
| REC | Z | 10 | 100 | ALL | 50 | ALL | 100 | 1.00 |
| OFF EQ | K | ALL | 100 | ALL | 100 | ALL | 100 | 1.00 |
| HEAT | Z | ALL | 100 | ALL | 100 | ALL | 100 | 1.25 |
| CAP | Z | ALL | 100 | ALL | 100 | ALL | 100 | 1.35 |
| SPARE | K | ALL | 100 | ALL | 100 | ALL | 100 | 1.00 |
| GENERAL LOADS | K | 100 | 80 | ALL | 50 | ALL | 100 | 1.00 |
| LIGHTING | K | ALL | 100 | ALL | 100 | ALL | 100 | 1.25 |
| RECEPTACLES | Z | 10 | 100 | ALL | 50 | ALL | 100 | 1.00 |
| OFFICE EQUIPMENT | K | ALL | 100 | ALL | 100 | ALL | 100 | 1.00 |
| HEATING | Z | ALL | 100 | ALL | 100 | ALL | 100 | 1.25 |
| CAPACITORS | Z | ALL | 100 | ALL | 100 | ALL | 100 | 1.35 |
| SPACE | K | ALL | 100 | ALL | 100 | ALL | 100 | 1.00 |
| SPARE | K | ALL | 100 | ALL | 100 | ALL | 100 | 1.00 |
| SPARE | K | ALL | 100 | ALL | 100 | ALL | 100 | 1.00 |
| SPARE | K | ALL | 100 | ALL | 100 | ALL | 100 | 1.00 |
| SPARE | K | ALL | 100 | ALL | 100 | ALL | 100 | 1.00 |
| SPARE | K | ALL | 100 | ALL | 100 | ALL | 100 | 1.00 |
| SPARE | K | ALL | 100 | ALL | 100 | ALL | 100 | 1.00 |

NOTES:

1) LARGEST MOTOR CIRCUIT IDENTIFIED AND USED TO CALCULATE DESIGN LOAD BASED ON NEC ART 430.
2) MULTI-LEVEL DEMAND AND DESIGN FACTORS APPLIED AT EACH LOAD BUS.
3) LOAD TOTALS CALCULATED USING COMPLEX ADDITION BASED ON POWER FACTOR.

### 3) Data Block Report

상위메뉴 "RUN"에서 "Datablock Format"를 클릭하면 "Data Block Format" 창이 나타날 것이다. 이 대화창에서 "Demand Load Data"를 선택하고 "Apply"를 클릭하면 One-Line에서 그림과 같이 계산결과를 볼 수 있다.

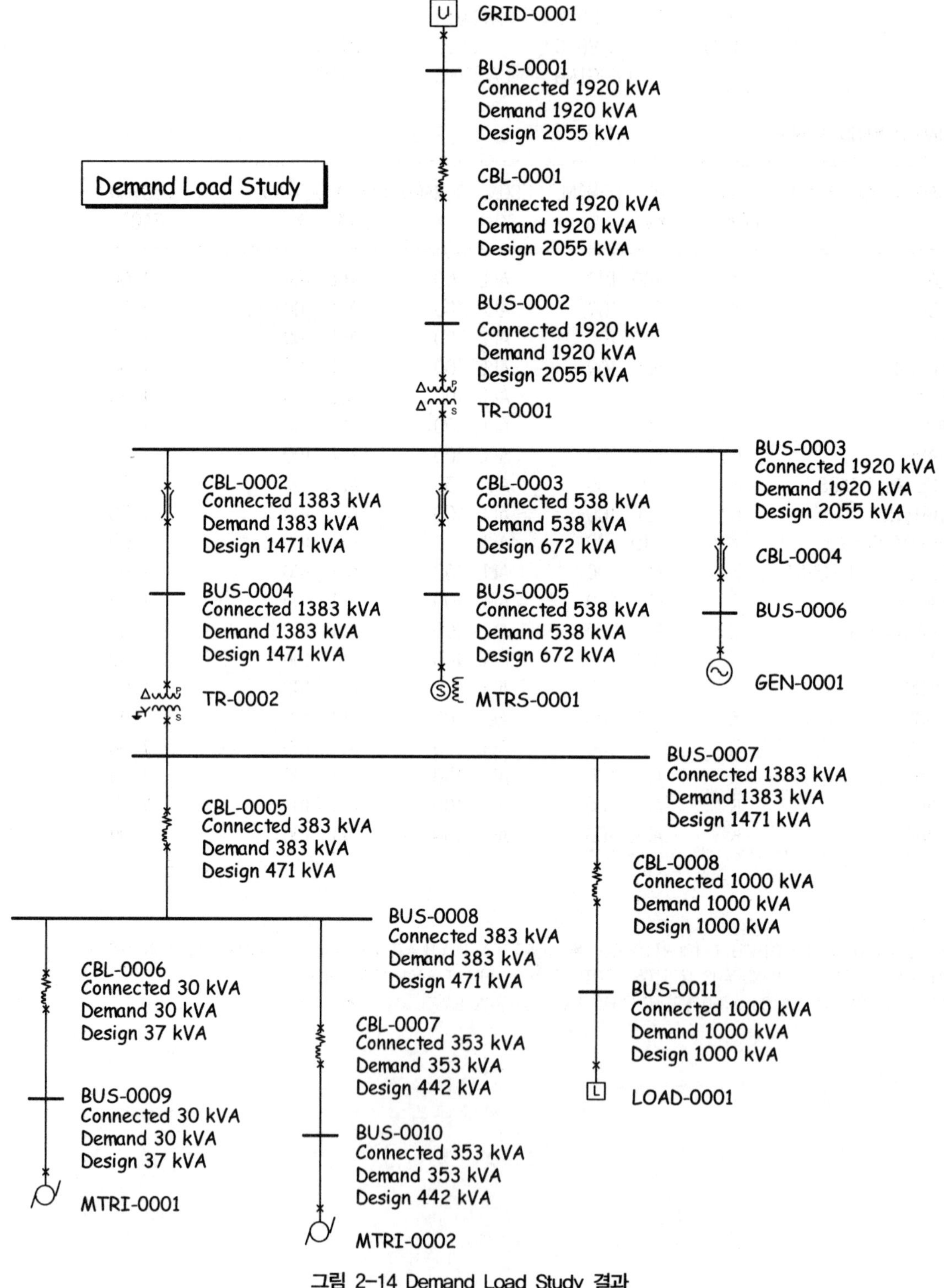


그림 2-14 Demand Load Study 결과

# 3장 Sizing Studies

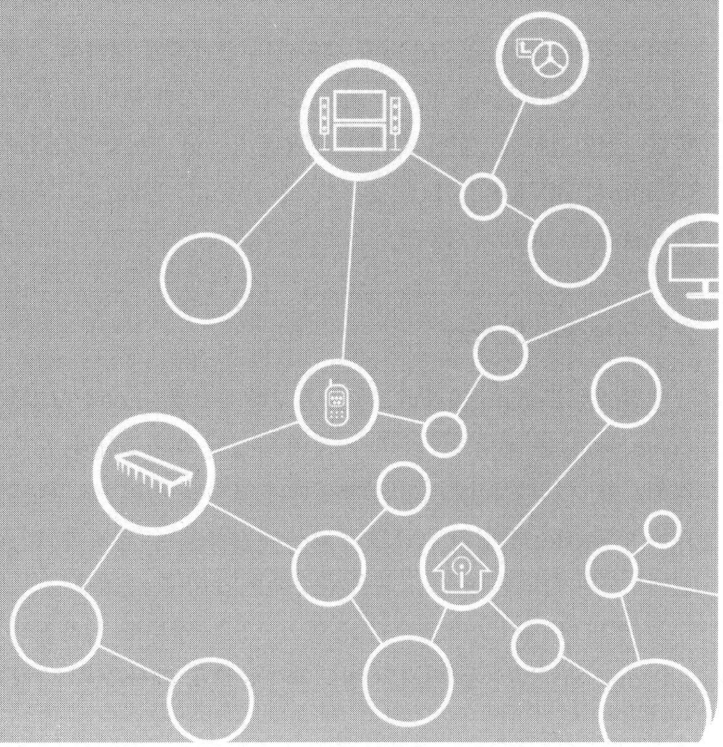

Sizing Study는 국가 기준 및 표준을 만족할 수 있는 기본 전기설계를 수량화하는 Demand Load Study와 함께 사용되며, Demand Load Study와 함께 결합된 기본설계는 Feeder와 변압기가 최소 부하크기에 대하여 충족되는 것을 보장하여야 한다. 기본설계가 결정되면, 더 상세한 계통분석(전압강하, 전동기 기동, 단락회로해석)은 전기장치가 정상과 비정상 상태에서 계통운전을 위한 적정한 크기를 확인하는데 사용된다. Feeder, 중성선, Raceway, 변압기, 접지도체와 같이 지로 구성요소의 Sizing Study 크기는 Demand Load Study의 결과를 기초로 한다. Sizing Study는 National Electrical Code 절차에 따른다. 그러나 임계 설계기준은 사용자가 지정하며, Local Code에 적합하게 지정할 수 있다.

## 1 Sizing Study의 목적

Sizing Study의 목적은 전력계통에서 계산한 최대수요부하와 설계부하의 크기를 기초로 하여 적정한 Feeder와 변압기의 크기를 추천(권장)하기 위한 것이다. Feeder의 용량이 결정되면, Sizing Study는 지속적으로 도체의 Raceway와 설비의 접지도체의 크기를 추천한다. Sizing Study는 Feeder와 변압기의 스케쥴(Feeder Routing, Bus/Feeder Voltage, Phase, Size, Conductor Type, Insulation Type, Length, Etc)을 생성하고, Feeder와 변압기의 비율에 대한 정보를 보고서에 나타내고, Feeder 전압강하 백분율을 나타낸다.

## 2 Engineering Methodology

여기에서는 Sizing Study에 사용되는 방법론에 대하여 설명한다. Sizing Study는 정해진 Feeder에서 전류를 운반하는데 필요한 최소 도체 단면적과 관련된 전압강하기준을 기초로 하여 도체 크기를 선택한다. 전압강하에 대한 자세한 내용은 Load Flow Study를 참조하여야 하며, 변압기는 공칭용량(Nominal kVA)이 아닌 전부하 용량(Full Load kVA)을 기준으로 하여 크기가 정해진다(TR Component Editor 참조).

### 2.1 Feeder Sizing

배전선은 Demand Load Study로부터 Design Load 크기를 기초로 하여 Size를 결정한다. Demand Load Study는 전력계통의 각 지로에 연결된 최대부하와 설계부하를 계산한다. 일부 부하는 연속부하로 정해지며, 이러한 경우에는 설계부하의 크기는 최대수요부하의 크기보다 크다. NEC에서는 연속부하에 대하여 Feeder 용량의 80%를 초과하여 사용할 수 없도록 요구하고 있다. 최대수요부하 크기의 125%의 설계부하의 선택은 NEC 표준을 준수하는 것이다. 전류용량은 도체가 온도 등급을 초과하지 않는 범위의 사용 상태 하에서 연속적으로 흘릴 수 있는 전류로 정해진다.

Sizing Study는 두 가지의 별도의 기준으로 계산을 하여야 한다. 하나는 Feeder 용량에 적합한 최소

도체 단면적을 선정하여야 하며, 두 번째는 사용자가 지정한 전압강하에 의한 계산을 하여야 한다. 사용자는 지정된 도체 유형에 대하여 병렬 Feeder 조합을 고려한다면, Sizing Study는 도체에 대하여 병렬 Feeder를 선택할 수 있다. 케이블 크기는 Sizing Study에서 사용할 수 있도록 하기 위하여 Cable Library에서 지정되어야 한다. 감소된 케이블 전류용량은 온도감소계수와 덕트 상세 설계기준(공사방법)에 따라 결정된다.

Sizing Study는 지정된 전류용량 크기를 만족하고, 최소단면적을 갖는 최적의 케이블을 선택한다. 케이블이 선택되면, 케이블과 병렬 케이블에 대한 전압강하는 계산된다. 전압강하 기준을 초과하면 Sizing Study는 다음으로 큰 크기의 케이블을 선택하고, 단면적, 정격전류용량과 전압강하를 비교하기 시작한다. Sizing Study 알고리즘은 Feeder의 설계부하 크기를 결정하고, 선택한 Feeder의 설계전류용량을 결정한다. Feeder 설계 전류용량은 정격전류용량, 온도 감소계수, 병렬케이블 수를 고려한 생성물(결과)이다. 설계부하 크기는 정격부하 크기에 지정한 수용률과 설계부하계수를 곱한 것이 된다.

일단, Sizing Study는 지로설계전류와 역률, 케이블 임피던스 그리고 케이블 길이를 기초로 하여 케이블에서 계산한 전압강하를 확인하며, 전류용량 조건을 충족하여야 한다. 전압강하는 다음 식으로 계산한다.

$$\%\text{Voltage Drop} = \frac{\sqrt{3}\,(IR\cos\phi + IX\sin\phi)}{V} \times 100 \tag{3.1}$$

전압강하가 지정한 수준을 초과하는 경우에는 Sizing Study는 다음 크기의 Feeder를 선택하고, 최소단면적과 허용 가능한 전압강하의 전류용량 기준을 충족하는 케이블 또는 병렬 케이블 조합을 선택하여 Sizing Study를 다시 시작한다. Sizing Study 전압강하 계산은 “IEEE Red Book의 Chapter 3”에서 인용한 방법을 따른다. 이 간단한 방법은 지로에 손실이 없는 것으로 가정한다. 변압기의 1차와 2차에 연결된 Feeder는 다른 지로와 함께 조합된 것 보다 다른 크기이다. 이 Feeder는 길이가 짧은 경향이 있으며, 변압기 공칭 정격용량에 직접 관련 있는 크기이다.

### 1) 전동기 Feeder

#### (1) 분기회로

① 전동기 분기회로의 허용전류 〉 Design Load
Design Load = Demand Load의 125%(초기값)

② 전동기 분기회로 전압강하 〈 허용 가능한 Feeder 전압강하(초기값 5%)

#### (2) 간선

① 전동기 간선의 허용전류 〉 Design Load
Demand Load Study에서 Design Factor의 설정값
- Largest Motor : 1.25(초기값)
- Remaining Motors : 1.0(초기값)

② 전동기 간선의 전압강하 〈 허용 가능한 Feeder 전압강하(초기값 5%)

### 2) 비전동기 Feeder

(1) 분기회로

① Energy Audit Load

도체의 허용전류 〉 Design Load(Demand의 100% = 부하정격전류 × LF)

② Demand Library Load

도체의 허용전류 〉 Design Load

Design Load = Demand Load × LCL Factor

③ 분기회로 전압강하 〈 허용 가능한 Feeder 전압강하(초기값 5%)

(2) 간선

① 간선의 허용전류 〉 Design Load

② 간선의 전압강하 〈 허용 가능한 Feeder 전압강하(초기값 5%)

## 2.2 Transformer Sizing

변압기 크기는 사용자가 구성요소 편집기(Component Editor)에서 선택에 따라 계산된 지로 최대수요부하 또는 설계부하 크기를 기초로 한다. PTW는 최대수요부하 크기를 기초로 하여 크기가 결정되는 새로운 변압기를 기본으로 한다. Sizing Information의 아래에 체크되어 있는 변압기는 Sizing을 하지 않는다(TR Component Editor에서 "Do Not Size"에 체크). Sizing 알고리즘은 변압기의 전부하용량(Full Load kVA)에 대한 최대수요 또는 설계부하 크기를 비교하는 것이다. 변압기의 전부하 크기는 다음 식으로 주어진다.

[Note] 변압기 Component Editor〉〉Transformer Impedance〉〉Sizing Information〉〉Sizing Criteria에서 Demand 또는 Design을 선택한다.

변압기 용량 > Demand Load 또는 Design Load(초기값은 Demand) (3.2)

Full Load Size = Nominal kVA Rating × Transformer Capacity Factor (3.3)

Capacity Factor는 변압기 Library에 저장되어 있으며, 대표적인 Capacity Factors는 다음 표와 같다.

**표 3-1 Capacity Factor**

| Transformer Cooling Characteristic | Capacity Factor (may be changed) |
|---|---|
| Dry Type (DT) | 1.0 |
| Oil/Air Cooled (OA) | 1.15 |
| Oil/Air/Forced Air (OAFA) | 1.25 |
| Oil/Forced Air (FA) | 1.33 |

## 2.3 Transformer Feeders

변압기의 1차와 2차에 대한 Feeder는 특별한 검토가 요구된다. 변압기의 1차와 2차 Feeder의 Sizing Study에서 크기는 변압기의 전부하용량에 대한 비율계수(일반적으로 125%)와 허용 가능한 전압강하 기준을 기초로 한다. 이 계수는 Sizing Study 설정 Box에서 지정할 수 있다.

$$\text{변압기 1, 2차 Feeder Size} > \text{TR FLA의 125\% (초기값)} \tag{3.4}$$

# 3 PTW에서 적용방법

(1) Sizing Study의 기본 원칙은 Demand Load Study의 설계부하의 크기이다.

(2) Loop를 포함하고 있는 전력계통

Demand Load Study는 오직 방사상 공급회로에 대한 유효한 방법론에 기반을 두고 있다. 계통 구조가 Loop를 포함하고 있다면, Demand Load Study는 최대수요와 Design Load 계산을 실행하기 위하여 Loop를 일시적으로 개방할 것이다. 따라서 Sizing Study는 Design Load Study에서 사용되는 방사상 계통을 기본으로 한다. 사용자가 지정한 Feeder의 Size는 아니지만, 충분한 전류용량 데이터가 Component Editor에서 입력된 경우, Feeder 평가는 수행된다.

(3) Local Generation의 무시

Demand Load Study의 유일한 목적은 전력계통의 각 Bus와 지로에서 부하의 벡터 합을 공급하기 때문에 지역발전은 무시한다. 따라서 Sizing Study는 Demand Load Study로부터 결과인 Demand와 Design 부하 크기를 기초로 한다. 지역 발전으로부터 전원측 Feeder와 변압기 용량은 지역발전을 무시하기 때문에 크게 되는 경향이 있다.

(4) Cable과 Transformer Library는 Sizing Study에 요구되는 Feeder와 변압기 Sizing Table를 포함하며, 사용자는 사용자 개인 설계 요구에 적합하게 Library를 수정할 수 있다.

# 4 Power Tools를 이용한 Sizing Study

## 4.1 Sizing Data 입력

다음의 One-Line 전력계통도에서 전력설비의 Data를 입력한다. Sizing Study의 경우 적정변압기 용량과 Cable Size를 선택하기 위하여 라이브러리를 사용하여야 한다. 따라서 직접 입력한 변압기 데이터를 라이브러리를 이용하여 입력한다.

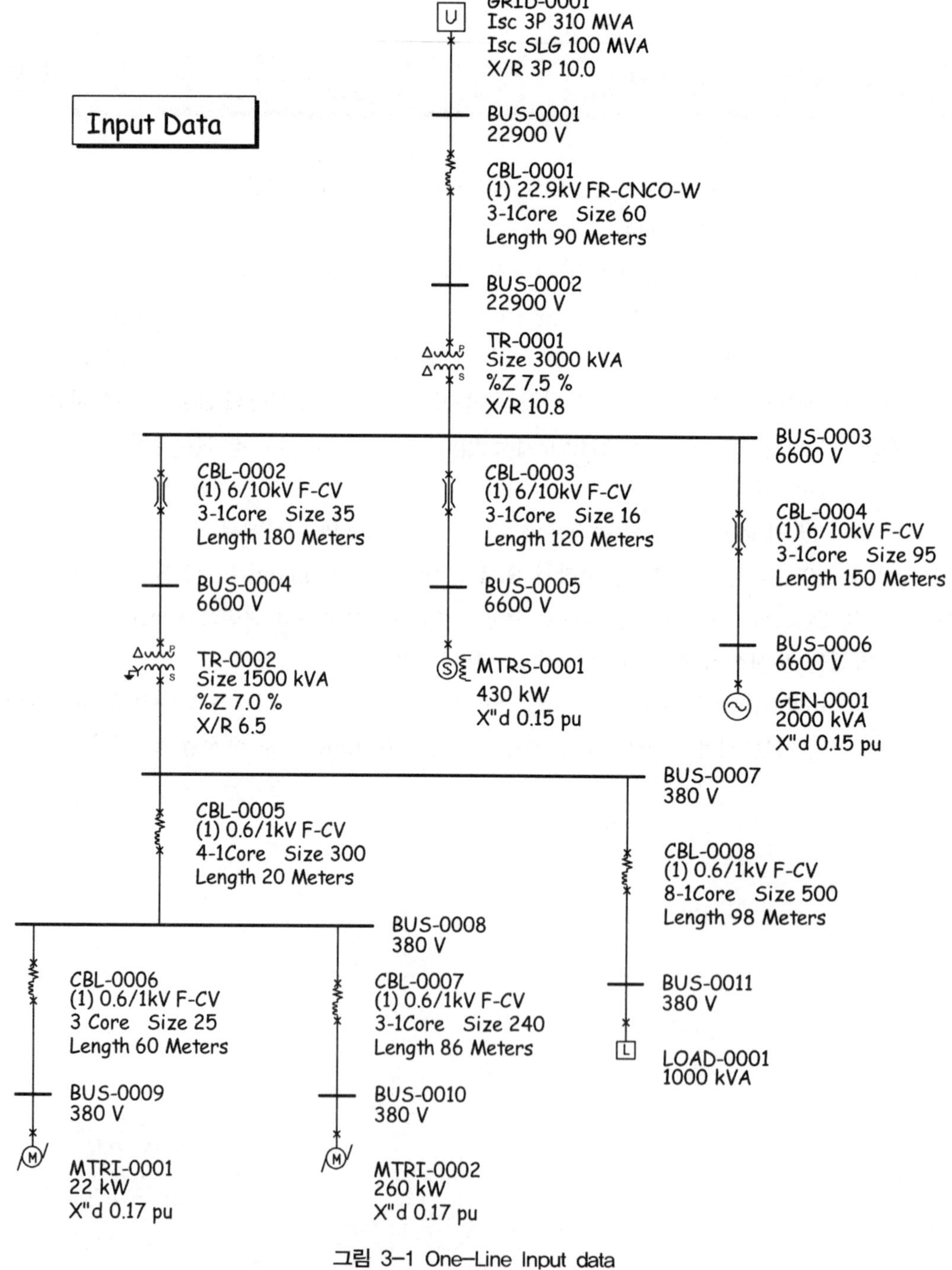


그림 3-1 One-Line Input data

## 4.2 Demand Load Study Report

다음의 One-Line은 제3장의 Demand Load Study 결과이다.

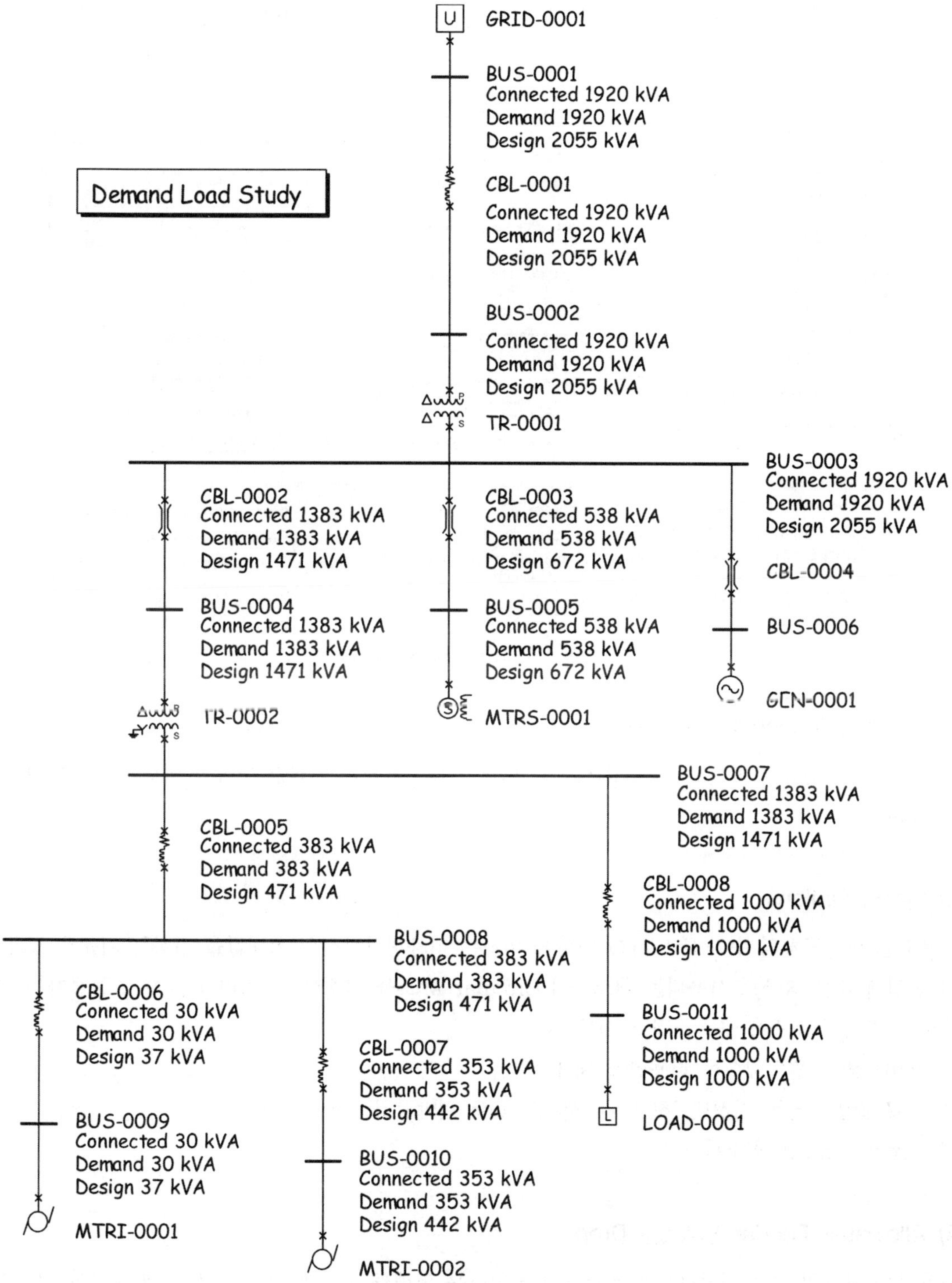

Demand Load Study

GRID-0001

BUS-0001
Connected 1920 kVA
Demand 1920 kVA
Design 2055 kVA

CBL-0001
Connected 1920 kVA
Demand 1920 kVA
Design 2055 kVA

BUS-0002
Connected 1920 kVA
Demand 1920 kVA
Design 2055 kVA

TR-0001

BUS-0003
Connected 1920 kVA
Demand 1920 kVA
Design 2055 kVA

CBL-0002
Connected 1383 kVA
Demand 1383 kVA
Design 1471 kVA

CBL-0003
Connected 538 kVA
Demand 538 kVA
Design 672 kVA

CBL-0004

BUS-0004
Connected 1383 kVA
Demand 1383 kVA
Design 1471 kVA

BUS-0005
Connected 538 kVA
Demand 538 kVA
Design 672 kVA

BUS-0006

TR-0002

MTRS-0001

GEN-0001

BUS-0007
Connected 1383 kVA
Demand 1383 kVA
Design 1471 kVA

CBL-0005
Connected 383 kVA
Demand 383 kVA
Design 471 kVA

CBL-0008
Connected 1000 kVA
Demand 1000 kVA
Design 1000 kVA

BUS-0008
Connected 383 kVA
Demand 383 kVA
Design 471 kVA

CBL-0006
Connected 30 kVA
Demand 30 kVA
Design 37 kVA

BUS-0011
Connected 1000 kVA
Demand 1000 kVA
Design 1000 kVA

CBL-0007
Connected 353 kVA
Demand 353 kVA
Design 442 kVA

LOAD-0001

BUS-0009
Connected 30 kVA
Demand 30 kVA
Design 37 kVA

MTRI-0001

BUS-0010
Connected 353 kVA
Demand 353 kVA
Design 442 kVA

MTRI-0002

그림 3-2 Demand Load Study Result

## 4.3 Sizing Study의 설정

'Demand Load' 및 'Sizing'에 체크하고, 'Setup' 버튼을 클릭하여 다음의 설정창이 나타난다. 사용자는 초기값을 유지하거나 또는 허용 가능한 Feeder 전압강하율과 변압기의 전부하에 대한 1차와 2차 Feeder의 전류용량을 퍼센트 값으로 텍스트 박스에 새롭게 유지할 수 있다. 각 항목에 대한 설정은 다음과 같이 한다.

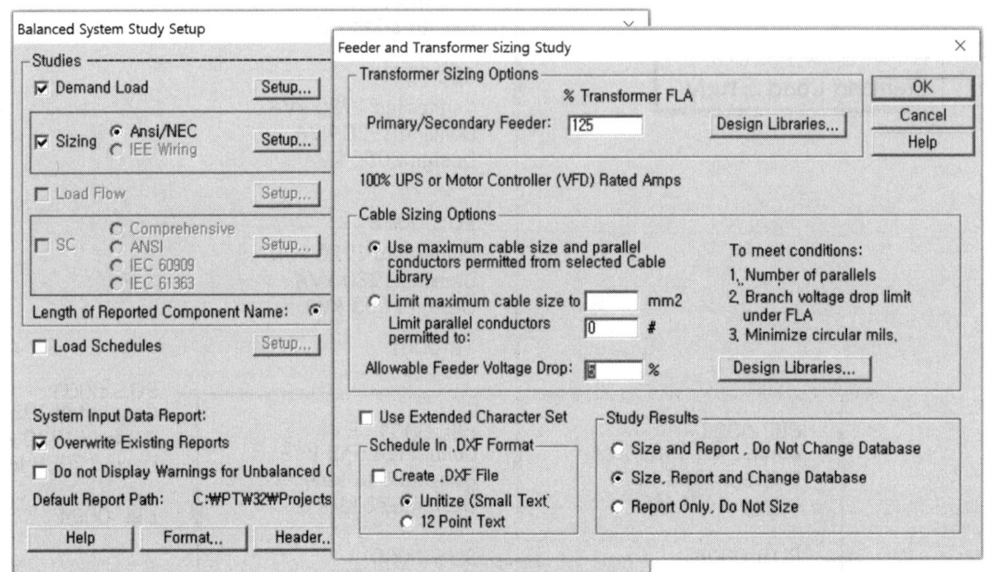


그림 3-3 Sizing Study Setup

### 1) Primary/Secondary Feeder

변압기 전부하전류의 퍼센트 값을 입력하며, 도체의 허용전류를 입력값 이상이 되도록 선정한다(초기값 125%).

### 2) Sizing Options

허용되는 병렬도체의 수와 Feeder에 영향을 미치는 허용전압강하의 최대값을 정하는 기준은 도체 크기의 선택에 대한 참조로 사용되는 최소한의 Circular Mils을 결정한다. 이러한 크기 조정절차는 아래 항목의 일반적인 조건을 충족하려고 시도한다.

① 케이블의 병렬도체수는 허용한계 내에 있다.

② 지로 전압강하는 지정된 '허용 가능한 Feeder 전압강하' 한계 이내 이다.

③ circular mil을 최소화한다.

### 3) Allowable Feeder Voltage Drop

사용자는 하나의 지로 전압강하에 제한하기를 원하는 퍼센트 값을 입력하며, 도체에 대하여 전압강하 크기를 제한할 때 사용한다(초기값은 5%).

(1) Use maximum cable size and parallel conductors permitted from selected cable library

Sizing study는 cable library로부터 선택된 모델의 내용을 확인하고, Library에서 허용 가능한 케이블 사이즈, 병렬 도체수, 임피던스, 허용전류 데이터를 기초로 한 도체의 크기와 병렬도체 수를 사용한다.

(2) Limit maximum cable size and parallel conductor permitted by user-defined values

이 옵션은 상기 (1)의 옵션에 사용자가 지정한 값에 대하여 다음의 예외 사항을 추가로 적용한다.

① 텍스트 박스에 입력된 최대 케이블 크기는 케이블 라이브러리로부터 선택된 모델에서 허용 가능한 최대 도체 사이즈로 사용될 것이다.

② 사용자가 텍스트 박스에 입력한 최대 병렬 허용 케이블은 케이블 라이브러리에서 사용가능한 데이터를 대신하여 허용 가능한 최대 병렬 도체수를 사용한다. 이러한 최대 수는 입력값이 라이브러리에서 병렬 허용 가능한 데이터보다 적은 경우에만 적용된다.

### 4) Study Results

Study 결과에 대하여 다음의 3가지 옵션 중 하나를 선택할 수 있다.

#### (1) Size and Report, Do Not Change Database

Report에는 Feeder와 변압기의 Sizing 결과(적정한 Size로 변경)를 나타내고, 데이터베이스(Component 입력값)는 변경하지 않는다.

#### (2) Size, Report and Change Database

Report에는 Feeder와 변압기의 Sizing 결과(적정한 Size로 변경)를 나타내고, Sizing 결과에 기초하여 데이터베이스(Component 입력값)를 변경한다.

#### (3) Report Only, Do Not Size

현재의 Feeder와 변압기 Size에 대한 보고서를 생성하고, 데이터베이스에서 새로운 크기 계산이나 변경을 하지 않는다.

| 구 분 | Sizing 결과 | Data Base(Component Editor) |
|---|---|---|
| (1) | Change | 변경 없음 |
| (2) | Change | Change |
| (3) | 변경 없음 | 변경 없음 |

## 4.4 Sizing Study의 실행

"RUN" 버튼을 클릭하면 Sizing Study 계산을 수행하면서 다음 Study Messages가 나타나며, Errors가 없으면 "Close" 버튼을 클릭한다.

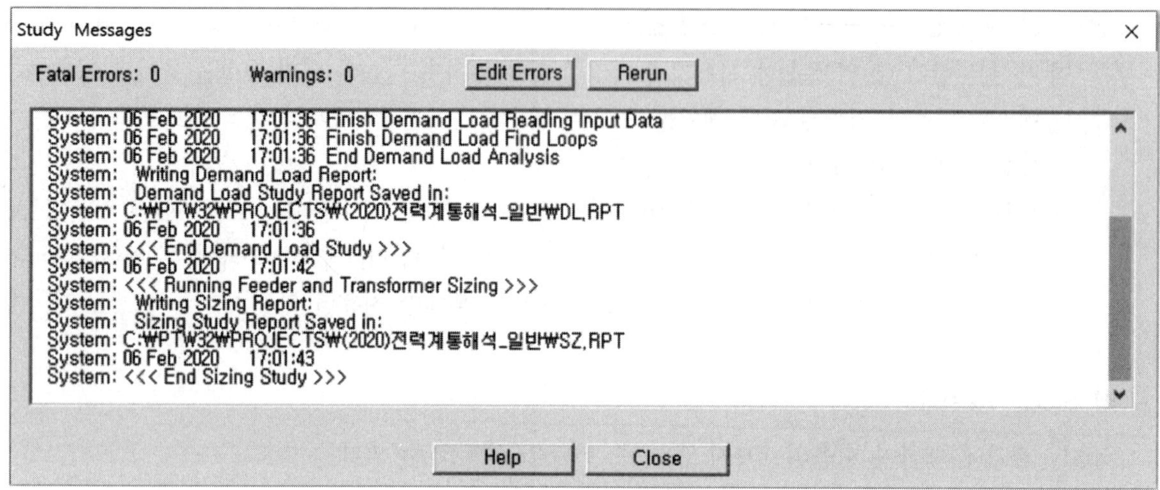


그림 3-4 Study Messages

## 4.5 Sizing Study의 Report 열기

Sizing Study의 계산 결과를 보기 위하여 상위 메뉴 중에서 "Document"를 선택한 후 "Report"를 클릭하면 다음 그림의 대화창이 열릴 것이다.

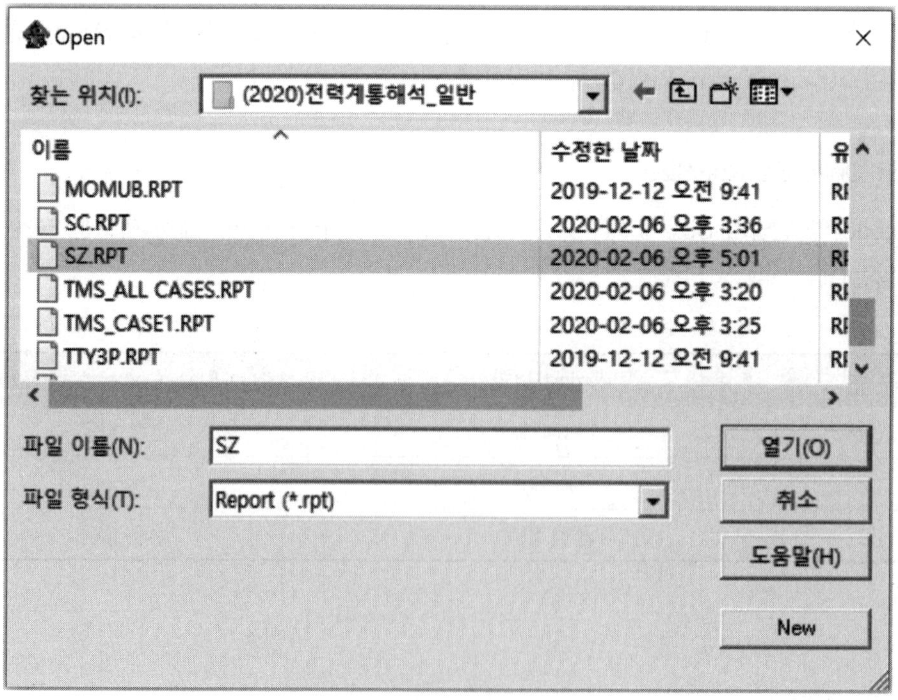


그림 3-5 Document Open

## 4.6 Sizing Study Report

그림 3-5에서 "SZ.RPT"를 선택한 후 "열기" 버튼을 클릭하면 Sizing Study 결과를 볼 수 있다.

```
--------------------------------------------------------------------------------
ALL INFORMATION PRESENTED IS FOR REVIEW, APPROVAL, INTERPRETATION
AND APPLICATION BY A REGISTERED ENGINEER ONLY
SKM DISCLAIMS ANY RESPONSIBILITY AND LIABILITY RESULTING
FROM THE USE AND INTERPRETATION OF THIS SOFTWARE.
--------------------------------------------------------------------------------
SKM POWER*TOOLS FOR WINDOWS
FEEDER AND TRANSFORMER SIZING REPORT
COPYRIGHT SKM SYSTEMS ANALYSIS, INC. 1995-2019
--------------------------------------------------------------------------------



                          FEEDER AND TRANSFORMER STUDY CRITERIA
================================================================================

SIZE, REPORT AND CHANGE DATA BASE

BRANCH VOLTAGE DROP CRITERIA   5.00 %

VOLTAGE DROP CALCULATIONS ARE PRELIMINARY
EXECUTE VOLTAGE DROP AND LOAD FLOW STUDY FOR MORE ACCURATE RESULTS

PRIMARY/SECONDARY TRANSFORMER FDRS SIZED AT  125. % OF TX FULL LOAD RATING

***  NOTICE   ***  FEEDER SIZED TO  125. PERCENT OF TRANSFORMER SIZE
                   BRANCH FROM  BUS-0003       TO  BUS-0004
                   TX KVA:    1500.0  TR FLA:     131.2
                   MINIMUM FEEDER AMPACITY:       164.0

***  NOTICE   ***  FEEDER SIZED TO  125. PERCENT OF TRANSFORMER SIZE
                   BRANCH FROM  BUS-0001       TO  BUS-0002
                   TX KVA:    3000.0  TR FLA:      75.6
                   MINIMUM FEEDER AMPACITY:        94.5


                               FEEDER SIZE REPORT
******************************************************************************************

                             F E E D E R   S C H E D U L E
==========================================================================================
FEEDER ROUTING      Bus/Fdr   PHASE    SIZE        COND       INSULATION             Length
    NO  NAME        VOLTAGE           #COND FDR    TYPE     TYPE   CLASS           ( Meters )
==========================================================================================
```

```
FROM  BUS-0001        22900.

 Cable: CBL-0001
  TO  BUS-0002        22900.  ABC    1    60      Copper     XLPE                          90.0
  Duct: Non-Magnetic  Gnd:    RaceWay:            RaceWay Type: Non-Magnetic  RaceWay No.: 1
  Manuf: KEPCO                Desc: 22.9kV FR-CNCO Conductor Desc.: 3-1Core
  Installation:                                   Ampacity Desc. :삼각1회선


FROM  BUS-0003         6600.

 Cable: CBL-0002
  TO  BUS-0004         6600.  ABC    1    25      Copper     F-CV                         180.0
  Duct: Non-Magnetic  Gnd:    RaceWay:            RaceWay Type: Non-Magnetic  RaceWay No.: 1
  Manuf: IEC                  Desc: 6/10kV F-CV   Conductor Desc.: 3-1Core
  Installation: 수평(S=D)                         Ampacity Desc. :기중암거포설

 Cable: CBL-0003
  TO  BUS-0005         6600.  ABC    1    16      Copper     F-CV                         120.0
  Duct: Non-Magnetic  Gnd:    RaceWay:            RaceWay Type: Non-Magnetic  RaceWay No.: 1
  Manuf: IEC                  Desc: 6/10kV F-CV   Conductor Desc.: 3-1Core
  Installation: 수평(S=D)                         Ampacity Desc. :기중암거포설

 Cable: CBL-0004
  TO  BUS-0006         6600.  ABC    1    95      Copper     F-CV                         150.0
  Duct: Non-Magnetic  Gnd:    RaceWay:            RaceWay Type: Non-Magnetic  RaceWay No.: 1
  Manuf: IEC                  Desc: 6/10kV F-CV   Conductor Desc.: 3-1Core
  Installation: 수평(S=D)                         Ampacity Desc. :기중암거포설


FROM  BUS-0007          380.

 Cable: CBL-0005
  TO  BUS-0008          600.  ABC    1   500      Copper     F-CV  XLPE                    20.0
  Duct: Non-Magnetic  Gnd:    RaceWay:            RaceWay Type: Non-Magnetic  RaceWay No.: 1
  Manuf: IEC                  Desc: 0.6/1kV F-CV  Conductor Desc.: 4-1Core
  Installation: Flat(S=D)                         Ampacity Desc. :B1

 Cable: CBL-0008
  TO  BUS-0011          600.  ABC    2   400      Copper     F-CV  XLPE                    98.0
  Duct: Non-Magnetic  Gnd:    RaceWay:            RaceWay Type: Non-Magnetic  RaceWay No.: 1
  Manuf: IEC(2p)              Desc: 0.6/1kV F-CV  Conductor Desc.: 8-1Core
  Installation: Flat(S=D)                         Ampacity Desc. :F


FROM  BUS-0008          380.

 Cable: CBL-0006
  TO  BUS-0009          600.  ABC    1    10      Copper     F-CV  XLPE                    60.0
  Duct: Non-Magnetic  Gnd:    RaceWay:            RaceWay Type: Non-Magnetic  RaceWay No.: 1
  Manuf: IEC                  Desc: 0.6/1kV F-CV  Conductor Desc.: 3 Core
```

```
 Installation:                                          Ampacity Desc. :B2

Cable: CBL-0007
 TO   BUS-0010          600.   ABC     1      300       Copper      F-CV   XLPE                      86.0
 Duct: Non-Magnetic    Gnd:    RaceWay:                 RaceWay Type: Non-Magnetic   RaceWay No.:  1
 Manuf: IEC                    Desc: 0.6/1kV F-CV       Conductor Desc.: 3-1Core
 Installation: Flat(S=D)                                Ampacity Desc. :F
```

FEEDER EVALUATION

```
*******************************************************************************************************

                     F E E D E R   D E S I G N   L O A D   A N A L Y S I S
=======================================================================================================
FEEDER ROUTING        Bus/Fdr     PHASE     SIZE          COND      INSULATION            Design    Derated
     NO  NAME         VOLTAGE            #COND FDR        TYPE      TYPE   CLASS           Load     Rating
=======================================================================================================
FROM  BUS-0001         22900.     ABC
Cable: CBL-0001
  TO   BUS-0002       NEW Vd%:    0.02    1     60        Copper    XLPE                   52.A      220.A
  KEPCO                           Desc: 22.9kV FR CNCO    3-1Core


FROM  BUS-0003          6600.     ABC

Cable: CBL-0002
  TO   BUS-0004       NEW Vd%:    0.57    1     25        Copper    F-CV                  129.A      152.A
  IEC                             Desc: 6/10kV F-CV       3-1Core
Cable: CBL-0003
  TO   BUS-0005       NEW Vd%:    0.27    1     16        Copper    F-CV                   59.A      116.A

  IEC                             Desc: 6/10kV F-CV       3-1Core
Cable: CBL-0004
  TO   BUS-0006                   Status:NEW AMB Deg:   40. Full Load Amps:      0.  Rating: UNKNOWN
                                  *** WARNING *** FEEDER LOAD IS DEFINED AS ZERO


FROM  BUS-0007           380.     ABC

Cable: CBL-0005
  TO   BUS-0008       NEW Vd%:    0.82    1    500        Copper    F-CV   XLPE           716.A      765.A
  IEC                             Desc: 0.6/1kV F-CV      4-1Core
Cable: CBL-0008
  TO   BUS-0011       NEW Vd%:    4.20    2    400        Copper    F-CV   XLPE          1519.A     1736.A
  IEC(2p)                         Desc: 0.6/1kV F-CV      8-1Core
```

```
FROM  BUS-0008          380.    ABC

Cable: CBL-0006
  TO   BUS-0009        NEW Vd%:   3.59    1     10        Copper   F-CV   XLPE          56.A        60.A
  IEC                             Desc: 0.6/1kV F-CV      3 Core
Cable: CBL-0007
  TO   BUS-0010        NEW Vd%:   3.73    1     300       Copper   F-CV   XLPE          671.A       736.A
  IEC                             Desc: 0.6/1kV F-CV      3-1Core
```

```
                          TRANSFORMER SIZE REPORT
*****************************************************************************

                  T R A N S F O R M E R    S C H E D U L E
=============================================================================
LOCATION DESCRIPTION  VOLTAGE   CONN  PCT.  TRANSFORMER DESCRIPTION
  BUS NO. NAME         LEVELS   CODE  TAP
=============================================================================

 FROM  BUS-0002          22900.  D     0.0 TYPE: MOLD  22.9/6.6kV
   TO  BUS-0003           6600.  D          DEM:  1920.3 KVA FL:    3000.0 KVA
 Name: TR-0001                   EX           7.50 %Z         NOM:  3000.0 KVA

 FROM  BUS-0004           6600.  D     0.0 TYPE: MOLD  6.6/0.38kV
   TO  BUS-0007            380.  YG         DEM:  1382.8 KVA FL:    1500.0 KVA
 Name: TR-0002                   EX           7.00 %Z         NOM:  1500.0 KVA
```

## 4.7 Data Block Report

상위메뉴 "RUN"에서 "Datablock Format"를 클릭하면 "Data Block Format" 창이 나올 것이다. 이 대화창에서 "Input Data"를 선택하고 "Apply"를 클릭하면 One-Line에서 그림과 같이 변경된 변압기 용량과 케이블 사이즈의 Data Block Report를 볼 수 있다.

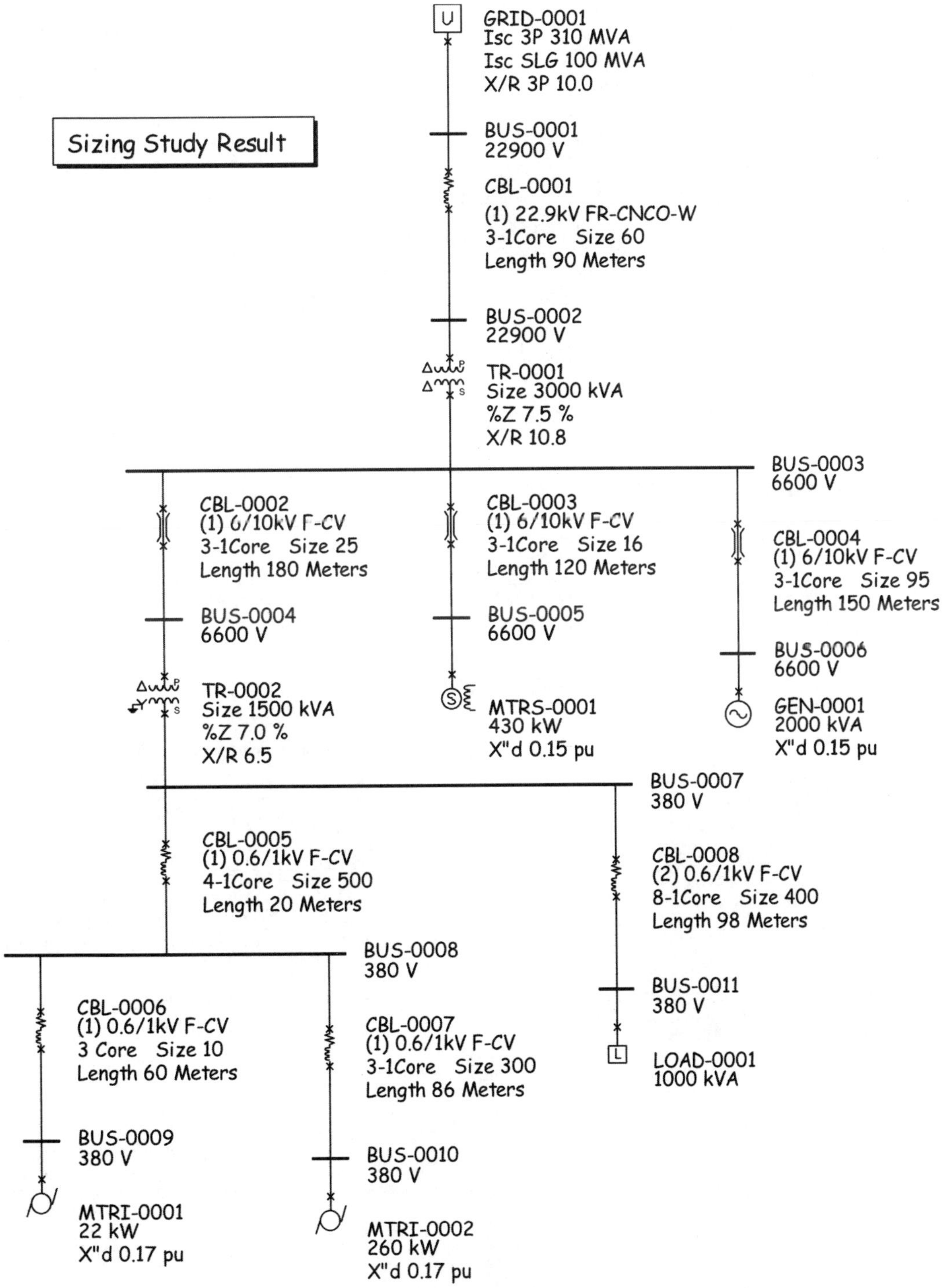

Sizing Study Result

GRID-0001
Isc 3P 310 MVA
Isc SLG 100 MVA
X/R 3P 10.0

BUS-0001
22900 V

CBL-0001
(1) 22.9kV FR-CNCO-W
3-1Core Size 60
Length 90 Meters

BUS-0002
22900 V

TR-0001
Size 3000 kVA
%Z 7.5 %
X/R 10.8

BUS-0003
6600 V

CBL-0002
(1) 6/10kV F-CV
3-1Core Size 25
Length 180 Meters

CBL-0003
(1) 6/10kV F-CV
3-1Core Size 16
Length 120 Meters

CBL-0004
(1) 6/10kV F-CV
3-1Core Size 95
Length 150 Meters

BUS-0004
6600 V

BUS-0005
6600 V

BUS-0006
6600 V

TR-0002
Size 1500 kVA
%Z 7.0 %
X/R 6.5

MTRS-0001
430 kW
X"d 0.15 pu

GEN-0001
2000 kVA
X"d 0.15 pu

BUS-0007
380 V

CBL-0005
(1) 0.6/1kV F-CV
4-1Core Size 500
Length 20 Meters

CBL-0008
(2) 0.6/1kV F-CV
8-1Core Size 400
Length 98 Meters

BUS-0008
380 V

BUS-0011
380 V

CBL-0006
(1) 0.6/1kV F-CV
3 Core Size 10
Length 60 Meters

CBL-0007
(1) 0.6/1kV F-CV
3-1Core Size 300
Length 86 Meters

LOAD-0001
1000 kVA

BUS-0009
380 V

BUS-0010
380 V

MTRI-0001
22 kW
X"d 0.17 pu

MTRI-0002
260 kW
X"d 0.17 pu

그림 3-7 Sizing Study Result

# 4장 | Load Flow Analysis

전력조류 계산은 발전기에서 생산된 전력 에너지가 송·배전선로를 통해서 수용가까지 전송되어 소비되고 있다. 이러한 전력 에너지가 전달되는 과정 즉, 전력 에너지의 흐름을 전력 조류 또는 조류(power flow)라고 한다. 정상 상태의 정격전압과 정격 주파수에서 각 모선의 전압과 위상각을 구함으로서 선로나 변압기 등에 얼마만큼 전력이 흐르는가를 계산하는 것이 전력 조류 계산이다. 조류 계산은 비선형 연립방정식의 형태로 표현된다. Load Flow Study를 수행하기 위한 참고자료는 다음과 같다.

- NEC Articles 210.19
- IEEE Std 141-1993, *IEEE Recommended Practice for Electric Power Distribution for Industrial Plants(IEEE Red Book).*
- IEEE Std 399-1997, *IEEE Recommended Practice for Industrial and Commercial Power Systems Analysis(IEEE Brown Book).*

## 1 조류계산의 분석내용 및 적용

### 1.1 분석내용

1) 전력조류계산(유효전력, 무효전력) 및 손실전력의 계산
2) 전압강하 계산 및 역률계산
3) Bus 전압 및 위상각 계산
4) Feeder 및 변압기의 과부하 여부 검토 및 변압기의 적정 Tap 설정

### 1.2 조류계산의 적용

1) 검토대상 전력계통의 전력손실 최소화
2) 과부하 해소 및 전압 적정조건을 위한 변압기 최적 Tap의 선정
3) 최적의 안정된 전력계통 구성 및 운용방안을 찾아내는데 이용
4) 역률개선을 위한 전력콘덴서의 적정 위치와 용량을 결정
5) 고조파해석의 기본자료로 활용되며, 자가발전기를 보유한 전력계통에 필요한 부하차단 및 안정도 해석의 입력자료로 활용된다.

### 1.3. 조류계산의 입력 데이터

전력조류계산을 하기 위하여 사전에 다음과 같은 데이터를 준비하여야 한다. 계통구성과 설비정수가 주어지면 계통의 전압과 조류 사이에는 전력방정식의 관계가 성립한다. 이것에 운용상의 구속조건을 넣으면 전력방정식을 풀어 미지의 전압, 전력조류를 구하는 것이 전력조류계산이다.

#### 1) 계통구성에 관한 데이터

발전기, 변압기, 송전선 및 부하 등의 전력설비가 어떻게 접속되어 있는가를 나타내는 데이터로 계통

구성도로 나타낼 수 있다. 이 계통도는 변압기와 송전선 등 전력수송설비를 나타내는 Branch와 발전기 단자, 부하단자 또는 2개 이상의 Branch의 접속점을 나타내는 Node로 구성되어 있으며 각 Branch, Node에는 번호가 붙여진다. 계산 프로그램에는 이 번호에 의해 계통구성이 입력된다.

#### 2) 설비정수에 관한 데이터

주로 변압기와 송전선의 임피던스, 어드미턴스로 단위법 또는 %법으로 나타낼 수 있다. 그 외 발전기나 변압기의 정격전압, 정격용량, 전압변성비를 입력하는 경우도 있다. 계통도에 "1)"과 "2)"를 기입한 임피던스 Map을 만들어 두면 편리하다.

#### 3) 각 모선에서의 운전조건에 따른 설정값

발전기의 운전전력, 무효전력 또는 전압, 부하의 유효전력, 무효전력, 조상설비의 무효전력 또는 기준전압 등 계통의 운전조건을 지정하는 데이터이다.

## 2 전력조류 계산식

전력계통이 회로방정식을 행렬로 나다내면 다음과 같다.

$$\begin{bmatrix} I_1 \\ I_2 \\ \vdots \\ I_k \\ \vdots \\ I_n \end{bmatrix} = \begin{bmatrix} Y_{11} & Y_{12} \cdots & Y_{1i} \cdots & Y_{1n} \\ Y_{21} & Y_{22} \cdots & Y_{2i} \cdots & Y_{2n} \\ \vdots & \vdots & \vdots & \vdots \\ Y_{k1} & Y_{k2} \cdots & Y_{ki} \cdots & Y_{kn} \\ \vdots & \vdots & \vdots & \vdots \\ Y_{n1} & Y_{n2} \cdots & Y_{ni} \cdots & Y_{nn} \end{bmatrix} \begin{bmatrix} V_1 \\ V_2 \\ \vdots \\ V_k \\ \vdots \\ V_n \end{bmatrix} \tag{4.1}$$

또는 다음과 같이 나타낸다.

$$[I] = [Y][V] \tag{4.2}$$

여기에서,

$I$ : 계통에서 Bus로 유입하는 전류 Vector
$Y$ : 모선 어드미턴스 행렬
$V$ : 각 모선의 전압 Vector

이 방정식은 실수와 허수부를 갖는 선형대수 방정식이다. 계통의 모든 노드에 흐르는 전류는 다음과 같이 정의한다.

$$I_i = \left[ \frac{(P_i + jQ_i)^*}{V_i^*} \right] \tag{4.3}$$

여기에서,

$(P_i + iQ_i)^*$ : $i$ 번째 노드에 흐르는 피상전력의 공액복소수

$V_i^*$ : $i$ 번째 노드의 전압의 공액복소수

식(4.2)과 식(4.3)를 결합하면 다음과 같이 된다.

$$\left[\frac{(P_i + jQ_i)^*}{V_i^*}\right] = [Y][V] \tag{4.4}$$

식(4.4)은 비선형연립방정식으로, 이것을 풀기 위해서는 미지수에 적당한 초기값을 설정하여 전력방정식에서 근사해를 구해 다시 이것을 전력방정식에 대입하여 보다 높은 근사해를 구하는 반복계산법에 의할 필요가 있다.

정상상태의 부하조류 계산식(4.4)은 입력 및 출력 변수의 설정으로 줄일 수 있다. 이 변수에 대한 지식은 솔루션에 도움이 된다. Bus의 3가지 종류는 전력조류에 대한 풀이하는 방법으로 정의된다.

**표 4-1 Bus 종류별 기지량과 미지량**

| Bus Type | Node | 기지량 | 미지량 | 비 고 |
|---|---|---|---|---|
| I | Load Bus | P, jQ | V, δ | |
| II | Generation Bus(Class A) | –P, ±Q | V, δ | 비조정형 발전기 |
| | Generation Bus(Class B) | –P, V | ±jQ, δ | 조정형 발전기 |
| III | Swing or Slack Bus | V, δ | ±P, ±jQ | |

Type Ⅰ Bus는 전동기 또는 비전동기 부하 Bus 이다. 노드에서 유출되는 전력은 양수로 정의된다. 종속 변수는 전압의 크기 및 전압의 각도이다.

Type Ⅱ Bus는 유효전력이 발생되는 발전기 Bus이다. Class A Generator Bus는 비조정형 발전기이며, 유효와 무효전력의 크기가 고정되어 있다. 부하 변화가 발생할 때, 전압 크기와 전압의 위상이 변화한다. Class B Generator Type Bus는 조정 가능한 Bus이다. 자동전압조정은 발전기의 무효전력 한계 이내에서 Bus 전압을 조정한다. 유효전력이 크기가 고정되어 있기 때문에 계통 주파수(결과적으로 전압의 위상)를 변화하여야 한다.

Type Ⅲ Bus는 Swing 또는 Slack Bus라 호칭한다. 그리고 전압의 크기와 위상이 일정하게 유지되며, 유효와 무효전력은 그때 변화한다.

전력계통에서는 적어도 한 개의 Bus는 정상상태의 전력조류 방정식을 풀이하기 위하여 반드시 Swing Bus로 정의되어야 한다. 표 4-1에서 4개의 변수 중 2개는 알 수 없지만, 하나의 방정식(4.4)이 있다. Swing Bus 전압과 위상을 정의하고, 모든 Type Ⅰ Bus 전압 및 위상은 Swing Bus 전압 크기와 위상에 상대적임을 인식함으로써, 수치 해석 기법을 사용할 수 있다. 정의 방법은 각 노드에 들어오는 피상전력의 합계와 노드를 떠나는 전력이 동등하다고 추정한다(키르히호프의 전류법칙이 유효한지 확인하는 것이다).

## 3 Component 특성

### 3.1 부하특성

전력부하 조류의 풀이는 전력계통에서 전력조류 상태를 계산하기 위하여 부하특성을 고려하여야 한다. 앞 절에서 설명한바와 같이 전력부하 조류 조건은 각 부하 Bus에서 전압조건의 풀이와 함께 협조하여 해결한다. 지정된 부하의 종류와 계통의 손실은 전력조류와 전압강하 계산의 결과에 중대한 영향을 미친다.

#### 1) Constant Impedance Load

Constant Impedance 형태의 부하는 공급전압의 2승에 비례하여 변화하는 부하이다. 이러한 부하 유형의 예로는 전동기의 기동, 백열 조명등과 저항가열요소가 포함된다.

#### 2) Constant kVA Load

Constant kVA 부하는 공급전압에 관계없이 제한되는 한계 이내에서 일정하게 유지하는(또는 유지하기 위하여 시도하는) 부하이다. 이러한 유형의 부하는 전동기 운전과 램프에 일정한 전력을 확보하기 위하여 유도성 안정기를 사용한 일부유형의 조명등이다.

Constant kVA 유형의 부하는 전압이 감소함에 따라 실제 부하전류는 증가하는 것이 분명하다. Constant Impcdance 부히에서 전압이 낮아지면 신로전류는 감소한다. Constant kVA 및 Constant Impedance 부하 모두 존재한다면 결과적으로 전압효과는 부분적 또는 전체적으로 소멸될 것이다.

#### 3) Constant Current Load

Constant Current 유형의 부하는 전압 조건의 변화에 따라 전류를 일정하게 유지한다. Constant Impedance 유형의 부하와 같이, Constant Current 유형 부하의 감소에 의하여 소비되는 피상전력의 크기에 따라 Bus에서 전압이 강하한다. Constant Current 유형의 부하는 Bus 전압의 위상각의 변동에 의해 영향을 받는다. 이러한 유형의 부하는 안정기가 있는 조명등(Ballast Lighting)과 용접기(Welding)가 있다.

### 3.2 Source Model

Source는 전원으로부터 유효전력이 공급되는 구성요소이다. 무효전력은 전원에서 공급되거나 흡수될 수 있다. 적용할 수 있는 전원의 형태는 유틸리티, 동기발전기 구성요소를 포함한다. Source Model의 종류는 다음과 같다.

SB : Swing Bus, 대표적으로 유틸리티

PV : Voltage Controlled Bus, 대표적으로 발전기

PQ : Non-Voltage Controlled Bus, 발전기의 특정 Loading 상태 또는 유도발전기를 Study 할 때 사용한다.

[Note1] Utilty는 Swing Bus에 연결되며, 전압과 Angle을 지정한다.

[Note2] 발전기는 초기운전조건으로 SB, PV, PQ 중 하나를 선택할 수 있다.

### 1) SB Source(Volt & Angle)

SB는 다음 방정식을 만족하는 Power Source 이다.

SB Power Flow = Network Generation - Network Load - Network Loss

유틸리티 구성요소 또는 SB로 지정된 초기운전상태의 동기발전기 구성요소는 SB 전원이다. 이러한 Source에 대하여 Program은 사용자가 지정한 레벨의 전압의 크기와 각도를 결정하고, 계통 방정식을 만족하는데 필요한 전력조류를 계산한다. load flow study solution algorithm은 계통에서 최소한 하나의 Swing Bus를 필요로 한다.

### 2) PV Source(kW & Volt)

PV Source는 PV로 지정된 초기운전조건의 동기발전기 구성요소이다. 이러한 Source의 경우 program은 기계적인 유효전력출력과 단자전압 크기를 정하고, 계통 방정식을 만족하기 위하여 필요한 단자전압의 위상각과 무효전력을 계산한다.

### 3) PQ Source(kW & kVAR)

PQ Source는 PQ로 지정된 초기운전조건의 유도발전기 구성요소이다. 이러한 Source의 경우 program은 기계적인 유효전력과 무효전력 크기를 정하고, 계통 방정식을 만족하기 위하여 필요한 단자전압 크기와 위상각을 계산한다.

## 4 전력조류 계산의 기본 알고리즘

조류계산에 관한 전력방정식 및 각 모선에서의 운전조건 설정에서와 같이 조류계산은 이들 기지량(운전 지정값)을 토대로 해서 나머지 미지량을 수학적으로 결정해 나가는 것이다. 전술한 전력방정식에서 전력은 전압의 2차식 또는 삼각함수를 포함하는 비선형방정식으로 기술되기 때문에 단 한 번의 계산으로 해를 구할 수 없고, 실제의 계산에서는 변수에 적당한 초기값을 가정해서 근사해를 구하고 이것을 전력방정식에 대입해서 보다 정도가 높은 근사해를 구해 나가는 반복계산법을 사용하고 있다. 여기서는 조류계산에 관한 기본적인 내용을 이해하기 위하여 반복계산을 위한 기존 알고리즘을 간단히 설명한다.

(1) 슬랙 모선 이외의 모든 모선전압을 적당히 가정한다(일반적으로 $E_k = 1.0 + j0.0$이라 둔다).

(2) 이 가정한 전압 $E_k$와 $Y_{km}$을 사용하여 모선전류 $I_k$를 구한다.

(3) 이 전류 $I_k$와 가정한 전압 $E_k$로부터 유효전력 $P_k$, 무효전력 $Q_k$ 및 전압 $|E_k|$의 크기를 구한 다음, 이들과 각 모선에 주어진 운전조건에 따른 각 지정값과 비교해서 그 편차를 계산한다(부하 모선의 $P_L$과 $Q_L$의 값과 비교한다).

(4) 이 편차가 0(또는 허용오차 범위내)이 되도록 앞서 가정한 모선전압의 수정 값을 계산하는 방정식을 풀어서 전압을 수정한다.

(5) 이 수정전압 ($E_{knew} = E_{kold} + \Delta E_k$)을 사용해서 (2)에서 (4)의 절차를 되풀이하여 각 모선의 지정값과 계산 값과의 허용 범위 내에 들어갈 때까지 반복 계산한다.

부하 모선과 발전기 모선으로 나누어 위에 설명한 반복계산법의 내용을 구체적으로 설명한다.

## 4.1 부하 모선에서의 전압 수정

부하모선(중간 모선도 같음)에서의 운전 지정값은 ①유효전력 $P_{ks}$, ②무효전력 $Q_{ks}$의 두 가지가 있다. 먼저 가정한 전압값을 사용하여 계산된 전력($P_k$, $Q_k$)과 위의 지정값($P_{ks}$, $Q_{ks}$)과의 편차를 구해보면 다음과 같다.

$$\Delta P_k = P_{ks} - P_k \tag{4.5}$$

$$\Delta Q_k = Q_{ks} - Q_k \tag{4.6}$$

상기 계산식에서 편차가 0이 되도록 부하모선의 전압 $E_k = e_k + jf_k$를 $\Delta E_k = \epsilon_k + j\zeta_k$만큼 수정하였다고 하자 먼저 수정 후의 전압은 다음과 같이 된다.

$$E_k + \Delta E_k = (e_k + \epsilon_k) + j(f_k + \zeta_k) \tag{4.7}$$

모선 전류 $I_k$도 이 전압의 수정분 $\Delta E_k$에 따라 어드미턴스 $Y_{kk}$에 흐르는 변화분($\Delta I_k = Y_{kk}\Delta E_k$) 만큼 변화하게 되므로 결국 다음 식과 같이 된다.

$$P_{ks} + jQ_{ks} = (E_k + \Delta E_k)(I_k + Y_{kk}\Delta E_k)^* \tag{4.8}$$

이것을 실수부와 허수부로 나누어서 정리하면 다음과 같이 된다.

$$\Delta P_k = \epsilon_k(-e_k G_{kk} + f_k B_{kk} + a_k) + \zeta_k(-e_k B_{kk} + f_k G_{kk} + b_k) + G_{kk}(\epsilon_k^2 + \zeta_k^2) \tag{4.9}$$

$$\Delta Q_k = \epsilon_k(-e_k B_{kk} + f_k G_{kk} - b_k) + \zeta_k(-e_k G_{kk} - f_k B_{kk} + a_k) - B_{kk}(\epsilon_k^2 + \zeta_k^2) \tag{4.10}$$

여기서, $\epsilon_k^2 + \zeta_k^2 \fallingdotseq 0$으로 무시한다면 다음과 같은 연립방정식이 된다.

$$\Delta P_k = A\epsilon_k + B\zeta_k \tag{4.11}$$

$$\Delta Q_k = C\epsilon_k + D\zeta_k \tag{4.12}$$

$\Delta P_k \to 0$, $\Delta Q_k \to 0$으로 되는 해는 다음과 같이 구해진다.

$$\epsilon_k = \frac{1}{\Delta}[(-e_k G_{kk} - f_k B_{kk} + a_k)\Delta P_k - (-e_k B_{kk} + f_k G_{kk} + b_k)\Delta Q_k] \tag{4.13}$$

$$\zeta_k = \frac{1}{\Delta}[(e_k G_{kk} + f_k B_{kk} + a_k)\Delta Q_k - (-e_k B_{kk} + f_k G_{kk} - b_k)\Delta P_k] \tag{4.14}$$

$$\Delta = a_k^2 + b_k^2 - (e_k G_{kk} + f_k B_{kk})^2 - (f_k G_{kk} - e_k B_{kk})^2 \tag{4.15}$$

이것으로부터 각 모선에서의 전압은 $e_k' = e_k + \epsilon_k$, $f_k' = f_k + \zeta_k$로 수정된다.

## 4.2 발전기 모선에서의 전압 수정

발전기 모선에서는 전압의 크기와 유효전력이 지정된다. 이 지정값을 $|E_{ks}|$, $P_{ks}$라고 하면 계산값의 편차는 다음과 같다.

$$\Delta P_k = P_{ks} - P_k \tag{4.16}$$

$$\Delta |E_k|^2 = |E_{ks}|^2 - |E_k|^2 \tag{4.17}$$

역시 이들 편차도 0이 되도록 발전기 모선 전압을 $\Delta E_k = \epsilon_k + j\zeta_k$ 만큼 수정하였다면, $\Delta P_k$, $\Delta |E_k|^2$는 다음과 같이 된다.

$$\Delta P_k = \epsilon_k(e_k G_{kk} + f_k B_{kk} + a_k) + \zeta_k(-e_k B_{kk} + f_k G_{kk} + b_k) + G_{kk}(\epsilon_k^2 + \zeta_k^2) \tag{4.18}$$

$$\Delta |E_k|^2 = |E_k + \Delta E_k|^2 - |E_k|^2 = 2e_k\epsilon_k + 2f_k\zeta_k + (\epsilon_k^2 + \zeta_k^2) \tag{4.19}$$

여기서, $\epsilon_k^2 + \zeta_k^2 \fallingdotseq 0$으로 무시한다면, 결국 이것도 다음과 같은 연립방정식이 된다.

$$\Delta P_k = E\epsilon_k + F\zeta_k \tag{4.20}$$

$$\Delta |E_k|^2 = G\epsilon_k + H\zeta_k \tag{4.21}$$

$\Delta P_k \to 0$, $\Delta |E_k|^2 \to 0$으로 되는 해는 다음과 같이 구해진다.

$$\epsilon_k = \frac{1}{\Delta}[-\Delta |E_k|^2(-e_k B_{kk} - f_k G_{kk} + b_k) + 2f_k \Delta P_k] \tag{4.22}$$

$$\zeta_k = \frac{1}{\Delta}[+\Delta |E_k|^2(e_k G_{kk} + f_k B_{kk} + a_k)\Delta Q_k - 2e_k \Delta P_k] \tag{4.23}$$

$$\Delta = -2e_k(-e_k B_{kk} + f_k G_{kk} + b_k)^2 - 2f_k(e_k G_{kk} - f_k B_{kk} + a_k) \tag{4.24}$$

## 5 전압강하의 계산

NEC와 같은 미국의 국가 규정은 어느 한 개의 지로의 전압강하 또는 Bus에서 전압강하 합계를 제한하고 있다. 따라서 그것은 전력계통의 각 지로에서 전압강하와 공급전원으로부터 지로에 Bus까지 전압강하의 합계를 이해하는 것은 설계과정에서 매우 중요하다. 전압강하 계산은 정상상태의 전력부하조류의 계산으로 즉시 구체화한다.

다음 그림과 같이 각 부하 Bus의 수전단 전압과 지로전압강하를 가산한 것은 송전단 전압과 동일하다.

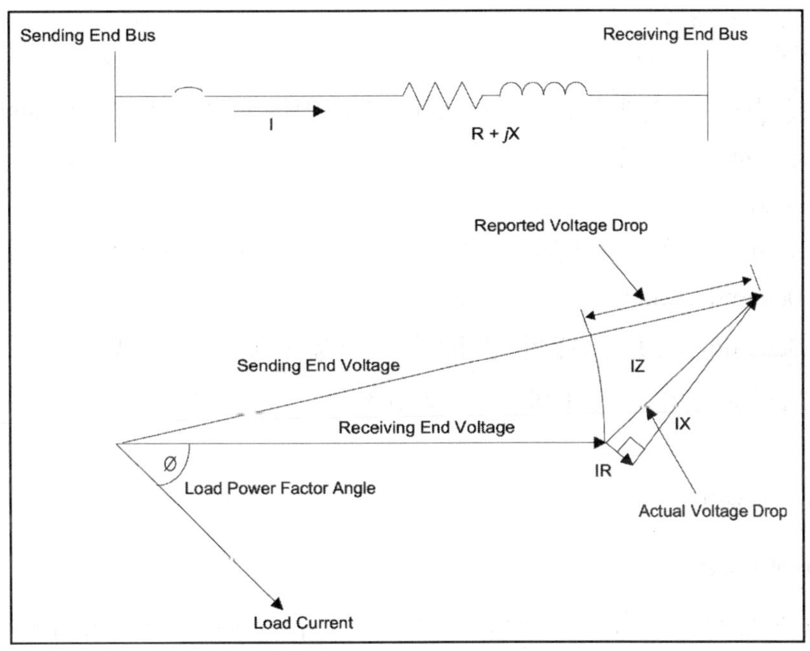


그림 4-1 전압강하 개념도

송전단 전압은 다음 식으로 표현된다.

$$V_s = V_r + I \cdot Z \tag{4.25}$$

$$V_s = V_r + I(\cos\theta_r + j\sin\theta_r) \cdot (R + jX) \tag{4.26}$$

$$V_s = (V_r + IR\cos\theta_r + IX\sin\theta_r) + j(IX\cos\theta_r + IR\sin\theta_r) \tag{4.27}$$

$$\triangle V = V_s - V_r \fallingdotseq I(R\cos\theta_r + X\sin\theta_r) \tag{4.28}$$

여기에서

$V_s$ : 송전단 Bus 전압

$V_r$ : 수전단 Bus 전압

$I$ : 부하전류

$R$ : 송전선의 저항

$jX$ : 송전선의 리액턴스

PTW는 3상(선간)을 기준으로 한 전압강하인 송전단과 수전단 사이의 전압차의 크기를 보고서에 나타낸다.

$$VD = |E_s| - |E_r| \tag{4.29}$$

# 6 부하의 종류

## 6.1 Motor Load

(1) 전동기는 운전할 때 일반적으로 Constant KVA 부하특성이 있고, 기동시에는 Constant Impedance 부하특성이 있다.

(2) Demand Load

Demand Load = 전동기 정격용량 × 대수 × Load Factor(초기값 1.0)

(3) Starting Demand Load

Starting Demand Load = 전동기 정격용량 × 전동기 대수 × $(1/X_d^{''})$

$X_d^{''}$ : 0.17[pu](초기값), 기동시 역률 : 0.2~0.4

## 6.2 Non-Motor Load

(1) Energy Audit Load

① Load Type의 선택(Constant Current, Constant Impedance, Constant KVA)

② Demand Load = Connected Load × Load Factor

③ Default 값은 Constant KVA, Load Factor = 1.0

(2) Demand Library Loads

① Demand Library에 있는 Multi Level Demand Factor를 적용한다.

② Connected Load에 의하여 Demand Load 및 Design Load값을 Library에서 자동계산 된다.

# 7 운전조건의 설정

전력계통의 모선은 ① 발전기 모선, ② 부하 모선의 2가지로 나누어진다. 일반적으로 발전기모선으로부터 전력계통에 공급되는 유효전력 $P_G$와 모선전압의 크기 $V_G$가, 부하모선에서는 전력회로망으로부터 모선에 받아들이는 유효전력 $P_R$과 무효전력 $Q_R$의 값이 계산에 앞서 각 모선에서의 운전조건으로 설정된다.

표 4-2 각 모선에서의 기지량과 미지량

| BUS TYPE | 기 지 량 | 미 지 량 |
|---|---|---|
| Generation Bus | 유효전력 $P_G$<br>모선전압의 크기 $V_G$ | 무효전력 $Q_G$<br>모선전압의 위상각 $\delta_G$ |
| Swing or Slack Bus | 모선전압의 크기 $V_S$<br>모선전압의 위상각 $\delta_S$<br>(기준모선으로서 $\delta_S=0$) | 유효전력 $P_S$<br>무효전력 $Q_S$<br>계통의 전 손실전력 $P_L$ |
| Load Bus | 유효전력 $P_R$<br>무효전력 $Q_R$ | 모선전압의 크기 $V_R$<br>모선전압의 위상각 $\delta_R$ |

이처럼 모든 모선에서 유효전력($P_G$, $P_R$)을 지정한다는 것은 결과적으로 송전손실의 크기까지 지정하기 때문에 실제의 계산에서는 발전기 모선 중 계통의 중심에 되는 한 곳을 지정하여 $P_G$를 지정하지 않고 계통의 송전 손실분을 흡수 조정하는 모선으로서의 기능을 맡게 하고 있다. 이러한 기능의 모선을 Swing 모선이라 하며 여기서는 유효전력을 지정하는 대신 모선전압 $E_s$와 위상각 $\delta$(일반적으로 기준모선으로 하여 $\delta$=0)를 설정하게 된다.

이것은 조류계산이 끝날 때까지 전력계통내 송전손실은 얼마가 될지 알 수 없기 때문에 "전력계통의 총출력과 총손실전력의 합계"와 "Swing 모선 이외의 발전소모선에 대해 설정한 총출력의 합계"의 차에 해당하는 전력은 이 Swing 모선으로부터 공급하는 것으로 보는 것이다. 이렇게 설정된 기준모선(Swing 모선)을 슬랙 모선(Slack bus)라고 한다. 각 모선에서의 운전조건의 설정에 따른 기지량과 미지량의 관계는 표 4-2와 같이 된다.

## 8 Load Flow Study Setup

사용자는 사용자의 요구에 맞게 사용 가능한 'Study Option'의 일부 또는 전부를 변경할 수 있다. 다음의 각 항목에서 설정 방법은 다음과 같다.

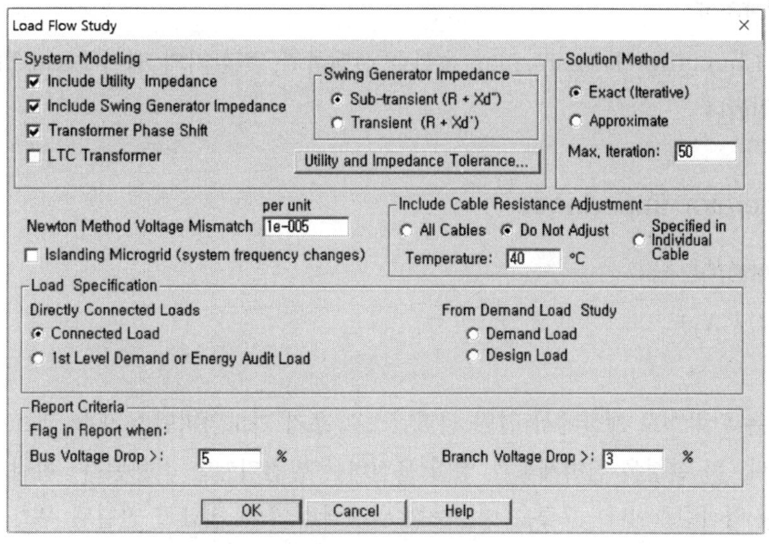


그림 4-2 Load Flow Study Setup

## 8.1 System Modeling

- Include utility Impedance
- Include Swing Generator Impedance
- Transformer Phase Shift
- LTC(Load Tap Changing) Transformer

### 1) Include utility Impedance

이 "Include Utility Impedance"의 체크박스를 선택하면, PTW는 전원측 3상단락용량을 등가 정상 임피던스로 계산하는데 사용한다. Swing bus에서의 전압강하는 Swing bus 발전기(Utility)와 정상회로 임피던스(전원 임피던스)에 의해 공급되는 전력합계로 계산한다. 이것은 Load Flow Report에 별도로(구별하여) 기록된다.

### 2) Include Swing Generator Impedance

사용자가 "Include Swing Generation Impedance"의 체크박스를 선택하면, PTW는 Swing Bus로 설정된 발전기의 ANSI Contribution sub-view로부터 정상회로 초기과도임피던스 값을 사용하여 계산한다. Swing Bus에서의 전압강하는 Swing Bus 발전기와 이 정상회로 임피던스(전원 임피던스)에 의해 공급되는 전력으로 주어지고 계산된다.

### 3) Transformer Phase Shift

"Transformer Phase Shift"를 체크하면, 변압기의 접속 유형에 따른 각각의 변압기의 위상각을 계산한다. 고장 전 전압의 위상각은 "Swing Bus"를 기준으로 하여 모든 변압기 위상각을 계산에 포함한다. 이 박스를 체크하지 아니하면 이설정은 포함되지 않으며 변압기의 위상각은 0° 를 유지한다. 전력계통의 각각의 분리된 영역에서 고장전 전압의 위상각은 기준모선전압의 위상각을 유지한다.

### 4) LTC Transformer

LTC(Load Tap Changing) Transformer 옵션을 선택하면, 변압기의 탭이 Load Flow Study 하는 동안 자동으로 조정된다.

## 8.2 Swing Generator Impedance

- Sub-transient($R+X_d''$)
- Transient($R_a+X_d''$)

발전기 임피던스는 단락회로 계산에서 전원 임피던스로 초기 과도임피던스 또는 과도 임피던스를 선택하여 사용할 수 있다. 이 설정은 전력계통과 병렬 운전하는 발전기에만 적용된다. 전원 임피던스는 병렬운전 발전기의 내부 임피던스이다. 그것은 병렬운전 발전기의 초기 전압과 연결된 부스 사이의 전압강하를 결정한다.

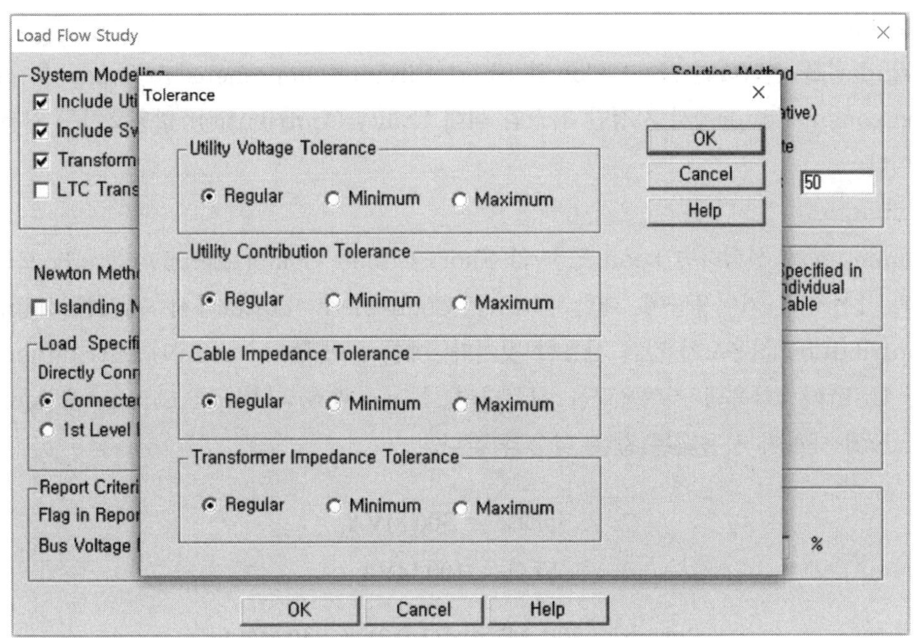

그림 4-3 Utility & Impedance Tolerance

## 8.3 Utility and Impedance Tolerance

이 버튼은 사용자가 Utility와 Impedance에 대한 허용오차를 지정할 수 있는 내화창을 나타나게 한다. 상세한 내용은 Short Circuit Comprehensive Study을 참조한다.

### 1) Utility Voltage Tolerance

① Regular

"Regular"를 선택하면 Load Flow와 Short Circuit Comprehensive Study 모듈은 Utility Component Editor에서 지정한 최소와 최대전압 허용오차를 사용하지 않을 것이다.

② Minimum

"Minimum"을 선택하면, Load Flow와 Short Circuit Comprehensive Study 모듈은 Utility Component Editor에서 지정한 최소전압 허용오차를 사용할 것이다. 예를 들어 per unit 전압이 1.0이고, "Min" 허용오차 값이 20%이라고 하면, Load Flow와 Short Circuit Study에 대하여 사용된 값은 0.8pu 또는 1.0pu×(1−0.2)가 된다.

③ Maximum

"Maximum"을 선택하면, Load Flow와 Short Circuit Comprehensive Study 모듈은 Utility Component Editor에서 지정한 "Max" 전압 허용오차를 사용할 것이다. 예를 들어 per unit 전압이 1.0이고, "Max" 허용오차 값이 20%이라고 하면, Load Flow와 Short Circuit Study에 대하여 사용된 값은 1.2pu 또는 1.0pu×(1+0.2)가 된다.

### 2) Utility Contribution Tolerance

① Regular

"Regular"를 선택하면 Load Flow와 Short Circuit Comprehensive Study 모듈은 Utility Component Editor에서 지정한 최소와 최대 Utility Contribution 허용오차를 사용하지 않을 것이다.

② Minimum

"Minimum"를 선택하면 Load Flow와 Short Circuit Comprehensive Study 모듈은 3상단락과 1선지락 기여용량에 대한 Utility Component Editor에서 지정한 "Min" Utility Contribution 허용오차 값을 사용할 것이다. 예를 들어 "Min" utility contribution이 20%이며, Utility는 다음의 기여용량을 갖는다면, Load Flow와 Short Circuit Comprehensive Study에 대하여 사용되는 값은 다음과 같다.

$$3phase = 300\ MVA$$
$$SLG = 100\ MVA$$

$$3phase = 300\ MVA \times (1\text{-}0.2) = 240\ MVA$$
$$SLG = 100\ MVA \times (1\text{-}0.2) = 80\ MVA$$

③ Maximum

"Maximum"를 선택하면 Load Flow와 Short Circuit Comprehensive Study 모듈은 3상단락과 1선지락 기여용량에 대한 Utility Component Editor에서 지정한 "Max" Utility Contribution 허용오차 값을 사용할 것이다. 예를 들어 "Max" utility contribution이 20%이며, Utility는 다음의 기여용량을 갖는다면, Load Flow와 Short Circuit Comprehensive Study에 대하여 사용되는 값은 다음과 같다.

$$3phase = 300\ MVA$$
$$SLG = 100\ MVA$$

$$3phase = 300\ MVA \times (1+0.2) = 360\ MVA$$
$$SLG = 100\ MVA \times (1+0.2) = 120\ MVA$$

### 3) Cable Impedance Tolerance

① Regular

"Regular"를 선택하면 Load Flow와 Short Circuit Comprehensive Study 모듈은 Cable Impedance Component Editor에서 지정한 Impedance 허용오차를 사용하지 않을 것이다.

② Minimum

"Minimum"를 선택하면 Load Flow와 Short_Circuit Comprehensive Study 모듈은 Cable Impedance Component Editor에서 지정한 "Min" Impedance 허용오차 값을 사용할 것이다. 예를 들어 허용오차 임피던스가 20%이고, 케이블은 다음의 임피던스 값을 가진다면, Load Flow와 Short Circuit Comprehensive Study에 대하여 사용되는 값은 다음에 따른다.

$$\text{Positive} = (R + jX)\ \text{ohms/1000 m}$$
$$\text{Zero} = (R + jX)\ \text{ohms/1000 m}$$
$$\text{Positive} = (R + jX) \times (1\text{-}0.2)\ \text{ohms/1000 m}$$
$$= (R + jX) \times 0.8\ \text{ohms/1000 m}$$

$$\text{Zero} = (R + jX)\ (1\text{-}0.2)\ \text{ohms/1000 m}$$
$$= (R + jX) \times 0.8\ \text{ohms/1000 m}$$

③ Maximum

"Maximum"를 선택하면 Load Flow와 Short Circuit Comprehensive Study 모듈은 Cable Impedance Component Editor에서 지정한 "Max" Impedance 허용오차 값을 사용할 것이다. 예를 들어 허용오차 임피던스가 20%이고, 케이블은 다음의 임피던스 값을 가진다면, Load Flow와 Short Circuit Comprehensive Study에 대하여 사용되는 값은 다음에 따른다.

$$\text{Positive} = (R + jX)\ \text{ohms/1000 m}$$
$$\text{Zero} = (R + jX)\ \text{ohms/1000 m}$$

$$\text{Positive} = (R + jX) \times (1+0.2)\ \text{ohms/1000 m}$$
$$= (R + jX) \times 1.2\ \text{ohms/1000 m}$$

$$\text{Zero} = (R + jX)\ (1+0.2)\ \text{ohms/1000 m}$$
$$= (R + jX) \times 1.2\ \text{ohms/1000 m}$$

### 4) Transformer Impedance Tolerance

① Regular

"Regular"를 선택하면 Load Flow와 Short Circuit Comprehensive Study 모듈은 Transformer Impedance Component Editor에서 지정한 Impedance 허용오차를 사용하지 않을 것이다.

② Minimum

"Minimum"를 선택하면 Load Flow와 Short Circuit Comprehensive Study 모듈은 Transformer Impedance Component Editor에서 지정한 "Min" Impedance 허용오차 값을 사용할 것이다. 예를 들어 허용오차 임피던스가 ±20%이고, Transformer는 다음의 임피던스 값을 가진다면, Load Flow와 Short Circuit Comprehensive Study에 대하여 사용되는 값은 다음에 따른다.

$$\text{Positive} = (\%R + j\%X)$$
$$\text{Zero} = (\%R + j\%X)$$

$$\text{Positive} = (\%R + j\%X) \times (1\text{-}0.2) = (\%R + j\%X) \times 0.8$$

Zero = (%R + j%X) (1-0.2) = (%R + j%X) × 0.8

③ Maximum

"Maximum"을 선택하면 Load Flow와 Short Circuit Comprehensive Study 모듈은 Transformer Impedance Component Editor에서 지정한 "Max" Impedance 허용오차 값을 사용할 것이다. 예를 들어 허용오차 임피던스가 ±20%이고, Transformer는 다음의 임피던스 값을 가진다면, Load Flow와 Short Circuit Comprehensive Study에 대하여 사용되는 값은 다음에 따른다.

Positive = (%R + j%X)

Zero = (%R + j%X)

Positive = (%R + j%X) × (1+0.2) = (%R + j%X) × 1.2

Zero = (%R + j%X) (1+0.2) = (%R + j%X) × 1.2

## 8.4 Solution Method

- Exact(Iterative)
- Approximate

Max. Iteration : 50

PTW 모델은 정밀(반복) 또는 근사계산 중 하나이다. 새로운 프로젝트 생성시 PTW는 기본적으로 정밀(반복) 솔루션 방식을 선택한다. 그것은 먼저 정밀(반복) 솔루션 방법을 사용하여 Study를 실행하는 것이 좋다. 이것은 대부분의 전력계통에서는 항상 수렴되는 풀이 방법이기 때문이다. 정상상태의 Load Flow 솔루션을 수렴하지 않을 경우, 근사 해결방법을 사용하여 Study를 다시 수행하여야 한다. 그것이 수렴되지 않으면 Study Message dialog box에서 Message가 문제를 통지한다.

[Note] 수렴이란 전력의 인입과 인출이 일치하는 경우를 말하며, 근사계산은 허용오차 이내의 계산이 되지 않는 경우의 해결방법이다.

Approximate Solution 방식이 선택되면, PTW 일시적으로 Constant KVA 타입의 부하를 모델로 하는 것보다 이러한 계통 손실을 적게 만드는 Constant 임피던스 특성으로 모든 부하를 수렴한다. 출력 보고서가 작성된 후, 데이터는 데이터베이스로 전송된다. 그것이 Approximate Solution(부하 특성이 Approximated 되어 있기 때문에)이지만, 이 풀이 방법은 비수렴에 대한 이유를 식별하는데 도움이 된다.

설계자는 비수렴 솔루션이 있다면, 비수렴으로 인한 데이터 입력에 문제가 있을 수 있으므로 출력보고서의 부스전압 불일치 값과 부스 위치를 확인하여야 한다. 이것이 도움이 되지 않으면, "7) Solution Criteria"를 참조하여 "Bus Voltage Drop %"와 "Branch Voltage Drop %"를 조정하여야 한다.

## 8.5 Newton Method Voltage Mismatch

**Newton Method Voltage Mismatch : [ 1e-005 ] per unit**

전력조류를 해석하기 위하여 계산방법은 (1)Current Injection 또는 (2)Newton method 등 여러 가지 방법이 있지만 PTW는 Newton-Raphson 방식으로 계산하고 출력한다. Newton-Raphson 방식에서의 Load Flow는 비선형 Load Flow 방정식을 기초로 하여 풀이한다. 각 부스에 대하여 두 가지 비선형 연립 방정식이 있다. 유효와 무효전력이 두 부스 사이의 어드미턴스와 두 부스 사이에 접속된 전압 합의 생성에 의존한다. Newton-Raphson 방식은 루프와 다중전압 레벨, PV 발전기의 개수와 함께 계통에 대하여 비교적 빠르게 수렴할 수 있다. 사용자는 불일치 전압 값(pu)을 지정할 수 있다. 마지막 두 번의 반복으로부터 계산된 부스의 단위 전압이 불일치전압(허용오차) 이내에 있는 경우, Load Flow는 부스에서 수렴으로 간주된다.

**☑ Islanding Microgrid(system frequency changes)**

이 박스를 체크하면 정적 전력 주파수특성이 있는 발전기와 부하의 유효 및 무효전력을 고려할 수 있다. 주파수 조정 기능이 있는 모든 발전기는 생성 부하전력 조정에 참여한다. 전력조력 계산 결과는 동작 모드 변경 및 부하변동으로 인한 시스템 주파수에 대한 영향을 나타내며 발전기의 출력 조정을 나타낸다.

## 8.6 Load Specification

사용자는 부하 모델링을 하기 위하여 다음 네 가지 옵션 중 하나를 선택할 수 있다. 이러한 옵션은 두 그룹(Directly Connected Loads, From Demand Load Study)으로 나누어진다. 새로운 Project를 열 때 기본값은 "Connected Load"를 사용하는 "Directly Connected loads"를 전체 부하로 모델링한다.

Directly Connected Loads
- Connected Load
- 1st Level Demand or Energy Factor

From Demand Load Study
- Demand Load
- Design Load

(1) Connected Load

"Connected Load" 옵션 버튼을 선택하면 Load Flow Study는 어떤 부하나 Demand Factor를 고려하지 않고 부하를 계산한다. 전동기 부하가 확인된 경우, 여러 대의 전동기가 1대의 전동기 부하 개체(등가적으로)로 모델링하는 경우, 전동기 부하의 합계는 전동기 정격 용량에 전동기 대수를 곱한 값이다. 그렇지 않으면 부하 정격용량은 접속된 부하값이다. 마력으로 표시된 전동기는 효율로 나누어 kVA 단위로 변환한다.

[Note] Demand Factor를 고려하지 않으며, 연결된 부하의 합계로 계산한다.

(2) 1st Level Demand or Energy Factor

1st Level Demand or Energy Factor 옵션이 선택되면,

① 비전동기부하의 Load Flow Study는 'Component Editor'의 Diversity Subview에서 선택하며, First level demand factors 또는 Energy audit load factors 중 하나를 사용하여 부하를 계산한다. Demand load factors의 Multi Level은 First level을 제외한 나머지 Level은 고려하지 않는다.

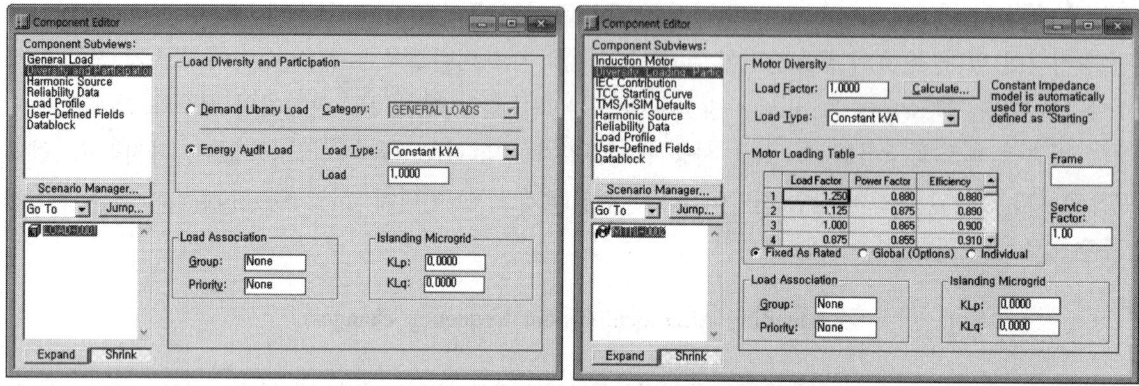

그림 4-4 일반 및 전동기부하의 Component Editor

② 전동기 부하는 전동기의 Load Factor를 곱한 전동기 정격용량에 전동기의 대수를 곱하여 계산한다.

[Note1] Energy Audit Load는 Load Factor를 Demand Library Load는 Multi Level Demand Factor를 고려한다.

[Note2] Demand Library Load 와 Energy Audit Load가 혼합되어 있는 경우에는 각각의 Load Factor가 자동으로 곱해진다.

[Note3] 전동기 부하의 경우 전동기용량 × Load Factor × 전동기 대수가 된다.

### (3) Demand Load

Demand Load 옵션이 선택되면, Load Flow Study는 Demand Load Study로부터 계산된 Demand Load 값을 사용한다. 새로운 Project를 생성시 사용자가 Demand Load Study를 실행하기 전에 Setup 창에서 Non-Motor Loads의 "Include Only Demand Loads" 또는 "Include Only Energy Audit Loads" 중 하나의 선택버튼을 선택하지 않았다면, Demand Load Study는 기본값으로 "Include All Load"에 의한 모든 부하의 Study 결과를 포함한다. 다중 레벨의 Demand Factor를 갖는 Demand Load는 콘센트 부하에 대하여 예를 들면, "NEC Table 220-13"에 따라 처음 10kVA에 대하여 100%의 Demand Factor를 갖고, 나머지 부하는 50%의 Demand Factor를 갖는다. 즉, Demand Load Study에 적용된 Load Factor를 곱해서 계산한다.

① Non-Motor Load

(a) Energy Audit Load(Default)

Demand Load = Connected Load × Load Factor(Default LF=1.0)

(b) Demand Library Load

Demand Load = Connected Load × Multi Level Demand Factor

② Motor Load

Demand Load = Connected Load × Load Factor(Default LF=1.0)

ANSI.DLD

| Description | Constant Load Type | All | 1st Level kVA | 1st Level %D | Remain -ing | 2nd Level kVA | 2nd Level %D | 3rd Level Rem | LCL Factor | Phase | PF Type | Power Factor |
|---|---|---|---|---|---|---|---|---|---|---|---|---|
| GENERAL LOADS | kVA | ☐ | 100.0 | 80.0 | ☑ | 10000000000.0 | 50.0 | 100.0 | 1.00 | 3-Phase | Lag | 0.8000 |
| LIGHTING | kVA | ☑ | 10000000000.0 | 100.0 | ☐ | 10000000000.0 | 100.0 | 100.0 | 1.25 | 3-Phase | Lag | 0.8000 |
| RECEPTACLES | Impedance | ☐ | 10.0 | 100.0 | ☑ | 10000000000.0 | 50.0 | 100.0 | 1.00 | 3-Phase | Lag | 0.8000 |
| OFFICE EQUIPMENT | kVA | ☑ | 10000000000.0 | 100.0 | ☐ | 10000000000.0 | 100.0 | 100.0 | 1.00 | 3-Phase | Lag | 0.8000 |
| HEATING | Impedance | ☑ | 10000000000.0 | 100.0 | ☐ | 10000000000.0 | 100.0 | 100.0 | 1.25 | 3-Phase | Lag | 0.8000 |
| CAPACITORS | Impedance | ☑ | 10000000000.0 | 100.0 | ☐ | 10000000000.0 | 100.0 | 100.0 | 1.35 | 3-Phase | Lea | 0.0000 |
| SPACE | kVA | ☑ | 10000000000.0 | 100.0 | ☐ | 10000000000.0 | 100.0 | 100.0 | 1.00 | 3-Phase | Lag | 0.8000 |
| SPARE | kVA | ☑ | 10000000000.0 | 100.0 | ☐ | 10000000000.0 | 100.0 | 100.0 | 1.00 | 3-Phase | Lag | 0.8000 |

그림 4-5 Demand Load Library

(4) Design Load

Design Load 값은 비전동기 부하에 대한 Demand Load Library로부터 Long Continuous Loading Factor(LCL) 또는 Demand Load Study setup menu로부터 Motor Load design Factor 중 하나를 곱한 demand load 값을 사용하여 Demand Load Study로부터 계산된다. Demand Load Study에 적용된 Demand Load 값과 Long Continuous Load Factor를 적용한다.

① 계산식

Design Load = Demand Load × Design Factor

② Design Factor

(a) Motor Load

- Largest Motor : 1.25(초기값)
- Remaining Motors : 1.0(초기값)

(b) Non-Motor Load

- Energy Audit Load : Design Factor = 1.0
- Demand Library Load : LCL(Long Continuous Load) Factor를 적용

Demand Load Study 옵션으로부터 두 가지 중 하나를 사용하여 부하를 모델링하였을 때를 기억하는 것이 중요하며, 결과는 최종 Demand Load Study의 결과를 기준으로 한다. 계통구성의 변경, 부하변경이 발생하면, 사용자는 먼저 Demand Load Study를 재실행하는 것이 필요하다.

## 8.7 Solution Criteria

- Bus Voltage Drop %
- Branch Voltage Drop %

Bus Voltage Drop %와 Branch Voltage Drop %의 Text Box는 출력보고서에 과도한 전압강하를 표시하기 위한 빠른 방법을 제공한다. PTW는 보고서에서 Text Box에 설정한 한계값을 초과하는 Bus 또는 Branch 전압강하의 값은 dollar sign($)과 함께 표시한다. 새로운 프로젝트가 생성되면 기본값은 Bus Voltage Drop 5%와 Branch Voltage Drop 3%로 설정되어 있다. Text Box에 적절한 퍼센트 값을 입력하여 변경할 수 있다.

```
                BALANCED VOLTAGE DROP AND LOAD FLOW ANALYSIS
*********************************************************************************
VOLTAGE EFFECT ON LOADS MODELED
VOLTAGE DROP CRITERIA: BRANCH =  3.00%   BUS =  5.00%


==== BUS: BUS-0010        DESIGN VOLTS:      380 BUS VOLTS:   353   %VD:  7.21 $
================= PU BUS VOLTAGE:  0.928 ANGLE: -33.8  DEGREES

 LOAD FROM: BUS-0006   CBL-0007  FEEDER AMPS: 1637.5 VOLTAGE DROP: 6.   %VD:  1.48
 PROJECTED POWER FLOW:     800.0  KW     600.0  KVAR   1000.0  KVA     0.80  LAGGING
 LOSSES THRU FEEDER:         7.7  KW      16.2  KVAR     17.9  KVA

 BRANCH DIVERSITY LOAD:    800.0  KW     600.0  KVAR
```

## 9 응용 예제

다음의 응용 예제는 여러 가지 계통구성에서 적용되는 방법을 설명한다. 각 예제는 Load Flow Study가 변화하는 조건에 대처하는 방법을 보여주기 위하여 이전 예제에 추가하여 계통을 변경한다.

### 9.1 Voltage Drop and Power Losses

이 예제의 목적은 간단한 한 개의 지로를 통하여 전압강하와 전력조류를 조사하는 것이다. One-Line은 그림 4-6에 보여 지고 있다. 발전기는 13.8 kV 정격용량 100 MVA이고, 초기과도 임피던스는 자기용량 기준으로 0.1 + j1.0 pu이다. Cable은 15 kV 정격이고, 임피던스는 0.1904 + j1.9044이다. 부하는 역률 80%에서 전류 100A를 받아들이고, Constant Current 부하특성을 갖는 것으로 추정된다.

① Cable에서 3상 유효전력손실은 다음과 같이 계산한다.

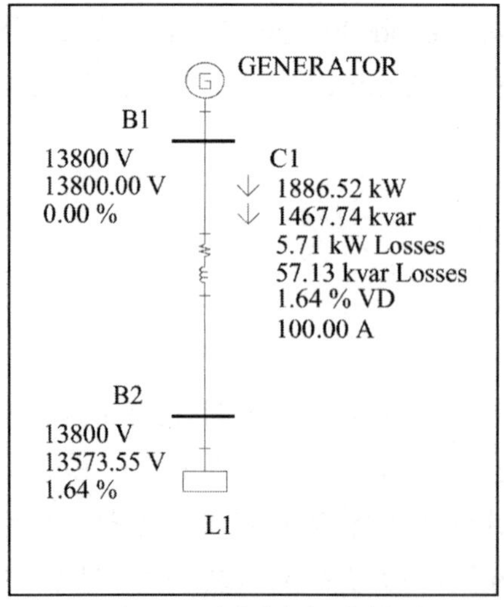


그림 4-6 전압강하와 전력손실

$$P_{LOSS} = I^2 \cdot R \times 3$$
$$= (100)^2 \times 0.19044 \times 3 = 5.71 \text{ kW}$$

② Cable에 요구되는 무효손실전력은 다음과 같이 계산한다.

$$Q_{LOSS} = I^2 \cdot X \times 3$$
$$= (100)^2 \times 1.9044 \times 3$$
$$= 57.1 \text{ kVar}$$

③ 단순한 형태의 Cable의 전압강하 계산식이다.

$$VD_{L\text{-}L} = (IR\cos\theta + IX\sin\theta) \times \sqrt{3}$$
$$= (100 \times 0.19044 \times 0.8) + (100 \times 1.9044 \times 0.6) \times \sqrt{3}$$
$$= 224.4 \text{ V}$$

④ 계통전압에 대한 Cable 전압강하의 Per Unit 값이다.

$$VD_{pu} = \frac{224.3\ V}{13800\ V} = 0.0163 \text{ puV}$$

⑤ 운전전압의 per unit 값은 다음과 같이 된다.

$$V_{pu} = 1 - 0.0163 \text{ pu}$$
$$= 0.984 \text{ pu}$$

⑥ 운전전압에서 부하에 소비하는 3상 전력은 다음과 같이 계산한다.

$$S_{LOAD} = [(\sqrt{3})(V_{LL})(I_L)](V_{pu} \ operating)$$
$$= \sqrt{3}(100 \text{ A})(13.8 \text{ kV})(0.984)$$
$$= 2351.4 \text{ kVA}$$

⑦ 역률 80%에서 전력을 복소수로 나타내면 다음과 같다.

$$S_{Load} = 1881.10 \text{ kW} + j1410.8 \text{ kvar}$$

⑧ 송전단에서 다음의 공급전력이 Cable로 주입된다.

$$S_{Sending} = S_{Load} + S_{Losses}$$
$$= (1881.10 + 5.7) \ kW + (j1410.8 + j57.1) \ kvar$$
$$= (1886.81 + j1467.9) \text{ kVA}$$

One-line Diagram에 붙은 Data block과 수계산은 아주 비슷하게 일치한다. 수계산과 Power Tool 해석의 차이는 IEEE Red Book의 Chapter 3에 기술된 반올림 처리와 전압강하계산식의 단순화된 형태의 사용에 기인한다. 아래에 명시된 대로 보고서는 이러한 수계산을 확인하고 있다.

```
BALANCED VOLTAGE DROP AND LOAD FLOW ANALYSIS (SWING GENERATORS)
************************************************************************
SOURCE          VOLTAGE   ANGLE      KW           KVAR         VD% (UTILITY IMPEDANCE)
GEN-0001        1.000      .00      1886.52       1467.74       Gen Z Ignored
BALANCED VOLTAGE DROP AND LOAD FLOW ANALYSIS

==== BUS: BUS-0001          DESIGN VOLTS: 13800 BUS VOLTS: 13800 %VD: .00
======================== PU BUS VOLTAGE: 1.000 ANGLE: .0 DEGREES
                 *** SWING GENERATOR: GEN-0001 1886.5 KW 1467.7 KVAR

LOAD TO:     BUS-0002      FEEDER AMPS: 99.9    VOLTAGE DROP: 226. %VD: 1.64
PROJECTED POWER FLOW:     1886.5 KW   1467.7 KVAR    2390.2 KVA    PF: .79 LAGGING
LOSSES THRU FEEDER:       5.7 KW      57.1 KVAR      57.4 KVA

==== BUS: BUS-0002        DESIGN VOLTS: 13800      BUS VOLTS: 13574 %VD: 1.64
======================== PU BUS VOLTAGE: .984     ANGLE: -1.0 DEGREES
              NET BRANCH DIVERSITY LOAD: 1880.8 KW 1410.6 KVAR

LOAD FROM:  BUS-0001       FEEDER AMPS: 99.9      VOLTAGE DROP: 226. %VD: 1.64
PROJECTED POWER FLOW:     1880.8 KW    1410.6 KVAR    2351.0 KVA    PF: .80 LAGGING
LOSSES THRU FEEDER:       5.7 KW      57.1 KVAR      57.4 KVA
*** T O T A L S Y S T E M L O S S E S ***
         6. KW            57. KVAR
```

## 9.2 Modeling Transformer Losses

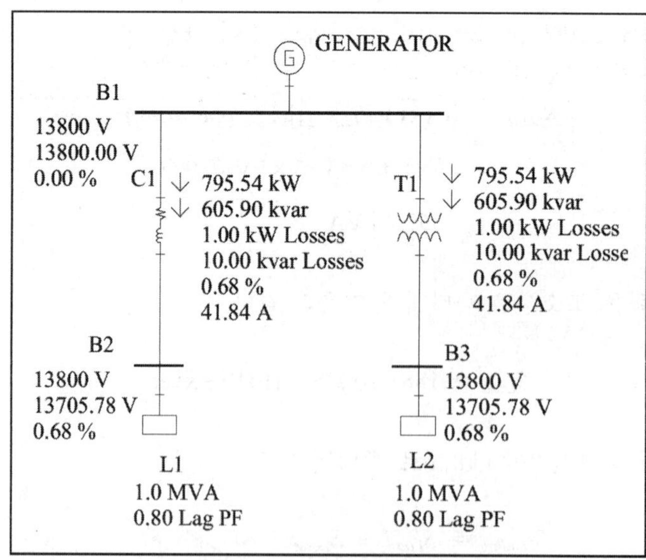


**그림 4-7 변압기 손실**

이 예제는 부하의 크기와 지로 임피던스가 동일한 경우 Cable과 변압기의 손실이 동일하다는 것을

보여준다. 이 예제에서 비전동기부하는 역률 80%, 정격용량 1.0 MVA로 되는 Constant kVA 부하 형태로 변경된다. 13.8 kV 변압기는 per unit 기준으로 케이블과 동일한 임피던스로 회로에 설치되었다. 변압기의 전압비는 1:1이다.

다음 Input Data는 케이블의 임피던스와 변압기의 임피던스가 동일하다는 것을 per unit를 값으로 보여준다.

```
                          FEEDER INPUT DATA
=====================================================================================
FEEDER FROM          FEEDER TO        QTY     VOLTS LENGTH      FEEDER DESCRIPTION
NAME                 NAME             /PH      L-L              SIZE TYPE DUCT INSUL
=====================================================================================
B1                    B2                1      13800  1000.00       FT       1 C N
+/- Impedance:        0.1904 + J 1.90  OHMS/1000m       0.1000 + J 1.0000 PU
Z0 Impedance:         0.1904 + J 1.90  OHMS/1000m       0.1000 + J 1.0000 PU
```

[비고] $puZ = (P_n \cdot Z)/V^2 = 100 \times (0.1904 + j1.9)/(13.8)^2$

```
                        TRANSFORMER INPUT DATA
=====================================================================================
PRIMARY RECORD         VOLTS * SECONDARY RECORD        VOLTS    FULL-LOAD    NOMINAL
  NO NAME               L-L     NO NAME                 L-L       KVA          KVA
=====================================================================================
B1           D        13800.0   B3          YG        13800.0   0.00000     100000.
Pos. Seq. Z%:         10.00 + J 100.0      0.100 + j 1.000 PU
Zero Seq. Z%:         10.00 + J 100.0      0.100 + j 1.000 PU
Taps Pri. 0.000 % Sec. 0.000 % Phase Shift (Pri. Leading Sec.): 30.00 Deg.
```

Load Flow Report는 케이블과 변압기 지로가 모두 동일한 전력조류를 보여주고 있다. 2개의 구성요소에서 손실은 같다. 변압기는 전압비 1:1에서 모델링되었다. 변압기와 케이블의 전력손실은 동일하다.

```
                BALANCED VOLTAGE DROP AND LOAD FLOW ANALYSIS
*************************************************************************************
VOLTAGE EFFECT ON LOADS MODELED

==== BUS:  B1              DESIGN VOLTS: 13800 BUS VOLTS: 13800 %VD: .00
======================== PU BUS VOLTAGE: 1.000 ANGLE: .0 DEGREES
            *** SWING GENERATOR: GENERATOR 1591.1 KW 1211.8 KVAR

LOAD TO: B2                  FEEDER AMPS : 41.8      VOLTAGE DROP: 94.     %VD: .68
PROJECTED POWER FLOW :     795.5 KW     605.9 KVAR   1000.0 KVA    PF: .80 LAGGING
LOSSES THRU FEEDER :         1.0 KW      10.0 KVAR     10.0 KVA

LOAD TO: B3                  TRANSF AMPS : 41.8        VOLTAGE DROP: 94.      %VD: .68
PROJECTED POWER FLOW :     795.5 KW      605.9 KVAR     1000.0 KVA    PF: .80 LAGGING
LOSSES THRU TRANSF :         1.0 KW       10.0 KVAR       10.0 KVA

==== BUS: B2               DESIGN VOLTS: 13800     BUS VOLTS: 13706    %VD: .68
======================== PU BUS VOLTAGE: .993      ANGLE: -.4 DEGREES
```

```
              NET BRANCH DIVERSITY LOAD :       794.5 KW        595.9 KVAR
LOAD FROM : B1               FEEDER AMPS : 41.8        VOLTAGE DROP: 94.     %VD: .68
PROJECTED POWER FLOW :      794.5 KW       595.9 KVAR    993.2 KVA     PF: .80 LAGGING
LOSSES THRU FEEDER :          1.0 KW        10.0 KVAR     10.0 KVA

==== BUS: B3                DESIGN VOLTS: 13800         BUS VOLTS: 13706    %VD: .68
======================== PU BUS VOLTAGE: .993          ANGLE: -.4 DEGREES
              NET BRANCH DIVERSITY LOAD: 794.5 KW 595.9 KVAR

LOAD FROM: B1                TRANSF AMPS: 41.8         VOLTAGE DROP: 94.     %VD: .68
PROJECTED POWER FLOW :      795.5 KW       605.9 KVAR    1000.0 KVA    PF: .80 LAGGING
LOSSES THRU TRANSF :          1.0 KW        10.0 KVAR     10.0 KVA
```

## 9.3 Load Specifications

이 예제는 전력조류 풀이의 결과에 있어서 다른 부하 사양의 영향을 설명한다. 사용자는 'Component Editor'의 Load Diversity Subview에서 Demand Library Load 또는 Energy Audit Load 설정 버튼의 선택에 의하여 개별 부하의 종류를 지정할 수 있다(비전동기부하의 부하종류 지정). Load Flow Study 결과는 사용자가 선택한 부하종류(Load Type)에 따라 영향을 받는다. Load Flow Study 결과는 'Load Flow Study'의 Setup 창에서 Load Specification의 선택에 의존한다. 2개의 Directly Connected Loads 중 하나이거나, 2개의 'From Demand Load Study' 부하 중 하나이다. 그들은 Demand Load Study로부터 결과에 기초한 부하를 모델링 하는 것을 사용자에게 허용됨으로 인하여, 이러한 마지막 2가지 설정은 더욱 광범위하게 적용된다. 아래의 One-Line Diagram에서 다섯 개의 다른 지로부하 형식과 Load Factor를 모델링한다. 개별 부하 종류와 'Load Specification'에서 선택에 좌우되는 Load Flow Study의 결과는 One-Line Diagram에서 보여주고 있다.

5개의 부하는 각각 정격용량 1000 kVA이다. 따라서 연결부하의 크기는 1000 kVA이다. 부하 L-1과 L-2는 Energy Audit 형태의 부하이며, 부하 L-3, L-4, L-5은 Demand Load 형태의 부하이다. 부

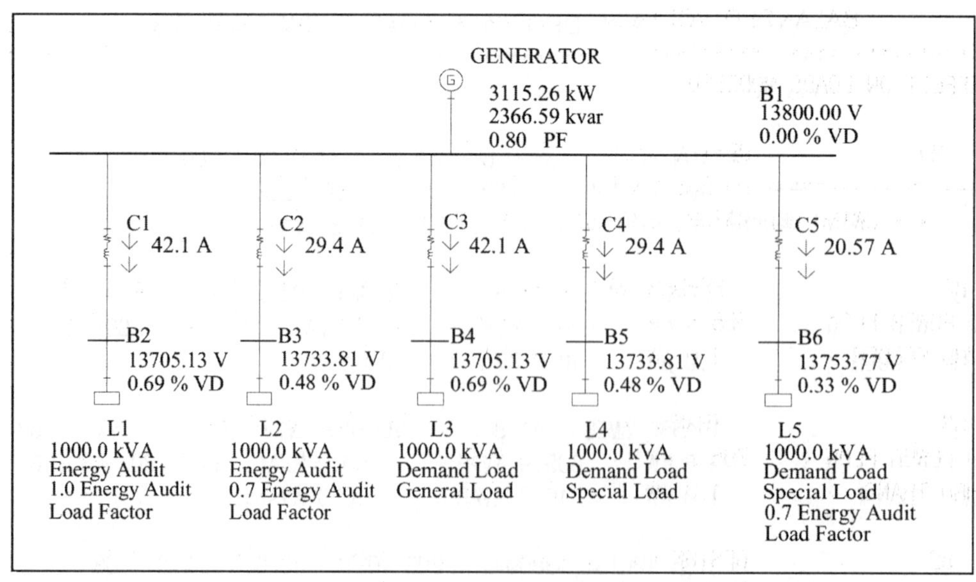


그림 4-8 Load Specification

하 L-1은 Energy Audit load factor 1.0의 값을 가지고, 부하 L-2와 L-5는 Energy Audit Load Factor 0.7의 값을 가진다. 부하 L-5는 지정된 Energy Audit load factor를 가지고 있음에도 불구하고 Demand Load 형태의 부하임에 유의하여야 한다. 부하 L-3는 General Load로 선택되었고, 부하 L-4와 L-5은 Special Load로 선택되었다. 이들 선택은 'Component Editor'의 Load Diversity subview에서 Demand Load Category의 drop-down 목록으로부터 만들어진다. 이 예제에서 사용된 Demand Load Factors(Demand Load Library로부터 참조한 것이다)이다. Load Flow Study는 부하에서 전압의 효과를 계산에 고려하는 것이 중요하다. 이 예제에서 모든 부하는 Constant kVA 형태의 부하로 모델링 되었다. 따라서 부하 Bus에서 전압은 감소하고, 부하에 공급하는 지로에서 전류는 증가한다. 부하 전류의 계산은 비선형방정식으로 풀이하여야 하므로 단 한 번의 계산으로 해를 구할 수 없고, 변수에 적당한 초기값을 주어 반복계산으로 근사해를 구하는 방식이므로 수계산 방법으로 해를 구하기가 쉽지 않다.

이 예제에서 모두 5개 부하 모두가 정격 1000 kVA 또는 42.13 A의 크기를 갖는 것을 기억하여야 한다. 각 분기에서 계산된 전류는 다르고, 개별 Load Type과 Load Factor를 기반으로 한다. 부하 L-1에 대한 1st Level Demand 또는 Energy Factor를 사용한 계산된 전류조류 분기회로전류는 Load Factor가 1.0이기 때문에 연결부하와 동일하다. 반면에 부하 L-2에 공급하는 분기회로의 전류는 연결부하의 0.7이다. 부하 L-4와 L-5 사이의 부하특성의 유일한 차이점은 모두 최대수요부하를 모델링하며, 부하 L-4는 초기값으로 energy audit load factor 1.0의 값을 가지며, 반면 부하 L-5는 energy audit load factor 0.7의 값을 가진다. 따라서 1st Level Demand 또는 Energy Factor를 사용하는 계산된 전력조류 분기회로전류는 부하 L-4에 대하여 29.4 A이지만 부하 L-5에 대하여는 20.57A이다.

**표 4-3 부하 L-3, L-4, L-5의 Demand Load Factors**

| Load Type | 1st Level | | 2nd Level | | LCL |
|---|---|---|---|---|---|
| | Load | Factor | Load | Factor | |
| General Load | 100kVA | 100% | All | 50% | 1.25 |
| Special Load | 100kVA | 70% | All | 100% | 1.00 |

**표 4-4 부하의 Load Specification 설정**

| Component Editor Data | | | Load Flow Study Setup Specification | | | |
|---|---|---|---|---|---|---|
| | | | Directly Connected | | From Demand Load Study | |
| Load # | Individual Load Type | Individual Load Factor | Connected Load(A) | 1st Level Demand or Energy factor | Demand Load(A) | Design Load(A) |
| L1 | Energy Audit | 1.0 | 42.13 (1.0) | 42.13 (1.0) | 42.13 (1.0) | 42.13 (1.0) |
| L2 | Energy Audit | 0.7 | 42.13 (1.0) | 29.4 (0.7) | 29.4 (0.7) | 29.4 (0.7) |
| L3 | Demand | General | 42.13 (1.0) | 42.13 (1.0) | 23.1 (0.55) | 28.9 (0.55*1.25) |
| L4 | Demand | Special | 42.13 (1.0) | 29.4 (0.7) | 40.85 (0.97) | 40.85 (0.97*1.0) |
| L5 | Demand | Special with Energy Audit Load Factor of 0.7 | 42.13 (1.0) | 20.57 (0.7*0.7) | 40.85 (0.97) | 40.85 (0.97*1.0) |

From Demand Load Study의 결과를 사용하는 계산된 전력조류 분기회로전류는 추가로 검토하여야 한다. 예를 들어 부하 L-4와 L-5에 대하여 최대수요부하를 사용하는 부하에 흐르는 전류는 Energy Audit load factor 0.7을 사용하지 않아 40.85 A로 동일하다. One-Line 상에 표시되는 Data는 'Load Specification'의 1st Level Demand 또는 Energy Factor의 설정과 일치한다.

## 9.4. Net Branch Diversity Load

이 예제에서 PTW가 동시에 발생하는 최대수요부하와 Load Flow Solution의 Diversity Load의 영향을 계산하는 방법을 보여준다.

이 예제는 "Demand Load Study"에서 제시된 '동시에 발생하지 않는 수요부하 계산' 예제에 대한 Load Flow Solution이다. 1000 kVA(General Load Category)의 동일한 최대수요부하는 그림 4-9의 One-Line에서 보이는 계통에 접속되어 있다.

"Demand Load Study"의 예제 "Non-Coincident Demand Calculation"로부터, Bus-2에 연결된 부하가 2,000 kVA이지만 최대수요부하의 크기는 1,050 kVA임에 유의하여야 한다. 이것은 분기회로 2개의 최대수요부하의 합은 1,100 kVA(각 550 kVA)이므로 동시에 발생하는 최대수요부하가 된다. 그것은 그 다음에 피상전력 1,050 kVA 만 Bus-2에 공급되어야 하지만 2개의 부하의 각각에 550 kVA가 흘러야 한다는 결론을 내릴 수 있다.

Bus-2에 피상전력의 유효한 구성요소의 검사는 유익한 것이다. One-Line diagram으로부터 840 kW가 Bus 측으로 흐르지만 440 kW는 흘러 나간다. −40 kW 크기의 Net Branch Diversity Load가 존재한다. 이것은 아래 그림에서 보여주고 있는 것과 같이 대부분 Load Flow Study 보고서에 명확하게 표시된다.

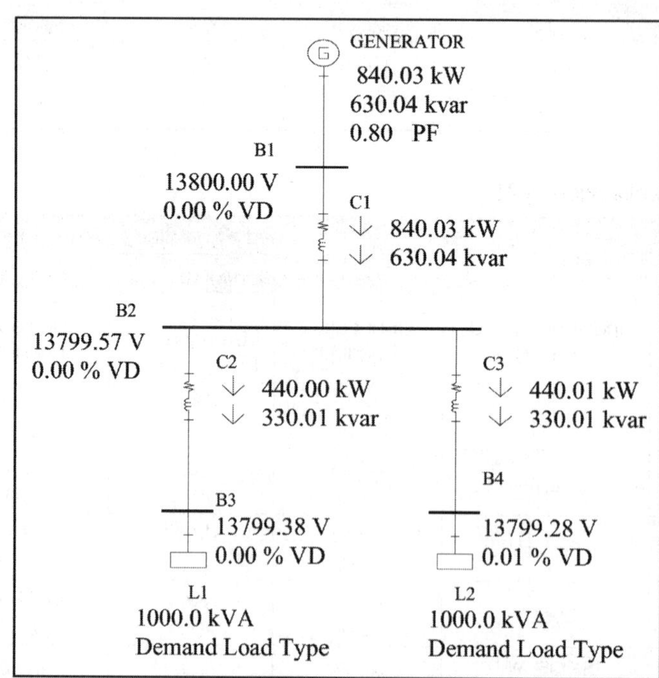


그림 4-9 Net Branch Diversity Load

```
          BALANCED VOLTAGE DROP AND LOAD FLOW ANALYSIS
*****************************************************************************
VOLTAGE EFFECT ON LOADS MODELED

==== BUS: B2                DESIGN VOLTS: 13800    BUS VOLTS: 13800    %VD: 0.00
========================= PU BUS VOLTAGE: 1.000              ANGLE: 0.0 DEGREES
               NET BRANCH DIVERSITY LOAD:     -40.0 KW     -30.0 KVAR

LOAD FROM: B1                  FEEDER AMPS: 43.9    VOLTAGE DROP: 0.    %VD: 0.00
PROJECTED POWER FLOW:    840.0 KW     630.0 KVAR     1050.0 KVA    PF: 0.80 LAGGING
LOSSES THRU FEEDER:        0.0 KW       0.0 KVAR        0.0 KVA

LOAD TO: B3                    FEEDER AMPS: 23.0 VOLTAGE DROP: 0. %VD: 0.00
PROJECTED POWER FLOW:    440.0 KW     330.0 KVAR      550.0 KVA   PF: 0.80 LAGGING
LOSSES THRU FEEDER:        0.0 KW       0.0 KVAR        0.0 KVA

LOAD TO: B4                    FEEDER AMPS: 23.0 VOLTAGE DROP: 0. %VD: 0.00
PROJECTED POWER FLOW:     440.0 KW      330.0 KVAR     550.0 KVA     PF: 0.80 LAGGING
LOSSES THRU FEEDER:         0.0 KW        0.0 KVAR       0.0 KVA
```

Bus-2에서 PTW는 노드에 흘러 들어오는 전력(1050 kVA)과 노드에 흘러 나가는 전력(1100 kVA)의 차이를 보고서에 기록한다. 이 차이는 비동시성이 고려되지 않는 경우와 비교하여 계통전압을 높이는 역할을 한다. 예를 들어 위의 문제에서 Demand Load의 Energy Audit 설정 버튼의 선택에 의하여 Load Type를 변경하고, Load Factor를 0.55로 변경한다. Bus-2에서 최대수요부하는 1100 kVA가 될 것이다.

## 9.5 전력조류 계산

아래에 One-Line Diagram에 지정된 부하상태에 대하여 Bus 전압과 변압기 전류를 계산한다.

### 1) 계산 조건

기준용량 : 100 MVA Base

계통전압 : 4.16 kV

기준전류 : $I_b$ = 100MVA × 1000 / ($\sqrt{3}$ × 4.16kV) = 13,879A

Load Factor = BHP / HP = 7600BHP / 8000HP = 0.95

전동기 입력(S) : S = 0.95 × 8000HP × 0.746kW/HP / (0.90 × 0.96) = 6,562 kVA

전동기 역률각 : $\theta_m$ = Acos(0.9) = 25.84° lag

Z utility = 100MVA / 900MVA = 0.111111Ωp.u. X/R=25

Z transformer = 0.062Ωp.u. (100MVA / 15MVA) = 0.413333Ωp.u. X/R=25

Z total = Z utility + Z transformer = 0.524444Ω pu X/R=25

Z angle total = ATAN(25) = 87.71°

모든 계산은 변압기 2차 Bus를 기준으로 한다. 계산을 시작하려면 계통에서 전압강하는 없는 것으로 한다.

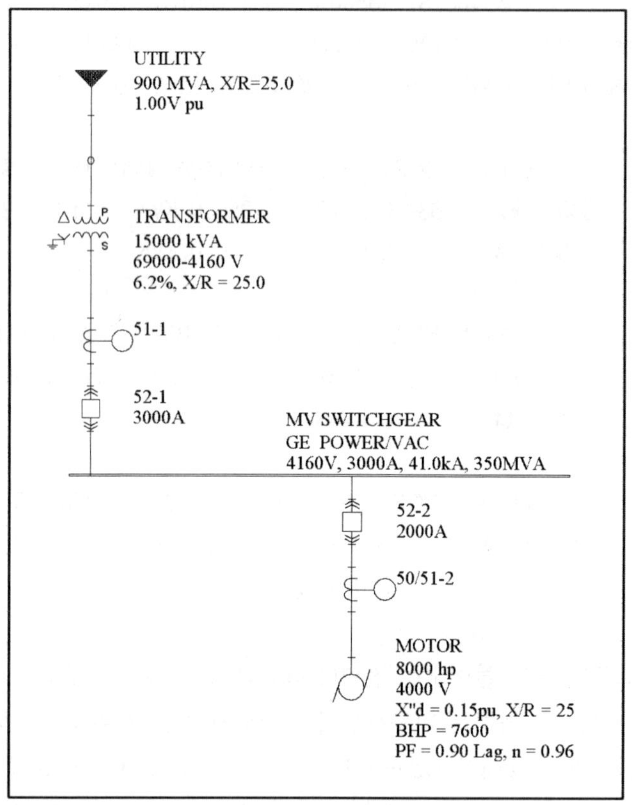


그림 4-10 전력조류 계통도

### 2) 전력조류 계산

(1) Iteration 1

초기 기준용량 100 MVA 및 전압에서 4.16 kV에서 부하전류를 per unit 값으로 계산한다.

$$I_1 = \frac{S}{\sqrt{3}\,V_1 I_b} = \frac{6562\angle 25.84°}{\sqrt{3}\times 4160\angle 0°\times 13,879} = 0.065618\angle -25.8°\,[\text{Apu}]$$

$S$ : 전동기 입력용량

$V_1$ : 4160∠0°

$I_1$ : 기준용량에 대한 전동기용량(즉 기준전류에 대한 전동기전류의 pu 값)

부하전류 $I_1$이 흐를 때 Bus의 전압은 전압강하를 뺀 $V_2$가 된다.

$$V_2 = V_1 - I_1\,Z_{total}$$

$$= 1.0\angle 0° - (0.065618\angle -25.84° \times 0.524444\angle 87.71°)\,[\text{Vpu.}]$$

$$= 0.983775 - j0.030348 = 0.984243\angle -1.77° \text{ [Vpu.]}$$

$$= 4094\angle -1.77° \text{ [V]}$$

Bus에서 전압편차를 다음과 같이 계산하며, 편차가 0보다 크므로 다음 반복과정으로 계산하여야 한다.

$$|\Delta V_1| = V_2 - V_1 = 4094 - 4160 = -66\text{V} \; > 0\text{V}$$

(2) Iteration 2

수정된 전압 $V_2$를 사용하여 부하전류 및 전압편차를 다음과 같이 계산한다.

$$I_2 = \frac{S}{\sqrt{3}\,V_2 I_b} = \frac{6562\angle 25.84°}{\sqrt{3}\times 4094\angle -1.770° \times 13,879} = 0.066676\angle -27.61° \text{ [Apu]}$$

$$V_3 = V_1 - I_2\, Z_{total}$$

$$= 1.0\angle 0° - (0.065618\angle -25.84° \times 0.524444\angle 87.71°) \text{ [Vpu]}$$

$$= 0.982569 - j0.030314 = 0.983036\angle -1.77° \text{ [Vpu]}$$

$$= 4089.4297\angle -1.77° \text{ [V]}$$

전압편차가 0보다 크다. 따라서 다음 반복계산과정으로 넘어간다.

$$|\Delta V_2| = V_3 - V_2 = 4089 - 4094 = 5\text{V} \; > 0\text{V}$$

(3) Iteration 3

수정된 전압 $V_3$를 사용하여 부하전류 및 전압편차를 다음과 같이 계산한다.

$$I_3 = \frac{S}{\sqrt{3}\,V_3 I_b} = \frac{6562\angle 25.84°}{\sqrt{3}\times 4089\angle -1.770° \times 13,879} = 0.066758\angle -27.61° \text{[Apu]}$$

$$V_4 = V_1 - I_3\, Z_{total}$$

$$= 1.0\angle 0° - (0.065618\angle -25.84° \times 0.524444\angle 87.71°) \text{ [Vpu]}$$

$$= 0.982569 - j0.030351 = 0.983016\angle -1.77° \text{ [Vpu]}$$

$$= 4089.3465\angle -1.77° \text{ [V]}$$

전압편차는 0이 되었다. 따라서 반복계산을 종료한다.

$$|\Delta V_3| = V_4 - V_3 = 4089 - 4089 = 0\text{V}$$

전동기 부하전류는 다음과 같이 된다.

$$I_{motor} = I_3 = 13,879\text{A} \times 0.066758\angle -27.61° = 926.5\angle -27.61° \text{ [A]}$$

# 10 Power Tools을 이용한 조류계산

## 10.1 전력계통도에서 각 설비의 Data 입력

아래 그림의 One-Line 전력계통도에서의 입력 Data를 이용하여 전력조류계산을 수행한다.

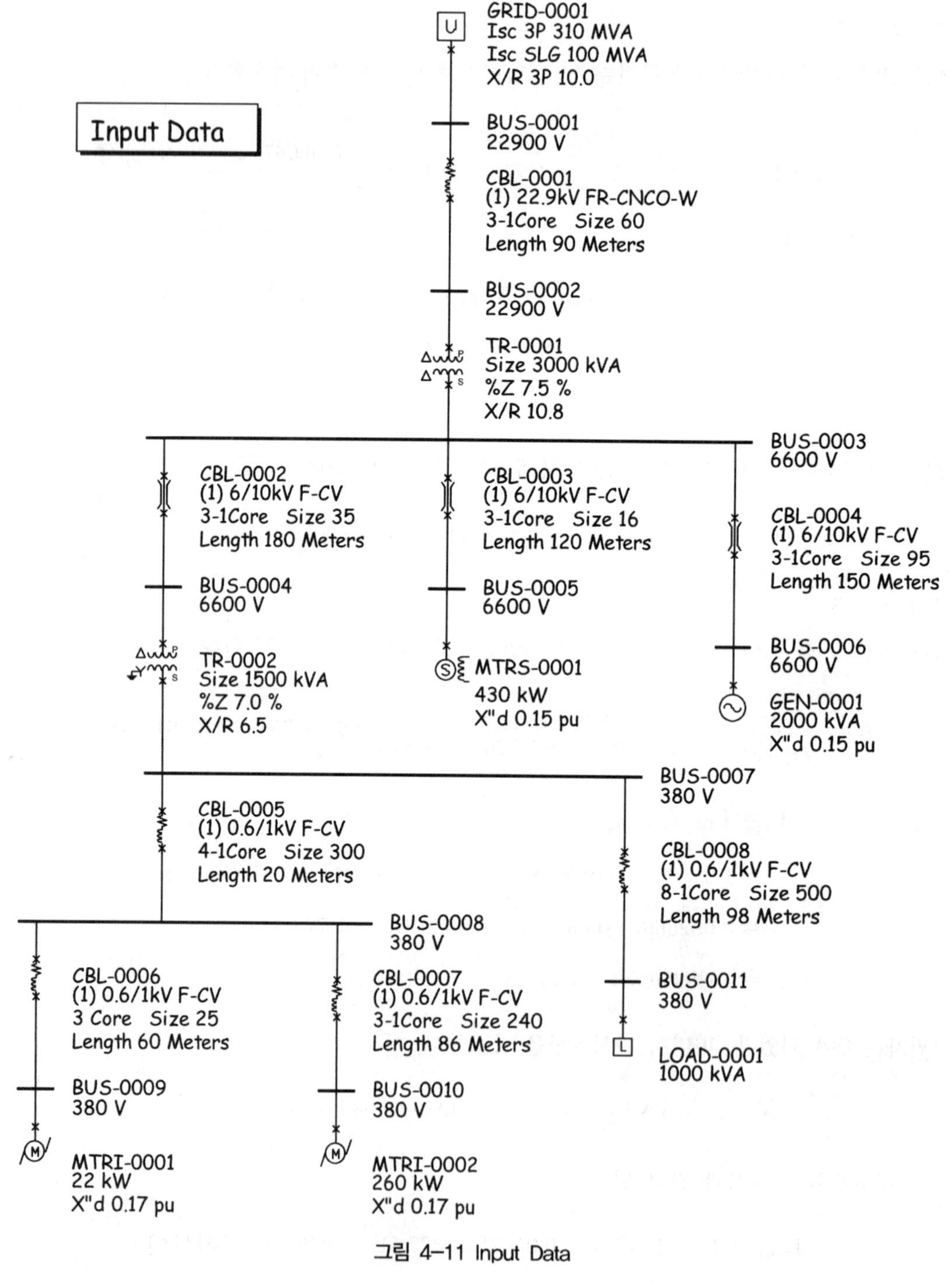


그림 4-11 Input Data

## 10.2 'Balanced System Studies'의 'Setup'창 열기

상위 메뉴 'Run'에서 'Balanced System Studies'를 클릭하면 그림 4-12의 창이 나올 것이다. 'Setup' 버튼을 클릭하면 그림 4-13의 창이 나타난다. 설정을 완료한 후 'OK' 버튼을 클릭한다.

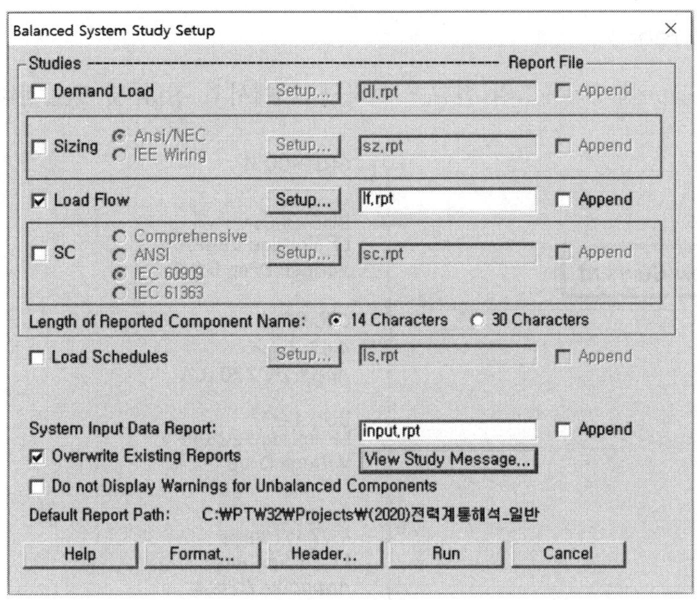


그림 4-12 Balanced System Study Setup

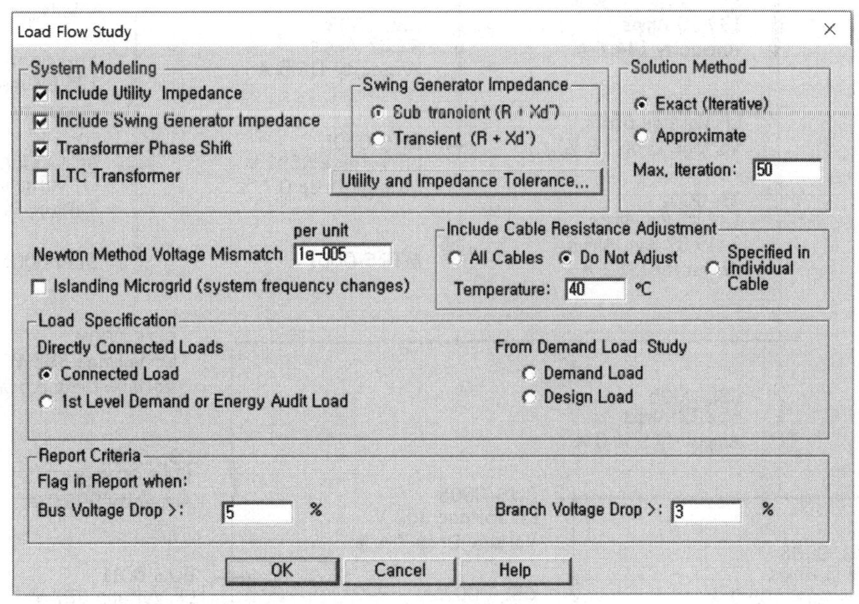


그림 4-13 Load Flow Study Setup

### 1) 계산수행

그림 4-12에서 'Run' 버튼을 클릭하여 계산을 수행한다.

### 2) 계산 종료

계산이 종료되면 계산오류 유무를 확인하고 'Close' 버튼을 클릭한다.

# 11 Load Flow Study Report

## 11.1 Data Block Report

### 1) Load Flow Current

아래 그림의 One-Line에 Branch의 전류 크기와 BUS에서의 전압 및 전압강하율이 나타난다.

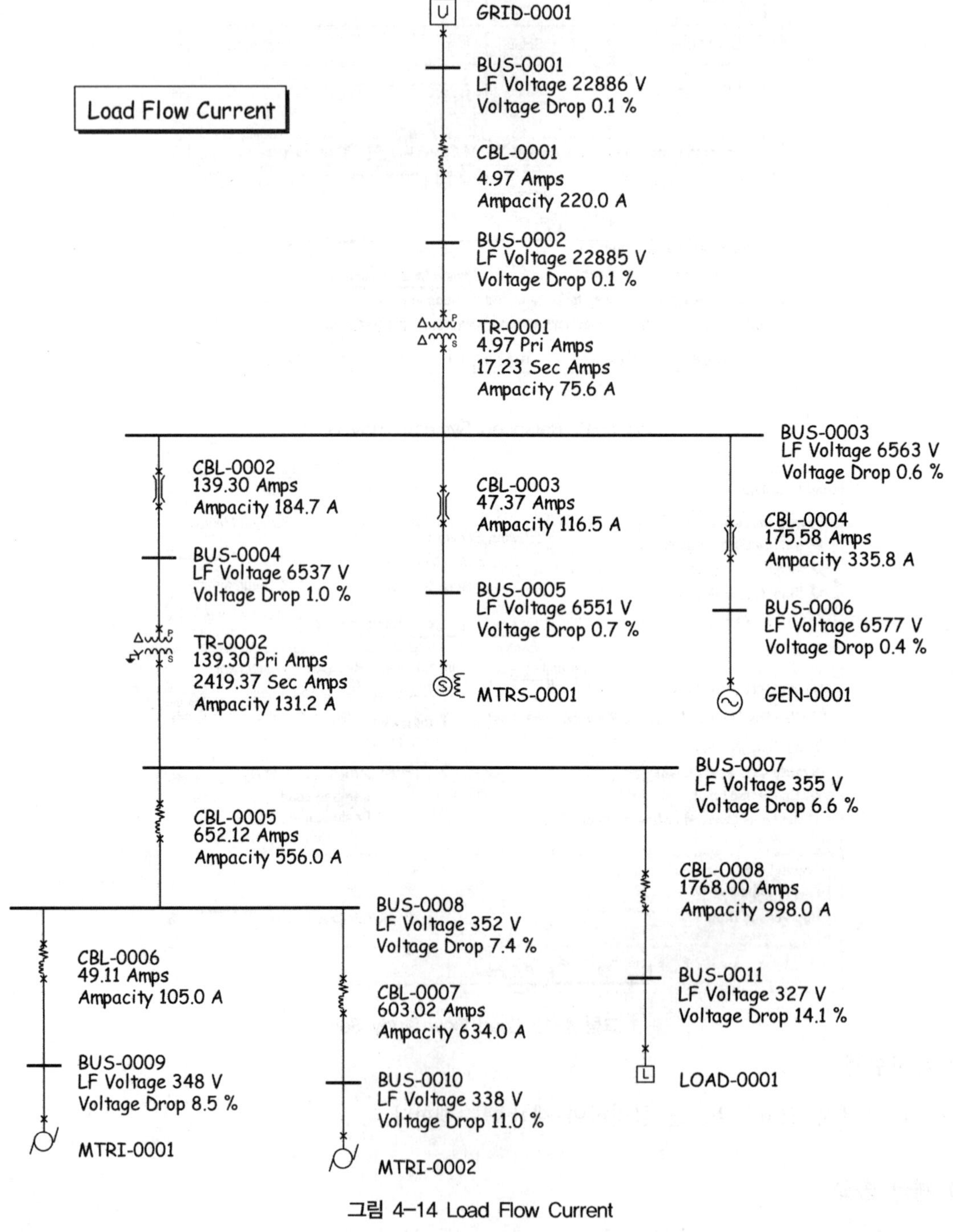


그림 4-14 Load Flow Current

## 2) 전동기 기동상태에서의 Load Flow Current

MTRI-0002의 Component Editor에서 전동기의 운전상태를 'Running'에서 'Starting'로 변경하고 저장한다. 아래 그림과 같이 One-Line에 전동기 기동시 각 Branch의 전류 크기와 Bus에서의 전압 및 전압강하률이 나타난다.

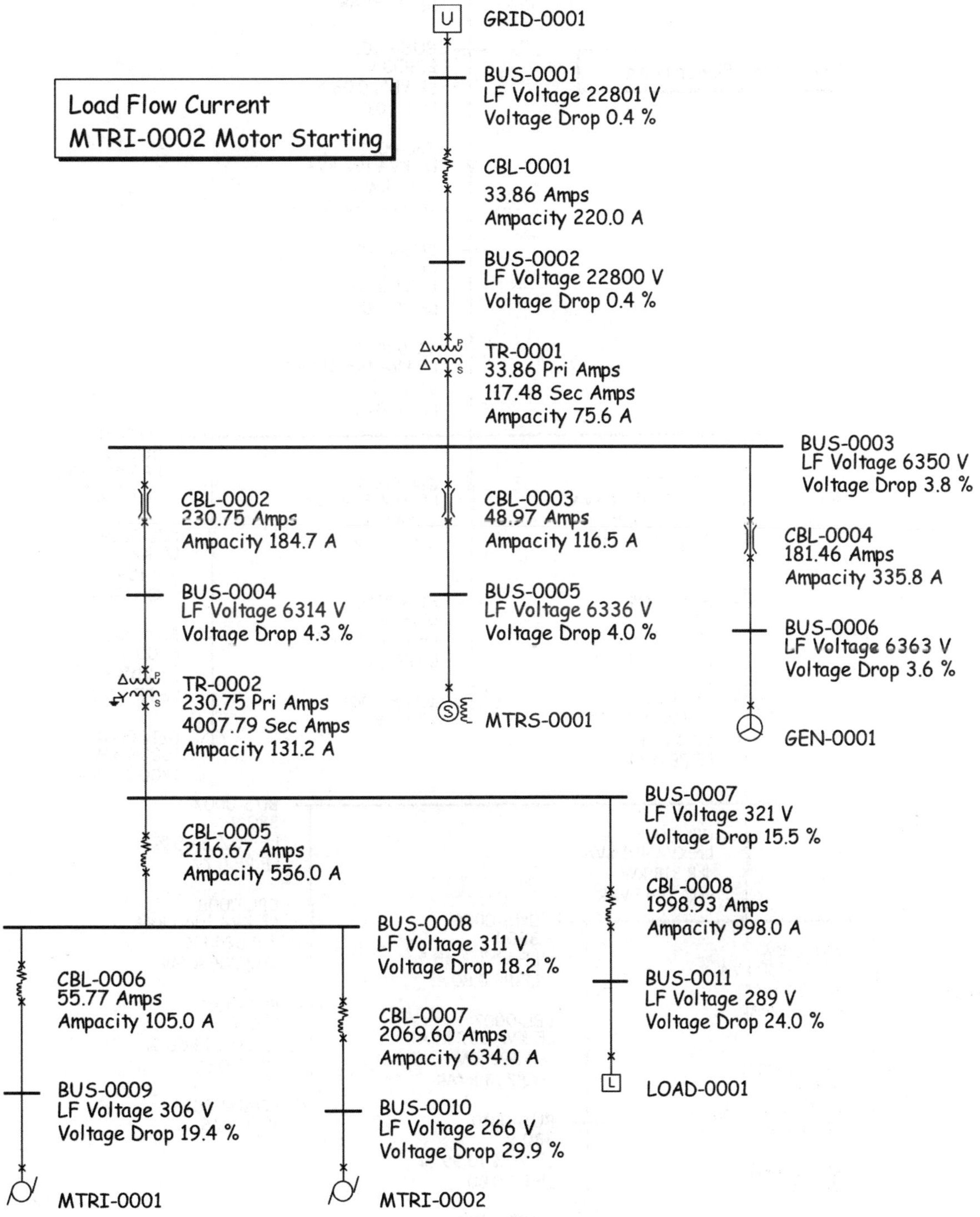

Load Flow Current
MTRI-0002 Motor Starting

GRID-0001

BUS-0001
LF Voltage 22801 V
Voltage Drop 0.4 %

CBL-0001
33.86 Amps
Ampacity 220.0 A

BUS-0002
LF Voltage 22800 V
Voltage Drop 0.4 %

TR-0001
33.86 Pri Amps
117.48 Sec Amps
Ampacity 75.6 A

BUS-0003
LF Voltage 6350 V
Voltage Drop 3.8 %

CBL-0002
230.75 Amps
Ampacity 184.7 A

CBL-0003
48.97 Amps
Ampacity 116.5 A

CBL-0004
181.46 Amps
Ampacity 335.8 A

BUS-0004
LF Voltage 6314 V
Voltage Drop 4.3 %

BUS-0005
LF Voltage 6336 V
Voltage Drop 4.0 %

BUS-0006
LF Voltage 6363 V
Voltage Drop 3.6 %

TR-0002
230.75 Pri Amps
4007.79 Sec Amps
Ampacity 131.2 A

MTRS-0001

GEN-0001

BUS-0007
LF Voltage 321 V
Voltage Drop 15.5 %

CBL-0005
2116.67 Amps
Ampacity 556.0 A

CBL-0008
1998.93 Amps
Ampacity 998.0 A

BUS-0008
LF Voltage 311 V
Voltage Drop 18.2 %

CBL-0006
55.77 Amps
Ampacity 105.0 A

CBL-0007
2069.60 Amps
Ampacity 634.0 A

BUS-0011
LF Voltage 289 V
Voltage Drop 24.0 %

LOAD-0001

BUS-0009
LF Voltage 306 V
Voltage Drop 19.4 %

BUS-0010
LF Voltage 266 V
Voltage Drop 29.9 %

MTRI-0001

MTRI-0002

그림 4-15 Load Flow Current(Motor Starting)

### 3) Load Flow Power Data

아래 그림에 Branch의 유효전력, 무효전력, 전류의 크기 및 전압강하와 BUS에서의 전압강하율이 나타난다.

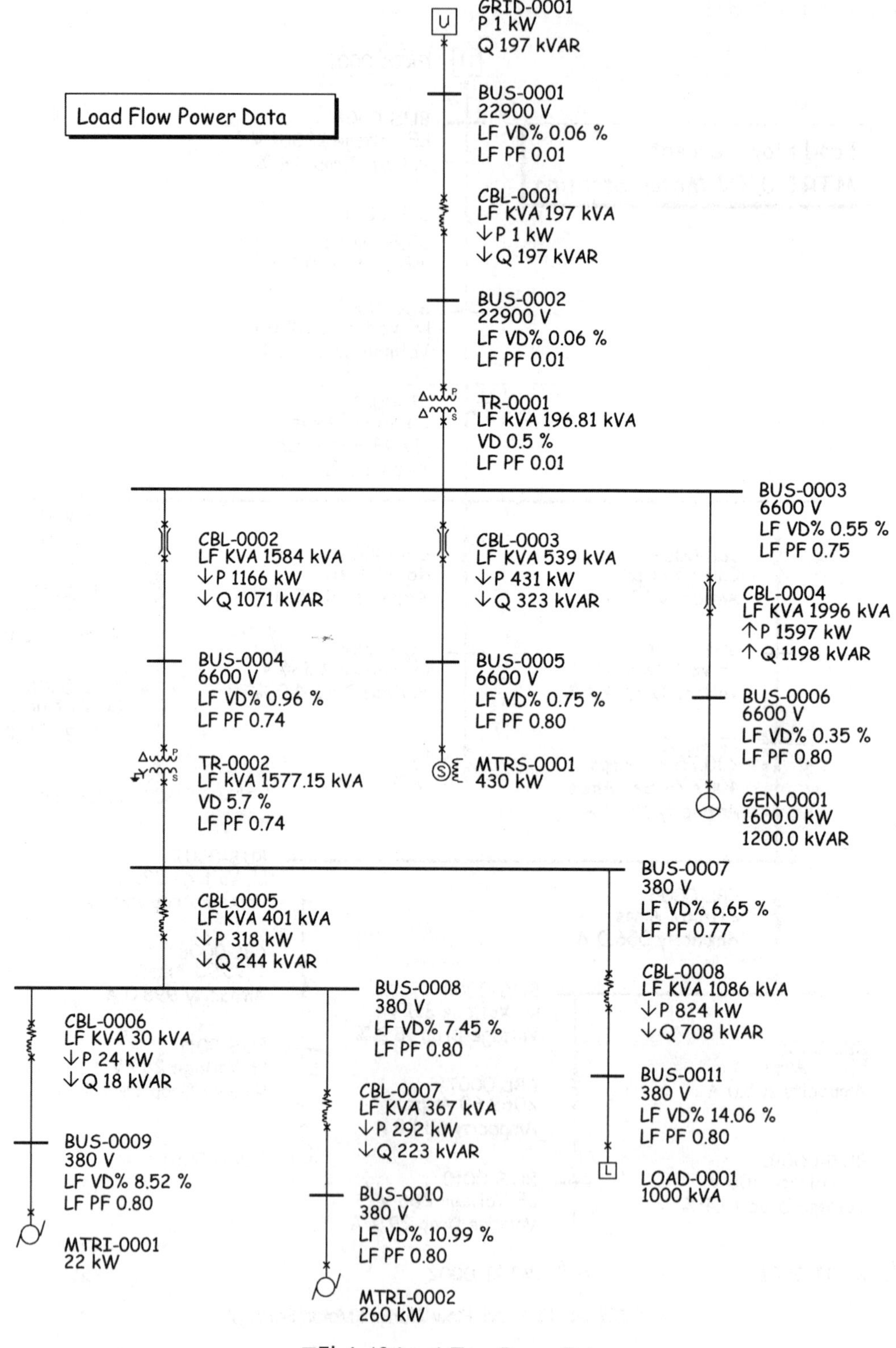


그림 4-16 Load Flow Power Data

### 4) 전동기 기동상태에서의 Load Flow Power Data

아래 그림과 같이 One-Line에 전동기 기동시 각 Branch의 유효전력, 무효전력, 전류의 크기 및 전압강하와 BUS에서의 전압강하율이 나타난다.

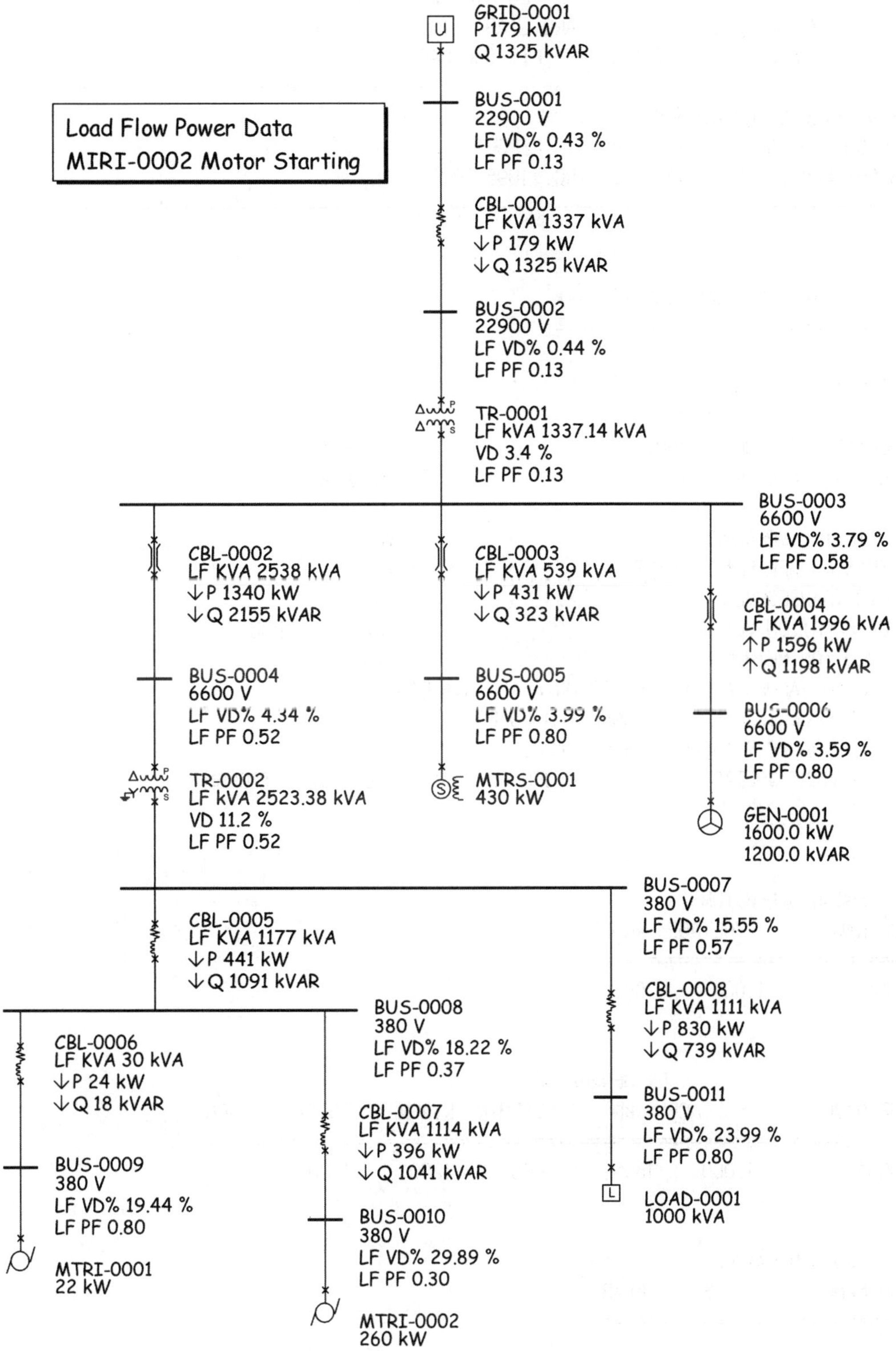

Load Flow Power Data
MIRI-0002 Motor Starting

GRID-0001
P 179 kW
Q 1325 kVAR

BUS-0001
22900 V
LF VD% 0.43 %
LF PF 0.13

CBL-0001
LF KVA 1337 kVA
↓P 179 kW
↓Q 1325 kVAR

BUS-0002
22900 V
LF VD% 0.44 %
LF PF 0.13

TR-0001
LF kVA 1337.14 kVA
VD 3.4 %
LF PF 0.13

BUS-0003
6600 V
LF VD% 3.79 %
LF PF 0.58

CBL-0002
LF KVA 2538 kVA
↓P 1340 kW
↓Q 2155 kVAR

CBL-0003
LF KVA 539 kVA
↓P 431 kW
↓Q 323 kVAR

CBL-0004
LF KVA 1996 kVA
↑P 1596 kW
↑Q 1198 kVAR

BUS-0004
6600 V
LF VD% 4.34 %
LF PF 0.52

BUS-0005
6600 V
LF VD% 3.99 %
LF PF 0.80

BUS-0006
6600 V
LF VD% 3.59 %
LF PF 0.80

TR-0002
LF kVA 2523.38 kVA
VD 11.2 %
LF PF 0.52

MTRS-0001
430 kW

GEN-0001
1600.0 kW
1200.0 kVAR

BUS-0007
380 V
LF VD% 15.55 %
LF PF 0.57

CBL-0005
LF KVA 1177 kVA
↓P 441 kW
↓Q 1091 kVAR

BUS-0008
380 V
LF VD% 18.22 %
LF PF 0.37

CBL-0008
LF KVA 1111 kVA
↓P 830 kW
↓Q 739 kVAR

CBL-0006
LF KVA 30 kVA
↓P 24 kW
↓Q 18 kVAR

CBL-0007
LF KVA 1114 kVA
↓P 396 kW
↓Q 1041 kVAR

BUS-0011
380 V
LF VD% 23.99 %
LF PF 0.80

BUS-0009
380 V
LF VD% 19.44 %
LF PF 0.80

LOAD-0001
1000 kVA

BUS-0010
380 V
LF VD% 29.89 %
LF PF 0.30

MTRI-0001
22 kW

MTRI-0002
260 kW

그림 4-17 Load Flow Power Data(Motor Starting)

## 11.2 Load Flow & Voltage Drop Analysis Report

```
-----------------------------------------------------------------------------
ALL INFORMATION PRESENTED IS FOR REVIEW, APPROVAL
INTERPRETATION AND APPLICATION BY A REGISTERED ENGINEER ONLY
SKM DISCLAIMS ANY RESPONSIBILITY AND LIABILITY RESULTING
FROM THE USE AND INTERPRETATION OF THIS SOFTWARE.
-----------------------------------------------------------------------------
SKM POWER*TOOLS FOR WINDOWS
LOAD FLOW AND VOLTAGE DROP ANALYSIS REPORT
COPYRIGHT SKM SYSTEMS ANALYSIS, INC. 1995-2019
-----------------------------------------------------------------------------


          *** SOLUTION COMMENTS ***
          =========================

     SOLUTION PARAMETERS

     BRANCH VOLTAGE CRITERIA                        :  3.00 %
     BUS VOLTAGE CRITERIA                           :  5.00 %

     UTILITY IMPEDANCE                              : YES
     TRANSFORMER PHASE SHIFT                        : YES
     LTC TRANSFORMER                                : NO
     CALCULATION METHOD                             : Newton Method
     SOLUTION METHOD                                : EXACT
     ALL PU VALUES ARE EXPRESSED ON A 100 MVA BASE
     LOAD FLOW IS BASED ON CONNECTED LOADS.
     LOAD ANALYSIS INCLUDES ALL LOADS.
     <<PERCENT VOLTAGE DROPS ARE BASED ON NOMINAL DESIGN VOLTAGES>>


       SWING GENERATORS
SOURCE NAME        VOLTAGE  ANGLE
================================
UTIL-0001       1.000    0.00


                         PV GENERATORS
SOURCE NAME        VOLTAGE  kW     kVARMIN  kVARMAX  PARTICIPATION
=================================================================
GEN-0001          1.000   1600.    600.    1200.    1.00.


        PQ GENERATORS
SOURCE NAME          kW     kVAR
===============================
```

```
BUS VOLTAGE CONVERGENCY CRITERIA:   0.00001000  PU

LARGEST BUS VOLTAGE MISMATCH BUS-0011       -0.57856876  PU
LARGEST BUS VOLTAGE MISMATCH BUS-0011        0.06756606  PU
LARGEST BUS VOLTAGE MISMATCH BUS-0011        0.00202334  PU
LARGEST BUS VOLTAGE MISMATCH BUS-0011       -0.00000123  PU


BALANCED VOLTAGE DROP AND LOAD FLOW ANALYSIS (SWING GENERATORS)
*********************************************************************************
SOURCE           VOLTAGE  ANGLE        KW       KVAR      VD%  (UTILITY IMPEDANCE)

GRID-0001        1.000    0.00         1.10     196.80     0.06     0.03210  +j0.32098


BALANCED VOLTAGE DROP AND LOAD FLOW ANALYSIS (PV GENERATOR SCHEDULE REPORT)
*********************************************************************************
                          ---VOLTAGE---     -KVAR LIMITS-          ---ACTUAL----
PV SOURCE NAME            SCHED. ACTUAL     MIN        MAX          KW        KVAR

GEN-0001                  1.000    0.996   600.00     1200.00     1600.00  1200.00


BALANCED VOLTAGE DROP AND LOAD FLOW ANALYSIS (PQ GENERATOR REPORT)
*********************************************************************************
SOURCE           VOLTAGE  ANGLE        KW       KVAR      VD%



                BALANCED VOLTAGE DROP AND LOAD FLOW ANALYSIS

****************************************************************************************
VOLTAGE EFFECT ON LOADS MODELED
VOLTAGE DROP CRITERIA: BRANCH =  3.00%    BUS =  5.00%


==== BUS: BUS-0001   DESIGN VOLTS:    22900 BUS VOLTS:     22886 %VD:  0.06  Freq.: 60.000
======================= PU BUS VOLTAGE:  0.999 ANGLE:    0.0  DEGREES
             *** SWING GENERATOR:GRID-0001           1.10  KW   196.80  KVAR

 LOAD   TO: BUS-0002   CBL-0001    FEEDER AMPS:      5.0 VOLTAGE DROP:       0.  %VD:  0.00
 PROJECTED POWER FLOW:        1.1  KW     196.8  KVAR    196.8  KVA     0.01  LAGGING
 LOSSES THRU FEEDER:          0.0  KW       0.0  KVAR      0.0  KVA


==== BUS: BUS-0002   DESIGN VOLTS:    22900 BUS VOLTS:     22885 %VD:  0.06  Freq.: 60.000
======================= PU BUS VOLTAGE:  0.999 ANGLE:    0.0  DEGREES

 LOAD FROM: BUS-0001    CBL-0001    FEEDER AMPS:     5.0 VOLTAGE DROP:       0.  %VD:  0.00
 PROJECTED POWER FLOW:        1.1  KW     196.8  KVAR    196.8  KVA     0.01  LAGGING
```

```
 LOSSES THRU FEEDER:          0.0  KW       0.0  KVAR       0.0  KVA

 LOAD    TO: BUS-0003  TR-0001     TRANSF AMPS:      5.0 VOLTAGE DROP:    112.  %VD:  0.49
 PROJECTED POWER FLOW:        1.1  KW     196.8  KVAR     196.8  KVA      0.01  LAGGING
 LOSSES THRU TRANSF:          0.1  KW       1.0  KVAR       1.0  KVA


==== BUS: BUS-0003   DESIGN VOLTS:     6600 BUS VOLTS:      6563 %VD:  0.55  Freq.: 60.000
======================== PU BUS VOLTAGE:  0.994 ANGLE:   0.0  DEGREES

 LOAD    TO: BUS-0004    CBL-0002    FEEDER AMPS: 139.3 VOLTAGE DROP:     27.  %VD:  0.40
 PROJECTED POWER FLOW:   1166.4  KW    1071.0  KVAR    1583.6  KVA      0.74  LAGGING
 LOSSES THRU FEEDER:          7.0  KW       1.8  KVAR       7.2  KVA

 LOAD    TO: BUS-0005     CBL-0003     FEEDER AMPS:  47.4 VOLTAGE DROP:    13.  %VD:  0.19
 PROJECTED POWER FLOW:     431.2  KW     322.7  KVAR     538.5  KVA      0.80  LAGGING
 LOSSES THRU FEEDER:          1.2  KW       0.2  KVAR       1.2  KVA

 LOAD    TO: BUS-0006     CBL-0004     FEEDER AMPS: 175.6 VOLTAGE DROP:    13.  %VD:  0.20
 PROJECTED POWER FLOW:  -1596.6  KW  -1197.9  KVAR    1996.0  KVA      0.80  LAGGING
 LOSSES THRU FEEDER:          3.4  KW       2.1  KVAR       4.0  KVA

 LOAD FROM: BUS-0002     TR-0001      TRANSF AMPS:  17.2 VOLTAGE DROP:    32.  %VD:  0.49
 PROJECTED POWER FLOW:        1.0  KW     195.8  KVAR     195.8  KVA      0.01  LAGGING
 LOSSES THRU TRANSF:          0.1  KW       1.0  KVAR       1.0  KVA


==== BUS: BUS-0004   DESIGN VOLTS:     6600 BUS VOLTS:      6537 %VD:  0.96  Freq.: 60.000
======================== PU BUS VOLTAGE:  0.990 ANGLE:   0.2  DEGREES

 LOAD FROM: BUS-0003     CBL-0002     FEEDER AMPS:  39.3 VOLTAGE DROP:    27.  %VD:  0.40
 PROJECTED POWER FLOW:    1159.4  KW    1069.2  KVAR    1577.1  KVA      0.74  LAGGING
 LOSSES THRU FEEDER:          7.0  KW       1.8  KVAR       7.2  KVA

 LOAD    TO: BUS-0007     TR-0002      TRANSF AMPS: 139.3 VOLTAGE DROP:  376.  %VD:  5.69$
 PROJECTED POWER FLOW:    1159.4  KW    1069.2  KVAR    1577.1  KVA      0.74  LAGGING
 LOSSES THRU TRANSF:         17.9  KW     117.0  KVAR     118.3  KVA


==== BUS: BUS-0005   DESIGN VOLTS:     6600 BUS VOLTS:      6551 %VD:  0.75  Freq.: 60.000
======================== PU BUS VOLTAGE:  0.993 ANGLE:   0.1  DEGREES

 LOAD FROM: BUS-0003     CBL-0003     FEEDER AMPS:  47.4 VOLTAGE DROP:    13.  %VD:  0.19
 PROJECTED POWER FLOW:     430.0  KW     322.5  KVAR     537.5  KVA      0.80  LAGGING
 LOSSES THRU FEEDER:          1.2  KW       0.2  KVAR       1.2  KVA

 BRANCH DIVERSITY LOAD:    430.0  KW     322.5  KVAR

==== BUS: BUS-0006   DESIGN VOLTS:     6600 BUS VOLTS:      6577 %VD:  0.35  Freq.: 60.000
======================== PU BUS VOLTAGE:  0.996 ANGLE:   0.0  DEGREES
           ***          GENERATOR:GEN-0001          1600.00  KW  1200.00  KVAR
```

```
LOAD FROM: BUS-0003      CBL-0004      FEEDER AMPS: 175.6 VOLTAGE DROP:    13.  %VD:  0.20
PROJECTED POWER FLOW:   -1600.0  KW  -1200.0  KVAR   2000.0  KVA     0.80  LAGGING
LOSSES THRU FEEDER:         3.4  KW      2.1  KVAR      4.0  KVA


==== BUS: BUS-0007  DESIGN VOLTS:       380 BUS VOLTS:        355 %VD:  6.65 $ Freq.: 60.000
======================== PU BUS VOLTAGE:  0.934 ANGLE: -32.7  DEGREES

LOAD   TO: BUS-0008      CBL-0005      FEEDER AMPS: 652.1 VOLTAGE DROP:     3.  %VD:  0.80
PROJECTED POWER FLOW:     318.0  KW    243.8  KVAR    400.7  KVA     0.79  LAGGING
LOSSES THRU FEEDER:         2.0  KW      3.0  KVAR      3.6  KVA

LOAD   TO: BUS-0011      CBL-0008      FEEDER AMPS: 1768.0 VOLTAGE DROP:  28.  %VD:  7.42$
PROJECTED POWER FLOW:     823.5  KW    708.4  KVAR   1086.3  KVA     0.76  LAGGING
LOSSES THRU FEEDER:        23.5  KW    108.4  KVAR    111.0  KVA

LOAD FROM: BUS-0004     TR-0002      TRANSF AMPS:  2419.4 VOLTAGE DROP:   22.  %VD:  5.69$
PROJECTED POWER FLOW:    1141.5  KW    952.2  KVAR   1486.5  KVA     0.77  LAGGING
LOSSES THRU TRANSF:        17.9  KW    117.0  KVAR    118.3  KVA


==== BUS: BUS-0008    DESIGN VOLTS:    380 BUS VOLTS:       352 %VD:  7.45 $ Freq.: 60.000
======================== PU BUS VOLTAGE:  0.926 ANGLE: -32.9  DEGREES

LOAD FROM: BUS-0007     CBL-0005     FEEDER AMPS:   652.1 VOLTAGE DROP:     3.  %VD:  0.80
PROJECTED POWER FLOW:     315.9  KW    240.8  KVAR    397.2  KVA     0.80  LAGGING
LOSSES THRU FEEDER:         2.0  KW      3.0  KVAR      3.6  KVA

LOAD   TO: BUS-0009     CBL-0006     FEEDER AMPS:   49.1 VOLTAGE DROP:     4.  %VD:  1.07
PROJECTED POWER FLOW:      24.1  KW     17.8  KVAR     29.9  KVA     0.80  LAGGING
LOSSES THRU FEEDER:         0.4  KW      0.0  KVAR      0.4  KVA

LOAD   TO: BUS-0010     CBL-0007      FEEDER AMPS:   603.0 VOLTAGE DROP:  13.  %VD:  3.55$
PROJECTED POWER FLOW:     291.9  KW    223.0  KVAR    367.3  KVA     0.79  LAGGING
LOSSES THRU FEEDER:         9.3  KW     11.1  KVAR     14.4  KVA


==== BUS: BUS-0009  DESIGN VOLTS:       380 BUS VOLTS:        348 %VD:  8.52 $ Freq.: 60.000
======================== PU BUS VOLTAGE:  0.915 ANGLE: -32.5  DEGREES

LOAD FROM: BUS-0008     CBL-0006     FEEDER AMPS:   49.1 VOLTAGE DROP:     4.  %VD:  1.07
PROJECTED POWER FLOW:      23.7  KW     17.7  KVAR     29.6  KVA     0.80  LAGGING
LOSSES THRU FEEDER:         0.4  KW      0.0  KVAR      0.4  KVA

BRANCH DIVERSITY LOAD:     23.7  KW     17.7  KVAR


==== BUS: BUS-0010    DESIGN VOLTS:    380 BUS VOLTS:       338 %VD: 10.99 $ Freq.: 60.000
======================== PU BUS VOLTAGE:  0.890 ANGLE: -33.4  DEGREES
```

```
 LOAD FROM: BUS-0008     CBL-0007     FEEDER AMPS:   603.0 VOLTAGE DROP:    13.  %VD:  3.55$
 PROJECTED POWER FLOW:      282.6  KW     212.0  KVAR     353.3  KVA      0.80  LAGGING
 LOSSES THRU FEEDER:          9.3  KW      11.1  KVAR      14.4  KVA

 BRANCH DIVERSITY LOAD:     282.6  KW     212.0  KVAR


==== BUS: BUS-0011      DESIGN VOLTS:     380 BUS VOLTS:     327 %VD: 14.06 $ Freq.: 60.000
======================= PU BUS VOLTAGE:  0.859 ANGLE: -36.5  DEGREES

 LOAD FROM: BUS-0007     CBL-0008     FEEDER AMPS:  1768.0 VOLTAGE DROP:  28.  %VD:  7.42$
 PROJECTED POWER FLOW:      800.0  KW     600.0  KVAR    1000.0  KVA      0.80  LAGGING
 LOSSES THRU FEEDER:         23.5  KW     108.4  KVAR     111.0  KVA

 BRANCH DIVERSITY LOAD:     800.0  KW     600.0  KVAR
```

BALANCED VOLTAGE DROP AND LOAD FLOW BUS DATA SUMMARY

```
**********************************************************************
```

| BUS NAME | BASE VOLT | PU VOLT | BUS NAME | BASE VOLT | PU VOLT |
|---|---|---|---|---|---|
| BUS-0001 | 22900. | 0.9994 | BUS-0002 | 22900. | 0.9994 |
| BUS-0003 | 6600. | 0.9945 | BUS-0004 | 6600. | 0.9904 |
| BUS-0005 | 6600. | 0.9925 | BUS-0006 | 6600. | 0.9965 |
| BUS-0007 | 380. | 0.9335 | BUS-0008 | 380. | 0.9255 |
| BUS-0009 | 380. | 0.9148 | BUS-0010 | 380. | 0.8901 |
| BUS-0011 | 380. | 0.8594 | | | |

BALANCED VOLTAGE DROP AND LOAD FLOW BRANCH DATA SUMMARY

```
*************************************************************************************
```

| BRANCH NAME | FROM NAME | TO NAME | TYPE | VD% | AMPS | KVA | RATING% |
|---|---|---|---|---|---|---|---|
| CBL-0001 | BUS-0001 | BUS-0002 | FDR | 0.00 | 4.97 | 196.81 | 2.26 |
| CBL-0002 | BUS-0003 | BUS-0004 | FDR | 0.40 | 139.30 | 1583.55 | 75.41 |
| CBL-0003 | BUS-0003 | BUS-0005 | FDR | 0.19 | 47.37 | 538.54 | 40.67 |
| CBL-0004 | BUS-0003 | BUS-0006 | FDR | 0.20 | 175.58 | 1995.98 | 52.29 |
| CBL-0005 | BUS-0007 | BUS-0008 | FDR | 0.80 | 652.12 | 400.69 | 117.29 |
| CBL-0006 | BUS-0008 | BUS-0009 | FDR | 1.07 | 49.11 | 29.92 | 46.77 |
| CBL-0007 | BUS-0008 | BUS-0010 | FDR | 3.55 | 603.02 | 367.33 | 95.11 |
| CBL-0008 | BUS-0007 | BUS-0011 | FDR | 7.42 | 1768.00 | 1086.32 | 177.15 |
| TR-0001 | BUS-0002 | BUS-0003 | TX3 | 0.49 | 4.97 | 196.81 | 6.56 |
| TR-0002 | BUS-0004 | BUS-0007 | TX2 | 5.69 | 139.30 | 1577.15 | 106.16 |

NOTE: FDR RATING% = % AMPS RATING BASED ON LIBRARY FLA OR BRANCH INPUT FLA

```
*** T O T A L   S Y S T E M   L O S S E S ***
          65. KW       245. KVAR

***WARNING*** STUDY CONTAINS 11 VOLTAGE CRITERIA VIOLATIONS
  VIOLATIONS DENOTED BY  ($) AT BUS AND BRANCH %VD LOCATIONS
```

# 5장 Comprehensive Short Circuit Studies

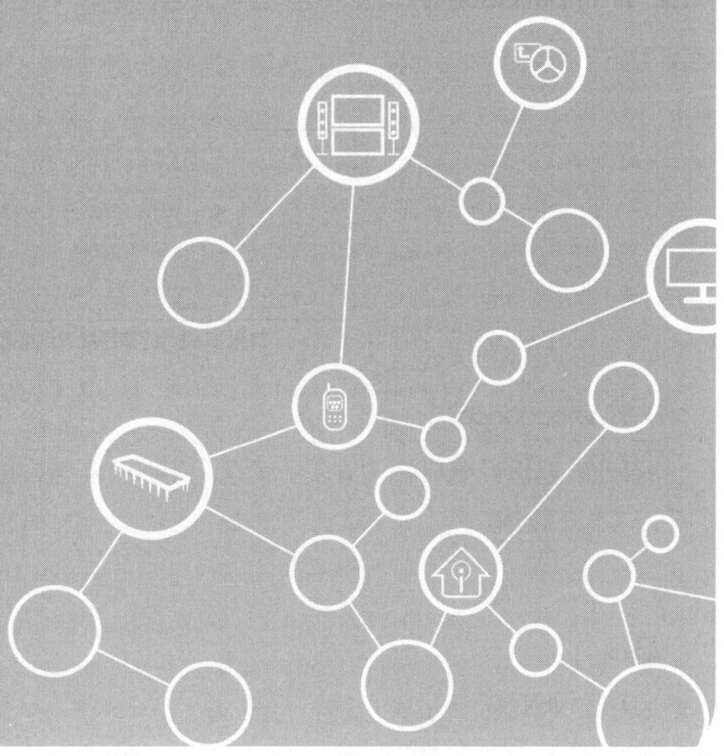

# 1 3상단락고장계산

전력계통에 단락고장이 발생하면 이를 검출하여 계통에서 제거할 때까지 비정상적인 과대한 고장전류가 전력계통에 접속된 전력설비에 열적, 기계적으로 영향을 미친다. 안정적이고, 신뢰성 있는 전력공급을 위하여 이러한 고장전류의 크기를 계산하여 적정 용량의 차단기의 차단용량 선정과 계통에 연결된 전력기기의 열적, 기계적강도를 선정하기 위한 것이다. 차단기의 차단용량이 고장전류와 비교하여 부족하면 폭발의 우려성이 있으며, 전력기기의 열적, 기계적강도가 부족하면 과열, 소손 등으로 인하여 정전범위의 확대, 정전복구시간의 지연 등으로 양질의 전력공급에 지장을 초래한다. 따라서 단락용량 시뮬레이션을 실시하여 정전범위와 시간을 최소화 하여 안정적이고 신뢰성 있는 전력공급이 될 수 있도록 최적의 전력계통이 구성되도록 하는 것이다.

## 1.1 고장전류의 계산목적

① 고장을 제한 또는 신속히 제거하기 위한 차단기의 차단용량 선정
② 계통기기나 선로의 기계적, 열적 강도 선정
③ 보호계전방식의 선정 및 보호계전기정정
④ 순시전압강하 검토
⑤ 통신유도장해의 검토
⑥ 유효접지 조건 및 주변압기 중성점 운영방식 검토
⑦ 아크 플래시의 평가

## 1.2 % Impedance에 의한 3상 단락고장전류의 계산식

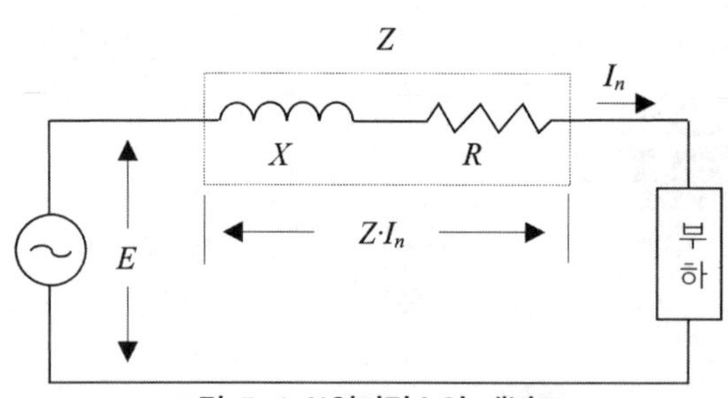


그림 5-1 %임피던스의 개념도

### 1) % Impedance

정격전압 $E$ [kV]에 대한 전압강하 $Z \cdot I_n$ [V]의 비를 백분율로 나타낸 것이 %임피던스(%$Z$)이다.

$$\%Z = \frac{Z[\Omega] \cdot I_n}{E} \times 100 \tag{5.1}$$

여기에서

$I_n$ : 정격전류 [A]

$E$ : 대지전압 [V]

### 2) Ω 임피던스와 % 임피던스의 관계

$$\%Z = \frac{Z \cdot I_n}{E} \times 100 = \frac{\sqrt{3}\,V I_n \times Z}{\sqrt{3}\,V \times \frac{V}{\sqrt{3}}} \times 100 = \frac{P_n[\mathrm{MVA}] \times Z}{V^2[\mathrm{kV}]} \times 100[\%] \tag{5.2}$$

### 3) 3상 단락전류 계산식

$$I_s = \frac{E}{Z} = \frac{E}{\frac{\%Z \times E}{100 \times I_n}} = \frac{100}{\%Z} I_n \tag{5.3}$$

### 4) 3상 단락용량 계산식

$$P_s = \sqrt{3}\,V I_s = \frac{100}{\%Z} \times \sqrt{3}\,V I_n = \frac{100}{\%Z} P_n[\mathrm{kVA}] \tag{5.4}$$

여기에서

$V$ : 선간전압 [kV]

$P_n$ : 정격용량 [kVA]

## 1.3 3상 단락전류의 계산 순서

### 1) 계산조건의 설정

#### (1) 전원측 임피던스

전원측에서 수전점으로 흘러오는 단락전류를 제한하는 임피던스는 전력공급자가 제시하는 단락용량에서 산출하여 사용한다. 구해진 값은 리액턴스라 생각해도 된다.

#### (2) 수전변압기 임피던스

변압기 임피던스는 1차측 전압 및 변압기용량에 따라 정해지지만 용량이 작을수록 임피던스는 작고, 또 대개는 유입변압기보다 건식변압기 쪽이 임피던스가 작은 경향이 있다. 변압기의 임피던스는 X/R이 10~15정도이므로 리액턴스만을 고려해도 지장이 없다.

#### (3) 회전기의 임피던스

회로에 사고가 생기면 전동기는 몇 사이클 동안 발전기로서 작용하여 고장점에 단락전류(기여전류)를 공급한다. 차단기의 동작시간이 빠른 저압회로에서는 항상 전동기의 발전작용을 계산에 넣어야 한다. 또 고압회로의 경우에는 퓨즈를 선정할 때에는 고려하지 않으면 안 된다. 구체적으로는 표 5-9, 표 5-10에 표시되어 있다.

① 단락발생 후 1 사이클 이내

동기기는 초기과도리액턴스($x_d''$)를 적용하고, 유도전동기는 구속리액턴스를 적용

② 단락발생 수 사이클 이내

동기기는 과도리액턴스($x_d'$)를 적용하고, 유도기는 정격리액턴스를 적용

③ 단락발생 1~2초 이내

동기기는 동기리액턴스($x_d$)를 적용하고, 유도기는 무시한다.

다음은 동기발전기의 단락시 리액턴스를 초기과도, 과도, 동기리액턴스의 방정식을 나타낸다.

① 초기과도 리액턴스

$$X_d'' = x_l + \frac{x_f \times x_s}{x_f + x_s} \tag{5.5}$$

여기에서,

$x_l$ : 전기자 누설 리액턴스

$x_s$ : 제동(단락)권선 리액턴스

$x_f$ : 계자 누설 리액턴스

② 과도리액턴스

$$X_d' = x_l + x_f \tag{5.6}$$

③ 동기리액턴스

$$X_d = x_l + x_a \tag{5.7}$$

여기에서,

$x_a$ : 전기자반작용 리액턴스

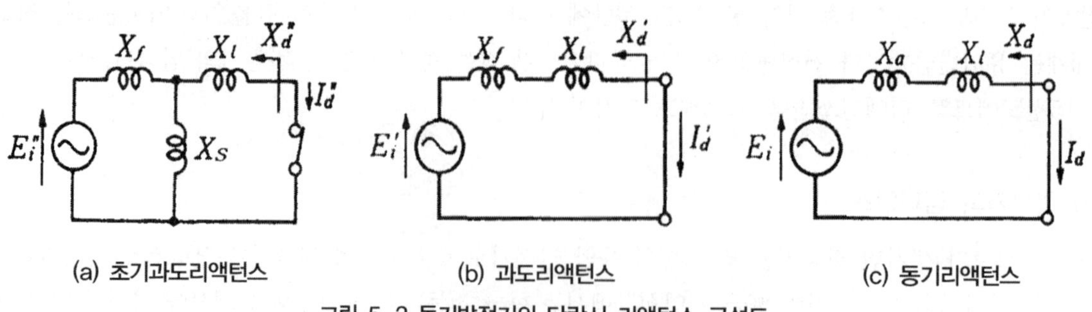


(a) 초기과도리액턴스 (b) 과도리액턴스 (c) 동기리액턴스

그림 5-2 동기발전기의 단락시 리액턴스 구성도

(4) 배선의 임피던스

저압계통에서는 케이블의 임피던스가 단락전류를 억제하는데 큰 역할을 하므로 케이블의 리액턴스, 저항을 고려하여야 한다.

(5) 기타

저압계통에 사용되는 주회로 기기로서 모선도체, 기중차단기, 배선차단기, CT 등이 있으며, 임피던스의 값을 알고 있을 때 계산에 넣는다.

## 2) 기준용량의 설정

특별고압회로 단락용량의 계산에 사용되는 기준용량을 대개 100 MVA로 정하고, 저압회로는 1,000 KVA로 정한다.

**표 5-1 단락용량의 계산에 사용되는 기준값**

| 구 분 | 수전점(특고압) | 저압회로 |
|---|---|---|
| 기준용량($P_n$) | 100 MVA | 1,000 kVA |
| 기준전압($V$) | 22.9 kV | 0.38 kV |
| 기준전류($I_n$) | $I_n = \dfrac{P_n}{\sqrt{3}\,V} = 2{,}521$ A | $I_n = \dfrac{P_n}{\sqrt{3}\,V} = 1{,}519$ A |
| 기준 %Z | 19.1 %/Ω | 692.5 %/Ω |

## 3) 각 임피던스를 기준용량 %임피던스로 환산

(1) 전원측 임피던스

전원측에서 수전점으로 흘러오는 단락전류를 제한하는 임피던스는 전력공급자가 제시하는 전원측 임피던스 또는 단락용량으로 산출하여 사용한다. 전원측 임피던스는 일반적으로 100 MVA Base의 %임피던스값으로 주어지므로 별도의 환산은 필요하지 않다. 단락용량으로 주어지면 다음의 계산식으로 계산한다.

$$\%Z_s = \frac{P_n}{P_s} \times 100 \tag{5.8}$$

여기에서

$\%Z_s$ : 전원측 임피던스

$P_n$ : 기준용량

$P_s$ : 전력계통(수전점)의 전원측 단락용량

(2) 변압기 임피던스

변압기의 정상임피던스 및 역상임피던스는 같고 권선간의 누설리액턴스분과 권선의 저항분을 합성한 것이다. 이 X/R비는 66 kV이면 8~10, 22 kV이면 5~8, 6.6~3.3 kV이면 3~5이고, 보통 임피던스≃누설리액턴스라 생각해도 된다. 이 변압기의 임피던스는 설계에 의하여 어느 정도 바꿀 수 있으므로 자가용 설비에서는 2차측의 단락용량을 제한하기 위하여 약간 높은 임피던스를 채용할 때가 많다. 영상임피던스는 변압기의 결선과 중성점의 접지방식에 따라 값이 달라진다. $\Delta-\Delta$결선에서는 영상전류가 흐르는 회로가 없으므로 무한대가 되고, Y$-\Delta$ 또는$\Delta$-Y결선에서 Y측 중성점을 접지했을 때는 정상임피던스와 중성점과 대지간에 접속된 임피던스의 3배의 합이 된다.

**표 5-2 2권선 변압기의 단락회로 임피던스 최소값(자기용량 Base)**

| 정격출력[kVA] | 최소 단락회로 임피던스(%) |
|---|---|
| 25~630 | 4.0 |
| 631~1,250 | 5.0 |
| 1,251~2,500 | 6.0 |
| 2,501~6,300 | 7.0 |
| 6,301~25,000 | 8.0 |
| 25,001~40,000 | 10.0 |
| 40,001~63,000 | 11.0 |
| 63,001~100,000 | 12.5 |
| 100,000 초과 | 12.5 초과 |

[Source] KS C IEC 60076-5

변압기 임피던스는 1차측 전압 및 변압기용량에 따라 정해지지만 용량이 작을수록 임피던스는 작고, 또 대개는 유입변압기보다 건식변압기 쪽이 임피던스가 작은 경향이 있다. 변압기의 %임피던스는 변압기 명판이나 제조 시방서에 표시되어 있으므로 이것을 이용하여 계산한다. 즉 변압기 임피던스는 자기용량 %임피던스로 주어지므로 기준용량으로 변환하고자 할 때에는 다음 계산식으로 계산한다. 변압기의 $X/R$ 의 값은 IEEE Std C37.010-1979의 표준에서 제시하는 그림 5-3에서 변압기 용량에 따른 $X/R$ 값을 찾아서 적용한다.

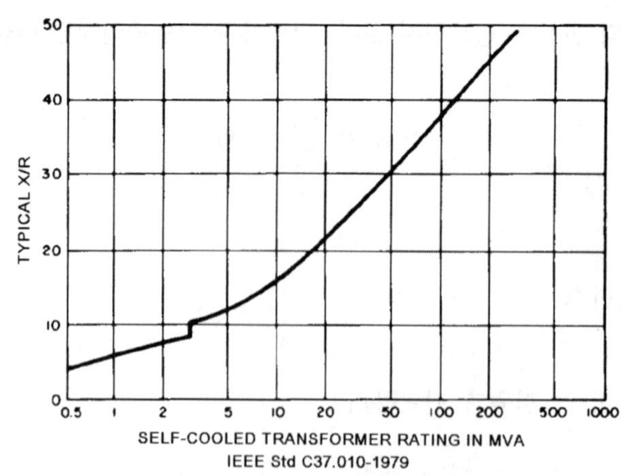


그림 5-3 Transformer의 X/R Ratio

$$\%Z_T = \%Z_t \times \frac{P_n}{P_t} \tag{5.9}$$

여기에서

$\%Z_T$ : 기준용량 변압기 %임피던스

$P_n$ : 계통의 기준용량 [kVA]

$\%Z_t$ : 변압기의 자기용량 %임피던스

$P_t$ : 변압기용량 [kVA]

### (3) 가공선 및 케이블의 임피던스

가공선로의 임피던스는 전선의 사이즈와 배치에 따라 정해진다. 정상임피던스와 역상임피던스는 같고 영상임피던스는 대지상태의 영향을 받아 값이 달라진다. 가공선 및 케이블의 임피던스는 단락전류를 억제하는데 큰 역할을 함으로 가공선 및 케이블의 저항 및 리액턴스를 다음 식에 의하여 계산하여 적용한다.

$$\%Z = \frac{Z[\Omega] \times P_n[\text{MVA}]}{V^2[\text{kV}]} \times 100 \tag{5.10}$$

$$\%R = \frac{R[\Omega] \times P_n[\text{MVA}]}{V^2[\text{kV}]} \times 100 \tag{5.11}$$

$$\%X = \frac{X[\Omega] \times P_n[\text{MVA}]}{V^2[\text{kV}]} \times 100 \tag{5.12}$$

여기에서

$P_n$ : 기준용량, $V$ : 회로선간전압

전압 22.9 kV, 기준용량 100 MVA의 경우 가공선 또는 케이블 1 Ω당 $\%Z$의 값은 다음 식으로 계산한다.

$$\%Z = \frac{Z[\Omega] \times P_n[\text{MVA}]}{V^2[\text{kV}]} \times 100 = \frac{1[\Omega] \times 100[\text{MVA}]}{22.9^2[\text{kV}]} \times 100 = 19.1\%/\Omega \tag{5.13}$$

또한 전압 380 V, 기준용량 1000 kVA의 경우 가공선 또는 케이블 1 Ω당 $\%Z$의 값은 다음 식으로 계산한다.

$$\%Z = \frac{Z[\Omega] \times P_n[\text{MVA}]}{V^2[\text{kV}]} \times 100 = \frac{1[\Omega] \times 1[\text{MVA}]}{0.38^2[\text{kV}]} \times 100 = 692.5\,\%/\Omega \tag{5.14}$$

(4) 동기발전기 임피던스

동기기의 임피던스는 회전자가 회전하고 있으므로 정상, 역상, 영상이 각각 다른 값이 된다. 또 그 값은 회전자의 구조, 전류의 크기, 역률, 자기포화 등의 영향을 받고 사고발생 후 시간과 더불어 변화한다. 보통의 기계에서는 저항분은 무시할 수 있으므로 리액턴스분만 생각하면 다음과 같다.

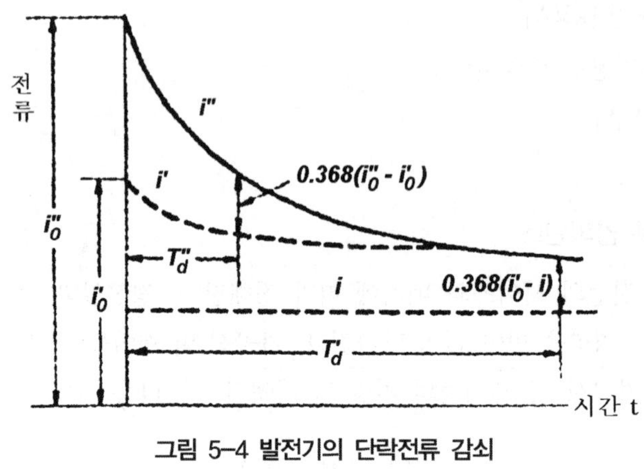


그림 5-4 발전기의 단락전류 감쇠

① 정상 리액턴스

그림과 같이 고장 직후의 직축초기과도리액턴스 $x_d''$에서 초기과도 시정수 $T_d''$에 따라 직축과도리액턴스 $x_d'$로 변화하고, 다시 과도시정수 $T_d'$에 따라 동기리액턴스 $x_d$로 변화한다. 한편 단락전류와 같은 큰 전류를 흐르게 하면 자기포화 때문에 $x_d''$, $x_d'$가 모두 작아진다. 일반적으로 단락시 최대고장전류의 계산에는 $x_d''$를 적용하고, 3~5사이클 차단기의 차단전류 계산에는 $(x_d''+x_d')/2$의 포화값을 사용한다. 표 5-3은 대표적인 값들이다. 전동기 리액턴스를 기준용량 %리액턴스로 환산하는 경우에는 다음 식으로 계산한다.

$$\%x = \frac{x[\Omega] \times P_n[\text{VA}]}{V_n^2[\text{V}]} \times 100 \tag{5.15}$$

여기에서

$x$ : 발전기의 정격리액턴스$(V_G^2/P_G)$ $[\Omega]$

$P_n$ : 기준용량 [VA]

$V_n$ : 기준전압 [V]

$V_G$ : 발전기의 정격전압 [V]

$P_G$ : 발전기의 정격용량 [VA]

동기기의 %Z를 알고 있는 경우 그림 5-5에서 명판 kVA에 따른 X/R의 비를 구하여 $\%R$과 $\%X$ 값을 아래 식으로 계산한다.

$$\%R = \frac{\%Z}{\sqrt{1+(X/R)^2}} \tag{5.16}$$

$$\%X = \frac{\%Z}{\sqrt{1+1/(X/R)^2}} \tag{5.17}$$

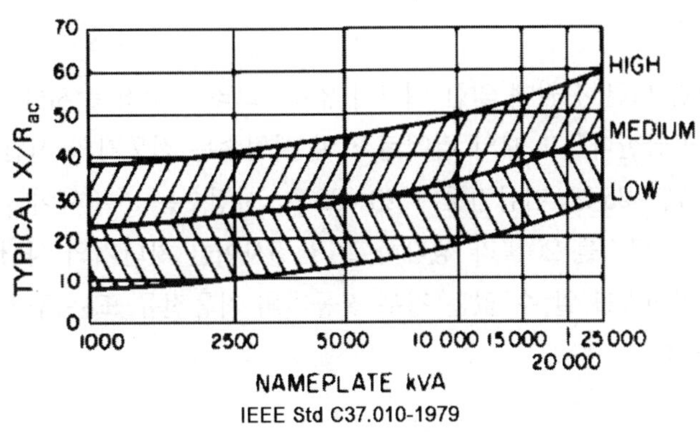


그림 5-5 동기기의 X/R Ratio

② 역상 리액턴스

정상리액턴스와는 달리 시간적으로 변화하지 않는다. 원통형 회전기에서는 $x_d'$와 같고, 돌극형 회전기에서 제동권선이 있는 경우에는 $(x_d''+x_q'')/2 \simeq 1.15x_d''$라 생각한다. 제동권선이 없을 때는 $(x_d'+x_q')/2 \simeq 1.5x_d'$라 생각한다.

③ 영상 리액턴스

시간적 변화는 없고 $x_d''$의 10~90%의 범위라 생각한다.

**표 5-3 동기기와 유도기의 리액턴스 값(기기용량 kVA의 단위값)**

| 회전기의 종류 | | $X_d''$ | $X_d'$ |
|---|---|---|---|
| 터빈발전기 | 2극 | 0.09 | 0.15* |
| | 4극 | 0.15 | 0.23* |
| 돌극형 발전기 (제동권선 있음) | 12극 이하 | 0.16 | 0.33* |
| | 14극 이하 | 0.21 | 0.33* |
| 동기전동기 | 6극 | 0.15 | 0.23 |
| | 8-14극 | 0.2 | 0.3 |
| | 16극 이상 | 0.28 | 0.4 |
| 동기조상기 | | 0.24 | 0.37* |
| 동기 변환기 | 직류 600 V | 0.2 | − |
| | 직류 250 V | 0.33 | − |
| 600 V 이상 대형 유도전동기 | | 0.17 | − |
| 600 V 미만 소형전동기 | | IEEE Std 141-1993 표 4-1, 표 4-2 참조 | |

[비고 1] Source : IEEE Std 141-1993

[비고 2] *는 단락전류계산에는 사용하지 않는다.

(5) 동기전동기 임피던스

동기전동기의 임피던스는 원칙적으로 동기발전기와 같다고 생각해도 된다. 그러나 최근 흔히 채용되는 자여방식의 것은 단락고장시 전압강하의 영향을 받기 쉽고 발전기보다 단락전류의 감쇠가 빠르므로 차단시의 리액턴스를 $x_d'$라 생각한다.

(6) 유도전동기 임피던스

유도전동기는 동기기처럼 다른 전원에 의한 여자가 없다. 그러나 고장 순시에는 잔류자속에 의한 전압을 발생하여 고장전류를 공급한다. 그 때의 리액턴스 및 시정수는 전동기의 전압, 용량, 극수에 따라 다르다. 보통 고압전동기면 17~25 %, 저압전동기 20~30 %, 시정수는 2~8사이클 정도이다. 따라서 고장계산에서는 고장순시의 리액턴스를 20 %라 생각하고, 3~5사이클 차단기의 차단시의 값은 무한대라 생각한다. 유도전동기의 임피던스를 알 수 없는 경우 전동기의 기동전류 또는 구속회전자전류를 고려하여 다음과 같이 계산할 수 있다.

$$\% Z_m = \frac{P_n}{P_s} \times 100\% \tag{5.18}$$

여기에서

$P_n$ : 계통의 기준용량 [kVA]

$P_s$ : 전동기의 기동용량 [kVA]($P_s = \sqrt{3}\, V_m\, I_{ms}$)

$V_m$ : 전동기 정격전압

$I_{ms}$ : 전동기의 기동전류 또는 구속회전자전류

유도전동기의 저항($R$) 값과 리액턴스($X$) 값은 그림 5-6에서 명판 용량에 따른 $X/R$ Ratio를 찾아서 식(5.16), 식(5.17)로 계산한다.

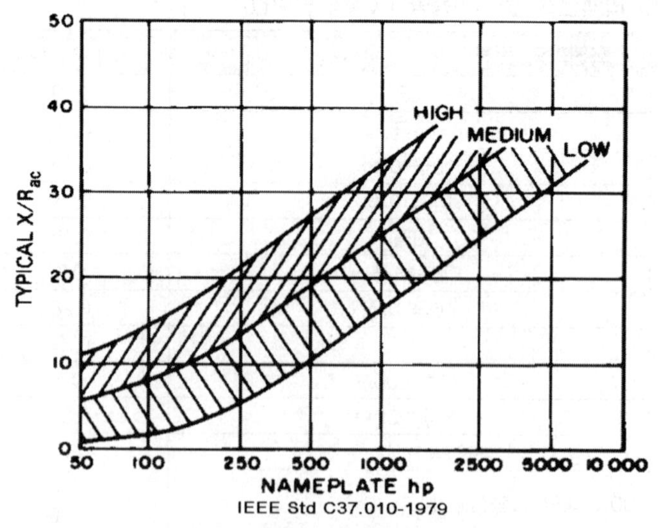


그림 5-6 3상유도전동기의 X/R Ratio

### 4) 임피던스 Map의 작성

계통의 각 부분에 대한 임피던스를 구하면 이것을 계통과 대조하여 직병렬로 조합된 회로의 구성도를 작성한다.

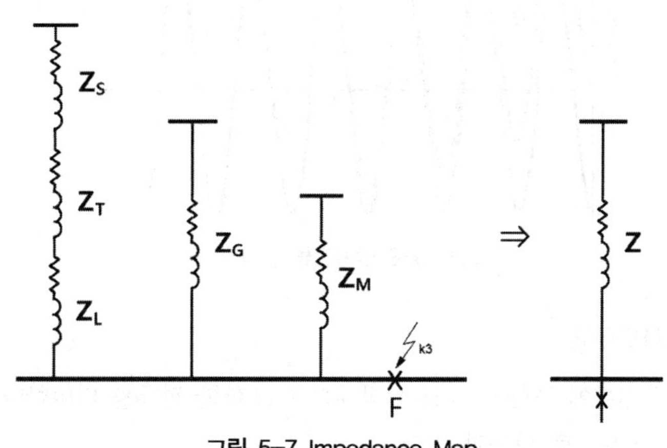


그림 5-7 Impedance Map

### 5) 임피던스의 합성

임피던스 Map이 작성되면 단락점의 등가회로를 작성하여 다음 식에 의하여 임피던스를 계산한다.

직렬합성 임피던스

$$\%Z_S = \%Z_s + \%Z_t + \%Z_l \tag{5.19}$$

병렬합성 임피던스

$$\begin{aligned}\%Z &= \frac{1}{\dfrac{1}{\%Z_S} + \dfrac{1}{\%Z_g} + \dfrac{1}{\%Z_m}} \\ &= \frac{\%Z_S \times \%Z_g \times \%Z_m}{\%Z_S \%Z_g + \%Z_g \%Z_m + \%Z_m \%Z_s}\end{aligned} \tag{5.20}$$

### 6) 비대칭계수의 적용

일반적으로 단락전류는 단락발생순간 전압의 위상과 회로의 역률에 의해 정해지는 어떤 크기의 직류전류가 중첩(과도현상)된 전류가 흐른다. 이 직류분은 곧 감쇠하지만 배선차단기나 Fuse처럼 고속차단을 하는 경우에는 이 직류분을 포함한 값을 고려하여야 한다. 또 전로의 기계적강도에 관한 고찰을 할 경우는 최대순시값이 고려되어야 하고 따라서 단락전류의 크기는 다음과 같이 구별하여 적용하여야 한다(열동전자식 또는 전자식 배선차단기의 순시차단시간은 정격전류의 800~1000% 이상의 고장전류에서 1 Hz, 한류 Fuse의 단락전류 차단시간은 0.25 Hz(5ms), 방출형 전력 Fuse는 0.65 Hz 정도이다).

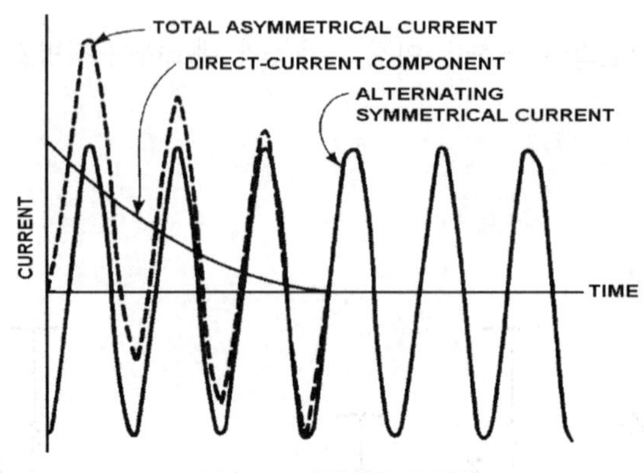


그림 5-8 단락전류의 형태

(1) 단락고장 발생시 과도전류

비대칭 고장전류란 고장전류에 포함되어 있는 직류분을 포함한 전류를 의미한다. 이 직류분은 단락고장 발생시 발생하는 과도성분으로 다음과 같다.

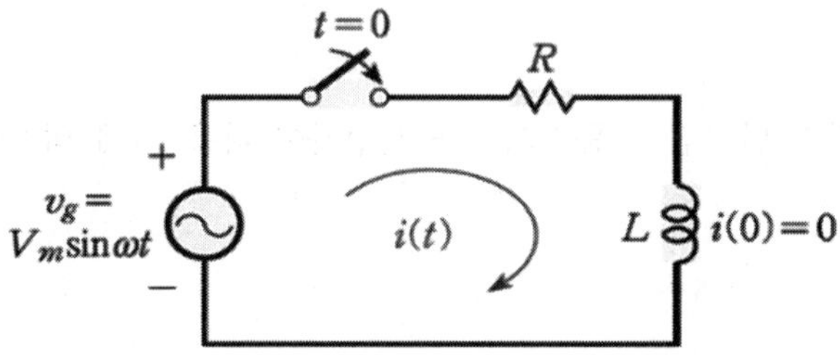


그림 5-9 단락전류의 형태

$$\begin{aligned} i(t) &= i_s + i_t = I_m \cdot e^{j\omega t} + A \cdot e^{-\frac{R}{L}t} \\ &= I_m \sin(\omega t + \theta - \phi) - I_m \sin(\theta - \phi) \cdot e^{-\frac{R}{L}t} \end{aligned} \tag{5.21}$$

여기에서,

$i_s$ : 정상항의 전류

$i_t$ : 과도항의 전류

A : 적분상수

$A = -I_m \sin(\theta - \phi)$

① 단락고장이 전압위상 $\pi/2$ 에서 발생한 경우 과도항의 전류는 다음과 같이 된다.

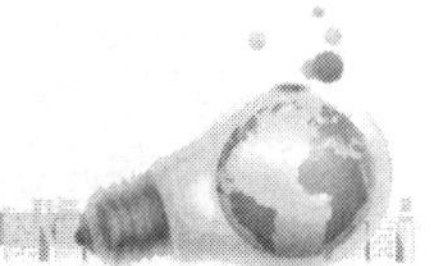

$$i_t = -I_m \sin(\theta - \phi) \cdot e^{-\frac{R}{L}t}$$
$$= -I_m \sin(\frac{\pi}{2} - \frac{\pi}{2}) \cdot e^{-\frac{R}{L}t} = 0 \qquad (5.22)$$

여기에서,

$\theta$ : 전압의 위상

$\phi$ : $R$과 $\omega L$의 상차각이며, 단락고장 시 $\phi$는 $\pi/2$에 가깝다.

② 단락고장이 전압위상 $0^o$ 에서 발생한 경우 과도항의 전류는 다음과 같이 된다.

$$i_t = -I_m \sin(\theta - \phi) \cdot e^{-\frac{R}{L}t}$$
$$= -I_m \sin(0 - \frac{\pi}{2}) \cdot e^{-\frac{R}{L}t} = -I_m \cdot e^{-\frac{R}{L}t} \qquad (5.23)$$

### (2) 대칭 단락전류 실효값($I_s$)

대칭 단락전류 실효값은 직류분을 포함하지 않은 교류분 실효값을 말한다.

$$I_s = \frac{100}{\%Z} \times \frac{P_n}{\sqrt{3}\,V_n} \qquad (5.24)$$

### (3) 비대칭 단락전류 실효값($I_{as}$)

비대칭 단락전류 실효값은 직류분을 포함한 실효값을 말하며, 다음 식으로 나타낸다.

$$I_{as} = \sqrt{\left(\frac{I_m}{\sqrt{2}}\right)^2 + I_d^2} \qquad (5.25)$$

여기에서

$I_m$ : 단락고장전류 순시값

$I_d$ : 직류분 전류값

① 단상회로

단상회로에서 직류분을 포함한 고장전류가 최대로 되는 값은 1/2 사이클 부근이며, 최대값은 아래와 같이 주어진다.

$$I_{as} = I_S \cdot \sqrt{1+2e^{-\frac{2\pi R}{X}}} = I_s K_1 \tag{5.26}$$

여기에서

$K_1$ : 단상 최대비대칭계수

$I_{as}$ 값은 대칭 단락전류 실효값과 회로의 역률에서 계산할 수 있게 된다. 전력퓨즈(PF)와 같이 각 상별로 차단하는 기기에 대한 단락전류를 구하는데 사용된다.

② 3상회로

3상회로에서는 각상의 위상각이 다르므로 $I_{as}$의 값은 각 상이 각각 다르다. 그래서 1/2 사이클 후 각 상의 평균을 취하여 3상평균 비대칭단락전류로 한다. 이 값은 다음과 같은 관계가 있다.

$$I_{as} = I_s \cdot \frac{1}{3}\left\{\sqrt{1+2e^{-\frac{2\pi R}{X}}} + 2\sqrt{1+\frac{1}{2}e^{-\frac{2\pi R}{X}}}\right\} = I_s K_3 \tag{5.27}$$

여기에서

$K_3$ : 3상비대칭계수

3상회로 비대칭 실효값도 대칭 단락전류 실효값과 회로의 역률에서 계산할 수 있게 된다. 배선차단기의 차단용량은 보통 이 비대칭값으로 표시하고 있다. 표 5-15에 단락전류의 역률과 단락회로의 X/R를 기준으로 한 $K_1$, $K_3$ 값을 표시한다.

(4) 최대 비대칭단락전류 순시값($I_p$)

단락전류의 순시값은 투입 위상, 역률에 따라 다르고 단락발생후 1/2사이클에서 최대가 된다. 이 비대칭 단락전류 순시값은 동일하게 회로역률과 대칭값에서 계산된다.

$$I_p = I_s \cdot \sqrt{2}\,(1+e^{-\frac{\pi R}{X}}) = I_s K_p \tag{5.28}$$

여기에서

$K_p$ : 최대 비대칭 단락전류 순시값 계수(투입용량계수)

### 7) 단락전류 및 단락용량의 계산

%임피던스가 계산되면 다음 식에 의하여 단락전류와 단락용량을 계산한다.

$$I_s = K \frac{100}{\%Z} I_n \text{ [A]} \tag{5.29}$$

$$P_s = K \frac{100}{\%Z} P_n \text{ [VA]} \tag{5.30}$$

여기에서

$I_n$ : 기준전류(기준용량에서의 정격전류)

$P_n$ : 기준전력

## 2 1선지락고장계산

### 2.1 접지계통에서의 1선지락고장

3상4선식 접지계통에서의 지락고장은 아래 그림 5-10와 같다. 다만 3상4선식 접지계통에서 지락고장은 다중접지된 중성선과의 혼촉인 경우와 접지인 경우가 있다. 이때의 고장전류의 계산식은 다음과 같다.

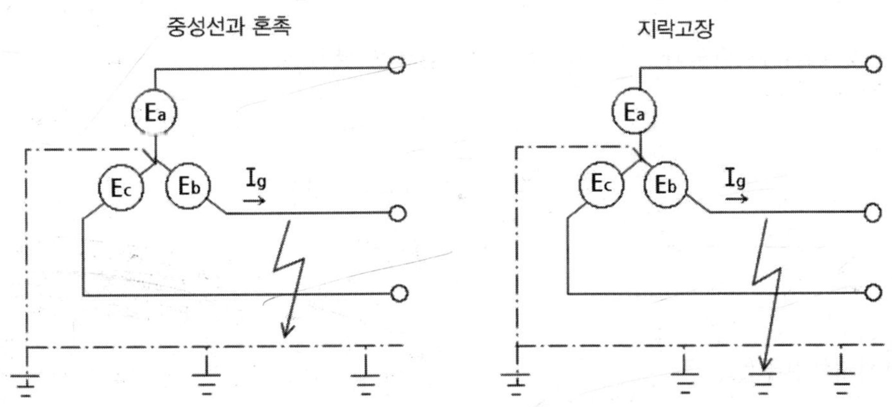


그림 5-10 지락고장 계통도

$$I_g = \frac{3 \times 100}{Z_1 + Z_2 + Z_0 + 3R_f} \times \frac{100,000}{\sqrt{3} \cdot V} \tag{5.31}$$

여기에서

$I_g$ : 1선지락전류[A], $V$ : 전로의 선간전압[kV]

$Z_1$, $Z_2$, $Z_0$ : 고장회로의 정상, 역상, 영상 %임피던스

$Z_1 = Z_s + Z_t + Z_{L1}$, $Z_2 = Z_1$, $Z_0 = Z_t + Z_{L0}$

$Z_t$ : 주변압기의 %임피던스(100MVA 기준), $Z_S$ : 전원계통의 %임피던스

$Z_{L1}$ : 배전선로의 정상 %임피던스

$Z_{L0}$ : 배전선로의 영상 %임피던스

$R_f$ : 고장점의 고장저항값으로서 100MVA기준으로 환산한 %임피던스

### 2.2 비접지계통에서의 1선지락고장

3상 3선식 비접지계통의 1선지락고장은 그림 5-11과 같으며, 3상 배전선에서 대지정전용량은 같다고 한다면 다음과 같이 된다.

$$C_a = C_b = C_c \tag{5.32}$$

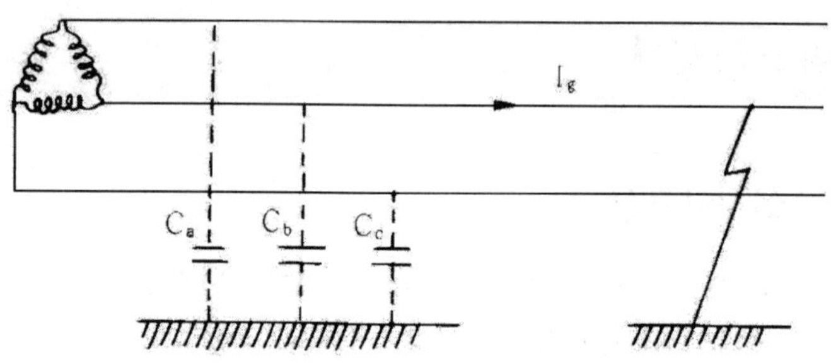


그림 5-11 비접지계통의 1선지락고장

이때의 1선지락전류는 다음과 같이 계산하며, 옴법으로 계산한다.

$$I_g = \frac{\frac{V}{\sqrt{3}}}{R_f + \frac{1}{j3\omega C_a}} [A] \tag{5.33}$$

여기에서

$I_g$ : 1선지락전류 [A]

$V$ : 선간전압 [V]

$R_f$ : 지락점의 지락저항 [Ω]

$C_a$ : 각 상의 대지정전용량 [μF]

## 3 선로정수

### 3.1 도체의 교류저항

#### 1) 도체의 교류저항

최고동작온도에서 도체의 단위 길이 당 교류저항은 다음 식으로 주어진다.

$$R = R_d(1 + Y_s + Y_p) \tag{5.34}$$

여기에서,

$R$ : 최고동작온도에서의 도체교류저항 [Ω/m]

$R_d$ : 최고동작온도에서의 도체직류저항 [Ω/m]

$Y_s$ : 표피효과계수

$Y_p$ : 근접효과계수

## 2) 도체의 직류저항

현재 가장 많이 사용하는 동도체(Copper) 및 알루미늄 도체는 일반적으로 20℃일 때의 직류저항을 기준저항으로 하고 있으며, 이 직류저항은 도체의 온도에 따라 변한다. 도체의 온도저항계수를 $\alpha$라고 하면 $t$ [℃]일 때의 도체의 직류저항 $R_d$는 다음 식으로 계산한다.

$$R_d = R_{20} \cdot \{1 + \alpha_{20}(t_m - 20)\} \tag{5.35}$$

여기에서,

$R_{20}$ : 20℃에서의 도체직류저항 [Ω/m]

$\alpha_{20}$ : 20℃일 때의 저항온도계수

$t_m$ : 도체의 최대동작온도(사용된 절연체의 유형에 따라 결정된다)

**표 5-4 20℃에서 도체의 직류회로 저항**

| 공칭단면적 ㎟ | 단심(1등급) Ω/km | 연선(2등급) Ω/km | 공칭단면적 ㎟ | 단심(1등급) Ω/km | 연선(2등급) Ω/km |
|---|---|---|---|---|---|
| 1.5 | 12.1 | 12.1 | 95 | 0.193 | 0.193 |
| 2.5 | 7.41 | 7.41 | 120 | 0.153 | 0.153 |
| 4 | 4.61 | 4.61 | 150 | 0.124 | 0.124 |
| 6 | 3.08 | 3.08 | 185 | 0.101 | 0.0991 |
| 10 | 1.83 | 1.83 | 240 | 0.0775 | 0.0754 |
| 16 | 1.15 | 1.15 | 300 | 0.062 | 0.0601 |
| 25 | 0.727 | 0.727 | 400 | 0.0465 | 0.047 |
| 35 | 0.524 | 0.524 | 500 | – | 0.0366 |
| 50 | 0.387 | 0.387 | 630 | – | 0.0283 |
| 70 | 0.268 | 0.268 | – | – | – |

출처 : KS C IEC 60228-2005 절연 케이블용 도체

### 3) 표피효과계수

표피효과 계수는 다음과 같이 주어지며, $X_s$의 값이 2.8 이하인 경우에 적용한다.

$$Y_s = \frac{X_s^4}{192 + 0.8X_s^4} \tag{5.36}$$

여기에서,

$X_s^2 = \frac{8\pi f}{R_d} \times 10^{-7} \cdot K_s$

$f$ : 공급주파수

$K_s$ : 표 5-5에서 주어지는 상수

**표 5-5 동선의 표피 및 근접효과를 계산하기 위한 $K_s$ 및 $K_p$의 값**

| 도체형태 | 건조 및 침투 여부 | $K_s$ | $K_p$ |
|---|---|---|---|
| 원형, 연선 | 건조 및 침투됨 | 1 | 0.8 |
| 원형, 연선 | 건조 및 침투 안 됨 | 1 | 1 |
| 동선, 원형, 4분할 | - | 0.435 | 0.37 |
| 동선, 부채꼴 | 건조 및 침투됨 | 1 | 0.8 |
| 동선, 부채꼴 | 건조 및 침투 안 됨 | 1 | 1 |

[Source] KS C IEC 60287-1-1 표 2 표피 및 근접효과

### 4) 근접효과계수

근접효과는 단상 및 3상회로를 구분하여 다음에 주어지는 식으로 계산하며, $X_p$의 값이 2.8 이하인 경우에 적용한다.

#### (1) 2심케이블 및 2개의 단심케이블용 근접효과계수

$$Y_p = \frac{X_p^4}{192 + 0.8X_p^4}\left(\frac{d_c}{s}\right)^2 \times 2.9 \tag{5.37}$$

여기에서,

$X_p^2 = \frac{8\pi f}{R_d} \times 10^{-7} \cdot K_p$

$d_c$ : 도체의 지름 [mm]

$s$ : 도체 중심간의 거리 [mm]

$k_p$ : 표 5-5에서 주어지는 상수

(2) 3심케이블 및 3개의 단심케이블용 근접효과계수

아래의 계산식은 원형도체에 대하여 적용하며, 성형도체에 대하여는 원형도체 계산값의 2/3로 한다.

$$Y_p = \frac{X_p^4}{192+0.8X_p^4}\left(\frac{d_c}{s}\right)^2\left[0.312\left(\frac{d_c}{s}\right)^2 + \frac{1.18}{\frac{X_p^4}{192+0.8X_p^4}+0.27}\right] \tag{5.38}$$

여기에서,

$X_p^2 = \frac{8\pi f}{R_d}\times 10^{-7}\cdot K_p$

$d_c$ : 도체의 지름 [mm]

$s$ : 도체 중심간의 거리 [mm] (수평배열 케이블에서 s는 인접상 사이의 거리이다. 인접상 사이의 공간이 같지 않은 곳에서 거리는 $s=\sqrt{s_1\times s_2}$ 로 취한다)

$K_p$ : 표 5-5에서 주어지는 상수

## 3.2 인덕턴스

3상 1회선 전선 1가닥의 단위길이 당 인덕턴스는 다음 식으로 계산한다.

$$L = 0.05 + 0.46052\log_{10}\frac{D}{r}\,[\text{mH/km}] \tag{5.39}$$

$$L = 0.46052\log_{10}\frac{D}{r'}\,[\text{mH/km}] \tag{5.40}$$

$$L = 0.2\ln\frac{D}{r'}\,[\text{mH/km}] \tag{5.41}$$

여기에서,

$D$ : 도체 중심간의 거리[m]

$r$ : 도체의 반지름[m]

$r'$ : 도체의 기하학적 평균반경(GMR : Geometric mean radius)

$r' = re^{-\frac{1}{4}} = 0.7788r$

도체의 배치가 비정삼각형인 경우에는 도체 중심간의 거리는 다음 식으로 계산한다.

$$D = \sqrt[3]{D_{ab}\cdot D_{bc}\cdot D_{ca}} \tag{5.42}$$

여기에서,

$D_{ab}$, $D_{bc}$, $D_{ca}$ : 도체 $ab$, $bc$, $ca$의 중심간의 거리 [m]

## 3.3 정전용량

(1) 단상 1회선 대지정전용량

단상 1회선 가공선로의 전선 1가닥과 대지와의 정전용량은 다음 식으로 계산한다.

$$C = \frac{0.02413}{\log_{10}\dfrac{4h^2}{rD}} \, [\mu\text{F/km}] \tag{5.43}$$

여기에서,

$D$ : 도체 중심간의 거리 [m]

$r$ : 도체의 반지름 [m]

$h$ : 전선의 지표상의 평균 높이[m]

(2) 3상 1회선 대지정전용량

3상 1회선 가공선로의 전선 1가닥과 대지와의 정전용량은 다음 식으로 계산한다.

$$C = \frac{0.02413}{\log_{10}\dfrac{8h^3}{rD^2}} \, [\mu\text{F/km}] \tag{5.44}$$

(3) 3상 1회선 케이블의 대지정전용량

3상 1회선 케이블의 선도체 1가닥과 대지와의 정전용량은 다음 식으로 계산한다.

$$C = \frac{0.02413\,\varepsilon}{\log_{10}\dfrac{D_l}{d_c}} \, [\mu\text{F/km}] \tag{5.45}$$

여기에서,

$D_l$ : 절연체(차폐층을 포함)의 외부지름 [m]

$d_c$ : 차폐층을 포함한 도체의 지름 [m]

$\varepsilon$ : 절연체의 유전율

## 3.4 케이블의 임피던스 계산 예시

### 3.4.1 단상 2선 단심 케이블

#### 1) 계산조건

(1) 전기방식 : 단상 2선
(2) 케이블의 종류 : 450/750V HFIX
(3) 도체의 공칭단면적 : 4 ㎟
(4) 도체의 지름($d_c$) : 2.55 mm
(5) 케이블의 완성외경($D_c$) : 4.7 mm
(6) 케이블의 배열 : 밀착배치

### 2) 케이블의 교류저항의 계산

케이블의 길이 1km에 대한 교류도체저항은 다음의 순서로 계산한다.

#### (1) 도체의 직류저항

절연전선 450/750V HFIX 4 ㎟의 90[℃]에서 직류저항은 다음 식으로 계산하여 적용한다.

$$R_d = R_{20} \cdot \{1+\alpha_{20}(t_m - 20)\}$$
$$= 4.61 \times \{1+0.00393(90-20)\} = 5.8782[\Omega/km]$$

여기에서,
$R_{20}$ : 20℃에서 도체의 직류저항[$\Omega$/km](표 5-4를 참조)
$\alpha_{20}$ : 20℃에서 도체의 온도저항계수(연동선 0.00393)
$t_m$ : 도체의 연속사용 최고온도[℃]

#### (2) 표피효과계수

$X_s^2$의 값을 다음 식으로 산출한다.

$$X_s^2 = \frac{8\pi f}{R_d} \times 10^{-7} \cdot K_s = \frac{8 \times 3.14 \times 60}{5.8782 \times 10^{-3}} \times 10^{-7} \times 1 = 0.025653$$

여기에서,
$R_d$ : 도체의 직류저항
$K_s$ : 표 5-5에서 주어지는 상수

표피효과계수 $Y_s$는 다음과 같이 계산한다.

$$Y_s = \frac{X_s^4}{192+0.8X_s^4} = \frac{0.025653^2}{192+0.8 \times 0.025653^2} = 0.000003$$

(3) 근접효과계수

$X_p^2$의 값을 다음 식으로 산출한다.

$$X_p^2 = \frac{8\pi f}{R_d} \times 10^{-7} \cdot K_p = \frac{8 \times 3.14 \times 60}{5.8782 \times 10^{-3}} \times 10^{-7} \times 1 = 0.025653$$

여기에서,

$R_d$ : 도체의 직류저항

$K_p$ : 표 5-5에서 주어지는 상수

근접효과계수 $Y_p$ 는 다음과 같이 계산한다.

$$Y_p = \frac{X_p^4}{192 + 0.8 X_p^4} \left( \frac{d_c}{s} \right)^2 \times 2.9$$

$$= \frac{0.025653^2}{192 + 0.8 \times 0.025653^2} \left( \frac{2.55}{4.7} \right)^2 \times 2.9 = 0.000005$$

여기에서,

$d_c$ : 도체의 지름[mm]

$s$ : 도체 중심간의 거리[mm]($s = D_c = 4.7$)

(4) 교류도체저항(R)

교류도체저항 $R$은 다음 식으로 산출한다.

$$R = R_d(1 + Y_s + Y_p)$$

$$= 5.8782 \times (1 + 0.000003 + 0.000005) = 5.87826 [\Omega / km]$$

## 3) 케이블의 리액턴스 계산

케이블의 1km에 대한 리액턴스는 다음의 식으로 계산한다.

$$X_L = \omega L = 2\pi f \times 0.46052 \, log_{10} \left( \frac{D}{r'} \right) = 0.17361 \, log_{10} \left( \frac{D}{r'} \right)$$

$$= 0.17361 \, log_{10} \left( \frac{4.7}{0.99297} \right) = 0.1172 [\Omega / km]$$

여기에서,

$D$ : 도체간의 등가선간거리(GMD)

$D = D_c = 4.7$

$r'$ : 도체의 기하학적평균반경(GMR=Geometric mean radius)

$$r' = re^{-\frac{1}{4}} = 0.7788r = 0.7788 \times 2.55/2 = 0.99297 \text{ mm}$$

#### 4) 케이블의 임피던스

케이블의 1km에 대한 임피던스는 다음과 같다.

$$Z_L = R + jX_L = 5.8783 + j0.1172 \ [\Omega/\text{km}]$$

### 3.4.2 단상 2선 다심(2C) 케이블

#### 1) 계산조건

(1) 전기방식 : 단상 2선

(2) 케이블의 종류 : 0.6/1kV F-CV

(3) 도체의 공칭단면적 및 심선의 수 : 6 ㎟/2C

(4) 도체의 지름($d_c$) : 3.12 mm

(5) 설연제의 두께($t$) : 0.7 mm

(6) 케이블의 완성외경($D_c$) : 14.0 mm

#### 2) 케이블의 교류저항의 계산

케이블의 1km에 대한 교류도체저항은 다음의 순서로 계산한다.

##### (1) 도체의 직류저항

케이블 0.6/1kV F-CV 6 ㎟의 90[℃]에서 직류저항은 다음 식으로 계산하여 적용한다.

$$\begin{aligned} R_d &= R_{20} \cdot \{1 + \alpha_{20}(t_m - 20)\} \\ &= 3.08 \times \{1 + 0.00393(90 - 20)\} = 3.9273[\Omega/km] \end{aligned}$$

여기에서,

$R_{20}$ : 20℃에서 도체의 직류저항[Ω/km](표 5-4를 참조)

$\alpha_{20}$ : 20℃에서 도체의 온도저항계수(연동선 0.00393)

$t_m$ : 도체의 연속사용 최고온도[℃]

##### (2) 표피효과계수

$X_s^2$의 값을 다음 식으로 산출한다.

$$X_s^2 = \frac{8\pi f}{R_d} \times 10^{-7} \cdot K_s = \frac{8 \times 3.14 \times 60}{3.9273 \times 10^{-3}} \times 10^{-7} \times 1 = 0.038397$$

여기에서,

$R_d$ : 도체의 직류저항

$K_s$ : 표 5-5에서 주어지는 상수

표피효과계수 $Y_s$는 다음과 같이 계산한다.

$$Y_s = \frac{X_s^4}{192 + 0.8X_s^4} = \frac{0.038397^2}{192 + 0.8 \times 0.038397^2} = 0.000008$$

(3) 근접효과계수

$X_p^2$의 값을 다음 식으로 산출한다.

$$X_p^2 = \frac{8\pi f}{R_d} \times 10^{-7} \cdot K_p = \frac{8 \times 3.14 \times 60}{3.9273 \times 10^{-3}} \times 10^{-7} \times 1 = 0.038397$$

여기에서,

$R_d$ : 도체의 직류저항

$K_p$ : 표 5-5에서 주어지는 상수

근접효과계수 $Y_p$ 는 다음과 같이 계산한다.

$$Y_p = \frac{X_p^4}{192 + 0.8X_p^4}\left(\frac{d_c}{s}\right)^2 \times 2.9 = \frac{0.038397^2}{192 + 0.8 \times 0.038397^2} \times \left(\frac{3.12}{4.66}\right)^2 \times 2.9 = 0.000010$$

여기에서,

$d_c$ : 도체의 지름[mm]

$s$ : 도체 중심간의 거리[mm]

$D = (d_c + 2t \times 1.1) = (3.12 + 2 \times 0.7 \times 1.1) = 4.66$

(4) 교류도체저항(R)

교류도체저항 $R$은 다음 식으로 산출한다.

$$R = R_d(1 + Y_s + Y_p)$$

$$= 3.9273 \times (1 + 0.000008 + 0.000010) = 3.9274[\Omega/km]$$

### 3) 케이블의 리액턴스 계산

케이블의 1km에 대한 리액턴스는 다음의 식으로 계산한다.

$$X_L = \omega L = 2\pi f \times 0.46052\, log_{10}\left(\frac{D}{r'}\right) = 0.17361\, log_{10}\left(\frac{D}{r'}\right)$$

$$= 0.17361\, log_{10}\left(\frac{4.66}{1.214928}\right) = 0.1014[\Omega/km]$$

여기에서,

$D$ : 도체간의 등가선간거리(GMD)

$$D = (d_c + 2t \times 1.1) = (3.12 + 2 \times 0.7 \times 1.1) = 4.66$$

$r'$ : 도체의 기하학적평균반경(GMR=Geometric mean radius)

$$r' = re^{-\frac{1}{4}} = 0.7788r = 0.7788 \times 3.12/2 = 1.214928 \text{ mm}$$

### 4) 케이블의 임피던스

케이블의 길이 1km에 대한 임피던스는 다음과 같다.

$$Z_L = R + jX_L = 3.9274 + j0.1014 \ [\Omega/\text{km}]$$

## 3.4.3 3상 3선 다심(3C) 케이블

### 1) 계산조건

(1) 전기방식 : 3상 3선

(2) 케이블의 종류 : 0.6/1kV F-CV

(3) 도체의 공칭단면적 및 심선의 수 : 25 ㎟/3C

(4) 도체의 지름($d_c$) : 5.9 mm

(5) 절연체의 두께($t$) : 0.9 mm

(6) 케이블의 완성외경($D_c$) : 23.0 mm

### 2) 케이블의 교류저항의 계산

케이블의 1km에 대한 교류도체저항은 다음의 순서로 계산한다.

#### (1) 도체의 직류저항

케이블 0.6/1kV F-CV 25 ㎟의 90[℃]에서 직류저항은 다음 식으로 계산하여 적용한다.

$$R_d = R_{20} \cdot \{1 + \alpha_{20}(t_m - 20)\}$$

$$= 0.727 \times \{1 + 0.00393(90 - 20)\} = 0.9270[\Omega/km]$$

여기에서,

$R_{20}$ : 20℃에서 도체의 직류저항[Ω/km](표 5-4를 참조)

$\alpha_{20}$ : 20℃에서 도체의 온도저항계수(연동선 0.00393)

$t_m$ : 도체의 연속사용 최고온도[℃]

(2) 표피효과계수

$X_s^2$의 값을 다음 식으로 산출한다.

$$X_s^2 = \frac{8\pi f}{R_d} \times 10^{-7} \cdot K_s = \frac{8 \times 3.14 \times 60}{0.92703 \times 10^{-3}} \times 10^{-7} \times 1 = 0.162672$$

여기에서,

$R_d$ : 도체의 직류저항

$K_s$ : 표 5-5에서 주어지는 상수

표피효과계수 $Y_s$는 다음과 같이 계산한다.

$$Y_s = \frac{X_s^4}{192 + 0.8X_s^4} = \frac{0.162672^2}{192 + 0.8 \times 0.162672^2} = 0.000138$$

(3) 근접효과계수

$X_p^2$의 값을 다음 식으로 산출한다.

$$X_p^2 = \frac{8\pi f}{R_d} \times 10^{-7} \cdot K_p = \frac{8 \times 3.14 \times 60}{0.92703 \times 10^{-3}} \times 10^{-7} \times 1 = 0.162672 = 0.162672$$

여기에서,

$R_d$ : 도체의 직류저항

$K_p$ : 표 5-5에서 주어지는 상수

근접효과계수 $Y_p$ 는 다음과 같이 계산한다.

$$Y_p = \frac{X_p^4}{192 + 0.8X_p^4}\left(\frac{d_c}{s}\right)^2\left[0.312\left(\frac{d_c}{s}\right)^2 + \frac{1.18}{\frac{X_p^4}{192 + 0.8X_p^4} + 0.27}\right]$$

$$= \frac{0.162672^2}{192 + 0.8 \times 0.162672^2}\left(\frac{5.9}{7.88}\right)^2\left[0.312\left(\frac{5.9}{7.88}\right)^2 + \frac{1.18}{\frac{0.162672^2}{192 + 0.8 \times 0.162672^2} + 0.27}\right]$$

$$= 0.000351$$

여기에서,

$d_c$ : 도체의 지름[mm]

$s$ : 도체 중심간의 거리[mm]

$$s=(d_c+2t\times 1.1)=(5.9+2\times 0.9\times 1.1)=7.88$$

$t$ : 절연체의 두께[mm]

(4) 교류도체저항(R)

교류도체저항 $R$은 다음 식으로 산출한다.

$$R = R_d(1+Y_s+Y_p)$$
$$=0.9270\times(1+0.000138+0.000351)=0.9275[\Omega/km]$$

### 3) 케이블의 리액턴스 계산

케이블의 1km에 대한 리액턴스는 다음의 식으로 계산한다.

$$X_L = \omega L = 2\pi f\times 0.46052\,log_{10}\left(\frac{D}{r'}\right)=0.17361\,log_{10}\left(\frac{D}{r'}\right)$$
$$=0.17361\,log_{10}\left(\frac{7.88}{2.29746}\right)=0.0929[\Omega/\text{km}]$$

여기에서,

$D$ : 도체간의 등가선간거리(GMD)

$$D-(d_c+2t\times 1.1)=(5.9+2\times 0.9\times 1.1)=7.88$$

$r'$ : 도체의 기하학적평균반경(GMR=Geometric mean radius)

$$r'=re^{-\frac{1}{4}}=0.7788r = 0.7788 \times 5.9/2 = 2.29746 \text{ mm}$$

### 4) 케이블의 임피던스

케이블의 1km에 대한 임피던스는 다음과 같다.

$$Z_L = R+jX_L = 0.9275+j0.0929\ [\Omega/\text{km}]$$

## 3.4.4 3상 3선 다심(4C) 케이블

### 1) 계산조건

(1) 전기방식 : 3상 4선

(2) 케이블의 종류 : 0.6/1kV HFCO

(3) 도체의 공칭단면적 및 심선의 수 : 35 ㎟/4C

(4) 도체의 지름($d_c$) : 6.9 mm

(5) 절연체의 두께($t$) : 0.9 mm
(6) 케이블의 완성외경($D_c$) : 28.0 mm

### 2) 케이블의 교류저항의 계산

케이블의 1km에 대한 교류도체저항은 다음의 순서로 계산한다.

#### (1) 도체의 직류저항

케이블 0.6/1kV HFCO 35 ㎟의 90[℃]에서 직류저항은 다음 식으로 계산하여 적용한다.

$$R_d = R_{20} \cdot \{1+\alpha_{20}(t_m - 20)\}$$
$$= 0.524 \times \{1+0.00393(90-20)\} = 0.66815[\Omega/km]$$

여기에서,

$R_{20}$ : 20℃에서 도체의 직류저항[$\Omega$/km](표 5-4를 참조)
$\alpha_{20}$ : 20℃에서 도체의 온도저항계수(연동선 0.00393)
$t_m$ : 도체의 연속사용 최고온도[℃]

#### (2) 표피효과계수

$X_s^2$의 값을 다음 식으로 산출한다.

$$X_s^2 = \frac{8\pi f}{R_d} \times 10^{-7} \cdot K_s = \frac{8 \times 3.14 \times 60}{0.66815 \times 10^{-3}} \times 10^{-7} \times 1 = 0.225692$$

여기에서,

$R_d$ : 도체의 직류저항
$K_s$ : 표 5-5에서 주어지는 상수

표피효과계수 $Y_s$는 다음과 같이 계산한다.

$$Y_s = \frac{X_s^4}{192+0.8X_s^4} = \frac{0.225692^2}{192+0.8 \times 0.225692^2} = 0.000265$$

#### (3) 근접효과계수

$X_p^2$의 값을 다음 식으로 산출한다.

$$X_p^2 = \frac{8\pi f}{R_d} \times 10^{-7} \cdot K_p = \frac{8 \times 3.14 \times 60}{0.66815 \times 10^{-3}} \times 10^{-7} \times 1 = 0.225692$$

여기에서,

$R_d$ : 도체의 직류저항

$K_p$ : 표 5-5에서 주어지는 상수

근접효과계수 $Y_p$ 는 다음과 같이 계산한다.

$$Y_p = \frac{X_p^4}{192+0.8X_p^4}\left(\frac{d_c}{s}\right)^2\left[0.312\left(\frac{d_c}{s}\right)^2 + \frac{1.18}{\frac{X_p^4}{192+0.8X_p^4}+0.27}\right]$$

$$= \frac{0.225692^2}{192+0.8\times 0.225692^2}\left(\frac{6.9}{9.97}\right)^2\left[0.312\left(\frac{6.9}{9.97}\right)^2 + \frac{1.18}{\frac{0.225692^2}{192+0.8\times 0.225692^2}+0.27}\right]$$

$$= 0.000574$$

여기에서,

$d_c$ : 도체의 지름[mm]

$s$ : 도체 중심간의 거리[mm]

$$s = \sqrt[3]{D_{ab}\times D_{bc}\times D_{ca}} = \sqrt[3]{\sqrt{2}\,(d_c+2t\times 1.1)^3}$$

$$= \sqrt[3]{\sqrt{2}\,(6.9+2\times 0.9\times 1.1)^3} = 9.97$$

(4) **교류도체저항(R)**

교류도체저항 $R$ 은 다음 식으로 산출한다.

$$R = R_d(1+Y_s+Y_p)$$

$$= 0.66815\times(1+0.000265+0.000574) = 0.6687\,[\Omega/km]$$

### 3) 케이블의 리액턴스 계산

케이블의 1km에 대한 리액턴스는 다음의 식으로 계산한다.

$$X_L = \omega L = 2\pi f\times 0.46052\,log_{10}\left(\frac{D}{r'}\right) = 0.17361\,log_{10}\left(\frac{D}{r'}\right)$$

$$= 0.17361\,log_{10}\left(\frac{9.97}{2.68686}\right) = 0.0988\,[\Omega/\mathrm{km}]$$

여기에서,

$D$ : 도체간의 등가선간거리(GMD)

$$D = \sqrt[3]{D_{ab}\times D_{bc}\times D_{ca}} = \sqrt[3]{\sqrt{2}\,(d_c+2t\times 1.1)^3}$$

$$= \sqrt[3]{\sqrt{2}\,(6.9+2\times 0.9\times 1.1)^3} = 9.97$$

$r'$ : 도체의 기하학적평균반경(GMR=Geometric mean radius)

$$r' = re^{-\frac{1}{4}} = 0.7788r = 0.7788 \times 6.9/2 = 2.68686 \text{ mm}$$

#### 4) 케이블의 임피던스

케이블의 1km에 대한 임피던스는 다음과 같다.

$$Z_L = R + jX_L = 0.6687 + j0.0988 \ [\Omega/\text{km}]$$

### 3.4.5 3상 3선 단심 케이블 삼각배치

#### 1) 계산조건

(1) 전기방식 : 3상 3선

(2) 케이블의 종류 : 0.6/1kV F-FR-8

(3) 도체의 공칭단면적 및 심선의 수 : 70 ㎟/1C × 3

(4) 도체의 지름($d_c$) : 9.8 mm

(5) 케이블의 완성외경($D_c$) : 18.5 mm

(6) 케이블의 배열 : 삼각배치

#### 2) 케이블의 교류저항의 계산

케이블의 1km에 대한 교류도체저항은 다음의 순서로 계산한다.

##### (1) 도체의 직류저항

케이블 0.6/1kV F-CV 70 ㎟/1C의 90[℃]에서 직류저항은 다음 식으로 계산하여 적용한다.

$$R_d = R_{20} \cdot \{1 + \alpha_{20}(t_m - 20)\}$$
$$= 0.268 \times \{1 + 0.00393(90 - 20)\} = 0.34173[\Omega/km]$$

여기에서,

$R_{20}$ : 20℃에서 도체의 직류저항[Ω/km](표 5-4를 참조)

$\alpha_{20}$ : 20℃에서 도체의 온도저항계수(연동선 0.00393)

$t_m$ : 도체의 연속사용 최고온도[℃]

##### (2) 표피효과계수

$X_s^2$의 값을 다음 식으로 산출한다.

$$X_s^2 = \frac{8\pi f}{R_d} \times 10^{-7} \cdot K_s = \frac{8 \times 3.14 \times 60}{0.34173 \times 10^{-3}} \times 10^{-7} \times 1 = 0.441278$$

여기에서,

$R_d$ : 도체의 직류저항

$K_s$ : 표 5-5에서 주어지는 상수

표피효과계수 $Y_s$는 다음과 같이 계산한다.

$$Y_s = \frac{X_s^4}{192 + 0.8X_s^4} = \frac{0.441278^2}{192 + 0.8 \times 0.441278^2} = 0.001013$$

### (3) 근접효과계수

$X_p^2$의 값을 다음 식으로 산출한다.

$$X_p^2 = \frac{8\pi f}{R_d} \times 10^{-7} \cdot K_p = \frac{8 \times 3.14 \times 60}{0.34173 \times 10^{-3}} \times 10^{-7} \times 1 = 0.441278$$

여기에서,

$R_d$ : 도체의 직류저항

$K_p$ : 표 5-5에서 주어지는 상수

근접효과계수 $Y_p$ 는 다음과 같이 계산한다.

$$Y_p = \frac{X_p^4}{192 + 0.8X_p^4}\left(\frac{d_c}{s}\right)^2\left[0.312\left(\frac{d_c}{s}\right)^2 + \frac{1.18}{\frac{X_p^4}{192 + 0.8X_p^4} + 0.27}\right]$$

$$= \frac{0.441278^2}{192 + 0.8 \times 0.441278^2}\left(\frac{9.8}{18.5}\right)^2\left[0.312\left(\frac{9.8}{18.5}\right)^2 + \frac{1.18}{\frac{0.441278^2}{192 + 0.8 \times 0.441278^2} + 0.27}\right]$$

$$= 0.001263$$

여기에서,

$d_c$ : 도체의 지름[mm]

$s$ : 도체 중심간의 거리[mm]

$s = D_c = 18.5$

### (4) 교류도체저항(R)

교류도체저항 $R$은 다음 식으로 산출한다.

$$R = R_d(1 + Y_s + Y_p)$$

$$= 0.34173 \times (1 + 0.001013 + 0.001263) = 0.3425[\Omega/\text{km}]$$

#### 3) 케이블의 리액턴스 계산

케이블의 1km에 대한 리액턴스는 다음의 식으로 계산한다.

$$X_L = \omega L = 2\pi f \times 0.46052\, log_{10}\left(\frac{D}{r'}\right) = 0.17361\, log_{10}\left(\frac{D}{r'}\right)$$

$$= 0.17361\, log_{10}\left(\frac{18.5}{3.8162}\right) = 0.1190[\Omega/km]$$

여기에서,

$D$ : 도체간의 등가선간거리(GMD)

$D = D_c$ = 18.5

$r'$ : 도체의 기하학적평균반경(GMR=Geometric mean radius)

$r' = re^{-\frac{1}{4}} = 0.7788r$ = 0.7788 × 9.8/2 = 3.8162 mm

#### 4) 케이블의 임피던스

케이블의 1km에 대한 임피던스는 다음과 같다.

$$Z_L = R + jX_L = 0.3425 + j0.1190 \quad [\Omega/\text{km}]$$

### 3.4.6 3상 4선 단심 케이블 평면배치

#### 1) 계산조건

(1) 전기방식 : 3상 4선

(2) 케이블의 종류 : 0.6/1kV F-CV

(3) 도체의 공칭단면적 및 심선의 수 : 150 ㎟/1C × 4

(4) 도체의 지름($d_c$) : 14.4 mm

(5) 케이블의 완성외경($D_c$) : 22.0 mm

(6) 케이블의 배열 : 평면배치(s=d)

#### 2) 케이블의 교류저항의 계산

케이블의 길이 1km에 대한 교류도체저항은 다음의 순서로 계산한다.

(1) 도체의 직류저항

케이블 0.6/1kV F-CV 150 ㎟/1C의 90[℃]에서 직류저항은 다음 식으로 계산하여 적용한다.

$$R_d = R_{20} \cdot \{1+\alpha_{20}(t_m - 20)\}$$
$$= 0.124 \times \{1+0.00393(90-20)\} = 0.15811[\Omega/\mathrm{km}]$$

여기에서,

$R_{20}$ : 20℃에서 도체의 직류저항[Ω/km](표 5-4를 참조)

$\alpha_{20}$ : 20℃에서 도체의 온도저항계수(연동선 0.00393)

$t_m$ : 도체의 연속사용 최고온도[℃]

(2) 표피효과계수

$X_s^2$의 값을 다음 식으로 산출한다.

$$X_s^2 = \frac{8\pi f}{R_d} \times 10^{-7} \cdot K_s = \frac{8 \times 3.14 \times 60}{0.15811 \times 10^{-3}} \times 10^{-7} \times 1 = 0.953729$$

여기에서,

$R_d$ : 도체의 직류저항

$K_s$ : 표 5-5에서 주어지는 상수

표피효과계수 $Y_s$는 다음과 같이 계산한다.

$$Y_s = \frac{X_s^4}{192+0.8X_s^4} = \frac{0.953729^2}{192+0.8 \times 0.953729^2} = 0.004720$$

(3) 근접효과계수

$X_p^2$의 값을 다음 식으로 산출한다.

$$X_p^2 = \frac{8\pi f}{R_d} \times 10^{-7} \cdot K_p = \frac{8 \times 3.14 \times 60}{0.15811 \times 10^{-3}} \times 10^{-7} \times 1 = 0.953729$$

여기에서,

$R_d$ : 도체의 직류저항

$K_p$ : 표 5-5에서 주어지는 상수

근접효과계수 $Y_p$ 는 다음과 같이 계산한다.

$$Y_p = \frac{X_p^4}{192+0.8X_p^4}\left(\frac{d_c}{s}\right)^2\left[0.312\left(\frac{d_c}{s}\right)^2 + \frac{1.18}{\frac{X_p^4}{192+0.8X_p^4}+0.27}\right]$$

$$= \frac{0.953729^2}{192+0.8 \times 0.953729^2}\left(\frac{14.4}{27.72}\right)^2\left[0.312\left(\frac{14.4}{27.72}\right)^2 + \frac{1.18}{\frac{0.953729^2}{192+0.8 \times 0.953729^2}+0.27}\right]$$

$$= 0.005579$$

여기에서,

$d_c$ : 도체의 지름[mm]

$s$ : 도체 중심간의 거리[mm]

$$s = \sqrt[3]{D_{ab} \times D_{bc} \times D_{ca}} = \sqrt[3]{2D_c^3} = \sqrt[3]{2 \times 22^3} = 27.7183$$

$D_f$ : 케이블의 완성외경

(4) 교류도체저항(R)

교류도체저항 $R$은 다음 식으로 산출한다.

$$R = R_d(1 + Y_s + Y_p)$$

$$= 0.15811 \times (1 + 0.004720 + 0.005579) = 0.1597[\Omega/\text{km}]$$

### 3) 케이블의 리액턴스 계산

케이블의 길이 1km에 대한 리액턴스는 다음의 순서로 계산한다.

$$X_L = \omega L = 2\pi f \times 0.46052\, log_{10}\left(\frac{D}{r'}\right) = 0.17361\, log_{10}\left(\frac{D}{r'}\right)$$

$$= 0.17361\, log_{10}\left(\frac{27.7183}{5.6073}\right) = 0.1205[\Omega/km]$$

여기에서,

$D$ : 도체간의 등가선간거리(GMD)

$$D = \sqrt[3]{D_{ab} \times D_{bc} \times D_{ca}} = \sqrt[3]{2D_c^3} = \sqrt[3]{2 \times 22^3} = 27.7183$$

$D_f$ : 케이블의 완성외경

$r'$ : 도체의 기하학적평균반경(GMR=Geometric mean radius)

$$r' = re^{-\frac{1}{4}} = 0.7788r = 0.7788 \times 14.4/2 = 5.6073 \text{ mm}$$

### 4) 케이블의 임피던스

케이블의 1km에 대한 임피던스는 다음과 같다.

$$Z_L = R + jX_L = 0.1597 + j0.1205 \;\; [\Omega/\text{km}]$$

## 3.4.7 3상 3선 단심 케이블, 2병렬, 평면배치

### 1) 계산조건

(1) 전기방식 : 3상 3선

(2) 케이블의 종류 : 0.6/1kV HFCO

(3) 도체의 공칭단면적 및 심선의 수 : 630 ㎟/1C × 6

(4) 병렬도체 수 : 2

(5) 도체의 지름($d_c$) : 30.2 mm

(6) 케이블의 완성외경($D_c$) : 42.0 mm

(7) 케이블의 배열 : 평면배열

### 2) 케이블의 교류저항의 계산

케이블의 길이 1km에 대한 교류도체저항은 다음의 순서로 계산한다.

#### (1) 도체의 직류저항

케이블 0.6/1kV HFCO 630 ㎟/1C의 90[℃]에서 직류저항은 다음 식으로 계산하여 적용한다.

$$\begin{aligned} R_d &= R_{20} \cdot \{1+\alpha_{20}(t_m-20)\} \\ &= 0.0283 \times \{1+0.00393(90-20)\} = 0.03609[\Omega/\text{km}] \end{aligned}$$

여기에서,

$R_{20}$ : 20℃에서 도체의 직류저항[$\Omega$/km](표 5-4를 참조)

$\alpha_{20}$ : 20℃에서 도체의 온도저항계수(연동선 0.00393)

$t_m$ : 도체의 연속사용 최고온도[℃]

#### (2) 표피효과계수

$X_s^2$의 값을 다음 식으로 산출한다.

$$X_s^2 = \frac{8\pi f}{R_d} \times 10^{-7} \cdot K_s = \frac{8 \times 3.14 \times 60}{0.03609 \times 10^{-3}} \times 10^{-7} \times 1 = 4.178885$$

여기에서,

$R_d$ : 도체의 직류저항

$K_s$ : 표 5-5에서 주어지는 상수

표피효과계수 $Y_s$는 다음과 같이 계산한다.

$$Y_s = \frac{X_s^4}{192+0.8X_s^4} = \frac{4.178885^2}{192+0.8 \times 4.178885^2} = 0.084784$$

#### (3) 근접효과계수

$X_p^2$의 값을 다음 식으로 산출한다.

$$X_p^2 = \frac{8\pi f}{R_d}\times 10^{-7}\cdot K_p = \frac{8\times 3.14\times 60}{0.03609\times 10^{-3}}\times 10^{-7}\times 1 = 4.178885$$

여기에서,

$R_d$ : 도체의 직류저항

$K_p$ : 표 5-5에서 주어지는 상수

근접효과계수 $Y_p$ 는 다음과 같이 계산한다.

$$Y_p = \frac{X_p^4}{192+0.8X_p^4}\left(\frac{d_c}{s}\right)^2\left[0.312\left(\frac{d_c}{s}\right)^2 + \frac{1.18}{\frac{X_p^4}{192+0.8X_p^4}+0.27}\right]$$

$$= \frac{4.178885^2}{192+0.8\times 4.178885^2}\left(\frac{50.4}{105.83}\right)^2\left[0.312\left(\frac{50.4}{105.83}\right)^2 + \frac{1.18}{\frac{4.178885^2}{192+0.8\times 4.178885^2}+0.27}\right]$$

$$= 0.065224$$

여기에서,

$d_c$ : 2병렬 도체의 등가지름[mm]

$d_c = 2\sqrt{rS} = 2\times\sqrt{(30.2/2)\times 42} = 50.4$

$r$ : 도체의 반지름

$S$ : 2병렬 도체의 등가간격[mm]($S = D_c$)

$s$ : 2병렬 도체 중심 간의 등가선간거리[mm]

$s = \sqrt[3]{D_{ab}\times D_{bc}\times D_{ca}} = \sqrt[3]{2D_c\times 2D_c\times 4D_c} = \sqrt[3]{16D_c^3} = \sqrt[3]{16\times 42^3} = 105.83$

$D_c$ : 케이블의 완성외경

#### (4) 교류도체저항(R)

교류도체저항 $R$ 은 다음 식으로 산출한다.

$$R = \frac{R_d}{n}(1+Y_s+Y_p)$$

$$= (0.03609/2)\times(1+0.084784+0.065224) = 0.0207[\Omega/\text{km}]$$

### 3) 케이블의 리액턴스 계산

케이블의 길이 1km에 대한 리액턴스는 다음의 식으로 계산한다.

$$X_L = \omega L = 2\pi f\times 0.46052\, log_{10}\left(\frac{D}{GRM}\right) = 0.17361\, log_{10}\left(\frac{D}{GMR}\right)$$

$$= 0.17361\, log_{10}\left(\frac{105.83}{22.2242}\right) = 0.1177[\Omega/\text{km}]$$

여기에서,

$D$ : 2병렬 도체의 등가선간거리(GMD)

$$D = \sqrt[3]{D_{ab} \times D_{bc} \times D_{ca}} = \sqrt[3]{2D_c \times 2D_c \times 4D_c} = \sqrt[3]{16D_c^3} = \sqrt[3]{16 \times 42^3} = 105.83$$

$D_c$ : 케이블의 완성외경

$GMR$ : 2병렬 도체의 기하학적 평균반경

$$GMR = \sqrt{r'S} = \sqrt{11.7599 \times 42} = 22.2242$$

$r'$ : 도체의 기하학적평균반경

$$r' = re^{-\frac{1}{4}} = 0.7788r = 0.7788 \times 30.2/2 = 11.7599 \text{ mm}$$

#### 4) 케이블의 임피던스

케이블의 길이 1km에 대한 임피던스는 다음과 같다.

$$Z_L = R + jX_L = 0.0207 + j0.1177 \ [\Omega/\text{km}]$$

### 3.4.8 3상 4선 단심 케이블, 3병렬, 평면배치

#### 1) 계산조건

(1) 전기방식 : 3상 4선

(2) 케이블의 종류 : 0.6/1kV HFCO

(3) 도체의 공칭단면적 및 심선의 수 : 400 ㎟/1C × 12

(4) 병렬도체 수 : 3

(5) 도체의 지름($d_c$) : 23.2 mm

(6) 케이블의 완성외경($D_c$) : 34.0 mm

(7) 케이블의 배열 : 평면배열

#### 2) 케이블의 교류저항의 계산

케이블의 길이 1km에 대한 교류도체저항은 다음의 순서로 계산한다.

##### (1) 도체의 직류저항

케이블 0.6/1kV HFCO 400 ㎟/1C의 90[℃]에서 직류저항은 다음 식으로 계산하여 적용한다.

$$R_d = R_{20} \cdot \{1 + \alpha_{20}(t_m - 20)\}$$

$$= 0.047 \times \{1 + 0.00393(90 - 20)\} = 0.05993[\Omega/\text{km}]$$

여기에서,

$R_{20}$ : 20℃에서 도체의 직류저항[$\Omega$/km](표 5-4를 참조)

$\alpha_{20}$ : 20℃에서 도체의 온도저항계수(연동선 0.00393)

$t_m$ : 도체의 연속사용 최고온도[℃]

(2) 표피효과계수

$X_s^2$의 값을 다음 식으로 산출한다.

$$X_s^2 = \frac{8\pi f}{R_d} \times 10^{-7} \cdot K_s = \frac{8 \times 3.14 \times 60}{0.05993 \times 10^{-3}} \times 10^{-7} \times 1 = 2.516222$$

여기에서,

$R_d$ : 도체의 직류저항

$K_s$ : 표 5-5에서 주어지는 상수

표피효과계수 $Y_s$는 다음과 같이 계산한다.

$$Y_s = \frac{X_s^4}{192 + 0.8X_s^4} = \frac{5.516222^2}{192 + 0.8 \times 2.516222^2} = 0.032128$$

(3) 근접효과계수

$X_p^2$의 값을 다음 식으로 산출한다.

$$X_p^2 = \frac{8\pi f}{R_d} \times 10^{-7} \cdot K_p = \frac{8 \times 3.14 \times 60}{0.05993 \times 10^{-3}} \times 10^{-7} \times 1 = 2.516222$$

여기에서,

$R_d$ : 도체의 직류저항

$K_p$ : 표 5-5에서 주어지는 상수

근접효과계수 $Y_p$ 는 다음과 같이 계산한다.

$$Y_p = \frac{X_p^4}{192 + 0.8X_p^4}\left(\frac{d_c}{s}\right)^2 \left[0.312\left(\frac{d_c}{s}\right)^2 + \frac{1.18}{\dfrac{X_p^4}{192 + 0.8X_p^4} + 0.27}\right]$$

$$= \frac{5.516222^2}{192 + 0.8 \times 2.516222^2}\left(\frac{55.4}{128.52}\right)^2 \left[0.312\left(\frac{55.4}{128.52}\right)^2 + \frac{1.18}{\dfrac{2.516222^2}{192 + 0.8 \times 2.516222^2} + 0.27}\right]$$

$$= 0.023690$$

여기에서,

$d_c$ : 3병렬 도체의 등가지름[mm]

$$d_c = 2\sqrt[3]{r(\sqrt[3]{2S^3})^2} = 2 \times \sqrt[3]{(23.2/2) \times (\sqrt[3]{2 \times 34^3})^2} = 55.4$$

$r$ : 도체의 반지름[mm]

$S$ : 3병렬 도체의 등가선간거리[mm]($S = D_c$)

$s$ : 3병렬 도체 중심 간의 등가선간거리[mm]

$$s = \sqrt[3]{D_{ab} \times D_{bc} \times D_{ca}} = \sqrt[3]{3D_c \times 3D_c \times 6D_c} = \sqrt[3]{54D_c^3} = \sqrt[3]{54 \times 34^3} = 128.52$$

$D_c$ : 케이블의 완성외경

(4) 교류도체저항(R)

교류도체저항 $R$은 다음 식으로 산출한다.

$$R = \frac{R_d}{n}(1 + Y_s + Y_p)$$

$$= (0.05993/3) \times (1 + 0.032128 + 0.023690) = 0.0211[\Omega/\text{km}]$$

### 3) 케이블의 리액턴스 계산

케이블의 1km에 대한 리액턴스는 다음의 순서로 계산한다.

$$X_L = \omega L = 2\pi f \times 0.46052 \, log_{10}\left(\frac{D}{GMR}\right) = 0.17361 \, log_{10}\left(\frac{D}{GMR}\right)$$

$$= 0.17361 \, log_{10}\left(\frac{128.52}{25.5}\right) = 0.1219[\Omega/\text{km}]$$

여기에서,

$D$ : 3병렬 도체의 등가선간거리(GMD)

$$D = \sqrt[3]{D_{ab} \times D_{bc} \times D_{ca}} = \sqrt[3]{3D_c \times 3D_c \times 6D_c} = \sqrt[3]{54D_c^3} = \sqrt[3]{54 \times 34^3} = 128.52$$

$D_c$ : 케이블의 완성외경

$GMR$ : 3병렬 도체의 기하학적 평균반경

$$GMR = \sqrt[3]{r(\sqrt[3]{2S^3})^2} = \sqrt[3]{9.034 \times (\sqrt[3]{2 \times 34^3})^2} = 25.5$$

$r'$ : 도체의 기하학적평균반경

$$r' = re^{-\frac{1}{4}} = 0.7788r = 0.7788 \times 23.2/2 = 9.034 \text{ mm}$$

### 4) 케이블의 임피던스

케이블의 길이 1km에 대한 임피던스는 다음과 같다.

$$Z_L = R + jX_L = 0.0211 + j0.1219 \ [\Omega/\text{km}]$$

### 표 5-6 22.9 kV-y 배전선로의 정상 및 역상임피던스(100 MVA 기준)

| 선 종 | R [%/km] | $X_1$ & $X_2$ [%/km] | |
|---|---|---|---|
| | | 1800 [mm] 완금 1회선 D=1,008 [mm] | 2400 [mm] 완금 1회선 D=1,320 [mm] |
| 경동선 100 ㎟ | 3.37 | 7.69 | 8.14 |
| 경동선 80 ㎟ | 4.35 | 7.87 | 8.32 |
| 경동선 60 ㎟ | 5.73 | 8.07 | 8.52 |
| 경동선 50 ㎟ | 7.17 | 8.22 | 8.67 |
| 경동선 38 ㎟ | 9.22 | 8.49 | 8.94 |
| 경동선 30 ㎟ | 11.78 | 8.67 | 9.12 |
| 경동선 22 ㎟ | 15.60 | 8.87 | 9.32 |
| 경동선 5.0 mm | 18.55 | 8.77 | 9.22 |
| ACSR 477 MCM | 2.32 | 5.43 | 5.88 |
| ACSR 4/0 AWG | 5.26 | 7.27 | 7.75 |
| ACSR 32 ㎟ | 17.20 | 8.81 | 9.81 |
| ACSR 58 ㎟ | 9.48 | 8.38 | 8.77 |
| ACSR 95 ㎟ | 5.80 | 8.03 | 8.41 |
| ACSR 160 ㎟ | 3.47 | 7.07 | 7.46 |
| ACSR 150 ㎟ | 3.58 | 7.32 | 7.68 |

[비고] KEPCO 배전설계기준(가공) 부표 11

### 표 5-7 22.9 kV CNCV CABLE의 정상 및 영상임피던스(100 MVA 기준)

| 규 격 | 정상, 역상임피던스 | | 영상임피던스 | |
|---|---|---|---|---|
| | R [%/km] | X [%/km] | R [%/km] | X [%/km] |
| 60 ㎟ | 7.5056 | 3.7070 | 24.1624 | 9.7386 |
| 200 ㎟ | 2.4961 | 3.1121 | 8.5124 | 2.4790 |
| 325 ㎟ | 1.7906 | 2.8451 | 5.3222 | 1.7353 |
| 600 ㎟ | 1.4035 | 2.4351 | 2.9481 | 1.2757 |

[비고] KEPCO 배전설계기준(지중) 부록 2

### 표 5-8 22.9 kV-y 배전선로의 영상임피던스(100 MVA 기준)

| 전 선 | | R + jX [%/km] |
|---|---|---|
| 선 종 | 상선 - 중성선 | |
| 경 동 선 | 22 ㎟ - 22 ㎟ | 23.42 + j 34.02 |
| | 38 ㎟ - 22 ㎟ | 17.04 + j 33.60 |
| | 38 ㎟ - 38 ㎟ | 15.85 + j 32.05 |
| | 60 ㎟ - 38 ㎟ | 14.27 + j 31.63 |
| | 60 ㎟ - 60 ㎟ | 13.54 + j 30.16 |
| | 100 ㎟ - 60 ㎟ | 12.15 + j 29.78 |
| ACSR | 32 ㎟ - 32 ㎟ | 24.72 + j 35.12 |
| | 58 ㎟ - 32 ㎟ | 17.02 + j 34.74 |
| | 58 ㎟ - 58 ㎟ | 15.85 + j 33.12 |
| | 95 ㎟ - 58 ㎟ | 14.02 + j 32.36 |
| | 95 ㎟ - 95 ㎟ | 13.50 + j 30.85 |
| | 160 ㎟ - 95 ㎟ | 11.90 + j 29.26 |
| 경알미늄선 | 240 ㎟ - 160 ㎟ | 11.19 + j 27.56 |

[비고] KEPCO 배전설계기준(가공) 부표 12

**표 5-9 변압기 %임피던스(정격출력기준)**

**(a) 전기사업자 전력용 변압기 임피던스**

| 계통공칭전압 [kV] | | 백분율 리액턴스 [%] | | 비 고 |
|---|---|---|---|---|
| 1차 | 2차 | 표준 | 저감 | |
| 22.9 | 3.45/6.9 | 6.0 | – | |
| 66 | 3.34/6.9 | 8.0 | – | |
| 66 | 22.9 | 8.5 | – | |
| 154 | 22.9 | 11.0 | 10.3 | |
| 154 | 22.9 | 14.5 | 13.5 | 정격용량 45, 60 [MVA] 적용 |
| 154 | 66 | 11.5 | 10.5 | |

[비고] 내선규정 표 300-16-4(2016)

**(b) 변압기의 표준적 임피던스전압**

| 공칭전압 [kV] | 임피던스전압 [%] | 공칭전압 [kV] | 임피던스전압 [%] |
|---|---|---|---|
| 500 | 14.0 | 110 | 10.0 |
| 275 | 14.0 | 66~77 | 7.5 |
| 220 | 13.0 | 33 | 5.5 |
| 187 | 12.0 | 22 | 5.0 |
| 154 | 11.0 | 11 | 4.5 |

[비고] 전기설비핵심기초기술 표 4.7

**(c) 고압변압기의 임피던스(6 kV/210 V)**

| 변압기용량 [kVA] | %임피던스 | | |
|---|---|---|---|
| | %Z | %R | %X |
| 50 | 2.52 | 1.67 | 1.89 |
| 75 | 2.86 | 1.62 | 2.36 |
| 100 | 2.95 | 1.60 | 2.48 |
| 150 | 3.10 | 1.50 | 2.71 |
| 200 | 3.13 | 1.48 | 2.76 |
| 300 | 3.57 | 1.44 | 3.27 |
| 500 | 4.02 | 1.28 | 3.81 |

[비고] 전기설비핵심기초기술 표 4.8

**(d) 3상 몰드변압기의 임피던스**

| 변압기용량 [kVA] | %임피던스 | | | |
|---|---|---|---|---|
| | 22.9/0.38–0.22 kV | 22.9/6.6 or 3.3 kV | 6.6/0.38–0.22 kV | 3.3/0.38–0.22 kV |
| 300 이하 | 4.0 | – | 4.0 | 4.0 |
| 500 | 4.0 | – | 5.0 | 5.0 |
| 750 | 5.0 | 5.5 | 5.0 | 5.0 |
| 1000 | 5.0 | 6.0 | 5.0 | 5.0 |
| 1500 | 6.0 | 6.0 | 6.0 | 5.0 |
| 2000 | 6.0 | 6.5 | 6.0 | 6.0 |
| 3000 | 7.0 | 7.0 | – | – |

[비고] 효성중공업

**표 5-10 동기기의 리액턴스(정격출력기준)**

| 종 류 | 리액턴스[%] | | | |
|---|---|---|---|---|
| | 초기과도리액턴스 $X_d''$ | 과도리액턴스 $X_d'$ | 역상리액턴스 $X_2$ | 영상리액턴스 $X_0$ |
| 디젤발전기 | 20~30 | | | |
| 2극 터빈발전기 | 9 (7~14) | 15 (12~21) | 9 (7~14) | 1~8 |
| 4극 터빈발전기 | 14 (12~17) | 23 (20~28) | 14 (12~17) | 1.5~14 |
| 발전기 또는 전동기(제동권선부) | 24 (13~35) | 37 (20~50) | 24 (13~35) | 2~20 |
| 전동기(제동권선 없음) | 35 (20~45) | 35 (20~45) | 55 (30~70) | 4~25 |
| 6극 전동기 | 10 | 15 | | |
| 8~14극전동기 | 15 | 24 | | |

[비고] 전기설비기술계산핸드북 Ⅰ-65 표 2.9

**표 5-11 유도전동기의 리액턴스(정격출력기준)**

| 기 종 | $X''_d$ | | |
|---|---|---|---|
| | 2극 | 4~6극 | 8~12극 |
| 600V 이상 | 25 | 18 | 19 |
| 600V 미만 | 20 | | |

[비고] 전기설비핵심기초기술 표 4.9

**표 5-12 모선 동대 리액턴스**

| 간격(D) / 동대[mm] | 리액턴스[%/10m] 380V 60Hz 1,000[kVA] 기준 | | | | | |
|---|---|---|---|---|---|---|
| | 75 | 100 | 125 | 150 | 200 | 250 |
| (6×50)×1 | 0.92 | 1.09 | 1.19 | 1.32 | 1.43 | 1.57 |
| (6×75)×1 | 0.77 | 0.92 | 1.03 | 1.09 | 1.24 | 1.36 |
| (6×100)×1 | 0.62 | 0.74 | 0.84 | 0.96 | 1.09 | 1.20 |
| (6×100)×2 | 0.57 | 0.69 | 0.77 | 0.87 | 1.03 | 1.16 |
| (6×150)×1 | 0.51 | 0.63 | 0.73 | 0.79 | 0.93 | 1.03 |
| (6×150)×2 | 0.46 | 0.57 | 0.66 | 0.74 | 0.89 | 1.00 |

[비고] 전기설비기술계산핸드북 Ⅰ-67 표2.12, 415V 50Hz 값을 1.43배로 하여 환산한 값이다.

표 5-13 0.6/1kV F-CV(단상, 1Core, 밀착배열) CABLE의 임피던스

| 공 칭 단면적 [㎟] | 정상 & 역상 임피던스 | | 영상 임피던스 | | | |
|---|---|---|---|---|---|---|
| | | | TT 계통 | | TN 계통 | |
| | $R_1$[Ω/km] | $X_1$[Ω/km] | $R_0$ [Ω/km] | $X_0$[Ω/km] | $R_0$ [Ω/km] | $X_0$[Ω/km] |
| 1.5 | 15.4287 | 0.1749 | 15.6087 | 2.9343 | 15.7507 | 2.9043 |
| 2.5 | 9.4485 | 0.1619 | 9.6285 | 2.9008 | 9.8543 | 2.8433 |
| 4 | 5.8782 | 0.1494 | 6.0582 | 2.8658 | 6.4058 | 2.7536 |
| 6 | 3.9274 | 0.1402 | 4.1074 | 2.8339 | 4.5951 | 2.6331 |
| 10 | 2.3335 | 0.1346 | 2.5135 | 2.7833 | 3.2091 | 2.3686 |
| 16 | 1.4665 | 0.1280 | 1.6465 | 2.7594 | 2.5082 | 2.0084 |
| 25 | 0.9273 | 0.1246 | 1.1073 | 2.7131 | 1.9857 | 1.5554 |
| 35 | 0.6685 | 0.1189 | 0.8485 | 2.6863 | 1.6438 | 1.2437 |
| 50 | 0.4940 | 0.1150 | 0.6740 | 2.6559 | 1.3347 | 1.0106 |
| 70 | 0.3426 | 0.1081 | 0.5226 | 2.6232 | 1.0032 | 0.8049 |
| 95 | 0.2474 | 0.1076 | 0.4274 | 2.5897 | 0.7522 | 0.7032 |
| 120 | 0.1968 | 0.1042 | 0.3768 | 2.5669 | 0.6114 | 0.6477 |
| 150 | 0.1602 | 0.1031 | 0.3402 | 2.5436 | 0.5037 | 0.6169 |
| 185 | 0.1291 | 0.1022 | 0.3091 | 2.5226 | 0.4095 | 0.5945 |
| 240 | 0.0998 | 0.1004 | 0.2798 | 2.4934 | 0.3195 | 0.5737 |
| 300 | 0.0812 | 0.0998 | 0.2612 | 2.4686 | 0.2613 | 0.5638 |
| 400 | 0.0657 | 0.0999 | 0.2457 | 2.4405 | 0.2121 | 0.5589 |
| 500 | 0.0543 | 0.0966 | 0.2343 | 2.4163 | 0.1769 | 0.5434 |
| 630 | 0.0458 | 0.0960 | 0.2258 | 2.3868 | 0.1495 | 0.5389 |

[비고 1] R은 표피효과계수와 근접효과계수가 고려된 90℃의 교류도체저항 값이다.
[비고 2] s는 케이블 중심간의 간격, d는 케이블의 완성외경이다.
[비고 3] CE, CV, TFR-CV는 이 표를 적용한다.

표 5-14 0.6/1kV F-CV(3상, 1Core, 삼각배열) CABLE의 임피던스

| 공 칭 단면적 [㎟] | 정상 & 역상 임피던스 | | 영상 임피던스 | | | |
|---|---|---|---|---|---|---|
| | | | TT 계통 | | TN 계통 | |
| | $R_1$[Ω/km] | $X_1$[Ω/km] | $R_0$[Ω/km] | $X_0$[Ω/km] | $R_0$[Ω/km] | $X_0$[Ω/km] |
| 1.5 | 15.4287 | 0.1749 | 15.6087 | 2.8468 | 15.7478 | 2.8173 |
| 2.5 | 9.4485 | 0.1619 | 9.6285 | 2.8199 | 9.8497 | 2.7632 |
| 4 | 5.8782 | 0.1494 | 6.0582 | 2.7911 | 6.3986 | 2.6807 |
| 6 | 3.9274 | 0.1402 | 4.1074 | 2.7638 | 4.5849 | 2.5664 |
| 10 | 2.3335 | 0.1346 | 2.5135 | 2.7160 | 3.1941 | 2.3088 |
| 16 | 1.4665 | 0.1280 | 1.6465 | 2.6954 | 2.4891 | 1.9587 |
| 25 | 0.9273 | 0.1246 | 1.1073 | 2.6508 | 1.9653 | 1.5162 |
| 35 | 0.6686 | 0.1189 | 0.8486 | 2.6269 | 1.6247 | 1.2138 |
| 50 | 0.4940 | 0.1150 | 0.6740 | 2.5984 | 1.3179 | 0.9875 |
| 70 | 0.3427 | 0.1081 | 0.5227 | 2.5691 | 0.9898 | 0.7896 |
| 95 | 0.2474 | 0.1076 | 0.4274 | 2.5359 | 0.7419 | 0.6903 |
| 120 | 0.1968 | 0.1042 | 0.3768 | 2.5148 | 0.6030 | 0.6378 |
| 150 | 0.1603 | 0.1031 | 0.3403 | 2.4921 | 0.4969 | 0.6082 |
| 185 | 0.1291 | 0.1022 | 0.3091 | 2.4715 | 0.4039 | 0.5867 |
| 240 | 0.0998 | 0.1004 | 0.2798 | 2.4432 | 0.3151 | 0.5671 |
| 300 | 0.0811 | 0.0998 | 0.2611 | 2.4187 | 0.2576 | 0.5578 |
| 400 | 0.0655 | 0.0999 | 0.2455 | 2.3905 | 0.2087 | 0.5528 |
| 500 | 0.0538 | 0.0966 | 0.2338 | 2.3680 | 0.1731 | 0.5392 |
| 630 | 0.0447 | 0.0960 | 0.2247 | 2.3388 | 0.1443 | 0.5349 |

[비고 1] R은 표피효과계수와 근접효과계수가 고려된 90℃의 교류도체저항 값이다.
[비고 2] s는 케이블 중심간의 간격, d는 케이블의 완성외경이다.
[비고 3] CE, CV, TFR-CV는 이 표를 적용한다.

**표 5-15 0.6/1kV F-CV(3상, 1Core, 평형배열 s=d) CABLE의 임피던스**

| 공 칭 단면적 [㎟] | 정상 & 역상 임피던스 | | 영상 임피던스 | | | |
|---|---|---|---|---|---|---|
| | | | TT 계통 | | TN 계통 | |
| | $R_1$[Ω/km] | $X_1$[Ω/km] | $R_0$[Ω/km] | $X_0$[Ω/km] | $R_0$[Ω/km] | $X_0$[Ω/km] |
| 1.5 | 15.4287 | 0.1923 | 15.6087 | 2.8120 | 15.7445 | 2.7829 |
| 2.5 | 9.4485 | 0.1793 | 9.6285 | 2.7850 | 9.8444 | 2.7293 |
| 4 | 5.8782 | 0.1668 | 6.0582 | 2.7562 | 6.3903 | 2.6479 |
| 6 | 3.9274 | 0.1576 | 4.1074 | 2.7289 | 4.5731 | 2.5355 |
| 10 | 2.3335 | 0.1520 | 2.5135 | 2.6811 | 3.1767 | 2.2827 |
| 16 | 1.4665 | 0.1455 | 1.6465 | 2.6606 | 2.4671 | 1.9404 |
| 25 | 0.9272 | 0.1421 | 1.1072 | 2.6159 | 1.9418 | 1.5080 |
| 35 | 0.6685 | 0.1363 | 0.8485 | 2.5921 | 1.6024 | 1.2129 |
| 50 | 0.4939 | 0.1324 | 0.6739 | 2.5635 | 1.2982 | 0.9921 |
| 70 | 0.3424 | 0.1255 | 0.5224 | 2.5343 | 0.9739 | 0.7992 |
| 95 | 0.2471 | 0.1250 | 0.4271 | 2.5010 | 0.7293 | 0.7025 |
| 120 | 0.1964 | 0.1216 | 0.3764 | 2.4799 | 0.5921 | 0.6513 |
| 150 | 0.1597 | 0.1205 | 0.3397 | 2.4573 | 0.4873 | 0.6225 |
| 185 | 0.1284 | 0.1196 | 0.3084 | 2.4367 | 0.3955 | 0.6016 |
| 240 | 0.0989 | 0.1179 | 0.2789 | 2.4083 | 0.3074 | 0.5824 |
| 300 | 0.0800 | 0.1172 | 0.2600 | 2.3839 | 0.2502 | 0.5733 |
| 400 | 0.0641 | 0.1173 | 0.2441 | 2.3557 | 0.2014 | 0.5684 |
| 500 | 0.0520 | 0.1140 | 0.2320 | 2.3332 | 0.1651 | 0.5550 |
| 630 | 0.0426 | 0.1134 | 0.2226 | 2.3039 | 0.1359 | 0.5508 |

[비고 1] R은 표피효과계수와 근접효과계수가 고려된 90℃의 교류도체저항 값이다.
[비고 2] s는 케이블 중심간의 간격, d는 케이블의 완성외경이다.
[비고 3] CE, CV, TFR-CV는 이 표를 적용한다.

표 5-16 0.6/1kV F-CV(3상, 1Core, 평형배열 s=2d) CABLE의 임피던스

| 공 칭 단면적 [㎟] | 정상 & 역상 임피던스 | | 영상 임피던스 | | | |
|---|---|---|---|---|---|---|
| | | | TT 계통 | | TN 계통 | |
| | $R_1$[Ω/km] | $X_1$[Ω/km] | $R_0$ [Ω/km] | $X_0$[Ω/km] | $R_0$ [Ω/km] | $X_0$[Ω/km] |
| 1.5 | 15.4287 | 0.2446 | 15.6087 | 2.7075 | 15.7281 | 2.6807 |
| 2.5 | 9.4485 | 0.2316 | 9.6285 | 2.6805 | 9.8180 | 2.6297 |
| 4 | 5.8782 | 0.2191 | 6.0582 | 2.6517 | 6.3493 | 2.5536 |
| 6 | 3.9273 | 0.2099 | 4.1073 | 2.6244 | 4.5149 | 2.4505 |
| 10 | 2.3335 | 0.2043 | 2.5135 | 2.5766 | 3.0914 | 2.2215 |
| 16 | 1.4665 | 0.1977 | 1.6465 | 2.5561 | 2.3588 | 1.9180 |
| 25 | 0.9271 | 0.1943 | 1.1071 | 2.5114 | 1.8262 | 1.5356 |
| 35 | 0.6684 | 0.1886 | 0.8484 | 2.4875 | 1.4936 | 1.2765 |
| 50 | 0.4938 | 0.1847 | 0.6738 | 2.4590 | 1.2029 | 1.0832 |
| 70 | 0.3422 | 0.1778 | 0.5222 | 2.4298 | 0.8980 | 0.9148 |
| 95 | 0.2467 | 0.1773 | 0.4267 | 2.3965 | 0.6708 | 0.8309 |
| 120 | 0.1959 | 0.1739 | 0.3759 | 2.3754 | 0.5438 | 0.7861 |
| 150 | 0.1591 | 0.1727 | 0.3391 | 2.3527 | 0.4470 | 0.7610 |
| 185 | 0.1276 | 0.1718 | 0.3076 | 2.3322 | 0.3623 | 0.7428 |
| 240 | 0.0977 | 0.1701 | 0.2777 | 2.3038 | 0.2809 | 0.7259 |
| 300 | 0.0786 | 0.1695 | 0.2586 | 2.2793 | 0.2279 | 0.7176 |
| 400 | 0.0624 | 0.1696 | 0.2424 | 2.2511 | 0.1827 | 0.7130 |
| 500 | 0.0498 | 0.1662 | 0.2298 | 2.2287 | 0.1481 | 0.7007 |
| 630 | 0.0400 | 0.1657 | 0.2200 | 2.1994 | 0.1206 | 0.6965 |

[비고 1] R은 표피효과계수와 근접효과계수가 고려된 90℃의 교류도체저항 값이다.
[비고 2] s는 케이블 중심간의 간격, d는 케이블의 완성외경이다.
[비고 3] CE, CV, TFR-CV는 이 표를 적용한다.

표 5-17 0.6/1kV F-CV(단상, 2 Core) CABLE의 임피던스

| 공 칭 단면적 [㎟] | 정상 & 역상 임피던스 | | 영상 임피던스 | | | |
|---|---|---|---|---|---|---|
| | | | TT 계통 | | TN 계통 | |
| | $R_1$[Ω/km] | $X_1$[Ω/km] | $R_0$ [Ω/km] | $X_0$[Ω/km] | $R_0$ [Ω/km] | $X_0$[Ω/km] |
| 1.5 | 15.4287 | 0.1222 | 15.6087 | 3.0134 | 15.7455 | 2.9842 |
| 2.5 | 9.4485 | 0.1140 | 9.6285 | 2.9726 | 9.8449 | 2.9168 |
| 4 | 5.8783 | 0.1067 | 6.0583 | 2.9297 | 6.3907 | 2.8213 |
| 6 | 3.9274 | 0.1014 | 4.1074 | 2.8921 | 4.5742 | 2.6983 |
| 10 | 2.3336 | 0.0954 | 2.5136 | 2.8421 | 3.1774 | 2.4433 |
| 16 | 1.4666 | 0.0925 | 1.6466 | 2.8128 | 2.4643 | 2.0948 |
| 25 | 0.9273 | 0.0929 | 1.1073 | 2.7607 | 1.9404 | 1.6546 |
| 35 | 0.6686 | 0.0901 | 0.8486 | 2.7295 | 1.6001 | 1.3544 |
| 50 | 0.4941 | 0.0892 | 0.6741 | 2.6945 | 1.2952 | 1.1306 |
| 70 | 0.3427 | 0.0878 | 0.5227 | 2.6537 | 0.9673 | 0.9399 |
| 95 | 0.2475 | 0.0856 | 0.4275 | 2.6226 | 0.7269 | 0.8386 |
| 120 | 0.1969 | 0.0851 | 0.3769 | 2.5954 | 0.5904 | 0.7830 |
| 150 | 0.1603 | 0.0857 | 0.3403 | 2.5697 | 0.4847 | 0.7616 |
| 185 | 0.1291 | 0.0862 | 0.3091 | 2.5465 | 0.3940 | 0.7392 |
| 240 | 0.0998 | 0.0851 | 0.2798 | 2.5163 | 0.3074 | 0.7194 |
| 300 | 0.0813 | 0.0844 | 0.2613 | 2.4917 | 0.2522 | 0.7045 |

[비고 1] R은 표피효과계수와 근접효과계수가 고려된 90℃의 교류도체저항 값이다.
[비고 2] s는 케이블 중심간의 간격, d는 케이블의 완성외경이다.
[비고 3] CE, CV, TFR-CV는 이 표를 적용한다.

표 5-18 0.6/1kV F-CV(3상, 3 Core) CABLE의 임피던스

| 공 칭 단면적 [㎟] | 정상 & 역상 임피던스 | | 영상 임피던스 | | | |
|---|---|---|---|---|---|---|
| | | | TT 계통 | | TN 계통 | |
| | $R_1$[Ω/km] | $X_1$[Ω/km] | $R_0$ [Ω/km] | $X_0$[Ω/km] | $R_0$ [Ω/km] | $X_0$[Ω/km] |
| 1.5 | 15.4287 | 0.1222 | 15.6087 | 2.9523 | 15.7444 | 2.9232 |
| 2.5 | 9.4485 | 0.1140 | 9.6285 | 2.9156 | 9.8433 | 2.8601 |
| 4 | 5.8783 | 0.1067 | 6.0583 | 2.8763 | 6.3884 | 2.7685 |
| 6 | 3.9274 | 0.1014 | 4.1074 | 2.8415 | 4.5711 | 2.6486 |
| 10 | 2.3336 | 0.0954 | 2.5136 | 2.7944 | 3.1702 | 2.3993 |
| 16 | 1.4667 | 0.0925 | 1.6467 | 2.7665 | 2.4559 | 2.0550 |
| 25 | 0.9275 | 0.0929 | 1.1075 | 2.7142 | 1.9329 | 1.6170 |
| 35 | 0.6688 | 0.0901 | 0.8488 | 2.6844 | 1.5937 | 1.3198 |
| 50 | 0.4944 | 0.0892 | 0.6744 | 2.6499 | 1.2855 | 1.1070 |
| 70 | 0.3431 | 0.0878 | 0.5231 | 2.6098 | 0.9612 | 0.9168 |
| 95 | 0.2481 | 0.0856 | 0.4281 | 2.5798 | 0.7235 | 0.8154 |
| 120 | 0.1976 | 0.0851 | 0.3776 | 2.5528 | 0.5869 | 0.7679 |
| 150 | 0.1611 | 0.0857 | 0.3411 | 2.5268 | 0.4831 | 0.7435 |
| 185 | 0.1301 | 0.0862 | 0.3101 | 2.5035 | 0.3939 | 0.7191 |
| 240 | 0.1011 | 0.0851 | 0.2811 | 2.4738 | 0.3085 | 0.7040 |
| 300 | 0.0827 | 0.0844 | 0.2627 | 2.4495 | 0.2547 | 0.6874 |

[비고 1] R은 표피효과계수와 근접효과계수가 고려된 90℃의 교류도체저항 값이다.
[비고 2] s는 케이블 중심간의 간격, d는 케이블의 완성외경이다.
[비고 3] CE, CV, TFR-CV는 이 표를 적용한다.

표 5-19 0.6/1kV F-CV(3상, 4 Core) CABLE의 임피던스

| 공 칭 단면적 [㎟] | 정상 & 역상 임피던스 | | 영상 임피던스 | | | |
|---|---|---|---|---|---|---|
| | | | TT 계통 | | TN 계통 | |
| | $R_1$[Ω/km] | $X_1$[Ω/km] | $R_0$ [Ω/km] | $X_0$[Ω/km] | $R_0$ [Ω/km] | $X_0$[Ω/km] |
| 1.5 | 15.4287 | 0.1309 | 15.6087 | 2.8826 | 15.7424 | 2.8538 |
| 2.5 | 9.4485 | 0.1227 | 9.6285 | 2.8479 | 9.8403 | 2.7930 |
| 4 | 5.8783 | 0.1154 | 6.0583 | 2.8105 | 6.3841 | 2.7037 |
| 6 | 3.9274 | 0.1101 | 4.1074 | 2.7769 | 4.5627 | 2.5869 |
| 10 | 2.3336 | 0.1041 | 2.5136 | 2.7313 | 3.1569 | 2.3430 |
| 16 | 1.4666 | 0.1012 | 1.6466 | 2.7042 | 2.4366 | 2.0073 |
| 25 | 0.9274 | 0.1016 | 1.1074 | 2.6518 | 1.9119 | 1.5784 |
| 35 | 0.6687 | 0.0988 | 0.8487 | 2.6227 | 1.5753 | 1.2860 |
| 50 | 0.4942 | 0.0979 | 0.6742 | 2.5884 | 1.2714 | 1.0736 |
| 70 | 0.3429 | 0.0965 | 0.5229 | 2.5487 | 0.9510 | 0.8835 |
| 95 | 0.2477 | 0.0943 | 0.4277 | 2.5192 | 0.7119 | 0.7980 |
| 120 | 0.1972 | 0.0939 | 0.3772 | 2.4923 | 0.5777 | 0.7476 |
| 150 | 0.1607 | 0.0944 | 0.3407 | 2.4662 | 0.4758 | 0.7194 |
| 185 | 0.1295 | 0.0949 | 0.3095 | 2.4427 | 0.3869 | 0.6989 |
| 240 | 0.1003 | 0.0938 | 0.2803 | 2.4133 | 0.3026 | 0.6796 |
| 300 | 0.0818 | 0.0931 | 0.2618 | 2.3892 | 0.2483 | 0.6711 |

[비고 1] R은 표피효과계수와 근접효과계수가 고려된 90℃의 교류도체저항 값이다.
[비고 2] s는 케이블 중심간의 간격, d는 케이블의 완성외경이다.
[비고 3] CE, CV, TFR-CV는 이 표를 적용한다.

**표 5-20 0.6/1kV F-CV(단상, 1Core, 평형배열, 2병렬) CABLE의 임피던스**

| 공 칭 단면적 [㎟] | 정상 & 역상 임피던스 | | 영상 임피던스 | | | |
|---|---|---|---|---|---|---|
| | | | TT 계통 | | TN 계통 | |
| | $R_1$[Ω/km] | $X_1$[Ω/km] | $R_0$ [Ω/km] | $X_0$[Ω/km] | $R_0$ [Ω/km] | $X_0$[Ω/km] |
| 50 | 0.2470 | 0.1098 | 0.4270 | 2.4918 | 0.7403 | 0.7090 |
| 70 | 0.1713 | 0.1063 | 0.3513 | 2.4643 | 0.5296 | 0.6345 |
| 95 | 0.1236 | 0.1061 | 0.3036 | 2.4311 | 0.3873 | 0.6037 |
| 120 | 0.0983 | 0.1043 | 0.2783 | 2.4109 | 0.3108 | 0.5853 |
| 150 | 0.0800 | 0.1038 | 0.2600 | 2.3885 | 0.2542 | 0.5759 |
| 185 | 0.0643 | 0.1033 | 0.2443 | 2.3681 | 0.2056 | 0.5691 |
| 240 | 0.0496 | 0.1025 | 0.2296 | 2.3402 | 0.1596 | 0.5620 |
| 300 | 0.0402 | 0.1022 | 0.2202 | 2.3159 | 0.1302 | 0.5587 |
| 400 | 0.0323 | 0.1022 | 0.2123 | 2.2877 | 0.1055 | 0.5572 |
| 500 | 0.0264 | 0.1005 | 0.2064 | 2.2660 | 0.0870 | 0.5500 |
| 630 | 0.0219 | 0.1003 | 0.2019 | 2.2369 | 0.0728 | 0.5480 |

[비고 1] R은 표피효과계수와 근접효과계수가 고려된 90℃의 교류도체저항 값이다.
[비고 2] s는 케이블 중심간의 간격, d는 케이블의 완성외경이다.
[비고 3] CE, CV, TFR-CV는 이 표를 적용한다.

**표 5-21 0.6/1kV F-CV(단상, 1Core, 평형배열, 3병렬) CABLE의 임피던스**

| 공 칭 단면적 [㎟] | 정상 & 역상 임피던스 | | 영상 임피던스 | | | |
|---|---|---|---|---|---|---|
| | | | TT 계통 | | TN 계통 | |
| | $R_1$[Ω/km] | $X_1$[Ω/km] | $R_0$ [Ω/km] | $X_0$[Ω/km] | $R_0$ [Ω/km] | $X_0$[Ω/km] |
| 50 | 0.1647 | 0.1096 | 0.3447 | 2.3449 | 0.5044 | 0.5850 |
| 70 | 0.1142 | 0.1072 | 0.2942 | 2.3204 | 0.3562 | 0.5482 |
| 95 | 0.0824 | 0.1071 | 0.2624 | 2.2874 | 0.2593 | 0.5337 |
| 120 | 0.0655 | 0.1059 | 0.2455 | 2.2686 | 0.2076 | 0.5246 |
| 150 | 0.0533 | 0.1056 | 0.2333 | 2.2466 | 0.1698 | 0.5199 |
| 185 | 0.0428 | 0.1053 | 0.2228 | 2.2266 | 0.1375 | 0.5166 |
| 240 | 0.0330 | 0.1047 | 0.2130 | 2.1994 | 0.1069 | 0.5128 |
| 300 | 0.0267 | 0.1045 | 0.2067 | 2.1754 | 0.0874 | 0.5109 |
| 400 | 0.0214 | 0.1045 | 0.2014 | 2.1471 | 0.0711 | 0.5099 |
| 500 | 0.0174 | 0.1034 | 0.1974 | 2.1269 | 0.0587 | 0.5057 |
| 630 | 0.0144 | 0.1032 | 0.1944 | 2.0980 | 0.0492 | 0.5043 |

[비고 1] R은 표피효과계수와 근접효과계수가 고려된 90℃의 교류도체저항 값이다.
[비고 2] s는 케이블 중심간의 간격, d는 케이블의 완성외경이다.
[비고 3] CE, CV, TFR-CV는 이 표를 적용한다.

**표 5-22 0.6/1kV F-CV(단상, 1Core, 평형배열, 4병렬) CABLE의 임피던스**

| 공 칭 단면적 [㎟] | 정상 & 역상 임피던스 | | 영상 임피던스 | | | |
|---|---|---|---|---|---|---|
| | | | TT 계통 | | TN 계통 | |
| | $R_1$[Ω/km] | $X_1$[Ω/km] | $R_0$ [Ω/km] | $X_0$[Ω/km] | $R_0$ [Ω/km] | $X_0$[Ω/km] |
| 50 | 0.1235 | 0.1099 | 0.3035 | 2.2527 | 0.3811 | 0.5322 |
| 70 | 0.0856 | 0.1081 | 0.2656 | 2.2291 | 0.2680 | 0.5101 |
| 95 | 0.0618 | 0.1080 | 0.2418 | 2.1962 | 0.1950 | 0.5017 |
| 120 | 0.0491 | 0.1071 | 0.2291 | 2.1779 | 0.1562 | 0.4960 |
| 150 | 0.0399 | 0.1069 | 0.2199 | 2.1561 | 0.1279 | 0.4931 |
| 185 | 0.0321 | 0.1066 | 0.2121 | 2.1363 | 0.1037 | 0.4909 |
| 240 | 0.0247 | 0.1062 | 0.2047 | 2.1093 | 0.0809 | 0.4883 |
| 300 | 0.0200 | 0.1061 | 0.2000 | 2.0853 | 0.0664 | 0.4870 |
| 400 | 0.0160 | 0.1061 | 0.1960 | 2.0570 | 0.0543 | 0.4861 |
| 500 | 0.0130 | 0.1052 | 0.1930 | 2.0373 | 0.0450 | 0.4831 |
| 630 | 0.0107 | 0.1051 | 0.1907 | 2.0085 | 0.0380 | 0.4818 |

[비고 1] R은 표피효과계수와 근접효과계수가 고려된 90℃의 교류도체저항 값이다.
[비고 2] s는 케이블 중심간의 간격, d는 케이블의 완성외경이다.
[비고 3] CE, CV, TFR-CV는 이 표를 적용한다.

**표 5-23 0.6/1kV F-CV(3상, 1Core, 평형배열, 2병렬) CABLE의 임피던스**

| 공 칭 단면적 [㎟] | 정상 & 역상 임피던스 | | 영상 임피던스 | | | |
|---|---|---|---|---|---|---|
| | | | TT 계통 | | TN 계통 | |
| | $R_1$[Ω/km] | $X_1$[Ω/km] | $R_0$ [Ω/km] | $X_0$[Ω/km] | $R_0$ [Ω/km] | $X_0$[Ω/km] |
| 50 | 0.2469 | 0.1272 | 0.4269 | 2.4656 | 0.7177 | 0.7698 |
| 70 | 0.1712 | 0.1237 | 0.3512 | 2.4382 | 0.5132 | 0.6990 |
| 95 | 0.1235 | 0.1235 | 0.3035 | 2.4050 | 0.3752 | 0.6698 |
| 120 | 0.0981 | 0.1218 | 0.2781 | 2.3848 | 0.3010 | 0.6522 |
| 150 | 0.0798 | 0.1212 | 0.2598 | 2.3624 | 0.2462 | 0.6433 |
| 185 | 0.0641 | 0.1208 | 0.2441 | 2.3420 | 0.1991 | 0.6367 |
| 240 | 0.0492 | 0.1199 | 0.2292 | 2.3141 | 0.1544 | 0.6298 |
| 300 | 0.0398 | 0.1196 | 0.2198 | 2.2898 | 0.1257 | 0.6265 |
| 400 | 0.0317 | 0.1196 | 0.2117 | 2.2615 | 0.1014 | 0.6249 |
| 500 | 0.0256 | 0.1180 | 0.2056 | 2.2399 | 0.0829 | 0.6179 |
| 630 | 0.0207 | 0.1177 | 0.2007 | 2.2108 | 0.0683 | 0.6157 |

[비고 1] R은 표피효과계수와 근접효과계수가 고려된 90℃의 교류도체저항 값이다.
[비고 2] s는 케이블 중심간의 간격, d는 케이블의 완성외경이다.
[비고 3] CE, CV, TFR-CV는 이 표를 적용한다.

표 5-24 0.6/1kV F-CV(3상, 1Core, 평형배열, 3병렬) CABLE의 임피던스

| 공 칭 단면적 [㎟] | 정상 & 역상 임피던스 | | 영상 임피던스 | | | |
|---|---|---|---|---|---|---|
| | | | TT 계통 | | TN 계통 | |
| | $R_1$[Ω/km] | $X_1$[Ω/km] | $R_0$[Ω/km] | $X_0$[Ω/km] | $R_0$[Ω/km] | $X_0$[Ω/km] |
| 50 | 0.1646 | 0.1270 | 0.3446 | 2.3101 | 0.4886 | 0.6401 |
| 70 | 0.1141 | 0.1247 | 0.2941 | 2.2855 | 0.3452 | 0.6053 |
| 95 | 0.0823 | 0.1245 | 0.2623 | 2.2525 | 0.2515 | 0.5915 |
| 120 | 0.0654 | 0.1234 | 0.2454 | 2.2337 | 0.2015 | 0.5828 |
| 150 | 0.0531 | 0.1230 | 0.2331 | 2.2118 | 0.1649 | 0.5783 |
| 185 | 0.0427 | 0.1227 | 0.2227 | 2.1918 | 0.1336 | 0.5750 |
| 240 | 0.0328 | 0.1221 | 0.2128 | 2.1646 | 0.1040 | 0.5712 |
| 300 | 0.0264 | 0.1219 | 0.2064 | 2.1405 | 0.0851 | 0.5693 |
| 400 | 0.0211 | 0.1219 | 0.2011 | 2.1123 | 0.0691 | 0.5681 |
| 500 | 0.0169 | 0.1208 | 0.1969 | 2.0920 | 0.0568 | 0.5640 |
| 630 | 0.0137 | 0.1206 | 0.1937 | 2.0631 | 0.0472 | 0.5623 |

[비고 1] R은 표피효과계수와 근접효과계수가 고려된 90℃의 교류도체저항 값이다.
[비고 2] s는 케이블 중심간의 간격, d는 케이블의 완성외경이다.
[비고 3] CE, CV, TFR-CV는 이 표를 적용한다.

표 5-25 0.6/1kV F-CV(3상, 1Core, 평형배열, 4병렬) CABLE의 임피던스

| 공 칭 단면적 [㎟] | 정상 & 역상 임피던스 | | 영상 임피던스 | | | |
|---|---|---|---|---|---|---|
| | | | TT 계통 | | TN 계통 | |
| | $R_1$[Ω/km] | $X_1$[Ω/km] | $R_0$[Ω/km] | $X_0$[Ω/km] | $R_0$[Ω/km] | $X_0$[Ω/km] |
| 50 | 0.1235 | 0.1273 | 0.3035 | 2.2135 | 0.3691 | 0.5840 |
| 70 | 0.0856 | 0.1255 | 0.2656 | 2.1899 | 0.2598 | 0.5631 |
| 95 | 0.0617 | 0.1254 | 0.2417 | 2.1570 | 0.1893 | 0.5550 |
| 120 | 0.0490 | 0.1246 | 0.2290 | 2.1387 | 0.1519 | 0.5496 |
| 150 | 0.0399 | 0.1243 | 0.2199 | 2.1169 | 0.1246 | 0.5467 |
| 185 | 0.0320 | 0.1241 | 0.2120 | 2.0971 | 0.1012 | 0.5445 |
| 240 | 0.0246 | 0.1236 | 0.2046 | 2.0701 | 0.0792 | 0.5418 |
| 300 | 0.0198 | 0.1235 | 0.1998 | 2.0461 | 0.0651 | 0.5403 |
| 400 | 0.0158 | 0.1235 | 0.1958 | 2.0178 | 0.0533 | 0.5393 |
| 500 | 0.0127 | 0.1227 | 0.1927 | 1.9981 | 0.0442 | 0.5363 |
| 630 | 0.0102 | 0.1225 | 0.1902 | 1.9693 | 0.0371 | 0.5348 |

[비고 1] R은 표피효과계수와 근접효과계수가 고려된 90℃의 교류도체저항 값이다.
[비고 2] s는 케이블 중심간의 간격, d는 케이블의 완성외경이다.
[비고 3] CE, CV, TFR-CV는 이 표를 적용한다.

표 5-26 0.6/1kV F-CV(단상, 2 Core, 밀착배열, 2병렬) CABLE의 임피던스

| 공 칭 단면적 [㎟] | 정상 & 역상 임피던스 | | 영상 임피던스 | | | |
|---|---|---|---|---|---|---|
| | | | TT 계통 | | TN 계통 | |
| | $R_1$[Ω/km] | $X_1$[Ω/km] | $R_0$ [Ω/km] | $X_0$[Ω/km] | $R_0$ [Ω/km] | $X_0$[Ω/km] |
| 50 | 0.2469 | 0.1173 | 0.4269 | 2.5192 | 0.7346 | 0.7330 |
| 70 | 0.1712 | 0.1141 | 0.3512 | 2.4831 | 0.5243 | 0.6608 |
| 95 | 0.1235 | 0.1129 | 0.3035 | 2.4539 | 0.3839 | 0.6276 |
| 120 | 0.0981 | 0.1100 | 0.2781 | 2.4310 | 0.3082 | 0.6055 |
| 150 | 0.0797 | 0.1107 | 0.2597 | 2.4041 | 0.2513 | 0.6007 |
| 185 | 0.0640 | 0.1097 | 0.2440 | 2.3825 | 0.2032 | 0.5921 |
| 240 | 0.0492 | 0.1087 | 0.2292 | 2.3538 | 0.1573 | 0.5845 |
| 300 | 0.0397 | 0.1073 | 0.2197 | 2.3313 | 0.1281 | 0.5774 |

[비고 1] R은 표피효과계수와 근접효과계수가 고려된 90℃의 교류도체저항 값이다.
[비고 2] s는 케이블 중심간의 간격, d는 케이블의 완성외경이다.
[비고 3] CE, CV, TFR-CV는 이 표를 적용한다.

표 5-27 0.6/1kV F-CV(단상, 3 Core, 밀착배열, 3병렬) CABLE의 임피던스

| 공 칭 단면적 [㎟] | 정상 & 역상 임피던스 | | 영상 임피던스 | | | |
|---|---|---|---|---|---|---|
| | | | TT 계통 | | TN 계통 | |
| | $R_1$[Ω/km] | $X_1$[Ω/km] | $R_0$ [Ω/km] | $X_0$[Ω/km] | $R_0$ [Ω/km] | $X_0$[Ω/km] |
| 50 | 0.1646 | 0.1078 | 0.3446 | 2.4349 | 0.5104 | 0.5814 |
| 70 | 0.1141 | 0.1042 | 0.2941 | 2.4020 | 0.3605 | 0.5406 |
| 95 | 0.0823 | 0.1028 | 0.2623 | 2.3748 | 0.2628 | 0.5226 |
| 120 | 0.0654 | 0.1015 | 0.2454 | 2.3503 | 0.2102 | 0.5129 |
| 150 | 0.0532 | 0.1015 | 0.2332 | 2.3243 | 0.1716 | 0.5094 |
| 185 | 0.0427 | 0.1000 | 0.2227 | 2.3039 | 0.1389 | 0.5023 |
| 240 | 0.0328 | 0.1000 | 0.2128 | 2.2743 | 0.1076 | 0.5002 |
| 300 | 0.0266 | 0.0983 | 0.2066 | 2.2535 | 0.0879 | 0.4936 |

[비고 1] R은 표피효과계수와 근접효과계수가 고려된 90℃의 교류도체저항 값이다.
[비고 2] s는 케이블 중심간의 간격, d는 케이블의 완성외경이다.
[비고 3] CE, CV, TFR-CV는 이 표를 적용한다.

### 표 5-28 0.6/1kV F-CV(단상, 4 Core, 밀착배열, 4병렬) CABLE의 임피던스

| 공 칭 단면적 [㎟] | 정상 & 역상 임피던스 | | 영상 임피던스 | | | |
|---|---|---|---|---|---|---|
| | | | TT 계통 | | TN 계통 | |
| | $R_1$[Ω/km] | $X_1$[Ω/km] | $R_0$ [Ω/km] | $X_0$[Ω/km] | $R_0$ [Ω/km] | $X_0$[Ω/km] |
| 50 | 0.1235 | 0.1012 | 0.3035 | 2.3808 | 0.3907 | 0.5113 |
| 70 | 0.0856 | 0.0969 | 0.2656 | 2.3508 | 0.2752 | 0.4813 |
| 95 | 0.0618 | 0.0987 | 0.2418 | 2.3173 | 0.1994 | 0.4783 |
| 120 | 0.0491 | 0.0966 | 0.2291 | 2.2952 | 0.1597 | 0.4688 |
| 150 | 0.0399 | 0.0956 | 0.2199 | 2.2711 | 0.1306 | 0.4640 |
| 185 | 0.0321 | 0.0949 | 0.2121 | 2.2494 | 0.1058 | 0.4602 |
| 240 | 0.0247 | 0.0939 | 0.2047 | 2.2220 | 0.0823 | 0.4562 |
| 300 | 0.0200 | 0.0939 | 0.2000 | 2.1981 | 0.0673 | 0.4552 |

[비고 1] R은 표피효과계수와 근접효과계수가 고려된 90℃의 교류도체저항 값이다.
[비고 2] s는 케이블 중심간의 간격, d는 케이블의 완성외경이다.
[비고 3] CE, CV, TFR-CV는 이 표를 적용한다.

### 표 5-29 0.6/1kV F-CV(3상, 2 Core, 평형배열, 2병렬) CABLE의 임피던스

| 공 칭 단면적 [㎟] | 정상 & 역상 임피던스 | | 영상 임피던스 | | | |
|---|---|---|---|---|---|---|
| | | | TT 계통 | | TN 계통 | |
| | $R_1$[Ω/km] | $X_1$[Ω/km] | $R_0$ [Ω/km] | $X_0$[Ω/km] | $R_0$ [Ω/km] | $X_0$[Ω/km] |
| 50 | 0.2469 | 0.1347 | 0.4269 | 2.4931 | 0.7126 | 0.7934 |
| 70 | 0.1712 | 0.1315 | 0.3512 | 2.4570 | 0.5084 | 0.7248 |
| 95 | 0.1235 | 0.1303 | 0.3035 | 2.4278 | 0.3724 | 0.6932 |
| 120 | 0.0981 | 0.1274 | 0.2781 | 2.4048 | 0.2991 | 0.6720 |
| 150 | 0.0797 | 0.1282 | 0.2597 | 2.3780 | 0.2441 | 0.6674 |
| 185 | 0.0640 | 0.1272 | 0.2440 | 2.3564 | 0.1975 | 0.6591 |
| 240 | 0.0491 | 0.1261 | 0.2291 | 2.3277 | 0.1531 | 0.6517 |
| 300 | 0.0397 | 0.1247 | 0.2197 | 2.3051 | 0.1249 | 0.6447 |

[비고 1] R은 표피효과계수와 근접효과계수가 고려된 90℃의 교류도체저항 값이다.
[비고 2] s는 케이블 중심간의 간격, d는 케이블의 완성외경이다.
[비고 3] CE, CV, TFR-CV는 이 표를 적용한다.

표 5-30 0.6/1kV F-CV(3상, 3 Core, 평형배열, 3병렬) CABLE의 임피던스

| 공 칭 단면적 [㎟] | 정상 & 역상 임피던스 | | 영상 임피던스 | | | |
|---|---|---|---|---|---|---|
| | | | TT 계통 | | TN 계통 | |
| | $R_1$[Ω/km] | $X_1$[Ω/km] | $R_0$ [Ω/km] | $X_0$[Ω/km] | $R_0$ [Ω/km] | $X_0$[Ω/km] |
| 50 | 0.1646 | 0.1252 | 0.3446 | 2.6714 | 0.4950 | 0.9089 |
| 70 | 0.1141 | 0.1216 | 0.2941 | 2.6483 | 0.3497 | 0.8798 |
| 95 | 0.0823 | 0.1202 | 0.2623 | 2.6297 | 0.2551 | 0.8713 |
| 120 | 0.0654 | 0.1190 | 0.2454 | 2.6129 | 0.2042 | 0.8698 |
| 150 | 0.0532 | 0.1189 | 0.2332 | 2.5956 | 0.1669 | 0.8749 |
| 185 | 0.0427 | 0.1175 | 0.2227 | 2.5815 | 0.1353 | 0.8744 |
| 240 | 0.0328 | 0.1174 | 0.2128 | 2.5617 | 0.1051 | 0.8821 |
| 300 | 0.0265 | 0.1157 | 0.2065 | 2.5473 | 0.0861 | 0.8820 |

[비고 1] R은 표피효과계수와 근접효과계수가 고려된 90℃의 교류도체저항 값이다.
[비고 2] s는 케이블 중심간의 간격, d는 케이블의 완성외경이다.
[비고 3] CE, CV, TFR-CV는 이 표를 적용한다.

표 5-31 0.6/1kV F-CV(3상, 4 Core, 평형배열, 4병렬) CABLE의 임피던스

| 공 칭 단면적 [㎟] | 정상 & 역상 임피던스 | | 영상 임피던스 | | | |
|---|---|---|---|---|---|---|
| | | | TT 계통 | | IN 계통 | |
| | $R_1$[Ω/km] | $X_1$[Ω/km] | $R_0$ [Ω/km] | $X_0$[Ω/km] | $R_0$ [Ω/km] | $X_0$[Ω/km] |
| 50 | 0.1235 | 0.1187 | 0.3035 | 2.3416 | 0.3789 | 0.5651 |
| 70 | 0.0856 | 0.1143 | 0.2656 | 2.3116 | 0.2671 | 0.5365 |
| 95 | 0.0618 | 0.1161 | 0.2418 | 2.2781 | 0.1938 | 0.5337 |
| 120 | 0.0491 | 0.1140 | 0.2291 | 2.2560 | 0.1554 | 0.5246 |
| 150 | 0.0399 | 0.1131 | 0.2199 | 2.2319 | 0.1274 | 0.5198 |
| 185 | 0.0321 | 0.1123 | 0.2121 | 2.2102 | 0.1034 | 0.5162 |
| 240 | 0.0246 | 0.1114 | 0.2046 | 2.1828 | 0.0807 | 0.5122 |
| 300 | 0.0199 | 0.1113 | 0.1999 | 2.1589 | 0.0661 | 0.5110 |

[비고 1] R은 표피효과계수와 근접효과계수가 고려된 90℃의 교류도체저항 값이다.
[비고 2] s는 케이블 중심간의 간격, d는 케이블의 완성외경이다.
[비고 3] CE, CV, TFR-CV는 이 표를 적용한다.

표 5-32 0.6/1kV HFCO(단상, 1Core, 밀착배열) CABLE의 임피던스

| 공 칭 단면적 [㎟] | 정상 & 역상 임피던스 | | 영상 임피던스 | | | |
|---|---|---|---|---|---|---|
| | | | TT 계통 | | TN 계통 | |
| | $R_1$[Ω/km] | $X_1$[Ω/km] | $R_0$ [Ω/km] | $X_0$[Ω/km] | $R_0$ [Ω/km] | $X_0$[Ω/km] |
| 1.5 | 15.4287 | 0.1929 | 15.6087 | 2.8108 | 15.7448 | 2.8781 |
| 2.5 | 9.4485 | 0.1753 | 9.6285 | 2.7931 | 9.8472 | 2.8245 |
| 4 | 5.8782 | 0.1662 | 6.0582 | 2.7574 | 6.3920 | 2.7318 |
| 6 | 3.9274 | 0.1510 | 4.1074 | 2.7422 | 4.5825 | 2.6211 |
| 10 | 2.3335 | 0.1393 | 2.5135 | 2.7067 | 3.2010 | 2.3656 |
| 16 | 1.4665 | 0.1478 | 1.6465 | 2.6559 | 2.4652 | 2.0110 |
| 25 | 0.9272 | 0.1363 | 1.1072 | 2.6275 | 1.9586 | 1.5687 |
| 35 | 0.6685 | 0.1297 | 0.8485 | 2.6053 | 1.6201 | 1.2640 |
| 50 | 0.4940 | 0.1270 | 0.6740 | 2.5744 | 1.3115 | 1.0398 |
| 70 | 0.3426 | 0.1210 | 0.5226 | 2.5432 | 0.9832 | 0.8428 |
| 95 | 0.2473 | 0.1172 | 0.4273 | 2.5167 | 0.7408 | 0.7337 |
| 120 | 0.1967 | 0.1210 | 0.3767 | 2.4811 | 0.5949 | 0.7033 |
| 150 | 0.1601 | 0.1212 | 0.3401 | 2.4557 | 0.4889 | 0.6784 |
| 185 | 0.1289 | 0.1190 | 0.3089 | 2.4379 | 0.3983 | 0.6524 |
| 240 | 0.0996 | 0.1178 | 0.2796 | 2.4084 | 0.3103 | 0.6342 |
| 300 | 0.0812 | 0.1156 | 0.2612 | 2.3871 | 0.2550 | 0.6194 |
| 400 | 0.0657 | 0.1159 | 0.2457 | 2.3586 | 0.2071 | 0.6150 |
| 500 | 0.0543 | 0.0966 | 0.2343 | 2.3680 | 0.1769 | 0.5434 |
| 630 | 0.0458 | 0.0960 | 0.2258 | 2.3388 | 0.1495 | 0.5389 |

[비고 1] R은 표피효과계수와 근접효과계수가 고려된 90℃의 교류도체저항 값이다.
[비고 2] s는 케이블 중심간의 간격, d는 케이블의 완성외경이다.

표 5-33 0.6/1kV HFCO(3상, 1Core, 삼각배열) CABLE의 임피던스

| 공 칭 단면적 [㎟] | 정상 & 역상 임피던스 | | 영상 임피던스 | | | |
|---|---|---|---|---|---|---|
| | | | TT 계통 | | TN 계통 | |
| | $R_1$[Ω/km] | $X_1$[Ω/km] | $R_0$ [Ω/km] | $X_0$[Ω/km] | $R_0$ [Ω/km] | $X_0$[Ω/km] |
| 1.5 | 15.4287 | 0.1929 | 15.6087 | 2.8108 | 15.7420 | 2.7821 |
| 2.5 | 9.4485 | 0.1753 | 9.6285 | 2.7931 | 9.8427 | 2.7377 |
| 4 | 5.8782 | 0.1662 | 6.0582 | 2.7574 | 6.3850 | 2.6504 |
| 6 | 3.9274 | 0.1510 | 4.1074 | 2.7422 | 4.5724 | 2.5489 |
| 10 | 2.3335 | 0.1393 | 2.5135 | 2.7067 | 3.1861 | 2.3035 |
| 16 | 1.4665 | 0.1478 | 1.6465 | 2.6559 | 2.4467 | 1.9511 |
| 25 | 0.9272 | 0.1363 | 1.1072 | 2.6275 | 1.9385 | 1.5234 |
| 35 | 0.6685 | 0.1297 | 0.8485 | 2.6053 | 1.6012 | 1.2282 |
| 50 | 0.4940 | 0.1270 | 0.6740 | 2.5744 | 1.2950 | 1.0101 |
| 70 | 0.3426 | 0.1210 | 0.5226 | 2.5432 | 0.9701 | 0.8203 |
| 95 | 0.2473 | 0.1172 | 0.4273 | 2.5167 | 0.7307 | 0.7156 |
| 120 | 0.1967 | 0.1210 | 0.3767 | 2.4811 | 0.5867 | 0.6841 |
| 150 | 0.1602 | 0.1212 | 0.3402 | 2.4557 | 0.4823 | 0.6596 |
| 185 | 0.1280 | 0.1190 | 0.3089 | 2.4379 | 0.3929 | 0.6353 |
| 240 | 0.0996 | 0.1178 | 0.2796 | 2.4084 | 0.3062 | 0.6180 |
| 300 | 0.0811 | 0.1156 | 0.2611 | 2.3871 | 0.2515 | 0.6045 |
| 400 | 0.0655 | 0.1159 | 0.2455 | 2.3586 | 0.2039 | 0.6000 |
| 500 | 0.0538 | 0.0966 | 0.2338 | 2.3680 | 0.1731 | 0.5392 |
| 630 | 0.0447 | 0.0960 | 0.2247 | 2.3388 | 0.1443 | 0.5349 |

[비고 1] R은 표피효과계수와 근접효과계수가 고려된 90℃의 교류도체저항 값이다.
[비고 2] s는 케이블 중심간의 간격, d는 케이블의 완성외경이다.

표 5-34 0.6/1kV HFCO(3상, 1Core, 평형배열 s=d) CABLE의 임피던스

| 공 칭 단면적 [㎟] | 정상 & 역상 임피던스 | | 영상 임피던스 | | | |
|---|---|---|---|---|---|---|
| | | | TT 계통 | | TN 계통 | |
| | $R_1$[Ω/km] | $X_1$[Ω/km] | $R_0$ [Ω/km] | $X_0$[Ω/km] | $R_0$ [Ω/km] | $X_0$[Ω/km] |
| 1.5 | 15.4287 | 0.2104 | 15.6087 | 2.7760 | 15.7387 | 2.7477 |
| 2.5 | 9.4485 | 0.1927 | 9.6285 | 2.7583 | 9.8375 | 2.7038 |
| 4 | 5.8782 | 0.1836 | 6.0582 | 2.7226 | 6.3768 | 2.6176 |
| 6 | 3.9273 | 0.1684 | 4.1073 | 2.7074 | 4.5607 | 2.5180 |
| 10 | 2.3335 | 0.1567 | 2.5135 | 2.6718 | 3.1689 | 2.2773 |
| 16 | 1.4665 | 0.1652 | 1.6465 | 2.6210 | 2.4252 | 1.9325 |
| 25 | 0.9272 | 0.1537 | 1.1072 | 2.5927 | 1.9154 | 1.5149 |
| 35 | 0.6684 | 0.1471 | 0.8484 | 2.5705 | 1.5792 | 1.2269 |
| 50 | 0.4939 | 0.1444 | 0.6739 | 2.5395 | 1.2757 | 1.0142 |
| 70 | 0.3424 | 0.1384 | 0.5224 | 2.5084 | 0.9545 | 0.8293 |
| 95 | 0.2471 | 0.1346 | 0.4271 | 2.4819 | 0.7183 | 0.7272 |
| 120 | 0.1963 | 0.1384 | 0.3763 | 2.4463 | 0.5763 | 0.6966 |
| 150 | 0.1597 | 0.1387 | 0.3397 | 2.4209 | 0.4732 | 0.6727 |
| 185 | 0.1283 | 0.1364 | 0.3083 | 2.4030 | 0.3848 | 0.6490 |
| 240 | 0.0988 | 0.1352 | 0.2788 | 2.3736 | 0.2989 | 0.6322 |
| 300 | 0.0800 | 0.1331 | 0.2600 | 2.3522 | 0.2443 | 0.6190 |
| 400 | 0.0641 | 0.1333 | 0.2441 | 2.3238 | 0.1969 | 0.6146 |
| 500 | 0.0520 | 0.1140 | 0.2320 | 2.3332 | 0.1651 | 0.5550 |
| 630 | 0.0426 | 0.1134 | 0.2226 | 2.3039 | 0.1359 | 0.5508 |

[비고 1] R은 표피효과계수와 근접효과계수가 고려된 90℃의 교류도체저항 값이다.
[비고 2] s는 케이블 중심간의 간격, d는 케이블의 완성외경이다.

표 5-35 0.6/1kV HFCO(3상, 1Core, 평형배열 s=2d) CABLE의 임피던스

| 공 칭 단면적 [㎟] | 정상 & 역상 임피던스 | | 영상 임피던스 | | | |
|---|---|---|---|---|---|---|
| | | | TT 계통 | | TN 계통 | |
| | $R_1$[Ω/km] | $X_1$[Ω/km] | $R_0$ [Ω/km] | $X_0$[Ω/km] | $R_0$ [Ω/km] | $X_0$[Ω/km] |
| 1.5 | 15.4287 | 0.2626 | 15.6087 | 2.6714 | 15.7227 | 2.6455 |
| 2.5 | 9.4485 | 0.2449 | 9.6285 | 2.6538 | 9.8116 | 2.6041 |
| 4 | 5.8782 | 0.2359 | 6.0582 | 2.6181 | 6.3367 | 2.5232 |
| 6 | 3.9273 | 0.2207 | 4.1073 | 2.6028 | 4.5033 | 2.4328 |
| 10 | 2.3335 | 0.2089 | 2.5135 | 2.5673 | 3.0840 | 2.2159 |
| 16 | 1.4665 | 0.2175 | 1.6465 | 2.5165 | 2.3198 | 1.9082 |
| 25 | 0.9271 | 0.2059 | 1.1071 | 2.4882 | 1.8017 | 1.5406 |
| 35 | 0.6684 | 0.1993 | 0.8484 | 2.4660 | 1.4722 | 1.2883 |
| 50 | 0.4938 | 0.1967 | 0.6738 | 2.4350 | 1.1821 | 1.1024 |
| 70 | 0.3422 | 0.1907 | 0.5222 | 2.4039 | 0.8803 | 0.9413 |
| 95 | 0.2467 | 0.1869 | 0.4267 | 2.3774 | 0.6608 | 0.8527 |
| 120 | 0.1959 | 0.1907 | 0.3759 | 2.3418 | 0.5296 | 0.8261 |
| 150 | 0.1591 | 0.1909 | 0.3391 | 2.3164 | 0.4346 | 0.8053 |
| 185 | 0.1275 | 0.1887 | 0.3075 | 2.2985 | 0.3531 | 0.7847 |
| 240 | 0.0977 | 0.1875 | 0.2777 | 2.2690 | 0.2739 | 0.7697 |
| 300 | 0.0786 | 0.1853 | 0.2586 | 2.2477 | 0.2231 | 0.7578 |
| 400 | 0.0624 | 0.1855 | 0.2424 | 2.2193 | 0.1791 | 0.7535 |
| 500 | 0.0498 | 0.1662 | 0.2298 | 2.2287 | 0.1481 | 0.7007 |
| 630 | 0.0400 | 0.1657 | 0.2200 | 2.1994 | 0.1206 | 0.6965 |

[비고 1] R은 표피효과계수와 근접효과계수가 고려된 90℃의 교류도체저항 값이다.
[비고 2] s는 케이블 중심간의 간격, d는 케이블의 완성외경이다.

표 5-36 0.6/1kV HFCO(단상, 2 Core) CABLE의 임피던스

| 공 칭 단면적 [㎟] | 정상 & 역상 임피던스 | | 영상 임피던스 | | | |
|---|---|---|---|---|---|---|
| | | | TT 계통 | | TN 계통 | |
| | $R_1$[Ω/km] | $X_1$[Ω/km] | $R_0$ [Ω/km] | $X_0$[Ω/km] | $R_0$ [Ω/km] | $X_0$[Ω/km] |
| 1.5 | 15.4287 | 0.1222 | 15.6087 | 3.0134 | 15.7455 | 2.9842 |
| 2.5 | 9.4485 | 0.1140 | 9.6285 | 2.9726 | 9.8449 | 2.9168 |
| 4 | 5.8783 | 0.1067 | 6.0583 | 2.9297 | 6.3907 | 2.8213 |
| 6 | 3.9274 | 0.1014 | 4.1074 | 2.8921 | 4.5742 | 2.6983 |
| 10 | 2.3336 | 0.0954 | 2.5136 | 2.8421 | 3.1774 | 2.4433 |
| 16 | 1.4666 | 0.0925 | 1.6466 | 2.8128 | 2.4643 | 2.0948 |
| 25 | 0.9273 | 0.0929 | 1.1073 | 2.7607 | 1.9404 | 1.6546 |
| 35 | 0.6686 | 0.0901 | 0.8486 | 2.7295 | 1.6001 | 1.3544 |
| 50 | 0.4941 | 0.0892 | 0.6741 | 2.6945 | 1.2952 | 1.1306 |
| 70 | 0.3427 | 0.0878 | 0.5227 | 2.6537 | 0.9673 | 0.9399 |
| 95 | 0.2475 | 0.0856 | 0.4275 | 2.6226 | 0.7269 | 0.8386 |
| 120 | 0.1969 | 0.0851 | 0.3769 | 2.5954 | 0.5904 | 0.7830 |
| 150 | 0.1603 | 0.0857 | 0.3403 | 2.5697 | 0.4847 | 0.7616 |
| 185 | 0.1291 | 0.0862 | 0.3091 | 2.5465 | 0.3940 | 0.7392 |
| 240 | 0.0998 | 0.0851 | 0.2798 | 2.5163 | 0.3074 | 0.7194 |
| 300 | 0.0813 | 0.0844 | 0.2613 | 2.4917 | 0.2522 | 0.7045 |

[비고 1] R은 90℃ 교류도체저항 값으로 KS C IEC 60228(2005)에 의한 20℃의 직류도체저항 값에 KS C IEC 60287-1-1(2008)에 의하여 온도환산계수, 표피효과계수 및 근접효과계수를 고려하여 적용하였다.

[비고 2] X는 $X_L = 0.17361\log(D/r')$로 계산하여 적용하였다.

[비고 3] s는 케이블 중심간의 간격, d는 케이블의 완성외경이다.

[비고 4] CE, CV, TFR-CV는 이 표를 적용한다.

표 5-37 0.6/1kV HFCO(3상, 3 Core) CABLE의 임피던스

| 공 칭 단면적 [㎟] | 정상 & 역상 임피던스 | | 영상 임피던스 | | | |
|---|---|---|---|---|---|---|
| | | | TT 계통 | | TN 계통 | |
| | $R_1$[Ω/km] | $X_1$[Ω/km] | $R_0$ [Ω/km] | $X_0$[Ω/km] | $R_0$ [Ω/km] | $X_0$[Ω/km] |
| 1.5 | 15.4287 | 0.1222 | 15.6087 | 2.9523 | 15.7444 | 2.9232 |
| 2.5 | 9.4485 | 0.1140 | 9.6285 | 2.9156 | 9.8433 | 2.8601 |
| 4 | 5.8783 | 0.1067 | 6.0583 | 2.8763 | 6.3884 | 2.7685 |
| 6 | 3.9274 | 0.1014 | 4.1074 | 2.8415 | 4.5711 | 2.6486 |
| 10 | 2.3336 | 0.0954 | 2.5136 | 2.7944 | 3.1702 | 2.3993 |
| 16 | 1.4667 | 0.0925 | 1.6467 | 2.7665 | 2.4559 | 2.0550 |
| 25 | 0.9275 | 0.0929 | 1.1075 | 2.7142 | 1.9329 | 1.6170 |
| 35 | 0.6688 | 0.0901 | 0.8488 | 2.6844 | 1.5937 | 1.3198 |
| 50 | 0.4944 | 0.0892 | 0.6744 | 2.6499 | 1.2855 | 1.1070 |
| 70 | 0.3431 | 0.0878 | 0.5231 | 2.6098 | 0.9612 | 0.9168 |
| 95 | 0.2481 | 0.0856 | 0.4281 | 2.5798 | 0.7235 | 0.8154 |
| 120 | 0.1976 | 0.0851 | 0.3776 | 2.5528 | 0.5869 | 0.7679 |
| 150 | 0.1611 | 0.0857 | 0.3411 | 2.5268 | 0.4831 | 0.7435 |
| 185 | 0.1301 | 0.0862 | 0.3101 | 2.5035 | 0.3939 | 0.7191 |
| 240 | 0.1011 | 0.0851 | 0.2811 | 2.4738 | 0.3085 | 0.7040 |
| 300 | 0.0827 | 0.0844 | 0.2627 | 2.4495 | 0.2547 | 0.6874 |

[비고 1] R은 표피효과계수와 근접효과계수가 고려된 90℃의 교류도체저항 값이다.
[비고 2] s는 케이블 중심간의 간격, d는 케이블의 완성외경이다.

표 5-38 0.6/1kV HFCO(3상, 4 Core) CABLE의 임피던스

| 공 칭 단면적 [㎟] | 정상 & 역상 임피던스 | | 영상 임피던스 | | | |
|---|---|---|---|---|---|---|
| | | | TT 계통 | | TN 계통 | |
| | $R_1$[Ω/km] | $X_1$[Ω/km] | $R_0$ [Ω/km] | $X_0$[Ω/km] | $R_0$ [Ω/km] | $X_0$[Ω/km] |
| 1.5 | 15.4287 | 0.1309 | 15.6087 | 2.8826 | 15.7424 | 2.8538 |
| 2.5 | 9.4485 | 0.1227 | 9.6285 | 2.8479 | 9.8403 | 2.7930 |
| 4 | 5.8783 | 0.1154 | 6.0583 | 2.8105 | 6.3841 | 2.7037 |
| 6 | 3.9274 | 0.1101 | 4.1074 | 2.7769 | 4.5627 | 2.5869 |
| 10 | 2.3336 | 0.1041 | 2.5136 | 2.7313 | 3.1569 | 2.3430 |
| 16 | 1.4666 | 0.1012 | 1.6466 | 2.7042 | 2.4366 | 2.0073 |
| 25 | 0.9274 | 0.1016 | 1.1074 | 2.6518 | 1.9119 | 1.5784 |
| 35 | 0.6687 | 0.0988 | 0.8487 | 2.6227 | 1.5753 | 1.2860 |
| 50 | 0.4942 | 0.0979 | 0.6742 | 2.5884 | 1.2714 | 1.0736 |
| 70 | 0.3429 | 0.0965 | 0.5229 | 2.5487 | 0.9510 | 0.8835 |
| 95 | 0.2477 | 0.0943 | 0.4277 | 2.5192 | 0.7119 | 0.7980 |
| 120 | 0.1972 | 0.0939 | 0.3772 | 2.4923 | 0.5777 | 0.7476 |
| 150 | 0.1607 | 0.0944 | 0.3407 | 2.4662 | 0.4758 | 0.7194 |
| 185 | 0.1295 | 0.0949 | 0.3095 | 2.4427 | 0.3869 | 0.6989 |
| 240 | 0.1003 | 0.0938 | 0.2803 | 2.4133 | 0.3026 | 0.6796 |
| 300 | 0.0818 | 0.0931 | 0.2618 | 2.3892 | 0.2483 | 0.6711 |

[비고 1] R은 표피효과계수와 근접효과계수가 고려된 90℃의 교류도체저항 값이다.
[비고 2] s는 케이블 중심간의 간격, d는 케이블의 완성외경이다.

**표 5-39 0.6/1kV HFCO(단상, 1Core, 평형배열, 2병렬) CABLE의 임피던스**

| 공 칭 단면적 [㎟] | 정상 & 역상 임피던스 | | 영상 임피던스 | | | |
|---|---|---|---|---|---|---|
| | | | TT 계통 | | TN 계통 | |
| | $R_1$[Ω/km] | $X_1$[Ω/km] | $R_0$[Ω/km] | $X_0$[Ω/km] | $R_0$[Ω/km] | $X_0$[Ω/km] |
| 50 | 0.2470 | 0.1110 | 0.4270 | 2.4860 | 0.7384 | 0.7130 |
| 70 | 0.1713 | 0.1086 | 0.3513 | 2.4540 | 0.5272 | 0.6420 |
| 95 | 0.1236 | 0.1071 | 0.3036 | 2.4266 | 0.3865 | 0.6071 |
| 120 | 0.0982 | 0.1062 | 0.2782 | 2.4026 | 0.3096 | 0.5916 |
| 150 | 0.0799 | 0.1055 | 0.2599 | 2.3810 | 0.2534 | 0.5817 |
| 185 | 0.0643 | 0.1049 | 0.2443 | 2.3612 | 0.2050 | 0.5744 |
| 240 | 0.0495 | 0.1039 | 0.2295 | 2.3340 | 0.1592 | 0.5667 |
| 300 | 0.0402 | 0.1022 | 0.2202 | 2.3159 | 0.1302 | 0.5587 |
| 400 | 0.0323 | 0.1022 | 0.2123 | 2.2877 | 0.1055 | 0.5572 |
| 500 | 0.0264 | 0.1005 | 0.2064 | 2.2660 | 0.0870 | 0.5500 |
| 630 | 0.0219 | 0.1003 | 0.2019 | 2.2369 | 0.0728 | 0.5480 |

[비고 1] R은 표피효과계수와 근접효과계수가 고려된 90℃의 교류도체저항 값이다.
[비고 2] s는 케이블 중심간의 간격, d는 케이블의 완성외경이다.

**표 5-40 0.6/1kV HFCO(단상, 1Core, 평형배열, 3병렬) CABLE의 임피던스**

| 공 칭 단면적 [㎟] | 정상 & 역상 임피던스 | | 영상 임피던스 | | | |
|---|---|---|---|---|---|---|
| | | | TT 계통 | | TN 계통 | |
| | $R_1$[Ω/km] | $X_1$[Ω/km] | $R_0$[Ω/km] | $X_0$[Ω/km] | $R_0$[Ω/km] | $X_0$[Ω/km] |
| 50 | 0.1647 | 0.1104 | 0.3447 | 2.3381 | 0.5034 | 0.5873 |
| 70 | 0.1142 | 0.1088 | 0.2942 | 2.3082 | 0.3550 | 0.5524 |
| 95 | 0.0824 | 0.1078 | 0.2624 | 2.2820 | 0.2589 | 0.5356 |
| 120 | 0.0655 | 0.1072 | 0.2455 | 2.2588 | 0.2071 | 0.5280 |
| 150 | 0.0533 | 0.1067 | 0.2333 | 2.2377 | 0.1694 | 0.5231 |
| 185 | 0.0428 | 0.1063 | 0.2228 | 2.2184 | 0.1372 | 0.5195 |
| 240 | 0.0330 | 0.1056 | 0.2130 | 2.1921 | 0.1067 | 0.5154 |
| 300 | 0.0267 | 0.1045 | 0.2067 | 2.1754 | 0.0874 | 0.5109 |
| 400 | 0.0214 | 0.1045 | 0.2014 | 2.1471 | 0.0711 | 0.5099 |
| 500 | 0.0174 | 0.1034 | 0.1974 | 2.1269 | 0.0587 | 0.5057 |
| 630 | 0.0144 | 0.1032 | 0.1944 | 2.0980 | 0.0492 | 0.5043 |

[비고 1] R은 표피효과계수와 근접효과계수가 고려된 90℃의 교류도체저항 값이다.
[비고 2] s는 케이블 중심간의 간격, d는 케이블의 완성외경이다.

**표 5-41 0.6/1kV HFCO(단상, 1Core, 평형배열, 4병렬) CABLE의 임피던스**

| 공 칭 단면적 [㎟] | 정상 & 역상 임피던스 | | 영상 임피던스 | | | |
|---|---|---|---|---|---|---|
| | | | TT 계통 | | TN 계통 | |
| | $R_1$[Ω/km] | $X_1$[Ω/km] | $R_0$ [Ω/km] | $X_0$[Ω/km] | $R_0$ [Ω/km] | $X_0$[Ω/km] |
| 50 | 0.1235 | 0.1105 | 0.3035 | 2.2455 | 0.3804 | 0.5337 |
| 70 | 0.0856 | 0.1093 | 0.2656 | 2.2163 | 0.2672 | 0.5129 |
| 95 | 0.0618 | 0.1085 | 0.2418 | 2.1905 | 0.1947 | 0.5029 |
| 120 | 0.0491 | 0.1081 | 0.2291 | 2.1675 | 0.1558 | 0.4983 |
| 150 | 0.0399 | 0.1077 | 0.2199 | 2.1467 | 0.1276 | 0.4952 |
| 185 | 0.0321 | 0.1074 | 0.2121 | 2.1276 | 0.1036 | 0.4928 |
| 240 | 0.0247 | 0.1069 | 0.2047 | 2.1016 | 0.0808 | 0.4900 |
| 300 | 0.0200 | 0.1061 | 0.2000 | 2.0853 | 0.0664 | 0.4870 |
| 400 | 0.0160 | 0.1061 | 0.1960 | 2.0570 | 0.0543 | 0.4861 |
| 500 | 0.0130 | 0.1052 | 0.1930 | 2.0373 | 0.0450 | 0.4831 |
| 630 | 0.0107 | 0.1051 | 0.1907 | 2.0085 | 0.0380 | 0.4818 |

[비고 1] R은 표피효과계수와 근접효과계수가 고려된 90℃의 교류도체저항 값이다.
[비고 2] s는 케이블 중심간의 간격, d는 케이블의 완성외경이다.

**표 5-42 0.6/1kV HFCO(3상, 1Core, 평형배열, 2병렬) CABLE의 임피던스**

| 공 칭 단면적 [㎟] | 정상 & 역상 임피던스 | | 영상 임피던스 | | | |
|---|---|---|---|---|---|---|
| | | | TT 계통 | | TN 계통 | |
| | $R_1$[Ω/km] | $X_1$[Ω/km] | $R_0$ [Ω/km] | $X_0$[Ω/km] | $R_0$ [Ω/km] | $X_0$[Ω/km] |
| 50 | 0.2469 | 0.1285 | 0.4269 | 2.4599 | 0.7158 | 0.7736 |
| 70 | 0.1712 | 0.1260 | 0.3512 | 2.4279 | 0.5108 | 0.7062 |
| 95 | 0.1235 | 0.1245 | 0.3035 | 2.4005 | 0.3745 | 0.6730 |
| 120 | 0.0981 | 0.1236 | 0.2781 | 2.3765 | 0.2999 | 0.6582 |
| 150 | 0.0797 | 0.1229 | 0.2597 | 2.3548 | 0.2454 | 0.6488 |
| 185 | 0.0640 | 0.1223 | 0.2440 | 2.3351 | 0.1985 | 0.6418 |
| 240 | 0.0492 | 0.1213 | 0.2292 | 2.3079 | 0.1540 | 0.6343 |
| 300 | 0.0398 | 0.1196 | 0.2198 | 2.2898 | 0.1257 | 0.6265 |
| 400 | 0.0317 | 0.1196 | 0.2117 | 2.2615 | 0.1014 | 0.6249 |
| 500 | 0.0256 | 0.1180 | 0.2056 | 2.2399 | 0.0829 | 0.6179 |
| 630 | 0.0207 | 0.1177 | 0.2007 | 2.2108 | 0.0683 | 0.6157 |

[비고 1] R은 표피효과계수와 근접효과계수가 고려된 90℃의 교류도체저항 값이다.
[비고 2] s는 케이블 중심간의 간격, d는 케이블의 완성외경이다.

**표 5-43 0.6/1kV HFCO(3상, 1Core, 평형배열, 3병렬) CABLE의 임피던스**

| 공 칭 단면적 [㎟] | 정상 & 역상 임피던스 | | 영상 임피던스 | | | |
|---|---|---|---|---|---|---|
| | | | TT 계통 | | TN 계통 | |
| | $R_1$[Ω/km] | $X_1$[Ω/km] | $R_0$ [Ω/km] | $X_0$[Ω/km] | $R_0$ [Ω/km] | $X_0$[Ω/km] |
| 50 | 0.1646 | 0.1278 | 0.3446 | 2.3033 | 0.4876 | 0.6423 |
| 70 | 0.1141 | 0.1262 | 0.2941 | 2.2733 | 0.3440 | 0.6092 |
| 95 | 0.0823 | 0.1252 | 0.2623 | 2.2471 | 0.2511 | 0.5933 |
| 120 | 0.0654 | 0.1246 | 0.2454 | 2.2239 | 0.2010 | 0.5860 |
| 150 | 0.0531 | 0.1241 | 0.2331 | 2.2028 | 0.1645 | 0.5813 |
| 185 | 0.0427 | 0.1237 | 0.2227 | 2.1836 | 0.1333 | 0.5777 |
| 240 | 0.0328 | 0.1230 | 0.2128 | 2.1573 | 0.1038 | 0.5736 |
| 300 | 0.0264 | 0.1219 | 0.2064 | 2.1405 | 0.0851 | 0.5693 |
| 400 | 0.0211 | 0.1219 | 0.2011 | 2.1123 | 0.0691 | 0.5681 |
| 500 | 0.0169 | 0.1208 | 0.1969 | 2.0920 | 0.0568 | 0.5640 |
| 630 | 0.0137 | 0.1206 | 0.1937 | 2.0631 | 0.0472 | 0.5623 |

[비고 1] R은 표피효과계수와 근접효과계수가 고려된 90℃의 교류도체저항 값이다.
[비고 2] s는 케이블 중심간의 간격, d는 케이블의 완성외경이다.

**표 5-44 0.6/1kV HFCO(3상, 1Core, 평형배열, 4병렬) CABLE의 임피던스**

| 공 칭 단면적 [㎟] | 정상 & 역상 임피던스 | | 영상 임피던스 | | | |
|---|---|---|---|---|---|---|
| | | | TT 계통 | | TN 계통 | |
| | $R_1$[Ω/km] | $X_1$[Ω/km] | $R_0$ [Ω/km] | $X_0$[Ω/km] | $R_0$ [Ω/km] | $X_0$[Ω/km] |
| 50 | 0.1235 | 0.1279 | 0.3035 | 2.2063 | 0.3685 | 0.5854 |
| 70 | 0.0856 | 0.1267 | 0.2656 | 2.1770 | 0.2591 | 0.5657 |
| 95 | 0.0617 | 0.1259 | 0.2417 | 2.1513 | 0.1891 | 0.5561 |
| 120 | 0.0490 | 0.1255 | 0.2290 | 2.1283 | 0.1515 | 0.5516 |
| 150 | 0.0398 | 0.1251 | 0.2198 | 2.1075 | 0.1243 | 0.5486 |
| 185 | 0.0320 | 0.1248 | 0.2120 | 2.0884 | 0.1011 | 0.5462 |
| 240 | 0.0246 | 0.1243 | 0.2046 | 2.0624 | 0.0791 | 0.5434 |
| 300 | 0.0198 | 0.1235 | 0.1998 | 2.0461 | 0.0651 | 0.5403 |
| 400 | 0.0158 | 0.1235 | 0.1958 | 2.0178 | 0.0533 | 0.5393 |
| 500 | 0.0127 | 0.1227 | 0.1927 | 1.9981 | 0.0442 | 0.5363 |
| 630 | 0.0102 | 0.1225 | 0.1902 | 1.9693 | 0.0371 | 0.5348 |

[비고 1] R은 표피효과계수와 근접효과계수가 고려된 90℃의 교류도체저항 값이다.
[비고 2] s는 케이블 중심간의 간격, d는 케이블의 완성외경이다.

**표 5-45 0.6/1kV HFCO(단상, 2 Core, 밀착배열, 2병렬) CABLE의 임피던스**

| 공 칭 단면적 [㎟] | 정상 & 역상 임피던스 | | 영상 임피던스 | | | |
|---|---|---|---|---|---|---|
| | | | TT 계통 | | TN 계통 | |
| | $R_1$[Ω/km] | $X_1$[Ω/km] | $R_0$ [Ω/km] | $X_0$[Ω/km] | $R_0$ [Ω/km] | $X_0$[Ω/km] |
| 50 | 0.2469 | 0.1173 | 0.4269 | 2.5192 | 0.7346 | 0.7330 |
| 70 | 0.1712 | 0.1141 | 0.3512 | 2.4831 | 0.5243 | 0.6608 |
| 95 | 0.1235 | 0.1129 | 0.3035 | 2.4539 | 0.3839 | 0.6276 |
| 120 | 0.0981 | 0.1100 | 0.2781 | 2.4310 | 0.3082 | 0.6055 |
| 150 | 0.0797 | 0.1090 | 0.2597 | 2.4068 | 0.2521 | 0.5945 |
| 185 | 0.0640 | 0.1097 | 0.2440 | 2.3825 | 0.2032 | 0.5921 |
| 240 | 0.0492 | 0.1073 | 0.2292 | 2.3559 | 0.1577 | 0.5795 |
| 300 | 0.0398 | 0.1060 | 0.2198 | 2.3332 | 0.1284 | 0.5727 |

[비고 1] R은 표피효과계수와 근접효과계수가 고려된 90℃의 교류도체저항 값이다.
[비고 2] s는 케이블 중심간의 간격, d는 케이블의 완성외경이다.

**표 5-46 0.6/1kV HFCO(단상, 3 Core, 밀착배열, 3병렬) CABLE의 임피던스**

| 공 칭 단면적 [㎟] | 정상 & 역상 임피던스 | | 영상 임피던스 | | | |
|---|---|---|---|---|---|---|
| | | | TT 계통 | | TN 계통 | |
| | $R_1$[Ω/km] | $X_1$[Ω/km] | $R_0$ [Ω/km] | $X_0$[Ω/km] | $R_0$ [Ω/km] | $X_0$[Ω/km] |
| 50 | 0.1646 | 0.1078 | 0.3446 | 2.4349 | 0.5104 | 0.5814 |
| 70 | 0.1141 | 0.1042 | 0.2941 | 2.4020 | 0.3605 | 0.5406 |
| 95 | 0.0823 | 0.1028 | 0.2623 | 2.3748 | 0.2628 | 0.5226 |
| 120 | 0.0654 | 0.1015 | 0.2454 | 2.3503 | 0.2102 | 0.5129 |
| 150 | 0.0532 | 0.0999 | 0.2332 | 2.3276 | 0.1720 | 0.5043 |
| 185 | 0.0427 | 0.1000 | 0.2227 | 2.3039 | 0.1389 | 0.5023 |
| 240 | 0.0329 | 0.0987 | 0.2129 | 2.2769 | 0.1078 | 0.4961 |
| 300 | 0.0266 | 0.0970 | 0.2066 | 2.2559 | 0.0881 | 0.4899 |

[비고 1] R은 표피효과계수와 근접효과계수가 고려된 90℃의 교류도체저항 값이다.
[비고 2] s는 케이블 중심간의 간격, d는 케이블의 완성외경이다.

표 5-47 0.6/1kV HFCO(단상, 4 Core, 밀착배열, 4병렬) CABLE의 임피던스

| 공 칭 단면적 [㎟] | 정상 & 역상 임피던스 | | 영상 임피던스 | | | |
|---|---|---|---|---|---|---|
| | | | TT 계통 | | TN 계통 | |
| | $R_1$[Ω/km] | $X_1$[Ω/km] | $R_0$ [Ω/km] | $X_0$[Ω/km] | $R_0$ [Ω/km] | $X_0$[Ω/km] |
| 50 | 0.1235 | 0.1012 | 0.3035 | 2.3808 | 0.3907 | 0.5113 |
| 70 | 0.0856 | 0.0989 | 0.2656 | 2.3462 | 0.2743 | 0.4871 |
| 95 | 0.0618 | 0.0969 | 0.2418 | 2.3214 | 0.1999 | 0.4731 |
| 120 | 0.0491 | 0.0949 | 0.2291 | 2.2989 | 0.1601 | 0.4641 |
| 150 | 0.0399 | 0.0941 | 0.2199 | 2.2745 | 0.1309 | 0.4597 |
| 185 | 0.0321 | 0.0935 | 0.2121 | 2.2524 | 0.1060 | 0.4564 |
| 240 | 0.0247 | 0.0927 | 0.2047 | 2.2247 | 0.0824 | 0.4528 |
| 300 | 0.0200 | 0.0917 | 0.2000 | 2.2031 | 0.0675 | 0.4489 |

[비고 1] R은 표피효과계수와 근접효과계수가 고려된 90℃의 교류도체저항 값이다.
[비고 2] s는 케이블 중심간의 간격, d는 케이블의 완성외경이다.

표 5-48 0.6/1kV HFCO(3상, 2 Core, 평형배열, 2병렬) CABLE의 임피던스

| 공 칭 단면적 [㎟] | 정상 & 역상 임피던스 | | 영상 임피던스 | | | |
|---|---|---|---|---|---|---|
| | | | TT 계통 | | TN 계통 | |
| | $R_1$[Ω/km] | $X_1$[Ω/km] | $R_0$ [Ω/km] | $X_0$[Ω/km] | $R_0$ [Ω/km] | $X_0$[Ω/km] |
| 50 | 0.2469 | 0.1347 | 0.4269 | 2.4931 | 0.7126 | 0.7934 |
| 70 | 0.1712 | 0.1315 | 0.3512 | 2.4570 | 0.5084 | 0.7248 |
| 95 | 0.1235 | 0.1303 | 0.3035 | 2.4278 | 0.3724 | 0.6932 |
| 120 | 0.0981 | 0.1274 | 0.2781 | 2.4048 | 0.2991 | 0.6720 |
| 150 | 0.0797 | 0.1264 | 0.2597 | 2.3806 | 0.2448 | 0.6615 |
| 185 | 0.0640 | 0.1272 | 0.2440 | 2.3564 | 0.1975 | 0.6591 |
| 240 | 0.0492 | 0.1247 | 0.2292 | 2.3298 | 0.1535 | 0.6469 |
| 300 | 0.0397 | 0.1234 | 0.2197 | 2.3071 | 0.1251 | 0.6403 |

[비고 1] R은 표피효과계수와 근접효과계수가 고려된 90℃의 교류도체저항 값이다.
[비고 2] s는 케이블 중심간의 간격, d는 케이블의 완성외경이다.

표 5-49 0.6/1kV HFCO(3상, 3 Core, 평형배열, 3병렬) CABLE의 임피던스

| 공 칭 단면적 [㎟] | 정상 & 역상 임피던스 | | 영상 임피던스 | | | |
|---|---|---|---|---|---|---|
| | | | TT 계통 | | TN 계통 | |
| | $R_1$[Ω/km] | $X_1$[Ω/km] | $R_0$ [Ω/km] | $X_0$[Ω/km] | $R_0$ [Ω/km] | $X_0$[Ω/km] |
| 50 | 0.1646 | 0.1252 | 0.3446 | 2.6714 | 0.4950 | 0.9089 |
| 70 | 0.1141 | 0.1216 | 0.2941 | 2.6483 | 0.3497 | 0.8798 |
| 95 | 0.0823 | 0.1202 | 0.2623 | 2.6297 | 0.2551 | 0.8713 |
| 120 | 0.0654 | 0.1190 | 0.2454 | 2.6129 | 0.2042 | 0.8698 |
| 150 | 0.0532 | 0.1173 | 0.2332 | 2.5972 | 0.1673 | 0.8684 |
| 185 | 0.0427 | 0.1175 | 0.2227 | 2.5815 | 0.1353 | 0.8744 |
| 240 | 0.0328 | 0.1161 | 0.2128 | 2.5631 | 0.1053 | 0.8768 |
| 300 | 0.0265 | 0.1145 | 0.2065 | 2.5485 | 0.0862 | 0.8772 |

[비고 1] R은 표피효과계수와 근접효과계수가 고려된 90℃의 교류도체저항 값이다.
[비고 2] s는 케이블 중심간의 간격, d는 케이블의 완성외경이다.

표 5-50 0.6/1kV HFCO(3상, 4 Core, 평형배열, 4병렬) CABLE의 임피던스

| 공 칭 단면적 [㎟] | 정상 & 역상 임피던스 | | 영상 임피던스 | | | |
|---|---|---|---|---|---|---|
| | | | TT 계통 | | TN 계통 | |
| | $R_1$[Ω/km] | $X_1$[Ω/km] | $R_0$ [Ω/km] | $X_0$[Ω/km] | $R_0$ [Ω/km] | $X_0$[Ω/km] |
| 50 | 0.1235 | 0.1187 | 0.3035 | 2.3416 | 0.3789 | 0.5651 |
| 70 | 0.0856 | 0.1164 | 0.2656 | 2.3070 | 0.2662 | 0.5421 |
| 95 | 0.0618 | 0.1143 | 0.2418 | 2.2822 | 0.1943 | 0.5288 |
| 120 | 0.0491 | 0.1123 | 0.2291 | 2.2597 | 0.1558 | 0.5201 |
| 150 | 0.0399 | 0.1116 | 0.2199 | 2.2353 | 0.1276 | 0.5158 |
| 185 | 0.0321 | 0.1109 | 0.2121 | 2.2132 | 0.1035 | 0.5125 |
| 240 | 0.0247 | 0.1102 | 0.2047 | 2.1855 | 0.0808 | 0.5089 |
| 300 | 0.0199 | 0.1091 | 0.1999 | 2.1638 | 0.0663 | 0.5051 |

[비고 1] R은 표피효과계수와 근접효과계수가 고려된 90℃의 교류도체저항 값이다.
[비고 2] s는 케이블 중심간의 간격, d는 케이블의 완성외경이다.

표 5-51 0.6/1kV F-FR-8(단상, 1Core, 밀착배열) CABLE의 임피던스

| 공 칭 단면적 [㎟] | 정상 & 역상 임피던스 | | 영상 임피던스 | | | |
|---|---|---|---|---|---|---|
| | | | TT 계통 | | TN 계통 | |
| | $R_1$[Ω/km] | $X_1$[Ω/km] | $R_0$ [Ω/km] | $X_0$[Ω/km] | $R_0$ [Ω/km] | $X_0$[Ω/km] |
| 1.5 | 15.4287 | 0.1975 | 15.6087 | 2.8017 | 15.7433 | 2.8715 |
| 2.5 | 9.4485 | 0.1841 | 9.6285 | 2.7754 | 9.8426 | 2.8120 |
| 4 | 5.8782 | 0.1703 | 6.0582 | 2.7493 | 6.3887 | 2.7265 |
| 6 | 3.9274 | 0.1589 | 4.1074 | 2.7263 | 4.5733 | 2.6122 |
| 10 | 2.3335 | 0.1464 | 2.5135 | 2.6923 | 3.1887 | 2.3610 |
| 16 | 1.4665 | 0.1418 | 1.6465 | 2.6679 | 2.4782 | 2.0103 |
| 25 | 0.9272 | 0.1335 | 1.1072 | 2.6330 | 1.9649 | 1.5656 |
| 35 | 0.6685 | 0.1297 | 0.8485 | 2.6053 | 1.6200 | 1.2639 |
| 50 | 0.4940 | 0.1248 | 0.6740 | 2.5789 | 1.3157 | 1.0343 |
| 70 | 0.3425 | 0.1190 | 0.5225 | 2.5473 | 0.9860 | 0.8369 |
| 95 | 0.2472 | 0.1154 | 0.4272 | 2.5204 | 0.7426 | 0.7278 |
| 120 | 0.1966 | 0.1131 | 0.3766 | 2.4970 | 0.6021 | 0.6771 |
| 150 | 0.1599 | 0.1127 | 0.3399 | 2.4728 | 0.4951 | 0.6496 |
| 185 | 0.1287 | 0.1110 | 0.3087 | 2.4538 | 0.4026 | 0.6251 |
| 240 | 0.0993 | 0.1084 | 0.2793 | 2.4273 | 0.3141 | 0.6014 |
| 300 | 0.0807 | 0.1070 | 0.2607 | 2.4043 | 0.2568 | 0.5891 |
| 400 | 0.0652 | 0.1053 | 0.2452 | 2.3798 | 0.2088 | 0.5778 |
| 500 | 0.0534 | 0.1043 | 0.2334 | 2.3525 | 0.1719 | 0.5708 |
| 630 | 0.0447 | 0.1028 | 0.2247 | 2.3250 | 0.1446 | 0.5633 |

[비고 1] R은 표피효과계수와 근접효과계수가 고려된 90℃의 교류도체저항 값이다.
[비고 2] s는 케이블 중심간의 간격, d는 케이블의 완성외경이다.
[비고 3] FR-8, NFR-8, TFR-8은 이 표를 적용한다.

표 5-52 0.6/1kV F-FR-8(3상, 1Core, 삼각배열) CABLE의 임피던스

| 공 칭 단면적 [㎟] | 정상 & 역상 임피던스 | | 영상 임피던스 | | | |
|---|---|---|---|---|---|---|
| | | | TT 계통 | | TN 계통 | |
| | $R_1$[Ω/km] | $X_1$[Ω/km] | $R_0$[Ω/km] | $X_0$[Ω/km] | $R_0$[Ω/km] | $X_0$[Ω/km] |
| 1.5 | 15.4287 | 0.1975 | 15.6087 | 2.8017 | 15.7405 | 2.7731 |
| 2.5 | 9.4485 | 0.1841 | 9.6285 | 2.7754 | 9.8381 | 2.7208 |
| 4 | 5.8782 | 0.1703 | 6.0582 | 2.7493 | 6.3817 | 2.6431 |
| 6 | 3.9274 | 0.1589 | 4.1074 | 2.7263 | 4.5633 | 2.5361 |
| 10 | 2.3335 | 0.1464 | 2.5135 | 2.6923 | 3.1739 | 2.2952 |
| 16 | 1.4665 | 0.1418 | 1.6465 | 2.6679 | 2.4595 | 1.9535 |
| 25 | 0.9272 | 0.1335 | 1.1072 | 2.6330 | 1.9448 | 1.5217 |
| 35 | 0.6685 | 0.1297 | 0.8485 | 2.6053 | 1.6011 | 1.2282 |
| 50 | 0.4940 | 0.1248 | 0.6740 | 2.5789 | 1.2992 | 1.0058 |
| 70 | 0.3425 | 0.1190 | 0.5225 | 2.5473 | 0.9729 | 0.8155 |
| 95 | 0.2472 | 0.1154 | 0.4272 | 2.5204 | 0.7325 | 0.7107 |
| 120 | 0.1966 | 0.1131 | 0.3766 | 2.4970 | 0.5938 | 0.6623 |
| 150 | 0.1599 | 0.1127 | 0.3399 | 2.4728 | 0.4883 | 0.6355 |
| 185 | 0.1287 | 0.1110 | 0.3087 | 2.4538 | 0.3971 | 0.6124 |
| 240 | 0.0993 | 0.1084 | 0.2793 | 2.4273 | 0.3098 | 0.5905 |
| 300 | 0.0806 | 0.1070 | 0.2606 | 2.4043 | 0.2532 | 0.5791 |
| 400 | 0.0650 | 0.1053 | 0.2450 | 2.3798 | 0.2056 | 0.5687 |
| 500 | 0.0529 | 0.1043 | 0.2329 | 2.3525 | 0.1684 | 0.5623 |
| 630 | 0.0437 | 0.1028 | 0.2237 | 2.3250 | 0.1400 | 0.5555 |

[비고 1] R은 표피효과계수와 근접효과계수가 고려된 90℃의 교류도체저항 값이다.
[비고 2] s는 케이블 중심간의 간격, d는 케이블의 완성외경이다.
[비고 3] FR-8, NFR-8, TFR-8은 이 표를 적용한다.

**표 5-53 0.6/1kV F-FR-8(3상, 1Core, 평형배열 s=d) CABLE의 임피던스**

| 공 칭 단면적 [㎟] | 정상 & 역상 임피던스 | | 영상 임피던스 | | | |
|---|---|---|---|---|---|---|
| | | | TT 계통 | | TN 계통 | |
| | $R_1$[Ω/km] | $X_1$[Ω/km] | $R_0$ [Ω/km] | $X_0$[Ω/km] | $R_0$ [Ω/km] | $X_0$[Ω/km] |
| 1.5 | 15.4287 | 0.2149 | 15.6087 | 2.7668 | 15.7373 | 2.7387 |
| 2.5 | 9.4485 | 0.2016 | 9.6285 | 2.7405 | 9.8329 | 2.6869 |
| 4 | 5.8782 | 0.1877 | 6.0582 | 2.7144 | 6.3736 | 2.6103 |
| 6 | 3.9273 | 0.1764 | 4.1073 | 2.6915 | 4.5518 | 2.5051 |
| 10 | 2.3335 | 0.1639 | 2.5135 | 2.6574 | 3.1569 | 2.2690 |
| 16 | 1.4665 | 0.1592 | 1.6465 | 2.6331 | 2.4379 | 1.9350 |
| 25 | 0.9272 | 0.1509 | 1.1072 | 2.5982 | 1.9215 | 1.5133 |
| 35 | 0.6684 | 0.1471 | 0.8484 | 2.5705 | 1.5792 | 1.2269 |
| 50 | 0.4939 | 0.1422 | 0.6739 | 2.5440 | 1.2798 | 1.0101 |
| 70 | 0.3423 | 0.1364 | 0.5223 | 2.5124 | 0.9574 | 0.8246 |
| 95 | 0.2470 | 0.1328 | 0.4270 | 2.4855 | 0.7201 | 0.7225 |
| 120 | 0.1962 | 0.1305 | 0.3762 | 2.4622 | 0.5834 | 0.6753 |
| 150 | 0.1595 | 0.1301 | 0.3395 | 2.4380 | 0.4793 | 0.6493 |
| 185 | 0.1282 | 0.1285 | 0.3082 | 2.4189 | 0.3893 | 0.6268 |
| 240 | 0.0986 | 0.1258 | 0.2786 | 2.3924 | 0.3028 | 0.6053 |
| 300 | 0.0797 | 0.1244 | 0.2597 | 2.3695 | 0.2465 | 0.5942 |
| 400 | 0.0638 | 0.1227 | 0.2438 | 2.3450 | 0.1990 | 0.5840 |
| 500 | 0.0515 | 0.1217 | 0.2315 | 2.3177 | 0.1617 | 0.5777 |
| 630 | 0.0420 | 0.1203 | 0.2220 | 2.2902 | 0.1329 | 0.5710 |

[비고 1] R은 표피효과계수와 근접효과계수가 고려된 90℃의 교류도체저항 값이다.
[비고 2] s는 케이블 중심간의 간격, d는 케이블의 완성외경이다.
[비고 3] FR-8, NFR-8, TFR-8은 이 표를 적용한다.

표 5-54 0.6/1kV F-FR-8(3상, 1Core, 평형배열 s=2d) CABLE의 임피던스

| 공 칭 단면적 [㎟] | 정상 & 역상 임피던스 | | 영상 임피던스 | | | |
|---|---|---|---|---|---|---|
| | | | TT 계통 | | TN 계통 | |
| | $R_1$[Ω/km] | $X_1$[Ω/km] | $R_0$ [Ω/km] | $X_0$[Ω/km] | $R_0$ [Ω/km] | $X_0$[Ω/km] |
| 1.5 | 15.4287 | 0.2672 | 15.6087 | 2.6623 | 15.7213 | 2.6365 |
| 2.5 | 9.4485 | 0.2538 | 9.6285 | 2.6360 | 9.8073 | 2.5872 |
| 4 | 5.8782 | 0.2400 | 6.0582 | 2.6099 | 6.3337 | 2.5158 |
| 6 | 3.9273 | 0.2286 | 4.1073 | 2.5870 | 4.4949 | 2.4198 |
| 10 | 2.3335 | 0.2161 | 2.5135 | 2.5529 | 3.0728 | 2.2073 |
| 16 | 1.4665 | 0.2115 | 1.6465 | 2.5286 | 2.3316 | 1.9113 |
| 25 | 0.9271 | 0.2032 | 1.1071 | 2.4937 | 1.8075 | 1.5394 |
| 35 | 0.6684 | 0.1993 | 0.8484 | 2.4660 | 1.4722 | 1.2883 |
| 50 | 0.4937 | 0.1944 | 0.6737 | 2.4395 | 1.1860 | 1.0988 |
| 70 | 0.3421 | 0.1887 | 0.5221 | 2.4079 | 0.8830 | 0.9372 |
| 95 | 0.2467 | 0.1850 | 0.4267 | 2.3810 | 0.6626 | 0.8486 |
| 120 | 0.1958 | 0.1827 | 0.3758 | 2.3577 | 0.5362 | 0.8074 |
| 150 | 0.1590 | 0.1824 | 0.3390 | 2.3335 | 0.4402 | 0.7847 |
| 185 | 0.1275 | 0.1807 | 0.3075 | 2.3144 | 0.3573 | 0.7651 |
| 240 | 0.0977 | 0.1781 | 0.2777 | 2.2879 | 0.2775 | 0.7461 |
| 300 | 0.0785 | 0.1767 | 0.2585 | 2.2650 | 0.2255 | 0.7361 |
| 400 | 0.0623 | 0.1750 | 0.2423 | 2.2404 | 0.1813 | 0.7268 |
| 500 | 0.0497 | 0.1740 | 0.2297 | 2.2132 | 0.1464 | 0.7207 |
| 630 | 0.0398 | 0.1725 | 0.2198 | 2.1857 | 0.1194 | 0.7142 |

[비고 1] R은 표피효과계수와 근접효과계수가 고려된 90℃의 교류도체저항 값이다.
[비고 2] s는 케이블 중심간의 간격, d는 케이블의 완성외경이다.
[비고 3] FR-8, NFR-8, TFR-8은 이 표를 적용한다.

표 5-55 0.6/1kV F-FR-8(단상, 2 Core) CABLE의 임피던스

| 공 칭 단면적 [㎟] | 정상 & 역상 임피던스 | | 영상 임피던스 | | | |
|---|---|---|---|---|---|---|
| | | | TT 계통 | | TN 계통 | |
| | $R_1$[Ω/km] | $X_1$[Ω/km] | $R_0$ [Ω/km] | $X_0$[Ω/km] | $R_0$ [Ω/km] | $X_0$[Ω/km] |
| 1.5 | 15.4287 | 0.1222 | 15.6087 | 3.0134 | 15.7455 | 2.9842 |
| 2.5 | 9.4485 | 0.1140 | 9.6285 | 2.9726 | 9.8449 | 2.9168 |
| 4 | 5.8783 | 0.1067 | 6.0583 | 2.9297 | 6.3907 | 2.8213 |
| 6 | 3.9274 | 0.1014 | 4.1074 | 2.8921 | 4.5742 | 2.6983 |
| 10 | 2.3336 | 0.0954 | 2.5136 | 2.8421 | 3.1774 | 2.4433 |
| 16 | 1.4666 | 0.0925 | 1.6466 | 2.8128 | 2.4643 | 2.0948 |
| 25 | 0.9273 | 0.0929 | 1.1073 | 2.7607 | 1.9404 | 1.6546 |
| 35 | 0.6686 | 0.0901 | 0.8486 | 2.7295 | 1.6001 | 1.3544 |
| 50 | 0.4941 | 0.0892 | 0.6741 | 2.6945 | 1.2952 | 1.1306 |
| 70 | 0.3427 | 0.0878 | 0.5227 | 2.6537 | 0.9673 | 0.9399 |
| 95 | 0.2475 | 0.0856 | 0.4275 | 2.6226 | 0.7269 | 0.8386 |
| 120 | 0.1969 | 0.0851 | 0.3769 | 2.5954 | 0.5904 | 0.7830 |
| 150 | 0.1603 | 0.0857 | 0.3403 | 2.5697 | 0.4847 | 0.7616 |
| 185 | 0.1291 | 0.0862 | 0.3091 | 2.5465 | 0.3940 | 0.7392 |
| 240 | 0.0998 | 0.0851 | 0.2798 | 2.5163 | 0.3074 | 0.7194 |
| 300 | 0.0813 | 0.0844 | 0.2613 | 2.4917 | 0.2522 | 0.7045 |

[비고 1] R은 표피효과계수와 근접효과계수가 고려된 90℃의 교류도체저항 값이다.

[비고 2] s는 케이블 중심간의 간격, d는 케이블의 완성외경이다.

[비고 3] FR-8, NFR-8, TFR-8은 이 표를 적용한다.

표 5-56 0.6/1kV F-FR-8(3상, 3 Core) CABLE의 임피던스

| 공 칭 단면적 [㎟] | 정상 & 역상 임피던스 | | 영상 임피던스 | | | |
|---|---|---|---|---|---|---|
| | | | TT 계통 | | TN 계통 | |
| | $R_1$[Ω/km] | $X_1$[Ω/km] | $R_0$ [Ω/km] | $X_0$[Ω/km] | $R_0$ [Ω/km] | $X_0$[Ω/km] |
| 1.5 | 15.4287 | 0.1222 | 15.6087 | 2.9523 | 15.7444 | 2.9232 |
| 2.5 | 9.4485 | 0.1140 | 9.6285 | 2.9156 | 9.8433 | 2.8601 |
| 4 | 5.8783 | 0.1067 | 6.0583 | 2.8763 | 6.3884 | 2.7685 |
| 6 | 3.9274 | 0.1014 | 4.1074 | 2.8415 | 4.5711 | 2.6486 |
| 10 | 2.3336 | 0.0954 | 2.5136 | 2.7944 | 3.1702 | 2.3993 |
| 16 | 1.4667 | 0.0925 | 1.6467 | 2.7665 | 2.4559 | 2.0550 |
| 25 | 0.9275 | 0.0929 | 1.1075 | 2.7142 | 1.9329 | 1.6170 |
| 35 | 0.6688 | 0.0901 | 0.8488 | 2.6844 | 1.5937 | 1.3198 |
| 50 | 0.4944 | 0.0892 | 0.6744 | 2.6499 | 1.2855 | 1.1070 |
| 70 | 0.3431 | 0.0878 | 0.5231 | 2.6098 | 0.9612 | 0.9168 |
| 95 | 0.2481 | 0.0856 | 0.4281 | 2.5798 | 0.7235 | 0.8154 |
| 120 | 0.1976 | 0.0851 | 0.3776 | 2.5528 | 0.5869 | 0.7679 |
| 150 | 0.1611 | 0.0857 | 0.3411 | 2.5268 | 0.4831 | 0.7435 |
| 185 | 0.1301 | 0.0862 | 0.3101 | 2.5035 | 0.3939 | 0.7191 |
| 240 | 0.1011 | 0.0851 | 0.2811 | 2.4738 | 0.3085 | 0.7040 |
| 300 | 0.0827 | 0.0844 | 0.2627 | 2.4495 | 0.2547 | 0.6874 |

[비고 1] R은 표피효과계수와 근접효과계수가 고려된 90℃의 교류도체저항 값이다.
[비고 2] s는 케이블 중심간의 간격, d는 케이블의 완성외경이다.
[비고 3] FR-8, NFR-8, TFR-8은 이 표를 적용한다.

표 5-57 0.6/1kV F-FR-8(3상, 4 Core) CABLE의 임피던스

| 공 칭 단면적 [㎟] | 정상 & 역상 임피던스 | | 영상 임피던스 | | | |
|---|---|---|---|---|---|---|
| | | | TT 계통 | | TN 계통 | |
| | $R_1$[Ω/km] | $X_1$[Ω/km] | $R_0$ [Ω/km] | $X_0$[Ω/km] | $R_0$ [Ω/km] | $X_0$[Ω/km] |
| 1.5 | 15.4287 | 0.1309 | 15.6087 | 2.8826 | 15.7424 | 2.85378 |
| 2.5 | 9.4485 | 0.1227 | 9.6285 | 2.8479 | 9.84033 | 2.79297 |
| 4 | 5.8783 | 0.1154 | 6.0583 | 2.8105 | 6.38409 | 2.70369 |
| 6 | 3.9274 | 0.1101 | 4.1074 | 2.7769 | 4.56265 | 2.58692 |
| 10 | 2.3336 | 0.1041 | 2.5136 | 2.7313 | 3.15686 | 2.34295 |
| 16 | 1.4666 | 0.1012 | 1.6466 | 2.7042 | 2.43659 | 2.00726 |
| 25 | 0.9274 | 0.1016 | 1.1074 | 2.6518 | 1.91186 | 1.57835 |
| 35 | 0.6687 | 0.0988 | 0.8487 | 2.6227 | 1.57534 | 1.28603 |
| 50 | 0.4942 | 0.0979 | 0.6742 | 2.5884 | 1.27142 | 1.07362 |
| 70 | 0.3429 | 0.0965 | 0.5229 | 2.5487 | 0.95102 | 0.88353 |
| 95 | 0.2477 | 0.0943 | 0.4277 | 2.5192 | 0.71189 | 0.79795 |
| 120 | 0.1972 | 0.0939 | 0.3772 | 2.4923 | 0.57774 | 0.74761 |
| 150 | 0.1607 | 0.0944 | 0.3407 | 2.4662 | 0.47581 | 0.7194 |
| 185 | 0.1295 | 0.0949 | 0.3095 | 2.4427 | 0.38695 | 0.69893 |
| 240 | 0.1003 | 0.0938 | 0.2803 | 2.4133 | 0.30263 | 0.67957 |
| 300 | 0.0818 | 0.0931 | 0.2618 | 2.3892 | 0.24832 | 0.67113 |

[비고 1] R은 표피효과계수와 근접효과계수가 고려된 90℃의 교류도체저항 값이다.
[비고 2] s는 케이블 중심간의 간격, d는 케이블의 완성외경이다.
[비고 3] FR-8, NFR-8, TFR-8은 이 표를 적용한다.

**표 5-58 0.6/1kV F-FR-8(단상, 1Core, 평형배열, 2병렬) CABLE의 임피던스**

| 공 칭 단면적 [㎟] | 정상 & 역상 임피던스 | | 영상 임피던스 | | | |
|---|---|---|---|---|---|---|
| | | | TT 계통 | | TN 계통 | |
| | $R_1$[Ω/km] | $X_1$[Ω/km] | $R_0$ [Ω/km] | $X_0$[Ω/km] | $R_0$ [Ω/km] | $X_0$[Ω/km] |
| 50 | 0.2470 | 0.1146 | 0.4270 | 2.4699 | 0.7330 | 0.7241 |
| 70 | 0.1712 | 0.1118 | 0.3512 | 2.4397 | 0.5238 | 0.6524 |
| 95 | 0.1236 | 0.1099 | 0.3036 | 2.4137 | 0.3843 | 0.6167 |
| 120 | 0.0982 | 0.1088 | 0.2782 | 2.3909 | 0.3080 | 0.6004 |
| 150 | 0.0799 | 0.1086 | 0.2599 | 2.3668 | 0.2518 | 0.5924 |
| 185 | 0.0642 | 0.1078 | 0.2442 | 2.3481 | 0.2038 | 0.5844 |
| 240 | 0.0495 | 0.1065 | 0.2295 | 2.3223 | 0.1583 | 0.5757 |
| 300 | 0.0401 | 0.1058 | 0.2201 | 2.2997 | 0.1292 | 0.5711 |
| 400 | 0.0322 | 0.1049 | 0.2122 | 2.2756 | 0.1048 | 0.5664 |
| 500 | 0.0262 | 0.1044 | 0.2062 | 2.2486 | 0.0860 | 0.5634 |
| 630 | 0.0217 | 0.1037 | 0.2017 | 2.2215 | 0.0719 | 0.5598 |

[비고 1] R은 표피효과계수와 근접효과계수가 고려된 90℃의 교류도체저항 값이다.
[비고 2] s는 케이블 중심간의 간격, d는 케이블의 완성외경이다.
[비고 3] FR-8, NFR-8, TFR-8은 이 표를 적용한다.

**표 5-59 0.6/1kV F-FR-8(단상, 1Core, 평형배열, 3병렬) CABLE의 임피던스**

| 공 칭 단면적 [㎟] | 정상 & 역상 임피던스 | | 영상 임피던스 | | | |
|---|---|---|---|---|---|---|
| | | | TT 계통 | | TN 계통 | |
| | $R_1$[Ω/km] | $X_1$[Ω/km] | $R_0$ [Ω/km] | $X_0$[Ω/km] | $R_0$ [Ω/km] | $X_0$[Ω/km] |
| 50 | 0.1646 | 0.1128 | 0.3446 | 2.3190 | 0.5005 | 0.5937 |
| 70 | 0.1141 | 0.1109 | 0.2941 | 2.2912 | 0.3533 | 0.5583 |
| 95 | 0.0824 | 0.1097 | 0.2624 | 2.2667 | 0.2578 | 0.5409 |
| 120 | 0.0655 | 0.1089 | 0.2455 | 2.2449 | 0.2063 | 0.5329 |
| 150 | 0.0532 | 0.1088 | 0.2332 | 2.2209 | 0.1687 | 0.5290 |
| 185 | 0.0428 | 0.1082 | 0.2228 | 2.2030 | 0.1366 | 0.5249 |
| 240 | 0.0329 | 0.1073 | 0.2129 | 2.1782 | 0.1063 | 0.5203 |
| 300 | 0.0267 | 0.1069 | 0.2067 | 2.1562 | 0.0870 | 0.5177 |
| 400 | 0.0214 | 0.1063 | 0.2014 | 2.1328 | 0.0708 | 0.5149 |
| 500 | 0.0173 | 0.1060 | 0.1973 | 2.1062 | 0.0584 | 0.5130 |
| 630 | 0.0143 | 0.1055 | 0.1943 | 2.0797 | 0.0490 | 0.5107 |

[비고 1] R은 표피효과계수와 근접효과계수가 고려된 90℃의 교류도체저항 값이다.
[비고 2] s는 케이블 중심간의 간격, d는 케이블의 완성외경이다.
[비고 3] FR-8, NFR-8, TFR-8은 이 표를 적용한다.

표 5-60 0.6/1kV F-FR-8(단상, 1Core, 평형배열, 4병렬) CABLE의 임피던스

| 공 칭 단면적 [㎟] | 정상 & 역상 임피던스 | | 영상 임피던스 | | | |
|---|---|---|---|---|---|---|
| | | | TT 계통 | | TN 계통 | |
| | $R_1$[Ω/km] | $X_1$[Ω/km] | $R_0$ [Ω/km] | $X_0$[Ω/km] | $R_0$ [Ω/km] | $X_0$[Ω/km] |
| 50 | 0.1235 | 0.1123 | 0.3035 | 2.2253 | 0.3786 | 0.5380 |
| 70 | 0.0856 | 0.1109 | 0.2656 | 2.1983 | 0.2661 | 0.5168 |
| 95 | 0.0618 | 0.1099 | 0.2418 | 2.1744 | 0.1940 | 0.5064 |
| 120 | 0.0491 | 0.1094 | 0.2291 | 2.1529 | 0.1554 | 0.5015 |
| 150 | 0.0399 | 0.1093 | 0.2199 | 2.1290 | 0.1272 | 0.4990 |
| 185 | 0.0321 | 0.1089 | 0.2121 | 2.1113 | 0.1033 | 0.4964 |
| 240 | 0.0247 | 0.1082 | 0.2047 | 2.0869 | 0.0807 | 0.4932 |
| 300 | 0.0200 | 0.1079 | 0.2000 | 2.0651 | 0.0662 | 0.4913 |
| 400 | 0.0160 | 0.1074 | 0.1960 | 2.0420 | 0.0542 | 0.4893 |
| 500 | 0.0130 | 0.1072 | 0.1930 | 2.0155 | 0.0449 | 0.4878 |
| 630 | 0.0106 | 0.1068 | 0.1906 | 1.9892 | 0.0379 | 0.4860 |

[비고 1] R은 표피효과계수와 근접효과계수가 고려된 90℃의 교류도체저항 값이다.
[비고 2] s는 케이블 중심간의 간격, d는 케이블의 완성외경이다.
[비고 3] FR-8, NFR-8, TFR-8은 이 표를 적용한다.

표 5-61 0.6/1kV F-FR-8(3상, 1Core, 평형배열, 2병렬) CABLE의 임피던스

| 공 칭 단면적 [㎟] | 정상 & 역상 임피던스 | | 영상 임피던스 | | | |
|---|---|---|---|---|---|---|
| | | | TT 계통 | | TN 계통 | |
| | $R_1$[Ω/km] | $X_1$[Ω/km] | $R_0$ [Ω/km] | $X_0$[Ω/km] | $R_0$ [Ω/km] | $X_0$[Ω/km] |
| 50 | 0.2469 | 0.1321 | 0.4269 | 2.4437 | 0.7106 | 0.7842 |
| 70 | 0.1712 | 0.1292 | 0.3512 | 2.4135 | 0.5075 | 0.7162 |
| 95 | 0.1235 | 0.1274 | 0.3035 | 2.3876 | 0.3724 | 0.6822 |
| 120 | 0.0981 | 0.1262 | 0.2781 | 2.3648 | 0.2984 | 0.6667 |
| 150 | 0.0797 | 0.1260 | 0.2597 | 2.3407 | 0.2440 | 0.6590 |
| 185 | 0.0640 | 0.1252 | 0.2440 | 2.3220 | 0.1974 | 0.6513 |
| 240 | 0.0492 | 0.1239 | 0.2292 | 2.2962 | 0.1533 | 0.6429 |
| 300 | 0.0397 | 0.1232 | 0.2197 | 2.2736 | 0.1249 | 0.6384 |
| 400 | 0.0317 | 0.1223 | 0.2117 | 2.2495 | 0.1009 | 0.6337 |
| 500 | 0.0255 | 0.1218 | 0.2055 | 2.2224 | 0.0823 | 0.6306 |
| 630 | 0.0206 | 0.1211 | 0.2006 | 2.1953 | 0.0678 | 0.6270 |

[비고 1] R은 표피효과계수와 근접효과계수가 고려된 90℃의 교류도체저항 값이다.
[비고 2] s는 케이블 중심간의 간격, d는 케이블의 완성외경이다.
[비고 3] FR-8, NFR-8, TFR-8은 이 표를 적용한다.

표 5-62 0.6/1kV F-FR-8(3상, 1Core, 평형배열, 3병렬) CABLE의 임피던스

| 공 칭<br>단면적<br>[㎟] | 정상 & 역상 임피던스 | | 영상 임피던스 | | | |
|---|---|---|---|---|---|---|
| | | | TT 계통 | | TN 계통 | |
| | $R_1$[Ω/km] | $X_1$[Ω/km] | $R_0$ [Ω/km] | $X_0$[Ω/km] | $R_0$ [Ω/km] | $X_0$[Ω/km] |
| 50 | 0.1646 | 0.1302 | 0.3446 | 2.2841 | 0.4848 | 0.6483 |
| 70 | 0.1141 | 0.1283 | 0.2941 | 2.2563 | 0.3423 | 0.6147 |
| 95 | 0.0823 | 0.1271 | 0.2623 | 2.2319 | 0.2500 | 0.5983 |
| 120 | 0.0654 | 0.1263 | 0.2454 | 2.2100 | 0.2002 | 0.5906 |
| 150 | 0.0531 | 0.1262 | 0.2331 | 2.1861 | 0.1638 | 0.5868 |
| 185 | 0.0427 | 0.1257 | 0.2227 | 2.1681 | 0.1329 | 0.5828 |
| 240 | 0.0328 | 0.1248 | 0.2128 | 2.1434 | 0.1035 | 0.5782 |
| 300 | 0.0264 | 0.1243 | 0.2064 | 2.1214 | 0.0847 | 0.5756 |
| 400 | 0.0211 | 0.1237 | 0.2011 | 2.0980 | 0.0689 | 0.5728 |
| 500 | 0.0169 | 0.1234 | 0.1969 | 2.0714 | 0.0566 | 0.5707 |
| 630 | 0.0137 | 0.1229 | 0.1937 | 2.0448 | 0.0471 | 0.5683 |

[비고 1] R은 표피효과계수와 근접효과계수가 고려된 90℃의 교류도체저항 값이다.
[비고 2] s는 케이블 중심간의 간격, d는 케이블의 완성외경이다.
[비고 3] FR-8, NFR-8, TFR-8은 이 표를 적용한다.

표 5-63 0.6/1kV F-FR-8(3상, 1Core, 평형배열, 4병렬) CABLE의 임피던스

| 공 칭<br>단면적<br>[㎟] | 정상 & 역상 임피던스 | | 영상 임피던스 | | | |
|---|---|---|---|---|---|---|
| | | | TT 계통 | | TN 계통 | |
| | $R_1$[Ω/km] | $X_1$[Ω/km] | $R_0$ [Ω/km] | $X_0$[Ω/km] | $R_0$ [Ω/km] | $X_0$[Ω/km] |
| 50 | 0.1235 | 0.1297 | 0.3035 | 2.1861 | 0.3667 | 0.5893 |
| 70 | 0.0856 | 0.1283 | 0.2656 | 2.1591 | 0.2580 | 0.5692 |
| 95 | 0.0617 | 0.1274 | 0.2417 | 2.1352 | 0.1884 | 0.5593 |
| 120 | 0.0490 | 0.1268 | 0.2290 | 2.1137 | 0.1511 | 0.5545 |
| 150 | 0.0398 | 0.1267 | 0.2198 | 2.0898 | 0.1240 | 0.5521 |
| 185 | 0.0320 | 0.1263 | 0.2120 | 2.0721 | 0.1008 | 0.5495 |
| 240 | 0.0245 | 0.1256 | 0.2045 | 2.0477 | 0.0790 | 0.5463 |
| 300 | 0.0198 | 0.1253 | 0.1998 | 2.0259 | 0.0650 | 0.5443 |
| 400 | 0.0158 | 0.1248 | 0.1958 | 2.0028 | 0.0533 | 0.5422 |
| 500 | 0.0127 | 0.1246 | 0.1927 | 1.9763 | 0.0442 | 0.5405 |
| 630 | 0.0102 | 0.1242 | 0.1902 | 1.9500 | 0.0371 | 0.5385 |

[비고 1] R은 표피효과계수와 근접효과계수가 고려된 90℃의 교류도체저항 값이다.
[비고 2] s는 케이블 중심간의 간격, d는 케이블의 완성외경이다.
[비고 3] FR-8, NFR-8, TFR-8은 이 표를 적용한다.

표 5-64 0.6/1kV F-FR-8(단상, 2 Core, 밀착배열, 2병렬) CABLE의 임피던스

| 공 칭 단면적 [㎟] | 정상 & 역상 임피던스 | | 영상 임피던스 | | | |
|---|---|---|---|---|---|---|
| | | | TT 계통 | | TN 계통 | |
| | $R_1$[Ω/km] | $X_1$[Ω/km] | $R_0$ [Ω/km] | $X_0$[Ω/km] | $R_0$ [Ω/km] | $X_0$[Ω/km] |
| 50 | 0.2469 | 0.1252 | 0.4269 | 2.5073 | 0.7252 | 0.7577 |
| 70 | 0.1711 | 0.1221 | 0.3511 | 2.4710 | 0.5174 | 0.6875 |
| 95 | 0.1234 | 0.1191 | 0.3034 | 2.4446 | 0.3800 | 0.6487 |
| 120 | 0.0980 | 0.1175 | 0.2780 | 2.4196 | 0.3044 | 0.6314 |
| 150 | 0.0797 | 0.1166 | 0.2597 | 2.3953 | 0.2489 | 0.6211 |
| 185 | 0.0640 | 0.1159 | 0.2440 | 2.3733 | 0.2011 | 0.6135 |
| 240 | 0.0491 | 0.1149 | 0.2291 | 2.3446 | 0.1557 | 0.6059 |
| 300 | 0.0396 | 0.1135 | 0.2196 | 2.3219 | 0.1268 | 0.5991 |

[비고 1] R은 표피효과계수와 근접효과계수가 고려된 90℃의 교류도체저항 값이다.
[비고 2] s는 케이블 중심간의 간격, d는 케이블의 완성외경이다.
[비고 3] FR-8, NFR-8, TFR-8은 이 표를 적용한다.

표 5-65 0.6/1kV F-FR-8(단상, 3 Core, 밀착배열, 3병렬) CABLE의 임피던스

| 공 칭 단면적 [㎟] | 정상 & 역상 임피던스 | | 영상 임피던스 | | | |
|---|---|---|---|---|---|---|
| | | | TT 계통 | | TN 계통 | |
| | $R_1$[Ω/km] | $X_1$[Ω/km] | $R_0$ [Ω/km] | $X_0$[Ω/km] | $R_0$ [Ω/km] | $X_0$[Ω/km] |
| 50 | 0.1646 | 0.1152 | 0.3446 | 2.4201 | 0.5042 | 0.6026 |
| 70 | 0.1141 | 0.1128 | 0.2941 | 2.3848 | 0.3555 | 0.5660 |
| 95 | 0.0823 | 0.1105 | 0.2623 | 2.3593 | 0.2595 | 0.5458 |
| 120 | 0.0654 | 0.1094 | 0.2454 | 2.3346 | 0.2076 | 0.5367 |
| 150 | 0.0531 | 0.1086 | 0.2331 | 2.3102 | 0.1697 | 0.5307 |
| 185 | 0.0427 | 0.1079 | 0.2227 | 2.2882 | 0.1372 | 0.5262 |
| 240 | 0.0328 | 0.1064 | 0.2128 | 2.2616 | 0.1066 | 0.5195 |
| 300 | 0.0265 | 0.1052 | 0.2065 | 2.2395 | 0.0870 | 0.5149 |

[비고 1] R은 표피효과계수와 근접효과계수가 고려된 90℃의 교류도체저항 값이다.
[비고 2] s는 케이블 중심간의 간격, d는 케이블의 완성외경이다.
[비고 3] FR-8, NFR-8, TFR-8은 이 표를 적용한다.

표 5-66 0.6/1kV F-FR-8(단상, 4 Core, 밀착배열, 4병렬) CABLE의 임피던스

| 공 칭 단면적 [㎟] | 정상 & 역상 임피던스 | | 영상 임피던스 | | | |
|---|---|---|---|---|---|---|
| | | | TT 계통 | | TN 계통 | |
| | $R_1$[Ω/km] | $X_1$[Ω/km] | $R_0$ [Ω/km] | $X_0$[Ω/km] | $R_0$ [Ω/km] | $X_0$[Ω/km] |
| 50 | 0.1235 | 0.1091 | 0.3035 | 2.3632 | 0.3857 | 0.5325 |
| 70 | 0.0856 | 0.1067 | 0.2656 | 2.3288 | 0.2709 | 0.5085 |
| 95 | 0.0617 | 0.1047 | 0.2417 | 2.3037 | 0.1975 | 0.4952 |
| 120 | 0.0491 | 0.1036 | 0.2291 | 2.2793 | 0.1580 | 0.4887 |
| 150 | 0.0399 | 0.1027 | 0.2199 | 2.2552 | 0.1293 | 0.4839 |
| 185 | 0.0320 | 0.1019 | 0.2120 | 2.2335 | 0.1047 | 0.4802 |
| 240 | 0.0246 | 0.1008 | 0.2046 | 2.2066 | 0.0815 | 0.4756 |
| 300 | 0.0199 | 0.1001 | 0.1999 | 2.1842 | 0.0667 | 0.4727 |

[비고 1] R은 표피효과계수와 근접효과계수가 고려된 90℃의 교류도체저항 값이다.
[비고 2] s는 케이블 중심간의 간격, d는 케이블의 완성외경이다.
[비고 3] FR-8, NFR-8, TFR-8은 이 표를 적용한다.

표 5-67 0.6/1kV F-FR-8(3상, 2 Core, 평형배열, 2병렬) CABLE의 임피던스

| 공 칭 단면적 [㎟] | 정상 & 역상 임피던스 | | 영상 임피던스 | | | |
|---|---|---|---|---|---|---|
| | | | TT 계통 | | TN 계통 | |
| | $R_1$[Ω/km] | $X_1$[Ω/km] | $R_0$ [Ω/km] | $X_0$[Ω/km] | $R_0$ [Ω/km] | $X_0$[Ω/km] |
| 50 | 0.2469 | 0.1426 | 0.4269 | 2.4812 | 0.7035 | 0.8172 |
| 70 | 0.1711 | 0.1396 | 0.3511 | 2.4449 | 0.5018 | 0.7504 |
| 95 | 0.1234 | 0.1365 | 0.3034 | 2.4185 | 0.3686 | 0.7135 |
| 120 | 0.0980 | 0.1350 | 0.2780 | 2.3935 | 0.2955 | 0.6970 |
| 150 | 0.0797 | 0.1341 | 0.2597 | 2.3691 | 0.2418 | 0.6870 |
| 185 | 0.0639 | 0.1333 | 0.2439 | 2.3471 | 0.1956 | 0.6797 |
| 240 | 0.0491 | 0.1323 | 0.2291 | 2.3184 | 0.1517 | 0.6723 |
| 300 | 0.0396 | 0.1310 | 0.2196 | 2.2958 | 0.1237 | 0.6657 |

[비고 1] R은 표피효과계수와 근접효과계수가 고려된 90℃의 교류도체저항 값이다.
[비고 2] s는 케이블 중심간의 간격, d는 케이블의 완성외경이다.
[비고 3] FR-8, NFR-8, TFR-8은 이 표를 적용한다.

**표 5-68 0.6/1kV F-FR-8(3상, 3 Core, 평형배열, 3병렬) CABLE의 임피던스**

| 공 칭 단면적 [㎟] | 정상 & 역상 임피던스 | | 영상 임피던스 | | | |
|---|---|---|---|---|---|---|
| | | | TT 계통 | | TN 계통 | |
| | $R_1$[Ω/km] | $X_1$[Ω/km] | $R_0$ [Ω/km] | $X_0$[Ω/km] | $R_0$ [Ω/km] | $X_0$[Ω/km] |
| 50 | 0.1646 | 0.1326 | 0.3446 | 2.6640 | 0.4890 | 0.9366 |
| 70 | 0.1141 | 0.1302 | 0.2941 | 2.6397 | 0.3449 | 0.9128 |
| 95 | 0.0823 | 0.1280 | 0.2623 | 2.6219 | 0.2521 | 0.9013 |
| 120 | 0.0654 | 0.1268 | 0.2454 | 2.6051 | 0.2018 | 0.9003 |
| 150 | 0.0531 | 0.1260 | 0.2331 | 2.5885 | 0.1652 | 0.9024 |
| 185 | 0.0427 | 0.1253 | 0.2227 | 2.5736 | 0.1338 | 0.9051 |
| 240 | 0.0328 | 0.1238 | 0.2128 | 2.5554 | 0.1042 | 0.9069 |
| 300 | 0.0264 | 0.1227 | 0.2064 | 2.5403 | 0.0853 | 0.9093 |

[비고 1] R은 표피효과계수와 근접효과계수가 고려된 90℃의 교류도체저항 값이다.
[비고 2] s는 케이블 중심간의 간격, d는 케이블의 완성외경이다.
[비고 3] FR-8, NFR-8, TFR-8은 이 표를 적용한다.

**표 5-69 0.6/1kV F-FR-8(3상, 4 Core, 평형배열, 4병렬) CABLE의 임피던스**

| 공 칭 단면적 [㎟] | 정상 & 역상 임피던스 | | 영상 임피던스 | | | |
|---|---|---|---|---|---|---|
| | | | TT 계통 | | TN 계통 | |
| | $R_1$[Ω/km] | $X_1$[Ω/km] | $R_0$ [Ω/km] | $X_0$[Ω/km] | $R_0$ [Ω/km] | $X_0$[Ω/km] |
| 50 | 0.1235 | 0.1265 | 0.3035 | 2.3240 | 0.3741 | 0.5854 |
| 70 | 0.0856 | 0.1241 | 0.2656 | 2.2896 | 0.2630 | 0.5625 |
| 95 | 0.0617 | 0.1221 | 0.2417 | 2.2645 | 0.1920 | 0.5498 |
| 120 | 0.0490 | 0.1210 | 0.2290 | 2.2401 | 0.1538 | 0.5435 |
| 150 | 0.0399 | 0.1201 | 0.2199 | 2.2160 | 0.1261 | 0.5388 |
| 185 | 0.0320 | 0.1193 | 0.2120 | 2.1943 | 0.1024 | 0.5351 |
| 240 | 0.0246 | 0.1182 | 0.2046 | 2.1674 | 0.0800 | 0.5306 |
| 300 | 0.0199 | 0.1175 | 0.1999 | 2.1450 | 0.0657 | 0.5276 |

[비고 1] R은 표피효과계수와 근접효과계수가 고려된 90℃의 교류도체저항 값이다.
[비고 2] s는 케이블 중심간의 간격, d는 케이블의 완성외경이다.
[비고 3] FR-8, NFR-8, TFR-8은 이 표를 적용한다.

표 5-70 0.6/1kV VV(단상, 1Core, 밀착배열) CABLE의 임피던스

| 공 칭 단면적 [㎟] | 정상 & 역상 임피던스 | | 영상 임피던스 | | | |
|---|---|---|---|---|---|---|
| | | | TT 계통 | | TN 계통 | |
| | $R_1$[Ω/km] | $X_1$[Ω/km] | $R_0$ [Ω/km] | $X_0$[Ω/km] | $R_0$ [Ω/km] | $X_0$[Ω/km] |
| 1.5 | 14.4777 | 0.1773 | 14.6577 | 2.8421 | 14.8079 | 2.8983 |
| 2.5 | 8.8661 | 0.1652 | 9.0461 | 2.8133 | 9.2841 | 2.8333 |
| 4 | 5.5159 | 0.1573 | 5.6959 | 2.7752 | 6.0570 | 2.7324 |
| 6 | 3.6853 | 0.1467 | 3.8653 | 2.7508 | 4.3711 | 2.6061 |
| 10 | 2.1897 | 0.1354 | 2.3697 | 2.7144 | 3.0912 | 2.3295 |
| 16 | 1.3761 | 0.1280 | 1.5561 | 2.6954 | 2.4327 | 1.9510 |
| 25 | 0.8701 | 0.1246 | 1.0501 | 2.6508 | 1.9190 | 1.4943 |
| 35 | 0.6274 | 0.1189 | 0.8074 | 2.6269 | 1.5780 | 1.1917 |
| 50 | 0.4636 | 0.1150 | 0.6436 | 2.5984 | 1.2728 | 0.9719 |
| 70 | 0.3216 | 0.1081 | 0.5016 | 2.5691 | 0.9508 | 0.7812 |
| 95 | 0.2323 | 0.1076 | 0.4123 | 2.5359 | 0.7104 | 0.6893 |
| 120 | 0.1849 | 0.1042 | 0.3649 | 2.5148 | 0.5767 | 0.6385 |
| 150 | 0.1506 | 0.1031 | 0.3306 | 2.4921 | 0.4750 | 0.6107 |
| 185 | 0.1213 | 0.1052 | 0.3013 | 2.4654 | 0.3839 | 0.6012 |
| 240 | 0.0939 | 0.1032 | 0.2739 | 2.4377 | 0.2999 | 0.5810 |
| 300 | 0.0768 | 0.0998 | 0.2568 | 2.4187 | 0.2474 | 0.5623 |
| 400 | 0.0623 | 0.0999 | 0.2423 | 2.3905 | 0.2016 | 0.5580 |
| 500 | 0.0516 | 0.0986 | 0.2316 | 2.3640 | 0.1678 | 0.5500 |
| 630 | 0.0440 | 0.0960 | 0.2240 | 2.3388 | 0.1441 | 0.5386 |

[비고 1] R은 표피효과계수와 근접효과계수가 고려된 70℃의 교류도체저항 값이다.
[비고 2] s는 케이블 중심간의 간격, d는 케이블의 완성외경이다.

표 5-71 0.6/1kV VV(3상, 1Core, 삼각배열) CABLE의 임피던스

| 공 칭 단면적 [㎟] | 정상 & 역상 임피던스 | | 영상 임피던스 | | | |
|---|---|---|---|---|---|---|
| | | | TT 계통 | | TN 계통 | |
| | $R_1$[Ω/km] | $X_1$[Ω/km] | $R_0$ [Ω/km] | $X_0$[Ω/km] | $R_0$ [Ω/km] | $X_0$[Ω/km] |
| 1.5 | 14.4777 | 0.1773 | 14.6577 | 2.8421 | 14.8049 | 2.8101 |
| 2.5 | 8.8661 | 0.1652 | 9.0461 | 2.8133 | 9.2792 | 2.7516 |
| 4 | 5.5159 | 0.1573 | 5.6959 | 2.7752 | 6.0495 | 2.6557 |
| 6 | 3.6853 | 0.1467 | 3.8653 | 2.7508 | 4.3604 | 2.5365 |
| 10 | 2.1897 | 0.1354 | 2.3697 | 2.7144 | 3.0756 | 2.2701 |
| 16 | 1.3761 | 0.1280 | 1.5561 | 2.6954 | 2.4132 | 1.9024 |
| 25 | 0.8701 | 0.1246 | 1.0501 | 2.6508 | 1.8987 | 1.4564 |
| 35 | 0.6274 | 0.1189 | 0.8074 | 2.6269 | 1.5593 | 1.1628 |
| 50 | 0.4637 | 0.1150 | 0.6437 | 2.5984 | 1.2566 | 0.9496 |
| 70 | 0.3216 | 0.1081 | 0.5016 | 2.5691 | 0.9381 | 0.7664 |
| 95 | 0.2323 | 0.1076 | 0.4123 | 2.5359 | 0.7008 | 0.6768 |
| 120 | 0.1849 | 0.1042 | 0.3649 | 2.5148 | 0.5689 | 0.6288 |
| 150 | 0.1507 | 0.1031 | 0.3307 | 2.4921 | 0.4685 | 0.6022 |
| 185 | 0.1213 | 0.1052 | 0.3013 | 2.4654 | 0.3787 | 0.5918 |
| 240 | 0.0939 | 0.1032 | 0.2739 | 2.4377 | 0.2958 | 0.5730 |
| 300 | 0.0767 | 0.0998 | 0.2567 | 2.4187 | 0.2439 | 0.5564 |
| 400 | 0.0621 | 0.0999 | 0.2421 | 2.3905 | 0.1982 | 0.5519 |
| 500 | 0.0510 | 0.0986 | 0.2310 | 2.3640 | 0.1639 | 0.5447 |
| 630 | 0.0428 | 0.0960 | 0.2228 | 2.3388 | 0.1383 | 0.5346 |

[비고 1] R은 표피효과계수와 근접효과계수가 고려된 70℃의 교류도체저항 값이다.

[비고 2] s는 케이블 중심간의 간격, d는 케이블의 완성외경이다.

표 5-72 0.6/1kV VV(3상, 1Core, 평형배열 s=d) CABLE의 임피던스

| 공 칭 단면적 [㎟] | 정상 & 역상 임피던스 | | 영상 임피던스 | | | |
|---|---|---|---|---|---|---|
| | | | TT 계통 | | TN 계통 | |
| | $R_1$[Ω/km] | $X_1$[Ω/km] | $R_0$ [Ω/km] | $X_0$[Ω/km] | $R_0$ [Ω/km] | $X_0$[Ω/km] |
| 1.5 | 14.4777 | 0.1947 | 14.6577 | 2.8073 | 14.8013 | 2.7758 |
| 2.5 | 8.8661 | 0.1826 | 9.0461 | 2.7784 | 9.2736 | 2.7178 |
| 4 | 5.5159 | 0.1747 | 5.6959 | 2.7403 | 6.0408 | 2.6231 |
| 6 | 3.6853 | 0.1641 | 3.8653 | 2.7160 | 4.3480 | 2.5060 |
| 10 | 2.1897 | 0.1528 | 2.3697 | 2.6795 | 3.0576 | 2.2449 |
| 16 | 1.3761 | 0.1455 | 1.5561 | 2.6606 | 2.3908 | 1.8855 |
| 25 | 0.8701 | 0.1421 | 1.0501 | 2.6159 | 1.8753 | 1.4497 |
| 35 | 0.6273 | 0.1363 | 0.8073 | 2.5921 | 1.5375 | 1.1633 |
| 50 | 0.4635 | 0.1324 | 0.6435 | 2.5635 | 1.2377 | 0.9553 |
| 70 | 0.3214 | 0.1255 | 0.5014 | 2.5343 | 0.9229 | 0.7766 |
| 95 | 0.2320 | 0.1250 | 0.4120 | 2.5010 | 0.6887 | 0.6894 |
| 120 | 0.1845 | 0.1216 | 0.3645 | 2.4799 | 0.5584 | 0.6426 |
| 150 | 0.1501 | 0.1205 | 0.3301 | 2.4573 | 0.4593 | 0.6166 |
| 185 | 0.1207 | 0.1227 | 0.3007 | 2.4305 | 0.3707 | 0.6066 |
| 240 | 0.0930 | 0.1206 | 0.2730 | 2.4028 | 0.2885 | 0.5882 |
| 300 | 0.0755 | 0.1172 | 0.2555 | 2.3839 | 0.2365 | 0.5719 |
| 400 | 0.0606 | 0.1173 | 0.2406 | 2.3557 | 0.1909 | 0.5676 |
| 500 | 0.0493 | 0.1160 | 0.2293 | 2.3292 | 0.1562 | 0.5605 |
| 630 | 0.0406 | 0.1134 | 0.2206 | 2.3039 | 0.1299 | 0.5505 |

[비고 1] R은 표피효과계수와 근접효과계수가 고려된 70℃의 교류도체저항 값이다.
[비고 2] s는 케이블 중심간의 간격, d는 케이블의 완성외경이다.

**표 5-73 0.6/1kV VV(3상, 1Core, 평형배열 s=2d) CABLE의 임피던스**

| 공 칭 단면적 [㎟] | 정상 & 역상 임피던스 | | 영상 임피던스 | | | |
|---|---|---|---|---|---|---|
| | | | TT 계통 | | TN 계통 | |
| | $R_1$[Ω/km] | $X_1$[Ω/km] | $R_0$ [Ω/km] | $X_0$[Ω/km] | $R_0$ [Ω/km] | $X_0$[Ω/km] |
| 1.5 | 14.4777 | 0.2470 | 14.6577 | 2.7027 | 14.7839 | 2.6738 |
| 2.5 | 8.8661 | 0.2349 | 9.0461 | 2.6739 | 9.2457 | 2.6187 |
| 4 | 5.5159 | 0.2270 | 5.6959 | 2.6358 | 5.9978 | 2.5299 |
| 6 | 3.6853 | 0.2164 | 3.8653 | 2.6115 | 4.2872 | 2.4230 |
| 10 | 2.1897 | 0.2051 | 2.3697 | 2.5750 | 2.9687 | 2.1880 |
| 16 | 1.3761 | 0.1977 | 1.5561 | 2.5561 | 2.2802 | 1.8697 |
| 25 | 0.8700 | 0.1943 | 1.0500 | 2.5114 | 1.7604 | 1.4847 |
| 35 | 0.6272 | 0.1886 | 0.8072 | 2.4875 | 1.4312 | 1.2334 |
| 50 | 0.4634 | 0.1847 | 0.6434 | 2.4590 | 1.1458 | 1.0514 |
| 70 | 0.3211 | 0.1778 | 0.5011 | 2.4298 | 0.8506 | 0.8955 |
| 95 | 0.2316 | 0.1773 | 0.4116 | 2.3965 | 0.6333 | 0.8198 |
| 120 | 0.1839 | 0.1739 | 0.3639 | 2.3754 | 0.5128 | 0.7788 |
| 150 | 0.1494 | 0.1727 | 0.3294 | 2.3527 | 0.4213 | 0.7561 |
| 185 | 0.1198 | 0.1749 | 0.2998 | 2.3260 | 0.3398 | 0.7475 |
| 240 | 0.0919 | 0.1729 | 0.2719 | 2.2983 | 0.2638 | 0.7312 |
| 300 | 0.0740 | 0.1695 | 0.2540 | 2.2793 | 0.2153 | 0.7165 |
| 400 | 0.0589 | 0.1696 | 0.2389 | 2.2511 | 0.1729 | 0.7124 |
| 500 | 0.0471 | 0.1683 | 0.2271 | 2.2246 | 0.1402 | 0.7056 |
| 630 | 0.0379 | 0.1657 | 0.2179 | 2.1994 | 0.1150 | 0.6963 |

[비고 1] R은 표피효과계수와 근접효과계수가 고려된 70℃의 교류도체저항 값이다.
[비고 2] s는 케이블 중심간의 간격, d는 케이블의 완성외경이다.

표 5-74 0.6/1kV VV(단상, 2 Core) CABLE의 임피던스

| 공 칭 단면적 [㎟] | 정상 & 역상 임피던스 | | 영상 임피던스 | | | |
|---|---|---|---|---|---|---|
| | | | TT 계통 | | TN 계통 | |
| | $R_1$[Ω/km] | $X_1$[Ω/km] | $R_0$ [Ω/km] | $X_0$[Ω/km] | $R_0$ [Ω/km] | $X_0$[Ω/km] |
| 1.5 | 14.4777 | 0.1273 | 14.6577 | 2.9421 | 14.8020 | 2.9741 |
| 2.5 | 8.8661 | 0.1185 | 9.0461 | 2.9066 | 9.2532 | 2.9092 |
| 4 | 5.5159 | 0.1180 | 5.6959 | 2.8538 | 6.0432 | 2.7949 |
| 6 | 3.6853 | 0.1113 | 3.8653 | 2.8215 | 4.3477 | 2.6673 |
| 10 | 2.1897 | 0.1038 | 2.3697 | 2.7775 | 3.0596 | 2.3937 |
| 16 | 1.3762 | 0.1001 | 1.5562 | 2.7514 | 2.3879 | 2.0287 |
| 25 | 0.8702 | 0.0990 | 1.0502 | 2.7021 | 1.8739 | 1.5873 |
| 35 | 0.6274 | 0.0955 | 0.8074 | 2.6736 | 1.5352 | 1.2969 |
| 50 | 0.4637 | 0.0954 | 0.6437 | 2.6376 | 1.2346 | 1.0845 |
| 70 | 0.3217 | 0.0917 | 0.5017 | 2.6019 | 0.9165 | 0.9116 |
| 95 | 0.2323 | 0.0914 | 0.4123 | 2.5683 | 0.6863 | 0.8168 |
| 120 | 0.1849 | 0.0893 | 0.3649 | 2.5445 | 0.5566 | 0.7681 |
| 150 | 0.1506 | 0.0894 | 0.3306 | 2.5194 | 0.4567 | 0.7503 |
| 185 | 0.1213 | 0.0895 | 0.3013 | 2.4968 | 0.3712 | 0.7304 |
| 240 | 0.0939 | 0.0888 | 0.2739 | 2.4664 | 0.2898 | 0.7116 |
| 300 | 0.0765 | 0.0884 | 0.2565 | 2.4416 | 0.2379 | 0.6972 |

[비고 1] R은 표피효과계수와 근접효과계수가 고려된 70℃의 교류도체저항 값이다.
[비고 2] s는 케이블 중심간의 간격, d는 케이블의 완성외경이다.

표 5-75 0.6/1kV VV(3상, 3 Core) CABLE의 임피던스

| 공 칭 단면적 [㎟] | 정상 & 역상 임피던스 | | 영상 임피던스 | | | |
|---|---|---|---|---|---|---|
| | | | TT 계통 | | TN 계통 | |
| | $R_1$[Ω/km] | $X_1$[Ω/km] | $R_0$ [Ω/km] | $X_0$[Ω/km] | $R_0$ [Ω/km] | $X_0$[Ω/km] |
| 1.5 | 14.4777 | 0.1273 | 14.6577 | 2.9421 | 14.8009 | 2.9106 |
| 2.5 | 8.8661 | 0.1185 | 9.0461 | 2.9066 | 9.2727 | 2.8462 |
| 4 | 5.5159 | 0.1180 | 5.6959 | 2.8538 | 6.0388 | 2.7371 |
| 6 | 3.6853 | 0.1113 | 3.8653 | 2.8215 | 4.3449 | 2.6126 |
| 10 | 2.1898 | 0.1038 | 2.3698 | 2.7775 | 3.0521 | 2.3458 |
| 16 | 1.3762 | 0.1001 | 1.5562 | 2.7514 | 2.3835 | 1.9822 |
| 25 | 0.8703 | 0.0990 | 1.0503 | 2.7021 | 1.8664 | 1.5471 |
| 35 | 0.6276 | 0.0955 | 0.8076 | 2.6736 | 1.5228 | 1.2700 |
| 50 | 0.4639 | 0.0954 | 0.6439 | 2.6376 | 1.2253 | 1.0583 |
| 70 | 0.3220 | 0.0917 | 0.5020 | 2.6019 | 0.9107 | 0.8868 |
| 95 | 0.2328 | 0.0914 | 0.4128 | 2.5683 | 0.6809 | 0.8001 |
| 120 | 0.1855 | 0.0893 | 0.3655 | 2.5445 | 0.5534 | 0.7510 |
| 150 | 0.1513 | 0.0894 | 0.3313 | 2.5194 | 0.4553 | 0.7303 |
| 185 | 0.1223 | 0.0895 | 0.3023 | 2.4968 | 0.3712 | 0.7087 |
| 240 | 0.0950 | 0.0888 | 0.2750 | 2.4664 | 0.2908 | 0.6944 |
| 300 | 0.0779 | 0.0884 | 0.2579 | 2.4416 | 0.2397 | 0.6839 |

[비고 1] R은 표피효과계수와 근접효과계수가 고려된 70℃의 교류도체저항 값이다.
[비고 2] s는 케이블 중심간의 간격, d는 케이블의 완성외경이다.

표 5-76 0.6/1kV VV(3상, 4 Core) CABLE의 임피던스

| 공 칭 단면적 [㎟] | 정상 & 역상 임피던스 | | 영상 임피던스 | | | |
|---|---|---|---|---|---|---|
| | | | TT 계통 | | TN 계통 | |
| | $R_1$[Ω/km] | $X_1$[Ω/km] | $R_0$ [Ω/km] | $X_0$[Ω/km] | $R_0$ [Ω/km] | $X_0$[Ω/km] |
| 1.5 | 14.4777 | 0.1360 | 14.6577 | 2.8710 | 14.7989 | 2.8399 |
| 2.5 | 8.8661 | 0.1272 | 9.0461 | 2.8377 | 9.2696 | 2.77792 |
| 4 | 5.5159 | 0.1267 | 5.6959 | 2.7851 | 6.0347 | 2.66946 |
| 6 | 3.6853 | 0.1201 | 3.8653 | 2.7545 | 4.3368 | 2.54842 |
| 10 | 2.1897 | 0.1125 | 2.3697 | 2.7124 | 3.0382 | 2.28804 |
| 16 | 1.3762 | 0.1088 | 1.5562 | 2.6872 | 2.3596 | 1.93716 |
| 25 | 0.8702 | 0.1077 | 1.0502 | 2.6381 | 1.8455 | 1.5083 |
| 35 | 0.6275 | 0.1042 | 0.8075 | 2.6105 | 1.5110 | 1.22587 |
| 50 | 0.4638 | 0.1041 | 0.6438 | 2.5745 | 1.2118 | 1.0242 |
| 70 | 0.3218 | 0.1004 | 0.5018 | 2.5397 | 0.9010 | 0.85299 |
| 95 | 0.2325 | 0.1001 | 0.4125 | 2.5062 | 0.6720 | 0.77239 |
| 120 | 0.1851 | 0.0980 | 0.3651 | 2.4830 | 0.5447 | 0.72995 |
| 150 | 0.1509 | 0.0981 | 0.3309 | 2.4578 | 0.4484 | 0.70546 |
| 185 | 0.1217 | 0.0982 | 0.3017 | 2.4352 | 0.3646 | 0.68778 |
| 240 | 0.0943 | 0.0975 | 0.2743 | 2.4050 | 0.2853 | 0.66917 |
| 300 | 0.0769 | 0.0971 | 0.2569 | 2.3803 | 0.2342 | 0.66083 |

[비고 1] R은 표피효과계수와 근접효과계수가 고려된 70℃의 교류도체저항 값이다.
[비고 2] s는 케이블 중심간의 간격, d는 케이블의 완성외경이다.

표 5-77 0.6/1kV VV(단상, 1Core, 평형배열, 2병렬) CABLE의 임피던스

| 공 칭 단면적 [㎟] | 정상 & 역상 임피던스 | | 영상 임피던스 | | | |
|---|---|---|---|---|---|---|
| | | | TT 계통 | | TN 계통 | |
| | $R_1$[Ω/km] | $X_1$[Ω/km] | $R_0$ [Ω/km] | $X_0$[Ω/km] | $R_0$ [Ω/km] | $X_0$[Ω/km] |
| 50 | 0.2318 | 0.1098 | 0.4118 | 2.4918 | 0.6991 | 0.6950 |
| 70 | 0.1608 | 0.1063 | 0.3408 | 2.4643 | 0.4989 | 0.6272 |
| 95 | 0.1161 | 0.1061 | 0.2961 | 2.4311 | 0.3646 | 0.5998 |
| 120 | 0.0923 | 0.1043 | 0.2723 | 2.4109 | 0.2925 | 0.5829 |
| 150 | 0.0751 | 0.1038 | 0.2551 | 2.3885 | 0.2394 | 0.5743 |
| 185 | 0.0605 | 0.1049 | 0.2405 | 2.3612 | 0.1932 | 0.5735 |
| 240 | 0.0467 | 0.1039 | 0.2267 | 2.3340 | 0.1502 | 0.5662 |
| 300 | 0.0379 | 0.1022 | 0.2179 | 2.3159 | 0.1232 | 0.5584 |
| 400 | 0.0306 | 0.1022 | 0.2106 | 2.2877 | 0.1002 | 0.5570 |
| 500 | 0.0251 | 0.1015 | 0.2051 | 2.2615 | 0.0828 | 0.5534 |
| 630 | 0.0210 | 0.1003 | 0.2010 | 2.2369 | 0.0700 | 0.5479 |

[비고 1] R은 표피효과계수와 근접효과계수가 고려된 70℃의 교류도체저항 값이다.
[비고 2] s는 케이블 중심간의 간격, d는 케이블의 완성외경이다.

표 5-78 0.6/1kV VV(단상, 1Core, 평형배열, 3병렬) CABLE의 임피던스

| 공 칭 단면적 [㎟] | 정상 & 역상 임피던스 | | 영상 임피던스 | | | |
|---|---|---|---|---|---|---|
| | | | TT 계통 | | TN 계통 | |
| | $R_1$[Ω/km] | $X_1$[Ω/km] | $R_0$ [Ω/km] | $X_0$[Ω/km] | $R_0$ [Ω/km] | $X_0$[Ω/km] |
| 50 | 0.1545 | 0.1096 | 0.3345 | 2.3449 | 0.4751 | 0.5783 |
| 70 | 0.1072 | 0.1072 | 0.2872 | 2.3204 | 0.3352 | 0.5449 |
| 95 | 0.0773 | 0.1071 | 0.2573 | 2.2874 | 0.2440 | 0.5320 |
| 120 | 0.0615 | 0.1059 | 0.2415 | 2.2686 | 0.1954 | 0.5235 |
| 150 | 0.0500 | 0.1056 | 0.2300 | 2.2466 | 0.1599 | 0.5193 |
| 185 | 0.0403 | 0.1063 | 0.2203 | 2.2184 | 0.1293 | 0.5191 |
| 240 | 0.0310 | 0.1056 | 0.2110 | 2.1921 | 0.1008 | 0.5152 |
| 300 | 0.0252 | 0.1045 | 0.2052 | 2.1754 | 0.0828 | 0.5108 |
| 400 | 0.0203 | 0.1045 | 0.2003 | 2.1471 | 0.0675 | 0.5098 |
| 500 | 0.0165 | 0.1041 | 0.1965 | 2.1215 | 0.0560 | 0.5076 |
| 630 | 0.0137 | 0.1032 | 0.1937 | 2.0980 | 0.0473 | 0.5043 |

[비고 1] R은 표피효과계수와 근접효과계수가 고려된 70℃의 교류도체저항 값이다.
[비고 2] s는 케이블 중심간의 간격, d는 케이블의 완성외경이다.

표 5-79 0.6/1kV VV(단상, 1Core, 평형배열, 4병렬) CABLE의 임피던스

| 공 칭 단면적 [㎟] | 정상 & 역상 임피던스 | | 영상 임피던스 | | | |
|---|---|---|---|---|---|---|
| | | | TT 계통 | | TN 계통 | |
| | $R_1$[Ω/km] | $X_1$[Ω/km] | $R_0$ [Ω/km] | $X_0$[Ω/km] | $R_0$ [Ω/km] | $X_0$[Ω/km] |
| 50 | 0.1159 | 0.1099 | 0.2959 | 2.2527 | 0.3586 | 0.5283 |
| 70 | 0.0804 | 0.1081 | 0.2604 | 2.2291 | 0.2521 | 0.5083 |
| 95 | 0.0580 | 0.1080 | 0.2380 | 2.1962 | 0.1834 | 0.5008 |
| 120 | 0.0461 | 0.1071 | 0.2261 | 2.1779 | 0.1470 | 0.4955 |
| 150 | 0.0375 | 0.1069 | 0.2175 | 2.1561 | 0.1205 | 0.4928 |
| 185 | 0.0302 | 0.1074 | 0.2102 | 2.1276 | 0.0977 | 0.4926 |
| 240 | 0.0232 | 0.1069 | 0.2032 | 2.1016 | 0.0764 | 0.4899 |
| 300 | 0.0189 | 0.1061 | 0.1989 | 2.0853 | 0.0630 | 0.4869 |
| 400 | 0.0152 | 0.1061 | 0.1952 | 2.0570 | 0.0517 | 0.4861 |
| 500 | 0.0123 | 0.1057 | 0.1923 | 2.0316 | 0.0430 | 0.4843 |
| 630 | 0.0102 | 0.1051 | 0.1902 | 2.0085 | 0.0366 | 0.4819 |

[비고 1] R은 표피효과계수와 근접효과계수가 고려된 70℃의 교류도체저항 값이다.
[비고 2] s는 케이블 중심간의 간격, d는 케이블의 완성외경이다.

표 5-80 0.6/1kV VV(3상, 1Core, 평형배열, 2병렬) CABLE의 임피던스

| 공 칭 단면적 [㎟] | 정상 & 역상 임피던스 | | 영상 임피던스 | | | |
|---|---|---|---|---|---|---|
| | | | TT 계통 | | TN 계통 | |
| | $R_1$[Ω/km] | $X_1$[Ω/km] | $R_0$ [Ω/km] | $X_0$[Ω/km] | $R_0$ [Ω/km] | $X_0$[Ω/km] |
| 50 | 0.2317 | 0.1272 | 0.4117 | 2.4656 | 0.6777 | 0.7566 |
| 70 | 0.1607 | 0.1237 | 0.3407 | 2.4382 | 0.4835 | 0.6922 |
| 95 | 0.1159 | 0.1235 | 0.2959 | 2.4050 | 0.3532 | 0.6662 |
| 120 | 0.0921 | 0.1218 | 0.2721 | 2.3848 | 0.2834 | 0.6500 |
| 150 | 0.0749 | 0.1212 | 0.2549 | 2.3624 | 0.2319 | 0.6418 |
| 185 | 0.0602 | 0.1223 | 0.2402 | 2.3351 | 0.1871 | 0.6409 |
| 240 | 0.0463 | 0.1213 | 0.2263 | 2.3079 | 0.1453 | 0.6339 |
| 300 | 0.0375 | 0.1196 | 0.2175 | 2.2898 | 0.1189 | 0.6263 |
| 400 | 0.0300 | 0.1196 | 0.2100 | 2.2615 | 0.0962 | 0.6248 |
| 500 | 0.0242 | 0.1190 | 0.2042 | 2.2353 | 0.0787 | 0.6212 |
| 630 | 0.0198 | 0.1177 | 0.1998 | 2.2108 | 0.0653 | 0.6157 |

[비고 1] R은 표피효과계수와 근접효과계수가 고려된 70℃의 교류도체저항 값이다.
[비고 2] s는 케이블 중심간의 간격, d는 케이블의 완성외경이다.

**표 5-81 0.6/1kV VV(3상, 1Core, 평형배열, 3병렬) CABLE의 임피던스**

| 공 칭 단면적 [㎟] | 정상 & 역상 임피던스 | | 영상 임피던스 | | | |
|---|---|---|---|---|---|---|
| | | | TT 계통 | | TN 계통 | |
| | $R_1$[Ω/km] | $X_1$[Ω/km] | $R_0$ [Ω/km] | $X_0$[Ω/km] | $R_0$ [Ω/km] | $X_0$[Ω/km] |
| 50 | 0.1545 | 0.1270 | 0.3345 | 2.3101 | 0.4602 | 0.6339 |
| 70 | 0.1071 | 0.1247 | 0.2871 | 2.2855 | 0.3249 | 0.6022 |
| 95 | 0.0773 | 0.1245 | 0.2573 | 2.2525 | 0.2366 | 0.5900 |
| 120 | 0.0614 | 0.1234 | 0.2414 | 2.2337 | 0.1897 | 0.5819 |
| 150 | 0.0499 | 0.1230 | 0.2299 | 2.2118 | 0.1554 | 0.5777 |
| 185 | 0.0401 | 0.1237 | 0.2201 | 2.1836 | 0.1258 | 0.5774 |
| 240 | 0.0308 | 0.1230 | 0.2108 | 2.1573 | 0.0981 | 0.5735 |
| 300 | 0.0249 | 0.1219 | 0.2049 | 2.1405 | 0.0805 | 0.5692 |
| 400 | 0.0199 | 0.1219 | 0.1999 | 2.1123 | 0.0656 | 0.5681 |
| 500 | 0.0160 | 0.1215 | 0.1960 | 2.0866 | 0.0541 | 0.5657 |
| 630 | 0.0130 | 0.1206 | 0.1930 | 2.0631 | 0.0452 | 0.5623 |

[비고 1] R은 표피효과계수와 근접효과계수가 고려된 70℃의 교류도체저항 값이다.
[비고 2] s는 케이블 중심간의 간격, d는 케이블의 완성외경이다.

**표 5-82 0.6/1kV VV(3상, 1Core, 평형배열, 4병렬) CABLE의 임피던스**

| 공 칭 단면적 [㎟] | 정상 & 역상 임피던스 | | 영상 임피던스 | | | |
|---|---|---|---|---|---|---|
| | | | TT 계통 | | TN 계통 | |
| | $R_1$[Ω/km] | $X_1$[Ω/km] | $R_0$ [Ω/km] | $X_0$[Ω/km] | $R_0$ [Ω/km] | $X_0$[Ω/km] |
| 50 | 0.1159 | 0.1273 | 0.2959 | 2.2135 | 0.3474 | 0.5804 |
| 70 | 0.0803 | 0.1255 | 0.2603 | 2.1899 | 0.2445 | 0.5614 |
| 95 | 0.0580 | 0.1254 | 0.2380 | 2.1570 | 0.1782 | 0.5542 |
| 120 | 0.0460 | 0.1246 | 0.2260 | 2.1387 | 0.1430 | 0.5491 |
| 150 | 0.0374 | 0.1243 | 0.2174 | 2.1169 | 0.1174 | 0.5464 |
| 185 | 0.0301 | 0.1248 | 0.2101 | 2.0884 | 0.0954 | 0.5461 |
| 240 | 0.0231 | 0.1243 | 0.2031 | 2.0624 | 0.0749 | 0.5433 |
| 300 | 0.0187 | 0.1235 | 0.1987 | 2.0461 | 0.0618 | 0.5403 |
| 400 | 0.0149 | 0.1235 | 0.1949 | 2.0178 | 0.0507 | 0.5393 |
| 500 | 0.0120 | 0.1232 | 0.1920 | 1.9924 | 0.0422 | 0.5374 |
| 630 | 0.0097 | 0.1225 | 0.1897 | 1.9693 | 0.0356 | 0.5348 |

[비고 1] R은 표피효과계수와 근접효과계수가 고려된 70℃의 교류도체저항 값이다.
[비고 2] s는 케이블 중심간의 간격, d는 케이블의 완성외경이다.

**표 5-83 0.6/1kV VV(단상, 2 Core, 밀착배열, 2병렬) CABLE의 임피던스**

| 공 칭<br>단면적<br>[㎟] | 정상 & 역상 임피던스 | | 영상 임피던스 | | | |
|---|---|---|---|---|---|---|
| | | | TT 계통 | | TN 계통 | |
| | $R_1$[Ω/km] | $X_1$[Ω/km] | $R_0$ [Ω/km] | $X_0$[Ω/km] | $R_0$ [Ω/km] | $X_0$[Ω/km] |
| 50 | 0.2317 | 0.1142 | 0.4117 | 2.5146 | 0.6963 | 0.7094 |
| 70 | 0.1607 | 0.1121 | 0.3407 | 2.4802 | 0.4952 | 0.6471 |
| 95 | 0.1159 | 0.1100 | 0.2959 | 2.4496 | 0.3627 | 0.6138 |
| 120 | 0.0921 | 0.1079 | 0.2721 | 2.4279 | 0.2909 | 0.5958 |
| 150 | 0.0749 | 0.1089 | 0.2549 | 2.4013 | 0.2372 | 0.5926 |
| 185 | 0.0602 | 0.1081 | 0.2402 | 2.3800 | 0.1918 | 0.5852 |
| 240 | 0.0463 | 0.1069 | 0.2263 | 2.3510 | 0.1488 | 0.5774 |
| 300 | 0.0375 | 0.1053 | 0.2175 | 2.3283 | 0.1215 | 0.5699 |

[비고 1] R은 표피효과계수와 근접효과계수가 고려된 70℃의 교류도체저항 값이다.
[비고 2] s는 케이블 중심간의 간격, d는 케이블의 완성외경이다.

**표 5-84 0.6/1kV VV(단상, 3 Core, 밀착배열, 3병렬) CABLE의 임피던스**

| 공 칭<br>단면적<br>[㎟] | 정상 & 역상 임피던스 | | 영상 임피던스 | | | |
|---|---|---|---|---|---|---|
| | | | TT 계통 | | TN 계통 | |
| | $R_1$[Ω/km] | $X_1$[Ω/km] | $R_0$ [Ω/km] | $X_0$[Ω/km] | $R_0$ [Ω/km] | $X_0$[Ω/km] |
| 50 | 0.1545 | 0.1037 | 0.3345 | 2.4308 | 0.4833 | 0.5626 |
| 70 | 0.1071 | 0.1015 | 0.2871 | 2.3994 | 0.3404 | 0.5292 |
| 95 | 0.0773 | 0.1010 | 0.2573 | 2.3669 | 0.2477 | 0.5151 |
| 120 | 0.0615 | 0.0988 | 0.2415 | 2.3475 | 0.1985 | 0.5032 |
| 150 | 0.0500 | 0.0991 | 0.2300 | 2.3218 | 0.1620 | 0.5010 |
| 185 | 0.0402 | 0.0978 | 0.2202 | 2.3017 | 0.1313 | 0.4949 |
| 240 | 0.0310 | 0.0976 | 0.2110 | 2.2718 | 0.1019 | 0.4923 |
| 300 | 0.0251 | 0.0968 | 0.2051 | 2.2484 | 0.0833 | 0.4889 |

[비고 1] R은 표피효과계수와 근접효과계수가 고려된 70℃의 교류도체저항 값이다.
[비고 2] s는 케이블 중심간의 간격, d는 케이블의 완성외경이다.

표 5-85 0.6/1kV VV(단상, 4 Core, 밀착배열, 4병렬) CABLE의 임피던스

| 공칭 단면적 [㎟] | 정상 & 역상 임피던스 | | 영상 임피던스 | | | |
|---|---|---|---|---|---|---|
| | | | TT 계통 | | TN 계통 | |
| | $R_1$[Ω/km] | $X_1$[Ω/km] | $R_0$ [Ω/km] | $X_0$[Ω/km] | $R_0$ [Ω/km] | $X_0$[Ω/km] |
| 50 | 0.1159 | 0.0966 | 0.2959 | 2.3773 | 0.3699 | 0.4943 |
| 70 | 0.0804 | 0.0939 | 0.2604 | 2.3486 | 0.2599 | 0.4708 |
| 95 | 0.0580 | 0.0944 | 0.2380 | 2.3141 | 0.1886 | 0.4648 |
| 120 | 0.0461 | 0.0935 | 0.2261 | 2.2928 | 0.1509 | 0.4592 |
| 150 | 0.0375 | 0.0929 | 0.2175 | 2.2690 | 0.1235 | 0.4555 |
| 185 | 0.0302 | 0.0924 | 0.2102 | 2.2475 | 0.1000 | 0.4527 |
| 240 | 0.0233 | 0.0912 | 0.2033 | 2.2200 | 0.0780 | 0.4481 |
| 300 | 0.0189 | 0.0909 | 0.1989 | 2.1959 | 0.0639 | 0.4464 |

[비고 1] R은 표피효과계수와 근접효과계수가 고려된 70℃의 교류도체저항 값이다.
[비고 2] s는 케이블 중심간의 간격, d는 케이블의 완성외경이다.

표 5-86 0.6/1kV VV(3상, 2 Core, 평형배열, 2병렬) CABLE의 임피던스

| 공칭 단면적 [㎟] | 정상 & 역상 임피던스 | | 영상 임피던스 | | | |
|---|---|---|---|---|---|---|
| | | | TT 계통 | | TN 계통 | |
| | $R_1$[Ω/km] | $X_1$[Ω/km] | $R_0$ [Ω/km] | $X_0$[Ω/km] | $R_0$ [Ω/km] | $X_0$[Ω/km] |
| 50 | 0.2317 | 0.1316 | 0.4117 | 2.4884 | 0.6754 | 0.7709 |
| 70 | 0.1606 | 0.1295 | 0.3406 | 2.4540 | 0.4802 | 0.7116 |
| 95 | 0.1159 | 0.1274 | 0.2959 | 2.4234 | 0.3518 | 0.6799 |
| 120 | 0.0921 | 0.1253 | 0.2721 | 2.4017 | 0.2823 | 0.6627 |
| 150 | 0.0749 | 0.1263 | 0.2549 | 2.3752 | 0.2304 | 0.6596 |
| 185 | 0.0602 | 0.1255 | 0.2402 | 2.3538 | 0.1865 | 0.6525 |
| 240 | 0.0463 | 0.1243 | 0.2263 | 2.3249 | 0.1449 | 0.6449 |
| 300 | 0.0374 | 0.1228 | 0.2174 | 2.3022 | 0.1184 | 0.6376 |

[비고 1] R은 표피효과계수와 근접효과계수가 고려된 70℃의 교류도체저항 값이다.
[비고 2] s는 케이블 중심간의 간격, d는 케이블의 완성외경이다.

**표 5-87 0.6/1kV VV(3상, 3 Core, 평형배열, 3병렬) CABLE의 임피던스**

| 공 칭 단면적 [㎟] | 정상 & 역상 임피던스 | | 영상 임피던스 | | | |
|---|---|---|---|---|---|---|
| | | | TT 계통 | | TN 계통 | |
| | $R_1$[Ω/km] | $X_1$[Ω/km] | $R_0$ [Ω/km] | $X_0$[Ω/km] | $R_0$ [Ω/km] | $X_0$[Ω/km] |
| 50 | 0.1545 | 0.1211 | 0.3345 | 2.6673 | 0.4687 | 0.8909 |
| 70 | 0.1071 | 0.1189 | 0.2871 | 2.6457 | 0.3302 | 0.8689 |
| 95 | 0.0773 | 0.1184 | 0.2573 | 2.6238 | 0.2405 | 0.8661 |
| 120 | 0.0614 | 0.1162 | 0.2414 | 2.6102 | 0.1929 | 0.8604 |
| 150 | 0.0500 | 0.1165 | 0.2300 | 2.5931 | 0.1577 | 0.8669 |
| 185 | 0.0402 | 0.1152 | 0.2202 | 2.5793 | 0.1279 | 0.8673 |
| 240 | 0.0309 | 0.1150 | 0.2109 | 2.5593 | 0.0996 | 0.8745 |
| 300 | 0.0250 | 0.1143 | 0.2050 | 2.5435 | 0.0816 | 0.8787 |

[비고 1] R은 표피효과계수와 근접효과계수가 고려된 70℃의 교류도체저항 값이다.
[비고 2] s는 케이블 중심간의 간격, d는 케이블의 완성외경이다.

**표 5-88 0.6/1kV VV(3상, 4 Core, 평형배열, 4병렬) CABLE의 임피던스**

| 공 칭 단면적 [㎟] | 정상 & 역상 임피던스 | | 영상 임피던스 | | | |
|---|---|---|---|---|---|---|
| | | | TT 계통 | | TN 계통 | |
| | $R_1$[Ω/km] | $X_1$[Ω/km] | $R_0$ [Ω/km] | $X_0$[Ω/km] | $R_0$ [Ω/km] | $X_0$[Ω/km] |
| 50 | 0.1159 | 0.1140 | 0.2959 | 2.3381 | 0.3587 | 0.5489 |
| 70 | 0.0804 | 0.1113 | 0.2604 | 2.3094 | 0.2522 | 0.5265 |
| 95 | 0.0580 | 0.1118 | 0.2380 | 2.2749 | 0.1833 | 0.5207 |
| 120 | 0.0461 | 0.1109 | 0.2261 | 2.2536 | 0.1469 | 0.5154 |
| 150 | 0.0375 | 0.1103 | 0.2175 | 2.2298 | 0.1204 | 0.5117 |
| 185 | 0.0302 | 0.1098 | 0.2102 | 2.2083 | 0.0978 | 0.5089 |
| 240 | 0.0232 | 0.1086 | 0.2032 | 2.1808 | 0.0765 | 0.5044 |
| 300 | 0.0188 | 0.1083 | 0.1988 | 2.1567 | 0.0629 | 0.5026 |

[비고 1] R은 표피효과계수와 근접효과계수가 고려된 70℃의 교류도체저항 값이다.
[비고 2] s는 케이블 중심간의 간격, d는 케이블의 완성외경이다.

표 5-89 450/750V HFIX(단상, 밀착배열) CABLE의 임피던스

| 공 칭 단면적 [㎟] | 정상 & 역상 임피던스 | | 영상 임피던스 | | | |
|---|---|---|---|---|---|---|
| | | | TT 계통 | | TN 계통 | |
| | $R_1$[Ω/km] | $X_1$[Ω/km] | $R_0$ [Ω/km] | $X_0$[Ω/km] | $R_0$ [Ω/km] | $X_0$[Ω/km] |
| 1.5 | 15.4287 | 0.1284 | 15.6087 | 3.0040 | 15.7666 | 2.9719 |
| 2.5 | 9.4485 | 0.1249 | 9.6285 | 2.9564 | 9.8744 | 2.8952 |
| 4 | 5.8783 | 0.1172 | 6.0583 | 2.9140 | 6.4329 | 2.7952 |
| 6 | 3.9274 | 0.1125 | 4.1074 | 2.8755 | 4.6283 | 2.6637 |
| 10 | 2.3336 | 0.1124 | 2.5136 | 2.8166 | 3.2481 | 2.3824 |
| 16 | 1.4666 | 0.1112 | 1.6466 | 2.7847 | 2.5456 | 2.0056 |
| 25 | 0.9274 | 0.1116 | 1.1074 | 2.7326 | 2.0166 | 1.5401 |
| 35 | 0.6687 | 0.1083 | 0.8487 | 2.7022 | 1.6677 | 1.2237 |
| 50 | 0.4942 | 0.1079 | 0.6742 | 2.6665 | 1.3489 | 0.9933 |
| 70 | 0.3429 | 0.1037 | 0.5229 | 2.6297 | 1.0105 | 0.7922 |
| 95 | 0.2477 | 0.1039 | 0.4277 | 2.5953 | 0.7576 | 0.6913 |
| 120 | 0.1972 | 0.1019 | 0.3772 | 2.5703 | 0.6147 | 0.6403 |
| 150 | 0.1607 | 0.1017 | 0.3407 | 2.5457 | 0.5061 | 0.6125 |
| 185 | 0.1295 | 0.1025 | 0.3095 | 2.5221 | 0.4107 | 0.5959 |
| 240 | 0.1003 | 0.1018 | 0.2803 | 2.4913 | 0.3204 | 0.5788 |
| 300 | 0.0819 | 0.1013 | 0.2619 | 2.4664 | 0.2628 | 0.5694 |
| 400 | 0.0666 | 0.1006 | 0.2466 | 2.4395 | 0.2148 | 0.5615 |

[비고 1] R은 표피효과계수와 근접효과계수가 고려된 90℃의 교류도체저항 값이다.
[비고 2] s는 케이블 중심간의 간격, d는 케이블의 완성외경이다.

표 5-90 450/750V HFIX(3상, 삼각배열) CABLE의 임피던스

| 공 칭 단면적 [㎟] | 정상 & 역상 임피던스 | | 영상 임피던스 | | | |
|---|---|---|---|---|---|---|
| | | | TT 계통 | | TN 계통 | |
| | $R_1$[Ω/km] | $X_1$[Ω/km] | $R_0$[Ω/km] | $X_0$[Ω/km] | $R_0$[Ω/km] | $X_0$[Ω/km] |
| 1.5 | 15.4287 | 0.1284 | 15.6087 | 2.9398 | 15.7635 | 2.9081 |
| 2.5 | 9.4485 | 0.1249 | 9.6285 | 2.8939 | 9.8696 | 2.8336 |
| 4 | 5.8783 | 0.1172 | 6.0583 | 2.8554 | 6.4255 | 2.7384 |
| 6 | 3.9274 | 0.1125 | 4.1074 | 2.8192 | 4.6178 | 2.6110 |
| 10 | 2.3336 | 0.1124 | 2.5136 | 2.7604 | 3.2327 | 2.3339 |
| 16 | 1.4666 | 0.1112 | 1.6466 | 2.7291 | 2.5261 | 1.9646 |
| 25 | 0.9274 | 0.1116 | 1.1074 | 2.6768 | 1.9959 | 1.5078 |
| 35 | 0.6687 | 0.1083 | 0.8487 | 2.6480 | 1.6482 | 1.1993 |
| 50 | 0.4942 | 0.1079 | 0.6742 | 2.6125 | 1.3319 | 0.9740 |
| 70 | 0.3429 | 0.1037 | 0.5229 | 2.5779 | 0.9971 | 0.7793 |
| 95 | 0.2477 | 0.1039 | 0.4277 | 2.5434 | 0.7473 | 0.6805 |
| 120 | 0.1972 | 0.1019 | 0.3772 | 2.5194 | 0.6064 | 0.6316 |
| 150 | 0.1607 | 0.1017 | 0.3407 | 2.4949 | 0.4993 | 0.6045 |
| 185 | 0.1296 | 0.1025 | 0.3096 | 2.4709 | 0.4053 | 0.5879 |
| 240 | 0.1003 | 0.1018 | 0.2803 | 2.4404 | 0.3162 | 0.5715 |
| 300 | 0.0818 | 0.1013 | 0.2618 | 2.4157 | 0.2592 | 0.5625 |
| 400 | 0.0664 | 0.1006 | 0.2464 | 2.3892 | 0.2114 | 0.5550 |

[비고 1] R은 표피효과계수와 근접효과계수가 고려된 90℃의 교류도체저항 값이다.
[비고 2] s는 케이블 중심간의 간격, d는 케이블의 완성외경이다.

표 5-91 450/750V HFIX(3상, 평형배열 s=d) CABLE의 임피던스

| 공 칭 단면적 [㎟] | 정상 & 역상 임피던스 | | 영상 임피던스 | | | |
|---|---|---|---|---|---|---|
| | | | TT 계통 | | TN 계통 | |
| | $R_1$[Ω/km] | $X_1$[Ω/km] | $R_0$ [Ω/km] | $X_0$[Ω/km] | $R_0$ [Ω/km] | $X_0$[Ω/km] |
| 1.5 | 15.4287 | 0.1458 | 15.6087 | 2.9050 | 15.7600 | 2.8737 |
| 2.5 | 9.4485 | 0.1423 | 9.6285 | 2.8591 | 9.8641 | 2.7998 |
| 4 | 5.8782 | 0.1346 | 6.0582 | 2.8205 | 6.4169 | 2.7057 |
| 6 | 3.9274 | 0.1299 | 4.1074 | 2.7844 | 4.6055 | 2.5801 |
| 10 | 2.3335 | 0.1298 | 2.5135 | 2.7256 | 3.2148 | 2.3080 |
| 16 | 1.4665 | 0.1286 | 1.6465 | 2.6942 | 2.5036 | 1.9466 |
| 25 | 0.9273 | 0.1291 | 1.1073 | 2.6419 | 1.9719 | 1.5000 |
| 35 | 0.6686 | 0.1257 | 0.8486 | 2.6132 | 1.6255 | 1.1988 |
| 50 | 0.4940 | 0.1254 | 0.6740 | 2.5777 | 1.3119 | 0.9789 |
| 70 | 0.3426 | 0.1211 | 0.5226 | 2.5430 | 0.9808 | 0.7890 |
| 95 | 0.2473 | 0.1213 | 0.4273 | 2.5085 | 0.7342 | 0.6928 |
| 120 | 0.1966 | 0.1193 | 0.3766 | 2.4845 | 0.5950 | 0.6451 |
| 150 | 0.1600 | 0.1191 | 0.3400 | 2.4600 | 0.4892 | 0.6188 |
| 185 | 0.1287 | 0.1199 | 0.3087 | 2.4361 | 0.3962 | 0.6026 |
| 240 | 0.0992 | 0.1192 | 0.2792 | 2.4056 | 0.3078 | 0.5866 |
| 300 | 0.0804 | 0.1187 | 0.2604 | 2.3809 | 0.2509 | 0.5778 |
| 400 | 0.0647 | 0.1180 | 0.2447 | 2.3543 | 0.2030 | 0.5705 |

[비고 1] R은 표피효과계수와 근접효과계수가 고려된 90℃의 교류도체저항 값이다.
[비고 2] s는 케이블 중심간의 간격, d는 케이블의 완성외경이다.

표 5-92 450/750V HFIX(3상, 평형배열 s=2d) CABLE의 임피던스

| 공 칭 단면적 [㎟] | 정상 & 역상 임피던스 | | 영상 임피던스 | | | |
|---|---|---|---|---|---|---|
| | | | TT 계통 | | TN 계통 | |
| | $R_1$[Ω/km] | $X_1$[Ω/km] | $R_0$ [Ω/km] | $X_0$[Ω/km] | $R_0$ [Ω/km] | $X_0$[Ω/km] |
| 1.5 | 15.4287 | 0.1981 | 15.6087 | 2.8005 | 15.7427 | 2.7716 |
| 2.5 | 9.4485 | 0.1945 | 9.6285 | 2.7546 | 9.8365 | 2.7003 |
| 4 | 5.8782 | 0.1869 | 6.0582 | 2.7160 | 6.3742 | 2.6117 |
| 6 | 3.9273 | 0.1822 | 4.1073 | 2.6799 | 4.5453 | 2.4957 |
| 10 | 2.3335 | 0.1821 | 2.5135 | 2.6211 | 3.1270 | 2.2478 |
| 16 | 1.4665 | 0.1809 | 1.6465 | 2.5897 | 2.3929 | 1.9257 |
| 25 | 0.9272 | 0.1813 | 1.1072 | 2.5374 | 1.8542 | 1.5295 |
| 35 | 0.6684 | 0.1780 | 0.8484 | 2.5087 | 1.5149 | 1.2645 |
| 50 | 0.4938 | 0.1776 | 0.6738 | 2.4732 | 1.2153 | 1.0717 |
| 70 | 0.3422 | 0.1734 | 0.5222 | 2.4385 | 0.9041 | 0.9057 |
| 95 | 0.2468 | 0.1735 | 0.4268 | 2.4040 | 0.6748 | 0.8222 |
| 120 | 0.1959 | 0.1716 | 0.3759 | 2.3800 | 0.5459 | 0.7806 |
| 150 | 0.1591 | 0.1714 | 0.3391 | 2.3555 | 0.4481 | 0.7576 |
| 185 | 0.1276 | 0.1722 | 0.3076 | 2.3315 | 0.3623 | 0.7436 |
| 240 | 0.0978 | 0.1715 | 0.2778 | 2.3010 | 0.2806 | 0.7294 |
| 300 | 0.0787 | 0.1710 | 0.2587 | 2.2764 | 0.2277 | 0.7215 |
| 400 | 0.0625 | 0.1703 | 0.2425 | 2.2498 | 0.1829 | 0.7147 |

[비고 1] R은 표피효과계수와 근접효과계수가 고려된 90℃의 교류도체저항 값이다.
[비고 2] s는 케이블 중심간의 간격, d는 케이블의 완성외경이다.

**표 5-93 450/750V HFIX(단상, 평형배열, 2병렬) CABLE의 임피던스**

| 공 칭 단면적 [㎟] | 정상 & 역상 임피던스 | | 영상 임피던스 | | | |
|---|---|---|---|---|---|---|
| | | | TT 계통 | | TN 계통 | |
| | $R_1$[Ω/km] | $X_1$[Ω/km] | $R_0$[Ω/km] | $X_0$[Ω/km] | $R_0$[Ω/km] | $X_0$[Ω/km] |
| 35 | 0.3343 | 0.1064 | 0.5143 | 2.5432 | 0.9742 | 0.7904 |
| 50 | 0.2470 | 0.1062 | 0.4270 | 2.5077 | 0.7456 | 0.6978 |
| 70 | 0.1713 | 0.1041 | 0.3513 | 2.4741 | 0.5319 | 0.6272 |
| 95 | 0.1236 | 0.1042 | 0.3036 | 2.4396 | 0.3888 | 0.5973 |
| 120 | 0.0983 | 0.1032 | 0.2783 | 2.4161 | 0.3115 | 0.5813 |
| 150 | 0.0800 | 0.1031 | 0.2600 | 2.3916 | 0.2546 | 0.5735 |
| 185 | 0.0643 | 0.1035 | 0.2443 | 2.3674 | 0.2056 | 0.5697 |
| 240 | 0.0496 | 0.1032 | 0.2296 | 2.3371 | 0.1594 | 0.5644 |
| 300 | 0.0402 | 0.1029 | 0.2202 | 2.3125 | 0.1300 | 0.5613 |
| 400 | 0.0323 | 0.1026 | 0.2123 | 2.2862 | 0.1054 | 0.5583 |

[비고 1] R은 표피효과계수와 근접효과계수가 고려된 90℃의 교류도체저항 값이다.
[비고 2] s는 케이블 중심간의 간격, d는 케이블의 완성외경이다.

**표 5-94 450/750V HFIX(단상, 평형배열, 3병렬) CABLE의 임피던스**

| 공 칭 단면적 [㎟] | 정상 & 역상 임피던스 | | 영상 임피던스 | | | |
|---|---|---|---|---|---|---|
| | | | TT 계통 | | TN 계통 | |
| | $R_1$[Ω/km] | $X_1$[Ω/km] | $R_0$[Ω/km] | $X_0$[Ω/km] | $R_0$[Ω/km] | $X_0$[Ω/km] |
| 50 | 0.1647 | 0.1072 | 0.3447 | 2.3638 | 0.5072 | 0.5786 |
| 70 | 0.1142 | 0.1058 | 0.2942 | 2.3320 | 0.3574 | 0.5441 |
| 95 | 0.0824 | 0.1058 | 0.2624 | 2.2974 | 0.2600 | 0.5302 |
| 120 | 0.0655 | 0.1052 | 0.2455 | 2.2747 | 0.2080 | 0.5224 |
| 150 | 0.0533 | 0.1051 | 0.2333 | 2.2503 | 0.1700 | 0.5186 |
| 185 | 0.0428 | 0.1054 | 0.2228 | 2.2258 | 0.1374 | 0.5169 |
| 240 | 0.0330 | 0.1052 | 0.2130 | 2.1957 | 0.1068 | 0.5141 |
| 300 | 0.0267 | 0.1050 | 0.2067 | 2.1714 | 0.0873 | 0.5123 |
| 400 | 0.0214 | 0.1047 | 0.2014 | 2.1453 | 0.0710 | 0.5105 |

[비고 1] R은 표피효과계수와 근접효과계수가 고려된 90℃의 교류도체저항 값이다.
[비고 2] s는 케이블 중심간의 간격, d는 케이블의 완성외경이다.

**표 5-95 450/750V HFIX(단상, 평형배열, 4병렬) CABLE의 임피던스**

| 공 칭 단면적 [㎟] | 정상 & 역상 임피던스 | | 영상 임피던스 | | | |
|---|---|---|---|---|---|---|
| | | | TT 계통 | | TN 계통 | |
| | $R_1$[Ω/km] | $X_1$[Ω/km] | $R_0$ [Ω/km] | $X_0$[Ω/km] | $R_0$ [Ω/km] | $X_0$[Ω/km] |
| 50 | 0.1235 | 0.1081 | 0.3035 | 2.2726 | 0.3828 | 0.5279 |
| 70 | 0.0856 | 0.1070 | 0.2656 | 2.2414 | 0.2687 | 0.5074 |
| 95 | 0.0618 | 0.1071 | 0.2418 | 2.2068 | 0.1954 | 0.4993 |
| 120 | 0.0491 | 0.1066 | 0.2291 | 2.1844 | 0.1564 | 0.4946 |
| 150 | 0.0399 | 0.1065 | 0.2199 | 2.1600 | 0.1280 | 0.4922 |
| 185 | 0.0321 | 0.1067 | 0.2121 | 2.1354 | 0.1037 | 0.4911 |
| 240 | 0.0247 | 0.1066 | 0.2047 | 2.1054 | 0.0809 | 0.4892 |
| 300 | 0.0200 | 0.1064 | 0.2000 | 2.0811 | 0.0664 | 0.4879 |
| 400 | 0.0160 | 0.1063 | 0.1960 | 2.0552 | 0.0543 | 0.4865 |

[비고 1] R은 표피효과계수와 근접효과계수가 고려된 90℃의 교류도체저항 값이다.
[비고 2] s는 케이블 중심간의 간격, d는 케이블의 완성외경이다.

**표 5-96 450/750V HFIX(3상, 평형배열, 2병렬) CABLE의 임피던스**

| 공 칭 단면적 [㎟] | 정상 & 역상 임피던스 | | 영상 임피던스 | | | |
|---|---|---|---|---|---|---|
| | | | TT 계통 | | TN 계통 | |
| | $R_1$[Ω/km] | $X_1$[Ω/km] | $R_0$ [Ω/km] | $X_0$[Ω/km] | $R_0$ [Ω/km] | $X_0$[Ω/km] |
| 50 | 0.2470 | 0.1236 | 0.4270 | 2.4816 | 0.7228 | 0.7592 |
| 70 | 0.1712 | 0.1215 | 0.3512 | 2.4480 | 0.5154 | 0.6921 |
| 95 | 0.1235 | 0.1216 | 0.3035 | 2.4134 | 0.3766 | 0.6637 |
| 120 | 0.0981 | 0.1206 | 0.2781 | 2.3899 | 0.3017 | 0.6485 |
| 150 | 0.0798 | 0.1205 | 0.2598 | 2.3655 | 0.2466 | 0.6410 |
| 185 | 0.0641 | 0.1209 | 0.2441 | 2.3413 | 0.1991 | 0.6373 |
| 240 | 0.0492 | 0.1206 | 0.2292 | 2.3109 | 0.1542 | 0.6321 |
| 300 | 0.0397 | 0.1203 | 0.2197 | 2.2864 | 0.1255 | 0.6290 |
| 400 | 0.0317 | 0.1200 | 0.2117 | 2.2600 | 0.1014 | 0.6260 |

[비고 1] R은 표피효과계수와 근접효과계수가 고려된 90℃의 교류도체저항 값이다.
[비고 2] s는 케이블 중심간의 간격, d는 케이블의 완성외경이다.

**표 5-97 450/750V HFIX(3상, 평형배열, 3병렬) CABLE의 임피던스**

| 공 칭 단면적 [㎟] | 정상 & 역상 임피던스 | | 영상 임피던스 | | | |
|---|---|---|---|---|---|---|
| | | | TT 계통 | | TN 계통 | |
| | $R_1$[Ω/km] | $X_1$[Ω/km] | $R_0$ [Ω/km] | $X_0$[Ω/km] | $R_0$ [Ω/km] | $X_0$[Ω/km] |
| 50 | 0.1646 | 0.1246 | 0.3446 | 2.3290 | 0.4914 | 0.6341 |
| 70 | 0.1141 | 0.1232 | 0.2941 | 2.2971 | 0.3464 | 0.6015 |
| 95 | 0.0823 | 0.1233 | 0.2623 | 2.2625 | 0.2522 | 0.5882 |
| 120 | 0.0654 | 0.1226 | 0.2454 | 2.2398 | 0.2018 | 0.5808 |
| 150 | 0.0532 | 0.1225 | 0.2332 | 2.2155 | 0.1651 | 0.5771 |
| 185 | 0.0427 | 0.1228 | 0.2227 | 2.1910 | 0.1336 | 0.5753 |
| 240 | 0.0328 | 0.1226 | 0.2128 | 2.1609 | 0.1039 | 0.5724 |
| 300 | 0.0264 | 0.1224 | 0.2064 | 2.1366 | 0.0850 | 0.5706 |
| 400 | 0.0211 | 0.1222 | 0.2011 | 2.1105 | 0.0691 | 0.5687 |

[비고 1] R은 표피효과계수와 근접효과계수가 고려된 90℃의 교류도체저항 값이다.
[비고 2] s는 케이블 중심간의 간격, d는 케이블의 완성외경이다.

**표 5-98 450/750V HFIX(3상, 평형배열, 4병렬) CABLE의 임피던스**

| 공 칭 단면적 [㎟] | 정상 & 역상 임피던스 | | 영상 임피던스 | | | |
|---|---|---|---|---|---|---|
| | | | TT 계통 | | TN 계통 | |
| | $R_1$[Ω/km] | $X_1$[Ω/km] | $R_0$ [Ω/km] | $X_0$[Ω/km] | $R_0$ [Ω/km] | $X_0$[Ω/km] |
| 50 | 0.1235 | 0.1255 | 0.3035 | 2.2334 | 0.3709 | 0.5800 |
| 70 | 0.0856 | 0.1245 | 0.2656 | 2.2022 | 0.2606 | 0.5607 |
| 95 | 0.0617 | 0.1245 | 0.2417 | 2.1676 | 0.1897 | 0.5529 |
| 120 | 0.0490 | 0.1240 | 0.2290 | 2.1452 | 0.1520 | 0.5483 |
| 150 | 0.0399 | 0.1239 | 0.2199 | 2.1208 | 0.1247 | 0.5459 |
| 185 | 0.0320 | 0.1241 | 0.2120 | 2.0962 | 0.1012 | 0.5447 |
| 240 | 0.0246 | 0.1240 | 0.2046 | 2.0662 | 0.0792 | 0.5426 |
| 300 | 0.0198 | 0.1239 | 0.1998 | 2.0419 | 0.0651 | 0.5412 |
| 400 | 0.0158 | 0.1237 | 0.1958 | 2.0160 | 0.0533 | 0.5396 |

[비고 1] R은 표피효과계수와 근접효과계수가 고려된 90℃의 교류도체저항 값이다.
[비고 2] s는 케이블 중심간의 간격, d는 케이블의 완성외경이다.

표 5-99 450/750V HFIO(단상, 밀착배열) CABLE의 임피던스

| 공 칭 단면적 [㎟] | 정상 & 역상 임피던스 | | 영상 임피던스 | | | |
|---|---|---|---|---|---|---|
| | | | TT 계통 | | TN 계통 | |
| | $R_1$[Ω/km] | $X_1$[Ω/km] | $R_0$ [Ω/km] | $X_0$[Ω/km] | $R_0$ [Ω/km] | $X_0$[Ω/km] |
| 1.5 | 14.4777 | 0.1262 | 14.6577 | 2.9443 | 14.8265 | 2.9723 |
| 2.5 | 8.8661 | 0.1230 | 9.0461 | 2.8976 | 9.3085 | 2.8920 |
| 4 | 5.5159 | 0.1156 | 5.6959 | 2.8586 | 6.0942 | 2.7854 |
| 6 | 3.6853 | 0.1096 | 3.8653 | 2.8249 | 4.4178 | 2.6455 |
| 10 | 2.1897 | 0.1091 | 2.3697 | 2.7670 | 3.1394 | 2.3435 |
| 16 | 1.3762 | 0.1093 | 1.5562 | 2.7329 | 2.4752 | 1.9453 |
| 25 | 0.8703 | 0.1086 | 1.0503 | 2.6829 | 1.9570 | 1.4729 |
| 35 | 0.6276 | 0.1056 | 0.8076 | 2.6535 | 1.6073 | 1.1646 |
| 50 | 0.4639 | 0.1056 | 0.6439 | 2.6172 | 1.2910 | 0.9479 |
| 70 | 0.3219 | 0.1012 | 0.5019 | 2.5830 | 0.9618 | 0.7605 |
| 95 | 0.2327 | 0.1017 | 0.4127 | 2.5477 | 0.7183 | 0.6702 |
| 120 | 0.1854 | 0.0995 | 0.3654 | 2.5241 | 0.5825 | 0.6230 |
| 150 | 0.1512 | 0.0992 | 0.3312 | 2.4998 | 0.4797 | 0.5977 |
| 185 | 0.1221 | 0.0999 | 0.3021 | 2.4760 | 0.3897 | 0.5830 |
| 240 | 0.0949 | 0.0993 | 0.2749 | 2.4454 | 0.3047 | 0.5676 |
| 300 | 0.0777 | 0.0988 | 0.2577 | 2.4207 | 0.2509 | 0.5590 |
| 400 | 0.0637 | 0.0981 | 0.2437 | 2.3941 | 0.2063 | 0.5519 |

[비고 1] R은 표피효과계수와 근접효과계수가 고려된 70℃의 교류도체저항 값이다.

[비고 2] s는 케이블 중심간의 간격, d는 케이블의 완성외경이다.

표 5-100 450/750V HFIO(3상, 삼각배열) CABLE의 임피던스

| 공 칭 단면적 [㎟] | 정상 & 역상 임피던스 | | 영상 임피던스 | | | |
|---|---|---|---|---|---|---|
| | | | TT 계통 | | TN 계통 | |
| | $R_1$[Ω/km] | $X_1$[Ω/km] | $R_0$ [Ω/km] | $X_0$[Ω/km] | $R_0$ [Ω/km] | $X_0$[Ω/km] |
| 1.5 | 14.4777 | 0.1262 | 14.6577 | 2.9443 | 14.8232 | 2.9097 |
| 2.5 | 8.8661 | 0.1230 | 9.0461 | 2.8976 | 9.3034 | 2.8315 |
| 4 | 5.5159 | 0.1156 | 5.6959 | 2.8586 | 6.0863 | 2.7296 |
| 6 | 3.6853 | 0.1096 | 3.8653 | 2.8249 | 4.4066 | 2.5945 |
| 10 | 2.1897 | 0.1091 | 2.3697 | 2.7670 | 3.1233 | 2.2975 |
| 16 | 1.3762 | 0.1093 | 1.5562 | 2.7329 | 2.4554 | 1.9065 |
| 25 | 0.8703 | 0.1086 | 1.0503 | 2.6829 | 1.9364 | 1.4435 |
| 35 | 0.6276 | 0.1056 | 0.8076 | 2.6535 | 1.5883 | 1.1429 |
| 50 | 0.4639 | 0.1056 | 0.6439 | 2.6172 | 1.2746 | 0.9307 |
| 70 | 0.3220 | 0.1012 | 0.5020 | 2.5830 | 0.9490 | 0.7495 |
| 95 | 0.2328 | 0.1017 | 0.4128 | 2.5477 | 0.7086 | 0.6610 |
| 120 | 0.1854 | 0.0995 | 0.3654 | 2.5241 | 0.5747 | 0.6159 |
| 150 | 0.1513 | 0.0992 | 0.3313 | 2.4998 | 0.4733 | 0.5913 |
| 185 | 0.1222 | 0.0999 | 0.3022 | 2.4760 | 0.3845 | 0.5766 |
| 240 | 0.0949 | 0.0993 | 0.2749 | 2.4454 | 0.3007 | 0.5618 |
| 300 | 0.0777 | 0.0988 | 0.2577 | 2.4207 | 0.2474 | 0.5536 |
| 400 | 0.0634 | 0.0981 | 0.2434 | 2.3941 | 0.2028 | 0.5468 |

[비고 1] R은 표피효과계수와 근접효과계수가 고려된 70℃의 교류도체저항 값이다.
[비고 2] s는 케이블 중심간의 간격, d는 케이블의 완성외경이다.

표 5-101 450/750V HFIO(3상, 평형배열 s=d) CABLE의 임피던스

| 공 칭 단면적 [㎟] | 정상 & 역상 임피던스 | | 영상 임피던스 | | | |
|---|---|---|---|---|---|---|
| | | | TT 계통 | | TN 계통 | |
| | $R_1$[Ω/km] | $X_1$[Ω/km] | $R_0$ [Ω/km] | $X_0$[Ω/km] | $R_0$ [Ω/km] | $X_0$[Ω/km] |
| 1.5 | 14.4777 | 0.1436 | 14.6577 | 2.9095 | 14.8195 | 2.8754 |
| 2.5 | 8.8661 | 0.1404 | 9.0461 | 2.8628 | 9.2974 | 2.7977 |
| 4 | 5.5159 | 0.1330 | 5.6959 | 2.8238 | 6.0772 | 2.6972 |
| 6 | 3.6853 | 0.1270 | 3.8653 | 2.7901 | 4.3937 | 2.5642 |
| 10 | 2.1897 | 0.1265 | 2.3697 | 2.7322 | 3.1046 | 2.2725 |
| 16 | 1.3762 | 0.1267 | 1.5562 | 2.6981 | 2.4323 | 1.8899 |
| 25 | 0.8702 | 0.1260 | 1.0502 | 2.6480 | 1.9123 | 1.4373 |
| 35 | 0.6274 | 0.1230 | 0.8074 | 2.6186 | 1.5660 | 1.1438 |
| 50 | 0.4637 | 0.1230 | 0.6437 | 2.5823 | 1.2552 | 0.9367 |
| 70 | 0.3216 | 0.1186 | 0.5016 | 2.5481 | 0.9333 | 0.7600 |
| 95 | 0.2323 | 0.1191 | 0.4123 | 2.5129 | 0.6959 | 0.6738 |
| 120 | 0.1848 | 0.1169 | 0.3648 | 2.4893 | 0.5635 | 0.6298 |
| 150 | 0.1505 | 0.1166 | 0.3305 | 2.4650 | 0.4633 | 0.6058 |
| 185 | 0.1212 | 0.1173 | 0.3012 | 2.4411 | 0.3754 | 0.5915 |
| 240 | 0.0936 | 0.1167 | 0.2736 | 2.4106 | 0.2921 | 0.5771 |
| 300 | 0.0761 | 0.1162 | 0.2561 | 2.3859 | 0.2387 | 0.5691 |
| 400 | 0.0614 | 0.1156 | 0.2414 | 2.3593 | 0.1938 | 0.5625 |

[비고 1] R은 표피효과계수와 근접효과계수가 고려된 70℃의 교류도체저항 값이다.
[비고 2] s는 케이블 중심간의 간격, d는 케이블의 완성외경이다.

표 5-102 450/750V HFIO(3상, 평형배열 s=2d) CABLE의 임피던스

| 공 칭 단면적 [㎟] | 정상 & 역상 임피던스 | | 영상 임피던스 | | | |
|---|---|---|---|---|---|---|
| | | | TT 계통 | | TN 계통 | |
| | $R_1$[Ω/km] | $X_1$[Ω/km] | $R_0$ [Ω/km] | $X_0$[Ω/km] | $R_0$ [Ω/km] | $X_0$[Ω/km] |
| 1.5 | 14.4777 | 0.1958 | 14.6577 | 2.8050 | 14.8009 | 2.7735 |
| 2.5 | 8.8661 | 0.1927 | 9.0461 | 2.7583 | 9.2681 | 2.6988 |
| 4 | 5.5159 | 0.1853 | 5.6959 | 2.7193 | 6.0319 | 2.6044 |
| 6 | 3.6853 | 0.1793 | 3.8653 | 2.6856 | 4.3299 | 2.4819 |
| 10 | 2.1897 | 0.1787 | 2.3697 | 2.6277 | 3.0127 | 2.2170 |
| 16 | 1.3761 | 0.1790 | 1.5561 | 2.5935 | 2.3190 | 1.8760 |
| 25 | 0.8700 | 0.1783 | 1.0500 | 2.5435 | 1.7948 | 1.4749 |
| 35 | 0.6272 | 0.1753 | 0.8072 | 2.5141 | 1.4574 | 1.2167 |
| 50 | 0.4634 | 0.1753 | 0.6434 | 2.4778 | 1.1618 | 1.0351 |
| 70 | 0.3212 | 0.1709 | 0.5012 | 2.4436 | 0.8598 | 0.8806 |
| 95 | 0.2316 | 0.1714 | 0.4116 | 2.4084 | 0.6394 | 0.8058 |
| 120 | 0.1840 | 0.1692 | 0.3640 | 2.3847 | 0.5167 | 0.7674 |
| 150 | 0.1495 | 0.1689 | 0.3295 | 2.3605 | 0.4241 | 0.7464 |
| 185 | 0.1200 | 0.1696 | 0.3000 | 2.3366 | 0.3429 | 0.7340 |
| 240 | 0.0920 | 0.1690 | 0.2720 | 2.3060 | 0.2657 | 0.7212 |
| 300 | 0.0742 | 0.1685 | 0.2542 | 2.2814 | 0.2160 | 0.7139 |
| 400 | 0.0591 | 0.1678 | 0.2391 | 2.2547 | 0.1738 | 0.7077 |

[비고 1] R은 표피효과계수와 근접효과계수가 고려된 70℃의 교류도체저항 값이다.
[비고 2] s는 케이블 중심간의 간격, d는 케이블의 완성외경이다.

### 표 5-103 450/750V HFIO(단상, 평형배열, 2병렬) CABLE의 임피던스

| 공 칭<br>단면적<br>[㎟] | 정상 & 역상 임피던스 | | 영상 임피던스 | | | |
|---|---|---|---|---|---|---|
| | | | TT 계통 | | TN 계통 | |
| | $R_1$[Ω/km] | $X_1$[Ω/km] | $R_0$[Ω/km] | $X_0$[Ω/km] | $R_0$[Ω/km] | $X_0$[Ω/km] |
| 50 | 0.2318 | 0.1051 | 0.4118 | 2.5129 | 0.7057 | 0.6800 |
| 70 | 0.1608 | 0.1028 | 0.3408 | 2.4798 | 0.5024 | 0.6157 |
| 95 | 0.1161 | 0.1031 | 0.2961 | 2.4445 | 0.3667 | 0.5897 |
| 120 | 0.0923 | 0.1020 | 0.2723 | 2.4214 | 0.2939 | 0.5748 |
| 150 | 0.0752 | 0.1019 | 0.2552 | 2.3972 | 0.2403 | 0.5677 |
| 185 | 0.0605 | 0.1022 | 0.2405 | 2.3732 | 0.1942 | 0.5643 |
| 240 | 0.0467 | 0.1019 | 0.2267 | 2.3427 | 0.1509 | 0.5595 |
| 300 | 0.0380 | 0.1017 | 0.2180 | 2.3182 | 0.1234 | 0.5566 |
| 400 | 0.0307 | 0.1013 | 0.2107 | 2.2917 | 0.1004 | 0.5539 |

[비고 1] R은 표피효과계수와 근접효과계수가 고려된 70℃의 교류도체저항 값이다.
[비고 2] s는 케이블 중심간의 간격, d는 케이블의 완성외경이다.

### 표 5-104 450/750V HFIO(단상, 평형배열, 3병렬) CABLE의 임피던스

| 공 칭<br>단면적<br>[㎟] | 정상 & 역상 임피던스 | | 영상 임피던스 | | | |
|---|---|---|---|---|---|---|
| | | | TT 계통 | | TN 계통 | |
| | $R_1$[Ω/km] | $X_1$[Ω/km] | $R_0$[Ω/km] | $X_0$[Ω/km] | $R_0$[Ω/km] | $X_0$[Ω/km] |
| 50 | 0.1545 | 0.1064 | 0.3345 | 2.3700 | 0.4786 | 0.5697 |
| 70 | 0.1072 | 0.1049 | 0.2872 | 2.3388 | 0.3369 | 0.5384 |
| 95 | 0.0774 | 0.1051 | 0.2574 | 2.3032 | 0.2450 | 0.5264 |
| 120 | 0.0615 | 0.1044 | 0.2415 | 2.2810 | 0.1961 | 0.5191 |
| 150 | 0.0501 | 0.1043 | 0.2301 | 2.2570 | 0.1604 | 0.5156 |
| 185 | 0.0403 | 0.1045 | 0.2203 | 2.2326 | 0.1298 | 0.5141 |
| 240 | 0.0311 | 0.1043 | 0.2111 | 2.2024 | 0.1011 | 0.5115 |
| 300 | 0.0252 | 0.1042 | 0.2052 | 2.1781 | 0.0828 | 0.5098 |
| 400 | 0.0203 | 0.1039 | 0.2003 | 2.1519 | 0.0676 | 0.5081 |

[비고 1] R은 표피효과계수와 근접효과계수가 고려된 70℃의 교류도체저항 값이다.
[비고 2] s는 케이블 중심간의 간격, d는 케이블의 완성외경이다.

**표 5-105 450/750V HFIO(단상, 평형배열, 4병렬) CABLE의 임피던스**

| 공 칭 단면적 [㎟] | 정상 & 역상 임피던스 | | 영상 임피던스 | | | |
|---|---|---|---|---|---|---|
| | | | TT 계통 | | TN 계통 | |
| | $R_1$[Ω/km] | $X_1$[Ω/km] | $R_0$ [Ω/km] | $X_0$[Ω/km] | $R_0$ [Ω/km] | $X_0$[Ω/km] |
| 50 | 0.1159 | 0.1075 | 0.2959 | 2.2791 | 0.3608 | 0.5226 |
| 70 | 0.0804 | 0.1064 | 0.2604 | 2.2485 | 0.2531 | 0.5040 |
| 95 | 0.0580 | 0.1065 | 0.2380 | 2.2129 | 0.1841 | 0.4971 |
| 120 | 0.0461 | 0.1060 | 0.2261 | 2.1910 | 0.1474 | 0.4926 |
| 150 | 0.0375 | 0.1059 | 0.2175 | 2.1670 | 0.1207 | 0.4904 |
| 185 | 0.0302 | 0.1061 | 0.2102 | 2.1425 | 0.0980 | 0.4894 |
| 240 | 0.0233 | 0.1059 | 0.2033 | 2.1125 | 0.0766 | 0.4876 |
| 300 | 0.0189 | 0.1058 | 0.1989 | 2.0882 | 0.0630 | 0.4863 |
| 400 | 0.0152 | 0.1056 | 0.1952 | 2.0621 | 0.0517 | 0.4850 |

[비고 1] R은 표피효과계수와 근접효과계수가 고려된 70℃의 교류도체저항 값이다.
[비고 2] s는 케이블 중심간의 간격, d는 케이블의 완성외경이다.

**표 5-106 450/750V HFIO(3상, 평형배열, 2병렬) CABLE의 임피던스**

| 공 칭 단면적 [㎟] | 정상 & 역상 임피던스 | | 영상 임피던스 | | | |
|---|---|---|---|---|---|---|
| | | | TT 계통 | | TN 계통 | |
| | $R_1$[Ω/km] | $X_1$[Ω/km] | $R_0$ [Ω/km] | $X_0$[Ω/km] | $R_0$ [Ω/km] | $X_0$[Ω/km] |
| 50 | 0.2318 | 0.1225 | 0.4118 | 2.4868 | 0.6842 | 0.7423 |
| 70 | 0.1607 | 0.1203 | 0.3407 | 2.4537 | 0.4868 | 0.6811 |
| 95 | 0.1160 | 0.1205 | 0.2960 | 2.4183 | 0.3553 | 0.6565 |
| 120 | 0.0922 | 0.1194 | 0.2722 | 2.3953 | 0.2847 | 0.6423 |
| 150 | 0.0750 | 0.1193 | 0.2550 | 2.3711 | 0.2327 | 0.6354 |
| 185 | 0.0602 | 0.1196 | 0.2402 | 2.3470 | 0.1880 | 0.6322 |
| 240 | 0.0463 | 0.1193 | 0.2263 | 2.3166 | 0.1459 | 0.6275 |
| 300 | 0.0375 | 0.1191 | 0.2175 | 2.2920 | 0.1190 | 0.6246 |
| 400 | 0.0300 | 0.1187 | 0.2100 | 2.2656 | 0.0964 | 0.6218 |

[비고 1] R은 표피효과계수와 근접효과계수가 고려된 70℃의 교류도체저항 값이다.
[비고 2] s는 케이블 중심간의 간격, d는 케이블의 완성외경이다.

**표 5-107 450/750V HFIO(3상, 평형배열, 3병렬) CABLE의 임피던스**

| 공 칭 단면적 [㎟] | 정상 & 역상 임피던스 | | 영상 임피던스 | | | |
|---|---|---|---|---|---|---|
| | | | TT 계통 | | TN 계통 | |
| | $R_1$[Ω/km] | $X_1$[Ω/km] | $R_0$ [Ω/km] | $X_0$[Ω/km] | $R_0$ [Ω/km] | $X_0$[Ω/km] |
| 50 | 0.1545 | 0.1238 | 0.3345 | 2.3352 | 0.4637 | 0.6258 |
| 70 | 0.1071 | 0.1224 | 0.2871 | 2.3039 | 0.3266 | 0.5961 |
| 95 | 0.0773 | 0.1225 | 0.2573 | 2.2683 | 0.2377 | 0.5847 |
| 120 | 0.0614 | 0.1218 | 0.2414 | 2.2462 | 0.1903 | 0.5777 |
| 150 | 0.0499 | 0.1217 | 0.2299 | 2.2221 | 0.1558 | 0.5743 |
| 185 | 0.0401 | 0.1219 | 0.2201 | 2.1978 | 0.1262 | 0.5727 |
| 240 | 0.0308 | 0.1217 | 0.2108 | 2.1676 | 0.0983 | 0.5701 |
| 300 | 0.0249 | 0.1216 | 0.2049 | 2.1432 | 0.0806 | 0.5683 |
| 400 | 0.0199 | 0.1214 | 0.1999 | 2.1170 | 0.0657 | 0.5665 |

[비고 1] R은 표피효과계수와 근접효과계수가 고려된 70℃의 교류도체저항 값이다.
[비고 2] s는 케이블 중심간의 간격, d는 케이블의 완성외경이다.

**표 5-108 450/750V HFIO(3상, 평형배열, 4병렬) CABLE의 임피던스**

| 공 칭 단면적 [㎟] | 정상 & 역상 임피던스 | | 영상 임피던스 | | | |
|---|---|---|---|---|---|---|
| | | | TT 계통 | | TN 계통 | |
| | $R_1$[Ω/km] | $X_1$[Ω/km] | $R_0$ [Ω/km] | $X_0$[Ω/km] | $R_0$ [Ω/km] | $X_0$[Ω/km] |
| 50 | 0.1159 | 0.1249 | 0.2959 | 2.2399 | 0.3496 | 0.5751 |
| 70 | 0.0803 | 0.1238 | 0.2603 | 2.2093 | 0.2455 | 0.5575 |
| 95 | 0.0580 | 0.1239 | 0.2380 | 2.1737 | 0.1788 | 0.5508 |
| 120 | 0.0460 | 0.1234 | 0.2260 | 2.1518 | 0.1434 | 0.5464 |
| 150 | 0.0374 | 0.1233 | 0.2174 | 2.1278 | 0.1177 | 0.5442 |
| 185 | 0.0301 | 0.1235 | 0.2101 | 2.1033 | 0.0957 | 0.5431 |
| 240 | 0.0231 | 0.1234 | 0.2031 | 2.0733 | 0.0750 | 0.5411 |
| 300 | 0.0187 | 0.1232 | 0.1987 | 2.0490 | 0.0618 | 0.5397 |
| 400 | 0.0149 | 0.1231 | 0.1949 | 2.0229 | 0.0508 | 0.5383 |

[비고 1] R은 표피효과계수와 근접효과계수가 고려된 70℃의 교류도체저항 값이다.
[비고 2] s는 케이블 중심간의 간격, d는 케이블의 완성외경이다.

표 5-109 450/750V IV(단상, 밀착배열) CABLE의 임피던스

| 공 칭 단면적 [㎟] | 정상 & 역상 임피던스 | | 영상 임피던스 | | | |
|---|---|---|---|---|---|---|
| | | | TT 계통 | | TN 계통 | |
| | $R_1$[Ω/km] | $X_1$[Ω/km] | $R_0$ [Ω/km] | $X_0$[Ω/km] | $R_0$ [Ω/km] | $X_0$[Ω/km] |
| 1.5 | 14.4777 | 0.1262 | 14.6577 | 2.9443 | 14.8265 | 2.9723 |
| 2.5 | 8.8661 | 0.1230 | 9.0461 | 2.8976 | 9.3085 | 2.8920 |
| 4 | 5.5159 | 0.1156 | 5.6959 | 2.8586 | 6.0942 | 2.7854 |
| 6 | 3.6853 | 0.1096 | 3.8653 | 2.8249 | 4.4178 | 2.6455 |
| 10 | 2.1897 | 0.1091 | 2.3697 | 2.7670 | 3.1394 | 2.3435 |
| 16 | 1.3762 | 0.1093 | 1.5562 | 2.7329 | 2.4752 | 1.9453 |
| 25 | 0.8702 | 0.1086 | 1.0502 | 2.6829 | 1.9570 | 1.4728 |
| 35 | 0.6275 | 0.1056 | 0.8075 | 2.6535 | 1.6072 | 1.1645 |
| 50 | 0.4637 | 0.1056 | 0.6437 | 2.6172 | 1.2908 | 0.9477 |
| 70 | 0.3217 | 0.1012 | 0.5017 | 2.5830 | 0.9613 | 0.7603 |
| 95 | 0.2324 | 0.1017 | 0.4124 | 2.5477 | 0.7176 | 0.6700 |
| 120 | 0.1850 | 0.0995 | 0.3650 | 2.5241 | 0.5815 | 0.6227 |
| 150 | 0.1508 | 0.0992 | 0.3308 | 2.4998 | 0.4784 | 0.5974 |
| 185 | 0.1216 | 0.0999 | 0.3016 | 2.4760 | 0.3880 | 0.5827 |
| 240 | 0.0942 | 0.0993 | 0.2742 | 2.4454 | 0.3026 | 0.5673 |
| 300 | 0.0768 | 0.0988 | 0.2568 | 2.4207 | 0.2481 | 0.5587 |
| 400 | 0.0625 | 0.0981 | 0.2425 | 2.3941 | 0.2028 | 0.5516 |

[비고 1] R은 표피효과계수와 근접효과계수가 고려된 70℃의 교류도체저항 값이다.
[비고 2] s는 케이블 중심간의 간격, d는 케이블의 완성외경이다.

표 5-110 450/750V IV(3상, 삼각배열) CABLE의 임피던스

| 공 칭 단면적 [㎟] | 정상 & 역상 임피던스 | | 영상 임피던스 | | | |
|---|---|---|---|---|---|---|
| | | | TT 계통 | | TN 계통 | |
| | $R_1$[Ω/km] | $X_1$[Ω/km] | $R_0$ [Ω/km] | $X_0$[Ω/km] | $R_0$ [Ω/km] | $X_0$[Ω/km] |
| 1.5 | 14.4777 | 0.1262 | 14.6577 | 2.9443 | 14.8232 | 2.9097 |
| 2.5 | 8.8661 | 0.1230 | 9.0461 | 2.8976 | 9.3034 | 2.8315 |
| 4 | 5.5159 | 0.1156 | 5.6959 | 2.8586 | 6.0863 | 2.7296 |
| 6 | 3.6853 | 0.1096 | 3.8653 | 2.8249 | 4.4066 | 2.5945 |
| 10 | 2.1897 | 0.1091 | 2.3697 | 2.7670 | 3.1233 | 2.2975 |
| 16 | 1.3762 | 0.1093 | 1.5562 | 2.7329 | 2.4553 | 1.9064 |
| 25 | 0.8702 | 0.1086 | 1.0502 | 2.6829 | 1.9363 | 1.4434 |
| 35 | 0.6275 | 0.1056 | 0.8075 | 2.6535 | 1.5881 | 1.1428 |
| 50 | 0.4638 | 0.1056 | 0.6438 | 2.6172 | 1.2744 | 0.9305 |
| 70 | 0.3218 | 0.1012 | 0.5018 | 2.5830 | 0.9485 | 0.7493 |
| 95 | 0.2325 | 0.1017 | 0.4125 | 2.5477 | 0.7078 | 0.6608 |
| 120 | 0.1851 | 0.0995 | 0.3651 | 2.5241 | 0.5736 | 0.6156 |
| 150 | 0.1508 | 0.0992 | 0.3308 | 2.4998 | 0.4719 | 0.5910 |
| 185 | 0.1216 | 0.0999 | 0.3016 | 2.4760 | 0.3827 | 0.5763 |
| 240 | 0.0942 | 0.0993 | 0.2742 | 2.4454 | 0.2985 | 0.5615 |
| 300 | 0.0768 | 0.0988 | 0.2568 | 2.4207 | 0.2445 | 0.5533 |
| 400 | 0.0623 | 0.0981 | 0.2423 | 2.3941 | 0.1994 | 0.5466 |

[비고 1] R은 표피효과계수와 근접효과계수가 고려된 70℃의 교류도체저항 값이다.
[비고 2] s는 케이블 중심간의 간격, d는 케이블의 완성외경이다.

표 5-111 450/750V IV(3상, 평형배열 s=d) CABLE의 임피던스

| 공 칭 단면적 [㎟] | 정상 & 역상 임피던스 | | 영상 임피던스 | | | |
|---|---|---|---|---|---|---|
| | | | TT 계통 | | TN 계통 | |
| | $R_1$[Ω/km] | $X_1$[Ω/km] | $R_0$[Ω/km] | $X_0$[Ω/km] | $R_0$[Ω/km] | $X_0$[Ω/km] |
| 1.5 | 14.4777 | 0.1436 | 14.6577 | 2.9095 | 14.8195 | 2.8754 |
| 2.5 | 8.8661 | 0.1404 | 9.0461 | 2.8628 | 9.2974 | 2.7977 |
| 4 | 5.5159 | 0.1330 | 5.6959 | 2.8238 | 6.0772 | 2.6972 |
| 6 | 3.6853 | 0.1270 | 3.8653 | 2.7901 | 4.3937 | 2.5642 |
| 10 | 2.1897 | 0.1265 | 2.3697 | 2.7322 | 3.1046 | 2.2725 |
| 16 | 1.3761 | 0.1267 | 1.5561 | 2.6981 | 2.4323 | 1.8899 |
| 25 | 0.8701 | 0.1260 | 1.0501 | 2.6480 | 1.9123 | 1.4372 |
| 35 | 0.6274 | 0.1230 | 0.8074 | 2.6186 | 1.5658 | 1.1437 |
| 50 | 0.4636 | 0.1230 | 0.6436 | 2.5823 | 1.2550 | 0.9366 |
| 70 | 0.3215 | 0.1186 | 0.5015 | 2.5481 | 0.9330 | 0.7599 |
| 95 | 0.2321 | 0.1191 | 0.4121 | 2.5129 | 0.6954 | 0.6737 |
| 120 | 0.1846 | 0.1169 | 0.3646 | 2.4893 | 0.5629 | 0.6297 |
| 150 | 0.1502 | 0.1166 | 0.3302 | 2.4650 | 0.4625 | 0.6057 |
| 185 | 0.1208 | 0.1173 | 0.3008 | 2.4411 | 0.3743 | 0.5914 |
| 240 | 0.0932 | 0.1167 | 0.2732 | 2.4106 | 0.2907 | 0.5770 |
| 300 | 0.0755 | 0.1162 | 0.2555 | 2.3859 | 0.2370 | 0.5689 |
| 400 | 0.0608 | 0.1156 | 0.2408 | 2.3593 | 0.1918 | 0.5623 |

[비고 1] R은 표피효과계수와 근접효과계수가 고려된 70℃의 교류도체저항 값이다.
[비고 2] s는 케이블 중심간의 간격, d는 케이블의 완성외경이다.

표 5-112 450/750V IV(3상, 평형배열 s=2d) CABLE의 임피던스

| 공 칭 단면적 [㎟] | 정상 & 역상 임피던스 | | 영상 임피던스 | | | |
|---|---|---|---|---|---|---|
| | | | TT 계통 | | TN 계통 | |
| | $R_1$[Ω/km] | $X_1$[Ω/km] | $R_0$ [Ω/km] | $X_0$[Ω/km] | $R_0$ [Ω/km] | $X_0$[Ω/km] |
| 1.5 | 14.4777 | 0.1958 | 14.6577 | 2.8050 | 14.8009 | 2.7735 |
| 2.5 | 8.8661 | 0.1927 | 9.0461 | 2.7583 | 9.2681 | 2.6988 |
| 4 | 5.5159 | 0.1853 | 5.6959 | 2.7193 | 6.0319 | 2.6044 |
| 6 | 3.6853 | 0.1793 | 3.8653 | 2.6856 | 4.3299 | 2.4819 |
| 10 | 2.1897 | 0.1787 | 2.3697 | 2.6277 | 3.0127 | 2.2170 |
| 16 | 1.3761 | 0.1790 | 1.5561 | 2.5935 | 2.3190 | 1.8760 |
| 25 | 0.8700 | 0.1783 | 1.0500 | 2.5435 | 1.7948 | 1.4749 |
| 35 | 0.6272 | 0.1753 | 0.8072 | 2.5141 | 1.4574 | 1.2167 |
| 50 | 0.4634 | 0.1753 | 0.6434 | 2.4778 | 1.1617 | 1.0350 |
| 70 | 0.3211 | 0.1709 | 0.5011 | 2.4436 | 0.8597 | 0.8806 |
| 95 | 0.2316 | 0.1714 | 0.4116 | 2.4084 | 0.6393 | 0.8058 |
| 120 | 0.1839 | 0.1692 | 0.3639 | 2.3847 | 0.5166 | 0.7673 |
| 150 | 0.1494 | 0.1689 | 0.3294 | 2.3605 | 0.4239 | 0.7464 |
| 185 | 0.1199 | 0.1696 | 0.2999 | 2.3366 | 0.3427 | 0.7340 |
| 240 | 0.0919 | 0.1690 | 0.2719 | 2.3060 | 0.2654 | 0.7212 |
| 300 | 0.0740 | 0.1685 | 0.2540 | 2.2814 | 0.2156 | 0.7139 |
| 400 | 0.0589 | 0.1678 | 0.2389 | 2.2547 | 0.1734 | 0.7077 |

[비고 1] R은 표피효과계수와 근접효과계수가 고려된 70℃의 교류도체저항 값이다.
[비고 2] s는 케이블 중심간의 간격, d는 케이블의 완성외경이다.

표 5-113 450/750V IV(단상, 평형배열, 2병렬) CABLE의 임피던스

| 공 칭 단면적 [㎟] | 정상 & 역상 임피던스 | | 영상 임피던스 | | | |
|---|---|---|---|---|---|---|
| | | | TT 계통 | | TN 계통 | |
| | $R_1$[Ω/km] | $X_1$[Ω/km] | $R_0$[Ω/km] | $X_0$[Ω/km] | $R_0$[Ω/km] | $X_0$[Ω/km] |
| 50 | 0.2318 | 0.1051 | 0.4118 | 2.5129 | 0.7057 | 0.6800 |
| 70 | 0.1608 | 0.1028 | 0.3408 | 2.4798 | 0.5024 | 0.6157 |
| 95 | 0.1161 | 0.1031 | 0.2961 | 2.4445 | 0.3667 | 0.5897 |
| 120 | 0.0923 | 0.1020 | 0.2723 | 2.4214 | 0.2939 | 0.5748 |
| 150 | 0.0752 | 0.1019 | 0.2552 | 2.3972 | 0.2403 | 0.5677 |
| 185 | 0.0605 | 0.1022 | 0.2405 | 2.3732 | 0.1942 | 0.5643 |
| 240 | 0.0467 | 0.1019 | 0.2267 | 2.3427 | 0.1509 | 0.5595 |
| 300 | 0.0380 | 0.1017 | 0.2180 | 2.3182 | 0.1234 | 0.5566 |
| 400 | 0.0307 | 0.1013 | 0.2107 | 2.2917 | 0.1004 | 0.5539 |

[비고 1] R은 표피효과계수와 근접효과계수가 고려된 70℃의 교류도체저항 값이다.
[비고 2] s는 케이블 중심간의 간격, d는 케이블의 완성외경이다.

표 5-114 450/750V IV(단상, 평형배열, 3병렬) CABLE의 임피던스

| 공 칭 단면적 [㎟] | 정상 & 역상 임피던스 | | 영상 임피던스 | | | |
|---|---|---|---|---|---|---|
| | | | TT 계통 | | TN 계통 | |
| | $R_1$[Ω/km] | $X_1$[Ω/km] | $R_0$[Ω/km] | $X_0$[Ω/km] | $R_0$[Ω/km] | $X_0$[Ω/km] |
| 50 | 0.1545 | 0.1064 | 0.3345 | 2.3700 | 0.4786 | 0.5697 |
| 70 | 0.1072 | 0.1049 | 0.2872 | 2.3388 | 0.3369 | 0.5384 |
| 95 | 0.0774 | 0.1051 | 0.2574 | 2.3032 | 0.2450 | 0.5264 |
| 120 | 0.0615 | 0.1044 | 0.2415 | 2.2810 | 0.1961 | 0.5191 |
| 150 | 0.0501 | 0.1043 | 0.2301 | 2.2570 | 0.1604 | 0.5156 |
| 185 | 0.0403 | 0.1045 | 0.2203 | 2.2326 | 0.1298 | 0.5141 |
| 240 | 0.0311 | 0.1043 | 0.2111 | 2.2024 | 0.1011 | 0.5115 |
| 300 | 0.0252 | 0.1042 | 0.2052 | 2.1781 | 0.0828 | 0.5098 |
| 400 | 0.0203 | 0.1039 | 0.2003 | 2.1519 | 0.0676 | 0.5081 |

[비고 1] R은 표피효과계수와 근접효과계수가 고려된 70℃의 교류도체저항 값이다.
[비고 2] s는 케이블 중심간의 간격, d는 케이블의 완성외경이다.

**표 5-115 450/750V IV(단상, 평형배열, 4병렬) CABLE의 임피던스**

| 공 칭 단면적 [㎟] | 정상 & 역상 임피던스 | | 영상 임피던스 | | | |
|---|---|---|---|---|---|---|
| | | | TT 계통 | | TN 계통 | |
| | $R_1$[Ω/km] | $X_1$[Ω/km] | $R_0$ [Ω/km] | $X_0$[Ω/km] | $R_0$ [Ω/km] | $X_0$[Ω/km] |
| 50 | 0.1159 | 0.1075 | 0.2959 | 2.2791 | 0.3608 | 0.5226 |
| 70 | 0.0804 | 0.1064 | 0.2604 | 2.2485 | 0.2531 | 0.5040 |
| 95 | 0.0580 | 0.1065 | 0.2380 | 2.2129 | 0.1841 | 0.4971 |
| 120 | 0.0461 | 0.1060 | 0.2261 | 2.1910 | 0.1474 | 0.4926 |
| 150 | 0.0375 | 0.1059 | 0.2175 | 2.1670 | 0.1207 | 0.4904 |
| 185 | 0.0302 | 0.1061 | 0.2102 | 2.1425 | 0.0980 | 0.4894 |
| 240 | 0.0233 | 0.1059 | 0.2033 | 2.1125 | 0.0766 | 0.4876 |
| 300 | 0.0189 | 0.1058 | 0.1989 | 2.0882 | 0.0630 | 0.4863 |
| 400 | 0.0152 | 0.1056 | 0.1952 | 2.0621 | 0.0517 | 0.4850 |

[비고 1] R은 표피효과계수와 근접효과계수가 고려된 70℃의 교류도체저항 값이다.
[비고 2] s는 케이블 중심간의 간격, d는 케이블의 완성외경이다.

**표 5-116 450/750V IV(3상, 평형배열, 2병렬) CABLE의 임피던스**

| 공 칭 단면적 [㎟] | 정상 & 역상 임피던스 | | 영상 임피던스 | | | |
|---|---|---|---|---|---|---|
| | | | TT 계통 | | TN 계통 | |
| | $R_1$[Ω/km] | $X_1$[Ω/km] | $R_0$ [Ω/km] | $X_0$[Ω/km] | $R_0$ [Ω/km] | $X_0$[Ω/km] |
| 50 | 0.2318 | 0.1225 | 0.4118 | 2.4868 | 0.6842 | 0.7423 |
| 70 | 0.1607 | 0.1203 | 0.3407 | 2.4537 | 0.4868 | 0.6811 |
| 95 | 0.1160 | 0.1205 | 0.2960 | 2.4183 | 0.3553 | 0.6565 |
| 120 | 0.0922 | 0.1194 | 0.2722 | 2.3953 | 0.2847 | 0.6423 |
| 150 | 0.0750 | 0.1193 | 0.2550 | 2.3711 | 0.2327 | 0.6354 |
| 185 | 0.0602 | 0.1196 | 0.2402 | 2.3470 | 0.1880 | 0.6322 |
| 240 | 0.0463 | 0.1193 | 0.2263 | 2.3166 | 0.1459 | 0.6275 |
| 300 | 0.0375 | 0.1191 | 0.2175 | 2.2920 | 0.1190 | 0.6246 |
| 400 | 0.0300 | 0.1187 | 0.2100 | 2.2656 | 0.0964 | 0.6218 |

[비고 1] R은 표피효과계수와 근접효과계수가 고려된 70℃의 교류도체저항 값이다.
[비고 2] s는 케이블 중심간의 간격, d는 케이블의 완성외경이다.

### 표 5-117 450/750V IV(3상, 평형배열, 3병렬) CABLE의 임피던스

| 공 칭 단면적 [㎟] | 정상 & 역상 임피던스 | | 영상 임피던스 | | | |
|---|---|---|---|---|---|---|
| | | | TT 계통 | | TN 계통 | |
| | $R_1$[Ω/km] | $X_1$[Ω/km] | $R_0$ [Ω/km] | $X_0$[Ω/km] | $R_0$ [Ω/km] | $X_0$[Ω/km] |
| 50 | 0.1545 | 0.1238 | 0.3345 | 2.3352 | 0.4637 | 0.6258 |
| 70 | 0.1071 | 0.1224 | 0.2871 | 2.3039 | 0.3266 | 0.5961 |
| 95 | 0.0773 | 0.1225 | 0.2573 | 2.2683 | 0.2377 | 0.5847 |
| 120 | 0.0614 | 0.1218 | 0.2414 | 2.2462 | 0.1903 | 0.5777 |
| 150 | 0.0499 | 0.1217 | 0.2299 | 2.2221 | 0.1558 | 0.5743 |
| 185 | 0.0401 | 0.1219 | 0.2201 | 2.1978 | 0.1262 | 0.5727 |
| 240 | 0.0308 | 0.1217 | 0.2108 | 2.1676 | 0.0983 | 0.5701 |
| 300 | 0.0249 | 0.1216 | 0.2049 | 2.1432 | 0.0806 | 0.5683 |
| 400 | 0.0199 | 0.1214 | 0.1999 | 2.1170 | 0.0657 | 0.5665 |

[비고 1] R은 표피효과계수와 근접효과계수가 고려된 70℃의 교류도체저항 값이다.
[비고 2] s는 케이블 중심간의 간격, d는 케이블의 완성외경이다.

### 표 5-118 450/750V IV(3상, 평형배열, 4병렬) CABLE의 임피던스

| 공 칭 단면적 [㎟] | 정상 & 역상 임피던스 | | 영상 임피던스 | | | |
|---|---|---|---|---|---|---|
| | | | TT 계통 | | TN 계통 | |
| | $R_1$[Ω/km] | $X_1$[Ω/km] | $R_0$ [Ω/km] | $X_0$[Ω/km] | $R_0$ [Ω/km] | $X_0$[Ω/km] |
| 50 | 0.1159 | 0.1249 | 0.2959 | 2.2399 | 0.3496 | 0.5751 |
| 70 | 0.0803 | 0.1238 | 0.2603 | 2.2093 | 0.2455 | 0.5575 |
| 95 | 0.0580 | 0.1239 | 0.2380 | 2.1737 | 0.1788 | 0.5508 |
| 120 | 0.0460 | 0.1234 | 0.2260 | 2.1518 | 0.1434 | 0.5464 |
| 150 | 0.0374 | 0.1233 | 0.2174 | 2.1278 | 0.1177 | 0.5442 |
| 185 | 0.0301 | 0.1235 | 0.2101 | 2.1033 | 0.0957 | 0.5431 |
| 240 | 0.0231 | 0.1234 | 0.2031 | 2.0733 | 0.0750 | 0.5411 |
| 300 | 0.0187 | 0.1232 | 0.1987 | 2.0490 | 0.0618 | 0.5397 |
| 400 | 0.0149 | 0.1231 | 0.1949 | 2.0229 | 0.0508 | 0.5383 |

[비고 1] R은 표피효과계수와 근접효과계수가 고려된 70℃의 교류도체저항 값이다.
[비고 2] s는 케이블 중심간의 간격, d는 케이블의 완성외경이다.

**표 5-119 450/750V HIV(단상, 밀착배열) CABLE의 임피던스**

| 공 칭 단면적 [㎟] | 정상 & 역상 임피던스 | | 영상 임피던스 | | | |
|---|---|---|---|---|---|---|
| | | | TT 계통 | | TN 계통 | |
| | $R_1$[Ω/km] | $X_1$[Ω/km] | $R_0$ [Ω/km] | $X_0$[Ω/km] | $R_0$ [Ω/km] | $X_0$[Ω/km] |
| 1.5 | 15.4287 | 0.1262 | 15.6087 | 2.9443 | 15.7674 | 2.9469 |
| 2.5 | 9.4485 | 0.1230 | 9.6285 | 2.8976 | 9.8755 | 2.8695 |

[비고 1] R은 표피효과계수와 근접효과계수가 고려된 90℃의 교류도체저항 값이다.
[비고 2] s는 케이블 중심간의 간격, d는 케이블의 완성외경이다.

**표 5-120 450/750V HIV(3상, 삼각배열) CABLE의 임피던스**

| 공 칭 단면적 [㎟] | 정상 & 역상 임피던스 | | 영상 임피던스 | | | |
|---|---|---|---|---|---|---|
| | | | TT 계통 | | TN 계통 | |
| | $R_1$[Ω/km] | $X_1$[Ω/km] | $R_0$ [Ω/km] | $X_0$[Ω/km] | $R_0$ [Ω/km] | $X_0$[Ω/km] |
| 1.5 | 15.4287 | 0.1262 | 15.6087 | 2.9443 | 15.7643 | 2.9125 |
| 2.5 | 9.4485 | 0.1230 | 9.6285 | 2.8976 | 9.8706 | 2.8372 |

[비고 1] R은 표피효과계수와 근접효과계수가 고려된 90℃의 교류도체저항 값이다.
[비고 2] s는 케이블 중심간의 간격, d는 케이블의 완성외경이다.

**표 5-121 450/750V HIV(3상, 평형배열 s=d) CABLE의 임피던스**

| 공 칭 단면적 [㎟] | 정상 & 역상 임피던스 | | 영상 임피던스 | | | |
|---|---|---|---|---|---|---|
| | | | TT 계통 | | TN 계통 | |
| | $R_1$[Ω/km] | $X_1$[Ω/km] | $R_0$ [Ω/km] | $X_0$[Ω/km] | $R_0$ [Ω/km] | $X_0$[Ω/km] |
| 1.5 | 15.4287 | 0.1436 | 15.6087 | 2.9095 | 15.7608 | 2.8781 |
| 2.5 | 9.4485 | 0.1404 | 9.6285 | 2.8628 | 9.8651 | 2.8033 |

[비고 1] R은 표피효과계수와 근접효과계수가 고려된 90℃의 교류도체저항 값이다.
[비고 2] s는 케이블 중심간의 간격, d는 케이블의 완성외경이다.

**표 5-122 450/750V HIV(3상, 평형배열 s=2d) CABLE의 임피던스**

| 공 칭 단면적 [㎟] | 정상 & 역상 임피던스 | | 영상 임피던스 | | | |
|---|---|---|---|---|---|---|
| | | | TT 계통 | | TN 계통 | |
| | $R_1$[Ω/km] | $X_1$[Ω/km] | $R_0$ [Ω/km] | $X_0$[Ω/km] | $R_0$ [Ω/km] | $X_0$[Ω/km] |
| 1.5 | 15.4287 | 0.1958 | 15.6087 | 2.8050 | 15.7434 | 2.7760 |
| 2.5 | 9.4485 | 0.1927 | 9.6285 | 2.7583 | 9.8375 | 2.7038 |

[비고 1] R은 표피효과계수와 근접효과계수가 고려된 90℃의 교류도체저항 값이다.
[비고 2] s는 케이블 중심간의 간격, d는 케이블의 완성외경이다.

**표 5-123 1kV 절연 BUS DUCT의 임피던스**

| CU BUS DUCT | | | | AL BUS DUCT | | | |
|---|---|---|---|---|---|---|---|
| 종류 | R(Ω/km) | X(Ω/km) | 단면적(㎟) | 종류 | R(Ω/km) | X(Ω/km) | 단면적(㎟) |
| CU-630 | 0.0749 | 0.0407 | 260 | AL-630 | 0.1398 | 0.0407 | 260 |
| CU-800 | 0.0749 | 0.0384 | 260 | AL-800 | 0.0797 | 0.0262 | 394 |
| CU-1000 | 0.0549 | 0.0299 | 362 | AL-1000 | 0.0683 | 0.0221 | 546 |
| CU-1250 | 0.0439 | 0.0245 | 464 | AL-1250 | 0.0555 | 0.0182 | 686 |
| CU-1600 | 0.0310 | 0.0171 | 686 | AL-1600 | 0.0382 | 0.0123 | 1041 |
| CU-2000 | 0.0240 | 0.0135 | 921 | AL-2000 | 0.0308 | 0.0100 | 1334 |
| CU-2500 | 0.0186 | 0.0105 | 1238 | AL-2500 | 0.0240 | 0.0080 | 1600 |
| CU-3200 | 0.0154 | 0.0085 | 1372 | AL-3200 | 0.0191 | 0.0061 | 2083 |
| CU-3600 | 0.0135 | 0.0074 | 1600 | AL-3600 | 0.0172 | 0.0055 | 2337 |
| CU-4000 | 0.0120 | 0.0067 | 1842 | AL-4000 | 0.0154 | 0.0050 | 2667 |
| CU-5000 | 0.0093 | 0.0052 | 2477 | AL-5000 | 0.0115 | 0.0037 | 3505 |
| CU-6000 | 0.0080 | 0.0045 | 3124 | AL-6000 | 0.0102 | 0.0033 | 4001 |
| CU-7500 | 0.0062 | 0.0035 | 3715 | - | - | - | - |

출처 : LS Cable 기술사양서

**표 5-124 6/10kV F-CV, HFCO(단상, 1Core, 밀착배열) CABLE의 임피던스**

| 공칭 단면적 [㎟] | 정상 & 역상 임피던스 | | 영상 임피던스 | | 정전용량 | |
|---|---|---|---|---|---|---|
| | $R_1$[Ω/km] | $X_1$[Ω/km] | $R_0$[Ω/km] | $X_0$[Ω/km] | C [μF/km] | $\omega C \times 10^{-3}$[℧/km] |
| 16 | 1.4665 | 0.1803 | 1.6465 | 2.5909 | 0.1854 | 0.0699 |
| 25 | 0.9272 | 0.1668 | 1.1072 | 2.5664 | 0.2110 | 0.0795 |
| 35 | 0.6684 | 0.1585 | 0.8484 | 2.5476 | 0.2321 | 0.0875 |
| 50 | 0.4938 | 0.1498 | 0.6738 | 2.5288 | 0.2573 | 0.0970 |
| 70 | 0.3423 | 0.1417 | 0.5223 | 2.5019 | 0.2927 | 0.1104 |
| 95 | 0.2469 | 0.1361 | 0.4269 | 2.4788 | 0.3260 | 0.1229 |
| 120 | 0.1963 | 0.1295 | 0.3763 | 2.4640 | 0.3570 | 0.1346 |
| 150 | 0.1596 | 0.1265 | 0.3396 | 2.4453 | 0.3880 | 0.1463 |
| 185 | 0.1283 | 0.1238 | 0.3083 | 2.4281 | 0.4190 | 0.1579 |
| 240 | 0.0988 | 0.1200 | 0.2788 | 2.4040 | 0.4684 | 0.1766 |
| 300 | 0.0802 | 0.1156 | 0.2602 | 2.3871 | 0.5136 | 0.1936 |
| 400 | 0.0646 | 0.1122 | 0.2446 | 2.3660 | 0.5691 | 0.2145 |
| 500 | 0.0530 | 0.1079 | 0.2330 | 2.3454 | 0.6347 | 0.2393 |
| 630 | 0.0442 | 0.1060 | 0.2242 | 2.3186 | 0.7126 | 0.2686 |

[비고 1] R은 표피효과계수와 근접효과계수가 고려된 90℃의 교류도체저항 값이다.
[비고 2] s는 케이블 중심간의 간격, d는 케이블의 완성외경이다.

**표 5-125 6/10kV F-CV, HFCO(3상, 1Core, 삼각배열) CABLE의 임피던스**

| 공 칭 단면적 [㎟] | 정상 & 역상 임피던스 | | 영상 임피던스 | | 정전용량 | |
|---|---|---|---|---|---|---|
| | $R_1$[Ω/km] | $X_1$[Ω/km] | $R_0$ [Ω/km] | $X_0$[Ω/km] | C [μF/km] | ωC×$10^{-3}$[℧/km] |
| 16 | 1.4665 | 0.1803 | 1.6465 | 2.5909 | 0.1854 | 0.0699 |
| 25 | 0.9272 | 0.1668 | 1.1072 | 2.5664 | 0.2110 | 0.0795 |
| 35 | 0.6684 | 0.1585 | 0.8484 | 2.5476 | 0.2321 | 0.0875 |
| 50 | 0.4938 | 0.1498 | 0.6738 | 2.5288 | 0.2573 | 0.0970 |
| 70 | 0.3423 | 0.1417 | 0.5223 | 2.5019 | 0.2927 | 0.1104 |
| 95 | 0.2470 | 0.1361 | 0.4270 | 2.4788 | 0.3260 | 0.1229 |
| 120 | 0.1963 | 0.1295 | 0.3763 | 2.4640 | 0.3570 | 0.1346 |
| 150 | 0.1596 | 0.1265 | 0.3396 | 2.4453 | 0.3880 | 0.1463 |
| 185 | 0.1283 | 0.1238 | 0.3083 | 2.4281 | 0.4190 | 0.1579 |
| 240 | 0.0988 | 0.1200 | 0.2788 | 2.4040 | 0.4684 | 0.1766 |
| 300 | 0.0801 | 0.1156 | 0.2601 | 2.3871 | 0.5136 | 0.1936 |
| 400 | 0.0645 | 0.1122 | 0.2445 | 2.3660 | 0.5691 | 0.2145 |
| 500 | 0.0526 | 0.1079 | 0.2326 | 2.3454 | 0.6347 | 0.2393 |
| 630 | 0.0433 | 0.1060 | 0.2233 | 2.3186 | 0.7126 | 0.2686 |

[비고 1] R은 표피효과계수와 근접효과계수가 고려된 90℃의 교류도체저항 값이다.
[비고 2] s는 케이블 중심간의 간격, d는 케이블의 완성외경이다.

**표 5-126 6/10kV F-CV, HFCO(3상, 1Core, 평형배열 s=d) CABLE의 임피던스**

| 공 칭 단면적 [㎟] | 정상 & 역상 임피던스 | | 영상 임피던스 | | 정전용량 | |
|---|---|---|---|---|---|---|
| | $R_1$[Ω/km] | $X_1$[Ω/km] | $R_0$ [Ω/km] | $X_0$[Ω/km] | C [μF/km] | ωC×$10^{-3}$[℧/km] |
| 16 | 1.4665 | 0.1977 | 1.6465 | 2.5561 | 0.1854 | 0.0699 |
| 25 | 0.9272 | 0.1843 | 1.1072 | 2.5316 | 0.2110 | 0.0795 |
| 35 | 0.6684 | 0.1760 | 0.8484 | 2.5127 | 0.2321 | 0.0875 |
| 50 | 0.4938 | 0.1672 | 0.6738 | 2.4939 | 0.2573 | 0.0970 |
| 70 | 0.3422 | 0.1591 | 0.5222 | 2.4670 | 0.2927 | 0.1104 |
| 95 | 0.2468 | 0.1535 | 0.4268 | 2.4440 | 0.3260 | 0.1229 |
| 120 | 0.1960 | 0.1470 | 0.3760 | 2.4292 | 0.3570 | 0.1346 |
| 150 | 0.1593 | 0.1439 | 0.3393 | 2.4105 | 0.3880 | 0.1463 |
| 185 | 0.1279 | 0.1413 | 0.3079 | 2.3933 | 0.4190 | 0.1579 |
| 240 | 0.0982 | 0.1374 | 0.2782 | 2.3692 | 0.4684 | 0.1766 |
| 300 | 0.0794 | 0.1331 | 0.2594 | 2.3522 | 0.5136 | 0.1936 |
| 400 | 0.0635 | 0.1296 | 0.2435 | 2.3312 | 0.5691 | 0.2145 |
| 500 | 0.0513 | 0.1253 | 0.2313 | 2.3105 | 0.6347 | 0.2393 |
| 630 | 0.0417 | 0.1235 | 0.2217 | 2.2838 | 0.7126 | 0.2686 |

[비고 1] R은 표피효과계수와 근접효과계수가 고려된 90℃의 교류도체저항 값이다.
[비고 2] s는 케이블 중심간의 간격, d는 케이블의 완성외경이다.

**표 5-127 6/10kV F-CV, HFCO(3상, 1Core, 평형배열 s=2d) CABLE의 임피던스**

| 공 칭 단면적 [㎟] | 정상 & 역상 임피던스 | | 영상 임피던스 | | 정전용량 | |
|---|---|---|---|---|---|---|
| | $R_1$[Ω/km] | $X_1$[Ω/km] | $R_0$[Ω/km] | $X_0$[Ω/km] | C[μF/km] | ωC×$10^{-3}$[℧/km] |
| 16 | 1.4664 | 0.2500 | 1.6464 | 2.4515 | 0.1854 | 0.0699 |
| 25 | 0.9271 | 0.2365 | 1.1071 | 2.4270 | 0.2110 | 0.0795 |
| 35 | 0.6683 | 0.2282 | 0.8483 | 2.4082 | 0.2321 | 0.0875 |
| 50 | 0.4937 | 0.2195 | 0.6737 | 2.3894 | 0.2573 | 0.0970 |
| 70 | 0.3421 | 0.2114 | 0.5221 | 2.3625 | 0.2927 | 0.1104 |
| 95 | 0.2466 | 0.2058 | 0.4266 | 2.3395 | 0.3260 | 0.1229 |
| 120 | 0.1958 | 0.1992 | 0.3758 | 2.3247 | 0.3570 | 0.1346 |
| 150 | 0.1590 | 0.1961 | 0.3390 | 2.3060 | 0.3880 | 0.1463 |
| 185 | 0.1274 | 0.1935 | 0.3074 | 2.2888 | 0.4190 | 0.1579 |
| 240 | 0.0976 | 0.1897 | 0.2776 | 2.2647 | 0.4684 | 0.1766 |
| 300 | 0.0785 | 0.1853 | 0.2585 | 2.2477 | 0.5136 | 0.1936 |
| 400 | 0.0623 | 0.1819 | 0.2423 | 2.2266 | 0.5691 | 0.2145 |
| 500 | 0.0496 | 0.1776 | 0.2296 | 2.2060 | 0.6347 | 0.2393 |
| 630 | 0.0398 | 0.1757 | 0.2198 | 2.1793 | 0.7126 | 0.2686 |

[비고 1] R은 표피효과계수와 근접효과계수가 고려된 90℃의 교류도체저항 값이다.
[비고 2] s는 케이블 중심간의 간격, d는 케이블의 완성외경이다.

**표 5-128 6/10kV F-CV, HFCO(단상, 2 Core) CABLE의 임피던스**

| 공 칭 단면적 [㎟] | 정상 & 역상 임피던스 | | 영상 임피던스 | | 정전용량 | |
|---|---|---|---|---|---|---|
| | $R_1$[Ω/km] | $X_1$[Ω/km] | $R_0$[Ω/km] | $X_0$[Ω/km] | C[μF/km] | ωC×$10^{-3}$[℧/km] |
| 16 | 1.4665 | 0.1429 | 1.6465 | 2.6657 | 0.1854 | 0.0699 |
| 25 | 0.9272 | 0.1328 | 1.1072 | 2.6344 | 0.2110 | 0.0795 |
| 35 | 0.6685 | 0.1265 | 0.8485 | 2.6117 | 0.2321 | 0.0875 |
| 50 | 0.4939 | 0.1204 | 0.6739 | 2.5875 | 0.2573 | 0.0970 |
| 70 | 0.3424 | 0.1139 | 0.5224 | 2.5575 | 0.2927 | 0.1104 |
| 95 | 0.2471 | 0.1091 | 0.4271 | 2.5328 | 0.3260 | 0.1229 |
| 120 | 0.1964 | 0.1056 | 0.3764 | 2.5119 | 0.3570 | 0.1346 |
| 150 | 0.1599 | 0.1027 | 0.3399 | 2.4929 | 0.3880 | 0.1463 |
| 185 | 0.1286 | 0.1002 | 0.3086 | 2.4755 | 0.4190 | 0.1579 |
| 240 | 0.0992 | 0.0970 | 0.2792 | 2.4501 | 0.4684 | 0.1766 |
| 300 | 0.0806 | 0.0946 | 0.2606 | 2.4292 | 0.5136 | 0.1936 |

[비고 1] R은 표피효과계수와 근접효과계수가 고려된 90℃의 교류도체저항 값이다.
[비고 2] s는 케이블 중심간의 간격, d는 케이블의 완성외경이다.

**표 5-129 6/10kV F-CV, HFCO(3상, 3 Core) CABLE의 임피던스**

| 공 칭 단면적 [㎟] | 정상 & 역상 임피던스 | | 영상 임피던스 | | 정전용량 | |
|---|---|---|---|---|---|---|
| | $R_1$[Ω/km] | $X_1$[Ω/km] | $R_0$ [Ω/km] | $X_0$[Ω/km] | C [μF/km] | $\omega C \times 10^{-3}$[℧/km] |
| 16 | 1.4665 | 0.1429 | 1.6465 | 2.6657 | 0.1854 | 0.0699 |
| 25 | 0.9272 | 0.1328 | 1.1072 | 2.6344 | 0.2110 | 0.0795 |
| 35 | 0.6685 | 0.1265 | 0.8485 | 2.6117 | 0.2321 | 0.0875 |
| 50 | 0.4940 | 0.1204 | 0.6740 | 2.5875 | 0.2573 | 0.0970 |
| 70 | 0.3426 | 0.1139 | 0.5226 | 2.5575 | 0.2927 | 0.1104 |
| 95 | 0.2474 | 0.1091 | 0.4274 | 2.5328 | 0.3260 | 0.1229 |
| 120 | 0.1969 | 0.1056 | 0.3769 | 2.5119 | 0.3570 | 0.1346 |
| 150 | 0.1604 | 0.1027 | 0.3404 | 2.4929 | 0.3880 | 0.1463 |
| 185 | 0.1293 | 0.1002 | 0.3093 | 2.4755 | 0.4190 | 0.1579 |
| 240 | 0.1002 | 0.0970 | 0.2802 | 2.4501 | 0.4684 | 0.1766 |
| 300 | 0.0818 | 0.0946 | 0.2618 | 2.4292 | 0.5136 | 0.1936 |

[비고 1] R은 표피효과계수와 근접효과계수가 고려된 90℃의 교류도체저항 값이다.
[비고 2] s는 케이블 중심간의 간격, d는 케이블의 완성외경이다.

**표 5-130 12/20kV F-CV, HFCO(단상, 1Core, 밀착배열) CABLE의 임피던스**

| 공 칭 단면적 [㎟] | 정상 & 역상 임피던스 | | 영상 임피던스 | | 정전용량 | |
|---|---|---|---|---|---|---|
| | $R_1$[Ω/km] | $X_1$[Ω/km] | $R_0$ [Ω/km] | $X_0$[Ω/km] | C [μF/km] | $\omega C \times 10^{-3}$[℧/km] |
| 35 | 0.6684 | 0.1740 | 0.8484 | 2.5167 | 0.1646 | 0.0620 |
| 50 | 0.4938 | 0.1646 | 0.6738 | 2.4991 | 0.1806 | 0.0681 |
| 70 | 0.3422 | 0.1555 | 0.5222 | 2.4744 | 0.2030 | 0.0765 |
| 95 | 0.2469 | 0.1465 | 0.4269 | 2.4580 | 0.2239 | 0.0844 |
| 120 | 0.1961 | 0.1419 | 0.3761 | 2.4393 | 0.2434 | 0.0918 |
| 150 | 0.1594 | 0.1359 | 0.3394 | 2.4265 | 0.2629 | 0.0991 |
| 185 | 0.1281 | 0.1327 | 0.3081 | 2.4104 | 0.2822 | 0.1064 |
| 240 | 0.0985 | 0.1282 | 0.2785 | 2.3877 | 0.3131 | 0.1180 |
| 300 | 0.0798 | 0.1234 | 0.2598 | 2.3716 | 0.3413 | 0.1287 |
| 400 | 0.0641 | 0.1194 | 0.2441 | 2.3516 | 0.3758 | 0.1417 |
| 500 | 0.0523 | 0.1146 | 0.2323 | 2.3319 | 0.4166 | 0.1571 |
| 630 | 0.0435 | 0.1121 | 0.2235 | 2.3066 | 0.4650 | 0.1753 |

[비고 1] R은 표피효과계수와 근접효과계수가 고려된 90℃의 교류도체저항 값이다.
[비고 2] s는 케이블 중심간의 간격, d는 케이블의 완성외경이다.

**표 5-131 12/20kV F-CV, HFCO(3상, 1Core, 삼각배열) CABLE의 임피던스**

| 공 칭 단면적 [㎟] | 정상 & 역상 임피던스 | | 영상 임피던스 | | 정전용량 | |
|---|---|---|---|---|---|---|
| | $R_1$[Ω/km] | $X_1$[Ω/km] | $R_0$[Ω/km] | $X_0$[Ω/km] | C[μF/km] | ωC×$10^{-3}$[℧/km] |
| 35 | 0.6684 | 0.1740 | 0.8484 | 2.5167 | 0.1646 | 0.0620 |
| 50 | 0.4938 | 0.1646 | 0.6738 | 2.4991 | 0.1806 | 0.0681 |
| 70 | 0.3422 | 0.1555 | 0.5222 | 2.4744 | 0.2030 | 0.0765 |
| 95 | 0.2469 | 0.1465 | 0.4269 | 2.4580 | 0.2239 | 0.0844 |
| 120 | 0.1961 | 0.1419 | 0.3761 | 2.4393 | 0.2434 | 0.0918 |
| 150 | 0.1594 | 0.1359 | 0.3394 | 2.4265 | 0.2629 | 0.0991 |
| 185 | 0.1281 | 0.1327 | 0.3081 | 2.4104 | 0.2822 | 0.1064 |
| 240 | 0.0985 | 0.1282 | 0.2785 | 2.3877 | 0.3131 | 0.1180 |
| 300 | 0.0797 | 0.1234 | 0.2597 | 2.3716 | 0.3413 | 0.1287 |
| 400 | 0.0640 | 0.1194 | 0.2440 | 2.3516 | 0.3758 | 0.1417 |
| 500 | 0.0520 | 0.1146 | 0.2320 | 2.3319 | 0.4166 | 0.1571 |
| 630 | 0.0427 | 0.1121 | 0.2227 | 2.3066 | 0.4650 | 0.1753 |

[비고 1] R은 표피효과계수와 근접효과계수가 고려된 90℃의 교류도체저항 값이다.
[비고 2] s는 케이블 중심간의 간격, d는 케이블의 완성외경이다.

**표 5-132 12/20kV F-CV, HFCO(3상, 1Core, 평형배열 s=d) CABLE의 임피던스**

| 공 칭 단면적 [㎟] | 정상 & 역상 임피던스 | | 영상 임피던스 | | 정전용량 | |
|---|---|---|---|---|---|---|
| | $R_1$[Ω/km] | $X_1$[Ω/km] | $R_0$[Ω/km] | $X_0$[Ω/km] | C[μF/km] | ωC×$10^{-3}$[℧/km] |
| 35 | 0.6684 | 0.1914 | 0.8484 | 2.4819 | 0.1646 | 0.0620 |
| 50 | 0.4937 | 0.1821 | 0.6737 | 2.4643 | 0.1806 | 0.0681 |
| 70 | 0.3422 | 0.1729 | 0.5222 | 2.4395 | 0.2030 | 0.0765 |
| 95 | 0.2467 | 0.1640 | 0.4267 | 2.4232 | 0.2239 | 0.0844 |
| 120 | 0.1959 | 0.1594 | 0.3759 | 2.4044 | 0.2434 | 0.0918 |
| 150 | 0.1591 | 0.1533 | 0.3391 | 2.3916 | 0.2629 | 0.0991 |
| 185 | 0.1277 | 0.1501 | 0.3077 | 2.3755 | 0.2822 | 0.1064 |
| 240 | 0.0979 | 0.1456 | 0.2779 | 2.3529 | 0.3131 | 0.1180 |
| 300 | 0.0789 | 0.1408 | 0.2589 | 2.3368 | 0.3413 | 0.1287 |
| 400 | 0.0629 | 0.1368 | 0.2429 | 2.3168 | 0.3758 | 0.1417 |
| 500 | 0.0505 | 0.1320 | 0.2305 | 2.2971 | 0.4166 | 0.1571 |
| 630 | 0.0409 | 0.1295 | 0.2209 | 2.2717 | 0.4650 | 0.1753 |

[비고 1] R은 표피효과계수와 근접효과계수가 고려된 90℃의 교류도체저항 값이다.
[비고 2] s는 케이블 중심간의 간격, d는 케이블의 완성외경이다.

표 5-133 12/20kV F-CV(3상, 1Core, 평형배열 s=2d) CABLE의 임피던스

| 공 칭 단면적 [㎟] | 정상 & 역상 임피던스 | | 영상 임피던스 | | 정전용량 | |
|---|---|---|---|---|---|---|
| | $R_1$[Ω/km] | $X_1$[Ω/km] | $R_0$ [Ω/km] | $X_0$[Ω/km] | C [μF/km] | $\omega C \times 10^{-3}$[℧/km] |
| 35 | 0.6683 | 0.2437 | 0.8483 | 2.3773 | 0.1646 | 0.0620 |
| 50 | 0.4937 | 0.2343 | 0.6737 | 2.3598 | 0.1806 | 0.0681 |
| 70 | 0.3421 | 0.2252 | 0.5221 | 2.3350 | 0.2030 | 0.0765 |
| 95 | 0.2466 | 0.2162 | 0.4266 | 2.3186 | 0.2239 | 0.0844 |
| 120 | 0.1957 | 0.2116 | 0.3757 | 2.2999 | 0.2434 | 0.0918 |
| 150 | 0.1589 | 0.2056 | 0.3389 | 2.2871 | 0.2629 | 0.0991 |
| 185 | 0.1274 | 0.2024 | 0.3074 | 2.2710 | 0.2822 | 0.1064 |
| 240 | 0.0975 | 0.1978 | 0.2775 | 2.2483 | 0.3131 | 0.1180 |
| 300 | 0.0783 | 0.1931 | 0.2583 | 2.2322 | 0.3413 | 0.1287 |
| 400 | 0.0621 | 0.1891 | 0.2421 | 2.2123 | 0.3758 | 0.1417 |
| 500 | 0.0495 | 0.1843 | 0.2295 | 2.1926 | 0.4166 | 0.1571 |
| 630 | 0.0396 | 0.1818 | 0.2196 | 2.1672 | 0.4650 | 0.1753 |

[비고 1] R은 표피효과계수와 근접효과계수가 고려된 90℃의 교류도체저항 값이다.
[비고 2] s는 케이블 중심간의 간격, d는 케이블의 완성외경이다.

표 5-134 12/20kV F-CV, HFCO(단상, 2 Core) CABLE의 임피던스

| 공 칭 단면적 [㎟] | 정상 & 역상 임피던스 | | 영상 임피던스 | | 정전용량 | |
|---|---|---|---|---|---|---|
| | $R_1$[Ω/km] | $X_1$[Ω/km] | $R_0$ [Ω/km] | $X_0$[Ω/km] | C [μF/km] | $\omega C \times 10^{-3}$[℧/km] |
| 50 | 0.6684 | 0.1430 | 0.8484 | 2.5787 | 0.1646 | 0.0620 |
| 70 | 0.4938 | 0.1358 | 0.6738 | 2.5568 | 0.1806 | 0.0681 |
| 95 | 0.3423 | 0.1279 | 0.5223 | 2.5296 | 0.2030 | 0.0765 |
| 120 | 0.2469 | 0.1220 | 0.4269 | 2.5070 | 0.2239 | 0.0844 |
| 150 | 0.1962 | 0.1176 | 0.3762 | 2.4879 | 0.2434 | 0.0918 |
| 185 | 0.1596 | 0.1139 | 0.3396 | 2.4704 | 0.2629 | 0.0991 |
| 240 | 0.1282 | 0.1108 | 0.3082 | 2.4543 | 0.2822 | 0.1064 |
| 300 | 0.0987 | 0.1066 | 0.2787 | 2.4308 | 0.3131 | 0.1180 |

[비고 1] R은 표피효과계수와 근접효과계수가 고려된 90℃의 교류도체저항 값이다.
[비고 2] s는 케이블 중심간의 간격, d는 케이블의 완성외경이다.

**표 5-135 12/20kV F-CV, HFCO(3상, 3 Core) CABLE의 임피던스**

| 공 칭 단면적 [㎟] | 정상 & 역상 임피던스 | | 영상 임피던스 | | 정전용량 | |
|---|---|---|---|---|---|---|
| | $R_1$[Ω/km] | $X_1$[Ω/km] | $R_0$[Ω/km] | $X_0$[Ω/km] | C [μF/km] | ωC×$10^{-3}$[℧/km] |
| 50 | 0.6684 | 0.1430 | 0.8484 | 2.5787 | 0.1646 | 0.0620 |
| 70 | 0.4939 | 0.1358 | 0.6739 | 2.5568 | 0.1806 | 0.0681 |
| 95 | 0.3424 | 0.1279 | 0.5224 | 2.5296 | 0.2030 | 0.0765 |
| 120 | 0.2471 | 0.1220 | 0.4271 | 2.5070 | 0.2239 | 0.0844 |
| 150 | 0.1965 | 0.1176 | 0.3765 | 2.4879 | 0.2434 | 0.0918 |
| 185 | 0.1599 | 0.1139 | 0.3399 | 2.4704 | 0.2629 | 0.0991 |
| 240 | 0.1287 | 0.1108 | 0.3087 | 2.4543 | 0.2822 | 0.1064 |
| 300 | 0.0994 | 0.1066 | 0.2794 | 2.4308 | 0.3131 | 0.1180 |

[비고 1] R은 표피효과계수와 근접효과계수가 고려된 90℃의 교류도체저항 값이다.
[비고 2] s는 케이블 중심간의 간격, d는 케이블의 완성외경이다.

**표 5-136 18/30kV F-CV, HFCO(단상, 1Core, 밀착배열) CABLE의 임피던스**

| 공 칭 단면석 [㎟] | 정상 & 역상 임피던스 | | 영상 임피던스 | | 정전용량 | |
|---|---|---|---|---|---|---|
| | $R_1$[Ω/km] | $X_1$[Ω/km] | $R_0$[Ω/km] | $X_0$[Ω/km] | C [μF/km] | ωC×$10^{-3}$[℧/km] |
| 70 | 0.3422 | 0.1671 | 0.5222 | 2.4511 | 0.1565 | 0.0590 |
| 95 | 0.2468 | 0.1599 | 0.4268 | 2.4313 | 0.1713 | 0.0646 |
| 120 | 0.1960 | 0.1526 | 0.3760 | 2.4180 | 0.1850 | 0.0697 |
| 150 | 0.1593 | 0.1481 | 0.3393 | 2.4020 | 0.1986 | 0.0749 |
| 185 | 0.1279 | 0.1425 | 0.3079 | 2.3908 | 0.2121 | 0.0800 |
| 240 | 0.0983 | 0.1373 | 0.2783 | 2.3695 | 0.2336 | 0.0881 |
| 300 | 0.0794 | 0.1320 | 0.2594 | 2.3543 | 0.2532 | 0.0955 |
| 400 | 0.0637 | 0.1275 | 0.2437 | 2.3354 | 0.2772 | 0.1045 |
| 500 | 0.0517 | 0.1237 | 0.2317 | 2.3138 | 0.3055 | 0.1152 |
| 630 | 0.0427 | 0.1190 | 0.2227 | 2.2927 | 0.3390 | 0.1278 |

[비고 1] R은 표피효과계수와 근접효과계수가 고려된 90℃의 교류도체저항 값이다.
[비고 2] s는 케이블 중심간의 간격, d는 케이블의 완성외경이다.

**표 5-137 18/30kV F-CV, HFCO(3상, 1Core, 삼각배열) CABLE의 임피던스**

| 공 칭 단면적 [㎟] | 정상 & 역상 임피던스 | | 영상 임피던스 | | 정전용량 | |
|---|---|---|---|---|---|---|
| | $R_1$[Ω/km] | $X_1$[Ω/km] | $R_0$ [Ω/km] | $X_0$[Ω/km] | C [μF/km] | ωC×$10^{-3}$[℧/km] |
| 70 | 0.3422 | 0.1671 | 0.5222 | 2.4511 | 0.1565 | 0.0590 |
| 95 | 0.2468 | 0.1599 | 0.4268 | 2.4313 | 0.1713 | 0.0646 |
| 120 | 0.1960 | 0.1526 | 0.3760 | 2.4180 | 0.1850 | 0.0697 |
| 150 | 0.1593 | 0.1481 | 0.3393 | 2.4020 | 0.1986 | 0.0749 |
| 185 | 0.1279 | 0.1425 | 0.3079 | 2.3908 | 0.2121 | 0.0800 |
| 240 | 0.0983 | 0.1373 | 0.2783 | 2.3695 | 0.2336 | 0.0881 |
| 300 | 0.0794 | 0.1320 | 0.2594 | 2.3543 | 0.2532 | 0.0955 |
| 400 | 0.0636 | 0.1275 | 0.2436 | 2.3354 | 0.2772 | 0.1045 |
| 500 | 0.0514 | 0.1237 | 0.2314 | 2.3138 | 0.3055 | 0.1152 |
| 630 | 0.0421 | 0.1190 | 0.2221 | 2.2927 | 0.3390 | 0.1278 |

[비고 1] R은 표피효과계수와 근접효과계수가 고려된 90℃의 교류도체저항 값이다.
[비고 2] s는 케이블 중심간의 간격, d는 케이블의 완성외경이다.

**표 5-138 18/30kV F-CV, HFCO(3상, 1Core, 평형배열 s=d) CABLE의 임피던스**

| 공 칭 단면적 [㎟] | 정상 & 역상 임피던스 | | 영상 임피던스 | | 정전용량 | |
|---|---|---|---|---|---|---|
| | $R_1$[Ω/km] | $X_1$[Ω/km] | $R_0$ [Ω/km] | $X_0$[Ω/km] | C [μF/km] | ωC×$10^{-3}$[℧/km] |
| 70 | 0.3421 | 0.1845 | 0.5221 | 2.4163 | 0.1565 | 0.0590 |
| 95 | 0.2467 | 0.1773 | 0.4267 | 2.3965 | 0.1713 | 0.0646 |
| 120 | 0.1958 | 0.1700 | 0.3758 | 2.3831 | 0.1850 | 0.0697 |
| 150 | 0.1591 | 0.1656 | 0.3391 | 2.3671 | 0.1986 | 0.0749 |
| 185 | 0.1276 | 0.1600 | 0.3076 | 2.3559 | 0.2121 | 0.0800 |
| 240 | 0.0978 | 0.1547 | 0.2778 | 2.3347 | 0.2336 | 0.0881 |
| 300 | 0.0788 | 0.1495 | 0.2588 | 2.3194 | 0.2532 | 0.0955 |
| 400 | 0.0627 | 0.1449 | 0.2427 | 2.3006 | 0.2772 | 0.1045 |
| 500 | 0.0502 | 0.1411 | 0.2302 | 2.2790 | 0.3055 | 0.1152 |
| 630 | 0.0406 | 0.1364 | 0.2206 | 2.2579 | 0.3390 | 0.1278 |

[비고 1] R은 표피효과계수와 근접효과계수가 고려된 90℃의 교류도체저항 값이다.
[비고 2] s는 케이블 중심간의 간격, d는 케이블의 완성외경이다.

표 5-139 18/30kV F-CV, HFCO(3상, 1Core, 평형배열 s=2d) CABLE의 임피던스

| 공 칭 단면적 [㎟] | 정상 & 역상 임피던스 | | 영상 임피던스 | | 정전용량 | |
|---|---|---|---|---|---|---|
| | $R_1$[Ω/km] | $X_1$[Ω/km] | $R_0$ [Ω/km] | $X_0$[Ω/km] | C [μF/km] | ωC×$10^{-3}$[℧/km] |
| 70 | 0.3421 | 0.2368 | 0.5221 | 2.3117 | 0.1565 | 0.0590 |
| 95 | 0.2466 | 0.2296 | 0.4266 | 2.2920 | 0.1713 | 0.0646 |
| 120 | 0.1957 | 0.2223 | 0.3757 | 2.2786 | 0.1850 | 0.0697 |
| 150 | 0.1589 | 0.2178 | 0.3389 | 2.2626 | 0.1986 | 0.0749 |
| 185 | 0.1274 | 0.2122 | 0.3074 | 2.2514 | 0.2121 | 0.0800 |
| 240 | 0.0975 | 0.2069 | 0.2775 | 2.2302 | 0.2336 | 0.0881 |
| 300 | 0.0783 | 0.2017 | 0.2583 | 2.2149 | 0.2532 | 0.0955 |
| 400 | 0.0621 | 0.1972 | 0.2421 | 2.1960 | 0.2772 | 0.1045 |
| 500 | 0.0494 | 0.1933 | 0.2294 | 2.1745 | 0.3055 | 0.1152 |
| 630 | 0.0395 | 0.1887 | 0.2195 | 2.1533 | 0.3390 | 0.1278 |

[비고 1] R은 표피효과계수와 근접효과계수가 고려된 90℃의 교류도체저항 값이다.
[비고 2] s는 케이블 중심간의 간격, d는 케이블의 완성외경이다.

표 5-140 18/30kV F-CV, HFCO(단상, 2 Core) CABLE의 임피던스

| 공 칭 단면적 [㎟] | 정상 & 역상 임피던스 | | 영상 임피던스 | | 정전용량 | |
|---|---|---|---|---|---|---|
| | $R_1$[Ω/km] | $X_1$[Ω/km] | $R_0$ [Ω/km] | $X_0$[Ω/km] | C [μF/km] | ωC×$10^{-3}$[℧/km] |
| 50 | 0.4938 | 0.1533 | 0.6738 | 2.5217 | 0.1407 | 0.0530 |
| 70 | 0.3422 | 0.1441 | 0.5222 | 2.4971 | 0.1565 | 0.0590 |
| 95 | 0.2468 | 0.1372 | 0.4268 | 2.4766 | 0.1713 | 0.0646 |
| 120 | 0.1960 | 0.1319 | 0.3760 | 2.4593 | 0.1850 | 0.0697 |
| 150 | 0.1593 | 0.1274 | 0.3393 | 2.4433 | 0.1986 | 0.0749 |
| 185 | 0.1280 | 0.1236 | 0.3080 | 2.4286 | 0.2121 | 0.0800 |
| 240 | 0.0984 | 0.1185 | 0.2784 | 2.4071 | 0.2336 | 0.0881 |
| 300 | 0.0795 | 0.1146 | 0.2595 | 2.3891 | 0.2532 | 0.0955 |

[비고 1] R은 표피효과계수와 근접효과계수가 고려된 90℃의 교류도체저항 값이다.
[비고 2] s는 케이블 중심간의 간격, d는 케이블의 완성외경이다.

표 5-141 18/30kV F-CV, HFCO(3상, 3 Core) CABLE의 임피던스

| 공 칭 단면적 [㎟] | 정상 & 역상 임피던스 | | 영상 임피던스 | | 정전용량 | |
|---|---|---|---|---|---|---|
| | $R_1$[Ω/km] | $X_1$[Ω/km] | $R_0$[Ω/km] | $X_0$[Ω/km] | C [μF/km] | $\omega C \times 10^{-3}$[℧/km] |
| 50 | 0.4938 | 0.1533 | 0.6738 | 2.5217 | 0.1407 | 0.0530 |
| 70 | 0.3423 | 0.1441 | 0.5223 | 2.4971 | 0.1565 | 0.0590 |
| 95 | 0.2469 | 0.1372 | 0.4269 | 2.4766 | 0.1713 | 0.0646 |
| 120 | 0.1962 | 0.1319 | 0.3762 | 2.4593 | 0.1850 | 0.0697 |
| 150 | 0.1596 | 0.1274 | 0.3396 | 2.4433 | 0.1986 | 0.0749 |
| 185 | 0.1283 | 0.1236 | 0.3083 | 2.4286 | 0.2121 | 0.0800 |
| 240 | 0.0988 | 0.1185 | 0.2788 | 2.4071 | 0.2336 | 0.0881 |
| 300 | 0.0802 | 0.1146 | 0.2602 | 2.3891 | 0.2532 | 0.0955 |

[비고 1] R은 표피효과계수와 근접효과계수가 고려된 90℃의 교류도체저항 값이다.
[비고 2] s는 케이블 중심간의 간격, d는 케이블의 완성외경이다.

표 5-142 22.9kV-Y CNCV(3상, 1 Core, 평형배열) CABLE의 임피던스

| 공 칭 단면적 [㎟] | 정상 & 역상 임피던스 | | 영상 임피던스 | | 정전용량 | |
|---|---|---|---|---|---|---|
| | $R_1$[Ω/km] | $X_1$[Ω/km] | $R_0$[Ω/km] | $X_0$[Ω/km] | C [μF/km] | $\omega C \times 10^{-3}$[℧/km] |
| 38 | 0.6147 | 0.2045 | 1.7139 | 0.9410 | 0.15045 | 0.0567 |
| 60 | 0.3935 | 0.1924 | 1.2668 | 0.5084 | 0.17283 | 0.0652 |
| 100 | 0.2408 | 0.1786 | 0.8284 | 0.2602 | 0.20256 | 0.0764 |
| 150 | 0.1663 | 0.1680 | 0.5747 | 0.1651 | 0.23196 | 0.0874 |
| 200 | 0.1306 | 0.1611 | 0.4460 | 0.1280 | 0.25682 | 0.0968 |
| 250 | 0.1107 | 0.1548 | 0.3590 | 0.1070 | 0.27834 | 0.1049 |
| 325 | 0.0934 | 0.1485 | 0.2785 | 0.0903 | 0.30729 | 0.1158 |
| 400 | 0.0832 | 0.1411 | 0.2283 | 0.0799 | 0.33294 | 0.1255 |
| 500 | 0.0757 | 0.1329 | 0.1811 | 0.0713 | 0.36279 | 0.1368 |
| 600 | 0.0729 | 0.1270 | 0.1539 | 0.0662 | 0.39046 | 0.1472 |

[비고 1] R은 표피효과계수와 근접효과계수가 고려된 90℃의 교류도체저항 값이다.
[비고 2] s는 케이블 중심간의 간격, d는 케이블의 완성외경이다.
[비고 3] 22.9kV CNCV-W, 22.9kV FR-CNCO-W은 이 표를 적용한다.

### 표 5-143 비대칭계수

| 역률 | 단락회로의 X/R | 비대칭계수 | | 역률 | 단락회로의 X/R | 비대칭계수 | |
|---|---|---|---|---|---|---|---|
| | | $K_1$ | $K_3$ | | | $K_1$ | $K_3$ |
| 0 | ∞ | 1.732 | 1.394 | 29 | 3.3001 | 1.139 | 1.070 |
| 1 | 100.00 | 1.696 | 1.374 | 30 | 3.1798 | 1.130 | 1.066 |
| 2 | 49.993 | 1.665 | 1.355 | 31 | 3.0669 | 1.121 | 1.062 |
| 3 | 33.322 | 1.630 | 1.336 | 32 | 2.9608 | 1.113 | 1.057 |
| 4 | 24.979 | 1.598 | 1.318 | 33 | 2.8606 | 1.105 | 1.053 |
| 5 | 19.974 | 1.568 | 1.301 | 34 | 2.7660 | 1.098 | 1.049 |
| 6 | 16.623 | 1.540 | 1.285 | 35 | 2.6764 | 1.091 | 1.046 |
| 7 | 14.251 | 1.511 | 1.270 | 36 | 2.5916 | 1.084 | 1.043 |
| 8 | 12.460 | 1.485 | 1.256 | 37 | 2.5109 | 1.078 | 1.039 |
| 8.5 | 11.723 | 1.473 | 1.248 | 38 | 2.4341 | 1.073 | 1.036 |
| 9 | 11.066 | 1.460 | 1.241 | 39 | 2.3611 | 1.068 | 1.033 |
| 10 | 9.9501 | 1.436 | 1.229 | 40 | 2.2913 | 1.062 | 1.031 |
| 11 | 9.0354 | 1.413 | 1.216 | 41 | 2.2246 | 1.057 | 1.028 |
| 12 | 8.2733 | 1.391 | 1.204 | 42 | 2.1608 | 1.053 | 1.026 |
| 13 | 7.6271 | 1.372 | 1.193 | 43 | 2.0996 | 1.049 | 1.024 |
| 14 | 7.0721 | 1.350 | 1.182 | 44 | 2.0409 | 1.045 | 1.022 |
| 15 | 6.5912 | 1.330 | 1.171 | 45 | 1.9845 | 1.041 | 1.020 |
| 16 | 6.1695 | 1.312 | 1.161 | 46 | 1.9303 | 1.038 | 1.019 |
| 17 | 5.7967 | 1.294 | 1.152 | 47 | 1.8780 | 1.034 | 1.017 |
| 18 | 5.4649 | 1.277 | 1.143 | 48 | 1.8277 | 1.031 | 1.016 |
| 19 | 5.1672 | 1.262 | 1.135 | 49 | 1.7791 | 1.029 | 1.014 |
| 20 | 4.8990 | 1.247 | 1.127 | 50 | 1.7321 | 1.026 | 1.013 |
| 21 | 4.6557 | 1.232 | 1.119 | 55 | 1.5185 | 1.015 | 1.008 |
| 22 | 4.4341 | 1.218 | 1.112 | 60 | 1.3333 | 1.009 | 1.004 |
| 23 | 4.2313 | 1.205 | 1.105 | 65 | 1.1691 | 1.004 | 1.002 |
| 24 | 4.0450 | 1.192 | 1.099 | 70 | 1.0202 | 1.002 | 1.001 |
| 25 | 3.8730 | 1.181 | 1.093 | 75 | 0.8819 | 1.008 | 1.00004 |
| 26 | 3.7138 | 1.170 | 1.087 | 80 | 0.7500 | 1.002 | 1.00005 |
| 27 | 3.5661 | 1.159 | 1.081 | 85 | 0.6123 | 1.004 | 1.00002 |
| 28 | 3.4286 | 1.149 | 1.075 | 100 | 0.0000 | 1.000 | 1.00000 |

[비고 1] 전기설비기술계산핸드북 I -77
[비고 2] 단락발생후 1/2 사이클 시점의 비대칭계수
[비고 3] $K_1$ : 단상최대비대칭 실효값, $K_3$ : 3상 최대비대칭실효값

표 5-144 0.6/1kV VV Cable의 도체직경 및 완성외경(mm)

| 공칭 단면적 [㎟] | 단 심 | | 2 심 | | | 3 심 | | | 4 심 | | |
|---|---|---|---|---|---|---|---|---|---|---|---|
| | 도체 직경 | 완성 외경 | 도체 직경 | 절연 두께 | 완성 외경 | 도체 직경 | 절연 두께 | 완성 외경 | 도체 직경 | 절연 두께 | 완성 외경 |
| 1.5 | 1.59 | 6.5 | 1.59 | 0.8 | 11.5 | 1.59 | 0.8 | 12.0 | 1.59 | 0.8 | 13.0 |
| 2.5 | 2.01 | 7 | 2.01 | 0.8 | 21.0 | 2.01 | 0.8 | 13.0 | 2.01 | 0.8 | 14.0 |
| 4 | 2.55 | 8 | 2.55 | 1.0 | 14.0 | 2.55 | 1.0 | 15.0 | 2.55 | 1.0 | 16.0 |
| 6 | 3.12 | 8.5 | 3.12 | 1.0 | 15.5 | 3.12 | 1.0 | 16.0 | 3.12 | 1.0 | 17.5 |
| 10 | 4.05 | 9.5 | 4.05 | 1.0 | 17.0 | 4.05 | 1.0 | 18.0 | 4.05 | 1.0 | 20.0 |
| 16 | 4.7 | 10 | 4.7 | 1.0 | 18.5 | 4.7 | 1.0 | 19.0 | 4.7 | 1.0 | 22.0 |
| 25 | 5.9 | 12 | 5.9 | 1.2 | 22.0 | 5.9 | 1.2 | 23.0 | 5.9 | 1.2 | 26.0 |
| 35 | 6.9 | 13 | 6.9 | 1.2 | 24.0 | 6.9 | 1.2 | 26.0 | 6.9 | 1.2 | 28.0 |
| 50 | 8.1 | 14.5 | 8.1 | 1.4 | 27.0 | 8.1 | 1.4 | 29.0 | 8.1 | 1.4 | 32.0 |
| 70 | 9.8 | 16 | 9.8 | 1.4 | 31.0 | 9.8 | 1.4 | 33.0 | 9.8 | 1.4 | 36.0 |
| 95 | 11.4 | 18.5 | 11.4 | 1.6 | 35.0 | 11.4 | 1.6 | 38.0 | 11.4 | 1.6 | 42.0 |
| 120 | 12.9 | 20 | 12.9 | 1.6 | 38.0 | 12.9 | 1.6 | 41.0 | 12.9 | 1.6 | 46.0 |
| 150 | 14.4 | 22 | 14.4 | 1.8 | 43.0 | 14.4 | 1.8 | 46.0 | 14.4 | 1.8 | 51.0 |
| 185 | 15.9 | 25 | 15.9 | 2.0 | 47.0 | 15.9 | 2.0 | 50.0 | 15.9 | 2.0 | 56.0 |
| 240 | 18.3 | 28 | 18.3 | 2.2 | 53.0 | 18.3 | 2.2 | 57.0 | 18.3 | 2.2 | 63.0 |
| 300 | 20.5 | 30 | 20.5 | 2.4 | 58.0 | 20.5 | 2.4 | 63.0 | 20.5 | 2.4 | 70.0 |
| 400 | 23.2 | 34 | - | - | - | - | - | - | - | - | - |
| 500 | 26.4 | 38 | - | - | - | - | - | - | - | - | - |
| 630 | 30.2 | 42 | - | - | - | - | - | - | - | - | - |

출처 : KS C IEC 60502-1(2013) 부속서 D의 표 D.2, D.3, D.4, D.5

표 5-145 0.6/1kV CV 및 CE Cable의 도체직경 및 완성외경(mm)

| 공칭 단면적 [㎟] | 단 심 | | 2 심 | | | 3 심 | | | 4 심 | | |
|---|---|---|---|---|---|---|---|---|---|---|---|
| | 도체 직경 | 완성 외경 | 도체 직경 | 절연 두께 | 완성 외경 | 도체 직경 | 절연 두께 | 완성 외경 | 도체 직경 | 절연 두께 | 완성 외경 |
| 1.5 | 1.59 | 6.3 | 1.59 | 0.7 | 11.0 | 1.59 | 0.7 | 11.5 | 1.59 | 0.7 | 12.5 |
| 2.5 | 2.01 | 6.7 | 2.01 | 0.7 | 12.0 | 2.01 | 0.7 | 12.5 | 2.01 | 0.7 | 13.5 |
| 4 | 2.55 | 7.2 | 2.55 | 0.7 | 13.0 | 2.55 | 0.7 | 13.5 | 2.55 | 0.7 | 14.5 |
| 6 | 3.12 | 7.8 | 3.12 | 0.7 | 14.0 | 3.12 | 0.7 | 14.5 | 3.12 | 0.7 | 16.0 |
| 10 | 4.05 | 9.4 | 4.05 | 0.7 | 17.0 | 4.05 | 0.7 | 18.0 | 4.05 | 0.7 | 20 |
| 16 | 4.7 | 10.0 | 4.7 | 0.7 | 18.5 | 4.7 | 0.7 | 19.5 | 4.7 | 0.7 | 22 |
| 25 | 5.9 | 12.0 | 5.9 | 0.9 | 22 | 5.9 | 0.9 | 23 | 5.9 | 0.9 | 26 |
| 35 | 6.9 | 13.0 | 6.9 | 0.9 | 24 | 6.9 | 0.9 | 25 | 6.9 | 0.9 | 28 |
| 50 | 8.1 | 14.5 | 8.1 | 1.0 | 27 | 8.1 | 1.0 | 29 | 8.1 | 1.0 | 32 |
| 70 | 9.8 | 16.0 | 9.8 | 1.1 | 31 | 9.8 | 1.1 | 33 | 9.8 | 1.1 | 36 |
| 95 | 11.4 | 18.5 | 11.4 | 1.1 | 35 | 11.4 | 1.1 | 37 | 11.4 | 1.1 | 42 |
| 120 | 12.9 | 20 | 12.9 | 1.2 | 38 | 12.9 | 1.2 | 41 | 12.9 | 1.2 | 46 |
| 150 | 14.4 | 22 | 14.4 | 1.4 | 43 | 14.4 | 1.4 | 46 | 14.4 | 1.4 | 51 |
| 185 | 15.9 | 24 | 15.9 | 1.6 | 47 | 15.9 | 1.6 | 50 | 15.9 | 1.6 | 56 |
| 240 | 18.3 | 27 | 18.3 | 1.7 | 53 | 18.3 | 1.7 | 57 | 18.3 | 1.7 | 63 |
| 300 | 20.5 | 30 | 20.5 | 1.8 | 58 | 20.5 | 1.8 | 62 | 20.5 | 1.8 | 70 |
| 400 | 23.2 | 34 | – | – | – | – | – | – | – | – | – |
| 500 | 26.4 | 37 | – | – | – | – | – | – | – | – | – |
| 630 | 30.2 | 42 | – | – | – | – | – | – | – | – | – |

출처 : KS C IEC 60502-1(2013) 부속서 D의 표 D.12, D.13, D.14, D.15

표 5-146 0.6/1kV HFCO Cable의 도체직경 및 완성외경(mm)

| 공칭 단면적 [㎟] | 단 심 | | 2 심 | | | 3 심 | | | 4 심 | | |
|---|---|---|---|---|---|---|---|---|---|---|---|
| | 도체 직경 | 완성 외경 | 도체 직경 | 절연 두께 | 완성 외경 | 도체 직경 | 절연 두께 | 완성 외경 | 도체 직경 | 절연 두께 | 완성 외경 |
| 1.5 | 1.59 | 8 | 1.59 | 0.7 | 13 | 1.59 | 0.7 | 13.0 | 1.59 | 0.7 | 14.0 |
| 2.5 | 2.01 | 8 | 2.01 | 0.7 | 13 | 2.01 | 0.7 | 14.0 | 2.01 | 0.7 | 15.0 |
| 4 | 2.55 | 9 | 2.55 | 0.7 | 15 | 2.55 | 0.7 | 15.0 | 2.55 | 0.7 | 16.0 |
| 6 | 3.12 | 9 | 3.12 | 0.7 | 16 | 3.12 | 0.7 | 16.0 | 3.12 | 0.7 | 18.0 |
| 10 | 4.05 | 10 | 4.05 | 0.7 | 18 | 4.05 | 0.7 | 19.0 | 4.05 | 0.7 | 20.0 |
| 16 | 4.7 | 11 | 4.7 | 0.7 | 19 | 4.7 | 0.7 | 20.0 | 4.7 | 0.7 | 22.0 |
| 25 | 5.9 | 13 | 5.9 | 0.9 | 22 | 5.9 | 0.9 | 23.0 | 5.9 | 0.9 | 26.0 |
| 35 | 6.9 | 14 | 6.9 | 0.9 | 24 | 6.9 | 0.9 | 26.0 | 6.9 | 0.9 | 28.0 |
| 50 | 8.1 | 15 | 8.1 | 1 | 27 | 8.1 | 1.0 | 29.0 | 8.1 | 1 | 32.0 |
| 70 | 9.8 | 17 | 9.8 | 1.1 | 31 | 9.8 | 1.1 | 33.0 | 9.8 | 1.1 | 37.0 |
| 95 | 11.4 | 19 | 11.4 | 1.1 | 35 | 11.4 | 1.1 | 37.0 | 11.4 | 1.1 | 41.0 |
| 120 | 12.9 | 21 | 12.9 | 1.2 | 38 | 12.9 | 1.2 | 41.0 | 12.9 | 1.2 | 45.0 |
| 150 | 14.4 | 23 | 14.4 | 1.4 | 42 | 14.4 | 1.4 | 45.0 | 14.4 | 1.4 | 50.0 |
| 185 | 15.9 | 25 | 15.9 | 1.6 | 47 | 15.9 | 1.6 | 50.0 | 15.9 | 1.6 | 55.0 |
| 240 | 18.3 | 28 | 18.3 | 1.7 | 52 | 18.3 | 1.7 | 56.0 | 18.3 | 1.7 | 62.0 |
| 300 | 20.5 | 30 | 20.5 | 1.8 | 57 | 20.5 | 1.8 | 61.0 | 20.5 | 1.8 | 68.0 |
| 400 | 23.2 | 34 | - | - | - | - | - | - | - | - | - |
| 500 | 26.4 | 37 | - | - | - | - | - | - | - | - | - |
| 630 | 30.2 | 42 | - | - | - | - | - | - | - | - | - |

출처 : KS C IEC 60502-1(2013) 부속서 D의 표 D.16, D.17, D.18, D.19

**표 5-147 0.6/1kV F-FR-8 Cable의 도체직경 및 완성외경(mm)**

| 공칭 단면적 [㎟] | 단 심 | | 2 심 | | | 3 심 | | | 4 심 | | |
|---|---|---|---|---|---|---|---|---|---|---|---|
| | 도체 직경 | 완성 외경 | 도체 직경 | 절연 두께 | 완성 외경 | 도체 직경 | 절연 두께 | 완성 외경 | 도체 직경 | 절연 두께 | 완성 외경 |
| 1.5 | 1.59 | 8.5 | 1.59 | 0.7 | 14.0 | 1.59 | 0.7 | 15.0 | 1.59 | 0.7 | 16.0 |
| 2.5 | 2.01 | 9.0 | 2.01 | 0.7 | 15.0 | 2.01 | 0.7 | 16.0 | 2.01 | 0.7 | 17.0 |
| 4 | 2.55 | 9.5 | 2.55 | 0.7 | 16.0 | 2.55 | 0.7 | 17.0 | 2.55 | 0.7 | 18.5 |
| 6 | 3.12 | 10.0 | 3.12 | 0.7 | 17.5 | 3.12 | 0.7 | 18.5 | 3.12 | 0.7 | 20.0 |
| 10 | 4.05 | 11.0 | 4.05 | 0.7 | 19.5 | 4.05 | 0.7 | 20.5 | 4.05 | 0.7 | 22.5 |
| 16 | 4.7 | 12.0 | 4.7 | 0.7 | 21.0 | 4.7 | 0.7 | 22.0 | 4.7 | 0.7 | 24.5 |
| 25 | 5.9 | 13.5 | 5.9 | 0.9 | 24.5 | 5.9 | 0.9 | 26.0 | 5.9 | 0.9 | 28.5 |
| 35 | 6.9 | 15.0 | 6.9 | 0.9 | 26.5 | 6.9 | 0.9 | 28.5 | 6.9 | 0.9 | 31.5 |
| 50 | 8.1 | 16.5 | 8.1 | 1 | 30.0 | 8.1 | 1 | 32.0 | 8.1 | 1 | 35.5 |
| 70 | 9.8 | 18.5 | 9.8 | 1.1 | 34.5 | 9.8 | 1.1 | 37.0 | 9.8 | 1.1 | 41.0 |
| 95 | 11.4 | 20.5 | 11.4 | 1.1 | 38.0 | 11.4 | 1.1 | 41.0 | 11.4 | 1.1 | 45.5 |
| 120 | 12.9 | 22.5 | 12.9 | 1.2 | 42.0 | 12.9 | 1.2 | 45.5 | 12.9 | 1.2 | 50.5 |
| 150 | 14.4 | 25.0 | 14.4 | 1.4 | 46.5 | 14.4 | 1.4 | 50.5 | 14.4 | 1.4 | 56.0 |
| 185 | 15.9 | 27.0 | 15.9 | 1.6 | 51.0 | 15.9 | 1.6 | 55.5 | 15.9 | 1.6 | 61.5 |
| 240 | 18.3 | 30.0 | 18.3 | 1.7 | 57.5 | 18.3 | 1.7 | 62.0 | 18.3 | 1.7 | 69.0 |
| 300 | 20.5 | 33.0 | 20.5 | 1.8 | 63.0 | 20.5 | 1.8 | 68.0 | 20.5 | 1.8 | 76.0 |
| 400 | 23.2 | 36.5 | – | – | – | – | – | – | – | – | – |
| 500 | 26.4 | 41.0 | – | – | – | – | – | – | – | – | – |
| 630 | 30.2 | 46.0 | – | – | – | – | – | – | – | – | – |

출처 : KS C IEC 60502-1(2013), LS Cable 기술사양서

표 5-148 450/750V 절연전선의 도체직경 및 완성외경(mm)

| 공칭 단면적 [㎟] | IV | | HFIX | | HFIO | | HIV | |
|---|---|---|---|---|---|---|---|---|
| | 도체 직경 | 완성 외경 | 도체 직경 | 완성 외경 | 도체 직경 | 완성 외경 | 도체 직경 | 완성 외경 |
| 1.5 | 1.59 | 3.3 | 1.59 | 3.4 | 1.59 | 3.3 | 1.59 | 3.3 |
| 2.5 | 2.01 | 4.0 | 2.01 | 4.1 | 2.01 | 4.0 | 2.01 | 4.0 |
| 4 | 2.55 | 4.6 | 2.55 | 4.7 | 2.55 | 4.6 | – | – |
| 6 | 3.12 | 5.2 | 3.12 | 5.4 | 3.12 | 5.2 | – | – |
| 10 | 4.05 | 6.7 | 4.05 | 7.0 | 4.05 | 6.7 | – | – |
| 16 | 4.7 | 7.8 | 4.7 | 8.0 | 4.7 | 7.8 | – | – |
| 25 | 5.9 | 9.7 | 5.9 | 10.1 | 5.9 | 9.7 | – | – |
| 35 | 6.9 | 10.9 | 6.9 | 11.3 | 6.9 | 10.9 | – | – |
| 50 | 8.1 | 12.8 | 8.1 | 13.2 | 8.1 | 12.8 | – | – |
| 70 | 9.8 | 14.6 | 9.8 | 15.1 | 9.8 | 14.6 | – | – |
| 95 | 11.4 | 17.1 | 11.4 | 17.6 | 11.4 | 17.1 | – | – |
| 120 | 12.9 | 18.8 | 12.9 | 19.4 | 12.9 | 18.8 | – | – |
| 150 | 14.4 | 20.9 | 14.4 | 21.6 | 14.4 | 20.9 | – | – |
| 185 | 15.9 | 23.3 | 15.9 | 24.1 | 15.9 | 23.3 | – | – |
| 240 | 18.3 | 26.6 | 18.3 | 27.5 | 18.3 | 26.6 | – | – |
| 300 | 20.5 | 29.6 | 20.5 | 30.6 | 20.5 | 29.6 | – | – |
| 400 | 23.2 | 33.2 | 23.2 | 34.3 | 23.2 | 33.2 | – | – |
| 500 | – | – | 26.4 | 38.2 | 26.4 | 39.6 | – | – |
| 630 | – | – | 30.2 | 42.5 | 30.2 | 41.1 | – | – |

출처 : KS C IEC 60227-3, 표 1, KS C 3341(HFIX, HFIO), KS C 3328(HIV)

**표 5-149 다심케이블 병렬도체의 등가간격 및 등가반지름**

| 구 분 | 배치형태 | 등가간격(mm) | 병렬도체의 등가반지름(mm) |
|---|---|---|---|
| 2병렬 도체 | S | $S_2 = S$ | $r_2 = \sqrt{r' S} = \sqrt{r' S_2}$ |
| 3병렬 도체 | S | $S_3 = S$ | $r_3 = \sqrt[3]{r' S^2} = \sqrt[3]{r' S_3^2}$ |
| 4병렬 도체 | S | $S_4 = \sqrt[6]{2}\, S$ | $r_4 = \sqrt[4]{r' \sqrt{2}\, S^3} = \sqrt[4]{r' S_4^3}$ |

S : 도체 중심간의 거리(S = 도체직경 + 절연체의 두께)
r': 도체의 등가반경(r' = 0.7788r)

**표 5-150 다심케이블 병렬도체 사이의 등가선간거리 및 일괄등가반경**

| 구 분 | | 배치형태 | 병렬도체의 등가선간거리(mm) | 병렬도체의 일괄등가반경(mm) |
|---|---|---|---|---|
| 단상 | 2병렬 도체 | D | $D_{S2} = D$ | $GMR_{S2} = \sqrt{r_2 \times D}$ |
| | 3병렬 도체 | D | $D_{S3} = D$ | $GMR_{S3} = \sqrt[3]{r_3 \times D^2}$ |
| | 4병렬 도체 | D | $D_{S4} = D$ | $GMR_{S4} = \sqrt[4]{r_4 \times D^3}$ |
| 3상 | 2병렬 도체 | 2D, D, D | $D_{T2} = \sqrt[3]{2}\, D$ | $GMR_{T2} = \sqrt{r_2 \times \sqrt[3]{2}\, D}$ |
| | 3병렬 도체 | 2D, D, D | $D_{T3} = \sqrt[3]{2}\, D$ | $GMR_{T3} = \sqrt[3]{r_3 \times (\sqrt[3]{2}\, D)^2}$ |
| | 4병렬 도체 | 2D, D, D | $D_{T4} = \sqrt[3]{2}\, D$ | $GMR_{T4} = \sqrt[4]{r_4 \times (\sqrt[3]{2}\, D)^3}$ |

D : 다심케이블의 완성외경

**표 5-151 단심 케이블 병렬도체의 등가간격 및 등가반지름**

| 구 분 | 배치형태 | 등가간격(mm) | 병렬도체의 등가반경(mm) |
|---|---|---|---|
| 2병렬 도체 | $L_1$ $L_1$ | $S_2 = D$ | $r_2 = \sqrt{r' S_2}$ |
| 3병렬 도체 | $L_1$ $L_1$ $L_1$ | $S_3 = \sqrt[3]{2}\,D$ | $r_3 = \sqrt[3]{r' S_3^2}$ |
| 4병렬 도체 | $L_1$ $L_1$ $L_1$ $L_1$ | $S_4 = \sqrt[6]{12}\,D$ | $r_4 = \sqrt[4]{r' S_4^3}$ |

D : 다심케이블의 완성외경
r': 도체의 등가반경

**표 5-152 단심 케이블 병렬도체 사이의 등가간격 및 일괄등가반경**

| 구 분 | | 배치형태 | 병렬도체의 등가간격(mm) | 병렬도체의 일괄등가반경(mm) |
|---|---|---|---|---|
| 단상 | 2병렬 도체 | $L_1$ $L_1$ $L_2$ $L_2$ | $D_{S2} = 2D$ | $GMR_{S2} = \sqrt{r_2 \times 2D}$ |
| | 3병렬 도체 | $L_1$ $L_1$ $L_1$ $L_2$ $L_2$ $L_2$ | $D_{S3} = 3D$ | $GMR_{S3} = \sqrt[3]{r_3 \times (3D)^2}$ |
| | 4병렬 도체 | $L_1$ $L_1$ $L_1$ $L_1$ $L_2$ $L_2$ $L_2$ $L_2$ | $D_{S4} = 4D$ | $GMR_{S4} = \sqrt[4]{r_4 \times (4D)^3}$ |
| 3상 | 2병렬 도체 | $L_1$ $L_1$ $L_2$ $L_3$ $L_3$ $L_3$ | $D_{T2} = \sqrt[3]{2D \times 2D \times 4D} = \sqrt[3]{16}\,D = \sqrt[3]{2} \cdot 2D$ | $GMR_{T2} = \sqrt{r_2 \times (\sqrt[3]{2} \cdot 2D)}$ |
| | 3병렬 도체 | $L_1$ $L_1$ $L_1$ $L_2$ $L_2$ ···· | $D_{T3} = \sqrt[3]{3D \times 3D \times 6D} = \sqrt[3]{54}\,D = \sqrt[3]{2} \cdot 3D$ | $GMR_{T3} = \sqrt[3]{r_3 \times (\sqrt[3]{2} \cdot 3D)^2}$ |
| | 4병렬 도체 | $L_1$ $L_1$ $L_1$ $L_1$ $L_2$ ···· | $D_{T4} = \sqrt[3]{4D \times 4D \times 8D} = \sqrt[3]{128}\,D = \sqrt[3]{2} \cdot 4D$ | $GMR_{T4} = \sqrt[4]{r_4 \times (\sqrt[3]{2} \cdot 3D)^3}$ |

D : 완성외경

## 4 Power Tools을 활용한 고장계산

### 4.1 One-Line 그리기

Program을 실행하여 One-Line 창을 활성화한 다음 아래 그림과 같이 수전점, Bus, 변압기, 케이블, 발전기, 전동기 등의 아이콘을 클릭하여 One-Line 창에 배열한 다음 상호 연결시켜 아래와 같이 One-Line를 완성한다.

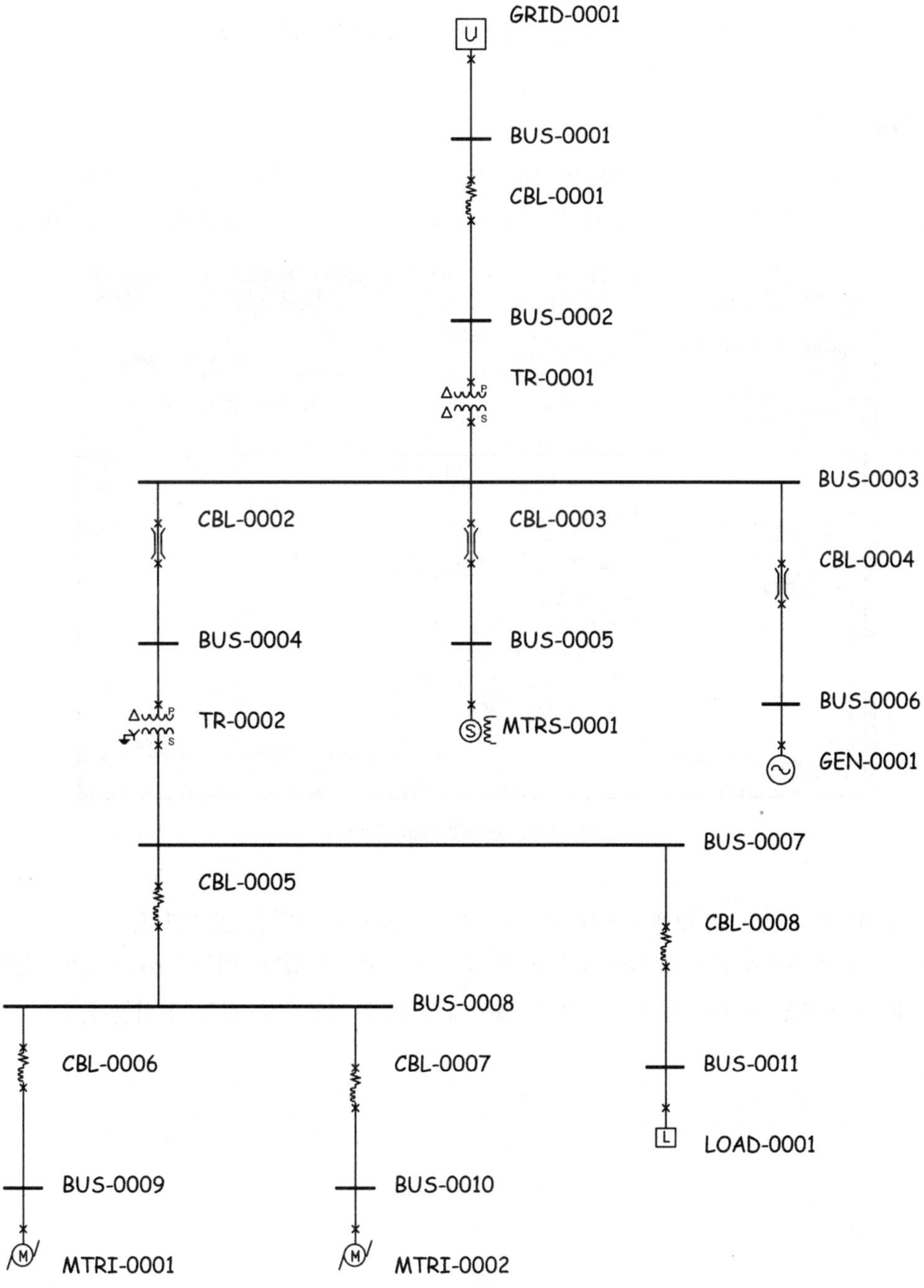

GRID-0001
BUS-0001
CBL-0001
BUS-0002
TR-0001
BUS-0003
CBL-0002
CBL-0003
CBL-0004
BUS-0004
BUS-0005
BUS-0006
TR-0002
MTRS-0001
GEN-0001
BUS-0007
CBL-0005
CBL-0008
BUS-0008
CBL-0006
CBL-0007
BUS-0011
LOAD-0001
BUS-0009
BUS-0010
MTRI-0001
MTRI-0002

그림 5-11 One-Line

## 4.2 설비 데이터 입력

우리는 상기와 같이 간단한 One-Line를 그렸지만 Program은 이 One-Line이 어떤 계통도인지 알 수가 없다. 즉 변압기를 One-Line에 그려도 이 변압기의 용량이 얼마인지 결선방법이 어떻게 되어 있는지 알 수 없다. 따라서 Program에게 '이 변압기는 어떤 것이다' 하고 알려주는 역할을 하는 것이 'Component Editor' 창의 역할이다. Component Editor는 다음의 3가지 방법 중 하나를 실행하면 된다.

- 상단의 'Document' 메뉴 중에서 'Component Editor'를 선택한다.
- 툴바에서 를 클릭한다.
- One-Line에서 보고자 하는 Symbol에 마우스를 놓고 더블 클릭한다.

### 1) BUS DATA 입력

(1) 먼저 DATA를 입력할 때에는 반드시 'BUS'의 데이터를 먼저 입력하는 것이 편리하다.

(2) 다음의 그림과 같이 'BUS-0001'의 'Nominal System Voltage'에 22900을 입력한다.

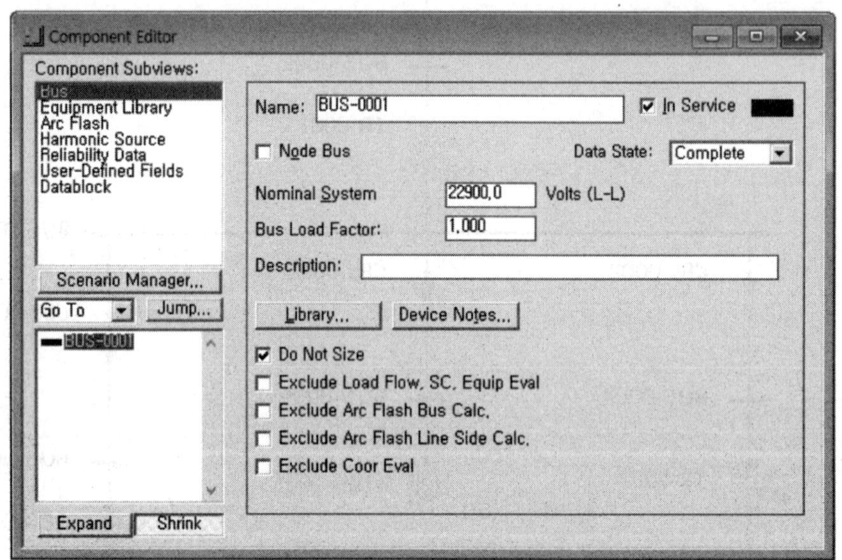


그림 5-12 Bus의 Data 입력

(3) 같은 방법으로 BUS-0002에 6600, BUS-0006에 380의 전압을 입력한다.

(4) BUS-0008을 클릭하면 이미 380이 들어가 있는 것을 볼 수 있다. 이는 Program이 BUS-0006에서 BUS-0008 사이에 변압기가 없기 때문에 동일한 전압으로 자동 인식한다.

## 2) GRID Data 입력

(1) GRID의 데이터를 입력하기 위해서는 GRID-0001을 선택한다.

(2) 전원으로부터 공급되는 고장기여용량을 입력한다.

(3) 전력계통 단락용량이 450MVA, X/R Ratio가 8.0, 1선지락용량이 100MVA, X/R Ratio 8.0이라고 하면 그림 5-13과 같이 입력한 후 'Update' 버튼을 클릭하면 이에 해당하는 R과 X값이 자동으로 입력된다.

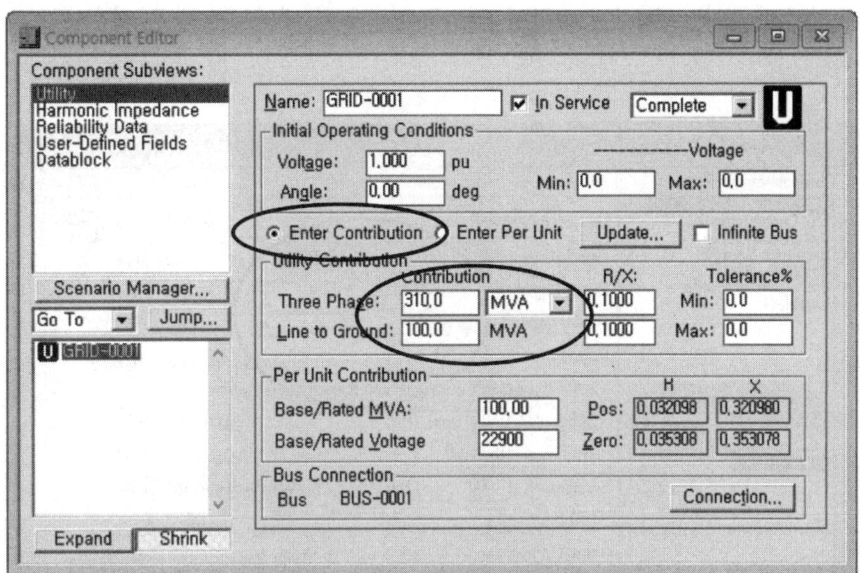


그림 5-13 GRID Data 입력 1

(4) 전원으로부터 공급되는 고장용량을 Per Unit Impedance 값으로 입력할 경우에는 그림 5-14와 같이 "Enter Per Unit"를 선택한 후 R과 X의 Per Unit 값을 입력한다.

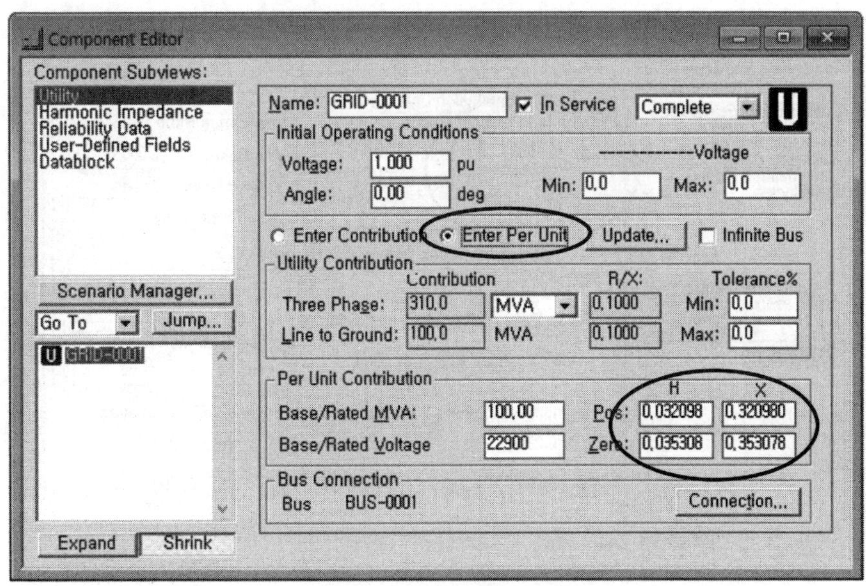


그림 5-14 Grid Data 입력 2

### 3) 동기발전기

(1) 발전기의 데이터를 입력하기 위해서는 GEN-0001을 선택한다.

(2) 발전기는 정격용량, $X_d''$, $X/R$ 값을 입력하여야 한다.

(3) 발전기 용량이 2,000 kVA의 경우 'Rated Size'에 2,000을 입력한다.

(4) 그림 5-16과 같이 발전기의 X"의 값을 입력하기 위하여 'IEC Contribution'을 선택하면 X"의 값이 0.15로 입력되어 있을 것이다. 이는 프로그램이 IEC Std에서 추천하는 값을 Default 값으로 인식하고 있기 때문이다.(발전기 제작자 측으로부터 입력 데이터를 받은 경우에는 그 값을 사용하여야 한다).

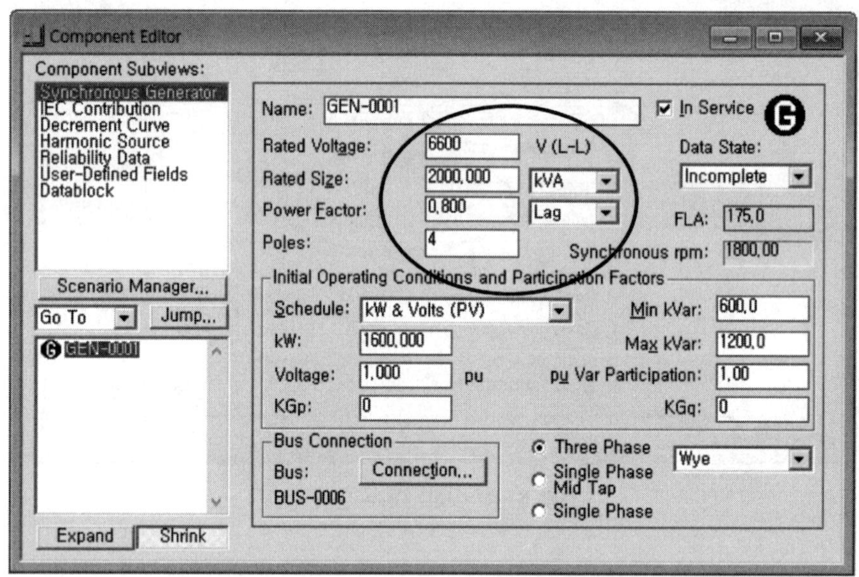


그림 5-15 동기발전기의 용량 및 단위 입력

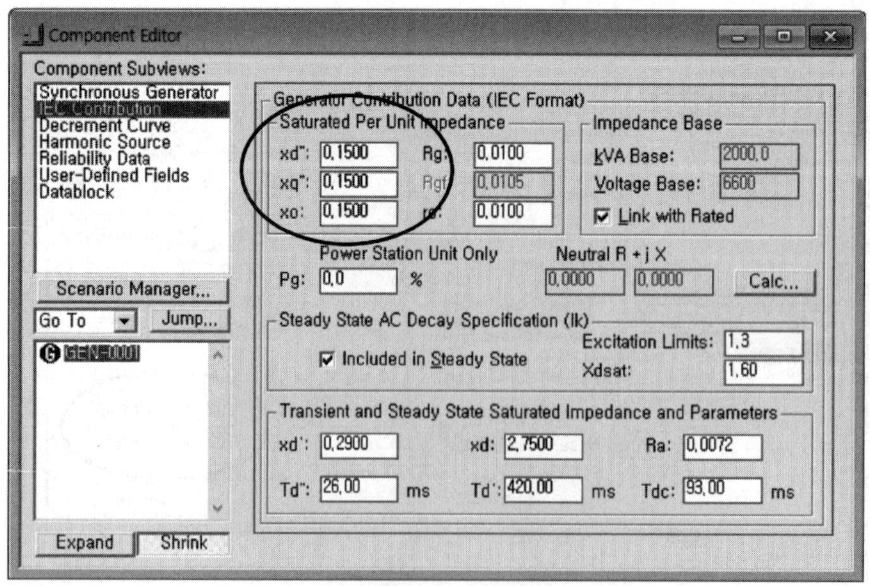


그림 5-16 동기발전기의 초기과도리액턴스 입력

#### 4) 고압 동기전동기

(1) MTRS-0001을 선택하고 전동기의 정격용량, $X_d''$, $X/R$ 값을 입력한다.

(2) 고압 동기전동기의 용량이 6,600 V 430 kW의 경우 그림 5-17과 같이 전동기의 'Rated Size'에 430을 입력한다.

(3) MTRS-0001의 $X_d''$와 $X/R$의 데이터를 입력하기 위하여 그림 5-18에서 'IEC Contribution'을 선택하면 발전기와 같이 X"의 데이터가 입력되어 있을 것이다. 이는 Program이 IEC Std에서 추천하는 값을 Default 값으로 인식하고 있기 때문이다(제조사 측으로부터 입력 데이터를 받은 경우에는 그 값을 사용하여야 한다).

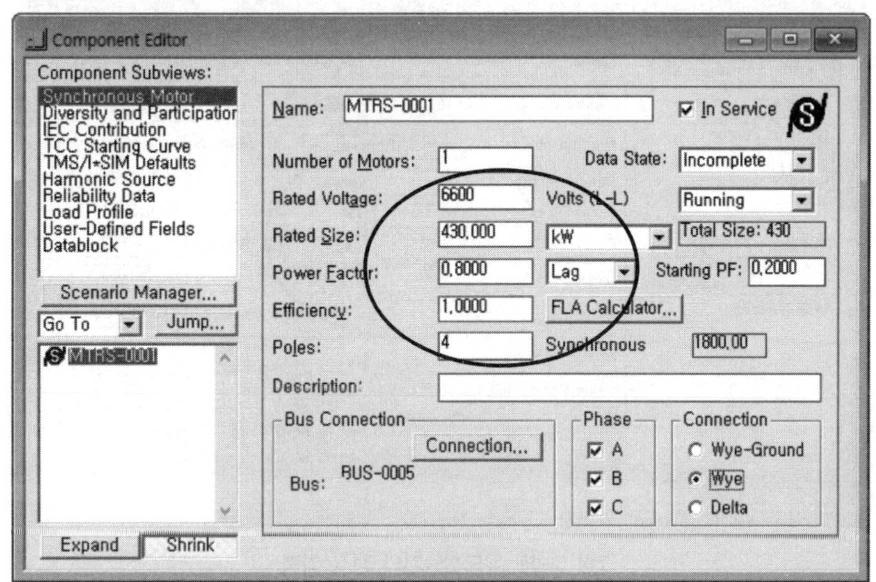


그림 5-17 고압 유도전동기의 정격 입력

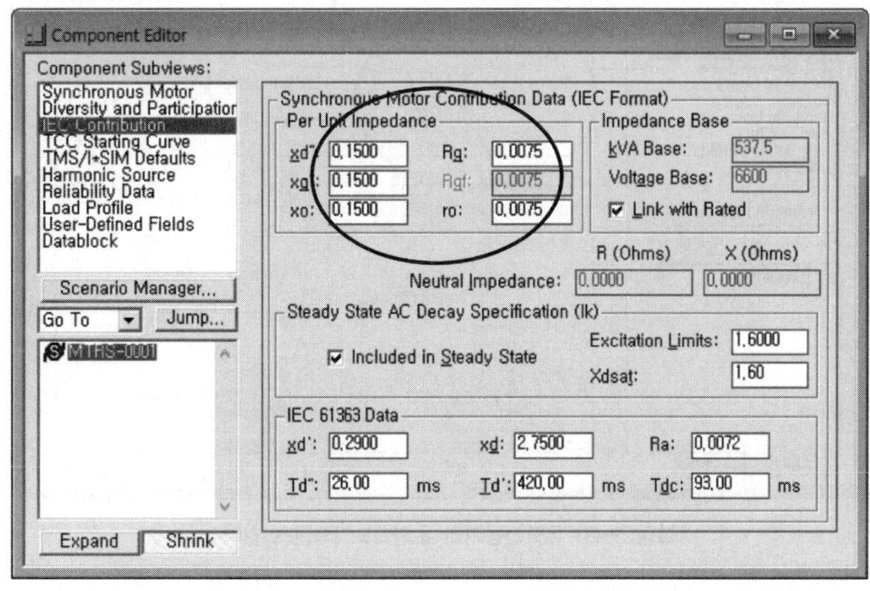


그림 5-18 유도전동기의 초기과도리액턴스 입력

## 5) 저압 유도전동기

(1) MTRI-0002을 선택하고 전동기의 정격용량, $X_d''$, $X/R$ 값을 입력한다.

(2) 전동기의 용량이 260kW의 경우 그림 5-19와 같이 전동기의 'Rated Size'에 260.0을 입력한다.

(3) MTRI-0002의 $X_d''$와 $X/R$의 데이터를 입력하기 위하여 그림 5-19에서 'IEC Contribution'을 선택하면 발전기와 같이 $X_d''$ 데이터가 입력되어 있을 것이다. 이는 프로그램이 IEC Std에서 추천하는 값을 Default 값으로 인식하고 있기 때문이다(제조사에서 제공하는 Data가 없으면 그대로 사용하여도 된다).

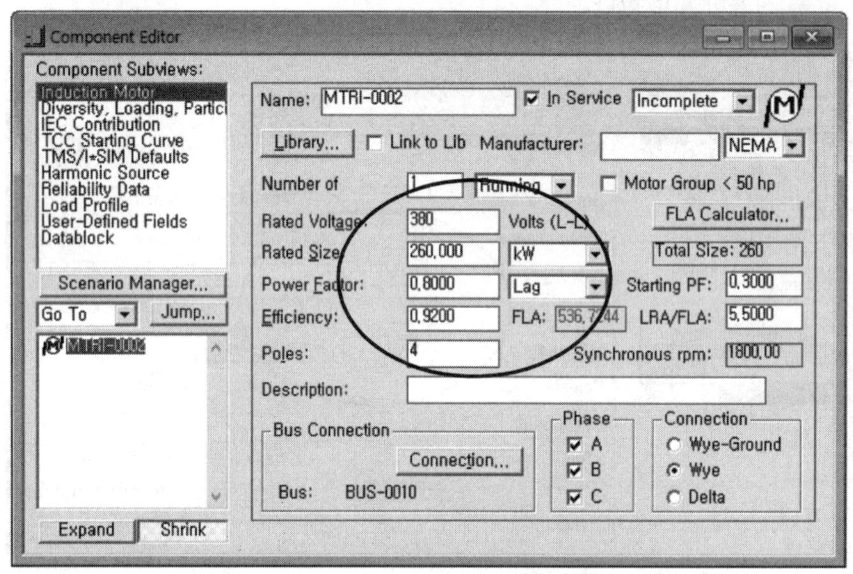


그림 5-19 유도전동기의 정격 입력

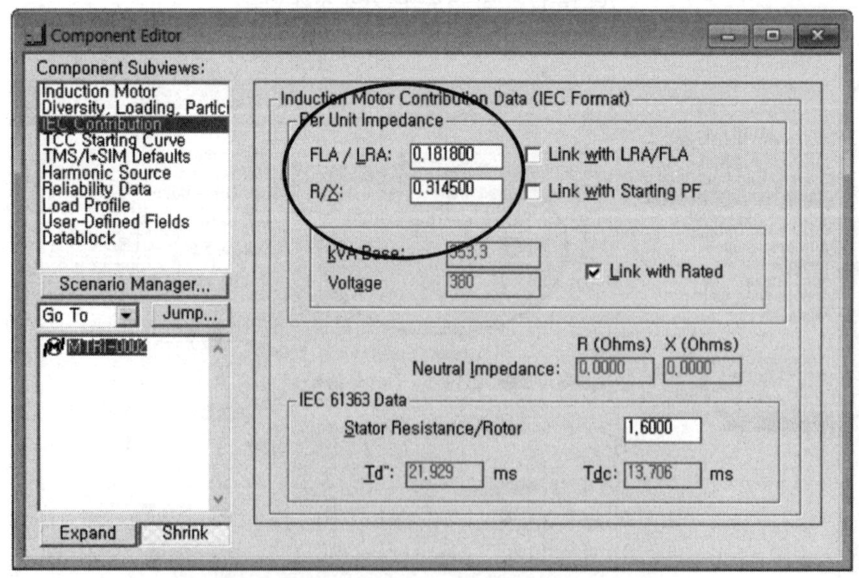


그림 5-20 유도전동기의 초기과도리액턴스 입력

### 6) 변압기

(1) 변압기 데이터를 입력하기 위해서는 TR-0001을 선택한다.

(2) 고장계산을 수행하기 위해서는 변압기에 입력하여야 할 Data는 변압기용량, 임피던스만 입력하면 된다.

(3) 변압기의 용량(Nominal KVA)은 3,000을 입력한다.

(4) 그림 5-21에 알 수 있듯이 변압기 1, 2차의 전압값이 각각 22900, 6600이 입력되어 있음을 볼 수 있다. 이는 우리가 먼저 넣어 주었던 BUS의 전압값을 프로그램이 자동으로 인식하는 것이다. 만약 BUS 전압을 입력하지 않고 변압기의 입력 데이터를 먼저 입력한다면 일일이 변압기의 1, 2차측 전압을 입력하여야 한다.

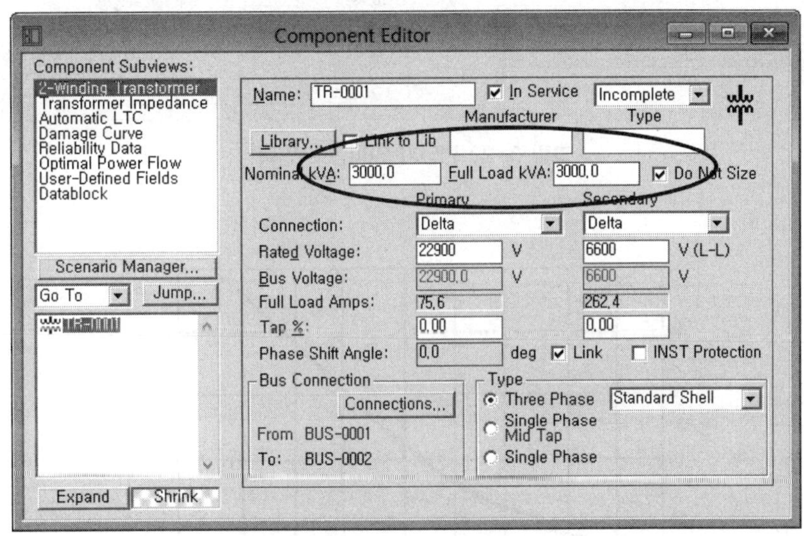


그림 5-21 변압기의 정격용량 입력

(5) TR-0001의 임피던스를 입력하기 위하여 다음과 같이 'Transformer Impedance' 선택한다.

(6) 그림 5-22와 같이 변압기의 임피던스는 정상, 영상의 %R, %X 값을 각각 넣게 되어있다. 우리는 대개 변압기의 %Z 값만을 가지고 있기 때문에 이를 환산하여 넣어야 한다. 이를 위하여 보통의 경우 다음의 과정을 따른다.

① 그림 5-23은 IEEE Standard에서 추천하는 일반적인 변압기에 대한 X/R 값이다.

② X축은 변압기의 용량, Y축은 변압기의 X/R이다. 따라서 TR-0001의 변압기용량이 3,000 kVA이므로 이에 해당하는 Y축 좌표(X/R)은 대략 10.8 정도이다.

③ 변압기의 %Z=6이라고 한다면 X/R=10.8, 이를 입력하기 위하여 그림 5-22와 같이 "%Z and X/R" 버튼을 클릭하여 임피던스 값(Z=6%)을 입력한 후 X/R Ratio 값은 "Typical" 버튼을 클릭하여 입력한 후 'OK' 버튼을 클릭하면 %R과 %X 값이 자동으로 환산된다.

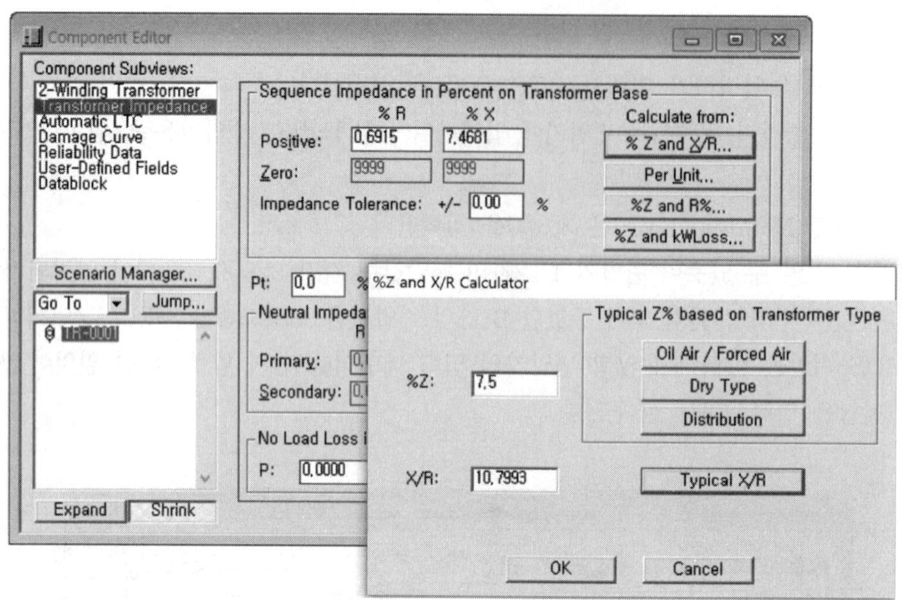


그림 5-22 변압기 임피던스 입력

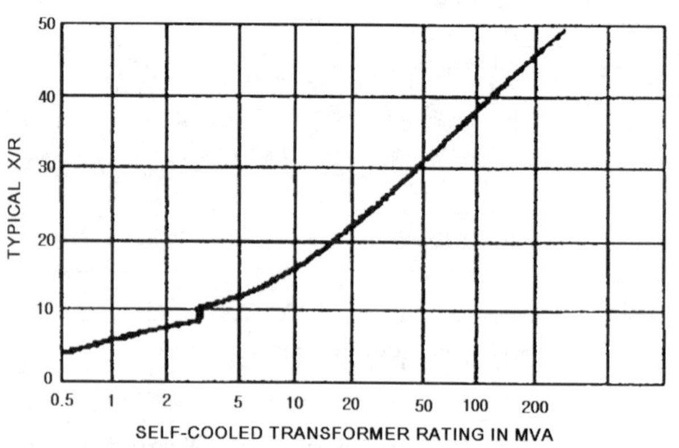


그림 5-23 IEEE C37.010 X/R Ratio

(7) 변압기 임피던스를 Library에서 입력

TR-0001 22900/6600V 3상 3000 kVA 변압기의 임피던스를 Library에서 입력할 경우에는 그림 5-21에서 "Library" 버튼을 클릭하여 적합한 Data를 찾아 입력한다. TR-0002 6600/380 V 3상 1,500 kVA 변압기의 임피던스도 동일한 방법으로 Library에서 찾아 입력한다.

### 7) 케이블

(1) CBL-0001을 선택하여 Cable Data를 입력한다.

(2) 고장계산을 수행하는데 필요한 Data는 "도체의 단면적, 길이, 임피던스, 병렬도체 수"이므로 이에 대한 Data를 입력한다. 22,900V CN-CV 케이블의 단위길이당 임피던스는 Library에서 먼저 선종을 선택한 후 공칭단면적, 길이, 병렬도체 수를 입력한다.

(3) 600V F-CV 케이블의 임피던스는 Library에서 적합한 선종을 선택한 후 공칭단면적, 길이, 병렬도체 수를 입력한다.

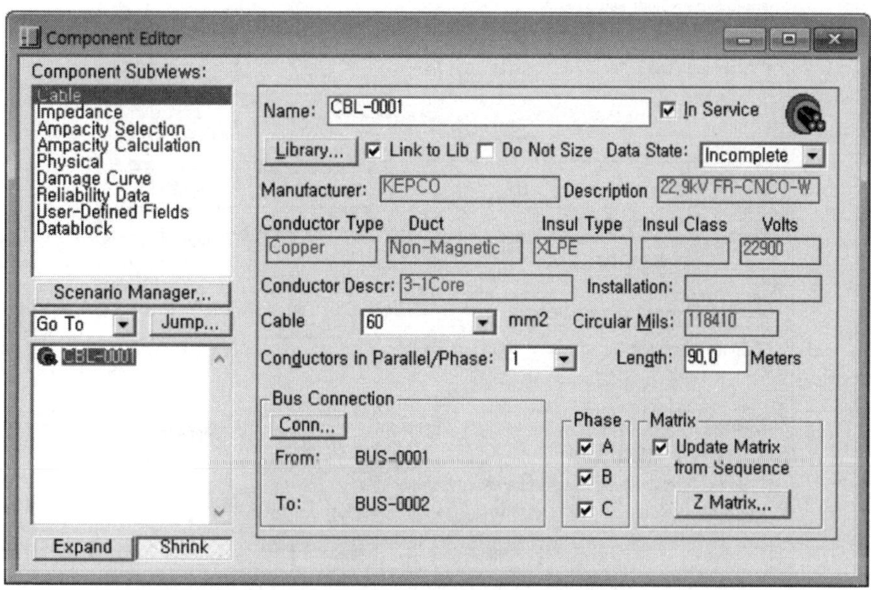


그림 5-24 Cable Size 및 Length 입력

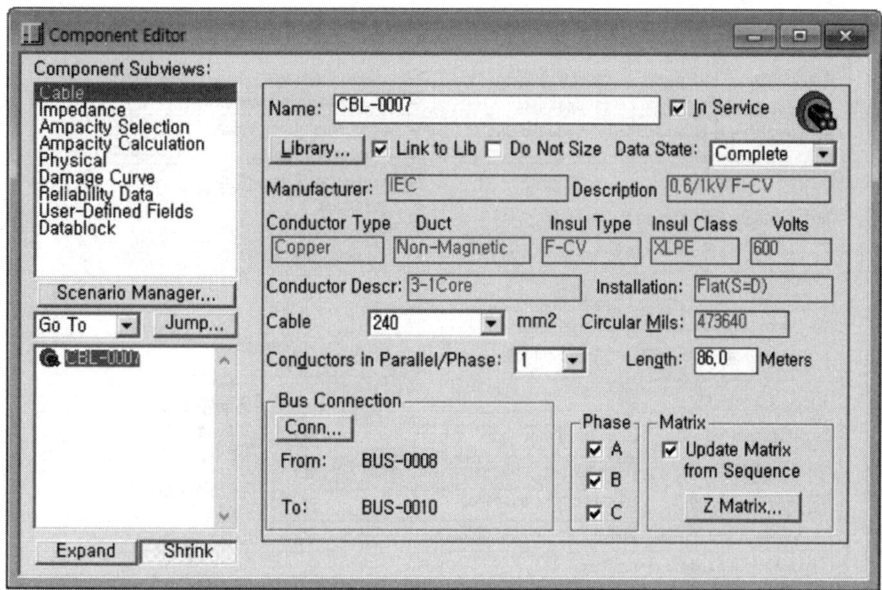


그림 5-25 Cable Impedance 입력

## 4.3 단락고장회로 계산조건의 설정

### 1) Balanced System Study Setup

(1) 데이터 입력이 완료되었으면 고장계산 분석을 하기 위하여 상위 메뉴 중 'Run'을 선택한 후 'Balanced System Studies'를 선택하면 다음 그림 5-26의 창이 나타날 것이다.

(2) 그림 5-26에서 SC(Short Circuit)를 선택하고 'Comprehensive'를 선택한 다음 'Setup' 버튼을 클릭하면 다음의 그림 5-27이 나올 것이다.

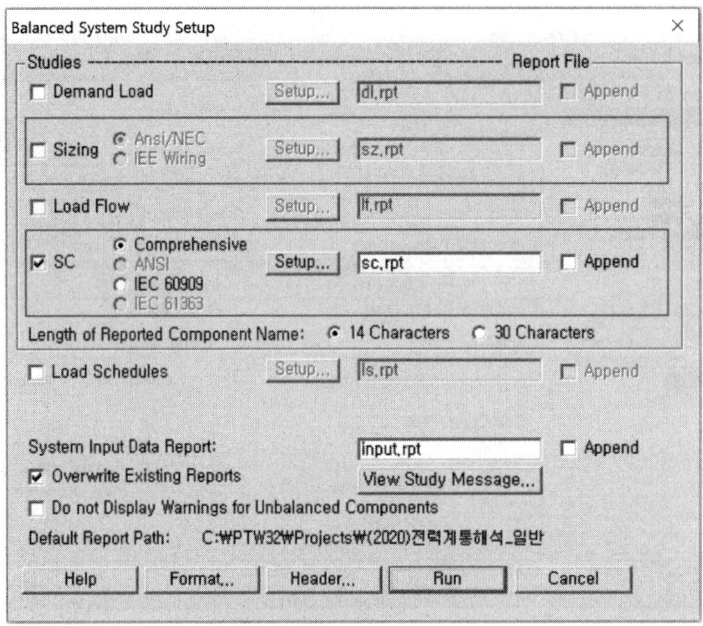


그림 5-26 고장계산 Setup

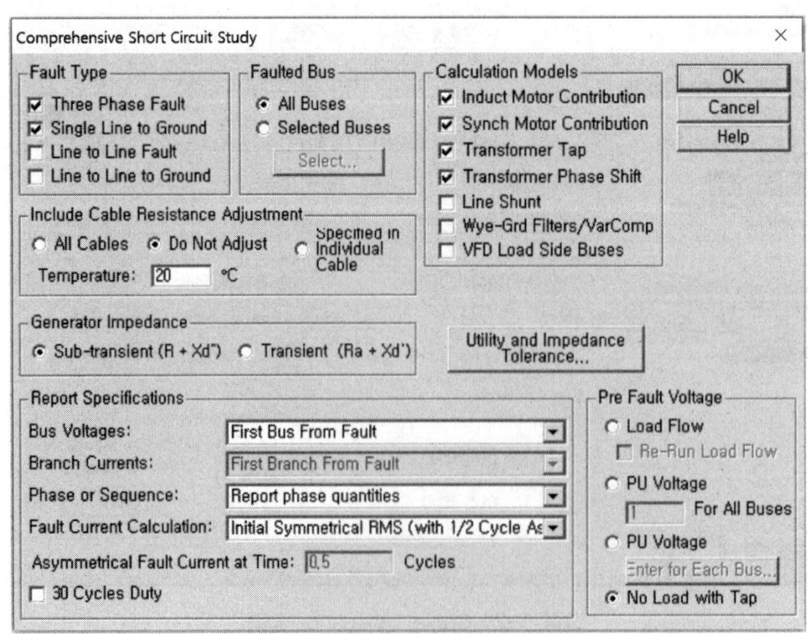


그림 5-27 고장계산 조건 설정

(3) Fault Type

- Three Phase Fault
- Single Line to Ground
- Line to Line Fault
- Line to Line Ground

PTW는 3상단락고장과 1선지락고장계산이 기본적으로 선택되어 있다. 선간단락고장, 2선지락고장계산은 선택에 의하여 포함할 수 있다. 일반적으로, 3상단락과 1선지락고장전류는 전력계통에서 가장 최악의 경우를 고려한 고장전류의 계산이다. 고장 종류의 선택은 4개의 체크 박스를 조합하여 선택가능하다.

(4) Faulted Bus

- All Buses
- Selected Buses

PTW는 "All Bus"가 기본적으로 선택되어 있으며, 모든 Bus에 대하여 고장계산을 수행한다. 한 개의 Bus에서의 고장계산을 원하면, "Selected Buses"를 체크하여 선택한 후 "Select..." 버튼을 클릭하여 박스 내에서 계산을 원하는 Bus 1개를 선택한다.

(5) Calculation Models

- Induct Motor Contribution
- Synch Motor Contribution
- Transformer Tap
- Transformer Phase Shift
- Line Shunt
- Filters/Var Compensators
- VFD Load Side Buses

① Motor Contribution
PTW에서 "Motor Contribution"는 기본적으로 선택되어 있다. 체크박스의 제거는 전동기 기여전류를 무시한다. 유도전동기와 동기전동기를 필요에 따라 선택할 수 있다.

② Transformer Tap
PTW에서 "Transformer Tap"는 기본값으로 선택되어 있다. 이 설정의 경우에는 기준모선전압과 변압기 탭 설정값을 기초로 하여 계통의 고장전 무부하전압으로 계산한다. 이 Box가 체크되지 않으면, 모든 변압기는 어떠한 Tap에서도 영향이 없는 것으로 나타나며, 고장전 전압은 기준모선전압으로 한다.

③ Transformer Phase Shift

PTW에서 “Transformer Phase Shift”는 기본값으로 선택되어 있으며, 변압기의 접속 유형에 따른 각각의 변압기의 위상변이를 계산한다. 고장전 전압의 위상각은 "swing bus"를 기준으로 하여 모든 변압기 위상변이를 포함한다. 이 박스를 체크를 제거하면, 이설정은 포함되지 않으며 변압기의 위상변이 위상각은 0°를 유지한다. 전력계통의 각각의 분리된 영역에서 고장전 전압의 위상각은 기준모선전압의 위상각을 유지한다.

④ Line Shunt

PTW는 송전선로, $\pi$ 등가회로, 케이블로부터 선로분류를 기본적으로 포함하지 않는다. 선로분류는 체크박스를 체크함으로 단락고장계산에 포함할 수 있다.

⑤ Y-G Filters/ Var Compensators

PTW는 Filters와 Var Compensators를 기본적으로 포함하여 계산하지 않는다. Filters와 Var Compensators는 체크박스를 체크함으로 단락고장계산에 포함할 수 있다.

⑥ VFD Load Side Buses

체크박스를 체크함으로 VFD 부하측의 고장전류를 계산에 포함한다.

(6) Include Cable Resistance Adjustment

Cable의 저항은 다음의 선택에 따라 Box에 입력한 온도로 계산한다.

○ All Cable ⊙ Do Not Adjust ○ Specified in Individual Cable

Temperature : 20 ℃

(7) Generator Impedance

발전기 임피던스는 단락회로 계산에서 전원의 임피던스로 초기과도임피던스 또는 과도임피던스를 선택하여 사용할 수 있다.

⊙ Sub-transient(R+Xd″) ○ Transient(Ra+Xd′)

(8) Utility and Impedance Tolerance

Tolerance Option은 Load Flow 및 Comprehensive Study에 사용된다. "Regular"가 선택된 경우에는 각 Component Editor에서 입력된 허용오차 값은 적용되지 않는다. "Minimum" 또는 "Maximum"이 선택된 경우에는 각 Component Editor에서 입력된 허용오차 값으로 계산을 수행한다.

① Utility Voltage Tolerance

⊙ Regular ○ Minimum ○ Maximum

② Utility Contribution Tolerance

⊙ Regular ○ Minimum ○ Maximum

③ Cable Impedance Tolerance

⊙ Regular ○ Minimum ○ Maximum

④ Transformer Impedance Tolerance

⊙ Regular ○ Minimum ○ Maximum

(9) Report Specifications

① Bus Voltages

- First Bus From Fault
- Second Bus From Fault
- All Buses
- None

기본적으로 PTW는 고장점으로부터 첫 번째의 Bus 전압을 계산하여 기록한다. 또한 다른 세 가지 옵션(Second Bus From Fault, All Buses, None) 중에서 선택할 수 있다.

② Branch Currents

- First Branch From Fault
- Second Branch From Fault
- All Branches
- None

새로운 프로젝트를 열 때, 기본적으로 고장 Bus로부터 첫 번째 지로전류를 보고서에 기록한다. 또한 다른 세 가지 설정(Second Branch From Fault, and All Branches, None) 중에서 선택할 수 있다. 지로전류는 고장점으로부터 1개의 지로전류, 고장점으로부터 2개의 지로전류, 혹은 계통에서 전체의 지로전류를 보고서에 기록하기 위하여 선택할 수 있다.

③ Phase or Sequence

- Report phase quantities
- Report sequence quantities

기본적으로 PTW는 A, B, C상의 전압과 전류의 크기를 보고서에 기록한다. 정상분, 역상분, 영상분의 전압과 전류의 크기를 보고서에 기록하도록 선택할 수 있다.

④ Fault Current Calculation

- Initial Symmetrical RMS(with 1/2 cycle Asymmetrical Fault Current)
- Asymmetrical RMS(with DC offset and Decay)
- Asymmetrical Peak(with DC offset and Decay)

기본적으로, PTW는 초기 대칭고장전류 실효값(DC offset 없음)만 계산한다. 사용자는 DC offset과 감쇠와 함께 비대칭 피크 또는 비대칭에서 고장전류 실효값를 계산하기 위해 선택할 수 있다.

"Initial Symmetrical RMS"의 선택은 Bus 전압과 복소수 임피던스 값으로 지로전류를 계산하며, 모든 값은 대칭값으로 나타낸다. "Asymmetrical Peak"의 선택은 지정된 시간에서 총 고장전류의 피크 값 또는 최고점(DC offset)의 고장전류를 계산한다. "Asymmetrical RMS"

의 선택은 지정된 시간에서 총 비대칭전류(DC offset) 실효값을 계산한다. 비대칭값을 계산하도록 선택하는 경우에는 반드시 시간[cycle]을 입력하여야 한다.

⑤ Asymmetrical Fault Current at Time

사용자가 “비대칭 고장전류계산”을 선택한다면, 당신은 시간[cycle]을 입력하여야 한다. 고장개시 후 지정한 cycle에서의 고장전류를 계산한다. 사용자가 "Initial Symmetrical RMS"를 선택한 경우의 계산은 지정한 시간에서 비대칭 고장전류계산을 무시한다.

(7) 30 Cycles Duty

30 cycle에서 고장전류를 계산하고 기록하기 위하여 이 체크박스를 선택한다.

- 유틸리티는 X"가 계산에 사용된다.
- 발전기는 X'가 계산에 사용된다.
- 동기전동기 및 유도전동기의 기여는 무시한다.

(8) Pre-Fault Voltage options

단락회로 계산을 위하여 다음의 고장전 전압의 설정을 지정한다.

- Load Flow
- PU Voltage for All Buses
- PU Voltage Enter for Each Bus
- No Load with Tap

① Load Flow

“Load Flow”를 선택하면, 각 Bus에서의 전력조류 전압은 Bus 고장전류와 지로 고장전류를 계산하기 위하여 사용된다.

② PU Voltage for All Buses

“PU Voltage for All Buses”을 선택하면, 사용자는 계통의 모든 Bus에 사용되는 고장전 전압[pu]을 단일 값으로 입력할 수 있다.

③ PU Voltage Enter for Each Bus

“PU Voltage Enter for Each Bus”를 선택하면, 사용자는 각 개개의 Bus에서 사용되는 고장전 전압[pu]을 입력할 수 있다. 단위전압은 Bus에서 고장이 적용된 Bus 고장전류와 지로 고장전류의 계산에 사용된다.

④ No Load with Tap

“No Load with Tap”을 선택하면, 고장전 전압[pu]는 유틸리티 또는 발전기 기준모선의 초기 운전전압으로 프로그램 시작에 의하여 계산되며, 이것은 기본선택이다. 변압기 탭과 위상변이는 “Calculation Model”에서 선택되어 있다면 고장전 전압의 계산에 포함된다.

(9) 설정 완료

설정이 끝났으면 ‘OK’ 버튼을 클릭한다.

## 2) 고장계산의 실행

(1) 그림 5-26의 'RUN' 버튼을 클릭하면 고장계산이 실행되면서 다음 그림 5-28이 나타날 것이다.

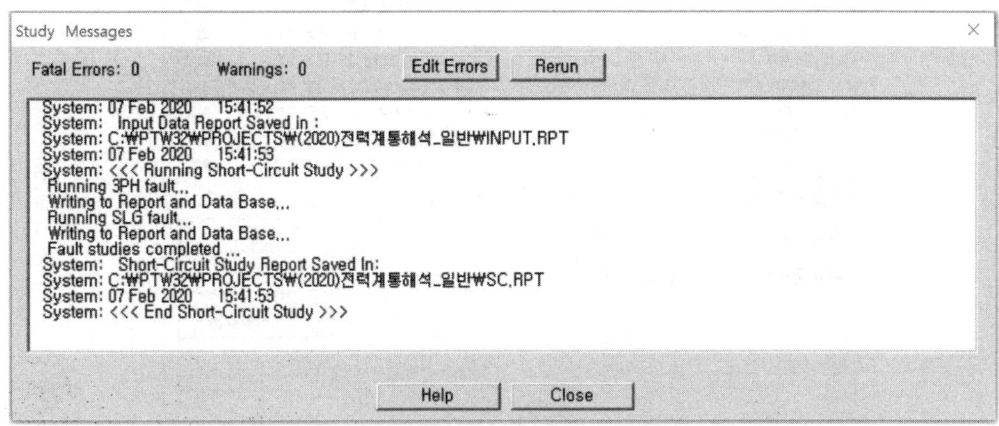


그림 5-28 고장계산의 실행

(2) 그림 5-28과 같이 프로그램이 실행되면서 'Fatal Error' 'Warnings'가 0이 나오면 정상적으로 프로그램이 실행된 경우이므로 'Close' 버튼을 클릭한다.

## 3) 고장계산의 결과 보기

(1) 고장계산의 결과를 보기 위하여 상위 메뉴 중에서 "Document"를 선택한 후 'Report'를 클릭하면 그림 5-29의 "Report" 창이 열린다. "Text Report" 버튼을 클릭하면, 그림 5-30의 대화창이 열린다.

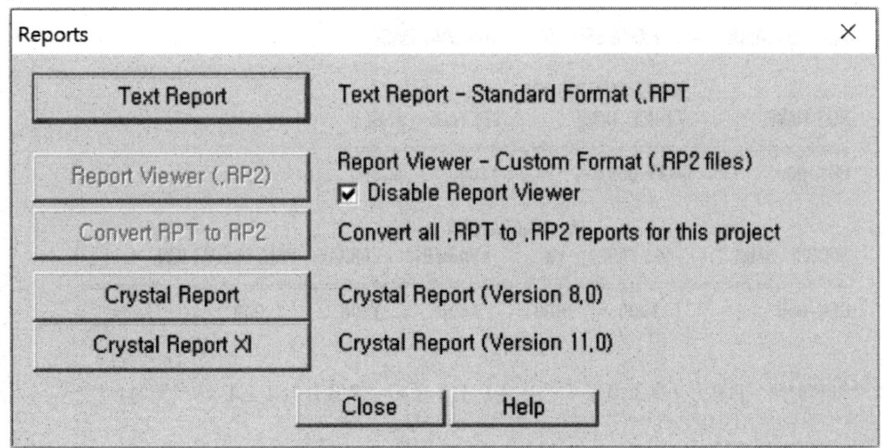


그림 5-29 Report의 선택

(2) 'SC.RPT'를 선택하고 '열기' 버튼을 클릭하면 그림 5-31의 창이 나오면서 고장계산 결과를 볼 수 있다.

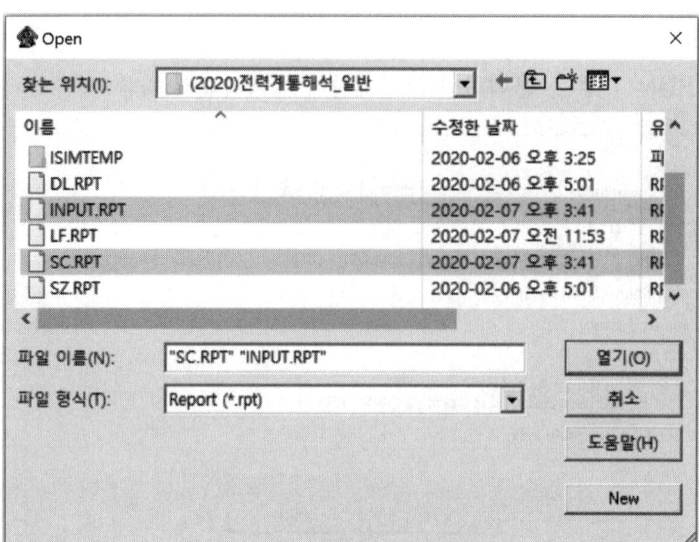


그림 5-30 고장계산 결과보기

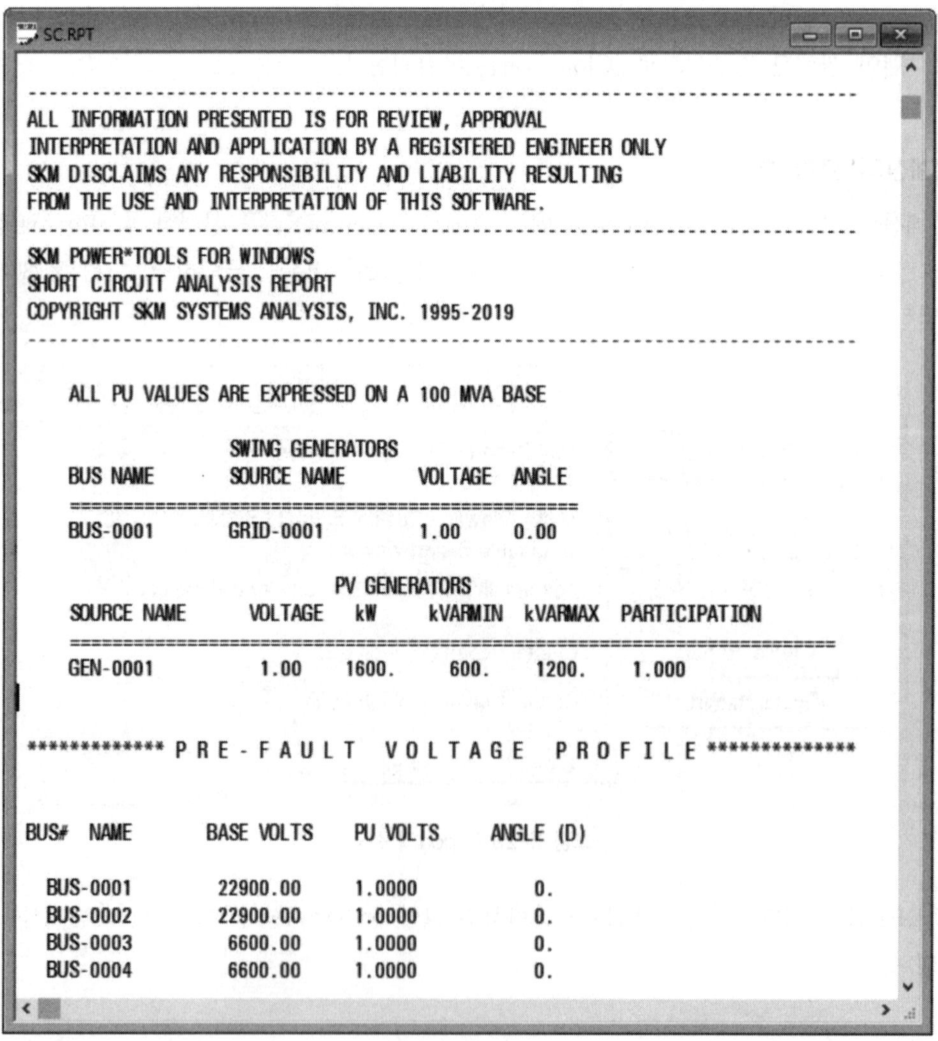

SC.RPT

```
--------------------------------------------------------------------------------
ALL INFORMATION PRESENTED IS FOR REVIEW, APPROVAL
INTERPRETATION AND APPLICATION BY A REGISTERED ENGINEER ONLY
SKM DISCLAIMS ANY RESPONSIBILITY AND LIABILITY RESULTING
FROM THE USE AND INTERPRETATION OF THIS SOFTWARE.
--------------------------------------------------------------------------------
SKM POWER*TOOLS FOR WINDOWS
SHORT CIRCUIT ANALYSIS REPORT
COPYRIGHT SKM SYSTEMS ANALYSIS, INC. 1995-2019
--------------------------------------------------------------------------------

    ALL PU VALUES ARE EXPRESSED ON A 100 MVA BASE

                   SWING GENERATORS
    BUS NAME       SOURCE NAME        VOLTAGE  ANGLE
    ================================================
    BUS-0001       GRID-0001           1.00     0.00

                              PV GENERATORS
    SOURCE NAME       VOLTAGE   kW     kVARMIN  kVARMAX  PARTICIPATION
    ===================================================================
    GEN-0001           1.00    1600.    600.    1200.     1.000


************* P R E - F A U L T   V O L T A G E   P R O F I L E **************


BUS#  NAME        BASE VOLTS    PU VOLTS     ANGLE (D)

  BUS-0001         22900.00     1.0000          0.
  BUS-0002         22900.00     1.0000          0.
  BUS-0003          6600.00     1.0000          0.
  BUS-0004          6600.00     1.0000          0.
```

그림 5-31 고장계산 Report

(3) 고장계산 결과 보기

고장계산의 결과는 "Study Setup"의 고장종류의 선택에 의하여 다음과 같이 3상단락고장, 1선지락고장에 대한 결과를 보여준다.

```
--------------------------------------------------------------------------------
ALL INFORMATION PRESENTED IS FOR REVIEW, APPROVAL
INTERPRETATION AND APPLICATION BY A REGISTERED ENGINEER ONLY
SKM DISCLAIMS ANY RESPONSIBILITY AND LIABILITY RESULTING
FROM THE USE AND INTERPRETATION OF THIS SOFTWARE.
--------------------------------------------------------------------------------
SKM POWER*TOOLS FOR WINDOWS
SHORT CIRCUIT ANALYSIS REPORT
COPYRIGHT SKM SYSTEMS ANALYSIS, INC. 1995-2019
--------------------------------------------------------------------------------

    ALL PU VALUES ARE EXPRESSED ON A 100 MVA BASE

                    SWING GENERATORS
    BUS NAME        SOURCE NAME        VOLTAGE  ANGLE
    ==============================================
    BUS-0001        GRID-0001           1.00     0.00

                                PV GENERATORS
    SOURCE NAME         VOLTAGE   kW      kVARMIN  kVARMAX  PARTICIPATION
    ==================================================================
    GEN-0001             1.00    1600.     600.     1200.     1.000

************* P R E - F A U L T   V O L T A G E   P R O F I L E **************

BUS#  NAME          BASE VOLTS    PU VOLTS      ANGLE (D)

  BUS-0001          22900.00     1.0000           0.
  BUS-0002          22900.00     1.0000           0.
  BUS-0003           6600.00     1.0000           0.
  BUS-0004           6600.00     1.0000           0.
  BUS-0005           6600.00     1.0000           0.
  BUS-0006           6600.00     1.0000           0.
  BUS-0007            380.00     1.0000         -30.
  BUS-0008            380.00     1.0000         -30.
  BUS-0009            380.00     1.0000         -30.
  BUS-0010            380.00     1.0000         -30.
  BUS-0011            380.00     1.0000         -30.


***************** F A U L T   A N A L Y S I S   R E P O R T ****************
```

```
               FAULT TYPE: 3PH
               MODEL INDUCTION MOTOR CONTRIBUTION: YES
               MODEL TRANSFORMER TAPS: YES
               MODEL TRANSFORMER PHASE SHIFT: YES
==========================================================================

BUS-0001       VOLTAGE BASE LL:                 22900.0 (VOLTS)
               INI. SYM. RMS FAULT CURRENT:   8132.8 /  -84. ( AMPS/DEG )
               THEVENIN EQUIVALENT IMPEDANCE:    0.031 +j   0.308 (PU)
               THEVENIN IMPEDANCE X/R RATIO:    10.042

                ASYM    RMS   INTERRUPTING AMPS
               1/2 CYCLES    2 CYCLES    3 CYCLES    5 CYCLES    8 CYCLES
                 11700.5      8773.4      8321.1      8148.4      8133.2

               INI. SYM. RMS FAULTED BUS VOLTAGES ( PU / DEG )
                       AT TIME =      0.5 CYCLES
               ---PHASE A---        ---PHASE B---        ---PHASE C---
               0.0000 /    0.0      0.0000 /    0.0      0.0000 /    0.0

               INI.    RMS   FAULTED CURRENT ( AMPS / DEG )
                       AT TIME =      0.5 CYCLES
               ---PHASE A---        ---PHASE B---        ---PHASE C---
                8132.8 / -84.3      8132.8 / 155.7       8132.8 /  35.7

BUS-0001       ==== INI. SYM. RMS SYSTEM BUS VOLTAGES ( PU / DEG ) ======
                   FIRST BUS FROM FAULT     AT TIME =      0.5 CYCLES
                         ---PHASE A---      ---PHASE B---      ---PHASE C---
  BUS-0002        22900.0  0.0009 / -59.   0.0009 /-179.   0.0009 /  61.

  BUS-0001        ============== INI.    RMS   SYSTEM BRANCH FLOWS ( AMPS ) ==============
                                  FIRST BRANCH FROM FAULT AT TIME =      0.5 CYCLES
                                 BRANCH NAME    VBASE LL  -PHASE A-     -PHASE B-      -PHASE C-
GRID-0001      BUS-0001                          22900.   7815.7/ -84.   7815.6/ 156.   7815.6/  36.
BUS-0001       BUS-0002          CBL-0001        22900.    317.2/  95.    317.2/ -25.    317.2/-145.

----------------------------------------------------------------------------------------------------


BUS-0002       VOLTAGE BASE LL:                 22900.0 (VOLTS)
               INI. SYM. RMS FAULT CURRENT:   8035.8 /  -83. ( AMPS/DEG )
               THEVENIN EQUIVALENT IMPEDANCE:    0.037 +j   0.312 (PU)
               THEVENIN IMPEDANCE X/R RATIO:     8.435

                ASYM    RMS   INTERRUPTING AMPS
               1/2 CYCLES    2 CYCLES    3 CYCLES    5 CYCLES    8 CYCLES
                 11220.1      8434.2      8127.3      8040.5      8035.9

               INI. SYM. RMS FAULTED BUS VOLTAGES ( PU / DEG )
                       AT TIME =      0.5 CYCLES
               ---PHASE A---        ---PHASE B---        ---PHASE C---
               0.0000 /    0.0      0.0000 /    0.0      0.0000 /    0.0
```

```
            INI.    RMS   FAULTED CURRENT ( AMPS / DEG )
                  AT TIME =      0.5 CYCLES
            ---PHASE A---        ---PHASE B---        ---PHASE C---
             8035.8 / -83.2      8035.8 / 156.8       8035.8 /  36.8

BUS-0002    ==== INI. SYM. RMS SYSTEM BUS VOLTAGES ( PU / DEG ) ======
                FIRST BUS FROM FAULT     AT TIME =      0.5 CYCLES
                       ---PHASE A---      ---PHASE B---      ---PHASE C---
  BUS-0001     22900.0  0.0231 / -57.  0.0231 /-177.  0.0231 /  63.
  BUS-0003      6600.0  0.3146 /   0.  0.3146 /-120.  0.3146 / 120.

  BUS-0002      =============== INI.    RMS    SYSTEM BRANCH FLOWS ( AMPS ) ===============
                              FIRST BRANCH FROM FAULT AT TIME =      0.5 CYCLES
                              BRANCH NAME   VBASE LL  -PHASE A-     -PHASE B-      -PHASE C-
BUS-0001      BUS-0002        CBL-0001        22900.   7718.6/ -83.   7718.6/ 157.   7718.6/  37.
BUS-0002      BUS-0003        TR-0001          6600.   1101.0/  95.   1101.0/ -25.   1101.0/-145.
```

---

```
BUS-0003    VOLTAGE BASE LL:                    6600.0 (VOLTS)
            INI. SYM. RMS FAULT CURRENT:   4701.2 /  -85. ( AMPS/DEG )
            THEVENIN EQUIVALENT IMPEDANCE:     0.171 +j    1.853 (PU)
            THEVENIN IMPEDANCE X/R RATIO:     10.804

             ASYM    RMS    INTERRUPTING AMPS
            1/2 CYCLES    2 CYCLES    3 CYCLES    5 CYCLES    8 CYCLES
                6841.9       5139.9      4842.6      4715.2      4701.6

            INI. SYM. RMS FAULTED BUS VOLTAGES ( PU / DEG )
                  AT TIME =      0.5 CYCLES
            ---PHASE A---        ---PHASE B---        ---PHASE C---
            0.0000 /     0.0     0.0000 /     0.0     0.0000 /     0.0

            INI.    RMS   FAULTED CURRENT ( AMPS / DEG )
                  AT TIME =      0.5 CYCLES
            ---PHASE A---        ---PHASE B---        ---PHASE C---
             4701.2 / -84.7      4701.2 / 155.3       4701.2 /  35.3

BUS-0003    ==== INI. SYM. RMS SYSTEM BUS VOLTAGES ( PU / DEG ) ======
                FIRST BUS FROM FAULT     AT TIME =      0.5 CYCLES
                       ---PHASE A---      ---PHASE B---      ---PHASE C---
  BUS-0004      6600.0  0.0047 / -56.  0.0047 /-176.  0.0047 /  64.
  BUS-0005      6600.0  0.0145 / -79.  0.0145 / 161.  0.0145 /  41.
  BUS-0006      6600.0  0.0132 / -55.  0.0132 /-175.  0.0132 /  65.
  BUS-0002     22900.0  0.8845 /   0.  0.8845 /-120.  0.8845 / 120.

  BUS-0003      =============== INI.    RMS    SYSTEM BRANCH FLOWS ( AMPS ) ===============
                              FIRST BRANCH FROM FAULT AT TIME =      0.5 CYCLES
                              BRANCH NAME   VBASE LL  -PHASE A-     -PHASE B-      -PHASE C-
BUS-0003      BUS-0004        CBL-0002         6600.    143.2/ 110.    143.2/ -10.    143.2/-130.
```

```
BUS-0003      BUS-0005      CBL-0003      6600.   312.2/  94.   312.2/ -26.   312.2/-146.
BUS-0003      BUS-0006      CBL-0004      6600.  1156.1/  93.  1156.1/ -27.  1156.1/-147.
BUS-0002      BUS-0003      TR-0001       6600.  3094.8/ -85.  3094.8/ 155.  3094.8/  35.
-----------------------------------------------------------------------------------------

 BUS-0004     VOLTAGE BASE LL:                6600.0 (VOLTS)
              INI. SYM. RMS FAULT CURRENT:   4449.7 /  -77. ( AMPS/DEG )
              THEVENIN EQUIVALENT IMPEDANCE:    0.432 +j   1.918 (PU)
              THEVENIN IMPEDANCE X/R RATIO:     4.445

               ASYM    RMS   INTERRUPTING AMPS
              1/2 CYCLES   2 CYCLES   3 CYCLES   5 CYCLES   8 CYCLES
                 5425.3     4465.3     4450.7     4449.7     4449.7

              INI. SYM. RMS FAULTED BUS VOLTAGES ( PU / DEG )
                     AT TIME =    0.5 CYCLES
              ---PHASE A---      ---PHASE B---      ---PHASE C---
              0.0000 /    0.0    0.0000 /    0.0    0.0000 /    0.0

              INI.    RMS   FAULTED CURRENT ( AMPS / DEG )
                     AT TIME =    0.5 CYCLES
              ---PHASE A---      ---PHASE B---      ---PHASE C---
               4449.7 / -77.3    4449.7 / 162.7     4449.7 /  42.7

 BUS-0004     ==== INI. SYM. RMS SYSTEM BUS VOLTAGES ( PU / DEG ) ======
                  FIRST BUS FROM FAULT    AT TIME =    0.5 CYCLES
                        ---PHASE A---     ---PHASE B---     ---PHASE C---
   BUS-0007          380.0  0.0766 / -19.  0.0766 /-139.  0.0766 / 101.
   BUS-0003         6600.0  0.1406 / -63.  0.1406 / 177.  0.1406 /  57.

   BUS-0004       =============== INI.    RMS   SYSTEM BRANCH FLOWS ( AMPS ) ===============
                              FIRST BRANCH FROM FAULT AT TIME =    0.5 CYCLES
                              BRANCH NAME   VBASE LL  -PHASE A-     -PHASE B-     -PHASE C-
BUS-0004      BUS-0007      TR-0002        380.   2494.5/  79.  2494.5/ -41.  2494.5/-161.
BUS-0003      BUS-0004      CBL-0002      6600.   4307.1/ -78.  4307.1/ 162.  4307.1/  42.
-----------------------------------------------------------------------------------------

 BUS-0005     VOLTAGE BASE LL:                6600.0 (VOLTS)
              INI. SYM. RMS FAULT CURRENT:   4426.1 /  -75. ( AMPS/DEG )
              THEVENIN EQUIVALENT IMPEDANCE:    0.520 +j   1.907 (PU)
              THEVENIN IMPEDANCE X/R RATIO:     3.668

               ASYM    RMS   INTERRUPTING AMPS
              1/2 CYCLES   2 CYCLES   3 CYCLES   5 CYCLES   8 CYCLES
                 5163.0     4430.8     4426.3     4426.1     4426.1

              INI. SYM. RMS FAULTED BUS VOLTAGES ( PU / DEG )
                     AT TIME =    0.5 CYCLES
```

```
              ---PHASE A---          ---PHASE B---         ---PHASE C---
              0.0000 /    0.0      0.0000 /    0.0      0.0000 /    0.0

              INI.    RMS   FAULTED CURRENT ( AMPS / DEG )
                      AT TIME =     0.5 CYCLES
              ---PHASE A---          ---PHASE B---         ---PHASE C---
               4426.1 / -74.8      4426.1 / 165.2       4426.1 /  45.2

 BUS-0005     ==== INI. SYM. RMS SYSTEM BUS VOLTAGES ( PU / DEG ) ======
                  FIRST BUS FROM FAULT     AT TIME =      0.5 CYCLES
                        ---PHASE A---     ---PHASE B---     ---PHASE C---
   BUS-0003       6600.0  0.1920 / -66.  0.1920 / 174.  0.1920 /  54.

   BUS-0005     =============== INI.    RMS   SYSTEM BRANCH FLOWS ( AMPS ) ===============
                              FIRST BRANCH FROM FAULT AT TIME =      0.5 CYCLES
                             BRANCH NAME   VBASE LL  -PHASE A-     -PHASE B-     -PHASE C-
MTRS-0001      BUS-0005                       6600.    313.1/ -87.    313.1/ 153.    313.1/  33.
BUS-0003       BUS-0005      CBL-0003         6600.   4120.9/ -74.   4120.9/ 166.   4120.9/  46.

-----------------------------------------------------------------------------------------


 BUS-0006     VOLTAGE BASE LL:                    6600.0 (VOLTS)
              INI. SYM. RMS FAULT CURRENT:    4620.1 /  -84. ( AMPS/DEG )
              THEVENIN EQUIVALENT IMPEDANCE:    0.213 +j    1.881 (PU)
              THEVENIN IMPEDANCE X/R RATIO:     8.835

               ASYM    RMS    INTERRUPTING AMPS
              1/2 CYCLES    2 CYCLES     3 CYCLES     5 CYCLES     8 CYCLES
                  6504.5       4881.4       4684.4       4623.9       4620.2

              INI. SYM. RMS FAULTED BUS VOLTAGES ( PU / DEG )
                      AT TIME =     0.5 CYCLES
              ---PHASE A---          ---PHASE B---         ---PHASE C---
              0.0000 /    0.0      0.0000 /    0.0      0.0000 /    0.0

              INI.    RMS   FAULTED CURRENT ( AMPS / DEG )
                      AT TIME =     0.5 CYCLES
              ---PHASE A---          ---PHASE B---         ---PHASE C---
               4620.1 / -83.5      4620.1 / 156.5       4620.1 /  36.5

 BUS-0006     ==== INI. SYM. RMS SYSTEM BUS VOLTAGES ( PU / DEG ) ======
                  FIRST BUS FROM FAULT     AT TIME =      0.5 CYCLES
                        ---PHASE A---     ---PHASE B---     ---PHASE C---
   BUS-0003       6600.0  0.0396 / -50.  0.0396 /-170.  0.0396 /  70.

   BUS-0006     =============== INI.    RMS   SYSTEM BRANCH FLOWS ( AMPS ) ===============
                              FIRST BRANCH FROM FAULT AT TIME =      0.5 CYCLES
                             BRANCH NAME   VBASE LL  -PHASE A-     -PHASE B-     -PHASE C-
GEN-0001       BUS-0006                       6600.   1164.9/ -87.   1164.9/ 153.   1164.9/  33.
BUS-0003       BUS-0006      CBL-0004         6600.   3458.3/ -82.   3458.3/ 158.   3458.3/  38.
```

```
-----------------------------------------------------------------------------------------

BUS-0007     VOLTAGE BASE LL:                380.0 (VOLTS)
             INI. SYM. RMS FAULT CURRENT:  25352.5 / -109. ( AMPS/DEG )
             THEVENIN EQUIVALENT IMPEDANCE:    1.137 +j   5.884 (PU)
             THEVENIN IMPEDANCE X/R RATIO:     5.175

              ASYM    RMS   INTERRUPTING AMPS
             1/2 CYCLES   2 CYCLES   3 CYCLES   5 CYCLES   8 CYCLES
               32008.1    25548.9    25369.9    25352.6    25352.5

             INI. SYM. RMS FAULTED BUS VOLTAGES ( PU / DEG )
                    AT TIME =     0.5 CYCLES
             ---PHASE A---       ---PHASE B---       ---PHASE C---
             0.0000 /    0.0     0.0000 /    0.0     0.0000 /    0.0

             INI.    RMS   FAULTED CURRENT ( AMPS / DEG )
                    AT TIME =     0.5 CYCLES
             ---PHASE A---       ---PHASE B---       ---PHASE C---
             25352.5 /-109.1    25352.5 / 130.9    25352.5 /  10.9

BUS-0007     ==== INI. SYM. RMS SYSTEM BUS VOLTAGES ( PU / DEG ) ======
                 FIRST BUS FROM FAULT    AT TIME =     0.5 CYCLES
                      ---PHASE A---    ---PHASE B---    ---PHASE C---
  BUS-0008        380.0  0.0349 / -44.  0.0349 /-164.  0.0349 /  76.
  BUS-0011        380.0  0.0000 /   0.  0.0000 /   0.  0.0000 /   0.
  BUS-0004       6600.0  0.6971 /   1.  0.6971 /-119.  0.6971 / 121.

  BUS-0007      ============== INI.    RMS   SYSTEM BRANCH FLOWS ( AMPS ) ==============
                             FIRST BRANCH FROM FAULT AT TIME =     0.5 CYCLES
                             BRANCH NAME   VBASE LL  -PHASE A-     -PHASE B-     -PHASE C-
BUS-0007        BUS-0008     CBL-0005        380.   2697.2/  80.   2697.2/ -40.   2697.2/-160.
BUS-0007        BUS-0011     CBL-0008        380.      0.0/   0.      0.0/   0.      0.0/   0.
BUS-0004        BUS-0007     TR-0002         380.  22695.0/-110.  22695.0/ 130.  22695.0/  10.

-----------------------------------------------------------------------------------------

BUS-0008     VOLTAGE BASE LL:                380.0 (VOLTS)
             INI. SYM. RMS FAULT CURRENT:  20612.3 / -104. ( AMPS/DEG )
             THEVENIN EQUIVALENT IMPEDANCE:    2.022 +j   7.088 (PU)
             THEVENIN IMPEDANCE X/R RATIO:     3.506

              ASYM    RMS   INTERRUPTING AMPS
             1/2 CYCLES   2 CYCLES   3 CYCLES   5 CYCLES   8 CYCLES
               23800.5    20628.2    20612.7    20612.3    20612.3

             INI. SYM. RMS FAULTED BUS VOLTAGES ( PU / DEG )
                    AT TIME =     0.5 CYCLES
             ---PHASE A---       ---PHASE B---       ---PHASE C---
             0.0000 /    0.0     0.0000 /    0.0     0.0000 /    0.0
```

```
            INI.   RMS   FAULTED CURRENT ( AMPS / DEG )
                   AT TIME =     0.5 CYCLES
            ---PHASE A---        ---PHASE B---        ---PHASE C---
            20612.3 /-104.1    20612.3 / 135.9     20612.3 /  15.9

 BUS-0008   ==== INI. SYM. RMS SYSTEM BUS VOLTAGES ( PU / DEG ) ======
                FIRST BUS FROM FAULT    AT TIME =     0.5 CYCLES
                      ---PHASE A---     ---PHASE B---     ---PHASE C---
   BUS-0007       380.0  0.2306 / -49.  0.2306 /-169.  0.2306 /  71.
   BUS-0009       380.0  0.0676 /-105.  0.0676 / 135.  0.0676 /  15.
   BUS-0010       380.0  0.1527 / -49.  0.1527 /-169.  0.1527 /  71.

   BUS-0008       ============== INI.    RMS   SYSTEM BRANCH FLOWS ( AMPS ) ==============
                                  FIRST BRANCH FROM FAULT AT TIME =     0.5 CYCLES
                                  BRANCH NAME   VBASE LL  -PHASE A-      -PHASE B-      -PHASE C-
BUS-0007      BUS-0008          CBL-0005          380.   17827.9/-105.  17827.9/ 135.  17827.9/  15.
BUS-0008      BUS-0009          CBL-0006          380.     265.3/  70.    265.3/ -50.    265.3/-170.
BUS-0008      BUS-0010          CBL-0007          380.    2530.9/  81.   2530.9/ -39.   2530.9/-159.

-------------------------------------------------------------------------------------------------


 BUS-0009   VOLTAGE BASE LL:                   380.0 (VOLTS)
            INI. SYM. RMS FAULT CURRENT:   3716.3 /  -49. ( AMPS/DEG )
            THEVENIN EQUIVALENT IMPEDANCE:   38.634 +j  13.374 (PU)
            THEVENIN IMPEDANCE X/R RATIO:     0.346

             ASYM    RMS    INTERRUPTING AMPS
            1/2 CYCLES    2 CYCLES    3 CYCLES    5 CYCLES    8 CYCLES
                3716.3       3716.3       3716.3       3716.3       3716.3

            INI. SYM. RMS FAULTED BUS VOLTAGES ( PU / DEG )
                   AT TIME =     0.5 CYCLES
            ---PHASE A---        ---PHASE B---        ---PHASE C---
            0.0000 /     0.0     0.0000 /     0.0     0.0000 /     0.0

            INI.   RMS   FAULTED CURRENT ( AMPS / DEG )
                   AT TIME =     0.5 CYCLES
            ---PHASE A---        ---PHASE B---        ---PHASE C---
             3716.3 / -49.1      3716.3 /-169.1      3716.3 /  70.9

 BUS-0009   ==== INI. SYM. RMS SYSTEM BUS VOLTAGES ( PU / DEG ) ======
                FIRST BUS FROM FAULT    AT TIME =     0.5 CYCLES
                      ---PHASE A---     ---PHASE B---     ---PHASE C---
   BUS-0008       380.0  0.9206 / -39.  0.9206 /-159.  0.9206 /  81.

   BUS-0009       ============== INI.    RMS   SYSTEM BRANCH FLOWS ( AMPS ) ==============
                                  FIRST BRANCH FROM FAULT AT TIME =     0.5 CYCLES
                                  BRANCH NAME   VBASE LL  -PHASE A-      -PHASE B-      -PHASE C-
MTRI-0001     BUS-0009                            380.     269.6/-114.    269.6/ 126.    269.6/   6.
BUS-0008      BUS-0009          CBL-0006          380.    3611.4/ -45.   3611.4/-165.   3611.4/  75.
```

```
----------------------------------------------------------------------------------------

BUS-0010       VOLTAGE BASE LL:                    380.0 (VOLTS)
               INI. SYM. RMS FAULT CURRENT:  11770.0 /  -95. ( AMPS/DEG )
               THEVENIN EQUIVALENT IMPEDANCE:    5.556 +j  11.652 (PU)
               THEVENIN IMPEDANCE X/R RATIO:     2.097

                ASYM    RMS   INTERRUPTING AMPS
               1/2 CYCLES    2 CYCLES    3 CYCLES    5 CYCLES    8 CYCLES
                  12344.4     11770.1     11770.0     11770.0     11770.0

               INI. SYM. RMS FAULTED BUS VOLTAGES ( PU / DEG )
                      AT TIME =     0.5 CYCLES
               ---PHASE A---         ---PHASE B---         ---PHASE C---
               0.0000 /    0.0       0.0000 /    0.0       0.0000 /    0.0

               INI.    RMS   FAULTED CURRENT ( AMPS / DEG )
                      AT TIME =     0.5 CYCLES
               ---PHASE A---         ---PHASE B---         ---PHASE C---
               11770.0 / -94.5    11770.0 / 145.5     11770.0 /  25.5

BUS-0010       ==== INI. SYM. RMS SYSTEM BUS VOLTAGES ( PU / DEG ) ======
                   FIRST BUS FROM FAULT     AT TIME =      0.5 CYCLES
                         ---PHASE A---      ---PHASE B---      ---PHASE C---
  BUS-0008         380.0  0.5342 / -42.  0.5342 /-162.  0.5342 /  78.

  BUS-0010       =============== INI.    RMS   SYSTEM BRANCH FLOWS ( AMPS ) ===============
                               FIRST BRANCH FROM FAULT AT TIME =      0.5 CYCLES
                               BRANCH NAME    VBASE LL  -PHASE A-     -PHASE B-     -PHASE C-
MTRI-0002      BUS-0010                          380.   2952.3/-103.  2952.3/ 137.  2952.3/  17.
BUS-0008       BUS-0010        CBL-0007          380.   8856.3/ -92.  8856.3/ 148.  8856.3/  28.

----------------------------------------------------------------------------------------

BUS-0011       VOLTAGE BASE LL:                    380.0 (VOLTS)
               INI. SYM. RMS FAULT CURRENT:  10709.7 / -108. ( AMPS/DEG )
               THEVENIN EQUIVALENT IMPEDANCE:    2.874 +j  13.892 (PU)
               THEVENIN IMPEDANCE X/R RATIO:     4.833

                ASYM    RMS   INTERRUPTING AMPS
               1/2 CYCLES    2 CYCLES    3 CYCLES    5 CYCLES    8 CYCLES
                  13312.2     10768.6     10714.1     10709.7     10709.7

               INI. SYM. RMS FAULTED BUS VOLTAGES ( PU / DEG )
                      AT TIME =     0.5 CYCLES
               ---PHASE A---         ---PHASE B---         ---PHASE C---
               0.0000 /    0.0       0.0000 /    0.0       0.0000 /    0.0

               INI.    RMS   FAULTED CURRENT ( AMPS / DEG )
```

```
          AT TIME =     0.5 CYCLES
     ---PHASE A---      ---PHASE B---       ---PHASE C---
     10709.7 /-108.3    10709.7 / 131.7     10709.7 /  11.7

BUS-0011      ==== INI. SYM. RMS SYSTEM BUS VOLTAGES ( PU / DEG ) ======
                   FIRST BUS FROM FAULT    AT TIME =     0.5 CYCLES
                        ---PHASE A---      ---PHASE B---      ---PHASE C---
  BUS-0007        380.0  0.5776 / -31.  0.5776 /-151.  0.5776 /  89.

  BUS-0011      =============== INI.    RMS   SYSTEM BRANCH FLOWS ( AMPS ) ===============
                               FIRST BRANCH FROM FAULT AT TIME =      0.5 CYCLES
                               BRANCH NAME   VBASE LL  -PHASE A-      -PHASE B-      -PHASE C-
BUS-0007       BUS-0011        CBL-0008           380.  10709.7/-108.  10709.7/ 132.  10709.7/  12.

*******************************************************************************************



***************** F A U L T    A N A L Y S I S    R E P O R T ****************

               FAULT TYPE: SLG
               MODEL INDUCTION MOTOR CONTRIBUTION: YES
               MODEL TRANSFORMER TAPS: YES
               MODEL TRANSFORMER PHASE SHIFT: YES
==========================================================================


 BUS-0001      VOLTAGE BASE LL:                   22900.0 (VOLTS)
               INI. SYM. RMS FAULT CURRENT:   7758.7 /  -84. ( AMPS/DEG )
               THEVENIN EQUIVALENT IMPEDANCE:     0.097 +j   0.970 (PU)
               THEVENIN IMPEDANCE X/R RATIO:     10.027
               SEQUENCE EQUIVALENT IMPEDANCE Z1:   0.031 +j    0.308 (PU)
                                             Z2:   0.031 +j    0.308 (PU)
                                             Z0:   0.035 +j    0.353 (PU)

                ASYM    RMS    INTERRUPTING AMPS
               1/2 CYCLES    2 CYCLES    3 CYCLES    5 CYCLES    8 CYCLES
                  11159.6      8367.6      7937.4      7773.4      7759.1

               INI. SYM. RMS FAULTED BUS VOLTAGES ( PU / DEG )
                      AT TIME =     0.5 CYCLES
               ---PHASE A---       ---PHASE B---       ---PHASE C---
               0.0000 /    0.0    1.0236 / -122.2     1.0239 /  122.2

               INI.    RMS   FAULTED CURRENT ( AMPS / DEG )
                      AT TIME =     0.5 CYCLES
               ---PHASE A---       ---PHASE B---       ---PHASE C---
                7758.7 / -84.3         0.0 /    0.0        0.0 /    0.0

 BUS-0001      ==== INI. SYM. RMS SYSTEM BUS VOLTAGES ( PU / DEG ) ======
                    FIRST BUS FROM FAULT    AT TIME =     0.5 CYCLES
```

```
                      ---PHASE A---      ---PHASE B---      ---PHASE C---
  BUS-0002      22900.0  0.0006 / -59.  1.0235 /-122.  1.0242 / 122.

  BUS-0001      =============== INI.    RMS   SYSTEM BRANCH FLOWS ( AMPS ) ===============
                              FIRST BRANCH FROM FAULT AT TIME =     0.5 CYCLES
                              BRANCH NAME   VBASE LL  -PHASE A-     -PHASE B-     -PHASE C-
GRID-0001       BUS-0001                     22900.   7557.0/ -84.    100.9/ -85.    100.9/ -85.
BUS-0001        BUS-0002      CBL-0001       22900.    201.7/  95.    100.9/ -85.    100.9/ -85.
```

---

```
 BUS-0002      VOLTAGE BASE LL:                  22900.0 (VOLTS)
               INI. SYM. RMS FAULT CURRENT:   7612.0 /  -82. ( AMPS/DEG )
               THEVENIN EQUIVALENT IMPEDANCE:    0.131 +j   0.985 (PU)
               THEVENIN IMPEDANCE X/R RATIO:     7.523
               SEQUENCE EQUIVALENT IMPEDANCE Z1:   0.037 +j   0.312 (PU)
                                             Z2:   0.037 +j   0.312 (PU)
                                             Z0:   0.057 +j   0.362 (PU)

                ASYM    RMS   INTERRUPTING AMPS
               1/2 CYCLES    2 CYCLES    3 CYCLES    5 CYCLES    8 CYCLES
                 10402.5      7876.9      7662.6      7613.8      7612.0

               INI. SYM. RMS FAULTED BUS VOLTAGES ( PU / DEG )
                     AT TIME =     0.5 CYCLES
               ---PHASE A---         ---PHASE B---         ---PHASE C---
               0.0000 /    0.0      1.0162 / -123.0      1.0388 /   122.2

               INI.    RMS   FAULTED CURRENT ( AMPS / DEG )
                     AT TIME =     0.5 CYCLES
               ---PHASE A---         ---PHASE B---         ---PHASE C---
                7612.0 / -82.4          0.0 /    0.0          0.0 /    0.0

 BUS-0002      ==== INI. SYM. RMS SYSTEM BUS VOLTAGES ( PU / DEG ) ======
                  FIRST BUS FROM FAULT    AT TIME =     0.5 CYCLES
                      ---PHASE A---      ---PHASE B---      ---PHASE C---
  BUS-0001      22900.0  0.0381 / -59.  1.0243 /-122.  1.0225 / 122.
  BUS-0003       6600.0  0.5673 /  -1.  0.9080 /-108.  0.9146 / 108.

  BUS-0002      =============== INI.    RMS   SYSTEM BRANCH FLOWS ( AMPS ) ===============
                              FIRST BRANCH FROM FAULT AT TIME =     0.5 CYCLES
                              BRANCH NAME   VBASE LL  -PHASE A-     -PHASE B-     -PHASE C-
BUS-0001        BUS-0002      CBL-0001       22900.   7411.7/ -82.    100.2/ -84.    100.2/ -84.
BUS-0002        BUS-0003      TR-0001         6600.    695.3/  96.    347.6/ -84.    347.6/ -84.
```

---

```
 BUS-0003      VOLTAGE BASE LL:                  6600.0 (VOLTS)
               INI. SYM. RMS FAULT CURRENT:      0.0 /  -45. ( AMPS/DEG )
               THEVENIN EQUIVALENT IMPEDANCE:  INFINITE
```

```
              THEVENIN IMPEDANCE X/R RATIO:        1.000
              SEQUENCE EQUIVALENT IMPEDANCE Z1:    0.171 +j    1.853 (PU)
                                            Z2:    0.171 +j    1.853 (PU)
                                            Z0:  INFINITE

               ASYM    RMS    INTERRUPTING AMPS
              1/2 CYCLES    2 CYCLES    3 CYCLES    5 CYCLES    8 CYCLES
                    0.0          0.0         0.0         0.0         0.0

              INI. SYM. RMS FAULTED BUS VOLTAGES ( PU / DEG )
                     AT TIME =      0.5 CYCLES
              ---PHASE A---         ---PHASE B---          ---PHASE C---
              0.0000 /    0.0     1.7320 / -150.0      1.7321 /  150.0

              INI.    RMS   FAULTED CURRENT ( AMPS / DEG )
                     AT TIME =      0.5 CYCLES
              ---PHASE A---         ---PHASE B---          ---PHASE C---
                 0.0 /   0.0          0.0 /   0.0           0.0 /   0.0

BUS-0003      ==== INI. SYM. RMS SYSTEM BUS VOLTAGES ( PU / DEG ) ======
                  FIRST BUS FROM FAULT     AT TIME =      0.5 CYCLES
                        ---PHASE A---     ---PHASE B---     ---PHASE C---
  BUS-0004        6600.0  0.0000 /   0.   1.7320 /-150.   1.7321 / 150.
  BUS-0005        6600.0  0.0000 /   0.   1.7320 /-150.   1.7321 / 150.
  BUS-0006        6600.0  0.0000 /   0.   1.7320 / 150.   1.7321 / 150.
  BUS-0002       22900.0  1.0000 /   0.   1.0000 /-120.   1.0000 / 120.

  BUS-0003      ============== INI.    RMS   SYSTEM BRANCH FLOWS ( AMPS ) ==============
                              FIRST BRANCH FROM FAULT AT TIME =      0.5 CYCLES
                              BRANCH NAME   VBASE LL  -PHASE A-      -PHASE B-      -PHASE C-
BUS-0003       BUS-0004       CBL-0002        6600.      0.0/   0.       0.0/   0.      0.0/   0.
BUS-0003       BUS-0005       CBL-0003        6600.      0.0/   0.       0.0/   0.      0.0/   0.
BUS-0003       BUS-0006       CBL-0004        6600.      0.0/   0.       0.0/   0.      0.0/   0.
BUS-0002       BUS-0003       TR-0001         6600.      0.0/   0.       0.0/   0.      0.0/   0.
-----------------------------------------------------------------------------------------------

BUS-0004      VOLTAGE BASE LL:                 6600.0 (VOLTS)
              INI. SYM. RMS FAULT CURRENT:       0.0 /  -45. ( AMPS/DEG )
              THEVENIN EQUIVALENT IMPEDANCE:  INFINITE
              THEVENIN IMPEDANCE X/R RATIO:        1.000
              SEQUENCE EQUIVALENT IMPEDANCE Z1:    0.432 +j    1.918 (PU)
                                            Z2:    0.432 +j    1.918 (PU)
                                            Z0:  INFINITE

               ASYM    RMS    INTERRUPTING AMPS
              1/2 CYCLES    2 CYCLES    3 CYCLES    5 CYCLES    8 CYCLES
                    0.0          0.0         0.0         0.0         0.0

              INI. SYM. RMS FAULTED BUS VOLTAGES ( PU / DEG )
                     AT TIME =      0.5 CYCLES
```

```
               ---PHASE A---        ---PHASE B---        ---PHASE C---
               0.0000 /    0.0     1.7320 / -150.0      1.7321 /  150.0

               INI.    RMS   FAULTED CURRENT ( AMPS / DEG )
                       AT TIME =      0.5 CYCLES
               ---PHASE A---        ---PHASE B---        ---PHASE C---
                    0.0 /    0.0         0.0 /    0.0         0.0 /    0.0

BUS-0004       ==== INI. SYM. RMS SYSTEM BUS VOLTAGES ( PU / DEG ) =======
                    FIRST BUS FROM FAULT     AT TIME =      0.5 CYCLES
                           ---PHASE A---     ---PHASE B---     ---PHASE C---
  BUS-0007            380.0  1.0000 / -30.  1.0000 /-150.  1.0000 /  90.
  BUS-0003           6600.0  0.0000 /   0.  1.7320 /-150.  1.7321 / 150.

  BUS-0004       =============== INI.    RMS   SYSTEM BRANCH FLOWS ( AMPS ) ===============
                                  FIRST BRANCH FROM FAULT AT TIME =      0.5 CYCLES
                                 BRANCH NAME    VBASE LL  -PHASE A-      -PHASE B-      -PHASE C-
BUS-0004        BUS-0007         TR-0002           380.      0.0/   0.       0.0/   0.       0.0/   0.
BUS-0003        BUS-0004         CBL-0002         6600.      0.0/   0.       0.0/   0.       0.0/   0.

-----------------------------------------------------------------------------------------------------

BUS-0005       VOLTAGE BASE LL:                      6600.0 (VOLTS)
               INI. SYM. RMS FAULT CURRENT:          0.0 /  -45. ( AMPS/DEG )
               THEVENIN EQUIVALENT IMPEDANCE:   INFINITE
               THEVENIN IMPEDANCE X/R RATIO:      1.000
               SEQUENCE EQUIVALENT IMPEDANCE Z1:   0.520 +j    1.907 (PU)
                                             Z2:   0.520 +j    1.907 (PU)
                                             Z0:  INFINITE

                ASYM     RMS    INTERRUPTING AMPS
               1/2 CYCLES    2 CYCLES    3 CYCLES    5 CYCLES    8 CYCLES
                      0.0          0.0          0.0          0.0          0.0

               INI. SYM. RMS FAULTED BUS VOLTAGES ( PU / DEG )
                       AT TIME =      0.5 CYCLES
               ---PHASE A---        ---PHASE B---        ---PHASE C---
               0.0000 /    0.0     1.7320 / -150.0      1.7321 /  150.0

               INI.    RMS   FAULTED CURRENT ( AMPS / DEG )
                       AT TIME =      0.5 CYCLES
               ---PHASE A---        ---PHASE B---        ---PHASE C---
                    0.0 /    0.0         0.0 /    0.0         0.0 /    0.0

BUS-0005       ==== INI. SYM. RMS SYSTEM BUS VOLTAGES ( PU / DEG ) =======
                    FIRST BUS FROM FAULT     AT TIME =      0.5 CYCLES
                           ---PHASE A---     ---PHASE B---     ---PHASE C---
  BUS-0003           6600.0  0.0000 /   0.  1.7320 /-150.  1.7321 / 150.

  BUS-0005       =============== INI.    RMS   SYSTEM BRANCH FLOWS ( AMPS ) ===============
                                  FIRST BRANCH FROM FAULT AT TIME =      0.5 CYCLES
```

```
                              BRANCH NAME   VBASE LL  -PHASE A-      -PHASE B-      -PHASE C-
MTRS-0001      BUS-0005                        6600.     0.0/   0.      0.0/   0.      0.0/   0.
BUS-0003       BUS-0005      CBL-0003          6600.     0.0/   0.      0.0/   0.      0.0/   0.
-----------------------------------------------------------------------------------------------

 BUS-0006       VOLTAGE BASE LL:                  6600.0 (VOLTS)
                INI. SYM. RMS FAULT CURRENT:        0.0 /  -45. ( AMPS/DEG )
                THEVENIN EQUIVALENT IMPEDANCE:  INFINITE
                THEVENIN IMPEDANCE X/R RATIO:      1.000
                SEQUENCE EQUIVALENT IMPEDANCE Z1:   0.213 +j   1.881 (PU)
                                              Z2:   0.213 +j   1.881 (PU)
                                              Z0:  INFINITE

                 ASYM    RMS   INTERRUPTING AMPS
                1/2 CYCLES   2 CYCLES   3 CYCLES   5 CYCLES   8 CYCLES
                      0.0        0.0        0.0        0.0        0.0

                INI. SYM. RMS FAULTED BUS VOLTAGES ( PU / DEG )
                       AT TIME =     0.5 CYCLES
                ---PHASE A---        ---PHASE B---        ---PHASE C---
                0.0000 /    0.0     1.7320 / -150.0     1.7321 /  150.0

                INI.    RMS   FAULTED CURRENT ( AMPS / DEG )
                       AT TIME =     0.5 CYCLES
                ---PHASE A---        ---PHASE B---        ---PHASE C---
                   0.0 /    0.0        0.0 /    0.0        0.0 /    0.0

 BUS-0006       ==== INI. SYM. RMS SYSTEM BUS VOLTAGES ( PU / DEG ) ======
                    FIRST BUS FROM FAULT     AT TIME =     0.5 CYCLES
                          ---PHASE A---     ---PHASE B---     ---PHASE C---
   BUS-0003         6600.0  0.0000 /   0.  1.7320 /-150.  1.7321 / 150.

   BUS-0006       =============== INI.    RMS   SYSTEM BRANCH FLOWS ( AMPS ) ==============
                                 FIRST BRANCH FROM FAULT AT TIME =      0.5 CYCLES
                              BRANCH NAME   VBASE LL  -PHASE A-      -PHASE B-      -PHASE C-
GEN-0001       BUS-0006                        6600.     0.0/   0.      0.0/   0.      0.0/   0.
BUS-0003       BUS-0006      CBL-0004          6600.     0.0/   0.      0.0/   0.      0.0/   0.
-----------------------------------------------------------------------------------------------

 BUS-0007       VOLTAGE BASE LL:                   380.0 (VOLTS)
                INI. SYM. RMS FAULT CURRENT:  27375.8 / -110. ( AMPS/DEG )
                THEVENIN EQUIVALENT IMPEDANCE:     2.979 +j  16.381 (PU)
                THEVENIN IMPEDANCE X/R RATIO:      5.498
                SEQUENCE EQUIVALENT IMPEDANCE Z1:   1.137 +j   5.884 (PU)
                                              Z2:   1.137 +j   5.884 (PU)
                                              Z0:   0.705 +j   4.613 (PU)

                 ASYM    RMS   INTERRUPTING AMPS
```

```
          1/2 CYCLES    2 CYCLES    3 CYCLES    5 CYCLES    8 CYCLES
             35035.6     27657.6     27404.6     27376.1     27375.8

          INI. SYM. RMS FAULTED BUS VOLTAGES ( PU / DEG )
                AT TIME =     0.5 CYCLES
          ---PHASE A---       ---PHASE B---       ---PHASE C---
          0.0000 /    0.0     0.9733 / -145.6     0.9520 /   86.2

          INI.    RMS   FAULTED CURRENT ( AMPS / DEG )
                AT TIME =     0.5 CYCLES
          ---PHASE A---       ---PHASE B---       ---PHASE C---
          27375.8 /-109.7        0.0 /   0.0         0.0 /   0.0

BUS-0007        ==== INI. SYM. RMS SYSTEM BUS VOLTAGES ( PU / DEG ) ======
                   FIRST BUS FROM FAULT    AT TIME =     0.5 CYCLES
                        ---PHASE A---     ---PHASE B---     ---PHASE C---
  BUS-0008           380.0  0.0251 / -45.  0.9757 /-146.  0.9602 /  87.
  BUS-0011           380.0  0.0000 /   0.  0.9733 /-146.  0.9520 /  86.
  BUS-0004          6600.0  0.8482 /   7.  1.0000 /-120.  0.8355 / 114.

  BUS-0007        =============== INI.    RMS   SYSTEM BRANCH FLOWS ( AMPS ) ===============
                            FIRST BRANCH FROM FAULT AT TIME =     0.5 CYCLES
                            BRANCH NAME   VBASE LL  -PHASE A-      -PHASE B-      -PHASE C-
BUS-0007        BUS-0008    CBL-0005          380.    1941.7/  80.     970.8/-100.     970.8/-100.
BUS-0007        BUS-0011    CBL-0008          380.       0.0/   0.       0.0/   0.       0.0/   0.
BUS-0004        BUS-0007    TR-0002           380.   25461.7/-110.     970.8/-100.     970.8/-100.

-------------------------------------------------------------------------------------------------

BUS-0008        VOLTAGE BASE LL:                     380.0 (VOLTS)
                INI. SYM. RMS FAULT CURRENT:      8685.9 / -111. ( AMPS/DEG )
                THEVENIN EQUIVALENT IMPEDANCE:      8.350 +j  51.808 (PU)
                THEVENIN IMPEDANCE X/R RATIO:       6.205
                SEQUENCE EQUIVALENT IMPEDANCE Z1:   2.022 +j   7.088 (PU)
                                              Z2:   2.022 +j   7.088 (PU)
                                              Z0:   4.306 +j  37.631 (PU)

           ASYM    RMS    INTERRUPTING AMPS
          1/2 CYCLES    2 CYCLES    3 CYCLES    5 CYCLES    8 CYCLES
             11413.0      8835.8      8705.8      8686.2      8685.9

          INI. SYM. RMS FAULTED BUS VOLTAGES ( PU / DEG )
                AT TIME =     0.5 CYCLES
          ---PHASE A---       ---PHASE B---       ---PHASE C---
          0.0000 /    0.0     1.4171 / -169.7     1.3551 /  113.0

          INI.    RMS   FAULTED CURRENT ( AMPS / DEG )
                AT TIME =     0.5 CYCLES
          ---PHASE A---       ---PHASE B---       ---PHASE C---
           8685.9 /-110.8        0.0 /   0.0         0.0 /   0.0
```

```
BUS-0008        ==== INI. SYM. RMS SYSTEM BUS VOLTAGES ( PU / DEG ) ======
                    FIRST BUS FROM FAULT    AT TIME =    0.5 CYCLES
                          ---PHASE A---     ---PHASE B---     ---PHASE C---
  BUS-0007           380.0  0.6905 / -30.  0.9923 /-149.  0.9867 /  89.
  BUS-0009           380.0  0.0190 /-112.  1.4121 /-170.  1.3619 / 113.
  BUS-0010           380.0  0.0429 / -56.  1.4259 /-171.  1.3761 / 113.

  BUS-0008        =============== INI.    RMS   SYSTEM BRANCH FLOWS ( AMPS ) ===============
                                  FIRST BRANCH FROM FAULT AT TIME =     0.5 CYCLES
                                  BRANCH NAME   VBASE LL  -PHASE A-     -PHASE B-     -PHASE C-
BUS-0007        BUS-0008          CBL-0005          380.   7903.5/-111.    392.1/-107.    392.1/-107.
BUS-0008        BUS-0009          CBL-0006          380.     74.5/  63.     37.3/-117.     37.3/-117.
BUS-0008        BUS-0010          CBL-0007          380.    711.0/  74.    355.5/-106.    355.5/-106.
```

---

```
BUS-0009        VOLTAGE BASE LL:                     380.0 (VOLTS)
                INI. SYM. RMS FAULT CURRENT:   2087.8 /  -84. ( AMPS/DEG )
                THEVENIN EQUIVALENT IMPEDANCE:  127.592 +j 177.157 (PU)
                THEVENIN IMPEDANCE X/R RATIO:      1.388
                SEQUENCE EQUIVALENT IMPEDANCE Z1:  38.634 +j  13.374 (PU)
                                              Z2:  38.634 +j  13.374 (PU)
                                              Z0:  50.324 +j 150.409 (PU)

                 ASYM    RMS    INTERRUPTING AMPS
                1/2 CYCLES    2 CYCLES    3 CYCLES    5 CYCLES    8 CYCLES
                    2110.3      2087.8      2087.8      2087.8      2087.8

                INI. SYM. RMS FAULTED BUS VOLTAGES ( PU / DEG )
                        AT TIME =      0.5 CYCLES
                ---PHASE A---         ---PHASE B---         ---PHASE C---
                0.0000 /     0.0     1.5804 / -161.2      1.1736 /   122.5

                INI.    RMS    FAULTED CURRENT ( AMPS / DEG )
                        AT TIME =      0.5 CYCLES
                ---PHASE A---         ---PHASE B---         ---PHASE C---
                 2087.8 / -84.2           0.0 /    0.0           0.0 /    0.0

BUS-0009        ==== INI. SYM. RMS SYSTEM BUS VOLTAGES ( PU / DEG ) ======
                    FIRST BUS FROM FAULT    AT TIME =    0.5 CYCLES
                          ---PHASE A---     ---PHASE B---     ---PHASE C---
  BUS-0008           380.0  0.7956 / -38.  1.1244 /-154.  1.0085 /  98.

  BUS-0009        =============== INI.    RMS   SYSTEM BRANCH FLOWS ( AMPS ) ===============
                                  FIRST BRANCH FROM FAULT AT TIME =     0.5 CYCLES
                                  BRANCH NAME   VBASE LL  -PHASE A-     -PHASE B-     -PHASE C-
MTRI-0001       BUS-0009                            380.    101.0/-149.     50.5/  31.     50.5/  31.
BUS-0008        BUS-0009          CBL-0006          380.   2047.4/ -82.     50.5/-149.     50.5/-149.
```

---

```
BUS-0010        VOLTAGE BASE LL:                   380.0 (VOLTS)
                INI. SYM. RMS FAULT CURRENT:   2203.4 / -111. ( AMPS/DEG )
                THEVENIN EQUIVALENT IMPEDANCE:   32.028 +j 204.365 (PU)
                THEVENIN IMPEDANCE X/R RATIO:     6.381
                SEQUENCE EQUIVALENT IMPEDANCE Z1:   5.556 +j  11.652 (PU)
                                              Z2:   5.556 +j  11.652 (PU)
                                              Z0:  20.917 +j 181.062 (PU)

                 ASYM    RMS   INTERRUPTING AMPS
                1/2 CYCLES    2 CYCLES    3 CYCLES    5 CYCLES    8 CYCLES
                   2912.5      2245.9      2209.4      2203.6      2203.4

                INI. SYM. RMS FAULTED BUS VOLTAGES ( PU / DEG )
                       AT TIME =     0.5 CYCLES
                ---PHASE A---      ---PHASE B---      ---PHASE C---
                0.0000 /    0.0    1.6091 / -175.2    1.5506 /  118.4

                INI.    RMS   FAULTED CURRENT ( AMPS / DEG )
                       AT TIME =     0.5 CYCLES
                ---PHASE A---      ---PHASE B---      ---PHASE C---
                 2203.4 /-111.1       0.0 /   0.0        0.0 /   0.0

BUS-0010        ==== INI. SYM. RMS SYSTEM BUS VOLTAGES ( PU / DEG ) ======
                    FIRST BUS FROM FAULT    AT TIME =     0.5 CYCLES
                          ---PHASE A---    ---PHASE B---    ---PHASE C---
  BUS-0008              380.0  0.7561 / -30.  1.0919 /-157.  1.0767 /  97.

  BUS-0010        ============== INI.    RMS   SYSTEM BRANCH FLOWS ( AMPS ) ==============
                                 FIRST BRANCH FROM FAULT AT TIME =     0.5 CYCLES
                                 BRANCH NAME   VBASE LL  -PHASE A-     -PHASE B-     -PHASE C-
MTRI-0002       BUS-0010                        380.    368.5/-119.    184.2/  61.    184.2/  61.
BUS-0008        BUS-0010        CBL-0007        380.   1839.3/-109.    184.2/-119.    184.2/-119.
----------------------------------------------------------------------------------------------

BUS-0011        VOLTAGE BASE LL:                   380.0 (VOLTS)
                INI. SYM. RMS FAULT CURRENT:   2456.6 / -114. ( AMPS/DEG )
                THEVENIN EQUIVALENT IMPEDANCE:   20.408 +j 184.413 (PU)
                THEVENIN IMPEDANCE X/R RATIO:     9.037
                SEQUENCE EQUIVALENT IMPEDANCE Z1:   2.874 +j  13.892 (PU)
                                              Z2:   2.874 +j  13.892 (PU)
                                              Z0:  14.659 +j 156.628 (PU)

                 ASYM    RMS   INTERRUPTING AMPS
                1/2 CYCLES    2 CYCLES    3 CYCLES    5 CYCLES    8 CYCLES
                   3472.3      2604.4      2494.2      2459.0      2456.7

                INI. SYM. RMS FAULTED BUS VOLTAGES ( PU / DEG )
                       AT TIME =     0.5 CYCLES
                ---PHASE A---      ---PHASE B---      ---PHASE C---
```

```
           0.0000 /    0.0      1.5507 / -175.1      1.5265 /  116.4

           INI.    RMS   FAULTED CURRENT ( AMPS / DEG )
                 AT TIME =      0.5 CYCLES
           ---PHASE A---         ---PHASE B---         ---PHASE C---
            2456.6 /-113.7          0.0 /   0.0            0.0 /   0.0

BUS-0011         ==== INI. SYM. RMS SYSTEM BUS VOLTAGES ( PU / DEG ) ======
                    FIRST BUS FROM FAULT     AT TIME =      0.5 CYCLES
                         ---PHASE A---     ---PHASE B---      ---PHASE C---
  BUS-0007            380.0  0.9105 / -30.  0.9978 /-150.  0.9951 /  90.

  BUS-0011          =============== INI.     RMS    SYSTEM BRANCH FLOWS ( AMPS ) ==============
                               FIRST BRANCH FROM FAULT AT TIME =      0.5 CYCLES
                               BRANCH NAME   VBASE LL  -PHASE A-     -PHASE B-     -PHASE C-
BUS-0007        BUS-0011       CBL-0008          380.   2456.6/-114.       0.0/   0.       0.0/   0.

*********************************************************************************************


****************** F A U L T    A N A L Y S I S    S U M M A R Y ***************
--------------------------------------------------------------------------------
--------------------------------------------------------------------------------
BUS NAME              VOLTAGE              AVAILABLE FAULT CURRENT
                        L-L            3 PHASE       X/R LINE/GRND     X/R

BUS-0001               22900.            8132.8      10.0   7758.73     10.0
BUS-0002               22900.            8035.8       8.4   7612.03      7.5
BUS-0003                6600.            4701.2      10.8      0.00      1.0
BUS-0004                6600.            4449.7       4.4      0.00      1.0
BUS-0005                6600.            4426.1       3.7      0.00      1.0

BUS-0006                6600.            4620.1       8.8      0.00      1.0
BUS-0007                 380.           25352.5       5.2  27375.79      5.5
BUS-0008                 380.           20612.3       3.5   8685.86      6.2
BUS-0009                 380.            3716.3       0.3   2087.76      1.4
BUS-0010                 380.           11770.0       2.1   2203.44      6.4

BUS-0011                 380.           10709.7       4.8   2456.64      9.0

*********************** FAULT ANALYSIS REPORT COMPLETED ***********************
```

## 4.4 Data Block Report

### 1) Input Data

그림 5-11에서 각각의 설비 data를 입력하면 아래 그림 5-32와 같이 Data Block으로 Input Data를 볼 수 있다.

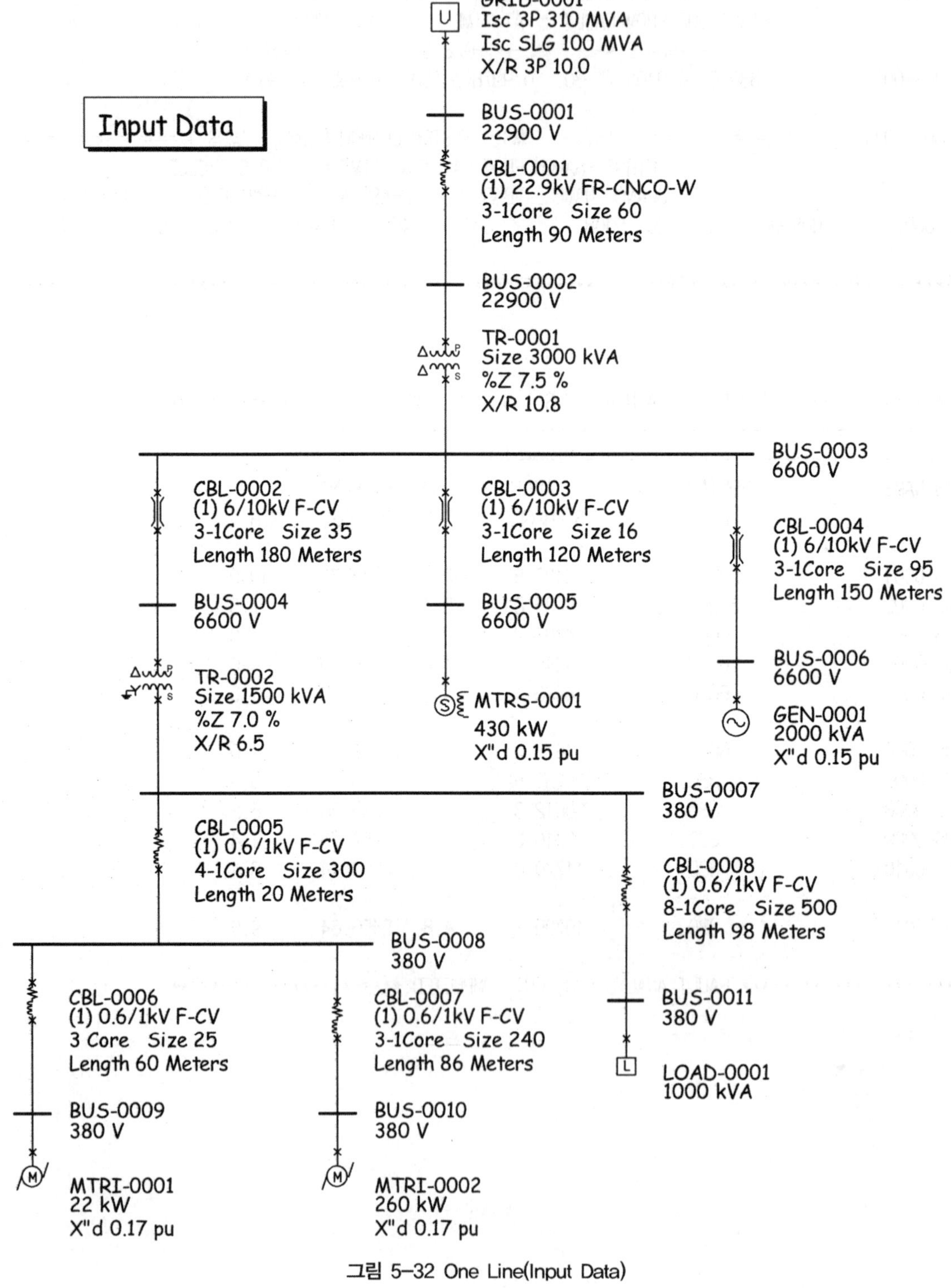


그림 5-32 One Line(Input Data)

### 2) Data Block으로 고장계산 결과 보기

상위메뉴 'Run'에서 'Datablock Format'를 클릭하면 "Data Block Format" 창이 나올 것이다. 이 창에서 "Bus Fault Current(Comprehensive)"를 선택하고 'Apply'를 클릭하면 One-Line에서 그림 5-33과 같이 고장전류계산 결과를 Data Block로 볼 수 있다.

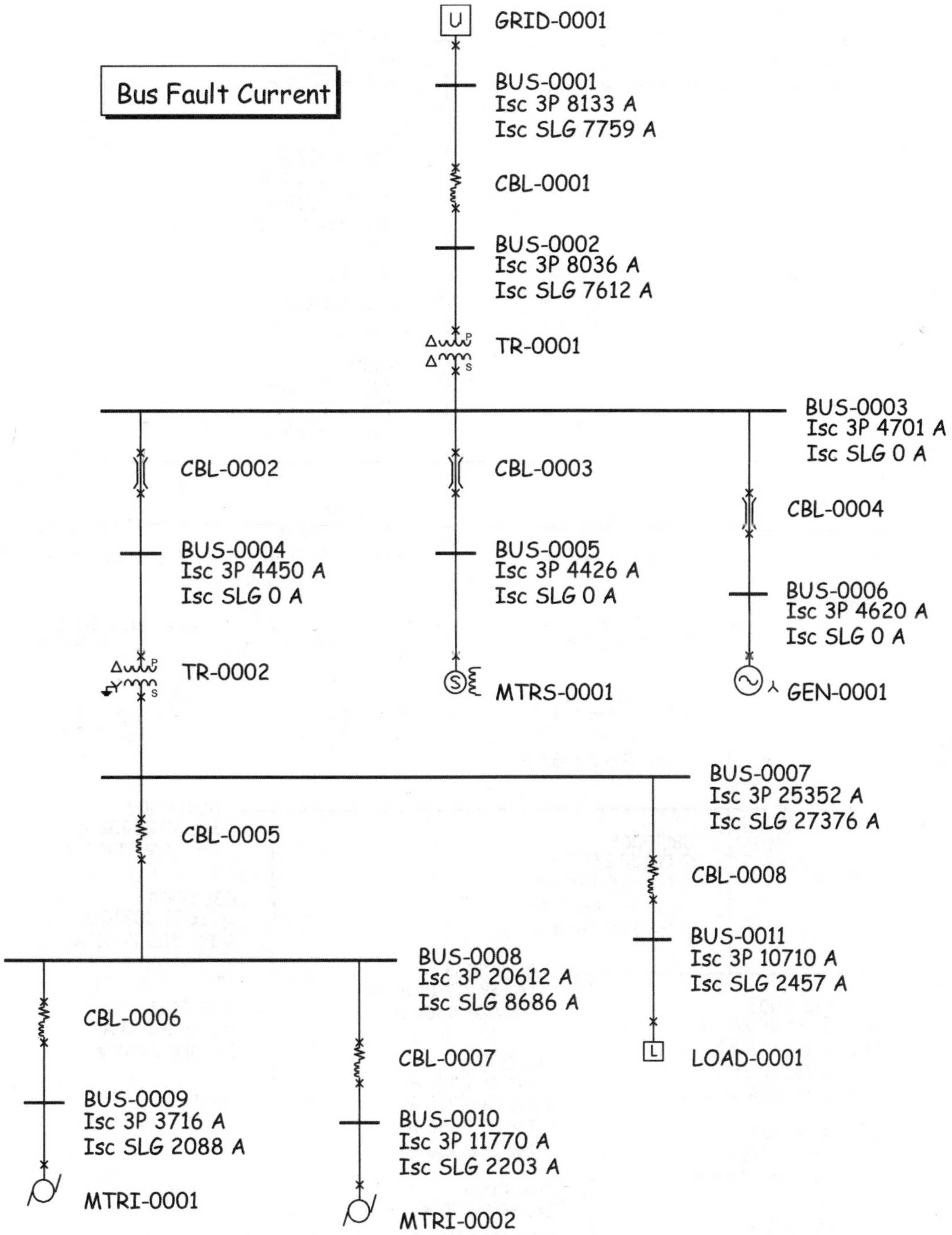

Bus Fault Current

GRID-0001

BUS-0001
Isc 3P 8133 A
Isc SLG 7759 A

CBL-0001

BUS-0002
Isc 3P 8036 A
Isc SLG 7612 A

TR-0001

BUS-0003
Isc 3P 4701 A
Isc SLG 0 A

CBL-0002

CBL-0003

CBL-0004

BUS-0004
Isc 3P 4450 A
Isc SLG 0 A

BUS-0005
Isc 3P 4426 A
Isc SLG 0 A

BUS-0006
Isc 3P 4620 A
Isc SLG 0 A

TR-0002

MTRS-0001

GEN-0001

BUS-0007
Isc 3P 25352 A
Isc SLG 27376 A

CBL-0005

CBL-0008

BUS-0011
Isc 3P 10710 A
Isc SLG 2457 A

BUS-0008
Isc 3P 20612 A
Isc SLG 8686 A

CBL-0006

CBL-0007

LOAD-0001

BUS-0009
Isc 3P 3716 A
Isc SLG 2088 A

BUS-0010
Isc 3P 11770 A
Isc SLG 2203 A

MTRI-0001

MTRI-0002

그림 5-33 Bus에서 고장전류 계산결과

다음은 Branch에서의 고장전류 공급을 분석하기 위하여 “Branch Fault Current(Comprehensive)”를 선택하고 ‘Apply’를 클릭하면 One-Line에서 그림 5-34와 같이 Branch에서 BUS로 고장전류 유입을 Data Block으로 볼 수 있다.

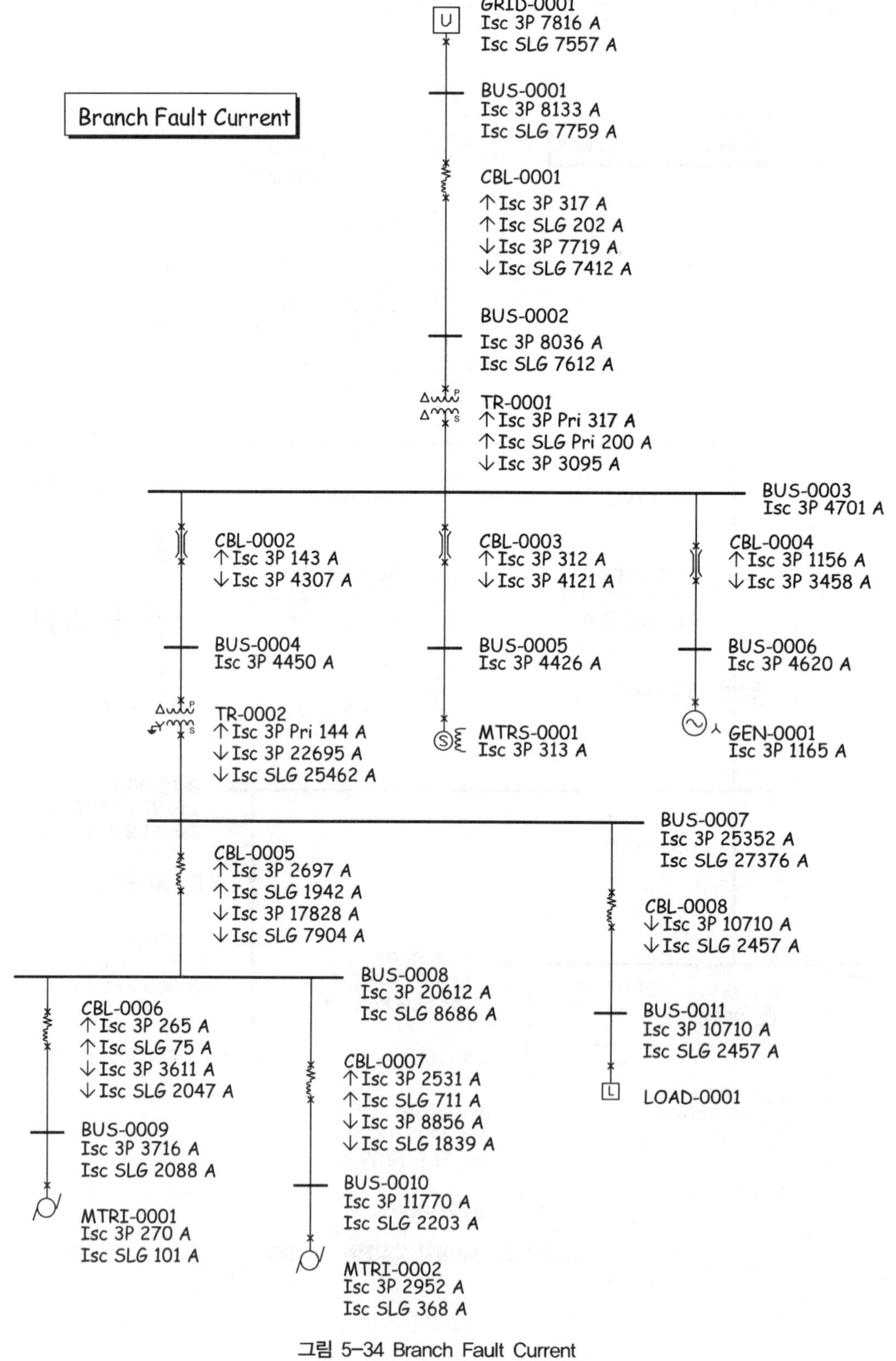


그림 5-34 Branch Fault Current

# 6장 ANSI Fault Short Circuit Studies

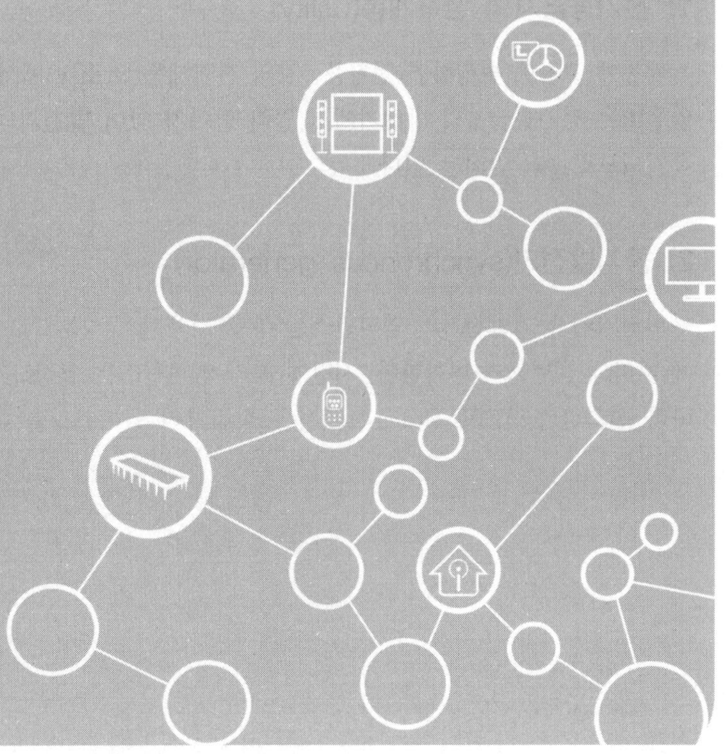

## 1 개요

단락고장전류 계산방법은 크게 미국의 ANSI/IEEE 방법과 유럽 표준의 IEC 방법으로 나뉘며, 이 두 가지 방법이 산업계에서 주로 사용된다. 본 장에서는 미국 표준의 ANSI 방법을 사용한 3상단락고장전류를 계산하는 방법에 대하여 설명한다. IEC Fault Study는 IEC Standard 60909를 기준으로 하고, Comprehensive Short Circuit Study는 테브난의 등가회로 방정식과 옴의 법칙을 기초로 한다. ANSI Fault Study는 ANSI C37.010, C37.5, C37.13, *IEEE Red Book* 으로 알려진 IEEE Standard 141에 따른다.

ANSI Fault Short Circuit Study는 정상이 아닌 상태에서 전력계통에서 흐르는 전류를 모델링 하며, 전력계통에서 예상되는 고장전류를 결정한다. 이러한 전류는 전기설비의 적당한 과전류강도와 차단능력을 지정하기 위하여 계산되어야 합니다. Study 결과는 보호장치의 시간-전류 특성을 선택적으로 조정하기 위하여 사용된다. 북미에서 제조되는 전기장치는 ANSI, UL, NEMA 장비기준에 대비하여 시험 및 평가를 하고 있다. 이러한 기준은 북미 설비를 선정할 때 고장 책무를 선호하는 계산 방법을 설명한다. 전력설비는 ANSI 표준에서 설명된 단락고장전류의 열적 및 기계적 응력에 견딜 수 있어야 한다. First Cycle 고장전류의 실효값과 피크값에 대한 차단동작 책무와 투입동작 책무는 반드시 계산되어야 하며, 보호장치와 전기장치의 정격과 비교하여야 한다.

## 2 고장전류 공급원

### 1) 전기공급자의 전력계통(Utility)

계통에 고장이 발생하면 전기공급자의 전력계통(Utility)에서 고장전류가 유입하게 된다. 건축물과 산업설비는 전기공급자의 발전기에서 멀리 떨어져 있어 발전기의 영향이 적어 일정한 전압과 임피던스가 유지되므로 AC 감쇠는 없다.

### 2) 동기발전기(synchronous generator)

회전기인 동기발전기의 임피던스는 주로 리액턴스 성분으로 구성되어 단락사고 지속동안 X/R Ratio에 따라 임피던스가 변화한다. 시간에 따라 임피던스는 일정하지 않고 변화되기 때문에 단락전류도 이에 따라 변화한다. IEEE Std 141에서는 회전기의 임피던스를 다음과 같이 정의하고 있다.

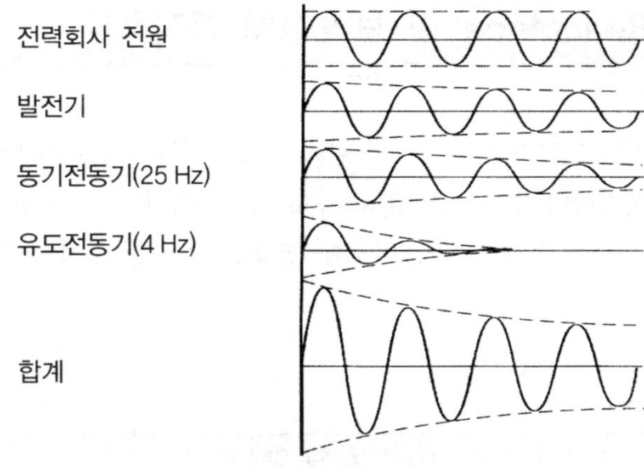


**그림 6-1 고장전류 공급원의 종류**

(1) $X_d''$ (초기과도리액턴스 : sub-transient reactance)

단락고장이 발생 후 First Cycle에서 단락고장전류를 결정하는 것으로 대략 0.1초 이내에 리액턴스는 증가한다(IEEE Std 141-1993).

(2) $X_d'$ (과도리액턴스 : transient reactance)

단락고장이 일어난 수 사이클 후의 단락고장전류를 결정하는 것으로 대략 0.5~2.0초 이내에 리액턴스는 증가한다.

(3) $X_d$ (동기리액턴스 : synchronous reactance)

단락고장이 안정된 상태에 도달한 후에 흐르는 단락고장전류를 결정하는 리액턴스 값이다.

### 3) 동기전동기와 동기조상기(Synchronous motors and condensers)

동기전동기와 동기조상기도 동기발전기와 마찬가지로 단락전류공급원이다. 계통에 단락사고가 발생하면 모선의 전압강하가 발생하게 되므로 고장 후 수 cycle까지는 전동기와 이것에 직결된 부하의 회전에너지(관성)에 의해 전동기는 발전기로 작용하고 자신의 과도 리액턴스에 반비례한 고장전류를 사고 점으로 공급한다. 이를 전동기의 기여전류라 하며, 동기전동기의 경우도 동기발전기와 동일하게 등가 임피던스회로로 취급한다. 동기발전기의 발전작용 지속시간은 일반적으로 약 25 Hz간 지속된다.

### 4) 유도기(Induction machines)

유도전동기와 유도발전기는 잔류자속만이 영향을 미치므로 수 Cycle 후에는 소멸되므로 초기과도리액턴스 $X_d''$만 고려하면 된다. 일반적으로 유도전동기의 발전작용은 4 Hz간 지속된다. 여기서 유도전동기는 권선형 유도전동기와 농형유도전동기를 말한다.

### 5) 반도체를 이용하여 속도조정을 하는 교류유도전동기 또는 직류전동기 (Adjustable speed AC induction or DC motors with solid-state ac power supply equipments)

주파수 또는 전압을 조정하여 속도를 제어하는 전동기는 초기 단락전류를 공급하게 되나 계통고장시 전원장치 보호기능에 의하여 one cycle 이내에 고장회로로부터 분리될 수 있는 경우는 고려하지 않는다.

# 3 단락회로 Reactance 및 보호장치 동작책무

단락고장 발생 후 시간이 지남에 따라 단락전류가 감소하므로 시간의 흐름에 따른 각각 다른 임피던스를 사용하여 단락전류를 계산하여야 한다. 순시(momentary), 차단(interrupting), 정상상태(steady-state) 단락전류 그리고 여러 가지 보호기기 검토에 필요한 전류를 구하기 위하여 세 가지의 다른 Reactance를 요구한다.

**표 6-1 단락회로 계산 Reactance**

| Type of Machine | | HV 및 MV | | | LV |
|---|---|---|---|---|---|
| | | First-cycle | Interrupting | steady-state | First-cycle |
| Utility(전력회사) | | $1.0X_s$ | $1.0X_s$ | $1.0X_s$ | $1.0X_s$ |
| 터빈발전기 | | $1.0X_d''$ | $1.0X_d''$ | $1.0X_d'$ | $1.0X_d''$ |
| 수력발전기 | 제동권선 있음 | $1.0X_d''$ | $1.0X_d''$ | $1.0X_d'$ | $1.0X_d''$ |
| | 제동권선 없음 | $0.75X_d'$ | $0.75X_d'$ | $1.0X_d'$ | $0.75X_d''$ |
| 동기조상기 | | $1.0X_d''$ | $1.5X_d''$ | – | $1.0X_d''$ |
| 동기전동기 | | $1.0X_d''$ | $1.5X_d''$ | – | $1.0X_d''$ |
| 유도기 | 1000hp이상(1800rpm이하) | $1.0X_d''$ | $1.5X_d''$ | – | $1.0X_d''$ |
| | 250hp이상(3600rpm) | $1.0X_d''$ | $1.5X_d''$ | – | $1.0X_d''$ |
| | 50hp이상 | $1.2X_d''$ | $3.0X_d''$ | – | $1.0(1.2)X_d''$ |
| | 50hp이하 | – $(1.67X_d'')$ | – | – | $1.0(1.67)X_d''$ |

[비고1] ANSI C37.010-1979, ANSI C37.13, IEEE std 141
[비고2] ( )내는 IEEE std 에만 적용한다.

### 1) First-cycle Network Impedance

단락사고 발생 후 1/2 cycle 지점에서 순시단락전류(momentary short-circuit current)와 보호장치 책무(protective device duty)를 계산하기 위한 것이다. 표 6-1에 Reactance를 나타내고 있으며, 표 6-2에 보호장치의 동작책무를 나타내고 있다.

### 2) Interrupting Network Impedance

이것은 단락사고 발생 후 2~8 cycle 지점에서의 차단전류(interrupting short circuit current)를 계산하기 위한 것이다.

### 3) Steady-State Network Impedance

단락사고 발생 후 30 cycle 지점 즉 정상상태 단락전류(steady-state short circuit current)와 보호장치 책무(protective device duty)를 계산하기 위한 것이다.

**표 6-2 보호장치의 동작 책무**

| Type of Device | 동작 책무 | | |
|---|---|---|---|
| | Sub-transient | Transient | Steady-State |
| HV Circuit Breaker | 투입용량 | 차단용량 | - |
| LV Circuit Breaker | 차단용량 | - | - |
| Fuse | 차단용량 | - | - |
| Switchgear and MCC | 모선의 기계적 강도 | - | - |
| Relay | OCR 순시정정 | - | OCR 한시정정 |

## 4 ANSI Multiplying Factor

고장발생 초기의 임의의 시간대의 비대칭 고장전류값은 고장전류 속에 포함되어 있는 DC분의 감쇠율과 회전기 리액턴스 변화율에 대한 정확한 값을 알아야 되기 때문에 매우 어렵고 복잡하다. 이러한 것은 정확하게 산출하는 것이 바람직하지만 실제로는 간단한 계수를 곱하여 구하는 것이 일반적이다. MF는 DC분이 포함된 비대칭파의 전류 실효치를 대칭 AC분의 교류값으로 바꾸는 것이다. MF는 표에서 구하기도 하고 그림 6-10~그림 6-12와 같이 X/R비 및 차단기 개극시간에 따른 값을 찾기도 한다.

비대칭 고장전류란 고장전류에 포함되어 있는 직류분을 포함한 전류를 의미하며, 일반적으로 고전압회로에 있어서는 전원 측의 저항은 리액턴스에 비하여 무시할 수 있을 정도로 작다. 따라서 단락전류는 전원전압에 비하여 위상각이 거의 90° 늦게 된다. 그러나 저압회로에 있어서는 저항의 비율이 상대적으로 크기 때문에 전류의 상차각은 90° 보다 작게 된다. 리액턴스로만 구성되어 있는 회로에서 전원 전압파의 파고점에서 단락이 발생하면 단락전류는 0에서(전압 보다 90° 늦은 점) 출발하여 전압파에 대하여 회로 역률각은 같은 90° 늦은 X축에 대칭인 사인(sine) 곡선을 그리게 된다.(그림 6-2 참조) 반면 단락사고가 전원 전압파 0인 점에서 발생하면 전류는 0에서 출발하나 이 단락전류는 전압보다 90° 늦으므로 최대전류는 다음의 전압 0인 점(사고점에서 180° 되는 점)이 되어, X축에 대칭인 사인곡선을 그리지 않고 파고치에서의 단락전류보다 90° 늦고 동시에 Y축의 윗방향(+방향)으로 대칭전류의 파고치만큼 이동하게 된다(그림 6-3 참조).

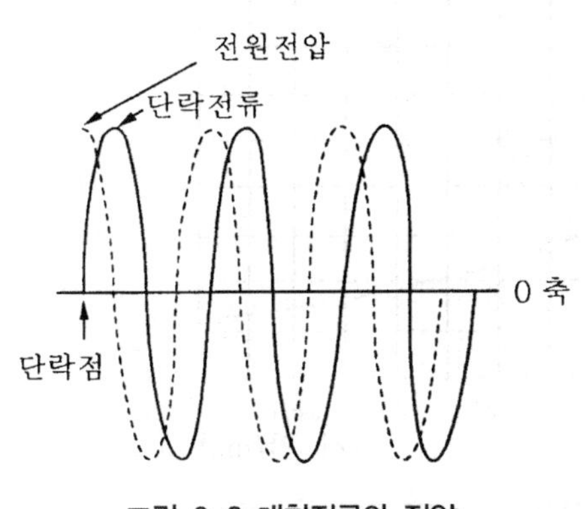

그림 6-2 대칭전류와 전압

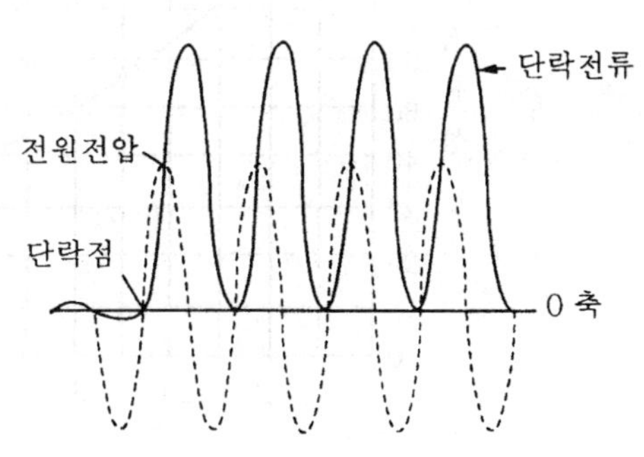

그림 6-3 비대칭전류와 전압

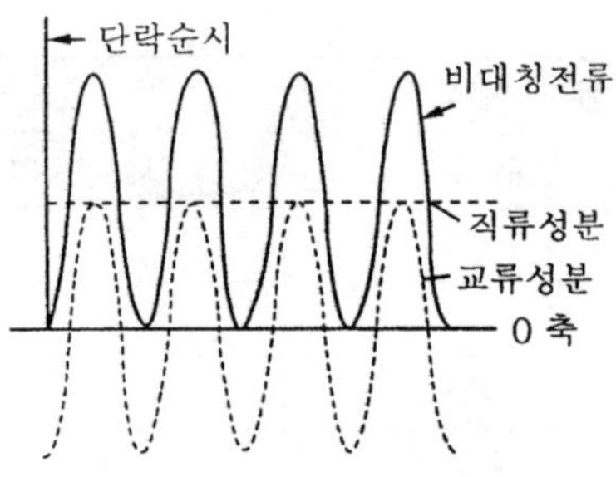

그림 6-4 비대칭전류와 직류성분

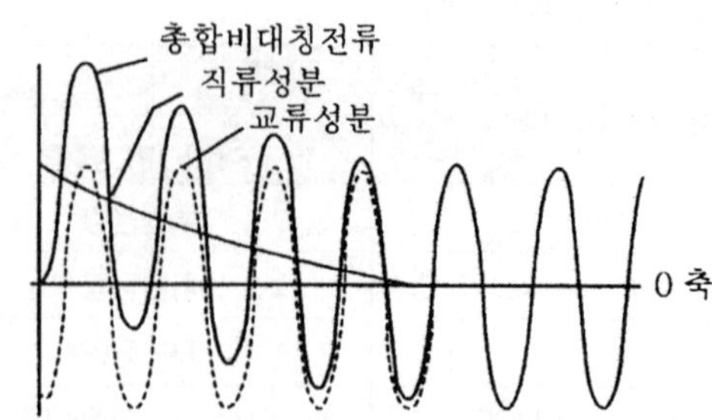

그림 6-5 직류성분감쇠와 비대칭전류

이 두 가지 경우는 모두 회로 역률이 0인 경우로 극단적인 예를 든 것이다. 이와 같은 이유로 단락전류는 만일 단락이 전원 전압의 파고점과 0인 점 사이의 어떤 점에서 발생하면 단락이 발생한 전압곡선상의 위치에 따라 정도가 다른 비대칭전류가 된다. 따라서 최대 비대칭 단락전류는 전압파 0인 점에서 단락이 발생하였을 때로서 단락발생 후 1/2 cycle 되는 점의 파고치임을 알 수 있다. 이에 따라 비대칭전류의 계산은 교류대칭, 직류의 두 가지 성분으로 나누어 분석한다. 직류분의 감쇠 곡선은 전원계통 회로의 저항과 리액턴스, 즉 회로 시정수와 시간의 함수로 식(6.1)에 따라 감쇠하여 간다.

$$I_{\text{asym}} = \sqrt{I_s^2 + I_{dc}^2} = \sqrt{I_s^2 + \left(\sqrt{2}\, I_s e^{-\frac{2\pi R}{X}t}\right)^2} \tag{6.1}$$

$$I_{\text{asym}} = I_s \sqrt{1 + 2e^{\frac{-2\pi R}{X}}} = MF \times I_s \tag{6.2}$$

여기에서,

$I_s$ : 초기대칭단락전류 실효값

$I_{dc}$ : 직류성분의 전류

$MF$ : 1/2 cycle에서 비대칭계수(IEEE Std 242-2001 식(2-3) Asymmetry factor)

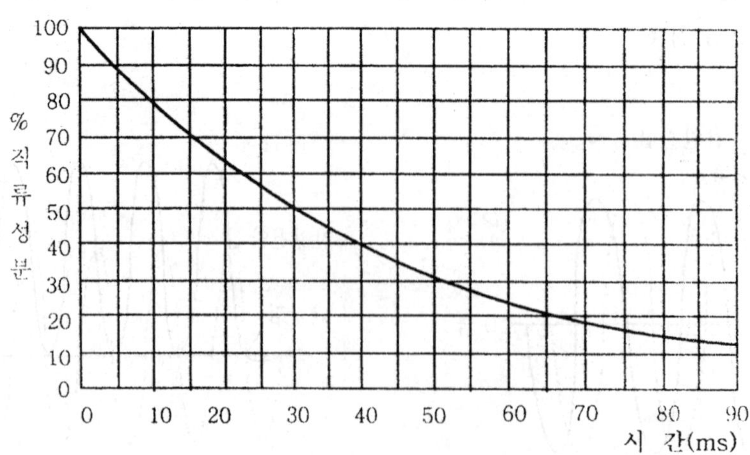

그림 6-6 시간의 경과에 따른 직류성분의 감쇠(KS C IEC 62271-100)

# 5 고장전류 계산방법

## 5.1 고압차단기의 First Cycle Short Circuit Current

1/2 cycle에서의 순시단락전류는 교류분 및 직류분 단락전류가 정상상태 값으로 향한 감소를 시작하기 전의 최대단락전류 값을 의미한다. 순시단락전류는 차단기의 초기 1/2cycle peak 전류로서 전기기기의 기계적강도를 비교하는데 사용하며, 그 계산방법은 다음과 같다.

### 1) First cycle에서 대칭단락전류

$$I_{\mathrm{sc.sym}} = \frac{E_{\mathrm{pu}}}{Z_{\mathrm{pu}}} \times I_{\mathrm{base}} \tag{6.3}$$

여기에서,

$E_{pu}$ : 고장발생전의 전압[V]

$Z_{pu}$ : 고압의 First Cycle Network에서 등가임피던스

$I_{\mathrm{base}}$ : base current [A]

$$I_{\mathrm{base}} = \frac{P_{\mathrm{base}}\,[\mathrm{MVA}] \times 10^3}{\sqrt{3}\,V_{\mathrm{base}}\,[\mathrm{kV}]}$$

$P_{\mathrm{base}}$ : 기준용량 [MVA]

$V_{\mathrm{base}}$ : 기준전압 [kV]

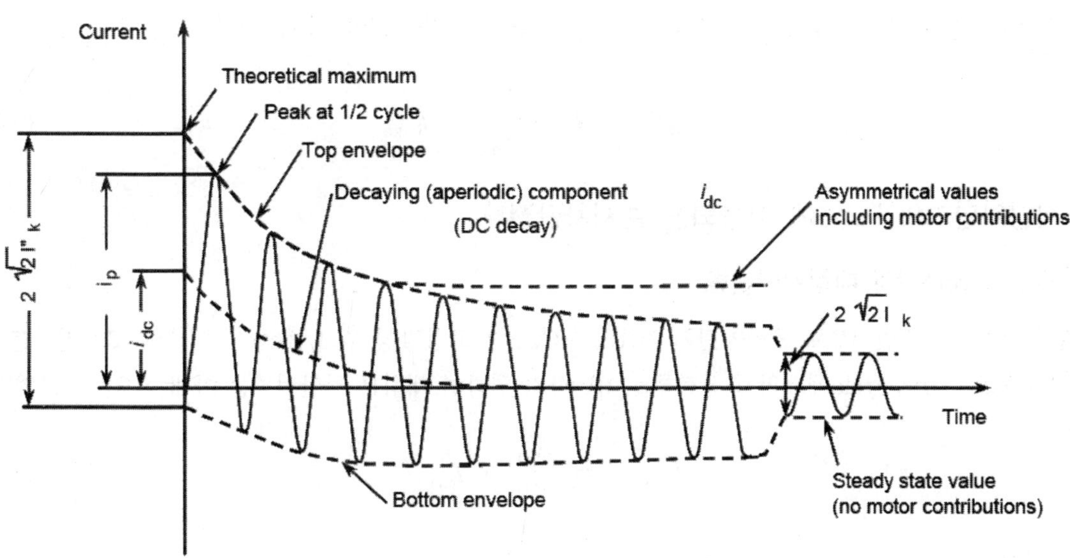


그림 6-7 고장전류의 시간에 따른 변화

### 2) First cycle에서 직류성분을 포함하는 비대칭 단락전류

(1) 고장점 등가임피던스의 X/R Ratio로 MF를 계산하여 적용하는 경우

$$I_{sc.asym} = MF \times \frac{E_{pu}}{Z_{pu}} \times I_{base} \tag{6.4}$$

여기에서,

$MF_p$ : 비대칭 피크계수 $MF_p = \sqrt{2}(1+e^{-\frac{\pi}{X/R}})$

$MF_1$ : 단상비대칭계수 $MF_1 = \sqrt{1+2e^{-\frac{2\pi}{X/R}}}$

$MF_3$ : 3상비대칭계수 $MF_3 = \frac{1}{3}\left\{\sqrt{1+2e^{-\frac{2\pi R}{X}}} + 2\sqrt{1+\frac{1}{2}e^{-\frac{2\pi R}{X}}}\right\}$

(2) TEST MF로 적용하는 경우

1987년 이전에 제작된 고전압 회로 차단기의 정격투입전류를 비교하기 위한 first-cycle의 비대칭 단락전류의 실효값은 IEEE Std C37.010-1979와 IEEE Std C37.5-1979에서 지정된 1.6의 배율(X/R=25)과 Network 축약에 의해 얻어진 고장점의 리액턴스 $X_{pu}$(또는 $Z_{pu}$)을 사용하여 얻을 수 있다

$$I_{tot} = 1.6 \times \frac{E_{pu}}{Z_{pu}} \times I_{base} \tag{6.5}$$

1987년 이후 제작된 고전압 회로 차단기의 정격투입전류를 비교하기 위한 first-cycle의 비대칭 단락전류의 피크 값은 IEEE Std C37.010-1979에 지정된 2.7의 배율(X/R=33.3)과 Network 축약에 의해 얻어진 고장점의 리액턴스 $X_{pu}$(또는 $Z_{pu}$)을 사용하여 얻을 수 있다

$$I_{crest} = 2.7 \times \frac{E_{pu}}{Z_{pu}} \times I_{base} \tag{6.6}$$

## 5.2 저압차단기와 Fuse에 적용되는 순시차단전류

### 1) First Cycle에서 대칭차단전류

저압차단기, 즉 일반적으로 기중차단기(ACB), MCCB는 고장발생 후 1/2 cycle 이내에 고장전류를 차단하게 되므로 first cycle에서의 고장전류를 차단하기 위하여 대칭분 차단전류는 아래 식으로 계산한다.

$$I_{int.sym} = \frac{E_{pu}}{Z_{pu}} \times I_{base} \tag{6.7}$$

여기에서,

$E_{pu}$ : 고장발생전의 전압

$Z_{pu}$ : Low Voltage First Cycle Network에서의 등가임피던스

### 2) 직류성분을 포함하는 비대칭 차단전류

직류성분을 포함하는 비대칭차단전류는 대칭차단전류에 비대칭계수(MF)을 곱하여 다음과 같이 계산한다.

$$I_{\text{int.asym}} = MF \times \frac{E_{\text{pu}}}{Z_{\text{pu}}} \times I_{\text{base}} \tag{6.8}$$

여기에서,

Unfused Circuit Breakers의 비대칭계수 : $MF_a = \dfrac{\sqrt{2}(1+e^{-\frac{\pi}{X/R}})}{\sqrt{2}(1+e^{-\frac{\pi}{(X/R)test}})}$

Fused Circuit Breakers의 비대칭계수 : $MF_b = \dfrac{\sqrt{1+2e^{-\frac{2\pi}{X/R}}}}{\sqrt{1+2e^{-\frac{2\pi}{(X/R)test}}}}$

(X/R)test 값은 표 6-3 저압차단기의 Test X/R Ratio 값을 넣는다.

**표 6-3 저압차단기의 TEST PF 및 X/R Ratio**

| 보호장치의 종류 | Test %PF | Test X/R |
|---|---|---|
| LV Power Circuit Breaker | 15 | 6.59 |
| LV Fuse | 20 | 4.90 |
| MCCB (차단용량 20 kA 초과) | 20 | 4.90 |
| MCCB (차단용량 10 kA 초과 20 kA 이하) | 30 | 3.18 |
| MCCB (차단용량 10 kA 이하) | 50 | 1.73 |

### 3) 비대칭계수(MF)의 계산예

Low Voltage Power Circuit Breaker의 비대칭계수를 산출하기 위한 계산조건은 계통 의 X/R Ratio 값이 X/R=15일 경우 다음과 같이 계산한다.

$$MF_a = \frac{\sqrt{2}(1+e^{-\frac{\pi}{X/R}})}{\sqrt{2}(1+e^{-\frac{\pi}{(X/R)test}})} = \frac{\sqrt{2}(1+e^{-\frac{\pi}{15}})}{\sqrt{2}(1+e^{-\frac{\pi}{6.59}})} = 1.1174$$

Low Voltage Fuse의 비대칭계수를 산출하기 위한 계산조건은 계통의 X/R Ratio 값이 X/R=20일 경우 다음과 같이 계산한다.

$$MF_b = \frac{\sqrt{1+2e^{-\frac{2\pi}{X/R}}}}{\sqrt{1+2e^{-\frac{2\pi}{(X/R)test}}}} = \frac{\sqrt{1+2e^{-\frac{2\pi}{20}}}}{\sqrt{1+2e^{-\frac{2\pi}{4.9}}}} = 1.2581$$

## 5.3 고압차단기의 차단전류

고압차단기는 순시보호계전기에 의하여 고장전류를 차단하는데 2~8 cycle이 소요된다. 따라서 고장계산 시 차단전류는 2~8 cycle에서의 고장전류를 구하게 된다.

### 1) 고압차단기의 차단전류

$$I_{sc} = MF \times \frac{E_{pu}}{Z_{pu}} \times I_{base} \tag{6.9}$$

$E_{pu}$ : 고장발생전의 전압

$Z_{pu}$ : Interrupting Network에서의 등가임피던스

$MF$ : Multiplying Factor(IEEE 기준 적용)

### 2) 계산에 의하여 MF를 구하는 방법

ANSI/IEEE C37.010-1979의 그림을 참조하여 X/R Ratio에 대응하는 MF를 구한다. 여기서 MF는 Local MF와 Remote MF로 나누어 구한다.

① Local MF

Local MF는 단락전류의 흐름이 변압기 1개 이하를 경유하거나 외부 직렬 리액턴스가 발전기 초기 과도리액턴스의 1.5배 이하인 경우에 사용한다.

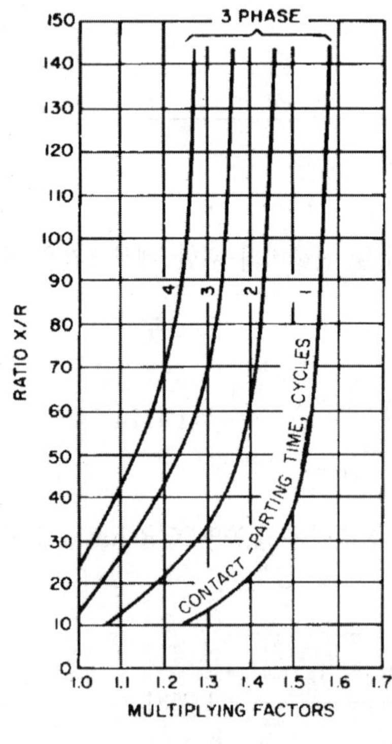


그림 6-8 Local MF(AC+DC 감쇠)

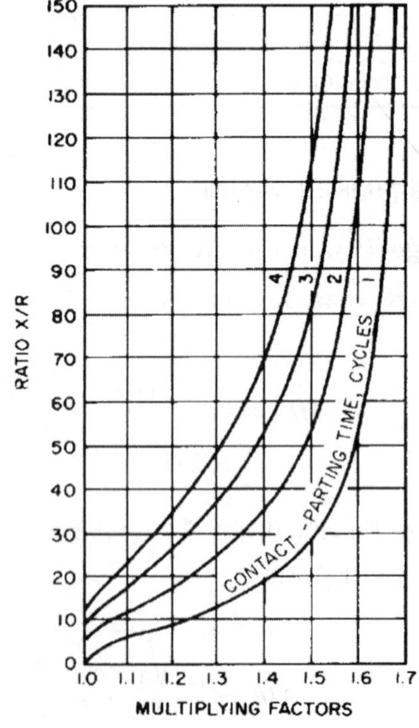


그림 6-9 Remote MF(DC 감쇠)

② Remote MF

Remote MF는 단락전류의 흐름이 변압기 2대 이상을 경유하거나 외부 직렬 리액턴스가 발전기 초기과도리액턴스의 1.5배보다 큰 경우에 사용한다.

③ Local과 Remote에서 전류의 흐름이 합쳐질 경우

Local과 Remote에서 전류의 흐름이 합쳐질 경우에는 Local MF와 Remote MF를 각각 구해서 고장전류는 다음과 같이 계산한다.

$$I = I_{\text{Local}} \times MF_{\text{Local}} + I_{\text{Remote}} \times MF_{\text{Remote}} \tag{6.10}$$

### 3) NACD Ratio

주어진 장소에서의 단락전류중 통합기여분에 대한 원격기여분의 비율이며, 계산은 다음 식으로 산출한다.

$$NACD = \frac{I_{\text{remote}}}{I_{total}} \tag{6.11}$$

① NACD = 0(AC 감쇠성분 많음)

② NACD = 1(AC 감쇠성분 적음)

### 4) 컴퓨터 프로그램에 의한 MF의 계산

ANSI/IEEE 방법에 의한 단락전류를 계산하는 프로그램은 위와 같은 MF를 구하는 복잡한 과정을 컴퓨터 프로그램에 저장하여 두고 프로그램 실행에 의하여 자동으로 구하게 된다.

① Interpolation

고장지점의 R/X Ratio값으로 Local MF값과 Remote MF값을 추출하여 아래 계산식으로 새로운 MF를 산출한다. 이 값의 범위는 Local MF값과 Remote MF값 사이에 있다.(Remote MF 값 〉 Local MF값)

$$NEW\,MF = MF_{\text{Local}} + (MF_{\text{Remote}} - MF_{\text{Local}}) \times NACD\ Ratio \tag{6.12}$$

② Predominant

NACD Ratio를 계산하여 0.5이상이면 원격전원으로 간주하여 DC감쇠 MF를 적용하고, 0.5 미만이면 근접전원으로 간주하여 Local MF를 적용한다.

③ All Remote

고장전류 공급원 전체를 원격전원으로 간주하여 NACD Ratio는 1.0로 되고 AC 감쇠가 없다. 따라서 Remote MF를 적용한다.

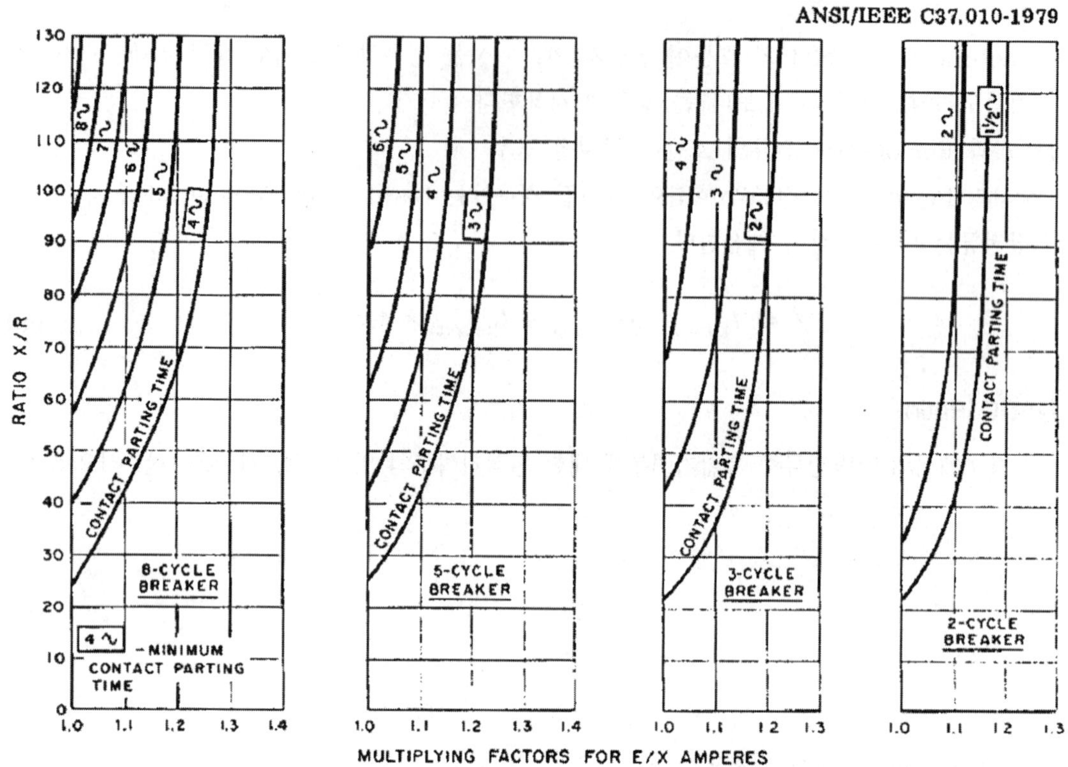


그림 6–10 3상 단락고장에 적용하는 Local MF

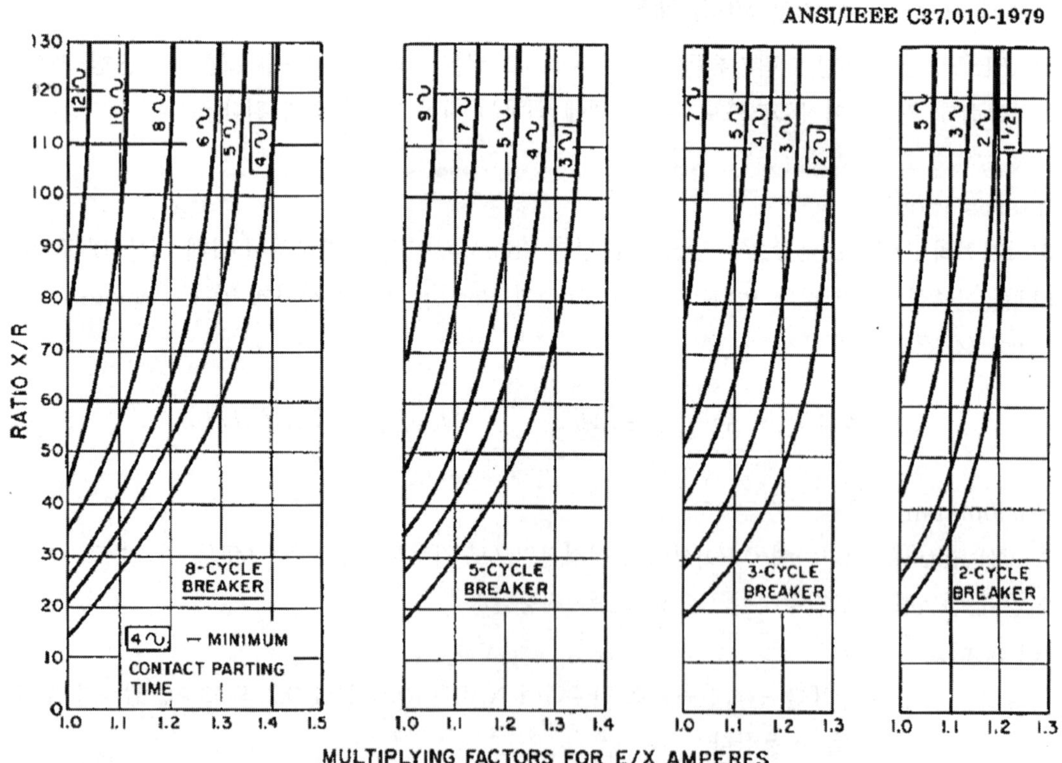


그림 6–11 1선지락고장에 적용하는 Local MF

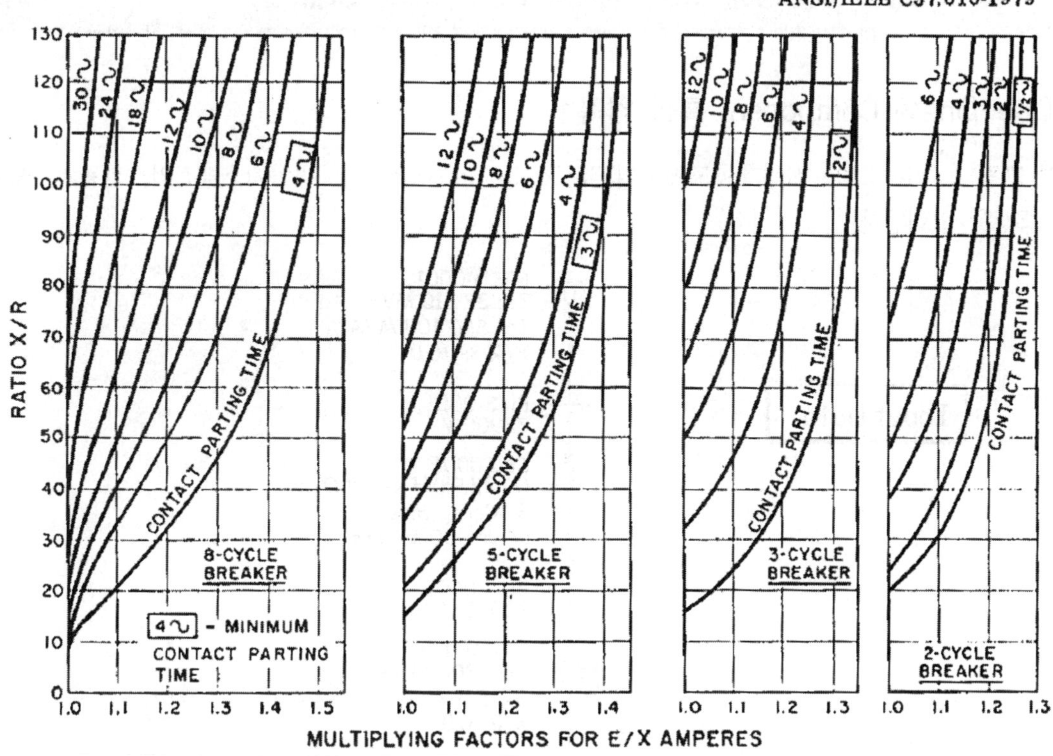


그림 6-12 3상단락 및 1선지락고장에 적용하는 Remote MF

# 6 Power tools에 의한 ANSI Fault Calculation

## 6.1 One-Line에 Component 특성 입력

아래 그림의 One-Line 전력계통도에서의 각 Component(Utility, 변압기, 발전기, 전동기, 케이블 등)의 특성을 입력한다.

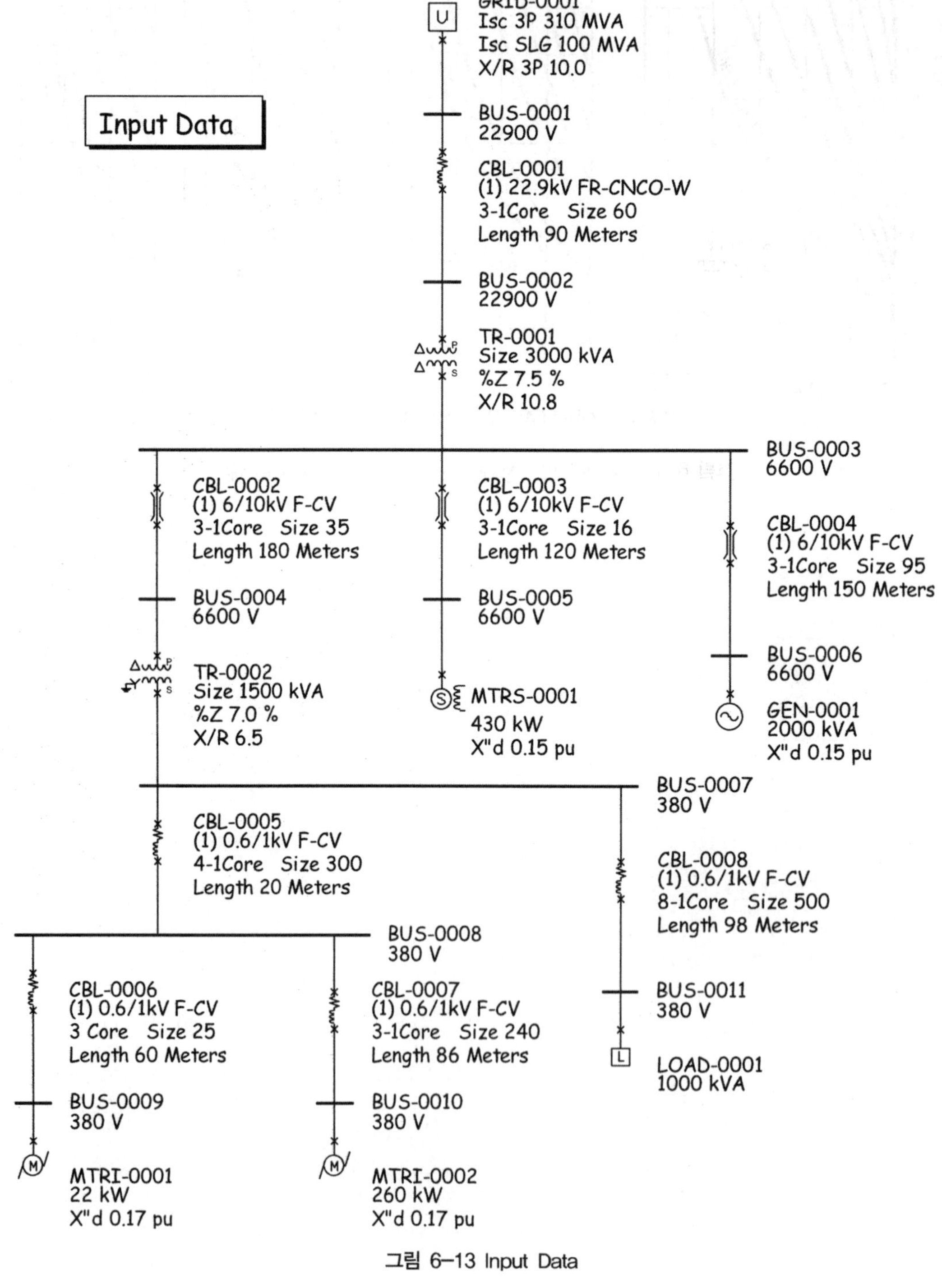


그림 6-13 Input Data

## 6.2 A Fault Short Circuit Study Option

다음 그림의 A Fault Short Circuit Study의 Setup 창에서 사용자는 Study를 실행하기 위한 Option을 선택할 수 있다. 계산 수행시 필요항목을 선택하고 'OK' 버튼을 클릭한다.

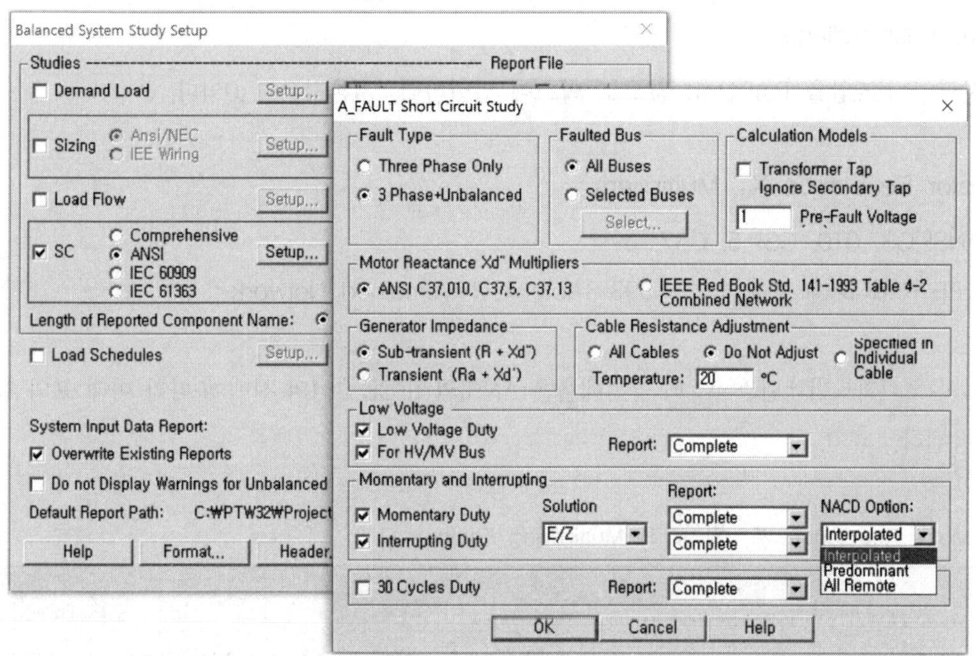


그림 6-14 A Fault Study Option 선택

### 1) Fault Type

- Three Phase only
- 3 Phase + Unbalanced

"3상 평형고장"만 계산할 것인지 "3상평형고장과 불평형고장"을 동시에 실시할 것인지를 선택한다.

### 2) Faulted Bus

- All Buses
- Selected Buses

고장전류계산을 전체 부스에 대하여 할 것인지, 선택한 BUS에만 할 것인지를 선택한다. "Selected Buses"를 선택한 경우에는 "Selected" 버튼을 클릭하여 고장계산 하여야 할 Bus를 선택한다.

### 3) Calculation Models

- Transformer Tap(Ignore Secondary Tap)
- 1.0 Pre-Fault Voltage

(1) Transformer Tap

이 체크박스를 선택하면 변압기 1차 Tap 변환을 적용한다. 변압기 2차 Tap 변환은 ANSI 고장계산에서 무시한다.

(2) Pre-Fault Voltage

고장전의 운전전압을 Per Unit 값으로 박스에 입력하며, 기본값은 1.0이다.

### 4) Motor Reactance $X_d$" Multipliers

- ANSI C37.010, C37.5, C37.13
- IEEE Red Book Std. 141-1993 Table 4-2 Combined Network

전동기의 초기과도리액턴스 $X_d''$의 곱셈배율은 ANSI와 IEEE Std의 선택에 따라 아래 표와 같이 구분하여 적용된다.

표 6-5 Motor Reactance $X_d''$ 및 $X_d'$의 Multiplying Factor

| 회전기의 종류 | | ANSI C37.010, C37.5, C37.13 | | IEEE Red Book Standard 141-1993 Table4-2 | |
|---|---|---|---|---|---|
| | | Momentary | Interrupting | Momentary | Interrupting |
| 터빈 발전기 | | $1.0X_d''$ | $1.0X_d''$ | $1.0X_d'$ | $1.0X_d''$ |
| 제동권선 있는 수력발전기 | | $1.0X_d''$ | $1.0X_d''$ | $1.0X_d'$ | $1.0X_d''$ |
| 제동권선 없는 수력발전기 | | $0.75X_d'$ | $0.75X_d'$ | $0.75X_d'$ | $0.75X_d'$ |
| 동기전동기 | | $1.0X_d''$ | $1.5X_d''$ | $1.0X_d''$ | $1.5X_d''$ |
| 유도 전동기 | 1800rpm이하로 1000HP이상 | $1.0X_d''$ | $1.5X_d''$ | $1.0X_d''$ | $1.5X_d''$ |
| | 3600rpm으로 250HP이상 | $1.0X_d''$ | $1.5X_d''$ | $1.0X_d''$ | $1.5X_d''$ |
| | 50HP이상 | $1.2X_d''$ | $3.0X_d''$ | $1.2X_d''$ | $3.0X_d''$ |
| | 50HP미만 | Neglect | Neglect | $1.67X_d''$ | Neglect |

### 5) Generator Impedance

- Sub-transient(R + $X_d''$)
- Transient(R + $X_d'$)

발전기의 임피던스 그룹은 고장회로 계산에 있어서 전원임피던스로 초기과도임피던스 또는 과도임피던스로 선택하여 사용할 수 있도록 하고 있으며, 이 선택은 병렬운전 발전에만 적용된다.

### 6) Cable Resistance Adjustment

- Temperature : 20 ℃
- Include Adjustment

케이블의 운전 온도를 Box에 입력한 후, “Include Adjustment"의 Check Box를 클릭하면 운전온도에서의 케이블의 저항으로 계산된다.

### 7) Low Voltage

- Low Voltage Duty
- For HV/MV Bus
- Report : Complete or Summary

#### (1) Low Voltage Duty

"Low Voltage Duty"의 check box을 선택하면, Power Tool은 AC 감쇠가 없는 1/2 cycle Duty에서 각 Bus에서 초기 대칭단락전류를 계산한다.

#### (2) For HV/MV Bus

"For HV/MV Bus"의 check box을 선택하면, sub-transient(1/2 cycle) Network에서의 LV Network Impedance로 계산한 AC 감쇠가 없는 초기대칭단락전류를 HV/MV Bus에 나타낸다.

#### (3) Report

보고서 형식은 "Complete" 또는 "Summary"로 선택할 수 있다. 요약 보고서 형식은 3상 및 1선지락의 단락 회로 전류 책무와 X/R 비율의 목록을 포함하는 반면, "Complete" 보고서 형식은 고장 버스에 지로 기여전류의 계산을 포함하는 광범위한 출력형식이다.

### 8) Momentary and Interrupting

- Momentary Duty
- Interrupting Duty
- Solution : E/Z or E/X
- Report : Complete or Summary
- NACD Option : Interpolated or Predominate or All Remote

#### (1) Momentary Duty

Momentary Duty와 Interrupting Duty 둘 중에 하나 또는 모두를 선택할 수 있다. Power Tool은 전동기 형식, 정격용량, 속도(짝극 수)를 기준으로 한 전동기 기여전류의 감소를 계산조건으로 하여 각 지정된 BUS에서 초기 대칭단락전류를 계산한다. 비대칭전류의 실효값과 피크값 모두가 test factor 1.6배 또는 2.7배를 기준으로 한 값과, 고장점에서 X/R비를 기준으로 한 비대칭 단락전류 실효값과 비대칭 단락전류 피크값을 계산한다.

(2) Interrupting Duty

고장점에 공급되는 기여전류는 원격전원 또는 근접전원으로부터 공급되며, 각각의 발생되는 기여전류는 각각의 고장점에서 계산된 것이다.

(3) Solution(E/X, E/Z)

고장전류 계산에 있어서 "X"값만 사용할 것인지 Z(R, X)값을 사용하여 계산할 것인가를 선택한다.

(4) Report(Complete 또는 Summary)

계산결과 보고서 형식은 Complete 또는 Summary를 선택할 수 있다. Complete Report는 고장 BUS에서 기여전류의 계산을 포함하는 광범위한 출력형식이다. Summary Report는 Bus 고장전류와 X/R Ratio만을 출력한다.

(5) NACD Option

① Interpolated
원격과 근접전원 기여전류 비율에 따라 계산하여 적용한다.

② Predominate
원격전원과 근접전원의 고장시 기여전류를 비교하여 큰 쪽을 선택하여 계산한다.

③ All Remote
전체를 원격전원으로 간주하고 계산한다.(NACD Factor=1.0)

### 9) 30 Cycles Duty

- 30 Cycle Duty
- Report(Complete or Summary)

이 Check Box를 클릭하면 Power Tool은 30 cycle에서 고장전류를 계산하고 보고서를 출력한다.

## 6.3 ANSI Fault SC Study Data Block Report

A Fault Short Circuit Fault Study 결과 고장전류의 크기를 각 Bus 및 Branch에서 One-Line Diagram Data Block으로 보여 준다.

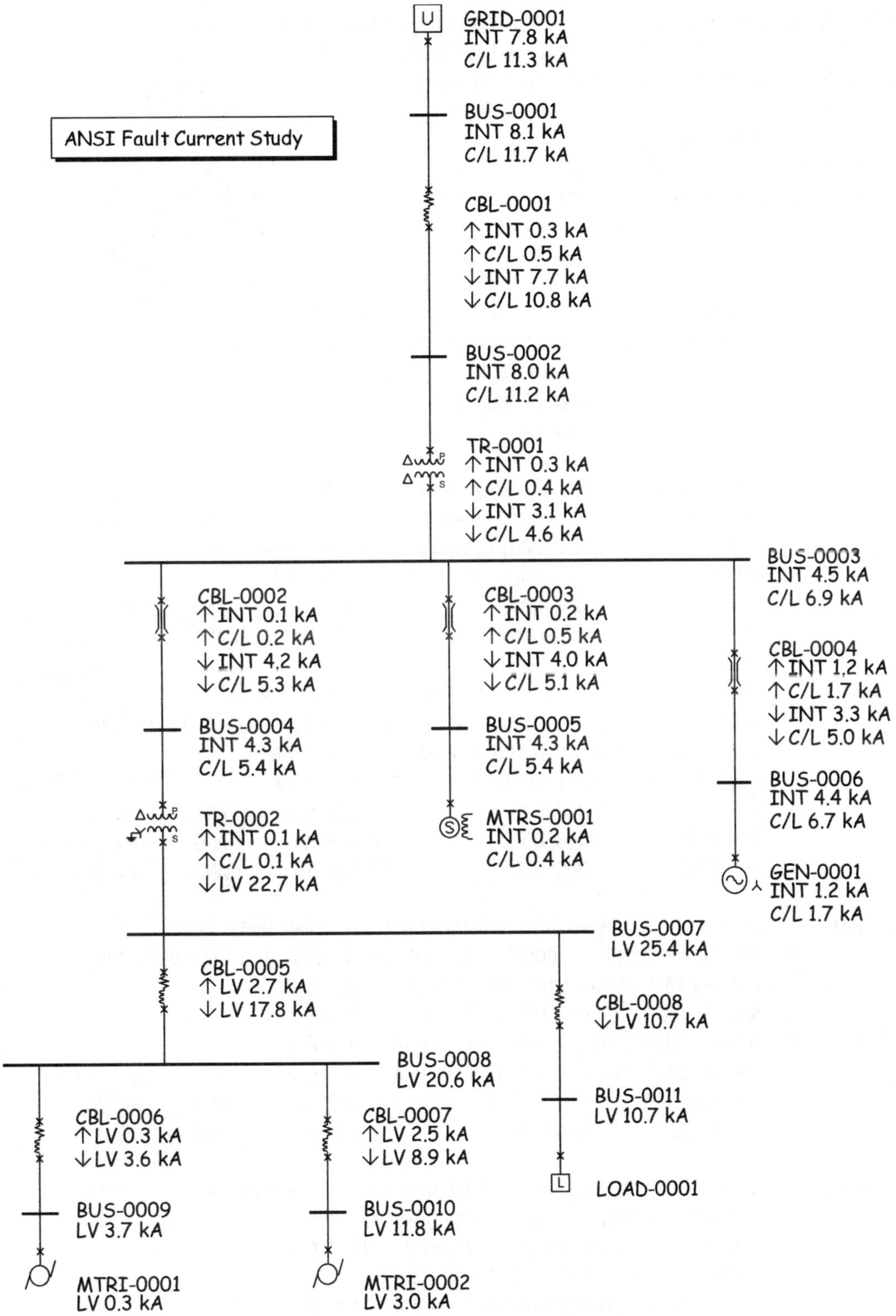

ANSI Fault Current Study

GRID-0001
INT 7.8 kA
C/L 11.3 kA

BUS-0001
INT 8.1 kA
C/L 11.7 kA

CBL-0001
↑INT 0.3 kA
↑C/L 0.5 kA
↓INT 7.7 kA
↓C/L 10.8 kA

BUS-0002
INT 8.0 kA
C/L 11.2 kA

TR-0001
↑INT 0.3 kA
↑C/L 0.4 kA
↓INT 3.1 kA
↓C/L 4.6 kA

BUS-0003
INT 4.5 kA
C/L 6.9 kA

CBL-0002
↑INT 0.1 kA
↑C/L 0.2 kA
↓INT 4.2 kA
↓C/L 5.3 kA

CBL-0003
↑INT 0.2 kA
↑C/L 0.5 kA
↓INT 4.0 kA
↓C/L 5.1 kA

CBL-0004
↑INT 1.2 kA
↑C/L 1.7 kA
↓INT 3.3 kA
↓C/L 5.0 kA

BUS-0004
INT 4.3 kA
C/L 5.4 kA

BUS-0005
INT 4.3 kA
C/L 5.4 kA

BUS-0006
INT 4.4 kA
C/L 6.7 kA

TR-0002
↑INT 0.1 kA
↑C/L 0.1 kA
↓LV 22.7 kA

MTRS-0001
INT 0.2 kA
C/L 0.4 kA

GEN-0001
INT 1.2 kA
C/L 1.7 kA

BUS-0007
LV 25.4 kA

CBL-0005
↑LV 2.7 kA
↓LV 17.8 kA

CBL-0008
↓LV 10.7 kA

BUS-0008
LV 20.6 kA

BUS-0011
LV 10.7 kA

CBL-0006
↑LV 0.3 kA
↓LV 3.6 kA

CBL-0007
↑LV 2.5 kA
↓LV 8.9 kA

LOAD-0001

BUS-0009
LV 3.7 kA

BUS-0010
LV 11.8 kA

MTRI-0001
LV 0.3 kA

MTRI-0002
LV 3.0 kA

그림 6-15 A Fault SC Study Report

## 6.4 ANSI Fault Short Circuit Analysis Report

```
-----------------------------------------------------------------------------
ALL INFORMATION PRESENTED IS FOR REVIEW, APPROVAL
INTERPRETATION AND APPLICATION BY A REGISTERED ENGINEER ONLY
SKM DISCLAIMS ANY RESPONSIBILITY AND LIABILITY RESULTING
FROM THE USE AND INTERPRETATION OF THIS SOFTWARE.
-----------------------------------------------------------------------------
SKM POWER*TOOLS FOR WINDOWS
A_FAULT SHORT CIRCUIT ANALYSIS REPORT
COPYRIGHT SKM SYSTEMS ANALYSIS, INC. 1996-2019
-----------------------------------------------------------------------------


               T H R E E   P H A S E   F A U L T   R E P O R T
                 (FOR APPLICATION OF LOW VOLTAGE BREAKERS)
                        PRE FAULT VOLTAGE: 1.0000
                        MODEL TRANSFORMER TAPS: YES
=============================================================================

 BUS-0007      3P Duty: 25.352 KA AT  -79.06 DEG (    16.69 MVA) X/R:    5.47
               VOLTAGE:    380.   EQUIV. IMPEDANCE=  0.0016 + J  0.0085  OHMS
               LOW VOLTAGE POWER CIRCUIT BREAKER   25.352 KA
               MOLDED CASE CIRCUIT BREAKER > 20KA  25.961 KA
               CBL-0005        BUS-0008          2.697 KA      ANG:  -249.75
               TR-0002         BUS-0004         22.695 KA      ANG:    99.83

 BUS-0008      3P Duty: 20.612 KA AT  -74.08 DEG (    13.57 MVA) X/R:    3.56
               VOLTAGE:    380.   EQUIV. IMPEDANCE=  0.0029 + J  0.0102  OHMS
               LOW VOLTAGE POWER CIRCUIT BREAKER   20.612 KA
               MOLDED CASE CIRCUIT BREAKER > 20KA  20.612 KA
               CBL-0006        BUS-0009          0.265 KA      ANG:    99.54
               CBL-0007        BUS-0010          2.531 KA      ANG:  -249.19
               CBL-0005        BUS-0007         17.828 KA      ANG:   -74.68

 BUS-0009      3P Duty:  3.716 KA AT  -19.09 DEG (     2.45 MVA) X/R:    0.46
               VOLTAGE:    380.   EQUIV. IMPEDANCE=  0.0558 + J  0.0193  OHMS
               LOW VOLTAGE POWER CIRCUIT BREAKER    3.716 KA
               MOLDED CASE CIRCUIT BREAKER < 10KA   3.716 KA
               MOLDED CASE CIRCUIT BREAKER < 20KA   3.716 KA
               MOLDED CASE CIRCUIT BREAKER > 20KA   3.716 KA
               CONTRIBUTIONS:  MTRI-0001         0.270 KA      ANG:   -84.26
               CBL-0006        BUS-0008          3.611 KA      ANG:   -15.21

 BUS-0010      3P Duty: 11.770 KA AT  -64.51 DEG (     7.75 MVA) X/R:    2.18
               VOLTAGE:    380.   EQUIV. IMPEDANCE=  0.0080 + J  0.0168  OHMS
               LOW VOLTAGE POWER CIRCUIT BREAKER   11.770 KA
               MOLDED CASE CIRCUIT BREAKER < 20KA  11.770 KA
               MOLDED CASE CIRCUIT BREAKER > 20KA  11.770 KA
               CONTRIBUTIONS:  MTRI-0002         2.952 KA      ANG:   -72.54
```

```
              CBL-0007        BUS-0008           8.856 KA      ANG:   -61.84

 BUS-0011     3P Duty: 10.710 KA AT  -78.31 DEG (     7.05 MVA) X/R:    4.94
              VOLTAGE:    380.   EQUIV. IMPEDANCE=  0.0042 + J  0.0201  OHMS
              LOW VOLTAGE POWER CIRCUIT BREAKER   10.710 KA
              MOLDED CASE CIRCUIT BREAKER < 20KA  11.935 KA
              MOLDED CASE CIRCUIT BREAKER > 20KA  10.729 KA
              CBL-0008        BUS-0007          10.710 KA      ANG:   -78.31


               U N B A L A N C E D   F A U L T   R E P O R T
                 (FOR APPLICATION OF LOW VOLTAGE BREAKERS)
                       PRE FAULT VOLTAGE: 1.0000
                       MODEL TRANSFORMER TAPS: YES
===============================================================================
 LOCATION     FAULT      KA     X/R  EQUIVALENT (PU)  ASYM. KA AT 0.5 CYCLES
 VOLTAGE      DUTIES    (RMS)        FAULT IMPEDANCE  * MAX. RMS  AVG. RMS *
===============================================================================

BUS-0007       3P Duty:  25.352  5.47 Z1=   5.9929        32.413    28.997
              SLG DUTY:  27.376  5.74 Z2=   5.9929        35.367
   380. VOLTS   LN/LN:  21.956        Z0=   4.6667
            LN/LN/GND: 26.224 ( 29.745 GND RETURN KA)

BUS-0008       3P Duty:  20.612  3.56 Z1=   7.3711        23.882    22.278
              SLG DUTY:   8.686  6.25 Z2=   7.3711        11.431
   380. VOLTS   LN/LN:  17.851        Z0=  37.8767
            LN/LN/GND: 17.652 (  5.489 GND RETURN KA)

BUS-0009       3P Duty:   3.716  0.46 Z1=  40.8829         3.716     3.716
              SLG DUTY:   2.088  1.76 Z2=  40.8829         2.146
   380. VOLTS   LN/LN:   3.218        Z0= 158.6050
            LN/LN/GND:  2.771 (  1.326 GND RETURN KA)

BUS-0010       3P Duty:  11.770  2.18 Z1=  12.9086        12.411    12.093
              SLG DUTY:   2.203  6.48 Z2=  12.9086         2.922
   380. VOLTS   LN/LN:  10.193        Z0= 182.2658
            LN/LN/GND: 10.020 (  1.210 GND RETURN KA)

BUS-0011       3P Duty:  10.710  4.94 Z1=  14.1866        13.378    12.083
              SLG DUTY:   2.457  9.09 Z2=  14.1866         3.476
   380. VOLTS   LN/LN:   9.275        Z0= 157.3129
            LN/LN/GND:  9.227 (  1.387 GND RETURN KA)


               F A U L T   S T U D Y   S U M M A R Y
              (FOR APPLICATION OF LOW VOLTAGE BREAKERS)
                    PRE FAULT VOLTAGE: 1.0000
                    MODEL TRANSFORMER TAPS: YES
```

```
 BUS RECORD        VOLTAGE  A V A I L A B L E   F A U L T   D U T I E S  (KA)
  NO NAME            L-L      3 PHASE        X/R    LINE/GRND       X/R
==============================================================================

BUS-0007            380.      25.352        5.47     27.376         5.74
BUS-0008            380.      20.612        3.56      8.686         6.25
BUS-0009            380.       3.716        0.46      2.088         1.76
BUS-0010            380.      11.770        2.18      2.203         6.48
BUS-0011            380.      10.710        4.94      2.457         9.09

   5 FAULTED BUSES,    15 BRANCHES,     5 CONTRIBUTIONS
UNBALANCED FAULTS REQUESTED

*** SHORT CIRCUIT STUDY COMPLETE ***
```

```
     T H R E E   P H A S E   M O M E N T A R Y   D U T Y   R E P O R T
                           PRE FAULT VOLTAGE: 1.0000
                           MODEL TRANSFORMER TAPS: YES
==============================================================================

 BUS-0001        E/Z:        8.129 KA AT  -84.32 DEG (   322.42 MVA) X/R:    10.13
                 SYM*1.6:    13.006 KA          MOMENTARY BASED ON X/R:   11.711 KA
                 SYM*2.7:    21.948 KA              CREST BASED ON X/R:   19.926 KA
                 VOLTAGE:   22900.    EQUIV. IMPEDANCE=  0.1610 + J  1.6185  OHMS
                 CONTRIBUTIONS:  GRID-0001              7.816 KA      ANG:   -84.29
                 CBL-0001        BUS-0002               0.313 KA      ANG:    94.93

 BUS-0002        E/Z:        8.032 KA AT  -83.24 DEG (   318.57 MVA) X/R:     8.55
                 SYM*1.6:    12.851 KA          MOMENTARY BASED ON X/R:   11.242 KA
                 SYM*2.7:    21.686 KA              CREST BASED ON X/R:   19.224 KA
                 VOLTAGE:   22900.    EQUIV. IMPEDANCE=  0.1936 + J  1.6347  OHMS
                 CBL-0001        BUS-0001               7.719 KA      ANG:   -83.17
                 TR-0001         BUS-0003               0.313 KA      ANG:   -85.11

 BUS-0003        E/Z:        4.672 KA AT  -84.79 DEG (    53.41 MVA) X/R:    12.06
                 SYM*1.6:     7.476 KA          MOMENTARY BASED ON X/R:    6.911 KA
                 SYM*2.7:    12.615 KA              CREST BASED ON X/R:   11.700 KA
                 VOLTAGE:    6600.    EQUIV. IMPEDANCE=  0.0741 + J  0.8122  OHMS
                 CBL-0003        BUS-0005               0.312 KA      ANG:    93.68
                 CBL-0004        BUS-0006               1.156 KA      ANG:    93.49
                 TR-0001         BUS-0002               3.095 KA      ANG:  -264.53
                 CBL-0002        BUS-0004               0.114 KA      ANG:  -249.85

 BUS-0004        E/Z:        4.420 KA AT  -77.35 DEG (    50.53 MVA) X/R:     4.55
                 SYM*1.6:     7.072 KA          MOMENTARY BASED ON X/R:    5.417 KA
                 SYM*2.7:    11.934 KA              CREST BASED ON X/R:    9.383 KA
                 VOLTAGE:    6600.    EQUIV. IMPEDANCE=  0.1888 + J  0.8412  OHMS
                 TR-0002         BUS-0007               0.114 KA      ANG:   -70.03
                 CBL-0002        BUS-0003               4.307 KA      ANG:   -77.54
```

```
BUS-0005      E/Z:       4.402 KA AT  -74.89 DEG (    50.32 MVA) X/R:     4.70
              SYM*1.6:     7.044 KA        MOMENTARY BASED ON X/R:    5.437 KA
              SYM*2.7:    11.886 KA            CREST BASED ON X/R:    9.416 KA
              VOLTAGE:    6600.   EQUIV. IMPEDANCE=  0.2257 + J  0.8356  OHMS
              CONTRIBUTIONS:  MTRS-0001             0.313 KA      ANG:   -87.14
              CBL-0003        BUS-0003              4.097 KA      ANG:   -73.96

BUS-0006      E/Z:       4.593 KA AT  -83.63 DEG (    52.50 MVA) X/R:    10.98
              SYM*1.6:     7.349 KA        MOMENTARY BASED ON X/R:    6.701 KA
              SYM*2.7:    12.401 KA            CREST BASED ON X/R:   11.375 KA
              VOLTAGE:    6600.   EQUIV. IMPEDANCE=  0.0920 + J  0.8245  OHMS
              CONTRIBUTIONS:  GEN-0001              1.165 KA      ANG:   -87.14
              CBL-0004        BUS-0003              3.431 KA      ANG:   -82.44

BUS-0007      VOLTAGE:    380.  ( SEE LOW VOLTAGE REPORT )

BUS-0008      VOLTAGE:    380.  ( SEE LOW VOLTAGE REPORT )

BUS-0009      VOLTAGE:    380.  ( SEE LOW VOLTAGE REPORT )

BUS-0010      VOLTAGE:    380.  ( SEE LOW VOLTAGE REPORT )

BUS-0011      VOLTAGE:    380.  ( SEE LOW VOLTAGE REPORT )
```

```
      U N B A L A N C E D   M O M E N T A R Y   D U T Y   R E P O R T
                        PRE FAULT VOLTAGE: 1.0000
                        MODEL TRANSFORMER TAPS: YES
==============================================================================
 LOCATION      FAULT         E/Z     X/R  EQUIVALENT         MOMENTARY FAULT DUTIES
 VOLTAGE       TYPE          KA            IMPEDANCE (PU)    E/Z * 1.6   @ 0.5 CYCLE
==============================================================================

                3P Duty:    8.13    10.1 Z1=    0.3102        13.01        11.71
BUS-0001       SLG DUTY:    7.76    10.1 Z2=    0.3102        12.41        11.17
 22900.     VOLTS LN/LN:    7.04         Z0=    0.3548
             LN/LN/GND:    7.96 (     7.42 GND RETURN KA)

                3P Duty:    8.03     8.5 Z1=    0.3139        12.85        11.24
BUS-0002       SLG DUTY:    7.61     7.6 Z2=    0.3139        12.18        10.41
 22900.     VOLTS LN/LN:    6.96         Z0=    0.3663
             LN/LN/GND:    7.92 (     7.23 GND RETURN KA)

                3P Duty:    4.67    12.1 Z1=    1.8723         7.48         6.91
BUS-0003       SLG DUTY:                 Z2=    1.8723
  6600. VOLTS LN/LN         4.05         Z0= INFINITE
             LN/LN/GND:    4.05 (     0.00 GND RETURN KA)

                3P Duty:    4.42     4.5 Z1=    1.9791         7.07         5.42
BUS-0004       SLG DUTY:                 Z2=    1.9791
```

```
  6600. VOLTS LN/LN        3.83         Z0= INFINITE
              LN/LN/GND:   3.83 (    0.00 GND RETURN KA)

               3P Duty:    4.40     4.7 Z1=    1.9871        7.04       5.44
BUS-0005      SLG DUTY:                  Z2=    1.9871
  6600. VOLTS LN/LN        3.81         Z0= INFINITE
              LN/LN/GND:   3.81 (    0.00 GND RETURN KA)

               3P Duty:    4.59    11.0 Z1=    1.9046        7.35       6.70
BUS-0006      SLG DUTY:                  Z2=    1.9046
  6600. VOLTS LN/LN        3.98         Z0= INFINITE
              LN/LN/GND:   3.98 (    0.00 GND RETURN KA)


        M O M E N T A R Y   D U T Y   S U M M A R Y   R E P O R T
                    PRE FAULT VOLTAGE: 1.0000
                    MODEL TRANSFORMER TAPS: YES
                    SOLUTION METHOD        : E/Z
==============================================================================
  BUS RECORD       VOLTAGE      * 3  P H A S E *       * * * SLG * * *
   NO NAME           L-L            KA      X/R          KA       X/R
==============================================================================

BUS-0001          22900.        11.711   10.13       11.166    10.08
BUS-0002          22900.        11.242    8.55       10.414     7.58
BUS-0003           6600.         6.911   12.06
BUS-0004           6600.         5.417    4.55
BUS-0005           6600.         5.437    4.70
BUS-0006           6600.         6.701   10.98

   6 FAULTED BUSES,    15 BRANCHES,     5 CONTRIBUTIONS
UNBALANCED FAULTS REQUESTED

*** SHORT CIRCUIT STUDY COMPLETE ***


  T H R E E   P H A S E   I N T E R R U P T I N G   D U T Y   R E P O R T
                      PRE FAULT VOLTAGE: 1.0000
                      MODEL TRANSFORMER TAPS: YES
                      NACD OPTION:  INTERPOLATED
==============================================================================

 BUS-0001       E/Z:        8.106 KA AT  -84.34 DEG (   321.51 MVA) X/R:   10.14
                VOLTAGE:  22900.   EQUIV. IMPEDANCE=  0.1610 + J  1.6231  OHMS
                CONTRIBUTIONS:  GRID-0001          7.816 KA       ANG:   -84.29
                CBL-0001         BUS-0002          0.290 KA       ANG:    94.43

                GENERATOR NAME -- AT BUS --   KA     VOLTS PU  LOCAL/REMOTE
            GRID-0001                        7.816     0.00          R
```

```
          GEN-0001                        0.237    0.29          L
             TOTAL REMOTE:     7.816 KA  NACD RATIO:  0.9642

                            SYM2      SYM3      SYM5      SYM8
             MULT. FACT:    1.000     1.000     1.000     1.005
             DUTY (KA) :    8.106     8.106     8.106     8.145

                            TOT2      TOT3      TOT5      TOT8
             MULT. FACT:    1.214     1.057     1.008     1.000
             DUTY (KA) :    9.843     8.567     8.173     8.106

BUS-0002     E/Z:       8.009 KA AT  -83.26 DEG (   317.66 MVA) X/R:    8.55
             VOLTAGE:  22900.   EQUIV. IMPEDANCE=  0.1938 + J  1.6395  OHMS
             CBL-0001       BUS-0001            7.719 KA      ANG:   -83.17
             TR-0001        BUS-0003            0.290 KA      ANG:   -85.61

             GENERATOR NAME -- AT BUS --   KA    VOLTS PU  LOCAL/REMOTE
          GRID-0001                       7.719    0.02          R
          GEN-0001                        0.237    0.29          L
             TOTAL REMOTE:     7.719 KA  NACD RATIO:  0.9638

                            SYM2      SYM3      SYM5      SYM8
             MULT. FACT:    1.000     1.000     1.000     1.002
             DUTY (KA) :    8.009     8.009     8.009     8.022

                            TOT2      TOT3      TOT5      TOT8
             MULT. FACT:    1.165     1.032     1.000     1.000
             DUTY (KA) :    9.327     8.262     8.009     8.009

BUS-0003     E/Z:       4.509 KA AT  -84.99 DEG (    51.54 MVA) X/R:   12.18
             VOLTAGE:   6600.   EQUIV. IMPEDANCE=  0.0739 + J  0.8419  OHMS
             CBL-0003       BUS-0005            0.208 KA      ANG:    93.41
             CBL-0004       BUS-0006            1.156 KA      ANG:    93.49
             TR-0001        BUS-0002            3.095 KA      ANG:  -264.53
             CBL-0002       BUS-0004            0.052 KA      ANG:  -251.32

             GENERATOR NAME -- AT BUS --   KA    VOLTS PU  LOCAL/REMOTE
          GRID-0001                       3.095    0.89          R
          GEN-0001                        1.156    0.01          L
             TOTAL REMOTE:     3.095 KA  NACD RATIO:  0.6864

                            SYM2      SYM3      SYM5      SYM8
             MULT. FACT:    1.000     1.000     1.000     1.014
             DUTY (KA) :    4.509     4.509     4.509     4.574

                            TOT2      TOT3      TOT5      TOT8
             MULT. FACT:    1.268     1.095     1.023     1.000
             DUTY (KA) :    5.715     4.936     4.611     4.509

BUS-0004     E/Z:       4.266 KA AT  -77.62 DEG (    48.77 MVA) X/R:    4.64
             VOLTAGE:   6600.   EQUIV. IMPEDANCE=  0.1915 + J  0.8724  OHMS
```

```
          TR-0002        BUS-0007          0.052 KA     ANG:   -71.40
          CBL-0002       BUS-0003          4.215 KA     ANG:   -77.69

          GENERATOR NAME -- AT BUS --   KA    VOLTS PU  LOCAL/REMOTE
       GRID-0001                     2.926     0.89          R
       GEN-0001                      1.093     0.15          L
          TOTAL REMOTE:     2.926 KA  NACD RATIO:  0.6858

                         SYM2      SYM3      SYM5      SYM8
          MULT. FACT:    1.000     1.000     1.000     1.000
          DUTY (KA) :    4.266     4.266     4.266     4.266

                         TOT2      TOT3      TOT5      TOT8
          MULT. FACT:    1.033     1.000     1.000     1.000
          DUTY (KA) :    4.408     4.266     4.266     4.266

BUS-0005  E/Z:       4.252 KA AT  -74.93 DEG (    48.60 MVA) X/R:    4.40
          VOLTAGE:   6600.   EQUIV. IMPEDANCE=  0.2330 + J  0.8654  OHMS
          CONTRIBUTIONS: MTRS-0001          0.209 KA     ANG:   -87.14
          CBL-0003       BUS-0003          4.048 KA     ANG:   -74.31

          GENERATOR NAME -- AT BUS --   KA    VOLTS PU  LOCAL/REMOTE
       GRID-0001                     2.913     0.89          R
       GEN-0001                      1.088     0.20          L
          TOTAL REMOTE:     2.913 KA  NACD RATIO:  0.6852

                         SYM2      SYM3      SYM5      SYM8
          MULT. FACT:    1.000     1.000     1.000     1.000
          DUTY (KA) :    4.252     4.252     4.252     4.252

                         TOT2      TOT3      TOT5      TOT8
          MULT. FACT:    1.031     1.000     1.000     1.000
          DUTY (KA) :    4.384     4.252     4.252     4.252

BUS-0006  E/Z:       4.438 KA AT  -83.90 DEG (    50.73 MVA) X/R:   11.20
          VOLTAGE:   6600.   EQUIV. IMPEDANCE=  0.0912 + J  0.8538  OHMS
          CONTRIBUTIONS: GEN-0001           1.165 KA     ANG:   -87.14
          CBL-0004       BUS-0003          3.275 KA     ANG:   -82.75

          GENERATOR NAME -- AT BUS --   KA    VOLTS PU  LOCAL/REMOTE
       GRID-0001                     3.023     0.89          R
       GEN-0001                      1.165     0.00          L
          TOTAL REMOTE:     3.023 KA  NACD RATIO:  0.6812

                         SYM2      SYM3      SYM5      SYM8
          MULT. FACT:    1.000     1.000     1.000     1.009
          DUTY (KA) :    4.438     4.438     4.438     4.478

                         TOT2      TOT3      TOT5      TOT8
          MULT. FACT:    1.245     1.077     1.015     1.000
          DUTY (KA) :    5.526     4.778     4.503     4.438
```

```
 BUS-0007        VOLTAGE:     380.  ( SEE LOW VOLTAGE REPORT )
10 Feb 2020     14:25:16                 THREE PHASE INTERRUPTING DUTY PAGE    5

 BUS-0008        VOLTAGE:     380.  ( SEE LOW VOLTAGE REPORT )

 BUS-0009        VOLTAGE:     380.  ( SEE LOW VOLTAGE REPORT )

 BUS-0010        VOLTAGE:     380.  ( SEE LOW VOLTAGE REPORT )

 BUS-0011        VOLTAGE:     380.  ( SEE LOW VOLTAGE REPORT )


   U N B A L A N C E D   I N T E R R U P T I N G   D U T Y   R E P O R T
                             PRE FAULT VOLTAGE: 1.0000
                             MODEL TRANSFORMER TAPS: YES
                             NACD OPTION:  INTERPOLATED
==============================================================================
  LOCATION          FAULT    E/Z     X/R          ANSI AC/DC         INTERRUPTING
                    TYPE     KA                   DECREMENT FACT.    DUTIES  (KA)
                                                  3 PHASE     SLG    3 PHASE  SLG
==============================================================================

 BUS-0001        3P Duty:   8.11    10.1 SYM2:     1.00     1.00     8.11     7.74
  VOLTS: 22900.0     SLG:   7.74    10.1 SYM3:     1.00     1.00     8.11     7.74
   NACD:  0.964   LN/LN:   7.02          SYM5:     1.00     1.00     8.11     7.74
              LN/LN/GND:   7.94          SYM8:     1.00     1.00     8.15     7.78
             GND RETURN:   7.41          TOT2:     1.21     1.21     9.84     9.40
                 Z1(PU):       0.31104 TOT3:     1.06     1.06     8.57     8.18
                 Z2(PU):       0.31104 TOT5:     1.01     1.01     8.17     7.80
                 Z0(PU):       0.35484 TOT8:     1.00     1.00     8.11     7.74

 BUS-0002        3P Duty:   8.01     8.6 SYM2:     1.00     1.00     8.01     7.60
  VOLTS: 22900.0     SLG:   7.60     7.6 SYM3:     1.00     1.00     8.01     7.60
   NACD:  0.964   LN/LN:   6.94          SYM5:     1.00     1.00     8.01     7.60
              LN/LN/GND:   7.91          SYM8:     1.00     1.00     8.02     7.60
             GND RETURN:   7.22          TOT2:     1.16     1.13     9.33     8.61
                 Z1(PU):       0.31481 TOT3:     1.03     1.02     8.26     7.72
                 Z2(PU):       0.31481 TOT5:     1.00     1.00     8.01     7.60
                 Z0(PU):       0.36631 TOT8:     1.00     1.00     8.01     7.60

 BUS-0003        3P Duty:   4.51    12.2 SYM2:     1.00              4.51
  VOLTS:  6600.0     SLG:                SYM3:     1.00              4.51
   NACD:  0.686   LN/LN:   3.90          SYM5:     1.00              4.51
              LN/LN/GND:   3.90          SYM8:     1.01              4.57
             GND RETURN:                 TOT2:     1.27              5.72
                 Z1(PU):       1.94015 TOT3:     1.09              4.94
                 Z2(PU):       1.94015 TOT5:     1.02              4.61
                 Z0(PU):                 TOT8:     1.00              4.51
```

```
BUS-0004        3P Duty:   4.27    4.6 SYM2:     1.00            4.27
  VOLTS:  6600.0     SLG:                SYM3:     1.00            4.27
    NACD:  0.686   LN/LN:   3.69         SYM5:     1.00            4.27
              LN/LN/GND:   3.69         SYM8:     1.00            4.27
             GND RETURN:                TOT2:     1.03            4.41
                 Z1(PU):       2.05036  TOT3:     1.00            4.27
                 Z2(PU):       2.05036  TOT5:     1.00            4.27
                 Z0(PU):                TOT8:     1.00            4.27

BUS-0005        3P Duty:   4.25    4.4 SYM2:     1.00            4.25
  VOLTS:  6600.0     SLG:                SYM3:     1.00            4.25
    NACD:  0.685   LN/LN:   3.68         SYM5:     1.00            4.25
              LN/LN/GND:   3.68         SYM8:     1.00            4.25
             GND RETURN:                TOT2:     1.03            4.38
                 Z1(PU):       2.05752  TOT3:     1.00            4.25
                 Z2(PU):       2.05752  TOT5:     1.00            4.25
                 Z0(PU):                TOT8:     1.00            4.25

BUS-0006        3P Duty:   4.44   11.2 SYM2:     1.00            4.44
  VOLTS:  6600.0     SLG:                SYM3:     1.00            4.44
    NACD:  0.681   LN/LN:   3.84         SYM5:     1.00            4.44
              LN/LN/GND:   3.84         SYM8:     1.01            4.48
             GND RETURN:                TOT2:     1.25            5.53
                 Z1(PU):       1.97118  TOT3:     1.08            4.78
                 Z2(PU):       1.97118  TOT5:     1.01            4.50
                 Z0(PU):                TOT8:     1.00            4.44


      I N T E R R U P T I N G   D U T Y   S U M M A R Y   R E P O R T
                         PRE FAULT VOLTAGE: 1.0000
                         MODEL TRANSFORMER TAPS: YES
                         NACD OPTION:  INTERPOLATED
==============================================================================
 BUS RECORD        VOLTAGE  NACD    * 3  P H A S E *       * * * S L G * * *
  NO NAME            L-L    RATIO   E/Z KA        X/R      E/Z KA        X/R
==============================================================================

BUS-0001           22900. 0.964    8.106       10.14      7.742       10.09
BUS-0002           22900. 0.964    8.009        8.55      7.596        7.58
BUS-0003            6600. 0.686    4.509       12.18
BUS-0004            6600. 0.686    4.266        4.64
BUS-0005            6600. 0.685    4.252        4.40
BUS-0006            6600. 0.681    4.438       11.20

   6 FAULTED BUSES,    15 BRANCHES,     5 CONTRIBUTIONS
UNBALANCED FAULTS REQUESTED

*** SHORT CIRCUIT STUDY COMPLETE ***
```

# 7장 IEC 60909 Short Circuit Studies

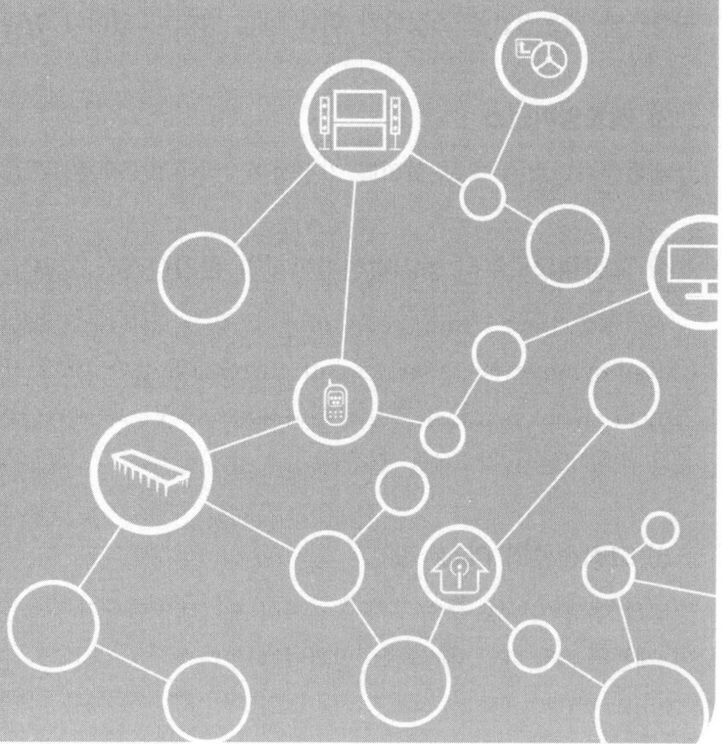

## 1 개요

이 표준은 공칭 주파수 50 Hz 또는 60 Hz에서 동작하는 저압 3상교류계통 및 고압 3상교류계통의 단락전류 계산에 적용한다. 장거리 송전선로를 갖는 최고전압이 550 kV 이상인 계통은 특별한 고려가 필요하다. 이 표준은 평형고장인 3상단락고장전류, 불평형고장인 선간단락고장전류, 1선지락고정전류, 2선지락고정전류를 계산하는데 적용한다. KS C ICE 60909의 관련표준은 단락 전류의 크기와 발전기로부터의 거리가 멀다(far), 가깝다(near)에 따라 구분한다. 단락 전류의 크기는 최대와 최소단락전류를 계산하여야 한다. 최대단락전류는 전기기기의 용량이나 정격을 결정하며, 최소단락전류는 퓨즈의 선택, 보호장치의 설정, 전동기의 시운전검사 등의 기준이 될 수 있다. 발전기의 근접 또는 원격 분류는 계산에서 교류성분 감소를 모델링하느냐 않느냐 여부에 따라 결정한다.

## 2 계산시 고려사항

### 1) Voltage Factor

KS C IEC 60909 단락전류 계산에서 고장점에서의 등가전압원이 모든 전압원을 대체한다. 최대고장계산과 최소고장계산에 대해 등가전압원을 조정하기 위하여 전압인자 'c'를 적용한다.

### 2) 변압기 Tap

변압기 탭은 공칭 탭위치에 있거나 조정된 탭위치에 있을 수 있다. 비공칭 탭을 사용한다면 변압기임피던스와 계통전압을 조정하기 위한 다른 방안이 있어야 한다.

### 3) 계통임피던스

계통임피던스는 대칭3상이라 가정하며, 비대칭고장계산은 대칭좌표법을 사용한다.

### 4) 고장점으로부터 동기발전기까지의 전기적거리 고려

원격발전기(Far-from-generator) 고장의 경우에 단락전류의 정상상태 값은 초기대칭단락전류(initial symmetrical short circuit current)와 같다. 오직 직류성분만 0으로 감소한다. 반면 근접발전기(near-to-generator) 고장에 대해서는 직류성분과 교류성분 모두가 감소한다. 등가 R/X비가 교류성분과 직류성분의 감소율을 결정한다.

### 5) 고장전류의 Peak 값

고장전류의 Peak 값을 구하기 위하여 초기대칭단락전류에 'k'인자를 곱한다. k factor를 구하는데 있어 계통구성에 따라 계산하는 방법이 다르다.

## 3 용어의 정의

KS C IEC 60909에서는 단락전류계산에 있어서 다음과 같이 용어를 정의하고 있다.

1) $I_K''$(Initial symmetrical short-circuit current)

단락순시에 적용할 단락회로의 교류대칭단락전류의 실효값

2) $S_K''$(Initial symmetrical short-circuit power)

초기대칭단락전류 $I_k''$, 계통공칭전압 $U_n$, 계수 $\sqrt{3}$에 의하여 결정되는 가상의 값으로 초기대칭단락전력의 실효값이다. $S_k'' = \sqrt{3}\,U_n I_k''$

3) $i_p$(Peak short-circuit current)

단락전류의 순시 peak값

4) $I_b$(Symmetrical short circuit breaking current)

스위치장치의 첫 번째 극의 접점이 분리되는 순간에서의 대칭교류성분의 실효값

5) $I_k$(Steady-state short circuit current)

과도현상이 감소된 후에 남아 있는 단락전류의 실효값

6) $I_{LR}$(Symmetrical locked-rotor current)

유도전동기에 정격주파수의 정격전압을 공급하고 회전자를 구속하였을 때 흐르는 최고대칭전류의 실효값

7) $U_n$(nominal system voltage)

전력계통의 운전특성을 고려하여 지정된 선간전압이다.

8) $cU_n/\sqrt{3}$(equivalent voltage source)

단락전류계산을 위한 정상분회로의 전력계통에서 단락점에 적용되는 전압원으로 계통의 실효전압이다.

9) 동기기의 E"(Sub transient voltage E" of a synchronous machine)

단락순간에 초기과도리액턴스 $X_d''$ 내부에 존재하는 동기기의 대칭내부전압의 실효값

### 10) Far-from-generator short circuit

단락전류의 대칭교류성분의 크기가 일정하게 되는 단락조건

### 11) Near-to-generator short circuit

적어도 1개의 동기발전기가 발전기 정격전류의 2배 이상의 초기단락전류($I_k^{''}$)를 기여하는 단락조건, 또는 동기전동기 또는 비동기전동기(유도전동기)가 전동기 없는 초기단락전류($I_k^{''}$)의 5% 이상 기여하는 단락조건

### 12) $Z_k$(short circuit impedance)

3상교류 전력계통에서 단락회로 임피던스이다.

### 13) 동기기의 $X_d^{''}$(Sub-transient reactance $X_d^{''}$ of a synchronous machine)

이것은 단락순간에서 유효한 리액턴스이다. 단락전류 계산에서는 $X_d^{''}$의 포화값을 사용한다. 동기전동기 임피던스는 동기발전기와 같은 방법으로 계산한다.

$$Z_K = K_G(R + jX_d^{''}) \tag{7.1}$$

$$K_G = (kV_n \times C_{\max})/(kV_r(1 + X_d^{''}\sin\Phi_r)) \tag{7.2}$$

여기에서, $kV_n$ : BUS의 공칭전압

$kV_r$ : 전동기 정격전압[kV]

$C_{\max}$ : 전동기 정격전압에 따라 정해지는 상수

$X_d^{''}$ : 전동기의 초기과도리액턴스

$\Phi_r$ : 전동기의 역률각

Note : 리액턴스 $X_d^{''}[\Omega]$를 동기기의 정격임피던스 $Z_{rG} = U_{rG}^2/S_{rG}$로 나눈 per unit 값은 소문자 $x_d^{''} = X_d^{''}/Z_{rG}$로 표시한다.

### 14) Minimum time delay tmin of a circuit breaker

단락고장전류 시작으로부터 스위치장치의 첫 번째 극이 분리하기까지의 가장 짧은 시간

$t_{\min}$ = 순시계전기의 가장 짧은 동작시간 + 차단기 접점의 가장 짧은 개극시간

### 15) Voltage factor "c"

최대단락고장전류와 최소단락고장전류를 계산하기 위하여 등가전압원의 값을 조정하는 전압계수. 이 계수는 운전상태에 따라서 운전전압이 공칭전압과 다른 경우의 안전계수라고 할 수 있으며, 전압계수를 적용하는 이유는 다음과 같다.

• 운전상태에 따라서 전압이 변동한다.
• 계산값과 다른 변압기의 Tap 값으로 운전하는 경우
• 부하 및 정전용량의 영향을 무시
• 발전기와 전동기의 과도적인 영향

표 7-1 Voltage Factor "C"

| 공칭전압 | 최대고장전류와 최소고장전류를 계산하기 위한 전압계수 | |
|---|---|---|
| | 최대전압계수($C_{max}$)(1) | 최소전압계수($C_{min}$) |
| 100V 이상 1000V(저압)<br>(IEC 60038 table Ⅰ) | 1.05(3)<br>1.1(4) | 0.95 |
| 1kV 초과 35kV(중압)<br>(IEC 60038 table Ⅲ) | 1.1 | 1.0 |
| 35kV 초과(고압)(2)<br>(IEC 60038 table Ⅳ) | 1.1 | 1.0 |

(1) $C_{max}$ $U_n$은 전력계통기기의 최고전압(the highest voltage) Um을 초과하지 않아야 한다.
(2) 공칭전압이 정의되어 있지 않으면 $C_{max}$ $U_n$=$U_m$ 또는 $C_{min}$ $U_n$=0.9×$U_m$이 적용되어야 한다.
(3) +6%의 오차를 가진 저압계통에 대하여 적용한다. 예를 들면 380V에서 400V까지로 정의되는 계통에 대하여 $C_{max}$는 1.05를 적용한다.
(4) +10%의 오차를 가진 저압계통에 적용한다.

## 4 고장전류의 특성

### 4.1 일반특성

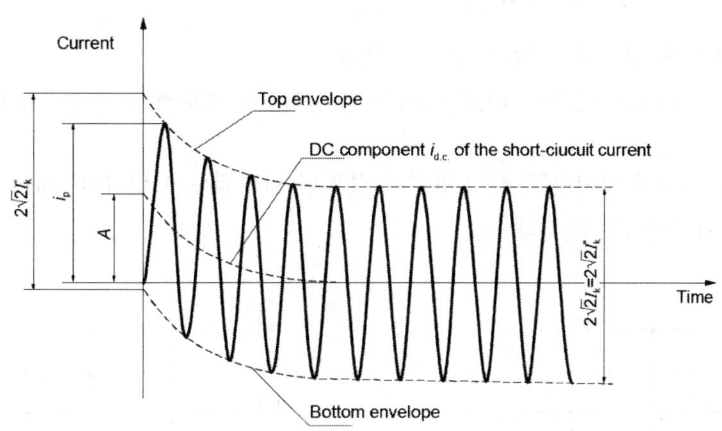


그림 7-1 AC가 일정한 원격전원의 단락전류

단락전류의 완벽한 계산은 고장전류의 시작으로부터 끝날 때까지 고장점에서 시간의 함수로 전류를 제공하여야 하고, 단락의 시작에서 전류의 순시값에 해당한다(그림 7-1, 그림 7-2).

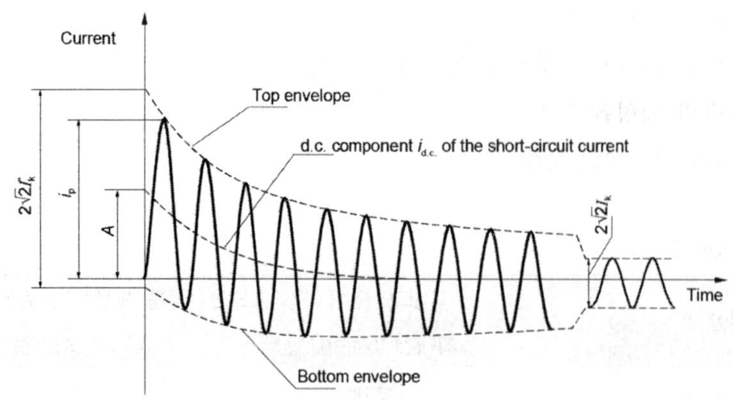


그림 7-2 AC 구성요소가 감쇠하는 근접전원의 단락전류

$I_k''$ : 초기대칭단락전류

$i_p$ : peak 단락전류

$I_k$ : 안정상태의 단락전류

$i_{dc}$ : 단락전류의 DC 구성요소

$A$ : DC 구성요소 $i_{dc}$의 초기값

## 4.2 단락고장전류 계산 조건

최대 및 최소단락전류의 계산은 다음 항목을 기초로 한다.

① 단락이 지속되는 동안 3상단락회로는 3상단락이 지속되고, 1선지락회로는 1선지락이 지속되는 것과 관련하여 고장 종류는 변경이 없는 것으로 한다.

② 단락이 지속되는 동안 전력계통과 관련하여 변경이 없는 것으로 한다.

③ 변압기의 임피던스는 탭절환장치의 중심점에 있는 것으로 한다. 전력계통에 접속된 임피던스 보정계수 $K_T$를 도입하기 위하여 인정되는 것이다.

④ 아크 저항은 계산에 포함하지 않는 것으로 한다.

⑤ 선로 정전용량, 병렬 어드미턴스, 비회전부하는 영상회로를 제외한 계통에는 무시하는 것으로 한다.

그림 7-3, 그림 7-4에서 보여주고 있는 평형과 불평형 단락회로에 있어서, 대칭 구성요소의 적용에 의하여 단락전류를 계산하기에 편리하다.

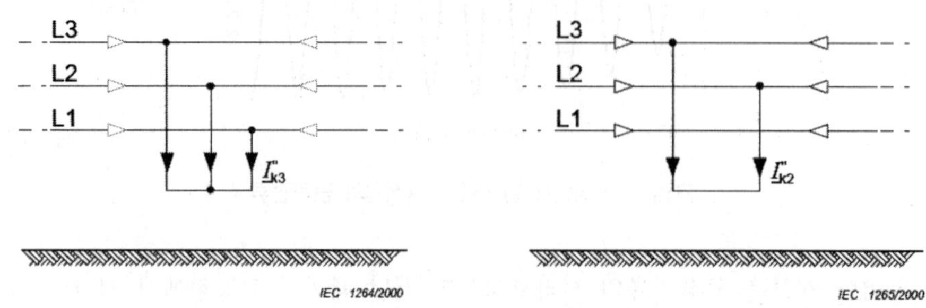


그림 7-3 3상단락회로와 선간단락회로

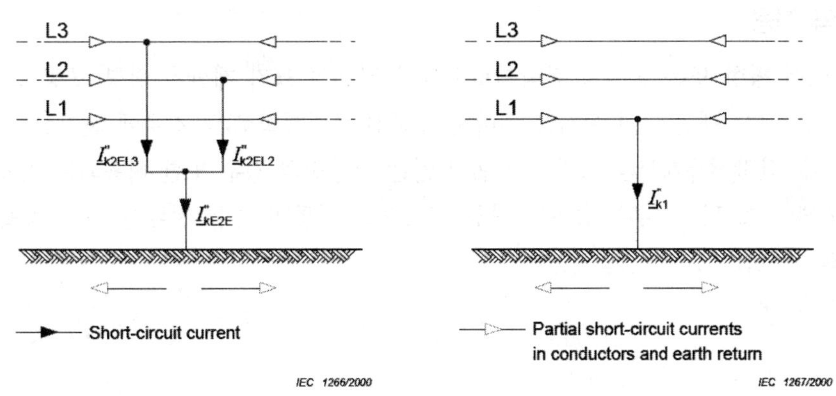


그림 7-4 2선지락회로와 1선지락회로

## 4.3 계산방법

### 1) 단락점에서 등가전압원

계산을 위하여 사용되는 방법은 단락점에서 등가전압원의 도입을 기준으로 한다. 등가전압원은 전력계통의 유일한 유효전압이다. Network Feeder, 동기기와 비동기기는 그들 내부 임피던스에 의하여 대체된다.

모든 경우에 있어서 등가전압원이 도움으로 단락회로 위치 F에서 단락전류를 결정하는 것이 가능하다. 운전 데이터, 소비전력, 변압기의 탭위치, 발전기의 여자 등은 없어도 된다. 추가적으로 단락 순간에 모든 서로 다른 전력조류에 대하여도 계산에는 불필요하다.

그림 7-5는 부하시 탭절환 또는 탭절환을 하지 않는 변압기에 의하여 공급되는 계통의 유효전압에서 단락 위치 F에서 등가전압원의 예를 보여준다. 계통에서 모든 다른 유효전압은 0으로 추정된다. 이와 같이 그림 7-5의 Network Feeder는 내부 임피던스 $Z_{Qt}$로 대표되고, 변압기의 저전압측으로 변환하였으며, 변압기는 저전압측으로 적용한 임피던스이다. 병렬 어드미턴스(선로 정전용량, 수동적인 부하)는 그림 7-5와 같이 단락전류를 계산할 때 고려하지 않는다.

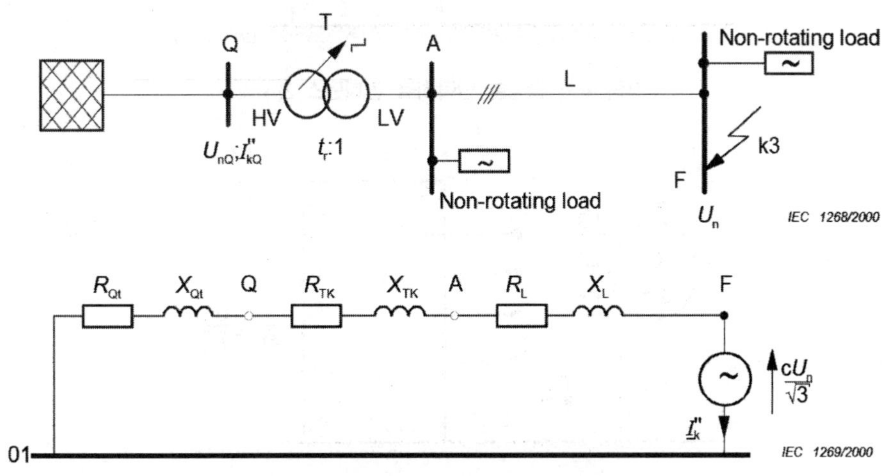


그림 7-5 전력계통도 및 정상계통의 등가회로

### 2) 대칭성분의 적용

3상 교류계통에서 평형 또는 불평형 단락회로로부터 전류의 크기 계산은 평형 구성요소(대칭좌표)를 사용하여 간단하게 한다. 예를 들어 순서를 뒤바꾼 가공선(불평형회로)의 경우에 전기설비는 평형구조를 가졌다고 상정한다. 단락전류계산의 결과 뒤바뀌지 않은 가공선의 경우 또한 허용되는 정확도를 가진다.

각각의 선로도체에 흐르는 전류는 3개의 대칭 구성요소 계통의 중첩 전류를 찾는 방법을 사용한다.

- 정상분 전류 : $\underline{I}_{(1)}$
- 역상분 전류 : $\underline{I}_{(2)}$
- 영상분 전류 : $\underline{I}_{(0)}$

참고로 선로도체 $L_1$을 선택하면, 전류 $\underline{I}_{L1}$, $\underline{I}_{L2}$, $\underline{I}_{L0}$는 다음 식에 의하여 주어진다.

$$\underline{I}_{L1} = \underline{I}_{(1)} + \underline{I}_{(2)} + \underline{I}_{(0)} \quad (7.3)$$

$$\underline{I}_{L2} = \underline{a}^2 \underline{I}_{(1)} + \underline{a}\underline{I}_{(2)} + \underline{I}_{(0)} \quad (7.4)$$

$$\underline{I}_{L0} = \underline{a}\underline{I}_{(1)} + \underline{a}^2 \underline{I}_{(2)} + \underline{I}_{(0)} \quad (7.5)$$

$$\underline{a} = -\frac{1}{2} + j\frac{\sqrt{3}}{2}, \quad \underline{a}^2 = -\frac{1}{2} - j\frac{\sqrt{3}}{2} \quad (7.6)$$

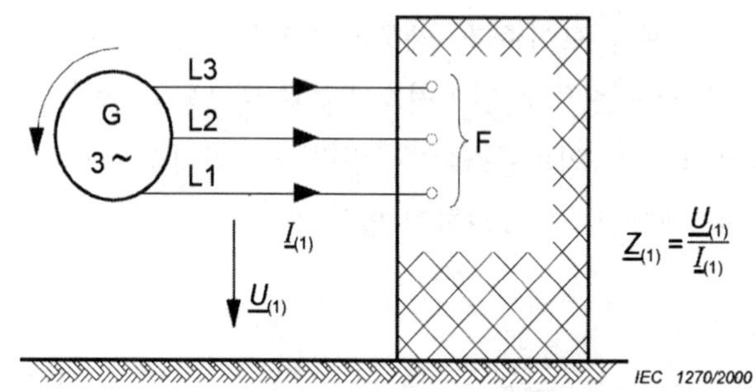


그림 7-6 정상분 단락회로 임피던스 $Z_{(1)}$

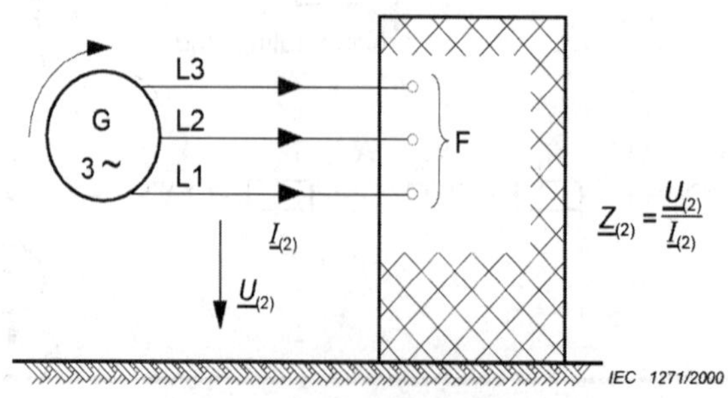


그림 7-7 역상분 단락회로 임피던스 $Z_{(2)}$

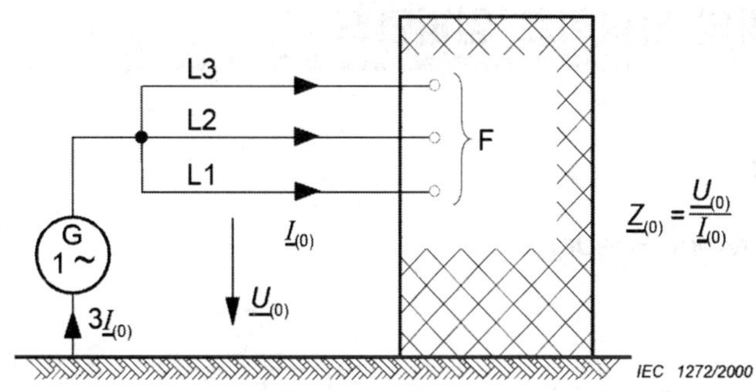


그림 7-8 영상분 단락회로 임피던스 $Z_{(0)}$

## 4.4 최대단락전류

최대단락전류를 계산할 때 다음 상태의 적용을 필요로 한다.

(1) 전압계수 $C_{\max}$은 최대단락전류의 계산을 위하여 적용한다.

(2) 전원측 임피던스는 단락전류의 최대값이 될 수 있도록 최소등가임피던스를 적용한다.

(3) 전동기는 비동기전동기 및 정지형 Convertors에 부합하여 적절하다면 포함한다.

(4) 선로저항(가공선 또는 케이블) $R_L$은 20℃의 온도를 적용한다.

## 4.5 최소단락전류

최소단락전류를 계산 할 때 다음 상태의 조건을 적용할 필요가 있다.

(1) 최소단락전류의 계산을 위한 전압계수 $C_{\min}$은 표 7-1에 따라 적용한다.

(2) 전원측 임피던스는 단락전류의 최소값이 될 수 있도록 최대등가임피던스를 적용한다.

(3) 전동기의 영향은 무시한다.

(4) 선로(가공선, 케이블 선로도체, 중성선)의 저항 $R_L$은 높은 온도를 적용한다.

$$R_L = \left[1+\alpha(\theta_c - 20)\right] \cdot R_{L20} \tag{7.7}$$

여기서, $R_{L20}$ : 도체의 20℃에서의 저항

$\theta_c$ : 단락 지속시간 종료시 도체의 온도(℃)

$\alpha$ : 도체의 온도저항계수(동 : 0.00393)

단락 지속시간 종료시 온도($\theta_e$)에 대해서는 KS C IEC 60986, KS C IEC 60724, KS C IEC 60949를 참조한다. 절연 재료의 종류에 따른 케이블 단락온도 한계는 다음과 같다.

- XLPE, EPR, HEPR : 250 ℃
- PVC 300㎟ 이하 : 160 ℃
- PVC 300㎟ 초과 : 140 ℃

# 5 전기설비의 단락회로 임피던스

## 5.1 Network Feeder

### 1) 변압기가 없는 Network Feeder

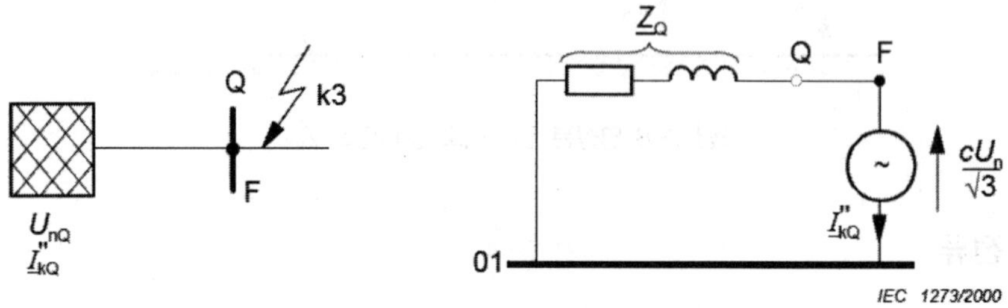


그림 7-9 Network Feeder의 등가회로

그림 7-9의 Network Feeder의 접속점 Q에서 Network 등가임피던스 $Z_Q$는 다음 식(7.8)으로 결정된다.

$$Z_Q = \frac{cU_{nQ}}{\sqrt{3}I''_{kQ}} \tag{7.8}$$

여기에서,

$c$ : Voltage Factor(표 7-1)

$U_{nQ}$ : $Q$점에서 계통공칭전압

$I''_{kQ}$ : $Q$점의 초기 대칭 단락전류

### 2) 변압기가 있는 Network Feeder

그림 7-10에 일치하는 단락회로가 Network Feeder 접속점 $Q$에서 초기대칭단락전류 $I''_{kQ}$가 고압 또는 특고압 계통으로부터 변압기에 의하여 공급된다는 것을 알고 있다면 변압기의 저압측에서 적용한 정상분 등가 단락임피던스 $Z_{Qt}$는 다음 식으로 결정된다.

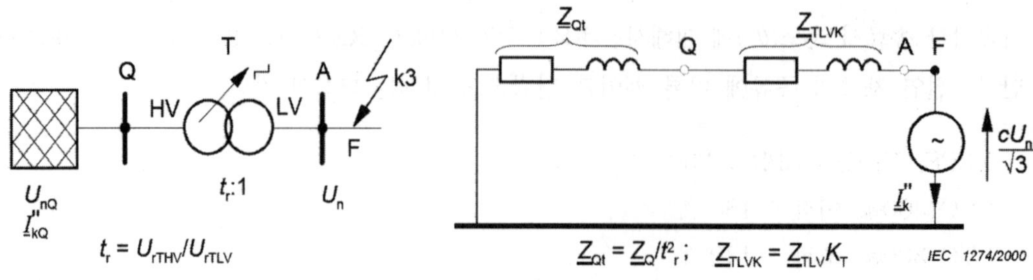


그림 7-10 변압기가 있는 Network Feeder의 계통도와 등가회로도

$$Z_{Qt} = \frac{c\,U_{nQ}}{\sqrt{3}\,I''_{kQ}} \cdot \frac{1}{t_r^2} \tag{7.9}$$

여기에서,

$U_{nQ}$ : Feeder 접속점 Q에서 계통의 공칭전압

$I''_{kQ}$ : Feeder 접속점 Q에서 초기 대칭단락전류

$c$ : 전압 $U_{nQ}$에 대한 전압계수(표 7-1)

$t_r$ : 부하시 탭절환장치의 탭이 중심에 위치할 때의 정격변압비율

## 5.2 변압기

### 1) 2권선 변압기의 임피던스

2권선 변압기의 정상임피던스 $Z_T = R_T + jX_T$는 다음의 식으로 계산한다.

$$Z_T = \frac{u_{kr}}{100\%} \times \frac{U_{rT}^2}{S_{rT}} \tag{7.10}$$

$$R_T = \frac{u_{Rr}}{100\%} \times \frac{U_{rT}^2}{S_{rT}} = \frac{P_{krT}}{3I_{rT}^2} \tag{7.11}$$

$$X_T = \sqrt{Z_T^2 - R_T^2} \tag{7.12}$$

여기에서,

$U_{rT}$ : 변압기의 1차 또는 2차측의 정격전압

$I_{rT}$ : 변압기의 1차 또는 2차측의 정격전류

$S_{rT}$ : 변압기의 정격용량

$P_{krT}$ : 정격전류에서 권선에 발생하는 변압기 손실전력

$u_{kr}$ : 정격전류에서 단락회로전압[%]

$u_{Rr}$ : 단락회로전압에 대한 저항성분의 전압[%]

### 2) 3권선 변압기의 임피던스

3권선 변압기의 경우 그림 7-6에 나타낸 정상 단락회로 임피던스 $\underline{Z}_A$, $\underline{Z}_B$, $\underline{Z}_C$는 3개의 단락회로 임피던스에 의하여 계산한다.

$$\underline{Z}_{AB} = \left(\frac{u_{RrAB}}{100\%} + j\frac{u_{XrAB}}{100\%}\right) \times \frac{U_{rTA}^2}{S_{rTAB}} \quad \text{(side C open)} \tag{7.13}$$

$$\underline{Z}_{AC}=\left(\frac{u_{RrAC}}{100\%}+j\frac{u_{XrAC}}{100\%}\right)\times\frac{U_{rTA}^2}{S_{rTAC}}\ \text{(side B open)} \tag{7.14}$$

$$\underline{Z}_{BC}=\left(\frac{u_{RrBC}}{100\%}+j\frac{u_{XrBC}}{100\%}\right)\times\frac{U_{rTA}^2}{S_{rTBC}}\ \text{(side A open)} \tag{7.15}$$

$$u_{Xr}=\sqrt{u_{kr}^2-u_{Rr}^2} \tag{7.16}$$

상기 방정식을 풀이하면 다음과 같이 된다.

$$\underline{Z}_A=\frac{1}{2}(\underline{Z}_{AB}+\underline{Z}_{AC}-\underline{Z}_{BC}) \tag{7.17}$$

$$\underline{Z}_B=\frac{1}{2}(\underline{Z}_{BC}+\underline{Z}_{AB}-\underline{Z}_{AC}) \tag{7.18}$$

$$\underline{Z}_C=\frac{1}{2}(\underline{Z}_{AC}+\underline{Z}_{BC}-\underline{Z}_{AB}) \tag{7.19}$$

여기에서,

$U_{rTA}$ : A 단자의 정격전압

$S_{rTAB}$ : AB 사이의 정격피상전력

$S_{rTAC}$ : AC 사이의 정격피상전력

$S_{rTBC}$ : BC 사이의 정격피상전력

$u_{RrAB}$, $u_{XrAB}$ : AB 사이에 주어지는 저항과 리액턴스 성분의 단락회로전압(%)

$u_{RrAC}$, $u_{XrAC}$ : AC 사이에 주어지는 저항과 리액턴스 성분의 단락회로전압(%)

$u_{RrBC}$, $u_{XrBC}$ : BC 사이에 주어지는 저항과 리액턴스 성분의 단락회로전압(%)

3권선 변압기의 영상 임피던스는 제조업체로부터 제공받아야 한다.

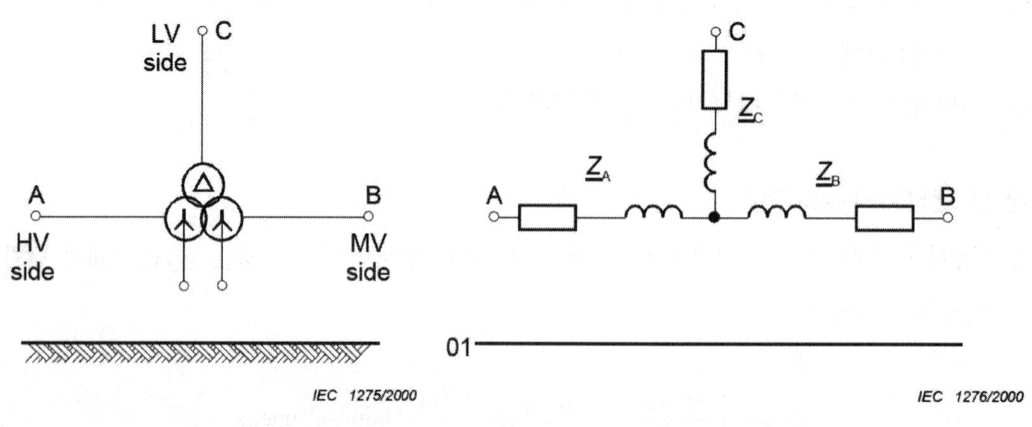


그림 7-11 3권선 변압기의 결선도

그림 7-12 등가회로도

### 3) Network 변압기의 임피던스 보정계수

(1) 2권선 변압기의 임피던스 보정계수

Network 변압기는 서로 다른 전압의 2 또는 그 이상의 전력계통에 접속된 변압기이다. 2권선 변압기의 임피던스 보정계수 $K_T$는 식(7.10)~식(7.12)에 추가하여 적용한다. 2권선 변압기의 임피던스 보정계수 $K_T$는 다음 식으로 계산하여 적용한다.

$$K_T = 0.95\frac{c_{\max}}{1+0.6x_T} \tag{7.20}$$

여기에서

$c_{\max}$ : Voltage Factor(표 7-1)

$x_T$ : 변압기 정격임피던스에 대한 리액턴스의 비율

$$x_T = \frac{X_T}{U_{rT}^2 / S_{rT}}$$

변압기의 임피던스 보정계수 $K_T$를 적용하면 변압기 임피던스는 다음 식으로 된다.

$$Z_{TK} - K_T\ Z_T = K_T\,(R_T + jX_T) \tag{7.21}$$

(2) 3권선 변압기의 임피던스 부정계수

부하시 탭절환장치의 유무에 관계없이 3권선 변압기의 임피던스 보정계수는 다음의 값을 적용한다.

$$K_{TAB} = 0.95\frac{c_{\max}}{1+0.6x_{TAB}} \tag{7.22}$$

$$K_{TAC} = 0.95\frac{c_{\max}}{1+0.6x_{TAC}} \tag{7.23}$$

$$K_{TBC} = 0.95\frac{c_{\max}}{1+0.6x_{TBC}} \tag{7.24}$$

## 5.3 Overhead Line and Cable

정상분의 단락회로 임피던스 $Z_L = R_L + jX_L$은 도체의 단면적, 중심간 거리 등 도체의 Data로부터 계산할 수 있다. 도체온도 20℃에 있어서 가공선의 단위길이 당 유효저항($R_L'$)은 다음 식으로 계산한다.

$$R_L' = \frac{\rho}{q_n} \tag{7.25}$$

여기에서,

$\rho$ : 도체의 저항률[Ω㎟/m](Cu: 0.01851, Al : 0.0294)

$q_n$ : 도체의 공칭단면적[㎟]

가공선의 단위길이 당 리액턴스($X_L^{'}$)은 다음과 같이 계산한다.

$$X_L^{'} = f\mu_o\left(\frac{1}{4n} + \ln\frac{d}{r}\right) \tag{7.26}$$

여기에서,

$d$ : 도체의 기하학적 평균거리 $d = \sqrt{d_{12}\ d_{23}\ d_{31}}$

$r$ : 단도체의 반경, 복도체의 경우에는 r은 $r_B = \sqrt[n]{nrR^{n-1}}$ 로 대신한다.

여기서, R은 복도체의 반경

$n$ : 복도체의 도체수, 단도체의 경우 $n$=1

$\mu_0$ : $4\pi \times 10^{-7}$[H/m]

## 5.4 단락전류 제한 리액터

단락회로 전류제한 리액터는 단락회로 임피던스의 일부분으로 간주하며 다음 식으로 계산한다.

$$Z_R = \frac{u_{kR}}{100} \times \frac{U_n}{\sqrt{3}\,I_{rR}} \quad (R_R \ll X_R) \tag{7.27}$$

여기에서,

$U_{kR}$ : 한류리액터 명판의 정격전압

$I_{rR}$ : 한류리액터 명판의 정격전류

$U_n$ : 계통의 정격전압

## 5.5 동기기

### 1) 동기발전기

변압기가 없는 발전기로부터 직접 공급되는 전력계통에서 초기 대칭단락회로 전류를 계산할 때 예를 들어 산업설비 전력계통 혹은 저압계통에서 다음의 임피던스는 정상분 전력계통에 사용된다(그림 7-13).

$$\underline{Z}_{GK} = K_G\,\underline{Z}_G = K_G\left(R_G + jX_G^{''}\right) \tag{7.28}$$

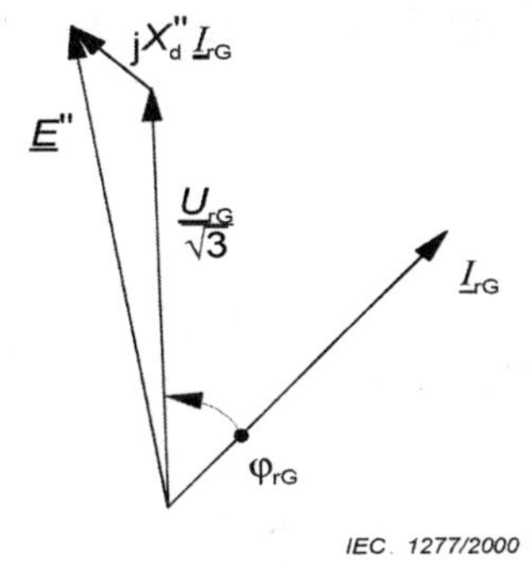


**그림 7-13 동기발전기의 벡터도**

발전기 보정계수는 다음과 같이 계산한다.

$$K_G = \frac{U_n}{U_{rG}} \times \frac{c_{\max}}{1 + x_d^{''} \sin\phi_{rG}} \tag{7.29}$$

여기에서,

$c_{\max}$ : Voltage Factor(표 7-1)

$U_n$ : 계통의 공칭전압

$U_{rG}$ : 발전기의 정격전압

$Z_{GK}$ : 발전기의 보정계수가 고려된 초기과도 임피던스

$Z_G$ : 정상계통에서 발전기의 초기과도 임피던스($Z_G = R_G + jX_d^{''}$)

$\phi_{rG}$ : $I_{rG}$와 $U_{rG}/\sqrt{3}$ 사이의 위상각

$x_d^{''}$ : 발전기의 정격임피던스에 대한 발전기의 초기과도리액턴스 비율 $x_d^{''} = X_d^{''}/Z_{rG}$

$X_d^{''}$ : 발전기의 초기과도리액턴스

$Z_{rG}$ : 발전기의 정격임피던스 $Z_{rG} = U_{rG}^2/S_{rG}$

$S_{rG}$ : 발전기의 정격용량

발전기 단자전압이 발전기 정격전압과 다르게 운전되는 경우에는 발전기 보정계수를 식(7.29)에서 $U_{rG}$ 대신에 다음의 식(7.30)을 적용한다.

$$U_G = U_{rG}(1 + p_G) \tag{7.30}$$

여기에서,

$p_G$ : 발전기의 전압조정 범위

### 2) 동기조상기 및 전동기

초기대칭단락회로전류 $I_k^{''}$, 단락회로전류 Peak 값 $I_p$, 대칭단락회로차단전류 $I_b$, 안정상태 단락회로전류 $I_k$를 계산할 때 동기조상기는 동기발전기와 동일하게 취급한다.

전압조정이 가능한 동기전동기는 동기발전기와 유사하게 취급한다. 전압조정장치가 없는 동기전동기는 추가적으로 고려하여야 할 대상이다.

## 5.6 Power Station Unit

### 1) 부하시 탭절환 장치가 있는 발전 Unit

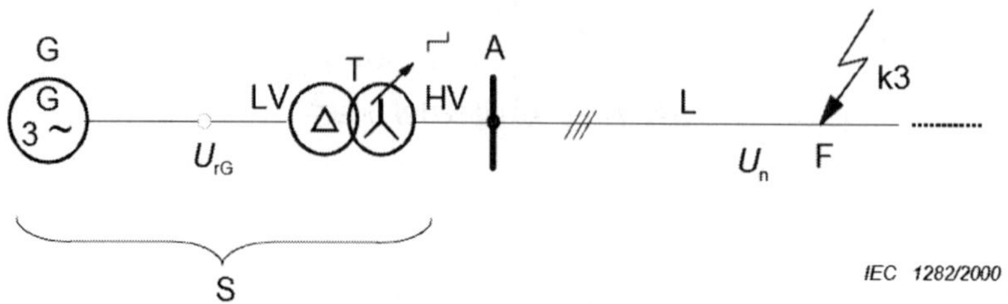


그림 7-14 발전 Unit 1개소로부터 공급되는 단락회로

부하시 탭절환이 가능한 발전 Unit의 단락회로전류를 계산하기 위하여, 발전 Unit의 임피던스를 계산하기 위한 다음의 방정식은 변압기의 고전압측의 단락회로 계산에 사용된다(그림 7-14).

$$\underline{Z}_s = K_s\,(t_r^2\,\underline{Z}_G + \underline{Z}_{THV}) \tag{7.31}$$

임피던스 보정계수는

$$K_s = \frac{U_{nQ}^2}{U_{rG}^2} \times \frac{U_{rTLV}^2}{U_{rTHV}^2} \times \frac{c_{\max}}{1 + \left| x_d'' - x_t \right| \sin\phi_{rG}} \tag{7.32}$$

여기에서,

- $\underline{Z}_s$ : 고전압측에 나타낸 부하시 탭절환장치가 있는 발전 Unit의 보정된 임피던스
- $\underline{Z}_G$ : 발전기의 초기과도임피던스 $\underline{Z}_G = R_G + jX_G''$
- $\underline{Z}_{THV}$ : 고전압측으로 환산한 변압기 임피던스
- $U_{nQ}$ : 발전소의 Feeder 접속점 $Q$에서의 계통공칭전압
- $U_{rG}$ : 발전기의 정격전압
- $\phi_{rG}$ : 발전기의 정격전류 $\underline{I}_{rG}$와 발전기의 정격전압 $\underline{U}_{rG}/\sqrt{3}$ 사이의 상차각
- $x_d''$ : 발전기의 정격임피던스에 대한 발전기의 초기과도리액턴스의 비율

  $x_d'' = \dfrac{X_d''}{Z_{rG}}$ (발전기의 정격임피던스 $Z_{rG} = \dfrac{U_{rG}^2}{S_{rG}}$)
- $x_T$ : 부하시 탭절환장치의 중심점에서 단위변압기의 리액턴스의 비율 $x_T = X_T/(U_{rT}^2/S_{rT})$
- $t_r$ : 단위변압기의 정격변압비율

  $t_r = U_{rTHV}/U_{rTLV}$

### 2) 부하시 탭절환 장치가 없는 발전 Unit

부하시 탭절환장치가 없는 발전 Unit의 단락회로전류를 계산하기 위하여, 단위발전소 전체의 임피던스를 계산하기 위한 다음의 방정식은 단위변압기의 고전압측에서 단락회로 계산에 사용된다(그림 7-12).

$$\underline{Z}_{so} = K_{so}\,(t_r^2\ \underline{Z}_G + \underline{Z}_{THV}) \tag{7.33}$$

임피던스 보정계수는

$$K_{so} = \frac{U_{nQ}}{U_{rG}(1+p_G)} \times \frac{U_{rTLV}}{U_{rTHV}}(1 \pm p_T) \times \frac{c_{\max}}{1 + x_d'' \sin\phi_{rG}} \tag{7.34}$$

여기에서,

$\underline{Z}_{so}$ : 부하시 탭절환장치가 없는 발전 Unit의 고전압측에서의 보정된 임피던스

$U_{rG}$ : 발전기의 정격전압, $U_{Gmax} = U_{rG}(1+p_G)$, $p_G$는 0.05~0.1

$1 \pm p_T$ : 단위변압기의 전압조정 범위(off-load 탭절환장치를 갖는 변압기와 그 탭중 하나를 영구히 사용하는 경우, $1 \pm p_T$=1를 선택하지 않는 경우에 적용한다. 무부하 탭이 있는 단위변압기의 고전압측에서 발전 Unit의 최대의 단락회로전류를 구하려면 $1-p_T$를 선택한다).

## 5.7 비동기전동기

### 1) 일반

고압전동기와 저압전동기는 초기대칭단락회로전류 $I_k''$, 단락회로 Peak 전류 ip, 대칭단락회로 차단전류 $I_b$, 안정상태의 단락회로전류 $I_k$에 기여전류를 공급한다. 고압전동기는 최대단락회로전류의 계산에서 고려된다. 저전압 전력공급계통에서 비동기전동기의 기여전류인 단락회로전류 $I_k''$는 그들의 기여전류가 전동기가 없이 계산된 초기단락회로전류 $I_{kM}''$의 5%보다 크지 않으면 무시한다. 다음 식의 조건에서도 전동기의 기여전류는 계산에서 무시한다.M

$$\sum I_{rM} \leq 0.01\ I_{kM}'' \tag{7.35}$$

여기에서,

$\Sigma I_{rM}$ : 단락이 발생한 전력계통에 직접 접속(변압기 없이)된 전동기의 정격전류의 합계

$I_{kM}''$ : 전동기의 영향이 없는 초기대칭단락전류

정상과 역상의 계통에서 비동기전동기의 임피던스 $\underline{Z}_M = R_M + jX_M$는 다음 식으로 계산한다.

$$Z_M = \frac{1}{I_{LR}/I_{rM}} \times \frac{U_{rM}}{\sqrt{3}\,I_{rM}} = \frac{1}{I_{LR}/I_{rM}} \times \frac{U_{rM}^2}{S_{rM}} \tag{7.36}$$

여기에서,

$U_{rM}$ : 전동기의 정격전압

$I_{rM}$ : 전동기의 정격전류

$S_{rM}$ : 전동기의 피상전력

$I_{LR}/I_{rM}$ : 전동기의 정격전류에 대한 구속회전자전류의 비율

$R_M/X_M$비를 알 수 있다면 $X_M$은 다음 식(7.37)로 계산할 수 있다.

$$X_M = \frac{Z_M}{\sqrt{1+(R_M/X_M)^2}} \tag{7.37}$$

전동기의 $X_M$ 값은 다음의 표 7-2의 값으로 계산하여도 충분한 정확성을 갖는다.

**표 7-2 $X_M$의 값**

| 구 분 | $R_M/X_M$ | $X_M$ |
|---|---|---|
| 고압전동기 1.0 MW 이상 | 0.1 | 0.995 $Z_M$ |
| 고압전동기 1.0 MW 미만 | 0.15 | 0.989 $Z_M$ |
| 케이블에 접속된 저압전동기 군 | 0.42 | 0.922 $Z_M$ |

### 2) 비동기전동기에 의한 단락고장 기여전류

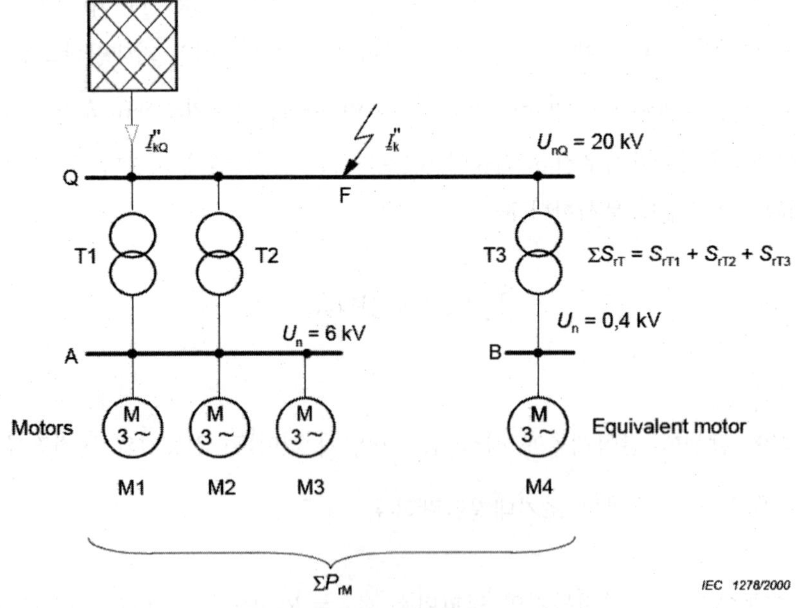


**그림 7-15 비동기전동기로부터 기여전류**

단락이 발생한 계통의 2권선 변압기에 접속된 고압 또는 저압전동기는 다음 식(7.38)의 조건에 해당하면 Feeder 접속점 $Q$(그림 7-15)의 단락전류계산에서 기여전류를 무시한다.

$$\frac{\Sigma P_{rM}}{\Sigma S_{rM}} \leq \frac{0.8}{\left| \dfrac{c\,100\,\Sigma S_{rT}}{\sqrt{3}\,U_{nQ}\,I''_{kQ}} - 0.3 \right|} \tag{7.38}$$

여기에서,

$\Sigma P_{rM}$ : 고려하여야 할 고 · 저압 전동기의 정격출력의 합 [W]

$\Sigma S_{rT}$ : 전동기에 직접 공급하는 변압기의 피상전력의 합계 [VA}

$I''_{kQ}$ : 전동기의 기여전류가 없는 Feeder 접속점 Q에서의 초기대칭단락전류

$U_{nQ}$ : Feeder 접속점 $Q$에서 공칭전압

저전압 전동기는 서로 다른 길이와 단면을 가진 케이블에 의하여 Bus bar에 연결되는 것이 일반적이다. 계산의 간략화를 위하여 그들의 연결케이블을 포함하는 전동기 군은 하나의 등가전동기로 결합된 것으로 한다.

연결케이블을 포함하는 등가 비동기전동기는 다음 조건을 적용한다.

$Z_M$ : 식(7.36)에 따른 임피던스

$I_{rM}$ : 전동기 군에서 전동기의 정격전류의 합

$I_{LR}/I_{rM}$ = 5

$R_M/X_M$ = 0.42 일 때 피크계수 $k_M$=1.3

$P_{rM}/p$ = 0.05 MW(전동기의 용량을 알 수 없는 경우)

$p$ : 전동기의 짝극수

그림 7-15에서 Bus Bar B가 단락일 경우에는 저압전동기군 M4의 부분단락전류는 $I_{rM4} \leq 0.01 I''_{kT3}$ 상태를 유지하면 무시한다. $I_{rM4}$는 M4 등가전동기의 정격전류이다. $I''_{kT3}$는 등가전동기 M4로부터 기여전류가 없는 상태에서 B에 단락이 발생하여 변압기 T3의 저압측의 초기대칭단락전류이다.

## 5.8 정지형 Converter

정지형 가역변환장치에서 전동기의 회전체와 정지형 설비는 단락시점에 감속하기 위하여 에너지를 역으로 변환하여 공급한다면 3상단락을 고려하여야 한다. 정지형 가역변환장치는 초기대칭단락회로전류 $I''_k$, 단락회로 Peak 전류 $i_p$에는 기여한다. 대칭단락회로 차단전류 $I_b$, 안정상태의 단락회로전류 $I_k$에는 기여하지 않는다.

결과적으로 정지형 가역변환장치는 비동기전동기와 유사한 방법으로 단락전류계산으로 취급한다.

$Z_M$ : 식(7.36)에 따른 임피던스

$U_{rM}$ : 계통측에 있는 정지형 변환장치 변압기의 정격전압 또는 변압기가 없다면 정지형 Converter의 전압

$I_{rM}$ : 계통측에 있는 정지형 Converter 변압기의 정격전압 또는 변압기가 없다면 정지형 Converter 의 정격전류

$I_{LR}/I_{rM}$ = 3.0

$R_M/X_M$ = 0.1이면 $X_M$=0.995$Z_M$

### 5.9 콘덴서 및 비회전 부하

선로 정전용량, 병렬 어드미턴스, 비회전부하는 영상회로를 제외한 계통에는 계산에 고려하지 않는다.

단락시간에 상관없이 발생하는 분로콘덴서의 방전전류는 단락전류의 peak 값 계산에서 무시한다.

직렬콘덴서의 영향은 단락이 발생하면 동작하는 병렬로 접속되는 전압제한장치를 설치한다면 단락전류계산에서 무시한다.

고전압의 직류변환계통의 경우에 있어서 콘덴서 뱅크와 필터는 교류고장전류를 계산할 때 특별한 검토가 필요하다.

## 6 계산방법

### 6.1 초기대칭 단락고장전류($I_K''$)의 계산

#### 1) 3상단락회로

초기 대칭 단락고장전류는 일반적으로 고장점에서 등가전압원 $cU_n/\sqrt{3}$과 고장점 임피던스 $Z_k = R_k + jX_k$로 식(7.39)를 사용하여 계산한다.

$$I_k'' = \frac{cU_n}{\sqrt{3}\,Z_k} = \frac{cU_n}{\sqrt{3}\,\sqrt{R_k^2 + X_k^2}} \tag{7.39}$$

여기에서,

$c$ : 전압계수(표 7-1)

$U_n$ : 계통의 공칭전압(선간전압)

$Z_K$ : 고장점에서 본 등가임피던스

(1) 단일전원 단락회로

단일전원(그림 7-16)으로 공급되는 원격발전기 단락회로로부터 단락전류는 식(7.39)를 사용하여 계산한다.

$$R_k = R_{Qt} + R_{TK} + R_L \tag{7.40}$$

$$X_k = X_{Qt} + X_{TK} + X_L \tag{7.41}$$

여기에서,

$R_k$, $X_k$ : 그림 7-16에 일치하는 각각의 직렬로 접속된 저항과 정상 리액턴스의 합이다. $R_L$은 최대단락전류를 계산할 때 20℃의 도체온도에서 선로저항이다.

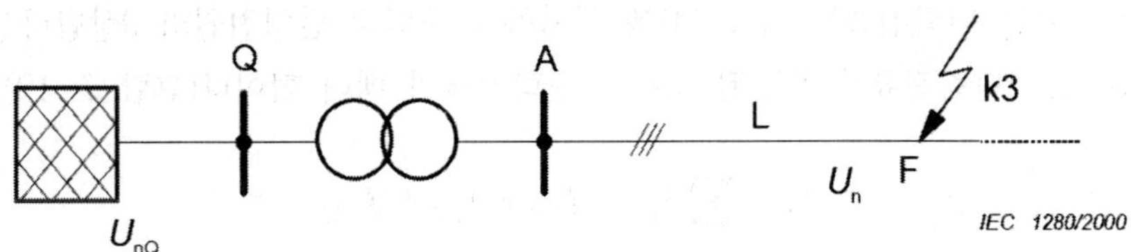


그림 7-16 변압기가 있는 Network Feeder로부터 공급되는 단락회로

보정된 변압기 임피던스 $\underline{Z}_{TK} = K_T(R_T + jX_T) = R_{TK} + jX_{TK}$는 식(7.20)의 변압기 보정계수 $K_T$를 곱하여 사용한다. 저항 $R_k$가 $0.3X_k$보다 적으면 무시한다. Network Feeder의 임피던스 $\underline{Z}_{Qt} = R_{Qt} + X_{Qt}$는 단락점에서 접속된 변압기측의 전압으로 적용하여 나타낸다(그림 7-5 참조).

그림 7-17과 그림 7-18의 예를 들면, 초기대칭단락전류는 선로 임피던스 $\underline{Z}_L = R_L + jX_L$에 직렬로 발전기와 발전장치의 보정된 임피던스가 접속된 것으로 계산한다. 그림 7-17과 그림 7-18에서 단락회로 임피던스는 다음 식으로 주어진다.

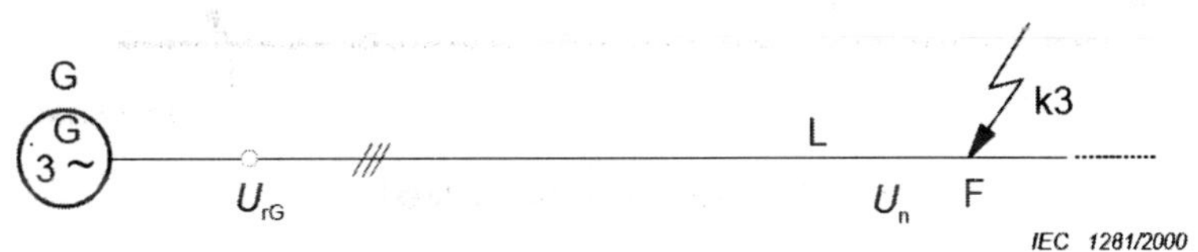


그림 7-17 1대의 발전기로부터 공급되는 단락회로

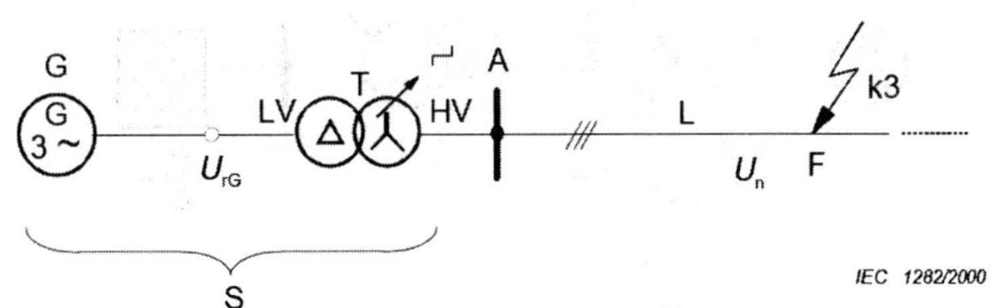


그림 7-18 1대의 발전 Unit으로부터 공급되는 단락회로

그림 7-17 $$\underline{Z}_K = \underline{Z}_{GK} + \underline{Z}_L = K_G(R_G + jX_d'') + \underline{Z}_L \quad (7.42)$$

그림 7-18 $$\underline{Z}_K = \underline{Z}_s + \underline{Z}_L = K_s(t_r^2\,\underline{Z}_G + \underline{Z}_{THV}) + \underline{Z}_L \quad (7.43)$$

(2) Non Mesh 계통으로부터 공급되는 단락회로

단락전류를 공급하는 기여전원이 한 개의 전원보다 더 많이 있을 때, 전원은 그림 7-19에서 보여주는 Non-Mesh Network이다. 단락점 F에서 초기대칭단락전류 $\underline{I}_k''$는 각각의 지로에 흐르는 단락전류의 합이다. 각 지로에 흐르는 단락전류는 식(7.44)에 일치하는 독립된 단일전원의 3상단락전류의 합이다.

단락점 F점에서 초기단락전류는 독립된 부분적 단락전류의 벡터 합이다(그림 7-19).

$$\underline{I}_k'' = \sum_i \underline{I}_{ki}'' = \underline{I}_{kS}'' + \underline{I}_{kT}'' + \underline{I}_{kM}'' \tag{7.44}$$

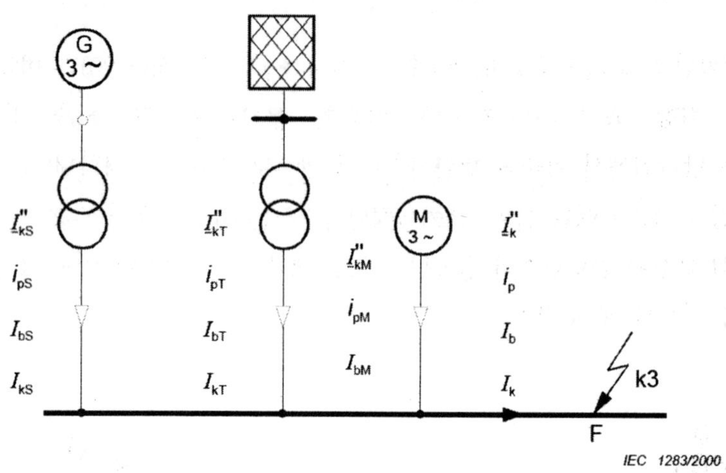


그림 7-19 Non Mesh Network

(3) 부하시 탭절환장치가 있는 발전장치 내부 단락회로전류

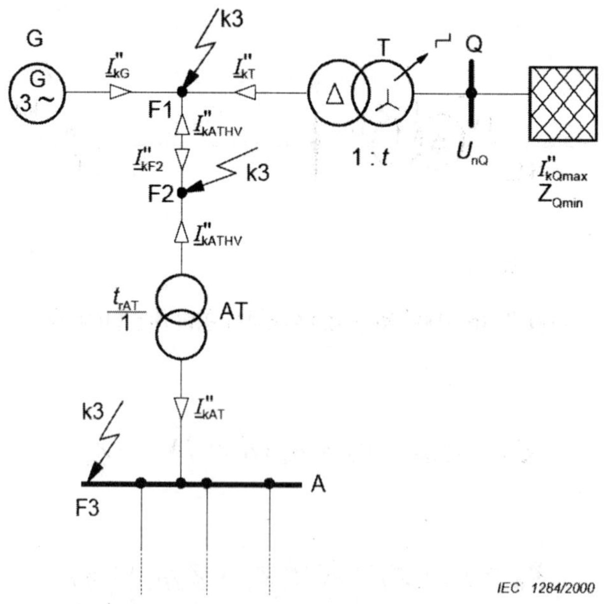


그림 7-20 발전기와 부하시 탭절환장치가 있는(없는) 변압기 사이의 3상단락회로, 혹은 발전소의 보조변압기의 접속점, 보조 bus bar에서 단락전류 또는 부분단락전류

그림 5-20의 단락회로와 같이 부분적인 단락전류 $I''_{kG}$, $I''_{kT}$의 계산을 위하여 부하시 탭변환장치부 변압기와 발전기가 같이 있는 경우에 부분적인 초기대칭단락전류는 다음 식(7.45), 식(7.47)으로 주어진다.

$$I''_{kG} = \frac{c\,U_{rG}}{\sqrt{3}\,K_{G.S}\,Z_G} \tag{7.45}$$

$$K_{G.S} = \frac{c_{\max}}{1 + x''_d \sin\theta_{rG}} \tag{7.46}$$

$$I''_{kT} = \frac{c\,U_{rG}}{\sqrt{3}\left|\underline{Z}_{TLV} + \frac{1}{t_r^2}\underline{Z}_{Qmin}\right|} \tag{7.47}$$

여기에서,

$\underline{Z}_G$ : 발전기의 초기과도리액턴스 $\underline{Z}_G = R_G + jX''_d$

$x''_d$ : 정격임피던스에 대한 초기과도리액턴스의 비

$x''_d = X''_d / Z_{rG}$, $Z_{rG} = U_{rG}^2 / S_{rG}$

$\underline{Z}_{THV}$ : 저압측에 적용하는 변압기 단락임피던스

$t_r$ : 정격 변압비

$\underline{Z}_{Q\min}$ : $\underline{I}''_{kQ\max}$에 해당하는 Network Feeder의 임피던스 최소값

발선 Unit의 수명기한 동안 가능한 최대전류 $\underline{I}''_{kQ\max}$를 도입한다.

단락위치 F2에 공급되는 부분단락전류 $\underline{I}''_{kF2}$을 계산하기 위하여, 그림 7-20에서 보조변압기 AT의 고전압측 접속점에서 부분단락전류는 다음 식으로 계산한다.

$$\underline{I}''_{kF2} = \frac{c\,U_{rG}}{\sqrt{3}}\left[\frac{1}{K_{G.S}\underline{Z}_G} + \frac{1}{K_{T.S}\,\underline{Z}_{TLV} + \frac{1}{t_r^2}\underline{Z}_{Qmin}}\right] = \frac{c\,U_{rG}}{\sqrt{3}\,\underline{Z}_{rsl}} \tag{7.48}$$

$K_{T.S}$는 $K_{T.S} = \dfrac{c_{\max}}{1 - x_T \sin\theta_{rG}}$

F1과 F2점의 단락전류 합계는 발전장치의 중 · 저압 보조전동기에 의하여 발생한 부분단락전류 $I''_{kA\,THV}$를 합산하여야 한다.

### (4) 부하시 탭절환장치가 없는 발전장치 내부 단락회로전류

변압기에 부하시 탭전환장치가 없는 발전장치는 그림 7-20에서 부분 초기대칭단락전류에 다음 식이 주어진다.

$$I''_{kG} = \frac{c\,U_{rG}}{\sqrt{3}\,K_{G.SO}\,Z_G} \tag{7.49}$$

$$K_{G.SO} = \frac{1}{1+p_G} \cdot \frac{c_{\max}}{1+x''_d \sin\theta_{rG}} \tag{7.50}$$

$$I''_{kT} = \frac{c\,U_{rG}}{\sqrt{3}\left|\underline{Z}_{TLV} + \frac{1}{t_r^2}\underline{Z}_{Qmin}\right|} \tag{7.51}$$

그림 7-20에서 부분단락전류 $\underline{I}''_{kF2}$는 다음 식으로 계산할 수 있다.

$$\underline{I}''_{kF2} = \frac{c\,U_{rG}}{\sqrt{3}}\left[\frac{1}{K_{G.SO}\underline{Z}_G} + \frac{1}{K_{T.SO}\underline{Z}_{TLV} + \frac{1}{t_r^2}\underline{Z}_{Qmin}}\right] = \frac{c\,U_{rG}}{\sqrt{3}\,\underline{Z}_{rsl}} \tag{7.52}$$

$K_{T.SO}$는 $K_{T.SO} = \frac{1}{1+p_G} \cdot \frac{c_{\max}}{1-x_T \sin\theta_{rG}}$

(5) Mesh 전력계통으로부터 공급되는 단락회로

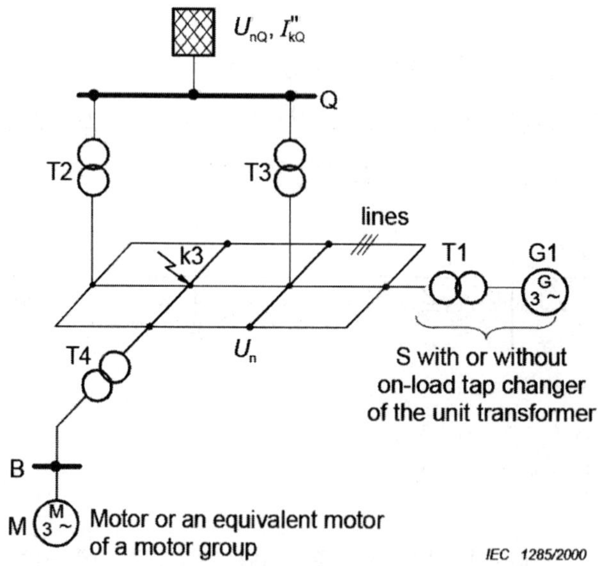


그림 7-21 Mesh 계통도

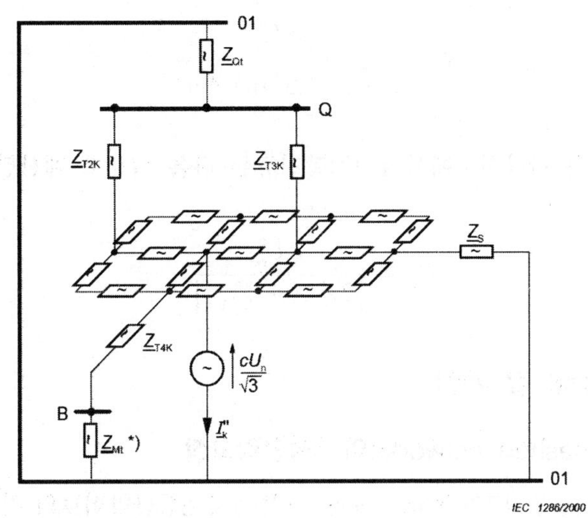


**그림 7-22 단락점에서 등가전압원으로 계산하기위한 등가회로도**

그림 7-21에서 보여주고 있는 Mesh Network는 전기설비의 정상분 단락임피던스를 사용하여 계통 축소(직렬접속, 병렬접속, $\Delta$-Y 변환)에 의해 단락 임피던스 $\underline{Z}_k = \underline{Z}_{(1)}$를 결정하는 것이 필요하다.

초기대칭단락전류는 식(7.39)를 사용하여 단락점에서 등가전압원 $cU_n/\sqrt{3}$으로 계산할 수 있다.

### 2) 선간단락회로

그림 7-3에 따른 선간단락의 경우에는 초기단락전류는 다음 식으로 계산한다.

$$I_{2k}'' = \frac{c\,U_n}{\left|\underline{Z}_{(1)} + \underline{Z}_{(0)}\right|} = \frac{c\,U_n}{2\left|\underline{Z}_{(1)}\right|} = \frac{\sqrt{3}}{2} I_k'' \tag{7.53}$$

### 3) 2선지락회로

그림 7-4에서 접지와(또는) 접지선에 따라 초기 2선지락전류 $I_{kE2E}''$는 다음 식으로 계산한다.

$$I_{kE2E}'' = \frac{\sqrt{3}\,c\,U_n\,\underline{Z}_{(2)}}{\underline{Z}_{(1)}\underline{Z}_{(2)} + \underline{Z}_{(1)}\underline{Z}_{(0)} + \underline{Z}_{(2)}\underline{Z}_{(0)}} \tag{7.54}$$

초기대칭단락전류의 계산에서 그림 7-4에서의 $\underline{Z}_{(1)} = \underline{Z}_{(2)}$인 원격발전기단락회로의 2선지락전류는 다음 식으로 계산한다.

$$I_{kE2E}'' = \frac{c\,U_n}{\left|\underline{Z}_{(1)} + 2\,\underline{Z}_{(0)}\right|} \tag{7.55}$$

### 4) 1선지락회로

초기 1선지락전류 $I_{k1}''$은 그림 7-4에서 다음 식으로 계산한다.

$$I''_{k1} = \frac{c\,U_n}{\underline{Z}_{(1)} + \underline{Z}_{(2)} + \underline{Z}_{(0)}} \tag{7.56}$$

$\underline{Z}_{(1)} = \underline{Z}_{(2)}$인 원격발전기 단락회로에서 1선지락전류는 다음 식으로 계산한다.

$$I''_{k1} = \frac{c\,U_n}{\left|2\underline{Z}_{(1)} + \underline{Z}_{(0)}\right|} \tag{7.57}$$

## 6.2 단락고장전류의 Peak 값 계산

### 1) 단일전원 및 Non-meshed networks의 3상단락고장

그림 7-14, 7-15, 7-16, 7-17의 Non-Mesh 계통에서 3상단락회로의 각각의 지로로부터 공급되는 Peak 고장전류는 다음 식으로 계산한다.

$$i_p = k\sqrt{2}\,I''_k \tag{7.58}$$

$R/X$ 또는 $X/R$ Ratio에 의하여 정해지는 계수 $k$는 그림 7-23에서 얻거나, 다음 식으로 계산한다.

$$k = 1.02 + 0.98e^{-3R/X} \tag{7.59}$$

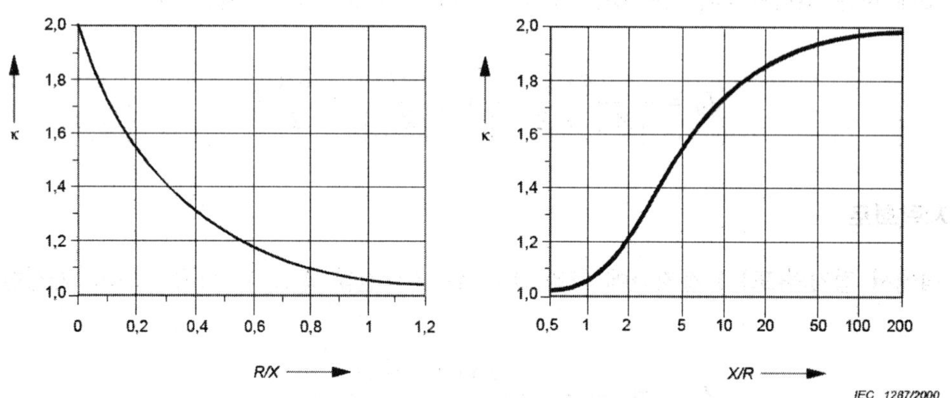


그림 7-23 R/X 또는 X/R ratio를 함수로 하는 직렬회로의 k factor

### 2) Meshed networks의 3상단락고장

특별한 가상의 비율 $R_G/X''_d$와 $X_m/R_m$을 사용한다. 여기서 $k$는 고장점에서 계통으로 본 R/X비의 함수이다. IEC 표준에서는 망상계통에 대하여 k factor를 계산하기 위하여 세 가지 방법 즉 Method A, B, C를 적용한다.

① Method A(일정한 R/X비)

k factor의 값은 네트워크의 모든 가지 중에서 가장 작은 R/X Ratio를 취하여 적용한다. 단락지점

에 해당하는 공칭전압에서 부분단락전류를 흘리는 가지만 고려한다. 가지들은 여러 가지 요소들의 직렬조합일 수 있다.

② Method B(단락지점에서의 R/X비)

복소수 임피던스를 사용하여 계통을 축약하여 R/X Ratio를 얻은 후에 발생하는 부정확성을 보상하기 위하여 k factor에 안전율 1.15를 곱하여 사용한다.

$$k = 1.15 \times (1.02 + 0.98e^{-3R/X}) \tag{7.60}$$

③ Method C(등가주파수)

k factor는 주파수변환 R/X를 사용한다. R/X를 낮은 주파수에서 계산하여 주파수 종속배율을 곱한다.

$$\frac{R}{X} = \frac{R_c}{X_c} \times \frac{f_c}{f} \tag{7.61}$$

여기에서,

$f_c$ = 50 Hz 계통 20 Hz, 60 Hz 계통 24 Hz

## 6.3 단락전류의 직류성분

그림 7-1과 그림 7-2에서 볼 수 있는 단락전류의 최대직류성분 $i_{dc}$는 식(7.62)로 충분히 정확하게 계산할 수 있다.

$$i_{dc} = \sqrt{2}\, I_k'' e^{-2\pi f t R/X} \tag{7.62}$$

여기에서,

$I_k''$ : 초기대칭단락전류

$f$ : 계통주파수

$t$ : 시간

$R/X$ : 고장점에서의 계통 등가임피던스의 $R/X$값

## 6.4 대칭 단락 차단전류 $I_b$의 계산

### 1) 원격발전기 전원에 의한 단락회로

원격발전기 전원에 의한 단락고장이 발생하였을 때 차단기 차단시점의 대칭단락차단전류는 교류감쇠가 없으므로 초기대칭단락전류와 동일하다.

3상단락 $$I_b = I_k'' \tag{7.63}$$

선간단락 $$I_{b2} = I_{k2}'' \tag{7.64}$$

2선지락 $$I_{b2E} = I''_{k2E} \tag{7.65}$$

1선지락 $$I_{b1} = I''_{k1} \tag{7.66}$$

## 2) 근접발전기 전원에 의한 단락회로

(1) single-fed three phase short circuit

그림 7-17, 그림 7-18의 단일전원 단락회로 또는 그림 7-19의 Non-mesh Network의 경우 감쇠된 대칭단락차단전류는 초기대칭단락전류에 감소계수 $\mu$를 곱한 값이 된다.

$$I_b = \mu I''_k \tag{7.67}$$

여기에서,

$\mu$ : 교류감쇠를 고려하는 인자로서 차단기의 최소동작시간 $t_{\min}$ 와 $I''_{kG}/I_{rG}$에 의하여 좌우되며, 식(7.68)을 적용한다.

$I''_{kG}$ : 발전기로부터 공급되는 초기대칭단락전류

$I_{rG}$ : 발전기의 정격전류

$t_{\min}$ : 차단기의 최소동작지연시간

$$\begin{aligned}
t_{\min} &= 0.02s & \mu &= 0.84 + 0.26e^{-0.26I''_{kG}/I_{rG}} \\
t_{\min} &= 0.05s & \mu &= 0.71 + 0.51e^{-0.3I''_{kG}/I_{rG}} \\
t_{\min} &= 0.10s & \mu &= 0.62 + 0.72e^{-0.32I''_{kG}/I_{rG}} \\
t_{\min} &\geq 0.25s & \mu &= 0.56 + 0.94e^{-0.38I''_{kG}/I_{rG}}
\end{aligned} \tag{7.68}$$

$I''_{kG}/I_{rG}$의 값이 2.0보다 크지 않다면, $\mu$=1.0을 적용한다. 또한 계수 $\mu$값은 그림 7-24로부터 구할 수 있다. 최소동작시간이 다른 값들은 곡선 사이의 직선보관법으로 구하면 된다.

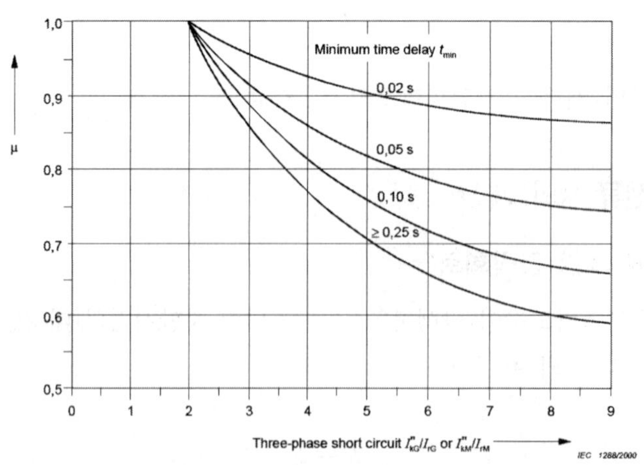


그림 7-24 단락회로 차단전류 $I_b$의 계산에 적용하는 계수 $\mu$

(2) three phase short circuit in non meshed networks

그림 7-19와 같이 non meshed networks의 F점에서 단락고장이 발생하면 Network Feeder, 발전기, 전동기로부터 고장전류가 유입된다. 차단기 차단시점의 대칭분 단락전류는 식(7.69)과 같이 각각의 고장전류 공급원으로부터 기여하는 전류를 합산하여 계산한다.

$$I_b = \sum_i I_{bi} \tag{7.69}$$

그림 7-19의 예

$$I_b = I_{bS} + I_{bT} + I_{bM} = \mu I''_{kS} + I''_{kT} + \mu q I''_{kM} \tag{7.70}$$

여기에서,

$I''_{kS}$, $I''_{kT}$, $I''_{kM}$ : 각 고장전류 공급원의 초기 대칭단락전류

$\mu$ : 회전기 감소계수(그림 7-24 또는 식(7.68))

비동기전동기의 경우에는 대칭단락회로 차단전류를 계산하기 위한 계수 $q$는 최소 지연시간 $t_{\min}$에 따라 다음 식으로 계산한다.

$$\begin{aligned}
t_{\min} &= 0.02s & q &= 1.03 + 0.12\ln(P_{rM}/p) \\
t_{\min} &= 0.05s & q &= 0.79 + 0.12\ln(P_{rM}/p) \\
t_{\min} &= 0.10s & q &= 0.57 + 0.12\ln(P_{rM}/p) \\
t_{\min} &\geq 0.25s & q &= 0.26 + 0.10\ln(P_{rM}/p)
\end{aligned} \tag{7.71}$$

여기에서,

$P_{rM}$ : 전동기의 정격출력 [MW]

$p$ : 전동기의 짝극수(예 4극 1800 rpm 전동기에서 짝극 수는 2)

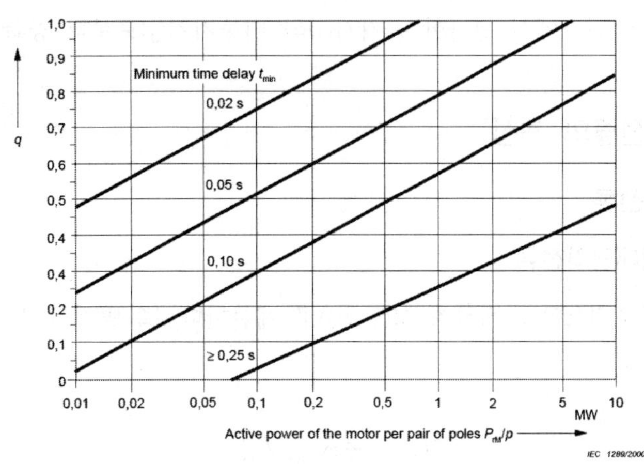


**그림 7-25 비동기전동기의 대칭단락차단전류의 계산을 위한 계수 q**

식(7.71)에서 계산한 $q$값이 1.0보다 큰 값으로 되면, $q$=1.0로 한다. 또한 계수 $q$의 값은 그림 7-25

로부터 구할 수 있다.

(3) three phase short circuit in meshed networks

Mesh Network에 있어서 차단기 차단시점의 대칭분 회로차단전류 $I_b$는 다음 식(7.72)로 계산한다.

$$I_b = I_k'' \tag{7.72}$$

식(7.72)로 계산된 전류는 실제 대칭단락회로 차단전류보다 크다. 정확하게 계산할 필요가 있는 경우에는 다음 식을 사용한다.

$$\underline{I}_b = \underline{I}_k'' - \sum_i \frac{\underline{\Delta U}''_{Gi}}{cU_n/\sqrt{3}}(1-\mu_i)\underline{I}''_{kGi} - \sum_j \frac{\underline{\Delta U}''_{Mj}}{cU_n/\sqrt{3}}(1-\mu_j q_j)\underline{I}''_{kMj} \tag{7.73}$$

$$\underline{\Delta U}_{Gi} = jX''_{diK}\,\underline{I}''_{kGi} \tag{7.74}$$

$$\underline{\Delta U}_{Mi} = jX''_{Mj}\,\underline{I}''_{kMi} \tag{7.75}$$

여기에서,

$\mu_{i,}\ \mu_j$ : 식(7.68)에서 동기기($i$)와 비동기기($j$)의 주어진 값이다.

$q_j$ : 식(7.71)에서 비동기전동기($j$)의 값으로 주어진다.

$cU_n/\sqrt{3}$ : 단락점에서 등가전압원

$\underline{I}''_k$, $\underline{I}_b$ : 초기대칭단락전류와 대칭단락차단전류

$\underline{\Delta U}''_{Gi}$, $\underline{\Delta U}''_{Mj}$ : 동기기 및 비동기전동기 단자에서의 초기전압강하

$X''_{diK}$ : 동기기의 보정된 초기과도리액턴스

$X_{Mj}$ : 비동기전동기의 리액턴스

$\underline{I}''_{kGi}$. $\underline{I}''_{kMj}$ : 기계의 단자에서 평가한 동기기(i)와 비동기기(j)로부터 공급되는 초기대칭단락전류

## 6.5 안정상태의 단락전류의 계산

### 1) 발전기의 3상단락전류

(1) 안정상태에서의 최대단락전류

동기발전기를 최대여자조건으로 가정하여 식(7.76)로 계산한다. 즉 발전기 정격전류에 최대조건의 계수를 곱한 값으로 한다.

$$I_{k\max} = \lambda_{\max} I_{rG} \tag{7.76}$$

여기에서, $\lambda_{\max}$ : 그림 7-26, 그림 7-27에서 찾을 수 있다.

$I_{rG}$ : 발전기 정격전류

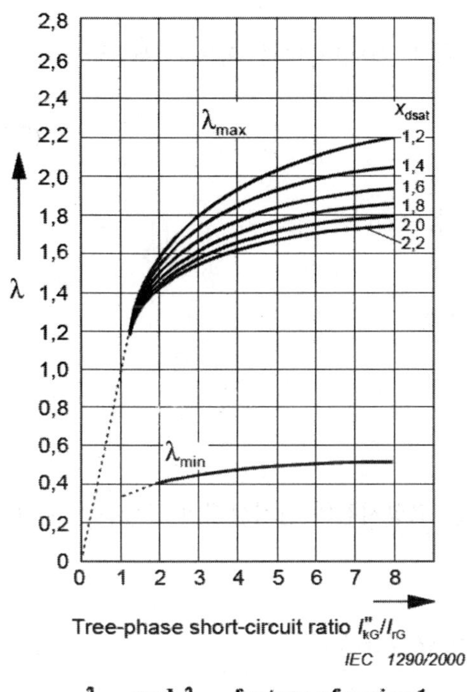


$\lambda_{min}$ **and** $\lambda_{max}$ **factors of series 1**

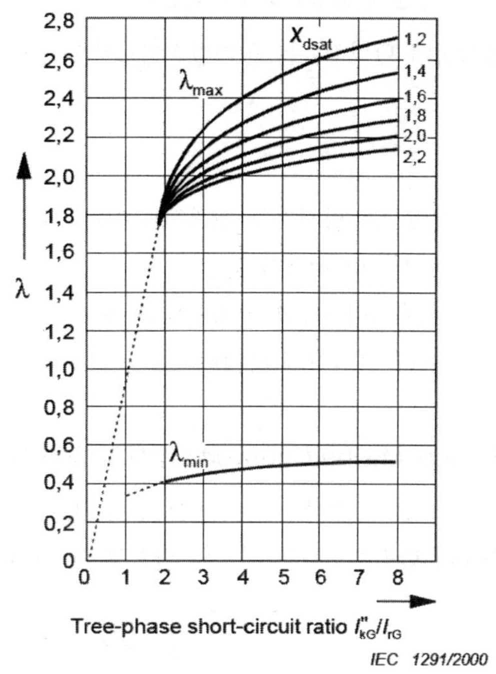


$\lambda_{min}$ **and** $\lambda_{max}$ **factors of series 2**

**그림 7-26 원통형 회전자 발전기의** $\lambda_{max}$, $\lambda_{min}$

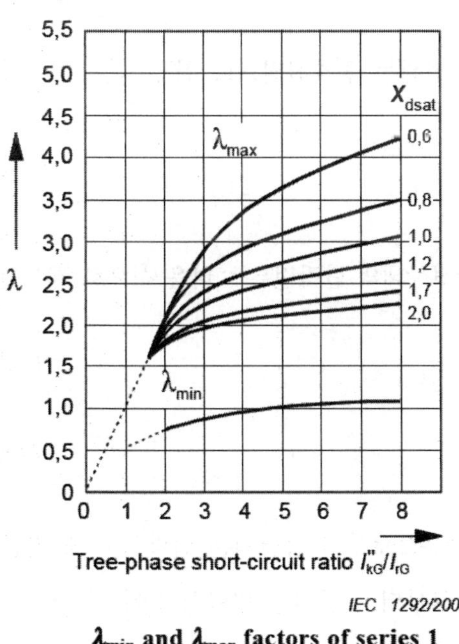


$\lambda_{min}$ **and** $\lambda_{max}$ **factors of series 1**

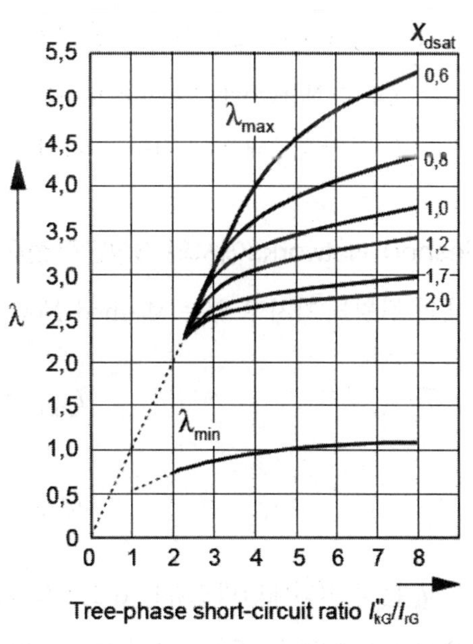


$\lambda_{min}$ **and** $\lambda_{max}$ **factors of series 2**

**그림 7-27 돌극형 발전기의** $\lambda_{max}$, $\lambda_{min}$

Series 1은 정격여자전압에 대한 최대여자전압의 비가 원통형 회전자 발전기에서는 1.3배, 돌극형 발전기에서는 1.6배까지 적용하고, Series 2는 원통형 회전자 발전기는 1.6배, 돌극형 발전기에서는 2.0배까지 적용한다.

(2) 안정상태에서의 최소단락전류

정상상태 단락전류는 동기발전기로부터 공급되는 기여전류의 합이며 다음 식으로 계산한다.

$$I_{k\min} = \lambda_{\min} I_{rG} \tag{7.77}$$

여기서 $I_{rG}$는 발전기의 정격전류이며, $\lambda$는 다음 요소의 함수이다.

① 발전기의 여자전류

② 초기단락전류와 정격전류의 비

③ 기타 발전기 파라미터

### 2) Non Meshed networks에서의 3상단락전류

그림 7-19와 같이 구성되는 Non Meshed 전력계통에서는 고장지점의 안정상태의 고장전류는 각각의 안정상태 단락회로 기여전류의 합으로 계산한다.

$$I_k = \Sigma I_{ki} = I_{kS} + I_{kT} + I_{kM} = \lambda I_{rGt} + I''_{kT} \tag{7.78}$$

여기에서,

$\lambda$ : ($\lambda_{max}$ 또는 $\lambda_{min}$) 그림 7-26, 7-27에서 찾는다.

$I_{rGt}$ : 고장 Bus측으로 환산한 발전기의 정격전류

$I_{kT} = I''_{kT}$ : Network feeder 로부터 공급되는 단락전류는 원격전원으로 취급

$I_{kM} = 0$ : 안정상태에서 전동기 기여전류는 없다.

### 3) Meshed Networks에서의 3상단락전류

여러 개의 전원을 가지고 있는 Meshed Networks에서 안정상태의 단락전류는 다음 식으로 계산한다.

$$I_{k\max} = I''_{k\max M} \tag{7.79}$$

$$I_{k\min} = I''_{k\min} \tag{7.80}$$

$I''_{k\max} = I''_k$는 4.4(최대단락전류), 6.1.1(Mesh 전력공급계통으로부터 공급되는 단락회로)에 따른다.

$I''_{k\min}$은 4.5(최소단락전류), 6.1.1(Mesh 전력공급계통으로부터 공급되는 단락회로)에 따른다.

식(7.79), 식(7.80)은 원격전원과 근접전원의 경우 모두 유효하다.

# 7 Power Tools에 의한 IEC 60909 Fault Calculation

## 7.1 Balanced System Studies

상위 메뉴 'RUN'에서 Balanced System Studies를 선택한다.

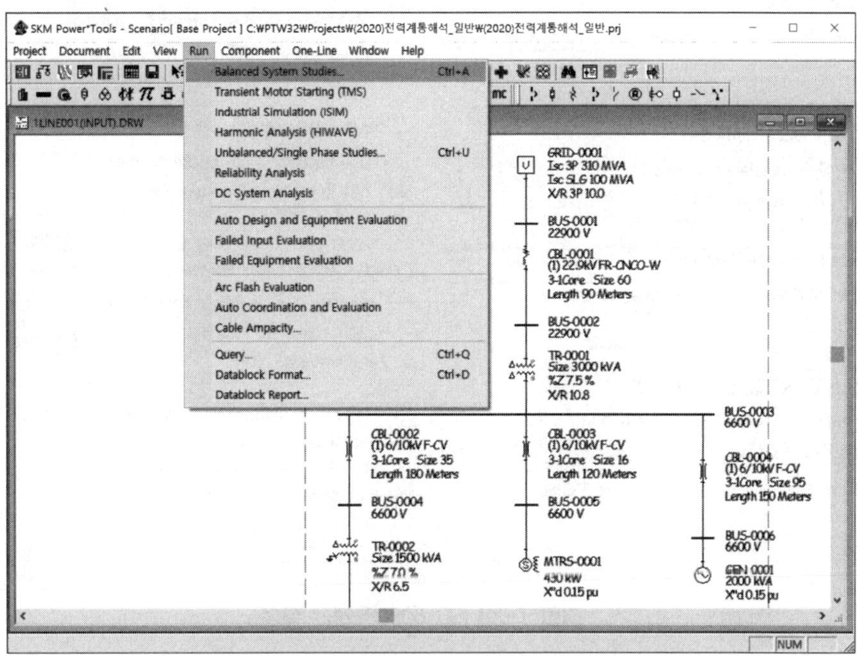


그림 7-28 Balanced System Studies 선택

## 7.2 IEC 60909의 선택

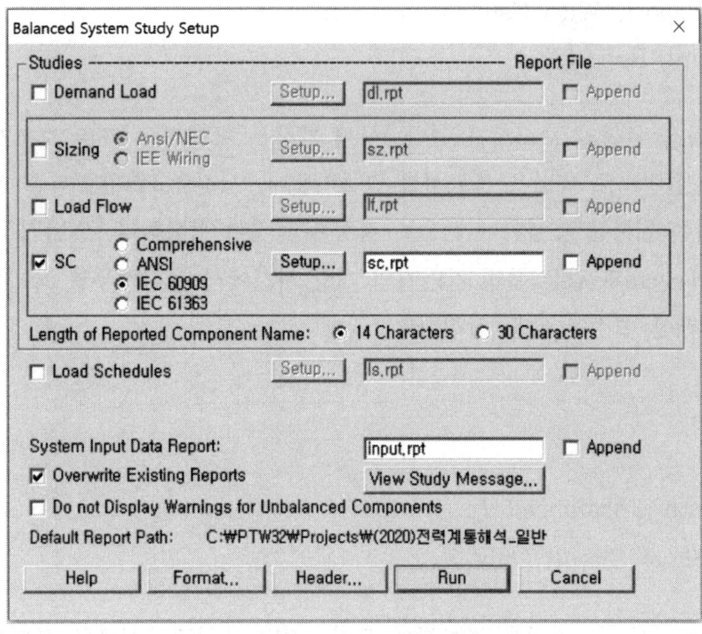


그림 7-29 IEC 60909 선택

## 7.3 IEC 60909의 계산 설정

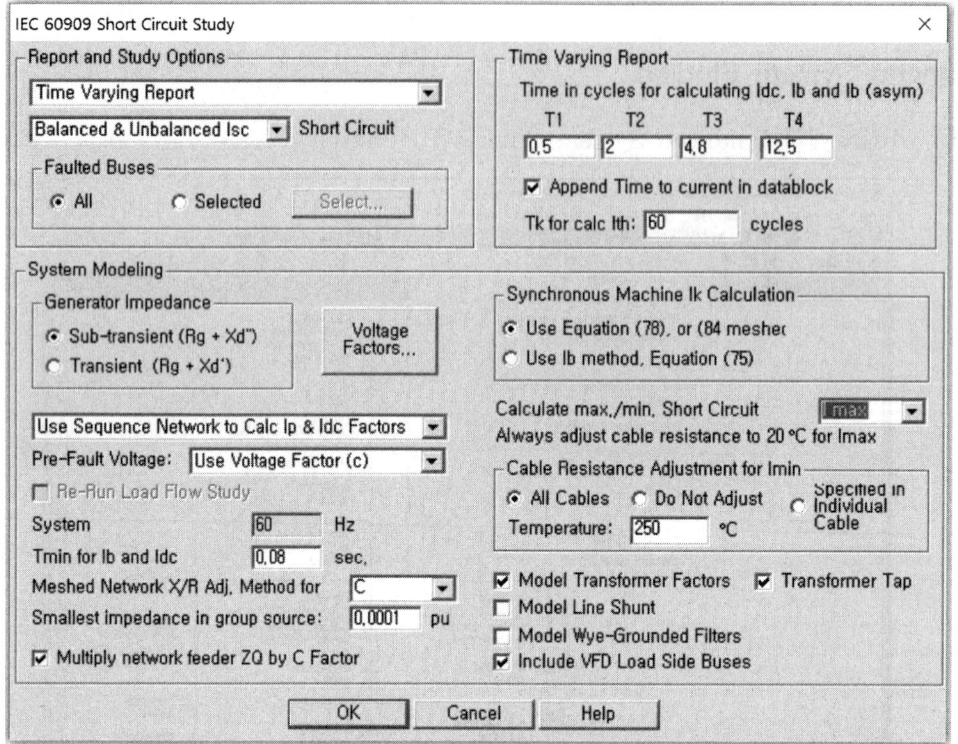


그림 7-30 IEC 60909 계산 설정

### 1) Report Type Option

- Standard Report, No Calculation Details
- Standard Report, With Calculation Details
- Time Varying Report

상기와 같이 세 가지 유형의 보고서가 있다. 상세 계산을 포함하는 표준 보고서뿐만 아니라 시간의 경과에 따른 보고서 설정으로 폭넓은 보고서를 만들어낸다. 시간의 경과에 따른 보고서 설정을 선택하면, $I_{dc}$ 와 $I_b$의 계산은 원하는 특정한 시간으로 지정하는 것이 필요하다. 일반적으로 1/2 cycle와 같은 특정 시간, 그리고 5 cycle과 같은 특정 차단기의 개방 시간에서 동작책무를 보기를 원할 것이다. 표준 보고서는 이런 상세계산 설정이 없고 간결하다.

### 2) Study Option

- Balanced and Unbalanced $I_{sc}$
- Balanced Short Circuit Only

초기값은 평형과 불평형 $I_{sc}$ 양쪽을 계산하여 출력하지만, 3상평형회로를 선택하여 계산할 수 있다.

### 3) Faulted Buses

- All
- Selected

고장이 발생한 전체 Bus 또는 선택된 Bus를 계산할 수 있다. 고장계산이 선택된 부스에서 계산하는 경우에는 고장난 부스는 지정되어야 한다.

### 4) Time Varying Report Setting

시간의 경과에 따른 보고서는 "Study and Report Options"에서 "Time Varying Report를 선택하여야 하며, time cycle boxes는 사용자가 정의한 네 개의 시간 스탬프 T1, T2, T3, T4에서 $I_{dc}$, $I_b$ 및 $I_b$(asym) 값이 출력되고 프로젝트 데이터베이스에 저장된다.

### 5) Append Time to current in data block

Data Block에 표시되는 전류값에 시간을 추가한다.

### 6) Synchronous Machine $I_k$ Calculation

- Use Equation(78), or (84)
- Use Ib method, Equation (75)

동기기에서 안정 상태 기여전류 $I_k$를 계산하는 두 가지 방법이 있다.

한 가지 방법은 $I_k = \lambda \times I_{rG}$, 식(7.76)으로 설정하거나, $I_k = I''_{k\max M}$, 식(7.79)으로 설정한다. 또 다른 방법은 $I_k = I_b$, 식(7.73)으로 설정하는 것이다.

### 7) Generator Impedance

- Sub-transient($R + X_d''$)
- Transient($R_a + X_d'$)

발전기 임피던스는 단락회로 계산에서 전원 임피던스로 초기 과도임피던스 또는 과도 임피던스를 선택하여 사용할 수 있다. 이 설정은 열병합 발전기에만 적용된다. 전원 임피던스는 열병합 발전기의 내부 임피던스이다. 그것은 열병합 발전기의 초기 전압과 연결된 부스 사이의 전압강하를 결정한다.

### 8) Use Sequence Network or Three-Phase Factors

- Use 3-phase Factor(Avg x) for Unbalanced $I_p$ & $I_{dc}$
- Use Sequence Network to Calculation $I_p$ & $I_{dc}$ Factors(초기값)

두 가지 옵션은 불평형 단락고장전류 $I_{dc}$와 $I_{peak}$ 값을 계산하기 위해 제공된다. 초기 선택은 "Use Sequence Network to Calc $I_p$ & $I_{dc}$ Factor"이고, 불평형 고장계산의 유형에 대하여 등가의 정상, 역상, 영상 Network 조합을 기초로 개발된 계수를 사용한다. "Meshed network"이 발견되면, "Method B"의 안전계수 $k$ 값이 고장계산에 적용된다.

두 번째 옵션은 등가 3상 계수를 사용한다. 등가 3상계수는 초기 대칭 전류의 절대값의 합에 각각의 정상, 역상, 그리고 영상 기여전류 구성요소의 합계를 나누어 산출된다.

### 9) Pre-Fault Voltage

- Use Load Flow Voltage
- Use Voltage factor(c)

"Use Voltage Factor(c)" 선택은 고장부스의 공칭전압에 C-Factor를 적용하고 단락 전류 계산에 고장전 전압으로 사용한다. 고장전류는 C-Factor 선택으로 유틸리티(swing bus) 운전전압에 영향을 받지 않는다. 기본값은 C-Factor를 사용하는 것이다. 그렇지 않으면 단락 전류를 계산하는 고장전 전압으로 "Load Flow Voltage"을 선택할 수 있다. "Voltage Factors"는 이 옵션을 선택하였을 때 고장전 전압에 영향을 미치지 않는다.

### 10) Calculate $I_{max}$ or $I_{min}$ Short Circuit

최소 또는 최대 단락회로 차단전류를 계산할 수 있다. power tool은 자동으로 안정상태의 전류인 비동기전동기의 기여를 무시한다. 동기전동기는 동기전동기 Component Editor의 "IEC Contribution"에서 "Included in Steady State" 체크박스의 선택 여부에 따라 동기전동기의 여자전류를 기준으로 하여 계산에 포함하거나 포함하지 않는다. $I_{\min}$ 계산에서, 케이블 저항은 "Temp Adjustment"의 Check Box가 선택되어 있으면 주어진 고장 "Temperature"로 조정될 것이다. $I_{\max}$ 계산에서는 "Temp Adjustment"의 체크박스를 체크한다면 케이블 저항은 20℃로 조정될 것이다.

### 11) System Frequency

시스템 주파수는 $t_{\min}$이 표준에서는 초단위로 표현되기 때문에 차단전류를 계산하기 위한 명령은 $t_{\min}$과 함께 정의되어야 한다. 시스템 주파수는 Project 》Options 》Application에서 지정해야 한다. IEC에서 주파수 기본값은 50 Hz이다.

### 12) $T_{min}$ for $I_b$ and $I_{dc}$ [0.02] sec.

차단기의 최소동작지연시간 $T_{\min}$ 은 $I_b$ 및 $I_{dc}$ 값을 계산하고 출력하는 시간 [sec]으로 사용자가 지정하는 시간으로 기본값은 0.02초이다.

① Standard Report를 선택한 경우 $I_b$ 및 $I_{dc}$ 의 값에 적용된다.

② Time Varying Report를 선택한 경우에는 지정된 Cycle에서 값이 출력된다.

### 13) X/R Adjustment Method For A, B or C

Mesh Network에서 Peak 전류(파고값) $I_p$를 계산할 때 표준에서는 세 가지 방법, 즉 Method A, B, C를 제공한다. 초기값은 Method B이다.

### 14) Cable Resistance Adjustment

$I_{\min}$ 계산에 있어서, 케이블 저항은 높은 온도에서 적용하는 것으로 한다.

$$R_{\text{cable}} = [1+\alpha(\theta_c - 20)] \cdot R_{\text{cable}(20)}$$

Rcable(20)은 20℃에서 케이블의 저항이며 $\theta_c$는 단락의 직전의 케이블 온도이다. 케이블의 연속사용 온도가 20℃와 다를 경우 프로그램은 사용자가 단락 직전온도를 설정하기 전에 먼저 Cable Library로부터 20℃로 주어진 케이블 저항으로 변환한다.

$I_{\max}$의 계산에 있어서, 온도조정 체크박스에 체크의 경우 프로그램은 Cable Library에서 20℃로 주어진 케이블의 저항을 변환하고 단락계산에 대한 변환된 값을 사용한다. "Temperature" 영역은 이 경우 회색으로 표시된다. 온도체크박스에 언체크의 경우에는 케이블의 연속사용온도에서의 저항으로 계산한다.

### 15) Model Transformer Factors

이 체크박스를 선택하면 변압기 보정계수를 반영하여 계산한다. KS C IEC 60909-0의 3.3.3에 따라 임피던스 보정계수는 2권선과 3권선의 네트워크 변압기에 적용할 수 있다. 자세한 내용은 KS C IEC 60909-0(2014) 페이지 20을 참조한다.

$$K_T = 0.95\frac{c}{1+0.6x_T}$$

여기에서, $x_T$ : 변압기 정격임피던스에 대한 리액턴스의 비율

$$x_T = \frac{X_T}{U_{rT}^2 / S_{rT}}$$

$U_{rT}$ : 변압기의 정격전압 [V]

$S_{rT}$ : 변압기의 피상전력 [VA]

변압기 임피던스는 고장전 전압의 조정으로 이미 사용한 C Factor 다음에 보정계수를 곱하여 상쇄되며, 변압기 부하측 고장계산 결과에는 영향이 없을 것이다.

### 16) Model Transformer Tap

이 체크박스의 선택에 의하여 변압기 탭을 계산에 반영할 수 있다. 비공칭 탭은 항상 계산에 포함된다.

### 17) Model Line Shunt

이 체크박스를 선택하여 Pi 및 송전선의 회선 분류를 계산에 포함할 수 있다.

### 18) Model Wye-Grounded Filters

이 체크박스를 선택하여 Filter를 계산에 포함할 수 있다.

### 19) Voltage Factors

전압계수는 고장전류계산에 사용되는 계통의 고장 전 전압을 정하는데 사용된다. 전압은 전압범위와 특정 전압을 입력할 수 있다. 특정 전압 값은 전압 범위 값을 무시한다. 전압계수는 고장전 전압이 "Use Voltage Factor(c)"로 선정되었을 경우에만 사용된다.

### 20) Multiply Network Feeder $Z_Q$ by C factor

이 체크박스를 선택하면, Network Feeders(Utilities)의 임피던스는 IEC 단락 계산하는 동안 전압계수(c)에 의해 증가할 것이다.

## 7.4 계산수행 및 오류 체크

계산을 수행하면 다음 그림과 같이 계산오류 유무를 알 수 있다.

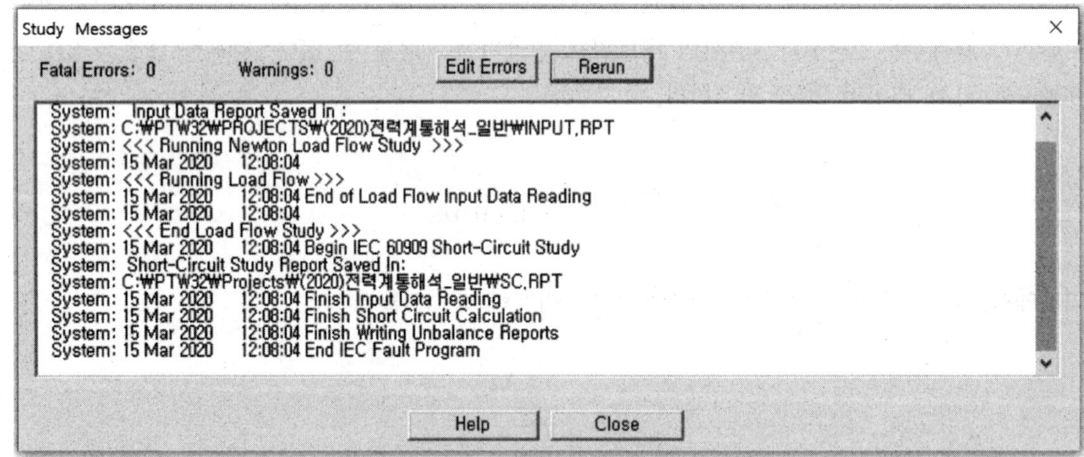


그림 7-31 계산수행 및 오류 체크

## 7.5 Data Block으로 결과 보기

### 1) Bus Fault Currents(IEC 60909)

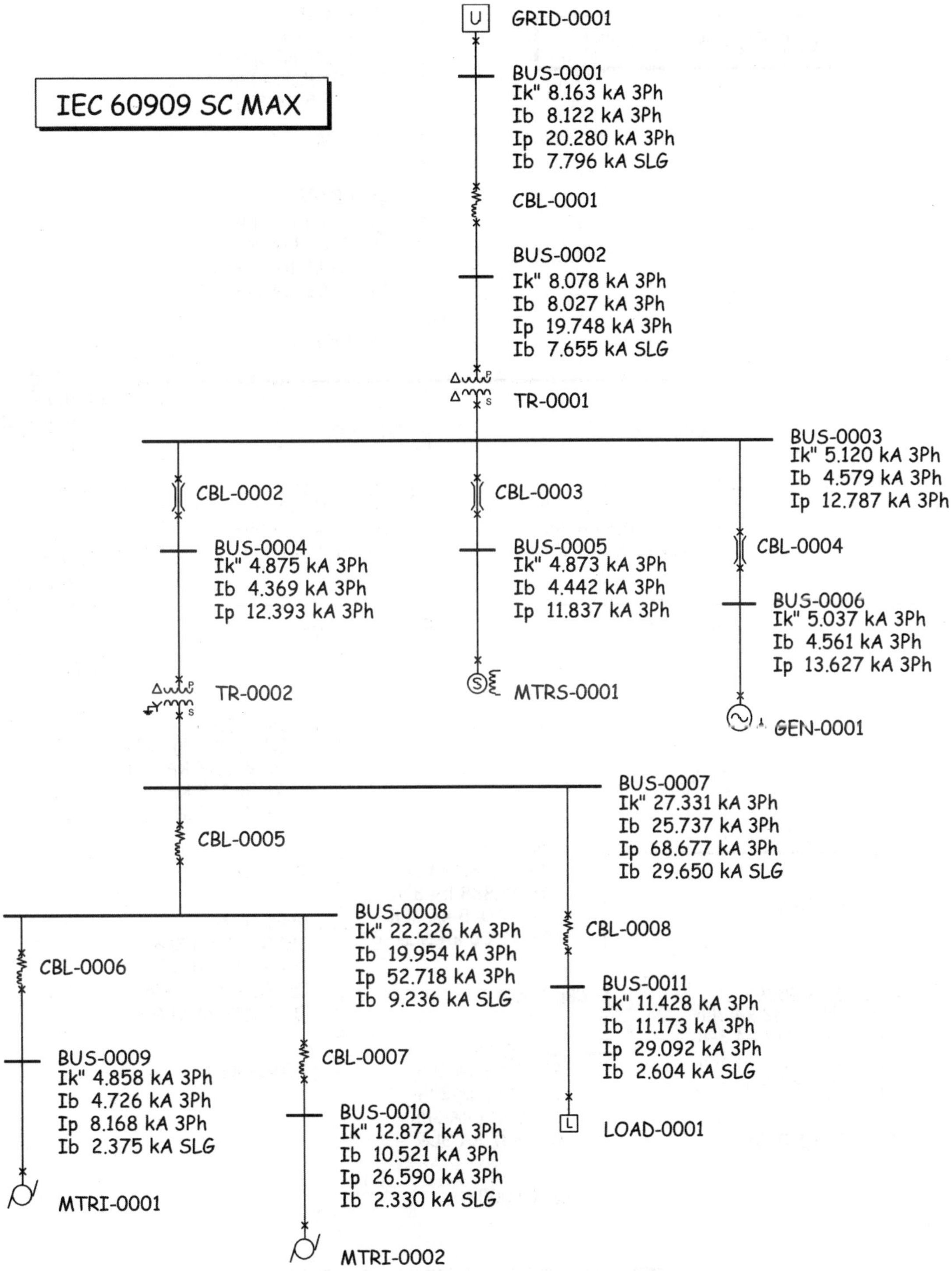

IEC 60909 SC MAX

GRID-0001

BUS-0001
Ik" 8.163 kA 3Ph
Ib 8.122 kA 3Ph
Ip 20.280 kA 3Ph
Ib 7.796 kA SLG

CBL-0001

BUS-0002
Ik" 8.078 kA 3Ph
Ib 8.027 kA 3Ph
Ip 19.748 kA 3Ph
Ib 7.655 kA SLG

TR-0001

BUS-0003
Ik" 5.120 kA 3Ph
Ib 4.579 kA 3Ph
Ip 12.787 kA 3Ph

CBL-0002

CBL-0003

CBL-0004

BUS-0004
Ik" 4.875 kA 3Ph
Ib 4.369 kA 3Ph
Ip 12.393 kA 3Ph

BUS-0005
Ik" 4.873 kA 3Ph
Ib 4.442 kA 3Ph
Ip 11.837 kA 3Ph

BUS-0006
Ik" 5.037 kA 3Ph
Ib 4.561 kA 3Ph
Ip 13.627 kA 3Ph

TR-0002

MTRS-0001

GEN-0001

BUS-0007
Ik" 27.331 kA 3Ph
Ib 25.737 kA 3Ph
Ip 68.677 kA 3Ph
Ib 29.650 kA SLG

CBL-0005

BUS-0008
Ik" 22.226 kA 3Ph
Ib 19.954 kA 3Ph
Ip 52.718 kA 3Ph
Ib 9.236 kA SLG

CBL-0008

CBL-0006

BUS-0011
Ik" 11.428 kA 3Ph
Ib 11.173 kA 3Ph
Ip 29.092 kA 3Ph
Ib 2.604 kA SLG

BUS-0009
Ik" 4.858 kA 3Ph
Ib 4.726 kA 3Ph
Ip 8.168 kA 3Ph
Ib 2.375 kA SLG

CBL-0007

BUS-0010
Ik" 12.872 kA 3Ph
Ib 10.521 kA 3Ph
Ip 26.590 kA 3Ph
Ib 2.330 kA SLG

LOAD-0001

MTRI-0001

MTRI-0002

그림 7-32 고장전류 계산결과(Max Bus Fault Currents)

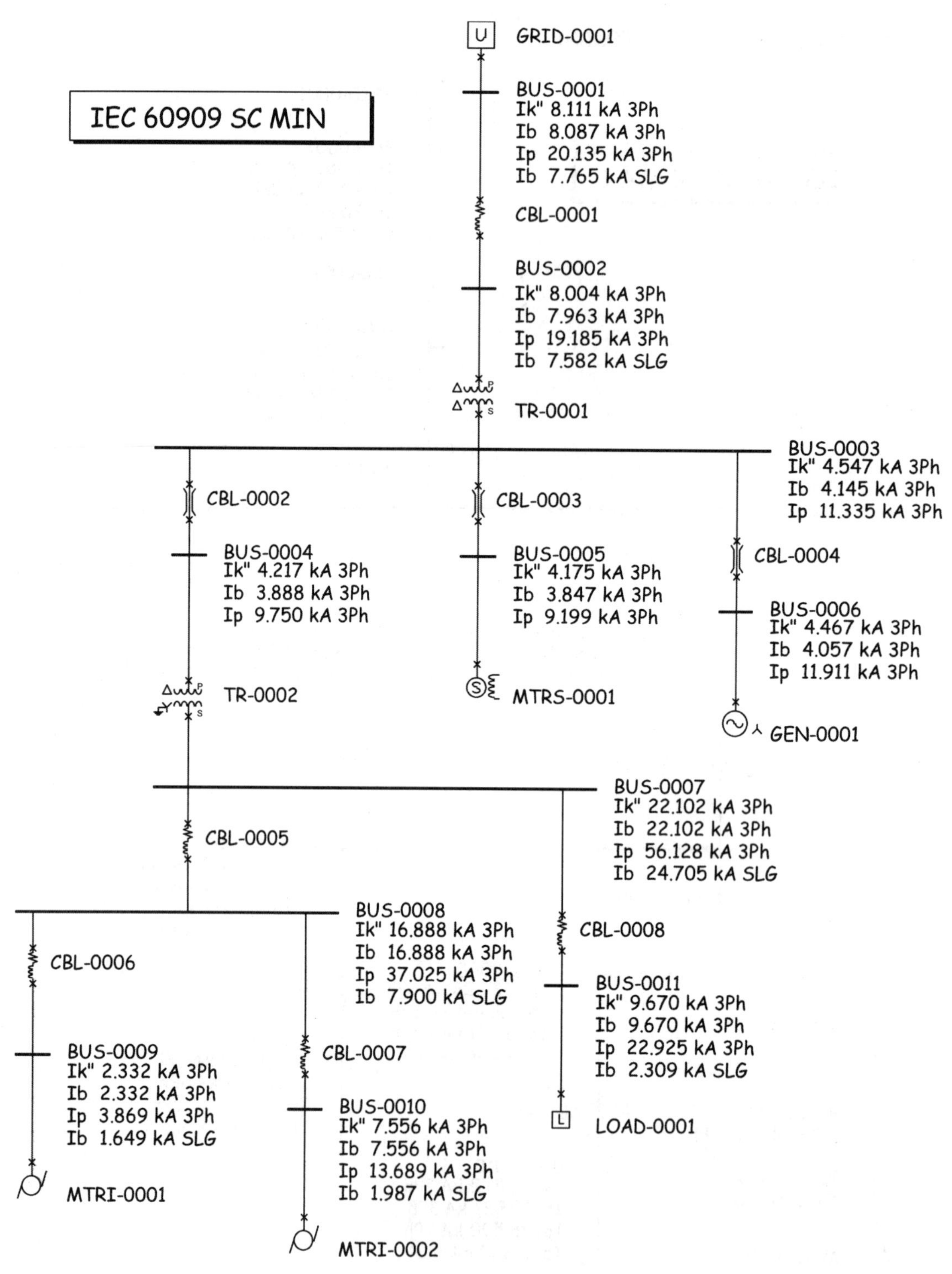


그림 7-33 고장전류 계산결과(Min Bus Fault Currents)

2) Branch Fault Currents(IEC 60909)

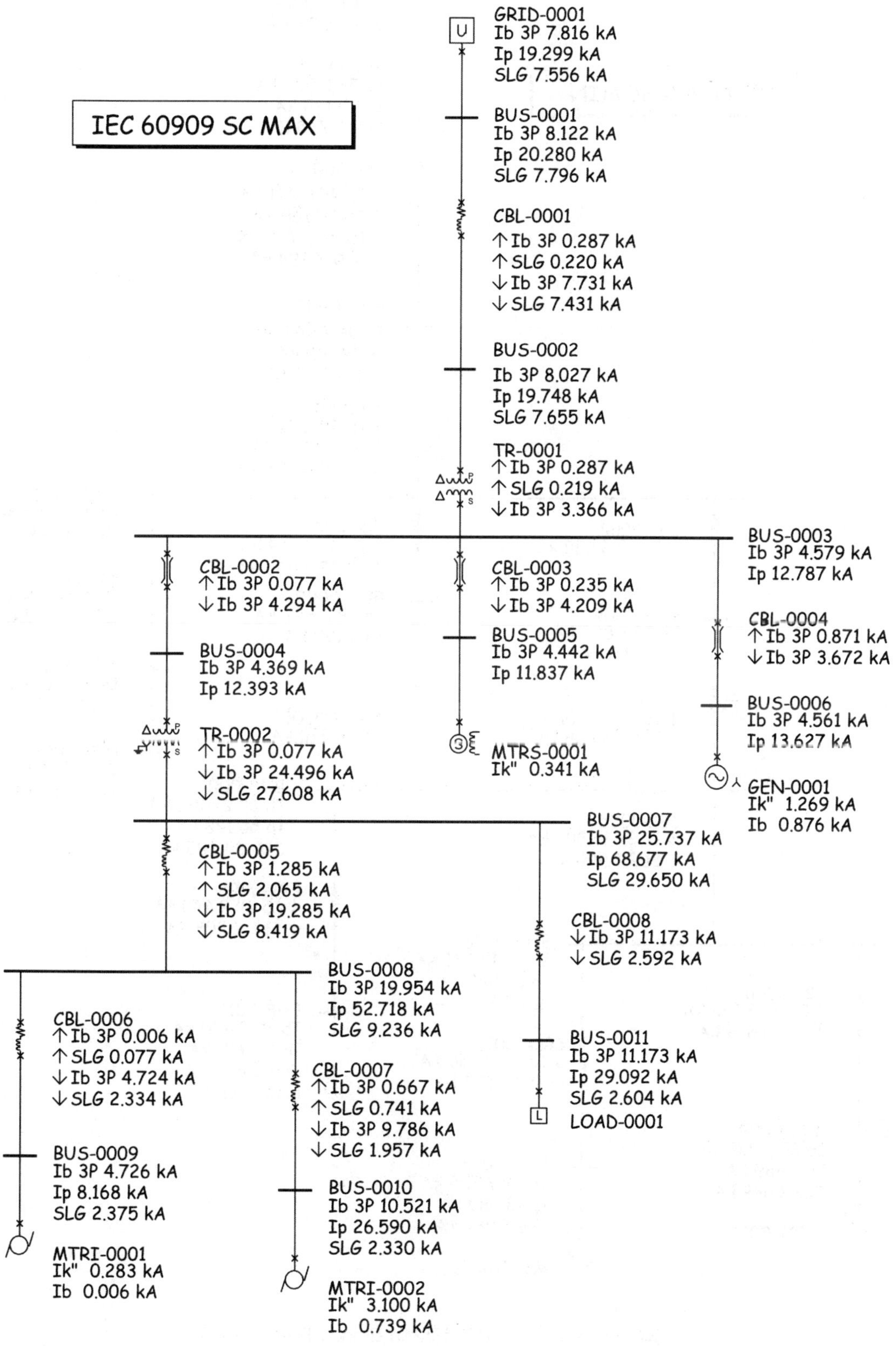

IEC 60909 SC MAX

GRID-0001
Ib 3P 7.816 kA
Ip 19.299 kA
SLG 7.556 kA

BUS-0001
Ib 3P 8.122 kA
Ip 20.280 kA
SLG 7.796 kA

CBL-0001
↑Ib 3P 0.287 kA
↑SLG 0.220 kA
↓Ib 3P 7.731 kA
↓SLG 7.431 kA

BUS-0002
Ib 3P 8.027 kA
Ip 19.748 kA
SLG 7.655 kA

TR-0001
↑Ib 3P 0.287 kA
↑SLG 0.219 kA
↓Ib 3P 3.366 kA

BUS-0003
Ib 3P 4.579 kA
Ip 12.787 kA

CBL-0002
↑Ib 3P 0.077 kA
↓Ib 3P 4.294 kA

BUS-0004
Ib 3P 4.369 kA
Ip 12.393 kA

TR-0002
↑Ib 3P 0.077 kA
↓Ib 3P 24.496 kA
↓SLG 27.608 kA

CBL-0003
↑Ib 3P 0.235 kA
↓Ib 3P 4.209 kA

BUS-0005
Ib 3P 4.442 kA
Ip 11.837 kA

MTRS-0001
Ik" 0.341 kA

CBL-0004
↑Ib 3P 0.871 kA
↓Ib 3P 3.672 kA

BUS-0006
Ib 3P 4.561 kA
Ip 13.627 kA

GEN-0001
Ik" 1.269 kA
Ib 0.876 kA

BUS-0007
Ib 3P 25.737 kA
Ip 68.677 kA
SLG 29.650 kA

CBL-0005
↑Ib 3P 1.285 kA
↑SLG 2.065 kA
↓Ib 3P 19.285 kA
↓SLG 8.419 kA

CBL-0008
↓Ib 3P 11.173 kA
↓SLG 2.592 kA

BUS-0008
Ib 3P 19.954 kA
Ip 52.718 kA
SLG 9.236 kA

CBL-0006
↑Ib 3P 0.006 kA
↑SLG 0.077 kA
↓Ib 3P 4.724 kA
↓SLG 2.334 kA

CBL-0007
↑Ib 3P 0.667 kA
↑SLG 0.741 kA
↓Ib 3P 9.786 kA
↓SLG 1.957 kA

BUS-0011
Ib 3P 11.173 kA
Ip 29.092 kA
SLG 2.604 kA

LOAD-0001

BUS-0009
Ib 3P 4.726 kA
Ip 8.168 kA
SLG 2.375 kA

MTRI-0001
Ik" 0.283 kA
Ib 0.006 kA

BUS-0010
Ib 3P 10.521 kA
Ip 26.590 kA
SLG 2.330 kA

MTRI-0002
Ik" 3.100 kA
Ib 0.739 kA

그림 7-34 고장전류 계산결과(Max Branch Fault Current)

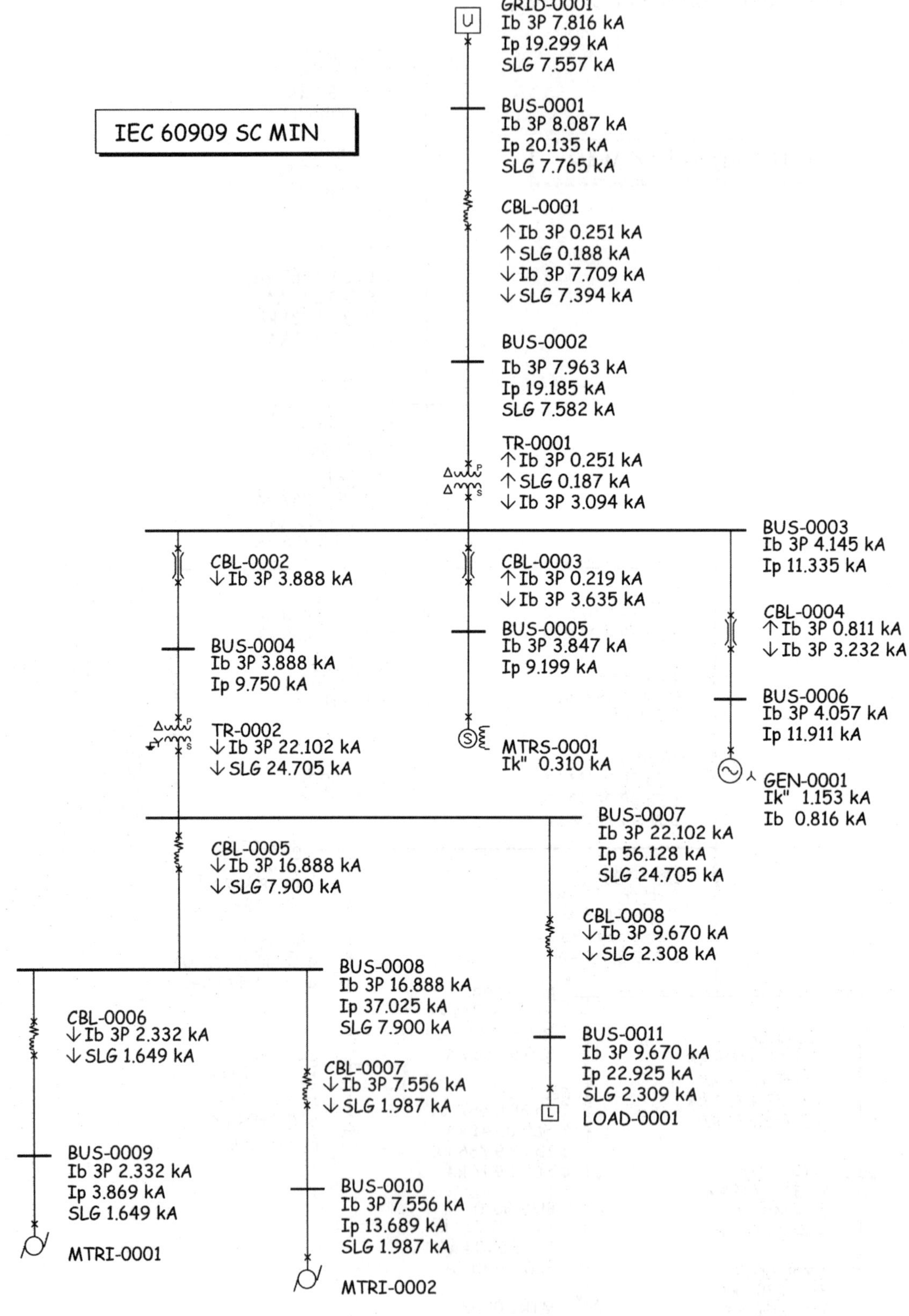


그림 7-35 고장전류 계산결과(Min Branch Fault Current)

## 7.6 IEC 60909 SHORT CIRCUIT ANALYSIS REPORT

```
-----------------------------------------------------------------------------
ALL INFORMATION PRESENTED IS FOR REVIEW, APPROVAL
INTERPRETATION AND APPLICATION BY A REGISTERED ENGINEER ONLY
SKM DISCLAIMS ANY RESPONSIBILITY AND LIABILITY RESULTING
FROM THE USE AND INTERPRETATION OF THIS SOFTWARE.
-----------------------------------------------------------------------------
SKM POWER*TOOLS FOR WINDOWS
IEC 60909 FAULT ANALYSIS REPORT
COPYRIGHT(C) SKM SYSTEMS ANALYSIS, INC. 1995-2019
-----------------------------------------------------------------------------


                         Voltage Factor Table
                  Voltage Range                  cmax        cmin
==============================================================================
                  Specific Voltage      240       1.05        0.95
                  Specific Voltage      400       1.05        0.95
                                 0     1000       1.05        0.95
                              1000    35000       1.10        1.00
                             35000   230000       1.10        1.00
                            230000   765000       1.10        1.00


     T I M E   V A R Y I N G   I E C  6 0 9 0 9   F A U L T   R E P O R T
          System Frequency(Hz): 60       Tmin: 0.08 sec.
          Calculate Maximum Short-Circuit Current

==============================================================================

*FAULT BUS: BUS-0002    Voltage: 22.900 kV    Eq. Volt. Source: 1.10 p.u.

     3 Phase Fault--------------------------------------------------------------

     R/X of Z(eq):                    0.1130    Ik"(kA):                  8.078
     Ip(kA):                          19.748    Ik(kA):                   7.817

     TIME (Cycles)                       0.5       2.0       4.8      12.5
     ===========================================================================
     Ib(Asym. RMS) (kA)               11.370     8.507     8.027     8.008
     Ib(Sym. RMS) (kA)                 8.069     8.045     8.018     8.008
     i(DC) (kA)                        8.011     2.765     0.382     0.002
     Ib(Asym)/Ib(Sym)                  1.409     1.057     1.001     1.000

   GROUP CONTRIBUTIONS ------------------- referred to 22.900 kV
   GROUP CONTRIBUTION THROUGH BRANCH : TR-0001
     R/X:                              0.094    Ik"(kA):                  0.347
     Ip(kA):                           0.982    Ik(kA):                   0.124

     TIME (Cycles)                       0.5       2.0       4.8      12.5
     ===========================================================================
     Ib(Asym. RMS) (kA)                0.498     0.349     0.288     0.277
     Ib(Sym. RMS) (kA)                 0.338     0.314     0.287     0.277
     i(DC) (kA)                        0.366     0.151     0.029     0.000
     Ib(Asym)/Ib(Sym)                  1.474     1.109     1.005     1.000
```

```
 INDIVIDUAL CONTRIBUTIONS:
 Device Name: GRID-0001
    R/X:                                   0.114   Ik"(kA):                        7.731
    Ip(kA):                               18.766   Ik(kA):                         7.731

    TIME (Cycles)                            0.5        2.0        4.8        12.5
    ==========================================================================
    Ib(Asym. RMS) (kA)                    10.873      8.161      7.739       7.731
    Ib(Sym. RMS) (kA)                      7.731      7.731      7.731       7.731
    i(DC) (kA)                             7.645      2.614      0.353       0.001
    Ib(Asym)/Ib(Sym)                       1.406      1.056      1.001       1.000


    Single Line to Ground Fault------------------------------------------------------

    R/X of Z(eq):                         0.1232   Ik"(kA):                        7.650
    Ip(kA):                               18.362   Ik(kA):                         7.650

    TIME (Cycles)                            0.5        2.0        4.8        12.5
    ==========================================================================
    Ib(slg)(Asym. RMS) (kA)               20.899     15.730     15.061      15.046
    Ib(slg)(Sym. RMS) (kA)                 7.650      7.650      7.650       7.650
    iDC(slg)(kA)                          14.473      4.524      0.517       0.001
    Ib(Asym)/Ib(Sym)                       2.732      2.056      1.969       1.967

 GROUP CONTRIBUTIONS -------------------- referred to 22.900 kV
 GROUP CONTRIBUTION THROUGH BRANCH : TR-0001

    TIME (Cycles)                            0.5        2.0        4.8        12.5
    ==========================================================================
    Ib(slg)(Asym. RMS) (kA)                0.311      0.220      0.191       0.185
    Ib(slg)(Sym. RMS) (kA)                 0.216      0.203      0.191       0.185
    iDC(slg)(kA)                           0.224      0.084      0.013       0.000
    Ib(Asym)/Ib(Sym)                       1.440      1.082      1.002       1.000

 INDIVIDUAL CONTRIBUTIONS:
 Device Name: GRID-0001
    R/X:                                   0.124   Ik"(kA):                        7.431
    Ip(kA):                               17.824   Ik(kA):                         7.431

    TIME (Cycles)                            0.5        2.0        4.8        12.5
    ==========================================================================
    Ib(slg)(Asym. RMS) (kA)                7.431      7.431      7.431       7.431
    Ib(slg)(Sym. RMS) (kA)                 7.431      7.431      7.431       7.431
    iDC(slg)(kA)                           7.125      2.220      0.252       0.001
    Ib(Asym)/Ib(Sym)                       1.385      1.044      1.001       1.000


 Ith Results:        (3P ) :     7.81 (kA)       (SLG) :      7.65 (kA)


*FAULT BUS: BUS-0003    Voltage: 6.600 kV    Eq. Volt. Source: 1.10 p.u.

    3 Phase Fault-------------------------------------------------------------------

    R/X of Z(eq):                         0.0950   Ik"(kA):                        5.120
    Ip(kA):                               12.787   Ik(kA):                         3.682

    TIME (Cycles)                            0.5        2.0        4.8        12.5
```

```
     ===========================================================================
     Ib(Asym. RMS) (kA)                    7.386       5.352      4.579      4.465
     Ib(Sym. RMS) (kA)                     5.026       4.804      4.548      4.465
     i(DC) (kA)                            5.412       2.359      0.531      0.012
     Ib(Asym)/Ib(Sym)                      1.470       1.114      1.007      1.000

GROUP CONTRIBUTIONS ------------------- referred to 6.600 kV
GROUP CONTRIBUTION THROUGH BRANCH : CBL-0002
     R/X:                                  0.332    Ik"(kA):                              0.159
     Ip(kA):                               0.358    Ik(kA):                               0.000

     TIME (Cycles)                          0.5         2.0        4.8        12.5
     ===========================================================================
     Ib(Asym. RMS) (kA)                    0.165       0.111      0.077      0.076
     Ib(Sym. RMS) (kA)                     0.144       0.111      0.077      0.076
     i(DC) (kA)                            0.079       0.003      0.000      0.000
     Ib(Asym)/Ib(Sym)                      1.142       1.000      1.000      1.000

INDIVIDUAL CONTRIBUTIONS:
Device Name: GRID-0001
     R/X:                                  0.095    Ik"(kA):                              3.366
     Ip(kA):                               8.360    Ik(kA):                               3.366

     TIME (Cycles)                          0.5         2.0        4.8        12.5
     ===========================================================================
     Ib(Asym. RMS) (kA)                    4.876       3.660      3.376      3.366
     Ib(Sym. RMS) (kA)                     3.366       3.366      3.366      3.366
     i(DC) (kA)                            3.529       1.438      0.269      0.003
     Ib(Asym)/Ib(Sym)                      1.449       1.087      1.003      1.000

Device Name: GEN-0001
     R/X:                                  0.075    Ik"(kA):                              1.259
     Ip(kA):                               3.196    Ik(kA):                               0.337

     TIME (Cycles)                          0.5         2.0        4.8        12.5
     ===========================================================================
     Ib(Asym. RMS) (kA)                    1.847       1.255      0.891      0.807
     Ib(Sym. RMS) (kA)                     1.196       1.046      0.871      0.807
     i(DC) (kA)                            1.407       0.695      0.186      0.005
     Ib(Asym)/Ib(Sym)                      1.544       1.200      1.023      1.000

Device Name: MTRS-0001
     R/X:                                  0.061    Ik"(kA):                              0.340
     Ip(kA):                               0.884    Ik(kA):                               0.111

     TIME (Cycles)                          0.5         2.0        4.8        12.5
     ===========================================================================
     Ib(Asym. RMS) (kA)                    0.512       0.360      0.247      0.218
     Ib(Sym. RMS) (kA)                     0.323       0.283      0.235      0.218
     i(DC) (kA)                            0.397       0.223      0.076      0.004
     Ib(Asym)/Ib(Sym)                      1.584       1.275      1.051      1.000


     Single Line to Ground Fault----------------------------------------------------

     R/X of Z(eq):                        0.0000    Ik"(kA):                              0.000
     Ip(kA):                               0.000    Ik(kA):                               0.000

     TIME (Cycles)                          0.5         2.0        4.8        12.5
```

```
  ====================================================================================
  Ib(slg)(Asym. RMS) (kA)              0.000       0.000       0.000       0.000
  Ib(slg)(Sym. RMS) (kA)               0.000       0.000       0.000       0.000
  iDC(slg)(kA)                         0.000       0.000       0.000       0.000
  Ib(Asym)/Ib(Sym)                    16.604      16.604      16.604      16.604

GROUP CONTRIBUTIONS ------------------- referred to 6.600 kV
GROUP CONTRIBUTION THROUGH BRANCH : CBL-0002

  TIME (Cycles)                          0.5         2.0         4.8        12.5
  ====================================================================================
  Ib(slg)(Asym. RMS) (kA)              0.000       0.000       0.000       0.000
  Ib(slg)(Sym. RMS) (kA)               0.000       0.000       0.000       0.000
  iDC(slg)(kA)                         0.000       0.000       0.000       0.000
  Ib(Asym)/Ib(Sym)                       N/A         N/A         N/A         N/A

INDIVIDUAL CONTRIBUTIONS:
Device Name: GRID-0001
  R/X:                                 0.124    Ik"(kA):                              7.431
  Ip(kA):                             17.824    Ik(kA):                               7.431

  TIME (Cycles)                          0.5         2.0         4.8        12.5
  ====================================================================================
  Ib(slg)(Asym. RMS) (kA)              7.431       7.431       7.431       7.431
  Ib(slg)(Sym. RMS) (kA)               7.431       7.431       7.431       7.431
  iDC(slg)(kA)                         7.125       2.220       0.252       0.001
  Ib(Asym)/Ib(Sym)                     1.385       1.044       1.001       1.000

Device Name: GEN-0001
  R/X:                              9999.000    Ik"(kA):                              0.157
  Ip(kA):                              0.000    Ik(kA):                               0.000

  TIME (Cycles)                          0.5         2.0         4.8        12.5
  ====================================================================================
  Ib(slg)(Asym. RMS) (kA)              0.000       0.000       0.000       0.000
  Ib(slg)(Sym. RMS) (kA)               0.000       0.000       0.000       0.000
  iDC(slg)(kA)                         0.000       0.000       0.000       0.000
  Ib(Asym)/Ib(Sym)                       N/A         N/A         N/A         N/A

Device Name: MTRS-0001
  R/X:                              5561.747    Ik"(kA):                              0.000
  Ip(kA):                              0.000    Ik(kA):                               0.000

  TIME (Cycles)                          0.5         2.0         4.8        12.5
  ====================================================================================
  Ib(slg)(Asym. RMS) (kA)              0.000       0.000       0.000       0.000
  Ib(slg)(Sym. RMS) (kA)               0.000       0.000       0.000       0.000
  iDC(slg)(kA)                         0.000       0.000       0.000       0.000
  Ib(Asym)/Ib(Sym)                     1.000       1.000       1.000       1.000

Ith Results:        (3P ) :      3.73 (kA)        (SLG) :      0.00 (kA)

*FAULT BUS: BUS-0007    Voltage: 0.380 kV    Eq. Volt. Source: 1.05 p.u.

  3 Phase Fault---------------------------------------------------------------------

  R/X of Z(eq):                       0.1831    Ik"(kA):                             27.331
```

```
    Ip(kA):                        68.677    Ik(kA):                            21.505

    TIME (Cycles)                     0.5         2.0        4.8       12.5
    ==============================================================================
    Ib(Asym. RMS) (kA)             34.864      26.776     25.737     25.705
    Ib(Sym. RMS) (kA)              27.042      26.411     25.736     25.705
    i(DC) (kA)                     22.005       4.403      0.238      0.000
    Ib(Asym)/Ib(Sym)                1.289       1.014      1.000      1.000

GROUP CONTRIBUTIONS -------------------- referred to 0.380 kV
GROUP CONTRIBUTION THROUGH BRANCH : CBL-0005
    R/X:                            0.343    Ik"(kA):                            2.856
    Ip(kA):                         6.364    Ik(kA):                             0.000

    TIME (Cycles)                     0.5         2.0        4.8       12.5
    ==============================================================================
    Ib(Asym. RMS) (kA)              2.904       1.925      1.285      1.264
    Ib(Sym. RMS) (kA)               2.559       1.925      1.285      1.264
    i(DC) (kA)                      1.375       0.054      0.000      0.000
    Ib(Asym)/Ib(Sym)                1.135       1.000      1.000      1.000

GROUP CONTRIBUTION THROUGH BRANCH : TR-0002
    R/X:                            0.165    Ik"(kA):                           24.511
    Ip(kA):                        62.394    Ik(kA):                            21.505

    TIME (Cycles)                     0.5         2.0        4.8       12.5
    ==============================================================================
    Ib(Asym. RMS) (kA)             32.032      24.870     24.498     24.493
    Ib(Sym. RMS) (kA)              24.504      24.487     24.496     24.493
    i(DC) (kA)                     20.630       4.349      0.238      0.000
    Ib(Asym)/Ib(Sym)                1.307       1.016      1.000      1.000


    Single Line to Ground Fault-------------------------------------------------------

    R/X of Z(eq):                  0.1747    Ik"(kA):                           29.649
    Ip(kA):                        67.094    Ik(kA):                            19.766

    TIME (Cycles)                     0.5         2.0        4.8       12.5
    ================================================================================
    Ib(slg)(Asym. RMS) (kA)        25.420      19.645     18.960     18.949
    Ib(slg)(Sym. RMS) (kA)         29.649      29.649     29.649     29.649
    iDC(slg)(kA)                   16.338       3.536      0.221      0.000
    Ib(Asym)/Ib(Sym)                0.857       0.663      0.639      0.639

GROUP CONTRIBUTIONS -------------------- referred to 0.380 kV
GROUP CONTRIBUTION THROUGH BRANCH : CBL-0005

    TIME (Cycles)                     0.5         2.0        4.8       12.5
    ==============================================================================
    Ib(slg)(Asym. RMS) (kA)         2.034       1.604      1.234      1.224
    Ib(slg)(Sym. RMS) (kA)          1.758       1.603      1.234      1.224
    iDC(slg)(kA)                    1.023       0.044      0.000      0.000
    Ib(Asym)/Ib(Sym)                1.157       1.000      1.000      1.000

GROUP CONTRIBUTION THROUGH BRANCH : TR-0002

    TIME (Cycles)                     0.5         2.0        4.8       12.5
    ==============================================================================
```

```
    Ib(slg)(Asym. RMS) (kA)              23.426      18.067      17.728      17.726
    Ib(slg)(Sym. RMS) (kA)               17.726      17.726      17.726      17.726
    iDC(slg)(kA)                         15.315       3.492       0.221       0.000
    Ib(Asym)/Ib(Sym)                      1.322       1.019       1.000       1.000


 Ith Results:        (3P ) :    21.68 (kA)        (SLG) :    29.65 (kA)


     T I M E   V A R Y I N G   I E C  6 0 9 0 9   F A U L T   R E P O R T
          System Frequency(Hz): 60      Tmin: 0.08 sec.
          Calculate Minimum Short-Circuit Current

==========================================================================================

*FAULT BUS: BUS-0002    Voltage: 22.900 kV    Eq. Volt. Source: 1.00 p.u.

    3 Phase Fault-----------------------------------------------------------------------

    R/X of Z(eq):                        0.1285    Ik"(kA):                          8.004
    Ip(kA):                              19.185    Ik(kA):                           7.731

    TIME (Cycles)                           0.5         2.0         4.8        12.5
    ====================================================================================
    Ib(Asym. RMS) (kA)                   11.007       8.296       7.963       7.950
    Ib(Sym. RMS) (kA)                     7.997       7.980       7.960       7.950
    i(DC) (kA)                            7.563       2.268       0.248       0.001
    Ib(Asym)/Ib(Sym)                      1.376       1.040       1.000       1.000

 GROUP CONTRIBUTIONS -------------------- referred to 22.900 kV
 GROUP CONTRIBUTION THROUGH BRANCH : TR-0001
    R/X:                                  0.084    Ik"(kA):                          0.296
    Ip(kA):                               0.837    Ik(kA):                           0.032

    TIME (Cycles)                           0.5         2.0         4.8        12.5
    ====================================================================================
    Ib(Asym. RMS) (kA)                    0.432       0.308       0.253       0.242
    Ib(Sym. RMS) (kA)                     0.289       0.272       0.251       0.242
    i(DC) (kA)                            0.321       0.146       0.033       0.001
    Ib(Asym)/Ib(Sym)                      1.496       1.135       1.009       1.000

 INDIVIDUAL CONTRIBUTIONS:
 Device Name: GRID-0001
    R/X:                                  0.130    Ik"(kA):                          7.709
    Ip(kA):                              18.349    Ik(kA):                           7.709

    TIME (Cycles)                           0.5         2.0         4.8        12.5
    ====================================================================================
    Ib(Asym. RMS) (kA)                   10.577       7.996       7.712       7.709
    Ib(Sym. RMS) (kA)                     7.709       7.709       7.709       7.709
    i(DC) (kA)                            7.242       2.123       0.215       0.000
    Ib(Asym)/Ib(Sym)                      1.372       1.037       1.000       1.000


    Single Line to Ground Fault---------------------------------------------------------

    R/X of Z(eq):                        0.1502    Ik"(kA):                          7.581
    Ip(kA):                              17.630    Ik(kA):                           7.581
```

```
    TIME (Cycles)                               0.5         2.0         4.8        12.5
    ==========================================================================================
    Ib(slg)(Asym. RMS) (kA)                  19.954      15.300      14.957      14.950
    Ib(slg)(Sym. RMS) (kA)                    7.581       7.581       7.581       7.581
    iDC(slg)(kA)                             13.189       3.192       0.229       0.000
    Ib(Asym)/Ib(Sym)                          2.632       2.018       1.973       1.972

GROUP CONTRIBUTIONS ------------------- referred to 22.900 kV
GROUP CONTRIBUTION THROUGH BRANCH : TR-0001

    TIME (Cycles)                               0.5         2.0         4.8        12.5
    ==========================================================================================
    Ib(slg)(Asym. RMS) (kA)                   0.265       0.189       0.167       0.162
    Ib(slg)(Sym. RMS) (kA)                    0.186       0.175       0.167       0.162
    iDC(slg)(kA)                              0.190       0.070       0.011       0.000
    Ib(Asym)/Ib(Sym)                          1.430       1.077       1.002       1.000


INDIVIDUAL CONTRIBUTIONS:
Device Name: GRID-0001
    R/X:                                      0.151    Ik"(kA):                               7.394
    Ip(kA):                                  17.174    Ik(kA):                                7.394

    TIME (Cycles)                               0.5         2.0         4.8        12.5
    ==========================================================================================
    Ib(slg)(Asym. RMS) (kA)                   7.394       7.394       7.394       7.394
    Ib(slg)(Sym. RMS) (kA)                    7.394       7.394       7.394       7.394
    iDC(slg)(kA)                              6.500       1.561       0.109       0.000
    Ib(Asym)/Ib(Sym)                          1.331       1.022       1.000       1.000


Ith Results:         (3P ) :      7.73 (kA)        (SLG) :      7.58 (kA)


*FAULT BUS: BUS-0003    Voltage: 6.600 kV    Eq. Volt. Source: 1.00 p.u.

    3 Phase Fault---------------------------------------------------------------------------

    R/X of Z(eq):                            0.0917    Ik"(kA):                               4.547
    Ip(kA):                                  11.335    Ik(kA):                                3.173

    TIME (Cycles)                               0.5         2.0         4.8        12.5
    ==========================================================================================
    Ib(Asym. RMS) (kA)                        6.582       4.774       4.145       4.050
    Ib(Sym. RMS) (kA)                         4.479       4.315       4.124       4.050
    i(DC) (kA)                                4.823       2.043       0.419       0.006
    Ib(Asym)/Ib(Sym)                          1.470       1.106       1.005       1.000


GROUP CONTRIBUTIONS ------------------- referred to 6.600 kV
INDIVIDUAL CONTRIBUTIONS:
Device Name: GRID-0001
    R/X:                                      0.097    Ik"(kA):                               3.094
    Ip(kA):                                   7.669    Ik(kA):                                3.094

    TIME (Cycles)                               0.5         2.0         4.8        12.5
    ==========================================================================================
    Ib(Asym. RMS) (kA)                        4.471       3.354       3.103       3.094
```

```
    Ib(Sym. RMS) (kA)                  3.094      3.094      3.094      3.094
    i(DC) (kA)                         3.227      1.294      0.235      0.002
    Ib(Asym)/Ib(Sym)                   1.445      1.084      1.003      1.000

Device Name: GEN-0001
    R/X:                               0.083   Ik"(kA):                            1.144
    Ip(kA):                            2.874   Ik(kA):                             0.091

    TIME (Cycles)                        0.5        2.0        4.8       12.5
    ================================================================================
    Ib(Asym. RMS) (kA)                 1.656      1.118      0.822      0.753
    Ib(Sym. RMS) (kA)                  1.090      0.961      0.811      0.753
    i(DC) (kA)                         1.247      0.571      0.133      0.002
    Ib(Asym)/Ib(Sym)                   1.519      1.163      1.013      1.000

Device Name: MTRS-0001
    R/X:                               0.071   Ik"(kA):                            0.309
    Ip(kA):                            0.792   Ik(kA):                             0.024

    TIME (Cycles)                        0.5        2.0        4.8       12.5
    ================================================================================
    Ib(Asym. RMS) (kA)                 0.457      0.315      0.225      0.203
    Ib(Sym. RMS) (kA)                  0.295      0.260      0.219      0.203
    i(DC) (kA)                         0.349      0.178      0.051      0.002
    Ib(Asym)/Ib(Sym)                   1.551      1.213      1.027      1.000


    Single Line to Ground Fault---------------------------------------------------------

    R/X of Z(eq):                     0.0000   Ik"(kA):                            0.000
    Ip(kA):                            0.000   Ik(kA):                             0.000

    TIME (Cycles)                        0.5        2.0        4.8       12.5
    =====================================================================================
    Ib(slg)(Asym. RMS) (kA)            0.000      0.000      0.000      0.000
    Ib(slg)(Sym. RMS) (kA)             0.000      0.000      0.000      0.000
    iDC(slg)(kA)                       0.000      0.000      0.000      0.000
    Ib(Asym)/Ib(Sym)                   0.000      0.000      0.000      0.000

GROUP CONTRIBUTIONS ------------------- referred to 6.600 kV
INDIVIDUAL CONTRIBUTIONS:
Device Name: GRID-0001
    R/X:                               0.151   Ik"(kA):                            7.394
    Ip(kA):                           17.174   Ik(kA):                             7.394

    TIME (Cycles)                        0.5        2.0        4.8       12.5
    ================================================================================
    Ib(slg)(Asym. RMS) (kA)            7.394      7.394      7.394      7.394
    Ib(slg)(Sym. RMS) (kA)             7.394      7.394      7.394      7.394
    iDC(slg)(kA)                       6.500      1.561      0.109      0.000
    Ib(Asym)/Ib(Sym)                   1.331      1.022      1.000      1.000

Device Name: GEN-0001
    R/X:                            9999.000   Ik"(kA):                            0.147
    Ip(kA):                            0.000   Ik(kA):                             0.000

    TIME (Cycles)                        0.5        2.0        4.8       12.5
    ================================================================================
    Ib(slg)(Asym. RMS) (kA)            0.000      0.000      0.000      0.000
```

```
    Ib(slg)(Sym. RMS) (kA)              0.000       0.000       0.000       0.000
    iDC(slg)(kA)                        0.000       0.000       0.000       0.000
    Ib(Asym)/Ib(Sym)                      N/A         N/A         N/A         N/A

Device Name: MTRS-0001
    R/X:                             9999.000   Ik"(kA):                                0.040
    Ip(kA):                             0.000   Ik(kA):                                 0.000

    TIME (Cycles)                         0.5         2.0         4.8        12.5
    ==================================================================================
    Ib(slg)(Asym. RMS) (kA)             0.000       0.000       0.000       0.000
    Ib(slg)(Sym. RMS) (kA)              0.000       0.000       0.000       0.000
    iDC(slg)(kA)                        0.000       0.000       0.000       0.000
    Ib(Asym)/Ib(Sym)                      N/A         N/A         N/A         N/A


Ith Results:          (3P ) :      3.21 (kA)        (SLG) :       0.00 (kA)


*FAULT BUS: BUS-0007    Voltage: 0.380 kV    Eq. Volt. Source: 0.95 p.u.

    3 Phase Fault-------------------------------------------------------------------

    R/X of Z(eq):                      0.1975   Ik"(kA):                               22.102
    Ip(kA):                            56.128   Ik(kA):                                16.254

    TIME (Cycles)                         0.5         2.0         4.8        12.5
    ==================================================================================
    Ib(Asym. RMS) (kA)                 27.766      22.256      22.102      22.102
    Ib(Sym. RMS) (kA)                  22.102      22.102      22.102      22.102
    i(DC) (kA)                         16.806       2.612       0.081       0.000
    Ib(Asym)/Ib(Sym)                    1.256       1.007       1.000       1.000

GROUP CONTRIBUTIONS -------------------- referred to 0.380 kV
GROUP CONTRIBUTION THROUGH BRANCH : TR-0002
    R/X:                                0.198   Ik"(kA):                               22.102
    Ip(kA):                            56.128   Ik(kA):                                16.254

    TIME (Cycles)                         0.5         2.0         4.8        12.5
    ==================================================================================
    Ib(Asym. RMS) (kA)                 27.766      22.256      22.102      22.102
    Ib(Sym. RMS) (kA)                  22.102      22.102      22.102      22.102
    i(DC) (kA)                         16.806       2.612       0.081       0.000
    Ib(Asym)/Ib(Sym)                    1.256       1.007       1.000       1.000


    Single Line to Ground Fault-------------------------------------------------------

    R/X of Z(eq):                      0.1861   Ik"(kA):                               24.705
    Ip(kA):                            55.224   Ik(kA):                                16.470

    TIME (Cycles)                         0.5         2.0         4.8        12.5
    ==================================================================================
    Ib(slg)(Asym. RMS) (kA)            20.971      16.623      16.470      16.470
    Ib(slg)(Sym. RMS) (kA)             24.705      24.705      24.705      24.705
    iDC(slg)(kA)                       12.982       2.247       0.085       0.000
    Ib(Asym)/Ib(Sym)                    0.849       0.673       0.667       0.667

GROUP CONTRIBUTIONS -------------------- referred to 0.380 kV
```

```
GROUP CONTRIBUTION THROUGH BRANCH : TR-0002

    TIME (Cycles)                      0.5       2.0       4.8      12.5
    ======================================================================
    Ib(slg)(Asym. RMS) (kA)         20.971    16.623    16.470    16.470
    Ib(slg)(Sym. RMS) (kA)          16.470    16.470    16.470    16.470
    iDC(slg)(kA)                    12.982     2.247     0.085     0.000
    Ib(Asym)/Ib(Sym)                 1.273     1.009     1.000     1.000

Ith Results:        (3P ) :     16.43 (kA)      (SLG) :     24.71 (kA)
```

# 8 차단기의 선정

## 8.1 고전압회로 차단기

차단기의 가장 중요한 정격은 차단기의 정격전압, 정격전류, 정격차단전류와 정격투입전류이다. 차단기의 정격전류와 정격차단전류는 대칭실효값으로 표시하고, 정격투입전류는 투입전류의 첫 파의 파고값을 표시하며 이 값은 차단기의 개극 순시전류의 파고값과 같다.

### 1) 정격전압

차단기의 정격전압이란 그 차단기에 부과할 수 있는 사용회로전압의 상한을 말하며, 선간전압의 실효값으로 표시한다. 사용회로전압보다 훨씬 큰 정격전압을 가진 차단기를 선정해도 아무런 지장이 없지만 경제적으로나 외형적으로 이점이 없으므로 적정한 회로전압에 대응하는 정격전압의 것을 사용한다.

**표 7-3 차단기의 정격전압**

| 공칭전압 [kV] | 정격전압 [kV] | | |
|---|---|---|---|
| | KS | IEC | |
| | | Series Ⅰ | Series Ⅱ |
| 3.3 | 3.6 | 3.6 | 4.76 |
| 6.6 | 7.2 | 7.2 | 8.25 |
| 22.9 | 24, 25.8 | 24 | 25.8 |
| 33 | 36 | 36 | 38 |
| 66 | 72.5 | 72.5 | 72.5 |
| 154 | 170 | 170 | 170 |
| 345 | 362 | 362 | 362 |
| 765 | | 800 | 800 |

Source : KS C 4611(고압교류차단기), KS C 8331 특 · 초고압차단기
KS C IEC 62271-1(고압개폐기와 제어기-제1부)

### 2) 정격전류

차단기의 정격전류라 함은 정격전압, 정격주파수에서 허용된 온도를 초과하지 않고 차단기에 접속하여 연속하여 흘릴 수 있는 전류의 상한값을 말하며 대칭실효값으로 표시한다. 최대부하전류 또는 배전선전류 이상의 정격전류를 선정한다.

**표 7-4 차단기의 정격전류**

| 구 분 | 차단기의 정격전류 [A] |
|---|---|
| 고압 | 400, 600, 630, 1200, 1250, 2000, 3000, 3150 |
| 특고압 | (600), 1200, 2000, (3000), 4000 |

Source : KS C 4611(고압교류차단기), KS C 8331 특 초고압차단기

IEC 표준은 전기기구, 장치, 계기 및 설비의 표준정격전류에 대하여 규정하며 운전특성과 함께 설비 시스템 또는 설비설계에도 적용된다.

**표 7-5 차단기의 표준 정격전류**

| | | | | | | | | | |
|---|---|---|---|---|---|---|---|---|---|
| 1 | 1.25 | 1.6 | 2 | 2.5 | 3.15 | 4 | 5 | 6.3 | 8 |
| 10 | 12.5 | 16 | 20 | 25 | 31.5 | 40 | 50 | 63 | 80 |
| 100 | 125 | 160 | 200 | 250 | 315 | 400 | 500 | 630 | 800 |
| 1000 | 1250 | 1600 | 2000 | 2500 | 3150 | 4000 | 5000 | 6300 | 8000 |
| 10000 | 12500 | 16000 | 20000 | 25000 | 31500 | 40000 | 50000 | 63000 | 80000 |
| 100000 | 125000 | 160000 | 200000 | – | – | – | – | – | – |

Source : KS C IEC 60059(2014) 표준정격전류

### 3) 정격 단시간내전류

규정된 사용 및 동작조건에서 정해진 시간 동안 폐로 위치에서 계폐기기 및 제어기기가 통전할 수 있는 전류의 실효값으로 KS C IEC 60694(고압 개폐기기 및 제어기기 공통사항)에 의하면 정격 단시간내전류의 표준값은 KS C IEC 60059에서 정하는 R10 Series로부터 선택되어야 한다. R10 Series는 수열 1, 1.25, 1.6, 2.5, 3.15, 4, 5, 6.3, 8과 수열의 10배의 정수배의 값도 포함한다.

### 4) 정격 피크내전류

피크전류는 규정된 사용 및 동작조건에서 정해진 시간동안 폐로 위치에서 개폐기기 및 제어기기가 통전할 수 있는 정격 단시간내전류의 첫 번째 주파의 파고값을 말한다. KS C IEC 60694(고압 개폐기기 및 제어기기 공통사항)에서는 정격 피크내전류는 시정수($\tau = L/R$) $\tau$=45 ms, 주파수 50 Hz 계통에서는 정격 차단전류의 2.5배, 주파수 60 Hz 계통에서는 2.6배로 정하고 있다. 또 800 kV 이상의 전력계통에서는 정격 차단전류의 2.7배로 정하고 있다. 정격 피크내전류의 값은 정격 투입전류와 같으며, 이 전류는 차단기의 기계적 강도의 기준이 된다.

### 5) 절연강도

차단기 절연의 강도에 대한 것으로서, 그 세기는 상용주파전압 및 뇌 임펄스 전압에 대한 절연파괴 전압값으로 나타낸다. KS C 8331(특 · 초고압 교류차단기)에 정하는 차단기의 절연강도는 다음 표 7-6, 표 7-7을 표준값으로 한다.

**표 7-6 차단기의 절연강도**

| 정격전압<br>kV rms | 차단기의 절연강도 | |
|---|---|---|
| | 상용주파 내전압<br>[kV rms] | 뇌임펄스 내전압<br>[kV, peak 1.2×50$\mu s$] |
| 24, 25.8 | 60(50) | 150(125) |
| 36 | 70 | 170 |
| 72.5 | 160 | 350 |
| 170 | 325 | 750 |

[비고 1] 상용주파 내전압 가압시간은 건조 1분간, 주수 10초간으로 한다.
[비고 2] 뇌임펄스 내전압시험은 건조상태에서 정 · 부극성을 인가한다.
[비고 3] ( )내의 숫자는 옥내형에 적용한다.

**표 7-7 차단기의 절연강도**

| 정격전압<br>[kV rms] | 상용주파 내전압<br>[kV rms] | | 뇌임펄스 내전압<br>[kV, peak,<br>1.2×50$\mu s$] | 개폐임펄스 내전압<br>[kV, peak, 250×2500$\mu s$] | |
|---|---|---|---|---|---|
| | 도전부 대지간 | 동상<br>극간 | | 도전부 대지간 | 동상<br>극간 |
| 362 | 450 | 520 | 1175(205) | 950 | 800(295) |

[비고 1] 상용주파 내전압 가압시간은 건조 1분간으로 한다.
[비고 2] 뇌임펄스 내전압시험은 건조상태에서 정 · 부극성을 인가한다.
[비고 3] 개폐임펄스 내전압시험은 건조상태에서 정극성, 주수상태에서 정 · 부극성을 인가한다.
[비고 4] ( )내의 숫자는 임펄스 전압인가 단자의 반대측 단자에 인가하는 상용주파 전압 최고값이다.

KS C IEC 62271-100(고전압개폐기와 제어기-제100부 : 교류회로자단기)에 의하면 차단기의 절연강도는 KS C IEC 62271-1에 의하여 선정하도록 하고 있으며, 이 값은 KS C IEC 60071-1(절연협조)의 표2, 표3(표준절연 레벨)에 정하여져 있으며 일반적으로 통용되는 절연강도이다. 참고로 KS C IEC 60694(고압개폐기기 및 제어기기 공통사항), KS C IEC 62271-1(고전압개폐기와 제어기-제1부 : 공통시방서)에도 절연레벨에 대하여 정해져 있다.

**표 7-8 차단기의 절연강도**

| 정격전압 [kV rms] | 표준 단시간 상용주파 내전압 [kV rms] | 표준 뇌임펄스 내전압 [kV, peak] |
|---|---|---|
| 3.6 | 10 | 20, 40 |
| 7.2 | 20 | 40, 60 |
| 12 | 28 | 60, 75, 95 |
| 24 | 50 | 95, 125, 145 |
| 36 | 70 | 145, 170 |
| 72.5 | 140 | 125 |
| 170 | (230) | (550) |
| | 275 | 650 |
| | 325 | 750 |

[비고 1] KS C IEC 60071-1 절연협조 표2 표준절연레벨(범위1)
[비고 2] 괄호안의 소요되는 상간 내전압을 만족시키지 못할 경우 추가적인 상간 내전압시험이 필요하다.

**표 7-9 차단기의 절연강도**

| 정격전압 [kV rms] | 표준 개폐 임펄스 내전압 [kV peak] | | | 표준 뇌임펄스 내전압 [kV, peak] |
|---|---|---|---|---|
| | 동상 단자간 | 상대지간 | 상대지간파고값에 대한 비율 | |
| 362 | 850 | 850 | 1.5 | 950<br>1050 |
| | 850 | 950 | 1.5 | 1050<br>1175 |
| 765 | 1175 | 1300 | 1.7 | 1675<br>1800 |
| | 1175 | 1425 | 1.7 | 1800<br>1950 |
| | 1175 | 1550 | 1.6 | 1950<br>2100 |

[비고 1] KS C IEC 60071-1 절연협조 표3 표준절연레벨(범위2)

### 6) 정격주파수

정격주파수란 차단기가 규정조건에 맞도록 설계된 주파수로 일반적으로 상용주파수를 말하며, 우리나라는 60 Hz이지만 다른 국가는 50 Hz 또는 60 Hz와 50 Hz를 공용하는 국가도 있다.

### 7) 정격차단시간

정격차단시간이란 정격차단전류를 모든 정격 및 규정된 회로조건에서 규정된 표준동작책무에 따라 차단하는 경우의 차단시간의 한도를 말한다. 차단시간은 차단기의 접점 개극에서 모든 상의 아크가 소호되는 최종소호까지의 시간이며, 차단시간은 정격주파수를 기준으로 한 사이클수로 표시한다. KS C 4611(고압 교류차단기) 및 KS C 8331(특 · 초고압 교류차단기)에 정하는 차단기의 정격차단시간은 다음 표 7-10의 값을 표준으로 한다.

표 7-10 교류차단기의 정격차단시간

| 정격전압 [kV rms] | 3.6, 7.2 | 24, 25.8 | 36 | 72.5 | 170 | 362 |
|---|---|---|---|---|---|---|
| 정격차단시간 60cycle기준 [cycle] | 3, 5 | 5 | 5 | 5(3) | 3 | 3 |

[비고 1] KS C 4611 표 4, KS C8331 표 11

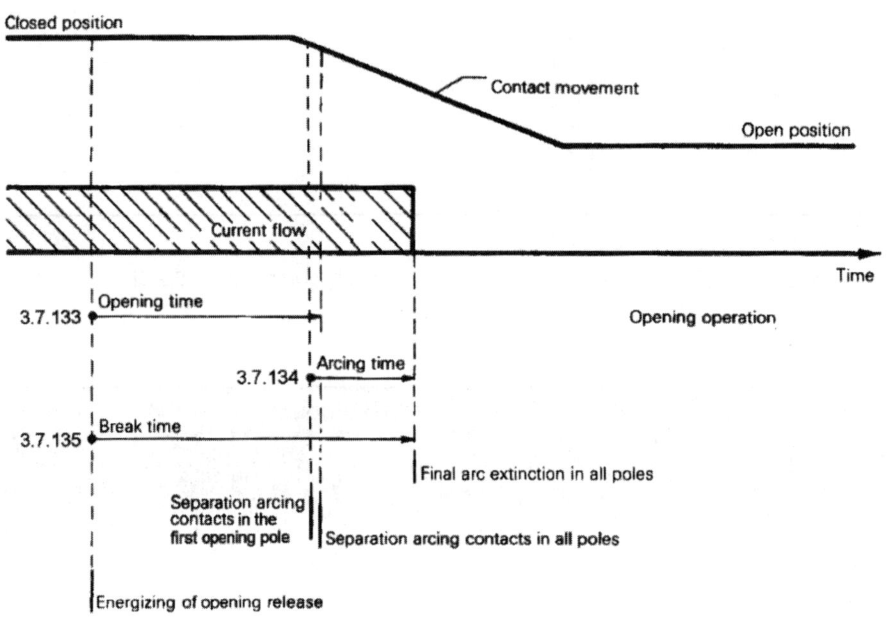


그림 7-34 단락발생에서 개극까지의 시간(IEC 62271-100 Fig 2)

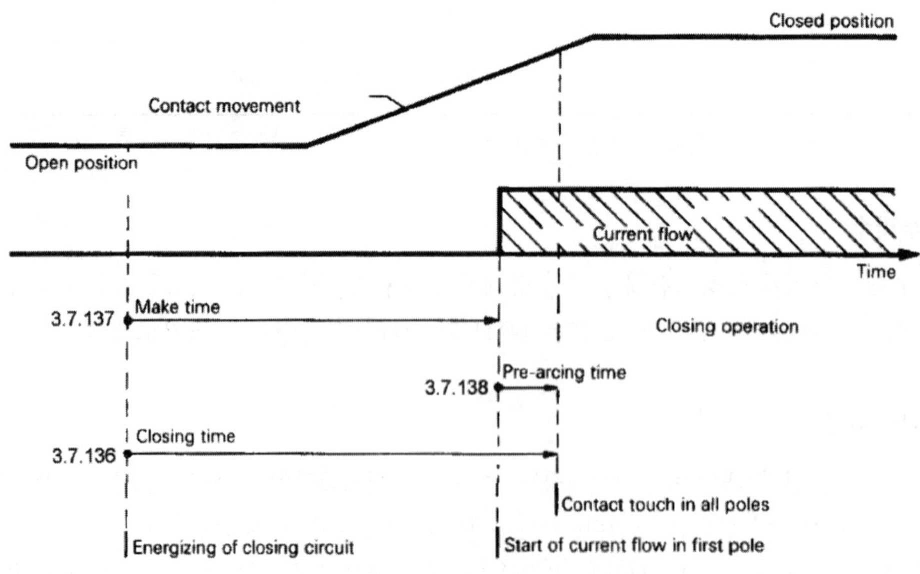


그림 7-35 차단기의 투입시간(IEC 62271-100 Fig 2)

### 8) 정격단락지속시간

개폐기기 및 제어기기가 폐로 위치에서 정격단시간내전류를 통전할 수 있는 시간으로 KS C IEC 60694(고압개폐기기 및 제어기기 공통사항)에서는 정격단락시간의 표준값은 1초로 정하고 있다. 필요에 따라 1초보다 작거나 큰값을 선택할 수 있으며, 그 표준값은 0.5초, 2초, 3초의 값을 권장한다.

### 9) 투입 및 개방장치와 보조 및 제어회로의 정격전압

투입 및 개방장치와 보조 및 제어회로의 정격전압은 KS C IEC 60694(고압개폐기기 및 제어기기 공통사항)에서 정하는 다음의 표 값에서 선택되어야 한다. 조작장치는 정격전압의 85~110% 사이의 공급전압에서 개폐장치를 개폐할 수 있어야 한다.

**표 7-11 직류전압**

| 투입 및 개방장치 조작전압[V] |
|---|
| 24 |
| 48 |
| 60 |
| 110 또는 125 |
| 220 또는 250 |

[비고] KS C IEC 60694(고압개폐기기 및 제어기기 공통사항) 표4

**표 7-12 교류전압**

| 투입 및 개방장치 조작전압[V] | | |
|---|---|---|
| 3상3선 3상4선 | 단상 3선 | 단상 2선 |
| – | 120/240 | 120 |
| 120/208 | – | 120 |
| (220/380) | – | (220) |
| 230/400 | – | 230 |
| (240/415) | – | (240) |
| 277/480 | – | 277 |
| 347/600 | – | 347 |

[비고] KS C IEC 60694(고압개폐기기 및 제어기기 공통사항) 표5

### 10) 정격차단전류

정격차단전류라 함은 모든 정격 및 규정된 회로 조건에서 규정된 표준동작책무와 동작상태에 따라 차단할 수 있는 지상역률의 차단전류 한도를 말하며, 직류성분의 비율이 20% 또는 그 이하인 때의 교류성분의 대칭실효값으로 표시한다. KS C 4611(고압 교류차단기 및 KS C 8331(특 · 초고압 교류차단기)에 정하는 차단기의 정격차단전류는 다음 표 7-13의 값을 표준으로 한다.

**표 7-13 정격차단 및 투입전류**

| 정격전압<br>[kV rms] | 정격차단전류, 정격단시간전류<br>[kA, rms/1초] | 정격투입전류<br>[kA, peak] |
|---|---|---|
| 3.6 | 8, 12.5, 16, 20, 25, 31.5, 40 | 정격차단전류의 2.5배 |
| 7.2 | 8, 12.5, 16, 20, 25, 31.5, 40 | 정격차단전류의 2.5배 |
| 24, 25.8, 36 | 20, 25 | 50, 63 |
| 72.5 | 20, 25 | 50, 63 |
| 170 | 31.5, (40), 50 | 80, (100), 125 |
| 362 | 40 | 100 |

[비고 1] KS C 4611 표 4, KS C 8331 표 6

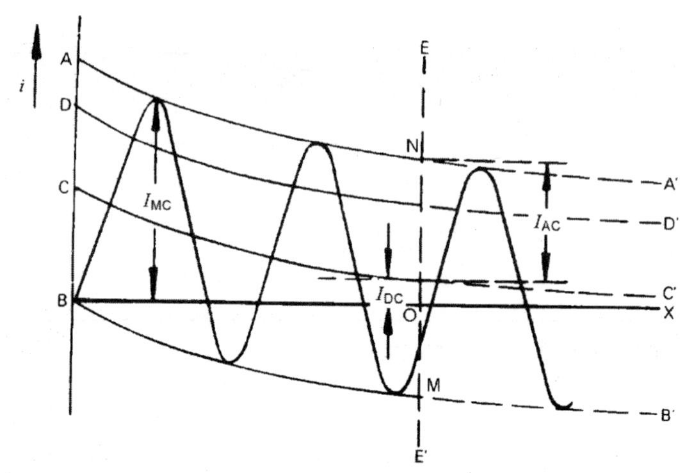


**그림 7-36 단락회로 차단 및 투입전류**

KS C IEC 62271-100(고전압개폐기와 제어기-제100부 : 교류회로차단기)에 의하면 정격차단전류의 표준값은 KS C IEC 60059(표준정격전류)에서 정하는 R10 Series로부터 선택되어야 한다. R10 Series는 수열 1, 1.25, 1.6, 2.5, 3.15, 4, 5, 6.3, 8과 수열의 10배의 정수배의 값도 포함한다.

### 11) 정격투입전류

정격투입전류라 함은 모든 정격 및 규정된 회로 조건에서 규정된 표준동작책무와 동작상태에 따라 투입할 수 있는 전류의 한도를 말하며, 투입전류는 투입전류 첫 주파의 파고값을 말한다. KS C 4611(고압교류차단기), KS C 8331(특 · 초고압 교류차단기)에서 정하는 정격투입전류는 다음의 표 7-13 값을 표준으로 하며, 이 수치는 정격차단전류의 약 2.5배이다.

KS C IEC 62271-100(고전압개폐기와 제어기-제100부 : 교류회로차단기)에서는 정격투입전류는 그림 7-36의 $I_{MC}$이며, 다음과 같이 정하고 있다.

① 시정수 $\tau$ =45 ms, 주파수 50 Hz 계통에서는 정격차단전류의 2.5배

② 시정수 $\tau$ =45 ms, 주파수 60 Hz 계통에서는 정격차단전류의 2.6배

③ 계통의 특성이 특별한 경우 정격차단전류의 2.7배

### 12) 동작책무

KS C 8331(특 · 초고압 교류차단기)에서 정하는 정격 전압에서 차단기의 정격동작책무는 다음 표와 같다.

**표 7-14 차단기의 동작책무**

| 구 분 | 동작책무 |
|---|---|
| 일반용 | CO $-t_1-$ CO |
| 고속도 재폐로용 | O $- t_2 -$ CO $- t_3 -$ CO |

[비고 1] KS C 8331 표 13
[비고 2] O : 차단, CO : 투입 즉시 차단, $t_1$, $t_2$, $t_3$ : 연속동작 사이의 시간간격(s)
[비고 3] $t_1$ : 15초(재투입하지 않는 차단기)
[비고 4] $t_2$ : 0.3초(신속한 재투입 차단기), 3분(신속한 재투입을 하지 않는 차단기)
[비고 5] $t_3$ : 3분

KS C IEC 62271-100(고전압개폐기와 제어기-제100부 : 교류회로차단기)에서의 차단기 동작책무는 KS C 8331(특 · 초고압 교류차단기)와 동일하게 정하고 있다.

### 13) 정격 충전 차단전류

KS C 8331(특 · 초고압 교류차단기)에서 정하는 무부하 가공송전선로 및 케이블의 정격 충전 차단전류의 표준 값은 다음 표와 같다.

**표 7-15 정격차단 충전전류**

| 정격전압 [kV rms] | 정격차단충전전류 [A, rms] | |
|---|---|---|
| | 가공송전선 | 케이블 |
| 24, 25.8 | – | 31.5 |
| 36 | – | 50 |
| 72.5 | 10 | 125 |
| 170 | 63 | 160 |
| 362 | 315 | 355 |

[비고 1] KS C8331 표 12

KS C IEC 62271-100(고전압개폐기와 제어기-제100부 : 교류회로차단기)에서의 가공송전선 및 전력케이블의 정격충전 차단전류의 표준값을 다음과 같이 정하고 있다.

표 7-16 가공선로 및 전력케이블의 정격차단 충전전류

| 정격전압 [kV] | 가공선로 [A] | 전력케이블 [A] |
|---|---|---|
| 3.6 | 10 | 10 |
| 4.76 | 10 | 10 |
| 7.2 | 10 | 10 |
| 8.25 | 10 | 10 |
| 12 | 10 | 25 |
| 15 | 10 | 25 |
| 17.5 | 10 | 31.5 |
| 24 | 10 | 31.5 |
| 25.8 | 10 | 31.5 |
| 36 | 10 | 50 |
| 38 | 10 | 50 |
| 48.3 | 10 | 80 |
| 52 | 10 | 80 |
| 72.5 | 10 | 125 |
| 100 | 20 | 125 |
| 123 | 31.5 | 140 |
| 145 | 50 | 160 |
| 170 | 63 | 160 |
| 245 | 125 | 250 |
| 300 | 200 | 315 |
| 362 | 315 | 355 |
| 420 | 400 | 400 |
| 550 | 500 | 500 |
| 800 | 900 | – |

[비고] KS C IEC 62271-100(고전압개폐기와 제어기-제100부 : 교류회로차단기) 표 9 진상 개폐전류

### 14) 차단기의 종류와 특성

차단기는 계통의 사고시에 고장전류를 개방하는 능력을 주목적으로 하며, 회로를 선택하여 개폐하는 것으로 동작횟수 등이 한정된다. 즉, 차단기는 보통의 부하전류를 개폐함과 동시에 이상상태 발생시 신속히 회로를 차단하고 회로에 접속된 전력기기, 전선로를 보호하고 안전하게 유지하는 것이다. 차단기는 소호방식에 따라 여러 형태로 분류할 수 있다.

#### (1) 유입차단기

절연유 중에 소호실을 가진 것으로 소전류 영역에서는 피스톤에 의하여 유류를 뿜어서 소호시키고, 대전류 영역에서는 발생한 아크에 의해 기름이 분해되어 소호실 내에 높은 압력을 만들고 아크에 강력한 가스를 뿜어서 소호시킨다. 유입차단기는 다른 종류의 차단기에 비하여 차단성능과 보수면에서 불리한

점이 많으나 가격이 저렴하고 넓은 전압 범위에서 적용할 수 있는 장점이 있어 중·소용량 차단기로서 널리 사용되고 있으나 기름을 사용하므로 화재의 위험성이 있으며, 무거운 것이 단점이다. 최근 탱크형 유입차단기는 탱크의 형상을 연구·개량하여 소요 유량이 적어지고 있다. 특히 극소유량 차단기는 대지 절연을 애자에 의하여 하고, 소호기구를 계량하여 유량도 적고, 소형화시켜 보수점검을 양호하게 하고 있으나 최근에는 거의 사용하지 않는다.

그림 7-37 OCB(Oil Circuit Breaker)

#### (2) 공기차단기(Air Blast Circuit Breaker)

공기차단기는 전극을 개방할 때 접촉자가 떨어지면서 발생하는 아크를 강력한 압축공기(10~30 kg/㎠)로 불어 소호하는 구조로 되어있다. 유입차단기처럼 전류의 크기에 의해 소호 능력이 변하지 않고 일정한 소호능력을 갖추고 있다. 또한 유입차단기에 비하여 화재의 위험성이 적고 차단능력이 뛰어나며 유지보수도 용이하나 별도의 압축공기를 위한 공기압축기 등의 부대설비가 필요하며 대용량의 차단기로서 널리 사용되는 외에 전기로 등 개폐가 빈번한 장소에 많이 사용되며, 아래의 특징이 있다.

① 차단성능이 뛰어나다.
② 접촉자의 소모가 적다.
③ 압축공기를 소호매체로 하고 있으므로 화재의 위험이 없다.

#### (3) 자기차단기(Magnetic Blast Circuit Breaker)

자기차단기는 아크와 직각으로 자계를 주어 소호실 안에 아크를 밀어 넣어 아크전전압을 증대시키며, 또한 냉각하여 소호작용을 하도록 하는 것이다. 특히 소전류에 대해서는 아크에 의한 자계가 약하여 소호능력이 저하하므로 차단기구에 연결한 부스터에 압축공기를 만들어 이것을 뿜어서 소호를 하도록 되어 있다. 3.3~6.6 kV까지의 낮은 전압회로에 많이 사용되고 있다. 화재의 염려가 없고 절연유를 사용하지 않기 때문에 열화할 것이 없어 보수가 간단하지만 소호 능력면에서 고전압에서의 사용은 적당하지 않다.

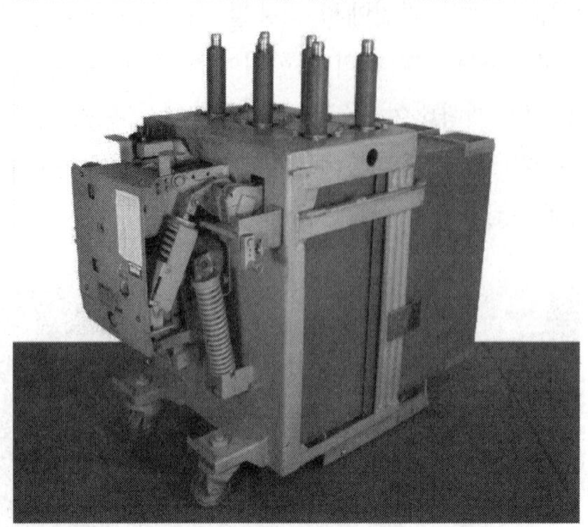

그림 7-38 6.6kV MBB

(4) 진공차단기

진공에서의 높은 절연내력과 아크 생성물을 진공 중으로 급속한 확산을 이용하여 소호하는 구조이다. 매우 높은 절연내력을 가지고 있고 차단기의 크기가 작아진다. 접촉자가 외기로부터 격리되어 있어 아크에 의한 화재의 염려가 없어 최근에는 방재 겸용으로 급격히 많이 사용하고 있다.

① 소형이고 경량이다.

② 아크전압이 극히 낮고 진공으로 밀봉되어 있으므로 전기적 개폐수명이 길며, 가동부가 가벼우므로 기계적 수명도 길다.

③ 화재나 폭발 위험이 적다.

④ 차단부가 완전 밀봉구조로 접촉부의 소모가 적고 유지 · 점검은 거의 필요 없다.

⑤ 저소음이다.

⑥ 고속 차단시에 이상전압이 발생하는 수가 있으므로 서지대책이 필요하다.

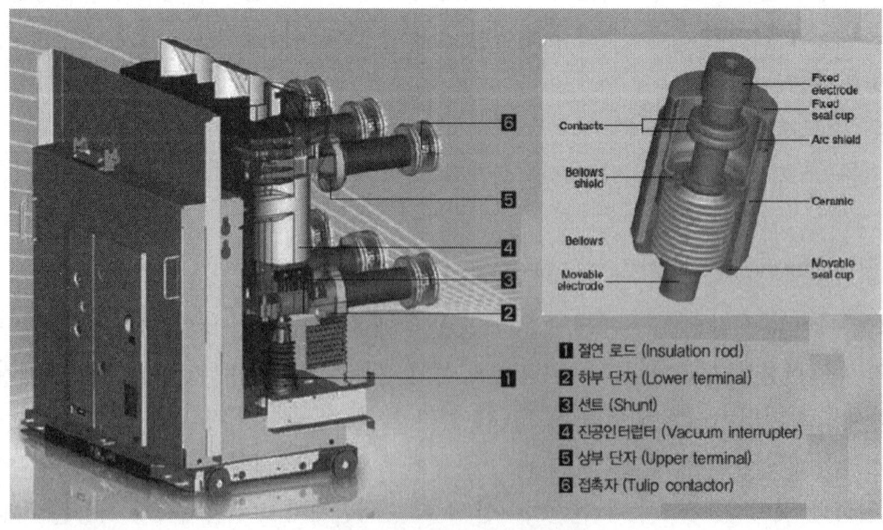


그림 7-39 24kV 진공차단기

(5) 가스차단기

가스차단기는 공기 대신에 절연내력과 소호능력이 뛰어난 불활성가스인 $SF_6$의 압축가스를 사용한다. 가스차단기는 차단할 때 12~15 kg/㎠의 높은 압력의 가스통에서 약 2 kg/㎠의 낮은 가스 계통으로 $SF_6$ 가스를 뿜어서 소호하는 밀폐사이클의 이중 가스압식과 차단할 때만 피스톤작용으로 가스압을 상승시키는 단일 가스압식의 2종류가 있다. 보수 점검 횟수가 적고 차단성이 좋을 뿐만 아니라 소음이 적다. 가격이 고가이며 설치면적이 커 대부분 초고압 계통의 차단기로 많이 사용된다.

① 차단성능이 매우 뛰어나다.

② $SF_6$ 가스의 특성으로 차단전류레벨이 현저하게 낮고 여자전류 등의 차단에 의해 이상전압을 발생하는 일이 거의 없다.

③ 저아크에너지 및 저전극강하의 전류차단이 되기 때문에 접촉자의 소모가 매우 적고 점검 및 유지관리를 현저하게 줄일 수 있다.

④ 극히 저소음이다.

⑤ 소형이다.

(6) GIS(Gas Insulated Switchgear)

수변전설비의 규모가 대용량화, 초고압화로 진전됨에 따라 전력설비의 안정성, 신뢰성이 요구되고 있으며, 수변전설비의 추세가 주회로 계통은 밀폐화 되고 제어계통은 디지털화로 진화되고 있으며, 기존의 공기절연형 수변전설비보다 가스절연형 변전소의 시설이 증가하고 있다. 가스절연개폐장치(GIS)는 차단기, 단로기, 변성기, 피뢰기 등의 설비를 금속제 탱크 내에 일괄 수납하여 충전부는 고체절연물(스페이스)로 지지하고 절연성능과 소호능력이 뛰어난 $SF_6$ 가스를 절연매체로 충전 · 밀봉한 시스템 개폐설비이다. 가스절연개폐장치(GIS)를 구성하는 각 기기는 그 중요도에 따라서 스페이스에서 가스를 구획하여 만일의 고장에도 다른 부분에 영향을 주지 않도록 배려하고 있다. 또 이 시스템은 불활성가스인 $SF_6$ 가스의 우수한 물리적, 전기적 성질을 이용하여 단락고장 등의 이상상태에 있어서 안전하게 계통을 보호하는 차단기이다. 25.8 kV GIS는 전기적, 열적, 기계적 특성이 우수한 양질의 재료를 사용하여 정상운전 및 보수점검이 안전하고, 용이한 구조로 설계, 제작되어 고신뢰도의 운전성능이 보장되며 동일 정격, 동일구조의 제품은 호환이 용이하여 증설 및 이설을 포함한 설치가 간단한 구조로 되어 있다. 이러한 GIS의 주요한 장점은, GIS가 필요로 하는 공간은 일반 기존 옥외변전소 공간의 10~15 %정도로 현저하게 감소되며, 내 오염성이 크고, 유지보수가 저감되며 인체접촉에 안전하다는 것이다. 또한 라디오 · 텔레비전에 장애를 주지 않는다는 것 등 많은 장점을 가지고 있다.

① 장점
- 소형화
- 고성능, 고신뢰성
- 설치 공기 단축, 유지 보수 간단
- 변전소 무인 운전 유리

② 단점

- 육안점검이 불가능
- $SF_6$ 가스의 세심한 주의 감시가 요구된다.
- 사고대응 부적절시 대형사고 유발한다.
- 고가이고 고장시 임시 조기복구가 어렵다.

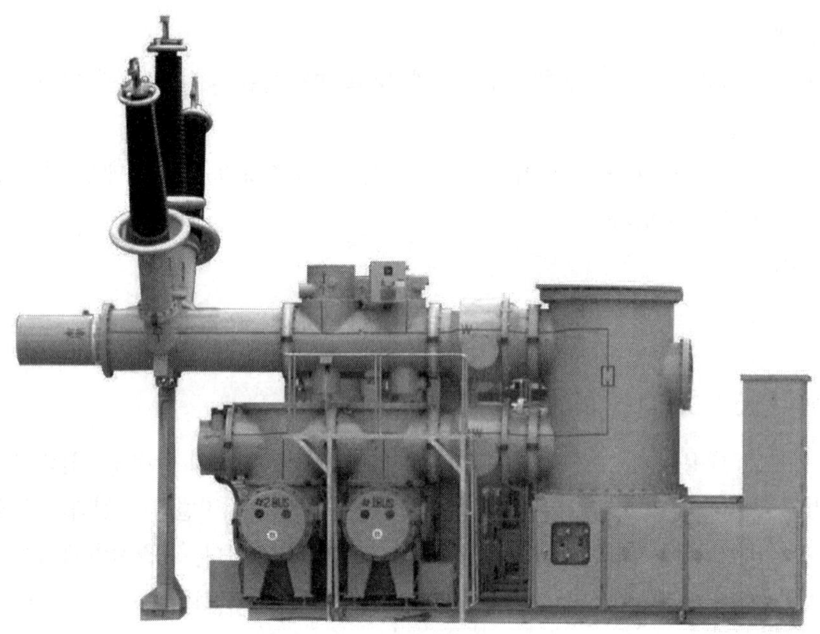

그림 7-40 170 kV Gas Insulated Switchgear

## 8.2 저압 배선차단기(Molded Case Circuit Breaker)

저압회로 보호용으로 주로 사용되는 차단기이며, 과부하에서 단락전류 영역까지 신뢰성과 폭넓은 보호특성을 갖는 보호장치로서 가장 많이 사용되고 있다. 또 퓨즈가 없는 차단기이기 때문에 정해진 동작책무의 범위이내에서 반복 개폐하여 사용할 수 있지만 회로보호를 주목적으로 하여 만든 차단기이고 개폐횟수가 수천번 정도이기 때문에 평상시 개폐하는 회로에는 적당하지 않다. 배선차단기의 정격전류는 10A에서 4000A의 것까지 있다.

### 1) 배선차단기의 종류

차단기는 Trip 장치에 따라 다음의 세 가지로 분류할 수 있다.

#### (1) Thermal Type

Thermal Trip 요소는 이중 금속접합체를 사용하여 과전류가 흐르면 가열되어 동작하므로 동작특성은 반한시적 특성을 갖는다.

(2) Magnetic Type

전자석을 사용하여 단락사고 등 대전류를 순시에 Trip 되도록 하고 있다.

(3) Thermal Magnetic Type

Thermal Trip 요소와 Magnetic Trip 요소 두 가지 동작요소를 갖는 것으로 과부하 영역에서는 열동식 요소가 동작하고, 단락 등의 대전류 영역에서는 전자식 요소에 의하여 순시에 동작한다.

그림 7-41 MCCB

## 2) 배선차단기의 정격

### (1) 정격전압

차단기의 정격사용전압은 단락차단성능에 기준이 되는 제조자가 지정한 값이다. 주택용 과전류차단기의 정격전압의 권장 값은 다음 표와 같다.

**표 7-17 정격전압의 권장값**

| 차단기 | 차단기 공급회로 | 230V, 230/400V, 400V 계통에서 사용하는 차단기의 정격전압 [V] | 120/240V, 240V 계통에서 사용하는 차단기의 정격전압 [V] |
|---|---|---|---|
| 단극 | 단상(상-중성선 또는 상간) | 230 | |
| | 3상4선식 | 230 | |
| | 단상(상-접지도체, 상-중성선) | | 120 |
| | 단상(상-중성선) 또는 3개의 단극차단기를 가진 3상(3선 또는 3상4선) | 230/400 | |
| 2극 | 단상(상-중성선 또는 상간) | 230 | |
| | 단상(상간) | 400 | 240 |
| | 단상(상간, 3선) | | 120/240 |
| | 3상4선 | 230 | |
| 3극 | 3상3선 또는 3상4선 | 400 | 240 |
| 4극 | 3상4선 | 400 | |

[비고] KS C IEC 60898-1(주택용 과전류차단기) 표1 정격전압의 권장값

(2) 정격전류

규정된 기준주위온도에서 차단기가 연속 책무를 통전할 수 있도록 설계한 제조자가 지정한 전류이다. 주택용 과전류차단기의 정격전류의 권장값은 KS C IEC 60898-1 5.3.2(정격전류의 권장값)에 따르면 다음과 같다.

6A, 8A, 10A, 13A, 16A, 20A, 25A, 32A, 40A, 50A, 63A, 80A, 100A, 125A

(3) 정격주파수

차단기의 정격주파수는 그 주파수에 대해 차단기가 설계되고 다른 특성값에 대응하는 상용주파수이다. 정격주파수의 표준값은 60 Hz이다.

(4) 정격단락차단용량

차단기의 정격단락차단용량은 제조자가 차단기에 지정한 극한단락차단용량의 값이다. 주택용 과전류차단기의 정격단락차단용량의 표준값은 다음과 같다.

1.5kA, 3kA, 4.5kA, 6kA, 10kA, 20kA

산업용 과전류차단기는 차단기가 규정된 시험전압 값에 상응하는 상용주파 회복전압과 아래의 조건에서 정격용량에 상응하는 값까지의 단락전류를 차단할 수 있어야 한다는 것을 의미한다.

- 교류 : 표 7-18의 값 이상의 역률
- 직류 : 표 7-18의 값 이하의 시정수

**표 7-18 시험회로의 역률과 시정수의 범위**

| 시험전류 $I_{CC}$ [kA] | 역률 | | | 시정수 | | |
|---|---|---|---|---|---|---|
| | 단락 | 동작성능 | 과부하 | 단락 | 동작성능 | 과부하 |
| $I_{CC} \leq 3$ | 0.9 | 0.8 | 0.5 | 5 | 2 | 2.5 |
| $3 < I_{CC} \leq 4.5$ | 0.8 | | | 5 | | |
| $4.5 < I_{CC} \leq 6$ | 0.7 | | | 5 | | |
| $6 < I_{CC} \leq 10$ | 0.5 | | | 5 | | |
| $10 < I_{CC} \leq 20$ | 0.3 | | | 10 | | |
| $20 < I_{CC} \leq 50$ | 0.25 | | | 15 | | |
| $50 < I_{CC}$ | 0.2 | | | 15 | | |

[비고] KS C IEC 60947-2(산업용 과전류차단기) 표11

정격단락차단용량은 다음과 같이 정해진다.

- 정격극한단락차단용량($I_{CU}$)
- 정격서비스단락차단용량($I_{CS}$)

### (5) 정격 극한단락차단용량($I_{CU}$)

차단기의 정격 극한차단용량은 규정된 조건하에서 상응하는 정격 사용전압에 대해 제조자가 지정한 차단기의 극한단락차단용량값이다. 이것은 예상차단전류(교류의 경우에는 교류성분의 실효값)의 값으로 kA로 표시된다.

### (6) 정격 서비스단락차단용량($I_{CS}$)

차단기의 정격 서비스단락용량은 규정된 조건하에서 상응하는 정격사용전압에 대하여 제조자가 지정한 차단기의 서비스 단락차단용량값이다. 이것은 표 7-19에 따라 정격 극한차단용량의 백분율로 규정된 하나의 값에 상응하는 예상차단전류의 값으로 KA로 표시되고, 가장 가까운 정수로 절상한 값으로 한다.(note : 정격차단용량으로 시험한 차단기를 두 번째 단락전류를 흘렸을 시 최초 용량의 몇 %까지 견디는 능력)

**표 7-19 $I_{CS}$와 $I_{CU}$의 표준비율**

| 사용범주 A<br>$I_{CU}$의 % | 사용범주 B<br>$I_{CU}$의 % |
|---|---|
| 25<br>50<br>75<br>100 | 50<br>75<br>100 |

[비고 1] KSC IEC 60947-2(산업용 과전류차단기) 표1

[비고 2] 사용범주 A란 부하측에 직렬 연결된 다른 단락보호장치와 관련하여 단락 조건하에서 특별히 선택성을 목적으로 하지 않는 차단기. 즉 단락조건하에서 선택성을 갖기 위한 의도적인 단시간 지연이 없으며, 따라서 단기간내전류 정격이 없다.

[비고 3] 사용범주 B란 부하측에 직렬 연결된 다른 단락보호장치와 관련하여 단락조건하에서 특별히 선택성을 목적으로 하는 차단기. 즉 단락조건하에서 선택성을 갖기 위한(조정이 가능할 수도 있는) 의도적인 단시간 지연기능을 갖는다. 이러한 차단기는 단시간 내전류 정격을 갖는다.

### (7) 정격 단락투입용량

산업용 과전류차단기의 정격 단락투입용량은 교류의 경우 정격주파수 및 규정된 역률에서 직류의 경우에는 규정된 시정수에서, 정격사용전압에 대해 제조자가 지정한 차단기의 단락투입용량값이다. 이것은 최대예상파고전류로 표시한다.

### (8) 정격 단시간 내전류($I_{CW}$)

산업용 과전류차단기의 정격 단시간 내전류는 규정된 시험조건하에서 제조자가 지정한 차단기의 단시간 내전류 값이다. 교류의 경우 이 전류값은 단시간 지연시간 동안 일정하다고 가정한, 예상 단락전류의 교류성분의 실효값이다. 정격 단시간 내전류와 관련된 단시간 지연시간은 최소한 0.05초이어야 하고, 다음 값 중에서 선정한다. 정격 단시간 내전류는 표 7-20에 표시된 값 이상이어야 한다.

**표 7-20 정격 단시간 내전류의 최소값**

| 정격전류 $I_n$ [A] | 정격단시간내전류 $I_{cw}$ 최소값[kA] |
|---|---|
| $I_n \le 2500$ | $12 I_n$ 또는 5 kA 중 더 큰 값 |
| $I_n > 2500$ | 30 kA |

[비고1] KS C IEC 60947-2(산업용 과전류차단기) 표3 정격단시간내전류의 최소값

(9) 순시트립의 표준범위

주택용 과전류차단기의 순시트립의 표준범위는 표 7-21에 주어진다.

**표 7-21 순시트립의 범위**

| Type | 범위 |
|---|---|
| B | 3 $I_n$ 초과 5 $I_n$ 이하 |
| C | 5 $I_n$ 초과 10 $I_n$ 이하 |
| D | 10 $I_n$ 초과 20 $I_n$ 이하 |

[비고] KS C IEC 60898-1(주택용 과전류차단기) 표2

(10) 정격 임펄스 내전압

규정된 시험조건하에서 절연파괴를 야기하지 않는 미리 정해진 파형 및 극성의 임펄스전압의 최대파고값이다. 표 7-22에 주택용 과전류차단기의 공칭전압에 대한 정격 임펄스 내전압의 표준값이 주어져 있다.

**표 7-22 설비의 공칭전압에 대한 정격 임펄스 내전압**

| 정격임펄스 내전압 [kV] | 설비의 공칭전압 | |
|---|---|---|
| | 3상 계통 | 중성선 접지 단상 계통 |
| 2.5 | - | 120/240 |
| 4 | 230/400, 250/440 | 120/240, 240 |

[비고] KS C IEC 60898-1(주택용 과전류차단기) 표3-설비의 공칭전압에 대한 정격 임펄스 내전압

(11) 시험회로의 역률과 시정수

표 7-23에 주택용 과전류차단기에 대한 시험회로 각 상의 역률은 공인된 방법에 따라 결정되어야 하고, 시험성적서에 명시되어야 한다.

**표 7-23 시험회로의 역률범위**

| 시험전류 $I_{cc}$ [A] | 역률범위 |
|---|---|
| $I_{cc} \le 1500$ | 0.93 ~ 0.98 |
| $1500 < I_{cc} \le 3000$ | 0.85 ~ 0.90 |
| $3000 < I_{cc} \le 4500$ | 0.75 ~ 0.80 |
| $4500 < I_{cc} \le 6000$ | 0.65 ~ 0.70 |
| $6000 < I_{cc} \le 10000$ | 0.45 ~ 0.50 |
| $10000 < I_{cc} \le 25000$ | 0.20 ~ 0.25 |

[비고] KS C IEC 60898-1(주택용 과전류차단기) 표17 시험회로의 역률범위

### 3) 과전류차단기의 차단특성

저압전로에 사용하는 과전류차단기 중 배선차단기는 정격전류의 1.0배의 전류에서 동작되지 않아야 하며, 정격전류의 1.25배 및 2배의 전류가 통과하는 경우에는 아래 표 7-24의 정한시간 이내에 자동적으로 동작하여야 한다(판단기준 제38조 제3항). IEC 표준을 도입한 과전류차단기로 저압전로에 사용하는 산업용 및 주택용 배선차단기는 표 7-25에 적합한 것을 선정하여야 한다.

**표 7-24 과전류 차단성능**

| 정격전류 | 동작시간[분] | |
|---|---|---|
| | 정격전류의 1.25배 | 정격전류의 2배 |
| 30A 이하 | 60 | 2 |
| 30A초과 50A 이하 | 60 | 4 |
| 50A초과 100A 이하 | 120 | 6 |
| 100A초과 225A 이하 | 120 | 8 |
| 225A초과 400A 이하 | 120 | 10 |
| 400A초과 600A 이하 | 120 | 12 |
| 600A초과 800A 이하 | 120 | 14 |
| 800A초과 1000A 이하 | 120 | 16 |
| 1000A초과 1200A 이하 | 120 | 18 |
| 1200A초과 1600A 이하 | 120 | 20 |
| 1600A초과2000A 이하 | 120 | 22 |
| 2000A 초과 | 120 | 24 |

Source : 판단기준 표 38-3

**표 7-25 과전류 동작특성**

| 정격전류 | 동작시간 [분] | 정격전류의 배수 | | | |
|---|---|---|---|---|---|
| | | 산업용 | | 주택용 | |
| | | 부동작전류 | 동작전류 | 부동작전류 | 동작전류 |
| 63A 이하 | 60 | 1.05배 | 1.3배 | 1.13배 | 1.45배 |
| 63A 초과 | 120 | 1.05배 | 1.3배 | 1.13배 | 1.45배 |

Source : 판단기준 표 38-4, KS C IEC 60898-1(주택용 과전류차단기) 8.6 자동 동작, KS C IEC 60947-2(산업용 과전류차단기) 7.2 성능에 관한 요구사항 표6 기준온도에서 반한시 과전류 릴리스의 개로동작 특성

### 4) 유도전동기회로에 사용하는 배선차단기의 선정

유도전동기회로에 사용하는 과전류차단기 중 배선차단기의 정격전류의 선정은 다음의 조건에 따라 선정하여야 한다.

#### (1) 전동기의 기동조건

① 직입기동

- 기동전류의 크기는 정격전류의 6~8배 정도이며, 기동시간은 대부분 3~8초 정도이며, 특수한 경우(대형 배기 팬)에는 25초까지 걸리는 경우도 있다.

• 돌입전류의 크기와 시간은 기동전류의 1.3~1.5배 이며, 지속시간은 3~4 Hz 정도이다.

② Y-△ 기동

델타 절체시 돌입전류는 전부하전류의 10배에서 17배 정도이며 제조사에 자료를 받아 선정하여야 한다.

(2) 배선차단기의 특성

① 주택용 배선차단기

• 한시동작특성 : 표 7-25 참조
• 순시동작특성 : 표 7-21 참조

② 산업용 배선차단기

• 한시동작특성 : 표 7-25 참조
• 순시동작특성 : 제조자의 기술자료에 의하여 공시된 동작특성

## 8.3 저압 기중차단기(Air Circuit Breaker)

ACB는 저압선로에 사용하며 일반적으로 전류용량 200 A가 넘는 장소에 사용한다. 변압기 2차측의 주차단기 또는 저압간선의 주차단기의 용도로 사용되며, 용량이 큰 부하나 전동기 보호용 차단기로 사용되기도 한다. ACB의 정격전류는 5000 A까지 있으며, 차단정격은 85 kA까지로 MCCB보다 고가인 기기다. ACB는 과전류장치가 Solid State Type이로 Relay 내장형 Trip 장치를 갖고 있어 과전류, 단락전류, 지락전류를 신속하게 검출하여 차단할 수 있다. Solid State Trip 장치는 Long Time Delay, Short Time Delay 및 Instantaneous의 3종류의 요소를 갖고 있다. Long Time Delay는 과부하 보호용으로, Instantaneous 요소는 단락보호용으로, Short Time Delay는 후비보호용으로 각각 사용된다.

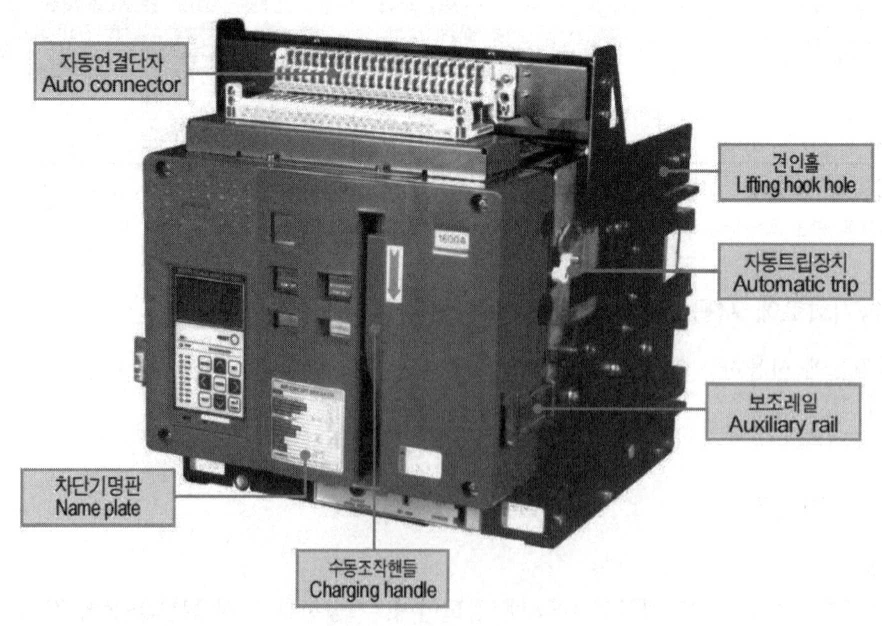


그림 7-42 기중차단기(ACB)

## 8.4 저압차단기의 차단정격

### 1) 차단기의 Trip 정격

차단기는 단락사고전류를 검출하여 차단하는 것 이외에 과부하시에도 기기보호를 위하여 Trip 되어야 한다. 차단기의 Trip 정격이 너무 높으면 기기 보호가 안되고 너무 낮으면 전동기의 기동불능 등 운전에 영향을 주므로 Trip 전류는 적절히 선정되어야 한다.

### 2) 차단기의 차단정격

(1) 1/2 cycle 대칭분 차단전류

저압차단기, 즉 일반적으로 기중차단기(ACB), MCCB는 고장발생 후 1/2 cycle 이내에 고장전류를 차단하게 되므로 1/2 cycle에서의 고장전류를 차단하기 위하여 대칭분 차단전류는 아래 식으로 계산한다.

$$I_{\text{int.sym}} = (E_{\text{pu}}/Z_{\text{pu}}) \times I_{\text{base}} \tag{7.81}$$

$E_{pu}$ : 고장발생 전의 전압

$Z_{pu}$ : 1/2 cycle network에서의 등가임피던스

(2) 직류성분을 포함하는 비대칭차단전류

차단기의 차단정격은 사고전류값 이상으로 선정하여야 한다. 그러나 차단기의 차단정격은 계통의 전압이 높아질수록 낮아지며, 사고지점의 X/R 값이 다음의 표 7-26의 값을 초과하는 경우 차단기의 차단용량은 대칭차단전류에 비대칭계수(MF)을 곱하여 다음과 같이 계산한다.

$$I_{\text{int.asym.}} = MF \times (E_{\text{pu}}/Z_{\text{pu}}) \times I_{\text{base}} \tag{7.82}$$

여기에서,

Unfused Circuit Breakers의 비대칭계수 : $MF_a = \dfrac{\sqrt{2}(1+e^{-\frac{\pi}{X/R}})}{\sqrt{2}(1+e^{-\frac{\pi}{(X/R)test}})}$

Fused Circuit Breakers의 비대칭계수 : $MF_b = \dfrac{\sqrt{1+2e^{-\frac{2\pi}{X/R}}}}{\sqrt{1+2e^{-\frac{2\pi}{(X/R)test}}}}$

(X/R)test 값은 표 7-26 저압차단기의 Test X/R Ratio 값을 넣는다.

표 7-26 저압차단기의 TEST PF 및 X/R Ratio

| 차단기의 종류 | Max Design(Tested) | |
|---|---|---|
| | Test %PF | Test X/R |
| LV Power Circuit Breaker | 15 | 6.59 |
| LV Fuse | 20 | 4.90 |
| MCCB 차단용량 20kA 초과 | 20 | 4.90 |
| MCCB 차단용량 10kA 초과 20kA 이하 | 30 | 3.18 |
| MCCB 차단용량 10kA 이하 | 50 | 1.73 |

(3) 비대칭계수(MF)의 계산예

Low Voltage Power Circuit Breaker의 비대칭계수를 산출하기 위한 계산조건은 계통의 X/R Ratio 값이 X/R=15일 경우 다음과 같이 계산한다.

$$MF_a = \frac{\sqrt{2}(1+e^{-\frac{\pi}{X/R}})}{\sqrt{2}(1+e^{-\frac{\pi}{(X/R)test}})} = \frac{\sqrt{2}(1+e^{-\frac{\pi}{15}})}{\sqrt{2}(1+e^{-\frac{\pi}{6.59}})} = 1.1174$$

Low Voltage Fuse의 비대칭계수를 산출하기 위한 계산조건은 계통의 X/R Ratio 값이 X/R=20일 경우 다음과 같이 계산한다.

$$MF_b = \frac{\sqrt{1+2e^{-\frac{2\pi}{X/R}}}}{\sqrt{1+2e^{-\frac{2\pi}{(X/R)test}}}} = \frac{\sqrt{1+2e^{-\frac{2\pi}{20}}}}{\sqrt{1+2e^{-\frac{2\pi}{4.9}}}} = 1.2581$$

표 7-27 저압차단기의 대표적인 MF 값

| 구 분 | MF의 값 | | | | |
|---|---|---|---|---|---|
| | X/R=5 | X/R=10 | X/R=15 | X/R=20 | X/R=30 |
| LV CB | 0.9461 | 1.0676 | 1.1174 | 1.1443 | 1.1726 |
| LV Fuse | 1.0046 | 1.1530 | 1.2204 | 1.2581 | 1.2986 |
| MCCB $I_N$ > 20kA | 1.0046 | 1.1530 | 1.2204 | 1.2581 | 1.2986 |
| MCCB 10kA < $I_N$ ≤ 20kA | 1.1084 | 1.2721 | 1.3464 | 1.3880 | 1.4328 |
| MCCB $I_N$ ≤ 20kA | 1.2208 | 1.4011 | 1.4830 | 1.5288 | 1.5781 |

## 9 전력퓨즈(Power Fuse)의 선정

일반적으로 전력퓨즈는 고압 및 특별고압기기의 단락보호용 퓨즈이고 소호방식에 따라 한류형과 비한류형으로 구분한다. 전력퓨즈는 차단기와 계전기, 변성기의 세 가지 기기의 역할을 하는 특성이 있으며 경제적인 기기이면서 확실한 동작특성을 가지고 있고 소형 염가일 뿐 아니라 오동작이 없는 완전한 차단장치로서 진가를 발휘한다.

### 9.1 Fuse의 역할과 기능

#### 1) Fuse의 역할

Fuse의 역할을 크게 나누면 다음 두 가지가 된다.

- 부하전류를 안전하게 통과시킨다.
- 어떤 일정값 이상의 과전류는 차단하여 선로나 설비기기를 보호한다.

#### 2) 각종 개폐기와 기능 비교

Fuse와 다른 개폐기기와 기능을 비교하면 표 7-28과 같다.

**표 7-28 Fuse와 다른 개폐기와의 기능비교**

| 능력 / 기능 | 회로분리 | | 사고차단 | |
|---|---|---|---|---|
| | 무부하 | 부하 | 과부하 | 단락 |
| Fuse | ○ | | | ○ |
| 차단기 | ○ | ○ | ○ | ○ |
| 개폐기 | ○ | ○ | ○ | |
| 단로기 | ○ | | | |
| 전자접촉기 | ○ | ○ | ○ | |

[비고] 기술계산핸드북 3.2.5 전력 Fuse

#### 3) 과전류의 형태

과전류에는 다음 3종류가 있는데 Fuse는 이 중에서 주로 단락전류의 차단을 목적으로 한다.

##### (1) 단락전류

전로에서 부하에 이르는 도중에 혼촉되었을 때 흐르는 전류이며 정상시보다 매우 큰 전류가 흐른다. 이 경우 Fuse는 고속한류차단을 하게 된다.

##### (2) 과부하전류

과부하전류는 정격전류에 대하여 수배 이하인 전류가 많고 부하변동이 원인이 되어 발생하게 된다.

Fuse로 이를 보호하려고 하면 Fuse 수명이 짧아진다든가 차단동작시간의 비보호영역에서 1상만 용단되는 등 결상을 일으키기 쉬우므로 Fuse로는 일반적으로 이의 보호는 기대하지 않는다.

(3) 과도전류

변압기 투입전류, 전동기 기동전류 등 매우 짧은 시간만 존재하고 자연히 감쇠하여 정상값으로 돌아가는 전류이며, Fuse는 이것 때문에 용단되지 않는 정격전류의 것을 선정하여야 한다.

#### 4) Fuse의 동작

전력 Fuse는 차단기의 대용으로 생각하기 쉬우나 전력 Fuse의 역할은 차단기 뿐 아니라 "차단기+계전기+변성기"의 역할을 하는 편리한 것이다. 전력 Fuse가 경제적인 기기라고 불리는 것은 그것 자신이 소형, 염가일 뿐 아니라 전력 Fuse를 사용하면 계전기와 변성기를 생략할 수 있는 장점이 있기 때문이다. 전력 Fuse의 특성을 생각할 때 차단기에 상당하는 차단특성 뿐 아니라 계전기+변성기의 역할에 대응하는 전류-시간특성을 검토하지 않으면 안된다.

#### 5) 장점과 단점

지금까지 설명한 특성을 종합하면 표 7-29와 같이 그 장점과 단점이 명확해진다.

**표 7-29 Fuse의 장단점**

| 장 점 | 단 점 |
|---|---|
| (1) 가격이 싸다.<br>(2) 소형 경량이다<br>(3) 계전기나 변성기가 필요 없다.<br>(4) 한류형 Fuse는 차단시 무음 · 무방출이다.<br>(5) 소형으로 큰 차단용량을 갖는다.<br>(6) 보수가 간단하다.<br>(7) 고속도 차단한다.<br>(8) 현저한 한류특성을 갖는다<br>(9) 스페이스가 적고, 장치 전체가 싼 값에 소형으로 처리된다. | (1) 재투입할 수 없다.<br>(2) 과도전류로 용단하기 쉽다.<br>(3) 동작시간-전류특성을 계전기처럼 자유로이 조정할 수 없다.<br>(4) 한류형 Fuse에는 녹아도 차단하지 못하는 전류범위를 갖는 것이 있다.<br>(5) 비보호영역이 있으며, 사용 중에 열화하여 동작하면 결상을 일으킬 염려가 있다.<br>(6) 한류형은 차단시에 과전압을 발생한다.<br>(7) 고임피던스 접지계통의 접지보호는 할 수 없다. |

[비고] 기술계산핸드북 표 3.76 (퓨즈의 장단점 일람)

### 9.2 Fuse의 정격

#### 1) 정격전압

3상회로에서 사용 가능한 전압한도를 표시하는 것으로 선로의 공칭전압에 대하여 KS C IEC 60282-1에서는 표 7-30과 같이 정하고 있으며, 이 표에서 주어진 전압으로부터 선택할 수 있다.

**표 7-30 정격전압**

| 시리즈 Ⅰ[kV] | 시리즈 Ⅱ[kV] |
|---|---|
| 3.6 | 2.75 |
| 7.2 | 5.5 |
| 12 | 8.25 |
| 17.5 | 15 |
| 24 | 15.5 |
| 36 | 25.8 |
| 40.5 | 38 |
| 52 | 48.3 |
| 72.5 | 72.5 |

[비고] KS C IEC 60282-1 표3 정격전압

**표 7-31 전력 Fuse의 정격전류**

| 베이스 전류 | 퓨즈링크의 정격전류(R10) | 퓨즈링크의 정격전류(R20) |
|---|---|---|
| 10, 25<br>63, 100<br>200, 400<br>630, 1000 | 1, 1.25, 1.6<br>2, 2.5, 3.15<br>4, 5, 6.3<br>8 | 1, 1.12, 1.25, 1.40<br>1.6, 1.8, 2, 2.24, 2.5<br>2.8, 3.15, 3.55, 4, 4.5<br>5, 5.6, 6.3, 7.1, 8, 9 |

[비고 1] KS C IEC 60282-1 4.4(퓨즈 베이스의 정격전류), 4.5(퓨즈링크의 정격전류)
[비고 2] R10, R20 수열의 10배의 정수배의 값도 표준으로 인정한다.

### 2) 정격전류

Fuse가 온도상승한도를 넘지 않고 연속으로 흘러 보낼 수 있는 전류값이며 실효값으로 표시한다. 정격전류는 표 7-31과 같이 R10 및 R20 수열을 포함한다. 퓨즈링크의 전류는 R10 시리즈부터 선택되어야 한다. 특별한 경우에 퓨즈링크의 정격전류에 대한 추가적인 값은 R20 시리즈로부터 선택될 수 있다.

### 3) 시간-전류특성

Fuse에 전류가 흐를 때 얼마만한 시간에 어떻게 되는가를 표시하는 것으로 보통 그래프로 표시한다. Fuse의 성능에는 세 가지 특성이 있다.

#### (1) 허용시간-전류특성

퓨즈소자를 정해진 조건으로 사용하였을 경우 열화 시키는 일 없이 그 퓨즈에 흐를 수 있는 전류와 시간관계를 나타내는 특성이다. 이 특성은 용단특성을 왼쪽으로 20~50% 평행 이동한 것이 된다. 이 특성은 적용하는 회로부하에 대한 정격전류 선정에 필요한 Fuse 선정의 기초가 되는 중요한 특성곡선이다.

#### (2) 용단시간-전류특성

Fuse에 일정전류를 흘려 Fuse가 용단되기까지의 전류와 시간과의 관계를 나타내는 특성을 표시하는 것으로 비보호영역이 있기 때문에 특성은 평균값으로 표시하고, 그 비보호영역은 전류폭으로 ±20%를 넘지 않는 것으로 한다. 용단시간은 규약시간을 이용해 0.01초에서 최소차단전류에 대한 용단시간을 표시한다. 용단특성에는 전력퓨즈의 표준(KS C IEC 60282-1)에 적합한 종별 표시는 다음과 같다.

G : 일반용(특별히 용도를 정하지 않은 것으로 종전부터 사용되던 것)
T : 변압기용(여자돌입전류를 고려하여 0.1초에서 용단전류를 규정)
M : 전동기용(전동기의 기동전류를 고려하여 10초에서 용단전류를 규정)
C : 콘덴서용

(3) 동작시간-전류특성

허용시간-전류특성, 용단시간-전류특성은 퓨즈소자가 단순한 열적인 특성을 나타내는 것에 대하여 이 동작시간-전류특성은 정격전압이 인가 된 상태에서 퓨즈에 과전류가 흐를 때 퓨즈소자가 용단하고, 아크가 발생하며, 그 아크가 완전히 소멸하기까지의 시간과 전류관계를 나타낸 것이다. 이 특성은 퓨즈를 다른 개폐기나 차단기와 조합하여 사용할 경우의 동작협조를 검토할 때 사용한다. 전력퓨즈의 허용, 용단, 동작-시간전류특성은 곡선으로 표시하면 그림 7-47과 같은 관계가 있다.

### 4) 정격차단용량

(1) Fuse가 차단할 수 있는 단락전류 최대값의 전류값으로 표시한다. 퓨즈링크의 정격최대차단전류 [kA]는 KS C IEC 60282-1(4.7.1 정격최대차단전류)에 의하면 R10 시리즈로부터 선택되어야 한다.

**R10** 시리즈 **: 1, 1.25, 1.6, 2, 2.5, 3.15, 4, 5, 6.3, 8** 및 이들의 **10**배수

(2) Fuse는 고속도 차단을 하므로 차단전류에는 과도현상에서 발생하는 직류분이 포함되는데, 차단용량을 표시하는 경우에는 이 직류분을 포함시킨 비대칭 실효값으로 호칭하지 않고 교류분만의 대칭 실효값으로 호칭한다.
(3) 대칭값과 비대칭값의 비는 회로 역률이 낮을수록 크지만 Fuse는 일반적으로 비대칭값(rms)/대칭값(rms)=1.6으로 취급되고 있다.

### 5) 최소차단전류

한류형 Fuse는 소호원리상 큰 고장전류 한류차단은 잘 되지만 용단시간이 긴 소전류는 차단하기 힘들고 최소용단전류 부근에서 용단 즉시 차단이 되지 않고 어느 정도 전류값이 커지지 않으면 차단하지 못하는 경우가 있다. 이 때문에 차단할 수 있는 최소의 전류에 한도가 있고 이것을 최소차단전류라 한다.

## 9.3 한류특성

### 1) 한류효과의 개념

한류효과는 Fuse 이외의 기기, 예를 들어 고압차단기 등으로는 낼 수 없는 한류 Fuse 특유의 귀중한 특성이며, Fuse 보호의 진수이다. 그림 7-43은 비한류형 Fuse, 한류형 Fuse의 두 가지에 대하여 같은

정격전류값으로 같은 사고전류를 차단한 경우의 차단시 전류파형을 비교한 것이다. 차단기에서는 단락전류는 거의 한류하지 않고 파고값도 변하지 않고 계전기 동작시간을 포함시킨 전 차단시간은 10 cycle 정도로 길지만, 전력 Fuse는 최초의 1/2 cycle에서 차단하고, 그 전류 파고값도 낮고(한류형은 특히 낮다) 한류효과는 매우 크므로 회로에 접속되어 있는 직렬기기나 회로가 받는 열적, 기계적손상을 크게 줄일 수 있다. 한류 Fuse의 한류 정도는 Fuse의 정격전류, 고장전류의 크기에 따라 변화한다.

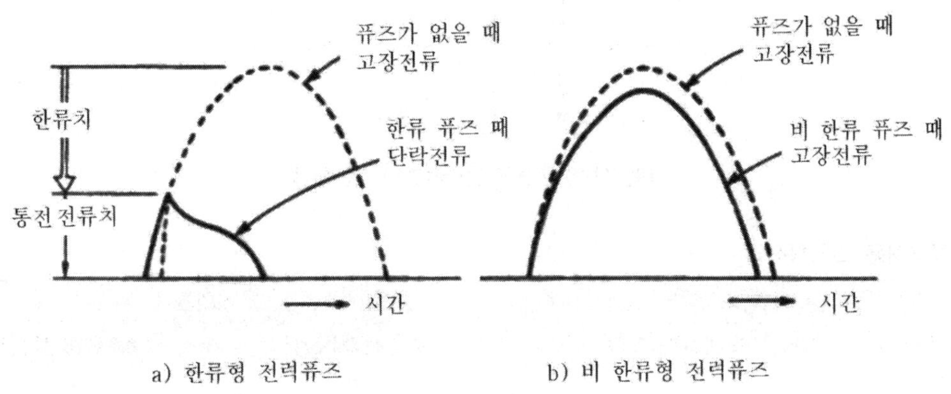


그림 7-43 고장전류 차단시 전류파형 비교

그림 7-44 한류형 전력퓨즈

그림 7-45 비한류형 전력퓨즈

### 2) 과전압 특성

전력 Fuse 중에서 한류형 Fuse는 그 소호원리상 아크전압은 매우 높아 전원전압 이상이 되지만 너무 높아서 회로의 절연내력 이상이 되면 위험하므로 그 정도에 대하여 알아둘 필요가 있다. KS C IEC 60282-1(표 7 최대 허용 스위칭전압)에서는 정격전압 파고값의 3배 정도까지 허용하고 있으나 최근에는 그 억제방법이 연구되어 상당히 낮은 제품도 있다. 이에 반해 비한류형 Fuse는 영점 차단이고, 아크전압을 높일 필요가 없으므로 차단기와 마찬가지로 과전압은 발생하지 않아 Fuse 정격 전압보다 낮은 전압회로에 사용하여도 과전압을 염려할 필요가 없다. 이 특징 때문에 비한류형 Fuse는 절연내력이 약한 회로나 이중전압 회로용으로 적당하다.

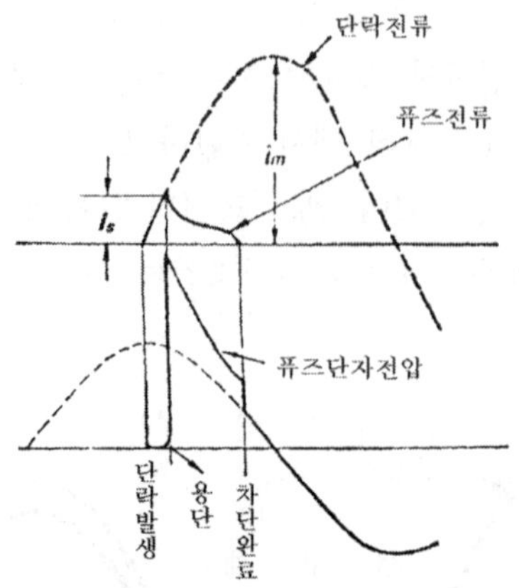


그림 7-46 한류형 전력퓨즈의 차단현상

**표 7-32 최대허용 스위칭전압**

| 시리즈 I | | 시리즈 II | |
|---|---|---|---|
| 정격전압[kV] | 최대스위칭전압[kV] | 정격전압[kV] | 최대스위칭전압[kV] |
| 3.6 | 12 | 2.75 | 8 |
| 7.2 | 23 | 5.5 | 18 |
| 12 | 38 | 8.25 | 26 |
| 17.5 | 55 | 15 | 47 |
| 24 | 75 | 15.5 | 49 |
| 36 | 112 | 22 | 70 |
| 40.5 | 126 | 25.8 | 81 |
| 52 | 162 | 27 | 84 |
| 72.5 | 226 | 38 | 119 |
| | | 48.3 | 150 |
| | | 72.5 | 226 |

[비고] KS C IEC 60282-1 표 7 최대 허용 스위칭전압
[비고2] 스위칭전압이란 퓨즈 동작 동안에 퓨즈 단자 사이에 나타나는 전압의 최대 순간값.

## 9.4 전력 Fuse의 시간-전류 특성

### 1) 동작시간 0.01초 이상의 전력 Fuse

전력퓨즈의 0.01초 이상 전류-시간특성은 그 필요한 역할을 분류하면 다음 두 가지로 나눌 수 있다.

(1) 안전통과특성

부하전류 및 투입돌입전류를 안전하게 흘려 얻을 수 있는 능력을 표시하는 전류-시간특성(부하전류 안전통전영역과 과부하전류 안전통전영역이 있다).

(2) 동작보호특성

고장전류를 차단하는 능력(전류값)의 한계와 그 빠르기를 표시하는 전류-시간특성

## 2) 동작시간 0.01초 이하의 보호특성

이 영역에서 차단기는 동작하지 않지만 퓨즈는 동작하므로 주의하여야 한다. 한류형 퓨즈에서는 한류 작용이 나타나 가장 특징 있는 역할을 하는 영역이다. 0.01초 이하 미소시간의 특성은 다음의 단시간 $I^2t$ 및 차단 $I^2t$로 표시된다.

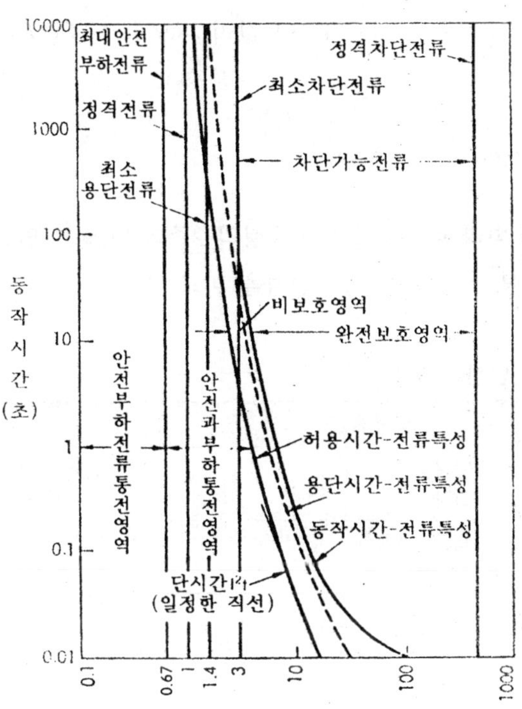


그림 7-47 전력퓨즈의 전류-시간특성

### (1) 안전통전 $I^2t$ = 단시간허용 $I^2t$

단시간 허용특성은 전류가 커지면 허용시간이 짧아지지만 특히 투입전류처럼 시간이 수 사이클 이하로 미소해지면 열의 방산은 없어지고 허용 열에너지는 일정하게 되어 단시간전류(실효값) $I_s$와 허용시간 $t_s$와의 관계는 다음 식으로 표시될 수 있게 된다.

$$I_s^2 \times t_s = 일정 \tag{7.83}$$

이 관계는 로그-로그 그래프로 표시하면 2 : 1의 경사직선이다. 그림 7-47에서는 시간 0.07초 이하에서 이 관계가 된다. 따라서 이 이하의 시간(또는 이 이상의 대전류) 영역에서의 단시간 특성은 이 특성을 2 : 1의 비율로 늘려가든가 다음 식으로 계산하면 추정할 수 있다.

$$\begin{aligned} I_{s1}^2 \times t_{s1} &= I_{s2}^2 \times t_{s2} \\ t_{s2} &= (I_{s1}/I_{s2})^2 \times t_{s1} \end{aligned} \tag{7.84}$$

이 단시간 $I^2t$가 일정한 점은 퓨즈의 단점이며, 차단기는 "계전기동작시간+개극시간"이 전류값에 관계없이 일정하므로 과도전류가 아무리 커도 거의 동작하지 않지만 퓨즈는 과도전류가 커져서 그 $I^2t$가 증대하여 단시간 $I^2t$ 보다 커지면 순간적으로 소멸하는 정도의 것이라도 용단되므로 주의하여야 한다.

(2) 보호영역의 차단 $I^2t$

미소동작시간의 보호영역은 $I^2t$ 로 표시된다. 이 값이 피보호기기의 $I^2t$ 보다 작은 퓨즈를 사용하면 완전한 보호를 할 수 있다.

## 9.5 Fuse의 종류

전력 Fuse에는 소호방식에 따라 한류형과 비한류형의 2종의 Fuse가 있고 차단특성은 소호방식에 따라 다르다. 표 7-33에 한류형, 비한류형 장 · 단점을 비교한다.

**표 7-33 한류형, 비한류형 장 · 단점을 비교**

| Fuse | 장점 | 단점 |
|---|---|---|
| 한류형 | (1) 소형이며 차단용량이 크다.<br>(2) 한류효과가 크다. | (1) 과전압을 발생한다.<br>(2) 최소차단전류가 있다. |
| 비한류형 | (1) 과전압을 발생하지 않는다.<br>(2) 녹으면 반드시 차단한다. | (1) 대형이다.<br>(2) 한류효과가 적다. |

[비고] 기술계산핸드북 표 3.78(한류형, 비한류형의 장 · 단점 비교)

### 1) 한류형 Fuse

높은 아크저항을 발생하여 전압 0점에서 고장전류를 강제적으로 한류차단하는 Fuse를 한류형 전력 Fuse라 하고, 밀폐절연통의 양단을 막은 금속전극간에 Fuse 엘리먼트를 접속하고 이것에 규사 등의 소호제를 충전하여 밀봉한 것이다.

### 2) 비한류형 Fuse

한류퓨즈 이외의 퓨즈를 총칭하여 비한류퓨즈라 한다. 열분해가스 발생재료로 만든 소호통 중의 퓨즈 엘리멘트가 용단하여 발생가스를 통의 일단 또는 양단에서 분출시켜 전류 영점에서 극간절연내력을 높여 차단하는 방출퓨즈가 대표적이다.

## 9.6 Fuse의 선정

### 1) 정격전압의 선정

전력퓨즈의 정격전압은 사용회로의 최고선간전압 이상의 것을 표 7-34에 따라 선정한다. 그리고 단상회로를 전력퓨즈로 보호할 때에는 1.15배 이상이 되어야 한다. 한류형 퓨즈는 차단할 때 과전압을 발생하므로 퓨즈 정격을 회로전압보다 한 단계 위의 것을 사용하는 것은 피하여야 한다.

**표 7-34 정격전압의 선정**

| 전 원 | Fuse 개수 | Fuse 정격전압 [$V_n$] : 회로선간전압 [V] |
|---|---|---|
| 3상 | 3 | $V_n \geqq V$ |
| 단상 | 2 | $V_n \geqq V$ |
| | 1 | $V_n \geqq 1.15V$(한류형만 적용) |

[비고] 기술계산핸드북 표 3.79(정격전압의 선정)

### 2) 차단용량의 선정

전력퓨즈는 그 설치개소에서 생기는 어떠한 단락전류가 발생하여도 충분히 차단할 수 있는 차단용량을 갖고 있어야 한다. 일반적으로 퓨즈의 차단용량 부족은 퓨즈의 폭발을 일으킬 위험이 있으므로 특히 부족하지 않게끔 충분한 주의가 필요하다.

#### (1) 회로의 단락전류

회로의 대칭단락전류는 퓨즈의 전원측에 들어가 있는 발전기, 변압기 및 전동기의 용량과 그 기기들에서 퓨즈까지의 케이블 단면적과 길이에 의하여 정해지며 퓨즈 이후 기기의 용량에는 관계가 없다.

#### (2) 소요차단용량

회로의 대칭단락용량을 구하고 그 이상의 차단용량을 갖는 퓨즈로 한다.

### 3) 정격전류의 선정

Fuse의 정격전류는 Fuse의 모든 특성과 관계되는 중요한 정격이며, 차단기처럼 계전기의 조정으로 그 시간특성을 자유로이 변경할 수 없으므로 정정을 할 때에는 회로특성이나 Fuse의 특성을 검토하여 적절한 정격전류(퓨즈 링크)를 결정할 필요가 있다.

#### (1) 일반적인 선정기준

① 상시부하전류의 안전통전

(ㄱ) 규정량의 부하전류가 안전하게 통전할 수 있어야 한다.

(ㄴ) 과부하 및 과도돌입전류는 단시간허용특성 이하이어야 한다.

(ㄷ) 반복부하의 경우는 충분한 여유를 가져야 한다.

② 다른 기기 및 회로와의 보호협조

(ㄱ) 손상보호

피보호기기 및 전선로의 단시간 내량보다 Fuse 차단특성 및 한류특성(통과전류 파고값 및 차단 $I^2t$)이 아래(좌측)에 있어야 한다.

(ㄴ) 선택차단

- 전원측 차단기의 계전기 동작지연시간은 Fuse의 차단특성 이상이어야 한다.
- 부하측 기기 계전기 동작지연시간을 포함시킨 차단특성은 Fuse의 단시간 허용특성 이하이어야 한다.

### (2) 변압기회로의 선정기준

① 일반적인 경우

변압기 단락보호용 Fuse로서 고려하여야 할 것은 다음의 3개항이며, 그 외에는 (1)을 고려하여야 한다.

(ㄱ) 변압기의 허용과부하전류로 Fuse가 손상되지 않아야 한다.

(ㄴ) 변압기의 여자돌입전류로 Fuse가 손상되지 않아야 한다. 일반적으로 변압기의 전부하전류의 12배 0.1초가 Fuse의 단시간 허용전류특성 이하에 있도록 하면 된다. Fuse에 대한 변압기 여자돌입전류의 특성을 알고 있을 때에는 거기에 따른다.

(ㄷ) 2차측 단락시 변압기를 보호하여야 한다. Fuse의 차단 특성은 변압기 전부하전류의 25배 2초 이하이어야 한다. 또 Fuse의 최소차단전류는 예상단락전류보다 작은 편이 좋다.

② 3상, 단상 변압기를 일괄 보호하는 경우

(ㄱ) 각 상마다 3상과 단상을 합산한 전부하전류(필요하면 허용과부하전류), 여자돌입전류를 계산하여 그것을 안전하게 통전하는 정격값으로 하는데, 각 상마다 다른 정격으로 하기보다는 각 상중의 최대정격의 것으로 통일하는 편이 결상될 염려도 없고 보수도 쉽다.

(ㄴ) 각 변압기의 2차측 단락시 보호에 관해서는 (2)①(ㄷ)의 조건을 만족하도록 선정하여야 하나 이것이 불가능한 경우에는 보호불가에 대해 납득을 하고 각 변압기마다 별도의 Fuse를 사용하여야 한다.

③ 계기용 변압기(VT)용의 경우

VT용 Fuse는 그 부하전류에서 VT 손상방지용으로 Fuse 정격을 선정하면 매우 작은 정격전류값이 되는데, 작은 정격전류의 Fuse는 엘리먼트가 가늘고 기계적으로 끊어지기 쉬우므로 보통 1 A를 채용한다.

④ 변압기, 콘덴서 일괄보호인 경우

변압기와 병렬로 역률개선용 콘덴서가 설치되고, 그 공용보호기로 Fuse가 사용되는 경우는 콘덴서 용량을 생각하지 말고 변압기 단독일 때의 표준정격과 같은 정격전류를 선정하면 된다.

⑤ 특수 변압기용인 경우

보통 수전용 변압기는 고압측에서 빈번하게 회로를 개폐하는 일이 없으므로 표준선정표에 의하여 선정하면 되고 다음 항목과 같은 경우에는 특수 변압기용으로서 고압 접촉기(Contact)와 조합되어 개폐가 빈번한 회로에 사용되는 Fuse는 선정에 유의하여야 한다.

- 전기로용(저주파 유도로, 아크로)
- 정류기용
- 타이트랜스용

### (3) 전동기회로용 선정기준

① 일반적인 경우

다음의 3개항 이외는 (1)을 고려하여야 한다.

(ㄱ) 전동기의 허용과부하전류를 안전하게 통전하여야 한다.

(ㄴ) 전동기의 기동전류로 Fuse가 손상되지 않아야 한다. 일반적으로 전부하전류의 5배 10초의 점

이 Fuse의 단시간허용특성 내에 있는 정격으로 하여야 한다. 기동전류와 그 시간이 알려져 있을 때는 그에 의한다.

(ㄷ) 빈번한 개폐나 역전을 할 때 그 반복전류로 손상되지 않아야 한다.

② 전동기의 기동전류-시간특성 검토

직입기동시에는 큰 시동전류가 흐르지만 시동전류-시간특성은 사용조건, 전동기 특성에 의해 다르므로 각 경우 별로 확인하여야 한다.

③ 고압 전자접촉기와의 조합의 경우

Fuse의 차단특성곡선과 계전기의 동작특성이 다음의 범위에서 만나는 정격전류를 선정하여야 한다.

(ㄱ) Fuse의 차단전류 이상

(ㄴ) 전자접촉기의 차단용량 이하이어야 한다. 접자접촉기와 조합해서 콤비네이션 스위치로 사용하는 경우의 동작협조도를 그림 7-48에 표시한다. 협조조건은 다음과 같다.

- $I_M \leqq I_N$ : 전동기의 전부하전류($I_M$)는 Fuse의 정격전류($I_N$)보다 작지 않으면 안 된다.
- $I_R \geqq I_A$ : 전자접촉기의 정격차단전류($I_R$)는 보호계전기를 포함한 전자접촉기의 최소특성과 Fuse의 전차단특성의 교점 전류($I_A$)보다 크게 되어야 한다.
- Fuse의 최소차단전류 이하의 전류는 전자접촉기에 의하여 개방하여야 한다.
- 전동기의 구속전류는 Fuse가 아니라 전자접촉기가 개방할 수 있는 범위이어야 한다.
- 기동전류 또는 돌입전류시간특성이 보호계전기를 포함하는 전자접촉기의 최소동작특성보다 아래에 있어야 한다.
- 회로의 단락용량 이하에서 접자접촉기는 기계적강도의 점에서 Fuse의 최대한류 파고값에 견딜 수 있어야 한다. 또 열적강도(대전류영역)의 점에서 차단 $I^2t$에 견디는 것이어야 한다.

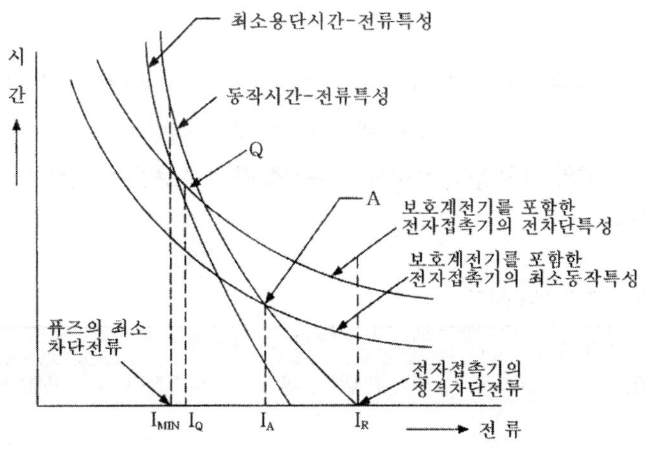


그림 7-48 Fuse와 전자접촉기의 보호협조

### (4) 진상 콘덴서회로용 선정기준

아래의 네 가지 항목을 고려하여야 하며, 아래 항목 이외에는 (1)을 고려하여야 한다.

① 콘덴서의 돌입전류로 Fuse가 손상하지 않아야 한다. 콘덴서의 돌입전류 $I^2t$가 Fuse의 단시간 허용 $I^2t$ 이하이면 된다.

② 콘덴서의 연속 최대과부하전류를 안전하게 통전할 수 있어야 한다.

$$\text{Fuse의 정격전류}(I_n) > \text{콘덴서의 연속 최대과부하전류}(I_L = I_c \times 1.43)$$

③ 콘덴서의 NEMA 규격의 10% 케이스 파손특성이 필요한 범위에서 Fuse의 전차단특성보다 우측(상위)에 있어야 한다. 10% 케이스 파손특성이란 콘덴서 케이스의 파괴 확률이 10% 이하이고 대개의 경우 케이스는 약간 팽창할 뿐 안전체라고 할 수 있다.

④ 전자접촉기와 조합하여 개폐가 빈번한 곳에 사용하는 경우에는 한 단계 위의 Fuse를 사용한다.

(5) 케이블보호용 선정기준

단락시 Fuse는 고속 차단하므로 비교적 큰 정격전류라도 작은 치수의 케이블을 보호할 수 있다.

## 9.7 전력 Fuse의 적용

내선규정 3220-5(주 차단장치)에서 규정하는 전력퓨즈의 정격전류 선정 및 정격전압의 선정은 다음과 같이 한다.

### 1) 정격 연속전류 및 특성 선정

전력퓨즈의 정격선정은 일반적으로 다음 사항을 고려하여 선정하여야 한다.

(1) 예상되는 과부하전류에 동작하지 않아야 한다.

(2) 과도적 서어지 전류에 동작하지 않아야 한다.

- 주변압기의 여자돌입전류
- 전동기 및 축전기의 기동돌입전류

(3) 다른 보호기기와 협조

- 주 차단장치에 한류형 퓨즈를 사용하는 경우에는 차단기와 조합한 것을 사용할 수 있다. 이 경우 퓨즈의 정격전류는 전부하전류의 4~5배로 하는 것이 적당하다.
- 주 차단기 또는 MOF의 전원측에 설치하는 수전설비 보호용은 이 한류형 파워퓨즈 정격전류표를 적용하여서는 안된다.

**표 7-35 한류형 전력퓨즈의 정격전류선정**

| 주변압기용량 [kVA] | 6.6 [kV] | | 13.2 [kV] | | 22 [kV] | |
|---|---|---|---|---|---|---|
| | 전부하전류 | 퓨즈정격 | 전부하전류 | 퓨즈정격 | 전부하전류 | 퓨즈정격 |
| 450 | 29.4 | 80 | 19.7 | 40 | 11.8 | 25 |
| 500 | 43.7 | 100 | 21.9 | 50 | 13.1 | 30 |
| 600 | 52.5 | 125 | 25.2 | 50 | 15.7 | 30 |
| 750 | 65.6 | 125 | 32.8 | 65 | 19.7 | 40 |
| 1000 | 87.5 | 200 | 43.7 | 100 | 26.2 | 65 |
| 1500 | 131 | 250 | 65.6 | 125 | 39.4 | 80 |
| 2000 | 175 | 400 | 87.5 | 200 | 52.5 | 125 |
| 3000 | – | – | 131 | 250 | 78.7 | 150 |
| 5000 | – | – | 219 | 400 | 131 | 250 |
| 6000 | – | – | – | – | 167 | 300 |

[비고 1] 내선규정 표 3220-3(한류형 파워퓨즈의 정격전류 선정).

[비고 2] 본 선정표는 참고예시(퓨즈비 1.8~2.5)이므로 제조업체가 추천하는 정격선정표(퓨즈비 1.5~3.3)를 적용할 수 있다.

표 7-36 22.9kV 변압기보호용 비한류형 파워퓨즈(방출형)의 정격전류

| 변압기정격용량 [kVA] | | 변압기의 정격전부하전류 $I_n$ [A] | 변압기여자 돌입전류 $I_f = 10I_n$ [A] | 대칭단락전류 실효치 $I_s = 100I_n/\%Z$ [A] | 퓨즈 정격 선정 범위 |
|---|---|---|---|---|---|
| 1φ | 3φ | | | | |
| 5 | 15 | 0.38 | 3.8 | 6.3 | 1A |
| 10 | 30 | 0.76 | 7.6 | 12.6 | 1A |
| 15 | 45 | 1.13 | 11.3 | 18.9 | 2A |
| 25 | 75 | 1.89 | 18.9 | 31.5 | 3A |
| 33 | 100 | 2.52 | 25.2 | 42.0 | 3A |
| 50 | 150 | 3.78 | 37.8 | 63.0 | 6A |
| 67 | 200 | 5.04 | 50.4 | 84.0 | 8A |
| 75 | 2125 | 5.67 | 56.7 | 94.5 | 8, 10A |
| 100 | 300 | 7.56 | 75.6 | 126.1 | 10, 12A |
| 167 | 500 | 12.6 | 126.0 | 210.1 | 15, 20A |
| 250 | 750 | 18.9 | 189.0 | 315.1 | 25, 30A |
| 333 | 1,000 | 25.2 | 252.0 | 420.2 | 30, 40A |
| 500 | 1,500 | 37.8 | 378.0 | 630.3 | 50A |
| 667 | 2,000 | 50.4 | 504.0 | 840.4 | 65, 80A |
| 100 | 3,000 | 75.6 | 756.0 | 1,260.6 | 100A |
| 1,670 | 5,000 | 126.0 | 1260.0 | 2,101.0 | 140, 200A |
| 2,500 | 7,500 | 189.0 | 1890.0 | 3,151.5 | 200A |

[비고 1] 내선규정 3220-4(비한류형 파워퓨즈(방출형)의 정격전류 선정)

[비고 2] 상기 표는 방출형퓨즈(PF, COS)의 선정표이므로 한류형퓨즈 선정은 적용하지 않아야 한다.

[비고 3] 전력퓨즈의 정격선정에 필요한 단시간 대전류특성은 각 형식마다 제각기 달라서 동일정격전류라도 용단특성은 공통점이 없으므로 제작자의 동작특성곡선을 참고하여 선정하여야 한다.

[비고 4] 퓨즈 단시간 허용특성은 일반적으로 변압기의 여자돌입전류 크기와 지속시간(변압기 전부하전류의 10배, 지속시간 10초)이 상이어야 한다.

[비고 5] 변압기2차측 단락시 변압기 1차측 퓨즈는 변압기 보호가 가능한 퓨즈를 선정한다.

(1) 변압기의 과전류강도는 최대부하전류의 25배 전류를 2초 동안 흘릴 수 있다고 규정(KS C IEC 60076-5)에 있으므로 퓨즈의 동작시간곡선 상에서 퓨즈동작시간 2초에서 전류 〈 변압기의 최대부하전류 × 25로 되는 퓨즈를 선정하여야 하는데, 이 경우 퓨즈의 최소차단전류는 단락시의 1차측 단락전류보다 적은 정격전류를 선정한다.

(2) 변압기 2차측 단락사고시 대칭단락전류 실효값은 계산의 편의를 위하여 변압기 1차측 계통임피던스를 무시하고 계산한다.

(3) 변압기 2차측 단락사고시 전차단시간은 차단기와 계전기의 순시동작시간 또는 자동고장구분개폐기(ASS) 등의 순시동작 시간인 8~13Hz 정도로 본다.

[비고 6] 정격 100A이하의 퓨즈유니트는 연속정격전류의 200~240% 범위 내에서의 실효값 전류에서 300초 이내에 동작하여야 한다. 정격 100A를 초과하는 퓨즈유니트는 연속정격전류의 220~264% 범위내에서 실효값 전류에서 600초 이내에 동작하여야 한다.

## 2) 정격전압의 선정

전력퓨즈의 정격전압선정은 그 계통의 접지, 비접지에 관계없이 계통선간전압에 의하여 선정하여야 한다.

### 표 7-37 전력퓨즈의 정격전압

| 계통전압 [kV] | 퓨즈 정격 | |
|---|---|---|
| | 퓨즈 정격전압 [kV] | 최대설계전압 [kV] |
| 6.6 | 6.9 또는 7.5 | 8.25 |
| 6.6/11.4Y | 11.5 또는 15.0 | 15.5 |
| 13.2 | 15.0 | 15.5 |
| 22 또는 22.9 | 23.0 | 25.8 |
| 66 | 69.0 | 72.5 |
| 154 | 161.0 | 169.0 |

[비고 1] 내선규정 표 3220-5(전력퓨즈의 정격)
[비고 2] 정격전압 표시방법은 각국에 따라 다르며 상기는 예시 규격이다.

### 표 7-38 특고압 전력퓨즈 정격표기 예

| 형 식(Type) | | | | JFM-20 (옥내용 / Indoor) | SM-40 (옥내용 / Indoor) | SMD-40 (옥외용 / Outdoor) | JFD-20 (옥외용 / Outdoor) |
|---|---|---|---|---|---|---|---|
| Opening Style | | | | Station | Station | Station | Drop-out |
| Fuse | | | | JEU-20 1K~200K | SMU-40 *300E~400E | SMU-40 *300E~400E | JEU-20 1K~200K |
| Ratings | kV | Nom. | | 25.8 | 25 | 25 | 25.8 |
| | | Max. Des. | | 27 | 29 | 29 | 27 |
| | | BIL | | 125 | 150 | 150 | 125 |
| | Ampere (rms) | Max. | | 200K | 400E | 400E | 200K |
| | | Interrupting | Sym | 12,500 | 20,000 | 20,000 | 12,500 |
| | | | Asym | 20,000 | 32,000 | 32,000 | 20,000 |

[비고] 미국 S&C 제품임

# 8장 IEC 61363 Short Circuit Studies

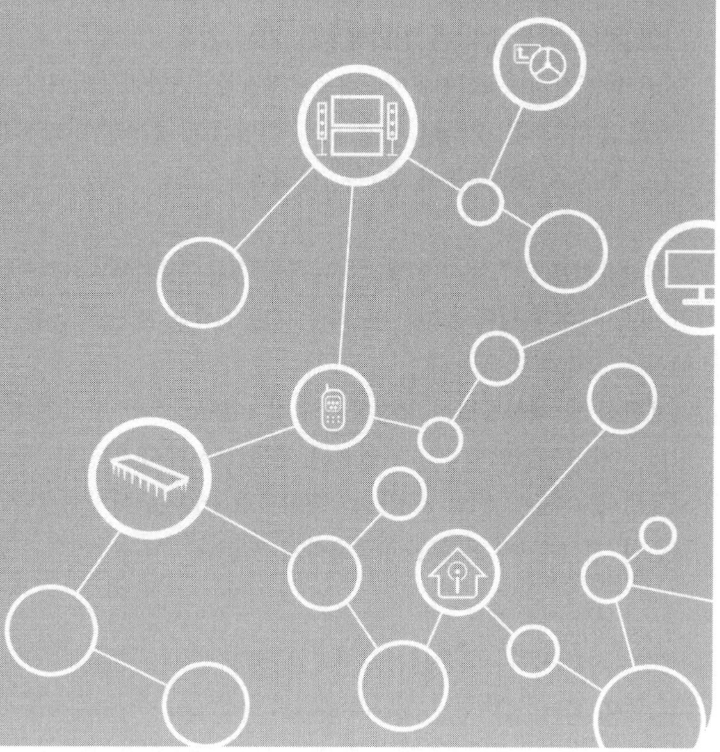

# 1 적용범위

이 표준은 선박 및 고정식 해양구조물의 교류전기설비에서 발생할 수 있는 Non-Mesh 계통의 3상단락전류의 계산에 적용하며 다음의 각 항목을 포함한다.

(1) 50 Hz 또는 60 Hz에 사용한다.

(2) 계통전압은 표 8-1에 나타내었으며, KS C IEC 60092-201의 표 2에 명기된 전압이다.

**표 8-1 선 내 시스템의 교류전압과 주파수**

| 공칭전압 | 3상 | | 단상 | |
|---|---|---|---|---|
| | 공칭주파수[Hz] | 최고전압[V] | 공칭주파수[Hz] | 최고전압[V] |
| 120 | 50, 60 | 1000 | 50, 60 | 250 |
| 220 | 50, 60 | 1000 | 50, 60 | 250 |
| 240 | 50 | 1000 | 50 | 250 |
| 380 | 50 | 1000 | | |
| 415 | 50 | 1000 | | |
| 440 | 60 | 1000 | | |
| 660 | 50, 60 | 1000 | | |
| 3000/3300 | 50, 60 | 11000 | | |
| 6000/6600 | 50, 60 | 11000 | | |
| 10000/11000 | 50, 60 | - | | |

Source : KS C IEC 60092

(3) 하나 이상의 다른 전압레벨를 갖는 경우

(4) 발전장치, 동기전동기, 비동기전동기, 변압기, 리액터, 케이블 및 Converter Unit

(5) 임피던스를 통하여 선체 외판에 연결된 중성점(단락전류 한계값을 선체 외판에 통하도록 설계)

(6) 선체 외판으로부터 분리된 중성점

계산방법은 3극 동시에 발생하는 단락전류, 선체의 단락 또는 3상 도체의 단락 같은 3상 대칭단락 조건이다. 비대칭 단락상태로 발생되는 단락전류의 계산은 높은 비대칭적인 요인(DC)를 초래하며, 이 표준에서는 고려하지 않는다.

계산식 및 계산방법은 고장상태의 첫 100ms 동안 단락전류계산의 정확한 결과의 충분한 산출을 설명한다. 이것들은 발전장치가 연결된 계통 모선에서 계산할 때 100ms 보다 긴 주기의 단락전류 계산에 사용된다. 계통이 전압 조정기의 제어결과 100ms 이상의 주기가 지배적이다. 전압조정기의 조정결과를 포함한 계산은 이 표준에서 적용하지 않는다.

## 2 분석 용어

### 2.1 용어의 정의

#### 1) 단락회로(Short circuit)

다른 전압 회로에서의 둘 이상이 부분에서 저저항 또는 임피던스에 의해 상호 연결 또는 사고

#### 2) 단락회로전류(Short circuit current)

전기회로에서 잘못된 연결 또는 고장으로 인한 회로로부터 발생된 과전류

#### 3) 예상전류(Prospective current)

설비의 각 극이 아주 작은 임피던스의 도체에 의해 대체되었을 경우 회로에 흐르는 단락전류

#### 4) 대칭단락회로전류(Symmetrical short-circuit current)

예상 단락회로전류의 교류분 대칭요소의 실효값. 필요하다면 비대칭적인 요소는 무시할 수 있다.

#### 5) 초기대칭단락회로전류($I_k''$ : Initial symmetrical short-circuit current)

임피던스가 0인 시간 때의 단락 순간 적용할 수 있는 예상(유효한) 단락회로전류의 교류분 대칭요소의 실효값.

#### 6) 직축에서의 초기과도단락회로전류($I_{kd}''$ : Subtransient short-circuit current in the direct axis)

회로의 초기과도임피던스(리액턴스)와 동등한 임피던스(리액턴스)를 갖는 회전기기에서 단락회로에 흐르는 전류의 실효값.

#### 7) 직축에서의 과도단락회로전류($I_{kd}'$ : Transient short-circuit current in the direct axis)

회로의 과도임피던스(리액턴스)와 동등한 임피던스(리액턴스)를 갖는 회전기기에서 단락회로에 흐르는 전류의 실효값.

#### 8) 직축에서의 정상상태 단락회로전류($I_{kd}$)

과도현상의 경과 후 유지되는 발전기 회로에 흐르는 대칭단락회로전류의 실효값.

#### 9) 단락회로전류의 비대칭적인(dc) 요소($I_{dc}$)

단락 직후 회로에서의 비대칭적인 전류 요소. 기본 및 고주파의 모든 요소를 배제한다.

### 10) 최대 단락회로 전류($i_p$)

예상되는 단락회로전류의 최대 가능한 순시값.

### 11) 직축 초기과도 단락회로 시정수($T_d''$)

정격속도에서 작동하는 기기(또는 등가 기기) 초기값의 1/e, 즉 0.368로 감소시키기 위한 작동상태에서 갑작스런 변화에 따라 직축 단락회로전류에서의 첫 몇 주기 동안의 변경요소에 요구되는 시간.

### 12) 직축 초기 과도 개방회로 시정수($T_{d0}''$)

정격속도에서 작동하는 기기(또는 등가 기기) 초기값의 $1/e$, 즉 0.368로 감소시키기 위한 작동상태에서 갑작스런 변경에 따른 직축 흐름에 개방회로 1차권선 전압의 첫 몇 주기 동안의 변경요소에 요구되는 시간.

### 13) 직축 과도 단락회로 시정수($T_d'$)

정격속도에서 작동하는 기기(또는 등가 기기) 초기값의 $1/e$, 즉 0.368로 감소시키기 위한 작동상태에서 갑작스런 변화에 따라 단락회로전류의 지연 변경 요소에 요구되는 시간.

### 14) 직축 과도 개방회로 시정수($T_{d0}'$)

정격속도에서 작동하는 기기(또는 등가 기기) 초기값의 1/e, 즉 0.368로 감소시키기 위한 작동상태에서 갑작스런 변경에 따른 직축 흐름에 의한 개방회로 1차 전압의 지연변경요소에 요구되는 시간.

### 15) 직류 시정수($T_{dc}$)

정격속도에서 작동하는 기기(또는 등가 기기) 초기값의 $1/e$, 즉 0.368로 감소시키기 위한 작동상태에서 갑작스런 변경에 따른 단락회로전류의 존재하는 직류요소에 요구되는 시간.

### 16) 직축 초기과도 리액턴스($X_d''$)

정격속도에서 작동하는 기기 직축 1차 전류의 기본적인 AC 요소에서 동시 변화값 및 직축 1차 흐름에 의해 발생되는 1차 전압의 기본적인 교류 요소의 갑작스런 변경의 초기값 비율.

### 17) 직축 과도 리액턴스($X_d'$)

첫 주기 동안의 고감소 요소는 배제하고, 정격속도에서 작동하는 기기 직축 1차 전류의 기본적인 AC 요소에서 동시 변화값 및 직축 1차 흐름에 의해 발생되는 1차 전압의 기본적인 교류 요소의 갑작스런 변경의 초기값 비율.

### 18) 직축 동기 리액턴스($X_d$)

과도현상의 진행 후 직축 1차전류 및 직축 1차 흐름에 의해 발생되는 1차전압의 기본적인 교류요소의 정상 상태값에 대한 비율.

### 19) 발전기의 고정자 저항($R_a$)

직류전류로 측정한 동기기의 고정자 저항.

### 20) 단락회로 임피던스($Z$)

계통상의 동일 주파수 요소의 단락회로전류에 대한 대칭교류계통의 각 상마다의 전압 비율 ($Z = E/I_s$).

### 21) 전압원

연결된 수동회로 요소에 회로의 전압 및 전류와 독립된 전압원에 의해 대표되어지는 능동요소.

### 22) 계통의 공칭전압($U_n$)

동작 특성과 관계되고 설계된 계통상의 선간전압.

### 23) 회전기기의 초기과도전압($E''$)

단락회로 상태에서 과도임피던스가 $Z''$에 뒤진 능동 대칭 내부전압의 실효값.

### 24) 회전기기의 과도전압($E'$)

단락회로 상태에서 과도임피던스 $Z'$에 뒤진 능동 대칭 내부전압의 실효값.

### 25) 공칭값

설비 또는 장비요소의 구별 또는 설계에 사용되는 적합한 대략적인 양의 값.

### 26) 정격값

설비 또는 장비 특정 동작상태의 요소에 대한 제조자에 의해 일반적으로 배정되는 양의 값.

### 27) 등가화된 발전기(전동기)

등가화된 발전기(전동기)는 계통에 연결된 다른 특성 및 다른 정격을 가진 발전기(전동기)의 조합에 의해 발생되는 것과 같이 전기기기가 설치된 부분에서와 같은 단락회로 전류의 특성을 갖는다.

## 2.2 분석 문자의 정의

$\phi$ : 상차각(위상각)

$E_q^{''}$, $E_q^{''}$ : 발전기 q축의 초기 및 과도 전압의 실효값

$E_M^{''}$ : 전동기 초기과도전압의 실효값

$f$ : 주파수

$f_e$ : 축발전기의 최저주파수

$f_r$ : 네트워크의 정격주파수

$I_*^{''}$, $I_*^{'}$ : 등가화된 발전기의 초기 과도 및 과도 단락회로전류 실효값

$I_*$ : 등가화된 발전기 전류의 실효값

$I_M^{''}$, $I_{M*}^{''}$ : 동기전동기 및 비동기전동기의 초기 과도 단락회로 전류 실효값

$I_{kd}^{''}$, $I_{kd}^{'}$ : 동기기의 초기 과도 및 과도 단락회로 전류 실효값

$I$ : 전류의 실효값

$I_{ac}$ : 동기기의 단락회로전류 교류 요소 실효값

$I_{acM}$ : 비동기기의 전동기의 대칭단락회로 전류 실효값

$I_{LR}$ : 비동기기의 구속회전자전류

$i_{dc}$ : 동기기의 단락회로전류의 직류성분 순시값

$i_{dcM}$ : 등가전동기 및 비동기의 전동기의 단락회로 전류의 직류성분 순시값

$i_k$ : 단락회로전류의 상부 포락선

$I_*$ : 등가화된 발전기의 정상상태 단락회로 전류 실효값

$I_{kd}$ : 동기기의 정상상태 단락회로전류 실효값

$i_M$ : 비동기전동기의 단락회로전류의 상부 포락선

$i_p$, $i_{pM}$ : 전동기 및 비동기 동기기의 단락회로 전류 최대값

$I_r$ : 정격전류의 실효값

$L_{SC}^{''}$ : 발전장치의 동기 조상기의 초기 과도 인덕턴스

$L_{SG}^{''}$ : 컨버터를 가진 동기축발전기의 초기 과도 인덕턴스

$L_C$ : 케이블의 인덕턴스

$L_{com}$ : 컨버터를 가진 동기축발전기의 정류자 코일의 인덕턴스

$L_{dc}$ : 컨버터를 가진 동기 축발전기의 직류회로 인덕턴스

$P_{Cu}$ : 정격주파수에서 변압기의 동손

$R$ : 저항

$R_*$ : 등가화된 발전기의 저항

$R_a$ : 동기기의 고정자 저항

$R_C$ : 케이블 저항

$R_{dc}$ : 직류 저항

$R_M$ : 비동기전동기의 저항

$R_R$ : 비동기전동기의 회전자 저항

$R_{R*}$ : 등가 비동기전동기의 회전자 저항

$R_s$ : 비동기전동기의 고정자 저항

$R_{s*}$ : 등가 비동기전동기의 고정자 저항

$R_T$ : 변압기의 저항

$S_{rT}$ : 변압기의 정격출력

$t$ : 단락회로 시작으로부터 지속시간

$t_r$ : 변압기의 정격 저전압에 대한 고전압 비율

$t_x$ : 단락회로의 시작으로부터 제한된 지속시간

$T''_d$, $T'_d$ : 동기기의 초기과도 및 과도 시정수

$T''_{d*}$, $T'_{d*}$ : 등가화된 발전기의 초기 과도 및 과도 시정수

$T''_{d0}$, $T'_{d0}$ : 비동기기의 개방회로 초기 과도 및 과도 시정수

$T''_e$, $T'_e$ : 비능동 요소를 포함한 동기기의 초기 과도 및 과도 시정수

$T''_M$, $T''_{M*}$ : 비동기전동기 및 등가 비동기전동기의 초기 과도 시정수

$T''_{Me}$ : 등가 비동기전동기에 연결된 케이블을 포함한 초기 과도 시정수

$T_d$ : $d$축에서의 동기기 리액턴스 시정수

$X_R$, $X_s$ : 비동기전동기의 회전자 및 고정자 리액턴스

$X_L$ : 코일의 리액턴스

$X_T$ : 변압기의 리액턴스

$Z, Z_*$ : 임피던스, 등가임피던스

$Z''_*$ : 등가화된 발전기의 초기과도 임피던스

$Z''_d$, $Z'_d$ : 동기기의 초기과도 임피던스 및 과도임피던스

$Z''_e$, $Z'_e$ : 비능동소자를 포함한 동기기의 초기과도 임피던스 및 과도임피던스

$Z''_M$ : 비동기전동기의 초기 과도 임피던스

$Z''_{M*}$ : 등가 비동기전동기의 초기 과도 임피던스

$Z_T$ : 변압기의 임피던스

* : 등가화된 발전기 또는 비동기전동기

0 : 고장 이전상태
$ac$ : 교류
$C$ : 케이블
$com$ : 축발전기의 정류자 코일
$d$ : 직축
$dc$ : 직류
$e$ : 비능동소자를 포함한 값
$\underline{E}$, $\underline{I}$, $\underline{U}$ : $E$, $I$, $U$의 벡터
$G$ : 동기 발전기
$HV$ : 변압기의 고전압부
$i$ : 발전기의 수
$j$ : 전동기의 수
$k$ : 단락회로
$L$ : 인덕턴스
$LV$ : 변압기의 저전압측
$M$ : 그룹 전동기 또는 비동기전동기
$n$ : 고장값
$q$ : 횡축(quadrature axis)
$R$ : 비동기전동기의 회전자
$r$ : 정격값
$S$ : 비동기전동기의 고정자
$SC$ : 축발전기 동기조상기
$SG$ : 축발전기
$T_o$ : 총합
$T$ : 변압기
$\underline{Z}$ : 복소 임피던스

## 3 사전정보

해상용 전기기기의 계획, 설계 및 운용은 계통의 조작, 신뢰성, 안전성, 단락회로상태 및 정상상태에서의 운용이 평가될 수 있도록 여러 검토 및 분석이 요구된다. 이런 검토 및 분석에는 부하의 흐름, 안정성, 전동기의 기동, 과도 상태, 접지 등이 있다. 계통 설계 엔지니어는 어떠한 설치 요구가 되는지 검토 및 분석하는 것을 정하여야 한다. 단락회로전류는 크기나 복잡한 것 등에 관계없이 선박에서 요구되는 상황을 고려하여야 한다.

실제 계통에서 병렬로 연결된 기기의 비선형 및 자동조절기의 제어결과는 발생전류에 영향을 미친다.

이런 영향으로부터 발생되는 전류의 정확한 계산을 위한 것은 이 기준의 범위 밖이며, 컴퓨터 모델 계산을 사용하여야 한다.

해상용 전기기기는 단락전류 발생을 방지하기 위하여 예방조치를 할 수 있도록 설계되어야 한다. 단락전류 계산을 위한 중요한 것은 단락회로 상황의 영향을 견딜 수 있는 요소이어야 하고, 발생되는 손상을 최소화할 수 있도록 계통이 확실하여야 한다. 이런 계산의 원리는 필요한 보호에 제공하는 신뢰성 있는 설비를 선택할 수 있는 충분한 정보를 제공하여야 한다. 추가하여 계산은 보호하는 설비의 용량 안에서 단락전류의 한계를 선택할 수 있도록 한다.

단락회로전류 계산시 각 개별적인 설비에 의해 발생되는 단락회로 전류와 계통에 연결된 여러 설비에 의해 발생되는 단락회로전류와 다른 것임을 이해하는 것이 중요한다. 격리된 기기에서는 발생된 단락회로전류 영향 기기의 전기적인 요소에 대하여 고려되어야 한다. 계통에서 이런 전류는 비능동소자, 예를 들면 케이블, 변압기 등의 임피던스에 의하여 발생된 단락회로 전류의 과도 및 정상 상태값이 제한된다.

해상용 중요 전기기기는 임피던스에 의해 연결되거나 선체로부터 절연된 중성점을 가지고 운용된다. 이런 계통은 단락회로전류의 최대값은 3상 단락회로이다. 선체에 직접 연결된 중성점이 있다면 선체의 선간, 선과 선체간의 단락회로는 높은 전류를 유발한다.

### 3.1 계산의 정확성

여러 계통의 능동소자의 단락회로 전류계산의 방정식은 "4. 계통의 구성요소 및 계산방법"에 기술하였다. 계산결과의 분석 시 단락회로 전류 크기를 결정하는 능동소자의 특성 요소 결정을 포함한 고유한 정확성을 인식하여야 한다. 초기과도 및 과도 임피던스의 허용오차는 시정에 대한 허용오차보다 큰 것은 단락회로 전류계산을 변경할 수도 있다. 이 기준에서 발전된 능동소자 방정식은 실제 적용에서 충분한 정확성에서 3상 단락회로 상태를 설명하는 데 고려될 수 있다.

계통 계산 적용시에 최종 결과의 정확성은 단락회로전류 감소 또는 발생하는 능력에 관계된 매개체의 특성 요소의 고유한 정확성 및 계산에 사용된 방법, 계산식 및 계통에서의 특성 요소의 중요성에 달려 있다. 가정은 계산절차를 간단하게 하기 위해 만들어졌다(5. 가정의 간략화 참조). 그러나 간략화는 정확성의 실수를 초래할 수도 있다. 좋은 간략화는 물리적 계통에서 실제로 유지되는 것보다 더 높은 단락회로 전류를 보존할 수 있어야 한다.

### 3.2 기본적인 가정

완전한 단락회로전류 계산은 그것의 시작부터 끝부분까지 시간별로 각 부분에서 전류값을 나타낼 수 있다. 계산은 단락회로 시작시 계통의 다른 부분에서 순간 전압, 비능동소자의 제동결과, 능동소자의 고유 특성 및 부하 전 상태를 알아야 한다. 이런 계산은 대부분의 공학적인 목적의 불필요한 부분 및 이 기준의 범위 외 부분을 고려하여야 한다.

여기에서 언급한 방정식은 단락회로 전류에 의한 시간의 최대값의 상방 부분을 계산한다. 포락선(envelopment)은 인정할 수 있는 시험 방법의 사용으로 설비 제조자로부터 인정된 기기의 특성요소를 계산할 수 있으며, 다음의 가정(조건)을 적용한다.

(1) 모든 계통의 커패시턴스는 무시한다.

(2) 단락회로 시작시 고장부분에서 단상전압의 순간값은 0이다.

(3) 단락회로가 지속되는 동안 단락회로전류 경로에 변화가 없다.
(4) 단락회로 아크 임피던스는 무시한다.
(5) 변압기는 주탭에 설정한다.
(6) 단락회로는 모든 3상에 동시에 발생한다.
(7) 병렬로 연결된 발전기에서 모든 발전기는 단락회로가 지속되는 동안과 기동시에 비례 능동적이고 재활동적인 부하를 분담한다.
(8) 불연속 간헐적으로 지속되는 동안 모든 회로의 요소는 선형적으로 동작한다.

위와 같은 가정은 계산 결과가 이 기준 목적을 이루도록 한다.

단락회로전류의 외형은 고장 시작의 첫 몇 밀리 초 동안을 나타낸다. 추가하여 그 다음의 밀리 초 및 초 동안 나타난다. 동기발전기에 의해 발생된 단락회로 전류는 그것의 전압조정기 특성에 의해 큰 영향을 미친다. 조정기의 정확한 결과 계산을 위해서는 정확한 조정기의 설계 정보가 필요하다. 그리고 결과 방정식은 쉽게 구하기가 어렵다. 조정기에서 발생된 단락회로전류의 정상 상태값은 발전기의 제조자로부터 얻을 수 있다.

동기 3상 고장상태에서는 계통요소의 정방향 요소(positive sequence)를 고려하여야 한다.

## 3.3 계산방법

"4 계통의 구성요소 및 계산방법"에서 설명되는 계산식은 단락회로전류 계산을 위한 가장 적합한 것임을 알아야 한다. 충분한 정보가 없을 때 이런 공식은 간략화가 없다면 사용할 수 없다. 일반적인 간략화는 근사값 또는 계산된 결과에서 부정확성을 초래하고, 불안전한 요소를 초래한다. "5. 가정의 간략화"는 여러 가지 간략화를 설명하고 부정확한 결과의 표시를 나타낸다. "7. 계통계산"에서는 계통의 계산에 따른 이런 계산식의 적용을 설명한다.

2개의 기본 계통의 근사계산은 시간 함수 및 비시간 함수로 나뉜다. 가끔 단락회로전류의 시간함수는 무시된다. 어쨌든 정확한 계산이 요구되는 경우에는 시간 함수 계산이 요구된다. 예를 들면 비전류 한계의 정격을 결정하는 것으로 저전압계통에서 차단기 또는 중전압계통에서 직류요소는 중요하다.

계산방법은 계통을 능동 또는 비능동 요소로 구별한다. 능동요소는 단락회로전류의 근원이며, 단락회로전류의 변형 또는 트랜스미터의 비능동요소는 고장부분의 원인으로 분배된다. 각 요소는 특성 요소로부터 수학적인 모델 공식으로 표현하여야 한다.

발전기 및 전동기와 같은 병렬로 연결된 설비는 동일하게 하나의 설비로 취급한다. 서로 다른 능동요소가 포함되어 있는 계통의 시간 종속 계산을 위해서는 "6. 등가화된 발전기의 적용"에서 설명된 등가의 발전방법을 사용하여야 한다.

전동기의 경우 소형 및 대형 전동기를 구별하여야 한다. 동일분기점에서 연결된 소형 전동기의 그룹은 분기점에서 등가의 1개의 전동기로 취급한다. 대형전동기는 별도의 단락회로전류 전원으로 취급한다.

주파수 변환기를 사용하는 축발전기가 있는 경우의 정확한 계산식은 개별적인 시스템 설계를 포함한 여러 인자에 의해 좌우된다. 따라서 정확성이 요구되는 이런 계통의 설명을 위해서는 쉽게 계산할 수 없는 복합 계산식이 요구된다. 단락회로전류의 불연속 요소 부분은 시스템으로 분리되는 이 표준에 의해 제안된 방법으로 계산한다. 하여튼 가능한 제조자의 권고 사항을 주의하여야 한다.

## 4 계통의 구성요소 및 계산방법

### 4.1 계통의 능동소자

#### 1) 동기기

동기기는 동기발전기, 동기전동기, 동기조상기 등으로 선박용으로 사용되며, 동기기의 단락회로 전류의 계산은 기기의 정확한 시간 함수 단락회로전류의 최대값의 외형 계산을 기본으로 한다. 외형의 결과는 기기의 정상상태 임피던스, 과도 및 초기과도 임피던스 뒤의 능동전압 및 기본 기기 요소(전력, 임피던스 등)의 함수이다. 임피던스는 단락회로 전류 발생에 앞서 기기의 작동상태에 좌우된다.

(1) 등가 발전 회로

동기기의 3상 단락회로 전류를 계산하기 위한 특성 요소는 그림 8-1과 같이 정상(positive sequence)회로 구성요소와 같이 연결된다.

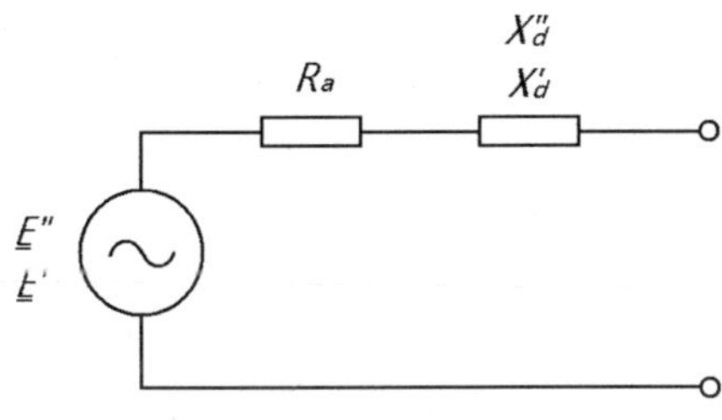


그림 8-1 정상회로

(2) 기본계산

동기기의 단락회로 전류의 계산은 기기의 정확한 시간 함수 단락회로 전류의 최대값의 외형 계산을 기본으로 한다. 외형의 결과는 기기의 정상 상태 임피던스, 과도 및 초기 과도 임피던스 뒤의 능동전압($\underline{E}''$, $\underline{E}'$, $\underline{E}$) 및 기본 기기요소(전력, 임피던스 등)의 함수이다. 임피던스는 단락회로 전류 발생에 앞서 기기의 동작상태에 좌우된다.

① 능동전압

정확한 계산을 위해서는 능동전압($\underline{E}''_d$, $\underline{E}'_d$, $\underline{E}''_q$, $\underline{E}'_q$)은 초기과도 및 과도기간에 직축 및 횡축 모두를 고려하여야 한다. 그리고 초기과도 및 과도 기간에 직축 및 횡축의 임피던스에 동작하는 고장 전 부하전류에 의한 전압의 합이 계산되어야 한다.

② 기기의 임피던스

기기의 임피던스는 직축 및 횡축에서 동작하는 리액턴스 및 저항 모두가 포함되어야 한다. 또한 계산을 위해서는 기기 리액턴스는 일정수로 가정하고 단락회로전류의 정상상태, 초기과도 및 과도기간은 일정하다고 가정한다.

③ 초기과도 및 과도단락회로 시정수

단락회로전류의 교류 구성분의 감쇠는 기기의 초기과도 및 과도 시정수에 의해 특성이 좌우된다. 초기과도 시정수 $T_d^{''}$는 단락회로전류의 교류 구성분의 초기 감쇠에 관계있다. 그리고 회전자 회로의 제동효과에 좌우된다. 과도 시정수 $T_d^{'}$는 단락회로전류의 교류 구성분 감쇠에 관계있다. 대개 여자 회로의 제동효과에 좌우된다. 직류 시정수 $T_{dc}$는 단락회로전류의 불연속부분의 감쇠에 관계있고, 고정자회로의 제동특성에 좌우된다.

### (3) 3상 단락회로 전류

3상 단락회로 전류는 3상 동시에 발생한다. 발생된 전류는 각 상에서 시간의 함수로 발생한다. 전류에는 그림 8-2와 같이 교류 및 직류로 구성된다. 시간에 따른 어느 한 점에서의 전류는 기기의 특성값에 좌우된다.

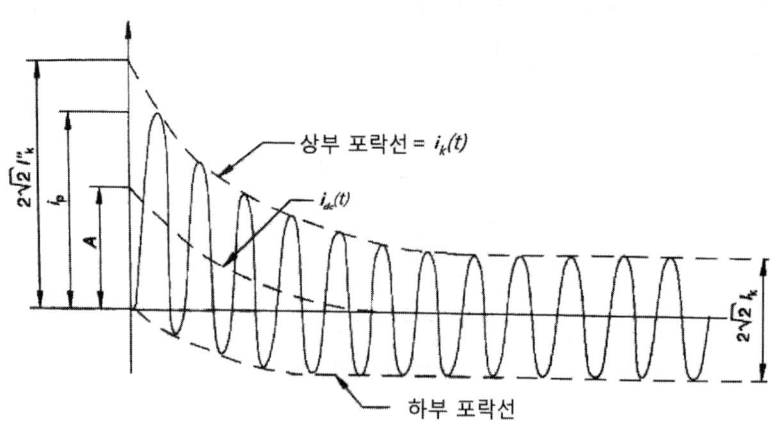


**그림 8-2 동기발전기 단자에서의 단락전류 시간 함수**

$I_k^{''}$ : 초기 대칭단락회로 전류

$i_p$ : 최대 단락회로전류

$I_k$ : 정상상태 단락회로전류

$i_{dc}$ : 단락회로 전류의 비대칭분

$A$ : 비대칭분의 초기값

### (4) 3상 단락회로 전류의 계산

정확한 단락회로전류의 계산을 위해서 기기의 특성은 직축과 횡축 모두 고려하여야 한다. 이런 계산은 매우 복잡하며, 다른 계산 방법으로 계산된 정확성에 대해서는 확실하게 보증할 수 없다. 횡축의 전류부분이 무시된 결과는 횡축 부분을 포함할 때 결과값의 +10% 이내이어야 한다. 단락회로 전류의 최대값은 역률, 주파수, 전압 및 정격부하에서 작동되는 고장 전의 기기에 따라 좌우된다.

단락회로 전류 계산시 전류의 가장 높은 값에 유의하여야 한다. 그림 8-2에서 보는 바와 같이 시간 함수의 상부 포락선부분에서 최고값을 나타낸다. 이 상부 포락선부분에 대한 전류는 다음 식으로 계산한다.

$$i_k(t) = \sqrt{2} I_{ac}(t) + i_{dc}(t) \tag{8.1}$$

이 외형부에 대한 3개의 계산에 사용하는 일반 방법은 교류부분 $I_{ac}(t)$, 직류부분 $i_{dc}(t)$, 최대값 $i_p$로 나타낸다.

① 대칭 3상단락전류의 교류성분

교류성분은 시간에 경과에 따라 변화하며, 초기과도 및 과도기간 동안에 초기과도, 과도 및 정상상태 전류에 의하여 결정된다. 이 초기과도 및 과도기간은 직축의 초기과도시정수($T_d''$) 및 과도 시정수($T_d'$)에 의해 정의된다.

$$I_{ac}(t) = (I_{kd}'' - I_{kd}')e^{-t/T_d''} + (I_{kd}' - I_{kd})e^{-t/T_d'} + I_{kd} \tag{8.2}$$

3상단락회로전류의 초기과도 및 과도전류는 각각의 임피던스와 능동전압에 의해 식(8.3), 식(8.4)의 방정식으로 계산할 수 있다.

$$I_{kd}'' = \frac{E_{g0}''}{Z_d''} = \frac{E_{g0}''}{\sqrt{R_a^2 + X_d''^2}} \tag{8.3}$$

$$I_{kd}' = \frac{E_{g0}'}{Z_d'} = \frac{E_{g0}'}{\sqrt{R_a^2 + X_d'^2}} \tag{8.4}$$

정상상태 단락회로전류 $I_{kd} = I_k$는 제조사로부터 일반적으로 알 수 있다.

능동전압 $E_{g0}''$, $E_{g0}'$는 부하의 고장전 전류에 좌우되고, 식(8.7) 및 식(8.8)의 벡터적 등식으로부터 유추된 식(8.5) 및 식(8.6)에 의해 구할 수 있다.

$$E_{g0}'' = \sqrt{\left[\frac{U_0}{\sqrt{3}}\cos\phi_0 + R_a I_0\right]^2 + \left[\frac{U_0}{\sqrt{3}}\sin\phi_0 + X_d'' I_0\right]^2} \tag{8.5}$$

$$E_{g0}' = \sqrt{\left[\frac{U_0}{\sqrt{3}}\cos\phi_0 + R_a I_0\right]^2 + \left[\frac{U_0}{\sqrt{3}}\sin\phi_0 + X_d' I_0\right]^2} \tag{8.6}$$

$$E_{g0}'' = \frac{U_0}{\sqrt{3}} + \underline{I}_0 Z_d'' \tag{8.7}$$

$$E_{g0}' = \frac{U_0}{\sqrt{3}} + \underline{I}_0 Z_d' \tag{8.8}$$

여기에서, $Z_d'' = (R_S + jX_d'')$, $Z_d' = (R_S + jX_d')$

동기기가 단락 고장전 전력계통의 전압 및 전류에서 작동한다면 $U_0 = U_n$, $I_0 = I_r$이 된다.

② 단락전류의 직류성분

단락전류의 직류성분 $i_{dc}(t)$는 다음의 계산식으로 구할 수 있다.

$$i_{dc}(t) = \sqrt{2}\,(I''_{kd} - I_0 \sin\phi_0)\, e^{-t/T_{dc}} \tag{8.9}$$

③ Peak 값의 계산

단락회로 전류의 최대값은 단락회로상태 $t = T/2$에서 발생한다. 정확한 시간은 무부하상태의 발전기 임피던스 및 시정수에 의하여 결정된다. $T/2$에서 최대값의 계산은 단락회로 상태의 1/2 주기에서 식 (8.10)으로 구해진다.

$$i_p = \sqrt{2}\, I_{ac}(t) + i_{dc}(t) \tag{8.10}$$

### 2) 비동기전동기

비동기전동기는 크게 다음의 2개 그룹으로 분류한다.

- 대형 전동기
- 소형 전동기

그룹은 발전기의 용량, 전동기의 정격에 의해 좌우된다. 펌프, 크레인 및 갑판기기 중 용량이 큰 것은 대형전동기 그룹으로 선박의 보조 시스템 전동기(연료유 이송, 청정기)는 소형 전동기 그룹으로 분류한다.

계통에서 단락고장이 발생시 단락회로에 연결된 모든 전동기는 단락회로에 기여전류를 공급한다. 큰 전동기는 개별적으로 계산하고, 소형전동기는 그룹으로 취급하여 하나의 등가원으로 취급한다. 하나의 큰 전동기는 발전기와 같은 것으로 취급하고, 단락회로 상태에서 최대 전류발생의 상부 외형 계산 요소 특성으로 취급한다.

#### (1) 등가 전기회로

3상 단락회로 고장상태는 계통의 정상회로(positive sequence) 구성요소로 취급한다.

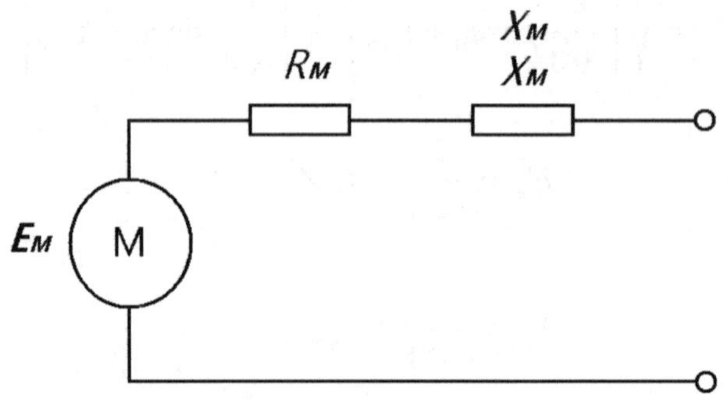


그림 8-3 전동기의 계통을 구성하는 정상회로

### (2) 기본계산

3상 단락회로에서 비동기전동기는 단락 기간 동안 단락회로에 기여전류를 공급한다. 단락회로전류는 내부 초기과도 능동전압, 임피던스, 시정수, 초기과도 감쇠부분의 교류, 직류부분 및 직류 시정수에 의해 좌우된다.

### (3) 전동기 임피던스

전동기의 정상회로 저항 및 리액턴스는 슬립(s)=1일 때의 고정자전압에 의한 전동기 고정자 및 회전자 저항의 리액턴스이다(그림 8-3 참조).

$$R_M = R_R + R_s \tag{8.11}$$

$$X_M^{''} = X_R + X_s \tag{8.12}$$

여기에서,

$R_R$, $R_S$ : 전동기의 고정자 및 회전자의 저항

$X_R$, $X_S$ : 전동기의 고정자 및 회전자의 리액턴스

### (4) 전동기의 시정수

초기과도 시정수 $T_M^{''}$은 교류 감쇠와 관련이 있다. 이것은 대부분 회전자회로의 제동효과에 좌우되고 식(8.13)으로 계산한다.

$$T_M^{''} = \frac{X_R + X_s}{\omega_r R_R} \tag{8.13}$$

직류 시정수는 단락회로전류의 불연속 부분의 감쇠에 관계있다. 이것은 대부분 고정자 회로의 제동효과에 좌우되고 식(8.14)로 계산한다.

$$T_{dcM} = \frac{X_R + X_s}{\omega_r R_s} \tag{8.14}$$

### (5) 3상 단락회로전류의 계산

비동기전동기의 3상 단락회로 전류는 상부 포락선 부분에서 최대값을 나타내며, 다음 식(8.15)으로 계산할 수 있다.

$$i_M(t) = \sqrt{2}\, I_{acM}(t) + i_{dcM}(t) \tag{8.15}$$

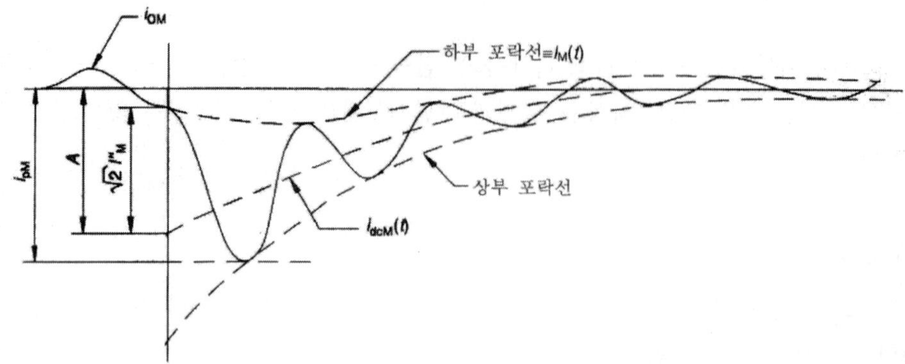


그림 8-4 비동기전동기 단자에서 단락전류의 시간 함수

여기에서

$I_{0M}$ : 무부하 전류

$I''_M$ : 초기 대칭 단락회로 전류

$i_{pM}$ : 최대 단락회로전류

$i_{dcM}$ : 단락회로 전류의 비대칭분

A : 비대칭분의 초기값

① 교류성분

교류성분은 기기의 초기과도 영향에 좌우되고 식(8.16)에 의하여 구할 수 있다.

$$I_{acM}(t) = I''_M e^{-t/T''_M} \tag{8.16}$$

$I''_M$은 식(8.17)으로 구할 수 있다.

$$I''_M = \frac{E''_M}{Z''_M} = \frac{E''_M}{\sqrt{R_M^2 + X_M^2}} = \frac{E''_M}{\sqrt{[(R_R + R_s)^2 + (X_R + X_s)^2}} \tag{8.17}$$

전압 $E''_M$은 단락회로의 역률, 전동기의 부하전류 및 전동기의 단자전압에 좌우되며, 식(8.18)로 구할 수 있다.

$$E''_M = \frac{U_{rM}}{\sqrt{3}} - \underline{I}_{rM}\underline{Z}''_M = \frac{\underline{U}_{rM}}{\sqrt{3}} - \underline{I}_{rM}(R_M + jX''_M) \tag{8.18}$$

벡터로 표시된 식(8.18)은 식(8.19)의 스칼라량으로 나타낼 수 있다.

$$E''_M = \sqrt{\left[\frac{U_{rM}}{\sqrt{3}}\cos\phi_M + R_M I_{rM}\right]^2 + \left[\frac{U_{rM}}{\sqrt{3}}\sin\phi_M + X''_M I_{rM}\right]^2} \tag{8.19}$$

② 직류성분

직류 성분은 식(8.20)으로 구할 수 있다.

$$i_{dcM}(t) = \sqrt{2}\,(I''_M - I_{rM}\sin\phi_M)e^{-t/T_{dcM}} \tag{8.20}$$

③ 최대값

최대값의 계산은 $t = T/2$의 시간에서 식(8.21)로 계산하여 구할 수 있다.

$$i_{pM} = i_k\left(\frac{T}{2}\right) = \sqrt{2}\,I_{acM}\left(\frac{T}{2}\right) + i_{dcM}\left(\frac{T}{2}\right) \tag{8.21}$$

### 3) 축발전기

축발전기는 선박의 추진축으로부터 기계적인 동력으로 발생된 발전장치이다.

① 전기, 유압 및 기계식 시스템에 의해 구동되는 동기발전기는 고정속도에서 동작한다.

② 동력계통에 연결하여 변환 설비를 사용하는 교류 또는 직류발전장치.

위의 ①, ②의 단락회로전류는 "1) (동기기)"에서 기술한 바와 같이 구한다. 동력계통에 연결하여 변환 설비를 사용하는 교류 또는 직류발전장치의 단락회로전류의 계산은 특별한 주의를 요한다.

#### (1) 변환기에 연결된 발전기

변환설비에 의해 연결된 발전장치의 단락회로 특성에 대한 자료는 별로 없다. 제조자 및 사용방법에 따라 특수한 발전설비의 단락회로 발생 상태에서 여러 가지로 발생한다. 단락회로 전류의 계산은 변환기의 전류를 제한하는 설비의 보호장치, 스위치 및 단락회로전류를 제한하는 다른 설비 및 변환기의 제어 시스템의 특성을 정확하게 알아야 한다. 모든 특성을 이용하여야 하고, 정확한 계산은 정지형 전력변환장치의 작동 스위치에 의해 복잡하다. 제조자의 정보가 없다면 다음의 방법으로 단락회로 전류를 예상한다.

① 일반 회로도

변환기를 갖는 시스템에 연결된 축발전기의 일반배치는 그림 8-5와 같다. 발전기는 전류 변환기를 사용하는 교류, 직류이다.

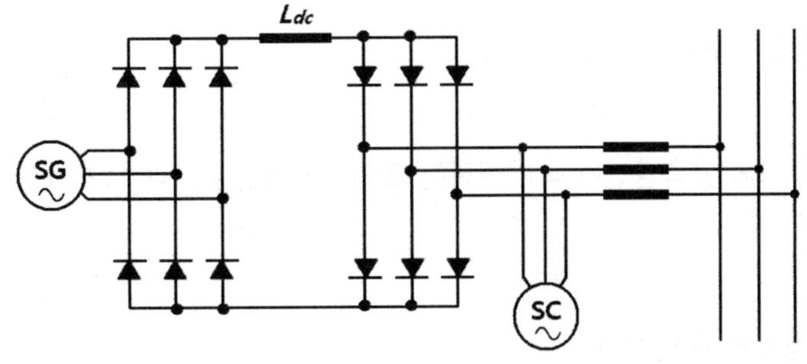


**그림 8-5 전력변환장치부 축발전장치**

② 가정

축발전기의 단락회로 전류계산은 다음의 가정을 따른다.

- 모든 부분은 단락회로 동안 정상적으로 유지한다.
- 시스템은 최대 단락회로 전류에만 기여한다.
- 계산을 위한 시간 동안에는 회로보호설비는 작동하지 않는 것으로 한다.
- 발전기는 3상 단락회로 고장 같이 단락회로로 본다.
- 변환기는 최소 10 ms 동안 정류기에 기여한다.

위의 가정으로 그림 8-5의 회로는 그림 8-6과 같이 임피던스 회로로 재도식화할 수 있다. 변환기는 동기발전기와 같이 취급할 수 있는 축발전기로 할 수 있는 동기조상기로 조합할 수 있다.

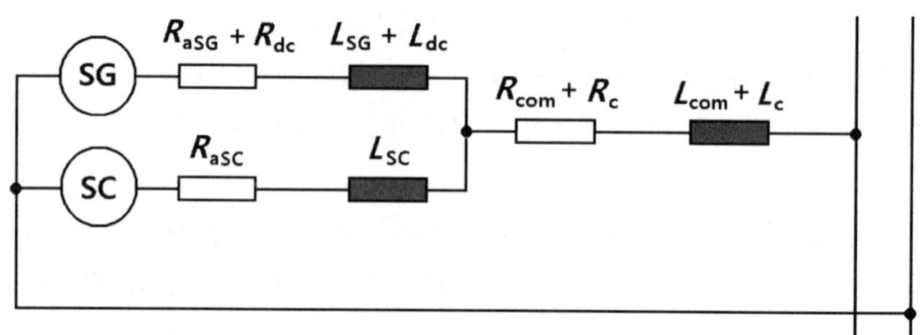


그림 8-6 변환장치부 축발전기의 계통 임피던스

- $L_{dc}$는 직류회로 인덕턴스이다. t=5 ms시 단락회로 전류를 구하기 위해서는 $L_{dc}$는 $2/(\pi\sqrt{3})$로 감소시킬 수 있다.
- 축발전기는 저주파수에서 작동할 수 있다.

이것은 $f_e/f_r$로 $L_{SG}^{''}$로 감소시킬 수 있다. 여기서 $f_e$는 정격전압을 발생시키는 축발전기의 최저 주파수이며, $f_r$은 네트워크 주파수이다.

- $L_{com}$은 정류기 코일의 인덕턴스
- $L_{SG}^{''}$은 동기 조상기의 초기과도 인덕턴스

그림 8-6으로부터 무시되는 축발전기에 기여하는 동기조상기인 $L_{sc}^{''}$와 초기과도 리액턴스 $L_{dc}$ 비율에 좌우된다.

(2) 자기 정류 변환장치부 축발전기

자기 정류 변환장치를 갖는 축발전기는 그림 8-7과 같다.

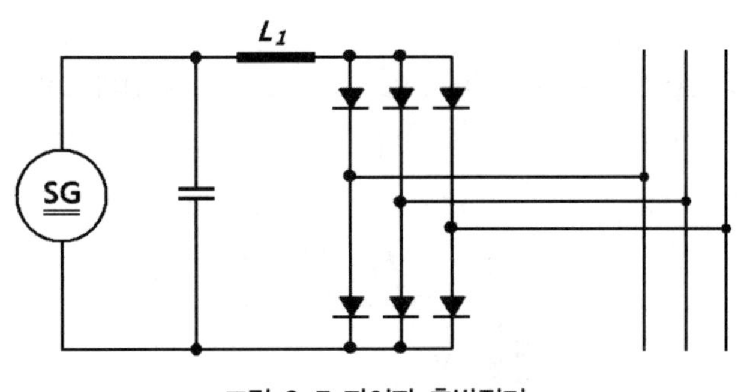

그림 8-7 자여자 축발전기

이런 시스템에서 반도체 설비는 전류를 제한하는 퓨즈의 빠른 작동으로 전류가 제한되거나 최대 제어할 수 있는 단락전류의 최대값에 이르는 단락회로전류 전에 차단된다. 단락회로 초기부터 0.1 ms의 최소에 작동하는 반도체에 있어서 전류는 전류제한 인덕턴스 $L_1$에 의해 결정되는 시간으로 최대값에 이르기까지 증가한다. 최대전류의 크기는 제조자로부터 구할 수 있다. 최대전류에 대한 정확한 자료가 없다면 $t$=0.1 ms에서 발전기의 두 배 정격전류로 가정한다. 이 최대는 능동요소의 최대전류 전에 발생하고 네트워크 최대 단락회로전류에 기여하지 않는다. 변환기 단자로부터 먼 곳에서 단락회로가 발생한다면 회로에 연결된 임피던스는 계산에 포함하여야 한다.

### 4) 전동기 급전 변환기

전동기 급전 변환기는 비병렬로 연결된 SCR 및 역전 SCR 변환기는 단지 단락회로전류에 기여한다. 이런 상황은 동기 조상기의 생략에 의한 변환기를 갖는 축발전기와 같은 방법으로 취급한다.

## 4.2 비능동소자

계통의 비능동 소자는 케이블, 변압기, 리액터이며, 이런 요소는 단락회로 전류를 감소시키고 단락회로 전류에는 기여하지 않는다.

### 1) 케이블

케이블 임피던스는 저항과 리액턴스로 구성된다. 일상적인 사용에는 도체의 연속사용온도에 주의하여야 하고, 단락고장시 온도는 단락회로전류에 의하여 상승한다. 저항 및 리액턴스 값에 대한 경우에는 제조사의 표준 및 20℃에서의 도체에 대한 계산 및 계통의 주파수로 알 수 있다.

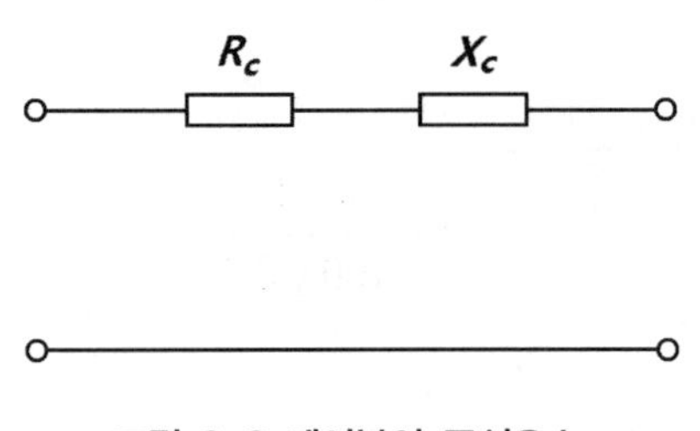

그림 8-8 케이블의 구성요소

### 2) 변압기

전력계통 변압기의 정상회로는 다음 그림 8-9와 같이 나타낼 수 있다. 이 전력계통은 제조자로부터 알 수 있는 리액턴스 및 저항의 누설값을 포함한다.

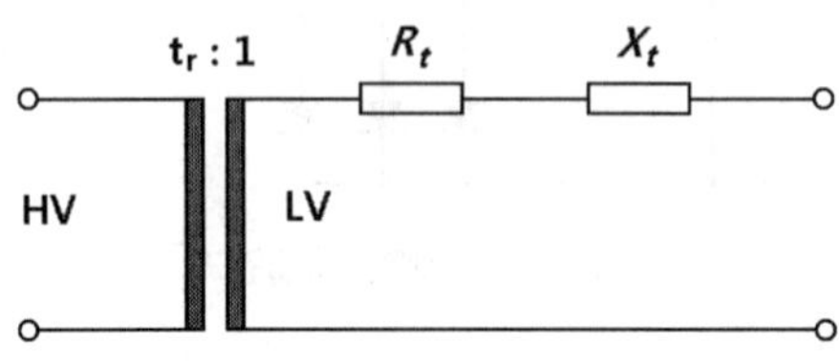


그림 8-9 네트워크 변압기의 구성요소

전력계통 내에 설치된 변압기의 정상회로 저항, 리액턴스, 임피던스는 아래의 계산식으로 구할 수 있다.

$$R_T = \frac{u_{rR} U_r^2}{100 S_{rt}} \tag{8.22}$$

$$X_T = \sqrt{(Z_T^2 - R_T^2)} \tag{8.23}$$

$$Z_T = \frac{u_{rk} U_r^2}{100 S_{rt}} \tag{8.24}$$

여기에서,

$u_{rR}$ : 단락회로 전압에 대한 저항성분의 전압 [%]

$u_{rk}$ : 정격전류에서 단락회로전압 [%]

저항손 $P_{cu}$를 안다면 저항은 식(8.25)로 구할 수 있다.

$$R_T = \frac{P_{cu}}{3 I_{rT}^2} \tag{8.25}$$

### 3) 리액터

계통에 접속되는 리액터의 정상회로 저항은 일반적으로 적으므로 무시하며, 리액턴스는 식(8.26)으로 구할 수 있다.

$$X_L = \frac{u_{rL} U_r}{100\sqrt{3} I_r} \tag{8.26}$$

여기에서,

$u_{rL}$ : 정격전압에 대한 정격전류에서 리액터의 단락회로전압 [%]

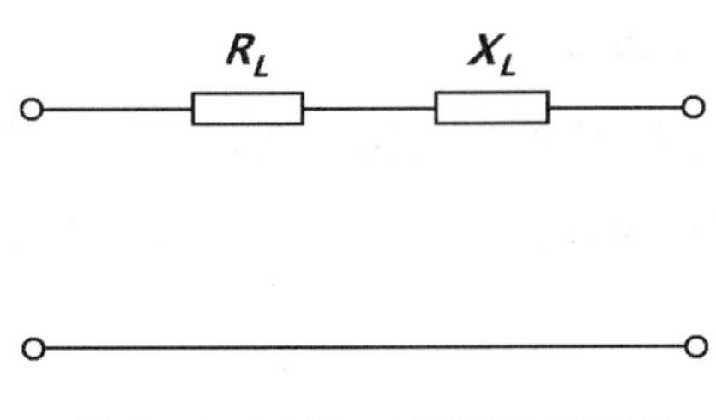


그림 8-10 네트워크 리액터의 구성요소

## 5 가정의 간략화

"4. 계통의 구성요소 및 계산방법"에서 계산식은 설비의 단자에서 발생되는 시간 종속의 단락회로전류 계산을 위해서는 가장 적합하다. 계통에 같이 연결된 요소들은 계산식을 간략화하고 계산방법을 표준화한다.

간략화시 발생되는 오류를 소개한다. 따라서 선택된 간략화의 수준은 자료의 활용뿐만 아니라 최종 결과의 정확성에 좌우된다. 충분한 정보가 활용된다면 "4. 계통의 구성요소 및 계산방법"의 계산식을 사용할 수 있다. 정보가 제한적 이라면 이 절에서의 적합한 계산식을 사용할 수 있다.

이 절은 계산의 간략화 하는 지침이며, 가장 복잡한 방법과 비교할 때 정확성의 오차를 발생시킬 수 있다. 이것은 적합한 계산식을 선택하는 것이나 계산상의 허용할 수 있는 정확성의 오차 등을 결정하는 책임은 시스템 기술자의 책임이다.

### 5.1 동기기

#### 1) 3상 단락회로전류

식(8.1) ~ (8.10)은 역률 및 고장전 부하상태의 기기 요소의 정보를 요구한다. 단락회로 전류계산의 가장 큰 목적은 설비보호의 선택이며, 여러 가지 가정은 결과에서 정확성을 유지하기 위한 것이다. 이런 가정은 다음과 같다.

(1) 고정자 저항은 무시된다. 무시할 수 있는 오차이다.

(2) 부하 전 상태는 무시되고, 5~10% 이내의 결과가 된다.

(3) 최대 단락회로 전류에서 발생되는 부정확한 교류 초과분의 과도 감쇠분은 무시된다.

(4) 최대 단락회로 전류에서 발생되는 부정확한 교류 초과분의 초기 과도 및 과도 감쇠분은 무시된다.

#### 2) 고정자 저항의 효과

고정자 저항 $R_a$가 활용되지 않는 다면 식(8.3), (8.4), (8.5), (8.6), (8.7) 및 (8.8)은 무시된다. 기기 단자에서의 단락회로 전류의 계산에서는 허용되는 오차 범위 내에서 발생되지만 높은 값이 발생된다. 계통 계산을 위해서 오차는 무시된다.

### 3) 고장전 부하상태(preload)의 효과

고장전 부하상태에서는 $E''_{g0}$ 의 값의 식(8.5), (8.6), (8.7) 및 (8.8)은 무시되고, $E''_{g0}$ 는 $U_0/\sqrt{3}$ 과 같다고 가정한다. 단락회로 전류계산의 효과는 발전기를 무부하로 가정하면 대칭 단락회로전류의 저계산값을 초래한다(10% 정도)

### 4) 교류성분의 과도 감쇠분 무시

초기 감쇠분을 무시한다면 단락회로 전류값에서 큰 오차를 초래하는 결과가 된다. 이런 오차는 단락상태의 1/2 주기를 벗어나 계산하는 경우에도 발생하고, 시간 함수의 계산이 필요할 때는 이런 근사값은 사용하지 않는다.

$$I_{ac}(t) = (I''_{kd} - I'_{kd})e^{-t/T''_d} + I_{kd} \tag{8.27}$$

### 5) 단락회로전류 감쇠분 무시

"4. 계통의 구성요소 및 계산방법"에서 식은 초기과도, 과도 및 동기부분의 결과로 발생된 단락회로전류의 외형부의 감쇠분의 계산을 기본으로 한다. 이 감쇠분이 무시된다면 단락회로전류의 교류성분은 상수 초기과도 리액턴스 및 비례상수 직류 구성분으로 나누어진 상수 전압의 비율로 가정할 수 있다. 고정자의 저항 및 고장전 부하전류는 무시되고 계산된 최대전류는 최대 대칭으로 가정한다.

이런 가정은 첫 0.5주기를 벗어나 요구되는 계산의 허용오차를 초과하는 결과로 근사값을 계산할 때 사용한다.

$$I_{ac} = \frac{U_0}{\sqrt{3}X''_d} \tag{8.28}$$

$$i_{dc} = \sqrt{2}I_{ac} = A \tag{8.29}$$

$$i_p = \sqrt{2}I_{ac} + I_{dc} \tag{8.30}$$

즉

$$i_p = 2\sqrt{2}I_{ac} \tag{8.31}$$

여기에서,

$U_0$ : 고장전 발전기 단자전압

2 : 0.5주기에서 최대값을 계산하기 위해서는 1.8로 한다.

### 6) 시정수

교류 및 직류의 시정수를 활용하지 않는다면 이것들은 기기의 개방회로 시정수 및 임피던스로부터 다

음 식을 구할 수 있다.

(1) 초기 과도 시정수(일반적으로 1~30 ms)

$$T_d^{''} = T_{d0}^{''} \frac{X_d^{''}}{X_d^{'}} \tag{8.32}$$

(2) 과도 시정수(일반적으로 20~1200 ms)

$$T_d^{'} = T_{d0}^{'} \frac{X_d^{'}}{X_d} \tag{8.33}$$

(3) 직류 시정수(일반적으로 15~300 ms)

$$T_{dc} = \frac{X_d^{''}}{2\pi f_r R_a} \tag{8.34}$$

## 5.2 비동기전동기

### 1) 첫 번째 접근

첫 번째 접근은 단락회로시 모든 비동기전동기가 연결되어 있고 교류 단락회로 기여전류는 기동전류와 같다고 가정한다(일반적으로 기기의 전부하전류의 4~7배). 전동기의 기여는 단락회로 고장 기간 동안 일정한 것으로 한다. 이런 가정은 실제 설치되어서 발생하는 것보다 단락회로 전류값이 높게 된다. 오차는 연결된 전동기의 크기와 수에 좌우된다.

### 2) 고장 전 전동기 부하상태의 무시

식(8.18) 및 식(8.19)는 전동기의 내부 초기과도전압 $E_M^{''}$를 계산하고, 고장 전 부하상태의 전동기 효과를 포함한다. 적은 오차를 무시하는 경우에는 고장전 전동기 부하상태를 무시한다.

$$E_M^{''} = \frac{U_{rM}}{\sqrt{3}} \tag{8.35}$$

연결된 케이블이 짧다면 $U_{rM}$은 계통의 정격전압 $U_n$과 같다고 할 수 있다.

$$E_M^{''} = \frac{U_n}{\sqrt{3}} \tag{8.36}$$

교류 및 직류성분의 유사식 (8.17), (8.20)은 고장전 전동기 부하전류를 무시하고 다음 식을 따른다.

$$I''_M = \frac{U_n/\sqrt{3}}{Z''_M} = \frac{U_n/\sqrt{3}}{\sqrt{R_M^2 + X_M^2}} = \frac{U_n/\sqrt{3}}{\sqrt{[(R_R + R_s)^2 + (X_R + X_s)^2}} \quad (8.37)$$

$$i_{dcM}(t) = \sqrt{2}\, I''_M\, e^{-t/T_{dcM}} \quad (8.38)$$

### 3) 대형 전동기의 일반 자료

발전기 용량의 15% 또는 정격 100 kW 이상의 전동기의 경우 "4. 계통의 구성요소 및 계산방법"의 계산식을 사용한다. 전동기의 자료가 충분하지 못한다면 전동기의 특성 요소에 다음의 근사값을 사용할 수 있다.

(1) 전동기 고정자 임피던스 $Z''_M$

| $Z''_M$ | $X''_M$ | $r_S$ | $r_R$ | $r_M = r_S + r_R$ |
|---|---|---|---|---|
| 0.16 pu | 0.15 pu | 0.034 pu | 0.021 pu | 0.055 pu |

(2) 전동기 시정수

| 60 Hz | | 50 Hz | |
|---|---|---|---|
| $T''_M$ | $T_{dcM}$ | $T''_M$ | $T_{dcM}$ |
| 18.67 ms | 11.73 ms | 22.4 ms | 14.08 ms |

(3) 고장 전 부하전류 무시분

고장 전 부하전류가 무시된다면 위의 특성요소 들은 다음과 같이 변경할 수 있다.

$$I''_M = 6.25 I_{rM} \quad (8.39)$$

$$I_{acM} = 4.00 I_{rM},\ t = T/2 \quad (8.40)$$

$$i_{pM} = 10 I_{rM} \quad (8.41)$$

(4) 전동기의 구속회전자 전류의 이용

전동기의 구속회전자 전류($I_{LR}$)을 안다면, $I''_M$은 구속회전자전류($I_{LR}$)와 같다고 가정한다.

(5) 전동기의 입력

전동기의 입력 [kVA]를 충분하게 알지 못하는 경우에는 전동기 자료를 다음과 같이 계산 할 수 있다.
① 유도전동기 : 1 kW = 1.34 kVA

② 동기전동기, 역률 1.0 : 1 kW = 1 kVA

③ 전동기의 역률 및 효율의 계산에 사용되는 근사값은 0.8로 한다.

#### 4) 소형전동기의 일반자료

같은 모선에 연결된 소형전동기는 하나의 등가 전동기로 취급하며, 계통의 같은 모선에 연결된 각 개별적인 전동기의 정격전류의 합을 하나의 정격전류로 생각한다. 케이블을 포함하는 총그룹 전동기는 다음의 특성요소를 갖는 하나의 등가 전동기로 취급한다.

(1) 전동기 임피던스

| $Z''_M$ | $X''_M$ | $r_S$ | $r_R$ | $r_M = r_S + r_R$ |
|---|---|---|---|---|
| 0.2 pu | 0.188 pu | 0.043 pu | 0.027 pu | 0.07 pu |

(2) 시정수

| 60Hz | | 50Hz | |
|---|---|---|---|
| $T''_M$ | $T_{dcM}$ | $T''_M$ | $T_{dcM}$ |
| 18.67 ms | 11.73 ms | 22.4 ms | 14.08 ms |

(3) 고장전 부하전류의 무시분

고장전 부하전류를 무시한다면 위의 특성요소들은 다음과 같이 변경 할 수 있다.

$$I''_M = 5.0\, I_{rM} \tag{8.42}$$

$$I_{acM} = 3.2 I_{rM}, \text{ at } t = T/2 \tag{8.43}$$

$$i_{pM} = 8.0 I_{rM} \tag{8.44}$$

#### 5) 소형전동기의 일반자료

완전히 알지 못하는 요소가 있는 경우의 사용제한이 된 전동기의 단락회로전류는 연속적인 사용 및 감소된 전력에 사용된다는 가정 하에서 계산되어야 한다.

## 6 등가화된 발전기의 적용

정격 및 특성이 다른 발전기 및 전동기를 갖는 계통에서 발전기 및 전동기는 "등가전동기" 및 "등가발전기"로 취급한다.

### 6.1 계산의 가정

계산방법에 있어서 설비되는 부분에서의 단락회로전류는 등가화된 발전기 및 전동기의 능동소자에 대체하여 계산하고, 대체되는 능동소자와 같이 같은 단락회로전류를 발생하는 특성을 갖는 것으로 가정한다.

## 6.2 등가전동기의 계산

### 1) 일반사항

등가전동기를 계산하기 위하여 각 개별적인 전동기의 단락회로전류는 공동으로 연결된 부분에서 식(8.15) ~ 식(8.21)(비동기전동기의 3상 단락회로 전류의 계산)에서 기술한 바와 같이 계산한다.

식(8.45) 및 식(8.46)을 이용하여 계산된 개별적인 단락회로전류의 산술적인 합은 총단락 회로전류 $i_{dcM}(t)$ 및 $i_{acM}(t)$가 된다.

$$i_{acM}(t)_{TO} = \Sigma I_{acM}(t) \tag{8.45}$$

$$i_{dcM}(t)_{TO} = \Sigma I_{dcM}(t) \tag{8.46}$$

단락회로 전류의 합은 위에서 계산된 바와 같이 단락회로 전류를 발생시키는 등가의 전동기 특성요소를 결정하는데 사용된다.

등가전동기의 단락회로전류 $I_{acM*}(t)$ 및 $I_{dcM*}(t)$는 어느 특정장소에서 계산된 $i_{acM}(t)$ 및 $i_{acM}(t)$와 같다.

$$I_{acM*}(t) = I''_{M*} e^{-t/T_{M*}} \tag{8.47}$$

$$I_{dcM*}(t) = \sqrt{2} I''_{M*} e^{-t/T_{M*}} \tag{8.48}$$

### 2) 등가전동기 요소의 결정

식(8.47) 및 식(8.48)을 계산하기 위하여 등가전동기 요소를 다음과 같이 계산하여야 한다.

(1) 등가전동기의 초기과도전류 $I''_{M*}$

$I''_{M*}$는 식(8.17)에 따라 계산된 개별적인 전동기의 전류 $I''_M$의 합에 의해 계산된다.

$$I''_{M*} = \Sigma I''_M \tag{8.49}$$

(2) 등가전동기의 초기 과도 임피던스 $Z''_{M*}$

$Z''_{M*}$는 식(8.50)에 의해서 위에서 구해진 $I''_{M*}$에 의해 구해진다.

$$Z''_{M*} = \frac{U_0}{\sqrt{3} I''_{M*}} \tag{8.50}$$

(3) 등가전동기의 시정수 $T''_{M*}$, $T_{dcM*}$

$$T''_{M*} = \frac{-t_x}{\ln\left[\frac{K''_M(t_x)}{I''_{M*}}\right]} \tag{8.51}$$

$$T''_{dcM*} = \frac{-t_x}{\ln\left[\frac{K''_{dcM}(t_x)}{\sqrt{2}\,I''_{M*}}\right]} \tag{8.52}$$

$K''_M(t_x)$, $K_{dcM}(t_x)$는 식(8.53), 식(8.54)로 구해진다.

$$K''_M(t_x) = \Sigma I''_M\, e^{-t_x/T''_M} \tag{8.53}$$

$$K_{dcM}(t_x) = \sqrt{2}\,\Sigma I''_M\, e^{-t_x/T_{dcM}} \tag{8.54}$$

여기에서,

$t_x$ : 전류 계산시 시간

(4) 등가전동기의 저항 및 리액턴스

등가전동기의 저항 및 리액턴스는 다음의 계산식으로 한다.

$$R_{R*} = c_1 X''_{M*} \tag{8.55}$$

$$R_{S*} = c_2 X''_{M*} \tag{8.56}$$

여기에서,

$$c_1 = \frac{1}{2\pi f T''_{M*}} \tag{8.57}$$

$$c_2 = \frac{1}{2\pi f T''_{dcM*}} \tag{8.58}$$

$$Z''_{M*} = \frac{U_0}{\sqrt{3}\,I''_{M*}} \quad \text{or} \quad Z''_{M*} = \sqrt{(R_{R*} + R_{S*})^2 + X''^{\,2}_{M*}} \tag{8.59}$$

$$X''_{M*} = \frac{Z''_M}{\sqrt{1 + (c_1 + c_2)^2}} \tag{8.60}$$

## 6.3 등가화된 발전기의 계산

### 1) 일반사항

등가화된 발전기를 계산하기 위해서는 각 발전기 및 전동기의 시간함수의 단락회로전류는 공동으로 연결된 부분에서 식(8.61), 식(8.62)를 이용하여 계산된 개별적인 단락회로 전류의 산술적인 합은 총단락회로전류 $i_{acM}(t)$, $i_{dcM}(t)$가 된다.

$$i_{ac}(t)_{TO} = \Sigma I_{acG}(t) + \Sigma I_{acM}(t) \tag{8.61}$$

$$i_{dc}(t)_{TO} = \Sigma i_{dcG}(t) + \Sigma i_{dcM}(t) \tag{8.62}$$

단락회로전류의 총합은 위에서 계산된 바와 같이 같은 단락회로전류를 발생시키는 등가화된 발전기 특성요소를 결정하는데 사용된다.

### 2) 교류성분 $I_{ac}(t)_*$

시간함수의 교류성분인 $I_{ac}(t)$는 식(8.61)을 이용하여 계산한다. 이 함수는 등가화된 발전기의 정상상태, 과도 및 초기 과도전류를 모두 포함한다.

$$I_{ac}(t)_* = (I_*'' - I_*')e^{-t/T_d''*} + (I_*' - I_*)e^{-t/T_d'*} + I_{k*} \tag{8.63}$$

식(8.63)은 다음과 같이 변형할 수 있다.

$$I_{ac}(t)_* = M_* e^{-t/T_d''*} + N_* e^{-t/T_d'*} + I_{k*} \tag{8.64}$$

등가화된 발전기의 초기 과도, 과도상태 및 정상상태 3상단락회로 전류의 초기값은 다음과 같이 구할 수 있다.

$$I_*'' = \sum_i^n I_{kdi}'' + \sum_j^n I_{Mj}'' \tag{8.65}$$

$$I_*' = \sum_i^n I_{kdi}' \tag{8.66}$$

$$I_* = \sum_i^n I_{kdi} \tag{8.67}$$

위의 합은 등가화된 발전기에 계산되는 공통부에 연결된 $j$ 전동기 및 $i$ 발전기에 적용한다. 상수 $M_*$ 및 $N_*$은 식(8.68), 식(8.69)로부터 구할 수 있다.

$$M_* = (I_*'' - I_*') \tag{8.68}$$

$$N_* = (I_*' - I_{k*}) \tag{8.69}$$

### 3) 등가화된 발전기의 초기 과도 시정수 $T_{d*}''$

$T_{d*}''$를 구하기 위하여 함수 $K''(t)$ 및 각 발전기에 대하여 정의되어야 한다.

$$K''(t) = (I''_{kd} - I'_{kd})\, e^{-t/T_d''^{*}} + I'_{kd} \tag{8.70}$$

$K''(t)_*$는 다음과 같이 정의할 수 있다.

$$K''(t) = M_*\, e^{-t/T_d''^{*}} + I'_* \tag{8.71}$$

즉, 각 발전기 및 전동기에서 다음과 같다.

$$K''(t)_* = \sum_i^n K_i''(t) + \sum_j^n I''_{jM}\, e^{-t/T''_M} \tag{8.72}$$

위의 식은 $t_x$ 시에 $K''(t_x)_*$를 구할 때 사용하고, $T''_{d*}$를 구할 때 식 (8.73)으로 치환된다.

$$T''_{d*}(t_x) = \frac{-t_x}{\ln\left[\dfrac{K''(t_x)_* - I'_*}{M_*}\right]} \tag{8.73}$$

### 4) 등가화된 발전기의 과도 시정수 $T'_{d*}$

$T'_{d*}$는 $t = t_x$ 일 때 식(8.74)에 의해 계산된다.

$$I_{ac}(t)_* = M_*\, e^{-t_x/T_d''^{*}} + N_*\, e^{-t_x/T_d'^{*}} + I_{k*} \tag{8.74}$$

$I_{ac}(t_x)_*$는 '$i$' 대수의 발전기 및 '$j$' 대수의 전동기를 고려하면 다음과 같다.

$$I_{ac}(t_x)_* = \sum_i^n I_{acG}(t_x)_i + \sum_j^n I_{acM}(t_x)_j \tag{8.75}$$

$M_*\, e^{-t_x/T_d'^{*}}$는 식(8.68) 및 식(8.73)에 의해, $N_*$는 식(8.69)에 의해, $I_{k*}$는 식(8.67)에서 구할 수 있다.

$$T'_{d*}(t_x) = \frac{-t_x}{\ln\left[\dfrac{I_{ac}(t_x)_* - (M_* e^{-t_x/T_d''^{*}} - I_{k*})}{N_*}\right]} \tag{8.76}$$

### 5) 직류 시정수 $T_{dc*}$

$T_{dc*}$는 $t = t_x$일 때 식(8.77)에 의해 계산된다.

$$i_{dc}(t_x)_* = \sqrt{2}\, I''_*\, e^{-t_x/T_{dc}^{*}} \tag{8.77}$$

'$i$' 대수의 발전기 및 '$j$' 대수의 전동기를 고려하면 다음과 같다.

$$I_{ac}(t_x)_* = \sum_i^n I_{dcG}(t_x)_i + \sum_j^n I_{dcM}(t_x)_j \tag{8.78}$$

$I_*''$는 식(8.65)로 구해지고 $T_{dc*}(t_x)$는 식(8.79)로 구할 수 있다.

$$T_{dc*}(t_x) = \frac{-t_x}{\ln\left[\frac{i_{dc}(t_x)_*}{\sqrt{2}I_*''}\right]} \tag{8.79}$$

### 6) 등가화된 발전기의 임피던스

저항 및 리액턴스는 다음 식으로 구할 수 있다.

$$R_* = \frac{X_*''}{2\pi f T_{dc*}} = c_3 X_*'' \tag{8.80}$$

여기에서,

$$c_3 = \frac{1}{2\pi f T_{dc*}} \tag{8.81}$$

임피던스는 다음과 같이 계산한다.

$$Z_* = \sqrt{R_*^2 + X_*^2} \tag{8.82}$$

$$Z_*'' = \frac{U_0}{\sqrt{3}I_*''} \tag{8.83}$$

$$Z_*' = \frac{U_0}{\sqrt{3}I_*'} \tag{8.84}$$

$$Z_* = \frac{U_0}{\sqrt{3}I_*} \tag{8.85}$$

따라서 리액턴스는 다음의 계산식으로 된다.

$$X_*'' = \frac{Z_*''}{\sqrt{1+c_3^2}} \tag{8.86}$$

$$X'_* = \sqrt{Z'^2_* - R^2_*} \tag{8.87}$$

$$X_* = \sqrt{Z^2_* - R^2_*} \tag{8.88}$$

## 7 계통계산

단락회로 전류에서 요구되는 계통계산은 아래의 장소에서 계산한다.

(1) 주발전기의 모선

(2) 주발전기의 모선에 연결된 분전반

(3) 주발전기 모선에 연결된 분전반, 배전반 또는 변압기를 통해 급전하는 분전반

계통의 단락회로전류 계산은 분전반, 보조배전반 및 주발전기 모선 등을 포함한 계통에 연결된 모든 전동기 및 발전기에 의해 기여하는 전류를 포함한다. "4. 계통의 구성요소 및 계산방법" 및 "5. 가정의 간략화"의 계산식은 계통요소의 단자부에서의 시간 종속 단락회로전류를 계산한다. 계통계산을 위해서 이런 계산식은 다음에서 기술되는 바와 같이 계통요소인 배전반 및 분전반에 연결된 변압기 및 케이블 등의 효과를 포함하는 것으로 변경되어야 한다.

완전한 계통계산의 표준방법을 제정하는 것은 어려우나 근사계산에 대해서는 "7.6(계산절차)"에 따라 표준계산을 준수하여야 한다. 완전한 계산은 복잡하기 때문에 시간이 많이 걸리며, 간략화 또는 허용되는 근사방법을 이용할 때 오차가 발생한다면 "시험" 계산에 따라 "7.2(발전기 모선에서의 단락전류회로)"에 기술한 바와 같이 한다.

### 7.1 능동소자에 연속적으로 연결된 비능동소자의 효과

능동소자(발전기 및 전동기)에 비능동소자(케이블 또는 변압기)가 연결된 설비의 어느 부분에서 단락회로 전류를 계산시에는 비능동소자 임피던스는 계산되어야 한다. 이 임피던스는 단락회로 전류 및 직류 시정수를 감소시키고, 초기 과도 및 과도 시정수는 증가시킨다. 단락회로 전류 감소의 최저값은 네트(Net)의 효과이다.

#### 1) 발전기

(1) 임피던스 변환

임피던스는 능동소자의 임피던스에 비능동소자의 임피던스를 추가하므로 증가한다. 식(8.3) 및 식(8.4)의 $\underline{Z}''_d$ 및 $\underline{Z}'_d$는 $\underline{Z}''_e$, $\underline{Z}'_e$로 대치된다.

$$Z''_e = \left[(R_a + R)^2 + (X''_d + X)^2\right]^{1/2} \tag{8.89}$$

$$Z'_e = \left[(R_a + R)^2 + (X'_d + X)^2\right]^{1/2} \tag{8.90}$$

식(8.7) 및 식(8.8)의 $\underline{Z}_d''$ 및 $\underline{Z}_d'$는 $\underline{Z}_e''$, $\underline{Z}_e'$로 대치된다.

$$\underline{Z}_e'' = \underline{Z}_d'' + \underline{Z} \tag{8.91}$$

$$\underline{Z}_e' = \underline{Z}_d' + \underline{Z} \tag{8.92}$$

(2) 시정수의 변환

시정수는 비능동소자의 임피던스를 추가하여 계한다.

$$T_e'' = \frac{\left[(R_a+R)^2 + (X_d''+X)^2\right] X_d' T_d''}{\left[(R_a+R)^2 + (X_d''+X)(X_d'+X)\right] X_d''} \tag{8.93}$$

$$T_e' = \frac{\left[(R_a+R)^2 + (X_d'+X)^2\right] X_d' T_d'}{\left[(R_a+R)^2 + (X_d'+X)(X_d+X)\right] X_d'} \tag{8.94}$$

$$T_{dce} = \frac{T_{dc} + X/2\pi f R_a}{1+R/R_a} \tag{8.95}$$

또는 다음의 계산식을 사용하여 계산할 수 있다.

$$T_{dce} = \frac{X_d''+X}{2\pi f(R_a+R)} \tag{8.96}$$

**2) 전동기**

(1) 임피던스 변환

임피던스는 능동소자의 임피던스에 비능동소자의 임피던스를 추가하므로 증가한다. 식(8.11) 및 식(8.12)는 다음과 같이 변경된다.

$$R_{Me} = R_R + R_S + R \tag{8.97}$$

$$X_{Me}'' = X_R + X_S + X \tag{8.98}$$

(2) 시정수의 변경

시정수는 비능동소자의 임피던스를 추가하여 계산한다.

$$T_{Me}'' = \frac{X_{Me}''}{\omega_r R_R} \tag{8.99}$$

$$T_{dcMe} = \frac{X_{Me}''}{\omega_r (R_s + R)} \tag{8.100}$$

## 7.2 발전기 모선에서의 단락회로전류

발전기 모선에서의 단락회로 전류 계산은 다음을 포함하여야 한다.

① 병렬로 연결된 발전기

② 직접 연결된 전동기

③ 주발전기 모선에 직접 연결된 부배전반 또는 분전반에 연결된 전동기 및 발전기

### 1) 병렬로 연결된 발전기의 운전

병렬로 연결된 발전기의 정격 및 특성을 안다면 개별적인 발전기의 합과 등가 정격의 발전기로 취급하여 계산한다. 발전기 케이블은 일반적으로 짧고, 5% 이상의 단락회로 전류를 감소시킨다면 "7.1(능동소자에 연속적으로 연결된 비능동소자의 효과)"에서 기술한 계산식에 포함한다. 발전기의 케이블이 길어 5% 이내라면 모든 발전기는 같은 길이의 개별 케이블에 연결된 것과 같이 계산한다.

발전기 케이블의 효과 또는 케이블의 길이가 다른 것을 결정하기 위하여 "Test" 계산은 근사계산식을 이용하여 하나의 발전기로 한다. "Test" 계산은 케이블 무시, 케이블 최대, 최소길이를 주의하여 계산한다. 다른 발전기의 5% 이내의 결과라면 이 효과는 무시된다. 중전압의 설비에 대해서는 케이블 임피던스는 효과가 적으며, 저전압 계통에서는 그 효과를 고려하여야 한다.

발전기 정격이 다르거나 케이블 길이 및 크기를 무시할 수 없다면 각 발전기는 필요한 케이블의 효과를 포함하여 개별적으로 취급하여야 한다. 그리고 단락회로 전류는 "6. 등가화된 발전기의 적용"에서의 등가화된 발전기 방법을 사용하여 계산한다.

### 2) 직접 연결된 전동기

전동기는 계통에 설치된 발전기의 용량에 관련하여 정격으로 계산한다. 소형 전동기는 그룹으로 하여 하나의 등가화된 발전기로 취급한다. 대형 전동기는 "4. 계통의 구성요소 및 계산방법"의 방법으로 계산한다. 충분한 정보가 없다면 "5.2[3](대형 전동기의 일반 자료)"의 정보를 이용한다. 원칙적으로 전동기에 연결된 분전반은 단락된 모선에서 교류전압의 손실을 감소시킨다. 이것은 0.5 및 3주기에서 발생한다. "4. 계통의 구성요소 및 계산방법"의 방법은 전동기 전류의 감소효과를 포함한다. 전동기 단락회로 전류는 같은 부분에서 발전기의 단락회로 전류의 각 불연속시간 및 산술적인 것으로 계산한다. 발전기 및 전동기의 복합은 "6. 등가화된 발전기의 적용"에서 기술한 바와 같이 등가화된 발전기로 취급한다.

### 3) 다른 모선에 연결된 발전기 및(또는) 전동기

다른 계통에 연결된 발전 및 전동기로 인해 기여되는 단락회로 전류의 정확한 계산에 앞서 이런 요소로부터 기여되는 단락회로 전류를 무시할 수 있는 것은 근사계산으로 확인한다. 정확한 계산이 필요한 경우에는 계통상 다른 부분에 연결된 발전기 및 전동기에서 전류감소에 대하여는 "7.2[1](병렬로 연결된 발전기의 운전)" 및 "7.2[2](직접 연결된 전동기)"에 기술한 바와 같이 취급한다. 이와 같이 기여분은 고장 모선에서 다른 기여분에 추가되며, "6. 등가화된 발전기의 적용"의 방법을 사용하여 등가화된 발전기로 계산한다.

## 7.3 발전기 모선에 연결된 2차 모선에서의 단락회로 전류

발전기 모선에 직접 연결된 2차 모선에서의 단락회로 전류를 계산하기 위해서는 2차 모선에 연결된 구성품의 단락회로 전류의 계산의 계산을 "6. 등가화된 발전기의 적용"의 방법인 등가화된 발전기로 계산하고, 이것은 발전기 모선 및 부모선에 연결된 구성품의 효과도 포함한다. 2차 모선이 큰 도체를 갖는 짧은 케이블에 의해 연결되었다면 연결된 케이블은 무시한다. 그리고 2차 모선에서의 단락회로 상태는 발전기 모선과 동일하게 취급한다. 연결된 케이블의 효과의 시험은 근사값 계산으로 단락회로 용량의 초기로 고려하여 발전기 시스템으로 할 수 있으며, 연결된 케이블의 효과는 연결된 케이블의 임피던스와 계통의 임피던스를 비교하여 종합한다.

좀더 정확한 계산이 필요하다면 발전기 시스템은 "6. 등가화된 발전기의 적용"에서 기술한 시정수 및 리액턴스 등가화된 발전기 등을 고려하여야 한다. 이런 특성요소는 "7.1(능동소자에 연속적으로 연결된 비능동소자의 효과)"에서 기술한 연결 케이블의 임피던스를 포함하여 변경하여야 한다. 그리고 시간종속 단락회로 전류를 계산하여야 한다.

## 7.4 변압기

주발전기 모선에 연결된 변압기의 1차측에서 단락회로 전류를 계산하기 위해서는 2차회로 부분의 효과를 포함하여야 한다. 변압기의 2차측에서의 단락회로 전류의 계산은 1차회로 부분의 효과를 포함하지 않는다. 다음의 두 가지 측면을 고려하여야 한다.

(1) 변압기는 1차 계통에 영향을 미치지 않는 2차 계통의 부하가 소형이라면, 2차측에서 계산된 단락회로 전류는 1차 계통의 부하에 영향을 미치지 않는다.

(2) 변압기는 1차 계통에 영향을 미치는 2차 계통의 부하가 대형이라면, 2차측에서 계산된 단락회로 전류는 1차 계통의 부하에 영향을 미친다.

변압기가 소형이고 임피던스가 크면 1차회로 구성분은 2차 회로의 단락회로 전류에 영향을 미치지 않고, 변압기는 무한한 모선을 연결된 것으로 취급한다.

변압기가 대형이고 임피던스가 작으면 1차 계통의 단락회로 전류의 계산은 2차 계통에 연결된 발전기 및 전동기의 기여분을 포함한다. 게다가 2차 계통에서 단락전류 계산은 1차 회로 구성분의 영향을 포함한다.

소형 및 대형은 계통의 임피던스에 변압기의 임피던스가 관계있다. 그러나 판단은 그들의 절대값으로 할 수가 없다. 첫 번째 근사로 변압기 임피던스는 계통의 임피던스와 1차 회로 구성분을 포함한 결과로 증가된 결과와 비교한다. 2차 회로 전류의 임피던스 증가분이 5%를 초과하였다면 1차 회로 구성분은 무시할 수 없다.

대신에 단락회로로 인하여 발생하는 전압강하 효과를 계산하여야 한다. 변압기의 2차 단자에서의 단락회로 전류값은 모선에 연결된 변압기로 가정하여 계산하고, 단락회로 발생시에 1차 모선에서의 전압강하를 결정하는 데 사용할 수 있다. 전압강하 20% 이하로 계산된다면 발전기는 단락회로로 재발생될 수 있다. 그리고 2차단자에서의 계산은 모선에 연결된 변압기로 가정하여 취급한다.

[비고] 발전기 단락회로 전류의 교류 구성분 계산에 사용되는 계산식은 발전기 전압으로 인해 발생되

는 전압에 좌우되는 $I_k$와 같은 $I_{kd}$ 및 $I_{kd}$를 포함한다. 정격전압에서의 전압은 즉, 모선전압강하는 0일 때 단락회로 전류에만 영향을 미친다.

1차 회로부의 효과를 무시할 수 없다면 변압기로 인한 임피던스는 발전기 임피던스에 추가되고, 새로운 시정수가 계산된다. 이 새로운 요소들을 "7.1(능동소자에 연속적으로 연결된 비능동소자의 효과)"에서 기술한 시간 종속 단락회로 전류 결정에 사용한다.

## 7.5 가변속도 구동에 사용되는 반도체 변환기

반도체 정류기를 통해 급전되는 전동기의 단락회로 전류의 기여분을 고려할 때에는 전동기의 상태에서 계통의 단락회로 전류의 기여되는 것을 결정하는 것은 필수적이다. 제어되는 정류기 반도체 설비인, 예를 들어 속도제어설비에 사용되는 것들 등은 전동기가 재발전기화 때 단락회로 전류로 동작될 수 있다. 단락회로 전류의 기여값은 전동기 속도에 좌우되고, 전류의 주파수 및 크기는 Slow-down으로 운전될 때 감소될 수 있다.

순방향 또는 역방향 브리지 컨버터로부터 급전되는 속도제어 전동기는 운전시에 재발전기화 때 계통의 3상단락회로에만 기여한다. 계통에서 단락회로가 발생될 때 전동기는 계통에 단락회로 전류를 발생시키나, 이것은 곧 첫 전류 0 상태에서 전 브리지 전원을 차단시킨다. 역방향 브리지는 정지로 감소되는 전동기에 의해 발생되는 어떤 전류 정전도 발생되지 않는다. 이런 전동기는 최대 단락회로 전류에만 기여한다.

## 7.6 계산절차

### 1) 일반 사항

계통의 단락회로 전류에 대한 표준 계산식을 만들기란 힘들다. 이런 계통은 관련 간략화 및 장점 가정을 고려하여야 한다. 한 계통에 사용되는 등식은 다른 것에 적용할 필요는 없다. 모든 계통에서 고려되어야 할 것을 포함한 표준절차를 만드는 것이 중요하다. 그것은 이 표준 지침을 사용하는 계통 설계 엔지니어 책임이다. 계산의 중요성을 결정하기 위해서 기술자의 근사값 판단을 적용할 수 있다.

### 2) 단락회로 연구 절차

단락회로 연구 절차는 다음의 단계를 포함한다.

(1) 계통의 정의 및 계통 연구 도선의 준비 및 문제
(2) 구성요소의 특성 파악
(3) 공통 기본 계통의 임피던스 도선 준비
(4) 임의 부분에서의 고장 레벨 발생시 비시간 종속의 계산
(5) 계산의 정확성 내에서 계산절차의 간략화를 할 수 있는 적절한 근사방법
(6) 계통의 주요 부분에서의 시간함의 단락회로 전류의 계산
(7) 단락회로 전류의 요약 및 연구의 결과

### 3) 계통의 정의 및 계통 연구 도선의 준비 및 문제

기본 계통의 단선계통도는 모든 주요 구성분의 표시를 한다. 계산의 목적, 정확도의 허용값 및 범위를 표시한다. 어떠한 적용 가정도 기록하여야 한다. 계산시의 작동상태를 정확하게 표시하고 발전기의 수 및 발전기 및 전동기의 부하를 기록하여야 한다. 적용 계산식의 요약을 제공하여야 하며, 어떤 특별한 상태에서의 상세 부분은 단락회로 전기기여에 영향을 미치는지 알려주어야 한다. 요약은 결과의 적용분의 지침을 만들 수 있다.

### 4) 구성요소의 특성 파악

단선 계통도의 각 요소에 대하여 모든 관련 특성요소는 기록되어야 한다. 기록서에는 가정된 것, 자료의 정확성 등을 표시하여야 한다.

### 5) 계통 임피던스 결선도

계통 임피던스 결선도는 계통 단선 계통도에 의한 상호 연결된 임피던스의 구성으로 되어 있다. 각 구성분은 임의의 어느 부분에서의 단락회로에 기여하는 여러 가지 요소의 중요한 표시를 나타내는 임피던스의 결선도, 공통으로 계산된 임피던스에 의해 달리 표현된다. 그리고 근사의 표시도 만들어야 한다.

[비고] 발전기에서 초기과도 임피던스의 사용에 충분하여야 하고, 계통의 목적은 계통 구성을 도해한다.

### 6) 근사계산

"5.1[5](단락회로전류 감쇠분의 무시)"의 계산식의 사용은 비시간 종속 계산으로 분전반에서 한다. "5.2(비동기전동기)"에서는 단락회로 전류의 계산으로 한다.

[비고1] 최대 단락회로 전류를 계산하기 위해서는 최대 비대칭을 가정하여야 한다. 발전기에서는 초기과도 임피던스를 사용한다. 변압기에서는 모선에 연결된 것으로 가정한다.

[비고2] 어떤 설비들의 경우 계산이 더 이상 필요가 없다. 예를 들면 계산의 목적이 스위치 기어 정격 점검을 하기 위한 것이다. 또한 스위치 기어 정격은 이 방법에 의해 계산된 단락회로 전류를 초과한다.

### 7) 적합한 근사방법의 계산

"4.1.1[4](3상단락회로 전류의 계산)"의 계산식은 계통의 발전기에 대한 시간 종속의 단락회로 전류의 감소계산에 사용된다. 그리고 다른 근사값으로부터 기본 계산을 판단한다.

(1) 결과에 대한 발전기 케이블 효과의 계산

시간 종속 계산은 케이블이 연결되지 않은 발전기에 대하여 할 수 있으며, 그 결과를 비교하여야 한다. 판단은 계산에서 케이블의 무시 또는 포함하여 할 수 있다.

(2) 변압기 2차 부분의 단락회로 전류의 결과로 인한 1차 모선에서 전압강하를 결정하기 위한 계산

이런 계산의 결과는 발전기 임피던스가 변압기 2차 계통의 단락회로 전류 계산 때 포함된다면 이런 판단 기준을 제공한다.

### 8) 계통 계산

시간 종속 계산의 결과를 사용하고 가정을 적용하면 계통의 각 관련 부분에서의 단락회로 전류가 계산된다. 단락회로 전류의 계산은 가장 악조건의 작동 상태에서 시행한다. 즉 단락회로 전류의 가장 높은 값이 발생한다. 추가로 가장 악조건 상태는 모든 능동소자에서 최대의 단락회로전류를 발생시키고, 보호능력이 계통 설계를 방지하는 이런 것들은 계산을 확신시킨다.

### 9) 계산의 요약

완전한 요약은 결과에 제공하고, 요약분은 설비에 제공되는 보호설비의 적합성에 대한 것이다.

## 8 결과의 적용 및 해석

단락회로 전류 연구의 주목적은 다음과 같다.

(1) 네트워크 계통에서 특정부분에서의 단락회로 전류값의 계산
(2) 계통의 구성분에 대한 단락회로 전류 용량에 대한 확인
(3) 회로 보호설비의 선택

계산된 단락회로 전류를 가지고 단락회로 전류 계산의 결과를 적용시 이런 상태를 고려하고, 보호설비의 시험에 사용되는 기준 및 상대를 확인한다. 게다가 이런 것은 선박용 전기설비에 알아야 하고 소지역에서 대형 발전기 용량에 의한 특성을 알게 한다. 따라서 발생된 단락회로 전류는 저전압 역률의 값을 높인다.

### 8.1 1 kV 이하의 계통

1 kV 이하의 계통에서의 보호설비는 일반적으로 퓨즈 또는 차단기로 단락회로 전류를 보호하여야 한다. 1 kV 이하의 계통에 사용되는 차단기의 선택시에는 다음의 회로 차단기의 단락회로 정격 및 시험상태를 포함하여야 한다.

(1) 정격단락회로 투입용량
(2) 정격 단락회로 차단용량
(3) 접촉 분리 시간
(4) 정격 작동 전압
(5) 역률

### 1) 정격단락회로 투입용량

모든 차단기의 형식에서 정격 단락회로 투입 용량은 계통상의 설비의 임의 부분에서 계산된 최대단락회로 전류 $i_p$보다 작아야 한다. 차단기의 정격단락회로 투입용량은 계통상의 설비의 임의 부분의 정격계통전압보다 작은 정격운전전압에서 보증되어야 한다.

### 2) 정격단락회로 차단용량

차단기의 정격단락회로 차단용량은 계산된 개별적인 차단전류보다 같아야 한다. 이 값은 차단기의 분리시간에서 계통상 설비의 임의의 부분에서 단락회로전류 $I_{ac}(t)$의 교류 구성분의 계산에 의하여 구해진다. 접촉 분리의 차단기는 정격에서 차단기 제조자가 보증하는 1/2 주기보다 작아야 한다. 차단기의 정격 단락회로 차단용량은 계통상 설비의 임의의 부분에서 통상의 계통전압을 보증하여야 하고, 역률은 계산된 개별적인 단락회로 차단용량의 역률보다 작아야 한다.

### 3) 역률

차단기는 통상 일정 회로 역률로 시험한다. 단락회로시에는 능동소자의 임피던스의 시간 종속 및 비선형이므로 단락회로 상태에서의 역률은 일정하게 변경된다. 결과적으로 선박용 교류발전기와 소비기기가 짧은 거리이기 때문에 케이블은 일반적으로 큰 단면적이고 짧은 거리이다. 단락회로 상태에서의 역률의 결과는 차단기의 시험에 의한 것보다 작다. 단락회로 상태에서의 역률이 차단기 시험의 역률보다 작다면 단락회로 차단용량이 단락회로 차단전류보다 크더라도 차단기의 정격단락회로 용량은 불충분하다.

[비고1] 차단기의 정격 단락회로 투입용량은 계산된 최대전류($i_p$)보다 작아야 하고, 따라서 차단기는 적합하지 않다.

[비고2] 일반적으로 차단기에서 역률이 0.2 이하에서의 시험은 0.05~0.2 범위의 고장 역률의 사용에 적합하다. 높은 역률(0.2~0.5)의 범위에서 시험된 차단기는 차단용량이 회복 전압 및 제조자 등을 고려하여 사용할 수 있다.

### 4) 요약

시험 후 차단기는 다음의 정격값을 가져야 한다.

(1) 정격 단락회로 투입용량
(2) 정격 단락회로 차단용량
(3) 정격 운전전압
(4) 역률
(5) 일정 분리시간

계통상에 설치될 때 차단기의 정격단락회로 투입용량은 계산된 단락회로 전류의 최대값($i_p$)보다 작지 않아야 한다. 차단기의 정격차단용량은 차단기의 분리시에 계산된 $I_{ac}(t)$보다 작지 않아야 한다. 정격 작동 전압은 계산상의 설비의 임의 부분에서 정격전압보다 작지 않다. 역률은 개별적으로 계산된 단락회로 전류의 역률보다 크지 않다. 계산된 단락회로 전류 상태 및 차단기 단락 정격의 차이가 미미할 경우 차단기 제조자는 차단기 사용에 앞서 주의를 주어야 한다. 단락회로 정격의 변경을 합의한다면 제조자는 적합성에 대하여 조사하여야 한다. 이런 증명은 시험 자료로 추가될 수 있다.

## 8.2 1 kV 이상의 계통

1 kV 이상의 계통에 사용되는 차단기의 선택시에는 다음의 차단기 단락 정격 및 시험상태를 포함하여야 한다.

(1) 정격단락회로 투입용량
(2) 정격 단락회로 차단용량
(3) 최대 직류성분의 최대값
(4) 차단기의 개방시간
(5) 보호 계전기의 동작시간
(6) 정격 작동전압

### 1) 정격 단락 투입용량

차단기의 정격 단락 투입용량은 계통상 설비의 임의 점에서 계산된 최대 단락회로 전류($i_p$)보다 작지 않아야 한다. 그리고 계통상 설비의 단락 부분에서 통상의 전압보다 작지 않은 전압에서 보장되어야 한다.

### 2) 정격단락회로 차단용량

차단기의 정격 단락차단용량은 개별적으로 계산된 단락회로 차단전류보다 작지 않아야 한다. 이것은 차단기 개방시의 기간에서 계산되는 교류성분의 단락회로전류 $I_{ac}(t)$에 의해 구해진다. 이 시간은 차단기 개방 시간의 합 및 보호계전기 개방시간으로 구해지고, 통상 70~80 ms이다. 정격단락회로 차단용량은 계통상 설비의 단락부분에서 통상의 전압보다 작지 않은 전압에서 보장되어야 한다.

### 3) 최대 직류성분의 최대값

차단기 개방시간에서의 직류구성분의 최대 허용값은 제조자로부터 구할 수 있고, 차단기 개방시간에서 계산된 단락회로전류 $i_{dc}(t)$의 구성분의 값보다 작지 않아야 한다. 직류 구성분의 최대 허용값은 개방시간에 차단기시험에 의해 계산된 단락회로 전류의 최대값의 백분율로 표현된다. 선박용 전기설비에서 직류 구성분은 네트워크의 다른 형태보다 일반적으로 높다. 직류성분의 계산값이 차단기보다 높다면 제조자는 조사하여야 한다.

### 4) 역률

1 kV 이상의 전압에서의 차단기는 0.15의 역률로 계산한다. 따라서 이런 차단기는 선박용 설비로 사용되는 것에 대하여 허용한다.

### 5) 요약

1 kV 이상의 전압에서의 단락회로 전류를 갖는 설비는 적어도 5주기 이상에서 계산되고 $I_{ac}(t)$ 및 $i_{dc}(t)$를 구할 수 있다. 최대값을 계산하여야 한다. 지침대로 최대값 및 교류성분값을 사용하면 적합한 차단기를 선정할 수 있으며, 개방시간 및 직류성분을 구할 수 있다. 이런 값은 단락회로 전류값과 적합한 차단기의 선택에서 사용한다.

# 9 Power Tools을 이용한 고장계산

## 9.1 Component Data 입력

아래 One-Line와 같이 발전기, 동기전동기, 유도전동기, 변압기, 케이블의 특성 및 Bus 전압을 입력한다.

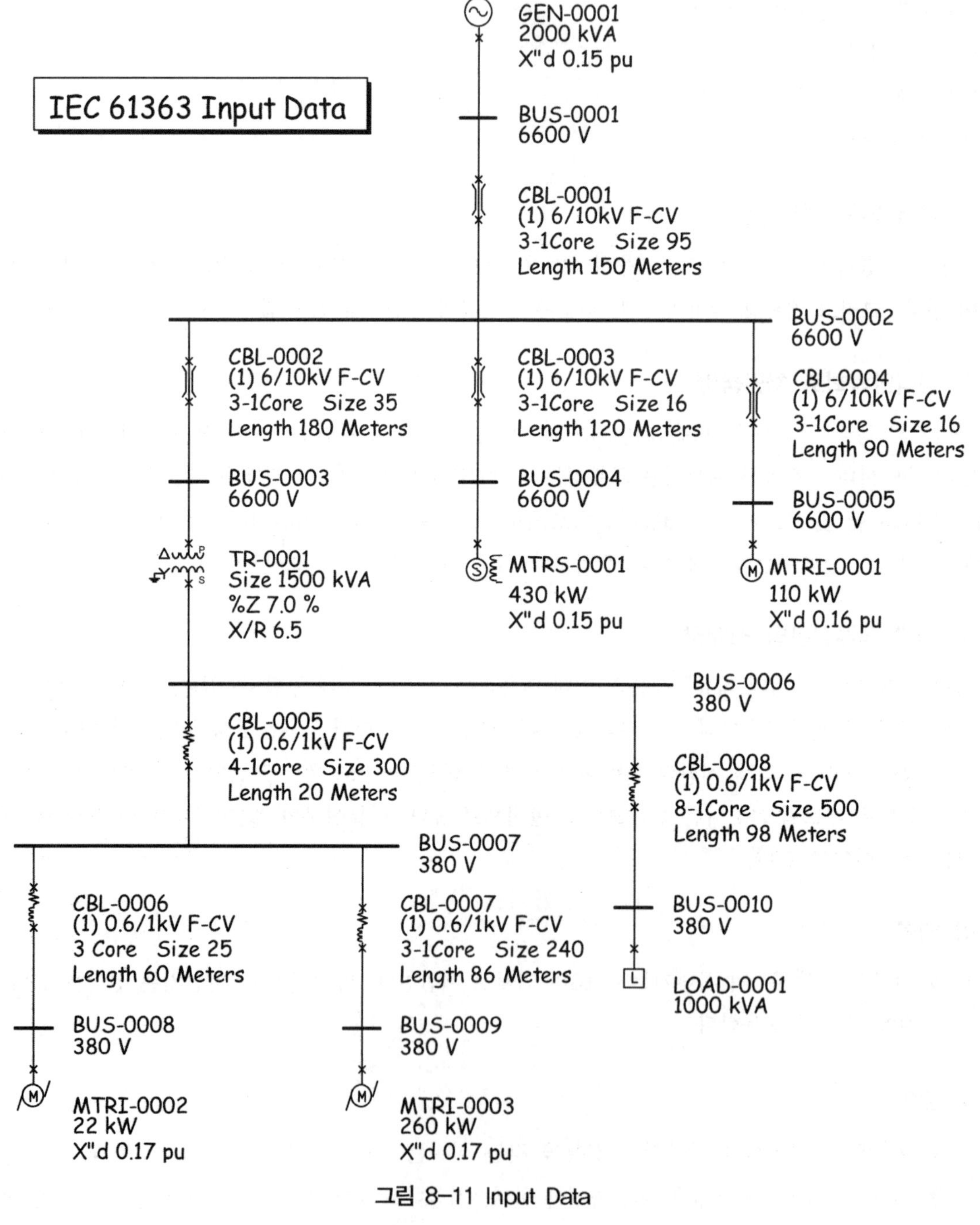


그림 8-11 Input Data

## 9.2 Study Option

IEC 61363 Fault Study 대화창에서 사용자는 Study를 실행하기 위한 Option을 선택할 수 있다.

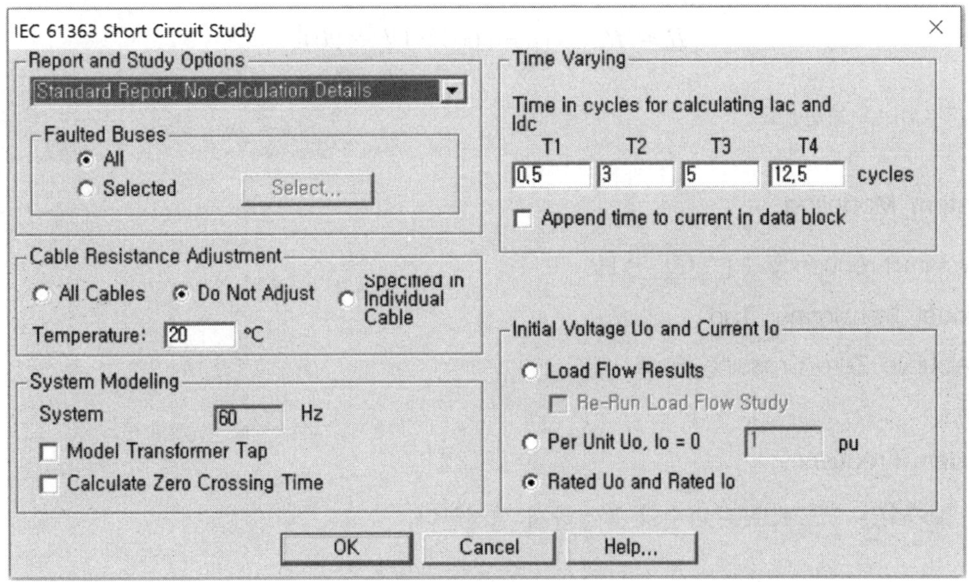


그림 8-12 Study Option

### 1) Report Type

- Standard Report, Bus Fault Current Only
- Standard Report, No Calculation Detail
- Standard Report, With Calculation Detail

두 가지 보고서 종류가 있다. Calculation Detail을 포함하는 표준 보고서는 광범위한 보고서를 생성한다. 표준 보고서는 No Calculation Detail이 기본값이며 Calculation Detail보다 간결하다.

### 2) Faulted Buses

- All Selected
- Selected

고장전류 계산을 전체 부스에 대하여 할 것인지, 선택한 Bus에만 할 것인지를 선택한다. 기본값은 모든 버스에서 고장전류를 계산하는 것이다. “Selected Buses"를 선택한 경우에는 "Selected" 버튼을 클릭하여 고장계산 하여야 할 Bus를 선택한다.

### 3) Cable Resistance Adjustment

- Temperature : | 20 | ℃

- □ Temp Adjustment

온도는 케이블 운전온도를 [ ] 에 지정한다. "Temp. Adjustment"를 체크하여 선택하면 케이블의 저항이 지정온도로 재계산된다.

$$R_c = R_{c20} \times [1 + 0.004 \times (T_a - 20)]$$

$T_a$ : Cable 운전온도

#### 4) System Modeling

- System Frequency : [ 60 ] Hz
- Model Transformer Tap
- Calculate Zero Crossing Time

(1) System Frequency

시스템 주파수는 프로젝트 주파수와 동일하게 설정한다.

(2) Model Transformer Tap

이 체크박스의 선택에 의하여 변압기 탭을 모델링 할 수 있다. 이 체크박스를 선택하지 않으면 공칭탭이 항상 계산에 포함된다.

(3) Calculate Zero Crossing Time

이 옵션을 선택하면 소프트웨어는 zero crossing time에서 고장전류를 계산하고, 보고서에 그것을 포함한다.

#### 5) Time Varying Report

- Time in cycles for calculating Iac and Idc

| $T_1$ | $T_2$ | $T_3$ | $T_4$ |
|---|---|---|---|
| 0.5 | 3 | 5 | 12.5 |

- Append time to current in data block

시간의 변화에 따른 보고서 박스는 단일보고서에 사용자가 지정한 네 가지 시간에 대한 AC 전류와 DC 전류값을 보고서에 나타내는 것을 허용한다. 데이터 블록에 표시되는 전류값에 시간을 추가한다.

#### 6) Initial Voltage $U_o$ and Current $I_o$

- Load Flow Results
- Per Unit $U_0$, $I_0$=0 [ ] pu

• Rated $U_0$ and Rated $I_0$

(1) Load flow results

이 옵션은 발전기의 초기과도전압 및 과도전압을 계산하기 위하여 Load Flow 결과(전압 및 전류)를 사용한다.

(2) Per unit $U_0$, $I_0$=0 [ ] pu

사용자가 발전기의 초기과도전압 및 과도전압을 계산하기 위한 $U_0$ 의 Per Unit값을 입력한다($I_0$=0).

[Note] $U_0$ 및 $I_0$는 고장직전의 전압 및 전류

(3) Rated $U_0$ and Rated $I_0$

발전기의 초기과도 및 과도전압을 계산하기 위하여 설비의 정격 $U_0$ 및 $I_0$를 사용한다. 이 옵션 "Rated $U_0$ and Rated $I_0$"은 기본 선택이며 IEC 60363 표준에 사용된다. 이 옵션이 계산 모델에 선택되어 있으면 Transformer Tap 및 Phase Shift는 고장전 전압의 계산에 포함될 것이다.

## 9.3 Data Block SC Report

IEC 61363 Short Circuit Fault Study 결과 고장전류의 크기를 각 Bus 및 Branch에서 One-Line Diagram Data Block으로 보여준다.

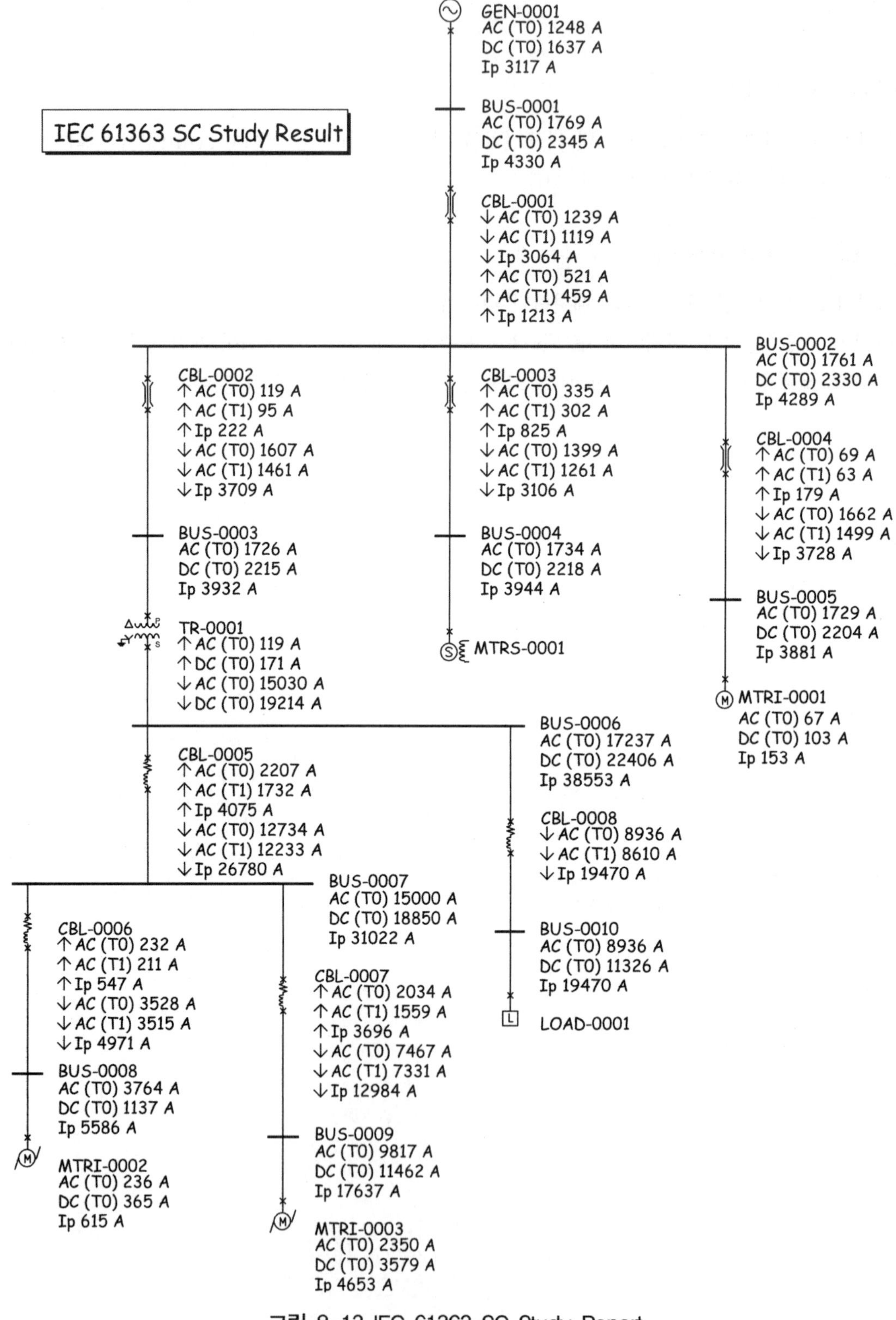


그림 8-13 IEC 61363 SC Study Report

## 9.4 Standard Report, No Calculation Details

Report Type에서 기본값인 "Standard Report, No Calculation Details"를 선택하여 실행하면 다음의 보고서를 출력하여 볼 수 있다.

```
--------------------------------------------------------------------------------
ALL INFORMATION PRESENTED IS FOR REVIEW, APPROVAL
INTERPRETATION AND APPLICATION BY A REGISTERED ENGINEER ONLY.
SKM DISCLAIMS ANY RESPONSIBILITY AND LIABILITY RESULTING
FROM THE USE AND INTERPRETATION OF THIS SOFTWARE.
--------------------------------------------------------------------------------
SKM POWER*TOOLS FOR WINDOWS
IEC 61363 FAULT ANALYSIS REPORT
COPYRIGHT(C) SKM SYSTEMS ANALYSIS, INC. 1995-2019
--------------------------------------------------------------------------------


*FAULT BUS: BUS-0001
   Voltage: 6.600 kV        Ipeak: 4330.30 A    x(peak factor): 1.731

   TIME (Cycles)                           0.1         0.5         3.0         5.0        12.5
   ==========================================================================================
     Iac(A)                            1768.78     1585.02     1053.91      933.56      824.74
     Idc(A)                            2345.39     2088.74     1206.80      811.51      194.12

   - GEN-0001                                Ipeak: 3117.12 A.
     Iac(A)                            1248.18     1126.46      783.93      711.36      646.71
     Idc(A)                            1637.34     1524.07      973.71      680.41      177.43
   - BUS-0002 (Eq. Gen.)                     Ipeak: 1213.18 A.
     Iac(A)                             520.60      458.56      269.97      222.20      178.03
     Idc(A)                             708.06      564.67      233.09      131.10       16.69

   TIME-DEPENDENT SHORT-CIRCUIT CURRENTS AT THE MAJOR POINTS:

   Bus Name:BUS-0007                         Voltage: 0.380 kV
   TIME(Cycles)                            0.1         0.5         3.0         5.0        12.5
   ==========================================================================================
   - MTRI-0003 (Eq. Motor)                   Ipeak: 3695.68 A.
     Iac(A)                            2033.90     1558.91      295.73       78.23        0.53
     Idc(A)                            2970.80     1491.04       20.06        0.64        0.00
   - MTRI-0002 (Eq. Motor)                   Ipeak: 546.89 A.
     Iac(A)                             231.98      210.65      115.26       71.15       11.65
     Idc(A)                             344.92      248.99       32.48        6.37        0.01

   Bus Name:BUS-0002                         Voltage: 6.600 kV
   TIME(Cycles)                            0.1         0.5         3.0         5.0        12.5
   ==========================================================================================
   - MTRS-0001 (Eq. Gen.)                    Ipeak: 824.76 A.
     Iac(A)                             334.57      302.09      210.50      191.03      173.69
     Idc(A)                             436.37      397.54      222.03      139.33       24.27
   - BUS-0007 (Eq. Motor)                    Ipeak: 221.74 A.
     Iac(A)                             118.85       94.91       25.32       10.11        1.04
     Idc(A)                             170.09       87.52        2.25        0.25        0.00
   - MTRI-0001 (Eq. Motor)                   Ipeak: 179.18 A.
```

```
    Iac(A)                                 68.97       62.62       34.23       21.11        3.45
    Idc(A)                                106.51       90.62       33.03       14.73        0.71


*FAULT BUS: BUS-0002
  Voltage: 6.600 kV        Ipeak: 4289.24 A    x(peak factor): 1.722

  TIME (Cycles)                              0.1         0.5         3.0         5.0        12.5
  ==================================================================================================
    Iac(A)                               1761.46     1578.98     1051.39      931.58      823.46
    Idc(A)                               2330.09     2056.23     1110.24      702.98      129.89

  - MTRI-0001 (Eq. Motor)                        Ipeak: 179.18 A.
    Iac(A)                                 68.97       62.62       34.23       21.11        3.45
    Idc(A)                                106.51       90.62       33.03       14.73        0.71
  - GEN-0001 (Eq. Gen.)                          Ipeak: 3063.56 A.
    Iac(A)                               1239.07     1119.36      781.34      709.32      645.28
    Idc(A)                               1617.12     1480.54      852.94      548.67      104.91
  - MTRS-0001 (Eq. Gen.)                         Ipeak: 824.76 A.
    Iac(A)                                334.57      302.09      210.50      191.03      173.69
    Idc(A)                                436.37      397.54      222.03      139.33       24.27
  - BUS-0007 (Eq. Motor)                         Ipeak: 221.74 A.
    Iac(A)                                118.85       94.91       25.32       10.11        1.04
    Idc(A)                                170.09       87.52        2.25        0.25        0.00

  TIME-DEPENDENT SHORT-CIRCUIT CURRENTS AT THE MAJOR POINTS:

  Bus Name:BUS-0007                              Voltage: 0.380 kV
  TIME(Cycles)                               0.1         0.5         3.0         5.0        12.5
  ==================================================================================================
  - MTRI-0003 (Eq. Motor)                        Ipeak: 3695.68 A.
    Iac(A)                               2033.90     1558.91      295.73       78.23        0.53
    Idc(A)                               2970.80     1491.04       20.06        0.64        0.00
  - MTRI-0002 (Eq. Motor)                        Ipeak: 546.89 A.
    Iac(A)                                231.98      210.65      115.26       71.15       11.65
    Idc(A)                                344.92      248.99       32.48        6.37        0.01


*FAULT BUS: BUS-0003
  Voltage: 6.600 kV        Ipeak: 3931.98 A    x(peak factor): 1.611

  TIME (Cycles)                              0.1         0.5         3.0         5.0        12.5
  ==================================================================================================
    Iac(A)                               1725.67     1556.25     1042.62      924.51      817.42
    Idc(A)                               2214.61     1731.11      410.57      134.77        2.13

  - BUS-0007 (Eq. Motor)                         Ipeak: 223.27 A.
    Iac(A)                                119.04       95.09       25.33       10.11        1.04
    Idc(A)                                170.79       88.79        2.42        0.28        0.00
  - BUS-0002 (Eq. Gen.)                          Ipeak: 3708.71 A.
    Iac(A)                               1606.63     1461.16     1017.28      914.40      816.38
    Idc(A)                               2043.82     1642.32      408.15      134.50        2.13

  TIME-DEPENDENT SHORT-CIRCUIT CURRENTS AT THE MAJOR POINTS:

  Bus Name:BUS-0007                              Voltage: 0.380 kV
```

```
TIME(Cycles)                              0.1         0.5         3.0         5.0        12.5
==========================================================================================
- MTRI-0003 (Eq. Motor)                          Ipeak: 3695.68 A.
  Iac(A)                              2033.90     1558.91      295.73       78.23        0.53
  Idc(A)                              2970.80     1491.04       20.06        0.64        0.00
- MTRI-0002 (Eq. Motor)                          Ipeak: 546.89 A.
  Iac(A)                               231.98      210.65      115.26       71.15       11.65
  Idc(A)                               344.92      248.99       32.48        6.37        0.01

Bus Name:BUS-0002                                Voltage: 6.600 kV
TIME(Cycles)                              0.1         0.5         3.0         5.0        12.5
==========================================================================================
- MTRI-0001 (Eq. Motor)                          Ipeak: 179.18 A.
  Iac(A)                                68.97       62.62       34.23       21.11        3.45
  Idc(A)                               106.51       90.62       33.03       14.73        0.71
- GEN-0001 (Eq. Gen.)                            Ipeak: 3063.56 A.
  Iac(A)                              1239.07     1119.36      781.34      709.32      645.28
  Idc(A)                              1617.12     1480.54      852.94      548.67      104.91
- MTRS-0001 (Eq. Gen.)                           Ipeak: 824.76 A.
  Iac(A)                               334.57      302.09      210.50      191.03      173.69
  Idc(A)                               436.37      397.54      222.03      139.33       24.27


*FAULT BUS: BUS-0004
  Voltage: 6.600 kV        Ipeak: 3943.62 A    x(peak factor): 1.608

  TIME (Cycles)                           0.1         0.5         3.0         5.0        12.5
==========================================================================================
  Iac(A)                              1734.38     1563.29     1047.08      928.33      820.52
  Idc(A)                              2218.41     1732.79      509.56      250.65       48.23

- MTRS-0001                                      Ipeak: 837.73 A.
  Iac(A)                               335.45      302.73      210.68      191.18      173.80
  Idc(A)                               440.03      409.59      261.68      182.86       47.69
- BUS-0002 (Eq. Gen.)                            Ipeak: 3105.89 A.
  Iac(A)                              1398.94     1260.55      836.39      737.15      646.72
  Idc(A)                              1778.38     1323.20      247.88       67.79        0.54

TIME-DEPENDENT SHORT-CIRCUIT CURRENTS AT THE MAJOR POINTS:

Bus Name:BUS-0007                                Voltage: 0.380 kV
TIME(Cycles)                              0.1         0.5         3.0         5.0        12.5
==========================================================================================
- MTRI-0003 (Eq. Motor)                          Ipeak: 3695.68 A.
  Iac(A)                              2033.90     1558.91      295.73       78.23        0.53
  Idc(A)                              2970.80     1491.04       20.06        0.64        0.00
- MTRI-0002 (Eq. Motor)                          Ipeak: 546.89 A.
  Iac(A)                               231.98      210.65      115.26       71.15       11.65
  Idc(A)                               344.92      248.99       32.48        6.37        0.01

Bus Name:BUS-0002                                Voltage: 6.600 kV
TIME(Cycles)                              0.1         0.5         3.0         5.0        12.5
==========================================================================================
- BUS-0007 (Eq. Motor)                           Ipeak: 221.74 A.
  Iac(A)                               118.85       94.91       25.32       10.11        1.04
  Idc(A)                               170.09       87.52        2.25        0.25        0.00
```

```
  - MTRI-0001 (Eq. Motor)                     Ipeak: 179.18 A.
    Iac(A)                            68.97        62.62       34.23       21.11        3.45
    Idc(A)                           106.51        90.62       33.03       14.73        0.71
  - GEN-0001 (Eq. Gen.)                       Ipeak: 3063.56 A.
    Iac(A)                          1239.07      1119.36      781.34      709.32      645.28
    Idc(A)                          1617.12      1480.54      852.94      548.67      104.91

*FAULT BUS: BUS-0005
  Voltage: 6.600 kV        Ipeak: 3880.93 A    x(peak factor): 1.587

  TIME (Cycles)                         0.1          0.5         3.0         5.0        12.5
  ========================================================================================
    Iac(A)                          1729.30      1554.54     1028.08      912.23      816.34
    Idc(A)                          2203.70      1682.48      356.23      106.57        1.18

  - MTRI-0001                                 Ipeak: 152.91 A.
    Iac(A)                            67.30        55.25       16.10        6.00        0.15
    Idc(A)                           102.54        74.78       10.40        2.14        0.01
  - BUS-0002 (Eq. Gen.)                       Ipeak: 3728.02 A.
    Iac(A)                          1662.00      1499.29     1011.98      906.23      816.19
    Idc(A)                          2101.16      1607.70      345.84      104.43        1.18

  TIME-DEPENDENT SHORT-CIRCUIT CURRENTS AT THE MAJOR POINTS:

  Bus Name:BUS-0007                           Voltage: 0.380 kV
  TIME(Cycles)                          0.1          0.5         3.0         5.0        12.5
  ========================================================================================
  - MTRI-0003 (Eq. Motor)                     Ipeak: 3695.68 A.
    Iac(A)                          2033.90      1558.91      295.73       78.23        0.53
    Idc(A)                          2970.80      1491.04       20.06        0.64        0.00
  - MTRI-0002 (Eq. Motor)                     Ipeak: 546.89 A.
    Iac(A)                           231.98       210.65      115.26       71.15       11.65
    Idc(A)                           344.92       248.99       32.48        6.37        0.01

  Bus Name:BUS-0002                           Voltage: 6.600 kV
  TIME(Cycles)                          0.1          0.5         3.0         5.0        12.5
  ========================================================================================
  - GEN-0001 (Eq. Gen.)                       Ipeak: 3063.56 A.
    Iac(A)                          1239.07      1119.36      781.34      709.32      645.28
    Idc(A)                          1617.12      1480.54      852.94      548.67      104.91
  - MTRS-0001 (Eq. Gen.)                      Ipeak: 824.76 A.
    Iac(A)                           334.57       302.09      210.50      191.03      173.69
    Idc(A)                           436.37       397.54      222.03      139.33       24.27
  - BUS-0007 (Eq. Motor)                      Ipeak: 221.74 A.
    Iac(A)                           118.85        94.91       25.32       10.11        1.04
    Idc(A)                           170.09        87.52        2.25        0.25        0.00

*FAULT BUS: BUS-0006
  Voltage: 0.380 kV        Ipeak: 38553.42 A    x(peak factor): 1.582

  TIME (Cycles)                         0.1          0.5         3.0         5.0        12.5
  ========================================================================================
    Iac(A)                         17237.05     16011.84    12055.03    10997.53     9955.14
    Idc(A)                         22406.31     15909.27     2254.93      503.86        1.90

  - BUS-0002 (Eq. Gen.)                       Ipeak: 34478.19 A
```

```
   Iac(A)                                 15029.60   14279.58   11636.96   10841.54    9941.57
   Idc(A)                                 19213.82   14283.82    2214.35     499.29       1.89
 - BUS-0007 (Eq. Motor)                         Ipeak: 4075.23 A.
   Iac(A)                                  2207.45    1732.26     418.06     155.99      13.57
   Idc(A)                                  3192.49    1625.45      40.58       4.57       0.00

 TIME-DEPENDENT SHORT-CIRCUIT CURRENTS AT THE MAJOR POINTS:

 Bus Name:BUS-0002                              Voltage: 6.600 kV
 TIME(Cycles)                                  0.1        0.5        3.0        5.0       12.5
 ==========================================================================================
 - MTRI-0001 (Eq. Motor)                        Ipeak: 179.18 A.
   Iac(A)                                    68.97      62.62      34.23      21.11       3.45
   Idc(A)                                   106.51      90.62      33.03      14.73       0.71
 - GEN-0001 (Eq. Gen.)                          Ipeak: 3063.56 A.
   Iac(A)                                  1239.07    1119.36     781.34     709.32     645.28
   Idc(A)                                  1617.12    1480.54     852.94     548.67     104.91
 - MTRS-0001 (Eq. Gen.)                         Ipeak: 824.76 A.
   Iac(A)                                   334.57     302.09     210.50     191.03     173.69
   Idc(A)                                   436.37     397.54     222.03     139.33      24.27

 Bus Name:BUS-0007                              Voltage: 0.380 kV
 TIME(Cycles)                                  0.1        0.5        3.0        5.0       12.5
 ==========================================================================================
 - MTRI-0003 (Eq. Motor)                        Ipeak: 3695.68 A.
   Iac(A)                                  2033.90    1558.91     295.73      78.23       0.53
   Idc(A)                                  2970.80    1491.04      20.06       0.64       0.00
 - MTRI-0002 (Eq. Motor)                        Ipeak: 546.89 A.
   Iac(A)                                   231.98     210.65     115.26      71.15      11.65
   Idc(A)                                   344.92     248.99      32.48       6.37       0.01

*FAULT BUS: BUS 0007
 Voltage: 0.380 kV        Ipeak: 31022.47 A    x(peak factor): 1.462

 TIME (Cycles)                                 0.1        0.5        3.0        5.0       12.5
 ==========================================================================================
   Iac(A)                                 15000.03   14003.02   10695.59    9816.28    8952.19
   Idc(A)                                 18849.59   11219.20     473.07      41.83       0.02

 - MTRI-0003 (Eq. Motor)                        Ipeak: 3695.68 A.
   Iac(A)                                  2033.90    1558.91     295.73      78.23       0.53
   Idc(A)                                  2970.80    1491.04      20.06       0.64       0.00
 - MTRI-0002 (Eq. Motor)                        Ipeak: 546.89 A.
   Iac(A)                                   231.98     210.65     115.26      71.15      11.65
   Idc(A)                                   344.92     248.99      32.48       6.37       0.01
 - BUS-0002 (Eq. Gen.)                          Ipeak: 26779.90 A
   Iac(A)                                 12734.15   12233.46   10284.60    9666.91    8940.00
   Idc(A)                                 15533.86    9479.17     420.53      34.82       0.00

 TIME-DEPENDENT SHORT-CIRCUIT CURRENTS AT THE MAJOR POINTS:

 Bus Name:BUS-0002                              Voltage: 6.600 kV
 TIME(Cycles)                                  0.1        0.5        3.0        5.0       12.5
 ==========================================================================================
 - MTRI-0001 (Eq. Motor)                        Ipeak: 179.18 A.
   Iac(A)                                    68.97      62.62      34.23      21.11       3.45
```

```
    Idc(A)                          106.51      90.62      33.03      14.73       0.71
  - GEN-0001 (Eq. Gen.)                    Ipeak: 3063.56 A.
    Iac(A)                         1239.07    1119.36     781.34     709.32     645.28
    Idc(A)                         1617.12    1480.54     852.94     548.67     104.91
  - MTRS-0001 (Eq. Gen.)                   Ipeak: 824.76 A.
    Iac(A)                          334.57     302.09     210.50     191.03     173.69
    Idc(A)                          436.37     397.54     222.03     139.33      24.27

*FAULT BUS: BUS-0008
  Voltage: 0.380 kV        Ipeak: 5586.03 A    x(peak factor): 1.049

  TIME (Cycles)                        0.1        0.5        3.0        5.0       12.5
  ================================================================================
    Iac(A)                         3763.74    3728.61    3544.17    3464.23    3351.54
    Idc(A)                         1136.97     312.98     118.29      54.38       2.95


  - MTRI-0002                              Ipeak: 614.90 A.
    Iac(A)                          235.63     213.81     116.50      71.68      11.59
    Idc(A)                          365.08     312.52     118.29      54.38       2.95
  - BUS-0007 (Eq. Gen.)                    Ipeak: 4971.13 A.
    Iac(A)                         3528.11    3514.79    3427.66    3392.55    3339.94
    Idc(A)                          771.89       0.46       0.00       0.00       0.00

  TIME-DEPENDENT SHORT-CIRCUIT CURRENTS AT THE MAJOR POINTS:

  Bus Name:BUS-0002                        Voltage: 6.600 kV
  TIME(Cycles)                         0.1        0.5        3.0        5.0       12.5
  ================================================================================
  - MTRI-0001 (Eq. Motor)                  Ipeak: 179.18 A.
    Iac(A)                           68.97      62.62      34.23      21.11       3.45
    Idc(A)                          106.51      90.62      33.03      14.73       0.71
  - GEN-0001 (Eq. Gen.)                    Ipeak: 3063.56 A.
    Iac(A)                         1239.07    1119.36     781.34     709.32     645.28
    Idc(A)                         1617.12    1480.54     852.94     548.67     104.91
  - MTRS-0001 (Eq. Gen.)                   Ipeak: 824.76 A.
    Iac(A)                          334.57     302.09     210.50     191.03     173.69
    Idc(A)                          436.37     397.54     222.03     139.33      24.27

  Bus Name:BUS-0007                        Voltage: 0.380 kV
  TIME(Cycles)                         0.1        0.5        3.0        5.0       12.5
  ================================================================================
  - BUS-0002 (Eq. Gen.)                    Ipeak: 26779.90 A
    Iac(A)                        12734.15   12233.46   10284.60    9666.91    8940.00
    Idc(A)                        15533.86    9479.17     420.53      34.82       0.00
  - MTRI-0003 (Eq. Motor)                  Ipeak: 3695.68 A.
    Iac(A)                         2033.90    1558.91     295.73      78.23       0.53
    Idc(A)                         2970.80    1491.04      20.06       0.64       0.00


*FAULT BUS: BUS-0009
  Voltage: 0.380 kV        Ipeak: 17636.72 A    x(peak factor): 1.270

  TIME (Cycles)                        0.1        0.5        3.0        5.0       12.5
  ================================================================================
    Iac(A)                         9816.96    9065.30    6908.77    6448.68    6050.28
```

```
  Idc(A)                          11462.30     4816.44     107.92        9.27        0.00

 - MTRI-0003                                  Ipeak: 4652.96 A.
  Iac(A)                           2350.08     1734.04     259.36       56.73        0.19
  Idc(A)                           3578.77     2200.66     105.36        9.26        0.00
 - BUS-0007 (Eq. Gen.)                        Ipeak: 12983.76 A
  Iac(A)                           7466.87     7331.26    6649.40     6391.95     6050.09
  Idc(A)                           7883.53     2615.78       2.56        0.01        0.00

 TIME-DEPENDENT SHORT-CIRCUIT CURRENTS AT THE MAJOR POINTS:

 Bus Name:BUS-0002                            Voltage: 6.600 kV
 TIME(Cycles)                          0.1         0.5        3.0         5.0        12.5
 ==========================================================================================
 - MTRI-0001 (Eq. Motor)                      Ipeak: 179.18 A.
  Iac(A)                             68.97       62.62      34.23       21.11        3.45
  Idc(A)                            106.51       90.62      33.03       14.73        0.71
 - GEN-0001 (Eq. Gen.)                        Ipeak: 3063.56 A.
  Iac(A)                           1239.07     1119.36     781.34      709.32      645.28
  Idc(A)                           1617.12     1480.54     852.94      548.67      104.91
 - MTRS-0001 (Eq. Gen.)                       Ipeak: 824.76 A.
  Iac(A)                            334.57      302.09     210.50      191.03      173.69
  Idc(A)                            436.37      397.54     222.03      139.33       24.27

 Bus Name:BUS-0007                            Voltage: 0.380 kV
 TIME(Cycles)                          0.1         0.5        3.0         5.0        12.5
 ------------------------------------------------------------------------------------------
 - MTRI-0002 (Eq. Motor)                      Ipeak: 546.89 A.
  Iac(A)                            231.98      210.65     115.26       71.15       11.65
  Idc(A)                            344.92      248.99      32.48        6.37        0.01
 - BUS-0002 (Eq. Gen.)                        Ipeak: 26779.90 A
  Iac(A)                          12734.15    12233.46   10284.60     9666.91     8940.00
  Idc(A)                          15533.86     9479.17     420.53       34.82        0.00

*FAULT BUS: BUS-0010
 Voltage: 0.380 kV        Ipeak: 19470.14 A    x(peak factor): 1.541

 TIME (Cycles)                         0.1         0.5        3.0         5.0        12.5
 ==========================================================================================
  Iac(A)                           8935.60     8609.86    7401.48     6994.32     6506.10
  Idc(A)                          11325.63     7293.95     512.68       63.36        0.03

 - BUS-0006 (Eq. Gen.)                        Ipeak: 19470.14 A
  Iac(A)                           8935.60     8609.86    7401.48     6994.32     6506.10
  Idc(A)                          11325.63     7293.95     512.68       63.36        0.03

 TIME-DEPENDENT SHORT-CIRCUIT CURRENTS AT THE MAJOR POINTS:

 Bus Name:BUS-0002                            Voltage: 6.600 kV
 TIME(Cycles)                          0.1         0.5        3.0         5.0        12.5
 ==========================================================================================
 - MTRI-0001 (Eq. Motor)                      Ipeak: 179.18 A.
  Iac(A)                             68.97       62.62      34.23       21.11        3.45
  Idc(A)                            106.51       90.62      33.03       14.73        0.71
 - GEN-0001 (Eq. Gen.)                        Ipeak: 3063.56 A.
  Iac(A)                           1239.07     1119.36     781.34      709.32      645.28
```

```
  Idc(A)                          1617.12    1480.54     852.94     548.67     104.91

- MTRS-0001 (Eq. Gen.)                     Ipeak: 824.76 A.
  Iac(A)                           334.57     302.09     210.50     191.03     173.69
  Idc(A)                           436.37     397.54     222.03     139.33      24.27

Bus Name:BUS-0007                          Voltage: 0.380 kV
TIME(Cycles)                          0.1        0.5        3.0        5.0       12.5
=====================================================================================
- MTRI-0003 (Eq. Motor)                    Ipeak: 3695.68 A.
  Iac(A)                          2033.90    1558.91     295.73      78.23       0.53
  Idc(A)                          2970.80    1491.04      20.06       0.64       0.00
- MTRI-0002 (Eq. Motor)                    Ipeak: 546.89 A.
  Iac(A)                           231.98     210.65     115.26      71.15      11.65
  Idc(A)                           344.92     248.99      32.48       6.37       0.01

Bus Name:BUS-0006                          Voltage: 0.380 kV
TIME(Cycles)                          0.1        0.5        3.0        5.0       12.5
=====================================================================================
- BUS-0007 (Eq. Motor)                     Ipeak: 4075.23 A.
  Iac(A)                          2207.45    1732.26     418.06     155.99      13.57
  Idc(A)                          3192.49    1625.45      40.58       4.57       0.00
- BUS-0002 (Eq. Gen.)                      Ipeak: 34478.19 A
  Iac(A)                         15029.60   14279.58   11636.96   10841.54    9941.57
  Idc(A)                         19213.82   14283.82    2214.35     499.29       1.89
```

# 9장 Single Phase and Unbalanced 3-Phase Studies

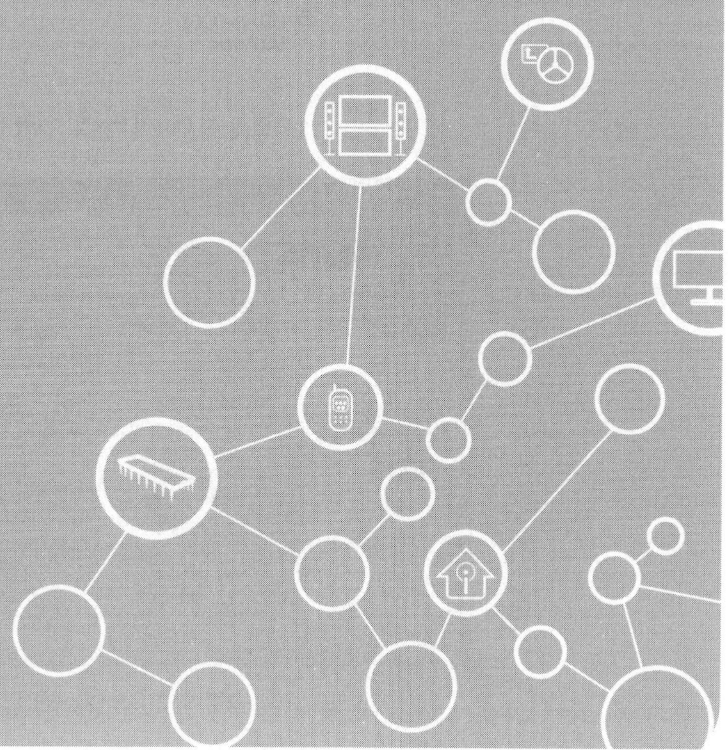

# 1 Unbalanced 3-Phase Studies

## 1.1 One-Line 생성 및 설비데이터 입력

아래와 그림 9-1과 같이 One-Line 생성하고 그림 9-2의 Component Editor에서 각 설비의 Data를 입력한다.

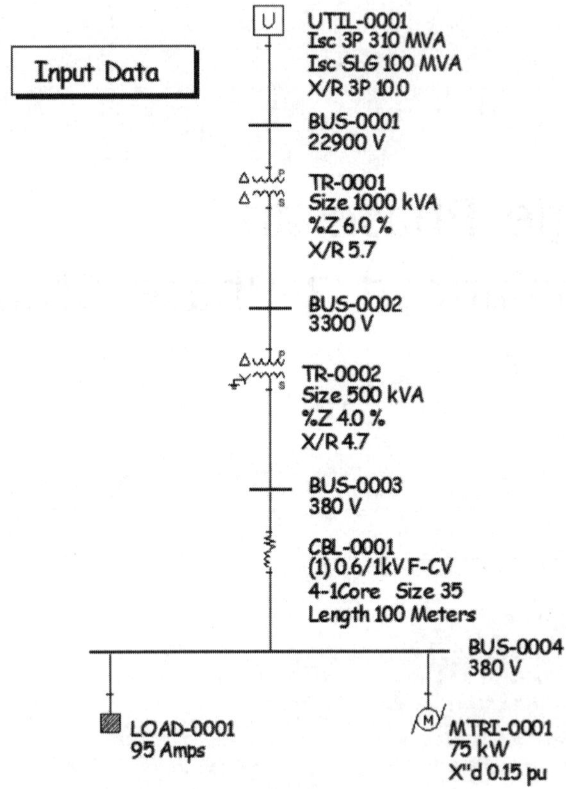


그림 9-1 One-Line 및 입력 Data

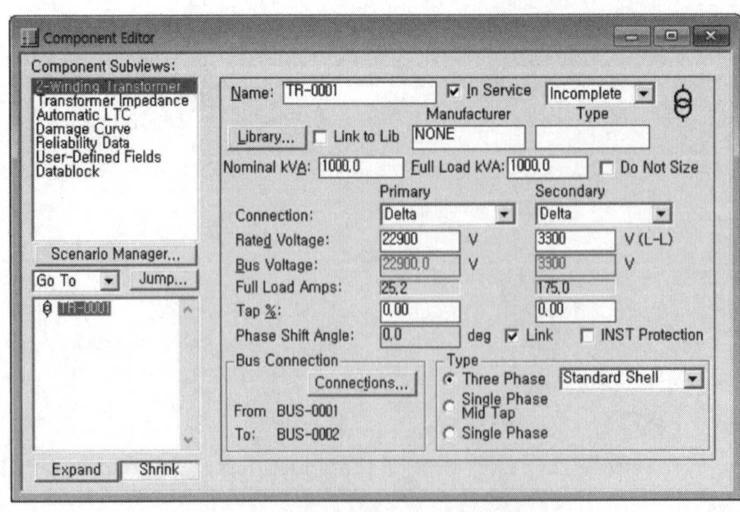


그림 9-2 Component Editor

## 1.2 Unbalanced Studies 실행

### 1) Unbalanced Study Setup

(1) 상위 메뉴의 "RUN"을 클릭

(2) "Unbalanced/Single Phase Studies"를 선택하면 Setup 창이 나타난다.

(3) Studies의 Option에서 Demand Load(DL), Load Flow(LF), Comprehensive Fault(SC)를 Check 한 후 "RUN" 버튼을 클릭한다.

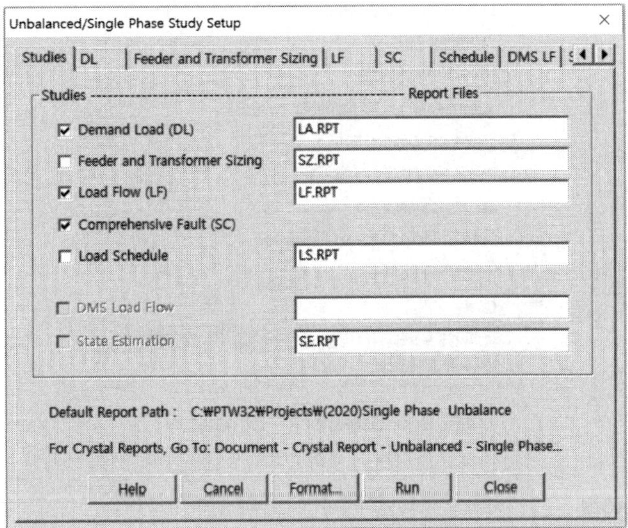


그림 9-3 선택항목 실행

### 2) 계산수행 및 오류 검토

Unbalanced/Single Phase Study 창에서 계산수행 및 오류 유무를 Check 한다.

(1) Numbers of Fatal : 0

(2) Numbers of Warnings : 0

이면 오류 없이 정상적이 계산이 완료된 것이다.

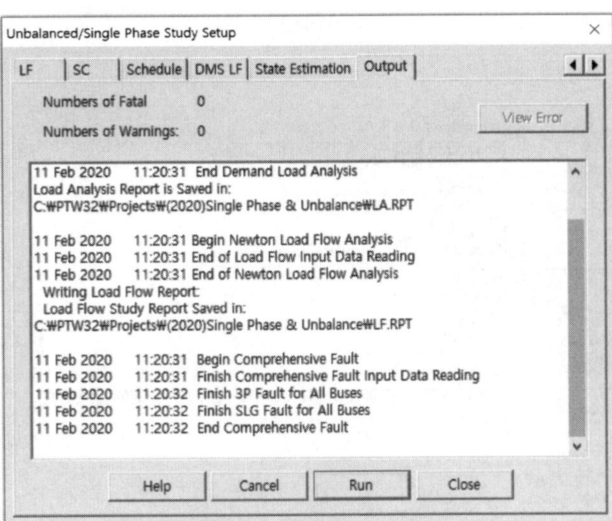


그림 9-4 실행결과 오류 검토

### 3) One-Line으로 실행결과 보기

One-Line에서 Study 결과를 확인하기 위하여 상위 메뉴의 "RUN"을 클릭하여 그림 9-5와 같이 "Datablock Format"를 선택한다.

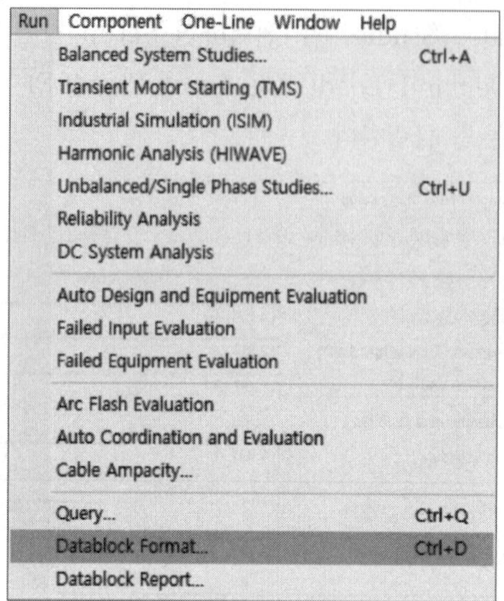


그림 9-5 Datablock Format 선택

### 4) UB_LF Current 선택

아래의 Datablock Format 창에서 UB_LF Current 선택한 후 "Apply"를 클릭한 후 창을 닫으면 One-Line에서 조류계산 Data를 얻을 수 있다. 전류의 크기는 A, B, C상 같은 값으로 Balanced System study의 전류의 크기와 동일하다.

#### (1) Datablock Format 설정

One-Line Data block에서 Unbalanced Load Flow Current의 값을 나타내기 위하여 그림과 같이 UB-LF Current를 선택하고 Apply 버튼을 클릭한다.

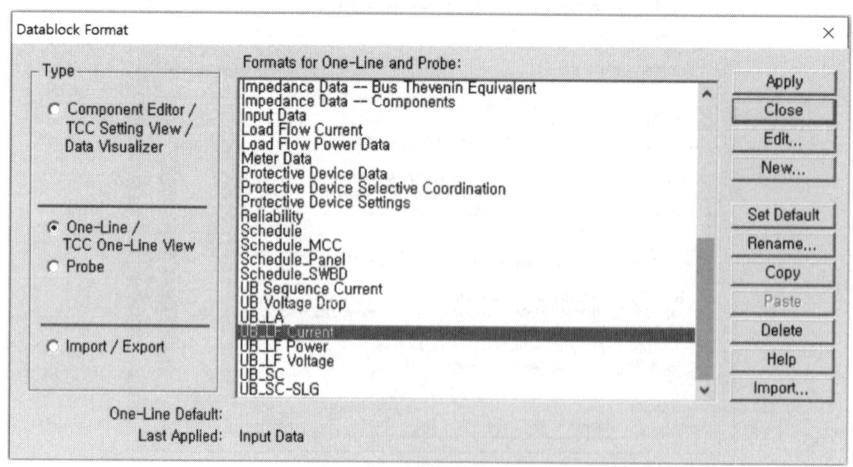


그림 9-6 Datablock Format 설정

(2) UB_LF Current 실행 결과

다음 그림의 One-Line Data Block에서 전력조류계산결과를 보면 각상의 전류의 크기는 동일하고 위상차 또한 120° 간격으로 일정하다. 이는 Balanced System을 불평형 조류계산을 수행하여 그 결과를 나타낸 것이다. 이 3상평형상태에서 불평형조건(결상, 단선, 단상부하접속 등) 또는 단상변압기 및 단상부하를 접속하여 전력조류, Demand Load, Short Circuit를 검토한다.

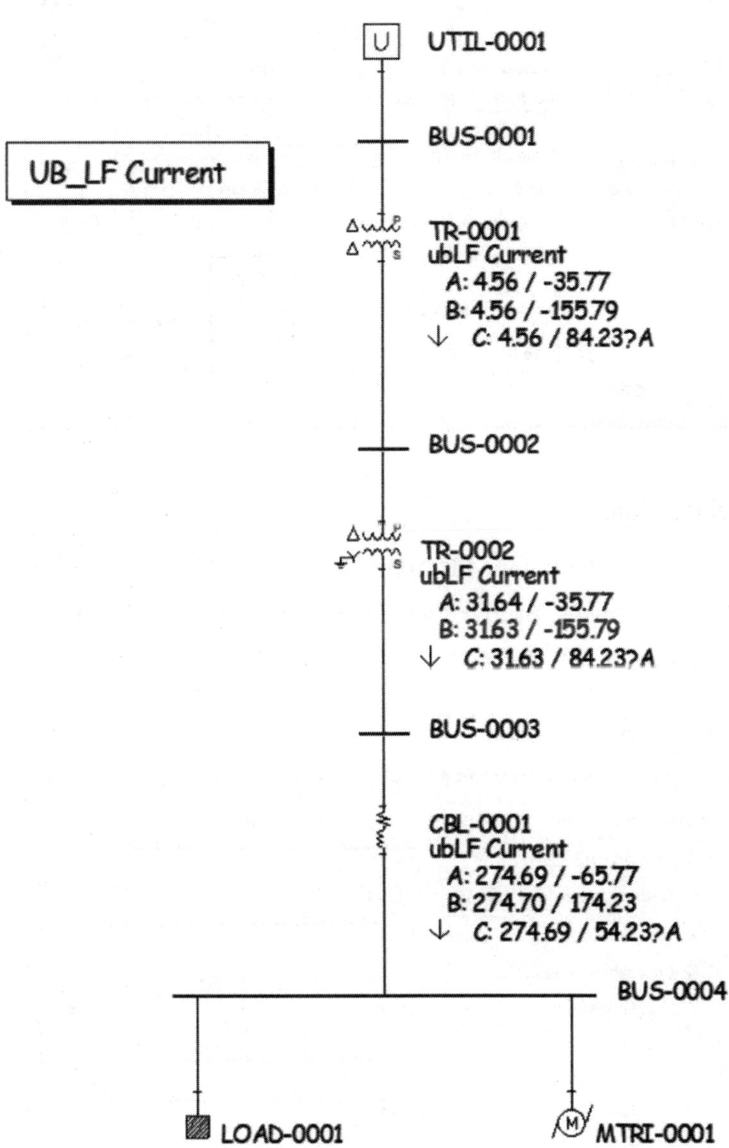


그림 9-7 UB_LF Current 실행 결과

### 5) Unbalance Data 입력

Unbalance 상태의 Load Flow를 Simulation 하기 위하여 Cable의 1상을 계통에서 분리하여 보기로 한다. CBL-01의 Component Editor를 열어 Phase의 A를 Uncheck 한다.

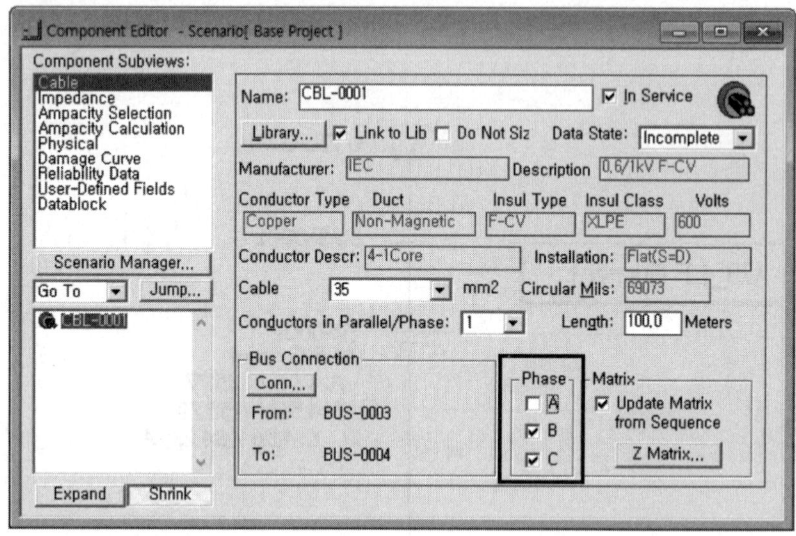


### 6) Unbalanced Study Setup

(1) 메뉴의 “RUN” 클릭하여 "Unbalanced/Single Phase Studies"를 선택한다.

(2) Unbalanced/Single Phase Study Setup에서 Demand Load(DL), Load Flow(LF), Comprehensive Fault(SC)를 Check 한 후 “RUN" 버튼을 클릭한다.

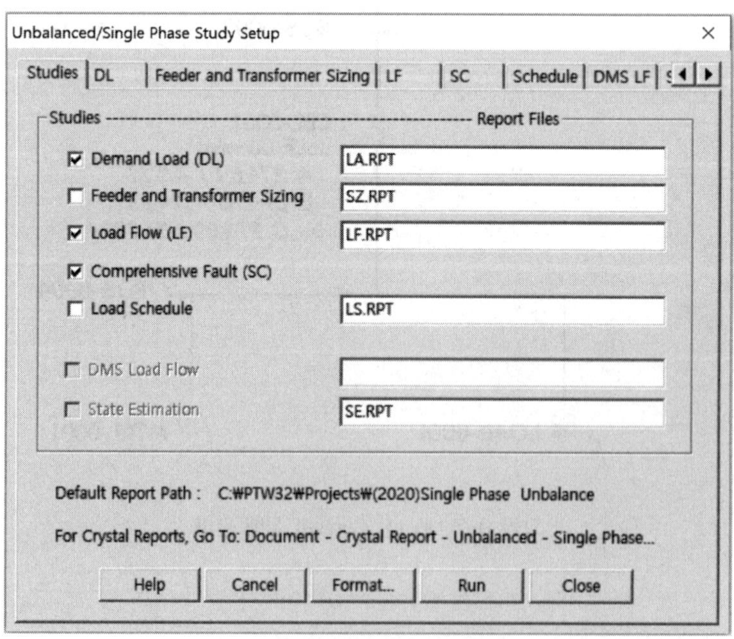


그림 9-9 선택항목 실행

### 7) Data Block Report

(1) Unbalanced/Single Phase Study 대화창에서 에러 유무를 체크한다.

(2) One-Line에서 실행시킨 결과를 확인하기 위하여 Menu의 "RUN"을 클릭하여 그림 9-5와 같이 "Datablock Format"를 선택한다.

(3) 그림 9-6의 Datablock Format에서 UB_LF Current를 선택하고, "Apply" 버튼을 클릭한 후 "Close" 버튼을 클릭한다.

(4) One-Line을 확인하면 Cable A상의 전류가 0이 된 것을 확인할 수 있으며, 변압기 및 Cable에서 Load Flow Current 및 위상각의 변화를 확인할 수 있다.

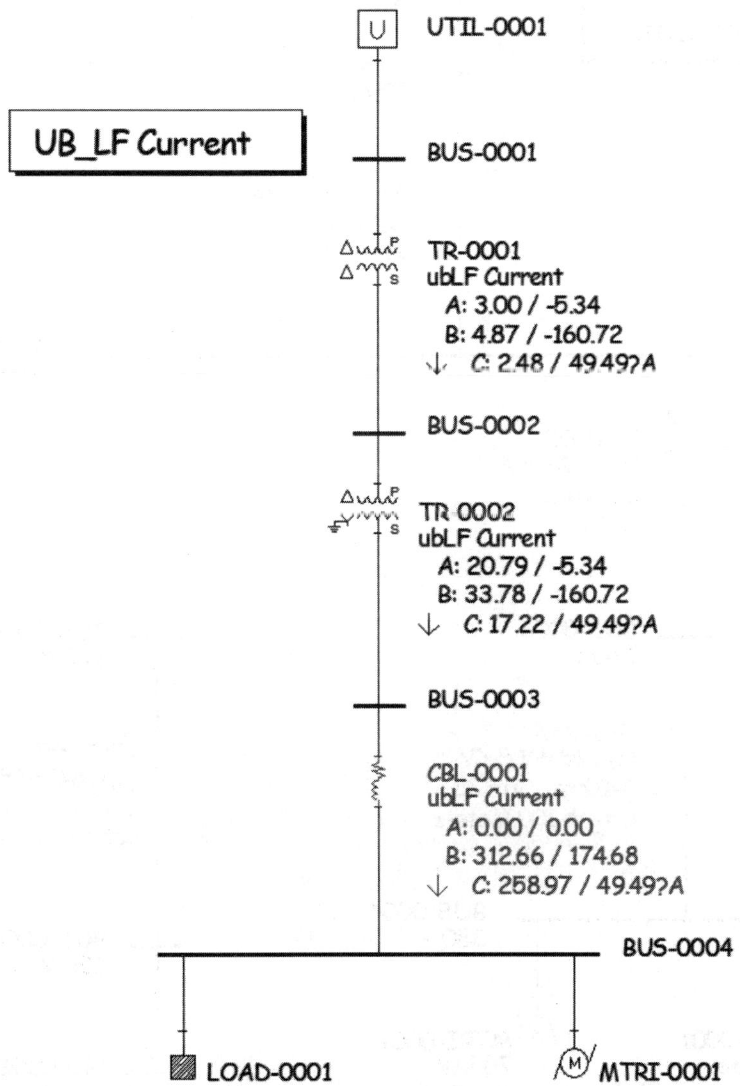


그림 9-10 UB_LF Current 실행 결과

## 2 Single Phase Study

### 1) 단상변압기 및 부하의 접속

그림 9-11과 같이 One-Line에 단상변압기(TR-03), Bus(BUS-05, Bus-06), Cable(CBL-02), Load (Load-02)를 추가한다.

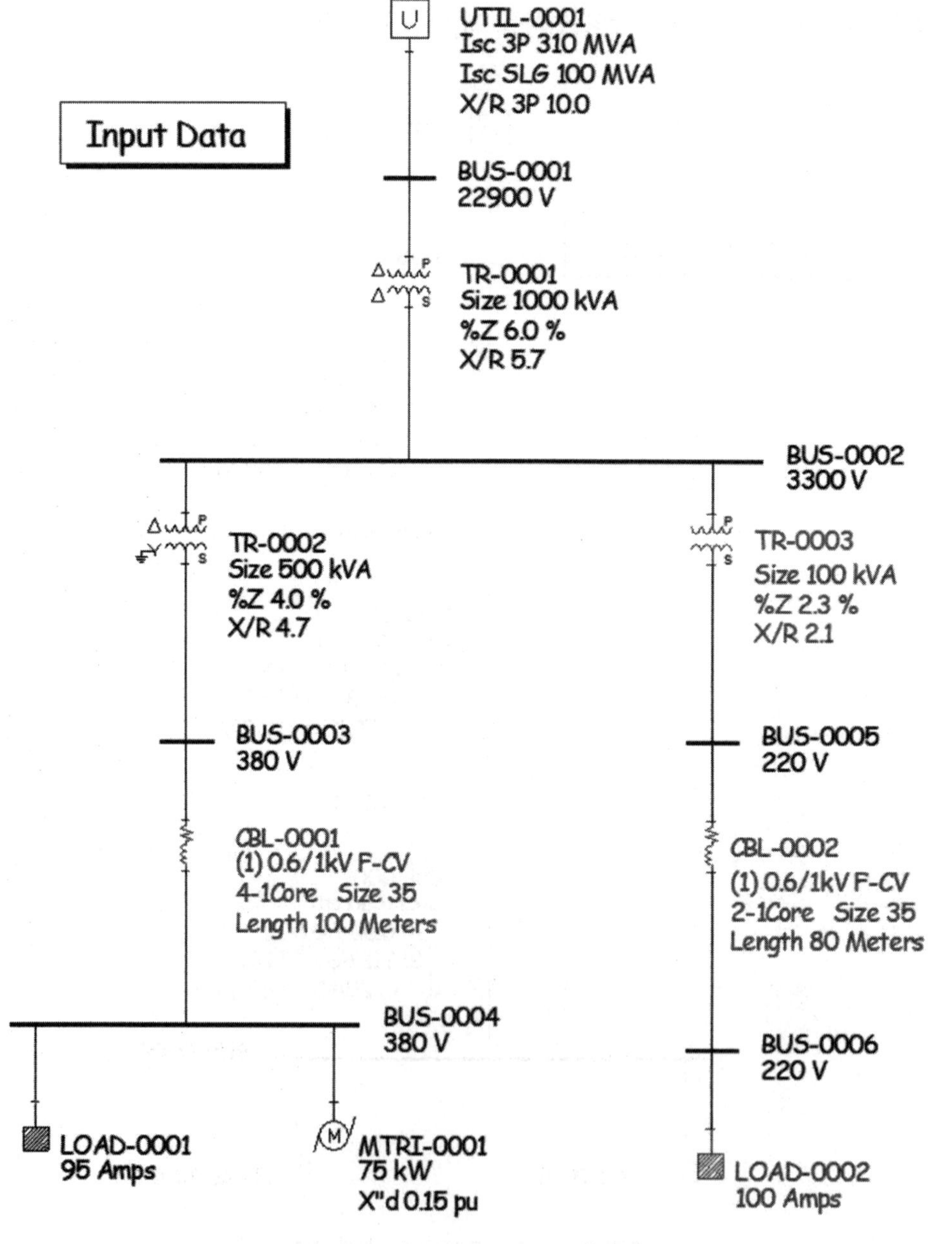


그림 9-11 One-Line에 변압기, Bus, Cable, Load 추가

### 2) 변압기 Data 입력

(1) TR의 Component Editor 열기

One-Line에서 변압기 TR-03을 더블 클릭하여 그림 9-12 "Component Editor"의 대화창을 열어 변압기 Data를 입력한다.

(2) 변압기 Library

Library 버튼을 클릭하여 Transformer Library로부터 "Typical Pole Mount Single-Phase Transformer"를 선택한다.

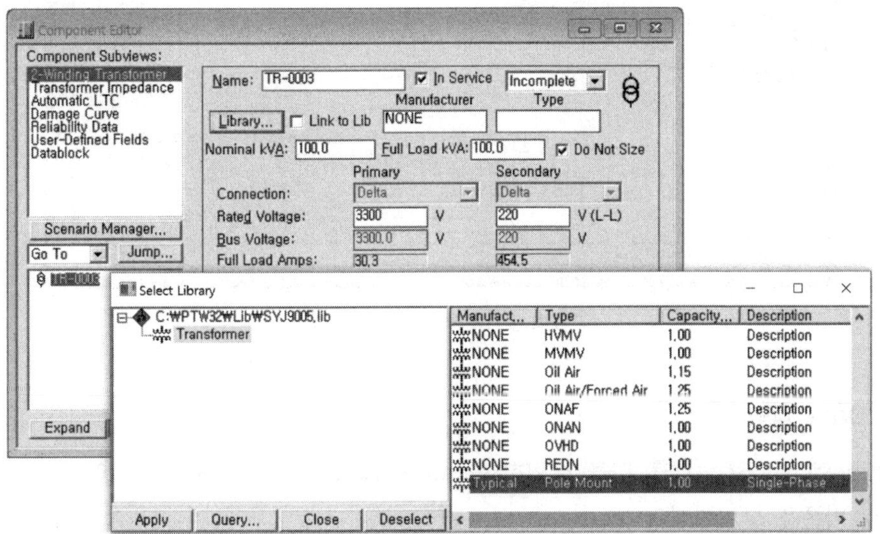


그림 9-12 Component Editor 및 TR Library

(3) 변압기 용량 및 Type의 선택

변압기용량을 100kVA를 입력하고, Type은 "Single Phase"을 Phase는 Pri : AB, Sec: AB를 선택한다.

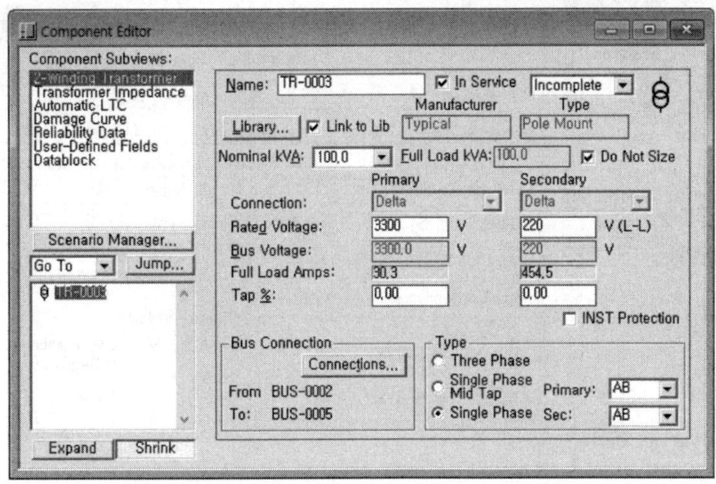


그림 9-13 변압기 용량 및 Type 선택

### 3) 부하 Data 입력

One-Line에서 LOAD-02를 더블 클릭하여 "Rated Size"에 100 Amps를 입력하고, Phase의 "C"에 Uncheck 한다.

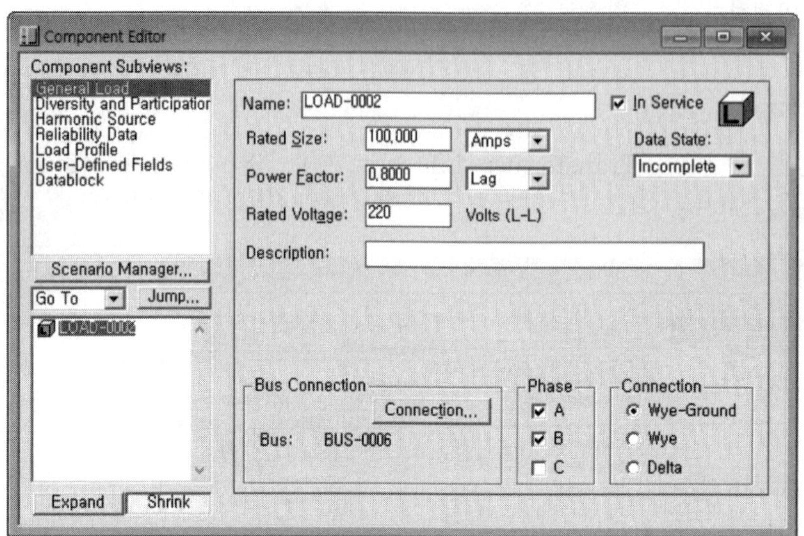

그림 9-14 부하 Data 입력

### 4) Cable Data 입력

① One-Line에서 CBL-02를 더블 클릭하여 Component Editor 대화창을 연다.
② Library 버튼을 클릭한다.
③ Stand Cable Library에서 CV Cable을 선택한다.
④ Cable Size 및 길이를 입력한다.
⑤ Phase는 "C"를 Uncheck 한다.

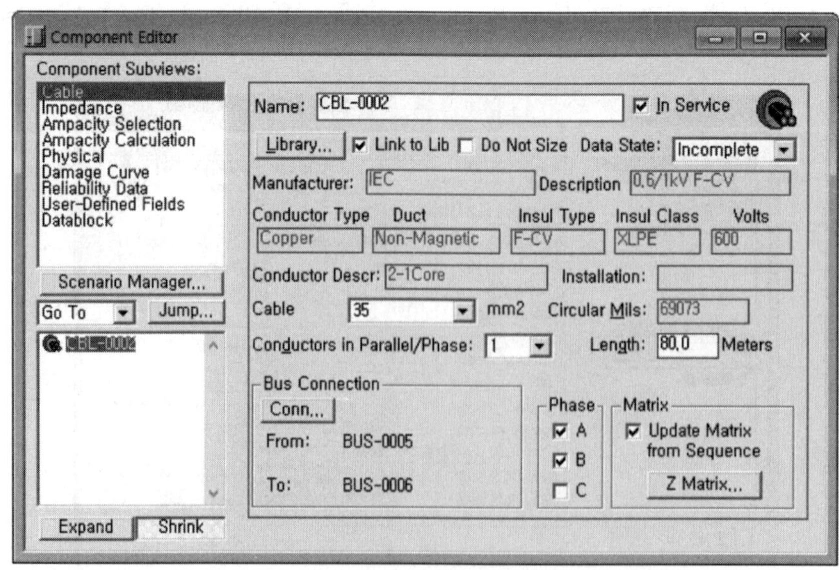

그림 9-15 Cable Data 입력

## 5) Unbalanced/Single Phase Study의 선택

Data 입력이 끝났으면 상위메뉴의 "RUN"에서 "Unbalanced/Single Phase Study"를 선택한다.

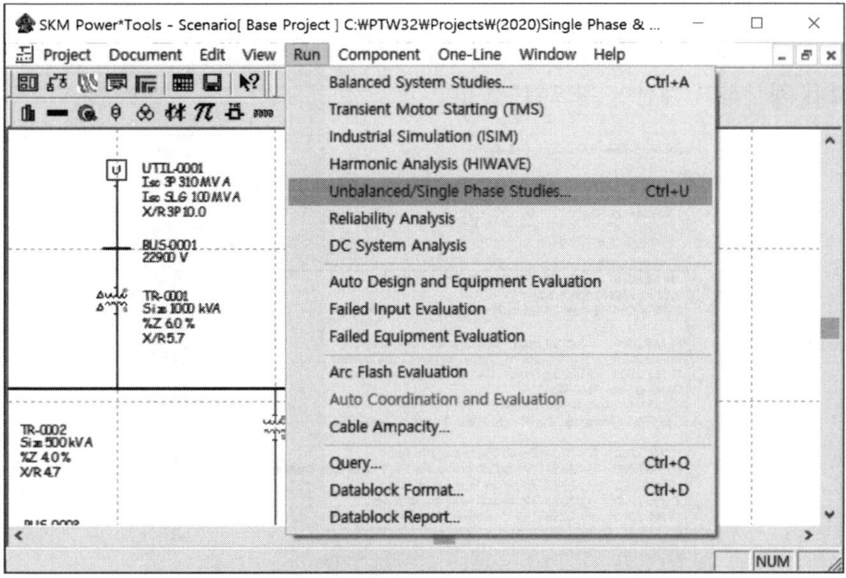


그림 9-16 Unbalanced/Single Phase Study의 선택

## 6) Unbalanced/Single Phase Study 설성

① Unbalanced/Single Phase Study Setup 창의 Study Option에서

② Demand Load(DL)

③ Load Flow(LF)

④ Comprehensive Fault(SC)

⑤ Check 한 후 "RUN" 버튼을 클릭한다.

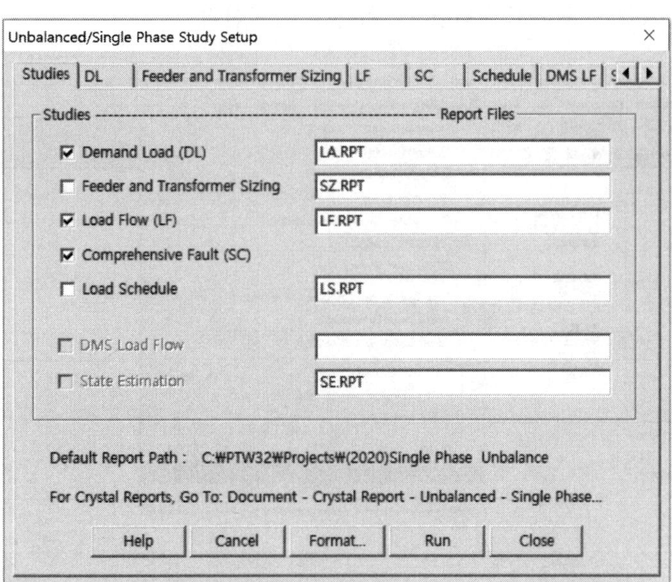


그림 9-17 Unbalanced/Single Phase Study Setup

### 7) Unbalanced and Single Phase Study의 오류 Check

Unbalanced/Single Phase Study 대화창에서 계산수행 및 오류 유무를 Check 한다.

① Numbers of fatal : 0

② Numbers of Warnings : 0

이면 오류 없이 정상적인 계산이 완료된 것이다.

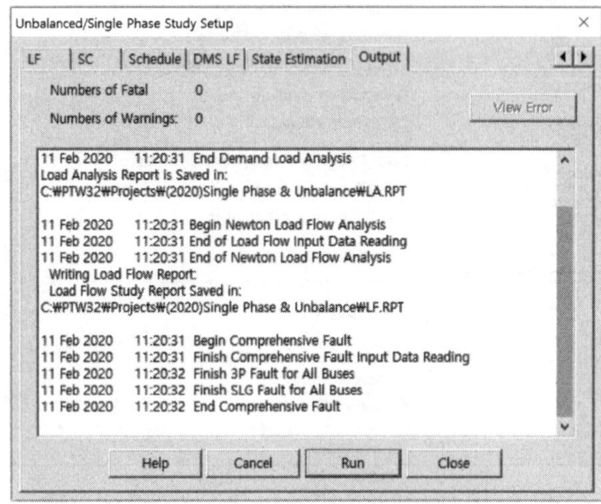

그림 9-18 계산수행 및 오류 Check

### 8) One-Line으로 결과 보기

One-Line에서 계산수행 결과를 보기 위하여 다음과 같이 한다.

(1) 상위 메뉴의 RUN을 클릭한다.

(2) Datablock Format를 선택한다.

(3) Unbalanced Load Flow의 Study 결과를 보기 위하여 그림 9-20의 Datablock Format 창에서 UB_LF Current를 선택하고 "Apply" 버튼을 클릭한다.

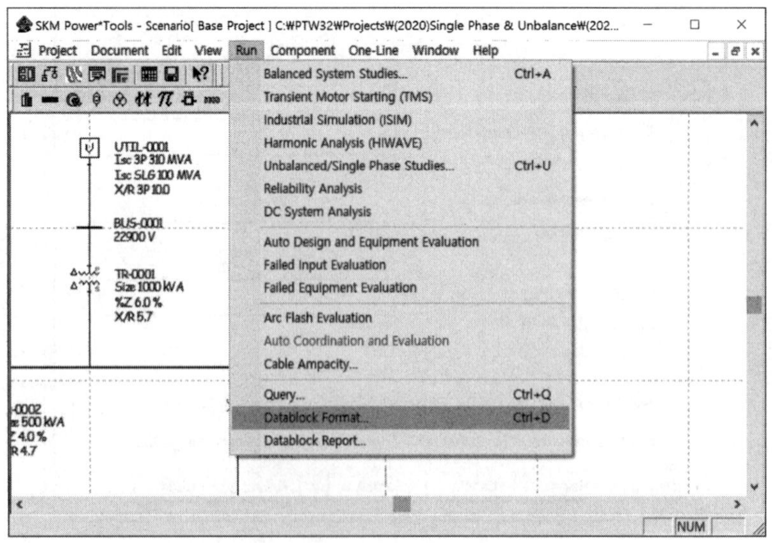

그림 9-19 Datablock Format 선택

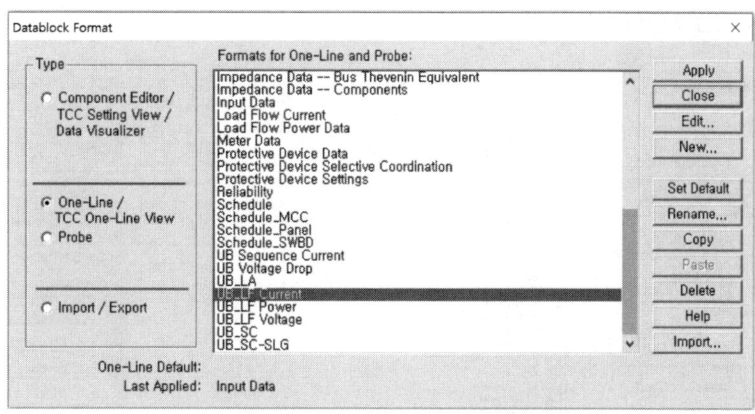


그림 9-20 UB_LF Current 선택

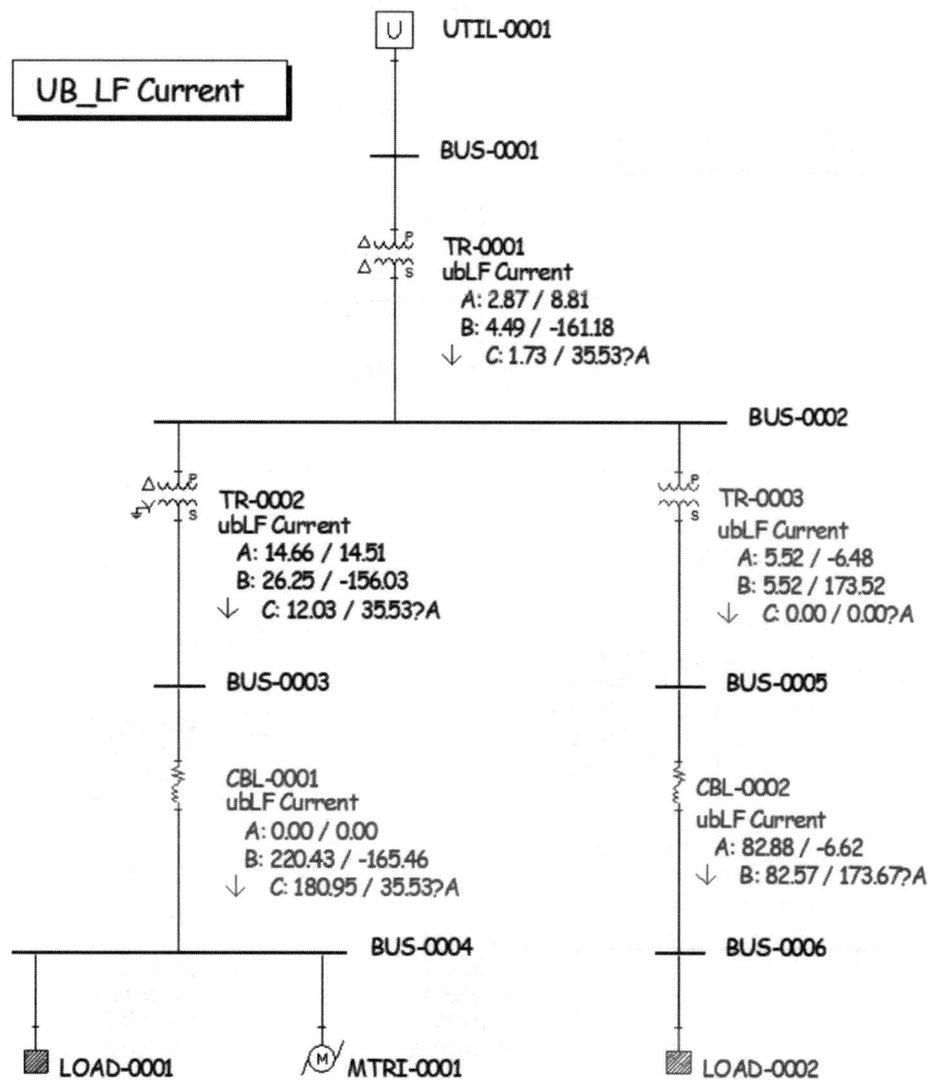


그림 9-21 UB_LF Current 계산 결과

(4) 단락고장계산 UB_SC의 선택 및 계산결과

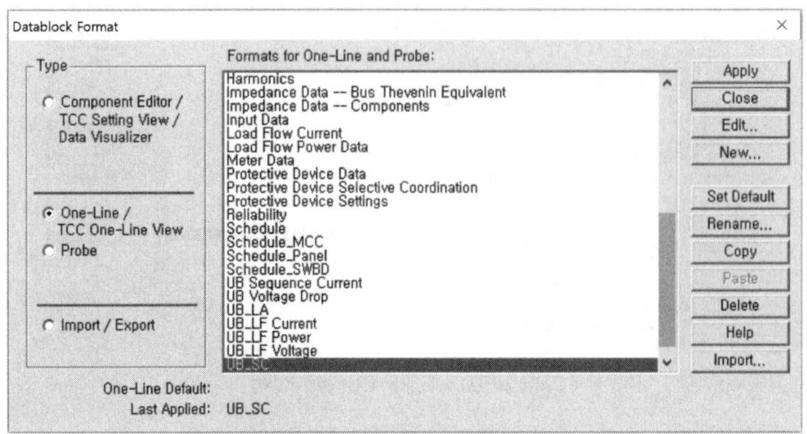


그림 9-22 UB_SC 선택

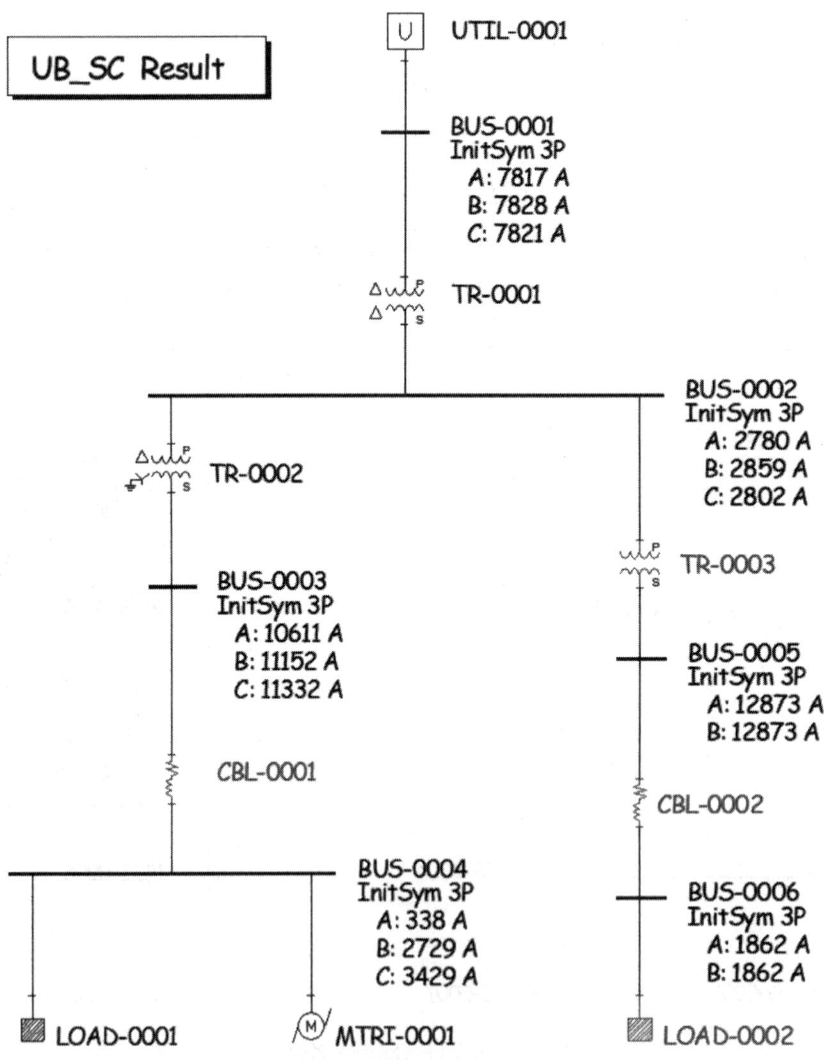


그림 9-23 UB_SC 계산 결과

(5) 1선지락고장계산 UB_SC_SLG의 선택 및 계산결과

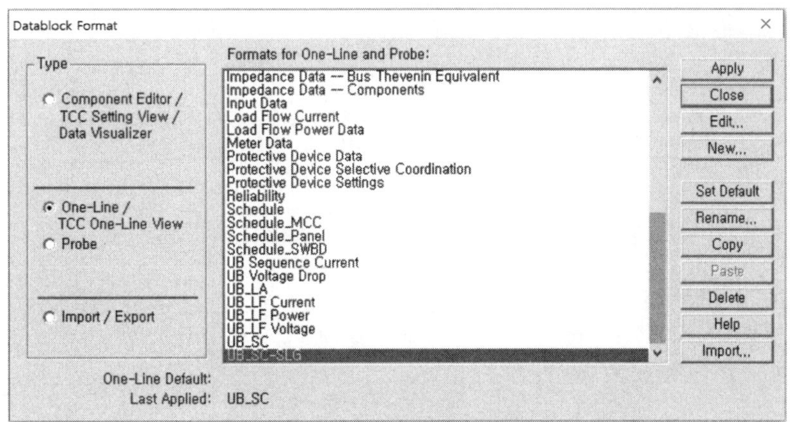


그림 9-24 UB_SC_SLG 선택

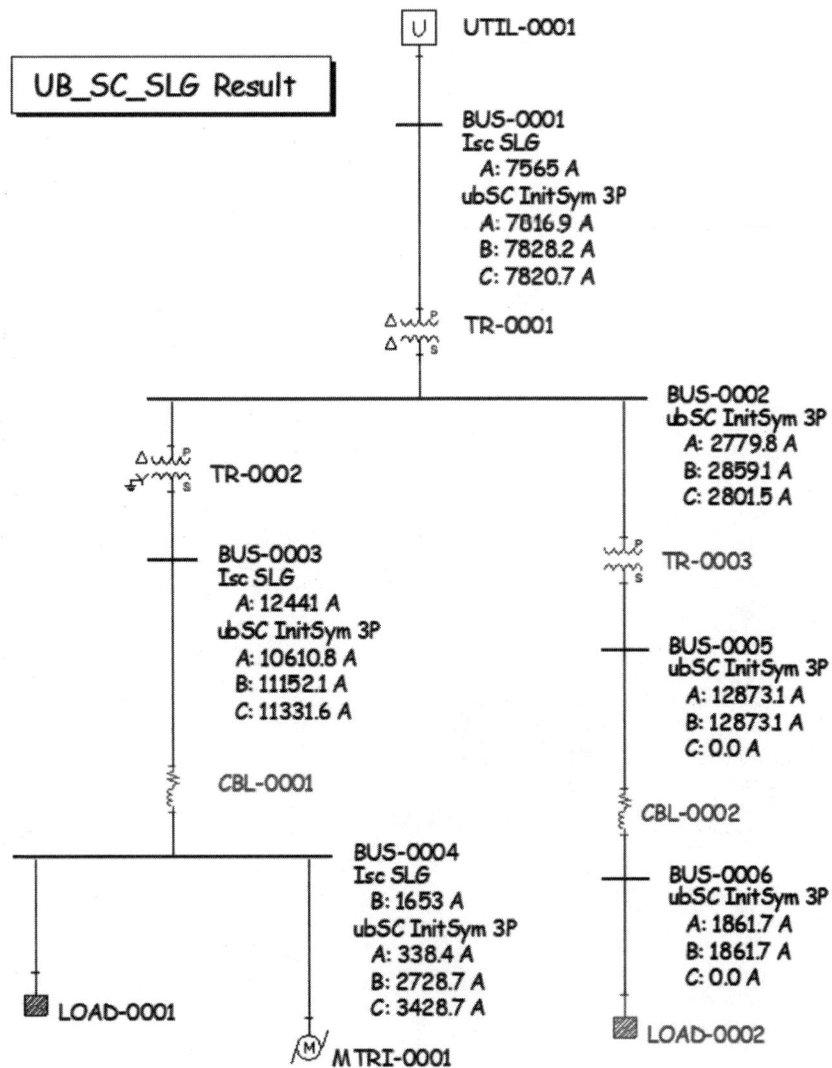


그림 9-25 UB_SC_SLG 계산 결과

# 10장 DC System Analysis

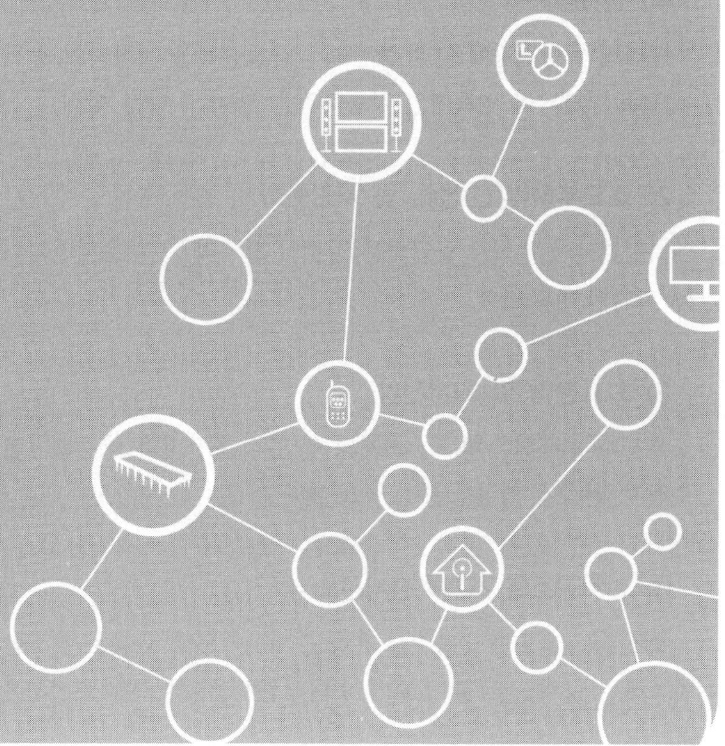

# 1 축전지용량계산

## 1.1 축전지용량계산식

### 1) 충전방식

충전방식에는 부동충전, 균등충전, 세류충전, 전자동충전이 있는데, 최근의 축전지설비는 대부분 부동충전방식이다.

#### (1) 부동충전(Flosting Charge)

정류기와 축전지를 부하에 병렬로 접속하고 축전지의 방전을 계속 보충하면서 부하에 전력을 공급하는 방식

#### (2) 균등충전(Equalized Charge)

부동충전방식으로 사용할 때 각 셀에서 일어나는 전압의 불균일을 보정하기 위하여 3~6개월에 1회씩 전압을 균일화하기 하기 위하여 충전하는 방법으로 부동충전방식의 전압보다 약 10% 높은 전압으로 충전한다.

#### (3) 세류충전(Trickle Charge)

배터리의 자기방전을 보충하기 위하여 항상 미세한 전류로 상시 충전하는 방법으로 상시부하가 없을 경우에 한다.

#### (4) 전자동충전

배터리의 방전량에 따라 충전초기 균등충전을 시작하여 충전량이 만충전에 도달하면 부동충전으로 자동으로 변환되어 연속적인 부동충전을 행하게 하는 방식

### 2) 소요부하(방전)전류 및 시간변화

축전지에서 부하로 공급하는 전류의 크기와 그 지속시간과 시간의 경과에 따라 증감하는 전류의 크기를 파악하여야 한다.

### 3) 최고전압 및 최저전압

부하가 허용하는 최고, 최저의 전압은 축전지의 방전종지전압 및 셀수의 결정에 필요하고 경제적인 축전지 선정에 영향을 주는 요소이다.

### 4) 설치장소별 최저축전지온도

축전지는 온도가 낮을수록 용량도 저하하므로 용량을 결정할 때는 설치장소의 최저온도에서의 부하를 만족하는 용량으로 할 필요가 있다. 설치장소별 최저축전지온도를 표 10-1에 나타낸다.

### 5) 보수율(경년용량저하율)

축전지에도 수명이 있고 그 말기에는 부하를 만족하는 용량을 결정하기 위한 계수이며 일반적으로 0.8로 한다.

**표 10-1 설치장소별 최저축전지 온도**

| 설 치 장 소 | | 최저축전지 온도 |
|---|---|---|
| 실내에 설치 | | +5 ℃ |
| 옥외 큐비클에 수납 | | -5 ℃ |
| 한 냉 지 | 옥내 | -5 ℃ |
| | 옥외 큐비클수납 | -15 ℃ |
| 공조설비에 의하여 실내온도가 항상 일정한 곳 | | 25 ℃ |

### 6) 용량환산 시간계수 'K'의 값

축전지의 방전특성은 축전지의 종류, 제조사에 따라 다르지만 단위전지당의 방전종지전압을 파라미터로 한 표준용량환산 시간특성곡선에서 K의 값을 찾아 적용한다.

### 7) 축전지 용량의 산출

(1) 셀수의 결정

축전지의 수량계산은 다음에 의한다.

$$N = \frac{V_{\max}}{V_{Cell}}[\text{개}] \tag{10.1}$$

여기에서,

$V_{\max}$ : 허용가능한 축전지의 최대전압 [V](시스템의 최대전압)

$V_{cell}$ : 충전이 요구되는 축전지 Cell의 전압 [V]

**표 10-2 축전지 종류별 표준 셀수**

| 축전지의 종류 | 1셀의 전압 [V] | 표준셀수 | 정격전압 [V] |
|---|---|---|---|
| 연축전지 | 2.0 | 54 | 108 |
| 알칼리축전지 | 1.2 | 86 | 103 |

**표 10-3 축전지 충전전압**

| 종류 | 부동충전전압 | 균등충전전압 |
|---|---|---|
| CS | 2.15 V/Cell | 2.3~2.4 |
| HS | 2.18 | 2.3~2.4 |

(2) 방전종지전압의 결정

축전지의 허용최저전압은 부하측 기기에서 요구되는 최저전압중의 최고값에 축전지와 부하간의 접속선의 전압강하를 합한 값이다.

$$V = \frac{V_{\min}}{N} \text{ [V/cell]} \tag{10.2}$$

여기에서,

$V$ : 축전지 Cell의 허용최저전압(방전종지전압) [V/cell]

$V_{\min}$ : 축전지의 허용최저전압 [V]

$$V_{\min} = V_b + V_c$$

$V_b$ : 부하의 허용최저전압 [V]

$V_c$ : 축전지와 부하간의 전압강하 [V]

$N$ : 직렬 접속된 cell수 [개]

(3) 용량의 산출

① $K_t$ Method

이 방식은 방전종지전압까지 특정한 전극형식과 크기에 따른 방전특성을 기초로 하여 전류-시간에 해당하는 셀의 크기를 계산한다.

$$C = \left[I_1K_1 + (I_2 - I_1)K_2 + \cdots + (I_n - I_{n-1})K_n\right] \times K_d \times K_t \times K_a \text{ [AH]} \tag{10.3}$$

여기에서,

$C$ : 축전지 용량 [Ah]

$I$ : 부하특성별 방전전류 [A]

$K$ : 용량환산시간 계수

25℃에서 셀의 방전종지전압까지 방전시간 T분 동안 공급 가능한 전류로 셀의 전류-시간의 비율이다.

$K_d$ : Design margin(설계 여유)

$K_t$ : 온도보정계수

$K_a$ : Aging Factor(보수율의 역수 설계값으로 1.25)

② $R_t$ Method

각 극판이 방전종지전압까지 주위온도 25℃에서 T분 동안 대한 공급할 수 있는 전류의 크기에 해당하는 셀의 크기를 계산한다.

$$P = \left[\frac{I_1}{R_1} + \frac{(I_2 - I_1)}{R_2} + \cdots + \frac{(I_n - I_{n-1})}{R_n}\right] \times K_d \times K_t \times K_a \tag{10.4}$$

여기에서,

$P$ : 양극의 개수

$R$ : 셀 형식에 대한 용량비율계수

③ KW Method

UPS 시스템 배터리는 일반적으로 KW 방법을 사용하여 배터리의 크기를 계산한다. KW 방법을 사용하는 배터리 크기로, 온도 보정계수, 설계여유, 그리고 유지율과 같은 요소가 고려되어야 한다. 다음은 UPS 셀에 대한 계산식이다.

$$F_W = \frac{L \times K_t \times K_d \times K_a}{N} \tag{10.5}$$

여기에서,

$F_w$ : 셀의 정격 [kW/cell]

$L$ : 부하 용량 [kW]

## 1.2 Battery Sizing Analysis

비상부하에 대한 Battery 크기 및 기설치된 부하에 대한 Battery의 크기를 Check할 때 Battery Sizing Analysis를 실시하며, 다음의 Data가 필요하다.

- 시간의 변화에 따른 부하의 크기 및 형식
- 시스템 전압한계
- Battery Cell 방전특성
- Battery의 감소계수
- 시스템 접속

### 1) New Project 생성

Menu의 Project-New를 클릭하면 아래 그림 10-1이 나타난다. 여기에서 새로운 Project 명을 입력하고 "저장"을 클릭하면 "Component Editor" 창과 "1Line001.drw" 창이 열린다.

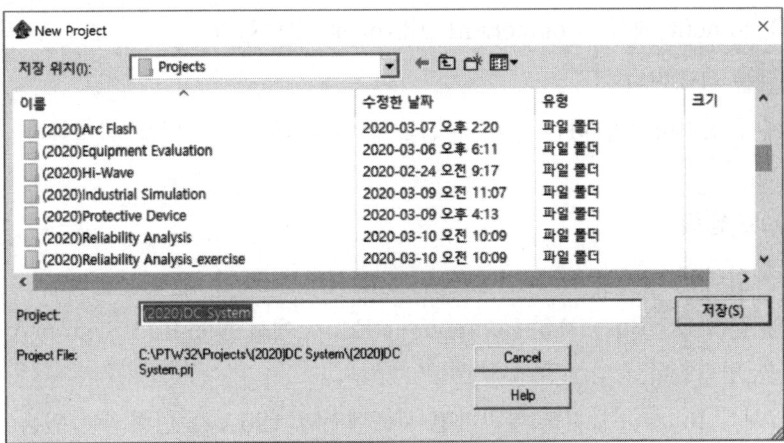


그림 10-1 New Project 생성

### 2) DC Component의 종류

DC System에서의 DC Component 아이콘은 그림 10-2의 종류와 같다.

그림 10-2 DC Component

다음은 DC System을 구성할 때 가능한 DC Component이다.

- Battery
- DC Generator(Load Flow와 ANSI 단락고장에만 사용)
- DC Solar PV Generator
- Rectifier/Battery Charger
- DC Motor
- DC Load
- Train Load
- DC Bus
- DC Cable
- DC-Capacitor(IEC 단락고장에만 사용)
- Invertor
- DC-DC Converter

### 3) DC One-Line 생성

"1Line001.drw"을 활성화하여 그림 10-2의 DC Component 아이콘을 이용하여 그림 10-3과 같이 One-Line Diagram을 완성한다.

### 4) Component Data 입력하기

Component Data 입력은 다음 세 가지 방법 중 하나를 선택하여 실행하여야 한다.

- Menu의 "Document"에서 "Component Editor"를 클릭한다.
- 툴바에서 [아이콘]를 클릭한다.
- One-Line에서 입력하고자 하는 설비의 심볼에 마우스를 놓고 더블 클릭한다.

#### (1) DC BUS Data 입력

① 설비 Data를 입력할 때에는 Bus 전압을 먼저 입력하는 것이 편리하다.

② 그림 10-4와 같이 DC Bus-01의 Component Editor에서 Nominal System Voltage에 시스템 전압 125 V을 입력한다.

③ DC Bus-02에서 Bus-06까지를 클릭하면 시스템전압 125 V가 입력되어 있는 것을 볼 수 있을 것이다. 이는 Program이 자동으로 인식하기 때문이다.

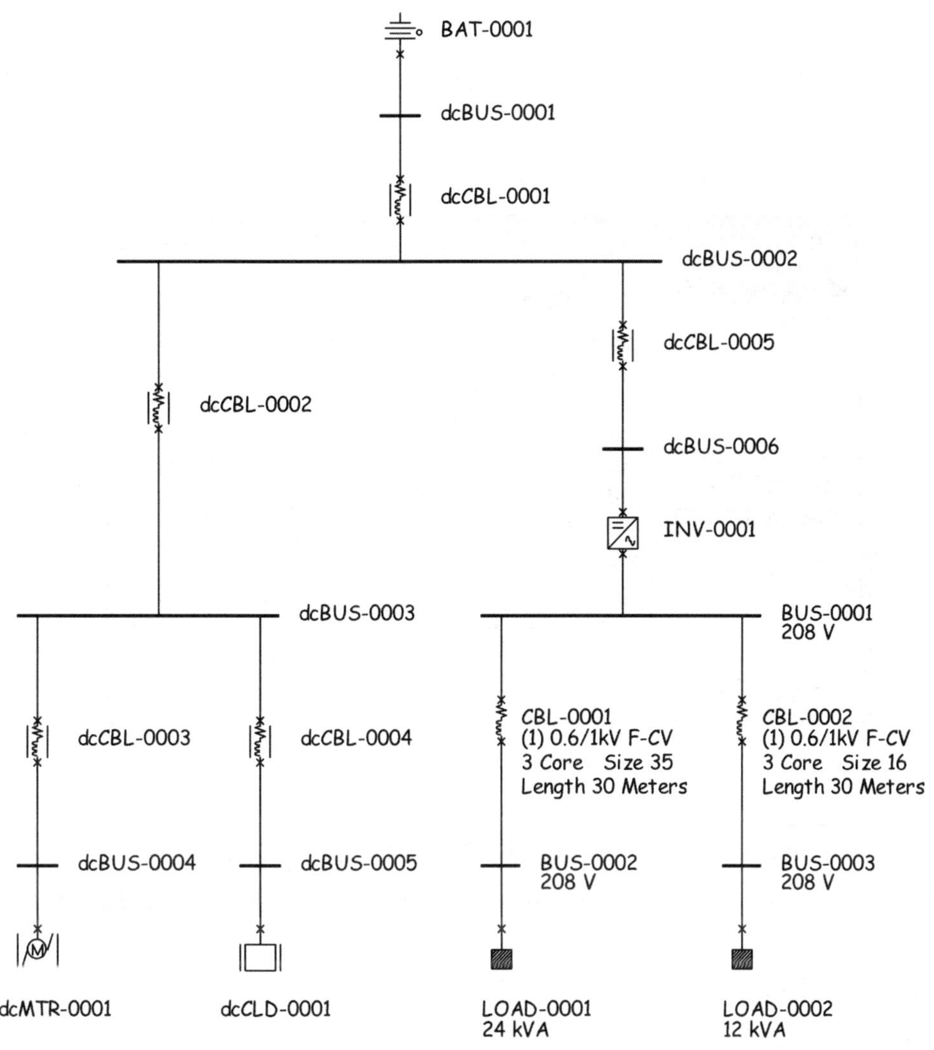


그림 10-3 DC One-Line

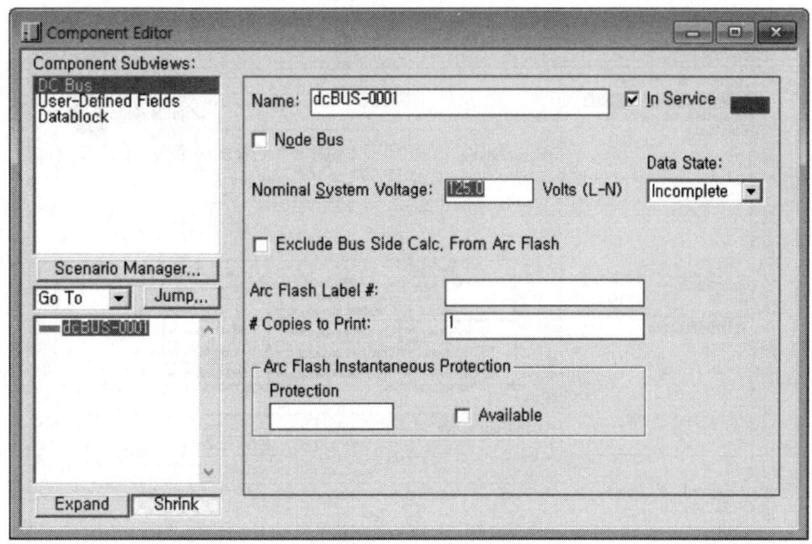


그림 10-4 DC Bus

(2) DC Cable Data 입력

① 그림 10-5와 같이 DC Cable의 Component Editor에서 Cable Length에 케이블의 길이 15 m를 입력한다.

② 케이블의 1000 m당 Impedance의 값 R=0.2625[Ohms], L=0.1148 mH를 입력한다.

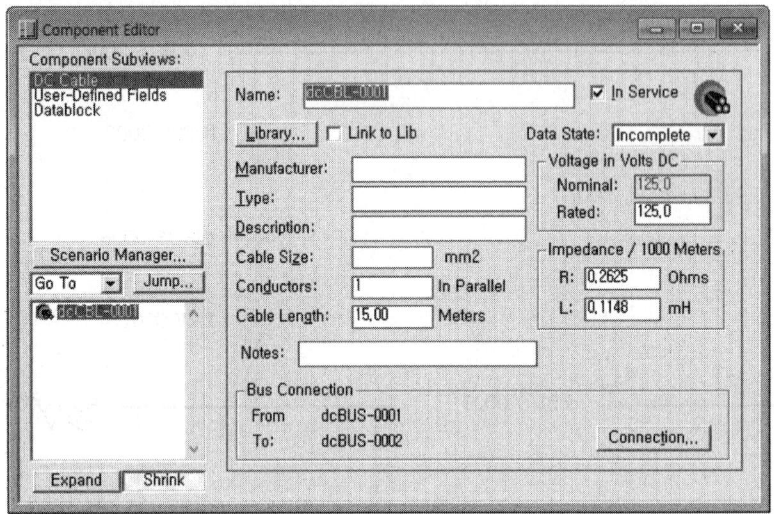

그림 10-5 DC Cable

③ 나머지 Cable의 Impedance는 동일하고 케이블 길이는 다음과 같다.

· dcCBL-02 : 15 m, · dcCBL-03 : 30 m, · dcCBL-04 : 30 m · dcCBL-05 : 60 m

(3) DC Load Data 입력

① 정격전압 120 V를 입력한다.

② 시간의 경과에 따른 부하의 크기를 아래 그림과 같이 입력하고, 부하크기의 단위와 Load Type를 선택한다.

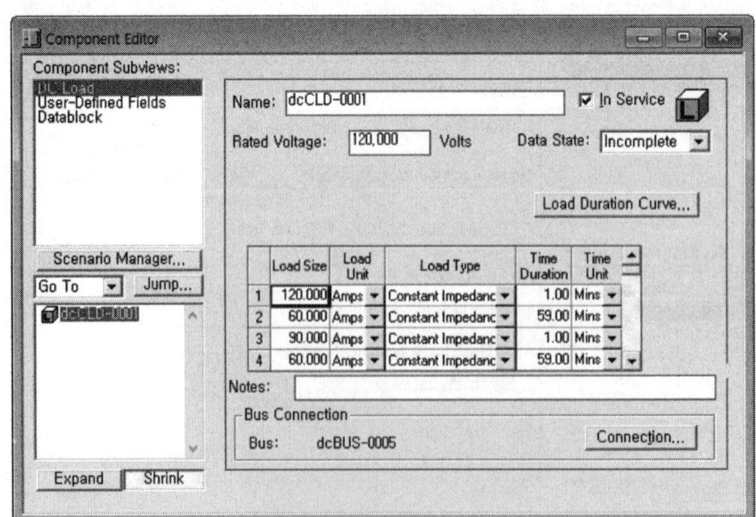

그림 10-6 DC Load

③ "Load Duration Curve" 버튼을 클릭하면 부하지속시간곡선을 확인할 수 있다.

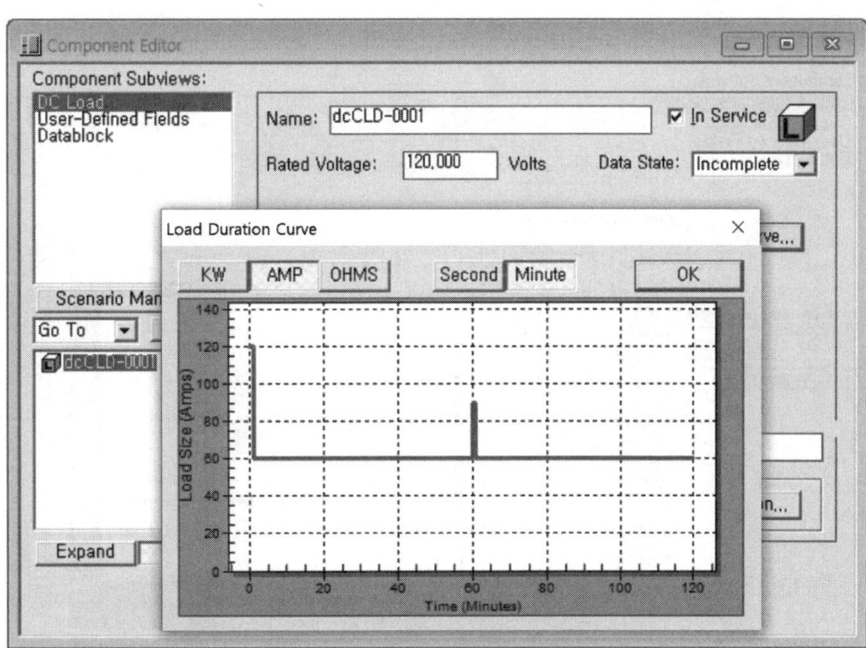


그림 10-7 Load Duration Curve

(4) DC Motor Data 입력

① 정격전압 120 V를 입력한다.

② 시간의 경과에 따른 부하의 크기를 입력하고, 부하크기의 단위와 부하형태를 선택한다.

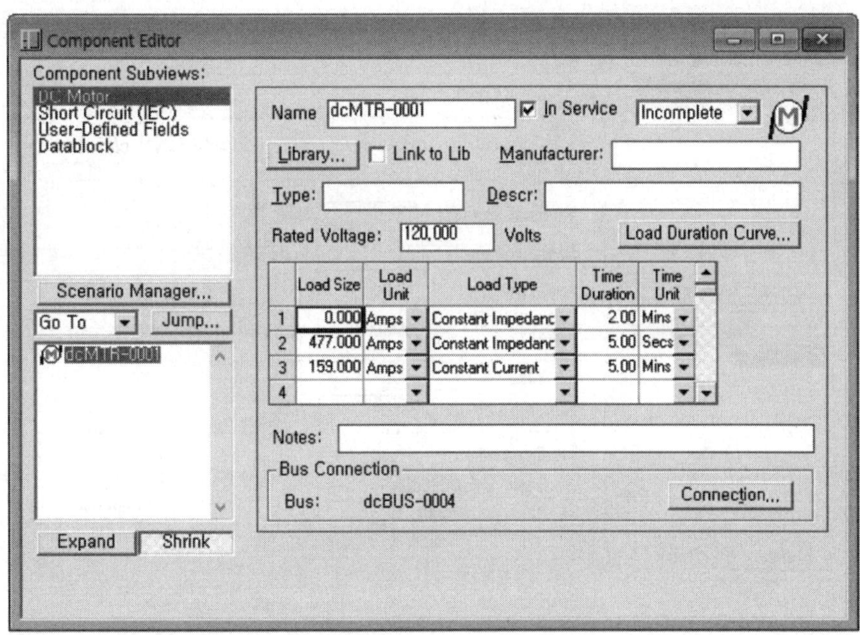


| | Load Size | Load Unit | Load Type | Time Duration | Time Unit |
|---|---|---|---|---|---|
| 1 | 0.000 | Amps | Constant Impedanc | 2.00 | Mins |
| 2 | 477.000 | Amps | Constant Impedanc | 5.00 | Secs |
| 3 | 159.000 | Amps | Constant Current | 5.00 | Mins |
| 4 | | | | | |

그림 10-8 DC Motor

③ "Load Duration Curve" 버튼을 클릭하여 부하지속시간곡선을 확인한다.

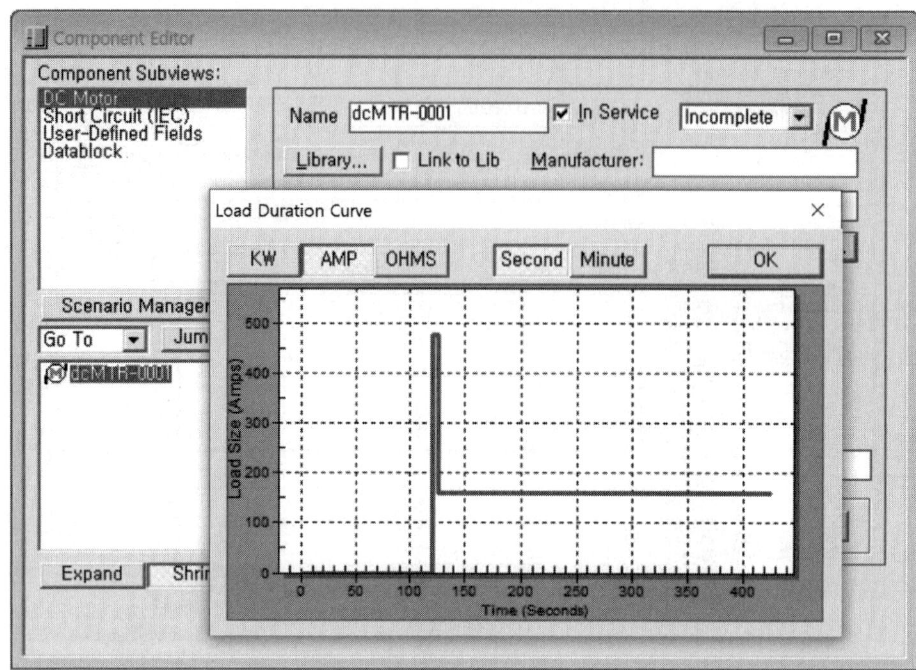


그림 10-9 Load Duration Curve

(5) Inverter Data 입력

Inverter의 정격전압, 정격출력, 최대전류, 효율을 입력한다.

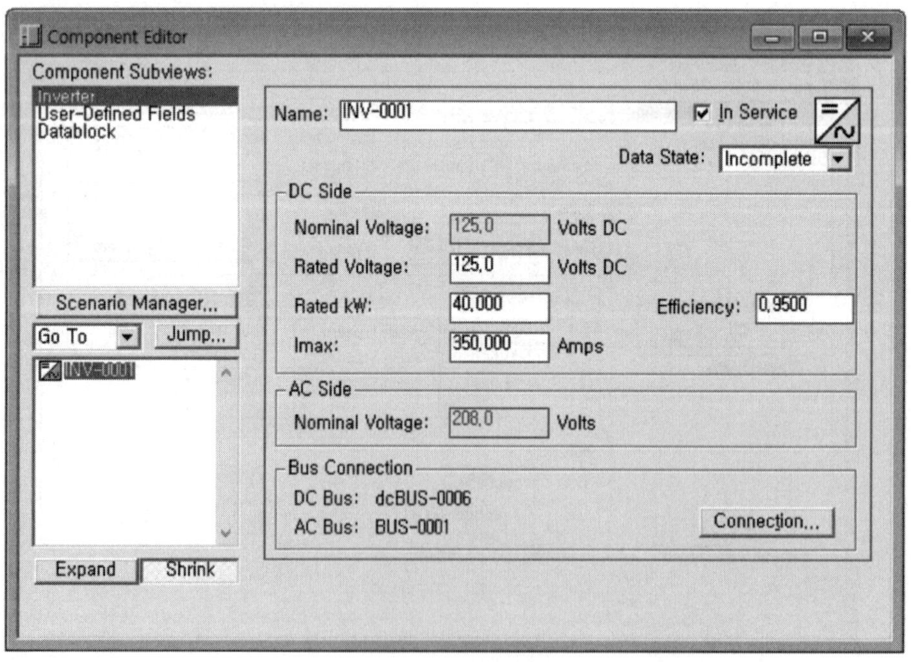


그림 10-10 Inverter

### (6) AC Bus Data 입력

AC Bus 전압 208 V를 입력한다.

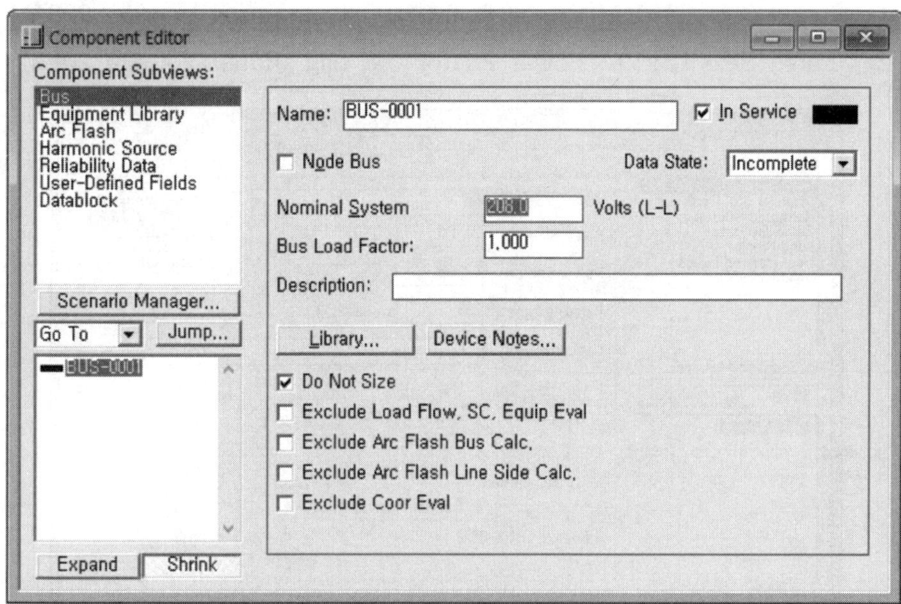


그림 10-11 AC Bus Data

### (7) AC Cable Data 입력

AC Cable 도체의 사이즈 및 길이를 다음과 같이 입력한다.

Cable-0001 : 0.6/1 kV, F-CV, 3 core, Size 35 $mm^2$, Length 30 m

Cable-0002 : 0.6/1 kV, F-CV, 3 core, Size 16 $mm^2$, Length 30 m

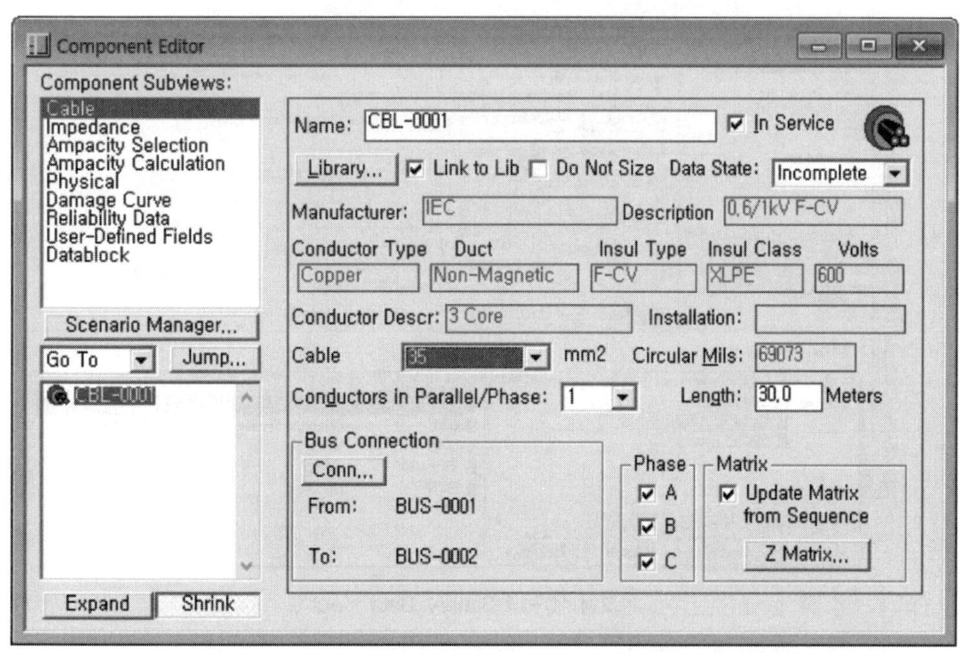


그림 10-12 AC Cable Data

(8) AC Load Data 입력

AC 부하의 정격부하용량, 역률과 정격전압을 다음과 같이 입력한다.

LOAD-01 : Rated Size 24 kVA, Power Factor 0.8 Lag, Rated Voltage 208 V

LOAD-02 : Rated Size 12 kVA, Power Factor 0.8 Lag, Rated Voltage 208 V

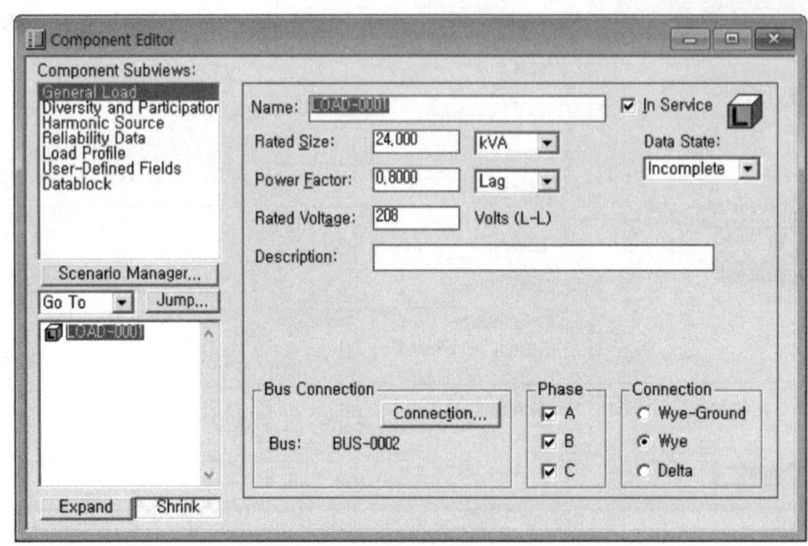


그림 10-13 AC General Load

(9) Battery Data 입력

배터리의 정격전압을 입력한다. Library를 클릭하여 DC Equipment를 선택한 후 "Lead Acid Battery"를 클릭하여 배터리 Type를 GU-31로 선택하여 "Apply"를 클릭한다.

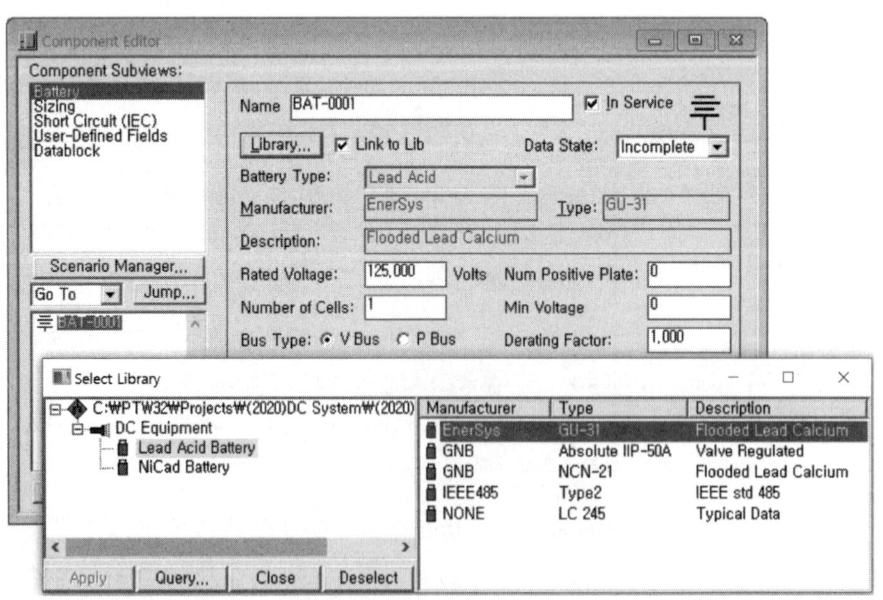


그림 10-14 Battery Data Input

[Note] Battery Sizing이 완료되면 Battery Component Editor에서 Cell 수와 배터리 최저전압이 계산되어 나타난 것을 확인할 수 있다.

Component Subviews에서 Sizing을 선택하면 아래의 그림이 나타난다.

"Characteristic"에서 "Kt Curve-Size Ampere Hours"를 선택하면 배터리용량이 Ampere Hours로 계산된다. 시스템의 최고전압과, 최저전압, 설계여유, 운전온도, 유지율 등을 입력한다.

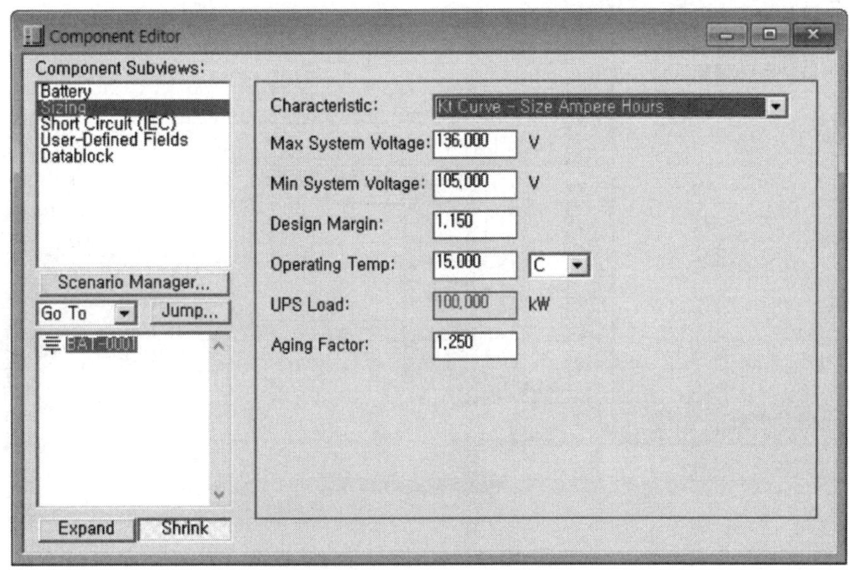


그림 10-15 Battery Data Input

### 5) Battery Sizing Study

#### (1) AC Emergency Loads 설정

① 상위메뉴의 Run에서 DC System Analysis를 클릭한다.

② Study1의 Battery Sizing을 클릭하여 청색으로 되면 마우스 우측버튼을 클릭하여 "AC Emergency Loads"를 선택한다.

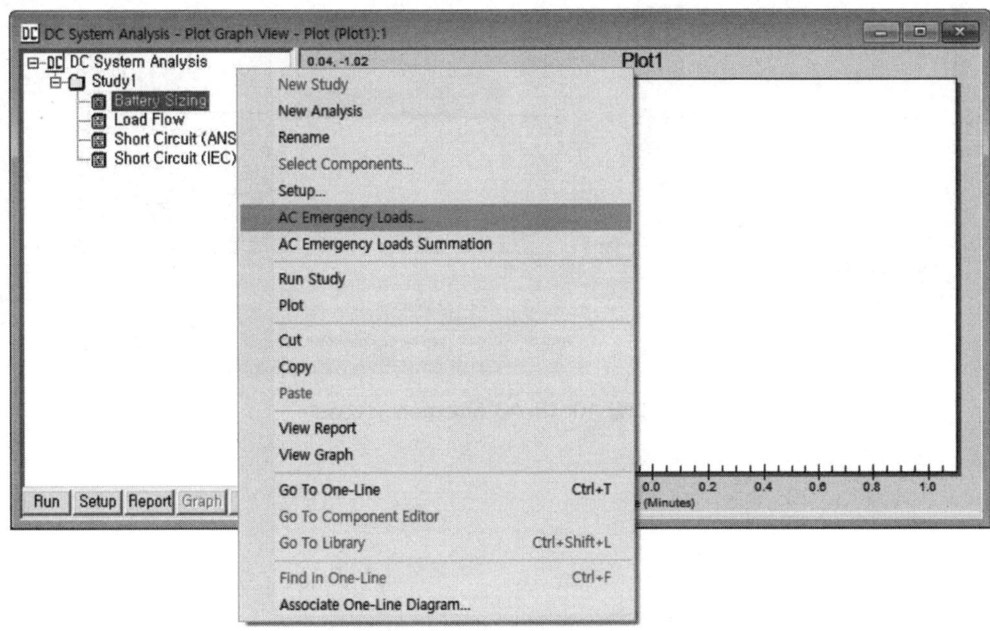


그림 10-16 AC Emergency Load

③ AC Emergency Load를 추가하기 위하여 "Add" 버튼을 클릭한다.

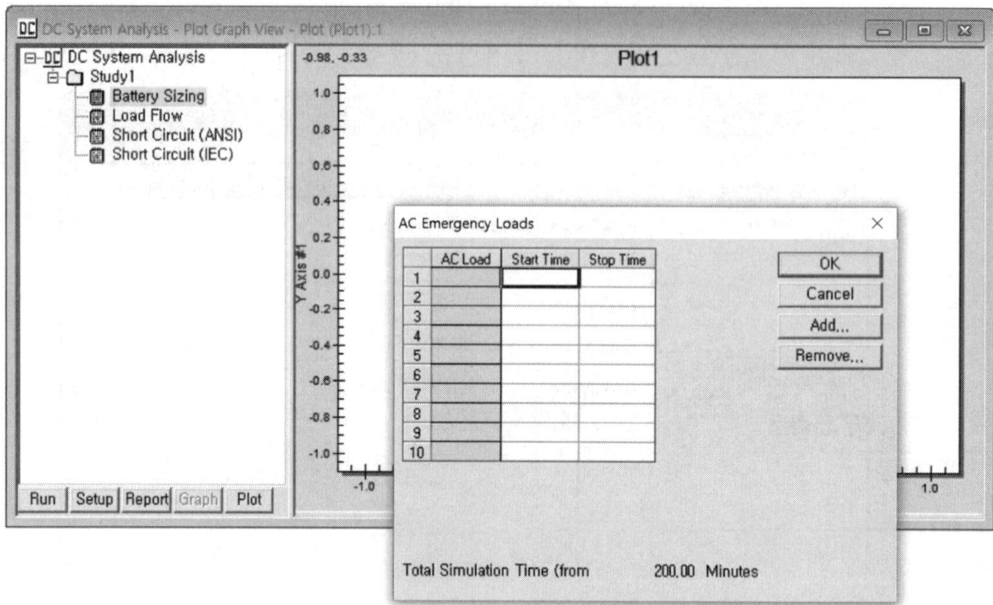

그림 10-17 AC Emergency Load

④ AC Load "LOAD-01", "LOAD-02"를 클릭하여 "OK" 버튼을 클릭하면 AC 부하가 추가된다.

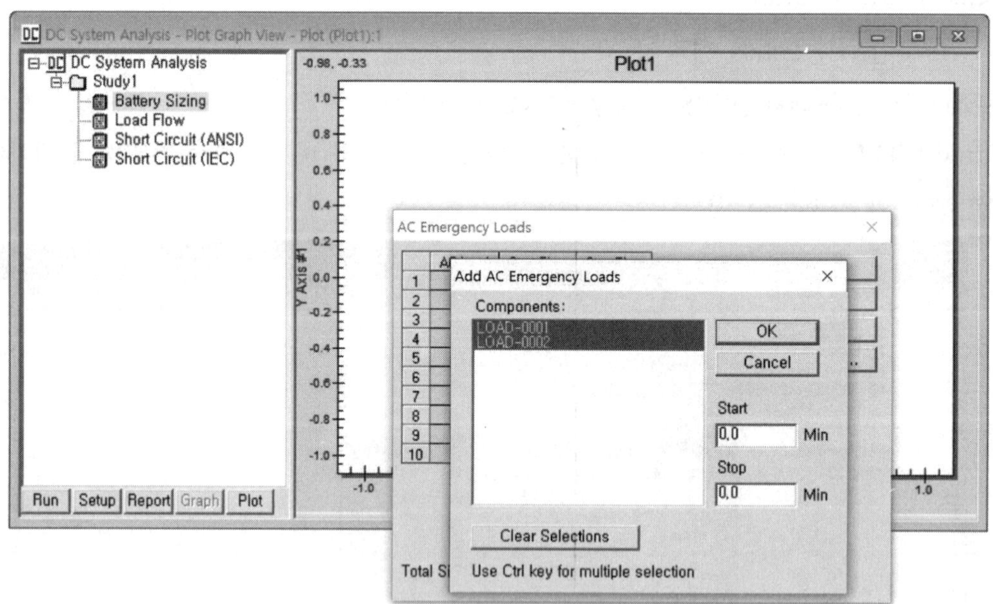

그림 10-18 AC Emergency Load

⑤ AC 부하리스트에 AC 부하가 나타나면 각 부하별 Start Time와 Stop Time을 입력하여 AC 부하의 시작시간과 지속시간을 설정한다.

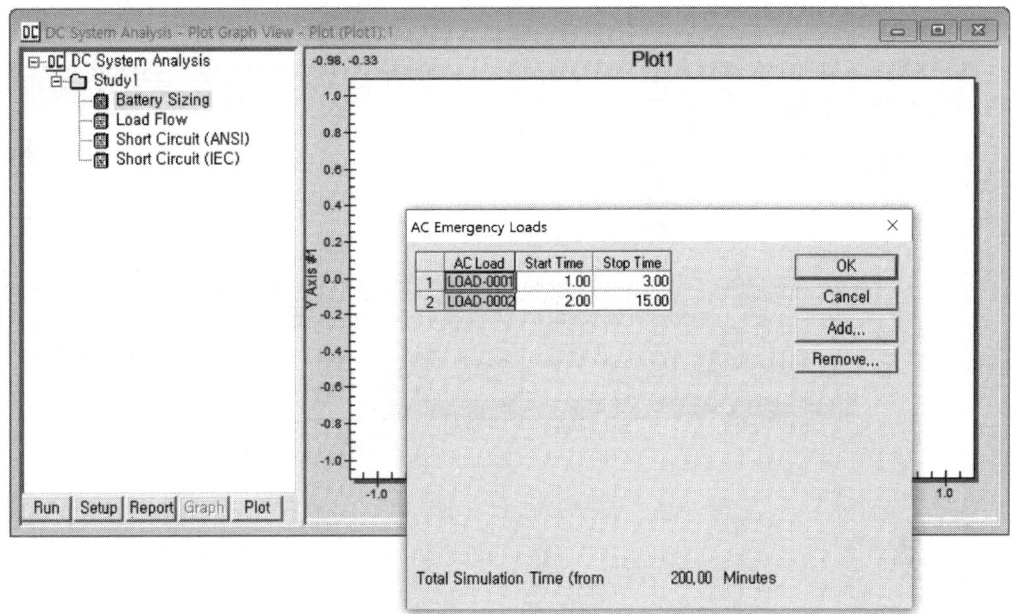


그림 10-19 AC Emergency Load

## (2) Battery Sizing 설정

"Setup" 버튼을 클릭하면 아래의 그림의 "DC Study Setup" 창이 나타난다. 여기에서 부가적인 임의의 부하가 있을 경우 그 Size, Load Type, 지속시간을 입력하고 "확인" 버튼을 클릭한다.

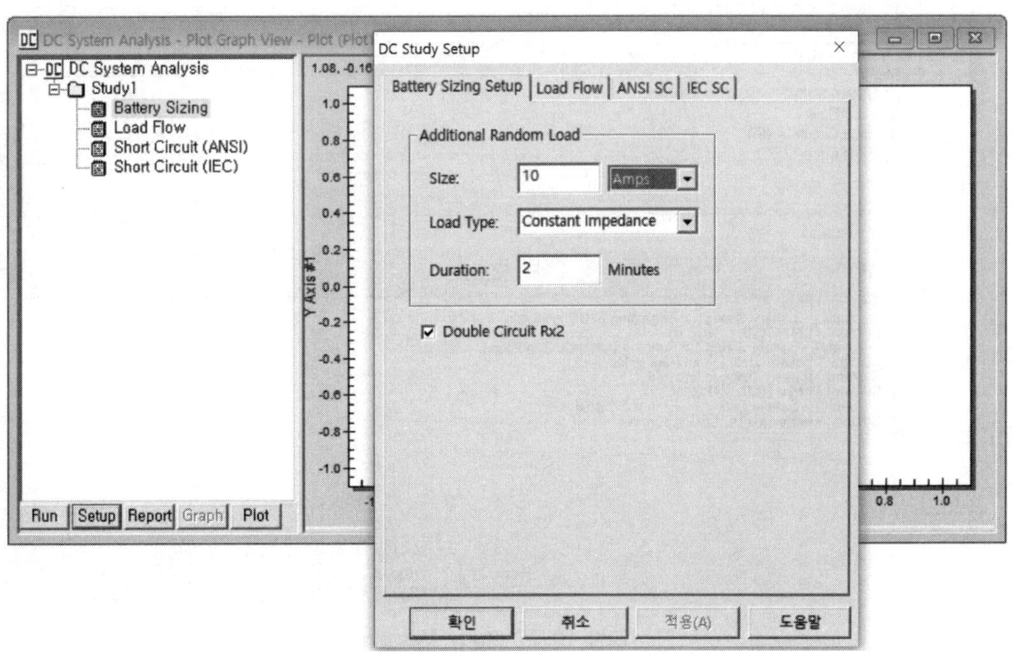


그림 10-20 DC Study Setup

(3) Calculation

Run 버튼을 클릭하면, "AC Emergency Load Distributed kW" 창이 나타난다. AC Emergency Load의 접속 여부를 선택하여 클릭한다.

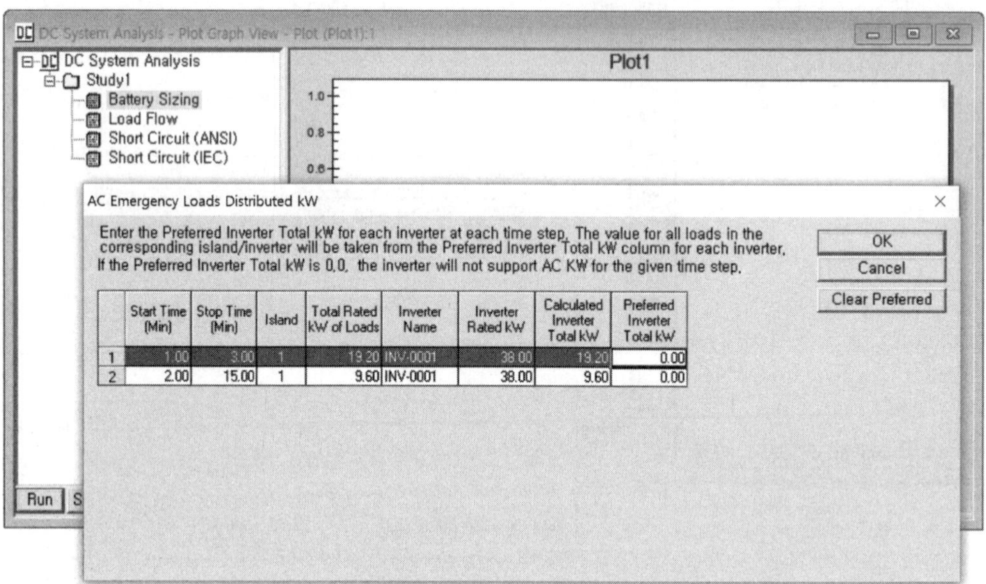


그림 10-21 Calculation

(4) Study Message

계산이 종료되면 아래 그림과 같이 Study Messages와 오류 유무를 나타낸다.

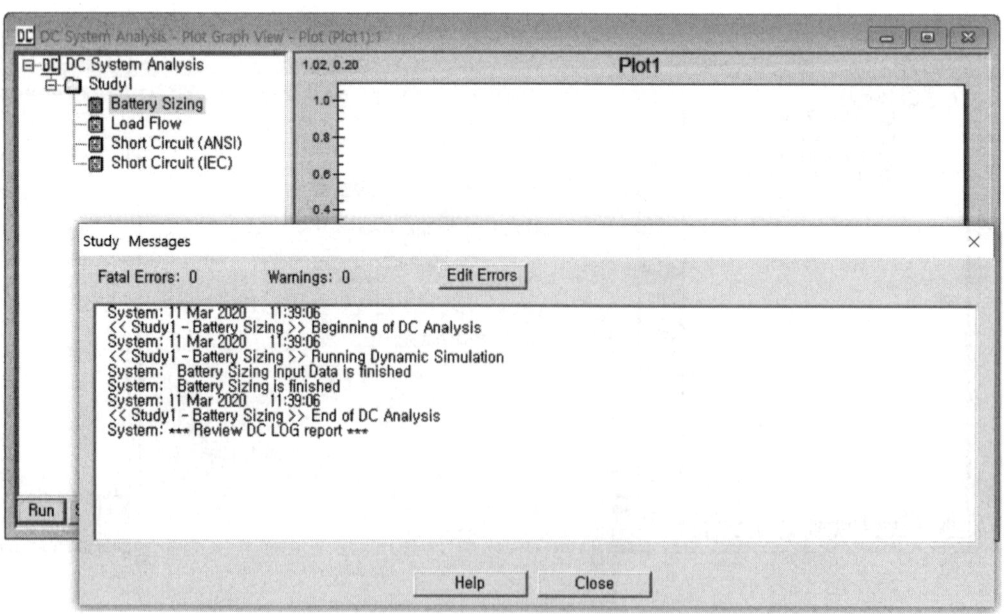


그림 10-22 Study Message

### (5) 축전지의 셀수 및 방전종지전압

Battery Sizing이 완료되면 Battery Component Editor에서 Cell수와 배터리 최저전압이 계산되어 나타난 것을 확인할 수 있다.

① Number of Cells

셀수는 시스템의 최고전압을 축전지 충전전압(단위셀의 충전전압×셀수)으로 나눈 값이다.

$$\text{Number of Cells} = \frac{\text{시스템 최고전압}}{\text{축전지 충전전압}} \tag{10.6}$$

② Minimum Voltage

축전지에서의 방전종지전압을 의미하며 축전지단자에서의 허용최저전압을 Cell수로 나눈값이다.

$$\text{방전종지전압} = \frac{\text{축전지단자에서의 허용최저전압}}{\text{셀수}} [V] \tag{10.7}$$

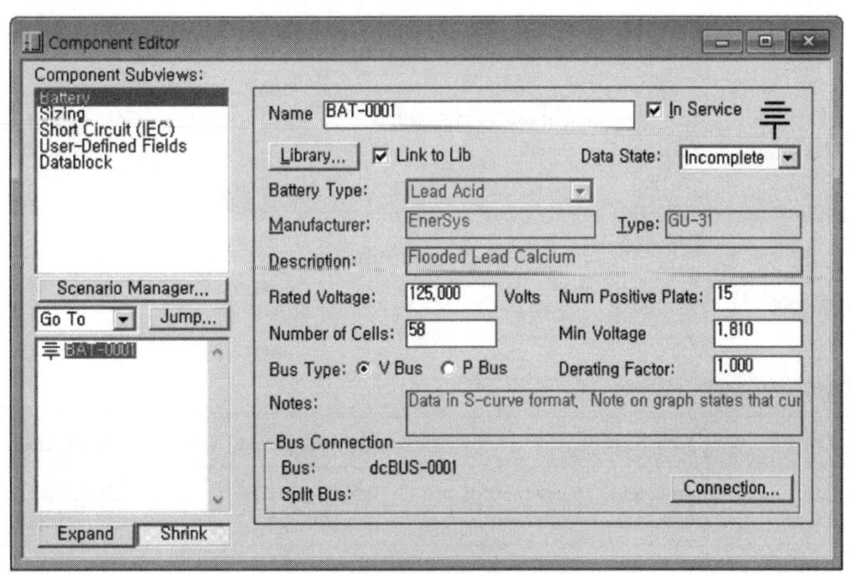


그림 10-23 셀수, 방전종지전압

### (7) Text Report 보기

상위 Menu의 Document에서 Report를 선택한 후 "Text Report" 버튼을 클릭하여, "Study1_BatterySizing.rpt"를 선택하여 "열기" 버튼을 클릭하면 보고서를 볼 수 있다.

---

ALL INFORMATION PRESENTED IS FOR REVIEW, APPROVAL,
INTERPRETATION AND APPLICATION BY A REGISTERED ENGINEER ONLY

```
  SKM DISCLAIMS ANY RESPONSIBILITY AND LIABILITY RESULTING
  FROM THE USE AND INTERPRETATION OF THIS SOFTWARE
-----------------------------------------------------------
  SKM POWER*TOOLS FOR WINDOWS
  DC BATTERY SIZING ANALYSIS REPORT
  COPYRIGHT SKM SYSTEMS ANALYSIS, INC. 1995-2019
-----------------------------------------------------------


Load Informations
-----------------

Load Name: dcCLD-0001            Bus Name:dcBUS-0005          Status:1     Voltage:125.000
  STime(Min)  ETime(Min)  Load(Amp)
  0.000       1.000        120.000
  1.000       60.000       60.000
  60.000      61.000       90.000
  61.000      120.000      60.000

Load Name: dcMTR-0001            Bus Name:dcBUS-0004          Status:1     Voltage:125.000
  STime(Min)  ETime(Min)  Load(Amp)
  0.000       2.000        0.000
  2.000       2.083        477.000
  2.083       7.083        159.000

Load Name: INV-0001              Bus Name:dcBUS-0006          Status:1     Voltage:125.000
  STime(Min)  ETime(Min)  Load(Amp)
  0.000       1.000        16.000
  1.000       2.000        169.600
  2.000       3.000        246.400
  3.000       15.000       92.800
  15.000      200.000      16.000

Project: DC SystemWStudy1_BatterySizing
=============================================================================================
Lowest Temp: 59.0 F  Min. Cell Volt: 1.81V   Mfg: EnerSys-GU-31-Flooded Lead Calcium   Type: Lead-Acid
---------------------------------------------------------------------------------------------
Period    Load (A)       Change in Load     Duration of      Time to the End    Ct     Required Section
                                              Period            of Section                 Size
---------------------------------------------------------------------------------------------
Section 1 - First 1 Periods Only
---------------------------------------------------------------------------------------------
 1    A1 =   136.000   A1 -A0 =   136.000   M1 =     1.000   T=     1.000      0.510    266.620

                                                           Section 1  Total:    266.620

Section 2 - First 2 Periods Only
---------------------------------------------------------------------------------------------
 1    A1 =   136.000   A1 -A0 =   136.000   M1 =     1.000   T=     2.000      0.506    268.963
---------------------------------------------------------------------------------------------
 2    A2 =   229.600   A2 -A1 =    93.600   M2 =     1.000   T=     1.000      0.510    183.497

                                                           Section 2  Total:    452.461

Section 3 - First 3 Periods Only
---------------------------------------------------------------------------------------------
 1    A1 =   136.000   A1 -A0 =   136.000   M1 =     1.000   T=     2.083      0.505    269.159
---------------------------------------------------------------------------------------------
 2    A2 =   229.600   A2 -A1 =    93.600   M2 =     1.000   T=     1.083      0.510    183.631
```

```
3   A3 =  783.400  A3 -A2 =  553.800  M3 =   0.083  T=   0.083    0.510   1085.691
                                                  Section 3  Total:   1538.481

Section 4 - First 4 Periods Only
1   A1 =  136.000  A1 -A0 =  136.000  M1 =   1.000  T=   3.000    0.501    271.335
2   A2 =  229.600  A2 -A1 =   93.600  M2 =   1.000  T=   2.000    0.506    185.110
3   A3 =  783.400  A3 -A2 =  553.800  M3 =   0.083  T=   1.000    0.510   1085.691
4   A4 =  465.400  A4 -A3 = -318.000  M4 =   0.917  T=   0.917    0.510   -623.420
                                                  Section 4  Total:    918.716

Section 5 - First 5 Periods Only
1   A1 =  136.000  A1 -A0 =  136.000  M1 =   1.000  T=   7.083    0.481    282.798
2   A2 =  229.600  A2 -A1 =   93.600  M2 =   1.000  T=   6.083    0.485    192.859

 Wed Mar 11 11:39:06 2020                                   PAGE 3

3   A3 =  783.400  A3 -A2 =  553.800  M3 =   0.083  T=   5.083    0.488   1135.348
4   A4 =  465.400  A4 -A3 = -318.000  M4 =   0.917  T=   5.000    0.488   -651.680
5   A5 =  311.800  A5 -A4 = -153.600  M5 =   4.083  T=   4.083    0.496   -309.648
                                                  Section 5  Total:    649.677

Section 6   First 6 Periods Only
1   A1 =  136.000  A1 -A0 =  136.000  M1 =   1.000  T=  15.000    0.445    305.780
2   A2 =  229.600  A2 -A1 =   93.600  M2 =   1.000  T=  14.000    0.449    208.479
3   A3 =  783.400  A3 -A2 =  553.800  M3 =   0.083  T=  13.000    0.453   1222.065
4   A4 =  465.400  A4 -A3 = -318.000  M4 =   0.917  T=  12.917    0.454   -701.186
5   A5 =  311.800  A5 -A4 = -153.600  M5 =   4.083  T=  12.000    0.457   -335.834
6   A6 =  152.800  A6 -A5 = -159.000  M6 =   7.917  T=   7.917    0.477   -333.175
                                                  Section 6  Total:    366.130

Section 7 - First 7 Periods Only
1   A1 =  136.000  A1 -A0 =  136.000  M1 =   1.000  T=  60.000    0.340    400.512
2   A2 =  229.600  A2 -A1 =   93.600  M2 =   1.000  T=  59.000    0.341    274.126
3   A3 =  783.400  A3 -A2 =  553.800  M3 =   0.083  T=  58.000    0.343   1613.022
4   A4 =  465.400  A4 -A3 = -318.000  M4 =   0.917  T=  57.917    0.343   -925.797
5   A5 =  311.800  A5 -A4 = -153.600  M5 =   4.083  T=  57.000    0.345   -444.942
6   A6 =  152.800  A6 -A5 = -159.000  M6 =   7.917  T=  52.917    0.353   -450.552
7   A7 =   76.000  A7 -A6 =  -76.800  M7 =  45.000  T=  45.000    0.368   -208.807
```

| | | | | | | Section 7 | Total: | 257.560 |
|---|---|---|---|---|---|---|---|---|

Section 8 - First 8 Periods Only

| | | | | | | | | |
|---|---|---|---|---|---|---|---|---|
| 1 | A1 = | 136.000 | A1 -A0 = | 136.000 | M1 = | 1.000 | T= | 61.000 | 0.338 | 402.349 |
| 2 | A2 = | 229.600 | A2 -A1 = | 93.600 | M2 = | 1.000 | T= | 60.000 | 0.340 | 275.646 |
| 3 | A3 = | 783.400 | A3 -A2 = | 553.800 | M3 = | 0.083 | T= | 59.000 | 0.341 | 1621.915 |
| 4 | A4 = | 465.400 | A4 -A3 = | -318.000 | M4 = | 0.917 | T= | 58.917 | 0.342 | -930.899 |
| 5 | A5 = | 311.800 | A5 -A4 = | -153.600 | M5 = | 4.083 | T= | 58.000 | 0.343 | -447.382 |
| 6 | A6 = | 152.800 | A6 -A5 = | -159.000 | M6 = | 7.917 | T= | 53.917 | 0.351 | -452.969 |
| 7 | A7 = | 76.000 | A7 -A6 = | -76.800 | M7 = | 45.000 | T= | 46.000 | 0.366 | -209.881 |
| 8 | A8 = | 106.000 | A8 -A7 = | 30.000 | M8 = | 1.000 | T= | 1.000 | 0.510 | 58.813 |

Section 8 Total: 317.591

Section 9 - First 9 Periods Only

| | | | | | | | | | | |
|---|---|---|---|---|---|---|---|---|---|---|
| 1 | A1 = | 136.000 | A1 -A0 = | 136.000 | M1 = | 1.000 | T= | 120.000 | 0.264 | 515.682 |
| 2 | A2 = | 229.600 | A2 -A1 = | 93.600 | M2 = | 1.000 | T= | 119.000 | 0.265 | 353.543 |
| 3 | A3 = | 783.400 | A3 -A2 = | 553.800 | M3 = | 0.083 | T= | 118.000 | 0.266 | 2083.763 |
| 4 | A4 = | 465.400 | A4 -A3 = | -318.000 | M4 = | 0.917 | T= | 117.917 | 0.266 | -1196.144 |
| 5 | A5 = | 311.800 | A5 -A4 = | -153.600 | M5 = | 4.083 | T= | 117.000 | 0.267 | -575.734 |
| 6 | A6 = | 152.800 | A6 -A5 = | -159.000 | M6 = | 7.917 | T= | 112.917 | 0.271 | -586.810 |
| 7 | A7 = | 76.000 | A7 -A6 = | -76.800 | M7 = | 45.000 | T= | 105.000 | 0.279 | -275.234 |
| 8 | A8 = | 106.000 | A8 -A7 = | 30.000 | M8 = | 1.000 | T= | 60.000 | 0.340 | 88.348 |
| 9 | A9 = | 76.000 | A9 -A8 = | -30.000 | M9 = | 59.000 | T= | 59.000 | 0.341 | -87.861 |

Section 9 Total: 319.553

Section 10 - First 10 Periods Only

| | | | | | | | | | | |
|---|---|---|---|---|---|---|---|---|---|---|
| 1 | A1 = | 136.000 | A1 -A0 = | 136.000 | M1 = | 1.000 | T= | 200.000 | 0.200 | 680.608 |
| 2 | A2 = | 229.600 | A2 -A1 = | 93.600 | M2 = | 1.000 | T= | 199.000 | 0.200 | 466.863 |
| 3 | A3 = | 783.400 | A3 -A2 = | 553.800 | M3 = | 0.083 | T= | 198.000 | 0.201 | 2753.130 |
| 4 | A4 = | 465.400 | A4 -A3 = | -318.000 | M4 = | 0.917 | T= | 197.917 | 0.201 | -1580.451 |
| 5 | A5 = | 311.800 | A5 -A4 = | -153.600 | M5 = | 4.083 | T= | 197.000 | 0.202 | -761.079 |
| 6 | A6 = | 152.800 | A6 -A5 = | -159.000 | M6 = | 7.917 | T= | 192.917 | 0.205 | -777.363 |
| 7 | A7 = | 76.000 | A7 -A6 = | -76.800 | M7 = | 45.000 | T= | 185.000 | 0.210 | -366.047 |
| 8 | A8 = | 106.000 | A8 -A7 = | 30.000 | M8 = | 1.000 | T= | 140.000 | 0.243 | 123.295 |
| 9 | A9 = | 76.000 | A9 -A8 = | -30.000 | M9 = | 59.000 | T= | 139.000 | 0.244 | -122.780 |
| 10 | A10= | 16.000 | A10-A9 = | -60.000 | M10= | 80.000 | T= | 80.000 | 0.309 | -194.454 |

```
                                                      Section 10  Total:    221.722
-----------------------------------------------------------------------------------------
Random Equipment Load only
-----------------------------------------------------------------------------------------
R      AR =     10.000   AR-0=     10.000       MR=     2.000     T=      2.000          0.506       19.777
-----------------------------------------------------------------------------------------

Maximum Section Size 1538.481 + Random section Size  19.777 = Uncorrected Size 1558.258
US 1558.258 X Temp Corr    1.116 X Design Marg   1.150 X Age Factor      1.250  =  2499.835

When the cell size is greater than a standard cell size, the next larger cell is used
Required cell Size: 2700  Ampere Hours

************ BATTERY SIZING  ANALYSIS  REPORT  COMPLETED  **************
```

## 2 DC Load Flow

각 설비에 있어서 시간과 관계있는 전압을 결정하거나, 케이블과 Component에 있어서 시간과 관계있는 전류를 결정하고자 할 때, 다음의 Data가 필요하다.

- 시간에 따라 변화하는 부하의 크기 및 형식
- 시스템 접속
- Battery Cell 방전특성과 크기
- 발전기와 정류기의 정격

### 2.1 DC Load Flow Study Setup

(1) DC 아이콘 또는 메뉴-RUN-DC System Analysis를 선택한다.

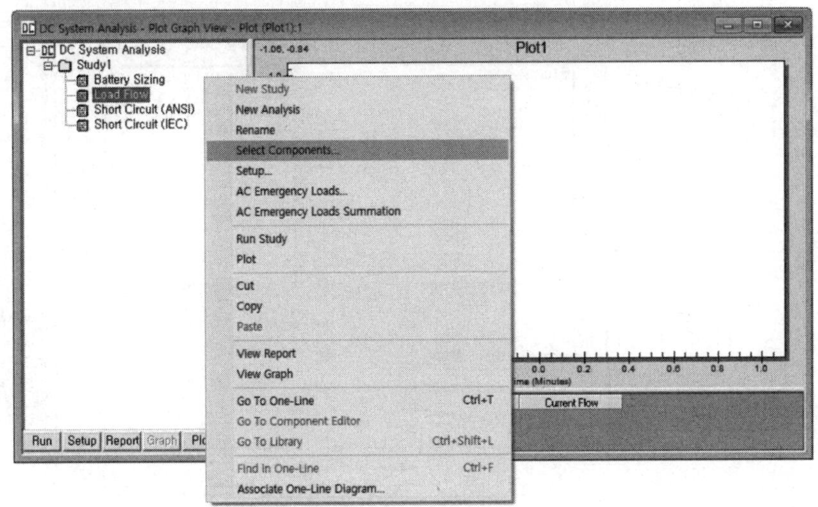


그림 10-24 Select Components

(2) “DC Plot Graph View” 창이 나타난다.

(3) Study1의 "Load Flow"를 선택하면 청색으로 변화한다.

(4) 마우스 우측을 클릭하면 그림과 같이 선택창이 나타난다.

(5) “Select Components"를 선택하여 클릭한다.

(6) Bus와 Branch의 선택

“Plot Graph View”에서 그래프로 나타나게 할 Bus와 Branch의 Component를 선택한다.

① Bus는 dcBUS-01 만을 선택한다.

② Branch는 dcCBL-01, dcCBL-03, dcCBL-04, dcCBL-05를 선택한다.

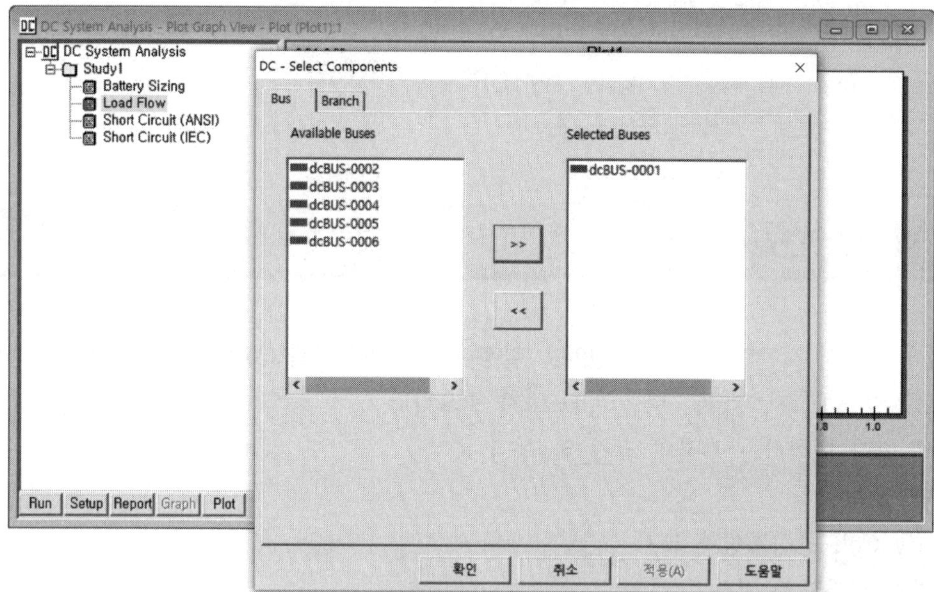


그림 10-25 Select Bus Components

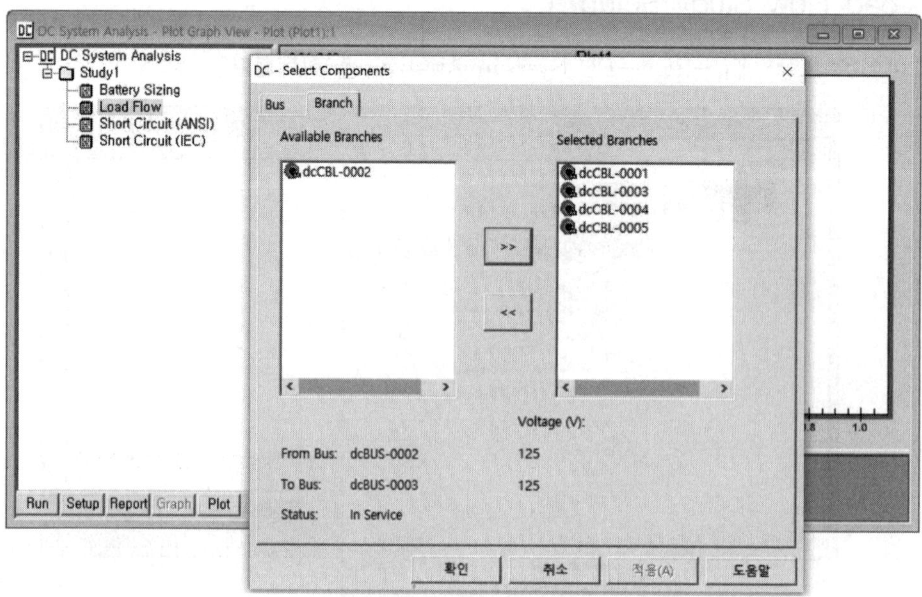


그림 10-26 Select DC Cable Components

③ "DC Select Component" 창에서 "확인"을 클릭하면 다음 그림과 같이 "Load Flow" 하위 폴더에 Bus와 Branch가 생성된 것을 확인할 수 있다.

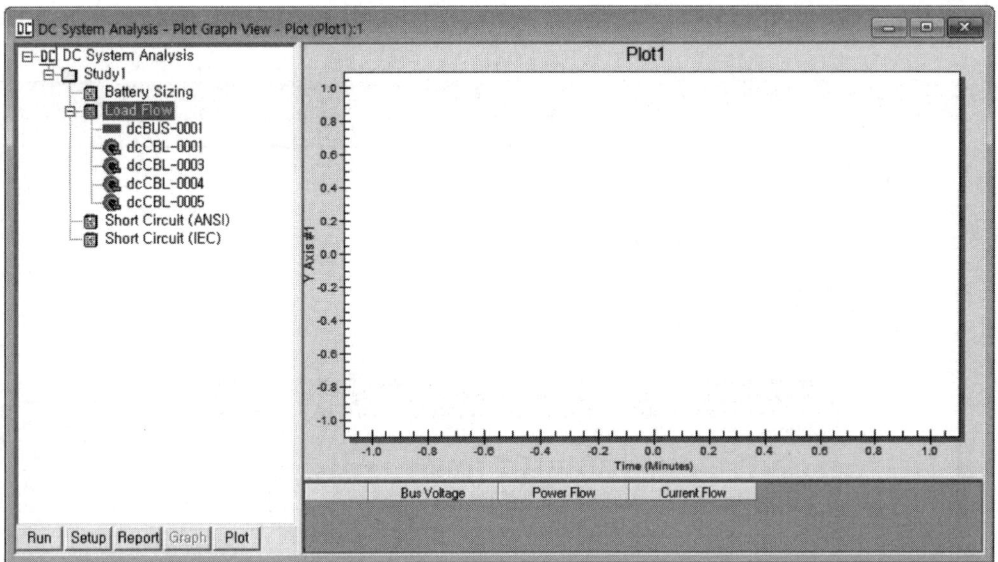


그림 10-27 Load Flow Subview

## 2.2 DC Load Flow Study

### 1) DC Load Flow Setup

(1) "Setup" 버튼을 클릭하여 "Load Flow"를 선택한다.

(2) 각 항목의 설정은 그림 10-32와 같이 설정하고 "확인" 버튼을 클릭한다.

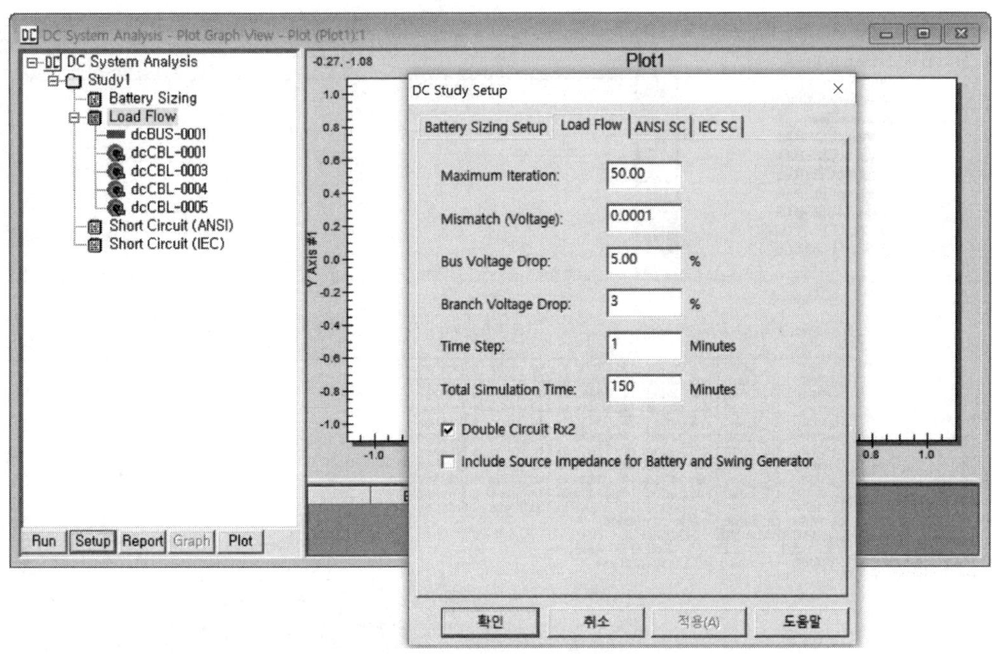


그림 10-28 DC Study Setup

## 2) 계산수행

### (1) Emergency Load

AC 비상부하에 DC 전원을 공급할 경우에는"OK"버튼을 클릭한다.

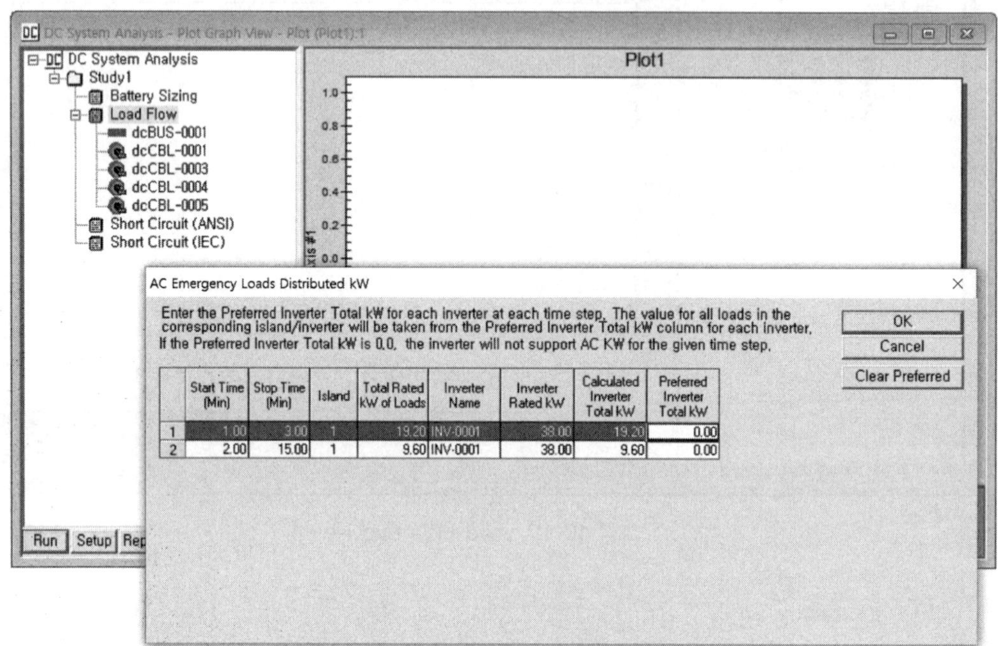


그림 10-29 Emergency Load

### (2) Study Message 및 오류 유무 확인

Study Message 및 오류 유무를 확인하여 이상이 없을 경우에는 "Close" 버튼을 클릭한다.

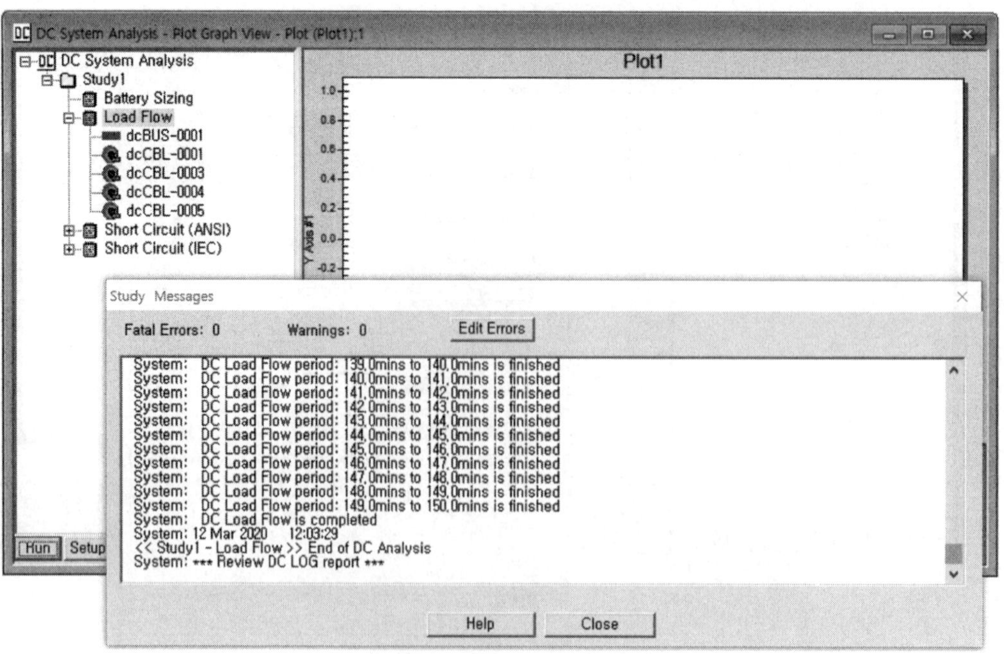


그림 10-30 Study Message

### (3) Study 결과 Graph 보기

① "Plot" 버튼을 클릭하면 DC-Plot창이 나타난다.

② Text Box에 DC Bus Voltage를 입력하고 "New" 버튼을 클릭한다.

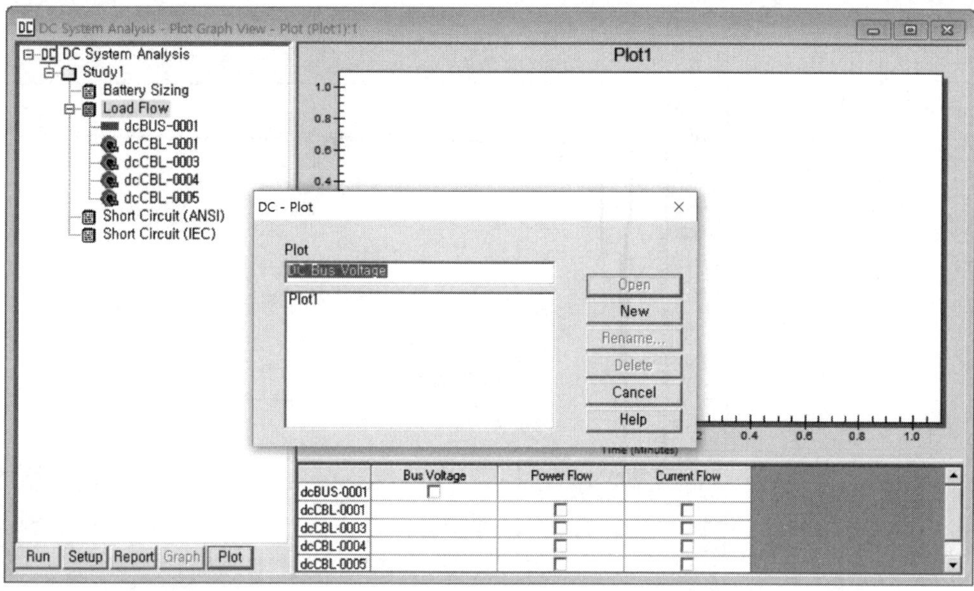


그림 10-31 Plot Name

### (4) DC BUS-01에서 Bus Voltage 검토

Bus Voltage의 Check Box를 Check하면 DC BUS 01에서 시간의 경과에 따른 DC 전압의 변화를 검토할 수 있다.

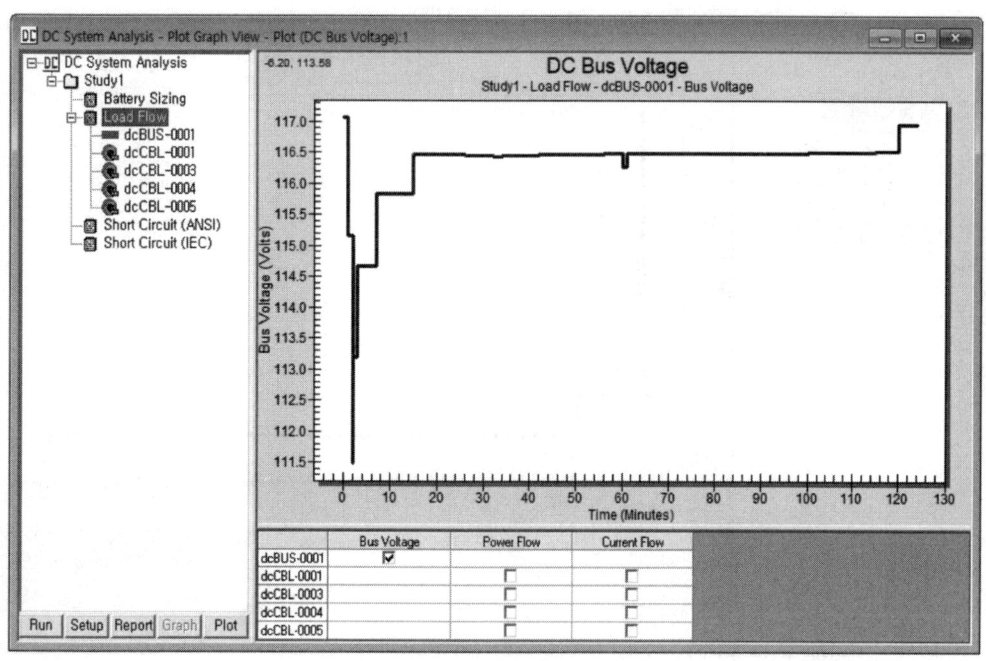


그림 10-32 Bus Voltage

(5) Branch에서 Load Flow Current 검토

① “Plot” 버튼을 클릭하면 DC-Plot창이 나타난다.

② Plot에 “Load Flow Current”를 인자하고 “New” 버튼을 클릭한다.

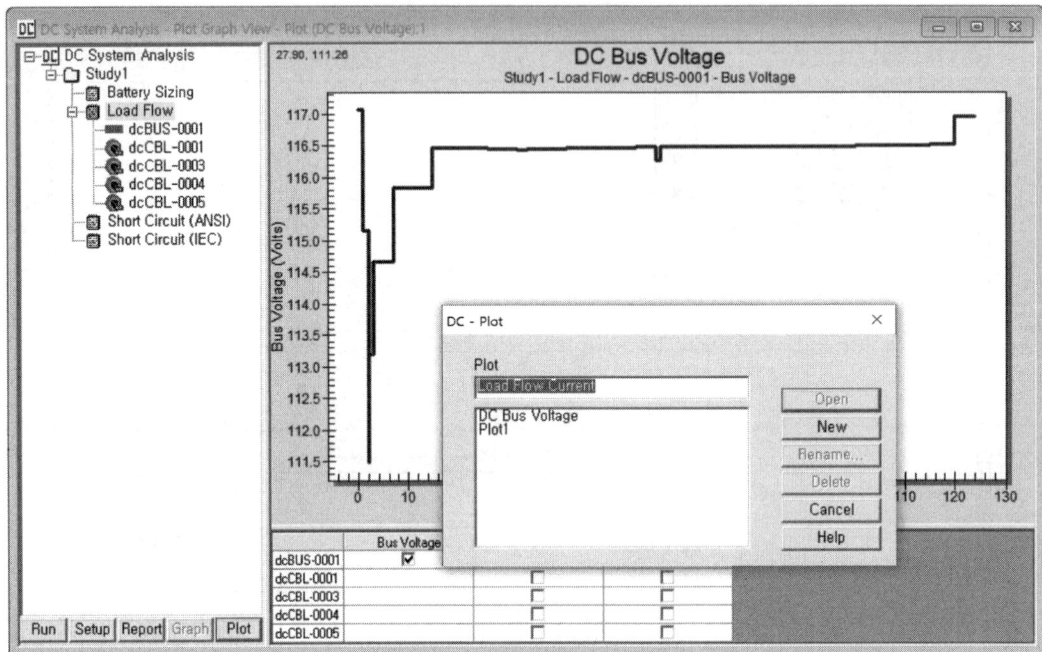


그림 10-33 Load Flow Current

③ dcCBL-0001의 Current Flow에 Check하면 dcCBL-0001에서 시간의 경과에 따른 DC 전류의 변화를 검토할 수 있다.

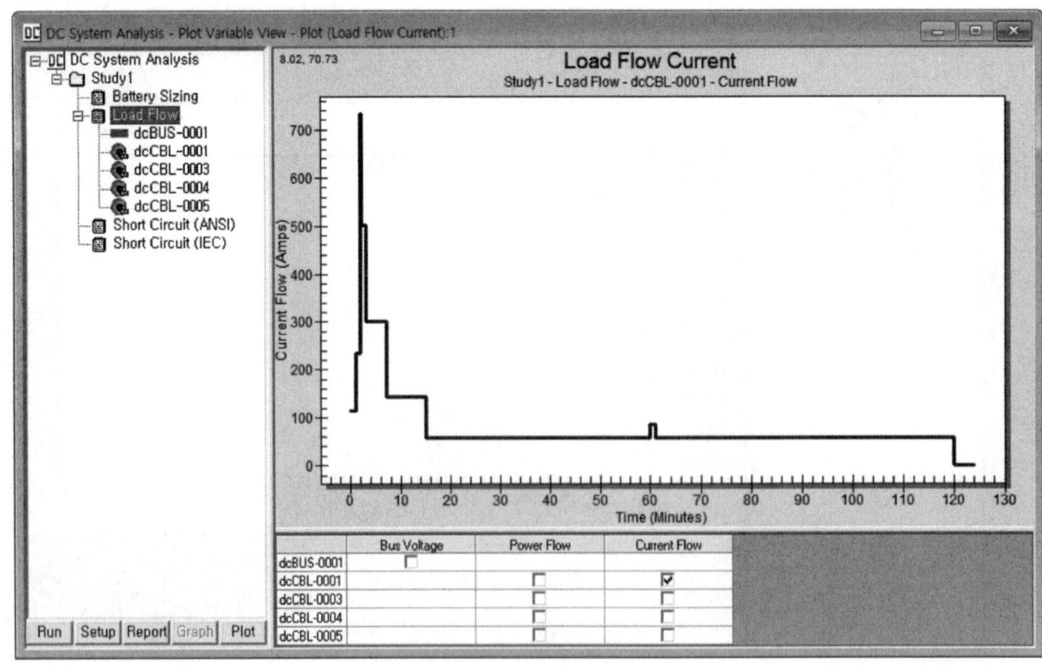


그림 10-34 Load Flow Current

④ dcCBL-03, dcCBL-04, dcCBL-05를 체크하면 각 케이블에서 아래 그림과 같이 시간의 경과에 따른 전류의 흐름을 검토할 수 있다.

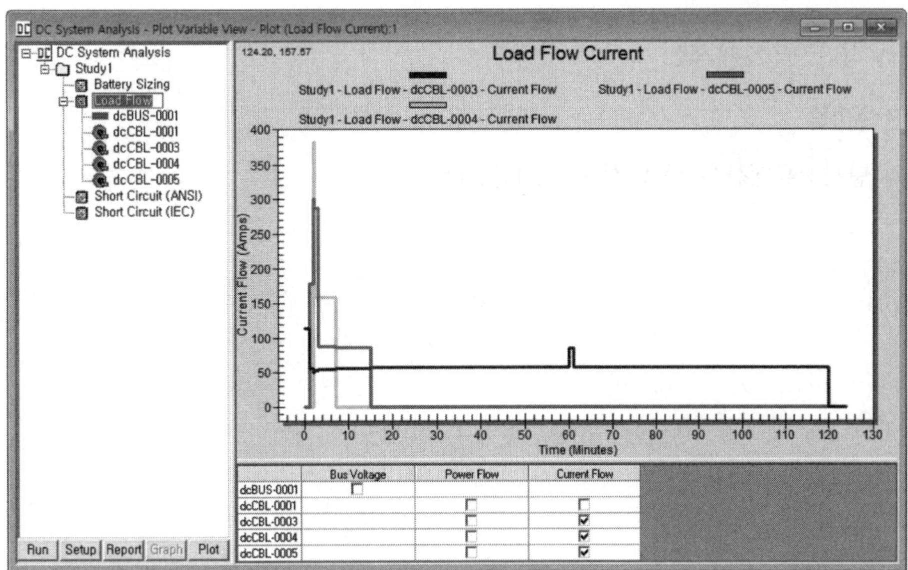


그림 10-35 Load Flow Current

⑤ "Report" 버튼을 클릭하면 다음 그림 10-40과 같이 그 결과를 볼 수 있다.

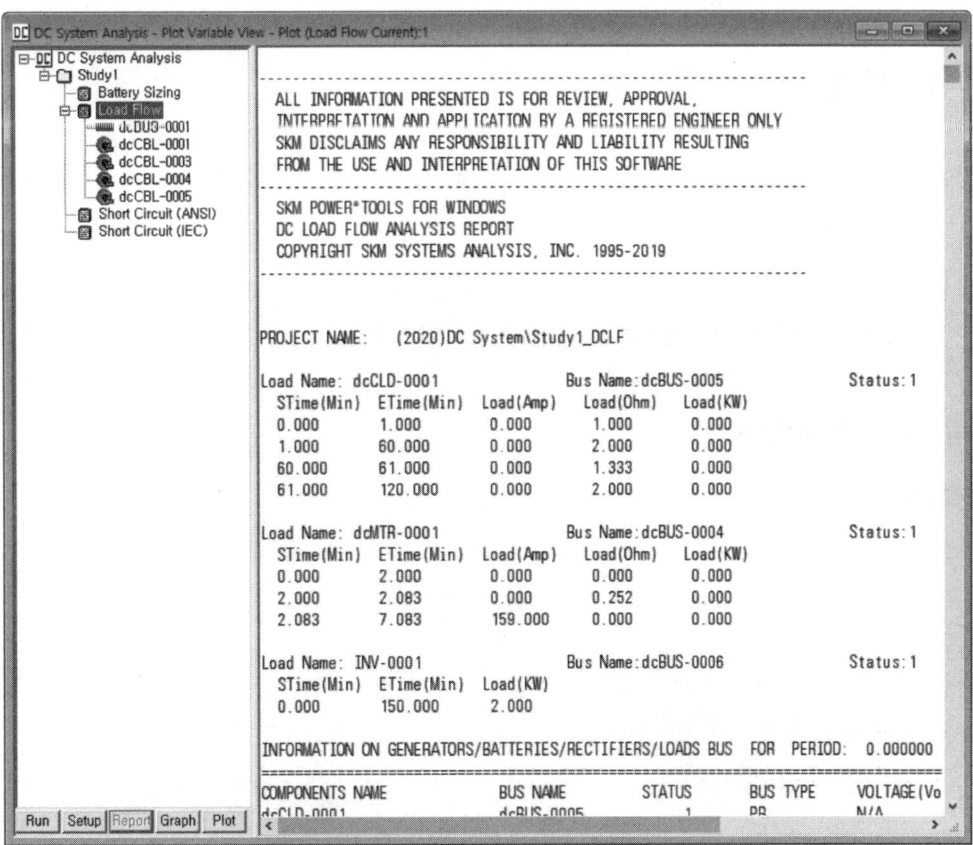


그림 10-36 Load Flow Current Report

# 3 DC Short Circuit(ANSI)

## 3.1 Battery의 단락전류계산

### 1) 최대단락전류

Battery의 단락전류계산은 다음 식으로 계산한다.

$$I_b = \frac{E_b}{R_b + R_c}\,[\mathrm{A}] \tag{10.8}$$

여기에서,

$E_b$ : Battery 내부전압(단위전지 공칭전압×Cell수)

$R_b$ : Battery 내부저항

$$R_b = \frac{E_b}{100 \times I_{8HR}}$$

$I_{8HR}$ : Battery의 8시간 방전율 [A]

100 : Based on IEEE std. 946-1992 section 7.9.1

$R_c$ : Battery와 부하간을 접속하는 전선의 저항 [Ω]

### 2) 단락전류의 초기최대상승률

$$\frac{di}{dt} = \frac{E_b}{L_c}\,[\mathrm{A/sec}] \tag{10.9}$$

여기에서,

$L_c$ : Battery와 부하간을 접속하는 전선의 인덕턴스 [mH]

## 3.2 정류기의 단락전류계산

### 1) 단락전류

$$I_{DC} = \frac{E_R}{R_R + R_{DC}}\,[\mathrm{A}] \tag{10.10}$$

여기에서,

$E_R$ : 정류기의 정격 DC 전압 [V]

$R_R$ : 정류기 등가저항 [Ω]

$$R_R = \frac{Z_{CP} \times E_R}{1.15\, I_D}$$

$Z_{cp}$ : 정류기의 AC 임피던스 [pu]

$I_D$ : 정류기의 정격 DC전류 [A]

$R_{DC}$ : 정류기와 부하간 도체의 저항 [Ω]

#### 2) $I_{DC}$의 상승률

$$R_{RDC} = \frac{E_R}{L_R + L_D} \text{[A/sec]} \tag{10.11}$$

여기에서,

$L_R$ : 정류기의 등가 인덕턴스 [mH]

$$L_R = \frac{E_R}{360 \times I_{DS}}$$

$I_{DS}$ : 단락고장동안 정류기회로 단락전류 [A]

$L_D$ : 정류기와 부하가 인덕턴스 [mH]

### 3.3 DC 발전기의 단락전류계산

#### 1) 최대단락전류

$$I_{MAXG} = \frac{E_G}{R_{DD} + R_G} \text{[A]} \tag{10.12}$$

여기에서,

$E_G$ : 발전기의 정격전압

$R_{DD}$ : 전기자회로의 과도저항 [Ω]

$$R_{DD} = R_D \times \frac{E_G}{I_G}$$

$R_D$ : 전기자회로 과도저항 [pu]

$I_G$ : 발전기의 정격전류 [A]

$R_G$ : 발전기회로 저항 [Ω]

#### 2) 단락전류의 초기 상승률

$$R_{RG} = \frac{E_G}{L_{AA} + L_G} \text{[A/sec]} \tag{10.13}$$

여기에서,

$L_{AA}$ : 전기자회로의 불포화 인덕턴스 [mH]

$L_G$ : 발전기회로 인덕턴스 [mH]

## 3.4 Power Tools을 이용한 고장계산

각 Bus에 있어서 최대단락회로전류를 결정할 때 또는 단락전류의 상승비율과 일정한 시간을 결정할 때 실시하며, 다음의 Data가 필요하다.

- 시간이 경과함에 따라 변화하는 부하의 크기 및 형식
- 시스템 접속
- Battery Cell 방전특성과 크기
- 발전기와 정류기의 정격

### 1) Battery Short Circuit 설정

(1) Toolbar에서 "Component Editor" 아이콘을 더블 클릭한다.

(2) "BAT-0001"을 선택한다.

(3) Component Subviews에서 Short Circuit(ANSI)를 선택한다.

(4) Battery Size Type은 Eight Hours Rating를 선택한다.

(5) Battery Rating은 338 Amperes

(6) 나머지는 아래 그림과 같이 계산조건을 설정한다.

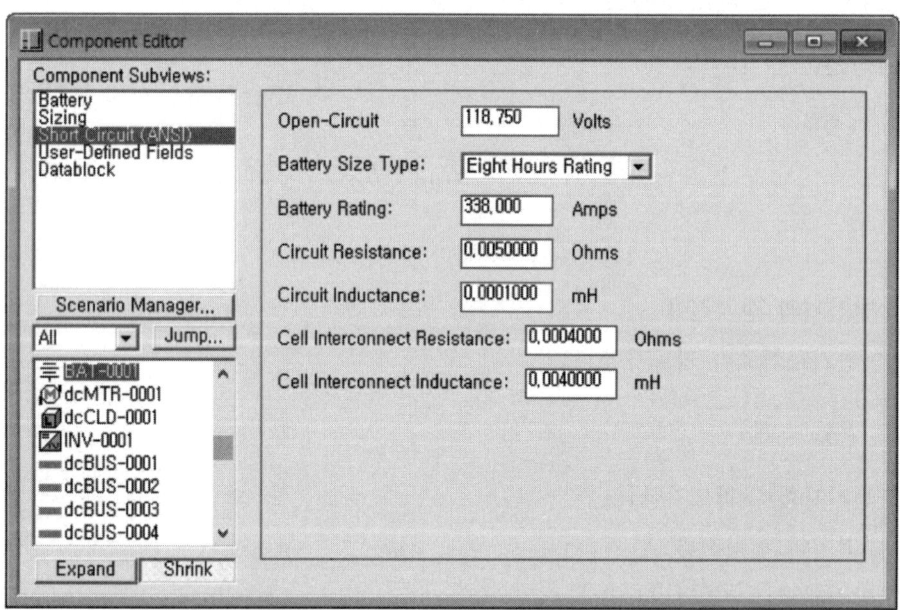


그림 10-37 Battery Short Circuit Data Input

### 2) DC Motor 설정

(1) DC Motor의 정격용량은 20 kW로 입력한다.

(2) 효율은 87 %

(3) 정격속도는 1800 RPM

(4) Resistance 0.03 ohm

(5) Inductance 0.49 mH

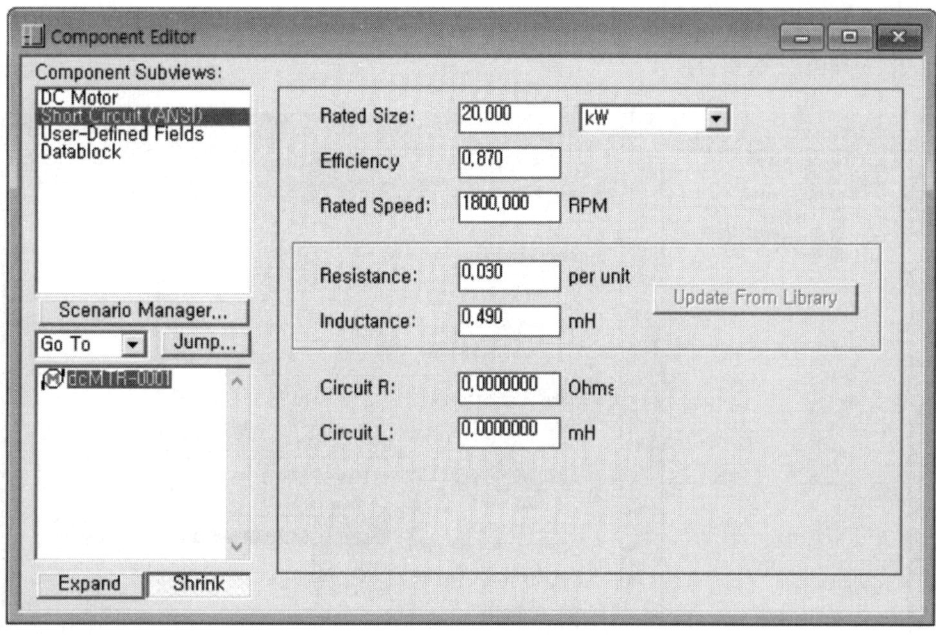


그림 10-38 DC Motor Short Circuit Data Input

### 3) ANSI SC Setup

ANSI Short Circuit에서 Setup 버튼을 클릭하여 DC Study Setup에서 ANSI SC를 선택한다.

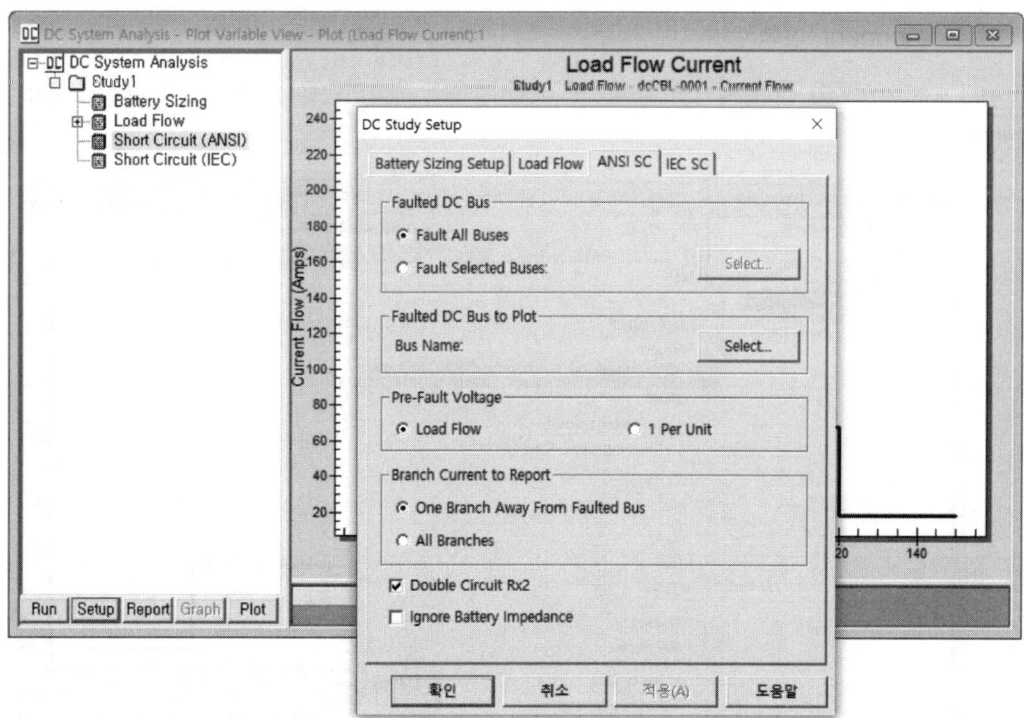


그림 10-39 DC Study Setup

"Faulted DC Bus to Plot"의 "Select" 버튼을 클릭하여 Graph로 나타낼 DC Bus를 선택한다(Note 1개의 Bus만 선택이 가능하다).

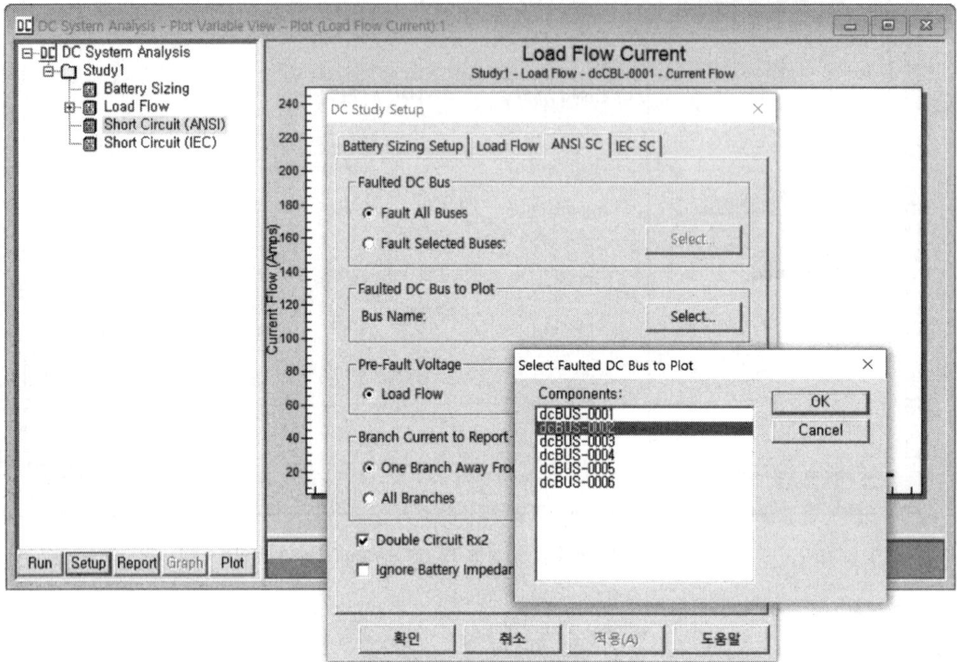


그림 10-40 DC Bus의 선택

### 4) DC Component 선택

"Short Circuit(ANSI)"를 클릭하여 청색으로 되면 마우스 우측버튼을 클릭하여 "Select Components"를 선택한다.

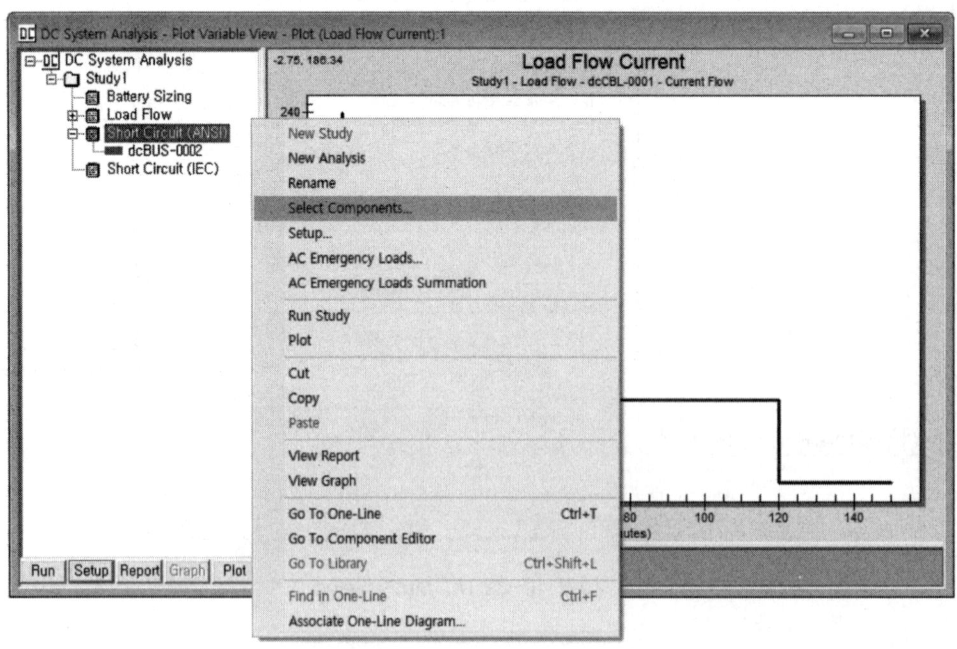


그림 10-41 DC Component 선택

"Source" 탭에서는 "BAT-0001"을 "Motor" 탭에서 "dcMTR-0001"을 선택한다.

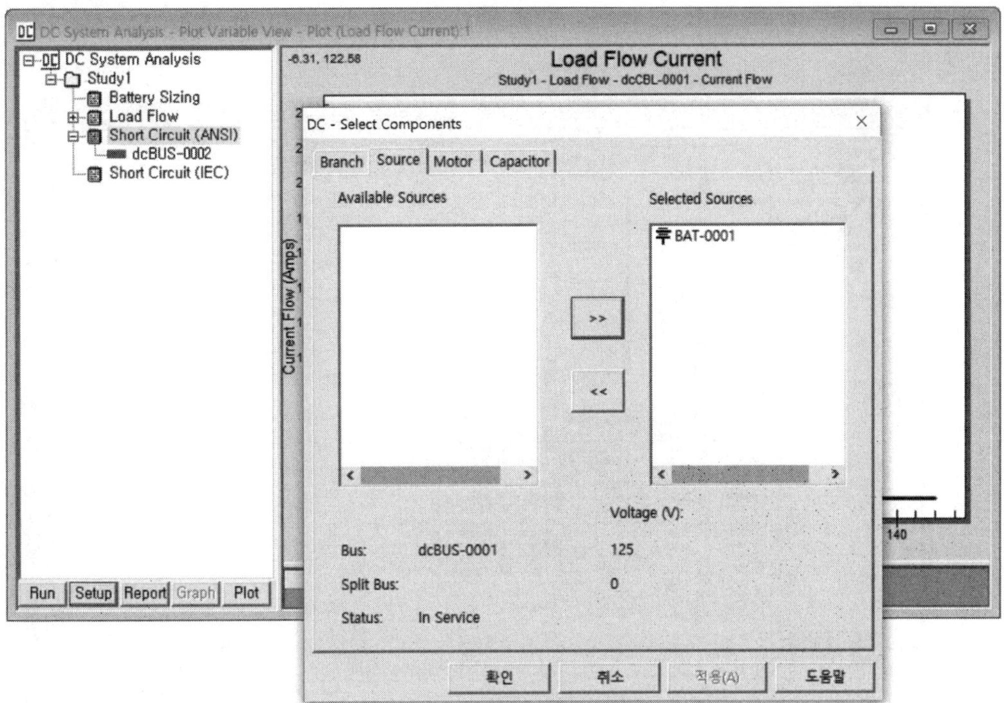


그림 10-42 DC Motor 선택

## 5) Calculation

### (1) AC Emergency Load

Run 버튼을 클릭하면 아래의 창이 나타난다. AC Emergency Load의 접속여부를 선택하여 클릭한다.

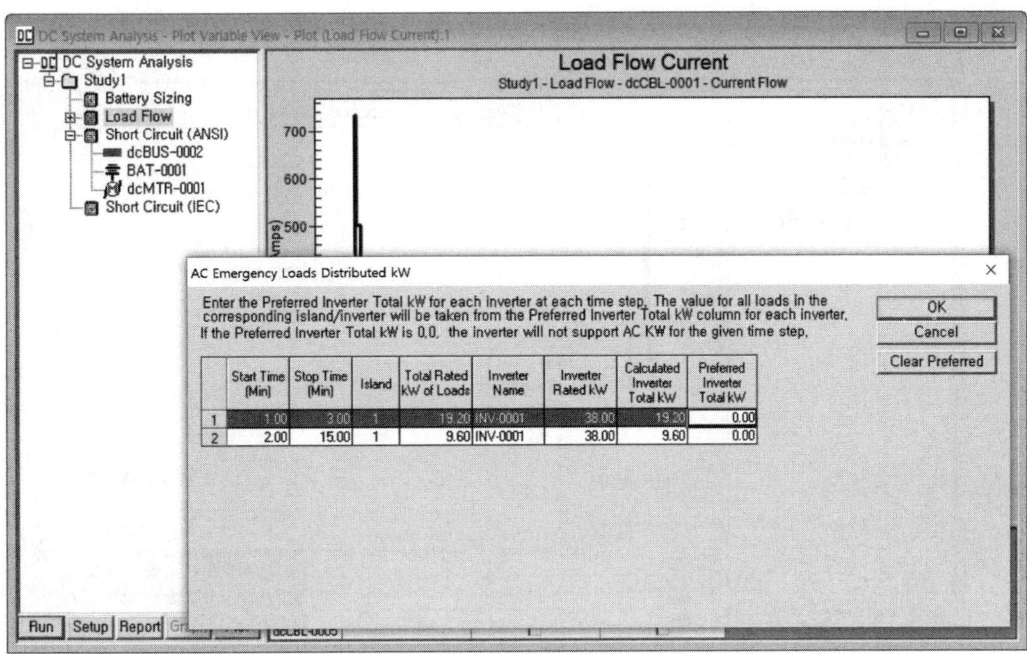


그림 10-43 AC Emergency Load

(2) Study Message

아래 그림의 Study Messages에서 오류 유무를 확인한다. Fatal Errors 및 Warnings가 0이면 오류가 없는 것이다.

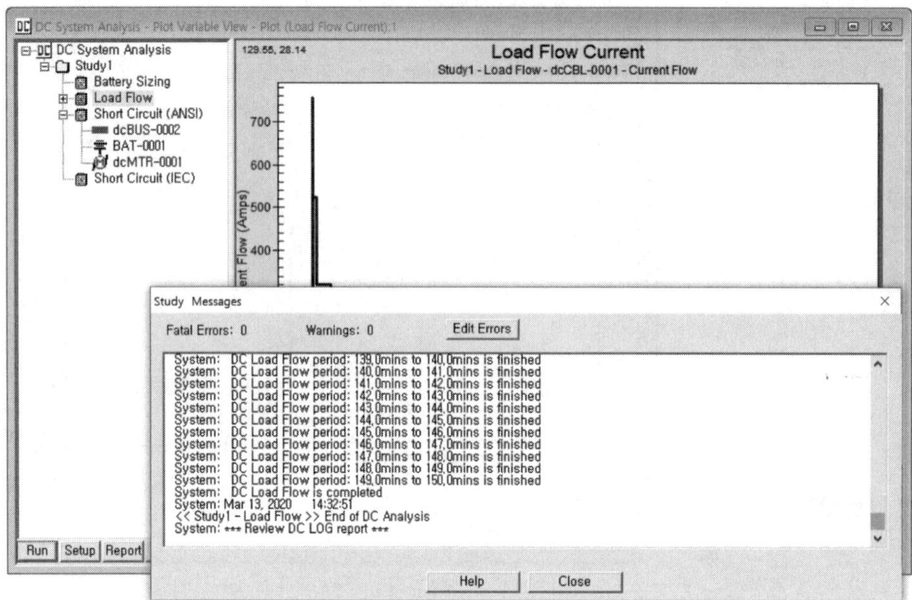


그림 10-44 Study Message

## 7) Study 결과

### (1) Plot Name 생성

고장전류의 크기를 시간의 경과에 따라 Graph로 나타내기 위하여 "Plot" 버튼을 클릭하여 Plot Name를 입력하고 "New" 버튼을 클릭한다.

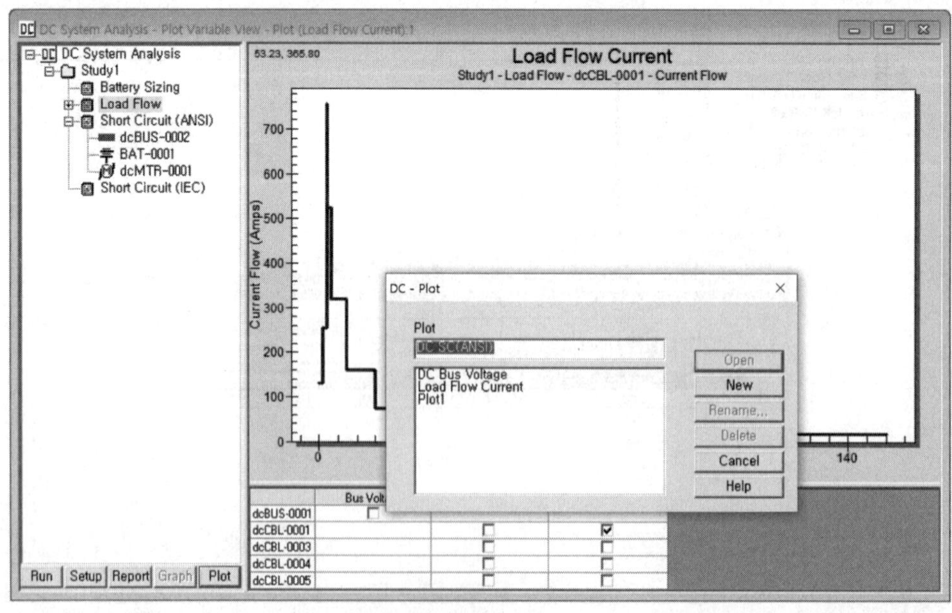


그림 10-45 Plot Name 생성

(2) Short Circuit Graph

다음 그림의 SC Current Flow의 각 Component의 체크 박스에 체크를 하면 시간의 경과에 따른 고장전류의 크기를 Graph로 검토할 수 있다.

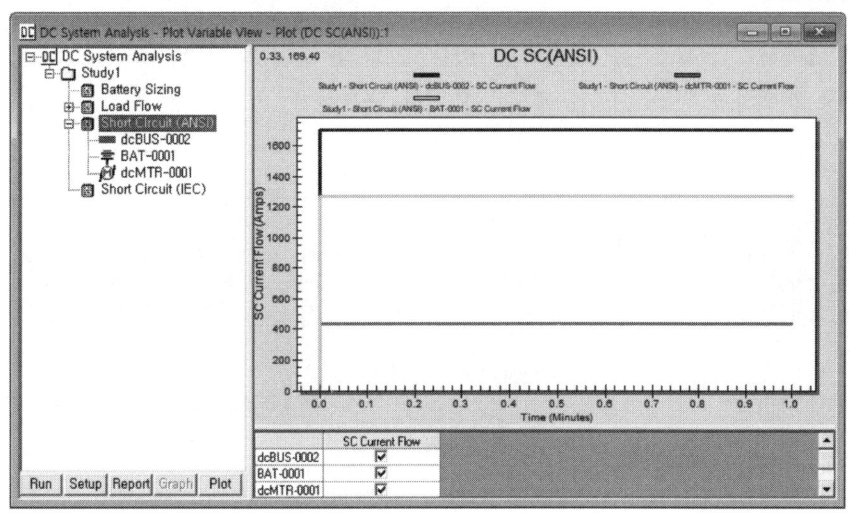


그림 10-46 Short Circuit Graph

(3) Report 보기

Report 버튼을 클릭하면 아래의 그림과 같이 보고서를 볼 수 있다. 각 Bus에서의 DC 고장전류의 크기와 단위시간당 단락전류의 상승률 등을 검토할 수 있다.

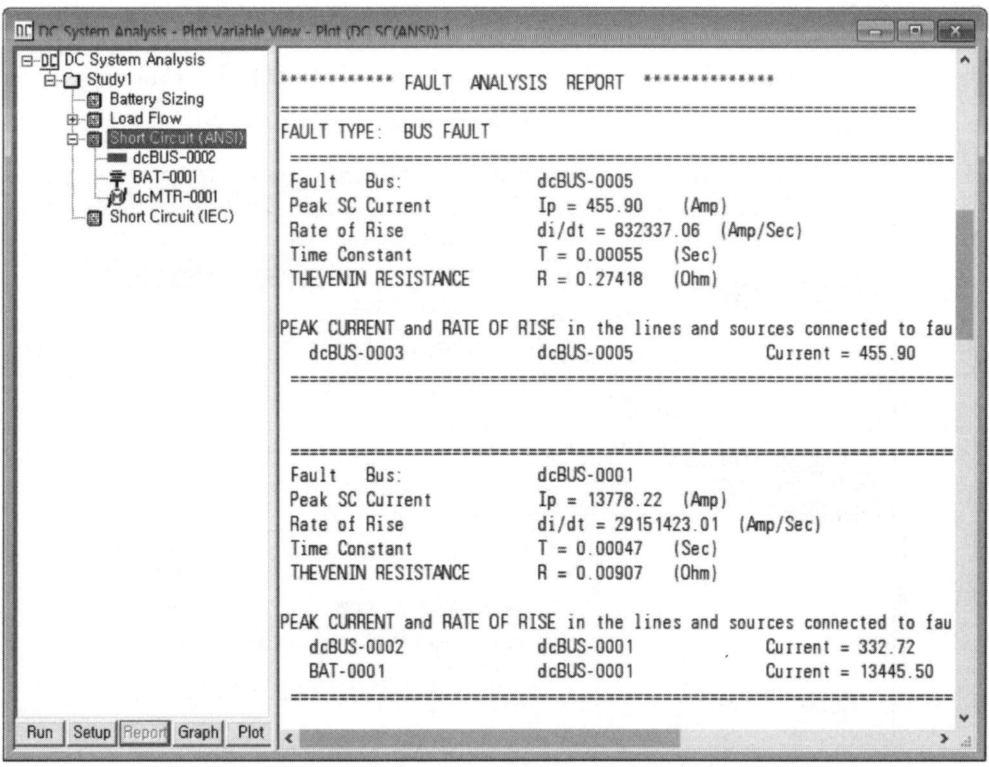


그림 10-47 Short Circuit(ANSI) Report

# 4 DC Short Circuit(IEC)

## 4.1 Study Standard 선택

메뉴의 Project에서 "Option"을 선택하면 아래 그림의 창이 나타난다. "Options Groups"에서 "Application"을 선택하고 "Standard"에서 "IEC"를 체크한다.

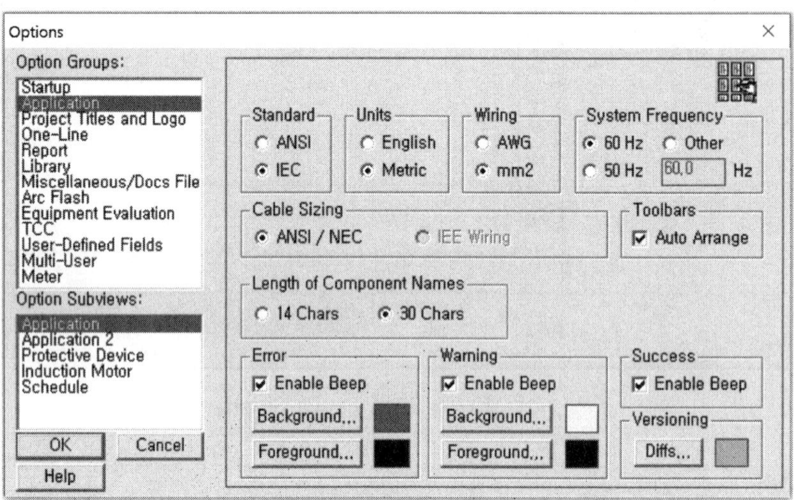


그림 10-52 Option

## 4.2 Battery 설정

배터리 Component Editor을 열어 "Short Circuit(IEC)"를 선택한 후 "Calculate from Rated Voltage" 버튼을 클릭하여 "Voltage Factor"에 0.95를 입력하고 "OK" 버튼을 클릭한다.

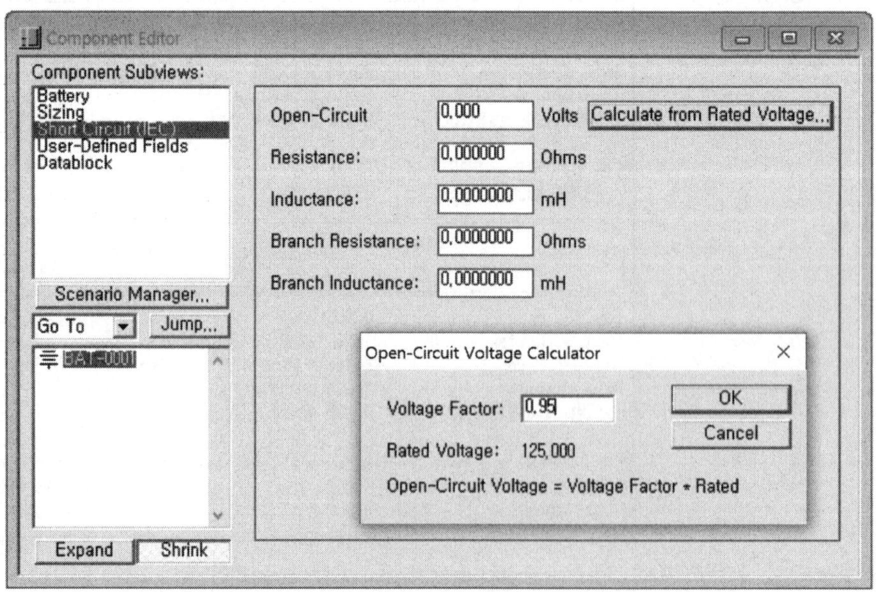


그림 10-48 Battery Short Circuit Data Input

배터리 Resistance, Inductance, Branch Resistance, Branch Inductance의 값을 아래와 그림과 같이 입력한다.

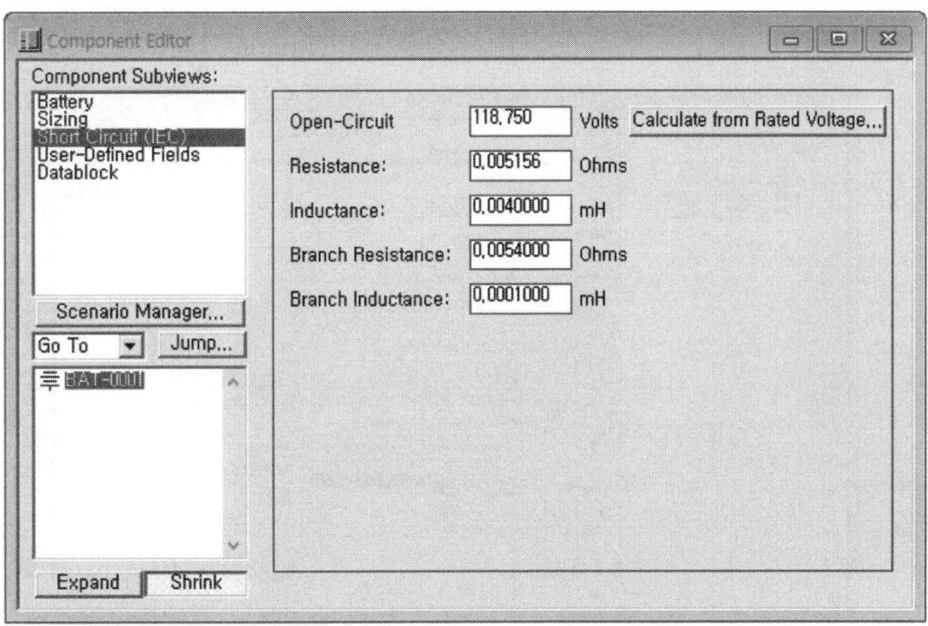


그림 10-49 Battery Short Circuit Data Input

## 4.3 DC Motor Data 입력

DC Motor Component 창을 열어 Component Subview에서 Short Circuit(IEC)를 선택한다. 아래 그림과 같이 DC 단락고장전류 계산에 필요한 다음 각 항목의 값을 입력한다.

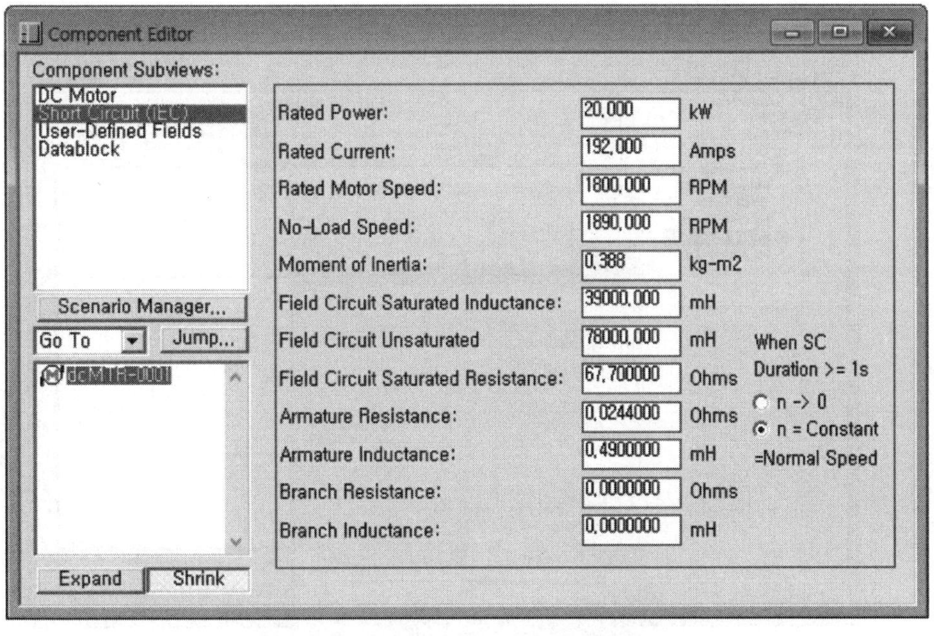


그림 10-50 DC Motor Short Circuit Data Input

## 4.4 DC Study Setup

### 1) Faulted DC Bus to Plot 선택

“Faulted DC Bus to Plot”의 “Select” 버튼을 클릭하여 Graph로 나타낼 DC Bus를 선택한다.

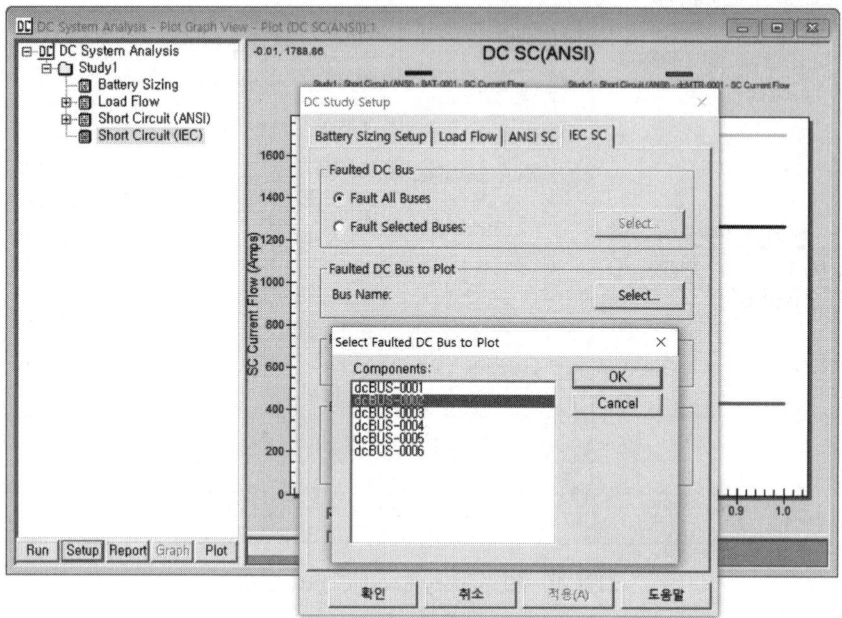


그림 10-51 Select Faulted DC Bus to Plot

### 2) Graph로 나타낼 Component의 선택

“Short Circuit(IEC)”를 클릭하여 청색으로 되면 마우스 우측버튼을 클릭하여 “Select Components”를 선택하여 클릭한다.

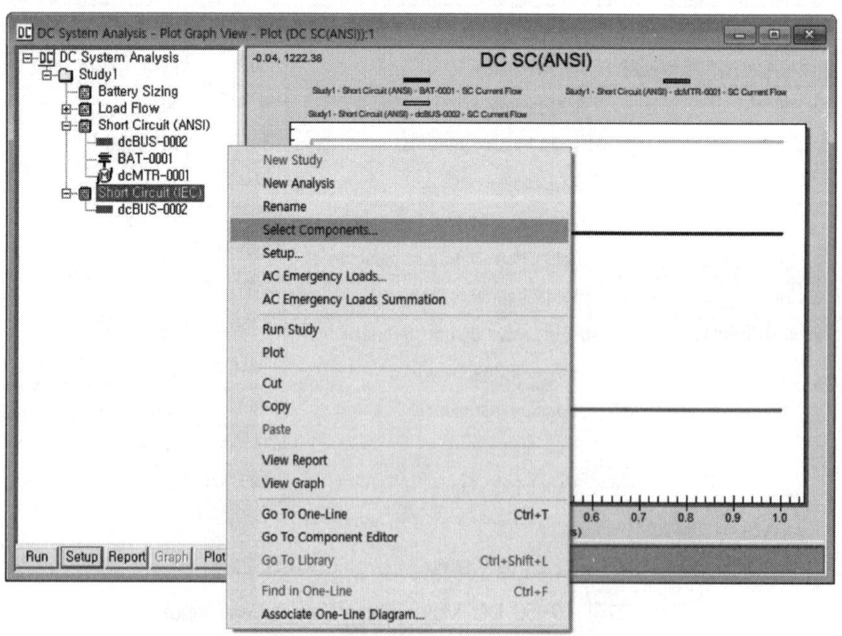


그림 10-52 Select Component

아래 그림의 화면이 나타나면 "Source" 탭에서는 "BAT-0001"을 "Motor" 탭에서 "dcMTR-0001"을 선택한다.

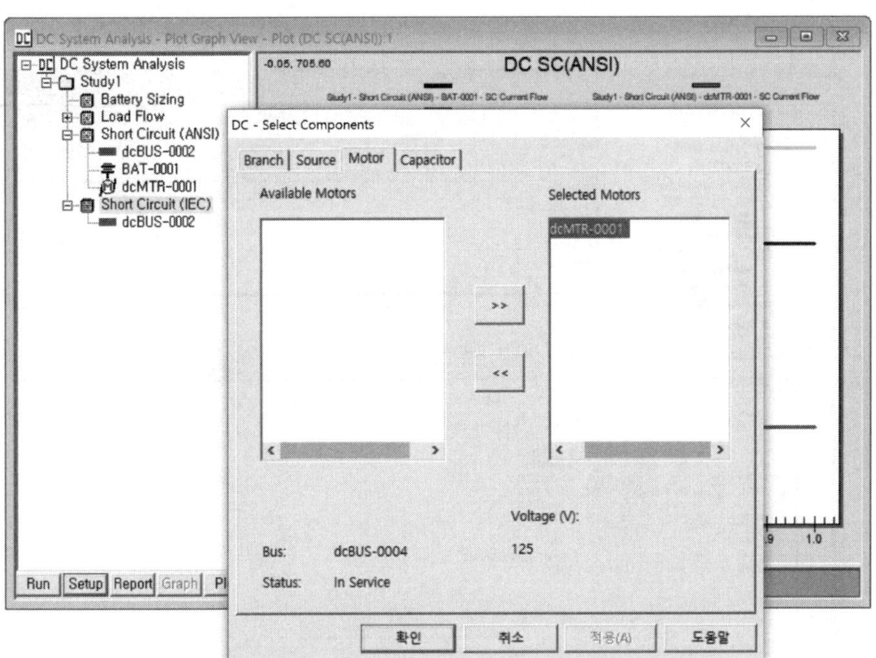

그림 10-53 Select Component

## 4.5 Calculation

### 1) AC Emergency Loads Distributed kW

Run 버튼을 클릭하면 아래의 창이 나타난다. AC Emergency Load의 접속여부를 선택하여 클릭한다.

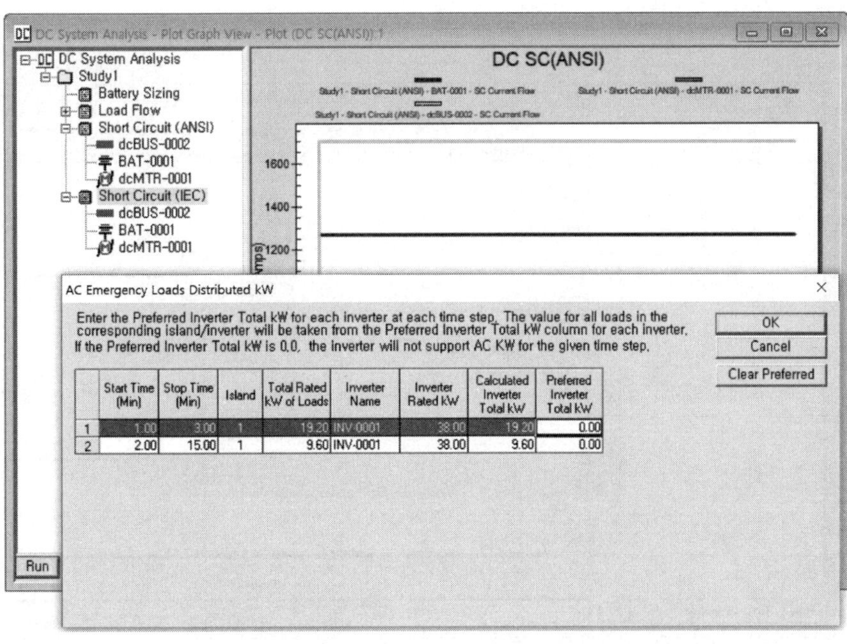

그림 10-54 AC Emergency Loads Distributed kW

### 2) Study Message

다음 그림의 Study Messages에서 Study 결과와 오류 유무를 확인한다. Fatal Errors 및 Warnings가 0이면 오류가 없는 것이다.

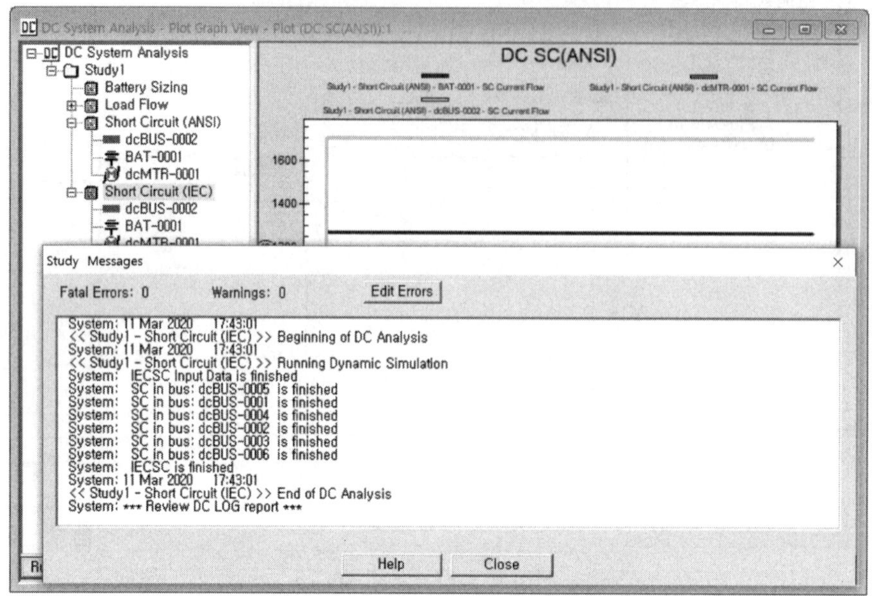


그림 10-55 Study Message

## 4.6 DC SC Study 결과

### 1) Plot Name 입력

고장전류의 크기를 시간의 경과에 따라 Graph로 나타내기 위하여 "Plot" 버튼을 클릭하여 Plot Name를 입력하고 "New" 버튼을 클릭한다.

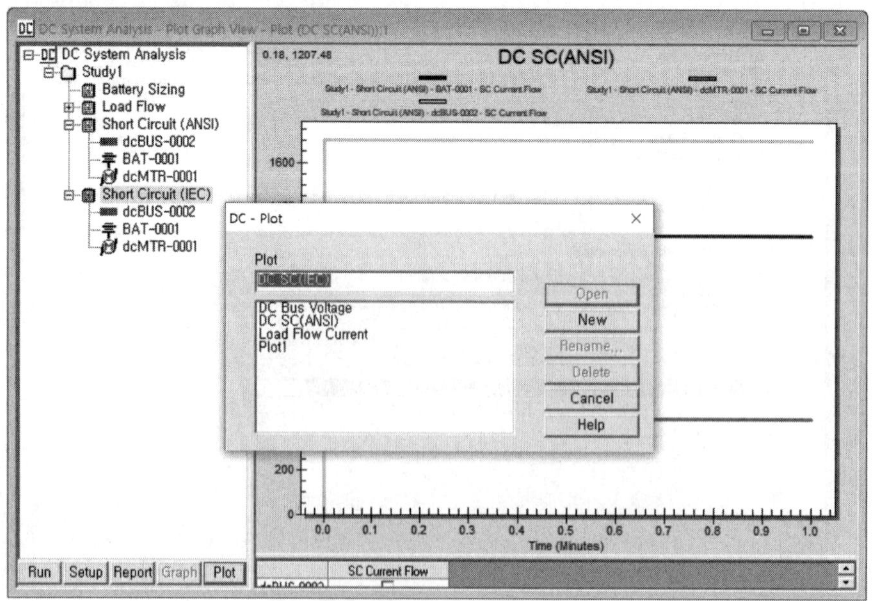


그림 10-56 Plot Name Input

## 2) DC SC(IEC) Graph

다음 그림의 SC Current Flow의 각 Component의 체크박스에 체크를 하면 시간의 경과에 따른 고장전류의 크기를 Graph로 검토할 수 있다.

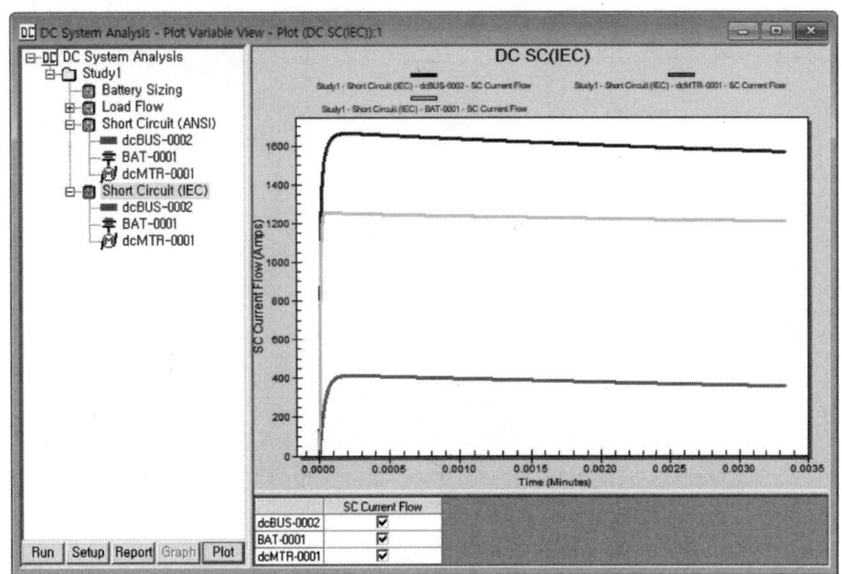


그림 10-57 SC(IEC) Current Flow

## 3) Report

Report 버튼을 클릭하면 아래의 그림과 같이 보고서를 볼 수 있다.

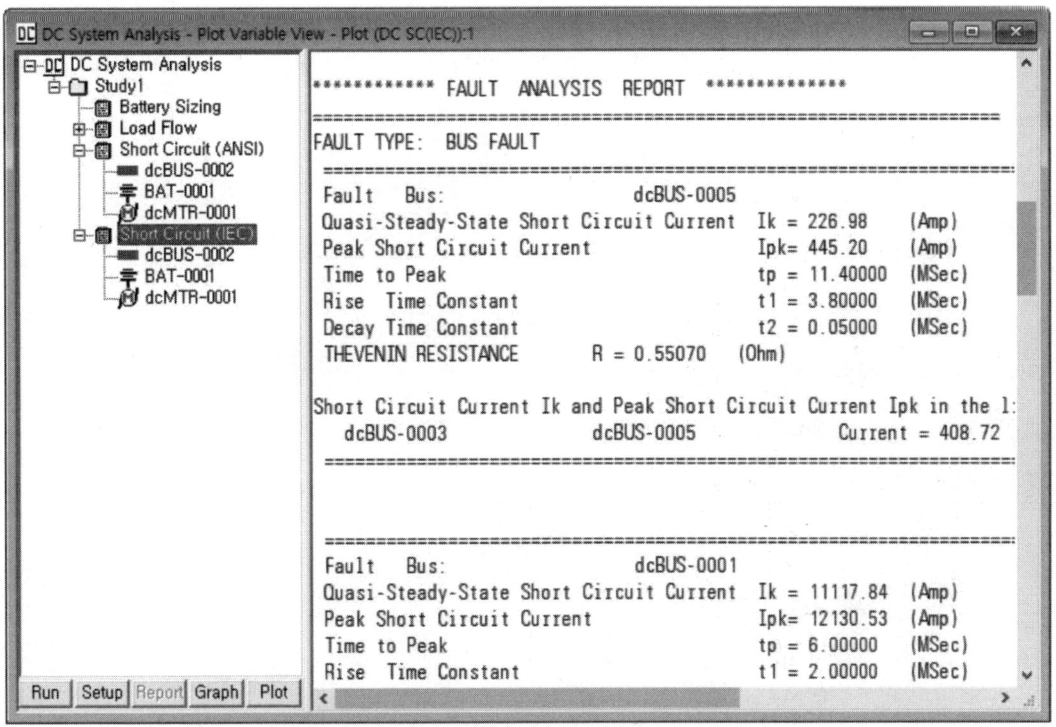


그림 10-58 SC(IEC) Current Flow Report

# 11장 | Protective Device Coordination

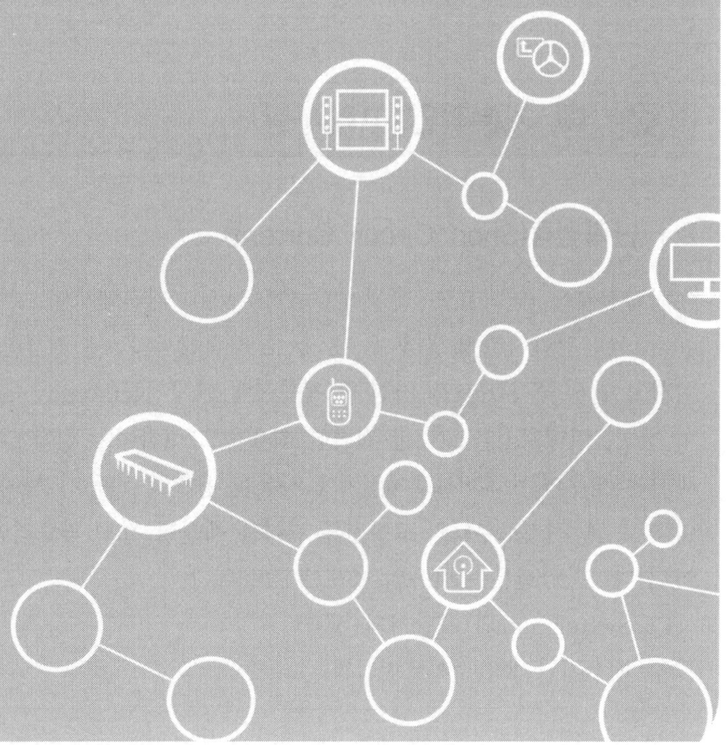

# 1 개요

보호장치는 전력계통을 구성하고 있는 전력설비를 감시하여 절연파괴 등과 같은 고장이 발생하거나 전력계통에 단락 또는 지락고장 등과 같은 이상이 발생하였을 때 이를 검출하여 고장부분을 최단시간 내에 계통으로부터 분리함으로써 전력공급 지장을 최소화하고 아울러 전력설비의 손상을 억제하는 기능을 갖는다. 계통에 과전류가 발생하였을 때 전선이나 케이블, 전력설비 등 피보호설비를 보호하기 위해 피보호설비의 단시간 온도상승한도에 이르기 전에 보호장치가 동작하여 피보호기기를 보호하여야 한다. 이 장에서는 보호설비의 적정 보호협조를 검토·확인할 수 있도록 보호설비 동작곡선(TCC : Time Current Curve)을 검토하여 적정 여부를 판단한다.

## 1.1 분석내용

① 각종 계전기 및 차단기의 동작특성곡선을 산출
② 변압기의 열적, 기계적 특성곡선을 산출
③ 전동기의 기동특성곡선을 산출
④ 단선도, TCC, TMS Interface

## 1.2 분석결과 적용

① 보호시스템 구성방안을 도출
② 보호계전기 협조
③ 변압기, 케이블 등 적정 정격을 선정

# 2 기본적인 고려사항

## 2.1 단락전류(Short Circuit Current)

단락전류는 단락고장 발생 후 1/2 cycle 지점에서의 순시단락전류(momentary short-circuit current), 단락사고 발생 후 2~8 cycle 지점에서의 차단전류(interrupting short circuit current), 단락사고 발생 후 30 cycle 지점 즉 정상상태 단락전류(steady-state short circuit current)를 계산하여야 하며, 비대칭성을 고려한 적절한 배율을 고려하여야 한다. 어떤 경우에 특히 시간지연이 0.5초를 초과하는 경우에는 후비보호계전기에 사용할 용도로 전동기 기여전류를 무시한 최소단락전류를 계산하여야 한다. 발전기로부터의 고장전류 기여를 계산할 경우 과도리액턴스(transient reactance)를 사용하여야 한다. 단락전류는 다음의 용도에 사용된다.

㉠ Switchgear와 차단기의 정격
㉡ 배선차단기의 순시트립정격

㉢ 계전기 전류-시간 특성의 선정
㉣ 케이블 시스템의 선정과 보호
㉤ CT 2차 정격전압의 결정(Accuracy Class)

케이블 말단에서 발생한 단락고장에 흐르는 단락고장전류로부터 발생하는 높은 도체온도로 인하여 도체절연에 손상을 입지 않도록 주의하여야 한다. 케이블 제작자로부터 케이블의 열적 한계곡선(Thermal Limit Current)을 입수하여 검토하여야 한다.

## 2.2 전력조류 중의 전류(Load Flow Current)

단락전류 계산에 이어 각각의 전압별 모든 지로(Branch) 회로에서 흐르는 유효전력과 무효전력의 흐름을 계산한다. 이를 전력조류(Load Flow)라 하며, 유효전력 조류는 전원측에서 부하측으로 전압의 위상차에 의하여 흐름이 결정되고, 무효전력은 전압이 높은 쪽에서 낮은 쪽으로 흐르는 특성이 있다. 전력조류는 전기기기, 보호기기의 연속정격을 결정하는 데 필요하다. 이것은 전기기기와 케이블을 보호하기 위한 보호기기의 정정(Setting)을 할 때도 필요하다.

## 2.3 변류기의 선정

변류기는 전부하전류(Full Load Current)를 연속적으로 흘릴 수 있는 능력을 고려하여 선정하여야 한다. 단락고장이 발생시 단락고장전류에 대하여 열적 · 기계적으로 견딜 수 있도록 선정하여야 하며, 허용오차 범위 이내에서 2차전류는 1차전류에 비례함이 유지되어야 한다. 실무적으로 전동기 분기회로에 대하여 선정하여야 할 변류기의 1차 연속정격은 계산된 전동기 전부하전류의 2.0배에서 2.5배 사이의 표준 CT 정격으로 한다. 전동기가 기동하는 동안 전동기의 전류계가 한쪽으로 치우칠지 모르지만 정상운전 중에 정 중앙에서 운전되도록 CT를 선정한다. 변압기 보호용 CT의 선정은 변압기 정격1차전류의 125~150%의 범위에서 변류비를 선정한다. CT의 변류비가 적으면 과부하운전을 어렵게 하고 지나치게 크면 보호에 문제가 발생할 수 있다. 즉, 변압기의 열적한계(Thermal Limit) 이내에서 보호기기의 특성을 고려하여 선정하여야 한다.

## 2.4 변류기의 포화특성

변류기의 2차전류는 특별히 1차전류 크기를 보정하지 않는 한 언제나 1차전류를 CT 권선비로 나눈 값보다 적다. 1차 전류가 증가하면서 계전기 CT 포화전류는 CT의 정격 정밀도 계급전압에서 나타나는 최대오차(5% 또는 10%)에 이르기까지 증가한다. 1차전류가 변류기의 정격 1차전류의 20배(과전류정수가 20인 경우)를 초과하거나 정격 2차부담이 초과할 때 포화가 발생한다. 반면 대부분의 계전용 변류기 오차는 정격 최대조건에서 최대오차(5% 또는 10%)를 초과하지 않는다. 오차는 포화곡선에서 정격 Knee-Point Voltage 위에서는 지수적(exponentially)으로 증가한다. 이런 이유로 고장전류의 영향과 실제 부담에서의 포화전류를 체크하는 것이 중요하다. Electromagnetic Relay는 비교적 부담이 크므로 제작자 기술사양서를 참조하여 부담을 계산하여야 한다. Solid State Relay는 부담이 작으므로 CT 포화 확률이 적다.

# 3 보호대상 설비 및 보호장치의 특성

## 3.1 보호대상 설비의 특성

### 1) 보호대상설비

보호장치를 적용하는데 있어 가장 중요한 것은 보호대상을 명확히 하는 것이다. 수용설비에서의 설치목적에 따른 전기설비의 종류는 정하여지나 보호하여야 할 대상은 주로 다음과 같다.

① 가공선로, 지중선로
② 변압기(2권선 변압기, 단권변압기, 3권선 변압기, 스코트결선 변압기 등)
③ 발전기
④ 유도전동기, 동기전동기, 직류전동기 등
⑤ 콘덴서
⑥ 모선(단모선을 제외한 2중 모선 등)
⑦ 정류기

### 2) 전선 및 케이블의 단시간 과전류 허용특성

단락, 지락 등의 고장전류가 흐르는 시간은 2초 이하로 매우 짧은 시간인 경우 이 전류에 의한 에너지는 모두 도체에 축적된다고 보고 다음 계산식으로 계산한다.

$$I \times \sqrt{t} = A \times K \text{ (일정)} \tag{11.1}$$

여기에서,

$I$ : 고장전류 [A]
$t$ : 고장전류의 지속시간 [s]
$A$ : 도체의 단면적 [㎟]
$K$ : 절연물의 종류, 고장전류가 흐르기 직전의 도체의 온도에 의하여 정해지는 상수 (XLPE : 143, PVC : 115)

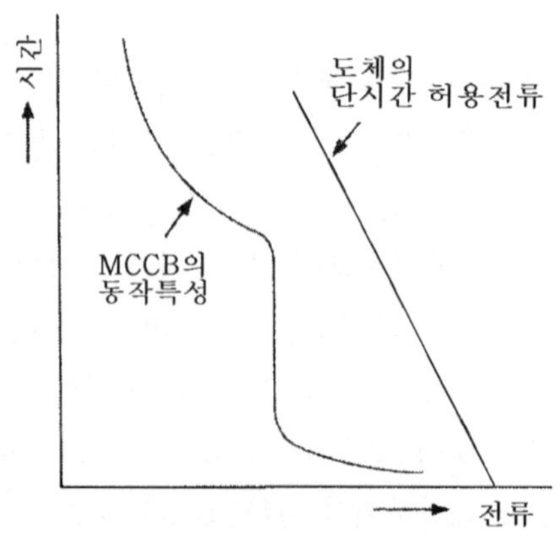


그림 11-1 도체의 단시간 허용전류 특성

도체의 단시간 최고허용온도에 도달하는 단시간허용전류 $I$와 고장전류의 지속시간 $t$ 와의 관계는 상기 계산식으로 계산하여 그림 11-1과 같이 세로축에 시간 $t$, 가로축에 전류 $I$를 잡고 나타낸다.

도체의 단시간허용전류 특성곡선은 도체의 종류 및 공칭단면적이 22.9kV CNCV 60㎟, 허용전류가 220 A의 조건이 주어졌을 경우 시간과 전류를 계산하여 나타내면 다음과 같다.

$$I \times \sqrt{t} = 60 \times 143 = 8{,}580 \text{ (일정)}$$

**표 11-1 22.9 kV CNCV Cable의 단시간 허용전류 특성**

| 전류 [pu] | 시간 [t] | 전류 [pu] | 시간 [t] |
|---|---|---|---|
| 10 | 15.2 | 50 | 0.61 |
| 15 | 6.7 | 60 | 0.42 |
| 20 | 3.8 | 70 | 0.31 |
| 25 | 2.4 | 80 | 0.23 |
| 30 | 1.7 | 90 | 0.18 |
| 40 | 0.95 | 100 | 0.15 |

PTW에서 도체의 단시간 허용전류 특성을 TCC(Time-Current Curve)에 나타내기 위하여 Library에서 Cable Component를 클릭하면 아래의 창이 나타난다. 도체의 단면적은 Circular mils의 버튼을 클릭하여 Cable Size에 일치하는 값을 입력하고, 단시간 허용온도는 "Damage Temperature"의 Box에 온도를 입력한다.

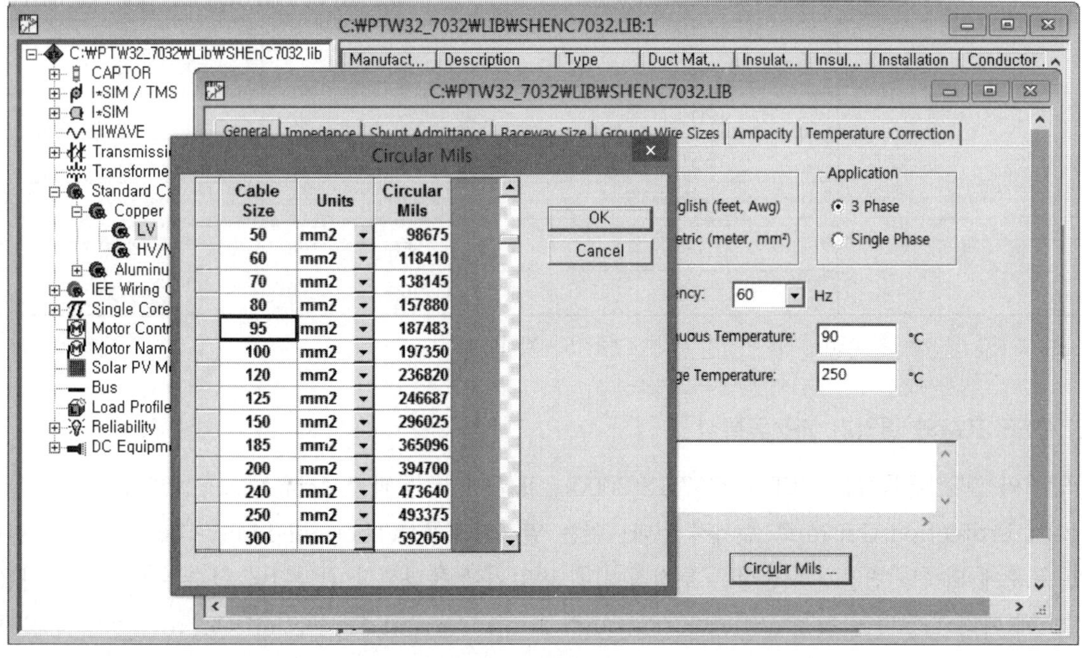


그림 11-2 Library의 Cable Component

### 3) 변압기의 과전류 특성

#### (1) IEC 표준 변압기의 과전류 특성

IEC 표준에 의한 변압기의 과전류내력은 KS C IEC 60076-5(2008)의 4.1.5에 의하면, 변압기 2차 단락사고 시 권선평균온도의 최대 허용값은 표 11-2에 나타난 최대값을 초과하지 않아야 한다. 권선이 동선인 경우 변압기 용량에 관계없이 권선의 평균온도는 다음 식으로 계산하며, 이 수식에 의한 변압기의 단락 시 흐르는 전류에 의한 온도상승곡선을 변압기의 Thermal Limit Curve라고 하며, 일반적으로 IEC 표준에 의하여 과전류계전기를 정정하고자 하는 경우에는 반드시 이 곡선이 있어야 하며, 변압기 제작자로부터 이 곡선을 제출 받아야 한다.

$$\theta_1 = \theta_0 + \frac{2\times(\theta_0 + 235)}{\dfrac{106,000}{J^2 \times t} - 1}\ [℃] \tag{11.2}$$

여기에서,

$\theta_0$ : 초기 권선온도 [℃]

$J$ : 대칭 단락전류 실효값의 전류밀도 [A/㎟]

$t$ : 지속시간 [sec]

**표 11-2 단락 후 권선 평균온도의 최대 허용값**

| 변압기의 종류 | 절연온도 [℃] (브래킷의 열 등급) | 최대온도[℃] | |
|---|---|---|---|
| | | 구리 | 알루미늄 |
| 유 입 | 105 (A) | 150 | 200 |
| 건 식 | 105 (A) | 180 | 180 |
| | 120 (E) | 250 | 200 |
| | 155 (F) | 350 | 200 |
| | 180 (H) | 350 | 200 |
| | 200 | 350 | 200 |
| | 220 | 350 | 200 |

[비고] KS C IEC 60076-5(2008) 전력용 변압기 제5부 단락강도시험 표3

#### (2) IEEE 표준의 변압기 과전류특성

변압기의 과전류특성은 IEEE C57.12(2000) 표준에서 통과고장전류보호곡선(Through Fault Current Protection Curve)로 주어져 있다. 이는 열적한계곡선(Thermal Limit Curve)라고도 한다. IEEE 표준에 의하면 변압기의 손상은 누적적이며, 변압기에 통과고장이 일어날 회수는 변압기를 사용하는 장소에 따라 다르다는 것을 고려한다. Through Fault Current Protection Curve은 변압기 용량별로 표 11-3과 같이 4개의 Category로 구분한다. Through Fault Current Protection Curve은 Graph로 표시하며 이를 그림 11-3에서 그림 11-6까지 나타낸다.

표 11-3 변압기의 Through Fault Current Protection Curve

| Category | Single phase [kVA] | Three phase [KVA] | Curve |
|---|---|---|---|
| I | 5~500 | 15~500 | 그림 11-3 |
| II | 501~1,667 | 501-5000 | 그림 11-4 |
| III | 1,668~10,000 | 5001-30000 | 그림 11-5 |
| IV | 10,000초과 | 30,000초과 | 그림 11-6 |

[source] IEEE Std C37.91-2000 Table A.1(liquid type)

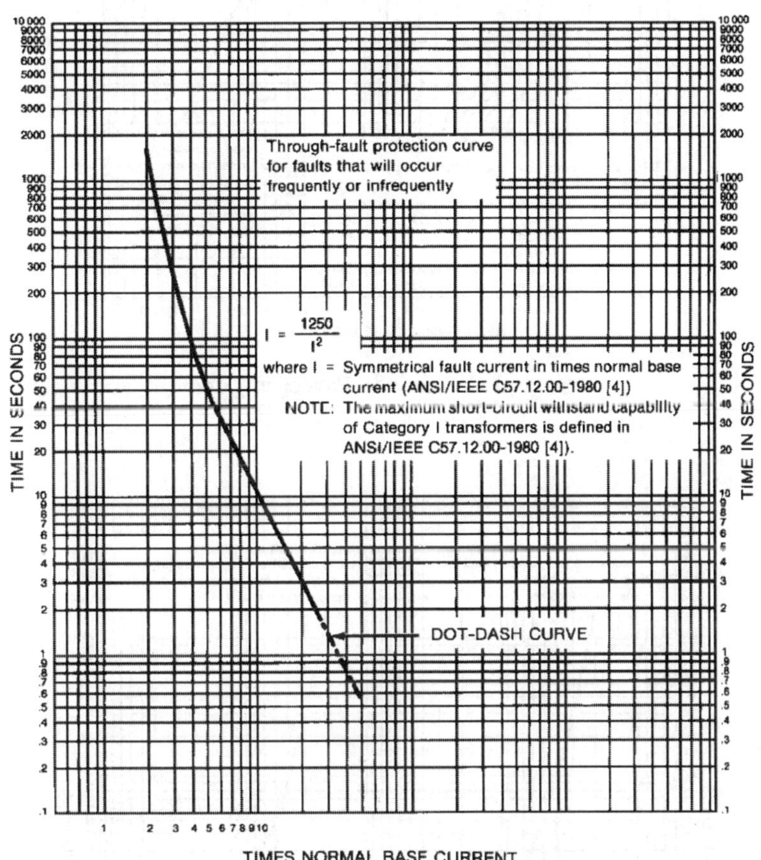


그림 11-3 Category I Protection Curve

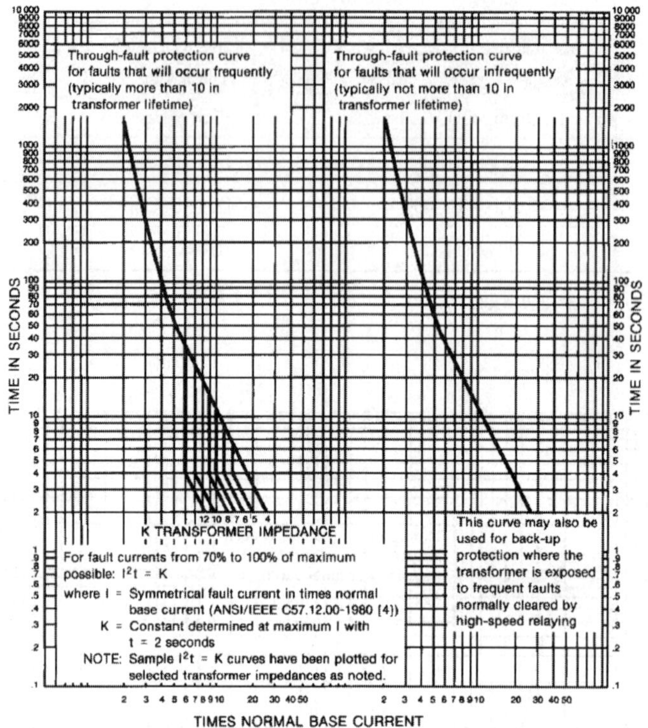


그림 11-4 Category II Protection Curve

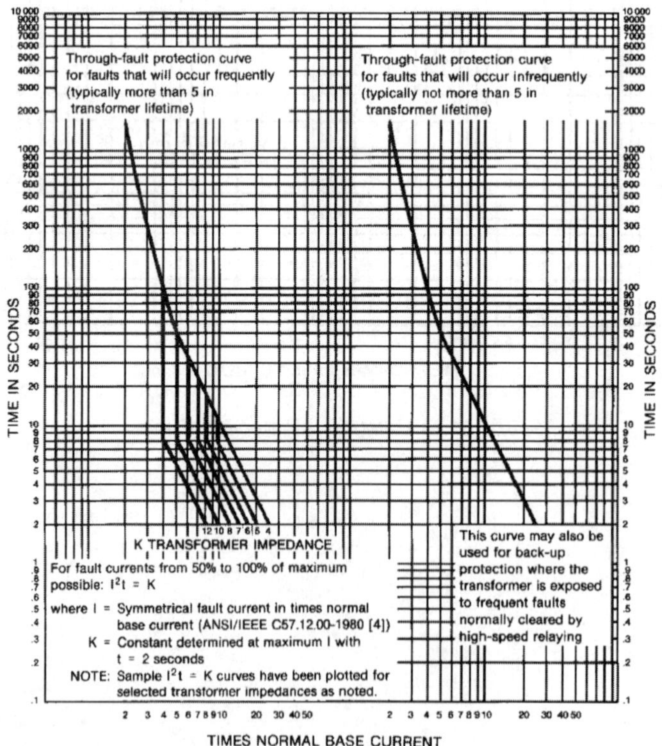


그림 11-5 Category III Protection Curve

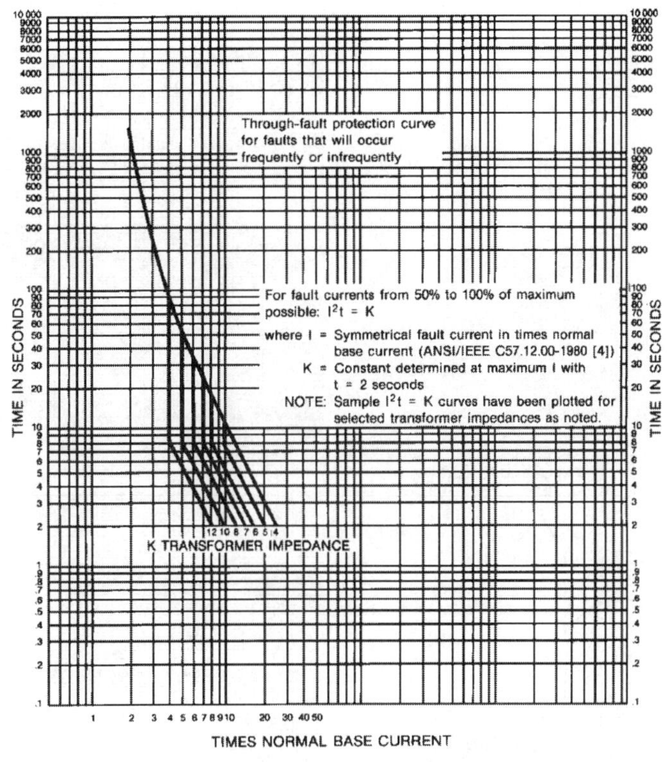


그림 11-6 Category Ⅳ Protection Curve

### 4) 전동기

전동기 권선의 과전류특성은 열적한계곡선(Thermal Limit Curve) 또는 구속안전시간(Safe Stall Time)라고도 한다. 전동기는 기동할 때마다 권선의 온도가 올라가며 이는 기동간격과 기동회수에 따라 달라진다. 그러므로 제작자는 기동전류와 관련하여 Cold start 또는 Hot start로 회전자의 열적 시간한계(Thermal Limit Curve)를 정한다. 열적한계는 100% 정격전압의 경우와 80% 전압의 경우에 대하여 표시하며, 특히 원자력용의 경우 75%의 전압에 대해서도 표시한다. 전동기의 구속회전자전류에 대한 허용시간은 제작자가 제시하는 Thermal Limit Curve에 표시되고 있으며, Thermal Limit Curve는 전동기의 온도상승 한도를 $\theta$ 라고 하면 다음 식으로 계산하여 그려지며, 전동기 보호에 있어 가장 중요한 기준이 되는 곡선이다. 아래 그림 11-7, 그림 11-8은 유도전동기의 Thermal Limit Curve를 보여주고 있다.

$$\theta = \frac{Q}{Q_A} = \frac{0.24 \times \rho}{G \times H \times 10^{-3}} \times \sigma^2 \times t = k \times \sigma^2 \times t \ [\mathrm{K}] \tag{11.3}$$

$Q$ : 발생열량, $QA$ : 열용량

$k$ : 상수(구리의 경우 5.16×10-3) $G$ : 비중, $H$ : 비열, $\rho$ : 저항률

$\sigma$ : 전류밀도 [A/cm$^2$] $t$ : 시간 [sec]

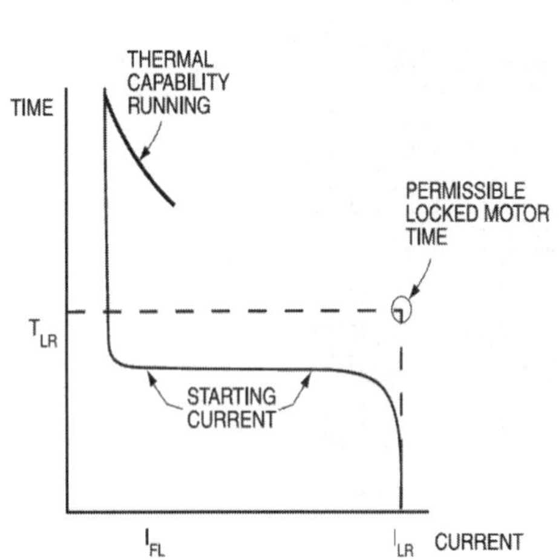


그림 11-7 일반적인 전동기의 열적한계곡선

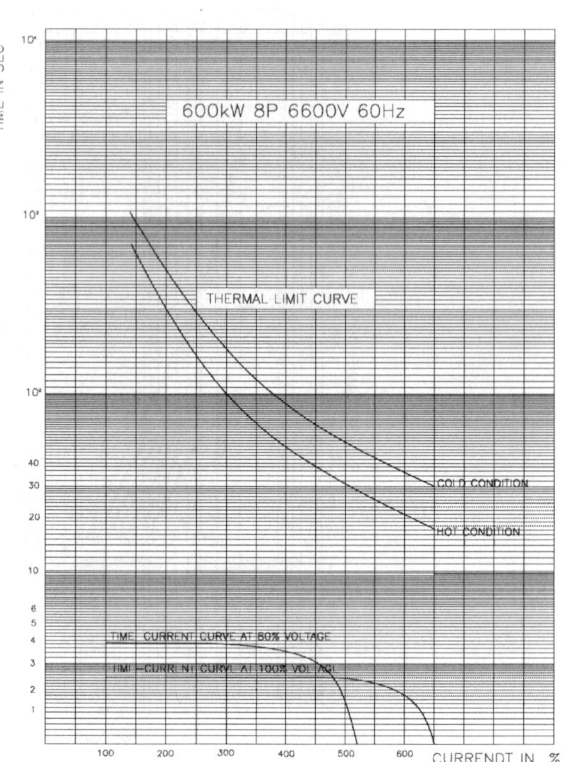


그림 11-8 전동기의 Thermal Limit Curve 예

## 3.2 보호장치의 종류 및 특성

### 1) 과전류 보호계전기의 특성

보호계전기는 보호대상의 계통에 고장전류가 정정치 이상이 되었을 때 동작하는 계전기로서 발전기, 변압기, 선로 등의 과전류보호와 지락 보호에 사용된다. 보호계전기는 보호대상에 적합한 계전기를 선택하여야 하며, 보호계전기의 동작특성은 제조사가 제공하여야 한다. 아래 표 11-4는 일반적인 과전류계전기의 동작특성과 정정범위를 나타내고 있다.

**표 11-4 단락 및 과전류 요소의 동작특성 및 정정범위**

| 동작구분 | 동작치 정정 | 동작시간특성 | | 비 고 |
|---|---|---|---|---|
| | | 정정범위 | 특성 | |
| 순시요소 | 정격전류의 400~1600%<br>(10단계 이상 조정 가능) | 50 ms 이하<br>단일조정 | 순시 | |
| 한시요소 | 정격전류의 40~240% 또는 40~360%<br>(10단계 이상 조정 가능) | 10단계 이상<br>조정가능 | 반한시<br>강반한시<br>초반한시 | 1개 이상의 특성을<br>내장 선택 사용 |

[비고] KEMC 1120(디지털형 보호계전기)

(1) 과전류계전기 한시특성

과전류계전기의 한시특성은 반한시 또는 정한시로 구분된다. 정한시 계전기는 전류가 최소 동작전류 이상이고 포화전류 이하인 한은 전류의 크기에 관계없이 같은 경과시간 이내에 동작하는 계전기이다. 반한시계전기의 동작시간은 전류크기에 반비례한다. 즉 큰 전류에는 짧은 시간에 동작하고, 최소 동작전류 이상은 적은 전류에는 늦게 동작한다. 반한시계전기는 반한시, 강반한시, 초반한시의 종류가 있으며, 초반한시 특성이 같은 크기의 전류에 대하여 가장 빨리 동작한다.

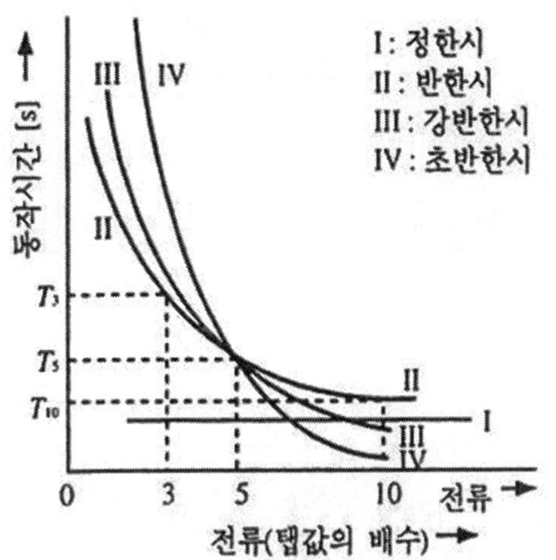


| 동작특성 | IEC 특성식 |
|---|---|
| 초반한시(EI) | $t = \dfrac{80 \times TL}{(I/I_s)^2 - 1}$ |
| 강반한시(VI) | $t = \dfrac{13.5 \times TL}{(I/I_s) - 1}$ |
| 정반한시(SI) | $t = \dfrac{0.14 \times TL}{(I/I_s)^{0.02} - 1}$ |
| 장반한시(LI) | $t = \dfrac{120 \times TL}{(I/I_s) - 1}$ |

그림 11-9 과전류계전기의 한시특성곡선 및 특성식

(2) 과전류계전기의 순시특성

과전류계전기의 순시특성은 단락고장전류 보호용으로 사용되며, 계통에 단락고장이 발생하면 시간지연 없이 즉시 동작하여 고장부분을 계통에서 제거한다.

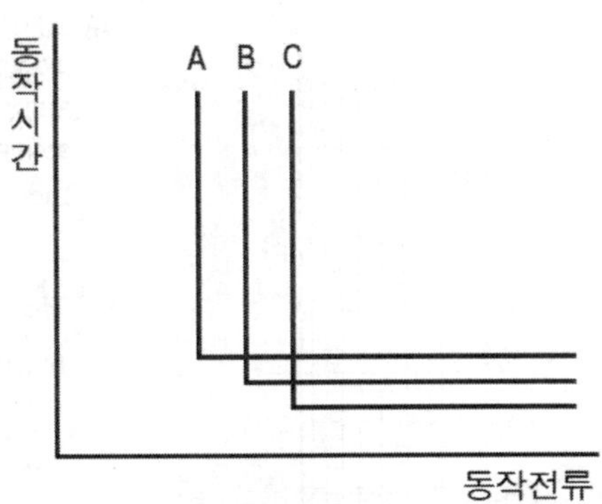


그림 11-10 과전류계전기의 순시동작특성곡선

(3) 과전류계전기의 특성을 Library로 생성

PTW에서 보호계전기의 동작특성(그림 11-12, 그림 11-13)을 TCC(Time-Current Curve)에 나타내기 위하여 Library의 Relay Component에서 제조사의 보호계전기 특성을 그림 11-11, 그림 11-14에서 그림 11-17까지와 같이 Relay Trip Curve창에서 입력하여야 한다.

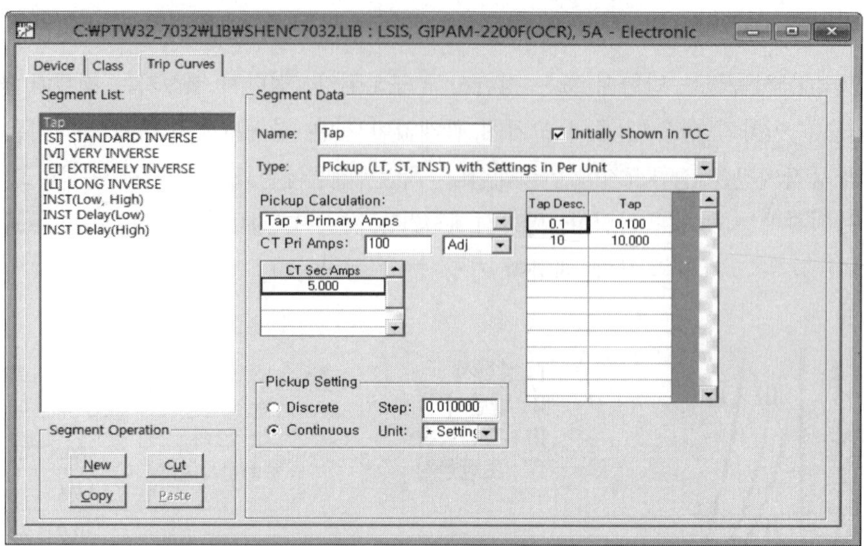


그림 11-11 Library Relay Component 입력창

## ■ GIPAM-2200 F

| 보호요소 | 동작구분 | | 동작치 정정 | 동작시간 특성 | | 비고 |
|---|---|---|---|---|---|---|
| | | | | 정정범위 | 특성 | |
| OCR (50/51) | 순시요소 | Low set | OFF, 1.0~32.0In/0.1In | Low: 0.05~300.00s/0.01s | 정한시 | |
| | | High set | | High: 40ms 이하 | | |
| | 한시요소* | | OFF, 0.10~10.00In/0.01In | 0.05~1.20/0.01 | 반한시 | DT, SI, VI, EI, LI |
| | | | | 0.05~300.00s/0.01s | 정한시 | |

그림 11-12 과전류계전기의 동작치 정정 범위(LSIS GIPAM-2200F)

### ■강반한시 (Very Inverse Time)-VI

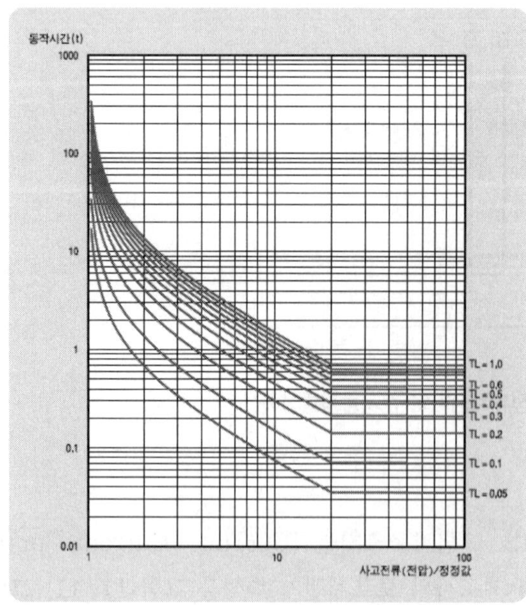


- 적용: 과전류 (50/51)
  지락과전류 (50/51N)
  지락과전압 (64)
  역상과전류 (46)
  Locked Rotor (51LR)

$$t = \frac{13.5}{(I/Is)-1} \times TL + C$$

- 한시정정레버 TL: 0.05~1.2
  (지락과전압, 역상과전류, Locked Rotor } TL: 0.05~1.0)
- Relay 특성값 C: 0
- Operation Delay Time: 0.00~10.00s/0.01s
  (과전류, 지락과전류, 역상과전류 반한시에만 적용)

그림 11-13 과전류계전기의 강반한시 특성곡선(LSIS GIPAM-2200F)

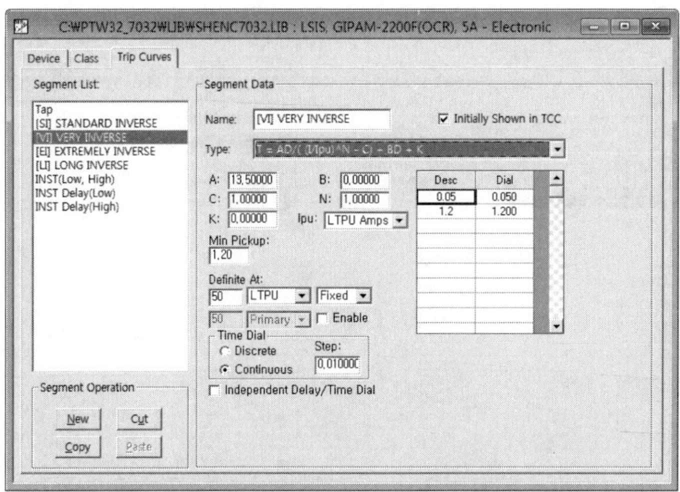


그림 11-14 Relay Component의 VI Curve 입력

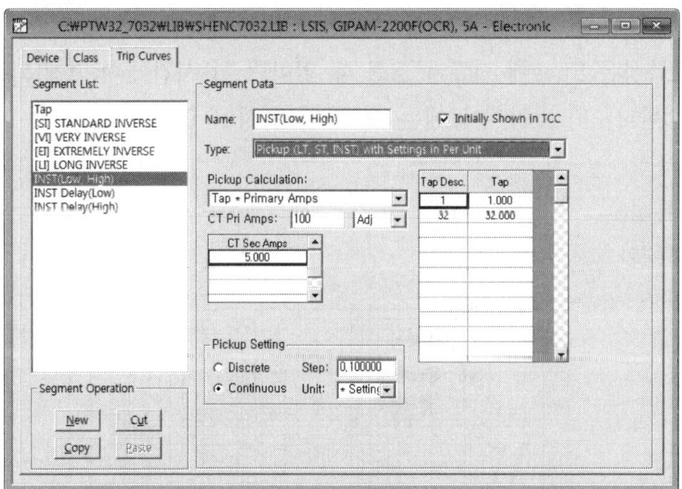


그림 11-15 Relay Component의 INST Tap 입력

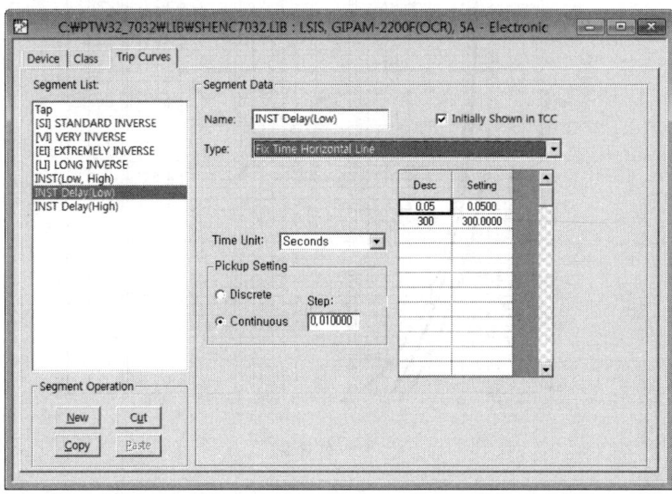


그림 11-16 Low INST Time 입력

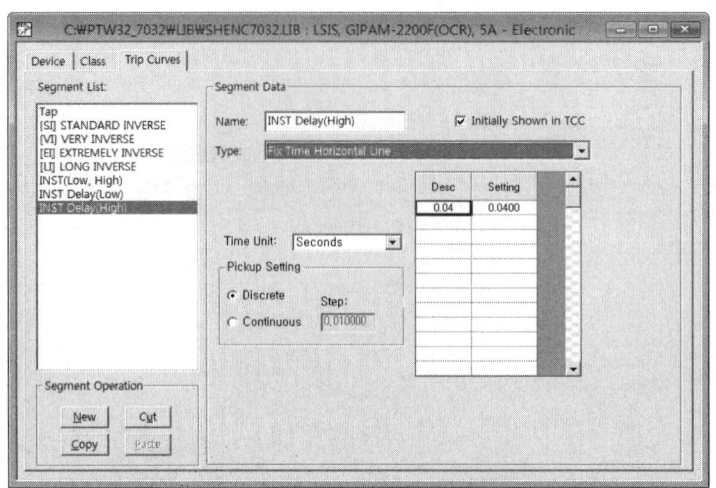


그림 11-17 Relay Component의 High INST Tine 입력

### 2) Power Fuse의 시간전류 특성

Power Fuse의 동작특성은 Fuse에 전류가 흐를 때 얼마만 한 시간에 어떻게 되는가를 표시하는 것으로 보통 그래프로 표시한다. Fuse의 성능에는 세 가지 특성이 있다.

① 허용시간 – 전류특성

② 용단시간 – 전류특성

③ 동작시간 – 전류특성

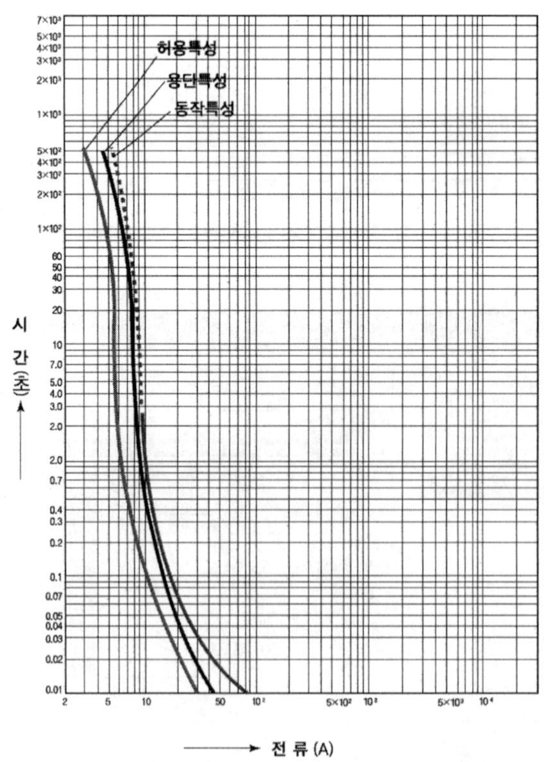


그림 11-18 Power Fuse의 전류-시간특성

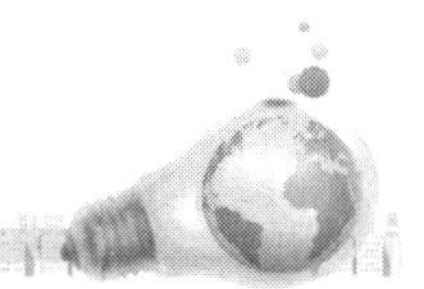

허용시간-전류특성, 용단시간-전류특성은 퓨즈소자가 단순한 열적인 특성을 나타내는 것에 대하여 이 동작시간-전류특성은 정격전압이 인가 된 상태에서 퓨즈에 과전류가 흐를 때 퓨즈소자가 용단하고, 아크가 발생하며, 그 아크가 완전히 소멸하기까지의 시간과 전류관계를 나타낸 것이다. 이 특성은 퓨즈를 다른 개폐기나 차단기와 조합하여 사용할 경우의 동작협조를 검토할 때 사용한다. 전력퓨즈의 허용, 용단, 동작-시간전류특성은 곡선으로 표시하면 그림 11-18과 같은 관계가 있다.

PTW에서 Power Fuse의 동작특성을 TCC(Time-Current Curve)에 나타내기 위하여 Library의 Fuse Component(그림 11-19)에서 제조사의 Fuse 동작특성(그림 11-20)을 여기에 입력하여야 한다.

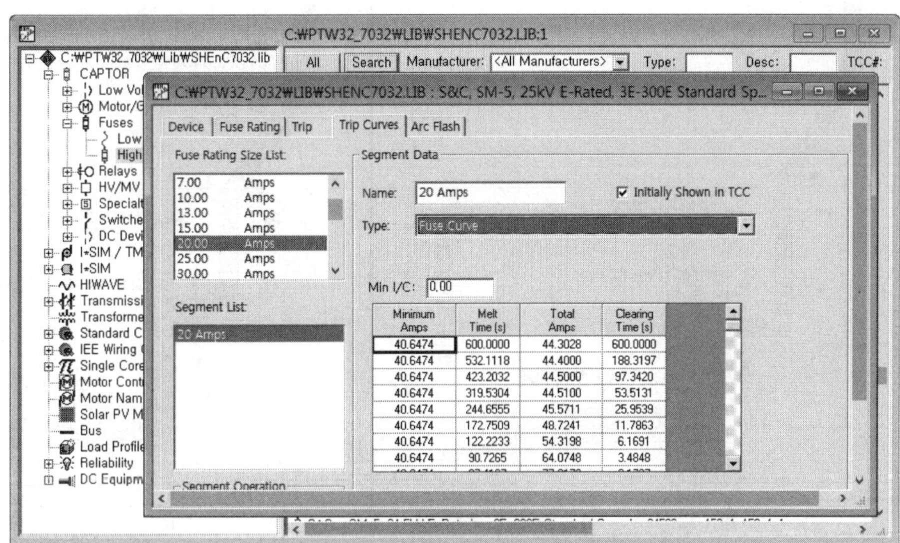


그림 11-19 Power Fuse의 동작특성 입력

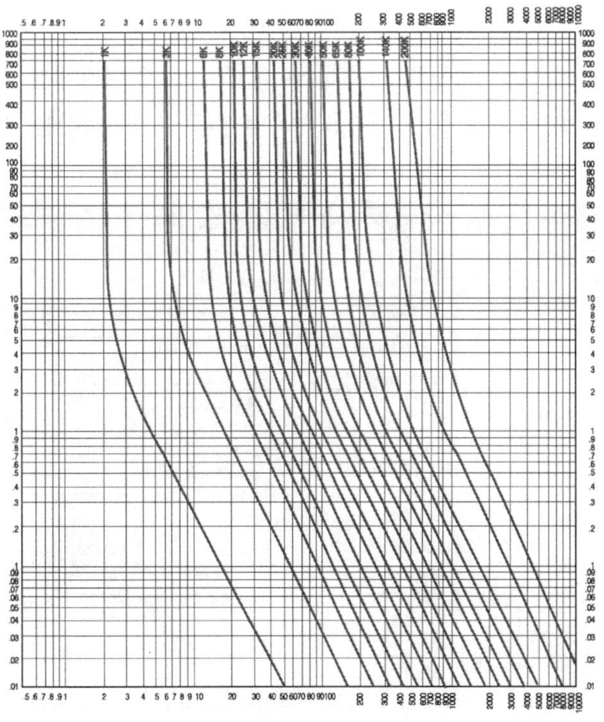

그림 11-20 25kV Power Fuse의 전류-시간특성(S&C)

### 3) 저압 기중차단기

저압 기중차단기(LVPCB : Low Voltage Power Circuit Breaker)의 pick-up은 트립장치가 동작할 수 있는 최소전류 값이며, 장한시(Long Time Delay), 단한시(Short Time Delay) 및 순시(Instantaneous)특성 등 3개의 선택트립특성을 갖고 있다. 이것은 일반적으로 트립장치의 정격 또는 LT pick-up의 배율로 표시된다. 아래 그림은 LVPCB의 동작 특성을 보여주고 있다.

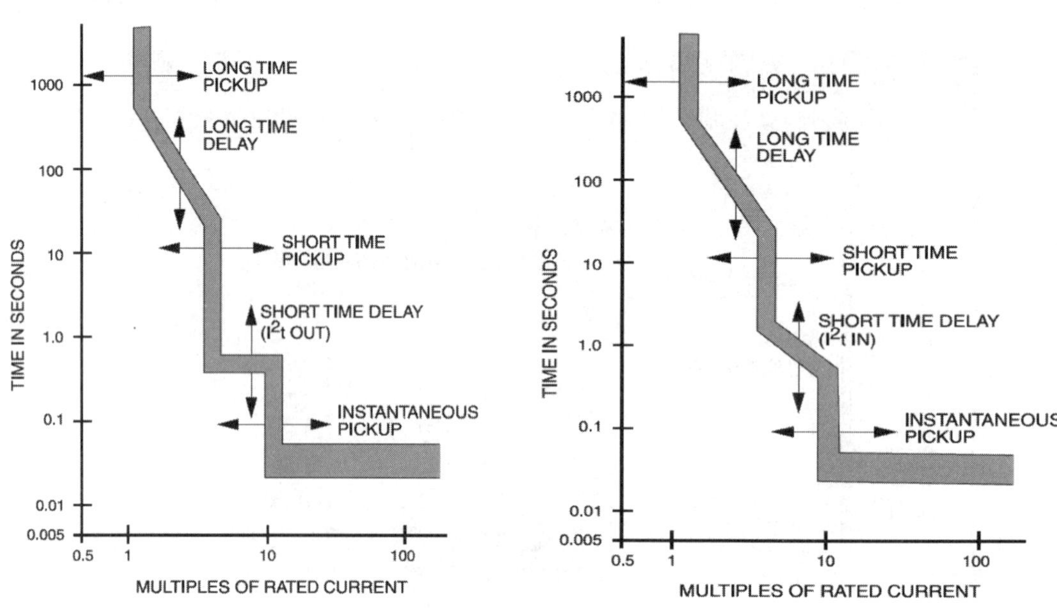


그림 11-21 LVPCB의 전류-시간특성곡선 ($I^2t$ OUT)　　　그림 11-22 LVPCB의 전류-시간특성곡선 ($I^2t$ IN)

PTW에서 LVPCB의 동작특성을 TCC(Time-Current Curve)에 나타내기 위하여 Library의 LVPCB Component(그림 11-23)에서 제조사의 LVPCB 동작특성(그림 11-24)을 입력하여야 한다.

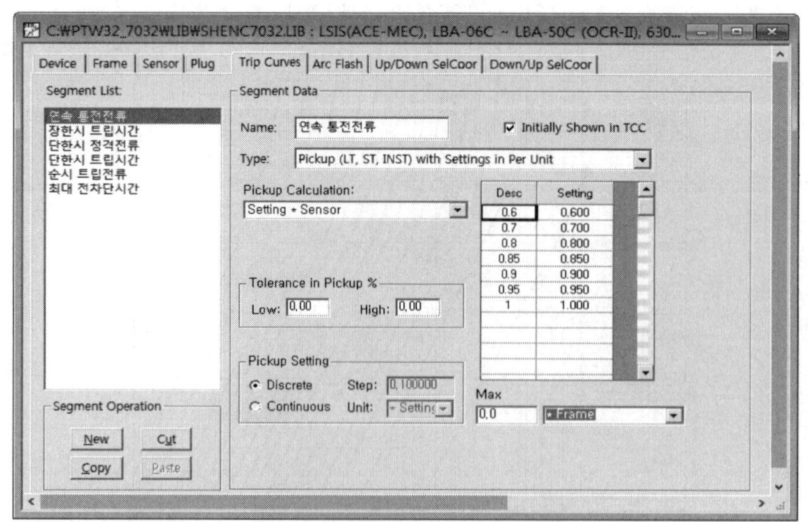


그림 11-23 LVPCB 동작특성 입력

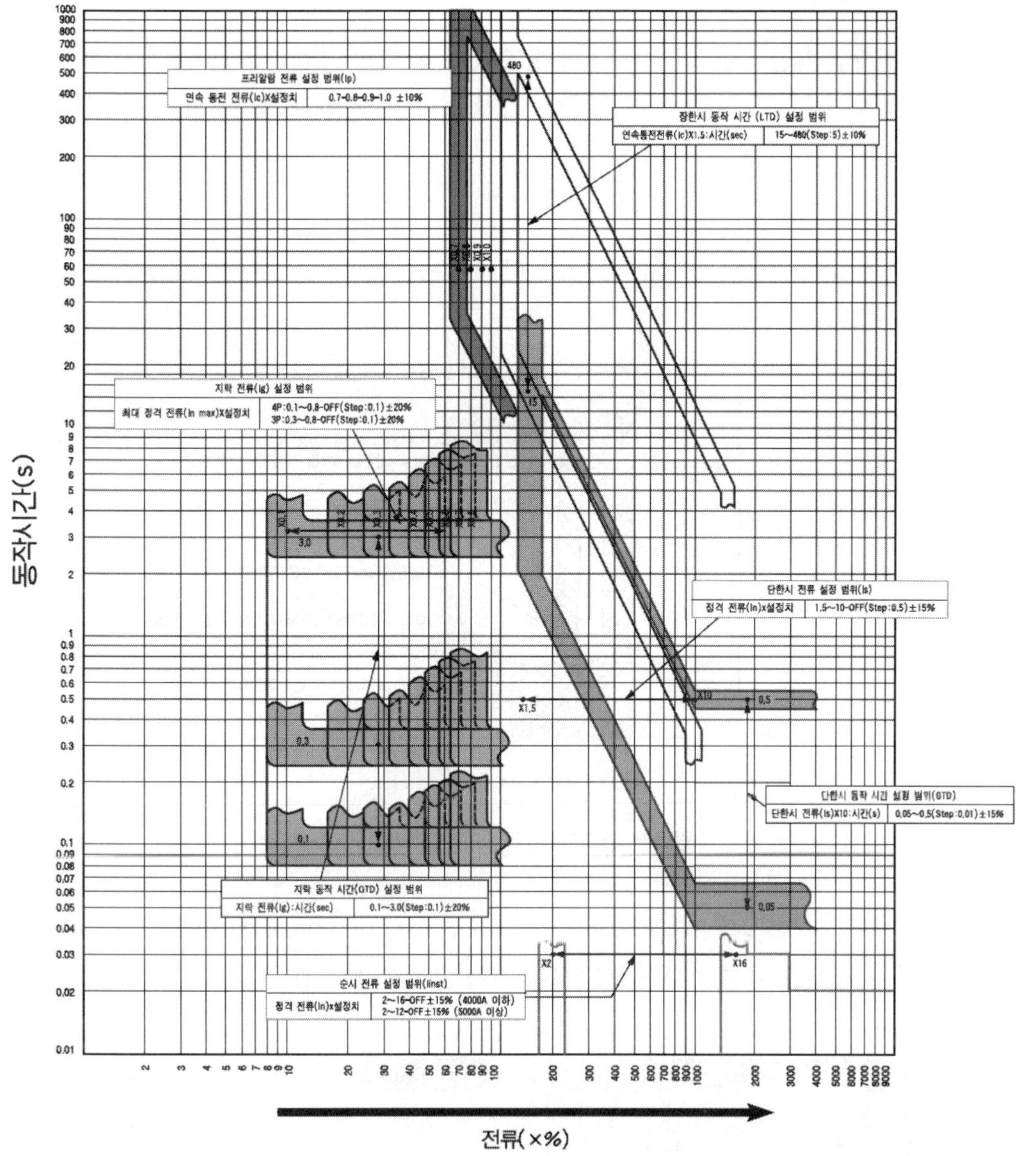

그림 11-24 LVPCB 동작특성(LSIS)

### 4) MCCB

MCCB(Mold Case Circuit Breaker)는 과부하에서 단락영역까지 신뢰성과 폭 넓은 동작특성을 갖는 보호장치로서 가장 많이 사용되고 있다. 동작특성은 바이메탈로 동작하는 열동트립과 전자석으로 동작하는 전자트립이 있다.

#### (1) 열동트립

바이메탈에 의한 열동식으로 과부하전류의 크기에 따라 동작시간이 반비례하는 특성을 갖고 있으며, 전동기의 기동전류 등 과전류에는 동작하지 않도록 하고 있다.

(2) 전자트립

전자석에 의한 전자식 차단장치이며, 단락전류가 흘렀을 때 이를 검출하여 순간적으로 차단한다. 순시 트립전류를 조정할 수 있는 차단기는 전자개폐기 및 저압 기중차단기와 동작협조를 용이하게 얻어지는 장점이 있다.

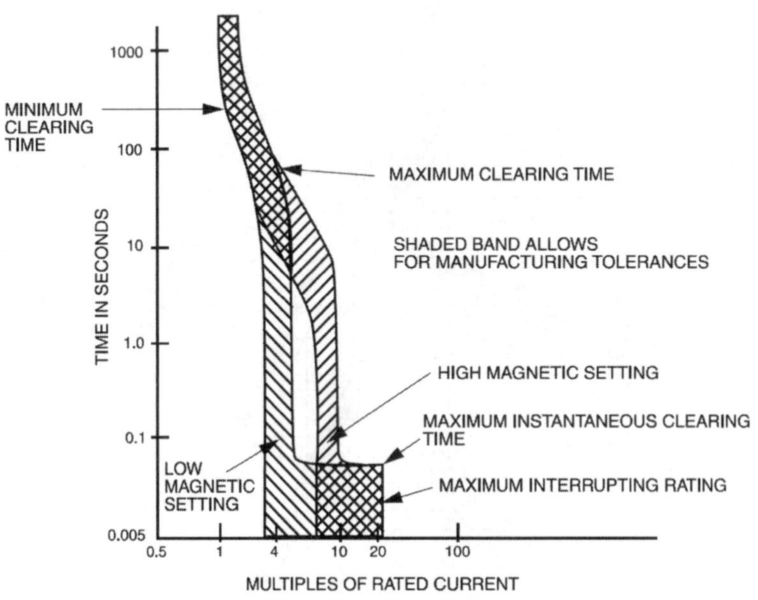


그림 11-25 MCCB의 시간-전류특성곡선

PTW에서 MCCB의 동작특성을 TCC(Time-Current Curve)에 나타내기 위하여 Library의 MCCB Component(그림 11-26)에서 제조사의 MCCB 동작특성(그림 11-27)을 입력하여야 한다.

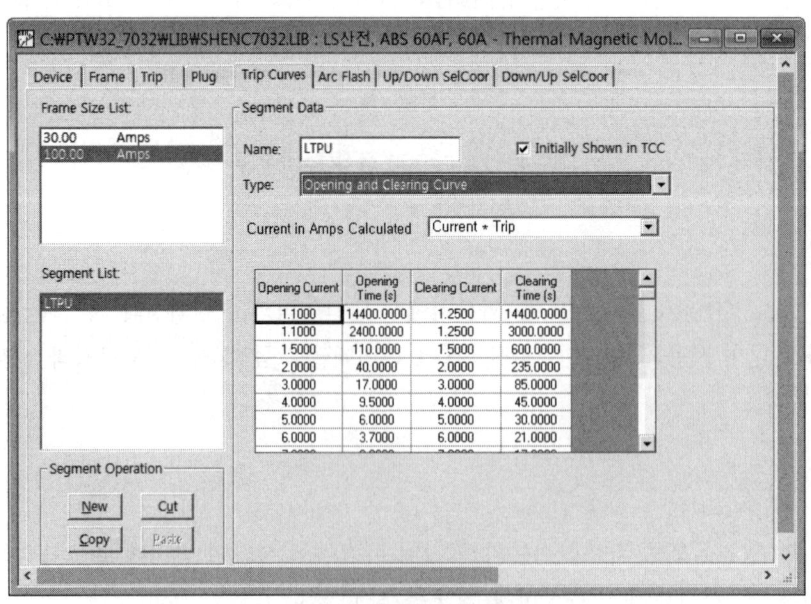


| Opening Current | Opening Time (s) | Clearing Current | Clearing Time (s) |
|---|---|---|---|
| 1.1000 | 14400.0000 | 1.2500 | 14400.0000 |
| 1.1000 | 2400.0000 | 1.2500 | 3000.0000 |
| 1.5000 | 110.0000 | 1.5000 | 600.0000 |
| 2.0000 | 40.0000 | 2.0000 | 235.0000 |
| 3.0000 | 17.0000 | 3.0000 | 85.0000 |
| 4.0000 | 9.5000 | 4.0000 | 45.0000 |
| 5.0000 | 6.0000 | 5.0000 | 30.0000 |
| 6.0000 | 3.7000 | 6.0000 | 21.0000 |

그림 11-26 MCCB의 동작특성 입력

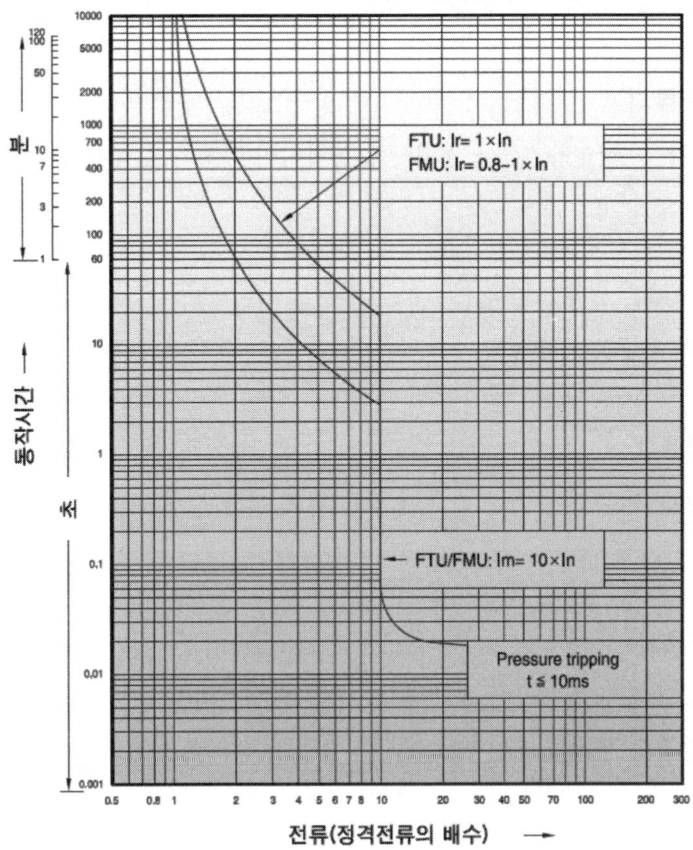


그림 11-27 MCCB 100AF의 시간-전류특성곡선

## 4 변류기

변류기는 대전류를 소전류로 변성하여 계측 또는 보호계전기용으로 사용된다. 전력계통에서 변류기의 정격사항을 결정하는 일은 매우 중요하며 변류기의 특성을 정확히 이해하여야 한다. 특히 단락고장전류와 관련된 계통보호와 관련하여 열적 또는 기계적 강도를 가져야 하며 오차계급과 과전류정수를 고려하여야 한다. 최근 계기용 변성기가 KS C IEC 60044(계기용 변성기)로 제정됨에 따라 KS C IEC 60044.1(제1부 변류기), 60044-6(제6부 보호용 변류기의 과도성능에 관한 요건)에 대하여 기술한다.

### 4.1 변류기의 분류

변류기는 대전류에 의한 포화특성의 측면에서 계측기용과 보호계전기용으로 구분하여 사용한다.

#### 1) 계기용 변류기

측정기기, 지시계기, 계전기와 다른 유사한 기기에 전류를 공급하기 위한 변류기를 의미한다. 계측기용은 정상부하 상태에서 사용하므로 정격 이내에서는 정확한 특성을 나타내어야 하므로 단락전류에는 포화되어 변류기 2차회로와 계기를 보호해야 한다.

### 2) 보호계전기용 변류기

보호계전기용 변류기는 단락고장전류에 정확하게 동작하여야 하므로 대전류에 포화되지 않는 특성이어야 한다.

#### (1) 일반 변류기

보호계전기에 전류를 공급하는 변류기.

#### (2) PR급 보호용 변류기

제한된 잔류자기계수를 갖는 변류기, 어떤 경우 2차 루프 시간 정수 그리고 권선저항의 제한값은 규정된다.

#### (3) PX급 보호용 변류기

변류기의 2차 여자특성, 2차 권선저항, 2차 부담 저항 및 턴수비를 알게 됨으로써 사용할 보호계전기와 관련하여 성능을 충분히 평가할 수 있는 저전류 리액턴스의 변류기.

## 4.2 변류기의 정격

### 1) 변류기의 1차전류

단일비 변류기의 정격 1차전류의 표준값은 다음의 값과 다음 값의 10배 또는 분수로 한다. 권장값은 밑줄이 그어진 수치이다.

<u>10</u> - 12.5 - <u>15</u> - <u>20</u> - 25- <u>30</u> - 40 - <u>50</u> - 60 - <u>75</u>

다중비 변류기의 경우에는 최저전류값을 단일비 정격전류값에서 선정한다.

### 2) 정격 2차 전류

정격 2차 전류의 표준값은 1 A, 2 A 및 5 A이지만, 권장값는 5 A이다.

### 3) 정격 연속 열전류

2차 권선에 정격부담을 연결한 상태에서 규정된 온도 상승값을 초과하지 않고, 1차권선에 연속적으로 흘릴 수 있는 전류의 크기로, 정격 연속 열전류의 표준값은 정격 1차전류이다. 정격 1차전류보다 큰 정격 연속 열전류를 규정하는 경우 권장값은 정격 1차전류의 120%, 150%, 200%가 좋다.

### 4) 정격출력의 표준값

정격출력이란 정격 2차전류에서 변류기에 정격부담을 연결하였을 때 2차회로에 공급하고자 하는 출력의 피상전력 [VA]값으로, 30 VA까지의 정격출력의 표준값은 다음과 같다. 30 VA 이상의 수치는 적용시 알맞게 선택하여야 한다.

2.5 - 5.0 - 10 - 15 - 30 VA

### 5) 단시간 전류 정격

변류기의 과전류강도는 정격 단시간열전류와 정격 동적 전류로 구분하며, 정격 단시간 열전류는 대칭 실효값으로 표시하고, 정격 동적 전류는 파고값으로 표시한다.

#### (1) 정격 단시간 열전류($I_{th}$)

2차 권선이 단락될 때 별다른 영향 없이 변성기가 1초 동안 견디는 1차전류의 실효값(KS C IEC 60044-1)이며, 과도특성을 규정한 KS C IEC 60044-6에서의 정격 단시간 열전류의 표준값은 실효값 KA로 표시된 다음 값으로 정하고 있다.

6.3 - 8 - 10 - 12.5 - 16 - 20 - 25 - 31.5 - 40 - 50 - 63 - 80 - 100

#### (2) 정격 동적 전류($I_{dyn}$)

정격 동적 전류값($I_{dyn}$)는 2차권선이 단락될 때 변류기에 유발된 전자적 힘에 의하여 전기적 또는 기계적 손상이 없이 견디는 1차전류의 파고값이고, 그 전류의 값은 정격 단시간 열전류의 2.5배가 된다. 이 값이 다른 경우에는 명판에 표시되어야 한다.

### 6) 온도상승의 한계

정격출력에 해당되는 역률 1.0 부담을 갖는 상태에서 정격 연속 열전류와 같은 1차전류가 흐를 때 변류기의 온도상승은 표 11-5에서 주어진 수치를 초과해서는 안된다.

**표 11-5 변류기 권선의 온도상승 한계**

| 절연계급 | | 최대온도상승 [K] |
|---|---|---|
| 유입형의 모든 계급 | | 60 |
| 유입되고 밀봉된 형의 모든 계급 | | 65 |
| 역청질의 합성물에 담근 형의 모든 계급 | | 50 |
| 유입형 또는 역청질의 합성물에 담그지 않은 계급 | Y | 45 |
| | A | 60 |
| | E | 75 |
| | B | 85 |
| | F | 110 |
| | H | 135 |

[비고1] KS C IEC 60044-1 표 2(권선의 온도상승 한계)
[비고2] 일부 재료(즉 수지) 경우 제작자는 상응하는 절연계급을 규정하는 것이 좋다.

### 4.3 변류기의 오차

#### 1) 전류비 오차(비 오차)

전류 측정시 변성기가 생성하는 것으로 실제 변성비와 같지 않아서 발생하는 오차로서 백분율로 표시하는 전류오차는 다음 식으로 주어진다.

$$\text{전류비 오차} = \frac{(K_n I_s - I_p)}{I_p} \times 100[\%] \tag{11.4}$$

여기에서,

$K_n$ : 정격변성비

$I_p$ : 실제 1차전류

$I_s$ : 측정상태에서 $I_p$가 흐를 때 실제 2차전류

#### 2) 합성오차

정상상태에서 다음 항목간의 차이의 실효값을 의미한다.

- 1차전류의 순시값
- 1차와 정격 변성비를 곱한 실제2차전류의 순시값

합성오차는 일반적으로 다음 식에 따라 1차전류 실효값의 백분율로 표시한다.

$$\epsilon = \frac{\sqrt{\frac{1}{T}\int_0^t (K_n i_s - i_p)^2 dt}}{I_p} \times 100[\%] \tag{11.5}$$

여기에서,

$K_n$ : 정격 변성비

$I_p$ : 1차전류의 실효값

$i_p$ : 1차전류의 순시값

$i_s$ : 2차전류의 순시값

$T$ : 1 cycle의 주기

#### 3) 변류기의 오차한계

(1) 계측기용 변류기의 오차

0.1-0.2-0.5급 그리고 1급의 경우 정격주파수에서 전류오차는 2차부담이 정격 부담의 25~100% 사이에 있을 때, 3급과 5급은 정격 부담이 50~100% 사이에 있을 때 표 11-6에 주어진 수치를 초과할 수 없다.

**표 11-6 계기용 변류기의 전류오차 한계**

| 오차계급 | 정격전류 비율에 따른 전류비 오차[%] | | | | |
|---|---|---|---|---|---|
| | 5 | 20 | 50 | 100 | 120 |
| 0.1 | 0.4 | 0.2 | | 0.1 | 0.1 |
| 0.2 | 0.75 | 0.35 | | 0.2 | 0.2 |
| 0.5 | 1.5 | 0.75 | | 0.5 | 0.5 |
| 1.0 | 1.0 | 1.5 | | 1.0 | 1.0 |
| 3 | | | 3 | | 3 |
| 5 | | | 5 | | 5 |

[비고] KS C IEC 60044-1(2003) 표11, 표13

### (2) 보호계전기용 변류기의 오차

정격주파수에서 정격부담이 연결된 상태에서 전류오차, 위상차 그리고 합성오차는 표 11-7에 주어진 수치를 초과하지 않아야 한다.

**표 11-7 보호용 변류기의 오차 한계**

| 오차계급 | 정격1차전류에서 전류오차[%] | 정격1차전류에서 합성오차[%] |
|---|---|---|
| 5P | ±1 | 5 |
| 10P | ±3 | 10 |

[비고] KS C IEC 60044-1(2003) 표 14(보호용 변류기의 오차한계)

### (3) 오차 한도별 용도

**표 11-8 오차 한도별 용도**

| 계급 | 용도 | 용 도 | 1.0 In일 때 오차한도[%] | 2차부담 [%] | 역률 |
|---|---|---|---|---|---|
| 0.1 | 표준용 | 초정밀 측정, 표준 | ±0.1 | 25~100 | 0.8 |
| 0.2 | | 정밀 측정, 요금 계산용 | ±0.2 | | |
| 0.5 | 일반 계기용 | 요금 계산, 정밀측정용 | ±0.5 | | 0.8 |
| 1 | | 공업용 계측, 배전반용 | ±1.0 | | |
| 3 | | 배전반용 | ±3.0 | | |
| 5P | 보호계전기용 | – | ±1.0 | 100 | 0.8 |
| 10P | | – | ±3.0 | | |

[비고] 단락전류 활용기술과 고조파해석대책 표2.22

표 11-9 변류기의 오차계급 비교표

| 구 분 | 계전기용 | | | 계기용 | | |
|---|---|---|---|---|---|---|
| | 계급 | 부담 | 허용오차 | 계급 | 부담 | 허용오차 |
| 한국 (EBS-145) | C100 | B-1(25) | ±10% | 1.2 | B-0.5(12.5) | ±1.2% |
| | C200 | B-2(50) | ±10% | 1.2 | B-0.9(22.5) | ±1.2% |
| | C400 | B-4(100) | ±10% | 1.2 | B-1.8(45) | ±1.2% |
| | C800 | B-8(200) | ±10% | 1.0 | 전력수급용 | ±1.0% |
| | | | | 0.5 | 전력수급용 | ±0.5% |
| | | | | 0.3 | 전력수급용 | ±0.3% |
| 미국 (ANSI) | C10 | B-0.1 | ±10% | 1.2 | - | ±1.2% |
| | C20 | B-0.2 | ±10% | 0.6 | - | ±0.6% |
| | C50 | B-0.5 | ±10% | 0.3 | - | ±0.3% |
| | C180 | B-0.9 | ±10% | | | |
| | C100 | B-1 | ±10% | | | |
| | C200 | B-2 | ±10% | | | |
| | C400 | B-4 | ±10% | | | |
| | C800 | B-8 | ±10% | | | |
| 영국 (BS) | 5P | - | ±5% | 0.1 | - | ±0.1% |
| | 10P | - | ±10% | 0.2 | - | ±0.2% |
| | X | Bus DCR 용 | - | 0.5 | - | ±0.5% |
| | | | | 1 | - | ±1% |
| | | | | 3 | - | ±3% |
| | | | | 5 | - | ±5% |
| 일본 (JEC) | 2차용 | | | 3차용 | | |
| | 1.0 | - | ±10% | 3G | - | ±3% |
| | 3.0 | - | ±10% | 5G | - | ±5% |
| | | | | 10G | - | ±10% |

[비고 1] 보호계전시스템의 실무활용기술 표 3.1

[비고 2] C100은 계전기의 오차계급으로서 2차단자에 100 A 전류를 흘렸을 때 단자전압이 100 V이고 오차는 ±10 % 미만이어야 한다. 즉 100은 2차의 단자전압을 의미한다.

[비고 3] B-1은 부담을 나타내며 $VA=I^2 \cdot Z=25\times1=25$ VA이다. 여기서 1은 Impedance를 의미한다.

## 4.4 변류기의 과전류 특성

### 1) 계측기용 변류기

(1) 정격 계기 제한 1차 전류(IPL : Rated Instrument Limit Primary Current)

2차 부담이 정격부담과 같은 상태에서 계기용 변류기의 합성오차가 10% 이상일 때의 최소 1차전류값이다. 계통의 사고시 발생되는 단락고장전류에 대하여 계기용 변성기에 의해 공급되는 기기를 보호하기 위해 합성오차는 10% 이상이 되어야 한다.

(2) 기기안전계수(FS : Security Factor)

정격 1차전류와 정격 계기 제한 1차전류의 비. 실제 계기안전계수는 부담에 의해 영향을 받는다. 계통 사고전류가 변류기의 1차권선을 통하여 흐를 때 변성기에 의해 전류를 공급받는 기기의 안전은 정격기기 안전계수(FS)의 수치가 작을 때 가장 크다.

(3) 표준오차계급 제한계수

표준오차 계급은 다음과 같다.

0.1 - 0.2 - 0.5 - 1 - 3 - 5

**2) 보호계전기용 변류기**

(1) 정격 오차 제한 1차전류(Rated Accuracy Limit Primary Current)

변성기가 합성오차에 대한 요구사항에 일치하는 정도까지의 1차 전류값

(2) 표준 오차 계급

보호 계전기용 변류기의 오차계급은 5P 및 10P이다.

(3) 오차제한계수(ALF : Accuracy Limit Factor)

정격 1차전류와 정격 오차계급 제한 1차전류의 비를 의미한다. 보호용 변류기에 있어서는 과전류 영역 특성은 대단히 중요하다. 변류기의 1차에 정격전류보다 큰 단락고장전류가 흐르면 손실로 인하여 변류기 2차에 오차가 발생하여 변류비에 비례하는 전류보다는 적은 전류가 흐른다. 즉 변류기 2차에는 (−)의 오차가 발생하는데, 이때 발생하는 오차가 규정된 오차, 예를 들어 5P급 CT에서는 합성오차 −5%, 10P급 CT에 있어서는 −10%에 일치하는 1차전류와 CT의 1차 정격전류의 비를 오차제한계수(과전류정수)라 한다. 오차제한계수가 작으면 과전류계전기 등 전류형 계전기에서는 CT 2차측 전류는 실제 고장전류보다 적은 적류가 흘러서 계전기의 보호동작이 부정확하여 적절한 보호가 되지 않게 된다. IEC에서는 보호용 CT의 표준오차제한계수(ALF)는 다음과 같이 정하고 있다.

5 - 10 - 15 - 20 - 30

KS C IEC 표준에 의한 CT의 규격 표기는 전류비, 2차부담, 오차계급, 오차제한계수의 순으로 표기한다. 예를 들면 전류비가 100/5 A이고, 2차부담이 15 VA, 오차계급이 10P, 표준오차제한계수가 20인 변류기의 표기방법은 다음과 같이 표기한다.

100/5A 15VA, 10P20

**표 11-10 보호대상에 따른 과전류정수의 참고값**

| 보호대상 | 계전방식 | 과전류정수 | |
|---|---|---|---|
| | | 표준 | 특수 |
| 발전기 | 차 동 | 10 | 20 |
| 2권선 변압기 | | 10 | 20 |
| 3권선 변압기 | | 20 | 40 |
| 송전선/전차선 | 차 동 | 10 | 20 |
| | 거 리 | 20 | 40 |
| | 과전류 | 10 | 20 |
| 전동기 | 과전류 | 10 | 20 |
| 배전선 | 과전류 | 10~20 | |

[비고] 단락전류 활용기술과 고조파해석대책 표2.21

참고로 일본 JEC 표준에서 추천하는 보호대상에 따른 과전류정수의 참고값을 표 11-10에 나타낸다. 과전류정수는 정격주파수 정격부담(PF 0.8)으로 정격전류×$n$에서 비오차가 −10%를 초과하지 않는 $n$을 과전류정수라 하며, 과전류특성을 향상시키기 위해서는 철심의 단면적을 크게 하여야 한다.

### 3) PR 및 PX급 변류기

특수용도의 변류기는 PR급과 PX급으로 정의되어 있는데 PR급 CT는 저 잔류자기형이고, PX급은 일반적으로 모선보호형 전압형차동계전기에 쓰이고 있는 변류기이다. 일반보호용 CT와 다른 PX급 CT의 특성은 다음과 같이 규정되어 있다.

#### (1) 정격 항복점 전압(Rated Knee Point e.m.f – $E_x$)

모든 다른 단자가 개로 되어 있을 때 변류기의 2차 단자에 인가된 정격 상용주파수에의 전압이 10% 증가할 때 여자전류 실효값이 50% 이상이 안되게 증가하는 최소 정현파전압이다.

#### (2) 디멘션계수(Dimensioning Factor : $K_x$)

안전계수를 포함하여 변성기가 성능 요구사항에 부합되는 이상으로 전력계통 사고 상태시 발생하는 정격 2차전류의 배수를 표시하고자 수요자가 할당한 계수. 이는 계측기용 CT에 있어서는 기기안전계수(FS)와 같은 의미이고, 보호용 CT에서는 표준오차제한계수를 적용하고, PX급 및 PR급 CT에 있어서는 오차의 개념이 없는 디멘션계수라는 용어를 사용한다.

#### (3) 정격 턴수비(Rated Turn Ratio)

2차권선과 1차권선의 턴수의 규정된 비를 의미한다. 이에 따라 PX급 CT 및 PR급 CT의 시험성적서에는 다음 사항이 기재되어야 한다.

① 정격 1차전류($I_{pn}$)

② 정격 2차전류($I_{sn}$)

③ 정격 턴수비. 턴수비 오차는 ±0.25%를 초과하지 않는다.
④ 정격 항복점 전압, 그것의 기술된 %에서 최고여자전류($I_e$)
⑤ 75℃에서의 2차권선의 최고저항($R_{ct}$)
⑥ 정격 저항성 부담($R_b$)
⑦ 디멘션 계수($K_x$)

정격 항복점 전압은 일반적으로 다음과 같이 결정한다.

$$E_k = K_x \cdot (R_{ct} + R_b) \times I_{sn} \tag{11.6}$$

#### 4) 계측기용과 보호계전기용 변류기의 특성 비교

계측기용 CT와 보호계전기용 CT의 성능상 차이점은 표 11-11과 같다. 보호계전기용 CT의 1차전류가 정격전류의 오차제한계수(ALF)배의 전류에서, 즉 변류기의 1차 정격전류 100 A, 오차제한계수가 10인 CT의 경우 CT의 1차에 흐르는 전류가 1000 A 일 때 그 합성오차가 −5% 또는 −10%가 최대값으로 그 이상의 오차를 허용하지 않는다. 계측기용 CT는 기기안전계수(FS)는 합성오차 −10%는 최소오차이어서 그 보다 작은 오차를 허용하지 않는다. 이는 측정기기는 안전을 확보하기 위한 조건으로 계측기에서는 FS가 5급이 주로 채용되고 있다.

**표 11-11 계측기용 CT와 보호계전기용 CT의 비교**

| 항 목 | 계측기용 | 보호계전기용 |
|---|---|---|
| 오차계급 | 0.1 0.2 0.5 1 3 5 | 5P, 10P |
| 정격전류 | 전류비 오차 | 전류비 오차 |
| FS/AFL | 합성오차 | 합성오차 |
| 변류기 1차측 과전류 | IPL | 정격 오차 제한 1차전류 |
| 정격 1차전류에 대한 과전류 배율 | 기기안전계수(FS) | 오차제한계수(ALF)<br>n=5, 10, 15, 20, 30 |
| 정격 연속 열전류 | 계통고장전류(rms) | 계통고장전류(rms) |
| 정격 동적 전류 | 계통고장전류의 파고치 | 계통고장전류의 파고치 |

[비고1] IEC에 의한 전력계통보호 표 3-10

### 4.5 ANSI 표준의 변류기

보호계전기용으로 사용하는 변류기는 특성에 따라 C급, K급, T급으로 분류한다.

#### 1) C급 변류기

변류기 2차회로에 접속된 표준부담과 2차 정격전류의 20배에서 비오차가 10%를 초과하지 않아야 한다. 따라서 표준부담이내에서 2차 정격전류의 20배에서 비오차는 10% 이내로 요구한다. C급은 주로 1차권선이 1회인 Bushing CT 등의 규격에 해당된다. ANSI에서는 2차정격전류의 20배의 전류에서 전류비 오차가 −10%를 초과하지 않는 CT의 2차 단자전압을 표시한다. 이는 IEC의 10P20에 해당하는 것이다. 예를 들어 C100인 붓싱 CT는 표준부담 1.0 Ω, 2차 전류가 5 A이므로 2차 단자전압은 1.0×5A×20=100[V], 부담은 52×1.0=25 VA가 된다.

### 2) K급 변류기

이 변류기는 C급과 같은 특성을 요구하고 있으나 철심이 포화에 이르기 직전의 Knee Point 여자전압은 2차 단자전압 $V_B$의 70%를 정하고 있다.

### 3) T급 변류기

T급 변류기는 철심의 누설자속에 의한 영향을 무시할 수 없기 때문에 계산에 의하지 않고 제작사의 시험으로 비오차를 정한다.

**표 11-12 변류기 2차전류 5 A일 때 표준부담**

| 구 분 | 표기 | 단자전압 [V] | 임피던스 [Ω] | 부담 [VA] | 역률 |
|---|---|---|---|---|---|
| 계기용 | B-0.1 | 10 | 0.1 | 2.5 | 0.9 |
| | B-0.2 | 20 | 0.2 | 5 | 0.9 |
| | B-0.5 | 50 | 0.5 | 12.5 | 0.9 |
| | B-0.9 | – | 0.9 | 22.5 | 0.9 |
| | B-1.8 | – | 1.8 | 45 | 0.9 |
| 계전기용 | B-1 | 100 | 1 | 25 | 0.5 |
| | B-2 | 200 | 2 | 50 | 0.5 |
| | B-4 | 400 | 4 | 100 | 0.5 |
| | B-8 | 800 | 8 | 200 | 0.5 |

[비고1] IEEE Std C57.13-1993 Table 9.

## 4.6 변류기의 선정

이상적인 변류기의 조건은 권선비에 의하여 1차측의 전류가 오차 없이 그대로 2차측의 전류로 출력되어야 하지만 전류가 증가하여 어느 점에 이르면 비례적으로 출력되지 않는다. 그 이유는 변류기 철심의 포화시점에서 자속밀도가 증가되어 2차측의 전류파형이 왜곡되기 때문이다. 철심포화에 영향을 미치는 요인은 변류기 2차부담, 대칭분 단락전류, 직류분의 오프셋, 변류기 잔류자속이며, 변류기 선정방법에 대하여 기술한다.

### 1) 변류기의 정격전류의 선정

(1) 정격 1차전류의 선정

변류기의 정격 1차전류는 회로의 최대부하전류를 계산하여 이 값에 여유를 두어 선정하고 있다. 일반적으로 다음의 범위에서 선정하여야 한다.

- 수전인입계통 및 변압기보호 : 최대부하전류의 125~150%
- 전동기회로 : 기동전류를 감안하여 200~250%

소용량 변압기, 전동기 등은 변류기 정격 1차전류가 작게 선정되고 계통의 단락전류가 큰 경우에는 변류기 철심의 포화로 인하여 오차가 증가하여 보호계전기용으로 사용이 곤란한 경우가 발생한다. 따라서 이 점에 주의하여 변류기 정격 1차전류를 더 크게 선정하여 오차제한계수(과전류정수)와 허용오차를 초과하지 않도록 한다. 다른 방법으로는 정격부담을 높이는 방법도 있다.

#### (2) 정격 2차전류의 선정

일반적으로 사용하는 보통의 계기, 보호계전기 등의 정격입력전류는 5 A가 많이 사용되어 왔으나 근래에는 디지털보호계전기의 보급 확산으로 정격입력전류는 1 A의 것이 사용되고 있는 경향이 있다.

### 2) 정격부담

변류기의 정격부담은 허용오차 범위 내에서 2차측 부담을 의미하며, 정격부담의 선정에는 정격부담이 사용부담의 120~150% 정도가 되게 결정한다.

#### (1) 변류기 2차회로 정격부담

① 2차회로

CT 2차회로는 항상 정격부담 이하로 폐로되어야 한다.

② 오차

CT 2차부하는 직렬로 접속하기 때문에 부하가 증가하면 Impedance가 증가하여 정격부담 이상이 될 경우 오차가 발생한다.

③ 2차 개방

정격부담을 초과하거나 개방상태가 되면 1차전류는 모두 여자전류가 되어 자기포화와 철손이 증가되어 소손되는 경우가 있다.

④ 정격부담

오차범위를 유지할 수 있는 부하 Impedance를 VA로 표시한다.

$$VA = I_2^2 \times Z_B \tag{11.7}$$

여기에서,

$VA$ : 변류기의 부담 [VA]

$I_2$ : CT의 정격 2차전류 [A]

$Z_B$ : 계전기, 계측기 및 2차 케이블을 포함한 총부하 [Ω]

### (2) CT 부담 선정방법

일반적으로 22.9 kV 보호계전방식의 선정은 51, 51G를 연결하여 사용하므로 유도원판형 계전기의 사용부담은 다음과 같다.

- 과전류계전기(51) 강반한시형 사용부담 3 VA
- 지락과전계전기(51G) 강반한시형 사용부담 17 VA

사용부담은 (3+17) × 1.25 ~1.5 = 25 ~30 VA가 되므로 사용부담 이상의 정격부담 40 VA의 CT를 선정한다.

### (3) 변류기 2차회로 도체의 단면적 선정

일반적으로 변류기의 정격부담이 사용부담보다 크면 충분하지만 변류기의 2차배선이 긴 경우에는 2차배선부담을 무시하지 못하므로 계측기, 계전기부담뿐만 아니라 2차배선 부담도 고려할 필요가 있다. 사용부담이 정격부담보다 클 때에는 오차가 증가하여 과전류특성도 나빠지므로 계전기용 CT의 경우에는 특히 주의하여야 한다. 또 각 상의 불평형부담도 계전기 특성상 좋지 않다.

변류기 2차부담은 변류기 2차회로에 정격전류(5 A 또는 1 A)를 흘릴 경우 변류기 2차단자전압과 정격전류의 곱으로 주어진다. 예를 들면 정격 2차부담이 40 VA, 정격 2차전류 5 A인 변류기에서 변류기 2차회로 임피던스는 다음 식으로 계산한다.

$$Z = \frac{VA}{I^2} \tag{11.8}$$

여기에서,

$Z$ : 변류기 2차회로 임피던스
$VA$ : 변류기 정격 2차부담
$I$ : 변류기 정격 2차전류

식(11.8)에 따라 변류기 2차권선 임피던스는 $Z$=(40/52)=1.6 Ω 간 된다. 이 변류기의 2차권선에 접속되는 2차회로의 임피던스(계기, 계전기, 제어케이블 등 임피던스 합계)는 1.6 Ω 이하가 되도록 할 필요가 있다. 위 계산식에 따라 계산한 변류기 2차회로 도체의 단면적과 선로의 최대길이는 표 11-13과 같다.

**표 11-13 변류기 2차 제어회로 길이**

| CT 정격 부담 ($VA_1$) | 도체 단면적 [㎟] | 계전기 부담($VA_2$) | | | | | | | | | | | | |
|---|---|---|---|---|---|---|---|---|---|---|---|---|---|---|
| | | 단상 2선식 | | | | 3상 3선식 | | | | 3상 4선식 | | | | |
| | | 5 | 10 | 15 | 20 | 5 | 10 | 15 | 20 | 5 | 10 | 15 | 20 | 40 |
| 15 | 35 | 381 | 190 | | | 440 | 220 | | | 763 | 381 | | | |
| | 25 | 275 | 137 | | | 317 | 158 | | | 550 | 275 | | | |
| | 16 | 173 | 86 | | | 200 | 100 | | | 347 | 173 | | | |
| | 6 | 64 | 32 | | | 74 | 37 | | | 129 | 64 | | | |
| | 4 | 43 | 21 | | | 50 | 25 | | | 86 | 43 | | | |
| | 2.5 | 26 | 13 | | | 31 | 15 | | | 53 | 26 | | | |
| 25 | 35 | 763 | 190 | 381 | 190 | 881 | 661 | 440 | 220 | 1526 | 1145 | 763 | 381 | |
| | 25 | 550 | 137 | 275 | 137 | 635 | 476 | 317 | 158 | 1100 | 825 | 550 | 275 | |
| | 16 | 347 | 86 | 173 | 86 | 401 | 301 | 200 | 100 | 695 | 521 | 347 | 173 | |
| | 6 | 129 | 97 | 64 | 32 | 149 | 112 | 74 | 37 | 259 | 194 | 129 | 64 | |
| | 4 | 86 | 65 | 43 | 21 | 100 | 75 | 50 | 25 | 173 | 130 | 86 | 43 | |
| | 2.5 | 53 | 40 | 26 | 13 | 62 | 46 | 31 | 15 | 107 | 80 | 53 | 26 | |
| 40 | 35 | 1335 | 572 | 954 | 763 | 1542 | 1322 | 1101 | 881 | 2671 | 2290 | 1908 | 1526 | |
| | 25 | 962 | 412 | 687 | 550 | 1111 | 953 | 794 | 635 | 1925 | 1650 | 1375 | 1100 | |
| | 16 | 608 | 260 | 434 | 347 | 702 | 602 | 502 | 401 | 1217 | 1043 | 869 | 695 | |
| | 6 | 227 | 104 | 162 | 120 | 262 | 224 | 187 | 149 | 454 | 389 | 324 | 259 | |
| | 4 | 151 | 130 | 108 | 86 | 175 | 150 | 125 | 100 | 303 | 260 | 216 | 173 | |
| | 2.5 | 94 | 80 | 67 | 53 | 109 | 93 | 77 | 62 | 188 | 161 | 134 | 107 | |
| 100 | 2.5 | 256 | 80 | 229 | 215 | 296 | 280 | 264 | 249 | 512 | 485 | 458 | 431 | 323 |
| 계산식 | | $r=\frac{(VA_1)-(VA_2)}{2\times 5^2}$ | | | | $r=\frac{(VA_1)-(VA_2)}{\sqrt{3}\times 5^2}$ | | | | $r=\frac{(VA_1)-(VA_2)}{5^2}$ | | | | |
| | | r : 케이블 편도저항, $VA_1$ : 변류기 정격부담<br>$VA_2$ : 계기 및 계전기부담, 단 $\cos\theta$ =1로 한다. | | | | | | | | | | | | |

[비고] IEC에 의한 전력계통 보호 표 3-17(변류기 2차 제어회로 편도길이[m])

[예제 11-1] 다음과 같은 조건인 경우의 변류기 2차회로 도체의 최대길이를 계산하시오.

- 변류기의 정격부담 : 25 VA
- 계기 및 계전기부담 : 10 VA
- 변류기의 배선방식 : 단상 2선식
- 사용도체의 단면적 : 4 $mm^2$
- 도체의 단위 길이 당 저항 : 아래 표값

| 공칭단면적 [$mm^2$] | 1.5 | 2.5 | 4.0 | 6.0 | 10 | 16 | 25 | 35 |
|---|---|---|---|---|---|---|---|---|
| R [Ω/km] | 12.1 | 7.41 | 4.61 | 3.08 | 1.83 | 1.15 | 0.727 | 0.524 |

KS C IEC 20228 표1 동도체의 20℃에서 직류회로저항

[풀이 11-1] 사용도체에 대한 정격부담 범위 이내에서 최대길이를 산출하면 다음과 같이 된다.

(1) 선로의 허용부담

$$\text{선로의 허용부담} = \text{변류기의 정격부담} - \text{계기 및 계전기의 부담} = 25 - 10 = 10\,\mathrm{VA}$$

(2) 2차선로의 편도 허용저항값

$$R = \frac{\text{선로허용부담}}{(\text{CT 2차정격전류})^2} \times \frac{1}{2} = \frac{15}{5^2} \times \frac{1}{2} = 0.3\,\Omega$$

(3) 2차 선로의 편도길이

$$L = \frac{\text{편도저항}}{\text{저항값}} \times 1000 = \frac{0.3}{4.61} \times 1000 = 65\,\mathrm{m}$$

따라서 변류기 2차 도체를 4 $\mathrm{mm^2}$를 사용하는 경우에는 변류기의 정격부담 이내에서 최대길이는 65 m가 된다.

### 3) 오차제한계수(ALF, 과전류정수)

(1) 오차제한계수(ALF)의 표준값

오차제한계수(ALF)는 정격부담, 정격주파수에서 변류기오차가 규정된 오차(5P급 CT에서는 −5%, 10P급 CT에서는 −10%)가 될 때, 변류기의 정격 1차전류에 대한 정격 오차계급 제한 1차전류의 비를 의미한다. 보호용 CT의 오차제한계수(ALF)의 표준값은 5, 10, 15, 20, 30으로 하고 있다.

(2) 오차제한계수(ALF)의 선정

일반적으로 보호계전기회로에 사용하는 변류기의 오차제한계수는 원칙적으로 그 회로의 최대사고전류로 변류기가 포화하지 않도록 최대사고전류를 변류기의 정격 1차전류로 나눈 값이 오차제한계수(ALF) 이하가 되도록 다음과 같이 선정하여야 한다.

$$ALF \geq \frac{I_s}{I_1} \tag{11.9}$$

여기에서,

$I_s$ : 회로의 최대사고전류 [A]

$I_1$ : 변류기의 정격 1차전류 [A]

(3) 겉보기 오차제한계수(ALF')

오차제한계수(정격과전류정수)는 정격부담에서 값이므로 2차부담이 변화하면 오차제한계수도 변화한

다. 따라서 사용하는 2차부담을 적당히 선택함으로써 사용에 필요한 오차제한계수를 선정할 수 있다. 겉보기 오차제한계수는 다음 식으로 주어진다.

$$ALF' = ALF \times \frac{\text{정격부담}[VA] + CT\text{내부손실}[VA]}{\text{사용부담}[VA] + CT\text{내부손실}[VA]} \tag{11.10}$$

(4) 오차제한계수의 사용부담에 따른 변화

정격부담 40 VA, 오차제한계수 ALF=10, CT 내부손실 5 VA, 사용부담 15 VA의 경우 겉보기 오차제한계수(ALF')는 다음과 같이 계산하여 적용한다.

$$ALF' = 10 \times \frac{40+5}{15+5} = 22.5$$

### 4) 변류기의 단시간 정격전류($I_{th}$)

전력계통에서 단락이 발생하면 주회로에 접속되는 변류기 1차권선에는 과대한 고장전류가 흘러서 변류기가 파괴되는 것으로 생각된다. 그 원인은 다음과 같다.

- 과전류에 의한 권선 온도상승으로 인한 용단
- 강력한 전지력에 의한 권선변형

등을 들 수 있다. 따라서 단시간 정격전류는 정격 단시간 열전류($I_{th}$)와 정격동적전류($I_{dyn}$)으로 구분하여 검토하지 않으면 안된다.

(1) 정격 단시간 열전류($I_{th}$)

2차권선이 단락될 때 별다른 영향 없이 변성기가 1초 동안 견디는 1차전류의 실효값(KS C IEC 60044-1)이며, 과도특성을 규정한 KS C IEC 60044-6에서의 정격 단시간 열전류의 표준값은 실효값 KA로 표시된 다음 값으로 정하고 있다.

6.3 - 8 - 10 - 12.5 - 16 - 20 - 25 - 31.5 - 40 - 50 - 63 - 80 - 100

(2) 정격 동적 전류($I_{dyn}$)

정격 동적 전류값($I_{dyn}$)(기계적 과전류강도)는 2차권선이 단락될 때 변류기에 유발된 전자적 힘에 의하여 전기적 또는 기계적 손상이 없이 견디는 1차전류의 파고값이고, 그 전류의 값은 정격 단시간 열전류의 2.5배가 된다. 이 값이 다른 경우에는 명판에 표시되어야 한다.

[예제 11-2] 수용설비의 수전용량이 22.9kV 3상 3000kVA이다. 수전점의 3상단락고장전류가 7,900A인 경우 다음과 같이 변류기의 오차제한계수가 적정하게 선정되었는지 검토하시오.

- CT Ratio : 150/5

- 정격오차제한계수(ALF) : 20
- CT 정격부담 : 40VA
- CT 내부손실부담 : 5.5VA
- 계전기부담 : 20VA
- CT 2차 CABLE 부담 : 2VA

[풀이 11-2] 변류기의 오차제한계수가 고장전류에 대하여 포화되지 않도록 선정되었는지 다음과 같이 검토한다.

(1) 소요오차제한계수

$$ALF' = \frac{I_{3s}}{I_1} = \frac{7,900}{150} = 52.6$$

여기에서,

$I_{3s}$ : 3상단락고장전류(A)

$I_1$ : 변류기의 1차전류(A)

(2) 겉보기 오차제한계수

$$ALF'' = ALF \times \frac{정격\,VA + CT\,내부손실}{정격\,VA + CT\,내부손실} = 20 \times \frac{40 + 5.5}{22 + 5.5} = 33.1$$

(3) 검토결과

소요 오차제한계수 값이 52.6으로 겉보기 오차제한계수 33.1보다 큰 값으로 부적정하다.

(4) 변류비의 조정

소요오차제한계수 값을 낮추기 위하여 CT Ratio를 150/5에서 200/5로 상향 조정하고 소요오차제한계수를 재계산한다.

$$ALF' = \frac{I_{3s}}{I_1} = \frac{7,900}{200} = 39.5$$

(5) 정격오차제한계수의 조정

정격오차제한계수 20을 30으로 변경하고 겉보기 오차제한계수를 재계산한다.

$$ALF'' = ALF \times \frac{정격\,VA + CT\,내부손실}{정격\,VA + CT\,내부손실} = 30 \times \frac{40 + 5.5}{22 + 5.5} = 49.6$$

(6) 재검토 결과

소요 오차제한계수 39.5가 겉보기 오차제한계수 49.6보다 적은 값이 되어 최대고장전류에 변류기가 포화되지 않으므로 적정하다.

# 5 보호계전기 정정방법

## 5.1 보호계전기 정정의 목적

보호계통구성이 적정한가를 검토하고 각종 보호계전기 정정 및 그 정정값이 주보호, 후비보호 보호계전기간 협조가 되도록 하여 설비사고시의 최소화 및 사고시 정전의 최소화를 기하기 위함이다.

## 5.2 보호계전시스템의 기능

보호계전시스템의 기본적인 기능은 신뢰성, 신속성, 선택성을 들 수 있다.

### 1) 신뢰성

보호대상의 사고를 확실하게 검출하여 제거하는 기능이며, 보호계전시스템의 질적 능력을 나타내는 것이다. 보호계전시스템이 확실하게 동작하지 않으면 그 본래의 사명을 수행하지 못할 뿐 아니라 때에 따라 사고를 확대시키는 경우도 있다. 그러므로 보호계전 시스템 자체가 충분한 신뢰성을 지닌 것이어야 하며, 그 선정 및 운용에 있어서도 그 능력을 제대로 발휘할 수 있게끔 하는 것이 중요하다.

### 2) 신속성

보호대상의 사고를 가능한 빠르게 검출하여 계통에서 제거하는 기능이며, 보호계전시스템의 양적 능력을 나타내는 것이다. 보통 전력설비의 사고에는 커다란 에너지의 집중이 일어나서 사고점의 피해는 시간이 흐를수록 비약적으로 증대한다. 또 전력계통의 안정도는 사고의 지속에 따라 급속히 악화된다. 따라서 보호계전 시스템에는 신속한 응동성이 요구된다.

### 3) 선택성

사고의 발생으로 고장점을 검출하여 제거하는 범위를 최소한으로 하는 기능이며, 보호대상에 대하여 응동하여야 할 상태와 응동해서는 안될 상태를 구별하는 한정기능이다. 또 응동하는데 있어서 다른 보호대상과 관련하여 즉각 응동해야 할 상태인가 시간을 두고 응동해야 할 상태인가를 판별하는 협조성도 포함된다.

## 5.3 보호계전기의 정정시 고려할 사항

보호계전기는 일반으로 탭(또는 스위치)이나 Time Lever(또는 Time Dial) 등의 동작 조건을 조정하는 기구를 이용해서, 계전기의 사용에 앞서 그 동작치와 동작시간 등을 적정한 값으로 선정해야 하는데 이와 같이 하는 것을 보호 계전기의 정정(Setting)이라고 한다. 이러한 보호계전기의 정정시 다음 사항을 고려하여야 한다.

### 1) 오동작 하지 않는 범위 내에서 가장 예민한 검출 감도를 가질 것

일반으로 보호계전기의 검출 감도를 너무 예민하게 하면 계통 사고가 아닌 작은 동요에도 오동작 할 수 있다. 또 차동 계전기에서는 동작 전류값을 작게 하면 외부 사고시의 큰 통과 전류에 의한 CT의 오차 전류로 오동작 할 수 있다. 보호 계전기의 오동작은 최소한으로 줄여야 하므로 이런 경우 외부사고를 상정하여 최대 통과 전류가 흘러도 오동작하지 않도록 정정해야 한다.

### 2) 가장 빠른 속도로 동작할 것

사고가 생겼을 때 전기기기의 피해를 최소로 하고 또 계통 안정도 등에 미치는 영향을 최소로 하기 위해서 사고는 최단시간 내에 제거되어야 한다.

### 3) 계통 전체로서 보호협조가 되어야 한다.

① 주보호와 후비 보호간의 보호협조
주보호장치는 가장 예민한 감도로 가장 신속하게 동작하도록 정정하나 후비보호 계전기는 주보호장치의 동작 실패 시에만 동작하도록 해야 한다.

② 검출 감도면에서의 보호협조
예를 들어 후비보호 계전기보다는 주보호 계전기의 검출감도가 더 예민해야 한다.

③ 전기설비의 강도에 대한 보호협조
전류-시간 곡선에서와 같이 계전기의 보호 범위는 설비의 위험 한계선보다 아래에 있어야 한다.

④ 차단범위 국한을 위한 보호협조
계통에 고장이 발생한 경우 계통 전체에 영향이 파급되지 않도록 제한적으로 최소부분만을 차단해야 하는데, 이는 주로 보호계전기간의 검출 감도와 동작시간을 상호 협조되도록 정정함으로써 가능해 진다.

⑤ 보호구간별 보호협조
설비 단위별로 보호 계전기가 설치된 경우 그 보호 구간이 일부 서로 중첩되도록 보호범위를 설정해서 보호 맹점이 생기지 않도록 한다.

## 5.4 보호계전기의 정정방법

### 1) 수전설비

(1) 과전류보호

① 한시요소
계약전력의 150~170%에 해당하는 전류로 정정하는 것을 원칙으로 하되 부하의 종류에 따라 수전설비 용량으로 할 수도 있다. 수전부하가 변동부하일 경우에는 200~250%로 할 수도 있다. 한시 정정은 부하가 허용하는 범위 내에서 최대로 짧게 정정하고 수전용 변압기의 2차 3상단락 고장전류에 대하여 0.6초 이내에 동작하도록 정정한다.

② 순시요소
수전용 변압기 2차측 3상단락 고장전류의 150%에 정정한다. 수전용변압기가 2대 이상인 경우 용

량이 큰 변압기를 기준으로 한다(즉, 1차측 환산 고장전류가 큰 변압기를 기준으로 한다).

(2) 지락보호

① 한시요소
최대계약전력 수전시 부하전류의 30% 이하로서 3상 수전 불평형전류의 1.5배 이상으로 정정한다. 동작치는 부하 불평형에 동작하지 않는 범위에서 가능한 한 낮은 Tap으로 한다. 한시정정은 수전 보호구간 최대 1선지락 고장전류에서 0.2초 이하에서 동작할 수 있도록 정정한다.

② 순시요소
불평형전류에 의한 순시요소의 오동작을 방지하기 위하여 일반적으로 순시 Tap값은 최대부하전류의 300%에 정정한다.

(3) 과전압보호

① 동작전압
정격상전압의 115%에 동작하도록 설정한다.

② 동작시간
정한시 동작은 2초, 반한시형은 정정치의 130%에서 2초에 동작하도록 설정한다.

(4) 부족전압보호

① 동작전압
정격상전압의 80%에 동작하도록 설정한다.

② 동작시간
정한시 동작은 2초, 반한시형은 정정치의 70%에서 2초에 동작하도록 설정한다.

### 2) 변압기

(1) 과전류보호

① 한시요소
변압기 정격1차전류의 125~150%에 동작되도록 정정한다(IEEE C37.91-2000 6.3.1). 한시정정은 수전변압기 2차 3상단락고장시 0.6초 이하에 동작되도록 정정하는 것이 바람직하다.

② 순시요소
순시요소의 정정은 변압기의 2차단락사고 및 변압기의 여자돌입전류에 의하여 결정되며, 2차측 3상단락전류에 동작되지 않도록 2차측 3상단락전류의 125~200%(일반적으로 175%) 또는 여자돌입전류가 명기된 경우 여자돌입전류의 125% 이상에 정정한다(IEEE C37.91-2000 6.3.2).

(2) 지락보호

① 한시요소
변압기 정격전류의 30% 이하에 동작되도록 정정한다(2차측이 비접지방식인 경우에는 10%로 정정

한다). 전위보호계전기와 협조하여 1차모선 최대 1선지락 고장전류에서 0.2초 이하에 동작되도록 한다.

② 순시요소

경보운전 또는 순시요소를 사용하지 않는다.

(3) 비율차동계전기에 의한 보호

① 비율조정 Tap

40%에 순시동작 가능하도록 정정한다. 40% 이하로 정정이 가능한 경우에는 최대 외부 고장시 발생 가능한 오차를 검토하여 보다 낮게 조정할 수 있다. CT의 결선은 변압기 권선간의 각 변위에 따라 차전류가 발생하지 않도록 결선한다.

ⓐ 변압기 Tap Changer의 전압조정($\epsilon_1$)

ⓑ CT 전류비의 부정합($\epsilon_2$)

ⓒ CT 과전류 영역에서의 오차($\epsilon_3$)

ⓓ 여유($\epsilon_4$)

② 전류보상 Tap

각 권선(1~3차)에 변압기 최대용량의 부하가 걸린 경우 계전기에 유입되는 전류값에 가까운 Tap에 정정한다.

③ 순시 Tap

전류보상 Tap의 1000%에 순시 동작될 수 있도록 정정한다.

### 3) 수전변압기 2차

(1) 과전류보호

① 한시요소

변압기 2차 정격전류의 125~200%에 정정한다. 일반적으로 대형전동기 부하가 없는 경우에는 변압기 정격전류의 150%에 정정한다. 한시정정은 변압기 2차모선 3상단락전류의 0.4~0.6초에 Trip되도록 정정한다.

② 순시요소

분기 Feeder 사고에 불필요한 오동작을 하지 않도록 순시를 사용하지 않는다. 순시요소를 정정할 필요가 있는 경우에는 모선 2상 단락전류에 순시동작하도록 정정한다.

(2) 지락보호

① 한시요소

직접접지계통은 변압기2차 정격전류의 30% 이하에 동작하도록 정정한다. 한시정정은 보호구간 최대 1선지락 고장전류에서 0.2초 이하에 동작하도록 정정한다.

② 순시요소

분기 Feeder 사고에 불필요한 오동작을 하지 않도록 순시를 사용하지 않는다.

### 4) 배전선로

#### (1) 과전류보호

① 한시요소

회선당 운전전류의 150%이하. 수용설비의 경우 최대부하전류의 150% 또는 케이블 허용전류의 150% 중 적은 값에 정정한다. 최대부하전류는 변압기용량 또는 부하용량합계로 계산한다. 한시정정은 배전선 인출점 3상단락고장시 0.5초(고압수용설비의 경우 가능한 0.2초 이하에 정정) 이하에 정정한다.

② 순시요소

ⓐ 전위보호계전기가 있는 경우

인접하는 전위보호계전기가 있는 경우에는 전위보호장치 보호구간의 3상단락고장전류의 1.5배 이상에 정정한다(단, 인출점 선간단락시 동작가능하도록 정정한다).

ⓑ 전위보호계전기가 없는 경우

인접하는 전위보호계전기가 없는 경우에는 회선당 운전전류의 6배 이상에 정정한다.

#### (2) 지락보호

① 한시요소

회선당 운전전류의 30%에 정정한다. 한시정정은 배전선 인출점 1선지락고장시 0.5초 이하에 동작하도록 정정한다.

② 순시요소

ⓐ 전위보호계전기가 있는 경우

전위보호장치 보호구간의 1선지락고장전류의 1.4배 이상에 동작하도록 정정한다.

ⓑ 전위보호계전기가 없는 경우

회선당 운전전류의 3배 이상에 동작하도록 정정한다.

### 5) 전동기

#### (1) 과전류보호

① 한시요소

전동기 전부하전류의 115~125%에 정정한다. 한시정정은 전동기 기동전류에 동작되지 않도록 하여야 하며, 전동기의 열한계곡선 아래쪽에서 동작하도록 정정하여야 한다. 일반적으로 전동기 기동시간의 120%에 동작하도록 정정한다.

- Service Factor 1.15 이상 : 전동기 전부하전류의 125%
- 온도상승 40℃ 미만 : 전동기 전부하전류의 125%
- Service Factor 1.0 & 기타 : 전동기 전부하전류의 115%

② 순시요소

과전류계전기의 순시요소는 다음과 같은 비대칭전류가 발생하는 경우에 Trip 되지 않도록 충분히 높게 정정하여야 하며, 3상 단락전류에는 동작하도록 하여야 한다. 일반적으로 전동기 기동전류의 2배에 정정한다.

- 전동기의 기동시 기동돌입전류(기동전류의 1.3~1.6배)
- 외부회로 고장시 전동기의 기여전류(Motor Contribution)

### (2) 지락보호

계통접지방식에 따라 지락전류의 크기가 차이가 있으므로 보호방식을 달리 적용하여야 한다. 계전기 정정값은 배전선의 지락보호에 준하여 정정하되 종단부하이므로 오동작하지 않는 범위 이내에서 최소값으로 정정한다. 직접접지계통에서 일반적인 정정범위는 다음과 같다.

① 한시요소

전동기 정격전류의 10~20%에 정정한다. 한시정정은 1선지락전류에서 0.2초에 동작하도록 정정한다.

② 순시요소

한시 Tap의 10배에서 동작하도록 정정한다.

### (3) 과부하보호(49)

전동기 전부하전류의 105%~125%(일반적으로 105%에 정정)에서 동작하도록 정정하며, 기동시간과 열적한계곡선 등을 고려하여 한시동작시간을 설정한다.

① Cold Condition

전동기의 온도가 주위온도와 같은 상태에서 기동할 때 과부하전류의 크기를 $p$ 라고 하면 과부하계전기의 동작시간은 다음 식으로 계산한다.

$$t = \tau_c \times \ln\left(\frac{p^2}{p^2 - k^2}\right) \text{ [sec]} \qquad (11.11)$$

여기에서,

$\tau_c$ : 냉각상태에서 전동기 온도상승 열시정수 [sec]

$p$ : 전동기 정격전류에 대한 기동전류의 배율 [pu]

$k$ : 과부하정수로 제조사가 제시하는 상수값(일반적으로 1.0~1.2 사이의 값)

② Hot Condition

운전 중 전동기의 온도가 주위온도 보다 높을 경우, 운전 중인 전동기에 과부하전류가 흐를 경우 과부하계전기의 동작시간

$$t = \tau_h \times \ln\left(\frac{p^2 - s^2}{P^2 - k^2}\right) \text{ [sec]} \qquad (11.12)$$

여기에서,

$\tau_h$ : 운전상태에서 전동기 온도상승 열시정수 [sec]

$s$ : 전동기가 과부하 되기 이전의 운전전류[pu]

### 6) 전력용 콘덴서

#### (1) 과전류보호

① 한시요소

고압용 콘덴서 정격전류의 135% 이하에서 동작되도록 정정하며 돌입전류에 오동작하지 않는 범위에서 동작시간은 가능한 짧게 선정한다. 한시정정은 콘덴서 투입시 돌입전류에 오동작하지 않도록 투입시 돌입전류의 크기에서 0.4~0.5초에 동작하도록 정정한다(6%의 직렬리액터 설치시 돌입전류는 정격전류의 약 5배 정도이다).

② 순시요소

고압콘덴서 뱅크 전부하전류의 500% 이상에서 정정하되 고장전류가 최소 선간단락 고장전류의 50% 이하에서 순시 동작되도록 정정한다.

#### (2) 지락보호

① 한시요소

콘덴서뱅크 정격전류의 30%에 동작되도록 정정한다. 한시정정은 과전류보호와 동일하게 정정한다.

② 순시요소

모선측 1선지락고장시 전류의 30% 이하로 콘덴서 정격전류의 400% 이상에 순시 동작되도록 한다.

### 7) 저압계통의 ACB에 의한 보호

#### (1) 과전류보호

일반부하 보호용 ACB는 정지형 트립장치의 Long Time(LT)과 Short Time(ST) 성분으로 보호하고, 전동기부하 보호용 ACB는 Long Time 성분과 Instant(IT) 성분으로 보호하며 정정기준은 다음과 같이 한다.

① Incoming & Non-Motor Feeder

ⓐ LT : 최대부하전류의 115~125%에 정정

ⓑ ST : LT element의 400~1000%(400%)에 정정한다. 동작시간은 전위차단기와의 사이에 0.3초 정도의 시간차를 주여야 한다. ACB 특성상 말단부하는 최소 130ms, Incoming Feeder의 경우 최대 560ms 이내에서 정정하도록 한다.

② Motor Feeder

ⓐ LT : SF=1.15의 경우 전부하전류의 1.45~1.5배

SF=1.0의 경우 전부하전류의 1.3~1.35배

ⓑ IT : 전동기 기동전류의 2배

(2) 지락보호

① 한시요소

최대부하전류의 30%에 정정한다.

② 한시동작시간

분기 Feeder 차단기와 0.3초 이상 시간협조가 가능하도록 한다.

### 8) 보호장치간 시간간격

과전류계전기의 선택성은 정정전류가 적정하게 정정되어 있는 인접 계전기 간에서는 동작시간 차에 의하여 결정되므로 시간정정은 대단히 중요하다. 일반적으로 전 · 후위계전기 사이의 동작시간은 다음의 조건을 만족하여야 한다.

$$R_n = R_{n+1} + S \tag{11.13}$$

$$S = B_{n+1} + O_n + \alpha \tag{11.14}$$

여기에서,

$R_n$ : $n$구간의 보호계전기 동작시간

$R_n+1$ : $n+1$구간의 계전기 동작시간

$S$ : $n$구간과 $n+1$구간의 계전기 동작시간 차

$B_n+1$ : 차단기의 차단시간

$O_n$ : $n$구간 계전기의 관성동작시간

$\alpha$ : 여유시간

따라서 보호장치에 의한 선택적인 동작을 보장하기 위하여 여러 가지 보호장치의 차단특성 사이에 최소간격과 동작오차가 유지되어야 한다. 계전기는 동작특성오차와 Over travel이 있고, Fuse는 melting-clearing 특성이 있으며, 차단기 동작시간에도 오차가 있기 때문에 이와 같은 시간간격이 필요하다. ANSI/IEEE Std 242-2001에 의하면 한시동작 과전류계전기의 동작시간간격은 다음 표의 시간간격을 유지할 것을 권장하고 있다.

**표 11-14 계전기의 Coordination Time Interval**

| Component | Coordination Time Interval(CTI) | |
|---|---|---|
| | Electro-mechanical | Static |
| Circuit breaker opening time(5 cycle) | 0.08s | 0.08 |
| Relay over travel | 0.1s | 0.0s |
| Relay tolerance and Setting errors | 0.12~0.17s | 0.12~0.17s |
| Total CTI | 0.3~0.35 | 0.2~0.25 |

[source] IEEE Std 242-2001 Table 15-1, 15-2

## 6 보호계전기 정정계산

아래 그림 11-28은 보호협조 계통도이며, 이 계통도에 따라 다음과 같이 보호계전기 정정계산을 한다.

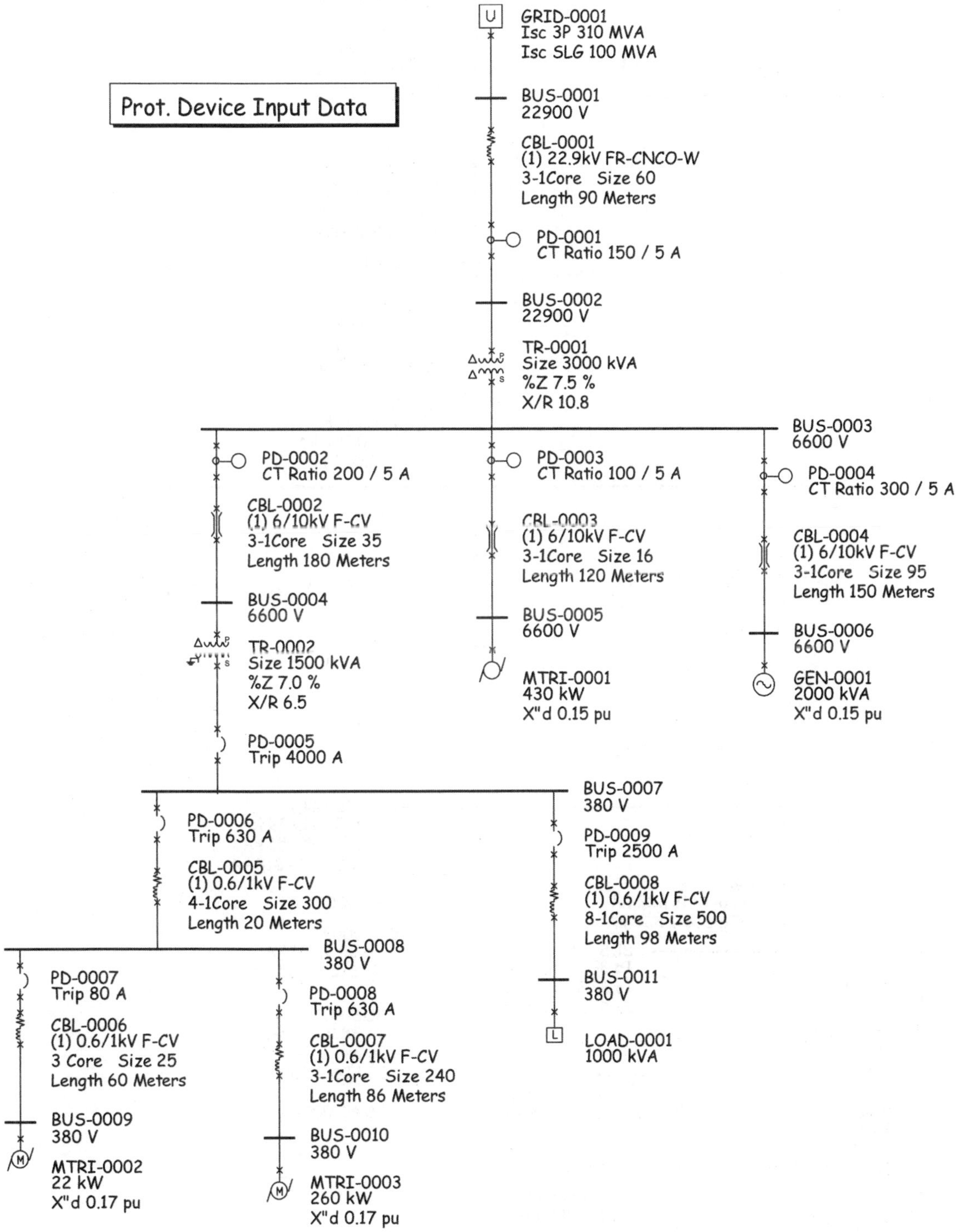

그림 11-28 보호협조 계통도

아래 그림 11-29은 상기 그림 11-28의 입력 데이터를 계산조건으로 하여 단락고장전류를 계산한 결과이며, KS C IEC 60909 Short Circuit Calculation의 Data Block Report이다.

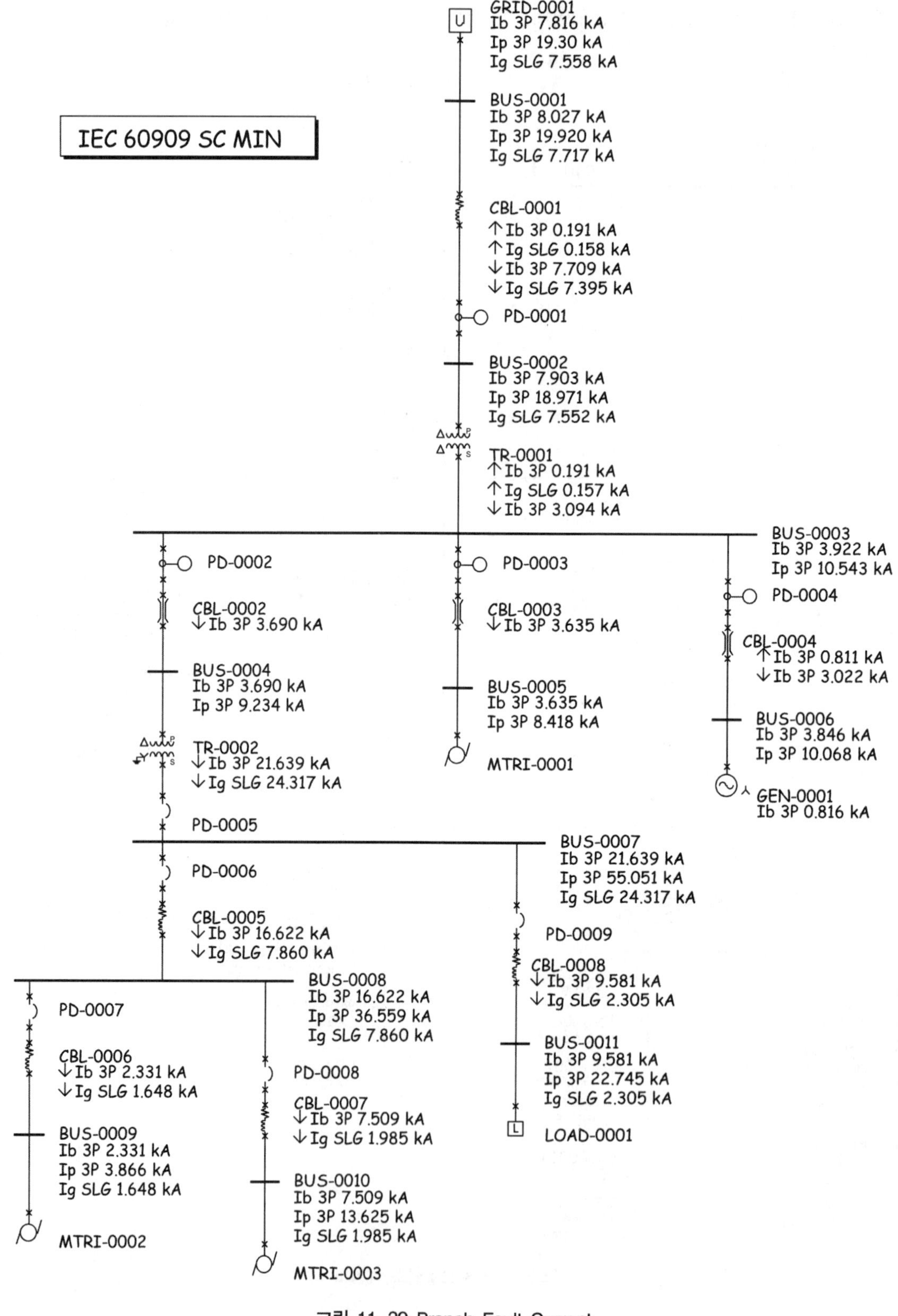


그림 11-29 Branch Fault Current

## 6.1 수전설비 보호계전기(PD-0001) 정정계산

### 1) 계산 DATA

(1) 변압기 DATA

① 정격전압 및 용량 : 22.9/6.6 kV 3,000 kVA

② %Impedance 및 X/R Ratio : %Z = 7.5, X/R = 10.8

③ TR의 정격1차전류 : 75.6 A

(2) CT DATA

CT Ratio : 150/5 A (과전류 정수 n> 20)

(3) RELAY DATA

① 제조사 및 TYPE : LS 산전 GIPAM-2200F

② Setting Range

<table>
<tr><th rowspan="2">보호<br>요소</th><th rowspan="2" colspan="2">동작구분</th><th rowspan="2">동작치 정정</th><th colspan="2">동작시간특성</th><th rowspan="2">비고</th></tr>
<tr><th>정정범위</th><th>특성</th></tr>
<tr><td rowspan="4">OCR<br>(50/51)</td><td rowspan="2" colspan="2">한시요소</td><td rowspan="2">OFF, 0.1~10.0I<sub>n</sub>/0.01I<sub>n</sub></td><td>0.05~1.2/0.01</td><td>반한시</td><td rowspan="2">DT, SI<br>VI, EI, LI</td></tr>
<tr><td>0.05~300.0s/0.01s</td><td>정한시</td></tr>
<tr><td rowspan="2">순시<br>요소</td><td>Low</td><td rowspan="2">OFF, 1.0~32.0I<sub>n</sub>/0.1I<sub>n</sub></td><td>0.05~300.0s/0.01s</td><td rowspan="2">정한시</td><td rowspan="2"></td></tr>
<tr><td>High</td><td>40ms 이하</td></tr>
<tr><td rowspan="4">OCGR<br>(50/51)</td><td rowspan="2" colspan="2">한시요소</td><td rowspan="2">OFF, 0.02~2.0I<sub>n</sub>/0.01I<sub>n</sub></td><td>0.05~1.2/0.01</td><td>반한시</td><td rowspan="2">DT, SI<br>VI, EI, LI</td></tr>
<tr><td>0.05~300.0s/0.01s</td><td>정한시</td></tr>
<tr><td rowspan="2">순시<br>요소</td><td>Low</td><td rowspan="2">OFF,<br>0.1~8.0I<sub>n</sub>/0.02I<sub>n</sub></td><td>0.05~300.0s/0.01s</td><td rowspan="2">정한시</td><td rowspan="2"></td></tr>
<tr><td>High</td><td>40ms 이하</td></tr>
</table>

### 2) 과전류계전기(OCR) 정정계산

(1) Pickup Current

① 변압기 정격전류의 150%에 Setting 한다.

② Pickup Current

$I_{pickup}$ = TR의 정격1차전류 × 1.5 ÷ CT Ratio ÷ $I_n$

= 75.6 × 1.5 ÷ (150/5) ÷ 5

= 0.756

Set I> = 0.75

(2) 동작 특성곡선

변압기 보호용 과전류 계전기의 동작특성곡선는 강반한시 특성곡선으로 선정한다.

Set Curve Shape = Very Inverse

(3) Time Multiplier Setting

① TR 2차 3상 단락 고장시 0.6 sec 이하에 동작하도록 동작특성과 동작배율을 설정

② TR 2차 3상 단락고장전류 : 3,094 A

③ TR 2차 3상 단락 고장시 Relay 설치점 전류

$I_{RY}$ = $I_{3s}$ × ($V_2/V_1$) ÷ CT Ratio ÷ $I_n$

= 3,094 × (6,600/22,900) ÷ (150/5) ÷ 5

= 5.9448

④ Trip Time Lever

강반한시 특성에서 Trip Time Lever는 다음 계산식으로 계산한다.

TMS = t × {($I_s/I_{tap}$)−1}/13.5

= 0.6 × {(5.9448/0.75)−1}/13.5

= 0.3078

Set TMS = 0.30

(4) Instantaneous Pickup Current

① 변압기 1차측 단락사고에 동작하고, 2차측 단락사고 및 여자 돌입전류에는 순시 동작하지 않도록 TR 2차 3상 단락전류의 150%에 Setting 한다.

② 변압기 여자돌입전류의 125% 이상

여자돌입전류 = TR의 정격1차전류 × 12 ×125% ÷ CT Ratio ÷ $I_n$

= 75.6 × 12 × 1.25 ÷ (150/5) ÷ 5

= 7.56

③ Pickup Current

$I_{pickup}$ = $I_{3s}$ × 150% × ($V_2/V_1$) ÷ CT Ratio ÷ $I_n$

= 3,094 × 1.5 × (6.6/22.9) ÷ (150/5) ÷ 5

= 8.9172

Set I≫ = 8.9

(5) Instantaneous Interrupting Delay Time

순시동작시간은 최소동작시간 40 ms에서 동작되도록 정정한다. 전위보호계전기와 동작 시간차 보호 협조가 필요한 경우에는 0.2~0.25초 가산한다.

Set Definite time = 0.04 sec

### 3) 지락과전류계전기(OCGR)의 정정계산

(1) Pickup Current

① 변압기 정격전류의 30%에 Setting 한다.

② Pickup Current

$I_{pickup}$ = 변압기의 정격1차전류 × 0.3 ÷ CT Ratio ÷ $I_n$

= 75.6 × 0.3 ÷ (150/5) ÷ 5

= 0.1512

$$\text{Set I} > \; = 0.15$$

(2) 동작 특성곡선

수전설비 지락보호용 지락과전류 계전기의 동작특성은 정반한시 특성곡선으로 선정한다.

**Set Curve Shape = Standard Inverse**

(3) Time Multiplier setting

① 수전보호구간 최대1선지락전류에서 0.2초 이하에 동작하도록 동작특성과 동작배율을 설정한다.

② TR 1차측 1선지락고장전류 : 7,395A

③ TR 1차측 1선지락 고장시 Relay 설치점 전류

$I_{RY}$ = $I_{1g}$ ÷ CT Ratio ÷ $I_n$

= 7,395 ÷ (150/5) ÷ 5

= 49.3

④ Relay Pickup 배율

($I_s/I_{tap}$) = $I_{RY}$ ÷ Pickup Current

= 49.3 ÷ 0.15 = 328.7(최대값 20)

⑤ Trip Time Lever

정반한시 특성에서 Trip Time Lever는 다음 계산식으로 계산한다.

$\text{TMS} = t \times ((I_s/I_{tap})^{0.02}-1)/0.14$

$= 0.2 \times (20.0^{0.02}-1)/0.14$

$= 0.0882$

$$\text{Set TMS} = 0.08$$

(4) Instantaneous Pickup Current

① 불평형부하전류에 의한 순시요소동작을 방지하기 위하여 최대부하전류의 300% 이상에 정정한다.

② Pickup Current

$I_{pickup}$ = TR 1차측정격전류 × 300% ÷ CT Ratio ÷ $I_n$

= 75.6 × 3.0 ÷ (150/5) ÷ 5

= 1.512

$$\text{Set I} \gg \ = 1.5$$

(5) Instantaneous Tripping Delay Time

순시동작시간은 최소동작시간 40 ms에서 동작되도록 정정한다.

$$\text{Set Definite time} = 0.04 \text{ sec}$$

## 6.2 변압기 보호계전기(PD-0002) 정정계산

### 1) 계산 DATA

(1) 변압기 DATA

① 전압 및 용량 : 6.6/0.38 kV, 1,500 kVA

② %Impedance 및 X/R Ratio : %Z = 7.0, X/R = 6.5

③ TR의 정격1차전류 : 131.2 A

(2) CT/PT DATA

① CT Ratio : 200/5A (과전류 정수 n>10)

② ZCT Ratio : 200/1.5 mA

③ GVT Ratio : $(6{,}600\text{V}/\sqrt{3})/(110\text{V}/\sqrt{3})/(190\text{V}/3)$

(3) RELAY DATA

① 제조사 및 TYPE : LS 산전 GIPAM-2200F

② Setting Range

| 보호 요소 | 동작구분 | | 동작치 정정 | 동작시간특성 | | 비고 |
|---|---|---|---|---|---|---|
| | | | | 정정범위 | 특성 | |
| OCR (50/51) | 한시요소 | | OFF, 0.1~10.0$I_n$/0.01$I_n$ | 0.05~1.2/0.01 | 반한시 | DT, SI VI, EI, LI |
| | | | | 0.05~300.0s/0.01s | 정한시 | |
| | 순시 요소 | Low | OFF, 1.0~32.0$I_n$/0.1$I_n$ | 0.05~300.0s/0.01s | 정한시 | |
| | | High | | 40ms 이하 | | |
| SGR (67G) | 한시 요소 | 영상전류 | 0.9~6.0mA/0.1mA | 0.05~10.00s/0.01s | 정한시 | |
| | | 영상전압 | 11~80V/1V | | | |
| | | 기준감도 위상각 | 0~90°/1° | | | |

## 2) 과전류계전기(OCR) 정정계산

### (1) Pickup Current

① 변압기 정격전류의 150%에 Setting 한다.

② Pickup Current

$I_{pickup}$ = TR의 정격1차전류 × 1.5 ÷ CT Ratio ÷ $I_n$

= 131.2 × 1.5 ÷ (200/5) ÷ 5

= 0.984

Set I> = 0.98

### (2) 동작 특성곡선

변압기 보호용 과전류 계전기의 동작특성곡선는 강반한시 특성곡선으로 선정한다.

**Set Curve Shape = Very Inverse**

### (3) Time Multiplier Setting

① TR 2차 3상 단락 고장시 0.6초 이하에 동작하도록 동작특성과 동작배율을 설정한다.

② TR-0002 2차측 3상 단락고장전류 : 21,639 A

③ TR-0002 2차측 3상 단락 고장시 Relay 설치점 전류

$I_{RY} = I_{3s} \times (V_2/V_1) \div$ CT Ratio $\div I_n$

= 21,639× (380/6600) ÷ (200/5) ÷ 5

= 6.2294

④ Trip Time Lever

강반한시 특성에서 Trip Time Lever는 다음 계산식으로 계산한다.

$TMS = t \times ((I_s/I_{tap})-1)/13.5$

$= 0.6 \times \{(6.2294/0.98)-1\}/13.5$

= 0.2380

Set TMS = 0.24

### (4) Instantaneous Pickup Current

① 변압기 1차측 단락사고에 동작하고, 2차측 단락사고 및 여자 돌입전류에는 순시 동작하지 않도록 TR 2차 3상 단락전류의 150%에 Setting 한다.

② 변압기 여자돌입전류의 125% 이상

여자돌입전류 = TR의 정격1차전류 × 12 × 125% ÷ CT Ratio ÷ $I_n$

= 131.2 × 12 × 1.25 ÷ (200/5) ÷ 5

= 9.84

③ Pickup Current

$I_{pickup}$ = $I_{3s}$ × 150% × ($V_2/V_1$) ÷ CT Ratio ÷ $I_n$
= 22,107 × 1.5 × (380/6600) ÷ (200/5) ÷ 5
= 9.546

Set I≫ = 9.5

(5) Instantaneous Tripping Delay Time

차단기 동작을 위한 순시동작시간은 최소동작시간 40 ms에서 동작되도록 정정한다.

Set Definite time = 0.04 sec

### 3) 선택접지계전기(SGR)의 정정계산

(1) 영상전류 Tap

① 영상1차전류 150 mA 이하에서 동작하도록 정정한다.

② 동작전류

$I_{pickup}$ = 영상1차동작전류 ÷ CT Ratio
= 150 mA ÷ (200/1.5) = 1.125

Set $I_{pickup}$ = 1.1 mA

(2) 영상전압 Tap

① 1선지락고장시 계전기 전압단자에 인가되는 최대영상전압의 30% 이하에 동작하도록 정정한다.

② 동작전압

$V_{pickup}$ = 최대영상전압 × 30%
= 190 V × 0.3 = 57 V

Set $V_{pickup}$ = 57 V

(3) 방향특성

① 최대감도 위상각은 30~45° 범위에서 정정한다.

② 위상특성각 40°에 설정한다.

Set Characteristic Angle = 40°

(4) 동작시간

동작시간은 0.05~2.0초 이하의 범위에서 정한시에 동작되도록 정정한다.

Set Definite Time = 0.5 sec

## 6.3 전동기 보호계전기(PD-0003) 정정계산

### 1) 계산 DATA

#### (1) 전동기 DATA

① 정격전압 및 출력 : 6.6 kV, 430 kW

② 전부하전류 : 50.6 A

③ 역률 : 0.8

④ 효율 : 0.93

⑤ Service Factor : 1.15

⑥ 구속회전자전류 : 전부하전류의 670%

⑦ 전동기의 기동시간 : 정격전압에서 8초

⑧ 기동방식 : 전전압기동방식

⑨ 냉각상태에서 구속허용시간 : 20초

⑩ 운전상태에서 구속허용시간 : 14초

#### (2) CT/PT DATA

① CT Ratio : 100/5A (과전류 정수 n>10)

② ZCT Ratio : 200/1.5 mA

③ GVT Ratio : (6,600V/ $\sqrt{3}$)/(110V/ $\sqrt{3}$)/(190V/3)

#### (3) RELAY DATA

① 제조사 및 TYPE : LS 산전 GIPAM-2000M

② Setting Range

| 보호요소 | 동작구분 | | 동작치 정정 | 동작시간특성 | | 비고 |
|---|---|---|---|---|---|---|
| | | | | 정정범위 | 특성 | |
| OCR (50/51) | 한시요소 | | OFF, 0.1~10.0$I_n$/0.01$I_n$ | 0.05~1.2/0.01 | 반한시 | DT, SI VI, EI, LI |
| | | | | 0.05~300.0s/0.01s | 정한시 | |
| | 순시요소 | Low | OFF, 1.0~32.0$I_n$/0.1$I_n$ | 0.05~300.0s/0.01s | 정한시 | |
| | | High | | 40ms 이하 | | |
| SGR (67G) | 한시요소 | 영상전류 | 0.9~6.0mA/0.1mA | 0.05~10.00s/0.01s | 정한시 | |
| | | 영상전압 | 11~80V/1V | | | |
| | | 기준감도 위상각 | 0~90°/1° | | | |
| THR(49) | Hot | | OFF, 0.2~5.0$I_n$/0.01$I_n$ | $\tau_h$: 2.0~60.0min/0.5 | 반한시 | |
| | Cold | | | $\tau_c$: 2.0~60.0min/0.5 | 반한시 | |
| NSOCR (46) | 한시요소 | | OFF, 0.08~1.0$I_n$/0.01$I_n$ | 0.05~1.0/0.01 | 반한시 | DT, SI VI, EI, LI |
| | | | | 0.05~10.0s/0.01s | 정한시 | |
| | 순시요소 | | OFF, 0.1~2.0$I_n$/0.02$I_n$ | 30~250ms/5ms | 정한시 | |

## 2) 과전류계전기(OCR) 정정계산

### (1) Pickup Current

① 전동기 전부하전류의 115~125%에 Setting 한다.

② Pickup Current

$I_{pickup}$ = 전동기 정격전류 × 1.25 ÷ CT Ratio ÷ $I_n$

= 50.6 × 1.25 ÷ (100/5) ÷ 5

= 0.6325

Set I> = 0.63

### (2) 동작 특성곡선

전동기 보호용 과전류 계전기의 동작특성곡선는 장반한시 특성곡선으로 선정한다.

**Set Curve Shape = Long Inverse**

### (3) Time Multiplier Setting

① 전동기의 기동전류에 동작하지 않도록 전동기 기동시간의 125%에 정정한다.

② 전동기 접속단자에서 고장시 전동기 기여전류

$I_s$ = 전동기 기동전류 ÷ CT Ratio ÷ $I_n$

= 50.6 × 6.7 ÷ (100/5) ÷ 5 = 3.39

③ Trip Time Lever

장반한시 특성에서 Trip Time Lever는 다음 계산식으로 계산한다.

$TMS = t \times ((I_s/I_{tap})-1)/120$

$= (8 \times 1.25) \times \{(3.39/0.63)-1\}/120$

$= 0.365$

Set TMS = 0.37

### (4) Instantaneous Pickup Current

① 전동기 기동전류에 동작되지 않도록 기동전류의 2배에 정정한다.

② Pickup Current

$I_{pickup}$ = $I_{ms}$ × 200% ÷ CT Ratio ÷ $I_n$

= 50.6× 6.7 × 2.0 ÷ (100/5) ÷ 5

= 6.7804

Set I≫ = 6.7

### (5) Instantaneous Tripping Delay Time

차단기 동작을 위한 순시동작시간은 최소동작시간 40 ms에서 동작되도록 정정한다.

Set Definite time = 0.04 sec

### 3) 선택접지계전기(SGR)의 정정계산

"6.2 변압기 보호계전기(PD-0002) 정정계산"을 참조한다.

### 4) 과부하계전기(THR)의 정정계산

(1) Pickup Current

① 전동기 전부하전류의 105~115%에 Setting 한다.

② Pickup Current

$I_{pickup}$ = 전동기 정격전류 × 1.05 ÷ CT Ratio ÷ $I_n$

= 50.6 × 1.05 ÷ (100/5) ÷ 5

= 0.5313

Set I> = 0.53

(2) Hot Condition에서 열시정수의 계산

$$\tau_h = \frac{t_h}{60 \times \ln(\frac{p^2 - s^2}{p^2 - k^2})} = \frac{14 \times 0.8}{60 \times \ln(\frac{6.7^2 - 0.9^2}{6.7^2 - 1.05^2})} = 28.04\,\text{min}$$

$p$ : 전동기 정격전류에 대한 기동전류의 배율

$k$ : 과부하정수로 1.0~1.2 사이의 값으로 제조사가 제시하는 상수값

$t_h$ : 운전상태에서의 계전기 동작시간으로 구속허용시간의 80%

$s$ : 고장전 부하전류의 배율

Set $\tau_h$ = 28.0 min

(3) Cold Condition에서 열시정수의 계산

$$\tau_c = \frac{t_c}{60 \times \ln(\frac{p^2}{p^2 - k^2})} = \frac{20 \times 0.8}{60 \times \ln(\frac{6.7^2}{6.7^2 - 1.05^2})} = 10.72\,\text{min}$$

$t_c$ : 냉각상태에서의 계전기 동작시간으로 구속허용시간의 80%

Set $\tau_c$ = 10.5 min

### 5) 역상과전류계전기(46)의 정정계산

(1) Pickup Current

① 전동기의 역상분전류가 정상분전류의 15% 이상이 되면 동작하도록 Setting 한다.

② Pickup Current

$I_{pickup}$ = 전동기 정격전류 × 15% ÷ CT Ratio ÷ $I_n$

= 50.6 × 0.15 ÷ (100/5) ÷ 5

= 0.0759

Set I> = 0.08

(2) 동작지연시간

동작지연시간은 정한시 특성으로 5.0초 이상 지속하면 동작하도록 설정한다.

Set Definite time = 5.0 sec

## 6.4 발전기 보호계전기(PD-0004) 보호계전기 정정계산

### 1) 계산 DATA

(1) 동기발전기 DATA

① 전압 및 용량 : 6.6 kV, 2000 kVA

② 역률 및 초기과도리액턴스 : $\cos\theta = 0.9$, $X_d'' = 0.15$

③ 전부하전류 : 175 A

(2) CT/PT DATA

① CT Ratio : 300/5A (과전류 정수 n>10)

② ZCT Ratio : 200/1.5 mA

③ GVT Ratio : (6,600V/$\sqrt{3}$)/(110V/$\sqrt{3}$)/(190V/3)

(3) RELAY DATA

① 제조사 및 TYPE : LS 산전 GIPAM-2200F

② Setting Range

| 보호요소 | 동작구분 | | 동작치 정정 | 동작시간특성 | | 비고 |
|---|---|---|---|---|---|---|
| | | | | 정정범위 | 특성 | |
| OCR (50/51) | 한시요소 | | OFF, 0.1~10.0$I_n$/0.01$I_n$ | 0.05~1.2/0.01 | 반한시 | DT, SI VI, EI, LI |
| | | | | 0.05~300.0s/0.01s | 정한시 | |
| | 순시요소 | Low | OFF, 1.0~32.0$I_n$/0.1$I_n$ | 0.05~300.0s/0.01s | 정한시 | |
| | | High | | 40ms 이하 | | |

## 2) 과전류계전기(OCR) 정정계산

### (1) Pickup Current

① 발전기 정격전류의 150%에 Setting

② Pickup Current

$I_{pickup}$ = 발전기 정격전류 × 1.5 ÷ CT Ratio ÷ $I_n$

= 175 × 1.5 ÷ (300/5) ÷ 5

= 0.875

Set I> = 0.87

### (2) 동작 특성곡선

발전기 보호용 과전류 계전기의 동작특성곡선는 강반한시 특성곡선으로 선정한다.

**Set Curve Shape = Very Inverse**

### (3) Time Multiplier Setting

① 배선간선의 단락사고시 발전기에서 공급하는 3상단락전류에서 0.5초 이내에 동작하도록 정정한다.

② 발전기 기여전류

$I_s$ = 발전기 정격전류 × $(1/X_d'')$ ÷ CT Ratio ÷ $I_n$

= 175 × (1/0.15) ÷ (300/5) ÷ 5 = 3.89

③ Trip Time Lever

강반한시 특성에서 Trip Time Lever는 다음 계산식으로 계산한다.

TMS = t × $((I_s/I_{tap})-1)/13.5$

= 0.5 × {(3.89/0.87−1)/13.5

= 0.1285

Set TMS = 0.12

### (4) Instantaneous Pickup Current

① 배전간선의 최소단락전류의 1/1.5에 동작하도록 정정한다.

② Pickup Current

$I_{pickup}$ = 발전기 기여전류 × 0.866 × (1/1.5) ÷ CT Ratio ÷ $I_n$

= 175 × (1/0.15) × 0.866 × (1/1.5) ÷ (300/5) ÷ 5

= 2.245

Set I≫ = 2.2

(5) Instantaneous Tripping Delay Time

차단기 동작을 위한 순시동작시간은 최소동작시간 40ms에서 동작되도록 정정한다.

$$\text{Set Definite Time} = 0.04 \text{ sec}$$

## 6.5 변압기 2차측 모선 보호계전기(PD-0005) 정정계산

### 1) 계산 DATA

(1) 변압기 DATA

① 전압 및 용량 : 6.6/0.38 kV, 1,500 kVA
② %Impedance : 5.8%
③ X/R Ratio : 7.1
④ TR의 정격2차전류($I_{t2}$) : 2,279 A

(2) ACB DATA

① 제조사 및 TYPE : LSIS, AH-40E(Relay N-Type)
② ACB 정격전류($I_n$) : 4000 A
③ Setting Range

| 동작특성 | Mode | 설 정 단 계 |
|---|---|---|
| Trip Unit Current | $I_u$ | (0.5–0.6–0.7–0.8–0.9–1.0) × $I_n$ |
| LT Pickup Current | $I_r$ | (0.8–0.83–0.85–0.88–0.9–0.93–0.95–0.98–1.0) × $I_u$ |
| Long Time Delay($t_r$) | @1.5×Ir | 12.5–25–50–100–200–300–400–500–OFF |
| | @6.0×Ir | 0.5–1–2–4–8–12–16–20–OFF |
| | @7.2×Ir | 0.34–0.69–1.38–2.7–5.5–8.3–11–13.8–OFF |
| Short Time Delay Pickup Current | $I_{sd}$ | 1.5–2–3–4–5–6–7–8–9–10–OFF |
| Short Time Delay($t_{sd}$) @10×Ir | $I^2t$ Off | 0.05–0.1–0.2–0.3–0.4 sec |
| | $I^2t$ On | 0.1–0.2–0.3–0.4 sec |
| Instantaneous Pickup Current | $I_i$ | (2–3–4–6–8–10–12–15–OFF) × $I_n$ |
| Instantaneous Tripping Time | INST.TD | 0.05s 이하 |
| Ground Fault Current | $I_g$ | (0.2–0.3–0.4–0.5–0.6–0.7–0.8–0.9–1.0–OFF) × $I_n$ |
| Ground Fault Time(tg) @1×$I_n$ | $I^2t$ Off | 0.05–0.1–0.2–0.3–0.4 sec |
| | $I^2t$ On | 0.1–0.2–0.3–0.4 sec |

(3) Calculation

① Trip Unit Current

$I_u$ = TR 2차측 정격전류($I_{t2}$) × 125% ÷ ACB 정격전류($I_n$)

= 2,279 × 1.25 ÷ 4,000 = 0.712

$$\text{Set } I_u = 0.8\, I_n$$

② LT Pickup Current

$I_r$ = TR 2차측 정격전류($I_{t2}$) × 125% ÷ $I_u$

= 2,279 × 1.25 ÷ 3,200 = 0.8902

$$\text{Set } I_r = 0.90\, I_u$$

③ Long Time Tripping Time(LTD)

LT Pickup Current($I_r$)의 600%의 전류에서 2초 이하에서 Trip 되도록 설정한다.

$$\text{Set LTD} = 2\,\text{s}$$

④ Short Time Pickup Current

$I_{sd}$ = $I_r$ × 300% = 3.0$I_r$

$$\text{Set } I_{sd} = 3.0\, I_r$$

⑤ Short Time Tripping Time

단시간 차단전류의 트립시간은 정한시 0.2초로 한다.

$$\text{Set STD} = 0.2\,\text{s}$$

⑥ Instantaneous Pickup Current

($I_{inst}$) = ($I_n$) × 400% = 4.0$I_n$

$$\text{Set } I_{inst} = 4.0\, I_n$$

⑦ Instantaneous Tripping Time

순시트립시간은 0.05초 이하에서 동작하도록 고정되어 있다.

⑧ Ground Tripping Current

최대부하전류의 30%에 정정한다.

$I_g$ = TR 2차측 정격전류($I_{t2}$) × 30% ÷ ($I_n$)

= 2,279 × 0.3 ÷ 4,000 = 0.1709

$$\text{Set } I_g = 0.1\, I_n$$

⑨ Ground Tripping Time(GTD)
지락고장 트립시간은 0.2초로 설정한다.

$$\text{Set GTD} = 0.2\,\text{s}$$

## 6.6 전동기 분기회로 보호용 MCCB(PD-0007)의 정격전류 선정

### 1) 전동기 DATA

(1) 전압 및 용량 : 3상 380 V 22 kW 유도전동기
(2) 정격전류 $I_m$ = 44.93 A
(3) 전동기의 기동배율($\beta$ ) = 600%
(4) 기동돌입전류($I_{mi}$) = 기동전류의 1.5배
(5) 전동기 기동시간 : 8초
(6) 전동기 기동시 역률 : 20%
(7) 사용케이블 : F-CV 3Core CABLE
(8) 공사방법 : 노출전선관내 배선(B2)
(9) 분기회로 길이 : L = 60 m
(10) 주위온도 : 40℃

### 2) 도체의 단면적 선정($I_Z$)

(1) 회로설계전류를 연속하여 흘릴 수 있는 공칭단면적

도체의 단면적은 도체와 과부하 보호장치 사이의 협조를 고려하여 회로설계전류($I_B$) 이상이 되도록 과부하 보호장치의 정격전류를 선정하여야 하고, 도체의 허용전류는 과부하 보호장치의 정격전류 이상이 되도록 선정하여야 한다. 도체의 단면적은 공사방법 B2의 경우 IEC 60364-5-52 표 52-C4에 의하여 F-CV 10 ㎟/3c(온도보정계수 0.91을 적용하여 54.6A)를 선정한다.

$$I_B\,(44.93) \;\leq\; I_n\,(50) \;\leq\; I_Z\,(10\,\text{㎟ - }54.6\,\text{A})$$

(2) 전압강하 2%로 계산한 단면적

$$A = \frac{K_w \times I \times L}{1000 \times e'} = \frac{17.8 \times 44.93 \times 60}{1000 \times 220 \times 0.02} = 10.9\,\text{㎟}$$

여기에서,

$A$ : 도체의 최소단면적 [㎟]
$K_w$ : 단상 2선식 35.6, 3상 3선식 30.8, 3상 4선식 17.8
$I$ : 전류 [A]
$L$ : 전선의 길이 [m]

$e$ : 선간의 전압강하(3상4선식의 경우 전압선과 중성선과의 전압)

(3) 전동기 기동전류에 의한 도체의 온도상승을 고려한 단면적

$$A = \frac{\sqrt{t_s}}{K} \times I_{ms} \times \delta$$

$$= \frac{\sqrt{8}}{143} \times 44.93 \times 6.0 \times 1.25 = 6.67 \text{ ㎟}$$

여기에서,

$t_s$ : 전동기의 기동시간 [sec]

$I_{ms}$ : 전동기의 기동전류 [A]

$\delta$ : 설계 여유

(4) 전동기 기동전류에 의한 전압강하 검토

① F-CV 16㎟/3c Cable의 임피던스(〈표 5-18〉 참조)

R = 1.4667 Ω/km, X = 0.0925 Ω/km

② 기동전류($I_{ms}$) : $I_{ms} = 44.93 \times 6 = 269.58$ A

③ 기동시 역률 : $\cos\theta_s = 0.2$, $\sin\theta_s = 0.98$

④ 분기회로 길이(L) : 60 m

⑤ 계 산

$$\varepsilon = \frac{\sqrt{3}\, I_{ms}(R\cos\theta_s + X\sin\theta_s) \times L}{V} \times 100$$

$$= \frac{\sqrt{3} \times 269.58 \times (1.4667 \times 0.2 + 0.0925 \times 0.98) \times 0.06}{380} \times 100$$

$$= 2.823\ \%$$

**3) 과전류차단기의 선정**

(1) 부하설계전류를 고려한 과부하 보호장치의 정격전류 선정

과부하보호에서 과전류차단기의 정격전류 $I_n$은 회로의 설계전류 $I_B$ 이상이어야 하고, 사용하는 전선의 연속 허용전류 $I_Z$를 초과하지 않아야 한다.

$$I_B \le I_n \le I_Z$$

여기에서,

$I_B$ : 최대부하전류(설계전류) [A]

$I_n$ : 과전류차단기의 정격전류 [A]

$I_Z$ : 전선의 연속 허용전류 [A]

따라서 아래와 같이 과부하 차단기의 정격전류는 50 A로 선정한다.

$$I_B(48.95) \leq I_n(50) \leq I_Z$$

(2) 전동기의 최대기동전류를 고려한 과부하 보호장치의 선정

전동기의 기동시 전류는 일반적으로 정격전류의 6~8배의 과대한 전류가 흐른다. 따라서 이 기동전류를 고려하여 과부하 보호장치의 정격전류를 선정하여야 전동기의 기동시 불필요한 오동작을 피할 수 있다. 전동기용 과부하 보호장치의 정격전류 선정방법은 전동기 기동전류의 크기와 기동시간을 고려하여 보호장치의 동작특성은 동작지연시간을 가산하여 과부하 보호장치의 시간-전류 특성곡선에서 최소동작시간에 적절한 보호장치의 동작배율(정격전류에 대한 동작전류)을 결정하여야 한다. 보호장치의 동작배율은 제조사가 공시한 시간-전류 특성곡선에서 그 동작배율을 찾아야 한다. 전동기의 최대기동전류($I_{ms}$)가 8초 동안 회로에 흐를 때를 고려하여 과전류차단기의 정격전류를 선정한다.

$$I_n > \frac{I_{ms}}{\alpha} = \frac{44.93 \times 6}{3.93} = 68.59\,\text{A}$$

여기에서,

$I_n$ : 과부하 보호장치의 정격전류 [A]

$I_{ms}$ : 전동기의 기동전류 [A]

$\alpha$ : 과부하보호장치의 규약동작배율(전동기의 기동시간 8초이므로 과부하보호장치의 동작지연시간 4초를 가산한 12초에서 동작할 수 있도록 설정하는 동작배율로 제조사의 동작특성에 따른다. L사 보호장치의 동작배율 3.93을 적용)

따라서 과전류차단기의 정격전류는 상기 계산 값 이상의 정격전류 80A로 선정하면 된다.

(3) 기동돌입전류를 고려한 과전류차단기 선정

전동기의 기동돌입전류(Inrush Current)는 전동기의 잔류자기와 기동투입시 전압위상에 따라 달라지는 직류분을 포함한 비대칭기동전류로서 130~160% 정도가 되며, 지속시간은 3~4 Hz 정도이다. 비대칭기동전류의 크기는 저압전동기인 경우 기동전류의 1.5배 정도이고, 고압전동기인 경우 1.6배 정도이다. 따라서 단락 보호장치의 순시트립전류($I_t$)는 전동기의 기동돌입전류($I_{mi}$) 보다 크게 되어야 전동기의 기동전류에 불필요한 동작을 하지 않게 된다. 즉 $I_t > I_{mi}$ 가 되게 하여야 한다. 표준형 과전류차단기의 경우 순시동작배율은 정격전류의 10배 이상이므로 다음 식으로 계산하여 적용한다.

$$I_n \times \beta > I_{mi} \times \delta$$

$$I_n > (I_{ms} \times 1.5) \times \delta \div \beta = 44.93 \times 6.0 \times 1.5 \times 1.25 \div 10 = 50.54\,\text{A}$$

여기에서,

$I_{mi}$ : 전동기의 기동돌입전류[A]

$I_{ms}$ : 전동기의 기동전류 [A]
$\beta$ : 과전류차단기의 순시차단배율(제조사의 기술기준 참조)
1.5 : 전동기의 기동전류에 대한 기동돌입전류의 배율
$\delta$ : 설계여유

따라서 상기 계산 값보다 큰 정격전류 63 A로 선정한다.

(4) 과전류차단기의 선정

상기 계산 결과에 의한 과전류차단기의 정격전류는 전동기의 기동전류와 기동돌입전류를 고려하여 선정하여야 한다.

$$\text{Set } I_n = 80\text{A}$$

(5) 도체의 단면적

상기 과전류차단기의 선정 결과를 도체와 과부하보호장치 사이의 협조에 적용하여 도체의 단면적을 아래와 같이 조정하여야 한다.

조정전 : $I_B\,(44.93) \le I_n\,(50) \le I_Z\,(16\,\text{mm}^2 - 72.8\,\text{A})$

조정후 : $I_B\,(44.93) < I_n\,(80) \le I_Z\,(25\,\text{mm}^2 - 95.6\,\text{A})$

## 6.7 배전간선 보호용 MCCB(PD-0006)의 정격전류 선정

### 1) 부하 명세

(1) 전동기 22 kW

① 전압 및 용량 : 3상 380 V 22 kW 유도전동기
② 정격전류($I_m$) : 44.93 A
③ 부하역율 : 0.8
④ 기동방식 : 직입기동
⑤ 전전압 기동배율 : 600%
⑥ 전동기의 전전압 기동시간 : 8초

(2) 전동기 260 kW

① 전압 및 용량 : 3상 380 V 260 kW 유도전동기
② 정격전류($I_m$) : 536.8 A
③ 부하역률 : 0.8
④ 기동시 역률 : 0.3
⑤ 기동방식 : Soft Start 3.0

⑥ 전전압 기동배율 : 550%
⑦ 전동기의 전전압 기동시간 : 7초

(3) 간선

① 간선의 종류 : 0.6/1kV F-CV 1Core
② 공사방법 : F
③ 간선길이 : 20 m
④ 주위온도 : 40℃

### 2) 도체의 단면적 선정($I_Z$)

(1) 회로설계전류를 연속하여 흘릴 수 있는 공칭단면적

도체의 단면적은 도체와 과부하 보호장치 사이의 협조를 고려하여 회로설계전류($I_B$) 이상이 되도록 과부하 보호장치의 정격전류를 선정하여야 한다. 도체의 단면적은 공사방법 F의 경우 KS C IEC 60364-5-52의 허용전류표를 참조하여 F-CV 300㎟/1c(온도보정계수 0.91 적용하여 도체의 허용전류 670A)를 선정한다.

$$I_B(581.73) \leq I_n(630) \leq I_Z(670A - 300\text{㎟})$$

여기에서,

$I_B$ : 부하의 설계전류

$I_B = I_{m1} + I_{m2} = 44.93 + 536.8 = 581.73$

$I_{m1}$ : 22kW 전동기의 정격전류(44.93A)

$I_{m2}$ : 260kW 전동기의 정격전류(536.8A)

(2) 전압강하 3%로 계산한 단면적

$$A = \frac{K_w \times I \times L}{1000 \times e'} = \frac{17.8 \times 581.73 \times 20}{1000 \times 220 \times 0.03} = 31.4\text{㎟}$$

여기에서,

$A$ : 도체의 최소단면적 [㎟]

$K_w$ : 단상 2선식 35.6, 3상 3선식 30.8, 3상 4선식 17.8

$I$ : 전류 [A]

$L$ : 전선의 길이 [m]

$e$ : 선간의 전압강하(3상 4선식의 경우 전압선과 중성선 사이의 전압)

(3) 전동기 기동전류에 의한 도체의 온도상승을 고려한 단면적

기동전류가 최대인 전동기를 최후에 기동할 때 절연재 종류에 대응한 K값을 이용해 단시간 허용온도 이내로 제한하기 위해 필요한 도체단면적은 다음 식으로 계산한다. 이 때 선행운전부하의 수용률을 알 수 있을 때에는 수용률을 적용하여 계산하면 된다(단, 전동기의 기동시 역률은 30%, 기동시간은 7초로 하고, 선행운전부하의 평균역률은 80%로 적용한다).

$$A = \frac{\sqrt{t_s}}{K} \times I_{T1} \times \delta = \frac{\sqrt{7}}{143} \times 2,989.0 \times 1.25 = 69.1\,\text{㎟}$$

여기에서,

$I_{ms}$ : 최대기동용량 전동기의 전전압 기동전류(260kW $I_{ms}$ = 536.8×5.5 = 2,952.4A)

$$\overline{I_{ms}} = I_{ms} \cdot (\cos\theta_{ms} + j\sin\theta_{ms}) = 2,952.4 \times (0.3 + j\sqrt{1-0.3^2}) = 885.72 + j2,816.41$$

$I_L$ : 선행운전부하의 운전전류

$$\overline{I_L} = I_L \cdot (\cos\theta_L + j\sin\theta_L) = 44.93 \times (0.8 + j0.6) = 35.94 + j25.96$$

$I_{T1}$ : 합산부하의 전전압 기동전류[A]

$$I_{T1} = (\overline{I_{ms}} + \overline{I_L}) = 921.7 + j2,843.4 = 2,989.0$$

$t$ : 최대기동용량 전동기의 전전압 기동시간 [sec]

$K$ : 절연체의 종류에 따른 계수(XLPE 143, PVC 115)

$\delta$ : 설계 여유

따라서 계산단면적 이상의 공칭단면적의 도체를 선정하면 전동기 기동시 도체는 단시간 허용온도를 넘지 않는다.

### (4) 전동기 기동전류에 의한 전압강하 검토

상기 (1)~(3)에서 선정된 최대 단면적의 도체에 대하여 간선에 접속된 부하중 최대기동용량을 갖는 전동기를 최후에 기동할 때 간선에서의 전압강하율이 8% 범위 이내인지를 검토한다. 최대기동용량 전동기의 기동시 역률은 0.3으로 하고 선행운전부하의 역률은 0.8로 하여 다음과 같이 계산한다.

$$\varepsilon = \frac{\sqrt{3}\, I_{T2}\,(R\cos\theta_s + X\sin\theta_s) \times L}{V} \times 100$$

여기에서,

$I_{T2}$ : 합산부하($I_T = \overline{I_{ms}} + \overline{I_L}$)의 Soft Start 기동전류 [A]

$\cos\theta_s$ : 합산부하의 역률

$\sin\theta_s$ : 합산부하의 무효율

상기 기동시 전압강하 계산식으로 계산조건을 아래와 같이 설정하고 계산하면 다음과 같이 된다.

(a) 계산조건

① 케이블의 임피던스

F-CV 300 ㎟/1C×4 평형배치 R=0.08Ω/km, X=0.1172Ω/km(표 5-15)

② 간선길이 : 20 m

③ 최대기동용량 전동기의 Soft Start 기동전류(260kW $I_{ms}$= 536.8×3.0 = 1,610.4A)

$$\overline{I_{ms}} = I_{ms} \cdot (\cos\theta_{ms} + j\sin\theta_{ms}) = 1{,}610.4 \times (0.3 + j\sqrt{1-0.3^2}) = 483.12 + j1{,}536.2$$

④ 선행운전부하의 운전전류

$$\overline{I_L} = I_L \cdot (\cos\theta_L + j\sin\theta_L) = 44.93 \times (0.8 + j0.6) = 35.94 + j26.96$$

(b) 계 산

① 합산부하의 Soft Start 기동전류

$I_{T2} = \overline{I_{ms}} + \overline{I_L} = (483.12 + j1{,}536.2) + (35.94 + j26.96) = 519.1 + j1{,}563.2 = 1647.1$

② 합산부하의 역률

$\cos\theta_s$ = 519.1/1,647.1 = 0.3151

③ 합산부하의 무효율

$\sin\theta_s$ = 1,563.2/1,647.1 = 0.9490

④ 전압강하계산

$$\varepsilon = \frac{\sqrt{3} \times 1{,}647.1 \times (0.08 \times 0.3151 + 0.1172 \times 0.949) \times 0.02}{380} \times 100$$

$$= 2.0487\%$$

(5) 간선의 단면적 선정

전동기의 기동시 전압강하가 8% 이하이므로 (1)~(3)에서 가장 큰 공칭단면적 4-300 ㎟/1Core(670 A)를 선정한다.

### 3) 과전류차단기의 선정

#### (1) 간선 설계전류를 고려한 과부하 보호장치의 정격전류 선정

과부하 보호장치의 정격전류 $I_n$은 회로의 설계전류 $I_B$ 이상이어야 하고, 사용하는 도체의 연속허용전류 $I_Z$를 초과하지 않도록 협조가 되어야 하므로 다음과 같이 선정하여야 한다.

$$I_B(581.73) \le I_n(630) \le I_Z$$

여기에서,

$I_B$ : 최대부하전류(설계전류) [A]

$I_B$ = 536.8 + 44.93 = 581.73A

$I_n$ : 과전류차단기의 정격전류 [A]

$I_Z$ : 전선의 연속허용전류 [A](F-CV 4-1C 300㎟ 허용전류 670 A)

따라서 과부하 보호장치의 정격전류는 630 A를 선정하며, 전동기의 기동특성을 고려하여 최종적으로 결정하여야 한다.

### (2) $I_2 < 1.45I_Z$ 의 검토

$I_2$ 와 $1.45I_Z$ 를 계산하여 과부하보호장치가 도체의 과부하 내열특성을 적절하게 보호하고 있는가를 검토한다.

$$I_2(=868.14) < 1.45I_Z(=913.5)$$

여기에서,

$I_2$ : 보호장치가 규약시간 이내에 유효하게 동작하는 것을 보증하는 전류이다(표 12-13 참조).

$$I_2 = 1.3 \times I_n \times k = 1.3 \times 630 \times 1.06 = 868.14$$

$k$ : 과부하 보호장치이 동자시간 보정계수

$1.45I_Z$ : 규약시간 60분에서 과부하 보호점

$$1.45I_Z = 1.45 \times 630 = 913.5$$

보호장치의 규약동작전류 $I_2$가 상기와 같이 도체의 허용전류의 1.45배 이내에서 동작하므로 과부하 보호장치가 도체의 과부하 내열특성을 적절하게 보호하고 있다고 할 수 있다.

### (3) 전동기의 최대기동용량를 고려한 과전류차단기의 선정

선행운전부하인 22 kW(정격전류 44.93A)의 전동기가 이미 운전되고 있는 상태에서 기동용량 큰 전동기 260 kW의 전전압 기동전류($I_{ms}$ = 2952.4 A)가 7초 동안 흐를 때 과전류차단기가 동작하지 않는 정격전류를 선정하여야 한다.

$$I_n \times \alpha > I_{T1}$$

$$I_n > \frac{I_{T1}}{\alpha} = \frac{2,989.0}{4.8} = 622.7A$$

여기에서,

$I_n$ : 과전류차단기의 정격전류 [A]

$I_{T1}$ : 합산부하($\overline{I_{ms}} + \overline{I_L}$ )의 전전압 기동전류[A]

$I_{ms}$ : 최대기동용량(260kW) 전동기의 전전압 기동전류 [A]

$I_L$ : 선행운전부하(22kW)의 운전전류 [A]

$\alpha$ : 과부하보호장치의 규약동작배율(전동기의 기동시간이 7초이므로 과부하보호장치의 동작지연 시간을 3초 가산한 10초에서 동작할 수 있도록 설정하는 동작배율로 제조사의 동작특성에 따른다. L사 보호장치의 동작배율 4.8pu을 적용)

따라서 최대기동전류를 고려한 과전류차단기의 정격전류는 상기 계산값 이상의 정격전류 630 A를 선정한다.

(4) 기동돌입전류에 의한 과전류차단기의 정격전류 선정

① 전동기의 기동돌입전류($I_{mi}$)

기동돌입전류 = 최대기동용량 전동기의 기동전류 × 1.5 + 선행운전부하 최대전류

② 차단기의 순시차단전류($I_t$) = 차단기의 정격전류 × 순시차단배율(MCCB는 10를 적용)

③ $I_t$ < $I_{mi}$ 가 될 경우에는 차단기의 정격전류를 상향 조정하여 $I_t$ > $I_S$ 이 되도록 한다.

④ 기동전류가 최대인 전동기의 기동시 돌입전류(260kW 전동기)

$$I_t(=I_n\times\beta) > I_{mi}(=\overline{I_{ms}}\times k\times\delta+\overline{I_L})$$

$$I_n > (\overline{I_{ms}}\times k\times\delta+\overline{I_L})\div\beta$$

$$> \{(483.12+j1,536.2)\times1.0\times1.25+(35.94+j26.96)\}\div10$$

$$> (639.84+j1,947.24)\div10 = 2,049.7\div10 = 205A$$

여기에서,

$I_{ms}$ : 최대용량 전동기의 Soft Start 3.0 기동전류($I_{ms}$= 1,610.4A)

$$\overline{I_{ms}} = I_{ms}\cdot(\cos\theta_{ms}+j\sin\theta_{ms}) = 1,610.4\times(0.3+j\sqrt{1-0.3^2}) = 483.12+j1,536.2$$

$I_L$ : 선행운전부하의 최대전류[A]

$$\overline{I_L} = I_L\cdot(\cos\theta_L+j\sin\theta_L) = 44.93\times(0.8+j0.6) = 35.94+j26.96$$

$k$ : 기동전류의 크기에 대한 돌입전류의 배율

상기 계산결과 과전류차단기의 정격전류는 최대기동용량 전동기를 투입시 최대가 되며, 이 기동전류에 동작하지 않는 과전류차단기의 정격전류는 320 A를 선정하여야 한다.

(5) 과전류차단기의 선정

상기 계산결과에 의한 과전류차단기의 정격전류는 전동기의 기동전류와 기동돌입전류에 의하여 과전류차단기가 불필요한 동작을 피하기 위하여 630 A을 선정하여야 한다.

$$\text{Set } I_n = 630A$$

#### 4) 도체의 단면적 조정

상기 계산 결과에 따라 간선의 허용전류는 과전류차단기의 정격전류보다 크게 선정되어 있어 $I_B \leq I_n \leq I_Z$에 부합되므로 도체 단면적의 조정은 불필요하다.

## 7 보호계전기 정정계산 실습

다음의 전력계통도는 보호계전기 정정계산을 위한 실습용 전력계통도이다.

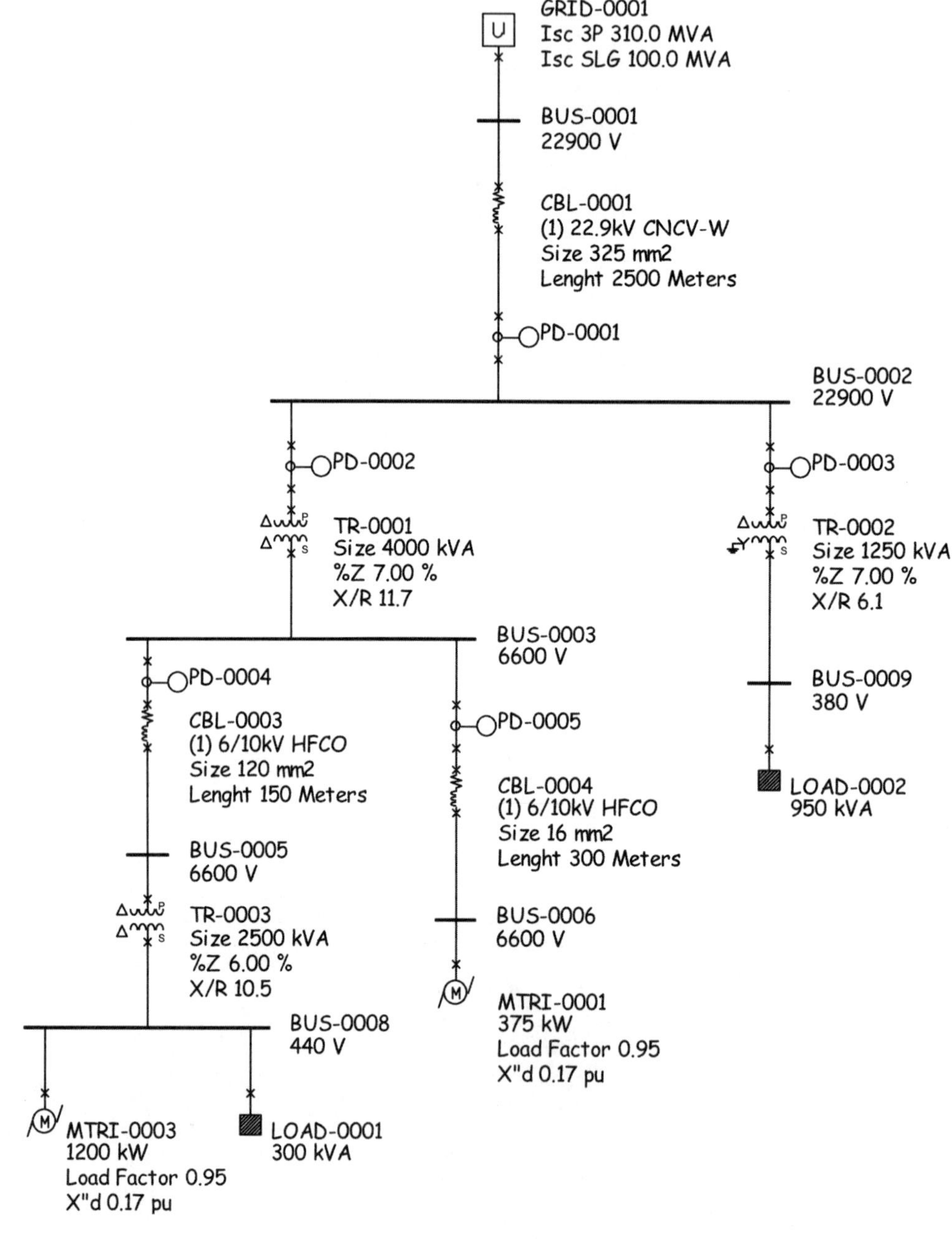


그림 11-30 전력설비 계통도

아래 그림 11-31는 상기 그림 11-30의 입력 데이터를 계산조건으로 하여 단락고장전류를 계산한 결과이며, KS C IEC 60909 Fault Short Circuit Minimum Current Calculation의 Data Block Report이다.

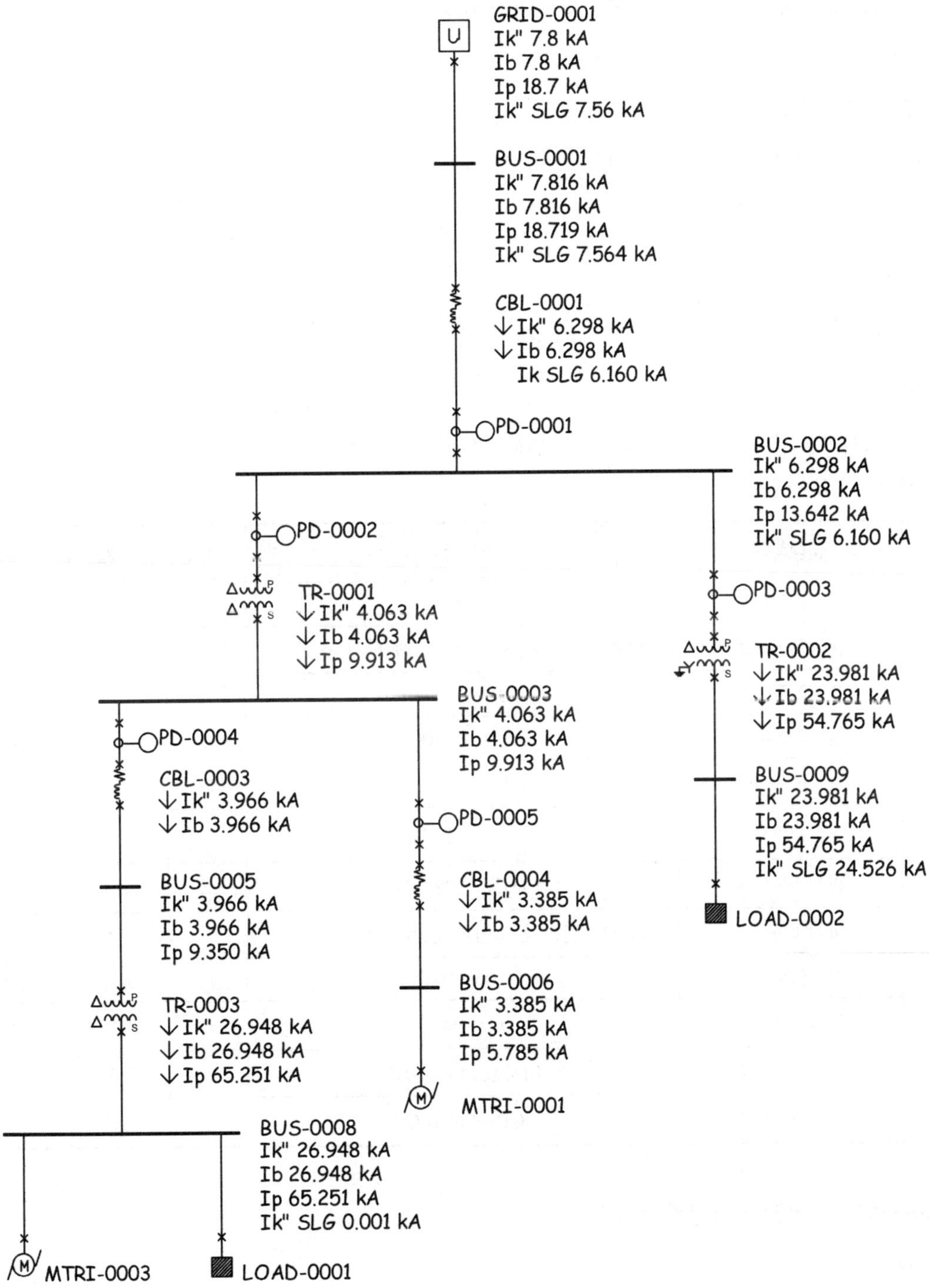

GRID-0001
Ik" 7.8 kA
Ib 7.8 kA
Ip 18.7 kA
Ik" SLG 7.56 kA

BUS-0001
Ik" 7.816 kA
Ib 7.816 kA
Ip 18.719 kA
Ik" SLG 7.564 kA

CBL-0001
↓Ik" 6.298 kA
↓Ib 6.298 kA
Ik SLG 6.160 kA

PD-0001

BUS-0002
Ik" 6.298 kA
Ib 6.298 kA
Ip 13.642 kA
Ik" SLG 6.160 kA

PD-0002

TR-0001
↓Ik" 4.063 kA
↓Ib 4.063 kA
↓Ip 9.913 kA

PD-0003

TR-0002
↓Ik" 23.981 kA
↓Ib 23.981 kA
↓Ip 54.765 kA

BUS-0003
Ik" 4.063 kA
Ib 4.063 kA
Ip 9.913 kA

PD-0004

CBL-0003
↓Ik" 3.966 kA
↓Ib 3.966 kA

BUS-0009
Ik" 23.981 kA
Ib 23.981 kA
Ip 54.765 kA
Ik" SLG 24.526 kA

PD-0005

BUS-0005
Ik" 3.966 kA
Ib 3.966 kA
Ip 9.350 kA

CBL-0004
↓Ik" 3.385 kA
↓Ib 3.385 kA

LOAD-0002

BUS-0006
Ik" 3.385 kA
Ib 3.385 kA
Ip 5.785 kA

TR-0003
↓Ik" 26.948 kA
↓Ib 26.948 kA
↓Ip 65.251 kA

MTRI-0001

BUS-0008
Ik" 26.948 kA
Ib 26.948 kA
Ip 65.251 kA
Ik" SLG 0.001 kA

MTRI-0003
LOAD-0001

그림 11-31 고장전류계산 Data Block Report

## 7.1 수전설비 보호용 보호계전기(PD-0001) 정정계산

### 1) 계산 데이터

(1) TR-0001 변압기

① 전압 및 용량 : 22.9/6.6 kV, 3상 4,000 kVA
② % 임피던스 : 7.0%

(2) TR-0002 변압기

① 전압 및 용량 : 22.9/0.38 kV, 3상 1,250 kVA
② %임피던스 : 7.0%

(3) 변류기

변류비 : 200/5 A(n〉20)

(4) 계전기

① 제조회사 및 형명 : 비츠로테크, VIPAM 3500-FM
② 항목별 설정범위

| 부호 | 설정항목 | 설정범위 | 단위 | 단계 | 비고 |
|---|---|---|---|---|---|
| 51 | 한시동작전류 | 미사용, 0.02~10.0 | In | 0.01 | In=5A |
| | 동작특성곡선 | 정한시, 반한시, 강반한시, 초반한시, 장한시 | | | |
| | 한시정정레버 | 0.05~10.0 | | 0.01 | 반한시 |
| | 동작지연시간 | 0.1~100.00 | s | 0.01 | 정한시 |
| 50 | 순시동작전류 | 미사용, 1.0~32.0 | In | 0.1 | |
| | 동작지연시간 | 0.04~100.00 | s | 0.01 | 정한시 |
| 51G | 한시동작전류 | 미사용, 0.02~2.0 | In | 0.01 | In=5A |
| | 동작특성곡선 | 정한시, 반한시, 강반한시, 초반한시, 장한시 | | | |
| | 한시정정레버 | 0.05~10.0 | | 0.01 | 반한시 |
| | 동작지연시간 | 0.1~100.0 | s | 0.01 | 정한시 |
| 50G | 순시동작전류 | 미사용, 0.1~10.0 | In | 0.1 | |
| | 동작지연시간 | 0.04~100.00 | s | 0.01 | 정한시 |

### 2) 과전류계전기(51) 정정계산

(1) 한시동작전류

① 수전설비용량의 150~170%에 동작하도록 설정한다.
② 수전용량의 정격전류

수전용량의 정격전류 = 수전용량 ÷ ($\sqrt{3}$V)

$= ($ [　　　] $) \div (\sqrt{3} \times 22.9)$

$=$ [　　　] A

③ 한시동작전류의 계산(수전용량의 [　　　] %로 적용)

$I_{pickup}$ = 수전용량의 정격전류 × [　　　] % ÷ 변류비 ÷ $I_n$

= [　　　] × [　　　] ÷ [　　　] ÷ 5

= [　　　]

**설정값 =** [　　　]

(2) 동작 특성곡선

수전설비 보호용 과전류 계전기의 동작특성곡선은 [　　　] 특성곡선으로 선정한다.

**설정값 =** [　　　]

(3) 한시정정레버

① 변압기의 2차측 3상단락 고장시 0.6 sec 이하에 동작하도록 동작특성과 동작배율을 설정한다.

② 변압기의 2차측 3상단락 고장전류 : [　　　] A

③ 변압기의 2차측 3상단락 고장시 계전기 설치점 전류

$I_{RY} = I_{3s} \times (V_2/V_1)$ ÷ 변류비 ÷ $I_n$

= [　　　] × ( [　　　] ) ÷ [　　　] ÷ 5

= [　　　]

④ 계전기 동작배율

$(I_s/I_{tap}) = I_{RY}$ ÷ 한시동작전류

= [　　　] ÷ [　　　]

= [　　　]

⑤ 한시정정레버의 계산

[　　　] 특성곡선에서 한시정정레버는 다음 계산식으로 계산한다.

$TL = t \times ((I_s/I_{tap})-1) /$ [　　　]

= [　　　] × ( [　　　] − 1) / [　　　]

= [　　　]

**설정값 =** [　　　]

### 3) 순시과전류계전기(50)의 정정계산

(1) 순시동작전류

① 22.9kV BUS의 단락사고에 동작하고, 변압기의 2차측 단락사고 및 여자 돌입전류에는 동작하지 않도록 변압기의 2차측 3상 단락전류의 125~200%에 동작하도록 설정한다.

② 변압기(TR-0001) 여자돌입전류의 125% 이상

여자돌입전류 = 변압기 정격전류 × 12 pu × 125% ÷ 변류비 ÷ $I_n$

= [ ] × 12 × 1.25 ÷ [ ] ÷ 5

= [ ]

③ 인출모선에서 최소단락전류의 1/1.5 이하

인출모선에서의 3상단락 고장전류 : [ ] A

최소단락전류 = 3상단락 고장전류 × 0.866 × (1/1.5) ÷ 변류비 ÷ $I_n$

= [ ] × 0.866 × (1/1.5) ÷ [ ] ÷ 5

= [ ]

④ 변압기 2차측 3상단락 고장전류의 [ ] %

$I_{pickup}$ = $I_{3s}$ × [ ] % × $(V_2/V_1)$ ÷ 변류비 ÷ $I_n$

= [ ] × [ ] × ( [ ] ) ÷ [ ] ÷ 5

= [ ]

⑤ 순시동작전류의 계산

여자돌입전류, 모선에서의 최소단락전류 및 변압기 2차측 3상단락 고장전류의 크기를 고려하여 다음과 같이 설정한다.

**설정값 = [ ]**

(2) 동작지연시간

전위보호계전기 동작시간에 0.2초를 가산하여 정정한다.

TD = 전위계전기 동작시간 + 0.2초

= [ ] + 0.2 = [ ] sec

**설정값 = [ ] sec**

### 4) 지락과전류계전기(51G)의 정정계산

(1) 한시동작전류

① 수전용량 정격전류의 30%에 동작하도록 설정한다.

② 한시동작전류의 계산

$I_{pickup}$ = 수전용량의 정격전류 × [ ] % ÷ 변류비 ÷ $I_n$

= [ ] × [ ] ÷ [ ] ÷ 5

= [ ]

**설정값 =** [ ]

(2) 동작 특성곡선

수전설비 보호용 지락과전류 계전기의 동작특성곡선은 [ ] 특성곡선으로 선정한다.

**설정값 =** [ ]

(3) 한시정정레버

① 수전보호구간 최대1선지락 고장전류에서 0.2초 이하에 동작하도록 동작특성과 동작배율을 선정한다.

② 수전 모선의 1선지락 고장전류 : [ ] A

③ 수전 모선의 1선지락 고장시 계전기 통과 전류

$I_{RY}$ = $I_{1g}$ ÷ 변류비 ÷ $I_n$

= [ ] ÷ [ ] ÷ 5

= [ ]

④ 계전기 동작배율

$(I_s/I_{tap})$ = $I_{RY}$ ÷ 한시동작전류

= [ ] ÷ [ ] = [ ] (최대값 [ ])

⑤ 한시정정레버의 계산

[ ] 특성곡선에서 한시정정레버는 다음 계산식으로 계산한다.

$TL = t \times \{(I_s/I_{tap})^{0.02}-1\} /$ [ ]

= [ ] × {( [ ] )$^{0.02}$ - 1} / [ ]

= [ ]

**설정값 =** [ ]

### 5) 순시지락과전류계전기(50G)의 정정계산

(1) 순시동작전류

① 불평형부하전류에 의한 순시요소동작을 방지하기 위하여 최대부하전류의 300% 이상에 정정한다.

② 순시동작전류의 계산

$I_{pickup}$ = 수전용량 정격전류 × ☐ % ÷ 변류비 ÷ $I_n$

= ☐ × ☐ ÷ ☐ ÷ 5

= ☐

**설정값 = ☐**

(2) 동작지연시간

전위보호계전기 동작시간에 0.2초를 가산하여 정정한다.

TD = 전위계전기 동작시간 + 0.2초

= ☐ + 0.2 = ☐ sec

**설정값 = ☐ sec**

Time-Current Coordination Curve를 검토하여 전위보호계전기와 적절한 보호협조가 될 수 있도록 조정한다. 경우에 따라서는 순시를 설정하지 않을 수도 있다.

## 7.2 변압기(TR-0001) 보호용 보호계전기(PD-0002) 정정계산

### 1) 계산 데이터

(1) 변압기

① 전압 및 용량 : 22.9/6.6 kV, 3상 4,000 kVA

② % 임피던스 : 7.0%

③ 1차측 전류 : 100.85 A

(2) 변류기

변류비 : 150/5 A (n〉20)

(3) 계전기

① 제조회사 및 형명 : 비츠로테크, VIPAM 3500-FM

② 항목별 설정범위

| 부호 | 설정항목 | 설정범위 | 단위 | 단계 | 비고 |
|---|---|---|---|---|---|
| 51 | 한시동작전류 | 미사용, 0.02~10.0 | In | 0.01 | In=5A |
| | 동작특성곡선 | 정한시, 반한시, 강반한시, 초반한시, 장한시 | | | |
| | 한시정정레버 | 0.05~10.0 | | 0.01 | 반한시 |
| | 동작지연시간 | 0.1~100.00 | s | 0.01 | 정한시 |
| 50 | 순시동작전류 | 미사용, 1.0~32.0 | In | 0.1 | |
| | 동작지연시간 | 0.04~100.00 | s | 0.01 | 정한시 |
| 51G | 한시동작전류 | 미사용, 0.02~2.0 | In | 0.01 | In=5A |
| | 동작특성곡선 | 정한시, 반한시, 강반한시, 초반한시, 장한시 | | | |
| | 한시정정레버 | 0.05~10.0 | | 0.01 | 반한시 |
| | 동작지연시간 | 0.1~100.0 | s | 0.01 | 정한시 |
| 50G | 순시동작전류 | 미사용, 0.1~10.0 | In | 0.1 | |
| | 동작지연시간 | 0.04~100.00 | s | 0.01 | 정한시 |

### 2) 과전류계전기(51) 정정계산

#### (1) 한시동작전류

① 변압기 정격전류의 125~150%에 동작하도록 설정한다.

② 한시동작전류의 계산(변압기 정격전류의 [ ] %로 적용)

$I_{pickup}$ = 변압기의 정격1차전류 × [ ] % ÷ 변류비 ÷ $I_n$

= [ ] × [ ] ÷ [ ] ÷ 5

= [ ]

**설정값 = [ ]**

#### (2) 동작 특성곡선

변압기 보호용 과전류 계전기의 동작특성곡선은 [ ] 특성곡선으로 선정한다.

**설정값 = [ ]**

#### (3) 한시정정레버

① 변압기 2차측 3상단락 고장시 0.6 sec 이하에 동작하도록 동작특성과 동작배율을 설정한다.

② 변압기 2차측 3상단락 고장전류 : [ ] A

③ 변압기 2차측 3상단락 고장시 계전기 설치점 전류

$I_{RY} = I_{3s} \times (V_2/V_1)$ ÷ 변류비 ÷ $I_n$

= [ ] × ( [ ] ) ÷ [ ] ÷ 5

= ☐ $I_n$

④ 계전기 동작배율

$(I_s/I_{tap})$ = $I_{RY}$ ÷ 한시동작전류

= ☐ $I_n$ ÷ ☐ $I_n$

= ☐

⑤ 한시정정레버의 계산

☐ 특성곡선에서 한시정정레버는 다음 계산식으로 계산한다.

TL = t × $((I_s/I_{tap})-1)/13.5$

= ☐ × ( ☐ −1)/13.5

= ☐

**설정값 =** ☐

### 3) 순시과전류계전기(50)의 정정계산

#### (1) 순시동작전류

① 변압기 1차측 단락사고에 동작하고, 2차측 단락사고 및 여자 돌입전류에는 동작하지 않도록 변압기 2차측 3상단락 고장전류의 125~200%에 설정한다.

② 변압기의 여자돌입전류의 125% 이상

여자돌입전류 = 변압기 정격전류 × 12 pu × 125% ÷ 변류비 ÷ $I_n$

= ☐ × 12 × 1.25 ÷ ☐ ÷ 5

= ☐

③ 인출모선에서 최소단락전류의 1/1.5 이하

인출모선에서의 3상단락 고장전류 : ☐ A

최소단락전류 = 3상단락 고장전류 × 0.866 × (1/1.5) ÷ 변류비 ÷ $I_n$

= ☐ × 0.866 × (1/1.5) ÷ ☐ ÷ 5

= ☐

④ 변압기 2차측 3상단락 고장전류의 ☐ %

$I_{pickup}$ = $I_{3s}$ × ☐ % × $(V_2/V_1)$ ÷ 변류비 ÷ $I_n$

= ☐ × ☐ × ( ☐ ) ÷ ☐ ÷ 5

= ☐

⑤ 순시동작전류의 설정

여자돌입전류, 모선에서의 최소단락전류 및 변압기 2차측 3상단락 고장전류의 크기를 고려하

여 다음과 같이 설정한다.

**설정값 = ☐**

(2) 동작지연시간

순시동작시간은 최소동작시간 ☐ ms에서 동작되도록 정정한다.

**설정값 = ☐ sec**

### 4) 지락과전류계전기(51G)의 정정계산

(1) 한시동작전류

① 변압기 정격전류의 30%에 동작하도록 설정한다.

② 한시동작전류의 계산

$I_{pickup}$ = 변압기의 정격1차전류 × ☐ % ÷ 변류비 ÷ $I_n$

= ☐ × ☐ ÷ ☐ ÷ 5

= ☐

**설정값 = ☐**

(2) 동작 특성곡선

변압기 1차측 BUS의 1선지락 고장시 지락과전류 계전기의 동작특성곡선은 ☐ 특성곡선으로 선정한다.

**설정값 = ☐**

(3) 한시정정레버

① 변압기 1차측 Bus의 최대1선지락 고장전류에서 0.2초 이하에 동작하도록 동작특성과 동작배율을 선정한다.

② 변압기 1차측 BUS의 1선지락 고장전류 : ☐ A

③ 변압기 1차측 BUS의 1선지락 고장시 계전기 설치점 전류

$I_{RY}$ = $I_{1g}$ ÷ 변류비 ÷ $I_n$

= ☐ ÷ ☐ ÷ 5

= ☐

④ 계전기 동작배율

$(I_s/I_{tap})$ = $I_{RY}$ ÷ 한시동작전류

= ☐ ÷ ☐ = ☐ (최대값 ☐ )

⑤ 한시정정레버의 계산

☐ 특성곡선에서 한시정정레버는 다음 계산식으로 계산한다.

$TL = t \times \{(I_s/I_{tap})^{0.02}-1\} \ /$ ☐

= ☐ × {( ☐ )$^{0.02}$ - 1} / ☐

= ☐

**설정값 =** ☐

### 5) 순시지락과전류계전기(50G)의 정정계산

(1) 순시동작전류

① 불평형부하전류에 의한 순시요소동작을 방지하기 위하여 최대부하전류의 300% 이상에 정정한다.

② 순시동작전류의 계산

$I_{pickup}$ = 변압기 1차측 정격전류 × ☐ % ÷ 변류비 ÷ $I_n$

= ☐ × ☐ ÷ ☐ ÷ 5

= ☐

**설정값 =** ☐

(2) 동작지연시간

순시동작지연시간은 최소동작시간 ☐ ms에서 동작되도록 정정한다.

**설정값 =** ☐ sec

## 7.3 변압기(TR-0002) 보호용 보호계전기(PD-0003) 정정계산

### 1) 계산 데이터

(1) 변압기

① 전압 및 용량 : 22.9/0.38 kV, 3상 1,250 kVA

② % 임피던스 : 7.0%

③ 1차측 전류 : 31.51 A

(2) 변류기

변류비 : 50/5 A (n>20)

(3) 계전기

① 제조회사 및 형명 : 비츠로테크, VIPAM 3500-FM

② 항목별 설정범위

| 부호 | 설정항목 | 설정범위 | 단위 | 단계 | 비고 |
|---|---|---|---|---|---|
| 51 | 한시동작전류 | 미사용, 0.02~10.0 | In | 0.01 | In=5A |
| | 동작특성곡선 | 정한시, 반한시, 강반한시, 초반한시, 장한시 | | | |
| | 한시정정레버 | 0.05~10.0 | | 0.01 | 반한시 |
| | 동작지연시간 | 0.1~100.00 | s | 0.01 | 정한시 |
| 50 | 순시동작전류 | 미사용, 1.0~32.0 | In | 0.1 | |
| | 동작지연시간 | 0.04~100.00 | s | 0.01 | 정한시 |
| 51G | 한시동작전류 | 미사용, 0.02~2.0 | In | 0.01 | In=5A |
| | 동작특성곡선 | 정한시, 반한시, 강반한시, 초반한시, 장한시 | | | |
| | 한시정정레버 | 0.05~10.0 | | 0.01 | 반한시 |
| | 동작지연시간 | 0.1~100.0 | s | 0.01 | 정한시 |
| 50G | 순시동작전류 | 미사용, 0.1~10.0 | In | 0.1 | |
| | 동작지연시간 | 0.04~100.00 | s | 0.01 | 정한시 |

## 2) 과전류계전기(51) 정정계산

(1) 한시동작전류

① 변압기 정격전류의 125~150%에 동작하도록 설정한다.

② 한시동작전류의 계산(변압기 정격전류의 [ ] %로 적용)

$I_{pickup}$ = 변압기의 정격1차전류 × [ ] ÷ 변류비 ÷ $I_n$

= [ ] × [ ] ÷ [ ] ÷ 5

= [ ]

**설정값 =** [ ]

(2) 동작 특성곡선

변압기 보호용 과전류 계전기의 동작특성곡선은 [ ] 특성곡선으로 선정한다.

**설정값 =** [ ]

(3) 한시정정레버

① 변압기 2차측 3상단락 고장시 0.6 초 이하에 동작하도록 동작특성과 동작배율을 설정

② 변압기 2차측 3상단락 고장전류 : [ ] A

③ 변압기 2차측 3상단락 고장시 계전기 설치점 전류

$I_{RY}$ = $I_{3s}$ × ($V_2$/$V_1$) ÷ 변류비 ÷ $I_n$

= [ ] × ( [ ] ) ÷ [ ] ÷ 5

= [ ]

④ 계전기 동작배율

($I_s$/$I_{tap}$) = $I_{RY}$ ÷ 한시동작전류

= [ ] ÷ [ ]

= [ ]

⑤ 한시정정레버의 계산

[ ] 특성곡선에서 한시정정레버는 다음 계산식으로 계산한다.

TL = t × (($I_s$/$I_{tap}$)−1)/13.5

= [ ] × ( [ ] − 1)/13.5

= [ ]

**설정값 =** [ ]

### 3) 순시과전류계전기(50)의 정정계산

(1) 순시동작전류

① 변압기 1차측 단락사고에 동작하고, 2차측 단락사고 및 여자 돌입전류에는 동작하지 않도록 변압기 2차측 3상단락 고장전류의 125~200%에 설정한다.

② 변압기 여자돌입전류의 125% 이상

여자돌입전류 = 변압기 정격전류 × 12 pu × 125% ÷ 변류비 ÷ $I_n$

= [ ] × 12 × 1.25 ÷ [ ] ÷ 5

= [ ]

③ 인출모선에서의 최소단락전류 1/1.5 이하

인출모선의 3상단락 고장전류 : [ ] A

최소단락전류 = 3상단락 고장전류 × 0.866 × (1/1.5) ÷ 변류비 ÷ $I_n$

= [ ] × 0.866 × (1/1.5) ÷ [ ] ÷ 5

= [ ]

④ 변압기 2차측 3상단락 고장전류의 ☐ %

$I_{pickup}$ = $I_{3s}$ × ☐ % × ($V_2$/$V_1$) ÷ 변류비 ÷ $I_n$

= ☐ × ☐ × ( ☐ ) ÷ ☐ ÷ 5

= ☐

⑤ 순시동작전류의 설정

여자돌입전류, 모선에서의 최소단락전류 및 변압기 2차측 3상단락 고장전류의 크기를 고려하여 다음과 같이 설정한다.

**설정값 = ☐**

(2) 동작지연시간

순시동작시간은 최소동작시간 ☐ ms에서 동작되도록 정정한다.

**설정값 = ☐ sec**

### 4) 지락과전류계전기(51G)의 정정계산

(1) 한시동작전류

① 변압기 정격전류의 30%에 동작하도록 설정한다.

② 한시동작전류의 계산

$I_{pickup}$ = 변압기의 정격1차전류 × ☐ % ÷ 변류비 ÷ $I_n$

= ☐ × ☐ ÷ ☐ ÷ 5

= ☐

**설정값 = ☐**

(2) 동작 특성곡선

변압기 1차측 BUS의 1선지락 고장시 지락과전류 계전기의 동작특성곡선은 ☐ 특성곡선으로 선정한다.

**설정값 = ☐**

(3) 한시정정레버

① 변압기 1차측 Bus의 최대1선지락 고장전류에서 0.2초 이하에 동작하도록 동작특성과 동작배율을 선정한다.

② 변압기 1차측 BUS의 1선지락 고장전류 : □ A

③ 변압기 1차측 BUS의 1선지락 고장시 계전기 설치점 전류

$I_{RY}$ = $I_{1g}$ ÷ 변류비 ÷ $I_n$

= □ ÷ □ ÷ 5

= □

③ 계전기 동작배율

$(I_s/I_{tap})$ = $I_{RY}$ ÷ 한시동작전류

= □ ÷ □ = □ (최대값 □ )

④ 한시정정레버의 계산

□ 특성곡선에서 한시정정레버는 다음 계산식으로 계산한다.

$TL = t \times \{(I_s/I_{tap})^{0.02}-1\}$ / □

= □ × {( □ )$^{0.02}$ − 1} / □

= □

**설정값 = □**

### 5) 순시지락과전류계전기(50G)의 정정계산

#### (1) 순시동작전류

① 불평형부하전류에 의한 순시요소동작을 방지하기 위하여 최대부하전류의 300% 이상에 정정한다.

② 순시동작전류의 계산

$I_{pickup}$ = 변압기 1차측 정격전류 × □ % ÷ 변류비 ÷ $I_n$

= □ × □ ÷ □ ÷ 5

= □

**설정값 = □**

#### (2) 동작지연시간

순시동작지연시간은 최소동작시간 □ ms에서 동작되도록 정정한다.

**설정값 = □ sec**

## 7.4 변압기(TR-0003) 보호용 보호계전기(PD-0004) 정정계산

### 1) 계산 데이터

(1) 변압기

① 전압 및 용량 : 6.6/0.44 kV, 3상 2,500 kVA

② % 임피던스 : 6.0%

③ 1차측 전류 : 218.7 A

(2) 변류기 및 접지변압기

① 변류비 : 300/5 A (n〉10)

② 영상변류비 : 200/1.5 mA

③ GVT Ratio : (6,600V/ $\sqrt{3}$)/(110V/ $\sqrt{3}$)/(190V/3)

(3) 계전기

① 제조회사 및 형명 : 비츠로테크, VIPAM 3500-FM

② 항목별 설정범위

| 부호 | 설정항목 | 설정범위 | 단위 | 단계 | 비고 |
|---|---|---|---|---|---|
| 51 | 한시동작전류 | 미사용, 0.02~10.0 | In | 0.01 | In=5A |
| | 동작특성곡선 | 정한시, 반한시, 강반한시, 초반한시, 장한시 | | | |
| | 한시정정레버 | 0.05~10.0 | | 0.01 | 반한시 |
| | 동작지연시간 | 0.1~100.00 | s | 0.01 | 정한시 |
| 50 | 순시동작전류 | 미사용, 1.0~32.0 | In | 0.1 | |
| | 동작지연시간 | 0.04~100.00 | s | 0.01 | 정한시 |
| 67G | 영상동작전류 | 미사용, 0.6~4.0 | ZIn | 0.01 | ZIn=1.5mA |
| | 영상동작전압 | 0.07~1.0 | GVn | 0.01 | GVn=190V, 110V |
| | 기준감도 위상각 | 0~359.9° | deg | 0.1 | |
| | 방향특성 | 정방향, 역방향 | | | |
| | 동작지연시간 | 0.1~100.00 | s | 0.01 | 정한시 |

### 2) 과전류계전기(51) 정정계산

(1) 한시동작전류

① 변압기 정격전류의 125~150%에 동작하도록 설정한다.

② 한시동작전류의 계산(변압기 정격전류의 ☐ %로 적용)

$I_{pickup}$ = 변압기의 정격1차전류 × ☐ % ÷ 변류비 ÷ $I_n$

= □ × □ ÷ □ ÷ 5

= □

**설정값 = □**

(2) 동작 특성곡선

변압기 보호용 과전류 계전기의 동작특성곡선은 □ 특성곡선으로 선정한다.

**설정값 = □**

(3) 한시정정레버

① 변압기 2차측 3상단락 고장시 0.6 sec 이하에 동작하도록 동작특성과 동작배율을 설정

② 변압기 2차측 3상단락 고장전류 : □ A

③ 변압기 2차측 3상단락 고장시 계전기 설치점 전류

$I_{RY}$ = $I_{3s}$ × ($V_2/V_1$) ÷ 변류비 ÷ $I_n$

= □ × ( □ ) ÷ □ ÷ 5

= □

④ 계전기 동작배율

($I_s/I_{tap}$) = $I_{RY}$ ÷ 한시동작전류

= □ ÷ □

= □

⑤ 한시정정레버의 계산

□ 특성곡선에서 한시정정레버는 다음 계산식으로 계산한다.

TL = t × (($I_s/I_{tap}$)−1)/13.5

= □ × ( □ − 1)/13.5

= □

**설정값 = □**

**3) 순시과전류계전기(50)의 정정계산**

(1) 순시동작전류

① 변압기 1차측 단락사고에 동작하고, 2차측 단락사고 및 여자 돌입전류에는 동작하지 않도록

변압기 2차측 3상단락 고장전류의 125~200%에 설정한다.

② 변압기 여자돌입전류의 125% 이상

여자돌입전류 = 변압기 정격전류 × 12 pu × 125% ÷ 변류비 ÷ $I_n$

= [    ] × 12 × 1.25 ÷ [    ] ÷ 5

= [    ]

③ 인출모선에서의 최소단락전류 1/1.5 이하

인출모선의 3상단락 고장전류 : [    ] A

최소단락전류 = 3상단락 고장전류 × 0.866 × (1/1.5) ÷ 변류비 ÷ $I_n$

= [    ] × 0.866 × (1/1.5) ÷ [    ] ÷ 5

= [    ]

④ 변압기 2차측 3상단락 고장전류의 [    ] %

$I_{pickup}$ = $I_{3s}$ × [    ] % × ($V_2/V_1$) ÷ 변류비 ÷ $I_n$

= [    ] × [    ] × ( [    ] ) ÷ [    ] ÷ 5

= [    ]

⑤ 순시동작전류의 설정

여자돌입전류, 모선에서의 최소단락전류 및 변압기 2차측 3상단락 고장전류의 크기를 고려하여 다음과 같이 설정한다.

**설정값 = [    ]**

(2) 동작지연시간

차단기 동작을 위한 순시동작시간은 최소동작시간 [    ] ms에서 동작되도록 정정한다.

**설정값 = [    ] sec**

### 4) 방향성 지락계전기(67G)의 정정계산

(1) 영상동작전류

① 영상1차전류 150 mA 이하에서 동작하도록 정정한다.

② 영상동작전류의 계산

$I_{pickup}$ = 영상1차동작전류 ÷ 변류비 ÷ $ZI_n$

= [    ] ÷ [    ] ÷ 1.5

= [    ]

설정값 = [ ]

(2) 영상동작전압

① 1선지락 고장시 계전기 전압단자에 인가되는 최대영상전압의 30% 이하에 동작하도록 정정한다.

② 영상동작전압의 계산

$V_{pickup}$ = 최대영상전압 × [ ] % ÷ $GV_n$

= [ ] V × [ ] ÷ 190

= [ ]

설정값 = [ ]

(3) 기준감도 위상각

① 기준감도 위상각은 30~45° 범위에서 정정한다.

② 기준감도 위상각 [ ] ° 에 설정한다.

설정값 = [ ] °

(4) 방향특성

방향특성은 부하측이 [ ] 으로 되도록 설정한다.

설정값 = [ ]

(5) 동작지연시간

동작지연시간은 0.1~2.0초 이하의 범위에서 정한시에 동작되도록 정정한다.

설정값 = [ ] sec

## 7.5 전동기 보호용 보호계전기(PD-0005) 정정계산

### 1) 계산 데이터

(1) 전동기

① 정격전압 : 6.6[kV]　　② 정격출력 : 375[kW]
③ 전부하전류 : 41.5[A]　　④ 역률 : 0.85
⑤ 효율 : 0.93
⑥ Service Factor : 1.0
⑦ 정격전압에서의 구속회전자전류 : 전부하전류의 650%
⑧ 정격전압에서의 기동시간 : 6 초
⑨ 기동방식 : 직입기동
⑩ 냉각상태에서의 구속허용시간(tC) : 22 초
⑪ 운전상태에서의 구속허용시간(tH) : 14 초
⑫ 과부하계수(k) : 1.05

(2) 변류기 및 접지변압기

① 변류비 : 75/5 A (과전류 정수 $n$ 〉 10)
② 영상변류비 : 200/1.5 mA
③ GVT Ratio : (6,600V/ $\sqrt{3}$)/(110V/ $\sqrt{3}$)/(190V/3)

(3) 계전기

① 제조회사 및 형명 : 비츠로테크, VIPAM 3500-FM
② 항목별 설정범위

| 부호 | 설정항목 | 설정범위 | 단위 | 단계 | 비고 |
|---|---|---|---|---|---|
| 51 | 한시동작전류 | 미사용, 0.02~10.0 | In | 0.01 | In=5A |
| | 동작특성곡선 | 정한시, 반한시, 강반한시, 초반한시, 장한시 | | | |
| | 한시정정레버 | 0.05~10.0 | | 0.01 | 반한시 |
| | 동작지연시간 | 0.1~100.00 | s | 0.01 | 정한시 |
| 50 | 순시동작전류 | 미사용, 1.0~32.0 | In | 0.1 | |
| | 동작지연시간 | 0.04~100.00 | s | 0.01 | 정한시 |
| 67G | 영상동작전류 | 미사용, 0.6~4.0 | ZIn | 0.01 | ZIn=1.5㎃ |
| | 영상동작전압 | 0.07~1.0 | GVn | 0.01 | GVn=190V, 110V |
| | 기준감도 위상각 | 0~359.9° | deg | 0.1 | |
| | 방향특성 | 정방향, 역방향 | | | |
| | 동작지연시간 | 0.1~100.00 | s | 0.01 | 정한시 |
| 49 | 최소동작전류 | 1.03~1.20 | IFLC | 0.01 | |
| | K-Factor | 1.00~1.50 | | 0.01 | |
| | 시정수 | 30~3600 | s | 1 | |

### 2) 과전류계전기(51) 정정계산

(1) 한시동작전류

① 유도전동기 정격전류의 115~125%에 동작하도록 설정한다.

② 한시동작전류의 계산

$I_{pickup}$ = 전동기의 정격전류 × □ % ÷ 변류비 ÷ $I_n$

= □ × □ ÷ □ ÷ 5

= □

**설정값 =** □

(2) 동작 특성곡선

전동기 보호용 과전류 계전기의 동작특성곡선은 □ 특성곡선으로 선정한다.

**설정값 =** □

(3) 한시정정레버

① 전동기의 기동전류에서 Safe Stall Point 아래 측에서 동작하도록 구속허용시간의 80%에 동작하도록 정정한다.

② 전동기의 기동전류

기동전류 = 전동기의 전부하전류 × 기동배율 ÷ 변류비 ÷ $I_n$

= □ × □ ÷ □ ÷ 5

= □

③ 계전기 동작배율

$(I_s/I_{tap})$ = 전동기의 기동전류 ÷ 한시동작전류

= □ ÷ □

= □

④ 한시정정레버의 계산

□ 특성곡선에서 한시정정레버는 다음 계산식으로 계산한다.

TL = ($t_H$ × □) × {$(I_s/I_{tap})$−1} / □

= (□ × □) × (□ − 1) / □

= □

**설정값 =** □

### 3) 순시과전류계전기(50)의 정정계산

(1) 순시동작전류

① 전동기 기동전류에 동작되지 않도록 기동전류의 2배에 정정한다.

② 순시동작전류의 계산

$I_{pickup}$ = 전동기의 전부하전류 × 기동배율 × 200% ÷ 변류비 ÷ $I_n$

= ☐ × ☐ × 2.0 ÷ ☐ ÷ 5

= ☐

**설정값 = ☐**

(2) 동작지연시간

차단기 동작을 위한 순시동작시간은 최소동작시간 ☐ ms에서 동작되도록 정정한다.

**설정값 = ☐ sec**

### 4) 방향성 지락계전기(67G)의 정정계산

(1) 영상동작전류

① 영상1차전류 150 mA 이하에서 동작하도록 정정한다.

② 영상동작전류의 계산

$I_{pickup}$ = 영상1차동작전류 ÷ 변류비 ÷ $ZI_n$

= ☐ ÷ ☐ ÷ 1.5

= ☐

**설정값 = ☐**

(2) 영상동작전압

① 1선지락고장시 계전기 전압단자에 인가되는 최대영상전압의 30% 이하에 동작하도록 정정한다.

② 영상동작전압

$V_{pickup}$ = 최대영상전압 × ☐ % ÷ $GV_n$

= ☐ V × ☐ ÷ 190

= ☐

**설정값 = ☐**

(3) 기준감도 위상각

① 기준감도 위상각은 30~45° 범위에서 정정한다.

② 기준감도 위상각 [ ] ° 에 설정한다.

**설정값 = [ ] °**

(4) 방향특성

방향특성은 부하측이 [ ] 으로 되도록 설정한다.

**설정값 = [ ]**

(5) 동작지연시간

동작지연시간은 0.1~2.0초 이하의 범위에서 정한시에 동작되도록 정정한다.

**설정값 = [ ] sec**

### 5) 과부하계전기(49)의 정정계산

(1) K-Factor

과부하계수로 1.0 ~1 .2 사이의 값으로 제조사가 제시하는 상수 값

**설정값 = [ ]**

(2) 최소동작전류

① 전동기 전부하전류의 105~115%에 동작하도록 설정한다.

② 최소동작전류의 계산

$I_{pickup}$ = 전동기 정격전류 × [ ] ÷ 변류비 ÷ $I_{FLC}$

= [ ] × [ ] ÷ [ ] ÷ [ ]

= [ ]

**설정값 = [ ]**

(3) 시정수

① p : 전동기의 정격전류에 대한 기동전류의 배율

② k : 과부하계수로 1.0<k<1.2 사이의 값으로 제조사가 제시하는 상수 값

③ $t_h$ : 운전상태에서의 계전기 동작시간으로 구속허용시간의 80%

④ s : 전동기가 과부하 되기 이전의 운전전류[pu]

⑤ 시정수의 계산

$$\tau_h = \frac{t_h}{\ln\left(\dfrac{p^2 - s^2}{p^2 - k^2}\right)} = \frac{[\quad]\times[\quad]}{\ln\left(\dfrac{[\quad]^2 - [\quad]^2}{[\quad]^2 - [\quad]^2}\right)} = \boxed{\qquad}$$

**설정값 =** $\boxed{\qquad}$

# 8 비율차동계전기 정정계산

## 8.1 개 요

비율차동계전기란 총 입력전류와 총 출력전류간의 차이가 총 입력전류에 대하여 일정비율 이상으로 되었을 때 동작하는 계전기이며, 과전류 계전기에 의한 차동방식을 보완한 것으로 외부 고장전류에 의한 순환전류는 억제력을 갖도록 하여 보호신뢰도를 높인 것이다. 많은 전력기기들의 주보호계전기로 사용된다.

### 1) 동작원리

차동계전기의 오동작을 방지하기 위하여 억제코일(Restraining Coil)을 삽입하여 통과전류로 억제력을 발생시키고, 차전류로 동작력을 발생시키도록 한 방식으로 억제전류에 대한 차동전류의 비가 일정값 이상일 때 계전기가 동작하므로 억제전류가 작을 때에는 작은 차전류로 동작하지만 외부 단락사고 등으로 큰 억제전류가 흐를 때에는 큰 차동전류가 흐르지 않으면 동작하지 않는다.

### 2) 동작비율

억제량은 동작전류(차동전류)에 대한 억제전류(통과전류)의 비율로 나타내며, 동작비율은 변압기에서 40%의 것이 일반적으로 사용된다. 외부사고 시 등의 과대전류가 통과할 때는 큰 전류가 동작코일로 흐르지 않으면 계전기는 동작하지 않고 적은 전류가 통과할 때는 작은 차전류만으로 동작하도록 되어 있다. 이런 억제전류와 동작전류의 일정한 비율 관계로 동작하는 까닭에 비율차동계전기라 한다. 이때 비율특성은 비율탭이 35%인 경우 억제코일에 10 A의 전류가 흐르면 동작코일에 약 3.5 A 이상 흐를 경우 계전기가 동작한다. 외부사고에 의하여 CT 2차에 많은 전류가 흐를 경우 동작코일에 비율탭에 상응하는 많은 전류가 흘러야 계전기가 동작한다.

### 3) 변압기고장의 종류

(1) 권선의 상간단락 및 층간단락
(2) 권선과 철심간의 절연파괴에 의한 지락사고
(3) 고저압 권선의 혼촉
(4) 권선의 단선
(5) 기타 Bushing Lead 절연파괴 등

## 8.2 비율특성 정정방법

### 1) 변압기 Tap Changer의 전압조정($\varepsilon_1$)

변압기의 전압조정범위가 −10%~+10%일 때 1차전압을 +10%로 조정하면 2차전압이 일정하므로 1차전류만 10% 감소한다. 따라서 이 감소한 전류 10%는 고장에 의한 전류의 변화가 아니므로 차동계전기는 동작하여서는 안된다. 일반적으로 계전기가 변압기 Tap 조정에 의한 부동작범위는 다음 식으로 계

산한다.

$$\varepsilon_1 = \frac{\max\ tap - \min\ tap}{2 \times \text{mean tap}} \times 100\% \tag{11.15}$$

### 2) CT 전류비의 부정합률($\varepsilon_2$)

#### (1) 계전기 입력전류

변압기 정격전류에서 변류기1차전류와 변류기 2차전류의 차이가 발생하며 그 크기는 다음과 같이 계산한다.

- 1차측 계전기 입력전류($I_1$) = $I_p$ ÷ 1차측 CT Ratio
- 2차측 계전기 입력전류($I_2$) = $\sqrt{3}\ I_s$ ÷ 2차측 CT Ratio
- 부정합률 = $\frac{I_H - I_L}{I_H} \times 100\ \%$ (H : High, L : Low)

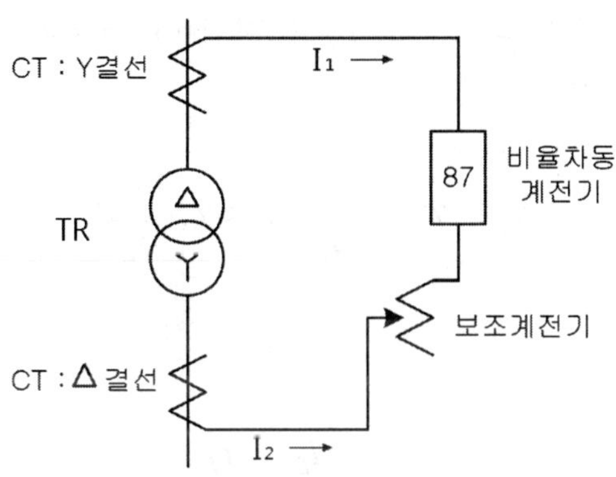


그림 11-32 비율차동계전기의 결선도

#### (2) 보상변류기(CCT) 사용시 부정합률

- CT의 전류 부정합비

  CT의 전류 부정합비는 다음 식으로 계산하여 5%가 초과하면 보상변류기를 사용한다.

$$\text{전류 부정합비} = \frac{I_H - I_L}{I_H} \times 100 \tag{11.16}$$

- CCT Ratio 선정

  일반적으로 전류가 큰 쪽을 보상하여 적은 쪽과 같도록 하므로 전류가 큰 쪽에 보상변류기를 설치하여 보상 Tap을 설정한다.

$$\text{CCT Ratio(n)} = \frac{I_L}{I_H} \times 100 \tag{11.17}$$

- 계전기 입력전류 부정합비

  보상변류기 사용시의 조정된 계전기 입력전류의 부정합비는 다음과 같이 된다.

$$\text{계전기 입력전류 부정합비} = \frac{I_H \times n - I_L}{I_H \times n} \times 100 \tag{11.18}$$

(3) 보조변류기를 내장한 계전기 사용

- CT의 전류부정합비

$$\text{CT 부정합비} = \frac{I_H - I_L}{I_H} \times 100 \tag{11.19}$$

- 전류조정 Tap의 선정

  ㉠ 전류조정탭 : 2.9 - 3.2 - 3.5 - 3.8 - 4.2 - 4.6 - 5.0 - 8.7

  ㉡ 계전기 유입전류가 큰 $I_H$을 최대 Tap $T_2$=8.7에 Setting한다.

  ㉢ $I_L$의 전류조정 Tap 선정

$$T_1 = T_2 \times \frac{I_L}{I_H} = 8.7 \times \frac{I_L}{I_H} \tag{11.20}$$

- Mismatch(부정합)율 계산

$$\text{Mismatch율} = \frac{\frac{I_L}{I_H} - \frac{T_L}{T_H}}{S} \times 100\% \tag{11.21}$$

여기에서,

$I_L$, $I_H$ : 계전기의 입력전류(L : Low, H : High)

$T_L$, $T_H$ : 계전기 전류조정탭 정정값

$S$ : $I_L/I_H$와 $T_L/T_H$ 중 작은 값

(4) Interposing CT 사용

- Interposing CT의 권선비 선정

  1, 2차 권선이 절연되어 있는 Interposing CT 사용하여 전류부정합율이 5% 이내가 되도록 조정한다. 이때 Interposing CT의 권선비 n는 다음과 같이 계산한다. Interposing CT는 1차권선이 Y결선이며, 2차권선이 $\Delta$결선이다.

$$n = \frac{I_L}{I_H} \tag{11.22}$$

- Interposing CT 설치 위치
  이 때 Interposing CT는 큰 전류를 적은 전류로 변환하는 방향으로 설치하는 것을 원칙으로 한다.
- Interposing CT 설치 후 부정합률
  Interposing CT 설치 후 부정합률은 다음과 같이 계산한다.

$$\varepsilon_2 = \frac{I_H \times n - I_L}{I_H \times n} \times 100 \qquad (11.23)$$

### 3) CT 과전류영역에서의 오차($\varepsilon_3$)

- 보호범위 밖의 수전반 모선에서 단락사고가 발생하여 변류기 과부하정수값에 해당하는 고장전류가 흐르면 변류기는 −10%의 오차가 발생한다.
- 이 보호범위 밖의 고장으로 변류기오차에 의한 비율차동계전기는 동작하여서는 안된다.
- 내부고장에 대하여 변류기 오차로 인하여 계전기가 동작하면 안된다.
- 최대 내부고장전류를 변류기 1차전류로 나눈 값이 변류기의 과전류정수값보다 적어야 한다.
- 따라서 CT 오차에 의한 부동작범위는 10%로 한다.

### 4) 계전기의 오차($\varepsilon_4$)

계전기오차는 4～5% 범위에서 선정한다.

### 5) 여유($\varepsilon_5$)

여유는 안전계수로 대체적으로 5～10%의 범위에서 선정한다.

## 8.3 보상변류기 사용시 정정계산

### 1) 변압기 Data

① 변압비 : 22.9 kV/3.3 kV
② 변압기회로 결선 : 22.9 kV측 Δ결선, 3.3 kV측 Δ결선
③ 용 량 : 2,000 kVA

### 2) 변류기 Data

① 1차측(22.9 kV) : 50/5 A, Δ결선
② 2차측(3.3 kV) : 400/5 A, Δ결선

### 3) Relay Data(DFR 87T)

① TYPE : GCR-CD5 (경보전기)
② Tap Range : 35, 50, 75, 100, 125 %

### 4) CALCULATION

| 구 분 | 22.9 kV 측 | 3.3 kV 측 |
|---|---|---|
| 변압기 결선 | $\Delta$ | $\Delta$ |
| 정격1차전류 | $I_p = \frac{2,000}{\sqrt{3} \times 22.9} = 50.4\,\text{A}$ | $I_s = \frac{2,000}{\sqrt{3} \times 3.3} = 349.9\,\text{A}$ |
| CT Ratio | 50/5 | 400/5 |
| 변류기 접속 | Y | Y |
| CT 2차전류 | $i_p = \frac{2,000}{\sqrt{3} \times 22.9} \times \frac{5}{50} = 5.04\,\text{A}$ | $i_s = \frac{2,000}{\sqrt{3} \times 3.3} \times \frac{5}{400} = 4.37\,\text{A}$ |
| CCT의 Turn수 | $T = \frac{i_s}{i_p} \times CCT\text{의 } Turn = \frac{4.37}{5.04} \times 100 = 86.7\%$ | |
| CCT 87% 전류 | 5.04 ×0.87=4.38 A | 4.37 A |

[비고] 일반적으로 전류가 큰 쪽을 보상하여 작은 쪽과 같도록 하므로 변압기 2차측전류($i_s$)를 기준으로 하여 보상 Tap를 결정한다.

### 5) 비율 Tap의 선정

① CT 부정합률

$$\text{CT 부정합률} = \frac{4.38 - 4.37}{4.38} \times 100 = 0.228\%$$

② 변류비 오차 : 10 %

③ 계전기 오차 : 5 %

④ 여유율 : 10 %

오차 합계가 25.228 %이므로 비율탭 정정은 35% Tap으로 선정한다.

## 8.4 보조변류기를 내장한 비율차동계전기의 정정계산

### 1) 변압기 Data

- 용량 : 40,000 kVA
- 정격 1차전압 : 154 kV
- 정격 2차전압 : 22.9 kV
- Tap Change : ±10 %
- 결선방식 : $\Delta$-Y

### 2) CT Data

- 1차 CT Ratio 200/5 A Y 접속
- 2차 CT Ratio 1200/5 A $\Delta$ 접속

### 3) RELAY DATA(보조변류기 내장형)

- 제조사 및 TYPE : 경보전기, GCPF-2SCD8

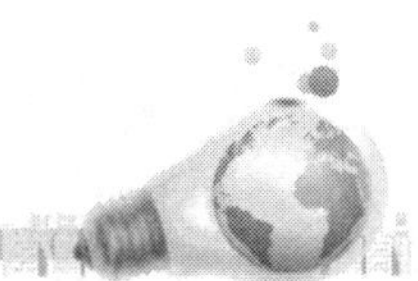

- 전류조정 Tap : 2.9 - 3.2 - 3.5 - 3.8 - 4.2 - 4.6 - 5.0 - 8.7
- 비율특성조정 Tap : 20 - 40 - 70 %
- 순시요소 : Tap 전류의 1000~1500 %

### 4) CALCULATION

| 구 분 | 154 kV 측 | 22.9 kV 측 |
|---|---|---|
| CT Ratio | 200/5 | 1,200/5 |
| 변류기 접속 | Y | Δ |
| TR 정격전류 | $I_{n1}=\dfrac{40,000}{\sqrt{3}\times 154}=150\,\text{A}$ | $I_{n2}=\dfrac{40,000}{\sqrt{3}\times 22.9}=1,008.5\,\text{A}$ |
| CT 2차전류 | $i_p=150\div\dfrac{200}{5}=3.75\,\text{A}$ | $i_s=1008.5\div\dfrac{1,200}{5}=4.2\,\text{A}$ |
| 계전기 유입전류 | $I_1=i_p=3.75\,\text{A}$ | $I_2=\sqrt{3}\times 4.2=7.274\,\text{A}$ |

### 5) 전류조정 Tap의 선정

- 계전기 유입전류가 큰 $I_2$을 최대 Tap $T_L$=8.7에 Setting한다.
- $I_1$의 Tap 선정

$$T_L=T_H\times\frac{I_L}{I_H}=8.7\times\frac{3.75}{7.28}=4.48$$

따라서, 4.48에 가장 가까운 4.6에 Setting한다.

### 6) Mismatch(부정합)률 계산

$$\text{Mismatch 률}=\frac{\dfrac{I_L}{I_H}-\dfrac{T_L}{T_H}}{S}\times 100=\frac{\dfrac{3.75}{7.28}-\dfrac{4.6}{8.7}}{0.5151}\times 100=\frac{0.5151-0.5287}{0.5151}\times 100=2.6\%$$

### 7) 비율특성조정(Slope 조정)

① CT 오차 : 10 %
② TR Tap Change : 10 %
③ Mismatch률 : 2.6 %
④ 계전기 오차 : 5 %
⑤ 여유오차 : 5 %
오차 합계가 32.6 %이므로 Slop Tap은 40 %로 정정한다.

### 8) 순시요소 Tap의 선정

전력용 변압기의 여자돌입전류에 오동작 하지 않도록 여자돌입전류의 120% 이상의 값에 정정한다.

$$\text{순시 Tap} = \frac{40,000}{\sqrt{3}\times 154}\times 12\times 1.2 \div (200/5) \div 4.6 = 11.73\,\text{pu}$$

Set = 12.0

## 8.5 Interposing CT 사용시 정정계산

### 1) 변압기 Data

- 용량 : 30,000 kVA
- 정격 1차전압 : 154 kV
- 정격 2차전압 : 22.9 kV
- Tap Change : ±10 %
- 결선방식 : $\Delta$−Y

### 2) CT Data

- 1차 BCT C200 300/5 A
- 2차 BCT C200 1500/5 A

### 3) 비율특성 정정

① 변압기 Tap Changer의 전압조정($\varepsilon_1$)

$$\varepsilon_1 = \frac{\max\ tap - \min\ tap}{2\times mean\ tap}\times 100$$

$$= \frac{154\times 1.1 - 154\times 0.9}{2\times 154}\times 100 = 10\%$$

② Interposing CT 사용시 전류비 부정합률($\varepsilon_2$)

- TR1차측 CT 2차전류($I_1$) = $\dfrac{30,000}{\sqrt{3}\times 154}\times\dfrac{5}{150} = 3.749\,\text{A}$
- TR2차측 CT 2차전류($I_2$) = $\dfrac{30,000}{\sqrt{3}\times 22.9}\times\dfrac{5}{1500} = 2.521\,\text{A}$
- Interposing CT의 권선비

  Interposing CT는 1차를 Y결선으로 하고, 2차를 $\Delta$결선으로 하여야 하므로 다음과 같이 계산한다.

$$n = \frac{I_L}{I_H} = \frac{3.749}{\sqrt{3}\times 2.521} = 0.8586$$

권선비 $n$은 0.86으로 결선한다.

- 전류부정합률

$$\varepsilon_2 = \frac{I_H \times n - I_L}{I_H \times n} \times 100$$

$$= \frac{\sqrt{3} \times 2.521 \times 0.86 - 3.749}{\sqrt{3} \times 2.521 \times 0.86} \times 100 = 0.159\%$$

③ CT 과전류 영역에서의 오차($\varepsilon_3$)

$$\varepsilon_3 = 10\%$$

④ 여유율($\varepsilon_4$)

$$\varepsilon_4 = 10\%$$

⑤ 정정비율

$\Sigma\varepsilon$ = 10% + 0.159 + 10 + 10 = 30.159

Set = 31%

## 8.6 디지털 비율차동계전기

### 1) Slope1(비율특성)의 정정

Slope1의 정정은 다음의 오차를 고려하여 불필요한 오동작을 하지 않도록 정정한다. CT 전류비 부정합에 의한 오차 및 위상보정을 위한 보상회로가 내장되어 있어 별도의 Interposing CT 등이 필요 없다.

① CT 과전류 영역에서의 오차 : 10%

② 변압기 Tap 조정에 의한 오차 : 10~15%

③ 계전기오차 : 4.0~5.0%

④ 여유 : 5.0~10.0%

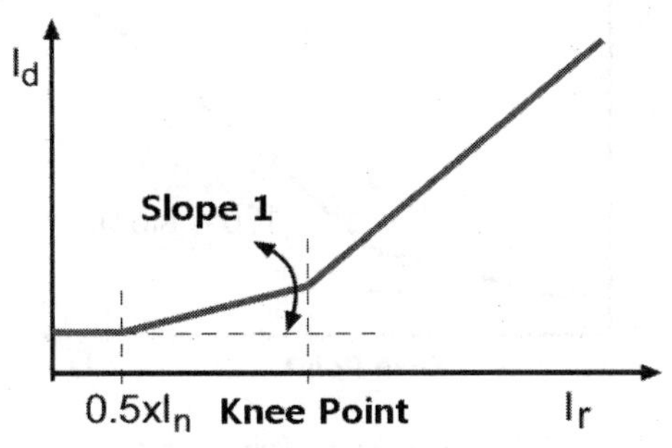


그림 11-33 Slope1의 Setting

### 2) 최소동작전류

최소동작전류는 다음 식으로 계산하여 정정한다.

$$I_{pick\ up} = (0.5 \times slope1 + P) \times I_n \quad (11.24)$$

여기에서,

$I_n$ : 변류기 2차 정격전류[A]

$P$ : 변압기의 무부하손($I_n$의 10%)

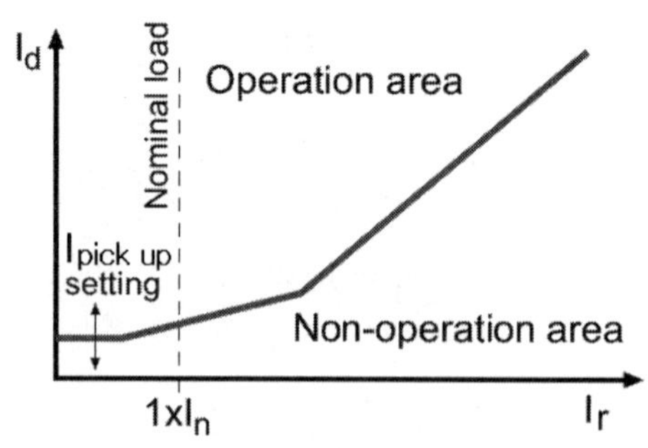


그림 11-34 최소동작전류 Setting

### 3) Knee Point Setting

① 높은 전류영역과 낮은 전류영역의 경계점에 해당한다.

② Knee Point 값이 적을수록 부동작영역이 커지고, 반대로 Knee Point 값이 클수록 부동작영역이 적어져 보호측면에서 안정적인 것을 의미한다.

③ CT의 특성이 양호한 경우에는 높은 Knee Point 값을 선정해도 되지만 CT특성이 좋지 않을 경우에는 CT오차를 고려하여 낮은 Knee Point 값을 선정하여야 한다.

④ 높은 전류영역에서 CT의 오차가 증가하므로 CT 과전류정수값의 60~80%에 정정하는 것이 바람직하다.

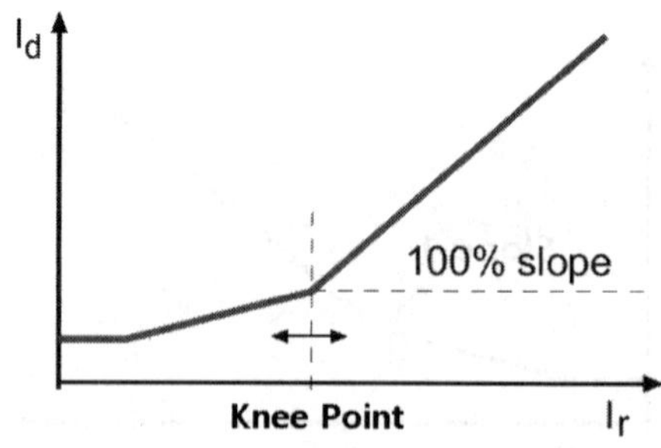


그림 11-35 Knee Point Setting

### 4) Slope 2의 Setting

① 대전류영역에서는 유입전류가 차전류가 되며, 그 크기는 100%~200%가 된다.

② Slope 2의 Setting은 TR 내부에서 발생 가능한 최대고장전류를 상정하여 다음 식으로 계산한다.

$$Slope2 = \frac{I_{diff}}{I_r} \times 100 = \frac{I_1 + I_2}{(I_1 + I_2)/2} \times 100 \qquad (11.24)$$

### 5) 제2고조파 Blocking

① 변압기 무부하투입시 제2고조파 성분이 함유된 여자돌입전류가 흐르며, 정격여자전류의 수배 또는 수십배가 되고 이것은 변압기의 1차측에만 흐르므로 오동작할 수 있는 원인이 된다.

② 일반적으로 여자돌입전류의 제2고조파 함유율이 15~20%이상이 되면 오동작의 원인이 되므로 고조파 함유율이 15% 이상이 되지 않도록 15%에 Blocking 되도록 정정한다.

### 6) 제5고조파 Blocking

① 계통전압이 급격하게 증가하면 여자전류가 증가하고, 여자전류에 비례하여 제5고조파전류가 증가한다.

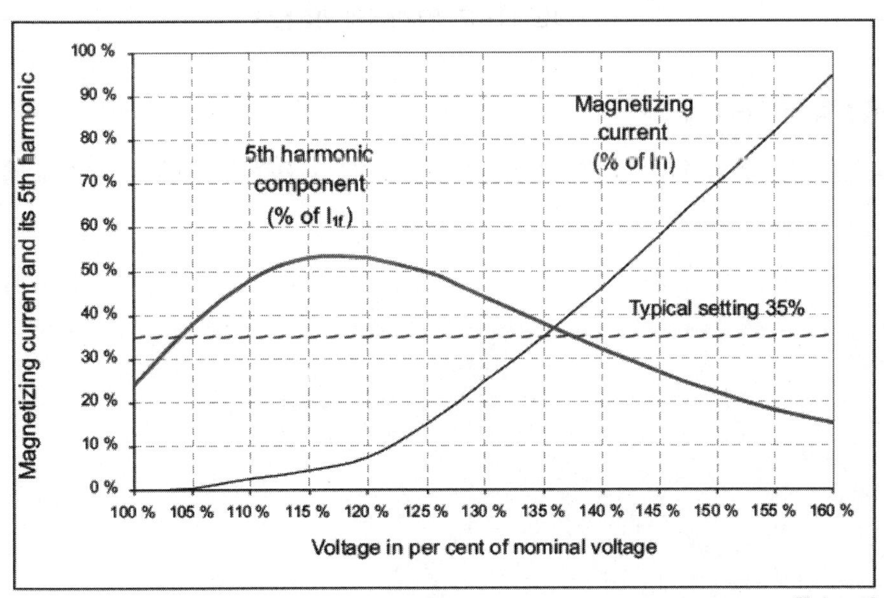


*Magnetizing current and its 5th harmonic component in the windings of an overexcited power transformer.*

**그림 11-36 계통전압 증가에 따른 변압기의 5고조파 발생**

② 제5고조파의 의한 오동작을 방지하기 위하여 일반적으로 35%에 정정하지만 변압기 제조자가 이 값을 제시하여야 한다.

③ 전압이 상승될 때의 고조파성분의 변화는 변압기의 제조자가 제공하는 자화특성을 알아야 하며,

포화정도에 따른 고조파성분 전류는 변압기 설계에 달려있다. 만약 자화특성을 알고 있거나 또는 전압이 증가되는 동안 전류파형이 기록되어 고조파성분이 분석되었다면 설정값을 정정할 수 있다.

④ 일반적으로 변압기의 자화특성은 알지 못하므로 제5고조파 Blocking는 사용하지 않는 것으로 설정한다.

### 7) 영상전류검출요소 제거

변압기 결선이 Y접속이고 중성점을 계통접지로 하면 보호범위 밖의 지락고장전류에 의한 오동작의 우려가 있다. 이를 방지하기 위하여 영상전류 검출요소를 제거할 필요가 있는 경우에는 Setting 값을 OFF로 한고, 변압기 1, 2차권선을 계통접지 하지 않을 경우에는 ON으로 한다.

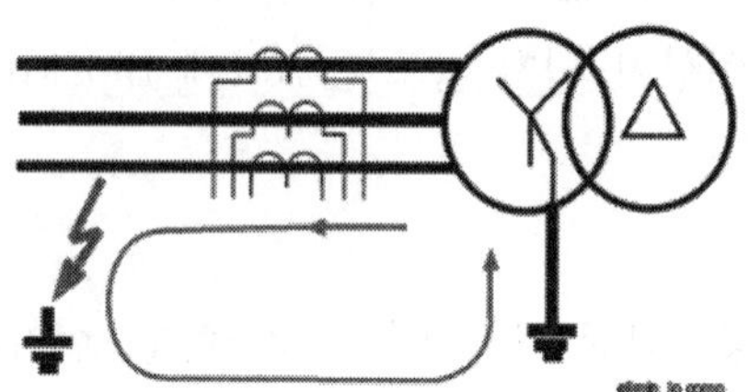

그림 11-37 접지계통의 영상전류

### 8) 순시차동전류의 Setting

전력용 변압기의 여자돌입전류에 오동작하지 않도록 여자돌입전류의 120% 이상의 값에 정정한다.

## 9 Power Tools에 의한 보호협조 검토

### 9.1 보호장치 데이터 입력하기

그림 11-28의 보호장치 계통도에서 각각의 보호장치에 대한 정정값을 입력한다.

#### 1) PD-0001 데이터 입력

① 'Component Editor' 창을 열어 'PD-0001'의 데이터를 입력하기 위하여 그림 11-38에서 'Library' 버튼을 클릭한다.

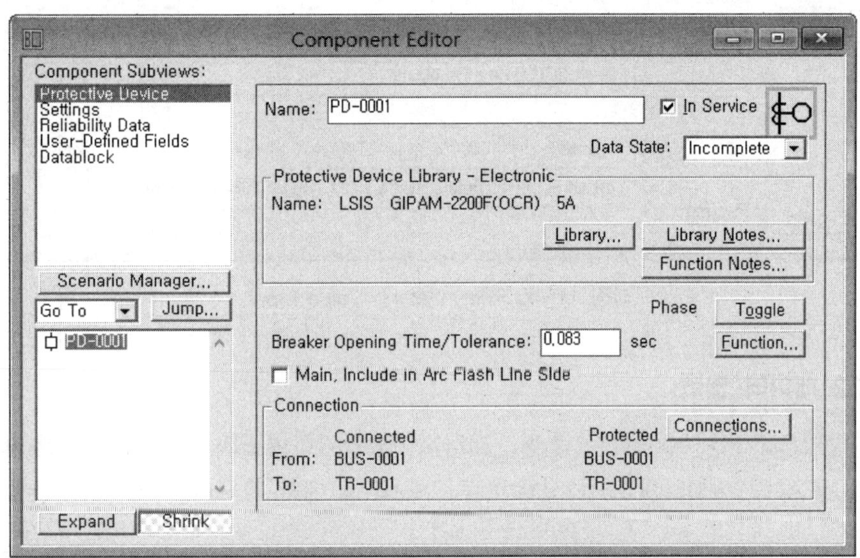


그림 11-38 PD-0001 Data 입력

② 그림 11-39와 같이 Electronic Relay에서 LS산전 GIPAM-2200F(OCR)을 선택한다.

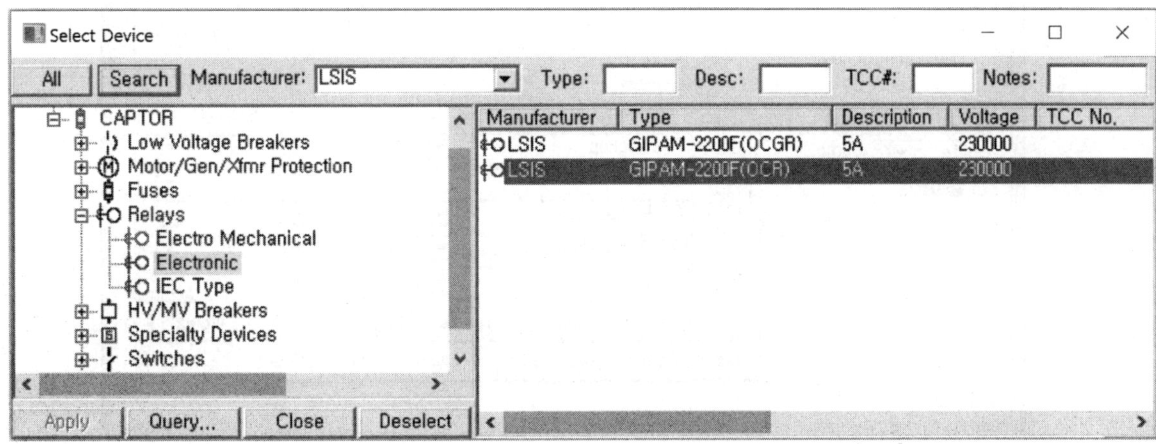


그림 11-39 PD-0001의 Library 선택

③ 그림 11-40과 같이 Setting에서 PD-0001의 Setting 값을 입력한다.

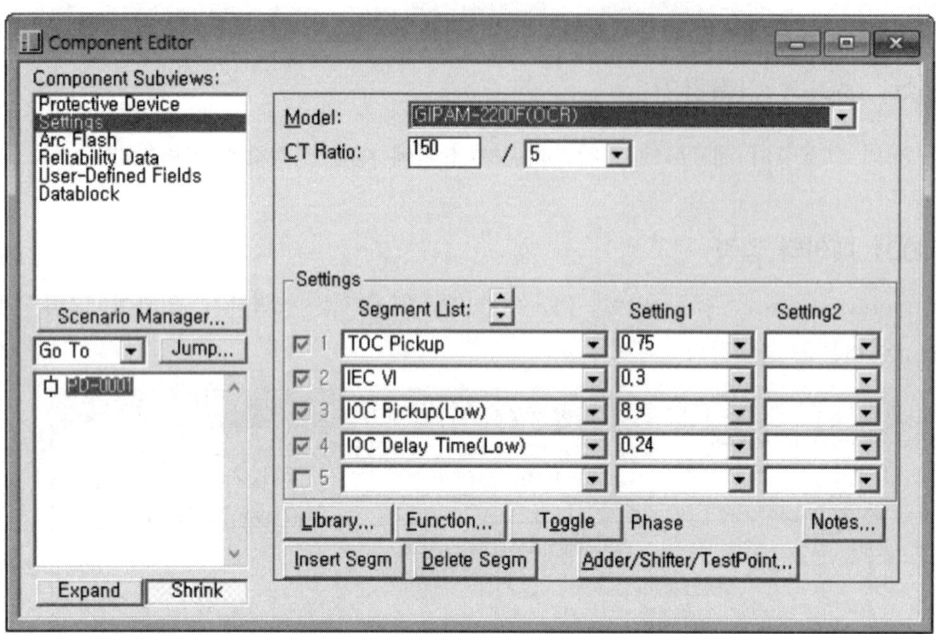

그림 11-40 Relay Setting Value Input

## 2) PD-0002 데이터 입력

① 같은 방법으로 PD-0002를 선택하고 Library를 클릭하여 PD-0001과 동일한 보호계전기 LS 산전 GIPAM-2200F(OCR)를 선택한 후 "Setting"에서 PD-0002의 Setting값을 입력한다.

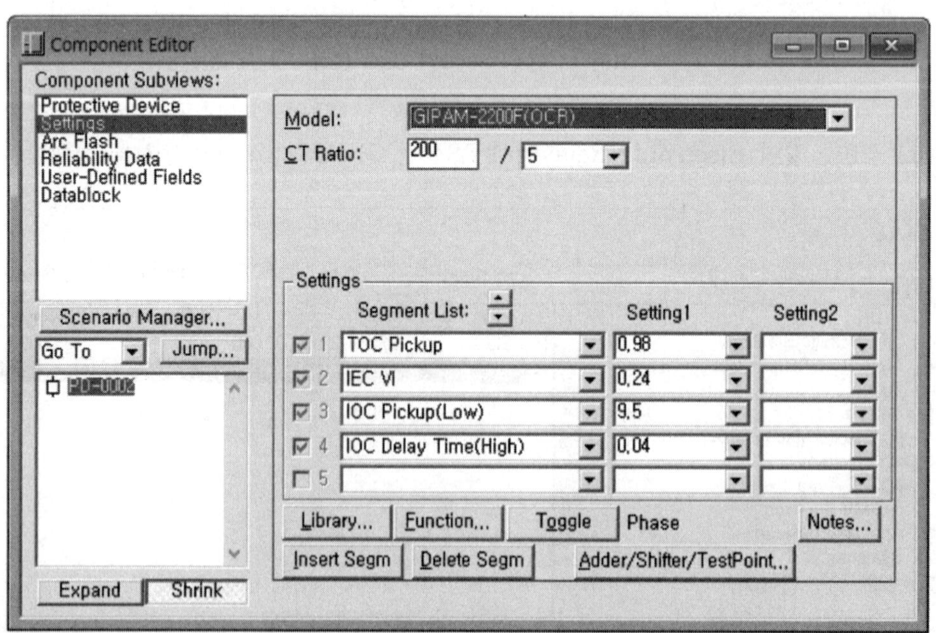

그림 11-41 PD-0002 Setting 값 입력

### 3) PD-0005 데이터 입력

① 같은 방법으로 PD-0005를 선택하고 그림 11-42와 같이 Library를 클릭하여 'LSIS-Susol AH-E(N Type)를 선택한다.

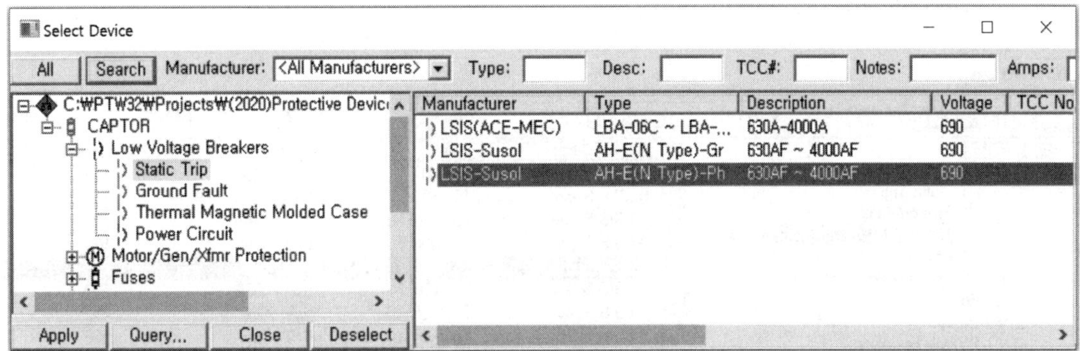


그림 11-42 ACB Library

② 그림 11-43의 'Settings'에서 'Frame=4,000A', 'Sensor=4,000'을 선택한다.

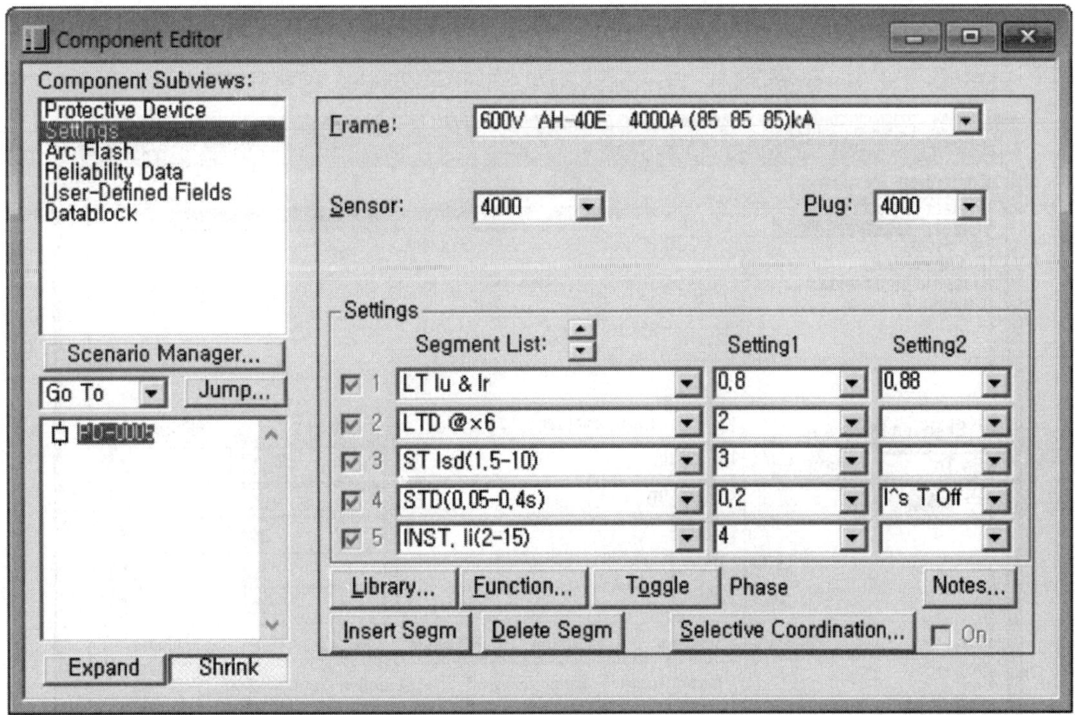


그림 11-43 ACB Setting

#### 4) PD-0006 데이터 입력

① PD-0006의 Library 선택

'PD-0006'의 'Component Editor'를 열어 그림 11-44과 같이 Library를 이용하여 'LSIS TS 630(FTU)'를 선택한다.

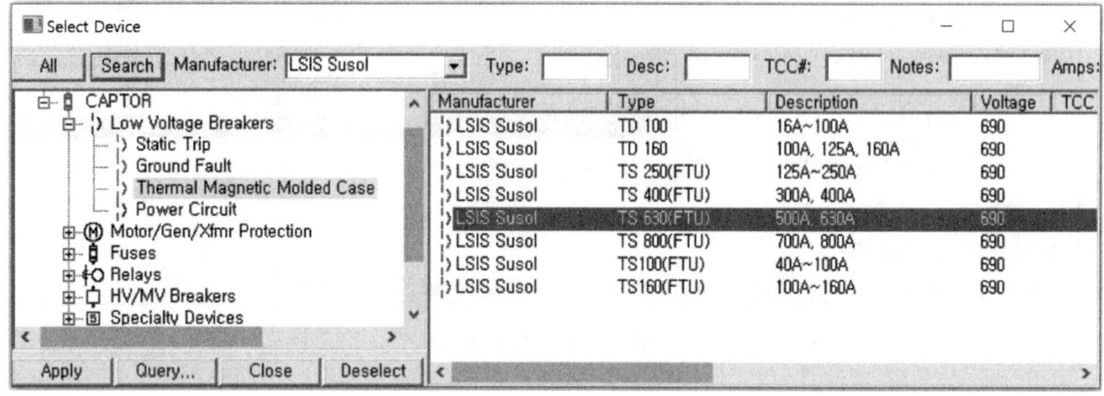

그림 11-44 MCCB Library

② PD-0006의 Setting 값 입력

PD-0006의 'Settings'에서 'Frame=630A', 'Trip=630A'를 선택한다.

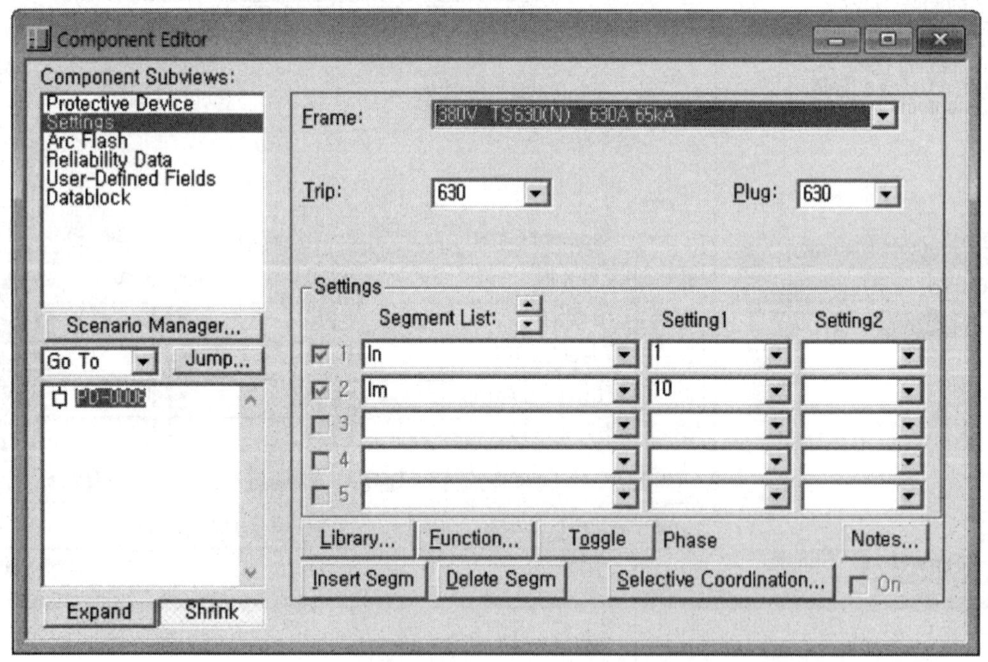

그림 11-45 MCCB의 Setting

## 5) PD-0007 데이터 입력

① PD-0007의 Library 선택

'PD-0007'의 'Component Editor'를 선택하고 그림 11-46와 같이 Library를 이용하여 'LSIS TS100(FTU)'을 선택한다.

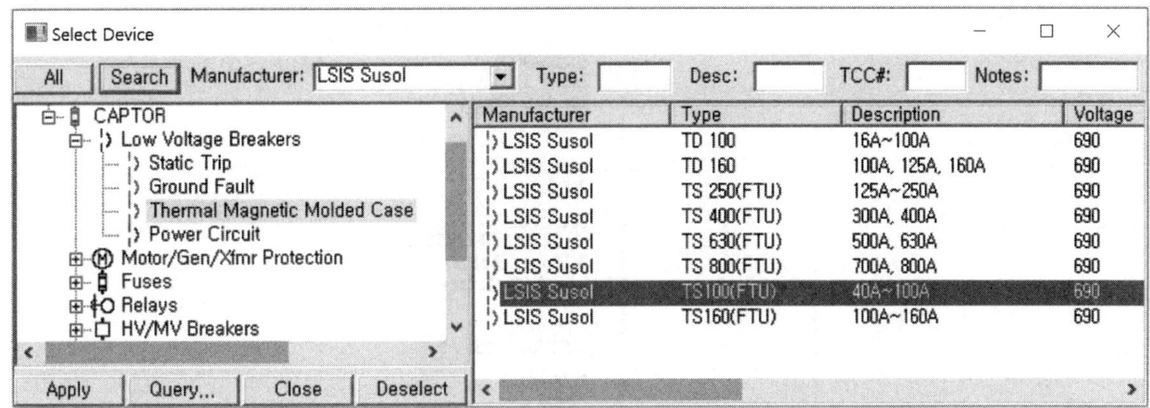


그림 11-46 MCCB Library

② PD-0007의 Setting값 입력

PD-0007의 'Settings'에서 'Frame=100A', 'Trip=80을 선택한다.

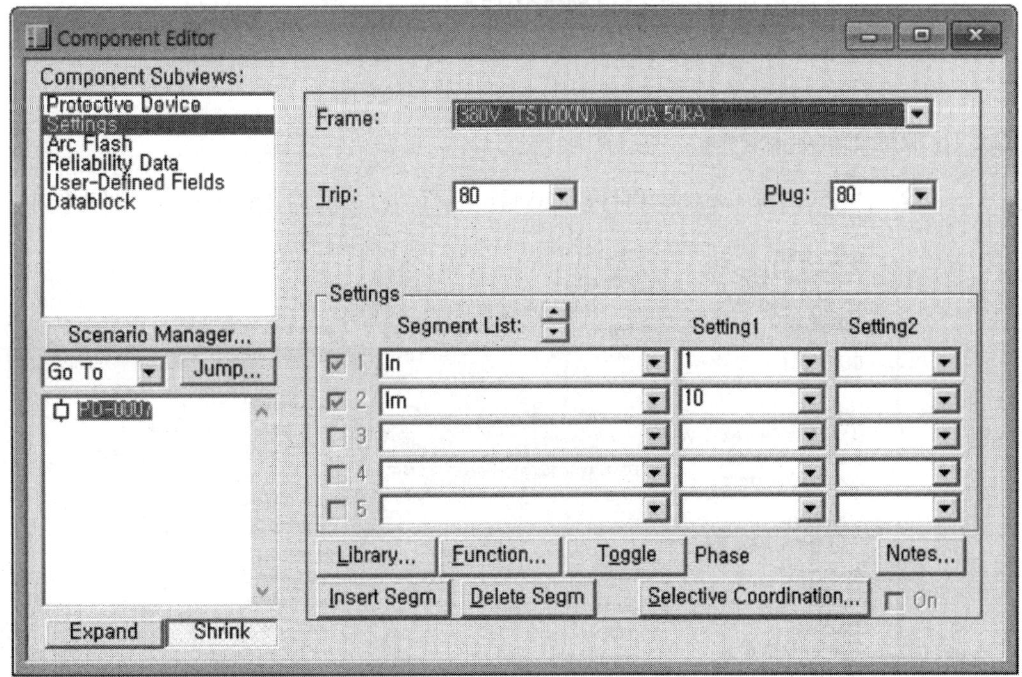


그림 11-47 MCCB의 Setting

## 9.2 보호장치간 보호협조 검토

### 1) 수전설비 보호

#### (1) 보호협조 영역 설정

보호협조를 검토하기 위하여 그림 11-48과 같이 1차 변압기 및 보호장치를 검토 영역으로 설정한다.

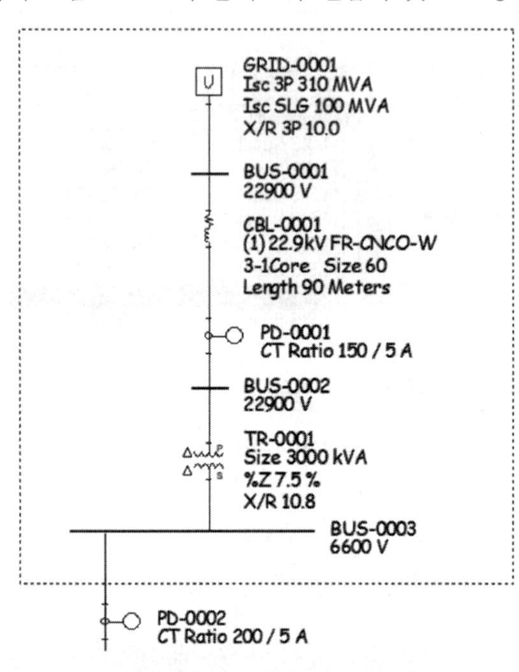


그림 11-48 보호협조 영역 설정

#### (2) Go To TCC Drawing 선택

그림 11-49와 같이 마우스 오른쪽 버튼을 선택한 후 'Go To TCC Drawing'을 선택한다.

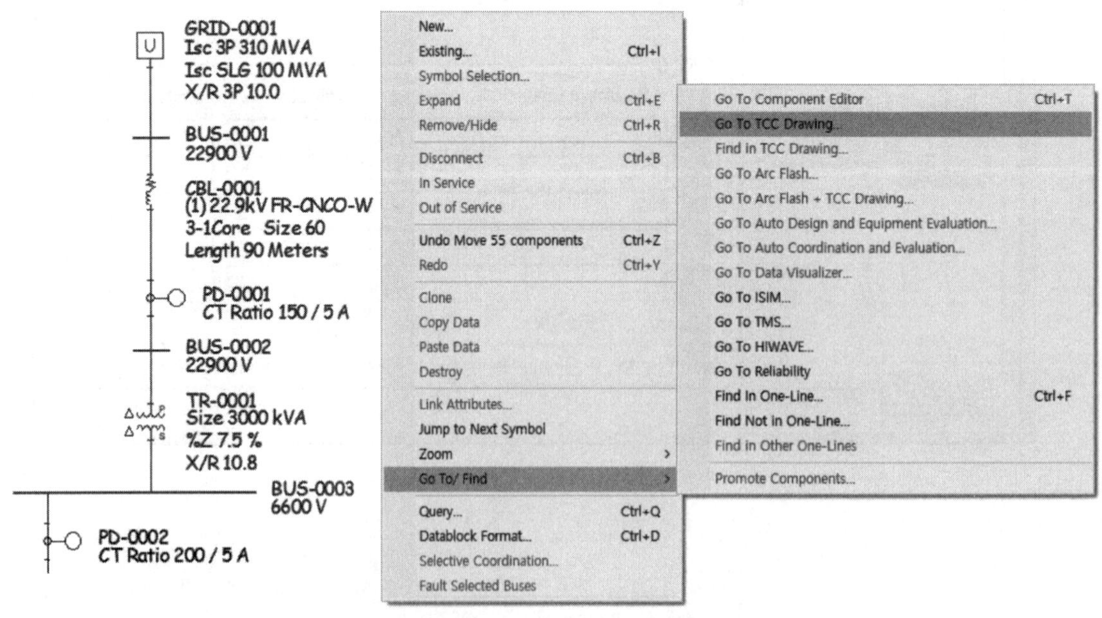


그림 11-49 GO TO TCC Drawing 선택

(3) TCC Name 생성

그림 11-50의 창이 나타나면 "TCC-01"이라고 입력한 후 'New' 버튼을 클릭한다.

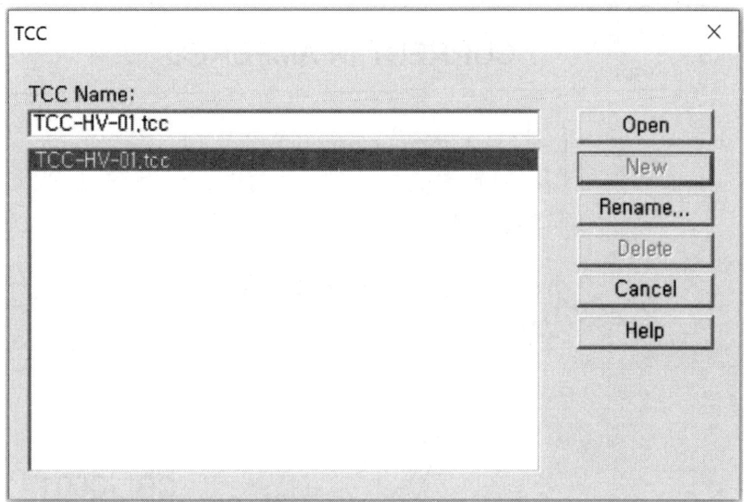


그림 11-50 TCC-HV-01 Name 생성

(4) TCC 생성

그림 11-51와 같이 수전설비의 보호협조 TCC 창이 나타날 것이다.

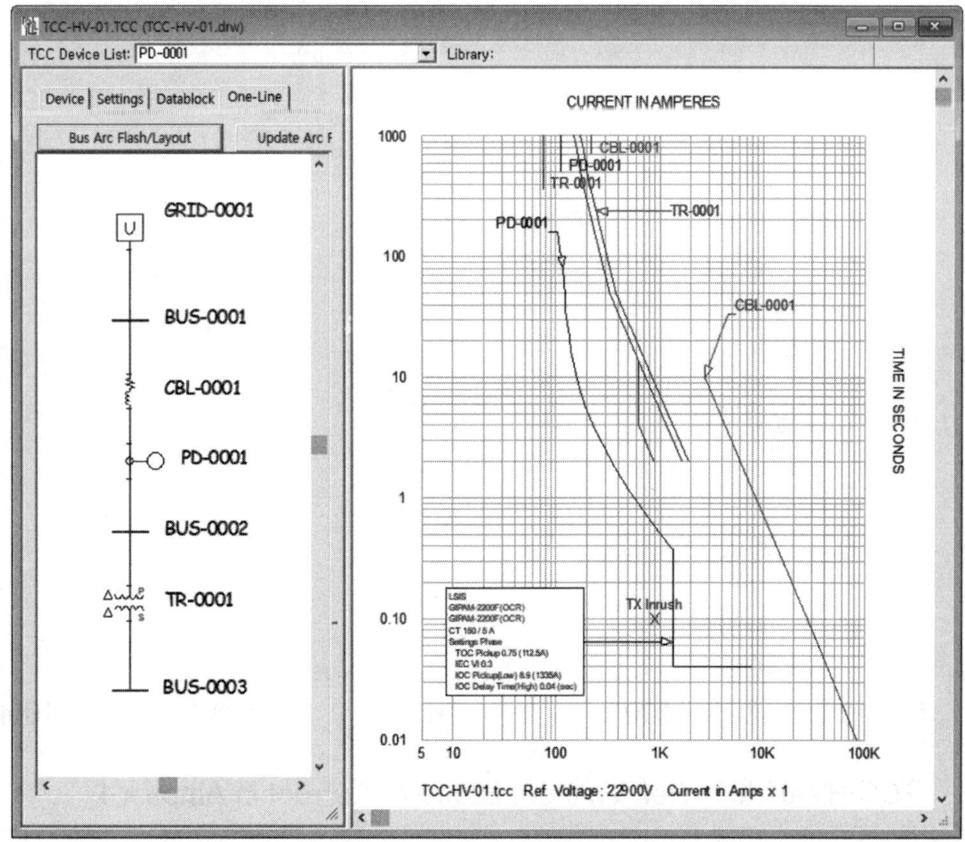


그림 11-51 TCC 생성

(5) TCC-HV-01의 Time Coordination Curve

1차 변압기의 단시간 과전류보호 특성과 변압기의 보호장치 PD-0001의 보호협조 특성곡선이다.

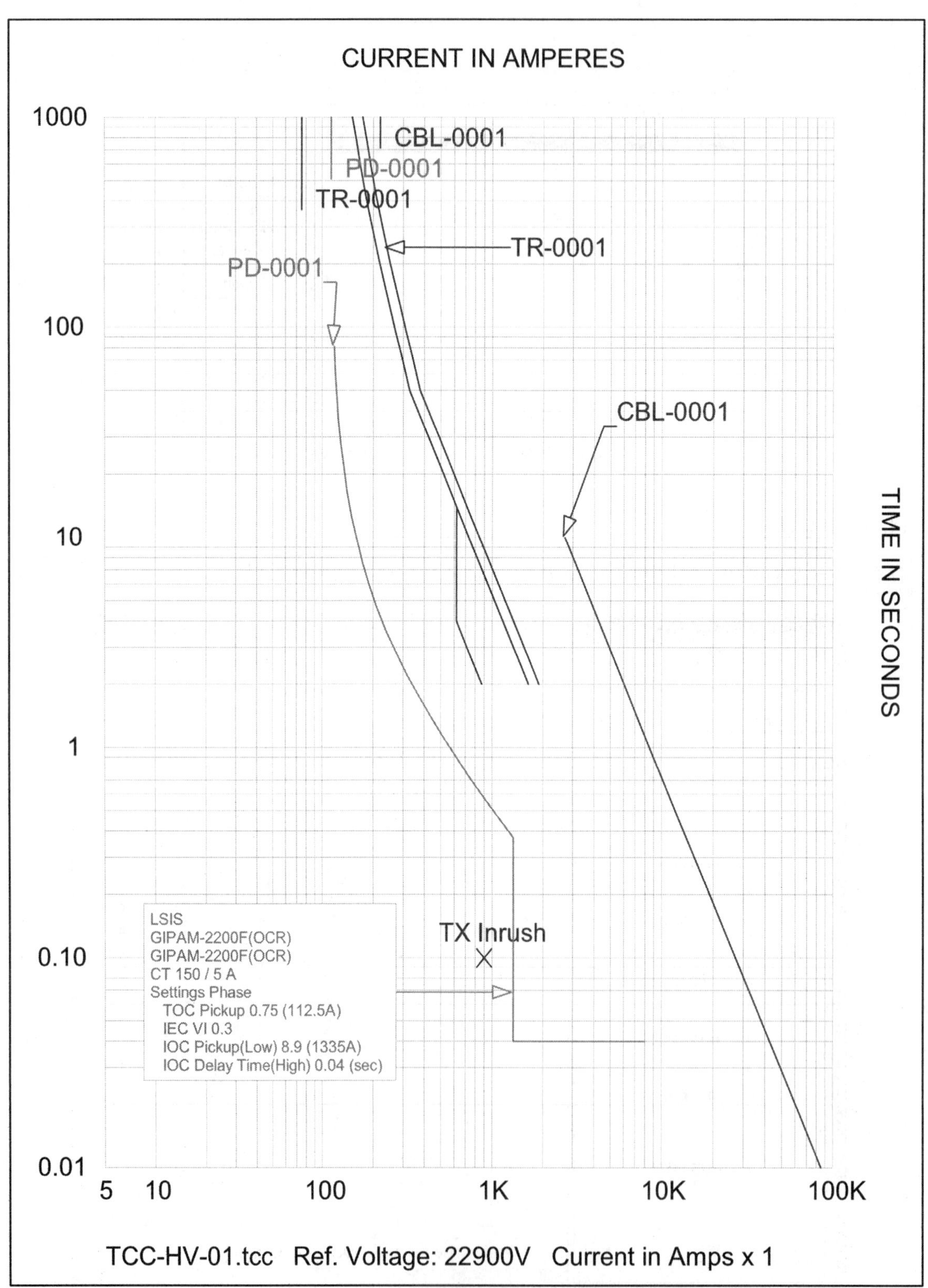


그림 11-52 TCC-HV-01의 전류-시간 특성 곡선

## 2) 2차 변압기 보호

### (1) 보호협조 영역 설정

보호협조를 검토하기 위하여 그림 11-53과 같이 PD-0002의 보호영역을 검토구역으로 설정한다.

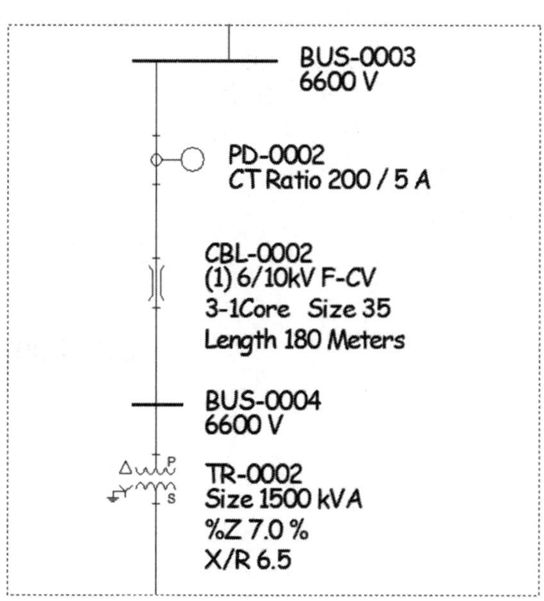


그림 11-53 보호협조 영역 설정

### (2) Go To TCC Drawing 선택

그림 11-54과 같이 마우스 오른쪽 버튼을 선택한 후 'Go To TCC Drawing'을 선택한다.

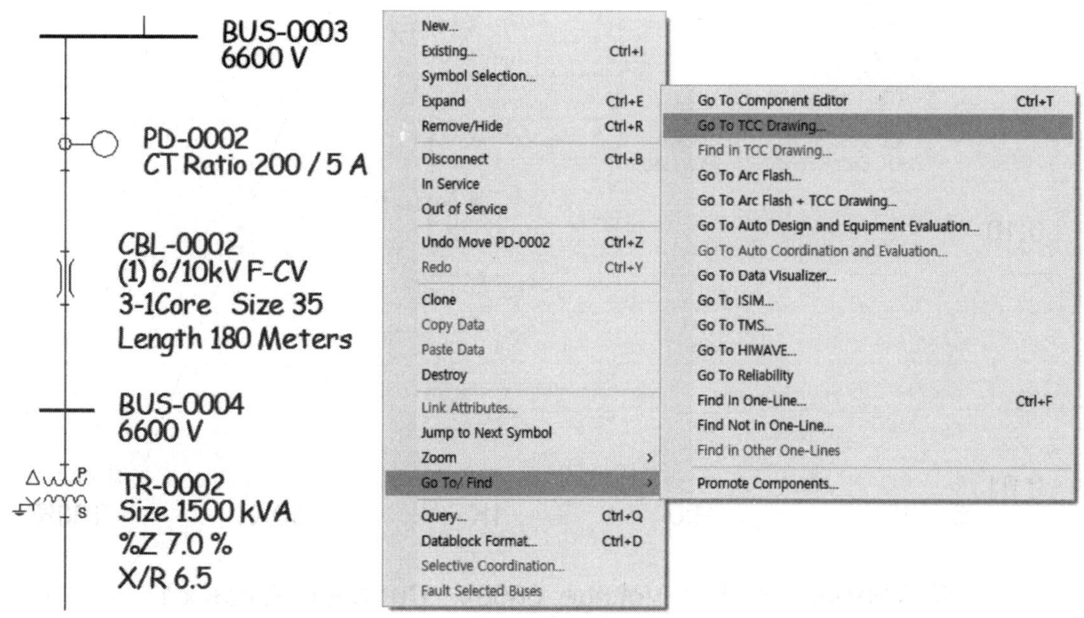


그림 11-54 GO TO TCC Drawing 선택

(3) TCC–02의 Time Coordination Curve

변압기 TR–0002의 단시간 과전류보호 특성과 보호장치 PD–0002의 보호협조 특성곡선이다.

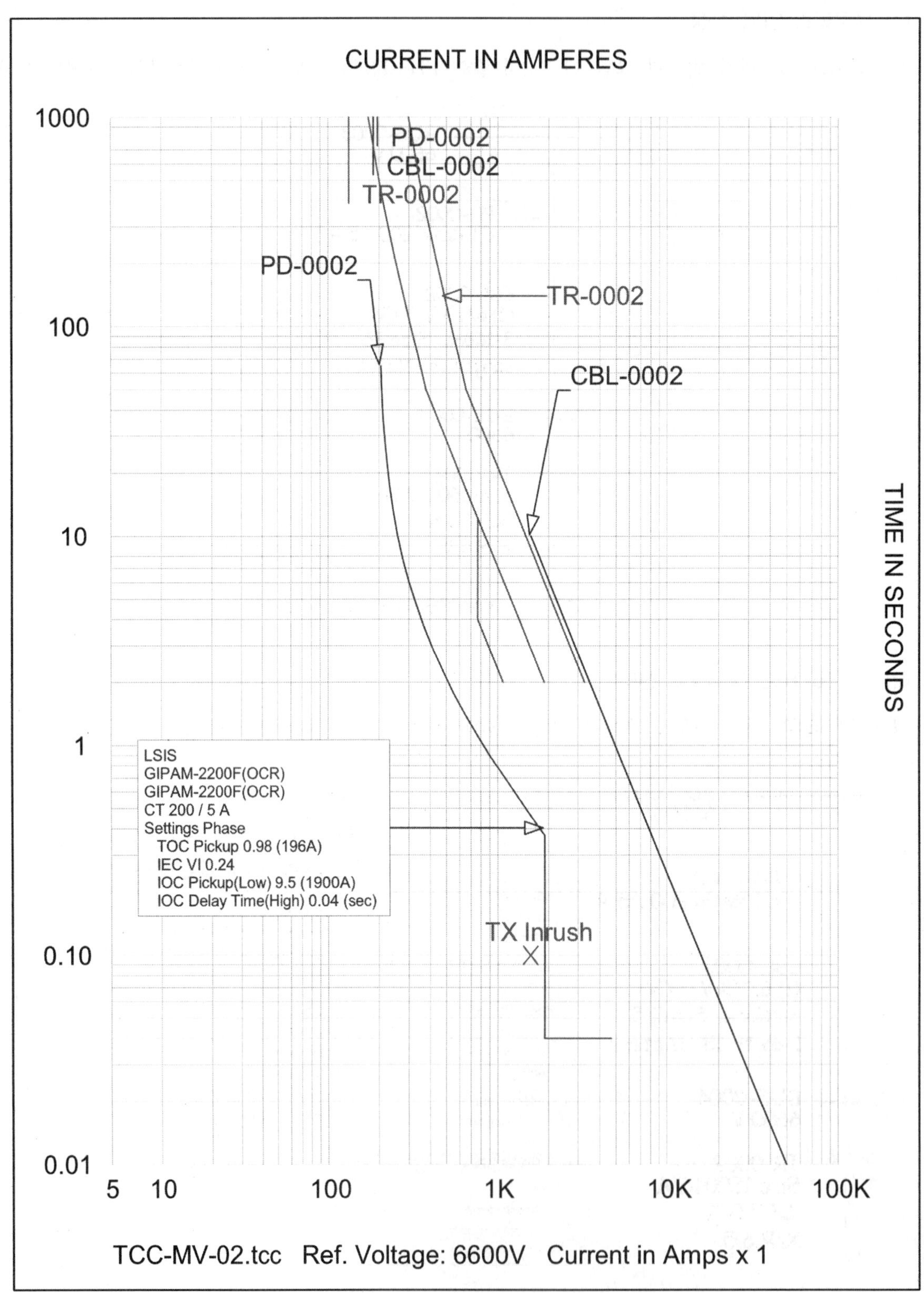


그림 11–55 TCC–MV–01의 전류–시간 특성 곡선

### 3) 저압 배선설비 보호

(1) 보호협조 영역 설정

보호협조를 검토하기 위하여 그림 11-56와 같이 저압측을 영역으로 잡는다.

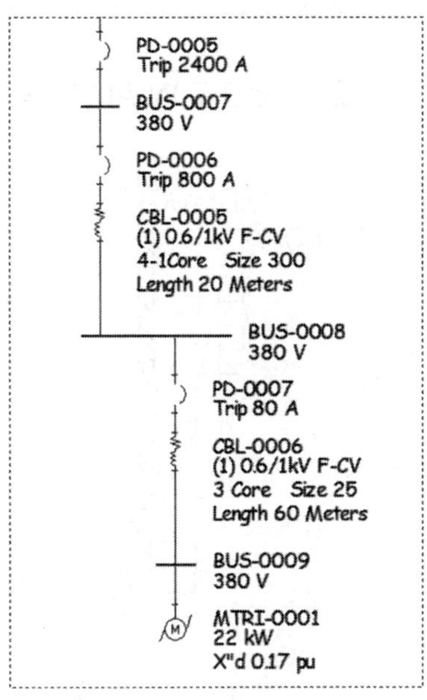


그림 11-56 검토 영역 설정

(2) Go To TCC Drawing 선택

그림 11-57과 같이 마우스 오른쪽 버튼을 선택한 후 'Go To TCC Drawing'을 선택한다.

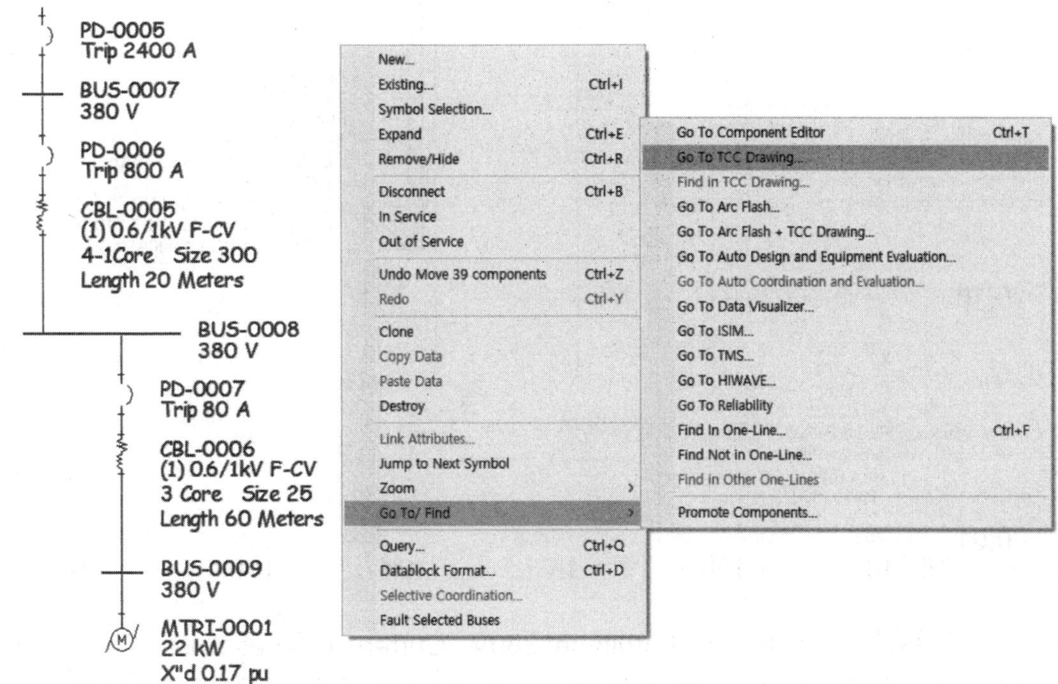


그림 11-57 GO TO TCC Drawing 선택

(3) TCC-LV-03의 Time Coordination Curve

케이블 CBL-005와 보호장치 PD-0006, 케이블 CBL-0006와 보호장치 PD-0007의 보호협조 특성 곡선을 나타낸다.

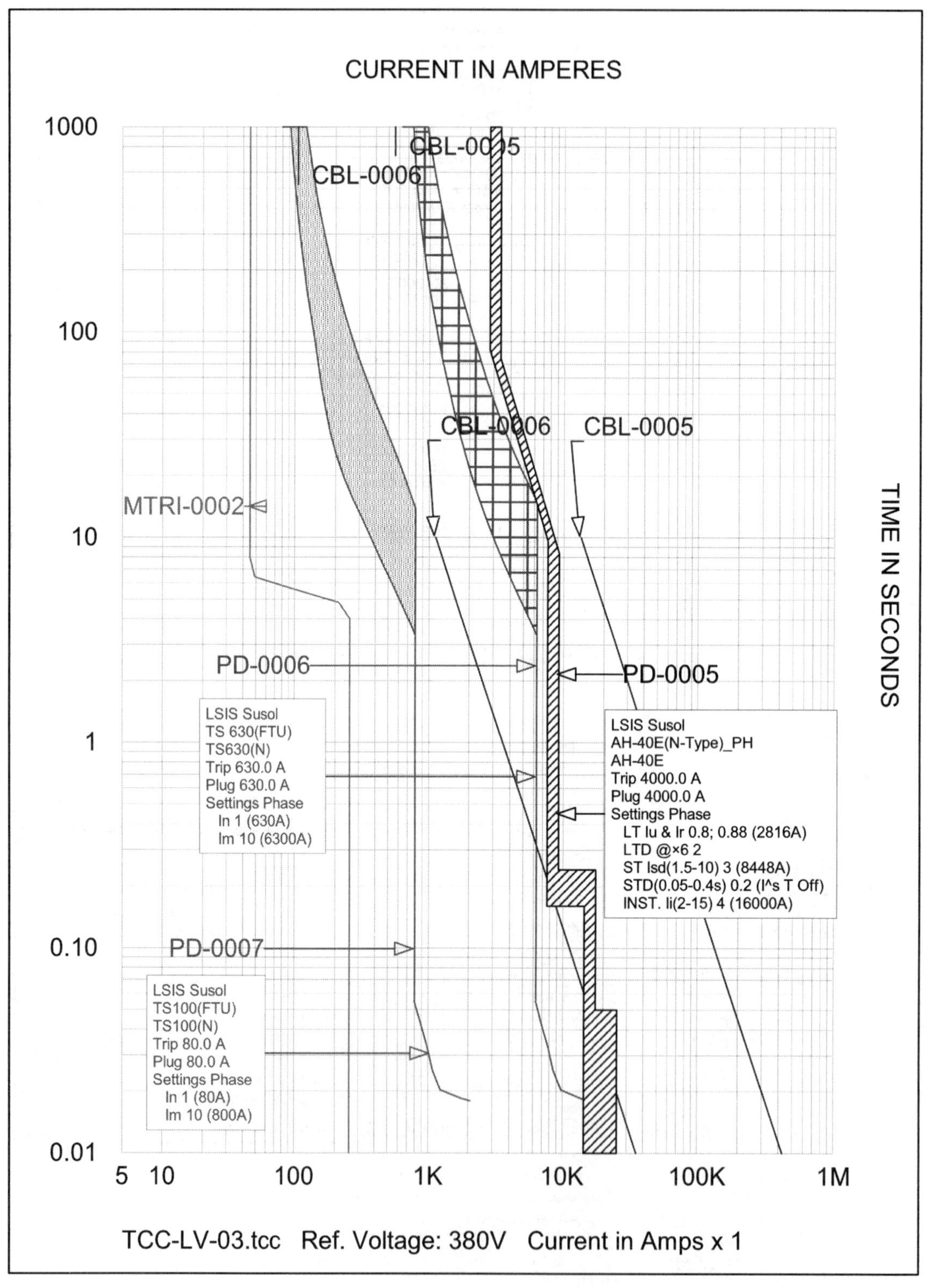


그림 11-58 TCC-LV-01의 전류-시간 특성 곡선

### 4) 전체 계통의 보호협조 특성 곡선

1차변압기, 2차변압기 및 저압측 전계통의 보호협조 특성곡선을 나타낸다.

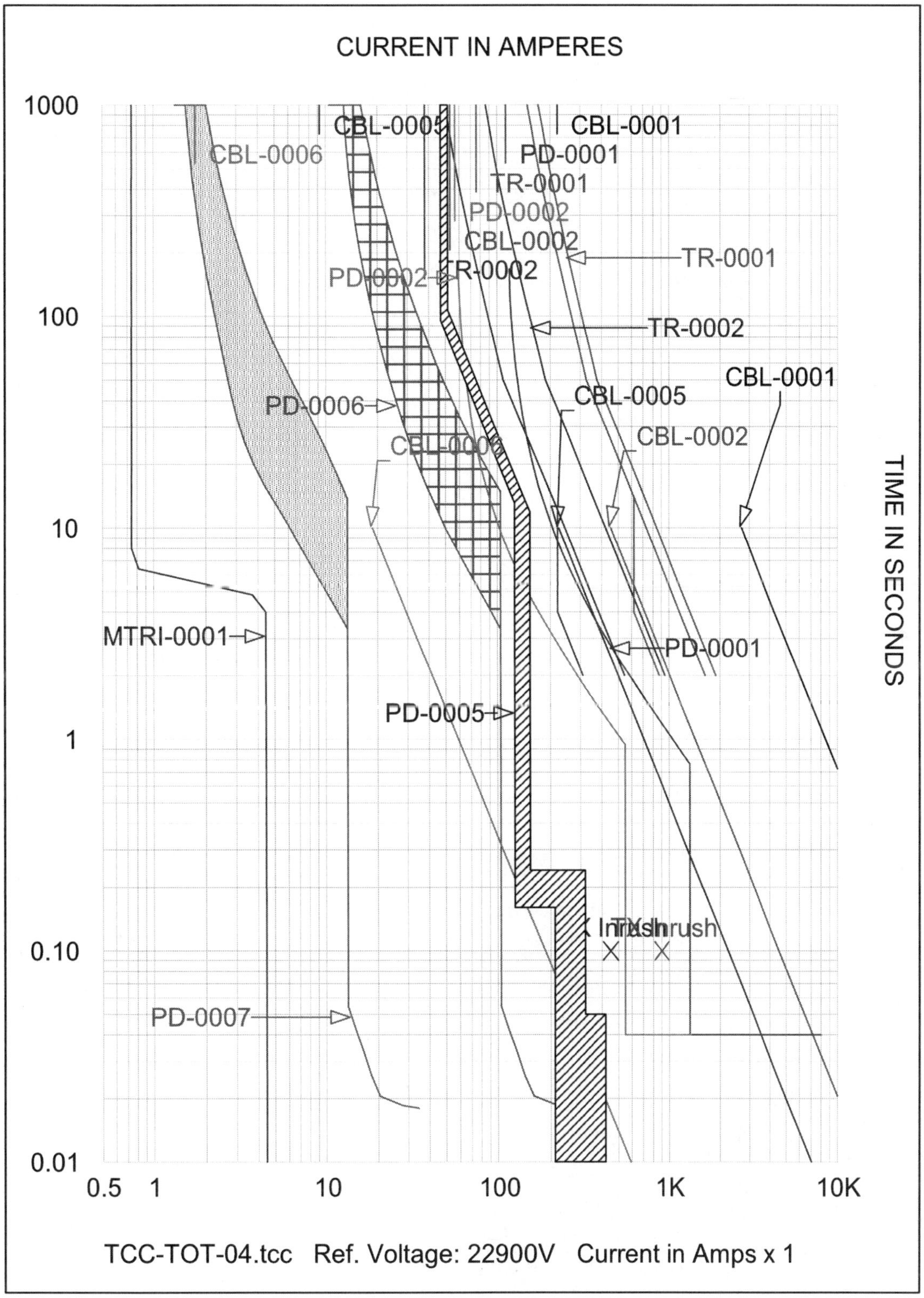

CURRENT IN AMPERES

1000
100
10
1
0.10
0.01

CBL-0005
CBL-0001
CBL-0006
PD-0001
TR-0001
PD-0002
CBL-0002
TR-0001
PD-0002
TR-0002
TR-0002
CBL-0001
CBL-0005
PD-0006
CBL-0002
CBL-0006
TIME IN SECONDS
MTRI-0001
PD-0001
PD-0005
TX Inrush
PD-0007

0.5 1 10 100 1K 10K

TCC-TOT-04.tcc Ref. Voltage: 22900V Current in Amps x 1

그림 11-59 TCC-TOT-04.tcc의 전류-시간 특성 곡선

# 12장 | Low Voltage Overcurrent Protection

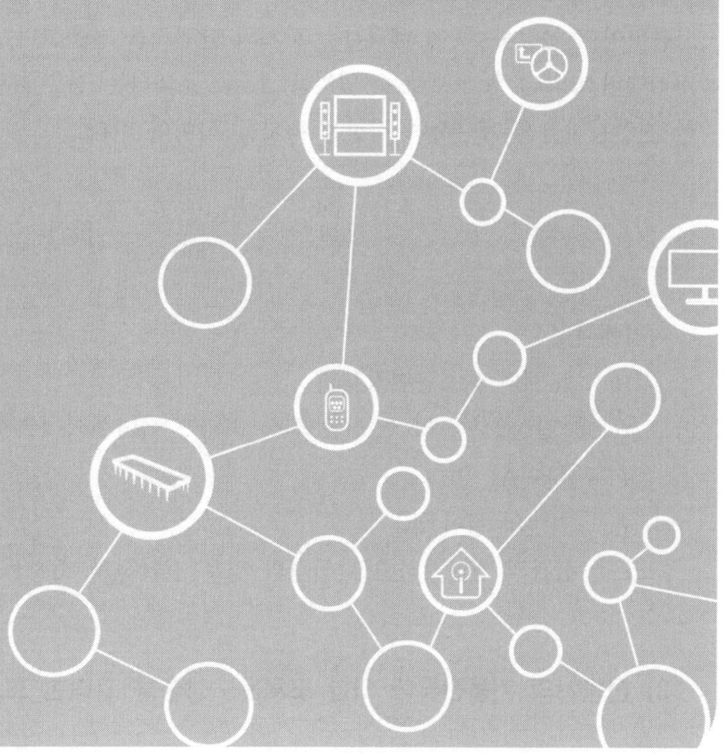

# 1 분기회로 도체 단면적 및 과전류차단기의 선정

## 1.1 분기회로의 설계전류($I_B$) 산출

1개의 분기회로에 접속되는 부하용량은 분기회로의 최대사용전류가 과전류차단기 정격전류의 80% 이하가 되도록 하는 것이 바람직하다. 분기회로 설계전류의 산출기초가 되는 부하용량의 입력환산은 "건축전기설비설계기준"에 의하면 다음과 같다.

(1) 백열등 : W수 × 1.0 VA

(2) 형광등 : W수에 역률과 효율을 감안한 용량 [VA]

(3) 콘센트 : 1개(2구형) × 150 VA

(4) 콘센트가 어떤 기기 전용인 것은 그 부하의 효율, 역률을 감안한 용량 [VA]

(5) 전동기부하인 경우에는 그 부하의 효율, 역률을 감안한 용량 [VA]

(6) 장래증설에 대한 여유 : 10~30% 정도

## 1.2 분기회로의 도체 단면적 선정

### 1) 설계전류를 연속하여 흘릴 수 있는 공칭 단면적을 선정

절연물의 종류, 부하도체 수, 공사방법, 주위온도, 복수회로 수에 따라 KS C IEC 60364-5-52의 허용 전류표에서 회로설계전류($I_B$) 이상을 연속하여 흘릴 수 있는 공칭단면적을 선정한다.

### 2) 전압강하 2%를 고려한 도체의 계산단면적

일반적으로 건축물에서는 회로의 리액턴스를 무시하고, 역률을 1.0로 간주하여 식(12.1)의 약산식을 사용하여 전압강하 2%에 해당하는 도체의 단면적을 산출한다. 도체의 단면적이 16㎟ 이하의 경우에는 X(리액턴스)의 값은 무시할 수 있지만, 16㎟ 초과하는 경우에는 무시할 수 없으므로 리액턴스 값을 포함한 전압강하율를 계산하여 적정성 평가를 하여야 한다.

$$A = \frac{K_W \times I \times L}{1000 \times e} [\text{mm}^2] \tag{12.1}$$

여기에서,

$A$ : 도체의 최소단면적 [㎟]

$K_w$ : 단상2선식 35.6, 3상3선식 30.8, 3상4선식 17.8

$I$ : 전류 [A]

$L$ : 전선의 길이 [m]

$e$ : 선간의 전압강하(3상4선식의 경우 전압선과 중성선과의 전압)

### 3) 전동기의 기동전류에 의한 도체온도상승을 고려한 도체의 단면적

전동기의 기동시 기동전류에 의한 온도상승은 $I_{ms}^2 \cdot t = A^2 \cdot K^2$에 의하여 다음 식(12.2)으로 도체의 온도상승시간 $t$ 를 구하고 전동기의 기동시간($t_s$)과 비교하여 도체의 단시간 최고허용온도에 도달하는 시간이 길어야 한다.

$$t = k^2 \left( \frac{A}{I_{ms}} \right)^2 > t_s \tag{12.2}$$

여기에서,

$t$ : 도체의 온도상승시간 [sec]

$t_s$ : 전동기의 기동시간 [sec]

$I_{ms}$ : 전동기의 기동전류 [A]

$A$ : 도체의 단면적 [㎟]

$K$ : 표 12-1의 값

**표 12-1 K의 값**

| 구 분 | | 초기온도 | 최종온도 | K |
|---|---|---|---|---|
| PVC | 300㎟ 이하 | 70℃ | 160℃ | 115 |
| | 300㎟ 초과 | 70℃ | 140℃ | 103 |
| XLPE | | 90℃ | 250℃ | 143 |

따라서 전동기 기동시 기동전류에 의한 도체의 온도상승을 고려한 도체의 단면적은 전동기의 기동시간을 $t_s$, 전동기의 기동전류를 $I_{ms}$라고 하면 다음 식(12.3)으로 구할 수 있다.

$$A > \frac{\sqrt{t_s}}{K} \times I_{ms} \times \delta \ [\text{㎟}] \tag{12.3}$$

여기에서,

$t_s$ : 전동기의 기동시간 [sec]

$I_{ms}$ : 전동기의 기동전류 [A]

$\delta$ : 설계여유

#### 4) 전동기의 기동전류에 의한 전압강하 고려

전동기의 기동시 전압강하의 허용한도는 전동기 25~30 %, 방전등 20 %, 전자접촉기 20 %를 정도임을 고려하고 여유치를 가산하여 전력계통인 경우는 15 %로 하는 것이 적절하다고 본다. 따라서 간선의 전압강하를 8 %, 분기회로의 전압강하를 7 %로 하여 다음 식(12.4)로 계산한다.

$$\varepsilon = \frac{\sqrt{3} I_{ms} (R\cos\theta_s + X\sin\theta_s)}{V} \times 100 \tag{12.4}$$

여기에서,

$I_{ms}$ : 전동기의 기동전류 [A]

$\cos\theta_s$ : 전동기의 기동시 역률

$\sin\theta_s$ : $\sqrt{1-\cos\theta_s^2}$

### 5) 분기회로의 단락고장전류를 고려한 도체의 단면적 선정

단락고장전류에 의하여 도체의 단락시 최고허용온도에 이르는 시간과 과전류차단기의 차단시간을 비교하여 식(12.5)와 같이 $t$가 $t_c$보다 길면 도체는 단시간 허용온도 이상 상승되지 않는다.

$$t\left(=\frac{K^2A^2}{I_s^2}\right) > t_c \tag{12.5}$$

따라서 도체의 단락시 허용전류($I_a$)와 계통의 고장전류($I_s$)를 비교하여 식(12.6)과 같이 $I_a$가 $I_s$ 보다 크게 되면 도체는 단락전류에 의하여 열 스트레스를 받지 않는다고 할 수 있다.

$$I_a\left(=K\frac{A}{\sqrt{t_c}}\right) > I_s \tag{12.6}$$

여기에서,

$t$ : 도체의 단시간 최고허용온도에 이르는 시간 [sec]

$t_c$ : 과전류차단기의 순시트립시간(0.1초) [sec]

$I_a$ : 차단기의 순시트립시간 $t_c$ [sec] 동안 허용되는 도체의 단락시 허용전류 [A]

$I_s$ : 계통의 고장전류 [A]

분기회로의 단락고장전류를 고려한 도체의 단면적 A는 아래의 식 (12.7)과 같이 되도록 선정하여야 한다.

$$A > I_s \times \frac{\sqrt{t_c}}{K} \tag{12.7}$$

## 1.3 분기회로의 과전류보호

### 1) 과부하 보호조건

(1) 과전류차단기의 정격전류 $I_n$ 은 회로의 설계전류 $I_B$ 이상이어야 하고, 사용하는 전선의 연속허용전류 $I_Z$ 를 초과하지 않아야 한다.

(2) 과전류차단기의 동작전류 $I_2$는 $I_Z$의 1.45배를 초과하지 않아야 한다.

$$I_B \leq I_n \leq I_Z \tag{12.8}$$

$$I_2 \leq 1.45 I_Z \tag{12.9}$$

여기에서,

$I_B$ : 최대부하전류(설계전류) [A]

$I_n$ : 과전류차단기의 정격전류 [A]

$I_Z$ : 전선의 연속허용전류 [A]

$I_2$ : 과전류차단기의 규약시간 이내에 동작하는 것을 보증하는 전류 [A]

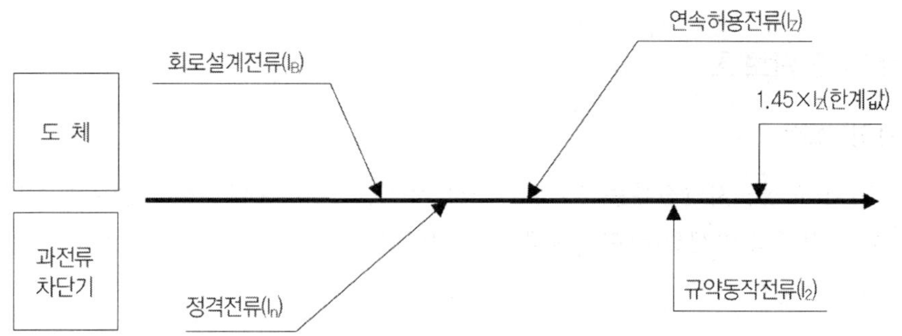


**그림 12-1 설계전류, 정격전류, 허용전류, 동작전류의 관계도**

### 2) 전동기의 기동전류를 고려한 과부하 보호장치의 정격전류를 선정

전동기의 기동시 전류는 일반적으로 정격전류의 6~8배의 과대한 전류가 흐른다. 따라서 이 기동전류를 고려하여 과부하 보호장치의 정격전류를 선정하여야 전동기의 기동시 불필요한 오동작을 피할 수 있다.

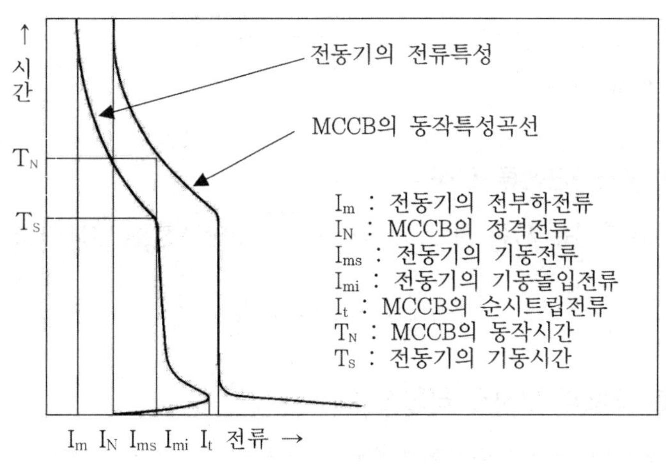


**그림 12-2 전동기 기동 및 MCCB의 특성**

과부하 보호장치의 정격전류 선정방법은 전동기 기동전류의 크기와 기동시간에 동작지연시간을 고려하여 과부하 보호장치의 시간-전류 특성곡선에서 최소동작시간에 적절한 보호장치의 동작배율(정격전류에 대한 동작전류)을 결정하여야 한다. 보호장치의 동작배율은 제조사가 공시한 시간-전류 특성곡선에서 그 동작배율을 찾아야 한다.

$$I_n > I_{ms} \div \alpha \tag{12.10}$$

여기에서,

$I_n$ : 과부하 보호장치의 정격전류[A]

$I_{ms}$ : 전동기의 기동전류[A]

$\alpha$ : 과부하 보호장치의 규약동작배율(제조사의 기술사양서에 공시한 값)

## 1.4 분기회로의 단락보호

### 1) 보호장치의 조건

(1) 과전류차단기의 정격차단전류는 그 설치점의 추정단락전류보다 적지 않아야 한다.

(2) 회로의 어떤 점에서 발생하는 단락전류도 그 전선의 단시간 허용온도를 초과하기 전에 그 전류를 차단할 필요가 있다.

### 2) 고장전류의 계산

과전류차단기의 설치점의 고장전류는 전원측 등가 Impedance에 의하여 다음 식(12.11)로 계산한다.

$$I_s = \frac{V}{\sqrt{3} \cdot Z} \tag{12.11}$$

여기에서,

$V$ : 3상 전력계통의 선간전압[V]

$Z$ : 등가 Impedance[$\Omega$]

### 3) 과전류차단기의 정격차단전류 선정

과전류차단기의 순시차단전류($I_t$)는 차단기 설치점의 추정단락전류($I_s$)보다 크게 되어야 한다.

$$I_t > I_s \times \delta \tag{12.12}$$

### 4) 단락전류에 의한 도체의 단시간 허용전류

단락전류에 의하여 도체의 단락시 최고허용온도에 이르는 시간과 과전류차단기의 차단시간을 비교하여 단락보호 여부를 검토한다. 단락시 최고허용온도에 이르는 시간은 다음 계산식(12.13)로 계산한다.

$$t = k^2 \left( \frac{A}{I_s} \right)^2 \tag{12.13}$$

따라서 상기 식(12.13)에 의하여 단락시 허용전류를 아래 식(12.14)과 같이 구하여, 계통의 단락고장

전류와 비교하여 $I_a > I_s$ 가 되는 경우에는 도체는 계통의 단락고장전류에 대하여 안전하다고 할 수 있다.

$$\text{도체의 단락시 허용전류 } I_a = K\frac{A}{\sqrt{t_s}} \tag{12.14}$$

### 5) 전동기의 기동돌입전류를 고려한 단락 보호장치 선정

전동기의 기동돌입전류(Inrush Current)는 전동기의 잔류자기와 기동투입 시 전압위상에 따라 달라지는 직류분을 포함한 비대칭 기동전류로서 130~160% 정도가 되며, 지속시간은 3~4 Hz 정도이다. 비대칭 기동전류의 크기는 저압전동기인 경우 기동전류의 1.5배 정도이고, 고압전동기인 경우 1.6배 정도이다. Y-$\Delta$ 기동의 경우 $\Delta$로 절체시 돌입전류는 상당히 크게 나타나므로 이를 고려하여야 한다. 따라서 단락 보호장치의 순시트립전류는 전동기의 기동돌입전류 보다 크게 되어야 전동기의 기동전류에 불필요한 동작을 하지 않게 된다. 즉 $I_t > I_{mi}$ 가 되게 하여야 한다.

$$I_t(= I_n \times \beta) > I_{mi}(= I_{ms} \times 1.5) \tag{12.15}$$

여기에서,

$I_t$ : 차단기의 순시차단전류[A]

$I_{mi}$ : 전동기의 기동돌입전류[A]

$\beta$ : 과전류차단기의 순시차단배율(제조사의 기술사양서에 공시한 값)

1.5 : 전동기의 기동전류에 대한 기동돌입전류의 배율(저압전동기 1.5, 고압전동기 1.6)

따라서 단락 보호장치의 정격전류 $I_n$ 는 다음 식(12.16)과 같이 된다.

$$I_n > I_{ms} \times 1.5 \times \delta \div \beta \tag{12.16}$$

여기에서, $\delta$ : 설계 여유

## 1.5 분기회로의 과전류(단락) 보호협조

도체에 전류가 흐르면 전류의 크기와 지속시간에 따라서 도체의 온도가 상승한다. 회로의 어떤 점에서 발생하는 과부하전류 또는 단락전류는 그 도체의 단시간 최고허용온도를 초과하기 전에 그 전류를 차단할 필요가 있다. 또한, 과전류차단기가 부하의 기동전류 또는 기동돌입전류에 대하여 동작하지 않아야 한다. 이 조건을 만족할 때 보호협조가 이루어지고 있다고 할 수 있다.

### 1) 도체의 단락시 허용전류

도체는 단락시 최고허용온도가 정해져 있다. 허용단락전류는 이 최고허용온도에 의해 제한을 받아 절연물의 종류에 따라 달라진다. 그 값은 대략 단락전류가 지속되는 시간(t)의 평방근에 반비례한다.

### 2) 과전류 보호협조

도체(절연전선, 케이블)의 단시간 최고허용온도에 도달하는 단시간 허용전류 $I$ 와 단락전류의 지속시간 $t$ 와의 관계는 세로축에 시간 $t$, 가로축에 전류 $I$를 잡고 나타낸다. 과전류차단기의 동작특성도 마찬가지로 나타낸다. 그림 12-3은 과전류 보호협조 $i-t$(전류-시간) 특성곡선이며, 과전류차단기의 동작특성이 왼쪽에 있을 때 과전류 보호협조가 이루어지고 있다고 할 수 있다.

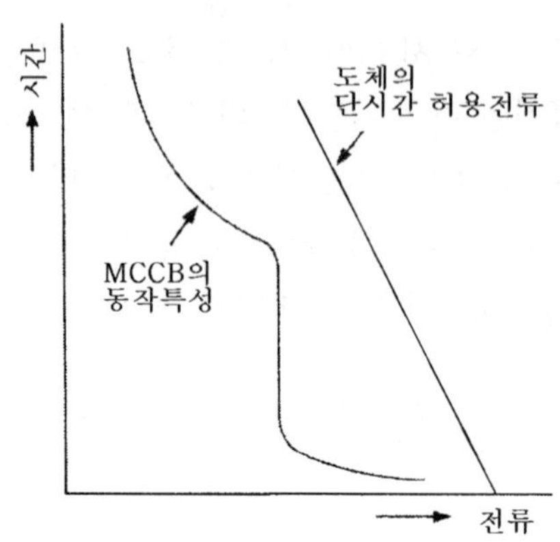


그림 12-3 보호협조의 설명

### 3) 도체의 최소 단면적

과전류차단기로 보호되는 도체의 최소단면적은 KS C IEC 60364-5-52(전기기기의 선정 및 설치)에서 규정하는 절연체의 종류, 부하도체 수, 공사방법에 따라 선정하면 다음 표 12-2와 같이 된다.

표 12-2 과전류차단기로 보호되는 도체의 최소 단면적

| 정격전류 [A] | 부하도체 수 | 공사방법 | 도체의 최소 단면적 | | | | 정격전류 [A] | 부하도체 수 | 공사방법 | 도체의 최소 단면적 | | | |
|---|---|---|---|---|---|---|---|---|---|---|---|---|---|
| | | | PVC | | XLPE | | | | | PVC | | XLPE | |
| | | | S [㎟] | $I_z$ [A] | S [㎟] | $I_z$ [A] | | | | S [㎟] | $I_z$ [A] | S [㎟] | $I_z$ [A] |
| 16 | 2 | A1 | 2.5 | 19.5 | 1.5 | 19 | 200 | 3 | C | 95 | 223 | 70 | 229 |
| 20 | 2 | A2 | 4 | 25 | 2.5 | 25 | 250 | 3 | D1 | 240 | 280 | 150 | 251 |
| 25 | 2 | B1 | 4 | 32 | 2.5 | 31 | 320 | 3 | D2 | 240 | 320 | 185 | 324 |
| 32 | 2 | B2 | 6 | 38 | 4 | 40 | 400 | 3 | E | 240 | 430 | 185 | 456 |
| 40 | 2 | C | 6 | 46 | 6 | 45 | 500 | 3 | F(삼각) | 300 | 561 | 185 | 510 |
| 50 | 2 | D1 | 10 | 60 | 6 | 53 | 630 | 3 | F(평형) | 400 | 689 | 240 | 634 |
| 63 | 2 | D2 | 10 | 64 | 10 | 77 | 800 | 3 | G(수평) | 400 | 852 | 300 | 902 |
| 80 | 3 | A1 | 35 | 89 | 25 | 95 | 1000 | 3 | G(수직) | 630 | 1070 | 400 | 1008 |
| 100 | 3 | A2 | 70 | 125 | 35 | 109 | 1250 | 3 | E | 240×3 | 1290 | 185×3 | 1368 |
| 125 | 3 | B1 | 50 | 134 | 35 | 144 | 1600 | 3 | F(삼각) | 630×2 | 1710 | 400×2 | 1646 |
| 160 | 3 | B2 | 95 | 179 | 70 | 194 | 2000 | 3 | F(평형) | 400×3 | 2067 | 630×2 | 2302 |

## 2 분기회로 계산

### 2.1 일반부하의 분기회로 계산

#### 1) 계산조건

(1) 전기방식 : 단상 2선식 220 V

(2) 절연물의 종류 : PVC 절연전선

(3) 공사방법 : B1(벽면 노출 전선관공사 또는 콘크리트 매입 전선관공사)

**표 12-3 부하의 종류**

| 회로명 | 연결부하종류 | 평균부하길이 [m] |
|---|---|---|
| L-1 | FL 2/32W × 40, IL 60W × 20 | 20 |
| L-2 | FL 2/32W × 28 | 18 |
| L-3 | FPL 4/36W × 22 | 35 |
| L-4 | FPL 2/55W × 18 | 17 |
| L-5 | MH 250W × 24 | 36 |
| R-1 | 콘센트 150VA × 8 | 30 |
| R-2 | 콘센트 150VA × 22 | 32 |
| R-3 | 콘센트 150VA × 14 | 25 |

[비고 1] 형광램프는 전자식안정기 1등용을 사용한 것으로 한다.
[비고 2] MH는 고역률형 안정기를 사용한 것으로 한다.

#### 2) 분기회로의 설계전류 산출

**표 12-4 부하환산입력 및 설계전류($I_B$)의 계산**

| 회로명 | 연결부하 종류 | 환산입력 [VA]의 계산 | 설계전류 [A] |
|---|---|---|---|
| L-1 | FL 2/32W × 40, IL 60W × 20 | 37 × 2 × 40 + 60 × 20 = 4,160 | 18.9 |
| L-2 | FL 2/32W × 28 | 37 × 2 × 28 = 2,072 | 9.4 |
| L-3 | FPL 4/36W × 22 | 40 × 4 × 22 = 3,520 | 16.0 |
| L-4 | FPL 2/55W × 18 | 57 × 2 × 18 = 2,052 | 9.3 |
| L-5 | MH 250W × 24 | 308 × 24 = 7,392 | 33.6 |
| R-1 | 콘센트 150VA × 8 | 150 × 8 = 1,200 | 5.5 |
| R-2 | 콘센트 150VA × 22 | 150 × 22 = 3,300 | 15.0 |
| R-3 | 콘센트 150VA × 14 | 150 × 14 = 2,100 | 9.5 |

#### 3) 도체의 단면적 및 과전류차단기의 정격전류 선정

(1) 분기회로의 설계전류를 연속하여 흘릴 수 있는 도체의 공칭단면적 선정

도체의 공칭단면적 선정은 과부하보호조건($I_B \leq I_n \leq I_Z$)과 절연물의 종류, 부하도체 수, 공사방법, 주위 온도, 복수회로 수를 고려하여 KS C IEC 60364-5-52 표52-C1~표52-C12에서 부하의 설계전류($I_B$)와 과부하보호장치의 정격전류($I_n$) 이상을 흘릴 수 있는 도체의 공칭단면적을 선정한다.

(2) 전압강하 2%를 고려한 도체의 계산단면적 선정

전압강하 2%에 해당하는 계산단면적을 식(12.1)으로 계산하여 적용한다.

(3) 도체의 단면적 결정

분기회로의 설계전류를 연속하여 흘릴 수 있는 도체의 공칭단면적과 전압강하 2%를 고려한 도체의 계산단면적을 비교하여 큰 값으로 선정한다.

(4) 과전류차단기의 선정

과전류차단기의 정격전류는 회로의 설계전류 이상이어야 하고, 사용하는 전선의 연속 허용전류를 초과하지 않는 범위 내에서 선정한다.

(5) 상기 (1)~(4)를 계산하여 정리하면 다음 표 12-5와 같이 된다.

**표 12-5 도체의 단면적 및 과전류차단기의 선정**

| 회로명 | 설계 전류 [A] | 평균 부하길이 [m] | 과전류차단기의정격 전류 [A] | KS C IEC 60364-5-52 | | 전압강하 2%계산 단면적 | 단면적결정 | |
|---|---|---|---|---|---|---|---|---|
| | | | | 공칭 | 허용 전류 | | 공칭 단면적 | 허용 전류 |
| L-1 | 18.9 | 20 | 20 | 2.5 | 24 | 3.1(4) | 4 | 32 |
| L-2 | 9.4 | 18 | 16 | 1.5 | 17.5 | 1.4(1.5) | 1.5 | 17.5 |
| L-3 | 16.0 | 35 | 16 | 1.5 | 17.5 | 4.5(6) | 6 | 41 |
| L-4 | 9.3 | 17 | 16 | 1.5 | 17.5 | 1.3(1.5) | 1.5 | 17.5 |
| L-5 | 33.6 | 36 | 40 | 6 | 41 | 9.8(10) | 10 | 57 |
| R-1 | 5.5 | 30 | 16 | 1.5 | 17.5 | 1.3(1.5) | 1.5 | 17.5 |
| R-2 | 15.0 | 32 | 16 | 1.5 | 17.5 | 3.9(4) | 4 | 32 |
| R-3 | 9.5 | 25 | 16 | 1.5 | 17.5 | 1.9(2.5) | 2.5 | 24 |

## 2.2 전동기 부하의 분기회로 계산

### 1) 계산조건

(1) 전기방식 : 3상3선식 380V

(2) 절연물의 종류 : F-CV CABLE

(3) 공사방법 : B1, B2(벽면노출전선관공사)

**표 12-6 전동기부하 명세서**

| 회로명 | 부하명칭 | 부하출력 [kW] | 대수 | 분기회로길이 [m] | 비 고 |
|---|---|---|---|---|---|
| P-1 | 냉동기 | 75 | 1 | 20 | |
| P-2 | 냉동기 | 45 | 1 | 22 | |
| P-3 | 냉각탑 | 3.7 | 1 | 45 | |
| P-4 | 냉각수펌프 | 5.5 | 1 | 24 | |
| P-5 | 냉온수펌프 | 15 | 1 | 20 | |
| P-6 | 급수펌프 | 22 | 1 | 20 | |
| P-7 | 배수펌프 | 7.5 | 2 | 18 | 자동교대운전 |
| P-8 | 배수펌프 | 2.2 | 2 | 25 | 자동교대운전 |

### 2) 회로 설계전류의 산출

전동기 부하출력에 효율과 역률, 수용률 등을 고려하여 회로 최대부하전류(설계전류)를 산출한다. 전동기의 정격전류는 표 12-11 전동기의 기동입력특성에서 규약전류를 설계전류로 하여 표 12-7을 작성한다.

**표 12-7 전동기부하의 회로설계전류**

| 회로명 | 부하명칭 | 부하용량 [kW] | 정격전류 [A] | 부하율 | 회로설계전류 [A] |
|---|---|---|---|---|---|
| P-1 | 냉동기 | 75 | 103 | 1.0 | 163 |
| P-2 | 냉동기 | 45 | 100 | 1.0 | 100 |
| P-3 | 냉각탑 | 3.7 | 9.16 | 1.0 | 9.16 |
| P-4 | 냉각수펌프 | 5.5 | 13.68 | 1.0 | 13.68 |
| P-5 | 냉온수펌프 | 15 | 34.21 | 1.0 | 34.21 |
| P-6 | 급수펌프 | 22 | 48.95 | 1.0 | 48.95 |
| P-7 | 배수펌프(자동교대) | 7.5 | 17.89 | 1.0 | 17.89 |
| P-8 | 배수펌프(자동교대) | 2.2 | 5.84 | 1.0 | 5.84 |

### 3) 케이블의 단면적 선정

(1) 분기회로의 설계전류 및 과부하보호장치의 정격전류 이상을 연속하여 흘릴 수 있는 도체의 공칭단면적 선정

(2) 운전시 전압강하 2%를 고려한 도체의 계산단면적 선정

(3) 전동기의 기동전류에 의한 도체의 온도상승을 고려한 단면적 선정

(4) 전동기의 기동전류에 의한 전압강하 적정여부 검토

(5) 상기 (1)~(4)를 계산하여 정리하면 다음 표 12-8과 같이 된다.

표 12-8 전동기부하의 도체단면적 및 기동시 전압강하율

| 회로명 | 부하용량 [kW] | 회로설계 전류 [A] | 분기 회로 길이 [m] | 기동 방식 | 기동 전류 [A] | 도체의 단면적 [㎟] | | | | 임피던스 | | 기동시 전압강하 [%] |
|---|---|---|---|---|---|---|---|---|---|---|---|---|
| | | | | | | IEC 60364 | 전압강하 2% | 기동전류 온도상승 | 결정 단면적 | R [Ω/km] | X [Ω/km] | |
| P-1 | 75 | 163 | 20 | Y-Δ | 379.8 | 70 | 13.2 | 26.7 | 70 | 0.3424 | 0.1255 | 0.66 |
| P-2 | 45 | 100 | 22 | Y-Δ | 250.7 | 25 | 8.9 | 18.2 | 25 | 0.9273 | 0.0929 | 0.69 |
| P-3 | 3.7 | 9.16 | 45 | 직입 | 78.7 | 1.5 | 1.7 | 1.9 | 2.5 | 9.4485 | 0.114 | 3.22 |
| P-4 | 5.5 | 13.68 | 24 | 직입 | 108.6 | 1.5 | 1.3 | 2.6 | 4 | 5.8783 | 0.1067 | 1.52 |
| P-5 | 15 | 34.21 | 20 | 직입 | 273.5 | 4 | 4.2 | 6.6 | 10 | 2.3336 | 0.0594 | 2.09 |
| P-6 | 22 | 48.95 | 60 | 직입 | 401.1 | 10 | 11.9 | 9.7 | 16 | 1.4666 | 0.0925 | 4.20 |
| P-7 | 7.5 | 17.89 | 18 | 직입 | 136.7 | 1.5 | 1.3 | 3.3 | 4 | 5.8783 | 0.1067 | 1.43 |
| P-8 | 2.2 | 5.84 | 25 | 직입 | 48.6 | 1.5 | 0.6 | 1.2 | 1.5 | 15.4287 | 0.1222 | 1.77 |

### 4) 과전류차단기의 선정

(1) 과부하 보호조건에 적합한 차단기의 선정

과전류차단기의 정격전류 $I_n$은 회로의 설계전류 $I_B$ 이상이어야 하고, 사용하는 전선의 연속허용전류 $I_Z$를 초과하지 않는 과전류차단기를 선정한다.

표 12-9 전동기부하의 과전류차단기 선정

| 회로명 | 부하용량 [kW] | 회로설계 전류 [A] | 과전류차단기 정격전류 [A] | 도체의 단면적 | |
|---|---|---|---|---|---|
| | | | | 공칭단면적 [㎟] | 허용전류 [A] |
| P-1 | 75 | 163 | 200 | 3-70/1c | 222 |
| P-2 | 45 | 100 | 100 | 25/3c | 105 |
| P-3 | 3.7 | 9.16 | 16 | 2.5/3c | 26 |
| P-4 | 5.5 | 13.68 | 16 | 4/3c | 35 |
| P-5 | 15 | 34.21 | 40 | 10/3c | 60 |
| P-6 | 22 | 48.95 | 50 | 16/3c | 80 |
| P-7 | 7.5 | 17.89 | 20 | 4/3c | 35 |
| P-8 | 2.2 | 5.84 | 16 | 1.5/3c | 19.5 |

(2) 전동기의 기동전류와 기동돌입전류를 고려한 과전류차단기 선정

전동기의 기동전류와 기동돌입전류에 의하여 오동작을 하지 않는 과전류차단기 선정하면 다음 표 12-10과 같이 된다.

**표 12-10 전동기부하의 기동전류를 고려한 과전류차단기 선정**

| 회로명 | 부하용량 [kW] | 회로설계전류 [A] | 기동방식 | 최대기동전류 [A] | 도체의 단면적 | | 초기설정 과전류차단기 [A] | 전동기 기동전류에 의한 차단기용량 선정 | | | 차단기용량 변경에 따른 도체의 단면적 조정 | |
|---|---|---|---|---|---|---|---|---|---|---|---|---|
| | | | | | 공칭단면적 [㎟] | 허용전류 [A] | | 최대기동전류 [A] | 기동돌입전류 [A] | 차단기용량의 결정 [A] | 공칭단면적 [㎟] | 허용전류 [A] |
| P-1 | 75 | 163 | Y-Δ | 379.8 | 70 | 222 | 200 | 320 | 250 | 320 | 150 | 342 |
| P-2 | 45 | 100 | Y-Δ | 250.7 | 25 | 105 | 100 | 200 | 160 | 200 | 70 | 222 |
| P-3 | 3.7 | 9.16 | 직입 | 78.7 | 2.5 | 26 | 16 | 20 | 16 | 20 | 2.5 | 26 |
| P-4 | 5.5 | 13.68 | 직입 | 108.6 | 4 | 35 | 16 | 32 | 20 | 32 | 4 | 35 |
| P-5 | 15 | 34.21 | 직입 | 273.5 | 10 | 60 | 40 | 80 | 63 | 80 | 16 | 80 |
| P-6 | 22 | 48.95 | 직입 | 401.1 | 16 | 80 | 50 | 125 | 80 | 125 | 35 | 128 |
| P-7 | 7.5 | 17.89 | 직입 | 136.7 | 4 | 35 | 20 | 40 | 32 | 40 | 6 | 44 |
| P-8 | 2.2 | 5.84 | 직입 | 48.6 | 1.5 | 19.5 | 16 | 16 | 16 | 16 | 1.5 | 19.5 |

[예제 12-1] 3상 380 V 15 kW 유도전동기, 전동기의 정격전류 $I_m$ = 34.2 A, 기동전류 $I_{ms}$ = 273.5 A, 기동시 역률 0.2, 기동시간 8초, 사용케이블은 F-CV CABLE(3C), 공사방법은 노출전선관내 배선(B2), 배선길이 L=20 m일 때 분기회로 도체의 단면적 및 과전류차단기의 정격전류를 구하시오. 단, 주위온도는 40℃로 한다.

[풀이 12-1]

(1) 회로설계전류($I_B$) : 34.2 A

(2) 전선의 단면적 및 연속허용전류($I_Z$) 선정

(a) 정격부하전류($I_B$) 34.2(A)를 고려한 과부하 보호장치의 정격전류는 40A가 되므로 과부하보호장치의 정격전류 이상을 연속하여 흘릴 수 있는 도체 단면적은 KS C IEC 60364-5-52 표 B.52.5에 의하여 공칭단면적 6 ㎟ (온도보정계수 적용 도체허용전류 40.0 A)를 선정한다.

(b) 전압강하 2%에 의한 계산단면적

$$A = \frac{K_w \times I \times L}{1000 \times e'} = \frac{17.8 \times 34.2 \times 30}{1000 \times 220 \times 0.02} = 4.15\text{㎟}$$

(c) 전동기의 기동시간이 8초 일 때의 온도상승을 고려한 단면적

$$S = \frac{\sqrt{t}}{K} \times I_{ms} \times \delta = \frac{\sqrt{8}}{143} \times 273.5 \times 1.25 = 6.76\text{㎟}$$

(d) 상기 (a)~(c)에서의 도체의 최대 단면적 10 ㎟에 의한 전동기의 기동시 전압강하 적정여부

① 케이블의 임피던스 : F-CV Cable 10㎟/3c
R = 2.3336 Ω/km, X = 0.0954Ω/km(〈표 5-18〉 참조)

② 기동전류($I_{ms}$) : 273.5 A

③ 기동시 역률 : $\cos\theta_s = 0.2$, $\sin\theta_s = 0.98$

④ 분기회로의 길이(L) : 20 m

⑤ 계 산

$$\varepsilon = \frac{\sqrt{3}\, I_{ms}(R\cos\theta_s + X\sin\theta_s) \times L}{V} \times 100$$

$$= \frac{\sqrt{3} \times 273.5 \times (2.3336 \times 0.2 + 0.0954 \times 0.98) \times 0.02}{380} \times 100$$

$$= 1.396\ \%$$

(3) 과전류차단기의 선정

(a) Nominal Current Rule에 의한 선정

과전류차단기의 정격전류 $I_n$은 $I_B$보다 크고 $I_Z$보다 작아야 하므로 40 A로 선정하면 다음과 같이 된다.

$$I_B(34.2) \le I_n(40) \le I_Z(40.0A - 6\,\text{㎟})$$

(b) 전동기의 최대기동전류를 고려한 차단기 선정

전동기의 최대기동전류($I_{ms}$) = 273.5 A가 8초 동안 흐를 때 과전류차단기가 동작하지 않는 전류용량을 선정한다.

$$I_n > \frac{I_{ms}}{\alpha} = \frac{273.5}{3.93} = 69.6\,\text{A}$$

여기에서,

$\alpha$ : 과부하보호장치의 규약동작배율(전동기의 기동시간 8초이므로 과부하보호장치의 동작지연시간을 4초 가산한 12초에서 동작할 수 있도록 설정하는 동작배율로 제조사의 동작특성에 따른다. L사의 동작배율 3.93를 적용)

따라서 상위 표준 정격의 MCCB는 80 A가 된다.

(c) 기동돌입전류를 고려한 배선차단기의 선정

$$I_n > I_{ms} \times 1.5 \times \delta \div \beta$$

$$I_n > 273.5 \times 1.5 \times 1.25 \div 10 = 51.3$$

상기 표준 정격의 MCCB는 63 A가 된다.

(4) 과전류차단기의 선정에 따른 도체의 단면적 조정

과전류차단기가 40 A에서 80 A로 조정됨에 따라 Nominal Current Rule에 의하여 도체의 허용전류가 63 A 이상이 되는 도체의 단면적을 F−CV CABLE 25㎟/3C(온도보정계수 적용 허용전류 95.6 A)를 선정한다.

$$I_B(34.2) \le I_n(80) \le I_Z(95.6)$$

(5) $I_2 < 1.45 I_Z$ 의 검토

$I_2$ 와 $1.45 I_Z$ 를 계산하여 과부하보호장치가 도체의 과부하 내열특성을 적절하게 보호하고 있는가를 검토한다.

$$I_2\,(=110.2) < 1.45 I_Z\,(=138.6)$$

여기에서,

$I_2$ : 보호장치가 규약시간 이내에 유효하게 동작하는 것을 보증하는 전류이다.

$$I_2 = 1.3 \times I_n \times k = 1.3 \times 80 \times 1.06 = 110.24$$

$k$ : 과부하 보호장치의 동작시간 보정계수(〈표 12−13〉의 비고 참조)

$1.45 I_Z$ : 규약시간 60분에서 과부하 보호점

$$1.45 I_Z = 1.45 \times 95.6 = 138.6$$

보호장치의 규약동작전류 $I_2$가 상기와 같이 도체의 허용전류의 1.45배 이내에서 동작하므로 과부하 보호장치가 도체의 과부하 내열특성을 적절하게 보호하고 있다고 할 수 있다.

표 12-11 일반용 저압 3상 380 V 유도전동기의 기동입력특성

| 정격출력 [kW] ① | 규약전류 $I_B$ [A] ② | 역률 ③ | 효율④ | 입력 [kVA] ⑤ | 출력에 대한 입력비 ⑤/① | ①에대한 기동입력 kVA의비 ⑥ | 기동입력 [KVA] ⑦ | 전동기의기동전류 $I_{LR}$ [A] ⑧ | $X''_d$ ($I_B/I_{LR}$) ②/⑧ | $I_{LR}/I_B$ ⑧/② | |
|---|---|---|---|---|---|---|---|---|---|---|---|
| | | | | | | | | | | 직입 | Y-D |
| 0.2 | 0.95 | 0.63 | 0.506 | 0.627 | 3.135 | 22 | 4.4 | 6.7 | 0.1421 | 7.04 | – |
| 0.4 | 1.68 | 0.63 | 0.573 | 1.109 | 2.772 | 22 | 8.8 | 13.4 | 0.1257 | 7.96 | – |
| 0.75 | 2.53 | 0.63 | 0.713 | 1.670 | 2.226 | 17 | 12.75 | 19.4 | 0.1306 | 7.66 | – |
| 1.5 | 4.21 | 0.69 | 0.782 | 2.779 | 1.852 | 15 | 22.5 | 34.2 | 0.1232 | 8.12 | – |
| 2.2 | 5.84 | 0.71 | 0.804 | 3.854 | 1.752 | 14 | 30.8 | 46.8 | 0.1248 | 8.01 | – |
| 3.7 | 9.16 | 0.73 | 0.838 | 6.046 | 1.634 | 14 | 51.8 | 78.7 | 0.1164 | 8.59 | – |
| 5.5 | 13.68 | 0.73 | 0.834 | 9.029 | 1.642 | 13 | 71.5 | 108.6 | 0.1259 | 7.94 | – |
| 7.5 | 17.89 | 0.74 | 0.858 | 11.807 | 1.574 | 12 | 90 | 136.7 | 0.1308 | 7.64 | – |
| 11 | 25.26 | 0.755 | 0.874 | 16.672 | 1.516 | 12 | 132 | 200.6 | 0.1260 | 7.94 | 2.65 |
| 15 | 34.21 | 0.765 | 0.868 | 22.579 | 1.505 | 12 | 180 | 273.5 | 0.1251 | 7.99 | 2.66 |
| 18.5 | 41.58 | 0.765 | 0.881 | 27.443 | 1.483 | 12 | 222 | 337.3 | 0.1233 | 8.11 | 2.70 |
| 22 | 48.95 | 0.775 | 0.879 | 32.307 | 1.469 | 12 | 264 | 401.1 | 0.1220 | 8.19 | 2.73 |
| 30 | 65.26 | 0.785 | 0.887 | 43.072 | 1.436 | 11 | 330 | 501.4 | 0.1302 | 7.68 | 2.56 |
| 37 | 80 | 0.79 | 0.887 | 52.800 | 1.427 | 11 | 407 | 618.4 | 0.1295 | 7.72 | 2.57 |
| 45 | 100 | 0.8 | 0.852 | 66.000 | 1.467 | 11 | 495 | 752.1 | 0.1330 | 7.52 | 2.51 |
| 55 | 121 | 0.83 | 0.830 | 79.860 | 1.452 | 11 | 605 | 919.2 | 0.1316 | 7.60 | 2.53 |
| 75 | 163 | 0.83 | 0.840 | 107.580 | 1.434 | 10 | 750 | 1139.5 | 0.1430 | 6.99 | 2.33 |
| 90 | 189.5 | 0.84 | 0.857 | 125.070 | 1.390 | 10 | 900 | 1367.4 | 0.1386 | 7.22 | 2.41 |
| 110 | 231.6 | 0.84 | 0.857 | 152.856 | 1.390 | 10 | 1100 | 1671.3 | 0.1386 | 7.22 | 2.41 |
| 132 | 263 | 0.84 | 0.905 | 173.580 | 1.315 | 10 | 1320 | 2005.5 | 0.1311 | 7.63 | 2.54 |
| 160 | 308.9 | 0.84 | 0.934 | 203.874 | 1.274 | 10 | 1600 | 2430.9 | 0.1271 | 7.87 | 2.62 |

[비고 1] KS C IEC 60034-12(3상 유도전동기의 기동 특성) 및 내선규정 부록 300-8을 참조하여 계산하여 적용하였다.

## 3 간선의 단면적 및 과전류차단기의 선정

### 3.1 간선의 설계전류

간선의 설계전류는 간선에 연결되어 있는 부하용량에 수용률, 부하불평형률에 의한 선전류증가계수, 고조파전류에 의한 선전류의 증가, 장래 부하증가 등을 고려하여 간선의 최대사용전류 이상의 허용전류를 가지는 것으로 결정하여야 한다.

① 각 간선에 접속되는 부하의 출력에 효율과 역률을 나누어 입력으로 환산한다.
② 간선에 접속된 개별부하의 입력을 합산한다.
③ 간선의 부하입력합계에 수용률을 곱하여 간선의 최대수용전력을 구하고 여기에 사용전압을 나누어 간선의 설계전류($I_B$)를 산출한다.

간선의 설계전류는 다음의 계산 식(12.17)로 계산하여 적용하면 된다.

$$I_F \geq \Sigma I_L \times K_p \tag{12.17}$$

여기에서,

$I_F$ : 간선의 허용전류

$\Sigma I_L$ : 각 부하의 정격전류의 합계$(I_1 + I_2 + \cdots I_n)$

$K_p$ : 수용률, 부하불평형률, 고조파, 장래부하증가 등을 고려한 계수

$$K_p = \alpha \times s \times h \times k$$

$\alpha$ : 수용률

$s$ : 부하 불평형률에 의한 선전류 증가 계수$\left(s = \dfrac{\text{각 선간의 최대전류}}{\text{평균전류}}\right)$

$h$ : 고조파전류에 의한 선전류 증가계수$\left(h = \dfrac{\sqrt{I_1^2 + I_2^2 + I_3^2 \cdots + I_n^2}}{I_1}\right)$

$I_1$ : 기본파전류의 실효값

$I_n$ : $n$차 고조파전류의 실효값

$k$ : 장래의 부하 증가 계수(1.1~1.3)

## 3.2 간선의 단면적 선정

### 1) 간선의 설계전류를 연속하여 흘릴 수 있는 공칭단면적

과부하보호조건($I_B \leq I_n \leq I_Z$)에 따라 KS C IEC 60364-5-52의 허용전류표에서 간선의 설계전류($I_B$)와 과부하보호장치의 정격전류($I_n$) 이상을 흘릴 수 있는 도체의 공칭단면적을 선정한다.

$$I_B \leq I_n \leq I_Z$$

### 2) 간선의 전압강하를 3%로 계산한 단면적

분기회로 전압강하계산방식과 동일한 방식으로 계산하며, 전압강하의 허용한도는 3%로 하여 도체의 단면적을 계산하여 상위 규격의 공칭단면적을 선정하여야 한다.

### 3) 전동기의 기동전류에 의한 온도상승을 고려한 도체의 단면적 선정

절연재 종류에 대응한 K값을 이용해 단시간 허용온도 이내로 제한하기 위해 필요한 도체단면적은 다

음 식(12.18)으로 구할 수 있다. 이 때 최대기동용량을 제외한 부하의 수용률을 알 수 있을 때에는 수용률을 적용하여 계산하면 된다.

$$S = \frac{(\overline{I_{ms}} + \overline{I_L})\sqrt{t}}{K} \times \delta \tag{12.18}$$

여기에서,

$I_{ms}$ : 최대기동용량 전동기의 기동전류 [A]

$I_L$ : 선행운전부하(최대기동용량 전동기를 제외한 간선에 접속된 기타부하)의 최대전류[A]

$t$ : 최대기동용량 전동기의 기동시간 [sec]

$K$ : 절연체에 따른 계수(XLPE 143, PVC 115)

$\delta$ : 설계 여유

#### 4) 전동기의 기동전류를 고려한 전압강하 검토

상기 1)~3)에서 선정된 최대단면적 도체에 대하여 간선에 접속된 부하중 최대기동용량을 갖는 전동기를 최후에 기동할 때 간선에서의 기동시 전압강하율이 8% 범위 이내인지를 검토한다. 최대기동용량 전동기의 기동시 역률은 0.2로 하고 기타 부하의 역률은 0.8로 하여 다음과 같이 계산한다.

$$\varepsilon = \frac{\sqrt{3}\, I_T (R\cos\theta_s + X\sin\theta_s) \times L}{V} \times 100 \tag{12.19}$$

여기에서,

$I_T$ : 합산부하의 기동시 전류 [A]

$I_T = \overline{I_{ms}} + \overline{I_L}$

$I_L$ : 선행운전부하(최대기동용량 전동기를 제외한 간선에 접속된 기타부하)의 최대전류[A]

$I_{ms}$ : 최대기동용량 전동기의 기동전류[A]

$L$ : 간선의 길이[km]

$\cos\theta_s$ : 합산부하의 역률

$\cos\theta_m$ : 전동기의 기동시 역률(0.2)

$\cos\theta_L$ : 선행운전부하의 역률(0.8)

#### 5) 간선에서의 고장전류를 고려한 도체의 단면적 선정

간선의 고장전류를 $I_s$, 과전류차단기의 순시트립시간을 $t_c$라고 하면 고장전류에 대하여 보호될 수 있는 간선도체의 단면적은 다음의 식(12.20)으로 계산한다.

$$A > I_s \times \frac{\sqrt{t_c}}{K} \tag{12.20}$$

여기에서,

$t_c$ : 전원측 과전류차단기의 순시트립시간(0.1초) [sec]

$K$ : 간선도체의 주위온도, 절연물의 종류에 따라 정해지는 상수(표 12-1의 값)

$I_s$ : 계통의 고장전류 [A]

## 3.3 과전류차단기의 정격전류($I_n$) 선정

과전류차단기의 정격전류는 다음의 조건이 충족되도록 설치하여야 한다.

(1) 과전류차단기의 정격전류는 $I_B \le I_n \le I_Z$ 의 범위가 되게 한다.

(2) 과전류차단기의 동작전류($I_2$)는 $I_2 \le 1.45\, I_Z$

(3) 전동기의 최대기동전류를 고려한 과전류차단기 선정한다.

$$I_n > \frac{(\overline{I_{ms}} + \overline{I_L})}{\alpha} \tag{12.21}$$

여기에서,

$I_n$ : 과전류차단기의 정격전류 [A]

$I_{ms}$ : 최대기동용량 전동기의 기동전류 [A]

$I_L$ : 선행운전부하(최대기동용량 전동기를 제외한 간선에 접속된 기타부하)의 최대전류[A]

$\alpha$ : 과전류차단기의 동작시간 동작배율

(4) 전동기의 기동돌입전류를 고려한 과전류차단기 선정한다.

$$I_t (= I_n \times \beta) > I_{mi} (= \overline{I_{ms}} \times 1.5 \times \delta + \overline{I_L})$$

$$I_n > (\overline{I_{ms}} \times 1.5 \times \delta + \overline{I_L}) \div \beta \tag{12.22}$$

여기에서,

$I_t$ : 과전류차단기의 순시트립전류 [A]

$I_n$ : 과전류차단기의 정격전류 [A]

$\beta$ : 과전류차단기의 순시동작배율

$I_{mi}$ : 전동기의 기동돌입전류 [A]

$I_{ms}$ : 최대기동용량 전동기의 직입기동시 기동전류 [A]

1.5 : 저압전동기의 기동돌입전류에 대한 직입기동전류와의 비율

$I_L$ : 기타 접속부하의 정격전류 [A]

$\delta$ : 설계여유

## 3.4 도체의 단면적 조정

$I_n$의 변경으로 $I_Z$(전선의 허용전류)가 $I_n$(과전류차단기의 정격전류)보다 적은 경우가 발생하면 전선을 상위 규격으로 조정하여 $I_n \le I_Z$이 되게 하여야 한다.

# 4 간선계산

## 4.1 일반부하의 간선계산

### 1) 계산조건

(1) 전기방식 : 3상4선식 380/220 V

(2) 절연물의 종류 : F-CV Cable

(3) 공사방법 : B2(벽면노출전선관공사)

(4) 간선길이 : 50 m

표 12-12 일반부하간선의 설계전류

| 회로명 | 설계 전류 [A] | MCCB 정격전류 | 도체의 단면적 | | 각상 부하전류[A] | | |
|---|---|---|---|---|---|---|---|
| | | | 공칭 | 허용 전류 | A | B | C |
| L-1 | 18.9 | 20 | 4 | 32 | | 18.9 | |
| L-2 | 9.4 | 15 | 2.5 | 24 | 9.4 | | |
| L-3 | 16.0 | 20 | 6 | 34 | 16 | | |
| L-4 | 9.3 | 15 | 2.5 | 24 | | 9.3 | |
| L-5 | 33.6 | 40 | 16 | 61 | | | 33.6 |
| R-1 | 5.5 | 15 | 2.5 | 24 | | | 5.5 |
| R-2 | 15.0 | 20 | 4 | 26 | 15 | | |
| R-3 | 9.5 | 15 | 2.5 | 24 | | 9.5 | |
| 계 | | | | | 40.4 | 37.7 | 39.1 |

### 2) 케이블의 단면적 선정

#### (1) 간선의 설계전류를 연속하여 흘릴 수 있는 공칭단면적 선정

과부하보호조건($I_B \le I_n \le I_Z$)과 절연물의 종류, 상수, 공사방법에 따라 KS C IEC 60364-5-52의 표 B.52.2에서 부하의 최대전류 40.4 A와 과부하보호장치의 정격전류 50A 이상을 연속하여 흘릴 수 있는 도체의 연속허용전류 60 A에 해당하는 공칭단면적 10 ㎟/4Core(온도보정계수 0.91을 적용한 허용전류 54.6A)를 선정한다.

$$I_B(40.4) \le I_n(50) \le I_Z(54.6A - 10\,\text{㎟})$$

#### (2) 간선의 전압강하 3%일 때의 단면적 선정

전압강하 3%에 해당하는 단면적을 다음 식으로 계산하여 적용한다.

$$A = \frac{K_w \times I \times L}{1000 \times e} = \frac{17.8 \times 40.4 \times 50}{1000 \times 220 \times 0.03} = 5.45\,\text{㎟}$$

### 3) 과전류차단기의 정격전류 선정($I_n$)

과전류차단기의 정격전류는 다음의 조건이 충족되도록 설치하여야 한다.

(1) 과전류차단기의 정격전류는 $I_B \le I_n \le I_Z$의 범위가 되게 한다.

과전류차단기의 정격전류는 최대부하전류 40.4 A 이상이 되는 50 A의 정격전류를 선정한다.

$$I_B(40.4) \le I_n(50) \le I_Z$$

(2) $I_2 < 1.45 I_Z$의 검토

$I_2$와 $1.45 I_Z$를 계산하여 과부하보호장치가 도체의 과부하 내열특성을 적절하게 보호하고 있는가를 검토한다.

$$I_2(=65A) < 1.45 I_Z(=79.2A)$$

여기에서,

$I_2$ : 보호장치가 규약시간 이내에 유효하게 동작하는 것을 보증하는 전류이다(표 12-13 참조).

$$I_2 = 1.3 \times I_n = 1.3 \times 50 = 65$$

$1.45 I_Z$ : 규약시간 60분에서 과부하 보호점

$$1.45 I_Z = 1.45 \times 54.6 = 79.2$$

**표 12-13 과부하 보호장치의 차단특성**

| 구 분 | 정격전류 | 동작시간 | 동작전류 |
|---|---|---|---|
| 주택용 배선차단기 | 63A 이하 | 60분 | $1.45 I_n$ |
| | 63A 초과 | 120분 | |
| 산업용 배선차단기 | 63A 이하 | 60분 | $1.3 I_n$ |
| | 63A 초과 | 120분 | |

[비고 1] KS C IEC 60947-2 및 60898-1

[비고 2] 도체의 과부하내열특성인 $1.45 I_Z$는 과전류 통전시간 60분의 과부하 보호점이므로 63A 초과 과부하보호장치는 동작전류 120분은 60분으로 환산하여 적용할 필요가 있다. 이 값은 개략적으로 동작전류를 6% 정도 증가시킨 값이 된다.

보호장치의 규약동작전류 $I_2$가 상기와 같이 도체의 허용전류의 1.45배 이내에서 동작하므로 과부하 보호장치가 도체의 과부하 내열특성을 적절하게 보호하고 있다고 할 수 있다.

## 4.2 전동기 부하의 간선계산

### 1) 계산조건

(1) 전기방식 : 3상 4선식 380 V

(2) 절연물의 종류 : F-CV CABLE

(3) 공사방법 : B1(벽면 노출 전선관공사)

(4) 간선길이 : 50 m

**표 12-14 전동기부하 간선의 설계전류**

| 회로명 | 부하명칭 | 부하용량 [kW] | 정격전류 [A] | 부하율 | 회로설계 전류 [A] | 기동 방식 | 기동 전류 [A] |
|---|---|---|---|---|---|---|---|
| P-1 | 냉동기 | 75 | 163 | 1.0 | 163 | Y-Δ | 379.8 |
| P-2 | 냉동기 | 45 | 100 | 1.0 | 100 | Y-Δ | 250.7 |
| P-3 | 냉각탑 | 3.7 | 9.16 | 1.0 | 9.16 | 직입 | 78.7 |
| P-4 | 냉각수펌프 | 5.5 | 13.68 | 1.0 | 13.68 | 직입 | 108.6 |
| P-5 | 냉온수펌프 | 15 | 34.21 | 1.0 | 34.21 | 직입 | 273.5 |
| P-6 | 급수펌프 | 22 | 48.95 | 1.0 | 48.95 | 직입 | 401.1 |
| P-7 | 배수펌프 (자동교대) | 7.5 | 17.89 | 1.0 | 17.89 | 직입 | 136.7 |
| P-8 | 배수펌프 (자동교대) | 2.2 | 5.84 | 1.0 | 5.84 | 직입 | 48.6 |
| 합 계 | | | | | 392.73 | | |

### 2) 간선의 설계전류 산출

간선의 설계전류는 각부하의 설계전류의 합계에 수용률을 고려하여 최대부하전류를 산출한다(단, 적용 수용률은 70%로 적용하는 것으로 한다).

$$I_F = \Sigma I_L \times \alpha = 392.73 \times 0.70 = 275\,\text{A}$$

### 3) 케이블의 단면적 선정

#### (1) 간선의 설계전류를 연속하여 흘릴 수 있는 공칭단면적 선정

도체의 단면적은 $I_B \leq I_n \leq I_Z$을 고려하여 과부하 보호장치의 정격전류는 부하설계전류(275 A) 이상이 되는 320A로 선정하여야 하고, 과부하 보호장치의 정격전류 이상을 흘릴 수 있는 도체의 단면적은 절연물의 종류, 상수, 공사방법에 따라 KS C IEC 60364-5-52의 표 B.52.5에서 과부하 보호장치의 정격전류 320A 이상을 흘릴 수 있는 허용전류 349.4A인 공칭단면적 4-185 ㎟/1Core(온도보정계수 0.91을 고려한 허용전류 349.4A)를 선정한다.

$$I_B\,(275) \leq I_n\,(320) \leq I_Z\,(\,349.4\text{ A-}185\text{ ㎟}\,)$$

#### (2) 간선의 전압강하 3%일 때의 단면적 선정

전압강하를 3%로 하여 계산한 단면적은 다음과 같다.

$$A = \frac{K_w \times I \times L}{1000 \times e'} = \frac{17.8 \times 275 \times 50}{1000 \times 6.6} = 37.08\ \text{mm}^2$$

여기에서,

$e'$ : 전압강하(220×0.03=6.6) [V]

$A$ : 전선의 단면적 [㎟]

$L$ : 전선의 길이 [m]

$I$ : 회로의 설계전류 [A]

$K_w$ : 전기방식에 따른 계수(3상 4선식 17.8)

(3) 전동기의 기동전류에 의한 도체의 온도상승을 고려한 계산단면적

기동전류가 최대인 전동기를 최후에 기동할 때 절연재 종류에 대응한 K값을 이용해 단시간 허용온도 이내로 제한하기 위해 필요한 도체단면적은 다음 식으로 계산한다(단, 전동기의 기동시 역률은 20%, 기동시간은 8초로 하고, 선행운전부하의 평균역률은 80%로 적용한다).

$$S = \frac{\sqrt{t}}{K} \times I_T \times \delta = \frac{\sqrt{8}}{143} \times 1264.3 \times 1.25 = 31.3\ \text{mm}^2$$

여기에서,

$I_L$ : 선행운전부하(최대기동용량 전동기를 제외한 간선에 접속된 기타부하)의 최대전류[A]

$I_L$ = (392.73 - 163) × 0.7 = 160.8

$\overline{I_L} = I_L \cdot (\cos\theta_L + j\sin\theta_L) = 160.8 \times (0.8 + j0.6) = 128.6 + j96.5$

$I_{ms}$ : 최대기동용량 전동기의 기동전류(75kW 전전압 기동전류 $I_{ms}$=1139.5)

$\overline{I_{ms}} = I_{ms} \cdot (\cos\theta_{ms} + j\sin\theta_{ms}) = 1139.5 \times (0.2 + j0.98) = 227.9 + j1116.4$

$I_T$ : 합산부하의 기동전류

$I_T = \overline{I_{ms}} + \overline{I_L} = (128.6 + j96.5) + (227.9 + j1116.4) = 356.5 + j1212.9 = 1264.3$

$t$ : 최대기동용량 전동기의 전전압 기동시간 [sec]

$K$ : 절연체의 종류에 따른 계수(XLPE 143, PVC 115)

$\delta$ : 설계 여유

따라서 계산단면적 이상의 공칭단면적의 도체를 선정하면 전동기 기동시 도체는 단시간 허용온도를 넘지 않는다.

(4) 전동기의 기동전류에 의한 전압강하 계산

간선에 접속된 부하중 최대기동용량을 갖는 전동기를 최후에 기동할 때의 간선에서의 전압강하율이 8% 범위 이내인지를 검토한다. 최대기동용량 전동기의 기동시 역률은 20%로 하고 선행운전부하의 역률은 80%로 하여 다음과 같이 계산한다. 분기회로 Cable의 임피던스를 %임피던스를 사용하여 기동시 전압강하율을 다음 식으로 계산한다.

$$\varepsilon = \frac{\sqrt{3}\, I_T\,(R\cos\theta_s + X\sin\theta_s) \times L}{V} \times 100$$

여기에서,

$I_T$ : 합산부하의 Y-$\Delta$ 기동전류 [A]

$$I_T = \overline{I_{ms}} + \overline{I_L}$$

$\cos\theta_s$ : 합산부하의 역률

$I_L$ : 선행운전부하(최대기동용량 전동기를 제외한 간선에 접속된 기타부하)의 최대전류[A]

$$\overline{I_L} = I_L \cdot (\cos\theta_L + j\sin\theta_L)$$

$\cos\theta_L$ : 선행운전부하의 역률

$I_{ms}$ : 최대기동용량 전동기의 기동전류[A]

$$\overline{I_{ms}} = I_{ms} \cdot (\cos\theta_{ms} + j\sin\theta_{ms})$$

$\cos\theta_{ms}$ : 전동기의 기동시 역률(0.1~0.3)

$L$ : 간선의 길이[km]

상기 기동시 전압강하 계산식으로 계산조건을 아래와 같이 설정하고 계산하면 다음과 같이 된다.

(a) 계산조건

① 케이블의 임피던스

F-CV 185㎟/1C×4 평형배치 R=0.1284Ω/km, X=0.1196Ω/km(표 5-15)

② 전동기 기동시역률 : $\cos\theta_{ms} = 0.2$, $\sin\theta_{ms} = 0.98$

③ 전동기 기동전류($I_{ms}$) : 401.1 A

$$\overline{I_{ms}} = I_{ms} \cdot (\cos\theta_{ms} + j\sin\theta_{ms}) = 401.1 \times (0.2 + j0.98) = 80.22 + j393.0$$

④ 선행운전부하의 역률 : $\cos\theta_L = 0.8$, $\sin\theta_L = 0.6$

⑤ 선행운전부하의 전류합계($I_L$)

$$I_L = (392.73 - 48.95) \times 0.7 = 240.6$$

$$\overline{I_L} = I_L \cdot (\cos\theta_L + j\sin\theta_L) = 240.6 \times (0.8 + j0.6) = 192.48 + j144.36$$

⑥ 간선길이 : 50 m

(b) 계산

① 합산부하의 기동전류

$$I_T = \overline{I_{ms}} + \overline{I_L} = (80.22 + j393.00) + (192.48 + j144.36) = 272.7 + j537.4 = 602.6$$

② 합산부하의 역률

$\cos\theta_s$ = 272.7/602.6 = 0.453

③ 합산부하의 무효율

$\sin\theta_s$ = 537.4/602.6 = 0.892

④ 전압강하계산

$$\varepsilon = \frac{\sqrt{3}\times 602.7\times(0.1284\times 0.453+0.1196\times 0.892)\times 0.05}{380}\times 100$$

$$= 2.26\,\%$$

(5) 간선의 단면적 선정

전동기의 기동시 전압강하가 8% 이하이므로 (1)~(3)에서 가장 큰 공칭단면적 4-185 ㎟/1Core(349.4 A)를 선정한다.

### 4) 과전류차단기의 정격전류 선정($I_n$)

과전류차단기의 정격전류는 다음의 조건이 충족되도록 설치하여야 한다.

(1) 과전류차단기의 정격전류는 $I_B \leq I_n \leq I_Z$ 의 범위가 되게 선정

과전류차단기의 정격전류는 최내부하전류 275 A 이상이 되도록 320 A를 선정하여야 한다.

$$I_B\,(275) \;\leq\; I_n\,(320) \;\leq\; I_Z$$

(2) $I_2 < 1.45I_Z$ 의 검토

$I_2$ 와 $1.45I_Z$ 를 계산하여 과부하보호장치가 도체의 과부하 내열특성을 적절하게 보호하고 있는가를 검토한다.

$$I_2\,(=440.96) < 1.45I_Z\,(=506.6)$$

여기에서,

$I_2$ : 보호장치가 규약시간 이내에 유효하게 동작하는 것을 보증하는 전류.

$I_2 = 1.3\times I_n\times k = 1.3\times 320\times 1.06 = 440.96$

$k$ : 과부하 보호장치의 동작시간 보정계수(표 12-13 비고 참조)

$1.45I_Z$ : 규약시간 60분에서 과부하 보호점

$1.45I_Z = 1.45\times 349.4 = 506.6$

보호장치의 규약동작전류 $I_2$가 상기와 같이 도체의 허용전류의 1.45배 이내에서 동작하므로 과부하 보호장치가 도체의 과부하 내열특성을 적절하게 보호하고 있다고 할 수 있다.

(3) 최대용량 전동기의 기동전류를 고려한 과전류차단기 선정

선행운전부하가 운전되고 있는 상태에서 한시특성에서의 과전류차단기의 정격전류 선정은 최대용량 전동기의 전전압 기동전류와 기동시간을 고려하여 다음 식으로 계산하여 적용하면 전동기 기동전류에 의한 과전류차단기의 동작을 방지할 수 있다.

$$I_n > I_T \div \alpha = 1264.3 \div 3.93 = 321.7 \text{ A}$$

여기에서,

$I_n$ : 과전류차단기의 정격전류 [A]

$I_{ms}$ : 최대용량 전동기(75kW)의 전전압 기동전류[A]

$I_L$ : 선행운전부하의 최대전류[A]

$I_T$ : 합산부하의 기동전류[A]

$$I_T = \overline{I_{ms}} + \overline{I_L} = (128.6 + j96.5) + (227.9 + j1,116.48) = 356.5 + j1212.9 = 1264.3$$

$\alpha$ : 과부하보호장치의 규약동작배율(전동기의 기동시간이 8초이므로 과부하보호장치의 동작지연시간을 4초 가산한 12초에서 동작할 수 있도록 설정하는 동작배율로 제조사의 동작특성에 따른다. L사의 동작배율 3.93을 적용)

상기 계산결과 과전류차단기의 정격전류는 계산 값보다 큰 400 A를 선정하여야 한다.

(4) 전동기의 기동돌입전류를 고려한 과전류차단기의 정격전류 선정

① 전동기의 기동돌입전류($I_{mi}$)

(a) 직입기동 : 최대기동용량 전동기의 기동전류 × 1.5 + 선행운전부하 최대전류

(b) Y-△기동 : 최대기동용량 전동기의 전전압 기동전류 × 1.65배 + 선행운전부하 최대전류

② 차단기의 순시차단전류($I_t$) = 차단기의 정격전류 × 순시차단배율(MCCB는 10를 적용)

③ $I_t < I_{mi}$ 가 될 경우에는 차단기의 정격전류를 상향 조정하여 $I_t > I_S$ 이 되도록 한다.

④ 기동전류가 최대인 전동기의 기동시 돌입전류(P-6, 22kW)

$$I_t(= I_n \times \beta) > I_{mi}(= \overline{I_{ms}} \times 1.5 \times \delta + \overline{I_L})$$

$$I_n > (\overline{I_{ms}} \times 1.5 \times \delta + \overline{I_L}) \div \beta$$

$$> \{(80.22 + j393.0) \times 1.5 \times 1.25 + (192.48 + j144.36)\} \div 10$$

$$> (342.9 + j881.2) \div 10 = 94.6 A$$

⑤ Y에서 $\Delta$로 전환시 돌입전류가 최대인 전동기의 돌입전류(P-1, 75kW)

$$I_t(=I_n\times\beta)>I_{mi}(=\overline{I_{ms}}\times 1.65\times\delta+\overline{I_L})$$

$$I_n>(\overline{I_{ms}}\times 1.65\times\delta+\overline{I_L})\div\beta$$

$$>\{(227.9+j1116.48)\times 1.65\times 1.25+(128.64+j96.48)\}\div 10$$

$$>(598.7+j2399.2)\div 10=247.3\,A$$

여기에서,

$I_{ms}$ : 돌입전류가 최대인 전동기의 전전압 기동전류($I_{ms}$=1139.5A, 표 12-11 참조)

$$\overline{I_{ms}}=I_{ms}\cdot(\cos\theta_{ms}+j\sin\theta_{ms})=1139.5\times(0.2+j0.98)=227.9+j1116.48$$

$I_L$ : 선행운전부하의 최대전류[A]

$$I_L=(392.73-163)\times 0.7=160.8$$

$$\overline{I_L}=I_L\cdot(\cos\theta_L+j\sin\theta_L)=160.8\times(0.8+j0.6)=128.64+j96.48$$

상기 계산결과 과전류차단기의 정격전류는 최대기동용량 전동기를 기동할 때 최대가 되며, 이 기동전류에 동작하지 않는 과전류차단기의 정격전류는 400 A을 선정하여야 한다.

(5) 과전류차단기의 선정

상기 (1)~(4)에서 과전류차단기의 정격전류는 가장 큰 값인 400 A를 선정하여야 한다.

### 5) 간선의 단면적 조정

간선의 허용전류 349.4 A는 과전류차단기의 정격전류 400 A보다 적어 $I_B \le I_n \le I_Z$에 부합되지 않아 간선의 단면적은 다음과 같이 조정할 필요가 있다.

$$\text{조정전}: I_B(275)\le I_n(320)\le I_Z(349.4A-185\,\text{mm}^2)$$

$$\text{조정후}: I_B(275)\le I_n(400)\le I_Z(409.5A-240\,\text{mm}^2)$$

# 5 단락보호 검토

### 1) 기준값 설정

(1) 기준용량 : 100 MVA BASE

(2) 기준전압 : 380 V

(3) 기준전류 : 151,938 A(=100,000/(1.732×0.38))

### 2) 각 임피던스의 기준값 환산

그림 12-13의 전력계통의 기기, 분기회로 및 간선의 임피던스를 계산하여 다음 표 12-17로 작성하였다.

#### (1) 전원측 임피던스

전원측에서 수전점으로 흘러오는 단락전류를 제한하는 임피던스는 전력공급자가 제시하는 단락용량에서 산출하여 사용한다. 구해진 값은 리액턴스라 생각해도 된다.

$$puZ_s = \frac{P_B}{P_s} \quad (12.23)$$

여기에서,

$puZ_S$ : 기준용량에서의 전원측 임피던스 [pu]

$P_B$ : 기준용량 [MVA]

$P_s$ : 수전점의 단락용량 [MVA]

#### (2) 변압기 임피던스

변압기 임피던스는 1차측 전압 및 변압기용량에 따라 정해지지만 용량이 작을수록 임피던스는 작고, 또 대개는 유입변압기보다 건식변압기 쪽이 임피던스가 작은 경향이 있다. 변압기의 임피던스는 X/R이 10~15정도이므로 리액턴스만을 고려해도 지장이 없다.

$$puZ_T = puZ_t \times \frac{P_B}{P_t} \text{ [pu]} \quad (12.24)$$

여기에서,

$puZ_t$ : 변압기의 기준용량 환산 임피던스 [pu]

$P_B$ : 계통의 기준용량 [kVA]

$puZ_t$ : 변압기의 자기용량 임피던스 [pu]

$P_t$ : 변압기용량 [kVA]

(3) 선로임피던스

저압계통에서는 케이블의 임피던스가 단락전류를 억제하는데 큰 역할을 함으로 케이블의 리액턴스, 저항을 고려하여야 한다. 임피던스는 케이블의 사이즈와 배치에 따라 정해진다. 정상임피던스와 역상임피던스는 같고 영상임피던스는 대지상태의 영향을 받아 값이 달라진다.

$$puZ = \frac{Z[\Omega] \times P_n[\mathrm{MVA}]}{V^2[\mathrm{kV}]} \tag{12.25}$$

여기에서

$P_n$ : 기준용량 [MVA]

$V$ : 계통의 선간전압 [kV]

(4) 전동기 임피던스

회로에 사고가 생기면 전동기라도 몇 사이클 동안은 발전기로서 작용하여 고장점에 단락전류(기여전류)를 공급한다. 차단기의 동작시간이 빠른 저압회로에서는 항상 전동기의 발전작용을 계산에 넣어야 한다. 고압회로의 경우에도 퓨즈를 선정할 때에는 고려하지 않으면 안된다.

$$puZ = \frac{P_B}{P_s}\ [\mathrm{pu}] \tag{12.26}$$

여기에서,

$P_B$ : 계통의 기준용량 [kVA]

$P_s$ : 전동기의 기동용량 [kVA]

### 3) 단락고장전류의 계산

표 12-15 계통의 임피던스에 의하여 Power Tools을 사용하여 고장전류를 계산하면 표 12-16의 결과 값을 얻을 수 있다. 또한 아래 계산식을 이용하여 계산하여도 같은 결과를 얻을 수 있다.

$$I_s = K_n \times \frac{1}{puZ} \times I_n[\mathrm{A}] \tag{12.27}$$

여기에서,

$I_s$ : 계통의 비대칭 3상단락고장전류 [A]

$K_n$ : 비대칭계수

$puZ$ : 계통의 Per Unit Impedance

$I_n$ : 계통의 기준전류 [A]

### 4) 단락보호 검토

#### (1) 도체의 단락시허용전류 검토

도체의 단락시허용전류는 계통의 3상단락고장전류 이상이 되어야 도체가 고장전류에 대하여 안전하다고 할 수 있다.

$$I_a\left(=\frac{K\times S}{\sqrt{t}}\right) > I_s\left(=\frac{100}{\%Z}\times I_n\right) \tag{12.28}$$

여기에서,

$I_a$ : 도체의 단락시 허용전류 [A]

$I_s$ : 계통의 고장전류 [A]

$K$ : XLPE(CV) 143, PVC(IV) 115

$S$ : 도체의 단면적 [㎟]

$t$ : 과전류차단기의 동작시간 [sec]

#### (2) 과전류차단기의 정격 차단용량 검토

과전류 보호장치의 정격차단전류 [kA]는 MCCB의 2차측 단자(도체의 1차측) 단락전류 이상이 되어야 단락보호가 된다고 할 수 있다.

#### (3) 검토 결과

표 12-17의 결과에 의하면

① 보호장치의 차단시간을 고려한 도체의 단락시 허용전류는 계통의 단락고장전류 이상이 되므로 단락고장전류에 대하여 안전하다고 할 수 있다.

② MCCB-1, 3, 4, 5, 6, 8, 9, 10, 13, 18은 MCCB 2차측 단자에서 단락고장이 발생하였을 경우 차단용량이 부족하다. 따라서 차단용량이 단락고장전류보다 큰 차단용량의 과전류차단기의 선정이 요구된다(고차단형 사용).

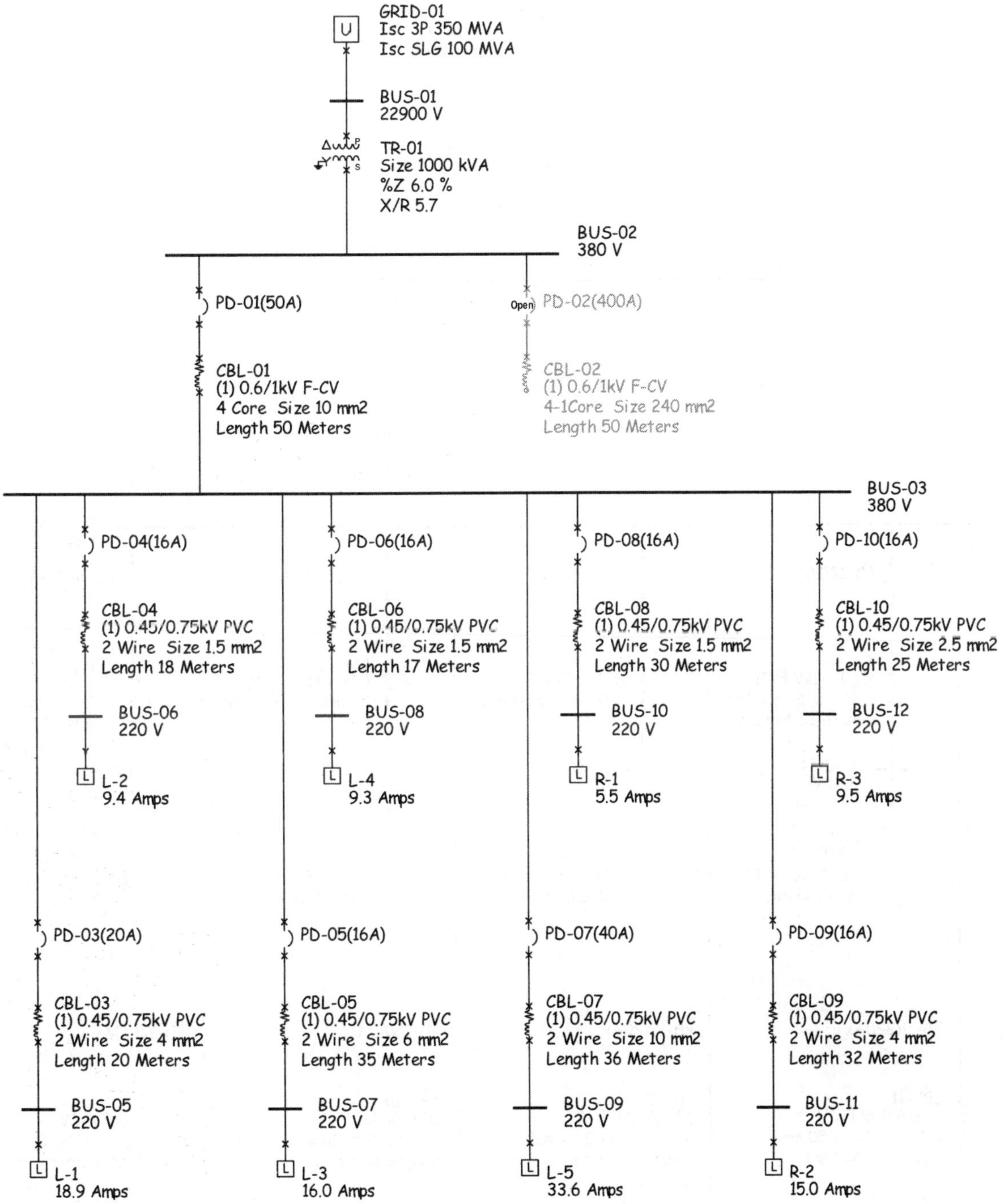

GRID-01
Isc 3P 350 MVA
Isc SLG 100 MVA

BUS-01
22900 V

TR-01
Size 1000 kVA
%Z 6.0 %
X/R 5.7

BUS-02
380 V

PD-01(50A)

Open PD-02(400A)

CBL-01
(1) 0.6/1kV F-CV
4 Core Size 10 mm2
Length 50 Meters

CBL-02
(1) 0.6/1kV F-CV
4-1Core Size 240 mm2
Length 50 Meters

BUS-03
380 V

PD-04(16A)
CBL-04
(1) 0.45/0.75kV PVC
2 Wire Size 1.5 mm2
Length 18 Meters
BUS-06
220 V
L-2
9.4 Amps

PD-06(16A)
CBL-06
(1) 0.45/0.75kV PVC
2 Wire Size 1.5 mm2
Length 17 Meters
BUS-08
220 V
L-4
9.3 Amps

PD-08(16A)
CBL-08
(1) 0.45/0.75kV PVC
2 Wire Size 1.5 mm2
Length 30 Meters
BUS-10
220 V
R-1
5.5 Amps

PD-10(16A)
CBL-10
(1) 0.45/0.75kV PVC
2 Wire Size 2.5 mm2
Length 25 Meters
BUS-12
220 V
R-3
9.5 Amps

PD-03(20A)
CBL-03
(1) 0.45/0.75kV PVC
2 Wire Size 4 mm2
Length 20 Meters
BUS-05
220 V
L-1
18.9 Amps

PD-05(16A)
CBL-05
(1) 0.45/0.75kV PVC
2 Wire Size 6 mm2
Length 35 Meters
BUS-07
220 V
L-3
16.0 Amps

PD-07(40A)
CBL-07
(1) 0.45/0.75kV PVC
2 Wire Size 10 mm2
Length 36 Meters
BUS-09
220 V
L-5
33.6 Amps

PD-09(16A)
CBL-09
(1) 0.45/0.75kV PVC
2 Wire Size 4 mm2
Length 32 Meters
BUS-11
220 V
R-2
15.0 Amps

그림 12-4 전력부하의 단선 결선도(1)

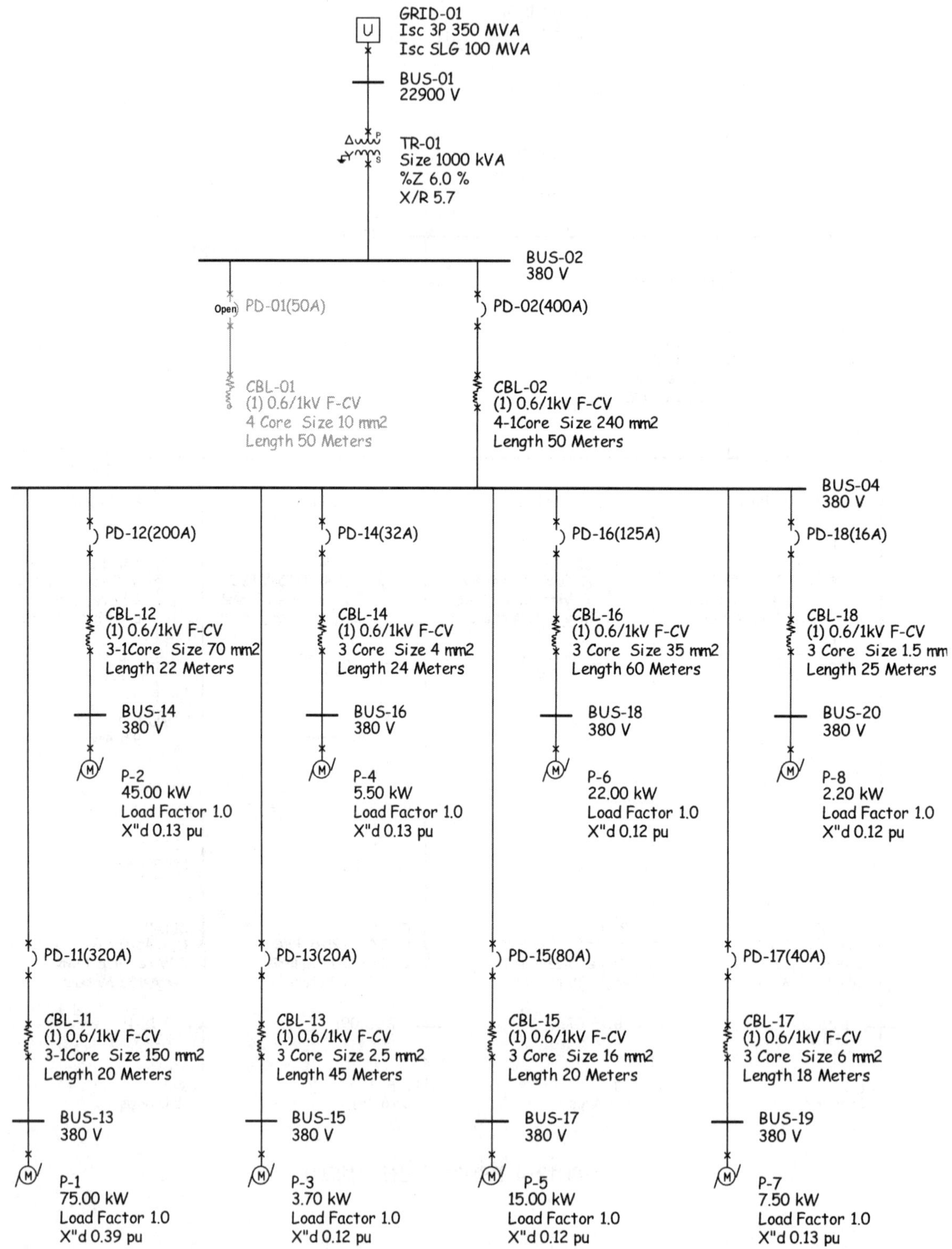


그림 12-5 전력부하의 단선 결선도(2)

**표 12-15 계통의 임피던스**

| 기기명 | Bus No. | | 전압[kV] | 기기 규격 | 수량 | imp Z | |
|---|---|---|---|---|---|---|---|
| | From | To | | | | R(Ω) | X(Ω) |
| GRID-01 | 0 | 1 | 22.9 | 전원 350MVA | 1 | 0.185641 | 1.486702 |
| TR-01 | 1 | 2 | 22.9/0.38 | TR 3상 1000kVA | 1 | 0.001494 | 0.008534 |
| CBL-01 | 2 | 3 | 0.38 | F-CV 10/4C × 1 | 50 | 0.046672 | 0.002044 |
| CBL-02 | 2 | 4 | 0.38 | F-CV 240/1C × 4 | 50 | 0.002175 | 0.002593 |
| CBL-03 | 3 | 5 | 0.22 | IV 4㎟ × 2 | 20 | 0.117565 | 0.002987 |
| CBL-04 | 3 | 6 | 0.22 | IV 1.5㎟ × 2 | 18 | 0.277717 | 0.003149 |
| CBL-05 | 3 | 7 | 0.22 | IV 6㎟ × 2 | 35 | 0.137458 | 0.004907 |
| CBL-06 | 3 | 8 | 0.22 | IV 1.5㎟ × 2 | 17 | 0.262288 | 0.002974 |
| CBL-07 | 3 | 9 | 0.22 | IV 10㎟ × 2 | 36 | 0.084007 | 0.004845 |
| CBL-08 | 3 | 10 | 0.22 | IV 1.5㎟ × 2 | 30 | 0.462862 | 0.005248 |
| CBL-09 | 3 | 11 | 0.22 | IV 4㎟ × 2 | 32 | 0.188104 | 0.004780 |
| CBL-10 | 3 | 12 | 0.22 | IV 2.5㎟ × 2 | 25 | 0.236213 | 0.004047 |
| CBL-11 | 4 | 13 | 0.38 | F-CV 150/1C × 3 | 20 | 0.003195 | 0.002409 |
| CBL-12 | 4 | 14 | 0.38 | F-CV 70/1C × 3 | 22 | 0.007534 | 0.002760 |
| CBL-13 | 4 | 15 | 0.38 | F-CV 2.5/3C × 1 | 45 | 0.425184 | 0.005129 |
| CBL-14 | 4 | 16 | 0.38 | F-CV 4/3C × 1 | 24 | 0.141078 | 0.002561 |
| CBL-15 | 4 | 17 | 0.38 | F-CV 16/3C × 1 | 20 | 0.044000 | 0.002774 |
| CBL-16 | 4 | 18 | 0.38 | F-CV 35/3C × 1 | 60 | 0.040130 | 0.005408 |
| CBL-17 | 4 | 19 | 0.38 | F-CV 6/3C × 1 | 18 | 0.070693 | 0.001824 |
| CBL-18 | 4 | 20 | 0.38 | F-CV 1.5/3C × 1 | 25 | 0.385718 | 0.003054 |
| P-1 | 13 | 0 | 0.38 | 유도전동기 75 kW | 1 | 0.019104 | 0.190997 |
| P-2 | 14 | 0 | 0.38 | 유도전동기 45 kW | 1 | 0.028952 | 0.289449 |
| P-3 | 15 | 0 | 0.38 | 유도전동기 3.7 kW | 1 | 0.276526 | 2.765187 |
| P-4 | 16 | 0 | 0.38 | 유도전동기 5.5 kW | 1 | 0.200239 | 2.002438 |
| P-5 | 17 | 0 | 0.38 | 유도전동기 15 kW | 1 | 0.079564 | 0.795701 |
| P-6 | 18 | 0 | 0.38 | 유도전동기 22 kW | 1 | 0.159100 | 1.591013 |
| P-7 | 19 | 0 | 0.38 | 유도전동기 7.5 kW | 1 | 0.465271 | 4.652784 |
| P-8 | 20 | 0 | 0.38 | 유도전동기 2.2 kW | 1 | 0.054280 | 0.542799 |

**표 12-16 단락고장전류 계산결과**

| BUS No | BUS Voltage | 대칭3상단락 고장전류[A] | X/R | K | 비대칭3상단락 고장전류 [A] |
|---|---|---|---|---|---|
| 01 | 22,900 | 8,864.2 | 7.9830 | 1.3822 | 12,251.5 |
| 02 | 380 | 26,843.6 | 5.7410 | 1.2921 | 34,683.9 |
| 03 | 380 | 1,846.5 | 0.1110 | 1.0000 | 1,846.5 |
| 04 | 380 | 16,359.1 | 2.6280 | 1.0877 | 17,794.1 |
| 05 | 220 | 606.1 | 0.8457 | 1.0006 | 606.1 |
| 06 | 220 | 322.8 | 0.7117 | 1.0001 | 322.8 |
| 07 | 220 | 546.0 | 0.8315 | 1.0005 | 546.0 |
| 08 | 220 | 338.1 | 0.7178 | 1.0002 | 338.1 |
| 09 | 220 | 738.7 | 0.9398 | 1.0012 | 738.7 |
| 10 | 220 | 209.1 | 0.6682 | 1.0001 | 209.1 |
| 11 | 220 | 437.1 | 0.7748 | 1.0003 | 437.1 |
| 12 | 220 | 367.3 | 0.7366 | 1.0002 | 367.3 |
| 13 | 380 | 13,307.9 | 1.9980 | 1.0422 | 13,869.2 |
| 14 | 380 | 11,465.5 | 1.3440 | 1.0093 | 11,572.1 |
| 15 | 380 | 526.7 | 0.1920 | 1.0000 | 526.7 |
| 16 | 380 | 1,521.5 | 0.1760 | 1.0000 | 1,521.5 |
| 17 | 380 | 6,034.0 | 0.4740 | 1.0000 | 6,034.0 |
| 18 | 380 | 4,713.2 | 0.4950 | 1.0000 | 4,713.3 |
| 19 | 380 | 2,895.2 | 0.2390 | 1.0000 | 2,895.2 |
| 20 | 380 | 569.8 | 0.1220 | 1.0000 | 569.8 |

표 12-17 단락고장전류에 의한 도체의 단면적 및 과전류차단기 적정성 판단

| BUS NO | | 전압 [V] | 도체의 단면적 | MCCB | | | | 도체의단락 시허용전류 [A][2] | 단락전류[A] | | 판정 |
|---|---|---|---|---|---|---|---|---|---|---|---|
| From | To | | | No | AF | AT | kA[1] | | MCCB 1차측[3] | CABLE 2차측[4] | |
| 2 | 3 | 380 | F-CV 10/4C | 1 | 100 | 50 | 50 | 4,522 | 34,684 | 1,847 | Pass |
| 2 | 4 | 380 | F-CV 240/1C | 2 | 400 | 400 | 65 | 108,529 | 34,684 | 17,794 | Pass |
| 3 | 5 | 220 | IV 4㎟ | 3 | 30 | 20 | 10 | 1,455 | 1,847 | 606 | Pass |
| 3 | 6 | 220 | IV 1.5㎟ | 4 | 30 | 16 | 10 | 545 | 1,847 | 323 | Pass |
| 3 | 7 | 220 | IV 6㎟ | 5 | 30 | 16 | 10 | 2,182 | 1,847 | 546 | Pass |
| 3 | 8 | 220 | IV 1.5㎟ | 6 | 30 | 16 | 10 | 545 | 1,847 | 338 | Pass |
| 3 | 9 | 220 | IV 10㎟ | 7 | 50 | 40 | 10 | 3,637 | 1,847 | 739 | Pass |
| 3 | 10 | 220 | IV 1.5㎟ | 8 | 30 | 16 | 10 | 545 | 1,847 | 209 | Pass |
| 3 | 11 | 220 | IV 4㎟ | 9 | 30 | 16 | 10 | 1,455 | 1,847 | 437 | Pass |
| 3 | 12 | 220 | IV 2.5㎟ | 10 | 30 | 16 | 10 | 909 | 1,847 | 367 | Pass |
| 4 | 13 | 380 | F-CV 150/1C | 11 | 400 | 320 | 65 | 67,831 | 17,794 | 13,896 | Pass |
| 4 | 14 | 380 | F-CV 70/1C | 12 | 250 | 200 | 50 | 31,654 | 17,794 | 11,572 | Pass |
| 4 | 15 | 380 | F-CV 2.5/3C | 13 | 30 | 20 | 50 | 1,131 | 17,794 | 527 | Pass |
| 4 | 16 | 380 | F-CV 4/3C | 14 | 50 | 32 | 50 | 1,809 | 17,794 | 1,522 | Pass |
| 4 | 17 | 380 | F-CV 16/3C | 15 | 100 | 80 | 50 | 7,235 | 17,794 | 6,034 | Pass |
| 4 | 18 | 380 | F-CV 35/3C | 16 | 160 | 125 | 50 | 15,827 | 17,794 | 4,713 | Pass |
| 4 | 19 | 380 | F-CV 6/3C | 17 | 50 | 40 | 50 | 2,713 | 17,794 | 2,895 | Pass |
| 4 | 20 | 380 | F-CV 1.5/3C | 18 | 30 | 16 | 50 | 678 | 17,794 | 570 | Pass |

[비고 1] MCCB의 정격차단전류(kA)[1]는 MCCB의 2차측 단락전류[3]보다 큰 용량의 차단용량을 갖는 차단기를 선정하여야 한다.
[비고 2] 도체의 단락시 허용전류[2]는 도체(케이블) 2차측 단락전류[4]보다 큰 용량의 도체를 선정하여야 한다.

## 6 단락고장전류의 계산 예시

### 1) 단락고장전류의 계산 조건

(1) 전원의 단락용량

① 전원의 계통전압 및 단락용량 : 22.9kV, 300MVA
② X/R Ratio : 10

(2) 특별고압 인입선

① 케이블의 종류 : 22.9kV FR-CNCO-W, 60㎟/1C × 3 Line
② 케이블의 길이 : 90 m

(3) 변압기

① 전압 및 용량 : 22.9/0.38kV, 1500kVA
② %Impedance : 7%
③ X/R Ratio : 6.54

(4) 간선

① 간선의 전기방식 및 전압 : 3상 4선, 380V
② 케이블의 종류 : 0.6/1kV F-CV/1Core × 4 Line
③ 간선의 단면적 : 300 ㎟
④ 간선의 배열방식 : 평면배열(s=d)
⑤ 간선의 길이 : 120 m

(5) 분기회로

① 분기회로의 전기방식 및 전압 : 3상 3선, 380V
② 케이블의 종류 : 0.6/1kV F-CV/3Core × 1 Line
③ 분기회로의 단면적 : 25 ㎟
④ 분기회로의 길이 : 60 m

(6) 부하

① 부하의 종류 : 3상 유도전동기
② 전압 및 용량 : 380V, 22kW
③ 효율 및 역률 : $\eta$ =0.88, cos$\theta$ =0.8
④ 전동기의 전전압 기동배율 : 7.2
⑤ 전동기의 기동시 X/R Ratio : 5.0

### (7) 케이블의 임피던스

① 22.9kV FR-CNCO-W Cable

| 공칭 단면적 [㎟] | 정상임피던스 | | 영상임피던스 | |
|---|---|---|---|---|
| | R1 [Ω/km] | X1 [Ω/km] | R0 [Ω/km] | X0 [Ω/km] |
| 60 | 0.3936 | 0.1944 | 1.2671 | 0.5107 |

[출처] 한국전력 배전(지중)설계기준 부록 2 케이블 구조 및 임피던스

② 0.6/1kV F-CV/1Core Cable

| 공칭 단면적 [㎟] | 단심케이블(1C), 평면배열(s=d) | | 다심케이블(3C) | |
|---|---|---|---|---|
| | R [Ω/km] | X [Ω/km] | R [Ω/km] | X [Ω/km] |
| 25 | 0.9272 | 0.1421 | 0.9275 | 0.0929 |
| 300 | 0.0800 | 0.1172 | 0.0827 | 0.0844 |

[출처] 표 5-15, 표 5-18
[비고] R의 값은 90℃의 교류도체저항으로 표피효과와 근접효과계수가 고려되었다.

## 2) 전기설비 계통도

계산 조건에 따른 단락고장전류를 계산화기 위한 전기설비 계통도를 구성하면 다음과 같이 된다.

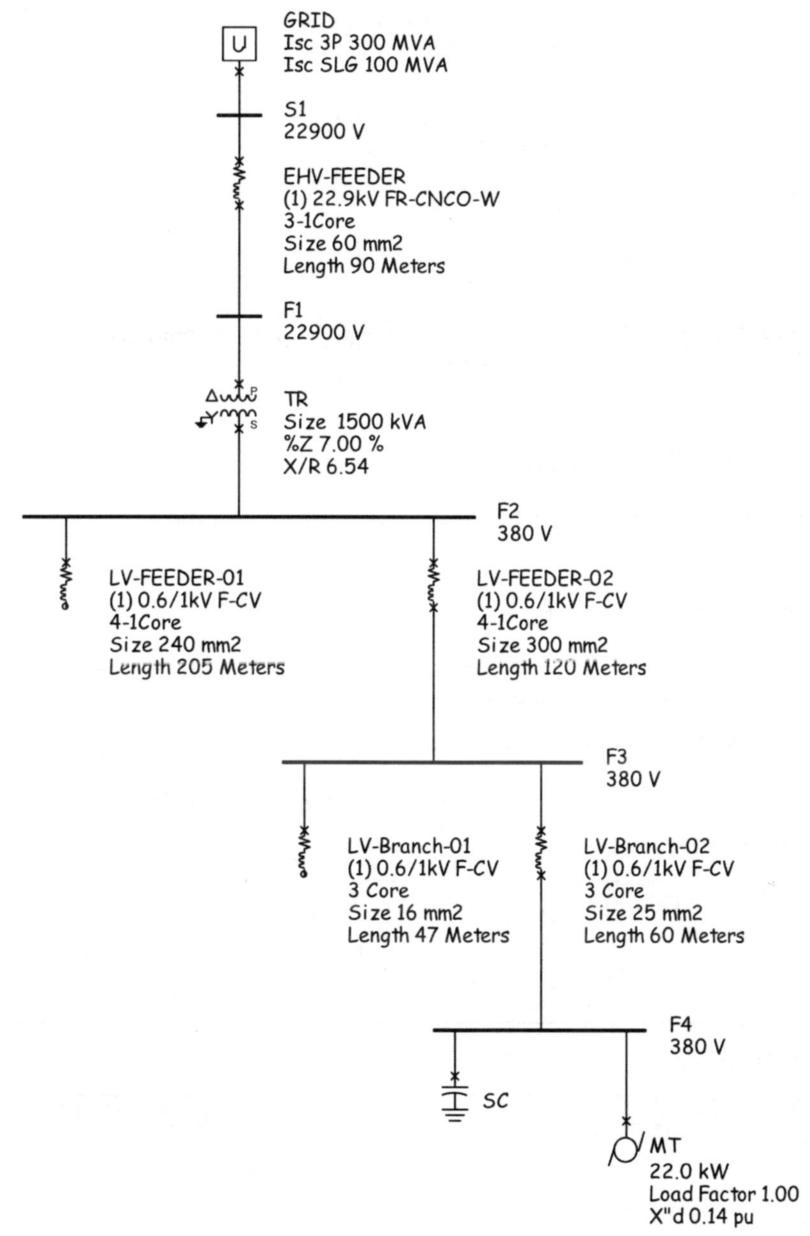


그림 12-6 전기설비 계통도

## 3) 임피던스의 계산

(1) 전원의 임피던스($Z_s$)

① 전원의 단락용량($P_s$) : 300 MVA

② 전원의 X/R : 10

③ 전원 임피던스($Z_s$)의 계산

$$Z_s = \frac{V^2}{P_s} = \frac{22.9^2}{300} = 1.7480\ \Omega$$

$$R_S = \frac{Z_s}{\sqrt{1+(X/R)^2}} = \frac{1.7480}{\sqrt{1+10^2}} = 0.1739\ \Omega$$

$$X_S = \frac{Z_s}{\sqrt{1+1/(X/R)^2}} = \frac{1.7480}{\sqrt{1+1/10^2}} = 1.7394\ \Omega$$

④ 저압측 환산 임피던스

$$R_{SLV} = \frac{1}{t_r^2} \times R_s \times 10^3 = \frac{1}{(22.9/0.38)^2} \times 0.1739 \times 10^3 = 0.0479\,\mathrm{m}\Omega$$

$$X_{SLV} = \frac{1}{t_r^2} \times X_s \times 10^3 = \frac{1}{(22.9/0.38)^2} \times 1.7394 \times 10^3 = 0.4789\ \mathrm{m}\Omega$$

(2) 22.9kV 인입케이블의 임피던스($Z_{FEHV}$)

① 케이블의 종류 : 22.9kV FR-CNCO-W, 60㎟/1C × 3 Line

② 케이블의 길이 : 90 m

③ 도체의 20℃ 저항조정계수($\delta_a$)

$$\delta_a = \frac{1}{1+\alpha(T_b - T_{20})} = \frac{1}{1+0.004 \times (90-20)} = 0.78125$$

④ 도체의 높은 온도(250℃)에서 저항조정계수($\delta_b$)

$$\delta_b = [1+\alpha(T_m - T_{20})] \times \delta_a = [1+0.004 \times (250-20)] \times 0.78125 = 1.5$$

⑤ 22.9kV 인입케이블의 R, X

| R0(Ω/km) | X0(Ω/km) | L(km) | $\delta_a$ / $\delta_b$ | RFEHV(Ω) | XFEHV(Ω) |
|---|---|---|---|---|---|
| 0.3936 | 0.1944 | 0.09 | 0.78125 | 0.0277 | 0.0175 |
| | | | 1.50000 | 0.0531 | 0.0175 |

⑥ 저압측 환산 임피던스

| 구분 | RFEHV(Ω) | XFEHV(Ω) | $1/t_r^2$ | RFLV(mΩ) | XFLV(mΩ) |
|---|---|---|---|---|---|
| 20℃ | 0.0277 | 0.0175 | 0.0002754 | 0.0076 | 0.0048 |
| 250℃ | 0.0531 | 0.0175 | 0.0002754 | 0.0146 | 0.0048 |

⑦ 22.9kV 측 $Z_s + Z_{FEHV}$의 임피던스

| 구 분 | 낮은 온도(20℃) | | 높은 온도(250℃) | |
|---|---|---|---|---|
| | R(Ω) | X(Ω) | R(Ω) | X(Ω) |
| $Z_S$ | 0.1739 | 1.7394 | 0.1739 | 1.7394 |
| $Z_{FEHV}$ | 0.0277 | 0.0175 | 0.0531 | 0.0175 |
| 합 계 | 0.2016 | 1.7569 | 0.2271 | 1.7569 |

(3) 변압기의 임피던스

① 변압기의 용량($P_t$) : 1500 kVA

② 변압기의 %임피던스(%$Z$) : 7%

③ 변압기의 X/R : 6.54

④ 변압기의 임피던스($Z_t$)

$$Z_t = \frac{\%Z}{100} \times \frac{V^2}{P_t} = \frac{7}{100} \times \frac{0.38^2}{1,500} \times 10^6 = 6.7387\ \mathrm{m}\Omega$$

⑤ 변압기의 리액턴스($X_t$)

$$X_t = \frac{Z_t}{\sqrt{1+1/(X/R)^2}} = \frac{6.7387}{\sqrt{1+1/6.54^2}} = 6.6612\ \mathrm{m}\Omega$$

⑥ 최대단락전류의 계산에 적용하는 전압계수($C_{\max}$) : 1.1

⑦ 변압기 임피던스 보정계수($K_T$)

$$K_T = 0.95\frac{C_{\max}}{1+0.6\dfrac{X_t}{V^2/P_t}} = 0.95 \times \frac{1.1}{1+0.6\times\dfrac{6.6612}{(0.38^2/1,500)\times 10^6}} = 1.00334$$

⑧ 변압기 임피던스의 계산

$$Z_T = K_T \times Z_t = 1.00334 \times 6.7387 = 6.7612\ \mathrm{m}\Omega$$

$$R_T = \frac{Z_T}{\sqrt{1+(X/R)^2}} = \frac{6.7612}{\sqrt{1+6.54^2}} = 1.0219\ \mathrm{m}\Omega$$

$$X_T = \frac{Z_T}{\sqrt{1+1/(X/R)^2}} = \frac{6.7612}{\sqrt{1+1/6.54^2}} = 6.6835\ \mathrm{m}\Omega$$

⑨ $Z_s + Z_{FEHV} + Z_T$의 임피던스

| 구 분 | 낮은 온도(20℃) | | 높은 온도(250℃) | |
|---|---|---|---|---|
| | R(mΩ) | X(mΩ) | R(mΩ) | X(mΩ) |
| $Z_S$ | 0.0479 | 0.4789 | 0.0479 | 0.4789 |
| $Z_{FEHV}$ | 0.0076 | 0.0048 | 0.0146 | 0.0048 |
| $Z_T$ | 1.0219 | 6.6835 | 1.0219 | 6.6835 |
| 합 계 | 1.0774 | 7.1672 | 1.0844 | 7.1672 |

(4) 간선(배전회로)의 임피던스($Z_F$)

① 간선의 종류 : 0.6/1kV F-CV

② 간선의 단면적 : 300 ㎟

③ 간선의 심선수 : 1C

④ 간선의 길이 : 120 m

⑤ 간선의 배열방식 : 평면배열

⑥ 도체의 20℃ 저항조정계수($\delta_a$) : 0.78125

⑦ 도체의 높은 온도에서 저항조정계수($\delta_b$) : 1.5000

⑧ 간선의 R, X

| R0(Ω/km) | X0(Ω/km) | L(m) | $\delta_a$ / $\delta_b$ | RF(mΩ) | XF(mΩ) |
|---|---|---|---|---|---|
| 0.0800 | 0.1172 | 120 | 0.78125 | 7.5000 | 14.0640 |
| | | | 1.50000 | 14.4000 | 14.0640 |

⑨ $Z_s + Z_{FEHV} + Z_T + Z_F$의 임피던스

| 구 분 | 낮은 온도(20℃) | | 높은 온도(250℃) | |
|---|---|---|---|---|
| | R(mΩ) | X(mΩ) | R(mΩ) | X(mΩ) |
| $Z_S$ | 0.0479 | 0.4789 | 0.0479 | 0.4789 |
| $Z_{FEHV}$ | 0.0076 | 0.0048 | 0.0146 | 0.0048 |
| $Z_T$ | 1.0219 | 6.6835 | 1.0219 | 6.6835 |
| $Z_F$ | 7.5000 | 14.0640 | 14.4000 | 14.0640 |
| 합 계 | 8.5774 | 21.2312 | 15.4844 | 21.2312 |

(5) 분기회로의 임피던스($Z_{Br}$)

① 분기회로의 종류 : 0.6/1kV F-CV/3C

② 분기회로의 단면적 : 25 ㎟

③ 분기회로의 심선수 : 3C

④ 분기회로의 길이(L) : 60 m

⑤ 도체의 20℃ 저항조정계수($\delta_a$) : 0.78125

⑥ 도체의 높은 온도에서 저항조정계수($\delta_b$) : 1.5000

⑦ 분기회로의 R, X

| R0(Ω/km) | X0(Ω/km) | L(m) | $\delta_a$ / $\delta_b$ | RBr(mΩ) | XBR(mΩ) |
|---|---|---|---|---|---|
| 0.9275 | 0.0929 | 60 | 0.78125 | 43.4766 | 5.5740 |
| | | | 1.50000 | 83.4750 | 5.5740 |

⑧ $Z_s + Z_{FEHV} + Z_T + Z_F + Z_{Br}$의 임피던스

| 구 분 | 낮은 온도(20℃) | | 높은 온도(250℃) | |
|---|---|---|---|---|
| | R(mΩ) | X(mΩ) | R(mΩ) | X(mΩ) |
| $Z_S$ | 0.0479 | 0.4789 | 0.0479 | 0.4789 |
| $Z_{FEHV}$ | 0.0076 | 0.0048 | 0.0146 | 0.0048 |
| $Z_T$ | 1.0219 | 6.6835 | 1.0219 | 6.6835 |
| $Z_F$ | 7.5000 | 14.0640 | 14.4000 | 14.0640 |
| $Z_{Br}$ | 43.4766 | 5.5740 | 83.4750 | 5.5740 |
| 합 계 | 52.0540 | 26.8052 | 98.9594 | 26.8052 |

(6) 전동기부하의 단락시 임피던스

① 부하의 종류 : 3상 유도전동기

② 전압($V$) 및 용량($P$) : 380V, 22kW

③ 효율 및 역률 : $\eta$ =0.88, cos$\theta$ =0.8

④ 전동기의 전전압 기동배율($\beta$ ) : 7.2

⑤ 전동기 기동시 X/R Ratio : 5.0

⑥ 전동기의 입력($P_m$)

$$P_m = \frac{P}{\eta \times \cos\theta} = \frac{22}{0.88 \times 0.8} = 31.25\,\text{kVA}$$

⑦ 전동기의 단락시 임피던스

$$Z_m = \frac{1}{\beta} \times \frac{V^2}{P_m} \times 10^3 = \frac{1}{7.2} \times \frac{0.38^2}{0.03126} \times 10^3 = 641.7778\,\text{m}\Omega$$

$$R_m = \frac{Z_m}{\sqrt{1+(X/R)^2}} = \frac{641.7778}{\sqrt{1+5^2}} = 125.8630\,\text{m}\Omega$$

$$X_m = \frac{Z_s}{\sqrt{1+1/(X/R)^2}} = \frac{641.7778}{\sqrt{1+1/5^2}} = 629.3149\,\text{m}\Omega$$

## 4) 단락고장전류의 계산

(1) F1의 단락고장전류

① 최대단락전류의 계산

고장점 $F_1$의 최대단락전류는 다음의 식으로 계산하여 적용한다.

$$I_{F1} = \frac{C_{\max} \cdot U_n/k}{\underline{Z}_S + \underline{Z}_{FEHV}} = \frac{1.1 \times (22{,}900/\sqrt{3})}{\sqrt{(0.2016)^2 + (1.7569)^2}} = 8{,}224\,\text{A}$$

여기에서,

$C_{\max}$ : 최대전압계수($C_{\max}$= 1.1)

$U_n$ : 공칭선간전압(V)

$k$ : 상전압 변환계수(단상 : 1, 3상 : $\sqrt{3}$)

② 최소단락전류의 계산

고장점 $F_1$의 최소단락전류는 다음의 식으로 계산하여 적용한다.

$$I_{F1} = \frac{C_{\min} \cdot U_n/k}{\underline{Z}_S + \underline{Z}_{FEHV}} = \frac{1.0 \times (22{,}900/\sqrt{3})}{\sqrt{(0.2271)^2 + (1.7569)^2}} = 7{,}463\,\text{A}$$

여기에서,

$C_{\min}$ : 최소전압계수($C_{\min}$= 1.0)

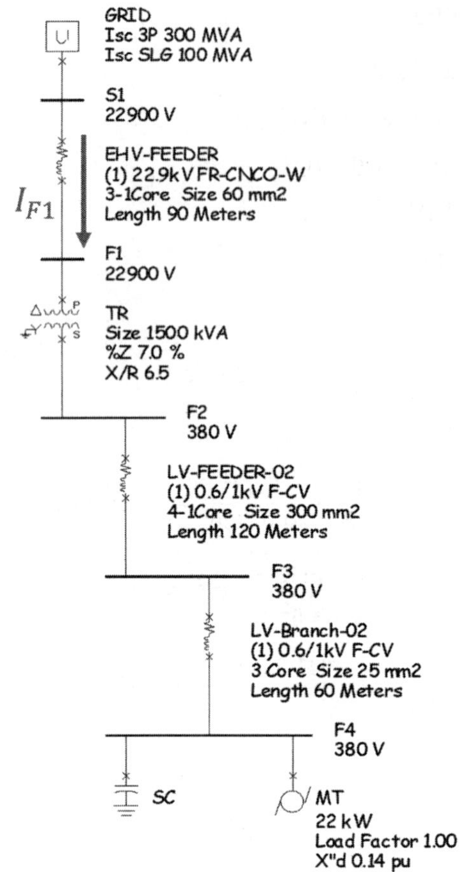


그림 12-7 F1의 단락고장

(2) F2의 단락고장전류

① 최대단락전류의 계산

고장점 $F_2$의 최대단락전류는 다음의 식으로 계산하여 적용한다.

$$I_{F2} = \frac{K \cdot C_{\max} \cdot U_n/k \cdot 10^3}{\underline{Z}_S + \underline{Z}_{FEHV} + \underline{Z}_T} = \frac{1.3333 \times 1.1 \times (380/\sqrt{3}) \times 10^3}{\sqrt{(1.0774)^2 + (7.1672)^2}} = 44,396\,\text{A}$$

여기에서,

$K$ : 비대칭계수

$$K = \sqrt{1 + 2e^{-\frac{2\pi R}{X}}} = \sqrt{1 + 2e^{-\frac{2\pi \times 1.0774}{7.1672}}} = 1.3333$$

② 최소단락전류의 계산

고장점 $F_2$의 최소단락전류는 다음의 식으로 계산하여 적용한다.

$$I_{F2} = \frac{K \cdot C_{\min} \cdot U_n/k \cdot 10^3}{\underline{Z}_S + \underline{Z}_{FEHV} + \underline{Z}_T} = \frac{1.3315 \times 0.95 \times (380/\sqrt{3}) \times 10^3}{\sqrt{(1.0844)^2 + (7.1672)^2}} = 38,285\,\text{A}$$

여기에서,

$C_{\min}$ : 최소전압계수($C_{\min}$= 0.95)

$K$ : 비대칭계수

$$K=\sqrt{1+2e^{-\frac{2\pi R}{X}}}=\sqrt{1+2e^{-\frac{2\pi\times 1.0884}{7.1672}}}=1.3315$$

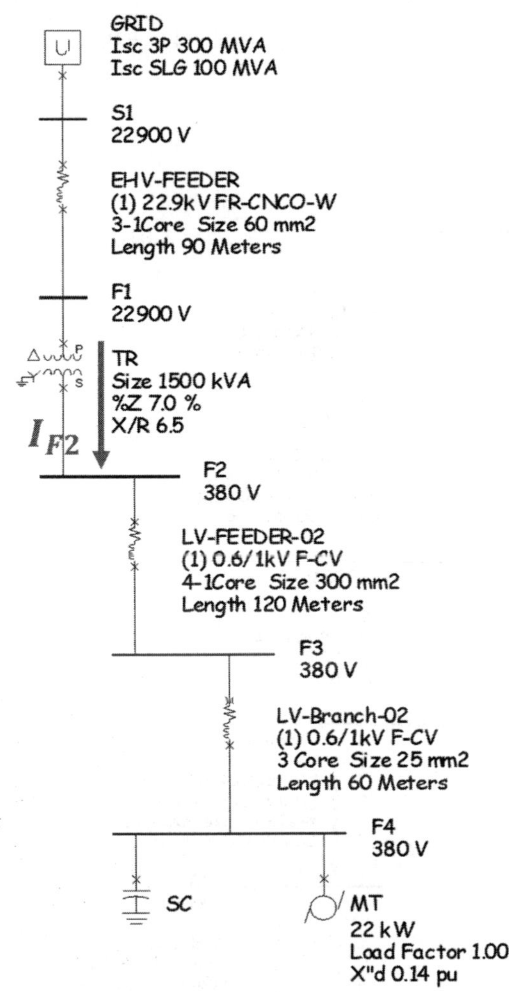


그림 12-8 F2의 단락고장

(3) F3(간선과 분기회로 접속점)의 단락고장전류 계산

① 최대단락전류의 계산

간선과 분기회로의 접속점에서 최대단락전류는 다음의 식으로 계산하여 적용한다.

$$I_{F3}=\frac{K\cdot C_{\max}\cdot U_n/k\cdot 10^3}{\underline{Z}_S+\underline{Z}_{FEHV}+\underline{Z}_T+\underline{Z}_F}=\frac{1.0761\times 1.1\times(380/\sqrt{3})\times 10^3}{\sqrt{(8.5774)^2+(21.2312)^2}}=11{,}341\,\text{A}$$

여기에서,

$K$ : 비대칭계수

$$K=\sqrt{1+2e^{-\frac{2\pi R}{X}}}=\sqrt{1+2e^{-\frac{2\pi\times 8.5774}{21.2312}}}=1.0761$$

② 최소단락전류의 계산

간선과 분기회로의 접속점에서 최소단락전류는 다음의 식으로 계산하여 적용한다.

$$I_{F3}=\frac{K\cdot C_{\min}\cdot U_n/k\cdot 10^3}{\underline{Z}_S+\underline{Z}_{FEHV}+\underline{Z}_T+\underline{Z}_F}=\frac{1.0101\times 0.95\times(380/\sqrt{3})\times 10^3}{\sqrt{(15.4844)^2+(21.2312)^2}}=8{,}012\,\mathrm{A}$$

여기에서,

$K$ : 비대칭계수

$$K=\sqrt{1+2e^{-\frac{2\pi R}{X}}}=\sqrt{1+2e^{-\frac{2\pi\times 15.4844}{21.2312}}}=1.0101$$

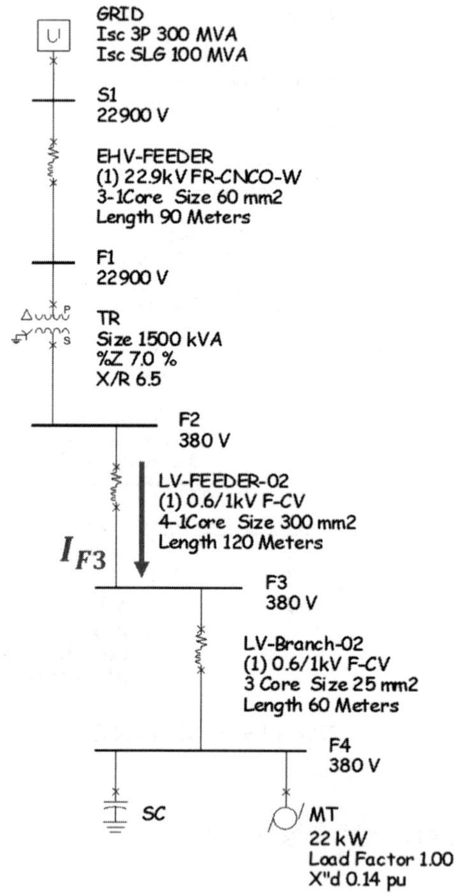


그림 12-9 F3의 단락고장

(4) F3에서 전동기의 기여전류 계산

① 고장 임피던스

| 구 분 | 낮은 온도(20℃) | |
|---|---|---|
| | R(mΩ) | X(mΩ) |
| $Z_{Br}$ | 43.4766 | 5.5740 |
| $Z_m$ | 125.8630 | 629.3149 |
| 합 계 | 169.3396 | 634.8889 |

② 최대단락전류의 계산

고장점 F3에서 전동기에 의한 최대단락전류는 다음의 식으로 계산하여 적용한다.

$$I_{MF3} = \frac{K \cdot C_{\max} \cdot U_n/k \cdot 10^3}{\underline{Z}_{Br} + \underline{Z}_m} = \frac{1.1723 \times 1.1 \times (380/\sqrt{3}) \times 10^3}{\sqrt{(169.3396)^2 + (634.8889)^2}} = 431\,\text{A}$$

여기에서,

$K$ : 비대칭계수

$$K = \sqrt{1 + 2e^{-\frac{2\pi R}{X}}} = \sqrt{1 + 2e^{-\frac{2\pi \times 169.3396}{634.8889}}} = 1.1723$$

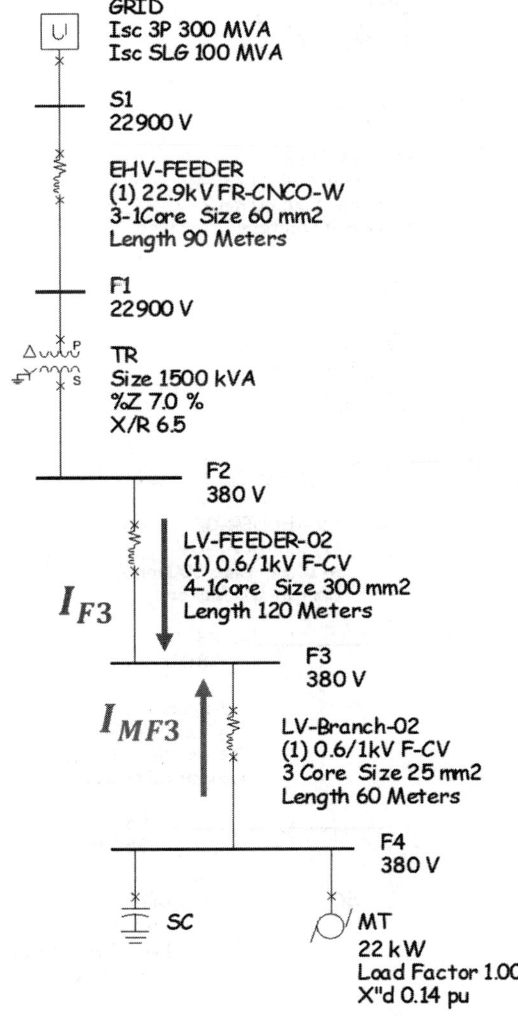


그림 12-10 F3의 전동기 기여전류

③ F3에서 비동기전동기의 기여전류 비율 계산

$$R_a = \frac{I_{MF3}}{I_{F3}} \times 100 = \frac{431}{11,341} \times 100 = 3.8\%$$

④ F3에서 단락고장전류

전동기의 고장기여전류가 전원에서 공급되는 고장전류에 대한 비율이 5.0% 이하이므로 무시한다. 따라서 F3점의 최대고장전류는 11,341A가 된다.

(5) F4(분기회로와 부하의 접속점)의 단락고장전류 계산

① 최대단락전류의 계산

분기회로와 부하의 접속점에서 최대단락전류는 다음의 식으로 계산하여 적용한다.

$$I_{F4} = \frac{K \cdot C_{\max} \cdot U_n / k \cdot 10^3}{\underline{Z}_S + \underline{Z}_{FEHV} + \underline{Z}_T + \underline{Z}_F + \underline{Z}_{Br}} = \frac{1.000 \times 1.1 \times (380/\sqrt{3}) \times 10^3}{\sqrt{(52.0540)^2 + (26.8052)^2}} = 4,122\,\text{A}$$

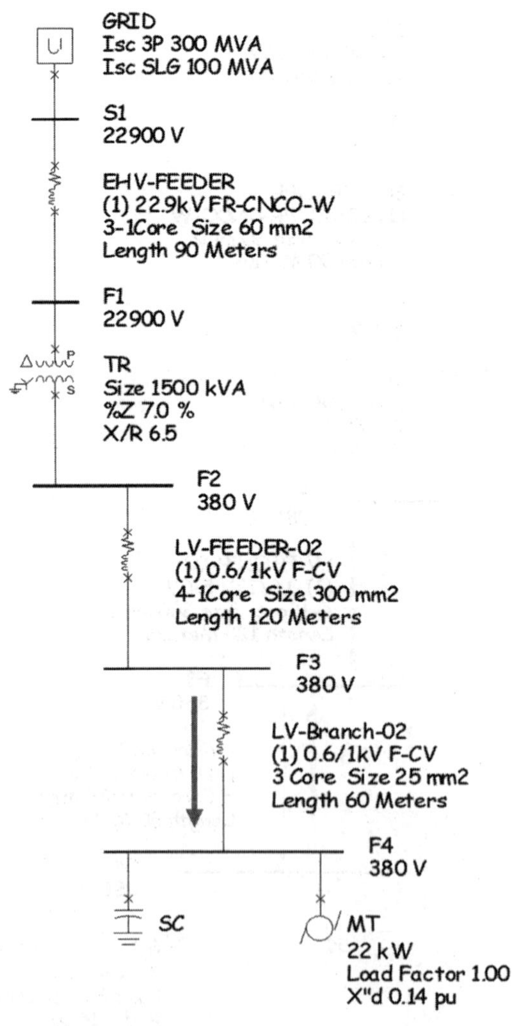


그림 12-11 F4의 단락고장

여기에서,

$K$ : 비대칭계수

$$K=\sqrt{1+2e^{-\frac{2\pi R}{X}}}=\sqrt{1+2e^{-\frac{2\pi\times 52.0540}{26.8052}}}=1.000$$

② 최소단락전류의 계산

분기회로와 부하의 접속점에서 최소단락전류는 다음의 식으로 계산하여 적용한다.

$$I_{F4}=\frac{K\cdot C_{\min}\cdot U_n/k\cdot 10^3}{\underline{Z}_S+\underline{Z}_{FEHV}+\underline{Z}_T+\underline{Z}_F+\underline{Z}_{Br}}=\frac{1.000\times 0.95\times(380/\sqrt{3})\times 10^3}{\sqrt{(98.9594)^2+(26.8052)^2}}=2{,}033\,\mathrm{A}$$

여기에서,

$K$ : 비대칭계수

$$K=\sqrt{1+2e^{-\frac{2\pi R}{X}}}=\sqrt{1+2e^{-\frac{2\pi\times 98.9594}{26.80528}}}=1.000$$

### (6) F4에서 전동기의 기여전류 계산

① 최대단락전류의 계산

고장점 F4에서 전동기에 의한 최대기여전류는 다음의 식으로 계산하여 적용한다.

$$I_{MF4}=\frac{K\cdot C_{\max}\cdot U_n/k\cdot 10^3}{\underline{Z}_m}=\frac{1.2527\times 1.1\times(380/\sqrt{3})\times 10^3}{\sqrt{(125.863)^2+(629.3149)^2}}=471\,A$$

여기에서,

$K$ : 비대칭계수

$$K=\sqrt{1+2e^{-\frac{2\pi R}{X}}}=\sqrt{1+2e^{-\frac{2\pi\times 125.863}{629.3149}}}=1.2527$$

② F4에서 비동기전동기의 기여전류 비율 계산

$$R_a=\frac{I_{MF4}}{I_{F4}}\times 100=\frac{471}{4{,}122}\times 100=11.4\,\%$$

③ F4에서 단락고장전류

비동기전동기의 고장기여전류가 전원에서 공급되는 고장전류에 대한 비율이 5%를 초과하므로 고장전류를 합산한다.

$$I_{F4T}=I_{F4}\angle\theta_1+I_{MF4}\angle\theta_2=4{,}122\angle-27.2^\circ+471\angle-78.7^\circ=4{,}431\,\mathrm{A}$$

여기에서,

$$\theta_1=\tan^{-1}(-\frac{X}{R})=\tan^{-1}(-\frac{26.8052}{52.054})=-27.2^\circ$$

$$\theta_2=\tan^{-1}(-\frac{X}{R})=\tan^{-1}(-\frac{629.3149}{125.863})=-78.7^\circ$$

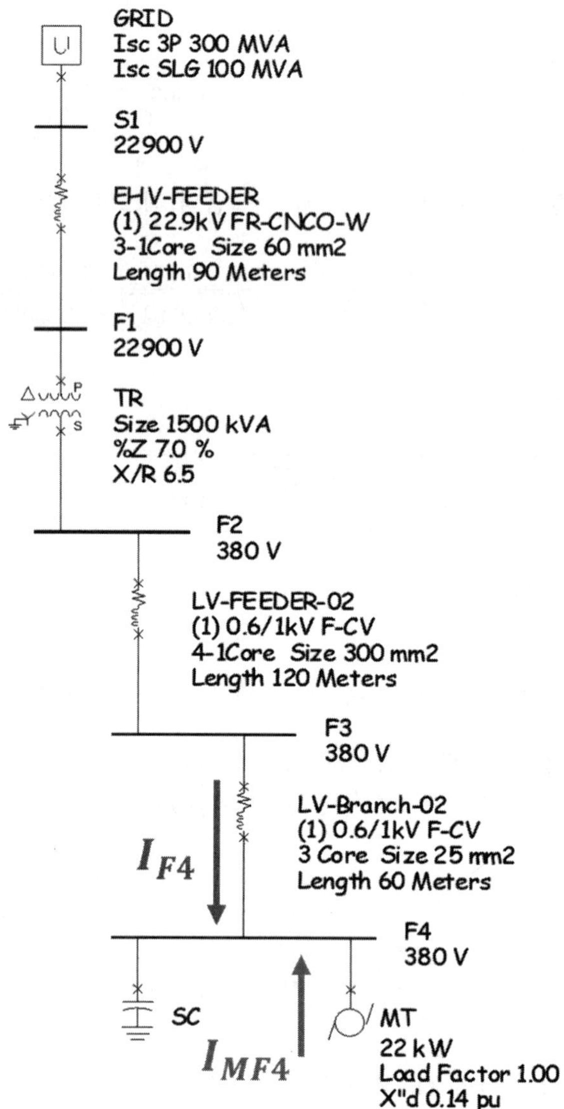


그림 12-12 F4의 전동기 기여전류

# 7 과전류보호 설계 예시

## 7.1 전동기 분기회로

다음의 주어진 계산 조건을 KEC 212(과전류에 대한 보호) 및 232(배선설비)에서 요구하는 기준에 따라 전동기 분기회로에 대하여 가장 적절한 크기의 선도체(L1, L2, L3), 중선선(N) 및 보호도체(PE)의 단면적과 보호장치의 정격전류를 선정한다.

### 1) 계산조건

(1) 전기방식 : 3상 3선
(2) 전압 : 380 V
(3) 전동기의 정격출력 : 22 kW
(4) 전동기의 효율 : 88 %
(5) 전동기의 역률(cos$\theta$ ) : 80 %
(6) 전동기의 전전압 기동배율 : 7.2
(7) 전동기의 기동방식 : 전전압기동
(8) 전동기의 전전압 기동시간 : 6 s
(9) 전동기의 기동시 역률 : 0.2
(10) 분기회로 도체의 종류 : 0.6/1kV F-CV Cable
(11) 심선의 수 : 3 Core
(12) 공사방법 : B2
(13) 선도체의 배열방식 : N/A
(14) 주위온도 : 40℃
(15) 복수회로로 포설된 그룹의 회선수 : 1
(16) 복수회로 감소계수 적용 배치방법 : B2-1
(17) 전동기 분기회로의 병렬도체 수 : 1
(18) 전동기의 운전시 허용전압강하율 : 2 %
(19) 전동기의 기동시 전압강하율 : 7 %
(20) 전동기 분기회로의 길이(L) : 60 m
(21) 보호장치의 종류 : 산업용 배선차단기
(22) 보호도체의 종류 : GV
(23) 보호도체의 선정방법 : 142.3.2(보호도체)의 표 142.3-1
(24) 전원의 단락용량 및 X/R Ratio : 300 MVA, X/R=10
(25) 변압기의 용량 : 1500 kVA
(26) 변압기의 %임피던스 및 X/R Ratio : 7%, X/R = 6.54
(27) 간선의 전기방식 : 3상 4선

(28) 간선의 전압 : 380 V
(29) 간선 케이블의 종류 : 0.6/1kV F-CV
(30) 간선의 단면적 : 300 ㎟
(31) 간선의 배열방식 : 평면배열
(32) 간선의 심선수 : 1 Core
(33) 간선의 길이 : 120 m
(34) 간선의 병렬도체 수 : 1

## 2) 도체의 단면적 선정

### (1) 설계전류를 고려한 공칭단면적의 선정

#### ① 전동기회로의 설계전류

$$I_B = \frac{P}{\sqrt{3}\,V \cdot \eta \cdot \cos\theta} = \frac{22}{\sqrt{3} \times 0.38 \times 0.88 \times 0.8} = 47.5\,\mathrm{A}$$

여기에서,

$I_B$ : 전동기회로의 설계전류(A)
$P$ : 전동기의 출력(kW)
$V$ : 전동기의 정격전압(kV)
$\eta$ : 전동기의 효율
$\cos\theta$ : 전동기의 역률

#### ② 도체의 허용전류

절연물의 종류, 부하도체 수, 공사방법, 주위온도 및 복수회로로 포설된 그룹의 회선수 등을 고려한 도체의 허용전류표는 다음과 같다.

- 케이블 및 절연물의 종류 : 0.6/1kV F-CV, XLPE
- 부하도체 수 : 3
- 공사방법 및 배치방법 : B2, B2-1
- 허용전류 보정계수

| 구 분 | 기준값 | 계산조건 | 보정계수 | 비고 |
|---|---|---|---|---|
| 주위온도 | 30 ℃ | 40 ℃ | 0.91 | 표 12-22 |
| 복수회로 회선수 | 1 회선 | 1 회선 | 1.0 | 표 12-23 |
| 병렬 도체 수 | 1 도체 | 1 도체 | 1.0 | 표 12-23 |
| 적용 보정계수 | | | 0.91 | |

• 케이블의 보정된 허용전류 :

| 공칭단면적 (㎟) | 허용전류(A) 30℃, 1회선 | 보정된 허용전류(A) 40℃, 1회선 |
|---|---|---|
| 6 | 44 | 40 |
| 10 | 60 | 54 |
| 16 | 80 | 72 |
| 25 | 105 | 95 |
| 35 | 128 | 116 |

비고 : 표 12-18, 표 12-19를 참조

③ 도체의 단면적의 결정

전동기의 정격전류를 연속하여 흘릴 수 있는 도체의 공칭단면적은 상기의 허용전류 표에서 10 ㎟로 선택한다.

### (2) 과부하 보호장치의 정격전류를 고려한 도체의 단면적

① 과부하 보호장치의 정격전류 선정 조건

$$I_B \le I_n$$

② 과부하 보호장치의 정격전류 선정 : 50 A

$$I_B(47.5\,A) \le I_n(50\,A)$$

③ 도체의 단면적 선정

도체의 단면적은 보정된 허용전류표에서 50A 이상에 해당하는 10 ㎟(54A)를 선택한다.

$$I_B(47.5\,A) \le I_n(50\,A) \le I_Z(54\mathrm{A})$$

### (3) 전압강하율을 고려한 계산단면적

① 허용전압강하율의 한계

공급전압에 대한 부하의 단자에서 허용전압강하율은 부하기기의 허용전압강하율을 고려하여 선정하는 것이 원칙이다. 일반적으로 분기회로에서 허용전압강하율은 공급전압의 2% 이내로 하지만, 간선의 전압강하율을 포함한 합산전압강하율은 5% 이내가 바람직하다.

② 허용전압강하율을 고려한 계산단면적

분기회로에서 허용전압강하율을 2%로 고려한 계산단면적은 다음과 같다.

$$S = \frac{K_w \times I \times L}{1000 \times e} = \frac{30.8 \times 47.5 \times 60}{1000 \times 380 \times 0.02} = 11.55 \text{ ㎟}$$

여기에서,

$S$ : 도체의 최소단면적 [㎟]

$K_w$ : 단상 2선 35.6, 3상 3선 30.8, 3상 4선 17.8

$I$ : 전류 [A]

$L$ : 도체의 길이 [m]

$e$ : 선간의 전압강하율(3상 4선의 경우 전압선과 중성선과의 전압)

③ 공칭단면적의 결정

계산단면적보다 큰 공칭단면적 16 ㎟를 선택한다.

#### (4) 전동기의 기동전류에 의한 온도상승을 고려한 도체의 단면적

① 전동기회로의 설계전류($I_B$) : 47.5 A

② 전동기의 전전압 기동배율($\beta$) : 7.2

③ 전동기의 전전압 기동시간($t_m$) : 6 s

④ 절연물의 종류에 따라 정해지는 상수($K$) : 143 (표 12-1을 참조)

⑤ 병렬도체 수($n$) : 1

⑥ 설계여유($\alpha$) : 1.25

⑦ 도체의 계산단면적($S$)

$$S = \frac{I_B \times \beta \times \sqrt{t_m}}{K \times n} \times \alpha = \frac{47.5 \times 7.2 \times \sqrt{6}}{143 \times 1} \times 1.25 = 7.322$$

⑧ 공칭단면적의 결정

계산단면적 보다 큰 공칭단면적 10 ㎟로 선택한다.

#### (5) 도체의 공칭단면적 결정

① 설계전류를 고려한 공칭단면적의 선정 : 10 ㎟

② 과부하보호장치의 정격전류를 고려한 도체의 단면적 : 10 ㎟

③ 전압강하율을 고려한 계산단면적 : 16 ㎟

④ 전동기의 기동전류에 의한 도체의 온도상승을 고려한 단면적 : 10 ㎟

⑤ 공칭단면적의 결정 : 16 ㎟

⑥ 결정된 공칭단면적의 허용전류 : 72 A

### 3) 단락전류의 계산

#### (1) 전원의 임피던스

① 전원의 단락용량($P_s$) : 300 MVA

② 전원의 X/R : 10

③ 전원 임피던스($Z_s$)의 계산

$$Z_s = \frac{V^2}{P_s} = \frac{0.38^2}{300} \times 1000 = 0.4813\ \text{m}\Omega$$

$$R_S = \frac{Z_s}{\sqrt{1+(X/R)^2}} = \frac{0.4813}{\sqrt{1+10^2}} = 0.0479\ \text{m}\Omega$$

$$X_S = \frac{Z_s}{\sqrt{1+1/(X/R)^2}} = \frac{0.4813}{\sqrt{1+1/10^2}} = 0.4789\ \text{m}\Omega$$

### (2) 변압기의 임피던스

① 변압기의 용량($P_t$) : 1500 kVA

② 변압기의 %임피던스($\%Z$) : 7%

③ 변압기의 X/R : 6.54

④ 변압기의 임피던스($Z_t$)

$$Z_t = \frac{\%Z}{100} \times \frac{V^2}{P_t} = \frac{7}{100} \times \frac{0.38^2}{1,500} \times 10^6 = 6.7387\ \text{m}\Omega$$

⑤ 변압기의 리액턴스($X_t$)

$$X_t = \frac{Z_t}{\sqrt{1+1/(X/R)^2}} = \frac{6.7387}{\sqrt{1+1/6.54^2}} = 6.6612\ \text{m}\Omega$$

⑥ 최대단락전류의 계산에 적용하는 전압계수($C_{\max}$) : 1.1 (표 7-1을 참조)

⑦ 변압기 임피던스 보정계수($K_T$)

$$K_T = 0.95 \frac{C_{\max}}{1+0.6 \dfrac{X_t}{V^2/P_t}} = 0.95 \times \frac{1.1}{1+0.6 \times \dfrac{6.6612}{(0.38^2/1,500) \times 10^6}} = 1.00334$$

⑧ 변압기 임피던스의 계산

$$Z_T = K_T \times Z_t = 1.00334 \times 6.7387 = 6.7612\ \text{m}\Omega$$

$$R_T = \frac{Z_T}{\sqrt{1+(X/R)^2}} = \frac{6.7612}{\sqrt{1+6.54^2}} = 1.0219\ \text{m}\Omega$$

$$X_T = \frac{Z_T}{\sqrt{1+1/(X/R)^2}} = \frac{6.7612}{\sqrt{1+1/6.54^2}} = 6.6835\ \text{m}\Omega$$

### (3) 간선(배전회로)의 임피던스

① 간선의 종류 : 0.6/1kV F-CV

② 간선의 단면적 : 300 ㎟

③ 간선의 심선수 : 1C

④ 간선의 길이 : 120 m

⑤ 간선의 배열방식 : 평면배열

⑥ 도체의 20℃ 저항조정계수($\delta_a$)

$$\delta_a = \frac{1}{1+\alpha(T_b - T_{20})} = \frac{1}{1+0.00393\times(90-20)} = 0.78425$$

⑦ 도체의 높은 온도에서 저항조정계수($\delta_b$)

$$\delta_b = [1+\alpha(T_m - T_{20})]\times\delta_a = [1+0.00393\times(250-20)]\times 0.78425 = 1.49314$$

⑧ 간선의 R, X (표 5-15 참조)

| $R_0$(Ω/km) | $X_0$(Ω/km) | L(m) | $\delta_a$ / $\delta_b$ | $R_F$(mΩ) | $X_F$(mΩ) |
|---|---|---|---|---|---|
| 0.0800 | 0.1172 | 120 | 0.78425 | 7.5288 | 14.0640 |
| | | | 1.49314 | 14.3341 | 14.0640 |

### (4) 분기회로의 임피던스

① 분기회로의 종류 : 0.6/1kV F-CV

② 분기회로의 단면적 : 16 ㎟

③ 분기회로의 심선수 : 3C

④ 분기회로의 길이(L) : 60 m

⑤ 도체의 20℃ 저항조정계수($\delta_a$)

$$\delta_a = \frac{1}{1+\alpha(T_b - T_{20})} = \frac{1}{1+0.00393\times(90-20)} = 0.78425$$

⑥ 도체의 높은 온도에서 저항조정계수($\delta_b$)

$$\delta_b = [1+\alpha(T_m - T_{20})]\times\delta_a = [1+0.00393\times(250-20)]\times 0.78425 = 1.49314$$

⑦ 분기회로의 R, X (표 5-18 참조)

| $R_0$(Ω/km) | $X_0$(Ω/km) | L(m) | $\delta_a$ / $\delta_b$ | $R_{Br}$(mΩ) | $X_{BR}$(mΩ) |
|---|---|---|---|---|---|
| 1.4667 | 0.0925 | 60 | 0.78425 | 69.0158 | 5.5500 |
| | | | 1.49314 | 131.3991 | 5.5500 |

### (5) F1(간선과 분기회로 접속점)의 단락전류 계산

① 최대단락전류의 계산

간선과 분기회로의 접속점에서 최대단락전류는 다음의 식으로 계산하여 적용한다.

$$I_{F1} = \frac{K\cdot C_{\max}\cdot U_n/k}{\sqrt{(R_s+R_T+R_F\times\gamma)^2+(X_s+X_T+X_F\times\gamma)^2}}\times 1000$$

$$= \frac{1.0756\times 1.1\times(380/\sqrt{3})\times 1000}{\sqrt{(0.0479+1.0219+7.5288)^2+(0.4789+6.6835+14.064)^2}} = 11{,}334\,\text{A}$$

여기에서,

$C_{\max}$ : 최대전압계수($C_{\max}$= 1.1, 표 7-1 참조)

$U_n$ : 공칭선간전압(V)

$k$ : 상전압 변환계수(단상 : 1, 3상 : $\sqrt{3}$)

$\gamma$ : 왕복계수(3상 : 1, 단상 : 2)

$R_{TOT}$: 저항의 합계($R_{TOT}$ = 8.5987 m$\Omega$)

$X_{TOT}$ : 리액턴스의 합계($X_{TOT}$ = 21.2265 m$\Omega$)

$K$ : 비대칭계수

$$K = \sqrt{1+2e^{-\frac{2\pi R}{X}}} = \sqrt{1+2e^{-\frac{2\pi \times 8.5987}{21.2265}}} = 1.0756$$

② 최소단락전류의 계산

간선과 분기회로의 접속점에서 최소단락전류는 다음의 식으로 계산하여 적용한다.

$$I_{F1} = \frac{C_{\min} \cdot U_n / k}{\sqrt{(R_s + R_T + R_F \times \gamma)^2 + (X_s + X_T + X_F \times \gamma)^2}} \times 1000$$

$$= \frac{0.95 \times (380/\sqrt{3}) \times 1000}{\sqrt{(0.0479 + 1.0219 + 14.3341)^2 + (0.4789 + 6.6835 + 14.064)^2}} = 7{,}947\,\text{A}$$

여기에서,

$C_{\min}$ : 최소전압계수($C_{\min}$= 0.95, 표 7-1 참조)

### (6) F2(분기회로와 부하의 접속점)의 단락전류 계산

① 최대단락전류의 계산

분기회로와 부하의 접속점에서 최대단락전류는 다음의 식으로 계산하여 적용한다.

$$I_{F2} = \frac{K \cdot C_{\max} \cdot V / k}{\sqrt{(R_s + R_T + R_F \times \gamma + R_{Br} \times \gamma)^2 + (X_s + X_T + X_F \times \gamma + X_{Br} \times \gamma)^2}} \times 1000$$

$$= \frac{1.0 \times 1.1 \times (380/\sqrt{3}) \times 1000}{\sqrt{(0.0479 + 1.0219 + 7.5288 + 69.0158)^2 + (0.4789 + 6.6835 + 14.064 + 5.55)^2}}$$

$$= 2{,}939\,\text{A}$$

여기에서,

$R_{TOT}$ : 저항의 합계($R_{TOT}$ = 77.6144 m$\Omega$)

$X_{TOT}$ : 리액턴스의 합계($X_{TOT}$ = 26.7765 m$\Omega$)

$K$ : 비대칭계수

$$K = \sqrt{1+2e^{-\frac{2\pi R}{X}}} = \sqrt{1+2e^{-\frac{2\pi \times 77.6144}{26.7765}}} = 1.0000$$

② 최소단락전류의 계산

분기회로와 부하의 접속점에서 최소단락전류는 다음의 식으로 계산하여 적용한다.

$$I_{F2} = \frac{C_{\min} \cdot U_n / k}{\sqrt{(R_s + R_T + R_F \times \gamma + R_{Br} \times \gamma)^2 + (X_s + X_T + X_F \times \gamma + X_{Br} \times \gamma)^2}} \times 1000$$

$$= \frac{1.0 \times 1.1 \times (380/\sqrt{3}) \times 1000}{\sqrt{(0.0479 + 1.0219 + 14.3341 + 131.3991)^2 + (0.4789 + 6.6835 + 14.064 + 5.55)^2}}$$

$$= 1{,}397\,\mathrm{A}$$

## 4) 과부하 보호장치의 정격전류 선정

### (1) 설계전류를 고려한 과부하 보호장치의 정격전류 선정

① 요구조건 : $I_B \le I_n$

여기에서, $I_B$ : 회로의 설계전류(A), $I_n$ : 보호장치의 정격전류(A)

② 회로의 설계전류 : 47.5 A

③ 산업용 배선차단기의 정격전류 선정

산업용 배선차단기의 정격전류는 표 12-14 또는 제조사의 기술사양서를 참고하여 회로의 설계전류보다 큰 상위의 값으로 선정한다.

$$I_B(47.5A) \le I_n(50A)$$

### (2) $I_2 \le 1.45I_Z$ 에 의한 과부하 보호장치의 정격전류

① 요구조건 : $I_2 \le 1.45I_Z$

② 보호장치가 규약시간 이내에 유효하게 동작하는 것을 보증하는 전류($I_2$)

보호장치의 종류별 동작전류 및 규약시간은 표 12-13을 참조한다.

③ $I_2$의 계산

$$I_2 = 1.3I_n = 1.3 \times 50 = 65\ \mathrm{A}$$

④ $1.45I_Z$의 계산

$$1.45I_Z = 1.45 \times 72 = 104.4\ \mathrm{A}$$

⑤ 평가기준

케이블 허용전류의 1.45배의 전류가 케이블에 60분 이상 흐르면 케이블은 열적손상을 입게 된다. 따라서 과부하내열점 $1.45I_Z$는 $I_2$ 이상이 되도록 도체의 허용전류를 선정하여야 과부하로부터 보호할 수 있다.

- 적정 : $I_2 \le 1.45I_Z$
- 부적정 : $I_2 > 1.45I_Z$

⑥ 평가결과 : 적정

$$I_2(65.0A) \le 1.45I_Z(104.4A)$$

⑦ 과부하 보호장치의 정격전류

평가결과가 적정인 경우에는 (1)의 결과를 적용하여 50A로 결정한다.

### (3) 전동기의 기동전류를 고려한 과부하 보호장치의 정격전류

① 전동기회로의 설계전류($I_B$) : 47.5 A

② 전동기의 전전압 기동배율($\beta$) : 7.2

③ 전동기의 전전압 기동시간($t_m$) : 6 s

④ 보호장치의 최소동작시간 설정 : 9 s

전동기의 전전압 기동시간을 기준으로 하여 50~100%의 범위에서 가산하며, 가산시간은 5초를 초과하지 않도록 한다.

⑤ 보호장치의 규약동작배율($\gamma$) : 4.4

과부하보호장치의 최소동작시간과 동작특성곡선과의 교점 아래측의 전류배율이 과부하보호장치의 규약동작배율이 된다.

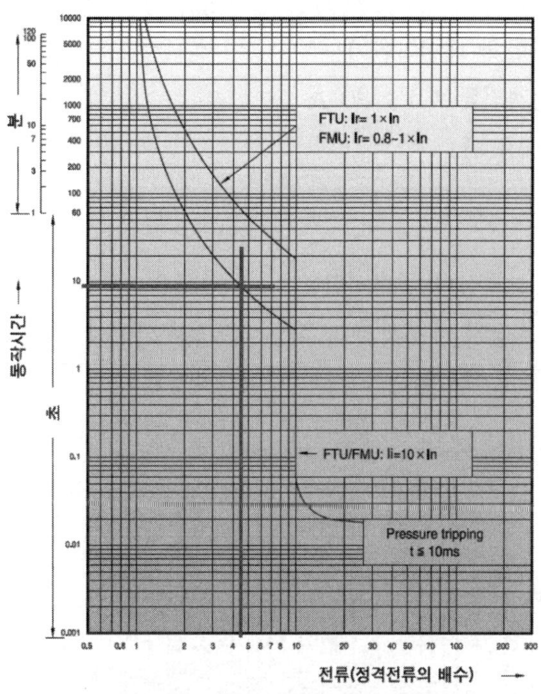


그림 12-13 보호장치의 동작특성

⑥ 과부하 보호장치의 정격전류 계산값

과부하 보호장치의 정격전류는 다음과 같이 계산하여 적용한다.

$$I_n = \frac{I_B \times \beta}{\gamma} = \frac{47.5 \times 7.2}{4.4} = 77.7\,\mathrm{A}$$

⑦ 과부하 보호장치의 정격전류 결정 : 80 A

### (4) 과부하 보호장치의 정격전류 결정

① 설계전류를 고려한 과부하 보호장치의 정격전류 선정 : 50 A

② $I_2 \leq 1.45 I_Z$ 를 고려한 보호장치의 정격전류 : 50 A

③ 전동기의 기동전류를 고려한 보호장치의 정격전류 : 80 A

④ 과부하 보호장치의 정격전류의 결정 : 80 A

### 5) 단락 보호장치의 선정

#### (1) 단락고장에 의한 도체의 단시간허용온도에 도달하는 시간을 고려한 보호장치의 선정

① 선도체의 종류 : 0.6/1kV F-CV(XLPE)

② 적용도체의 단면적($S$) : 16 ㎟

③ K의 값 : 143 (표 12-1을 참조)

④ F2의 최소단락전류 : 1,397 A

⑤ 분기회로 도체가 단시간 허용온도에 도달하는 시간($t_z$)

$$t_z = \left(\frac{S \times K}{I}\right)^2 = \left(\frac{16 \times 143}{1,397}\right)^2 = 2.68\,s$$

⑥ 보호장치의 종류 : 산업용 배선차단기

⑦ 과부하 보호장치의 정격전류($I_n$) : 80 A

⑧ 최소단락전류의 차단배율($\delta$)

$$\delta = \frac{I_{F2}}{I_n} = \frac{1,397}{80} = 17.5$$

⑨ 최소단락전류에 의한 보호장치 동작시간($t_n$) : 0.019초

다음의 그림은 선정된 보호장치 제조사의 보호장치 특성곡선이며, 이 그림에서 단락전류에 상당하는 차단배율과 특성곡선의 교점에 해당하는 시간이 단락보호장치의 동작시간이 된다.

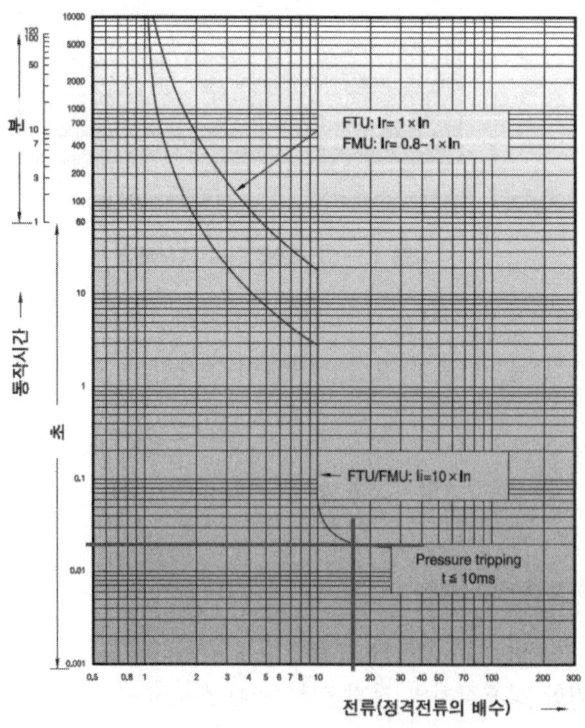


그림 12-14 보호장치의 동작특성

⑩ 순시동작시간의 평가 기준

- 적정 : $t_n < t_z$
- 부적정 : $t_n \geq t_z$

⑪ 평가 결과 : 적정

$$t_n(0.019초) < t_z(2.68초)$$

⑫ 단락보호장치의 정격전류 선정

평가 결과 적정인 경우에는 과부하보호장치의 정격전류와 동일하게 선정하여야 하므로 80A로 선정한다.

### (2) 전동기의 기동돌입전류를 고려한 단락보호장치의 정격전류 선정

① 전동기회로의 설계전류($I_B$) : 47.5 A

② 전동기의 기동방식 : 전전압 기동방식

③ 전동기의 전전압 기동배율($\beta$) : 7.2

④ 전동기의 기동방식에 따른 계수(C) : 1

⑤ 돌입전류의 배율 : 1.5

⑥ 기동방식을 적용한 기동돌입전류

$$I_i = I_B \times \beta \times C \times k = 47.5 \times 7.2 \times 1 \times 1.5 = 513\,\text{A}$$

⑦ 설계여유($\alpha$) : 1.25

⑧ 보호장치의 순시차단배율($\delta$) : 산업용 배선차단기 $\delta$ =10

⑨ 단락보호장치의 정격전류 계산

$$I_n = \frac{I_i \times \alpha}{\delta} = \frac{513 \times 1.25}{10} = 64.1\,\text{A}$$

⑩ 단락보호장치의 정격전류 : 80 A

### (3) 단락보호장치의 정격전류 선정

① 단락고장에 의한 도체의 단시간 내열특성을 고려한 정격전류 : 80 A

② 전동기의 기동돌입전류를 고려한 단락보호장치의 정격전류 : 80 A

③ 단락보호장치의 정격전류 결정 : 80 A

### (4) 보호장치의 차단용량 선정

① 계통의 최대단락전류(F1) : 11,334 A

② 산업용 배선차단기의 정격차단전류 선정

산업용 배선차단기의 정격차단전류는 표 12-24 및 제조사의 기술사양서를 참조하여 선정한다.

③ 보호장치의 차단전류 산정

보호장치의 차단전류 산정은 계통의 최대단락전류를 기초로 하여 125% 이상의 표준값을 선정하여야 한다.

차단전류의 계산값 = 11,334 × 125% = 14,168 A

④ 보호장치 정격차단전류의 최소값 : 16 kA

### 6) 도체의 단면적 조정

① 회로의 설계전류 : 47.5 A
② 도체의 단면적 : 16 ㎟
③ 결정된 도체의 보정된 허용전류 : 72 A
④ 과전류보호장치의 정격전류 : 80A
⑤ 보호협조의 평가 : 부적정

$$I_B(47.5\,A) \le I_n(80\,A) \le I_Z(72\,\mathrm{A})$$

⑥ 도체의 단면적 조정 : 25 ㎟

보호협조의 평가에서 부적정인 경우에는 도체의 단면적을 다음 단계로 상향 조정할 필요가 있다. 따라서 도체의 단면적을 25 ㎟로 조정하고, 보호협조를 재평가 하여야 한다.

⑦ 보호협조의 재평가 : 적정

$$I_B(47.5\,A) \le I_n(80\,A) \le I_Z(95\,\mathrm{A})$$

### 7) 결정된 도체의 전압강하율 평가

#### (1) 운전시 전압강하율의 평가

① 회로의 설계전류($I_B$) : 47.5 A
② 평가대상 도체의 단면적 : F-CV 25 ㎟/3C
③ 도체의 단위길이 당 임피던스(표 5-18 참조)

$R_0$ = 0.9275($\Omega$/km), $X_0$ = 0.0929($\Omega$/km)

④ 분기회로 길이($L$) : 60 m
⑤ 부하의 역률(cos$\theta$) : 0.8
⑥ 전압강하율($\varepsilon$)의 계산

$$\varepsilon = \frac{\Delta V}{V} \times 100 = \frac{K \times I_B \times L \times (Rcos\theta + Xsin\theta)}{V} \times 100$$

$$= \frac{\sqrt{3} \times 47.5 \times 0.06 \times (0.9275 \times 0.8 + 0.0929\sqrt{1-0.8^2})}{380} \times 100 = 1.036\,\%$$

여기에서,

$K$ : 전기방식에 따른 계수(3상 : $\sqrt{3}$, 단상 : 2)

$\Delta V$ : 전압강하(V)

$V$ : 선간전압(V)

⑦ 허용전압강하율 : 2%

⑧ 전압강하율의 평가 기준

적정 : $\varepsilon \leq 2\,\%$,     부적정 : $\varepsilon > 2\,\%$

⑨ 전압강하율의 평가 : 적정

$$\varepsilon(1.036\%) \leq 2\,\%$$

### (2) 기동시 전압강하율의 평가

① 전동기회로의 설계전류($I_B$) : 47.5 A

② 전동기의 전전압 기동배율($\beta$) : 7.2

③ 전동기의 기동방식 : 전전압기동

④ 기동방식에 따른 계수($C$) : 1.0

⑤ 전동기의 기동방식을 고려한 기동전류

$$I_{ms} = I_B \times \beta \times C = 47.5 \times 7.2 \times 1 = 342\ \text{A}$$

⑥ 부하의 기동시 역률($\cos\theta_s$) : 0.2

⑦ 평가대상 노체의 공칭단면직 : F-CV 25 ㎟/3C

⑧ 도체 임피던스의 R과 X

$$R_0 = 0.9275(\Omega/\text{km}), \qquad X_0 = 0.0929(\Omega/\text{km})$$

⑨ 분기회로 길이($L$) : 60 m

⑩ 전압강하율의 계산

$$\varepsilon = \frac{\Delta V}{V} \times 100 = \frac{K \times I_{ms} \times L \times (R cos\theta_s + X sin\theta_s)}{V} \times 100$$

$$= \frac{\sqrt{3} \times 342 \times 0.06 \times (0.9275 \times 0.2 + 0.0929\sqrt{1-0.2^2})}{380} \times 100 = 2.586\,\%$$

여기에서,

$K$ : 전기방식에 따른 계수(3상 : $\sqrt{3}$, 단상 : 2)

$I_B$ : 부하의 정격전류(설계전류)

⑪ 전동기의 기동시 허용전압강하율 : 7 %

⑫ 전압강하율의 평가 기준

적정 : $\varepsilon \leq 7\,\%$,     부적정 : $\varepsilon > 7\,\%$

⑬ 전압강하율의 평가 : 적정

$\varepsilon(2.585\%) \leq 7\%$,

## 8) 도체의 단면적 조정에 따른 재계산

### (1) 조정된 도체의 F2 단락전류의 재계산

① 조정된 도체의 공칭단면적 : F-CV 25㎟

② 조정된 도체의 임피던스

$R_0 = 0.9275(\Omega/\text{km})$, $X_0 = 0.0929(\Omega/\text{km})$

③ 분기회로의 심선수 : 3C

④ 분기회로의 길이(L) : 60 m

⑤ 분기회로의 병렬도체 수 : 1

⑥ 분기회로의 배열방식 : N/A

⑦ 도체의 20℃ 저항조정계수($\delta_a$)

$$\delta_a = \frac{1}{1+\alpha(T_b - T_{20})} = \frac{1}{1+0.00393\times(90-20)} = 0.78425$$

⑧ 도체의 높은 온도에서 저항조정계수($\delta_b$)

$$\delta_b = [1+\alpha(T_m - T_{20})]\times\delta_a = [1+0.00393\times(250-20)]\times 0.78425 = 1.49314$$

⑨ 분기회로의 R, X (표 5-18 참조)

| $R_0(\Omega/km)$ | $X_0(\Omega/km)$ | L(m) | $\delta_a$ / $\delta_b$ | $R_{Br}(m\Omega)$ | $X_{BR}(m\Omega)$ |
|---|---|---|---|---|---|
| 0.9275 | 0.0929 | 60 | 0.78425 | 43.6436 | 5.5740 |
| | | | 1.49314 | 83.0931 | 5.5740 |

⑩ 최대단락전류의 재계산

분기회로와 부하의 접속점에 대한 최소단락전류는 다음의 식으로 계산하여 적용한다.

$$I_{F2} = \frac{K\cdot C_{\max}\cdot V/k}{\sqrt{(R_s+R_T+R_F\times\gamma+R_{Br}\times\gamma)^2+(X_s+X_T+X_F\times\gamma+X_{Br}\times\gamma)^2}}\times 1000$$

$$= \frac{1.0\times1.1\times(380/\sqrt{3})\times1000}{\sqrt{(0.0479+1.0219+7.5288+43.6436)^2+(0.4789+6.6835+14.064+5.574)^2}}$$

$$= 4{,}110\,\text{A}$$

여기에서,

$R_{TOT}$ : 저항의 합계($R_{TOT}$ = 52.242 m$\Omega$)

$X_{TOT}$ : 리액턴스의 합계($X_{TOT}$ = 26.8 m$\Omega$)

$K$ : 비대칭계수

$$K = \sqrt{1+2e^{-\frac{2\pi R}{X}}} = \sqrt{1+2e^{-\frac{2\pi\times52.242}{26.8}}} = 1.000$$

⑪ 최소단락전류의 재계산

$$I_{F2} = \frac{C_{\min} \cdot U_n / k}{\sqrt{(R_s + R_T + R_F \times \gamma + R_{Br} \times \gamma)^2 + (X_s + X_T + X_F \times \gamma + X_{Br} \times \gamma)^2}} \times 1000$$

$$= \frac{0.95 \times (380/\sqrt{3}) \times 1000}{\sqrt{(0.0479 + 1.0219 + 14.3341 + 83.0931)^2 + (0.4789 + 6.6835 + 14.064 + 5.574)^2}}$$

$$= 2{,}042\,\mathrm{A}$$

#### (2) 단락고장에 의한 도체의 단시간허용온도에 도달하는 시간의 재계산

① 도체의 단시간 허용온도에 도달하는 시간($t_z$)

$$t_z = \left(\frac{S \times K}{I}\right)^2 = \left(\frac{25 \times 1 \times 143}{2{,}042}\right)^2 = 3.1\,s$$

② 선정된 과전류보호장치의 정격전류 : 80A

③ 최소단락전류의 순시차단배율

$$\delta = \frac{I_{F2}}{I_n} = \frac{2{,}042}{80} = 25.5$$

④ 보호장치의 차단시간 : 0.018s

보호장치 특성곡선에서 단락전류에 상당하는 차단배율과 특성곡선의 교점에 해당하는 시간이 단락보호장치의 차단시간이 된다.

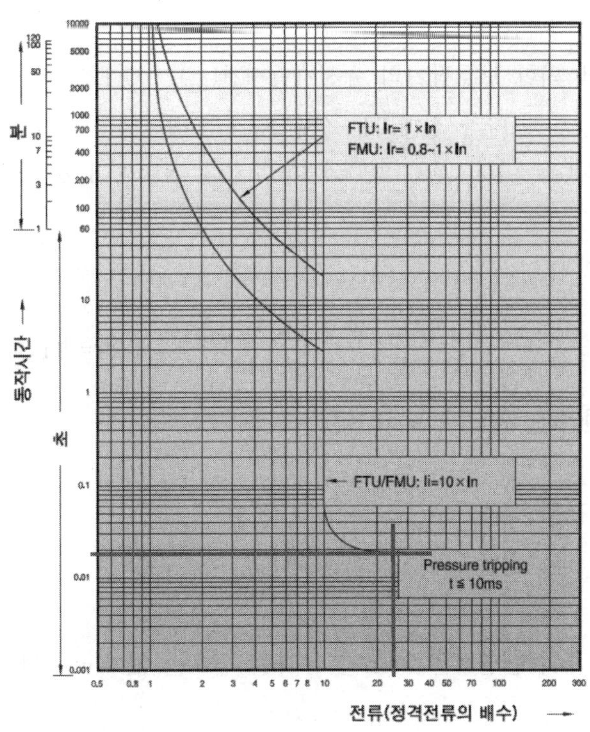


그림 12-15 보호장치의 동작특성

⑤ 평가 : 적정

$$t_n(0.018s) < t_z(3.1s)$$

⑥ 보호장치의 정격전류 : 80A

## 9) 보호도체의 단면적

### (1) 계산조건

① 선도체의 종류 및 단면적 : F-CV 25 ㎟/3C
② 보호도체의 종류 : GV
③ 보호도체의 선정방법 : KEC 142.3.2(보호도체)의 표 142.3-1

### (2) KEC 142.3.2(보호도체)의 표 142.3-1을 적용한 보호도체의 선정

① 선정 조건

| 선도체의 단면적($S$) | $S \le 16$ | $16 < S \le 35$ | $S > 35$ |
|---|---|---|---|
| 보호도체의 단면적 | $S$ | 16 | $S/2$ |

② 선정조건에 따른 단면적 선정 : GV 16 ㎟

### (3) KEC 142.3.2(보호도체)의 계산식을 적용한 보호도체의 선정

① F2의 최대단락전류 : 4,110 A
② F2의 최대단락전류에 의한 보호장치의 순시차단시간($t_n$) : 0.1초
③ 보호도체 절연물의 종류에 따라 정해지는 상수(K) : 143
PVC 절연 단면적 300㎟ 이하 143, 300㎟ 이상 133, XLPE 176
④ 설계여유($\alpha$) : 1.25
⑤ 보호도체의 계산단면적

$$S = \frac{I_{F2}\sqrt{t_n}}{K} \times \alpha = \frac{4,110 \times \sqrt{0.1}}{143} \times 1.25 = 11.36$$

⑥ 보호도체의 공칭단면적 : GV 16 ㎟

### (4) 보호도체의 단면적 결정

보호도체 단면적 계산조건에 따라 GV 16 ㎟로 한다.

TT 계통인 경우 보호도체의 단면적은 25㎟를 초과할 필요는 없다(60364-5-54의 543.1.1).

## 7.2 배전회로

다음의 주어진 계산 조건을 KEC 212(과전류에 대한 보호) 및 232(배선설비)에서 요구하는 기준에 따라 배전회로에 대한 가장 적절한 크기의 선도체(L1, L2, L3), 중선선(N) 및 보호도체(PE)의 단면적과 보호장치의 정격전류를 선정한다.

### 1) 계산조건

#### (1) 간선의 설치조건

① 간선의 전기방식 : 3상 4선
② 전압 : 380 V
③ 간선도체의 종류 : 0.6/1kV HFCO
④ 심선의 수 : 1 Core
⑤ 공사방법 : F1
⑥ 간선의 배열방식 : 삼각배열
⑦ 주위온도 : 40℃
⑧ 복수회로로 포설된 그룹의 회선수 : 3
⑨ 복수회로 감소계수 적용 배치방법 : F1-4
⑩ 간신의 병렬도체 수 : 1
⑪ 간선의 허용전압강하율 : 3 %
⑫ 전동기 기동시 간선의 허용전압강하율 : 8 %
⑬ 간선의 길이 : 80 m
⑭ 보호장치의 종류 : 산업용 배선차단기
⑮ 보호도체의 종류 : F-GV
⑯ 보호도체의 선정방법 : 142.3.2(보호도체)의 표 142.3-1

#### (2) 선행운전부하

① 선행운전부하의 합계 : 260 kVA
② 선행운전부하의 수용률 : 75 %
③ 선행운전부하의 역률($\cos\theta$ ) : 85 %

#### (3) 전동기의 기동부하

① 전동기의 정격출력 : 90 kW
② 전동기의 효율 : 88 %
③ 전동기의 역률($\cos\theta$ ) : 80 %
④ 전동기의 전전압 기동배율 : 6.0
⑤ 전동기의 기동방식 : 리액터 65%
⑥ 전동기의 전전압 기동시간 : 8 s
⑦ 전동기의 기동시 역률 : 0.2

### (4) 전원의 임피던스

① 전원의 단락용량($P_s$) : 300 MVA

② 전원의 X/R Ratio : 10

③ 변압기의 용량 : 1500 kVA

④ 변압기의 %임피던스 : 7 %

⑤ 변압기의 X/R Ratio : 6.54

## 2) 도체의 단면적 선정

### (1) 설계전류를 고려한 공칭단면적의 선정

① 선행운전부하의 합계($S_{tot}$) : 260 kVA

② 수용률 : 75 %

③ 선행운전부하의 최대값($S_a$)

$$S_a = S_{tot} \times \alpha = 260 \times 0.7 = 195 \text{ kVA}$$

④ 선행운전부하의 역률(cos$\theta$ ) 및 무효율(sin$\theta$ ) : 0.85, 0.527

⑤ 전동기부하의 입력 : 127.8 kVA

$$S_m = \frac{P_m}{\eta \cdot \cos\theta} = \frac{90}{0.88 \times 0.8} = 127.8\text{kVA}$$

⑥ 전동기의 역률(cos$\theta$ ) 및 무효율(sin$\theta$ ) : 0.8, 0.6

⑦ 간선에 접속된 부하의 유효전력 및 무효전력

| 구 분 | S(kVA) | P | | Q | |
|---|---|---|---|---|---|
| | | cos$\theta$ | kW | sin$\theta$ | kVAR |
| 선행운전부하 | 195 | 0.85 | 165.8 | 0.527 | 102.7 |
| 전동기부하 | 127.8 | 0.8 | 102.3 | 0.6 | 76.7 |
| 합계 | | | 268.1 | | 179.4 |

⑧ 간선에 접속된 부하의 입력($S$)

$$S = \sqrt{P^2 + Q^2} = \sqrt{268.1^2 + 179.4^2} = 322.5\text{kVA}$$

⑨ 간선의 설계전류

$$I_B = \frac{S}{\sqrt{3}\,V} = \frac{322.5}{\sqrt{3} \times 0.38} = 490.1\text{ A}$$

⑩ 도체의 허용전류

절연물의 종류, 부하도체 수, 공사방법, 주위온도 및 복수회로로 포설된 그룹의 회선수 등을 고려한 케이블의 보정된 허용전류는 다음과 같다.

- 케이블 및 절연물의 종류 : 0.6/1kV HFCO, XLPE
- 부하도체 수 : 3
- 공사방법 및 배치방법 : F1(삼각배열), F1-4

- 허용전류 보정계수

| 구 분 | 기준값 | 계산조건 | 보정계수 | 비고 |
|---|---|---|---|---|
| 주위온도 | 30 ℃ | 40 ℃ | 0.91 | 표 12-22 |
| 복수회로 회선수 | 1 회선 | 3 회선 | 0.82 | 표 12-23 |
| 병렬 도체 수 | 1 도체 | 1 도체 | 1.0 | 표 12-23 |
| 적용 보정계수 | | | 0.7462 | |

- 케이블의 보정된 허용전류 :

| 공칭단면적 (㎟) | 허용전류(A) 30℃, 1회선 | 보정된 허용전류(A) 40℃, 3회선 |
|---|---|---|
| 240 | 607 | 452 |
| 300 | 703 | 524 |
| 400 | 823 | 614 |
| 500 | 946 | 705 |
| 630 | 1088 | 811 |

비고 : 표 12-8, 표 12-19를 참조

⑪ 도체의 단면적의 결정

전동기의 정격전류를 연속하여 흘릴 수 있는 도체의 공칭단면적은 상기의 허용전류 표에서 300 ㎟로 선택한다.

### (2) 과부하 보호장치의 정격전류를 고려한 도체의 단면적

① 과부하 보호장치의 정격전류 선정 조건

$$I_B \leq I_n$$

② 과부하 보호장치의 정격전류 선정 : 500 A

$$I_B(490.1\,A) \leq I_n(500\,A)$$

③ 도체의 단면적 선정

도체의 단면적은 보정된 허용전류표에서 500 A 이상에 해당하는 300 ㎟(524A)를 선택한다.

$$I_B(490.1\,A) \leq I_n(500\,A) \leq I_Z(524\mathrm{A})$$

### (3) 전압강하율을 고려한 계산단면적

① 허용전압강하율의 한계

간선에서 허용전압강하율은 공급전압의 3% 이내로 한다.

② 허용전압강하율을 고려한 계산단면적

분기회로에서 허용전압강하율을 3%로 고려한 계산단면적은 다음과 같다.

$$S = \frac{K_w \times I \times L}{1000 \times e} = \frac{17.8 \times 490.1 \times 80}{1000 \times 220 \times 0.03} = 105.74 \text{ ㎟}$$

여기에서,

$S$ : 도체의 최소단면적 [㎟]

$K_w$ : 단상 2선 35.6, 3상 3선 30.8, 3상 4선 17.8

$I$ : 전류 [A]

$L$ : 도체의 길이 [m]

$e$ : 선간의 전압강하율(3상 4선의 경우 전압선과 중성선과의 전압)

③ 공칭단면적의 결정

계산단면적보다 큰 공칭단면적 120 ㎟를 선택한다.

### (4) 전동기의 기동전류에 의한 온도상승을 고려한 도체의 단면적

① 선행운전부하 : 195 kVA

② 전동기부하의 입력 : 127.84 kVA

③ 전동기의 전전압 기동배율($\beta$) : 6.0

④ 전동기의 기동입력($S_{ms}$)

$$S_{ms} = S_m \times \beta = 127.84 \times 6.0 = 767.0\,\mathrm{kVA}$$

⑤ 전동기의 기동시 유효전력과 무효전력

| 구 분 | S(kVA) | P | | Q | |
|---|---|---|---|---|---|
| | | cosθ | kW | sinθ | kVAR |
| 선행운전부하 | 195 | 0.85 | 165.8 | 0.527 | 102.7 |
| 전동기의 전전압 기동부하 | 767 | 0.2 | 153.4 | 0.98 | 751.5 |
| 합계 | | | 319.2 | | 854.3 |

⑥ 전동기 기동시 간선부하의 합계($S$)

$$S = \sqrt{P^2 + Q^2} = \sqrt{319.2^2 + 854.3^2} = 911.9\,kVA$$

⑦ 전동기의 기동시 간선에 흐르는 전류($I_{FS}$)

$$I_{FS} = \frac{S}{\sqrt{3}\,V} = \frac{911.9}{\sqrt{3} \times 0.38} = 1{,}385.6\,A$$

⑧ 전동기의 전전압 기동시간($t_m$) : 8.0 s

⑨ 절연물의 종류에 따라 정해지는 상수($K$) : 143 (표 12-1을 참조)

⑩ 병렬도체 수($n$) : 1

⑪ 설계여유계수($\alpha$) : 1.25

⑫ 도체의 계산단면적($S$)

$$S = \frac{I_{FS} \times \sqrt{t_m}}{K \times n} \times \alpha = \frac{1{,}385.6 \times \sqrt{8.0}}{143 \times 1} \times 1.25 = 34.26$$

⑬ 공칭단면적의 결정

계산단면적 보다 큰 공칭단면적 35 ㎟로 선택한다.

### (5) 도체의 공칭단면적 결정

① 설계전류를 고려한 공칭단면적의 선정 : 300 ㎟

② 과부하보호장치의 정격전류를 고려한 도체의 단면적 : 300 ㎟

③ 전압강하율을 고려한 계산단면적 : 120 ㎟

④ 전동기의 기동전류에 의한 도체의 온도상승을 고려한 단면적 : 35 ㎟

⑤ 공칭단면적의 결정 : 300 ㎟

⑥ 결정된 공칭단면적의 허용전류 : 524 A

## 3) 단락전류의 계산

### (1) 전원의 임피던스

① 전원의 단락용량($P_s$) : 300 MVA

② 전원의 X/R : 10

③ 전원 임피던스($Z_s$)의 계산

$$Z_s = \frac{V^2}{P_s} = \frac{0.38^2}{300} \times 1000 = 0.4813 \text{ m}\Omega$$

$$R_S = \frac{Z_s}{\sqrt{1+(X/R)^2}} = \frac{0.4813}{\sqrt{1+10^2}} = 0.0479 \text{ m}\Omega$$

$$X_S = \frac{Z_s}{\sqrt{1+1/(X/R)^2}} = \frac{0.4813}{\sqrt{1+1/10^2}} = 0.4789 \text{ m}\Omega$$

### (2) 변압기의 임피던스

① 변압기의 용량($P_t$) : 1,500 kVA

② 변압기의 %임피던스($\%Z$) : 7.0 %

③ 변압기의 X/R : 6.54

④ 변압기의 임피던스($Z_t$)

$$Z_t = \frac{\%Z}{100} \times \frac{V^2}{P_t} = \frac{7.0}{100} \times \frac{0.38^2}{1,500} \times 10^6 = 6.7387 \text{ m}\Omega$$

⑤ 변압기의 리액턴스($X_t$)

$$X_t = \frac{Z_t}{\sqrt{1+1/(X/R)^2}} = \frac{6.7387}{\sqrt{1+1/6.54^2}} = 6.6612 \text{ m}\Omega$$

⑥ 최대단락전류의 계산에 적용하는 전압계수($C_{\max}$) : 1.1 (표 7-1을 참조)

⑦ 변압기 임피던스 보정계수($K_T$)

$$K_T = 0.95 \frac{C_{\max}}{1+0.6\dfrac{X_t}{V^2/P_t}} = 0.95 \times \frac{1.1}{1+0.6 \times \dfrac{6.6612}{(0.38^2/1,500) \times 10^6}} = 1.00334$$

⑧ 변압기 임피던스의 계산

$$Z_T = K_T \times Z_t = 1.00334 \times 6.7387 = 6.7612\ \mathrm{m}\Omega$$

$$R_T = \frac{Z_T}{\sqrt{1+(X/R)^2}} = \frac{6.7612}{\sqrt{1+6.54^2}} = 1.0219\ \mathrm{m}\Omega$$

$$X_T = \frac{Z_T}{\sqrt{1+1/(X/R)^2}} = \frac{6.7612}{\sqrt{1+1/6.54^2}} = 6.6835\ \mathrm{m}\Omega$$

### (3) 간선(배전회로)의 임피던스

① 간선의 종류 : 0.6/1kV HFCO

② 간선의 단면적 : 300 ㎟

③ 간선의 심선수 : 1C

④ 간선의 길이 : 80 m

⑤ 간선의 배열방식 : 삼각배열

⑥ 도체의 20℃ 저항조정계수($\delta_a$)

$$\delta_a = \frac{1}{1+\alpha(T_b - T_{20})} = \frac{1}{1+0.00393\times(90-20)} = 0.78425$$

⑦ 도체의 높은 온도에서 저항조정계수($\delta_b$)

$$\delta_b = [1+\alpha(T_m - T_{20})]\times\delta_a = [1+0.00393\times(250-20)]\times 0.78425 = 1.49314$$

⑧ 간선의 R, X (표 5-33 참조)

| $R_0$(Ω/km) | $X_0$(Ω/km) | L(m) | $\delta_a$ / $\delta_b$ | $R_F$(mΩ) | $X_F$(mΩ) |
|---|---|---|---|---|---|
| 0.0811 | 0.1156 | 80 | 0.78425 | 5.0882 | 9.2480 |
| | | | 1.49314 | 9.6875 | 9.2480 |

### (4) T2(변압기 2차측 모선과 간선의 접속점)의 단락전류 계산

① 최대단락전류의 계산

변압기와 간선의 접속점에서 최대단락전류는 다음의 식으로 계산하여 적용한다.

$$I_{T2} = \frac{K \cdot C_{\max} \cdot U_n/k}{\sqrt{(R_s+R_T)^2+(X_s+X_T)^2}} \times 1000$$

$$= \frac{1.3351\times 1.1\times(380/\sqrt{3})\times 1000}{\sqrt{(0.0479+1.0219)^2+(0.4789+6.6835)^2}} = 44{,}491\,A$$

여기에서,

$C_{\max}$ : 최대전압계수($C_{\max}$= 1.1, 표 7-1 참조)

$U_n$ : 공칭선간전압(V)

$R_s$, $X_s$ : 전원의 R과 X [mΩ]

$R_T$, $X_T$ : 변압기의 R과 X [mΩ]

$R_{TOT}$ : 저항의 합계($R_{TOT}$ = 1.0698 m$\Omega$)

$X_{TOT}$ : 리액턴스의 합계($X_{TOT}$ = 7.1625 m$\Omega$)

$K$ : 비대칭계수

$$K=\sqrt{1+2e^{-\frac{2\pi R}{X}}}=\sqrt{1+2e^{-\frac{2\pi\times 1.0698}{7.1625}}}=1.3351$$

② 최소단락전류의 계산

변압기와 간선의 접속점에서 최소단락전류는 다음의 식으로 계산하여 적용한다.

$$I_{T2}=\frac{C_{\min}\cdot U_n/k}{\sqrt{(R_s+R_T)^2+(X_s+X_T)^2}}\times 1000$$

$$=\frac{0.95\times(380/\sqrt{3})\times 1000}{\sqrt{(0.0479+1.0219)^2+(0.4789+6.6835)^2}}=28{,}780\,\text{A}$$

여기에서,

$C_{\min}$ : 최소전압계수($C_{\min}$= 0.95, 표 7-1 참조)

### (5) F1(간선과 분기회로 접속점)의 단락전류 계산

① 최대단락전류의 계산

간선과 분기회로의 접속점에서 최대단락전류는 다음의 식으로 계산하여 적용한다.

$$I_{F1}=\frac{K\cdot C_{\max}\cdot U_n/k}{\sqrt{(R_s+R_T+R_F\times\gamma)^2+(X_s+X_T+X_F\times\gamma)^2}}\times 1000$$

$$=\frac{1.0905\times 1.1\times(380/\sqrt{3})\times 1000}{\sqrt{(0.0479+1.0219+5.0882)^2+(0.4789+6.6835+9.248)^2}}=15{,}015\,\text{A}$$

여기에서,

$k$ : 상전압 변환계수(단상 : 1, 3상 : $\sqrt{3}$)

$\gamma$ : 왕복계수(3상 : 1, 단상 : 2)

$R_{TOT}$ : 저항의 합계($R_{TOT}$ = 6.1581 m$\Omega$)

$X_{TOT}$ : 리액턴스의 합계($X_{TOT}$ = 16.4105 m$\Omega$)

$K$ : 비대칭계수

$$K=\sqrt{1+2e^{-\frac{2\pi R}{X}}}=\sqrt{1+2e^{-\frac{2\pi\times 6.1581}{16.4105}}}=1.0905$$

② 최소단락전류의 계산

간선과 분기회로의 접속점에서 최소단락전류는 다음의 식으로 계산하여 적용한다.

$$I_{F1}=\frac{C_{\min}\cdot U_n/k}{\sqrt{(R_s+R_T+R_F\times\gamma)^2+(X_s+X_T+X_F\times\gamma)^2}}\times 1000$$

$$=\frac{0.95\times(380/\sqrt{3})\times 1000}{\sqrt{(0.0479+1.0219+9.6875)^2+(0.4789+6.6835+9.248)^2}}=10{,}622\,\text{A}$$

여기에서,

$C_{\min}$ : 최소전압계수($C_{\min}$= 0.95, 표 7-1 참조)

### 4) 과부하 보호장치의 정격전류 선정

#### (1) 설계전류를 고려한 과부하 보호장치의 정격전류 선정

① 요구조건 : $I_B \leq I_n$

여기에서,

$I_B$ : 회로의 설계전류(A)

$I_n$ : 보호장치의 정격전류(A)

② 회로의 설계전류 : 490.1 A

③ 산업용 배선차단기의 정격전류 선정

산업용 배선차단기의 정격전류는 표 12-24 또는 제조사의 기술사양서를 참고하여 회로의 설계전류보다 큰 상위의 값으로 선정한다.

$$I_B(490.1\,\mathrm{A}) \leq \mathrm{I_n}(500\,\mathrm{A})$$

#### (2) $I_2 \leq 1.45 I_Z$ 에 의한 과부하 보호장치의 정격전류

① 요구조건 : $I_2 \leq 1.45 I_Z$

② 보호장치가 규약시간 이내에 유효하게 동작하는 것을 보증하는 전류($I_2$)

보호장치의 종류별 동작전류 및 규약시간은 표 12-13을 참조한다.

③ $I_2$의 계산

$$I_2 = 1.37\, I_n = 1.37 \times 500 = 685.0\ \mathrm{A}$$

④ $1.45 I_Z$의 계산

$$1.45 I_Z = 1.45 \times 524 = 759.8\ \mathrm{A}$$

⑤ 평가기준

케이블 허용전류의 1.45배의 전류가 케이블에 60분 이상 흐르면 케이블은 열적손상을 입게 된다. 따라서 과부하내열점 $1.45 I_Z$는 $I_2$ 이상이 되도록 도체의 허용전류를 선정하여야 과부하로부터 보호할 수 있다.

- 적정 : $I_2 \leq 1.45 I_Z$
- 부적정 : $I_2 > 1.45 I_Z$

⑥ 평가결과 : 적정

$$I_2(685.0\,\mathrm{A}) \leq 1.45\mathrm{I_Z}(759.8\,\mathrm{A})$$

⑦ 과부하 보호장치의 정격전류

평가결과가 적정인 경우에는 (1)의 결과를 적용하여 500A로 결정한다.

#### (3) 전동기의 기동전류를 고려한 과부하 보호장치의 정격전류

① 간선의 설계전류($I_B$) : 490.1 A

② 합산부하의 기동전류($I_{FS}$) : 1,385.6 A

③ 보호장치의 종류 : 산업용 배선차단기

④ 전동기의 전전압 기동시간($t_m$) : 8.0 s

⑤ 보호장치의 최소동작시간 : 12.0 s

전동기의 전전압 기동시간을 기준으로 하여 50~100%의 범위에서 가산하며, 가산시간은 5초를 초과하지 않도록 한다.

⑥ 보호장치의 규약동작배율 : 3.93

과부하보호장치의 최소동작시간과 동작특성곡선과의 교점 아래측의 전류배율이 과부하보호장치의 규약동작배율이 된다.

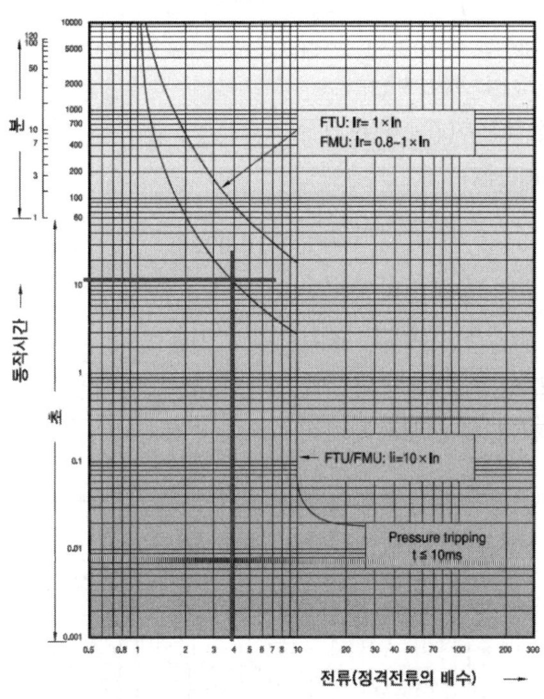


그림 12-16 보호장치의 동작특성

⑦ 과부하 보호장치의 정격전류 계산값

과부하 보호장치의 정격전류는 다음과 같이 계산하여 적용한다.

$$I_n = \frac{I_{FS}}{\gamma} = \frac{1385.6}{3.93} = 352.6\,\text{A}$$

⑧ 과부하 보호장치의 정격전류 결정 : 400 A

### (4) 과부하 보호장치의 정격전류 결정

① 설계전류를 고려한 과부하 보호장치의 정격전류 선정 : 500 A

② $I_2 \leq 1.45 I_Z$ 를 고려한 보호장치의 정격전류 : 500 A

③ 전동기의 기동전류를 고려한 보호장치의 정격전류 : 400 A

④ 과부하 보호장치의 정격전류의 결정 : 500 A

### 5) 단락 보호장치의 선정

#### (1) 단락고장에 의한 도체의 단시간허용온도에 도달하는 시간을 고려한 보호장치의 선정

① 선도체의 종류 : 0.6/1kV HFCO(XLPE)

② 적용도체의 단면적($S$) : 300 ㎟/1C

③ K의 값 : 143 (표 12-1을 참조)

④ F1의 최소단락전류 : 10,622 A

⑤ 분기회로 도체가 단시간 허용온도에 도달하는 시간($t_z$)

$$t_z = \left(\frac{S \times K}{I}\right)^2 = \left(\frac{300 \times 143}{10,622}\right)^2 = 16.3\,s$$

⑥ 보호장치의 종류 : 산업용 배선차단기

⑦ 과부하 보호장치의 정격전류($I_n$) : 500 A

⑧ 최소단락전류의 차단배율($\delta$)

$$\delta = \frac{I_{F1}}{I_n} = \frac{10,622}{500} = 21.2$$

⑨ 최소단락전류에 의한 보호장치 동작시간($t_n$) : 0.019초

다음의 그림은 선정된 보호장치 제조사의 보호장치 특성곡선이며, 이 그림에서 단락전류에 상당하는 차단배율과 특성곡선의 교점에 해당하는 시간이 단락보호장치의 동작시간이 된다.

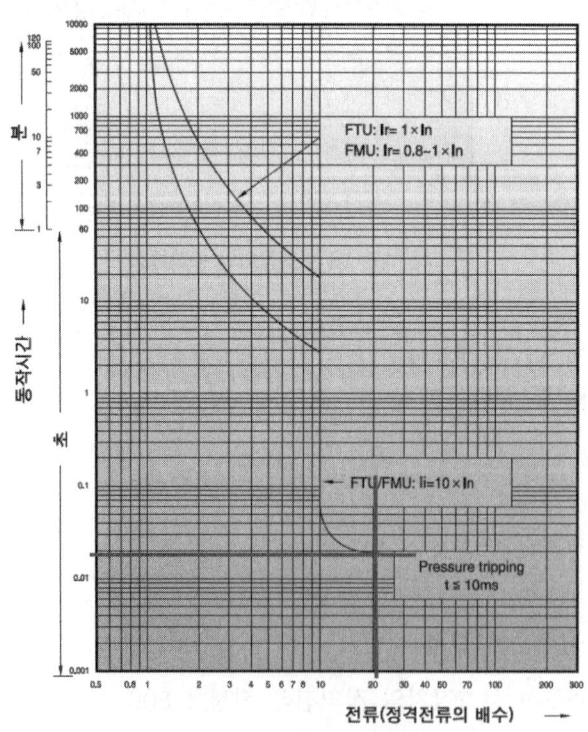


그림 12-17 보호장치의 동작특성

⑩ 순시동작시간의 평가 기준

- 적정 : $t_n < t_z$
- 부적정 : $t_n \geq t_z$

⑪ 평가 결과 : 적정

$$t_n(0.019\text{초}) < t_z(16.3\text{초})$$

⑫ 단락보호장치의 정격전류 선정

평가 결과 적정인 경우에는 과부하보호장치의 정격전류와 동일하게 선정하여야 하므로 500A로 선정한다.

### (2) 전동기의 기동돌입전류를 고려한 단락보호장치의 정격전류 선정

① 선행운전부하 : 195 kVA

② 전동기부하의 입력 : 127.8 kVA

③ 전동기의 기동방식 : 리액터 65%

④ 전동기의 전전압 기동배율($\beta$) : 6.0

⑤ 전동기의 기동방식에 따른 배율(C) : 0.65

⑥ 전동기의 돌입전류의 배율 : 1.5

⑦ 전동기의 기동돌입부하용량($S_{mi}$)

$$S_{mi} = S_m \times \beta \times C \times k = 127.8 \times 6.0 \times 0.65 \times 1.5 = 749.9\,\text{kVA}$$

⑧ 전동기부하의 기동시 역률 및 무효율 : 0.2, 0.98

⑨ 전동기의 기동시 유효전력과 무효전력

| 구 분 | S(kVA) | P | | Q | |
|---|---|---|---|---|---|
| | | cosθ | kW | sinθ | kVAR |
| 선행운전부하 | 195 | 0.85 | 165.8 | 0.527 | 102.7 |
| 전동기의 기동돌입부하 | 749.9 | 0.2 | 149.6 | 0.98 | 732.8 |
| 합계 | | | 315.3 | | 835.5 |

⑩ 기동돌입부하의 크기

$$S = \sqrt{P^2 + Q^2} = \sqrt{315.3^2 + 835.5^2} = 942.9\,\text{kVA}$$

⑪ 전동기의 기동시 합산부하의 기동돌입전류

$$I_i = \frac{S}{\sqrt{3}\,V} = \frac{942.9}{\sqrt{3} \times 0.38} = 1{,}432.6\,\text{A}$$

⑫ 설계여유($\alpha$ ) : 1.25

⑬ 보호장치의 순시차단배율($\delta$ ) : 산업용 배선차단기 $\delta$ =10

⑭ 단락보호장치의 정격전류 계산

$$I_n = \frac{I_i \times \alpha}{\delta} = \frac{1{,}432.6 \times 1.25}{10} = 179.1\text{A}$$

⑮ 단락보호장치의 정격전류 : 200 A

### (3) 단락보호장치의 정격전류 선정

① 단락고장에 의한 도체의 단시간 내열특성을 고려한 정격전류 : 500 A
② 전동기의 기동돌입전류를 고려한 단락보호장치의 정격전류 : 200 A
③ 단락보호장치의 정격전류 결정 : 500 A

### (4) 보호장치의 차단용량 선정

① 계통의 최대단락전류(T2) : 44,491 A
② 산업용 배선차단기의 정격차단전류 선정
산업용 배선차단기의 정격차단전류는 표 12-24 및 제조사의 기술사양서를 참조하여 선정한다.
③ 보호장치의 차단전류 산정
보호장치의 차단전류 산정은 계통의 최대단락전류를 기초로 하여 125% 이상의 표준값을 선정하여야 한다.

차단전류의 계산값 = 44,491 × 125% = 55,613 A

④ 보호장치의 정격차단전류의 최소값 : 63 kA

## 6) 도체의 단면적 조정

(1) 회로의 설계전류 : 490.1 A
(2) 도체의 단면적 : 300 ㎟
(3) 결정된 도체의 보정된 허용전류 : 524 A
(4) 과전류보호장치의 정격전류 : 500A
(5) 보호협조의 평가 : 적정

$$I_B(490.1\,A) \le I_n(500\,A) \le I_Z(524\,\mathrm{A})$$

(6) 도체의 단면적 조정
보호협조의 평가에서 적정인 경우에는 도체의 단면적 조정이 필요 없다. 따라서 도체의 단면적 및 과전류보호장치의 정격전류는 (2)와 (4)의 값으로 선정하여야 한다.

## 7) 결정된 도체의 전압강하율 평가

### (1) 운전시 전압강하율의 평가

① 회로의 설계전류($I_B$) : 490.1 A
② 평가대상 도체의 단면적 : HFCO 300 ㎟/1C, 삼각배열
④ 도체의 단위길이 당 임피던스(표 5-33 참조)

$$R_0 = 0.0811(\Omega/\mathrm{km}), \qquad X_0 = 0.1156(\Omega/\mathrm{km})$$

⑤ 분기회로 길이($L$) : 80 m

⑥ 합산부하의 역률($\cos\theta$)

$$\cos\theta = \frac{P}{S} = \frac{268.1}{322.5} = 0.831$$

⑦ 전압강하율($\varepsilon$)의 계산

$$\varepsilon = \frac{\Delta V}{V} \times 100 = \frac{K \times I_B \times L \times (R\cos\theta + X\sin\theta)}{V} \times 100$$

$$= \frac{\sqrt{3} \times 490.1 \times 0.08 \times (0.0811 \times 0.831 + 0.1156\sqrt{1-0.831^2})}{380} \times 100 = 2.534\,\%$$

여기에서,

$K$ : 전기방식에 따른 계수(3상 : $\sqrt{3}$, 단상 : 2)

$\Delta V$ : 전압강하(V)

$V$ : 선간전압(V)

⑧ 허용전압강하율 : 3%

⑨ 전압강하율의 평가 기준

적정 : $\varepsilon \le 3\,\%$,  부적정 : $\varepsilon > 3\,\%$

⑩ 전압강하율의 평가 : 적정

$\varepsilon(2.534\%) \le 3\,\%$

### (2) 전동기 기동시 전압강하율의 평가

① 선행운전부하 : 195 kVA

② 전동기부하의 입력 : 127.84 kVA

③ 전동기의 기동방식 : 리액터 65%

④ 전동기의 전전압 기동배율($\beta$) : 6.0

⑤ 전동기의 기동방식에 따른 배율(C) : 0.65

⑥ 전동기의 기동부하용량($S_{ms}$)

$$S_{ms} = S_m \times \beta \times C = 127.84 \times 6.0 \times 0.65 = 498.6\,\text{kVA}$$

⑦ 전동기의 기동시 역률 및 무효율 : 0.2, 0.98

⑧ 전동기의 기동시 유효전력과 무효전력

| 구 분 | S(kVA) | P | | Q | |
|---|---|---|---|---|---|
| | | cosθ | kW | sinθ | kVAR |
| 선행운전부하 | 195 | 0.85 | 165.8 | 0.527 | 102.7 |
| 전동기의 기동부하 | 498.6 | 0.2 | 99.7 | 0.98 | 488.5 |
| 합계 | | | 265.5 | | 591.2 |

⑨ 전동기 기동시 간선부하의 합계

$$S=\sqrt{P^2+Q^2}=\sqrt{265.5^2+591.2^2}=648.1\,\text{kVA}$$

⑩ 합산부하의 역률($\cos\theta$ )

$$\cos\theta=\frac{P}{S}=\frac{265.5}{648.1}=0.41$$

⑪ 전동기의 기동시 간선에 흐르는 전류($I_{FS}$)

$$I_{FS}=\frac{S}{\sqrt{3}\,V}=\frac{648.1}{\sqrt{3}\times 0.38}=984.7\,\text{A}$$

⑫ 평가대상 도체의 공칭단면적 : HFCO 300 ㎟/1C

⑬ 도체 임피던스의 R과 X

$R_0$ = 0.0811(Ω/km), $X_0$ = 0.1156(Ω/km)

⑭ 분기회로 길이($L$) : 80 m

⑮ 전압강하율의 계산

$$\varepsilon=\frac{\Delta V}{V}\times 100=\frac{K\times I_{FS}\times L\times(Rcos\theta_s+Xsin\theta_s)}{V}\times 100$$

$$=\frac{\sqrt{3}\times 984.7\times 0.08\times(0.0811\times 0.41+0.1156\sqrt{1-0.41^2})}{380}\times 100=4.979\,\%$$

여기에서,

$K$ : 전기방식에 따른 계수(3상 : $\sqrt{3}$, 단상 : 2)

$I_{FS}$ : 전동기 기동시 간선에 흐르는 전류

⑯ 전동기의 기동시 허용전압강하율 : 8 %

⑰ 전압강하율의 평가 기준

적정 : $\varepsilon \le 8\,\%$, 부적정 : $\varepsilon > 8\,\%$

⑱ 전압강하율의 평가 : 적정

$\varepsilon(4.979\%) \le 8\,\%$,

## 8) 보호도체의 단면적

### (1) 계산조건

① 선도체의 종류 및 단면적 : HFCO 300 ㎟/1C

② 보호도체의 종류 : F-GV

③ 보호도체의 선정방법 : KEC 142.3.2(보호도체)의 표 142.3-1

## (2) KEC 142.3.2(보호도체)의 표 142.3-1을 적용한 보호도체의 선정

① 선정 조건

| 선도체의 단면적($S$) | $S \leq 16$ | $16 < S \leq 35$ | $S > 35$ |
|---|---|---|---|
| 보호도체의 단면적 | $S$ | 16 | $S/2$ |

② ①의 선정조건에 따른 단면적 선정 : F-GV 150 ㎟

## (3) KEC 142.3.2(보호도체)의 계산식을 적용한 보호도체의 선정

① F1의 최대단락전류 : 15,015 A

② F2의 최대단락전류에 의한 보호장치의 순시차단시간($t_n$) : 0.1초

③ 보호도체 절연물의 종류에 따라 정해지는 상수(K) : 143
PVC 절연 단면적 300 ㎟ 이하 143, 300 ㎟ 이상 133, XLPE 176

④ 설계여유($\alpha$) : 1.25

⑤ 보호도체의 계산단면적

$$S = \frac{I_{F2}\sqrt{t_n}}{K} \times \alpha = \frac{15{,}015 \times \sqrt{0.1}}{143} \times 1.25 = 41.5$$

⑥ 보호도체의 공칭단면적 : F-GV 50 ㎟

## (4) 보호도체의 단면적 결정

보호도체 단면적 계산조건에 따라 F-GV 150 ㎟로 한다.

TT 계통인 경우 보호도체의 단면적은 25㎟를 초과할 필요는 없다(60364-5-54의 543.1.1)

표 12-18 XLPE 절연 Cu 도체의 허용전류

| 공칭 단면적 | 단상 1Core(2개 부하도체) | | | | | 단상 2Core(2개 부하도체) | | | | | |
|---|---|---|---|---|---|---|---|---|---|---|---|
| | A1 | B1 | C | D2 | F | A2 | B2 | C | D1 | D2 | E |
| 1.5 | 19 | 23 | 24 | 25 | – | 18.5 | 22 | 24 | 25 | 27 | 26 |
| 2.5 | 26 | 31 | 33 | 33 | – | 25 | 30 | 33 | 33 | 35 | 36 |
| 4 | 35 | 42 | 45 | 43 | – | 33 | 40 | 45 | 43 | 46 | 49 |
| 6 | 45 | 54 | 58 | 53 | – | 42 | 51 | 58 | 53 | 58 | 63 |
| 10 | 61 | 75 | 80 | 71 | – | 57 | 69 | 80 | 71 | 77 | 86 |
| 16 | 81 | 100 | 107 | 91 | – | 76 | 91 | 107 | 91 | 100 | 115 |
| 25 | 106 | 133 | 138 | 116 | 161 | 99 | 119 | 138 | 116 | 129 | 149 |
| 35 | 131 | 164 | 171 | 139 | 200 | 121 | 146 | 171 | 139 | 155 | 185 |
| 50 | 158 | 198 | 209 | 164 | 242 | 145 | 175 | 209 | 164 | 183 | 225 |
| 70 | 200 | 253 | 269 | 203 | 310 | 183 | 221 | 269 | 203 | 225 | 289 |
| 95 | 241 | 306 | 328 | 239 | 377 | 220 | 265 | 328 | 239 | 270 | 352 |
| 120 | 278 | 354 | 382 | 271 | 437 | 253 | 305 | 382 | 271 | 306 | 410 |
| 150 | 318 | 393 | 441 | 306 | 504 | 290 | 334 | 441 | 306 | 343 | 473 |
| 185 | 362 | 449 | 506 | 343 | 575 | 329 | 384 | 506 | 343 | 387 | 542 |
| 240 | 424 | 528 | 599 | 395 | 679 | 386 | 459 | 599 | 395 | 448 | 641 |
| 300 | 486 | 603 | 693 | 446 | 783 | 442 | 532 | 693 | 446 | 502 | 741 |
| 400 | – | – | – | – | 940 | – | – | – | – | – | – |
| 500 | – | – | – | – | 1083 | – | – | – | – | – | – |
| 630 | – | – | – | – | 1254 | – | – | – | – | – | – |

출처 : KS C IEC 60364-5-52 표 B.52.1 ~ B.52.13
기준주위온도 : 기중 30℃, 지중 20℃

**표 12-19 XLPE 절연 Cu 도체의 허용전류**

| 공칭 단면적 | 3상 1Core(3개 부하도체) | | | | | | | | 3상 3Core/4Core(3개 부하도체) | | | | | |
|---|---|---|---|---|---|---|---|---|---|---|---|---|---|---|
| | A1 | B1 | C | D2 | F 삼각 | F 평형 | G 수평 | G 수직 | A2 | B2 | C | D1 | D2 | E |
| 1.5 | 17 | 20 | 22 | 21 | – | – | – | – | 16.5 | 19.5 | 22 | 21 | 23 | 23 |
| 2.5 | 23 | 28 | 30 | 28 | – | – | – | – | 22 | 26 | 30 | 28 | 30 | 32 |
| 4 | 31 | 37 | 40 | 36 | – | – | – | – | 30 | 35 | 40 | 36 | 39 | 42 |
| 6 | 40 | 48 | 52 | 44 | – | – | – | – | 38 | 44 | 52 | 44 | 49 | 54 |
| 10 | 54 | 66 | 71 | 58 | – | – | – | – | 51 | 60 | 71 | 58 | 65 | 75 |
| 16 | 73 | 88 | 96 | 75 | – | – | – | – | 68 | 80 | 96 | 75 | 84 | 100 |
| 25 | 95 | 117 | 119 | 96 | 135 | 141 | 182 | 161 | 89 | 105 | 119 | 96 | 107 | 127 |
| 35 | 117 | 144 | 147 | 115 | 169 | 176 | 226 | 201 | 109 | 128 | 147 | 115 | 129 | 158 |
| 50 | 141 | 175 | 179 | 135 | 207 | 216 | 275 | 246 | 130 | 154 | 179 | 135 | 153 | 192 |
| 70 | 179 | 222 | 229 | 167 | 268 | 279 | 353 | 318 | 164 | 194 | 229 | 167 | 188 | 246 |
| 95 | 216 | 269 | 278 | 197 | 328 | 342 | 430 | 389 | 197 | 233 | 278 | 197 | 226 | 298 |
| 120 | 249 | 312 | 322 | 223 | 383 | 400 | 500 | 454 | 227 | 268 | 322 | 223 | 257 | 346 |
| 150 | 285 | 342 | 371 | 251 | 444 | 464 | 577 | 527 | 259 | 300 | 371 | 251 | 287 | 399 |
| 185 | 324 | 384 | 424 | 281 | 510 | 533 | 661 | 605 | 295 | 340 | 424 | 281 | 324 | 456 |
| 240 | 380 | 450 | 500 | 324 | 607 | 634 | 781 | 719 | 346 | 398 | 500 | 324 | 375 | 538 |
| 300 | 435 | 514 | 576 | 365 | 703 | 736 | 902 | 833 | 396 | 455 | 576 | 365 | 419 | 621 |
| 400 | – | – | – | – | 823 | 868 | 1085 | 1008 | – | – | – | – | – | – |
| 500 | – | – | – | – | 946 | 998 | 1253 | 1169 | – | – | – | – | – | – |
| 630 | – | – | – | – | 1088 | 1151 | 1454 | 1362 | – | – | – | – | – | – |

출처 : KS C IEC 60364-5-52 표 B.52.1 ~ B.52.13
기준주위온도 : 기중 30℃, 지중 20℃

표 12-20 PVC 절연 Cu 도체의 허용전류

| 공칭 단면적 | 단상 1Core(2개 부하도체) | | | | | 단상 2Core(2개 부하도체) | | | | | |
|---|---|---|---|---|---|---|---|---|---|---|---|
| | A1 | B1 | C | D2 | F | A2 | B2 | C | D1 | D2 | E |
| 1.5 | 14.5 | 17.5 | 19.5 | 22 | – | 14 | 16.5 | 19.5 | 22 | 22 | 22 |
| 2.5 | 19.5 | 24 | 27 | 29 | – | 18.5 | 23 | 27 | 29 | 28 | 30 |
| 4 | 26 | 32 | 36 | 37 | – | 25 | 30 | 36 | 37 | 38 | 40 |
| 6 | 34 | 41 | 46 | 46 | – | 32 | 38 | 46 | 46 | 48 | 51 |
| 10 | 46 | 57 | 63 | 60 | – | 43 | 52 | 63 | 60 | 64 | 70 |
| 16 | 61 | 76 | 85 | 78 | – | 57 | 69 | 85 | 78 | 83 | 94 |
| 25 | 80 | 101 | 112 | 99 | 131 | 75 | 90 | 112 | 99 | 110 | 119 |
| 35 | 99 | 125 | 138 | 119 | 162 | 92 | 111 | 138 | 119 | 132 | 148 |
| 50 | 119 | 151 | 168 | 140 | 196 | 110 | 133 | 168 | 140 | 156 | 180 |
| 70 | 151 | 192 | 213 | 173 | 251 | 139 | 168 | 213 | 173 | 192 | 232 |
| 95 | 182 | 232 | 258 | 204 | 304 | 167 | 201 | 258 | 204 | 230 | 282 |
| 120 | 210 | 269 | 299 | 231 | 352 | 192 | 232 | 299 | 231 | 261 | 328 |
| 150 | 240 | 300 | 344 | 261 | 406 | 219 | 258 | 344 | 261 | 293 | 379 |
| 185 | 273 | 341 | 392 | 292 | 463 | 248 | 294 | 392 | 292 | 331 | 434 |
| 240 | 321 | 400 | 461 | 336 | 546 | 291 | 344 | 461 | 336 | 382 | 514 |
| 300 | 367 | 458 | 530 | 379 | 629 | 334 | 394 | 530 | 379 | 427 | 593 |
| 400 | – | – | – | – | 754 | – | – | – | – | – | – |
| 500 | – | – | – | – | 868 | – | – | – | – | – | – |
| 630 | – | – | – | – | 1005 | – | – | – | – | – | – |

출처 : KS C IEC 60364-5-52 표 B.52.1 ~ B.52.13
기준주위온도 : 기중 30℃, 지중 20℃

**표 12-21 PVC 절연 Cu 도체의 허용전류**

| 공칭 단면적 | 3상 1Core(3개 부하도체) | | | | | | | | 3상 3Core/4Core(3개 부하도체) | | | | | |
|---|---|---|---|---|---|---|---|---|---|---|---|---|---|---|
| | A1 | B1 | C | D2 | F 삼각 | F 평형 | G 수평 | G 수직 | A2 | B2 | C | D1 | D2 | E |
| 1.5 | 13.5 | 15.5 | 17.5 | 19 | – | – | – | – | 13 | 15 | 17.5 | 18 | 19 | 18.5 |
| 2.5 | 18 | 21 | 24 | 24 | – | – | – | – | 17.5 | 20 | 24 | 24 | 24 | 25 |
| 4 | 24 | 28 | 32 | 33 | – | – | – | – | 23 | 27 | 32 | 30 | 33 | 34 |
| 6 | 31 | 36 | 41 | 41 | – | – | – | – | 29 | 34 | 41 | 38 | 41 | 43 |
| 10 | 42 | 50 | 57 | 54 | – | – | – | – | 39 | 46 | 57 | 50 | 54 | 60 |
| 16 | 56 | 68 | 76 | 70 | – | – | – | – | 52 | 62 | 76 | 64 | 70 | 80 |
| 25 | 73 | 89 | 96 | 92 | 110 | 114 | 146 | 130 | 68 | 80 | 96 | 82 | 92 | 101 |
| 35 | 89 | 110 | 119 | 110 | 137 | 143 | 181 | 162 | 83 | 99 | 119 | 98 | 110 | 126 |
| 50 | 108 | 134 | 144 | 130 | 167 | 174 | 219 | 197 | 99 | 118 | 144 | 116 | 130 | 153 |
| 70 | 136 | 171 | 184 | 162 | 216 | 225 | 281 | 254 | 125 | 149 | 184 | 143 | 162 | 196 |
| 95 | 164 | 207 | 223 | 193 | 264 | 275 | 341 | 311 | 150 | 179 | 223 | 169 | 193 | 238 |
| 120 | 188 | 239 | 259 | 220 | 308 | 321 | 396 | 362 | 172 | 206 | 259 | 192 | 220 | 276 |
| 150 | 216 | 262 | 299 | 246 | 356 | 372 | 456 | 419 | 196 | 225 | 299 | 217 | 246 | 319 |
| 185 | 245 | 296 | 341 | 278 | 409 | 427 | 521 | 480 | 223 | 255 | 341 | 243 | 278 | 364 |
| 240 | 286 | 346 | 403 | 320 | 485 | 507 | 615 | 569 | 261 | 297 | 403 | 280 | 320 | 430 |
| 300 | 328 | 394 | 464 | 359 | 561 | 587 | 709 | 659 | 298 | 339 | 464 | 316 | 359 | 497 |
| 400 | – | – | – | – | 656 | 689 | 852 | 795 | – | – | – | – | – | – |
| 500 | – | – | – | – | 749 | 789 | 982 | 920 | – | | | | – | – |
| 630 | – | – | – | – | 855 | 905 | 1138 | 1070 | – | – | – | – | – | – |

출처 : KS C IEC 60364-5-52 표 B.52.1 ~ B.52.13
기준주위온도 : 기중 30℃, 지중 20℃

표 12-22 케이블의 주위온도 보정계수

| 구 분 | 기중 케이블 | | | | 지중 케이블 | | BUS DUCT |
|---|---|---|---|---|---|---|---|
| 주위온도(℃) | PVC | XLPE | 무기물 접촉우려 있음 | 무기물 접촉우려 없음 | PVC | XLPE | |
| 10 | 1.22 | 1.15 | 1.26 | 1.14 | 1.10 | 1.07 | 1.21 |
| 15 | 1.17 | 1.12 | 1.20 | 1.11 | 1.05 | 1.04 | 1.18 |
| 20 | 1.12 | 1.08 | 1.14 | 1.07 | 1.00 | 1.00 | 1.15 |
| 25 | 1.06 | 1.04 | 1.07 | 1.04 | 0.95 | 0.96 | 1.12 |
| 30 | 1.00 | 1.00 | 1.00 | 1.00 | 0.89 | 0.93 | 1.08 |
| 35 | 0.94 | 0.96 | 0.93 | 0.96 | 0.84 | 0.89 | 1.04 |
| 40 | 0.87 | 0.91 | 0.85 | 0.92 | 0.77 | 0.85 | 1.00 |
| 45 | 0.79 | 0.87 | 0.78 | 0.88 | 0.71 | 0.80 | 0.95 |
| 50 | 0.71 | 0.82 | 0.67 | 0.84 | 0.63 | 0.76 | 0.9 |
| 55 | 0.61 | 0.76 | 0.57 | 0.80 | 0.55 | 0.71 | 0.85 |
| 60 | 0.50 | 0.71 | 0.45 | 0.75 | 0.45 | 0.65 | – |
| 65 | – | 0.65 | – | 0.70 | – | 0.6 | – |
| 70 | – | 0.58 | – | 0.65 | – | 0.53 | – |
| 75 | – | 0.50 | – | 0.60 | – | 0.46 | – |
| 80 | – | 0.41 | – | 0.54 | – | 0.38 | – |
| 85 | – | – | – | 0.47 | – | – | – |
| 90 | – | – | – | 0.40 | – | – | – |
| 95 | – | – | – | 0.32 | – | – | – |

출처 : KS C IEC 60364-5-52 표 B.52.14, 표 B.52.15 및 LS Cable

**표 12-23 복수회로 저감계수**

| 항 | 케이블 배치방법 | 회로 또는 다심케이블 수 | | | | | | | | | | | |
|---|---|---|---|---|---|---|---|---|---|---|---|---|---|
| | | 1 | 2 | 3 | 4 | 5 | 6 | 7 | 8 | 9 | 12 | 16 | 20 |
| 1 | A1-1, A2-2<br>B1-1, B2-2 | 1.00 | 0.80 | 0.70 | 0.65 | 0.60 | 0.57 | 0.54 | 0.52 | 0.50 | 0.45 | 0.41 | 0.38 |
| 2 | C-2 | 1.00 | 0.85 | 0.79 | 0.75 | 0.73 | 0.72 | 0.72 | 0.71 | 0.70 | 0.70 | 0.70 | 0.70 |
| 3 | C-3 | 0.95 | 0.81 | 0.72 | 0.68 | 0.66 | 0.64 | 0.63 | 0.62 | 0.61 | 0.61 | 0.61 | 0.61 |
| 4 | E-4, F-4 | 1.00 | 0.88 | 0.82 | 0.77 | 0.75 | 0.73 | 0.73 | 0.72 | 0.72 | 0.72 | 0.72 | 0.72 |
| 5 | E-5, F-5 | 1.00 | 0.87 | 0.82 | 0.80 | 0.80 | 0.79 | 0.79 | 0.78 | 0.78 | 0.78 | 0.78 | 0.78 |
| 6 | D1-A | 1.00 | 0.85 | 0.75 | 0.70 | 0.65 | 0.60 | 0.57 | 0.54 | 0.52 | 0.45 | 0.39 | 0.34 |
| 7 | D1-B | 1.00 | 0.80 | 0.70 | 0.65 | 0.60 | 0.60 | 0.53 | 0.50 | 0.47 | 0.41 | 0.34 | 0.29 |
| 8 | D2-1 | 1.00 | 0.75 | 0.65 | 0.60 | 0.55 | 0.50 | 0.45 | 0.43 | 0.41 | 0.36 | 0.32 | 0.29 |

출처 : KS C IEC 60364-5-52 표 B.52.17, 표 B.52.18, 표 B.52.18
케이블 배치방법
A1-1, A2-1, B1-1, B2-1 : 기중이나 벽면에 묶음 설치, 매설 또는 수납
C-2 : 벽, 바닥 또는 비천공 케이블의 단일층
C-3 : 목재 천장면 아래에 직접 고정한 단일층
E-4, F-4 : 천공형 수평 또는 수직 케이블 트레이의 단일층
E-5, F-5 : 케이블래더 단일층 또는 클리트 지지 등
D1-A : 단일 덕트 내의 다심케이블(케이블 접촉)
D1-B : 비자성 단일 덕트 내의 단심케이블(케이블 접촉)
D2-1 : 지중 직매 다심 또는 단심케이블(케이블 접촉)

**표 12-24 과전류 보호장치의 정격**

| 구 분 | | 과전류 보호장치의 정격 |
|---|---|---|
| 주택용 배선차단기 | 정격전류(A) | 6-8-10-13-16-20-25-32-40-50-63-80-100-125 |
| | 정격차단전류(kA) | 1-1.25-1.5-1.6-2-2.5-3-3.15-4-4.5-5-6-6.3-8-10-12.5-16-20-25 |
| 산업용 배선차단기 | 정격전류(A) | 6-8-10-13-16-20-25-32-40-50-63-80-100-125-160-200-250-320-400-500-630-800-1000-1250-1600-2000-2500-3200 |
| | 정격차단전류(kA) | 1-1.25-1.6-2-2.5-3.15-4-5-6.3-8-10-12.5-16-20-25-31.5-40-50-63-80-100-125-160-200 |
| 기중차단기 (ACB) | 정격전류(A) | 200-400-630-800-1000-1250-1600-2000-2500-3200-4000-5000-6300 |
| | 정격차단전류(kA) | 31.5-40-50-63-80-100-125-160-200-250 |
| 퓨즈 | 정격전류(A) | 2-4-6-8-10-12-16-20-25-32-40-50-63-80-100-125-160-200-250-315-400-500-630-800-1000-1250 |
| | 정격차단전류(kA) | ○ 정격전압에 따라 제조자가 지정한 전류값<br>○ 최소정격차단전류(산업용) : 교류 50 kA, 직류 25 kA<br>○ 최소정격차단전류(가정용) : 교류 50 kA, 직류 8 kA |

출처 : KS C IEC 60898-1(주택용 과전류 보호장치), KS C IEC 60947-1(저전압 개폐장치), KS C IEC 60269-1(저전압 퓨즈), KS C IEC 60269-2(산업용 저전압퓨즈), KS C IEC 60269-3(가정용 저전압퓨즈), KS C IEC 60059(표준정격전류)

# 13장 | Equipment Evaluation Studies

"Equipment Evaluation Study" 모듈은 계산된 운전 및 단락회로 상태와 함께 구성요소 정격과 비교한다. 각 구성요소에 대한 평가 상태는 사용자가 정의한 기준 한계에 충족되지 않을 때 "Fail" 로 설정된다. 기준값을 초과한 구성요소는 표로된 보고서와 그림으로 나타낸 One-Line으로 된 전력계통에서 식별할 수 있다. 설비평가는 PTW Project Database를 사용하므로, 기존의 Project를 평가할 수 있다.

## 1 평가대상 설비의 기준값 설정

설비평가를 실행하기 전에 평가대상 설비의 기준값을 설정한다. 메뉴의 'Project'에서 'Options'을 클릭하면 다음의 'Options' 창이 나타난다. 여기에서 'Equipment Evaluation'를 선택하여 Pass와 Fail 한계값을 설정한다.

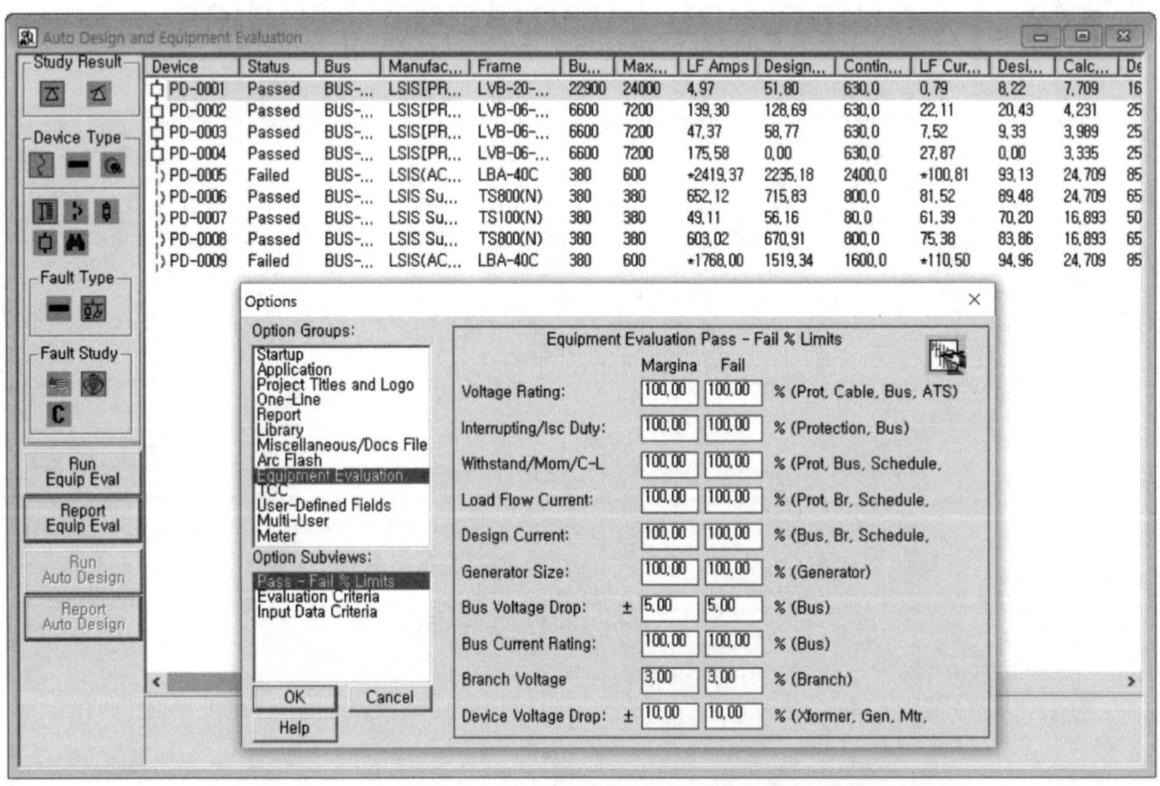


그림 13-1 Equipment Evaluation Options

### 1.1 Voltage Rating

Bus 공칭전압에 대한 구성요소(케이블과 보호장치)의 정격전압의 비율

Fail 구성요소(설비)의 정격전압 < Bus 공칭전압 × 100 %

Pass 구성요소(설비)의 정격전압 ≥ Bus 공칭전압 × 100 %

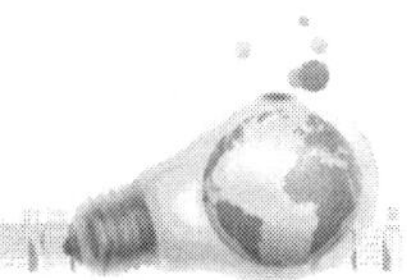

### 1.2 Interrupting Fault Duty

보호장치 구성요소의 차단정격에 대한 계산된 고장 차단책무 비율

| | |
|---|---|
| Fail | 차단 고장책무의 계산값 ≥ 보호장치 차단 정격용량 × 100.0% |
| Marginal | 차단 고장책무의 계산값 = 보호장치 차단 정격용량 × 90.01~99.99% |
| Pass | 차단 고장책무의 계산값 ≤ 보호장치 차단 정격용량 × 90.00% |

### 1.3 Withstand, Momentary, Closing and Latching Duty

보호장치 구성요소의 비대칭정격에 대한 계산된 비대칭 동작책무의 비율

| | |
|---|---|
| Fail | 비대칭 책무 계산값 ≥ 보호장치의 비대칭 정격용량 × 100% |
| Marginal | 비대칭 책무 계산값 = 보호장치의 비대칭 정격용량 × 90.01~99.99% |
| Pass | 비대칭 책무 계산값 ≤ 보호장치의 비대칭 정격용량 × 90.00% |

### 1.4 Load Flow Current

구성요소(보호장치, 케이블) 연속 전류용량에 대한 계산된 부하전류의 비율

| | |
|---|---|
| Fail | 부하전류 계산값 ≥ 구성요소 허용전류 × 100% |
| Marginal | 부하전류 계산값 = 구성요소 허용전류 × 90.01~99.99% |
| Pass | 부하전류 계산값 ≤ 구성요소 허용전류 × 90.00% |

### 1.5 Design Load Current

구성요소(보호장치, 케이블) 연속 전류용량에 대한 계산된 설계 부하전류의 비율

| | |
|---|---|
| Fail | 설계전류 계산값 ≥ 구성요소 허용전류 × 100% |
| Marginal | 설계전류 계산값 = 구성요소 허용전류 × 90.01~99.99% |
| Pass | 설계전류 계산값 ≤ 구성요소 허용전류 × 90.00% |

### 1.6 Generator Size

계산된 Load Flow 출력에 대한 발전기 용량의 비율

| | |
|---|---|
| Fail | 부하출력 ≥ 발전기용량 × 100% |
| Marginal | 부하출력 = 발전기용량 × 90.01~99.99% |
| Pass | 부하출력 ≤ 발전기용량 × 90.00% |

### 1.7 Bus Voltage Drop

사용자가 정의한 제한값에 대한 계산된 Bus 전압강하

| | |
|---|---|
| Fail | 전압강하 계산값 ≥ Bus의 정격전압 × (± 5.00)% |
| Pass | 전압강하 계산값 < Bus의 정격전압 × (± 5.00)% |

### 1.8 Branch Voltage Drop

사용자가 정의한 제한값에 대한 계산된 지로전압강하

Fail Branch 전압강하 계산값 ≥ Bus의 정격전압 × (3.00)%

Pass Branch 전압강하 계산값 < Bus의 정격전압 × (3.00)%

### 1.9 Device Voltage Drop

전류조류전압 계산에서 전력설비(변압기, 발전기, 전동기) 전압강하는 정격전압과 비교한다.

Fail 전력전류계산에서 전력설비 전압강하 ≥ Bus의 정격전압 × 10.00%

Pass 전력전류계산에서 전력설비 전압강하 < Bus의 정격전압 × 10.00%

## 2 Evaluation Criteria

평가 기준은 사용자가 부분적인 평가를 수행 할 수 있다. 예를 들어, "Short Circuit Rating"을 체크하고 "Continuous Rating"를 체크하지 아니함으로써 프로그램이 장치의 Continuous Rating에 대한 평가를 생략할 수 있다. 이는 사용자가 단락회로 분석에 입력 한 데이터가 평가를 통과하고 로딩정보가 아직 사용할 수 있는지 확인하려고 할 때 유용하다.

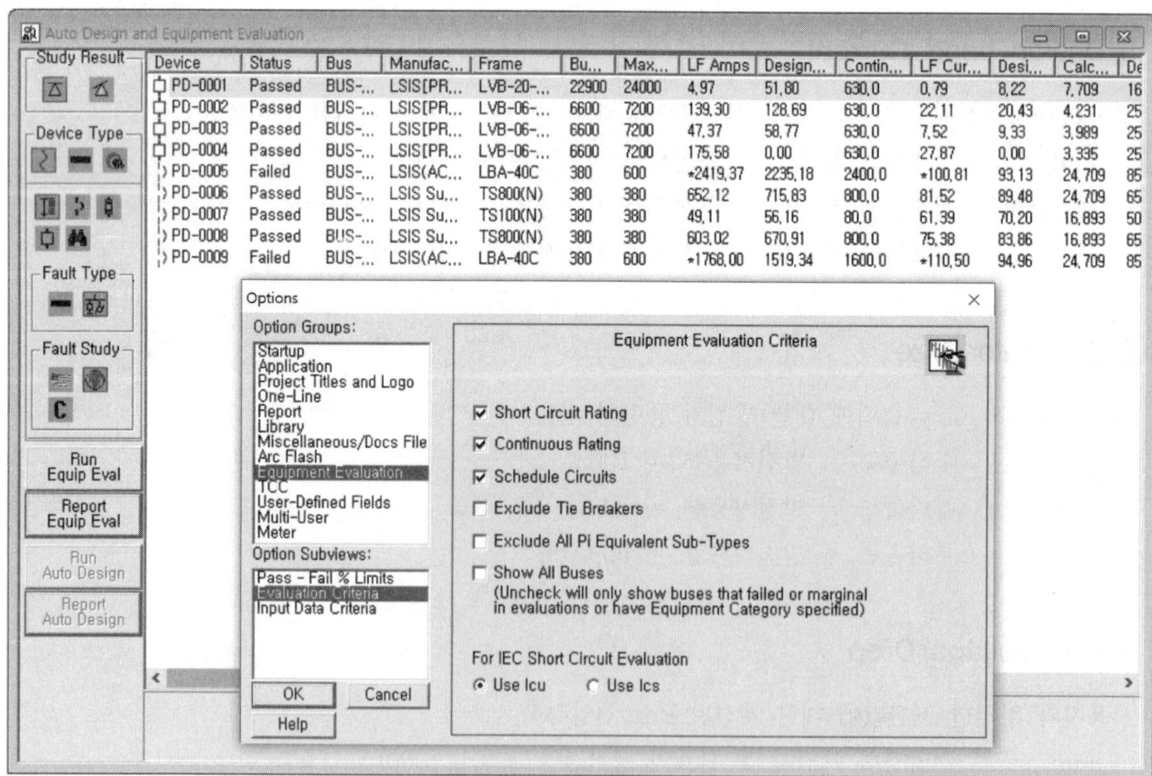


| Device | Status | Bus | Manufac... | Frame | Bu... | Max... | LF Amps | Design... | Contin... | LF Cur... | Desi... | Calc... | De |
|---|---|---|---|---|---|---|---|---|---|---|---|---|---|
| PD-0001 | Passed | BUS-... | LSIS[PR... | LVB-20-... | 22900 | 24000 | 4.97 | 51.80 | 630.0 | 0.79 | 8.22 | 7.709 | 16 |
| PD-0002 | Passed | BUS-... | LSIS[PR... | LVB-06-... | 6600 | 7200 | 139.30 | 128.69 | 630.0 | 22.11 | 20.43 | 4.231 | 25 |
| PD-0003 | Passed | BUS-... | LSIS[PR... | LVB-06-... | 6600 | 7200 | 47.37 | 58.77 | 630.0 | 7.52 | 9.33 | 3.989 | 25 |
| PD-0004 | Passed | BUS-... | LSIS[PR... | LVB-06-... | 6600 | 7200 | 175.58 | 0.00 | 630.0 | 27.87 | 0.00 | 3.335 | 25 |
| PD-0005 | Failed | BUS-... | LSIS(AC... | LBA-40C | 380 | 600 | *2419.37 | 2235.18 | 2400.0 | *100.81 | 93.13 | 24.709 | 85 |
| PD-0006 | Passed | BUS-... | LSIS Su... | TS800(N) | 380 | 380 | 652.12 | 715.83 | 800.0 | 81.52 | 89.48 | 24.709 | 65 |
| PD-0007 | Passed | BUS-... | LSIS Su... | TS100(N) | 380 | 380 | 49.11 | 56.16 | 80.0 | 61.39 | 70.20 | 16.893 | 50 |
| PD-0008 | Passed | BUS-... | LSIS Su... | TS800(N) | 380 | 380 | 603.02 | 670.91 | 800.0 | 75.38 | 83.86 | 16.893 | 65 |
| PD-0009 | Failed | BUS-... | LSIS(AC... | LBA-40C | 380 | 600 | *1768.00 | 1519.34 | 1600.0 | *110.50 | 94.96 | 24.709 | 85 |

그림 13-2 Evaluation Criteria

## 3 Input Data Criteria

Input Data Study 모듈은 다음 항목을 체크한다.

1) 시스템 또는 Swing Bus로부터 절연된 시스템의 일부
2) 프로젝트에 연결되지 않은 구성요소
3) 잘못된 Library를 참조한 구성요소
4) 공칭전압이 없는 구성요소
5) 정격용량, 전압, 임피던스 등이 없는 것을 포함하여 기타 잘못된 입력 데이터

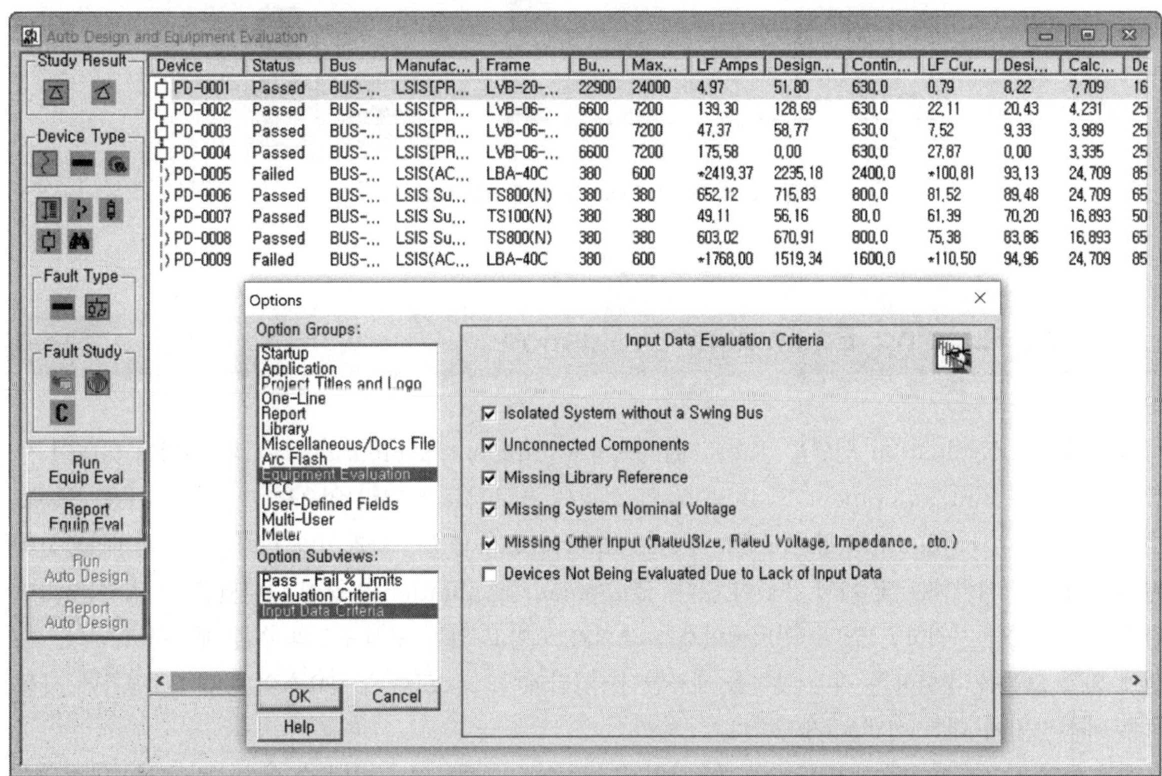


그림 13-3 Input Data Criteria

## 4 Running Failed Input Evaluation

Failed Input Evaluation의 선택은 'Run' 메뉴 또는 'Failed Input Evaluation Icon'을 선택하여 이용할 수 있다. Run>>Failed Input Evaluation의 선택은 Component Editor 또는 One-line Diagram이 활성화되어 있을 때 이용 가능하다. Component Editor에서 Run>Failed Input Evaluation은 잘못된 입력 데이터를 체크하여 구성요소의 목록을 나타낸다. One-Line Diagram에서 Run>Failed Input Evaluation의 선택은 잘못된 입력을 평가하여 구성요소의 색상을 변경한다. Input

Evaluation 또는 Equipment Evaluation에서 잘못된 구성요소를 강조하는데 사용되는 색상은 'Project〉Options〉One-line〉Current Project Colors'의 설정창에서 설정한다.

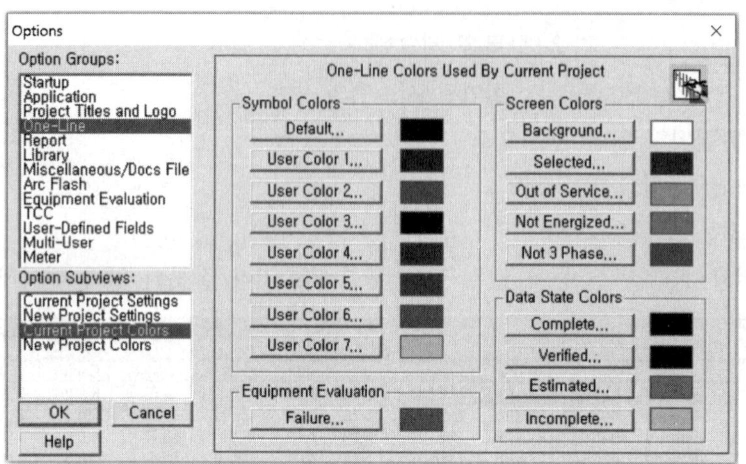


그림 13-4 Failed Input Data Component Colors

## 5 Running Equipment Evaluation

Equipment Evaluation 선택은 'Run' 메뉴 또는 Equipment Evaluation Icon의 선택에 의하여 사용할 수 있다. Run〉Equipment Evaluation의 선택은 프로젝트가 열려 있으면 언제든지 사용 가능하다. Equipment Evaluation 창은 Table-Style Interface이다. 디스플레이와 디스플레이에 대한 선택된 구성요소를 제어하는 몇 가지 옵션이 있다. Equipment Evaluation의 창이 나타났을 때 평가는 이미 완료되어 자리를 차지하고 있다. 인터페이스는 조회와 보이고 있는 구성요소의 수를 제한하고, 모든 속성에 의한 그들을 정렬하는 기타 설정을 제공한다. 인터페이스는 또한 구성요소의 종류 및 평가에 사용하는 계산방법에 대한 선택을 제공한다.

예를 들어 사용자는 보호장치 또는 비보호장치 구성요소를 선택하여 나타낼 수 있다. 보호장치 구성요소가 선택되었다면, 사용자는 Unbalanced, Comprehensive, ANSI 또는 IEC Fault Modules로부터 Study 결과를 사용하기 위하여 선택할 수 있다. 비보호장치 구성요소를 선택하면, 사용자는 Unbalanced 또는 Balanced Load Flow와 Demand Load study의 결과를 사용하기 위하여 선택할 수 있다.

동일한 창으로부터 사용자는 Run Study 버튼을 사용하여 모든 시스템 Study를 재실행할 수 있다. 모든 열에 대하여 제목을 체크함에 따라 결과를 정렬하며, Report 버튼을 체크하여 보고서를 생성한다. 사용자는 구성요소의 모두 또는 선택된 그룹만 보고서를 작성할 수 있다. 더군다나 설비평가 관리자의 화면상 Note 영역은 장치의 실패 이유에 대한 추가적인 정보를 제공한다. 보호장치에 대하여 전원 또는 부하측의 아크 플래시 계산 결과가 Dangerous 카테고리에 속한다면 (*N3)가 표시된다. 이 경우 아크플래시 보고서 옵션에서 "Protective Device Load Side" 또는 "Protective Device Line Side"로 선택되어야 한다. Bus 장치의 경우, Bus에서 아크플래시를 계산한 결과가 Dangerous 카테고리에 속한다면 (*N3)가 표시된다. 이 경우에는 아크플래시 보고서 옵션에서 'Bus'로 선택되어야 한다.

Notes Section

(*N1) : System X/R이 Test X/R보다 크다. Calc INT kA는 낮은 전압계수로 수정된다.

(*N2) : Dev Isc kA는 최대 정격전압과 K Factor로 수정된다.

(*N3) : Protective Device Line Side 또는 Load Side의 Arc Flash를 계산하여 평가한 결과 위험하다. 또는 Bus의 Arc Flash를 계산하여 평가한 결과 위험하다.

## 6 Equipment Evaluation Report

Equipment Evaluation Report는 각 구성요소의 Pass 또는 Fail 상태를 나타낸다. 부하전류와 설계 부하전류, 동작책무에서 계산단락전류 및 퍼센트 비율, 그리고 기타 관련 정보에 대하여 연속 정격을 비교하여 상세한 정보를 제공한다.

Equipment Evaluation Report

| Device/Bus Manufacturer | Status | Description | Voltage (V) Bus/Device/ Rating% | Continuous Amps LF/Dev/ Rating% | Design Amps Design/Dev/Rating% | Calc/I |
|---|---|---|---|---|---|---|
| PD-0001 | Passed | LVB-20-16D, LVB-20-16D/T | 22900 | 4.97 | 51.80 | |
| BUS-0002 | | 630A-1250A | 24000 | 630.00 | 630.00 | |
| LSIS[PRO-MEC VCB] | | LVB-20-16D | 95.42 | 0.79 | 8.22 | |
| | | | | | | |
| PD-0002 | Passed | LVB-06-25D | 6600 | 139.30 | 128.69 | |
| BUS-0003 | | 630A-2000A | 7200 | 630.00 | 630.00 | |
| LSIS[PRO-MEC VCB] | | LVB-06-25D | 91.67 | 22.11 | 20.43 | |

Print... | Print Setup... | Options... | Font... | Save... | Close | Help | SKM Disclaimer

그림 13-5 Equipment Evaluation Report

## 7 Running Failed Equipment Evaluation

Failed Equipment Evaluation의 선택은 Run 메뉴 또는 Failed Input Evaluation Icon의 선택에 의하여 사용할 수 있다. Run〉Failed Equipment Evaluation의 선택은 Component Editor 또는 One-line Diagram이 활성화되어 있을 때 사용할 수 있다. Component Editor에서 Run〉Failed Equipment Evaluation은 마지막 설비평가에서 실패한 구성요소의 목록이 표시될 것이다. One-Line Diagram에서 Run〉Failed Equipment Evaluation의 선택은 마지막 설비평가에서 실패한 구성요소의 색상을 변경할 것이다. 실패한 구성요소를 나타내기 위하여 'Failed Equipment Evaluation'을 사용하기 이전에 Equipment Evaluation 프로그램을 먼저 실행하여야 한다.

# 8 Power Tools을 활용한 Equipment Evaluation

## 8.1 One line 생성 및 Component Data 입력하기

아래 그림과 같이 One-Line을 생성하고 각 Component에 대한 Data를 입력한다.

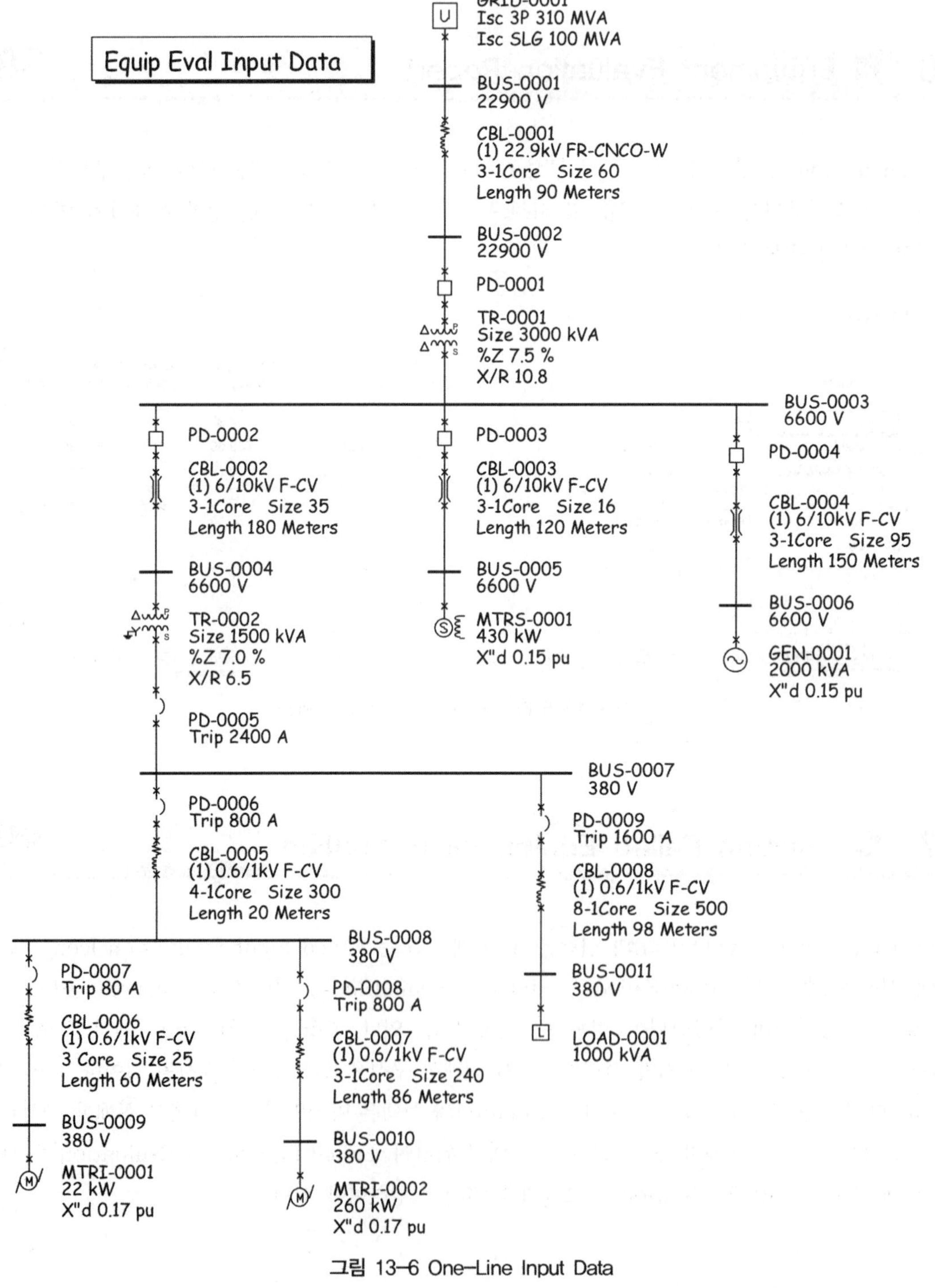


그림 13-6 One-Line Input Data

## 8.2 Equipment Evaluation 실행

설비평가를 실행하기 위하여 메뉴의 Run >> Equipment Evaluation를 선택한다.

### 1) Protective Device Evaluation Result

'Equipment Evaluation'을 실행시키면 'Protective Device에 대한 평가를 볼 수 있다.

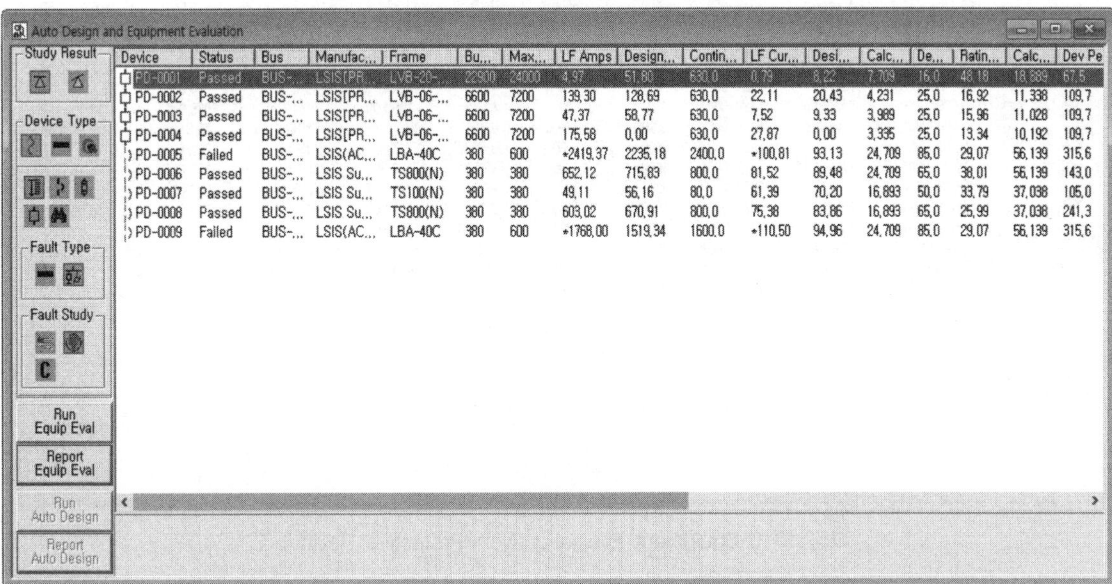


| Device | Status | Bus | Manufac... | Frame | Bu... | Max... | LF Amps | Design... | Contin... | LF Cur... | Desi... | Calc... | De... | Ratin... | Calc... | Dev Pe |
|---|---|---|---|---|---|---|---|---|---|---|---|---|---|---|---|---|
| PD-0001 | Passed | BUS-... | LSIS[PR... | LVB-20-... | 22900 | 24000 | 4.97 | 51.80 | 630.0 | 0.79 | 8.22 | 7.709 | 16.0 | 48.18 | 18.889 | 67.5 |
| PD-0002 | Passed | BUS-... | LSIS[PR... | LVB-06-... | 6600 | 7200 | 139.30 | 128.69 | 630.0 | 22.11 | 20.43 | 4.231 | 25.0 | 16.92 | 11.338 | 109.7 |
| PD-0003 | Passed | BUS-... | LSIS[PR... | LVB-06-... | 6600 | 7200 | 47.37 | 58.77 | 630.0 | 7.52 | 9.33 | 3.989 | 25.0 | 15.96 | 11.028 | 109.7 |
| PD-0004 | Passed | BUS-... | LSIS[PR... | LVB-06-... | 6600 | 7200 | 175.58 | 0.00 | 630.0 | 27.87 | 0.00 | 3.335 | 25.0 | 13.34 | 10.192 | 109.7 |
| PD-0005 | Failed | BUS-... | LSIS(AC... | LBA-40C | 380 | 600 | *2419.37 | 2235.18 | 2400.0 | *100.81 | 93.13 | 24.709 | 85.0 | 29.07 | 56.139 | 315.6 |
| PD-0006 | Passed | BUS-... | LSIS Su... | TS800(N) | 380 | 380 | 652.12 | 715.83 | 800.0 | 81.52 | 89.48 | 24.709 | 65.0 | 38.01 | 56.139 | 143.0 |
| PD-0007 | Passed | BUS-... | LSIS Su... | TS100(N) | 380 | 380 | 49.11 | 56.16 | 80.0 | 61.39 | 70.20 | 16.893 | 50.0 | 33.79 | 37.038 | 105.0 |
| PD-0008 | Passed | BUS-... | LSIS Su... | TS800(N) | 380 | 380 | 603.02 | 670.91 | 800.0 | 75.38 | 83.86 | 16.893 | 65.0 | 25.99 | 37.038 | 241.3 |
| PD-0009 | Failed | BUS-... | LSIS(AC... | LBA-40C | 380 | 600 | *1768.00 | 1519.34 | 1600.0 | *110.50 | 94.96 | 24.709 | 85.0 | 29.07 | 56.139 | 315.6 |

그림 13-7 Equipment Evaluation(Protective Device)

### 2) Bus Device Evaluation Result

'Bus' 아이콘을 클릭하면 'Bus Device'에 대한 평가를 볼 수 있다.

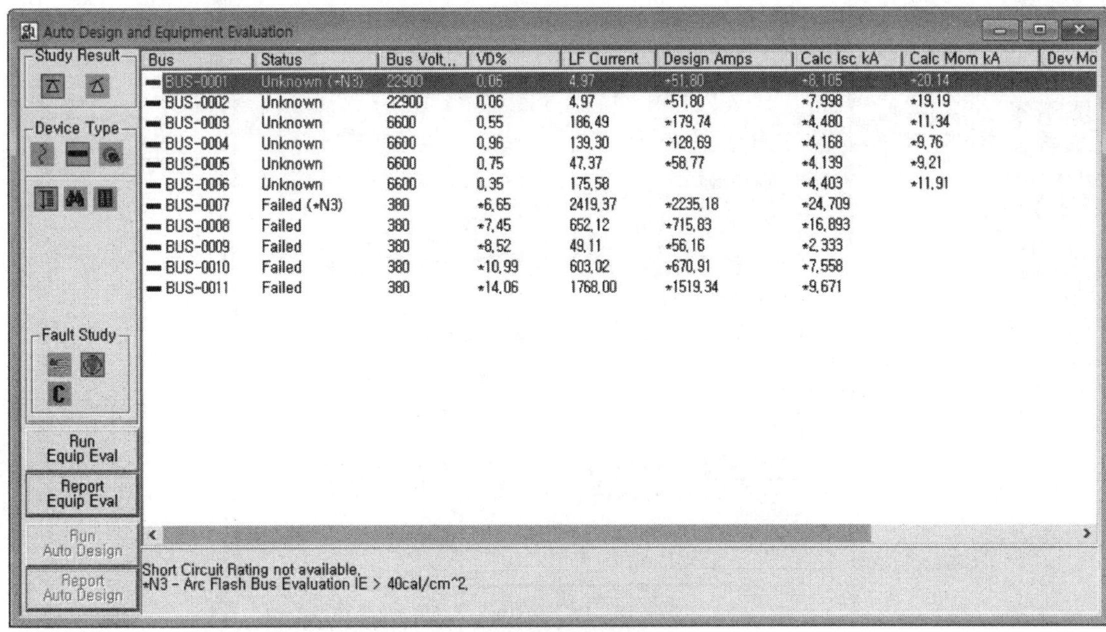


| Bus | Status | Bus Volt... | VD% | LF Current | Design Amps | Calc Isc kA | Calc Mom kA | Dev Mo |
|---|---|---|---|---|---|---|---|---|
| BUS-0001 | Unknown (*N3) | 22900 | 0.06 | 4.97 | *51.80 | *8.105 | *20.14 | |
| BUS-0002 | Unknown | 22900 | 0.06 | 4.97 | *51.80 | *7.998 | *19.19 | |
| BUS-0003 | Unknown | 6600 | 0.55 | 186.49 | *179.74 | *4.480 | *11.34 | |
| BUS-0004 | Unknown | 6600 | 0.96 | 139.30 | *128.69 | *4.168 | *9.76 | |
| BUS-0005 | Unknown | 6600 | 0.75 | 47.37 | *58.77 | *4.139 | *9.21 | |
| BUS-0006 | Unknown | 6600 | 0.35 | 175.58 | | *4.403 | *11.91 | |
| BUS-0007 | Failed (*N3) | 380 | *6.65 | 2419.37 | *2235.18 | *24.709 | | |
| BUS-0008 | Failed | 380 | *7.45 | 652.12 | *715.83 | *16.893 | | |
| BUS-0009 | Failed | 380 | *8.52 | 49.11 | *56.16 | *2.333 | | |
| BUS-0010 | Failed | 380 | *10.99 | 603.02 | *670.91 | *7.558 | | |
| BUS-0011 | Failed | 380 | *14.06 | 1768.00 | *1519.34 | *9.671 | | |

그림 13-8 Equipment Evaluation(Bus Device)

### 3) Non-Protective Device Evaluation Result

를 클릭하면 'Non Protective Device' 에 대한 설비평가를 볼 수 있다.

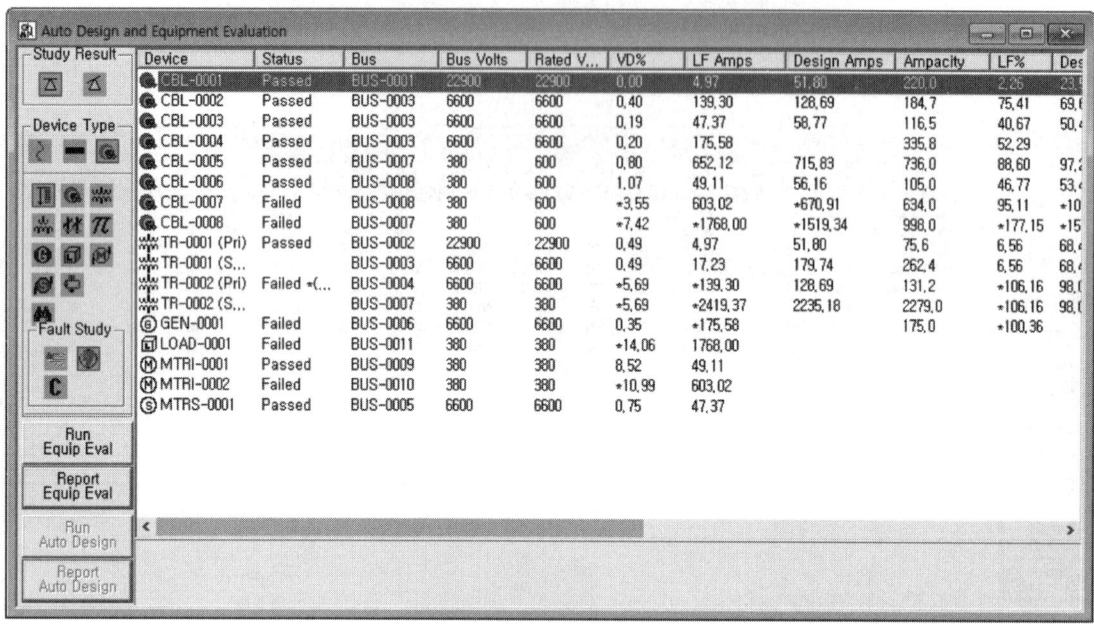


| Device | Status | Bus | Bus Volts | Rated V... | VD% | LF Amps | Design Amps | Ampacity | LF% |
|---|---|---|---|---|---|---|---|---|---|
| CBL-0001 | Passed | BUS-0001 | 22900 | 22900 | 0,00 | 4,97 | 51,80 | 220,0 | 2,26 |
| CBL-0002 | Passed | BUS-0003 | 6600 | 6600 | 0,40 | 139,30 | 128,69 | 184,7 | 75,41 |
| CBL-0003 | Passed | BUS-0003 | 6600 | 6600 | 0,19 | 47,37 | 58,77 | 116,5 | 40,67 |
| CBL-0004 | Passed | BUS-0003 | 6600 | 6600 | 0,20 | 175,58 | | 335,8 | 52,29 |
| CBL-0005 | Passed | BUS-0007 | 380 | 600 | 0,80 | 652,12 | 715,83 | 736,0 | 88,60 |
| CBL-0006 | Passed | BUS-0008 | 380 | 600 | 1,07 | 49,11 | 56,16 | 105,0 | 46,77 |
| CBL-0007 | Failed | BUS-0008 | 380 | 600 | *3,55 | 603,02 | *670,91 | 634,0 | 95,11 |
| CBL-0008 | Failed | BUS-0007 | 380 | 600 | *7,42 | *1768,00 | *1519,34 | 998,0 | *177,15 |
| TR-0001 (Pri) | Passed | BUS-0002 | 22900 | 22900 | 0,49 | 4,97 | 51,80 | 75,6 | 6,56 |
| TR-0001 (S... | | BUS-0003 | 6600 | 6600 | 0,49 | 17,23 | 179,74 | 262,4 | 6,56 |
| TR-0002 (Pri) | Failed *(... | BUS-0004 | 6600 | 6600 | *5,69 | *139,30 | 128,69 | 131,2 | *106,16 |
| TR-0002 (S... | | BUS-0007 | 380 | 380 | *5,69 | *2419,37 | 2235,18 | 2279,0 | *106,16 |
| GEN-0001 | Failed | BUS-0006 | 6600 | 6600 | 0,35 | *175,58 | | 175,0 | *100,36 |
| LOAD-0001 | Failed | BUS-0011 | 380 | 380 | *14,06 | 1768,00 | | | |
| MTRI-0001 | Passed | BUS-0009 | 380 | 380 | 8,52 | 49,11 | | | |
| MTRI-0002 | Failed | BUS-0010 | 380 | 380 | *10,99 | 603,02 | | | |
| MTRS-0001 | Passed | BUS-0005 | 6600 | 6600 | 0,75 | 47,37 | | | |

그림 13-9 Equipment Evaluation(Non-Protective Device)

### 4) Re-Run 또는 Update

재실행 또는 입력데이터를 경신한 경우에는 'Run/Equip Eval' 버튼을 클릭한다.

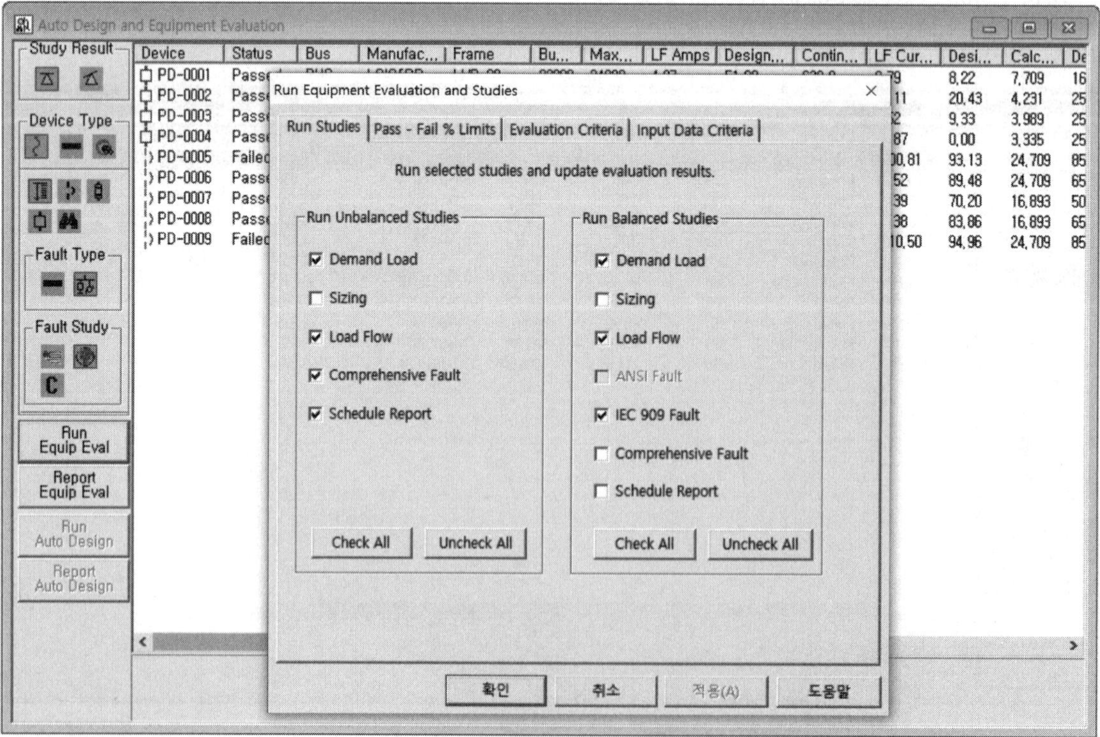


그림 13-10 Re-Run or Update

## 8.3 Failed Input Equipment Evaluation

상위 메뉴 Run 〉〉 Failed Input Evaluation을 클릭하여 실행하면 다음의 One-Line Data Block에서 잘못된 입력데이터에 대한 구성요소를 볼 수 있다.

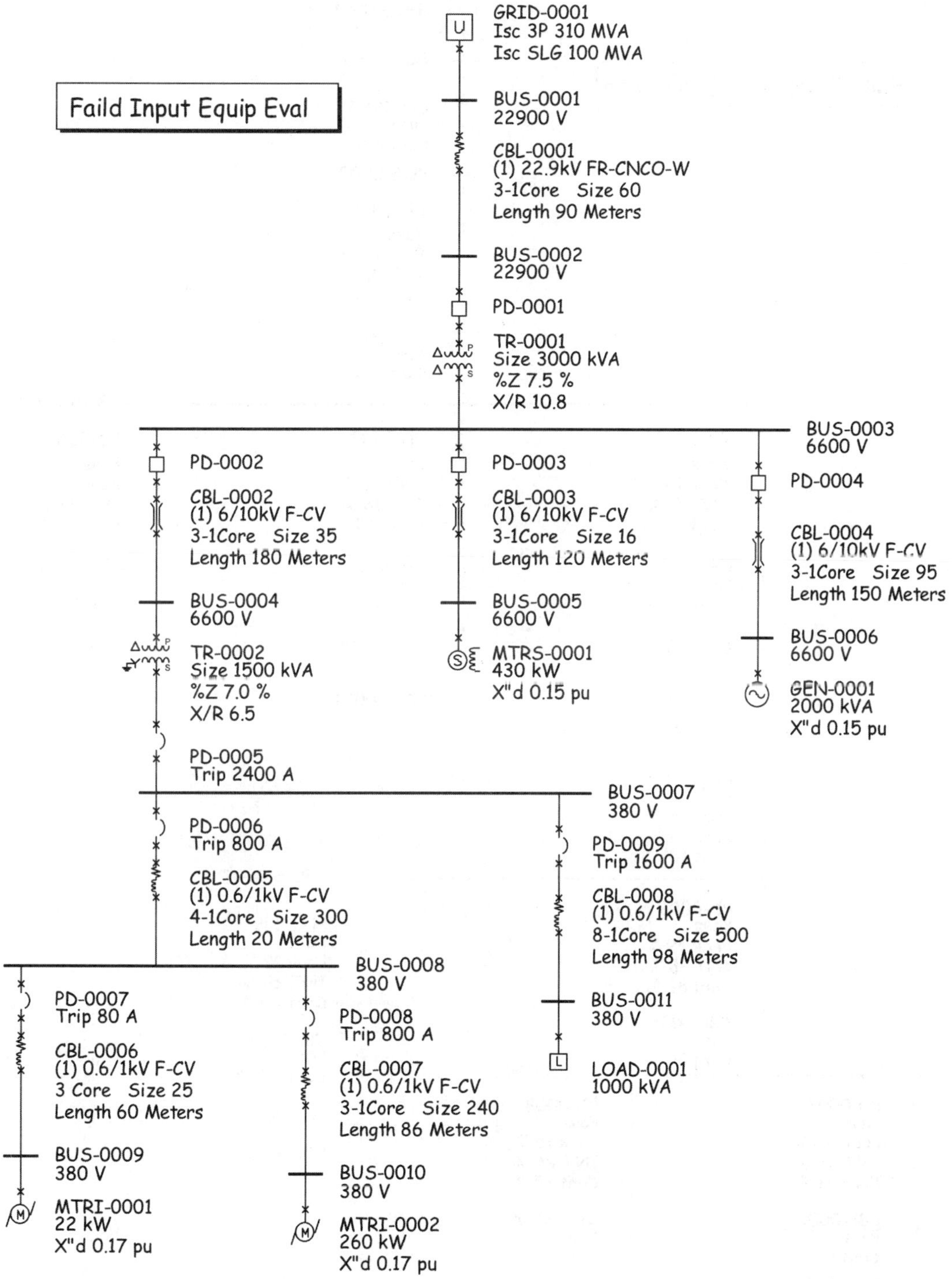

Faild Input Equip Eval

GRID-0001
Isc 3P 310 MVA
Isc SLG 100 MVA

BUS-0001
22900 V

CBL-0001
(1) 22.9kV FR-CNCO-W
3-1Core Size 60
Length 90 Meters

BUS-0002
22900 V

PD-0001

TR-0001
Size 3000 kVA
%Z 7.5 %
X/R 10.8

BUS-0003
6600 V

PD-0002

CBL-0002
(1) 6/10kV F-CV
3-1Core Size 35
Length 180 Meters

BUS-0004
6600 V

TR-0002
Size 1500 kVA
%Z 7.0 %
X/R 6.5

PD-0005
Trip 2400 A

PD-0003

CBL-0003
(1) 6/10kV F-CV
3-1Core Size 16
Length 120 Meters

BUS-0005
6600 V

MTRS-0001
430 kW
X"d 0.15 pu

PD-0004

CBL-0004
(1) 6/10kV F-CV
3-1Core Size 95
Length 150 Meters

BUS-0006
6600 V

GEN-0001
2000 kVA
X"d 0.15 pu

BUS-0007
380 V

PD-0006
Trip 800 A

CBL-0005
(1) 0.6/1kV F-CV
4-1Core Size 300
Length 20 Meters

BUS-0008
380 V

PD-0007
Trip 80 A

CBL-0006
(1) 0.6/1kV F-CV
3 Core Size 25
Length 60 Meters

BUS-0009
380 V

MTRI-0001
22 kW
X"d 0.17 pu

PD-0008
Trip 800 A

CBL-0007
(1) 0.6/1kV F-CV
3-1Core Size 240
Length 86 Meters

BUS-0010
380 V

MTRI-0002
260 kW
X"d 0.17 pu

PD-0009
Trip 1600 A

CBL-0008
(1) 0.6/1kV F-CV
8-1Core Size 500
Length 98 Meters

BUS-0011
380 V

LOAD-0001
1000 kVA

그림 13-11 Failed Input Equipment Evaluation Report

## 8.4 Failed Equipment Evaluation

상위 메뉴 Run 〉〉 Failed Equipment Evaluation을 클릭하여 실행한 후, Run 〉〉 Datablock Format 〉〉 Device Evaluation IEC Branch를 선택하면 다음의 결과를 볼 수 있다.

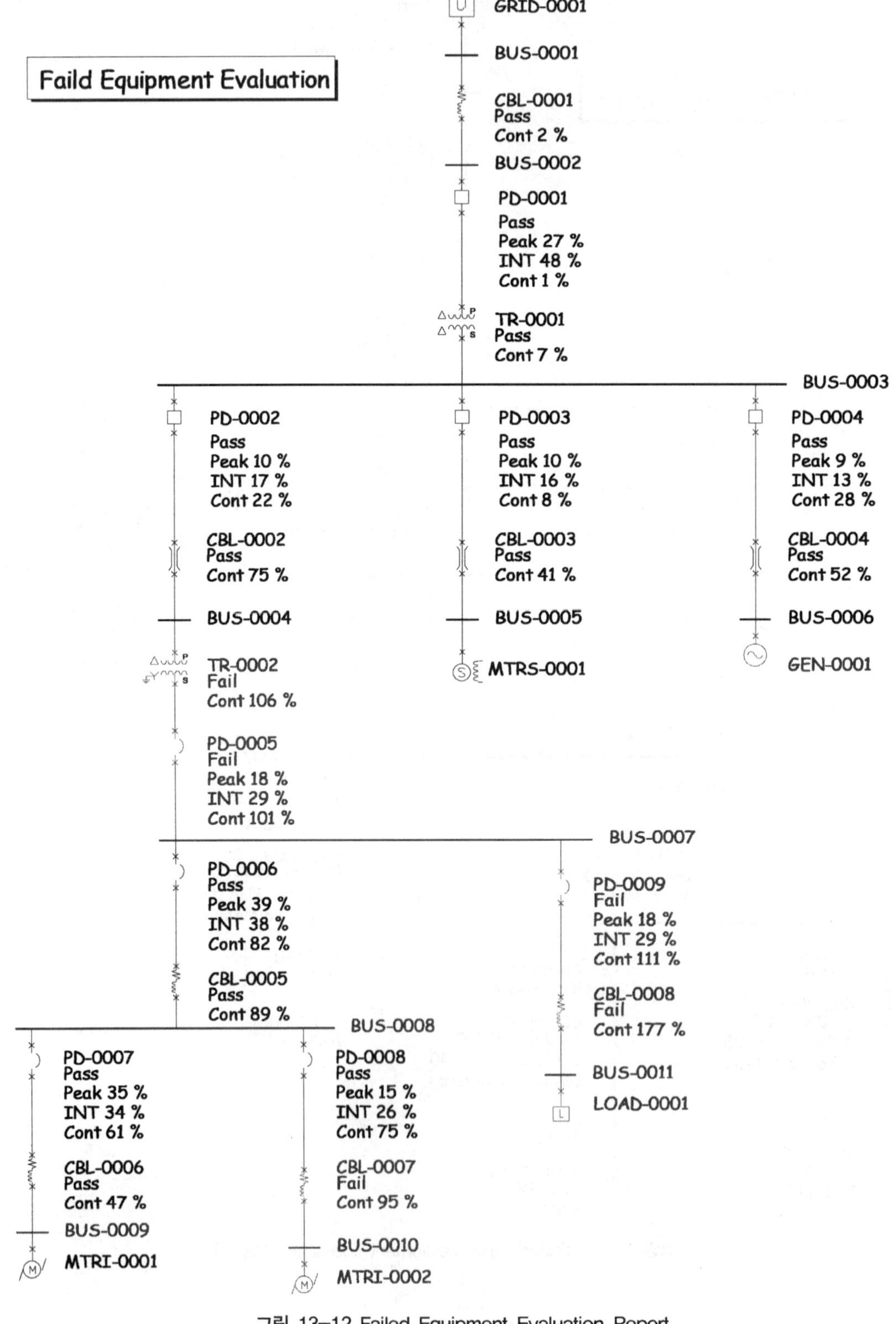


그림 13-12 Failed Equipment Evaluation Report

# 14장 | Motor Starting Analysis

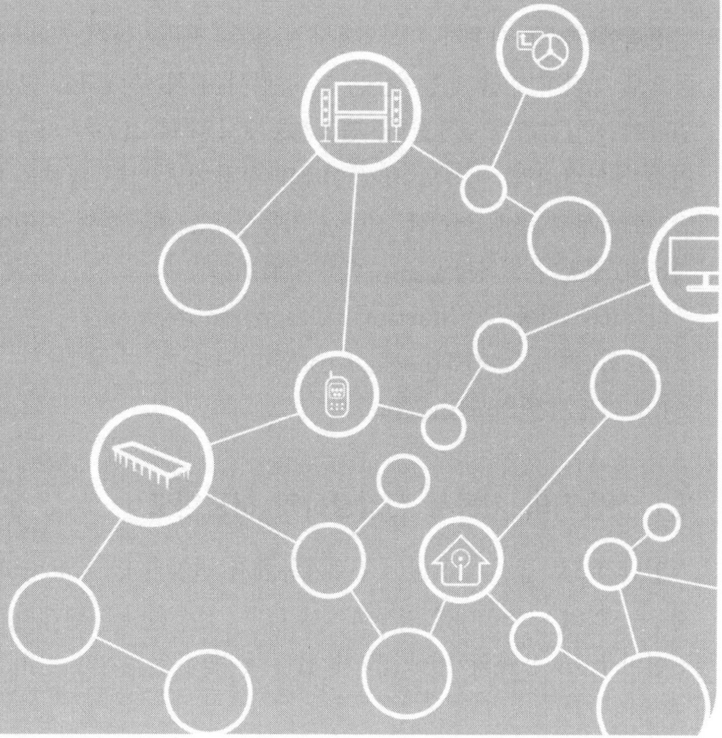

# 1 개요

전동기는 기동시 기동전류로 인하여 전압강하가 발생한다. 전력계통에서 대형전동기의 기동시 전압강하로 인하여 기동불능 또는 인접 설비에 나쁜 영향을 미치게 된다. 따라서 대형전동기는 계획단계에서부터 기동상태를 해석하여 대책을 수립하여야 한다. 일반적으로 전력계통에 접속되는 전동기의 용량이 전원용량의 30% 이상이 되는 경우에는 기동상태를 검토하여야 한다.

## 1.1 분석내용

전동기 기동해석은 전동기의 기동에서부터 정상운전까지의 전압강하, 토크, 기동전류, 속도, 효율 및 슬립 등에 대한 동적인 변화상태를 계산하여 과도현상을 분석하는 것이다.

## 1.2 분석결과 적용

(1) 전동기 기동시 문제점 해석 및 분석
(2) 적정 전동기 기동방안 선정
(3) 경제적인 변압기 선정
(4) 최적 전력계통 구성방안 도출

# 2 전동기 기동해석에 요구되는 조건

전력에너지를 사용하는 산업체에는 많은 전동기들이 사용되고 있으며 오늘날 에너지 이용의 경제성 등으로 인하여 이들 전동기들은 그 용량이 점차 증대되고 있는 추세이다. 전동기는 기동시 기동전류로 인하여 전압강하가 발생한다. 전력계통에서 대형 전동기 기동시 전압강하로 자기 자신의 어려움은 물론 인접한 모선 전압 저하로 자기 이외의 부하에도 나쁜 영향을 미치게 된다. 따라서 대형 전동기는 계획단계에서부터 구매 이전에 전동기 기동상태를 해석하여 사전에 다음 사항을 기술사양으로 제시하거나 별도의 전동기 기동방안을 수립하여야 한다.

(1) 요구 기동전압(Starting voltage requirement)
(2) 회전자 구속전류(Locked rotor current)
(3) 기동시간(Starting time)

## 2.1 전동기의 기동시 전압강하의 허용한도

일반적으로 발전기가 없는 전력계통에서 변압기 kVA 용량의 약 30% 이상 용량의 전동기가 설치되는 경우는 이의 기동상태를 검토하여야 하며, 전력회사와 연계되지 않은 자가발전 단독 전력계통에서는 발전설비 kVA 용량의 10~15%가 넘는 용량의 전동기가 설치 될 경우 반드시 이의 기동상태를 사전에

검토하여야 한다. 전동기 기동시는 기동전류로 인하여 전압강하가 발생하며, 전동기 기동 시 허용전압은 부하토크특성에 따라 다르다. 전동기 최소 기동전압은 정격전압의 80%~90% 범위로 매우 다양하다. 다음 표 14-1은 전동기 기동시 기동전동기 및 인접한 전력설비의 최소허용전압을 나타낸 것이다.

**표 14-1 전동기 기동시 허용전압강하**

| 전압강하 위치 | 최소허용전압 [%] |
|---|---|
| At terminals of starting motor | 80 |
| All terminals of other motors that must reaccelerate | 71 |
| AC contactor pick-up(by standard)(see 9.8, NEMA standards) | 85 |
| DC contactor pick-up(by standard)(see 9.8, NEMA standards) | 80 |
| Contactor hold-in(average of those in use) | 60-70 |
| Solid-state control devices | 90 |
| Noticeable light flicker | 3% 변화 |

[source] IEEE Std 399-1997 table 9-1

## 2.2 소용량 전원계통에 연결된 전동기

소규모전원에서 전동기를 기동할 때, 즉 대용량 전력계통인 전력회사(Utility Company)와 연계되어 있지 않은 단독의 작은 전력계통(Smaller Power System)에서 대용량 전동기를 기동할 때는 기동시 전압강하로 인하여 문제가 될 수 있다.

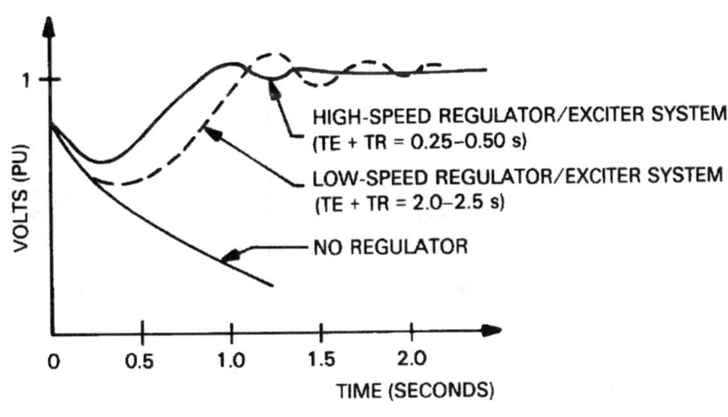


그림 14-1 발전기의 단자전압 특성

소규모 전력계통은 자가 발전 설비만이 주요구성요소로 되어 있어, 자가발전기 임피던스가 상대적으로 크고 이에 따라 전동기 기동시 매우 심각한 전압강하가 유발 될 수 있다. 그리고 발전기에 적용된 전압제어 시스템 형태에 따라 전동기 기동시 그림 14-1과 같이 다양한 전압강하 양상을 나타내게 된다. 따라서 자가발전 설비만을 구비하고 있는 소규모 전력계통에서 전동기 기동을 정확히 해석하기 위해서는 전동기 기동해석 프로그램으로 전동기 기동시의 발전기 과도특성 및 여자기 응답특성 등이 정확히 반영되도록 모델링되어야 한다.

# 3 전동기의 특성

## 3.1 전동기의 속도-토크 특성

전동기는 일반적으로 부하 토크가 증가하면 속도가 떨어지고, 부하에 따른 속도 변화의 대소에 따라 정속도 특성과 변속도 특성으로 분류된다.

### 1) 정속도 특성

① 부하토크의 변화에 대하여 회전속도가 거의 변화되지 않는 특성
② 정속도 운전으로 속도가 안정
③ 팬, 송풍기, 펌프, 공기압축기의 구동용과 제철, 제지, 방적 등의 생산기계용
④ 동기전동기, 유도전동기, 직류 분권전동기, 직류 차동 복권전동기

### 2) 변속도 특성

① 부하 토크의 변화에 대하여 회전속도가 심하게 변화하는 특성
② 기동토크가 크며, 부하가 커지면 속도가 감소하고 부하가 작아지면 속도가 상승하여 전원에 대해 비교적 전력이 일정한 정출력 특성을 가진다.
③ 전차 및 하역용의 크레인
④ 2차 저항이 큰 유도전동기, 직류 직권전동기, 직류 가동 복권전동기

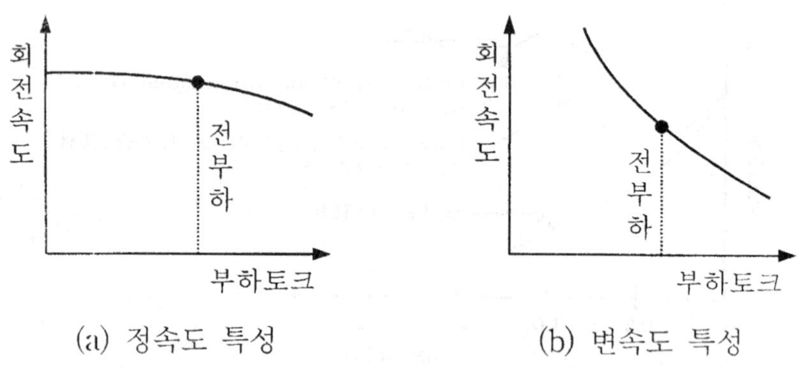


그림 14-2 전동기의 속도-토크 특성

## 3.2 유도전동기의 속도-토크 특성

유도전동기의 속도-토크특성은 그림 14-3에서 보는 바와 같이 부하의 토크가 증가하여 부하토크가 전동기 최대토크점을 초과하면 전동기는 그 속도가 급격히 저하하여 거의 정지 상태에 이르게 되는데 이와 같은 현상을 Stall 현상이라 한다.

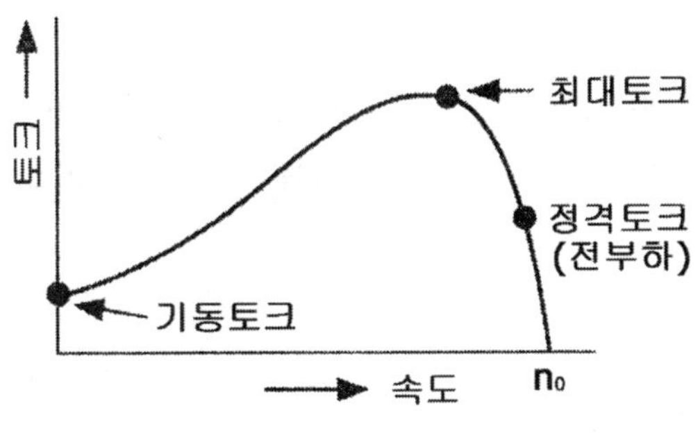

그림 14-3 전동기의 속도-토크특성

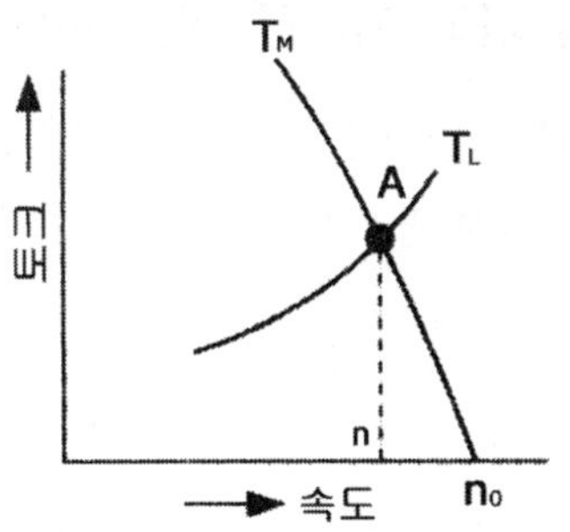

그림 14-4 전동기의 안정운전

따라서 유도전동기의 안정운전을 위하여 최대토크의 40% 전후에 해당하는 안정 토크점과 동기속도 사이의 그림 14-4의 A점에서 운전하여야 한다. 즉 부하토크와 전동기 토크교점 A가 있어야 하며, 부하의 속도가 운전점 A의 운전속도 $n$을 초과하면 부하토크 $T_L$은 전동기 토크 $T_M$보다 크게 되어 전동기 속도가 저하하고, 부하의 속도가 $n$에 미달하면 전동기 토크 $T_M$이 부하토크 $T_L$이 보다 크게 되어 전동기는 가속되어 $n$에서 안정된다.

### 3.3 유도전동기의 기동시간

유도전동기의 기동시간은 부하의 관성에 비례하고 전동기의 가속도에 반비례한다. 가속토크는 전동기 토크와 부하토크의 차이이며, 그림 14-5에서 전동기 토크는 TM, 부하 토크는 TL이며, 사선부분이 가속토크에 해당한다. 전동기의 기동해석을 하려면 이 기동시간이 필요하므로 전동기의 제작자로부터 이 자료를 얻어야 한다. 아래는 전동기의 기동시간 계산식이다.

$$t = k \times \frac{GD^2}{T} \text{ [sec]} \tag{14.1}$$

여기에서,

$GD$ : 부하의 관성모멘트 [N · m$^2$]

$T$ : 전동기의 가속토크 [N · m]

$k$ : 상수(Cu의 경우 $5.16 \times 10^{-3}$)

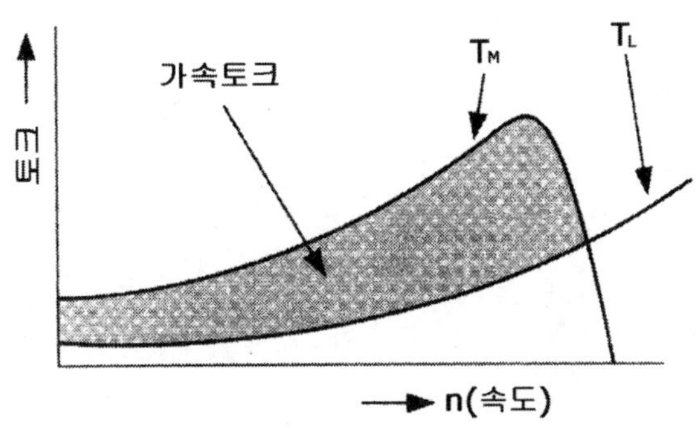

그림 14-5 전동기 및 부하의 속도-토크 특성

### 3.4 전동기의 기동전류와 기동시간

유도전동기의 기동전류는 대체로 정격전류의 5~8배로 그림 14-6과 같이 전동기의 속도가 거의 운전속도에 도달할 때까지 그 전류는 변함없이 유지하다가 운전속도에 가까워졌을 때 급격히 감소하여 정격전류가 된다.

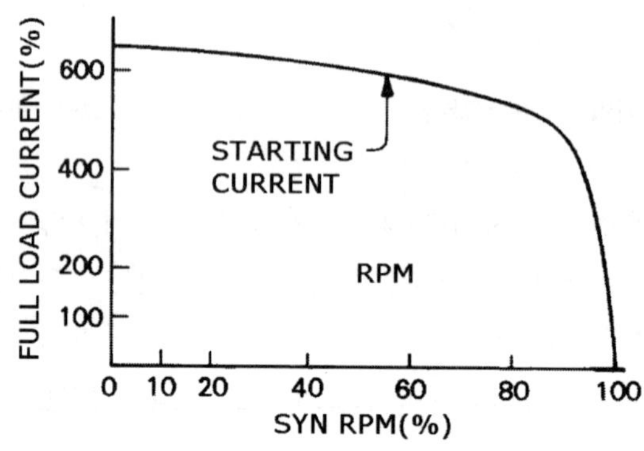


그림 14-6 전동기의 속도-전류 특성

기동전류는 유도전동기의 정격전압에 대하여 정상임피던스 역수의 곱이 된다. 즉 기동전류는 $I_{ms} = E/Zm_1$가 된다. 유도전동기의 기동시간은 부하의 토크특성에 따라 다소 차이가 있으나 대체로 10초 이하이며 이와 같이 짧은 시간 동안 큰 기동전류에 의하여 발생한 열량은 전동기 철심과 Frame를 통하여 외부에 방산될 수 없으므로 권선에 축적된다.

### 3.5 전동기의 기동전류에 의한 전압강하와 기동토크

전동기는 전전압 기동시 큰 기동전류로 인한 전압강하가 발생하여 기동 불능 또는 인접 전력설비에 나쁜 영향을 미치게 된다. 따라서 기동전류를 줄이기 위해서는 전동기 1차전압을 강압하거나 또는 기동전류를 제한해야 한다. 그러나 기동전류는 단자전압에 비례하고 기동토크는 전압의 제곱에 비례하므로 전동기 부하에 따라서는 기동토크가 부족한 경우가 일어날 수도 있으므로 전동기 1차전압을 강압하거나 또는 기동전류를 제한하여 전동기를 기동시키고자 할 경우 전동기 기동이 가능한지를 사전에 이를 검토해야 한다. 전동기 기동 해석 결과에 따라서는 변압기 용량 증대 또는 케이블의 단면적을 크게 하는 것과 같은 회로 변경을 실시하거나 또는 별도의 전동기 기동방안을 결정하게 된다.

## 4 부하의 속도-토크 특성

부하 기계는 마찰부하, 중력부하, 유체부하 등이 있으며, 이 부하들은 각각 고유의 속도-토크 특성을 가지고 있다. 이 특성에 따라 기본적으로 정토크 부하와 제곱토크 부하로 분류하며, 정토크 부하 중에서 정출력 부하를 추가하여 분류한다.

### 4.1 정토크 부하

속도 변화에 따라 토크가 거의 일정한 부하를 의미하며, 이 부하는 일정한 힘($F$)에 대하여 속도 $v$(또는 각속도 $\omega$ )로 일을 하는 것이며, 동력 P는 다음 식으로 표시된다.

$$P = F_v = T_\omega \tag{14.2}$$

따라서 일정한 힘 F(또는 T)는 변화하지 않는 정토크 부하를 의미하므로 동력 P는 대체로 속도나 각속도에 비례(P $\propto$ N, $\omega$ )한다고 할 수 있다. 정토크부하는 마찰부하나 중력부하에 해당하며, 권상기, 크레인, 압연기, 인쇄기, 각종 롤러 및 공기압축기 등이 있다.

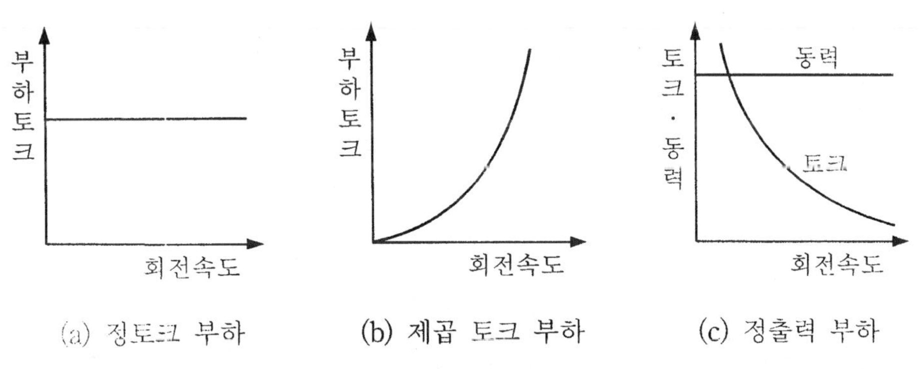


그림 14-7 부하의 속도-토크 특성

### 4.2 제곱토크 부하

토크가 속도의 제곱에 비례하여 변화하는 부하이고, 유체부하가 이에 해당하며 유체기계에는 펌프, 송풍기, 배의 스크루 등이 있다. 유체기계의 동력 P는 유량 Q와 압력 H의 곱에 비례하며, 또 유량은 회전속도 N에 비례하고 압력은 $N^2$에 비례하므로 동력 P는 다음과 같이 된다.

$$P \propto QH \propto N^3 \tag{14.3}$$

$$T(= P/\omega) \propto N^2 \tag{14.4}$$

따라서 유체부하에서의 속도-토크 특성은 그림 14-7 (b)와 같이 토크는 회전속도의 제곱에 비례하는 것을 보이고 있다.

## 4.3 정출력 부하

정출력 부하는 속도가 변화해도 동일한 동력을 요구하는 부하를 의미하며, 그림 14-7 (c)에 나타내었다. 즉, 고속의 경우에는 토크가 작고, 저속의 경우에는 큰 토크를 갖는 부하이다. 따라서 $P=T\omega$에서 동력 P는 일정하므로 토크와 속도의 관계는 반비례하는 특성을 갖는 부하이기 때문에 변속도 특성의 전동기를 선정하여야 한다.

표 14-2은 위에서 설명한 부하특성 및 종류를 요약 정리하여 나타낸 것이다.

**표 14-2 부하의 특성과 종류**

| 부하의 특성 | 속도-토크 | 속도-동력 | 부하 종류 |
|---|---|---|---|
| 정토크부하 | $T_L$ = 일정 | $P_L \propto \omega$ , N | 권상기, 크레인, 인쇄기, 엘리베이터, 에스컬레이터 |
| 제곱토크부하 | $T_L \propto \omega^2$, $N^2$ | $P_L \propto \omega^3$, $N^3$ | 펌프, 송풍기 등 유체부하 |
| 정출력부하 | $T_L \propto 1/\omega$ | $P_L$ = 일정 | 정출력 발전기, 절삭 공작기계 |

## 5 전동기 및 부하 특성의 Library 생성

### 5.1 전동기 특성의 Library 생성

전동기의 각 speed에서 Torque, Current, Power Factor의 특성 값을 제조자로부터 받아 Library의 Motor Component에 아래 그림과 같이 입력한다.

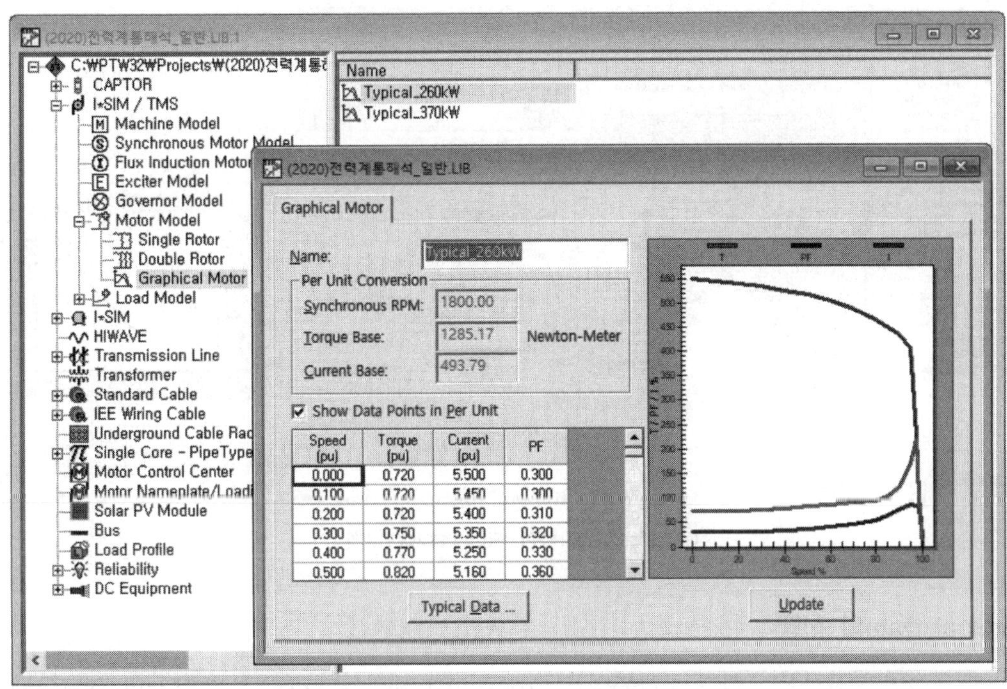


그림 14-8 전동기 특성 입력

### 5.2 부하 특성의 Library 생성

#### 1) 제조자에 제공하여야 하는 부하특성

부하특성의 Library를 생성하기 위하여 제조사로부터 다음의 부하 특성 값을 제공 받아 Library를 생성하여야 한다.

① Voltage [kV]

② Rated Size [kW]

③ Synchronous RPM

④ Rated Torque [N · m]

⑤ Moment of Inertia [$kg-m^2$]

⑥ Break Away Torque at Zero Speed [N · m]

⑦ Starting Torque at Zero Speed [N · m]

⑧ Load Type(Pump, Blower, Compressor, Fan, etc)

⑨ Exponent Torque vs Speed

## 2) 계산식을 이용한 부하특성 입력

"Calculator" 버튼을 클릭하면 각 부하 특성 값을 입력할 수 있는 아래 창이 나타난다. 부하의 Zero Speed에서 탈출토크와 기동토크를 입력하고, 또한 동기속도에서의 rpm과 토크를 입력하며, 속도에 대한 토크지수를 입력하고 "Update" 버튼을 클릭하여 부하특성으로 사용한다.

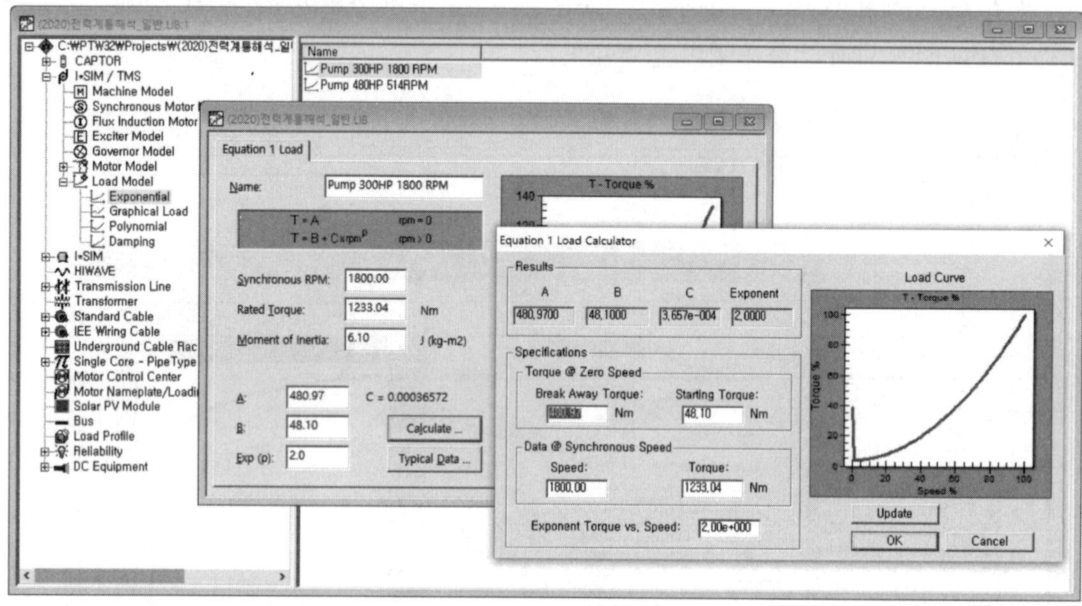


그림 14-9 부하특성 계산 Factor 입력

## 3) Typical Data의 선택

다음은 대표적인 부하종류에 따른 부하특성을 Program에 내장된 부하특성을 "Load Type"에서 선택하여 생성한다.

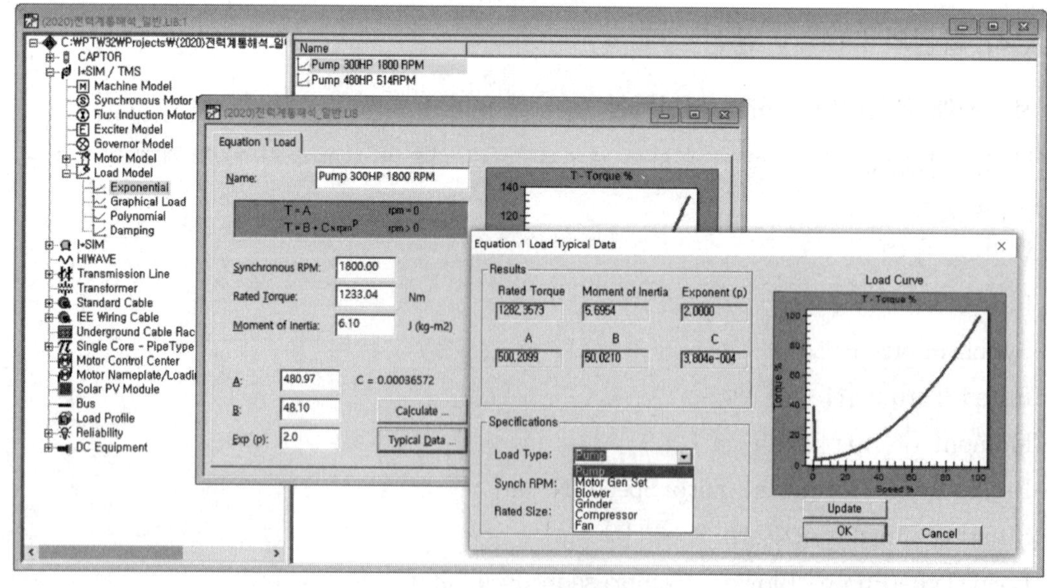


그림 14-10 Typical Data의 부하특성 Load Type 선택

# 6 PTW을 이용한 Transient Motor Starting

## 6.1 One–Line Input Data

Program을 실행하여 One–Line 창을 활성화 한 다음 Input Data를 확인한다. 여기서는 저압 유도전동기 260kW(MTRI–0002)에 대하여 기동에서부터 정상운전까지 시간의 변화에 따른 전압강하, 토크, 기동전류, 속도, 효율 및 슬립 등에 대한 동적인 변화 상태를 검토 및 분석을 한다.

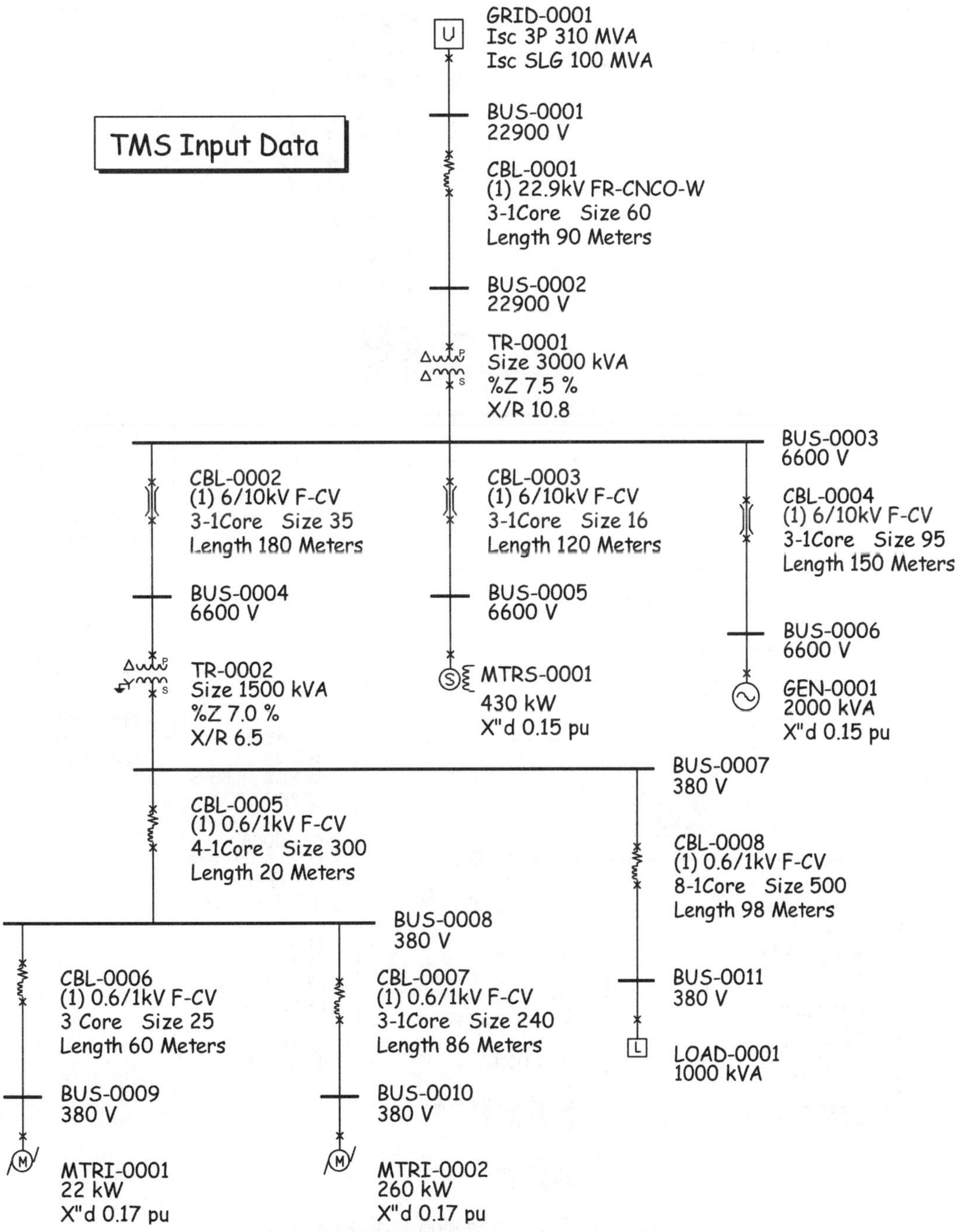

TMS Input Data

GRID-0001
Isc 3P 310 MVA
Isc SLG 100 MVA

BUS-0001
22900 V

CBL-0001
(1) 22.9kV FR-CNCO-W
3-1Core Size 60
Length 90 Meters

BUS-0002
22900 V

TR-0001
Size 3000 kVA
%Z 7.5 %
X/R 10.8

BUS-0003
6600 V

CBL-0002
(1) 6/10kV F-CV
3-1Core Size 35
Length 180 Meters

CBL-0003
(1) 6/10kV F-CV
3-1Core Size 16
Length 120 Meters

CBL-0004
(1) 6/10kV F-CV
3-1Core Size 95
Length 150 Meters

BUS-0004
6600 V

BUS-0005
6600 V

BUS-0006
6600 V

TR-0002
Size 1500 kVA
%Z 7.0 %
X/R 6.5

MTRS-0001
430 kW
X"d 0.15 pu

GEN-0001
2000 kVA
X"d 0.15 pu

BUS-0007
380 V

CBL-0005
(1) 0.6/1kV F-CV
4-1Core Size 300
Length 20 Meters

CBL-0008
(1) 0.6/1kV F-CV
8-1Core Size 500
Length 98 Meters

BUS-0008
380 V

CBL-0006
(1) 0.6/1kV F-CV
3 Core Size 25
Length 60 Meters

CBL-0007
(1) 0.6/1kV F-CV
3-1Core Size 240
Length 86 Meters

BUS-0011
380 V

LOAD-0001
1000 kVA

BUS-0009
380 V

BUS-0010
380 V

MTRI-0001
22 kW
X"d 0.17 pu

MTRI-0002
260 kW
X"d 0.17 pu

그림 14–11 TMS One–Line

## 6.2 Motor Starting Load Flow

조류계산을 이용한 전동기 기동해석은 전동기 기동시 전력계통에 나타나는 최대전압강하를 검토 및 분석하는 것으로 정적인 전동기 기동해석에 해당한다. 유도전동기 MTRI-0002, 260kW의 Component Edit에서 전동기의 운전상태를 "Running"에서 "Starting"로 변경한 후 저장한 다음 상위 Menu의 Run〉〉Balanced System Studies를 선택하여 Load Flow Study를 실시하면 다음의 결과를 볼 수 있다.

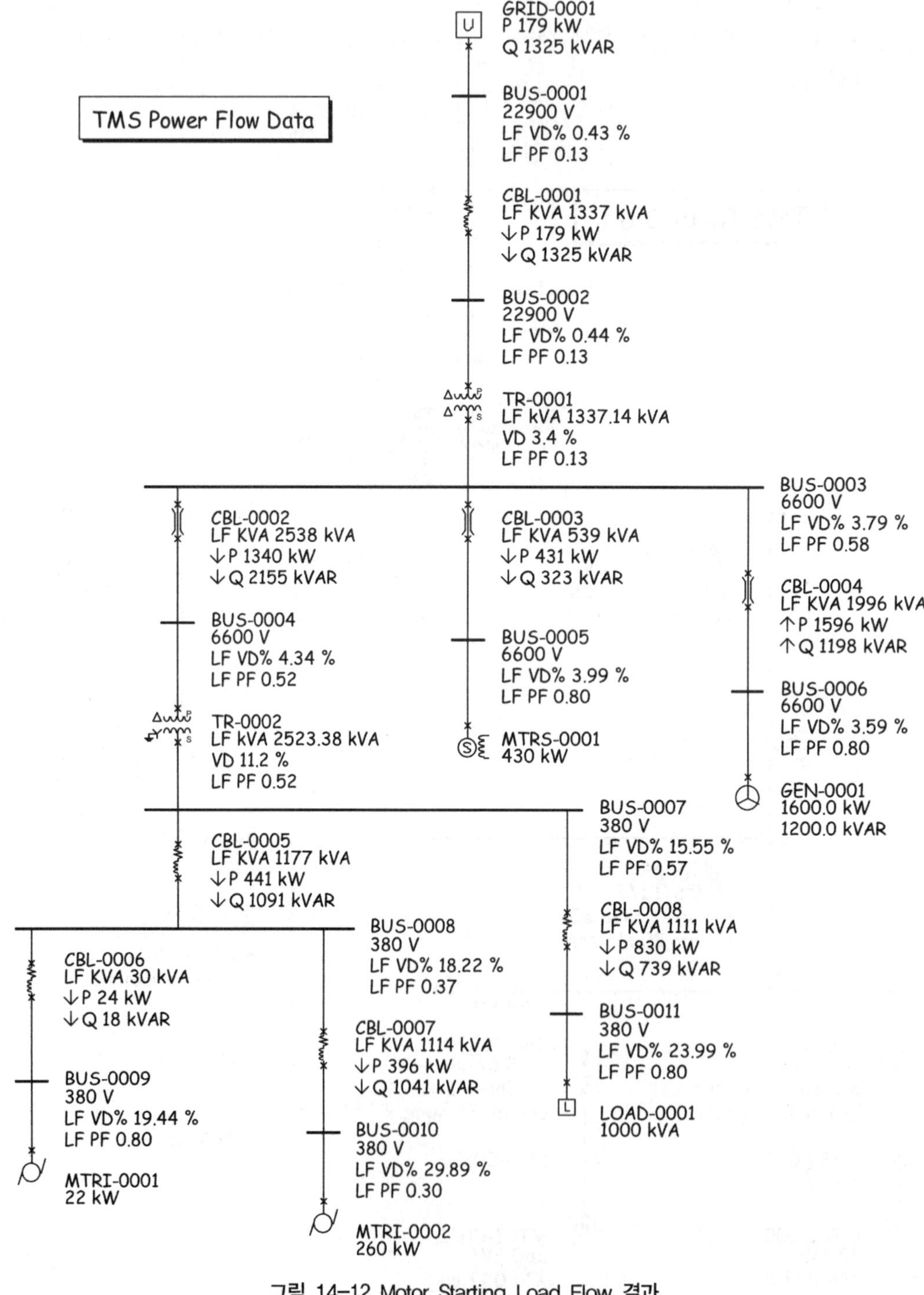


그림 14-12 Motor Starting Load Flow 결과

## 6.3 Select Component

상위 Menu에서 RUN>>Transient Motor Starting(TMS)를 클릭하면 다음의 "TMS-Select Component" 창이 나타난다. 이창에서 각 Motor, Bus, Branch의 Tab에서 전동기 기동시 동특성을 분석할 Component를 선택한다.

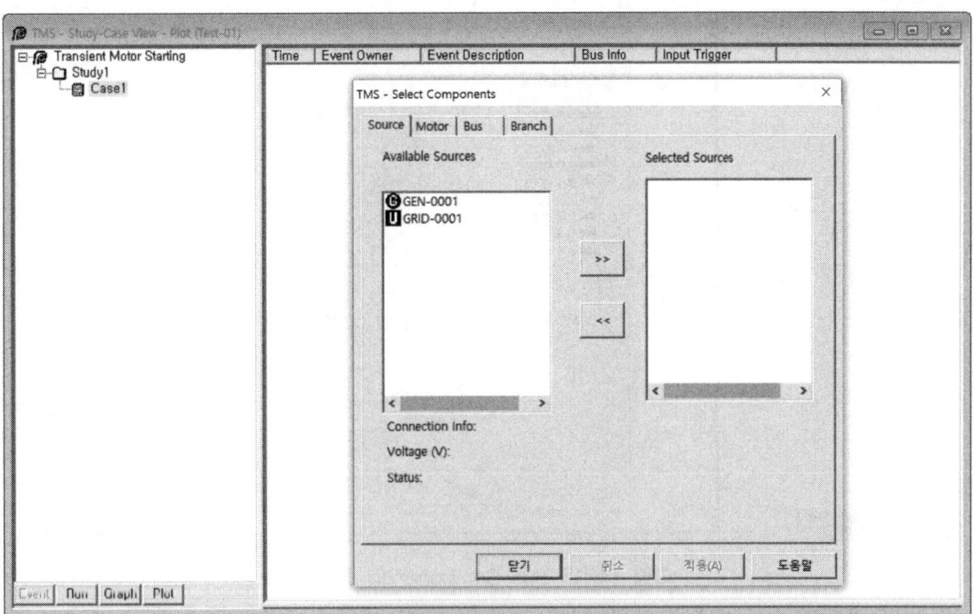


그림 14-13 TMS Select Component 창

### 1) Motor

전동기 기동해석을 실시할 대상 Component "MIRI-0002"를 선택한다.

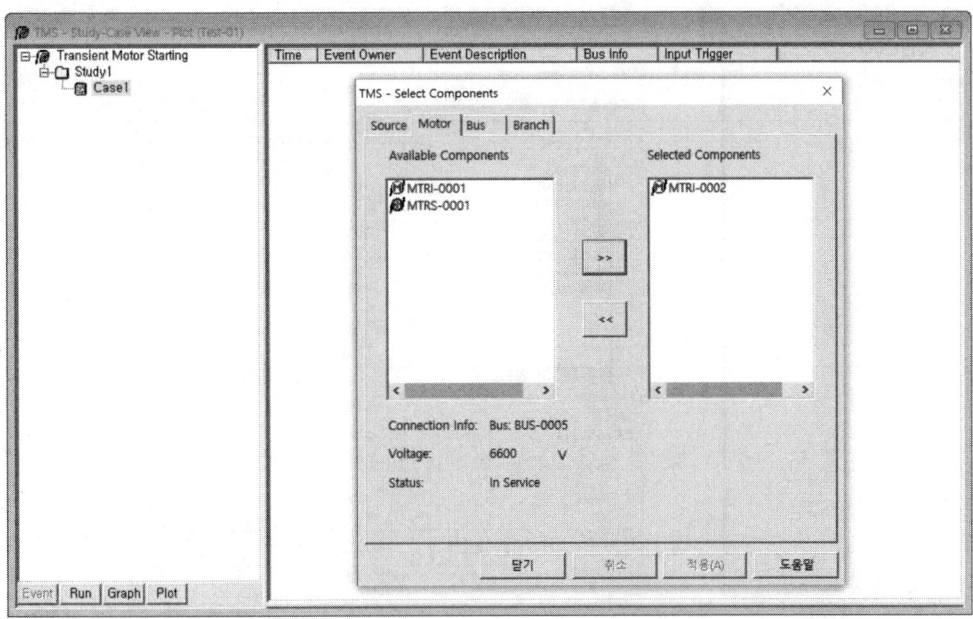


그림 14-14 Motor Component의 선택

### 2) Bus

전동기 기동시 전압강하의 동특성을 분석할 Component BUS-0006, BUS-0007, BUS-0009를 선택한다.

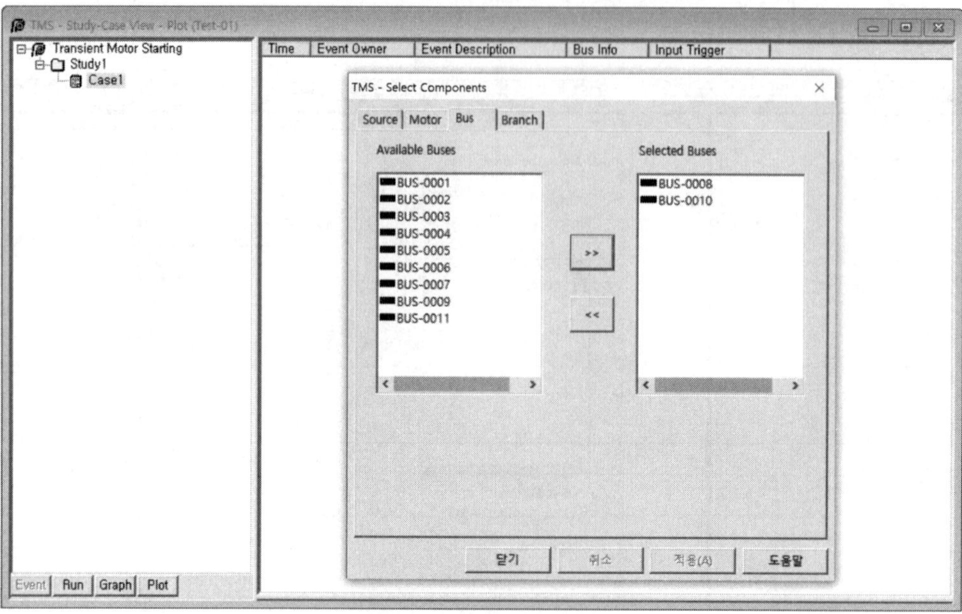


그림 14-15 Bus Component의 선택

### 3) Branch

전동기 기동시 Branch Component에서 유효전력, 무효전력, 통과전류의 크기를 확인할 Branch Component CBL-0004, CBL-0005, TR-0002를 선택한다.

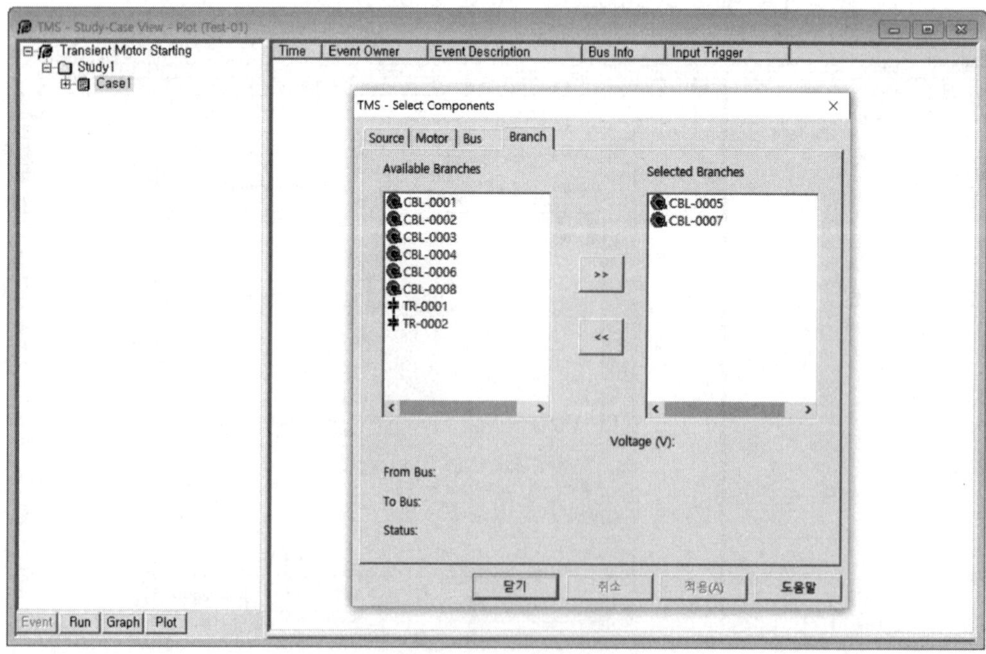


그림 14-16 Branch Component의 선택

## 6.4 전동기 및 부하특성 선택

전동기 모델과 부하모델을 입력하기 위하여 Library의 Data를 입력하여야 한다. MIRI-0002를 더블 클릭하면 입력할 수 있는 창이 나타난다. "Library" 버튼을 클릭하여 모터 모델과 부하모델을 선택한다.

1) Motor Model 선택

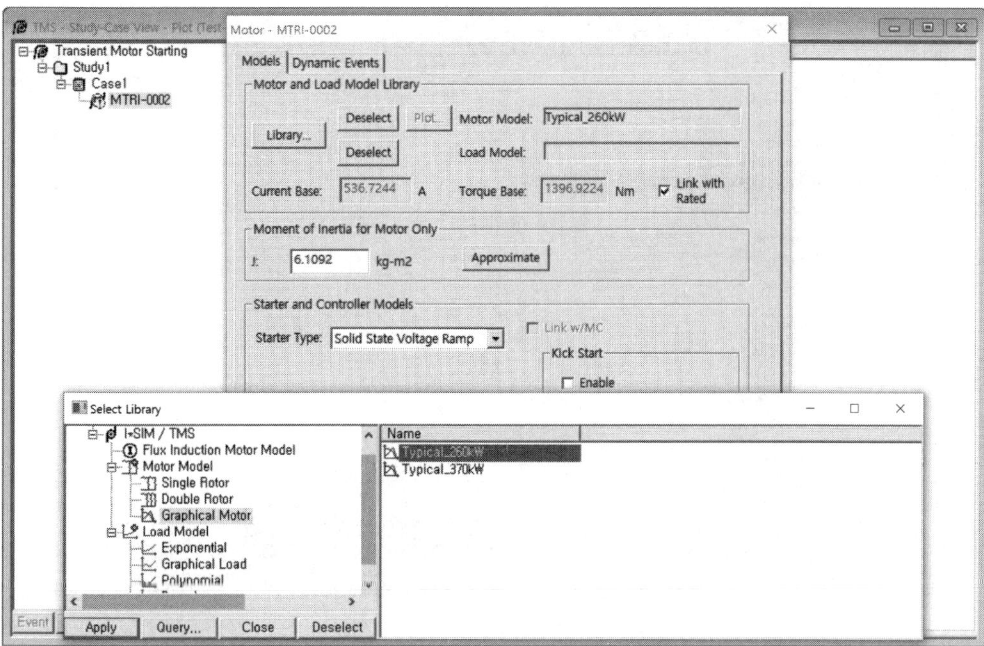


그림 14-17 Motor Model 선택

2) Load Model 선택

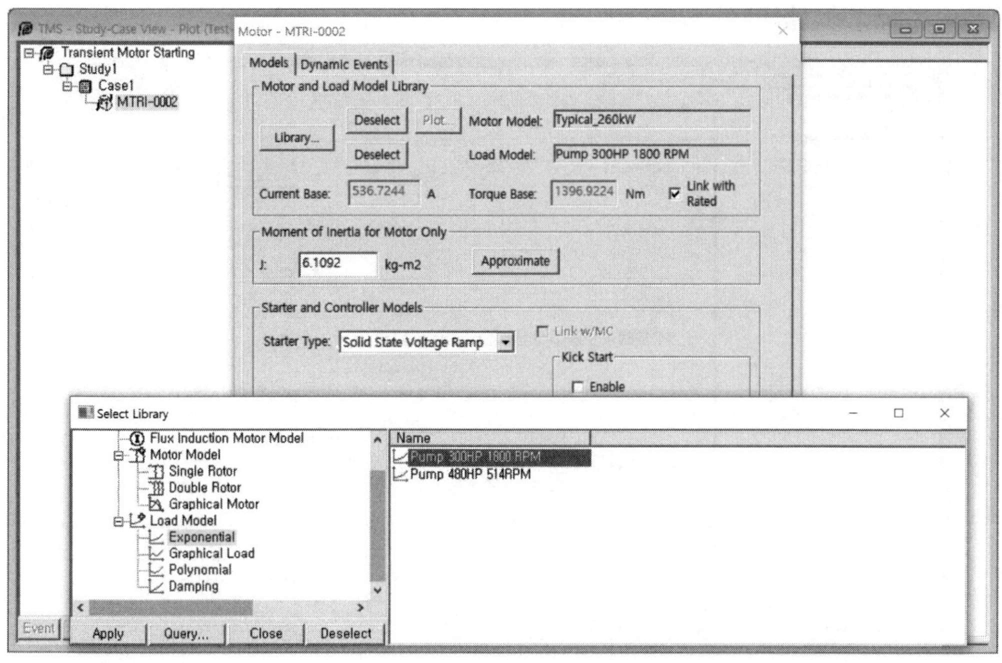


그림 14-18 Load Model 선택

## 6.5 Dynamic Event 설정

### 1) Dynamic Event 선택

아래 그림 14-19와 같이 MTRI-0002을 클릭하여 파란색으로 되면 마우스 우측버튼을 클릭하여 'Dynamic Events'를 선택한다.

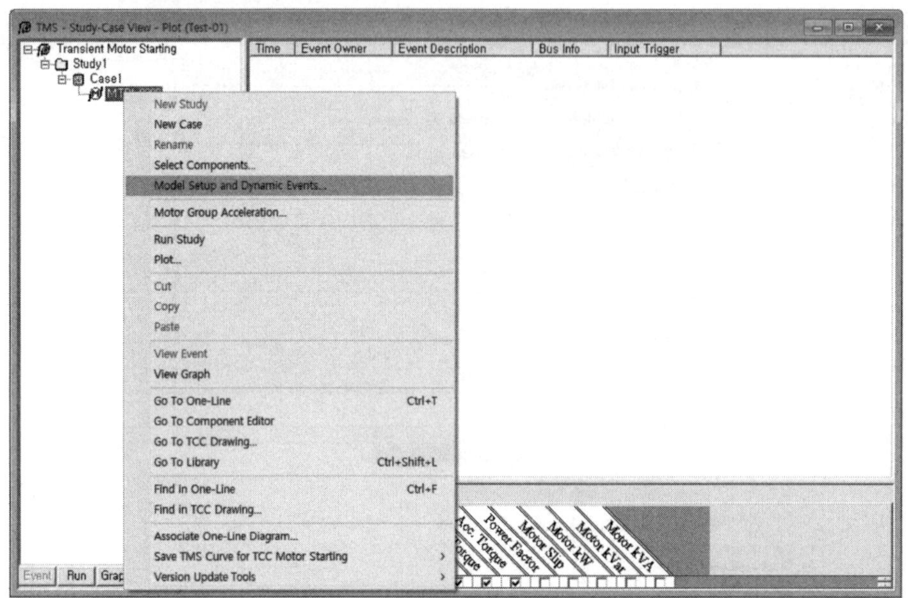


그림 14-19 Dynamic Events 선택

### 2) Dynamic Event 설정

'Dynamic Events' 창이 나오게 되면 전동기의 시작 시간을 설정하여 준 다음 'Create Event' 버튼을 누르면 "Event List'에 설정값이 나타난다.

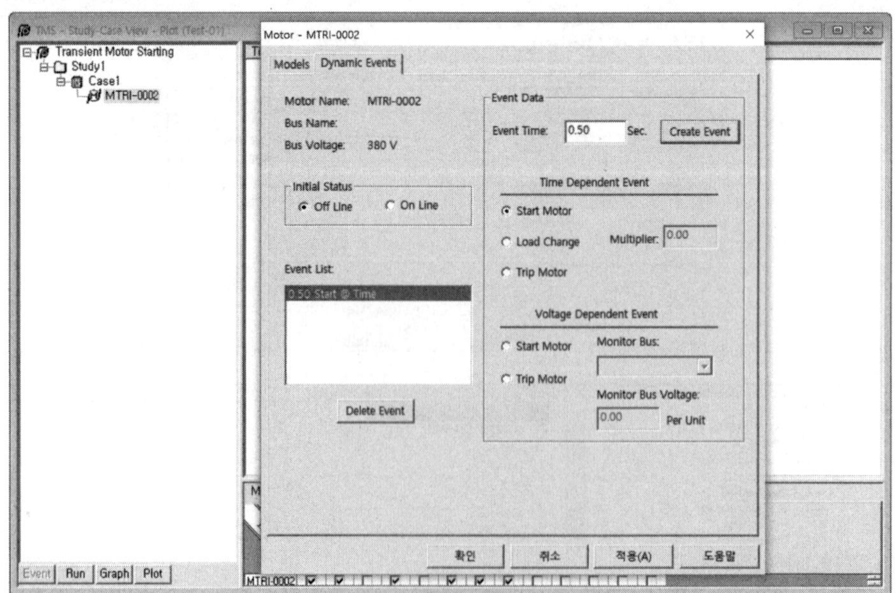


그림 14-20 Event Data 입력

## 6.6 TMS RUN

'Run' 버튼을 누르면 'TMS-Study' 대화창이 나오고, 여기에서 "Report Name'을 입력한 후 'Run' 버튼을 누르면 계산을 수행한다.

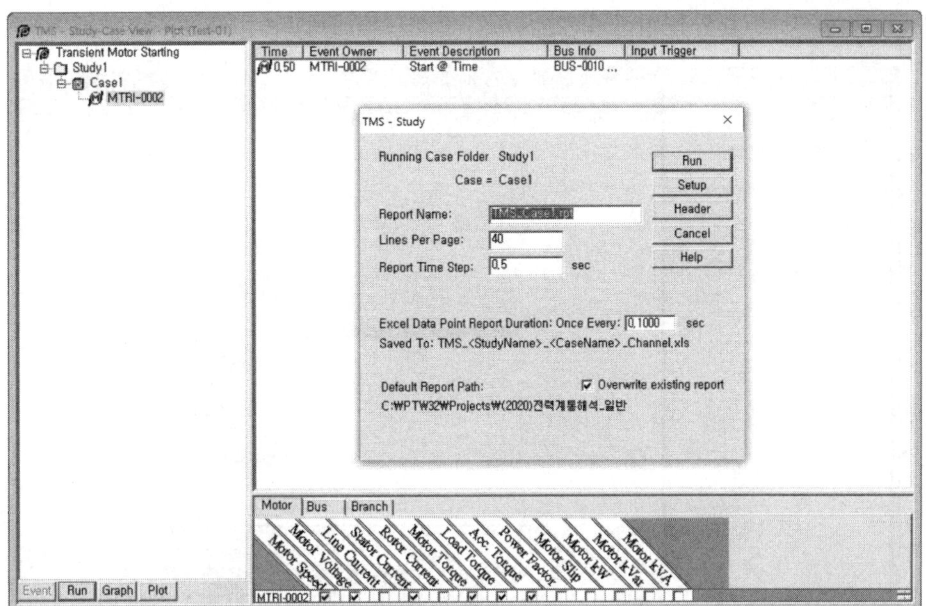


그림 14-21 Report Name 입력

계산을 수행하고 나면 그림 14-22와 같이 Fatal Errors=0, Warning=0이면 이상이 없으므로 'Close' 버튼을 누른다.

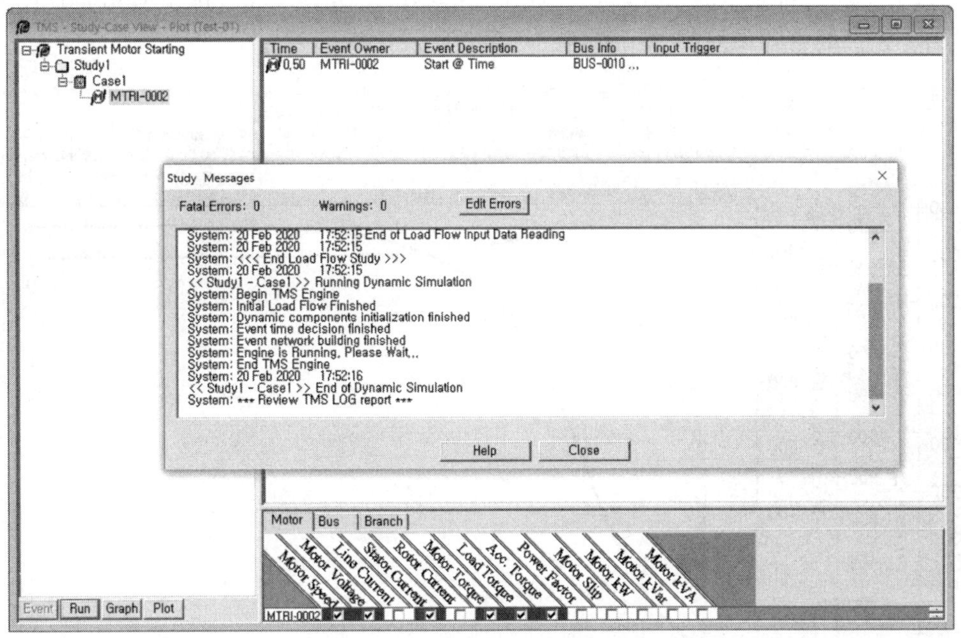


그림 14-22 TMS Study Message

## 6.7 TMS Study 결과

### 1) Plot Name 입력

'TMS-Study-Case View' 창 아래에 있는 'Plot' 버튼을 클릭하여 'Plot Name'을 입력한 후 'New' 버튼을 클릭하면 새로운 Graph 창에서 TMS 곡선을 볼 수 있다.

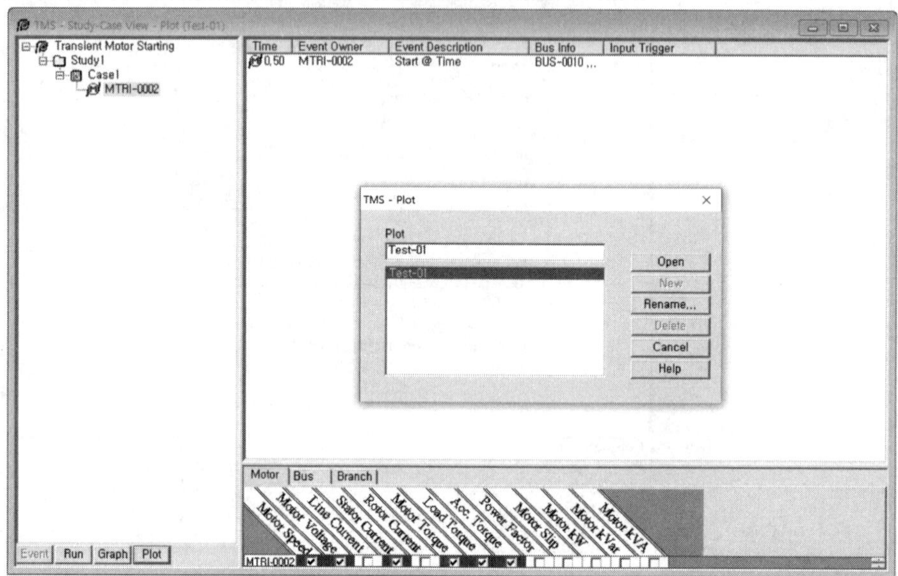

그림 14-23 Plot Name 입력

### 2) 전동기 특성

아래의 그림 14-24에서 'Bus Voltage', 'Motor Speed', 'Stator Current', 'Motor Torque'에 체크를 하면 기동특성 곡선을 검토할 수 있다.

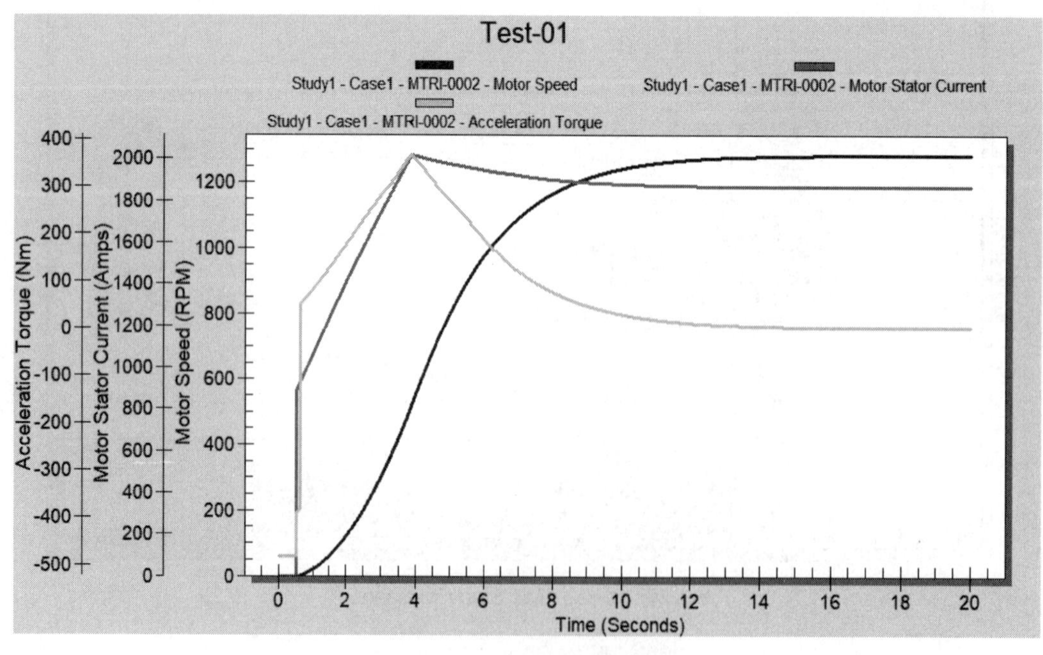


그림 14-24 전동기의 기동특성

### 3) Bus에서의 전압특성

각 Bus에서 전압이 변화하는 동특성을 Graph로 확인할 수 있다.

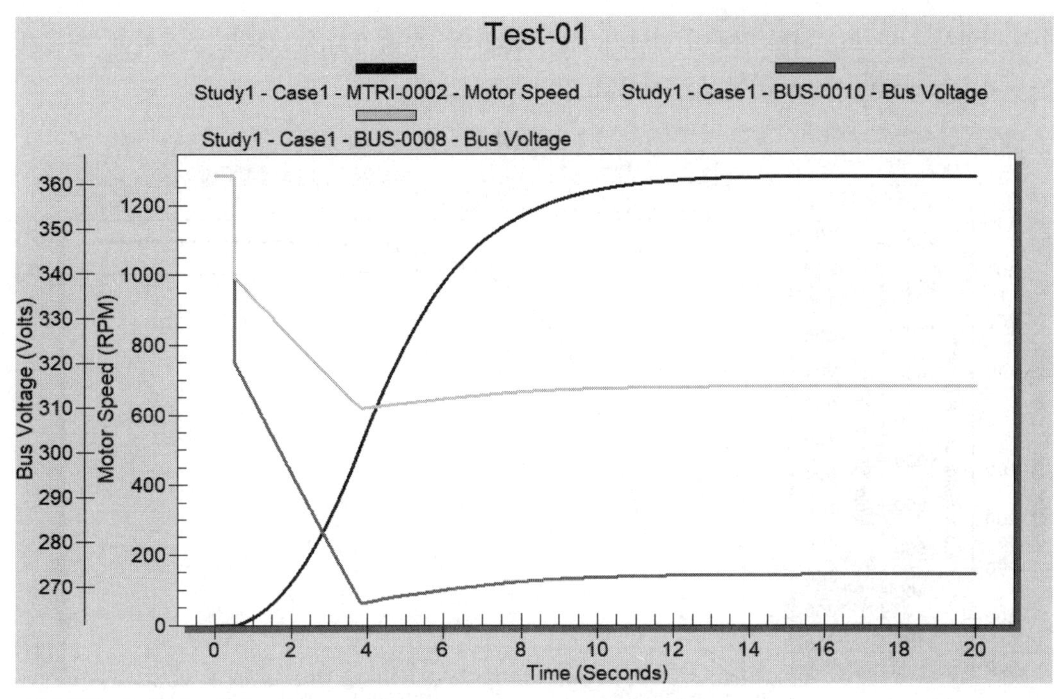


그림 14-25 각 BUS에서 전압특성

### 4) Branch에서 특성

각 Branch에서의 유효전력, 무효전력, 전류의 크기 등의 동특성을 Graph로 확인할 수 있다.

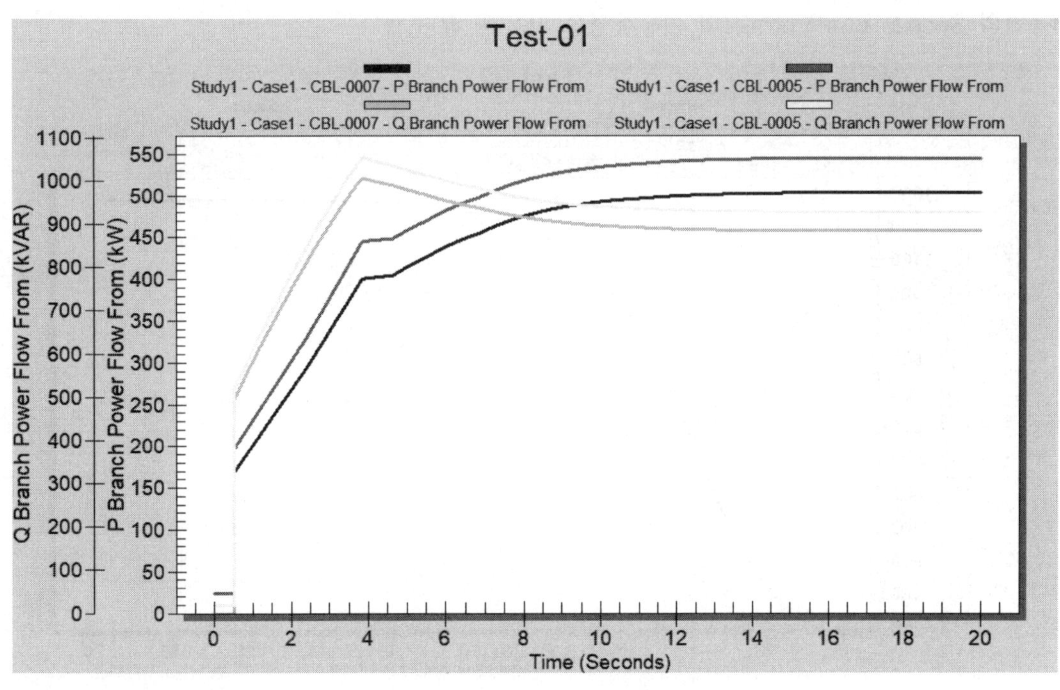


그림 14-26 각 Branch에서 전력조류

## 6.8 변압기의 Tap 조정

### 1) Motor의 Speed-Current-Torque 특성

저압측 전압을 상향 조정하기 위하여 변압기(TR-0002)의 1차측 Tap을 -5%로 조정하면, 전동기의 기동시 Speed, Current, Torque 특성은 다음과 같다.

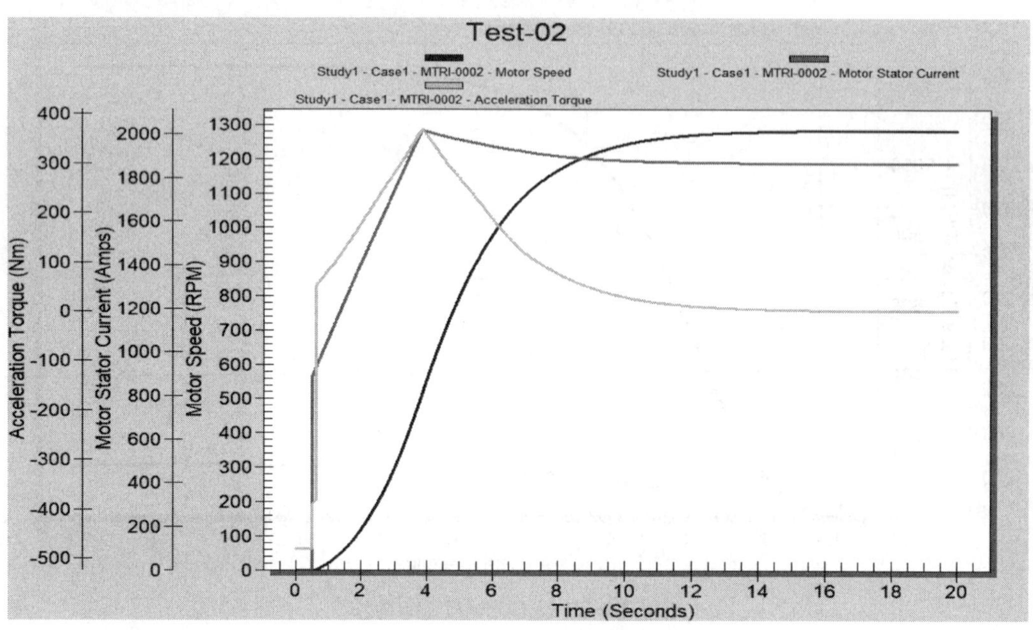


그림 14-27 전동기의 기동특성

### 2) Bus에서의 전압특성

전동기의 Speed, Bus Voltage의 기동특성은 다음과 같다.

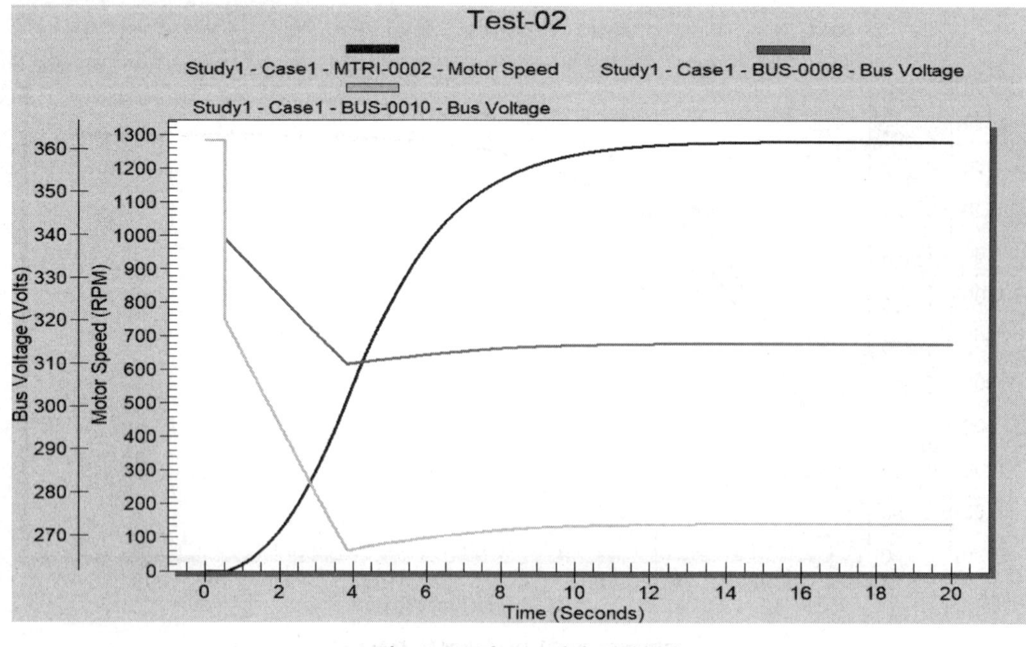


그림 14-28 각 BUS에서 전압특성

## 6.9 Cable Size의 조정

### 1) Motor의 Speed-Current-Torque 특성

전동기의 Cable Size를 240㎟에서 500㎟으로 Size를 조정하면, 전동기의 기동시 Speed, Current, Torque 특성은 다음과 같다.

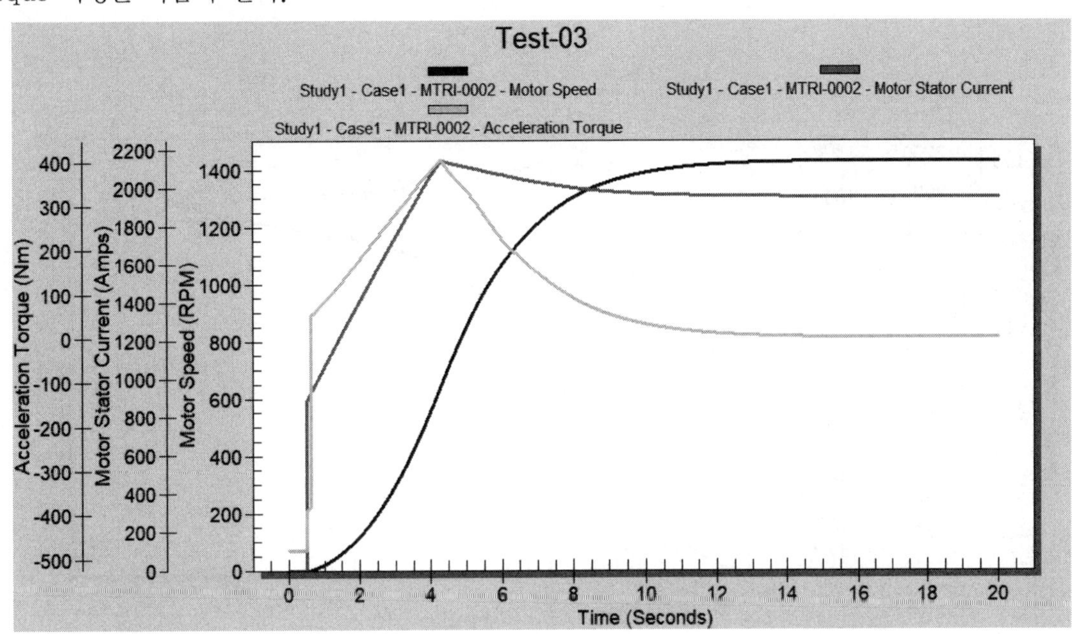


그림 14-29 전동기의 기동특성

### 2) Bus에서의 전압특성

전동기의 Speed, Bus Voltage의 기동특성은 다음과 같다.

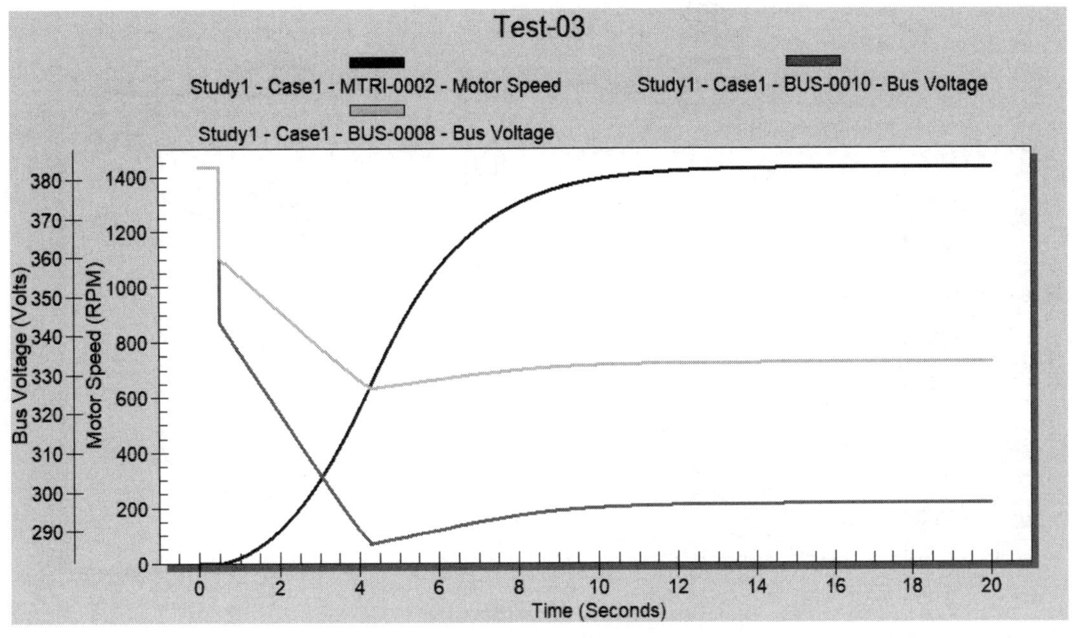


그림 14-30 각 BUS에서 전압특성

## 6.10 역률개선

### 1) Motor의 Speed-Current-Torque 특성

역률 개선용 콘덴서 500kVAR을 설치하여 역률을 74%에서 92%로 개선하면, 전동기의 기동시 Speed, Current, Torque 특성은 다음과 같이 된다.

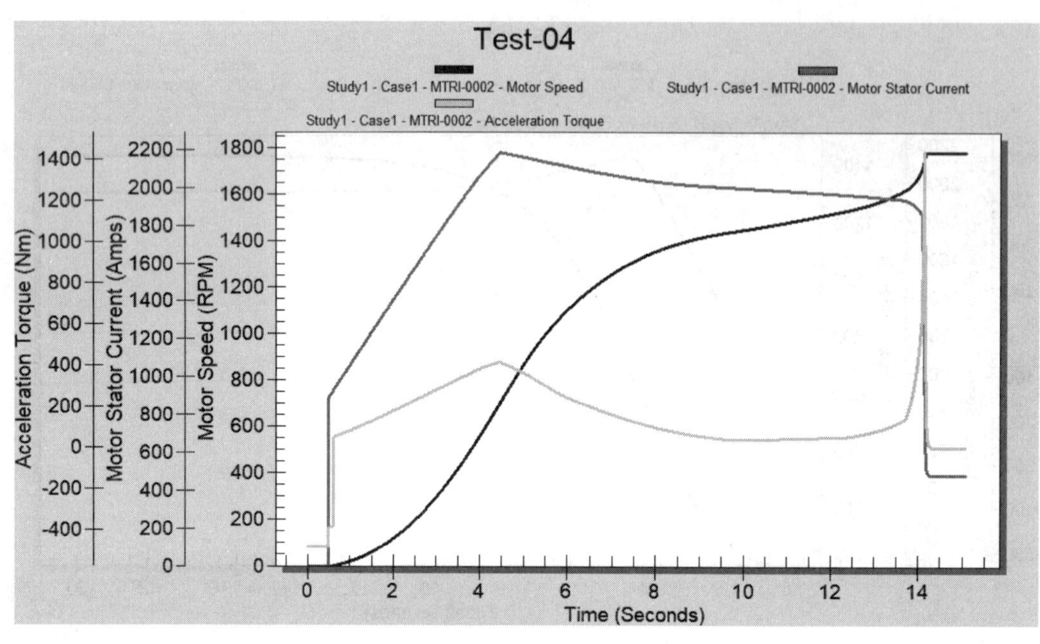


그림 14-31 전동기의 기동특성

### 2) Bus에서의 전압특성

전동기의 Speed, Bus Voltage의 기동특성은 다음과 같다.

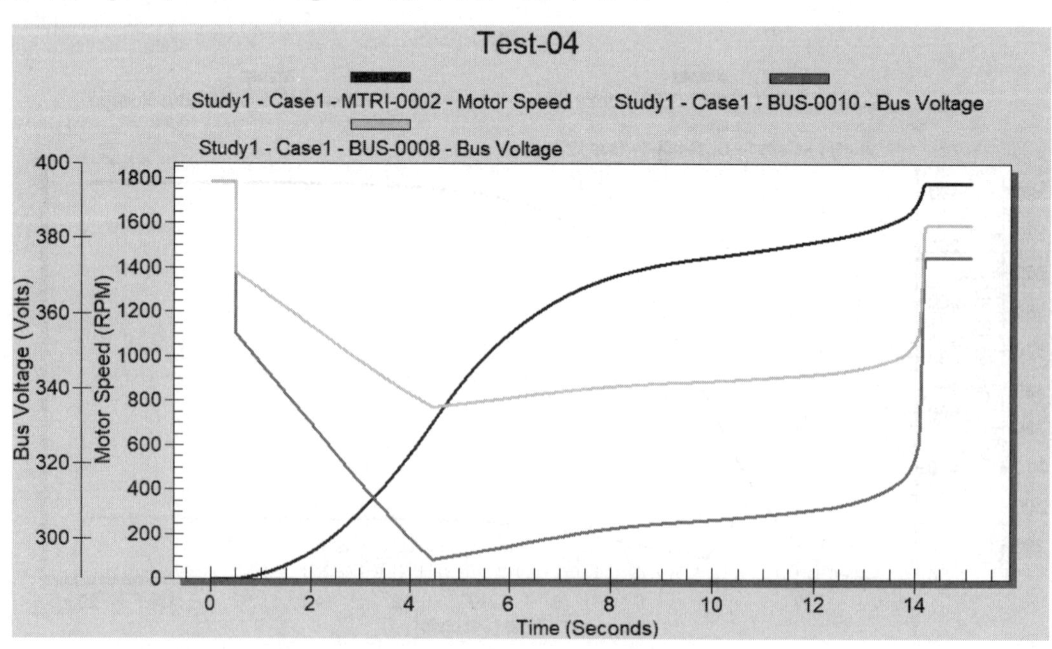


그림 14-32 각 BUS에서 전압특성

# 15장 | Harmonic Analysis

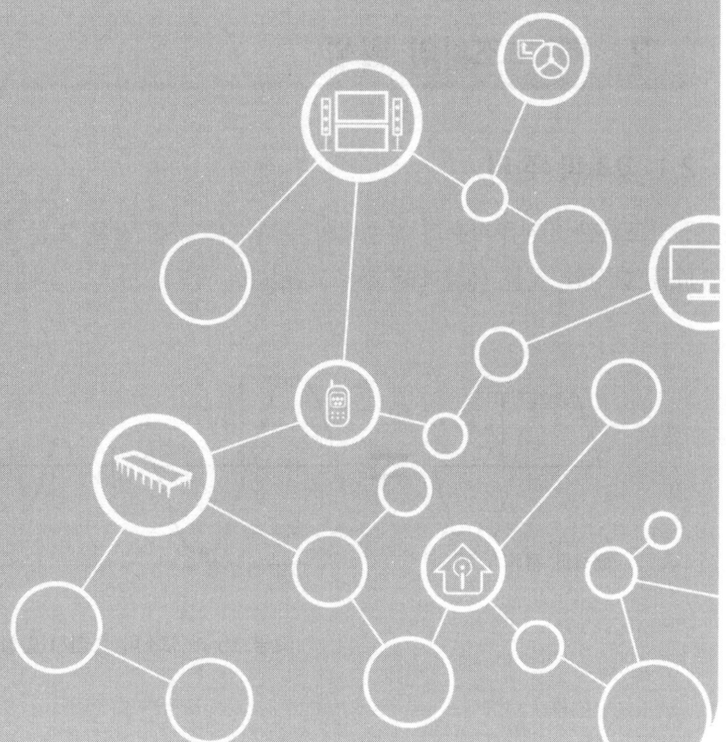

# 1 개요

최근 전력계통에 정지형 전력변환장치의 설치 증가로 인하여 전력계통에 고조파가 발생하여 인접 전력기기 또는 케이블을 열화시키고 개폐장치 고장을 유발할 뿐 아니라 역률보상용 콘덴서 또는 리액터 소손사고를 일으키는 사례가 증가되고 있다. 따라서 고조파 발생설비가 설치될 경우 고조파분석을 실시하여 고조파 억제대책을 수립하거나 고조파 영향을 최소화 되도록 사전에 적절한 전력계통 구성이 되도록 하여야 한다. IEEE Std 399-1997에서는 모선 또는 계통에 대하여 전체 부하 중에 25~35% 이상의 비선형부하를 사용할 때에는 고조파해석을 권장하고 있으며, IEEE Std 519-1992에서는 고조파 공진에 영향을 미치는 요소로 계통 단락용량, 콘덴서 뱅크, 케이블, 부하특성 등으로 설명하고 있다.

### 1) 분석 내용

전력계통에서 발생하는 고조파전압, 전류 및 전력을 계산하고, 고조파에 의한 직 · 병렬 공진 가능성을 계산한다.

### 2) 분석결과 적용

(1) 고조파 영향을 분석
(2) 고조파 억제 전력계통 구성방안 수립
(3) 필터 설계
(4) 콘덴서뱅크 이상 고장 분석

# 2 고조파의 발생

## 2.1 고조파 정의

고조파란 기본주파수의 정수배의 주파수를 가진 전류 또는 전압으로 정의되며, 기본파와 복수의 고조파를 합성한 것을 왜형파라 부르고 있다.

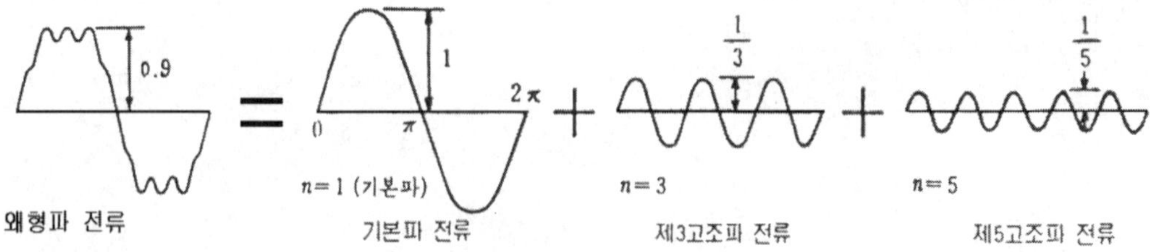


그림 15-1 고조파 중첩시 합성파형

이러한 왜형파는 다시 기본파 성분과 기본파 정수배의 주파수성분으로 분해될 수 있는데 전력계통에서는 푸리에 급수로 각 차수별로 분류하여 약 40~50조파까지의 파형에 대해 고조파로 취급하고 그 이상은 고주파로 분류하여 노이즈로 취급한다. 고조파전류를 푸리에 급수로 전개하면 다음과 같다.

$$i = \frac{2\sqrt{3}}{\pi} I_d \left(\sin\omega t \mp \frac{1}{5}\sin 5\omega t \mp \frac{1}{7}\sin 7\omega t \mp \frac{1}{11}\sin 11\omega t \mp \frac{1}{13}\sin 13\omega t \cdots\cdots\right) \qquad (15.1)$$

여기에서, Y/Y 결선일 때 위 부호

Y/$\Delta$ 결선일 때 아래 부호

## 2.2 고조파 발생원

고조파의 발생원으로는 발전기, 변압기 등의 전원측 기기도 있지만 일반적으로 문제가 되는 것은 정류기설비나 사이리스터를 사용하여 제어하는 부하 또는 아크로에서 발생한다. 고조파 발생원 기기로써는 다음에 들 수 있다.

(1) 전력변환장치
(2) 아크로, 전기로
(3) 전동기, 발전기 등 회전기기
(4) 변압기
(5) 형광등기구
(6) 과도현상

상기에서 (3)~(6)은 발생고조파 크기가 작고 순간적인 것이 많아 크게 문제가 되지 않으나 (1)~(2)의 고조파는 지속적이고 크기가 크기 때문에 다른 기기나 선로에 미치는 영향이 대단히 크다.

### 1) 변압기에서 발생하는 고조파

변압기 철심의 자화특성은 직선적이 아니고 히스테리시스 현상이 있기 때문에 변압기의 여자전류는 주로 홀수 고조파를 내포한 왜곡파형이 된다. 변압기에서 발생하는 고조파전류는 변압기용량, 전압, 결선방법 등에 따라 발생비율이 달라지지만 여자전류 속에 내포되는 고조파성분은 표 15-1의 범위이다.

### 2) 회전기에서 발생하는 고조파전류

회전기에서 발생하는 고조파전류는 Slot의 누설자속 의하여 고차의 고조파가 발생하지만 철심의 포화에 의한 저차의 고조파전류가 발생하는 경우도 있다.

### 3) 아크로에서 발생하는 고조파전류

전기 아크로가 운전되는 동안 전극판에서 3상단락, 2상단락 혹은 개방과 같은 극단적인 변동이 반복되기 때문에 고조파전류가 발생한다. 아크로의 고조파 전류발생률은 표 15-2와 같다.

**표 15-1 변압기의 여자전류 내 고조파전류 함유율**

| 고조파차수 | 열간압연규소강판 | 냉간압연규소강판 |
|---|---|---|
| 기본파 | 1 | 1 |
| 3 | 0.15~0.55 | 0.14~0.5 |
| 5 | 0.03~0.25 | 0.1~0.25 |
| 7 | 0.02~0.1 | 0.05~0.1 |
| 9 | 0.005~0.02 | 0.03~0.06 |
| 11 | 0.01 이하 | 0.01~0.03 |

[source] 전기설비기술계산핸드북 Ⅰ-216 표 2.41

**표 15-2 아크로 2단계 용해주기의 고조파전류 함유율**

| 구 분 | 고조파전류 함유율[%] | | | | |
|---|---|---|---|---|---|
| 고조파차수 | 2 | 3 | 4 | 5 | 7 |
| 초기용해(활성아크) | 7.7 | 5.8 | 2.5 | 4.2 | 3.1 |
| 정제(안정아크) | 0 | 2.0 | 0 | 2.1 | 0 |

[source] IEEE Std 519-1992 Table 4.1

### 4) 전력변환장치에 의한 고조파전류

AC 전원에서 DC로 변환하는 정류회로는 단상과 3상으로 구별되고 정류장치의 구성에 따라 발생하는 전압, 전류의 파형이 달라진다.

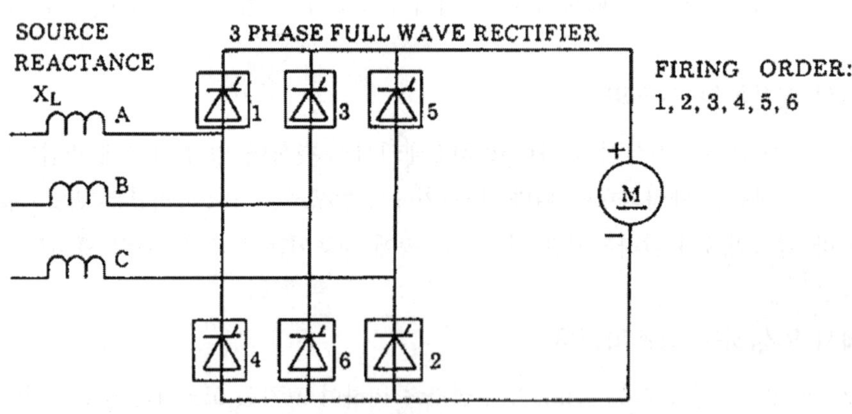


그림 15-2 6펄스 제어방식의 전력변환장치

그림 15-2는 각 상 2개의 소자를 사용하여 3상 반파정류회로 2개를 직렬로 결선한 3상 전파정류회로로 6펄스 변환장치를 나타낸 것이다. 즉 이 정류회로는 6개의 모듈로 나누어지고 1, 3, 5군과 4, 6, 2군의 소자로 120° 만큼 도통하고 1과 4, 3과 6, 5와 2가 동시에 도통하는 일은 없다. 이와 같이 정류기의 직류전압 파형은 정류소자의 ON, OFF 작용을 통하여 교류선간전압 파형의 일부를 이어서 만든 것이

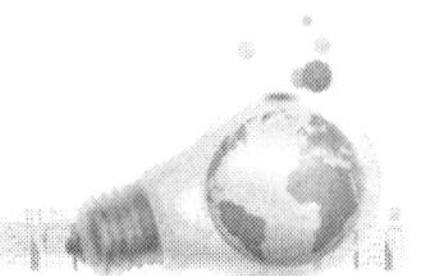

되므로 교류입력 파형과 직류 출력파형의 차이에 해당하는 찌그러진 파형이 전원측으로 흘러 들어간다. 이러한 현상이 고조파전류 왜곡현상이며 변환장치의 제어방식에 따라 고조파전류의 발생차수와 함유율을 알 수 있다. 이러한 변환장치는 여러 가지 결선방법이 있고 6. 12, 18, 24펄스의 출력을 얻기 위하여 기본적으로 6펄스 변환장치를 조합하여 사용하고 있으며 결선방식이 결정되면 고조파전류의 발생차수는 식(15.2)로 각 차수의 고조파전류 이론발생량은 식(15.3)으로 계산할 수 있다.

$$n = mp \pm 1 \tag{15.2}$$

$$I_n = \frac{I_1}{n} \tag{15.3}$$

여기에서,

$n$ : 고조파의 발생차수
$m$ : 정수(1 2, 3, · · · · )
$p$ : 펄스수
$I_n$ : 제 $n$차 고조파전류
$I_1$ : 기본파전류

실제 계통에서는 전원측 임피던스의 영향으로 상기 이론 발생량보다 적어지기 때문에 표 15-3의 값이 실제적이다.

**표 15-3 고조파 발생원 기기의 고조파 전류 함유율 [%]**

| 기 기 명 | 5차 | 7차 | 11차 | 13차 | 17차 | 19차 | 23차 | 25차 |
|---|---|---|---|---|---|---|---|---|
| 전력변환장치(6상) | 17.5 | 11.0 | 4.5 | 3.0 | 1.5 | 1.25 | 0.75 | 0.75 |
| 전력변환장치(12상) | (2.0) | (1.5) | 4.5 | 3.0 | (0.2) | (0.15) | 0.75 | 0.75 |
| 전력변환장치(24상) | (2.0) | (1.5) | (1.0) | (0.75) | (0.2) | (0.15) | 0.75 | 0.75 |
| 교류전력제어장치 | 5.1 | 2.6 | 1.1 | 0.75 | 0.44 | 0.35 | 0.24 | 0.20 |
| 아크로 | 6.8 | 1.7 | – | | | | | |
| 사무용, 가정용기기 | 25.0 | 15.0 | 4.5 | | | | | |

[비고] ( )안은 비이론 고조파 차수의 발생량을 나타낸다.

### 5) 인버터에서 발생하는 고조파전류

인버터는 단상 또는 3상 인버터가 사용된다. 단상용으로 사용되는 용량은 10 kW 이하, 3상용은 10~1000 kW까지 이용될 수 있다. 인버터는 전원측으로 고조파전류를 유출시키며 출력측으로 스위칭 노이즈가 나타난다.

### 6) 사이클로 컨버터에서 발생하는 고조파전류

사이클로 컨버터에서 발생하는 고조파전류는 매우 복잡하게 나타난다. 이 방식의 고조파 주파수는 식(15.4)으로 나타낸다(IEEE Std 519-1992 4.6).

$$f_h = f_1(kq \pm 1) \pm 6nf_0 \tag{15.4}$$

여기에서,

$f_h$ : AC 계통에 발생하는 고조파 주파수

$k$, $n$ : 정수

$q$ : 사이클로 컨버터 회로의 펄스수

$f_0$ : 사이클로 컨버터의 출력주파수

### 7) Power Supply에서 발생하는 고조파전류

사무용 기기를 포함하는 대부분의 전자기기는 DC 전원을 공급하기 위하여 DC 전원공급장치를 사용한다. 이로 인하여 다량의 제3고조파 전류를 발생시킨다. 발생되는 고조파전류는 표 15-4에 나타낸다.

**표 15-4 DC 전원공급장치의 고조파전류 발생량**

| 고조파차수 | 발생량 | 고조파차수 | 발생량 |
|---|---|---|---|
| 1 | 1.000 | 9 | 0.157 |
| 3 | 0.810 | 11 | 0.024 |
| 5 | 0.606 | 13 | 0.063 |
| 7 | 0.370 | 15 | 0.079 |

[source] IEEE Std 519-1992 Table 4.3

# 3 고조파 장애

고조파전류는 고조파 발생원으로부터 임피던스가 작은 쪽으로 흐르는 특성이 있으므로, 고조파에 의한 영향은 전력용 콘덴서 및 그 부속설비 장애가 전체의 70% 정도로 압도적으로 많다. 표 15-5는 고조파에 의한 영향을 받는 기기의 종류와 장애를 나타낸다.

**표 15-5 고조파에 의한 영향**

| 기 기 명 | 고조파에 의한 영향 |
|---|---|
| 콘덴서 및 리액터 | 고조파전류에 의한 임피던스와 공진현상 발생에 따른 과대전류가 흘러 과열, 소손, 진동, 이상음 등이 발생 |
| 변압기 | 고조파전류에 의하여 철심의 자기 찌그러짐에 의하여 소음이 발생하고, 철손 및 동손의 증가에 따라 용량감소 |
| 형광등 | 과대전류가 역률개선용 콘덴서 및 초크코일에 흘러 과열, 소손 등이 발생 |
| 케이블 | 3상4선식의 회로 중성선에 고조파전류가 흐르는 경우에는 중성선이 과열 |
| 통신선 | 전자유도에 의하여 잡음전압이 발생 |
| 유도전동기 | 고조파전류에 의하여 진동토크 발생에 따라 회전수가 주기적으로 변동되고, 철손 및 동손 등 손실이 증가 |
| 계기용 변성기 | 계기용 변성기에 초기 위상오차가 있는 경우 $\pm\delta\ \tan\theta$ ($\theta$ 는 사이리스터 위상 제어의 경우 제어전류 위상각)의 영향에 따라 측정 정밀도가 나빠짐 |
| 적산전력계 | 전압, 전류 유효자속이 비선형 특성에 따라 측정오차 발생, 고조파전류의 과대한 유입에 의한 전류코일 소손 |
| 보호계전기 | 위상 변화에 의한 오동작, 전류코일 소손 |
| 전력퓨즈 | 과대한 고조파전류에 의한 용단 |
| 차단기 | 과대한 고조파전류에 의한 오동작 |
| 비상용 발전기 | 회전자 제동권선의 과열, 소손 및 계자권선의 과열 |
| 지시계기 | 정류형 교류전압, 전류계는 제3조파의 영향을 받기 쉽다 |
| 발전소의 전기가버너 | 주파수가 상승하고 발전기의 출력 감소 |
| 컴퓨터 | 전원회로의 과열, 계산기 동작에 악영향 |
| 정보관련 기기 | 잡음에 의한 시스템 정지, 오동작 |
| 음향기기 | 고조파전류, 전압에 의한 다이오드, 트랜지스터, 콘덴서 등 부품의 고장, 수명저하, 잡음 및 영상의 찌그러짐 |

## 3.1 기기에의 영향

기기에 대한 고조파의 영향으로써 회전기 및 콘덴서의 과열 전력계통의 공진현상에 의해 고조파전류의 증폭현상이 일어나고 최종적으로는 기기에의 영향이 된다. 또한 역변환장치의 여유각의 감소, 계전기·전자기기의 오동작을 유발한다. 또 고역률형 수은등 형광등은 고차의 왜곡이 큰 전류가 유입하면 콘덴서의 과열이 일어날 수 있다.

### 1) 회전기

전동기, 발전기 등 회전기기는 고조파가 유입하면, 철손 및 동손이 증가하기 때문에 과열되거나 효율, 소음, 토크 등이 영향을 받는다. 표 15-6는 6펄스 전력변환장치에서 발생하는 고조파가 회전기기에 미치는 고조파 차수를 나타낸 것이다.

**표 15-6 6펄스 전력변환장치의 고조파가 회전기기에 미치는 고조파 차수**

| 고조파차수 | 주파수 [Hz] | Sequence Network | 고정자 고조파 | 고조파 상회전 | 회전자 고조파 |
|---|---|---|---|---|---|
| 1 | 60 | + | 1 | Forward | – |
| 5 | 300 | – | 5 | Backward | 6 |
| 7 | 420 | + | 7 | Forward | 6 |
| 11 | 660 | – | 11 | Backward | 12 |
| 13 | 780 | + | 13 | Forward | 12 |
| 17 | 1020 | – | 17 | Backward | 18 |
| 19 | 1140 | + | 19 | Forward | 18 |
| 13 | 1380 | – | 13 | Backward | 24 |
| 24 | 1500 | + | 24 | Forward | 24 |

[source] IEEE Std 519-1992 Table 6.1

### 2) 변압기

고조파전류는 변압기의 동손과 표유손실을 증가시키고, 고조파전압은 변압기의 철손 증가를 가져온다. 따라서 전체적으로 보면 기본파와 비교할 때 변압기 과열현상을 일으키기 때문에 출력을 감소시키거나 수명을 단축시키는 결과를 초래하며, 변압기 소음도 증가시킨다.

### 3) 전력케이블

케이블은 고조파전류에 의하여 과열되거나 전압 스트레스로 절연손상을 가져올 수 있다. 전력케이블은 도체의 크기, 포설조건뿐만 아니라 주파수특성으로 표피효과와 근접효과의 영향을 받기 때문에 교류저항 $R$의 증가를 가져온다. 등가적으로 고조파전류에 의한 교류저항의 손실은 $I^2R$이다.

### 4) 전력용 콘덴서

고차의 고조파 전류가 콘덴서에 유입하면 과열현상이 일어난다. 또한 콘덴서는 고조파공진을 일으키는 원인이 되며, 고조파전류로 인하여 수명이 단축될 뿐만 아니라 계통 임피던스와 상호작용하여 전압의 이상 확대를 일으키며 전압품질을 저하시킨다.

$$Q = n\omega CV^2 \qquad n: \text{고조파차수} \tag{15.5}$$

### 5) 전자기기

고조파전류가 발생하면 계통임피던스와 상호작용에 의하여 전압의 파형이 찌그러진다. 따라서 전압의 왜곡이 심한 경우에 전압을 위상 제어하는 전자기기는 오동작하거나 수명이 저하된다.

### 6) 스위치기어 및 계전기

큐비클 내부는 주요 전력기기로 구성된다. 고조파전류로 인하여 기기의 과열, 진동, 소음이 발생한다. 또한 고조파전류는 Fuse, 차단기, 계전기 등의 동작전류와 동작시간에 영향을 주어 오동작을 일으킨다.

### 7) 전력변환장치

정지형 전력변환장치는 스스로 고조파를 발생하지만 주변의 변환장치에서 발생하는 고조파에 영향을 받는다. 정류장치를 역변환 운전할 때 변환장치의 전류(轉流)전원 즉 정류기의 입력측의 전압파형에 왜곡이 생기면 역변환운전의 여유각이 변화한다. 여유각이 감소하면 전류실패의 확률이 커진다.

## 3.2 통신장애

통신선에 대한 고조파의 유도장애는 전자유도와 정전유도에 의한 것으로 대개 그림 15-3에서와 같이 전자유도에 기인하는 것이 영향이 크고 정전유도에 의한 것은 영향이 그다지 크지 않다. 22 kV급 계통에서는 전력케이블의 실드와 가공송전선의 가공지선 등의 영향으로 유도장애가 발생할 수 있다.

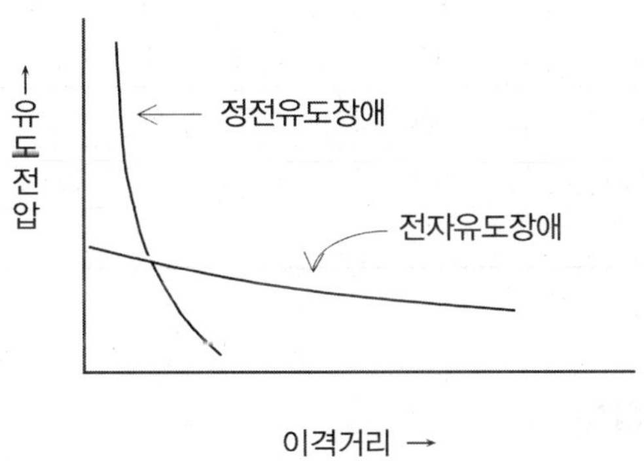


**그림 15-3 정전유도와 전자유도의 비교**

고조파로 인한 통신장애 제한값을 명확히 정하기는 어려운 일이다. 실질적인 통신장애는 고조파가 나타나는 전력선과 접근거리, 선로의 정전용량 불평형, 고조파공진 등과 같이 여러 가지 요인이 관련되기 때문이다. 전력선과 근접하여 통신선이 있는 경우 통신선에 영향을 주는 유도전압 및 전류의 계산은 전압통신장해계수는 식(15.6), 통신유도장애전류는 식(15.7)로 계산한다.

$$V_{TIF} = \frac{\sqrt{\sum_{h=1}^{H}(T_h \times Z_h \times I_h)^2}}{V_1} \tag{15.6}$$

$$I_T = \sqrt{\sum_{h=1}^{H}(I_h T_h)^2} \tag{15.7}$$

여기에서,

$V_1$ : 기본파 상전압의 실효값

$I_h$ : 각 차수별 고조파전류

$Z_h$ : 각 차수별 고조파 임피던스

$T_h$ : 각 차수별 유도장해 가중계수(TIF)

$H$ : 5000 Hz

**표 15-7 고조파 차수별 유도장해 가중계수**

| 주파수 | TIF | 주파수 | TIF | 주파수 | TIF | 주파수 | TIF |
|---|---|---|---|---|---|---|---|
| 60 | 0.5 | 1020 | 5100 | 1860 | 7820 | 3000 | 9670 |
| 180 | 30 | 1080 | 5400 | 1980 | 8330 | 3180 | 8740 |
| 300 | 225 | 1140 | 5630 | 2100 | 8830 | 3300 | 8090 |
| 360 | 400 | 1260 | 6050 | 2160 | 9080 | 3540 | 6730 |
| 420 | 650 | 1328 | 6370 | 2220 | 9330 | 3660 | 6130 |
| 540 | 1320 | 1440 | 6560 | 2340 | 9840 | 3900 | 4400 |
| 660 | 2260 | 1500 | 6680 | 2460 | 10340 | 4020 | 3700 |
| 720 | 2760 | 1620 | 6970 | 2580 | 10600 | 4260 | 2750 |
| 780 | 3360 | 1740 | 7320 | 2820 | 10210 | 4380 | 2190 |
| 900 | 4350 | 1800 | 7570 | 2940 | 9820 | 5000 | 840 |
| 1000 | 5000 | | | | | | |

[source] IEEE Std 519-1992 Table 6.2

## 3.3 중성선의 고조파전류 확대

3상4선식의 선로에 단상의 제3고조파 발생부하가 다수 연결되어 있는 경우 3상 평형임에도 불구하고 중성선에 상전류보다도 큰 전류의 흐름이 측정된다. 이는 3상의 경우 각상의 위상차는 120° 이기 때문에 각상의 전류에 포함되어 있는 3배수 고조파전류가 중성선에서 서로 상쇄되지 않고 합쳐지기 때문이다.

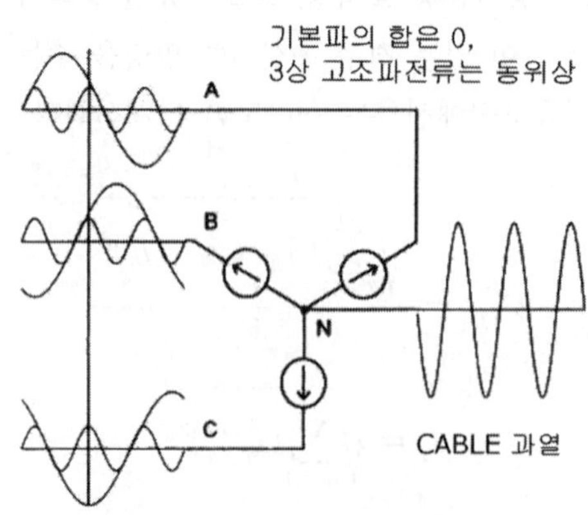


그림 15-4 중성선의 고조파전류 확대

## 3.4 계통공진

전력변환장치 등에서 발생한 고조파전류는 계통 또는 부하의 고조파 임피던스에 따라 분류하여 계통에 흘러 들어가므로 전력변환장치에서 발생하는 전류보다 작아지는 것이 보통이나 가공선 및 케이블에 의한 대지정전용량 진상용 콘덴서 등의 용량성 리액턴스와 송전선 변압기 등의 임피던스가 병렬공진현상을 일으킬 경우 공진주파수의 고조파성분의 전압왜곡이 확대될 수 있다.

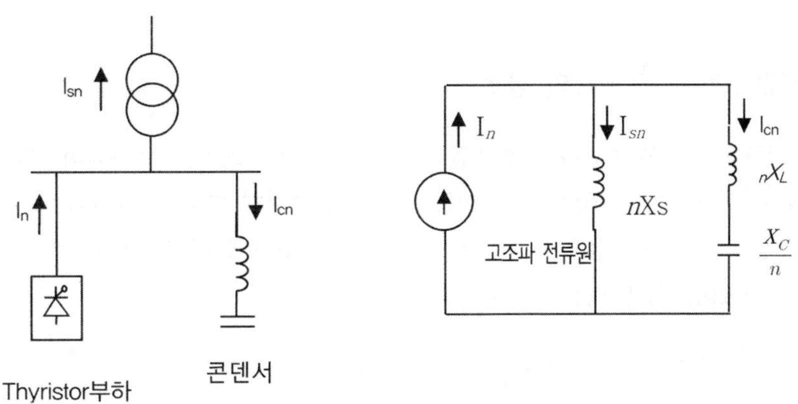


**그림 15-5 고조파 발생원과 임피던스 회로**

고조파 전류의 분류회로는 그림 15-5와 같이 된다. 여기서, 전원 측에 흐르는 $n$차 고조파전류 $I_{sn}$ 및 콘덴서 회로에 흐르는 $n$차 고조파전류 $I_{cn}$를 구하면 다음 식과 같이 된다.

$$I_{cn} = \frac{nXs}{nXs + (nX_L - \dfrac{Xc}{n})} \times I_n \tag{15.8}$$

$$I_{sn} = \frac{nX_L - \dfrac{Xc}{n}}{nXs + (nX_L - \dfrac{Xc}{n})} \times I_n \tag{15.9}$$

여기에서,

$X_s$ : 전원의 기본파에 대한 리액턴스

$X_L$ : 직렬 리액턴스의 기본파에 대한 리액턴스

$X_c$ : 콘덴서의 기본파에 대한 리액턴스

이 식(15.8), 식(15.9)를 $n$차 고조파 임피던스 $nXL - XC/n$가 양 또는 음의 값이냐에 따라 고조파전류 $I_{cn}$, $I_{sn}$의 값은 다음과 같이 변화한다.

### 1) 유도성 조건 $nX_L - \dfrac{Xc}{n} > 0$ 의 경우

콘덴서 회로는 유도성 리액턴스가 되고 $n$차 고조파전류는 확대되지 않고 $|I_{sn}| < I_n$, $|I_{cn}| < I_n$이

된다.

#### 2) 용량성 조건 $nX_L - \frac{Xc}{n} \ll 0$ 의 경우

콘덴서 회로는 용량성으로서 $nX_L - X_C/n < 0$이 되어 이 전류가 전원계통에 유입, $|I_{cn}| > I_n$이 되고 $n$차 고조파전류는 확대된다.

#### 3) 직렬공진 조건 $nX_L - \frac{Xc}{n} = 0$ 의 경우

콘덴서 회로는 직렬공진이 되고 $n$차 고조파전류는 전부 콘덴서 회로로 유입되며, 전원측에는 유출하지 않는다(다만 실제로는 회로의 저항이 있기 때문에 완전히 그렇게 되지는 않는다). 즉, 직렬공진현상은 콘덴서회로의 용량성 리액턴스와 유도성 리액턴스가 어떤 고조파에 대해 같아져서 임피던스가 최소가 되는 조건이며, 식(15.10), 식(15.11)로 주어진다.

$$Z = R + j(X_L - X_C) \fallingdotseq R \tag{15.10}$$

$$I = \frac{V}{R + j(X_L - X_C)} = \frac{V}{R} \tag{15.11}$$

여기에서, 공진주파수 $f_0$와 공진점의 선택도(전압 확대율) $Q$는 다음 식으로 계산한다.

$$f_0 = \frac{1}{2\pi\sqrt{LC}} \tag{15.12}$$

$$Q = \frac{\omega L}{R} \tag{15.13}$$

#### 4) 병렬공진 조건 $nX_s = nX_L - \frac{Xc}{n}$ 의 경우

가장 가혹한 조건인 병렬공진은 어떤 고조파 차수에 대하여 콘덴서회로의 용량성 리액턴스와 전원측 리액턴스가 같아지는 병렬공진을 일으키는 경우이다. 병렬공진이 발생하면 합성 임피던스가 최대로 되기 때문에 $I_{cn}$, $I_{sn}$이 모두 이상 확대될 뿐만 아니라 계통 전체에 대하여 고조파전압의 왜곡이 발생한다. 따라서 과도한 고조파전압의 왜곡은 콘덴서 뱅크나 기기의 절연에 영향을 미치게 된다.

#### 5) 다중 동조필터 설치로 발생하는 공진현상

고조파 발생 모선에 고조파를 제거하기 위하여 Passive Filter를 설치하는 경우에도 공진현상이 발생할 수 있는가를 검토하여야 한다. Passive Filter는 콘덴서와 직렬리액터 조합에 의한 직렬공진 원리를 이용하여 고조파전류를 흡수함으로써 계통의 고조파전류를 제거하고 역률을 개선하기 위하여 사용된다.

그러나 이 방식은 전력계통 조건이 상시 일정한 경우에는 문제가 없으나 실제 운전조건은 그렇지 못한 경우가 대부분이다. 그러므로 다중동조필터를 설치한 경우에 오히려 병렬공진을 일으킬 우려가 있다. 그림 15-6에서 보는 바와 같이 5, 7, 11고조파 Passive Filter는 각각의 고조파전류에 대하여 임피던스가 매우 낮으므로 고조파 전류를 흡수하게 된다. 그러나 3, 5.5, 8차 부근에서 오히려 임피던스가 증가하여 고조파전압을 상승시키는 병렬공진현상이 발생하는 것을 볼 수 있다. 따라서 Passive Filter를 설치할 때는 병렬공진 임피던스도 최소가 되는 조건을 찾아서 설계하는 것이 중요하다.

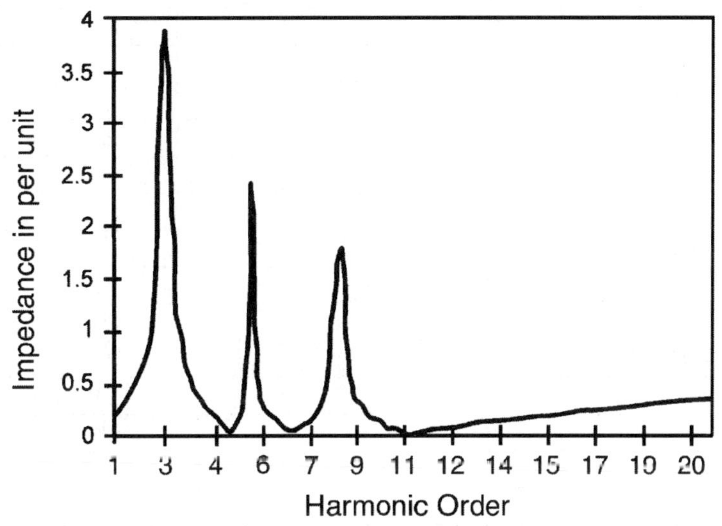


그림 15-6 Multiple Turned Filter의 임피던스 특성

## 4 고조파 제한규정

고조파 허용값은 국제적으로 획일적으로 규제되지 않고 각 나라마다 규제값이 조금씩 다르다. 최근에는 발생기기(전력변환기기, 가전제품 등)에서 고조파 발생을 제한하려는 경향으로 변화하고 있는 추세이다.

### 4.1 한국전력공사 전기공급약관

다음의 차수별 고조파전압의 %에 상응하는 차수별 고조파전류 이하를 유지하여야 한다.

**표 15-8 공급전압이 66kV 이상 계통의 고조파 허용 기준값**

| 3의 배수가 아닌 기수 고조파 | | 3의 배수 기수 고조파 | | 우수 고조파 | |
|---|---|---|---|---|---|
| 차수 h | 고조파전압 $V_h$ [%] | h | $V_h$ [%] | h | $V_h$ [%] |
| 5 | 1.8 | 3 | 1.5 | 2 | 0.6 |
| 7 | 1.5 | 9 | 0.5 | 4 | 0.3 |
| 11 | 1.1 | 15 | 0.1 | 6 | 0.2 |
| 13 | 0.9 | 21 | 0.1 | 8 | 0.2 |
| 17 | 0.6 | 27 | 0.1 | 10 | 0.1 |
| 19 | 0.5 | 33 | 0.1 | 12 | 0.1 |
| 23 | 0.4 | 39 | 0.1 | 14 | 0.1 |
| 25 | 0.4 | 45 | 0.1 | 16 | 0.1 |
| 29 | 0.3 | | | 18 | 0.1 |
| 31 | 0.3 | | | 20 | 0.1 |
| 35 | 0.2 | | | 22 | 0.1 |
| 37 | 0.2 | | | 24 | 0.1 |
| 41 | 0.2 | | | 26 | 0.1 |
| 43 | 0.2 | | | 28 | 0.1 |
| 47 | 0.2 | | | 30 | 0.1 |
| 49 | 0.2 | | | 32 | 0.1 |
| | | | | 34 | 0.1 |
| | | | | 36 | 0.1 |
| | | | | 38 | 0.1 |
| | | | | 40 | 0.1 |

[source] 한국전력공사 전기공급약관세칙 제26조

**표 15-9 공급전압이 22.9kV 이하 계통의 고조파 허용 기준값**

<table>
<tr><th colspan="2">3의 배수가 아닌 기수 고조파</th><th colspan="2">3의 배수 기수 고조파</th><th colspan="2">우수 고조파</th></tr>
<tr><th>차수 h</th><th>고조파전압 $V_h$ [%]</th><th>h</th><th>$V_h$ [%]</th><th>h</th><th>$V_h$ [%]</th></tr>
<tr><td>5</td><td>3.8</td><td>3</td><td>3.1</td><td>2</td><td>1.3</td></tr>
<tr><td>7</td><td>3.1</td><td>9</td><td>0.9</td><td>4</td><td>0.6</td></tr>
<tr><td>11</td><td>2.2</td><td>21</td><td>0.2</td><td>6</td><td>0.3</td></tr>
<tr><td>13</td><td>1.9</td><td rowspan="13">〉21</td><td rowspan="13">0.2</td><td>8</td><td>0.3</td></tr>
<tr><td>17</td><td rowspan="12">{1.36×(17/h)}−0.16</td><td rowspan="12">〉8</td><td rowspan="12">{(0.15×(10/h))+0.15</td></tr>
<tr><td>19</td></tr>
<tr><td>23</td></tr>
<tr><td>25</td></tr>
<tr><td>29</td></tr>
<tr><td>31</td></tr>
<tr><td>35</td></tr>
<tr><td>37</td></tr>
<tr><td>41</td></tr>
<tr><td>43</td></tr>
<tr><td>47</td></tr>
<tr><td>49</td></tr>
</table>

[비고] 종합고조파 왜형률(THD)는 배전계통에서 5% 이하로 하여야 한다.

## 4.2 IEEE Std 519-1999 고조파전류 및 전압 제한 기준

고조파전류 제한값은 평가지점에서 (최대 3상단락전류/기본파전류)의 비에 따라 정하고 있으므로 이 값 이하가 되도록 관리하여야 한다. 계통전압의 범위에 따라 표 15-10에서 표 15-13에 제한값을 나타낸다.

**표 15-10 고조파전류 제한값(120 V~69,000 V)**

| ISC/IL | 차수별 고조파전류 [%] | | | | | |
|---|---|---|---|---|---|---|
| | h<11 | 11≦h<17 | 17≦h<23 | 23≦h<35 | 35≦h | TDD |
| <20 | 4.0 | 2.0 | 1.5 | 0.6 | 0.3 | 5.0 |
| 20-50 | 7.0 | 3.5 | 2.5 | 1.0 | 0.5 | 8.0 |
| 50-100 | 10.0 | 4.5 | 4.0 | 1.5 | 0.7 | 12.0 |
| 100-1000 | 12.0 | 5.5 | 5.0 | 2.0 | 1.0 | 15.0 |
| >1000 | 15.0 | 7.0 | 6.0 | 2.5 | 1.4 | 20.0 |

[source] IEEE Std 519-1999 table 10.3

[비고 1] 우수고조파는 상기 제한값의 25%로 한다.

[비고 2] 직류전류의 Offset에 의한 전류 왜형은 허용하지 않는다(예, 반파정류기)

[비고 3] 발전설비에 대한 적용은 $I_{SC}/I_L$의 크기에 관계없이 <20의 값을 적용한다.

[비고 4] $I_{SC}$ : 평가지점(PCC)에서 최대단락전류

$I_L$ : 평가지점(PCC)에서 12개월간의 최대수요부하전류의 평균으로 계산

[비고 5] TDD : 15분 또는 30분 동안의 최대수요부하전류에 대한 고조파전류 왜형률[%]

TDD(Total Demand Distortion) : $\mathrm{TDD} = \dfrac{I_{THD}}{I_{1PEAK}\ (15\ \mathrm{or}\ 30\mathrm{min})} \times 100\%$

**표 15-11 고조파전류 제한값 (69,001 V~161,000 V)**

| $I_{SC}/I_L$ | 차수별 고조파전류 [%] | | | | | |
|---|---|---|---|---|---|---|
| | h<11 | 11≦h<17 | 17≦h<23 | 23≦h<35 | 35≦h | TDD |
| <20 | 2.0 | 1.0 | 0.75 | 0.3 | 0.15 | 2.5 |
| 20-50 | 3.5 | 1.75 | 1.25 | 0.5 | 0.25 | 4.0 |
| 50-100 | 5.0 | 2.25 | 2.0 | 0.75 | 0.35 | 6.0 |
| 100-1000 | 6.0 | 2.75 | 2.5 | 1.0 | 0.5 | 7.5 |
| >1000 | 7.5 | 3.5 | 3.0 | 1.25 | 0.7 | 10.0 |

[source] IEEE Std 519-1999 table 10.4

**표 15-12 고조파전류 제한값 (161,001 V 이상)**

| ISC/IL | 차수별 고조파전류 [%] | | | | | |
|---|---|---|---|---|---|---|
| | h<11 | 11≦h<17 | 17≦h<23 | 23≦h<35 | 35≦h | TDD |
| <50 | 2.0 | 1.0 | 0.75 | 0.3 | 0.15 | 2.5 |
| ≥50 | 3.0 | 1.5 | 1.15 | 0.45 | 0.22 | 4.75 |

[source] IEEE Std 519-1999 table 10.5

**표 15-13 고조파전압 제한값**

| Bus 전압 | 차수별 고조파전압 [%] | 전압 THD [%] |
|---|---|---|
| 69kV 이하 | 3.0 | 5.0 |
| 69.001kV ~ 161kV | 1.5 | 2.5 |
| 161.001kV 이상 | 1.0 | 1.5 |

[source] IEEE Std 519-1999 table 11.1

## 4.3 KS C IEC 61000-3-6 고조파전압 제한 기준

**표 15-14 저압과 중압계통에서 고조파전압에 대한 적합성 레벨**

| 3의 배수가 아닌 기수 고조파 | | 3의 배수 기수 고조파 | | 우수 고조파 | |
|---|---|---|---|---|---|
| 차수 h | 고조파전압 $V_h$ [%] | h | $V_h$ [%] | h | $V_h$ [%] |
| 5 | 6 | 3 | 5 | 2 | 2 |
| 7 | 5 | 9 | 1.5 | 4 | 1 |
| 11 | 3.5 | 15 | 0.3 | 6 | 0.5 |
| 13 | 3 | 21 | 0.2 | 8 | 0.5 |
| 17 | 2 | >21 | 0.2 | 10 | 0.5 |
| 19 | 1.5 | | | 12 | 0.2 |
| 23 | 1.5 | | | >12 | 0.2 |
| 25 | 1.5 | | | | |
| >25 | 0.2+1.3 · (25/h) | | | | |

[비고 1] 전체 고조파 왜형률(THD) : 8%

[비고 2] 적합성 레벨은 전력계통의 일부 또는 전력계통에 의하여 공급되는 기기의 고조파 내성과 방출의 조정을 위한 기준값이다.

**표 15-15 중압, 고압 및 초고압 계통의 고조파전압을 위한 계획레벨의 지시값**

| 3의 배수가 아닌 기수 고조파 | | | 3의 배수 기수 고조파 | | | 우수 고조파 | | |
|---|---|---|---|---|---|---|---|---|
| 차수 h | 고조파전압 $V_h$ [%] | | h | $V_h$ [%] | | h | $V_h$ [%] | |
| | MV | HV, EHV | | MV | HV, EHV | | MV | HV, EHV |
| 5 | 3.8 | 1.7 | 3 | 3.1 | 1.4 | 2 | 1.3 | 0.6 |
| 7 | 3.1 | 1.4 | 9 | 0.9 | 0.4 | 4 | 0.6 | 0.3 |
| 11 | 2.2 | 1.0 | 15 | 0.2 | 0.1 | 6 | 0.3 | 0.1 |
| 13 | 1.9 | 0.9 | 21 | 0.1 | 0.1 | 8 | 0.3 | 0.1 |
| 17 | 1.3 | 0.6 | >21 | 0.1 | 0.1 | 10 | 0.3 | 0.1 |
| 19 | 0.9 | 0.4 | | | | 12 | 0.1 | 0.1 |
| 23 | 0.9 | 0.4 | | | | >12 | 0.1 | 0.1 |
| 25 | 0.9 | 0.4 | | | | | | |
| >25 | 0.1+0.8 · (25/h) | 0.1+0.1 · (25/h) | | | | | | |

[비고 1] 전체 고조파 왜형률(THD) : MV에서 5%

[비고 2] 계획 레벨은 모든 수용가의 부하로 인해 공급계통의 영향을 평가할 때 사용되는 레벨이다.

## 5 고조파 저감대책

### 5.1 필터설치

발생한 고조파는 필터를 설치하여 흡수함으로써 고조파에 의한 영향을 줄일 수 있으며 필터의 종류에는 수동형 필터와 능동형 필터가 있다.

#### 1) Active Filter

발생되는 고조파 성분을 검출하여 검출된 파형과 크기가 같고 위상이 반대인 파형을 공급하는 전류원을 설치하여 고조파를 제거하는 방법으로 발생되는 고조파의 변화나 계통정수에 영향을 받지 않아 안정적이나 가격이 고가이다. Active Filter의 용량은 다음 식(15.14)으로 계산하여 적용한다.

$$P = \sqrt{3}\, V_n\, I_f\, [VA] \tag{15.14}$$

여기에서,

$V_n$ : 계통전압 [V]

$I_f$ : 보상전류 실효 값 [A]

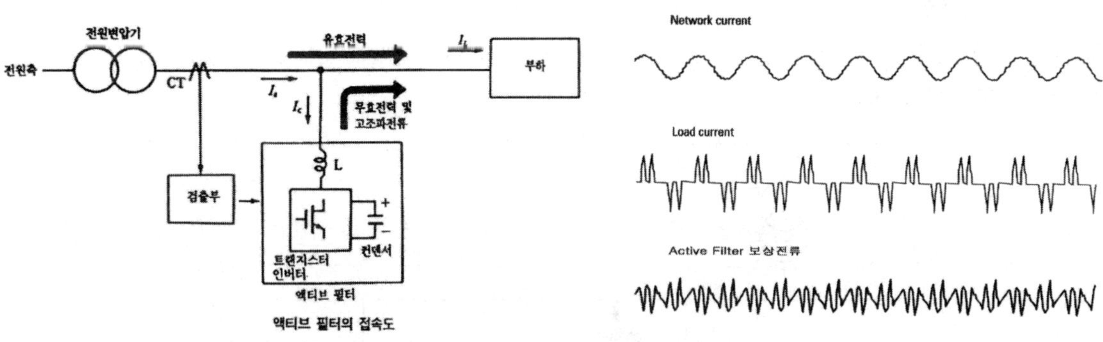


그림 15-7 Active Filter 접속도 및 파형

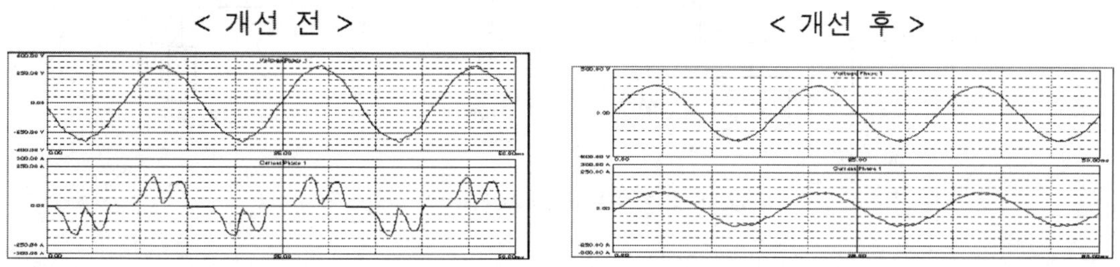

| 항 목 | Filter 설치 전 | Filter 설치 후 | 증감률[%] |
|---|---|---|---|
| 부하전류[A] | 76.46 | 63.01 | 17.58% 감소 |
| 전류 THD[%] | 74.48 | 4.78 | 93.58% 감소 |
| 역률[%] | 76 | 98 | 28.94% 증가 |

### 2) Passive Filter

발생한 고조파를 직렬리액터와 콘덴서를 설치하고 직렬공진시켜 필터 내로 흡수하여 계통에 미치는 영향을 줄이는 방법이나 발생고조파가 변화하거나 계통의 정수(유도성 리액턴스 및 용량성 리액턴스)가 변화할 경우 효과가 저감될 수 있다.

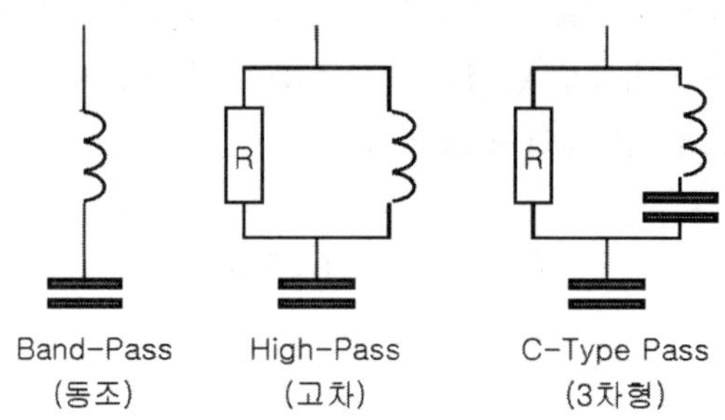


그림 15-8 Passive Filter의 종류

Passive Filter의 용량선정은 계통에 필요한 무효분(콘덴서 용량)을 구하고 각 조파별로 필요한 콘덴서 용량으로 분배한 후 고조파 차수에 따라 용량에 맞는 리액터 용량을 선정하는 순으로 한다. 이 때 선택도(Q) 값을 얼마로 할 것인지, 콘덴서에 과전류가 유입될 수 있는지, 전원계통과 병렬공진 영향은 없는지를 검토하여야 한다.

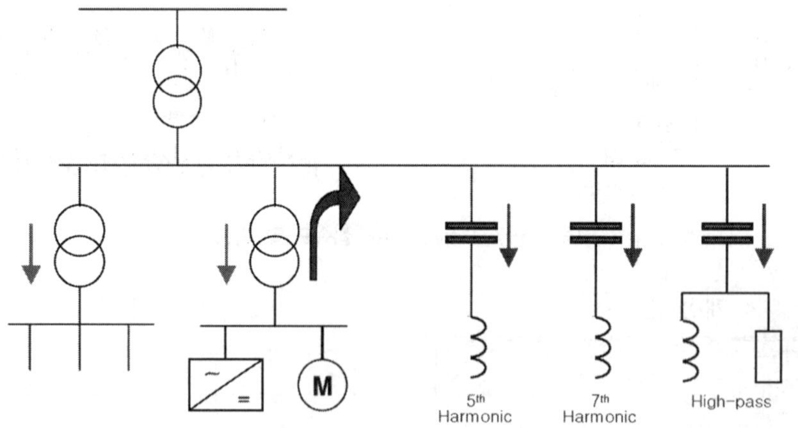


그림 15-9 차수별 Passive Filter의 설치

## 5.2 위상변위(Phase Shift) 장치

계통에서 발생하는 고조파전류는 서로 위상이 상이하므로 일부는 상호간에 상쇄되기도 하지만 저압측에서 발생한 고조파 전류는 3의 배수 고조파를 제외하고는 고압측으로 유출된다. 그림 15-10은 전동기

속도제어(ASD : Adjust Speed Drive)의 예로서 Phase Shift Tr.을 설치하여 30° 위상 차이를 주면 고조파도 고조파 차수와 상회전에 따라 변위된다. 이것을 Harmonic Shift라 한다. 제5고조파는 5×30° = 150° 고조파 변위(Harmonic Shift)되며 제7고조파는 7×30°=210° 고조파 변위된다. 즉, 그림 15-11에서와 같이 제5고조파는 역상분 고조파이므로 고조파변위 150°에서 기본파 변위 30°가 같은 상순이므로 합하여져서 180°의 위상변위가 되며, 제7고조파는 정상분 고조파이므로 고조파변위 210°에서 기본파변위 30°가 반대방향이므로 그 차가 180°의 위상변위와 같은 값이 된다. 따라서 Phase Shift Tr.에 의하여 위상을 30° Shift시키면 5, 7고조파는 반대방향이 되어 서로 상쇄하게 된다. 기존의 계통은 새로 변압기를 교체하거나 삽입하는 것이 불가능하므로 Phase Shift Tr.을 삽입하여 인위적으로 위상변위를 줌으로써 고조파를 상쇄시킬 수 있다.

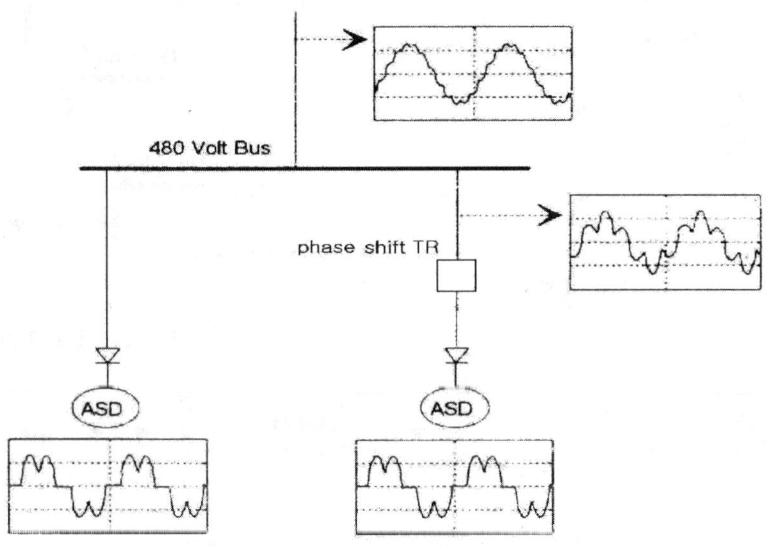


그림 15-10 전동기 속도제어에 Phase Shift Tr. 설치 예

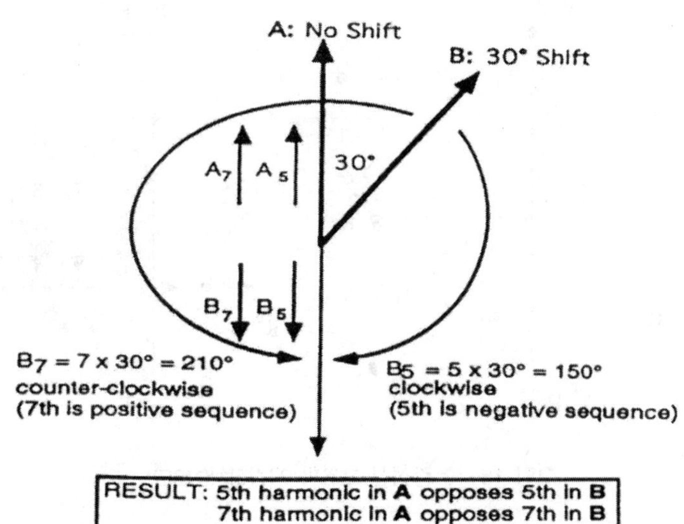


그림 15-11 Phase Shift 개요

### 5.3 중성선 고조파 저감장치(NCE : Neutral Current Eliminator)

각 상의 기본파는 벡터합이 되어 0으로 되지만 각상의 영상분 고조파(3, 6, 9 고조파)는 중성선에선 0이 되지 않고 스칼라합으로 나타난다. 중성선 말단에 NCE를 설치하여 영상분 고조파는 NCE를 통하여 순환되도록 하고 3상4선식 중성선에는 역상 및 정상분 고조파만 흐르게 한다. 철심에 다중의 권선이 감겨져 있으며 2개의 위상이 서로 반대로 결선되어 있다. 즉 영상분 임피던스가 낮은 일종의 Zig-Zag결선이다.

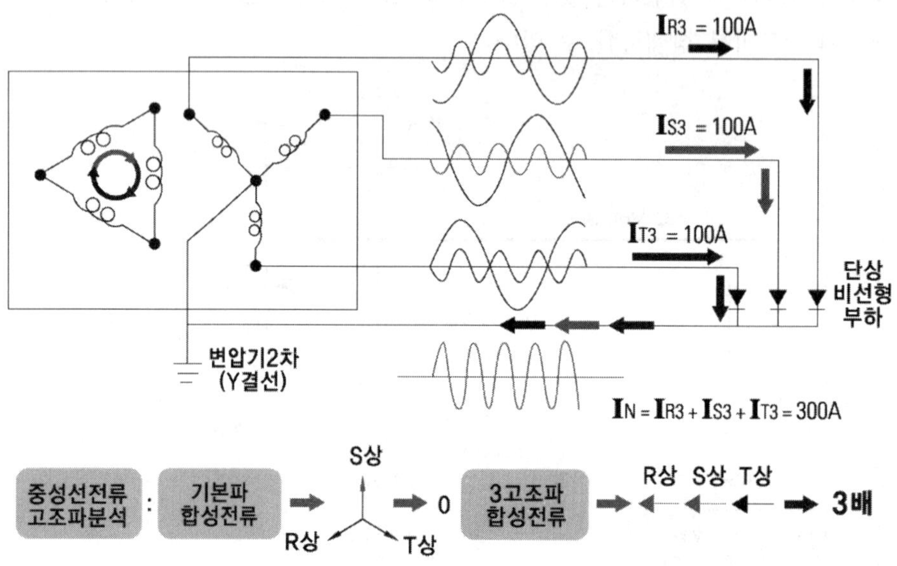


그림 15-12 중성선에서의 영상고조파 합성

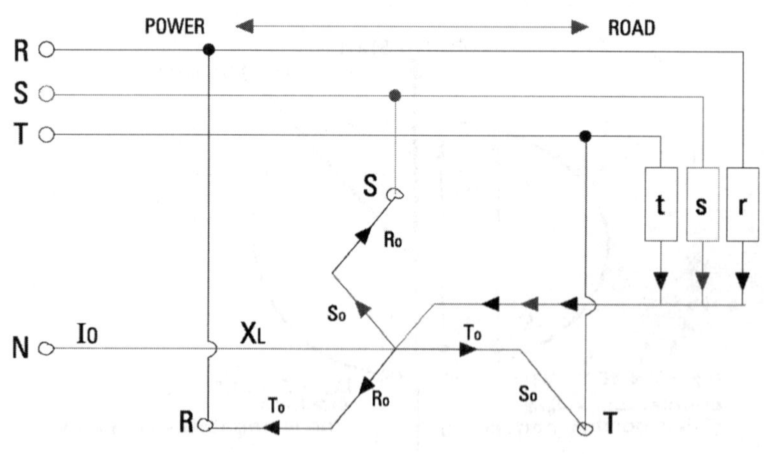


그림 15-13 중성선 고조파 저감장치(NCE)

### 5.4 변환장치의 다펄스화

12상 변환장치에서 A Bank 6상 변환장치는 Y −Y 결선 B Bank 6상 변환장치는 △−Y 결선 A Bank

와 B Bank 위상은 서로 30° 차이가 있다.

$$I_A = 2\frac{\sqrt{3}}{\pi}I_d[\cos\omega t - \frac{1}{5}\cos 5\omega t + \frac{1}{7}\cos 7\omega t - \frac{1}{11}\cos 11\omega t.......] \tag{15.15}$$

$$I_B = 2\frac{\sqrt{3}}{\pi}I_d[\cos\omega t + \frac{1}{5}\cos 5\omega t - \frac{1}{7}\cos 7\omega t - \frac{1}{11}\cos 11\omega t.......] \tag{15.16}$$

$$I = I_A + I_B = 4\frac{\sqrt{3}}{\pi}I_d[\cos\omega t - \frac{1}{11}\cos 11\omega t + \frac{1}{13}\cos 13\omega t.......] \tag{15.17}$$

전류 $I_A$와 $I_B$의 벡터합은 5, 7 고조파가 상호 상쇄되어 고조파가 현저히 개선된다.

**표 15-16 변환장치의 결선 및 전류파형**

| 변환상수 | | 6펄스 변환장치 결선 | | 변환장치의 파형 |
|---|---|---|---|---|
| 6펄스 | A | | | |
| | B | | | |
| 12펄스 | | | | |

**표 15-17 펄스수에 따른 고조파 함유율 [%]**

| 펄스수 | $I_1$ | $I_5$ | $I_7$ | $I_{11}$ | $I_{13}$ | $I_{17}$ | $I_{19}$ | $I_{23}$ | $I_{25}$ |
|---|---|---|---|---|---|---|---|---|---|
| 6 | 100 | 20 | 14 | 9.1 | 7.7 | 5.9 | 5.3 | 4.3 | 4.0 |
| 12 | 100 | – | – | 9.1 | 7.7 | – | – | 4.3 | 4.0 |
| 24 | 100 | – | – | – | – | – | – | 4.3 | 4.0 |

[source] 전기설비기술계산 핸드북 Ⅰ-208 표 2.40

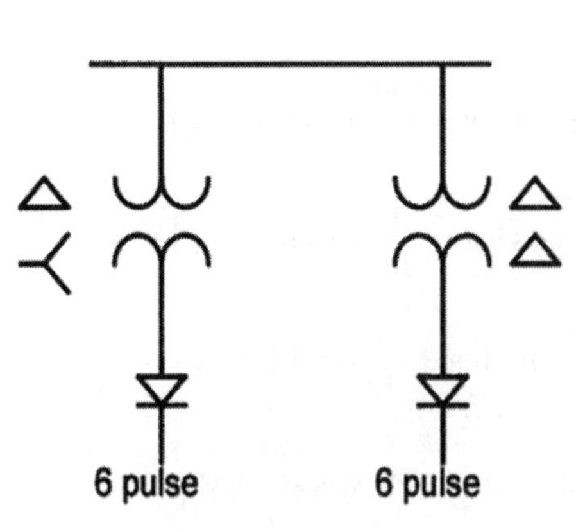


그림 15-14 12펄스 콘버터 배열

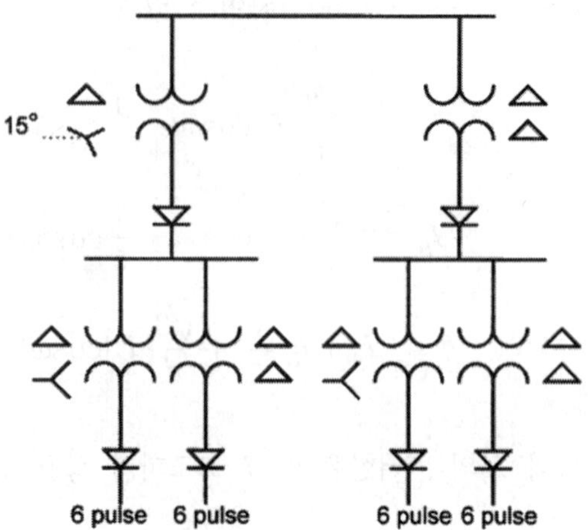


그림 15-15 24펄스 콘버터 배열

| Harmonic | Rectifier system pulse number | | | | Harmonic frequency | Harmonic current in percent of fundamental | |
|---|---|---|---|---|---|---|---|
| | 6 | 12 | 18 | 24 | | Theoretical | Typical |
| 5 | X | | | | 300 | 20.00 | 19.20 |
| 7 | X | | | | 420 | 14.20 | 13.20 |
| 11 | X | X | | | 660 | 9.09 | 7.30 |
| 13 | X | X | | | 780 | 7.69 | 5.70 |
| 17 | X | | X | | 1020 | 5.88 | 3.50 |
| 19 | X | | X | | 1140 | 5.26 | 2.70 |
| 23 | X | X | | X | 1380 | 4.36 | 2.00 |
| 25 | X | X | | X | 1500 | 4.00 | 1.60 |
| 29 | X | | | | 1740 | 3.45 | 1.40 |
| 31 | X | | | | 1860 | 3.23 | 1.20 |
| 35 | X | | X | | 2100 | 2.86 | 1.10 |
| 37 | X | | X | | 2220 | 2.70 | 1.00 |

NOTE—The theoretical values are given for a 6-pulse converter with ideal characteristics (i.e., square current waves with 120° conduction). The last column gives typical values based on a commutating impedance of 0.12 pu and a firing angle of 30° and infinite dc reactor (IEEE Std 519-1992, Table 13.1). These values are on the basis of one 6-pulse converter or all converters, assuming that the harmonics are additive. Since some harmonics will be canceled, but not entirely, a small percentage value may be assumed, as explained earlier in this subclause. Note that if the dc reactor is not large, some of the harmonics can be greater than typical (or theoretical) and some smaller.

IEEE Std 399-1997 HARMONIC ANALYSIS STUDIES

그림 15-16 다중 펄스 시스템에서 고조파전류 특성

## 5.5 단락용량의 증대

고조파 발생원에서 발생된 고조파 전류는 선로의 용량성 및 유도성 임피던스로 인하여 어떤 경우 공진현상이 발생하게 되는데, 공진현상이 발생하면 고조파 전류는 증폭되며 진상콘덴서, 변압기, 발전기, 전동기, 각종 조명설비에는 과대한 전류가 흘러 기기의 과열, 소손이 발생할 우려가 있다. 그림 15-17은 공진현상을 일으키는 배전계통을 나타낸 것이다. 공진주파수 $f_0$은 단락회로의 인덕턴스를 L이라고 하면 다음의 식(15.18)로 계산할 수 있다.

$$f_0 = \frac{1}{2\pi\sqrt{LC}} = f_N\sqrt{\frac{S_N}{Q_c}} \tag{15.18}$$

여기에서,

$f_0$ : 공진주파수 [Hz], $f_N$ : 계통주파수 [Hz]

$S_N$ : 계통단락용량($S_N = V^2/\omega L$), $Q_c$ : 콘덴서 용량($Q_c = \omega CV^2$)

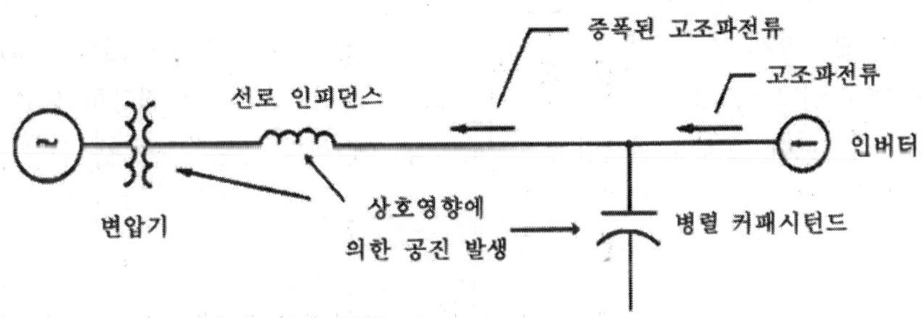


그림 15-17 배전계통의 공진현상

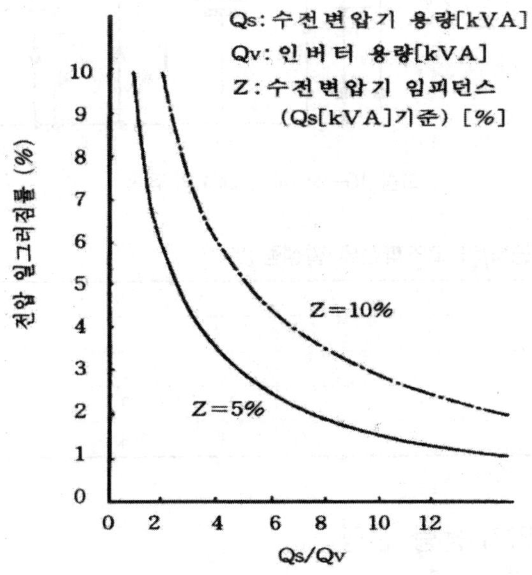


그림 15-18 단락용량과 고조파량과의 관계

따라서 전원의 단락용량이 증대하면 공진차수가 상승하여 부하의 고조파 발생량은 역비례 하여 작아지고, 반대로 콘덴서 용량이 증대하면 공진차수가 저하하여 저차에서 고조파 발생량이 많아질 수 있다. 즉, 그림 15-18과 같이 단락용량과 고조파량과의 관계에서 보는 바와 같이 단락용량이 증대하면 전압찌그러짐이 개선됨을 알 수 있다.

## 5.6 계통분리

고조파 발생원에 의해 발생한 고조파가 다른 기기에 미칠 수 있는 영향을 최소화하기 위해서는 고조파 발생원을 전용의 변압기에 접속하여 사용하는 등 계통을 분리하면 다른 기기에 미치는 영향을 줄일 수 있다.

## 5.7 리액터(ACL, DCL) 설치

그림 15-19와 같이 고조파 발생 부하장치의 1차측에 교류리액터(ACL)를 부착하여 전원의 Total 임피던스를 크게 함으로써 전원 전류내에 포함되어있는 저차 고조파를 저감하거나, 또는 직류리액터(DCL)을 고조파 발생 부하장치의 직류회로에 삽입하여 직류파형의 리플을 작게 하고, 리액터에 의한 한류작용으로 전류의 변화를 완만하게 하여 고조파를 저감시킬 수 있다. 3상 브리지(콘덴서 평활)의 고조파 전류 발생량은 표 15-18와 같으며, ACL이 있는 경우 고조파 발생량을 약 50% 저감하고 있고, 또한 DCL이 있는 경우는 없는 경우보다 고조파 발생량을 55% 이상 저감하고 있는 것을 알 수 있다.

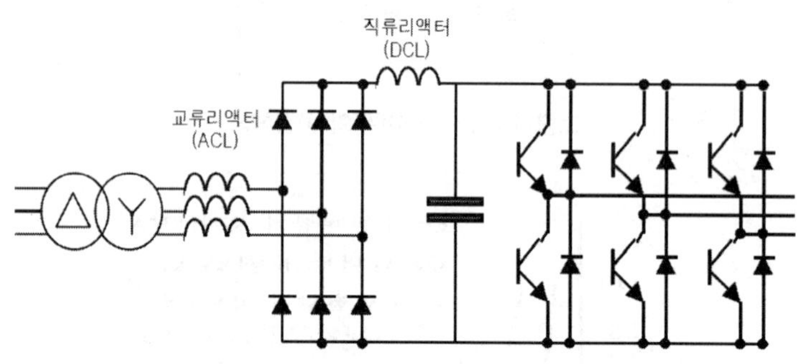


그림 15-19 ACL, DCL의 접속

**표 15-18 3상 브리지(콘덴서 평활)의 고조파전류 발생량 [%]**

| 차수 | 5 | 7 | 11 |
|---|---|---|---|
| 리액터 없음 | 65 | 41 | 8.5 |
| ACL | 38 | 14.5 | 7.4 |
| DCL | 30 | 13 | 8.4 |
| ACL, DCL | 28 | 9.1 | 7.2 |

## 5.8 고조파를 고려한 변압기 용량 선정

고조파 부하가 많을 경우 고조파 전류 중첩, 표피효과에 의한 저항 증가에 따라 $I^2R$이 크게 증가하므로 변압기용량을 설계하거나 발주시 "K-factor"가 고려되도록 하여야 한다. K-factor란 비선형부하들

에 의한 고조파의 영향에 대하여 변압기가 과열현상 없이 전원을 안정적으로 공급할 수 있는 능력을 의미한다. 변압기의 출력감소율(THDF)은 다음 식(15.19)와 같이 계산한다. 표 15-19는 K-factor의 계산 예이며, 표 15-20은 K-factor의 부하특성이다.

$$THDF = \sqrt{\frac{P_{LL-R}}{P_{LL}}} \times 100\% \tag{15.19}$$

여기에서,

$P_{LL-R} = 1 + P_{EC-R}[\text{pu}]$

$P_{LL} = 1 + (K-factor) \times P_{EC-R}[\text{pu}]$

$P_{EC-R}$ : 와전류손

**표 15-19 변압기의 K-factor 계산(ANSI C57.110) 예**

| 고조파(h) | $I_h$[pf] | $I_h$[pu] | $I_h^2$[pu] | $h^2$ | K-h factor $=I_h^2[\text{pu}]h^2$ |
|---|---|---|---|---|---|
| 1 | 100% | 0.886 | 0.786 | 1 | 0.7855 |
| 3 | 37.6% | 0.333 | 0.111 | 9 | 0.998 |
| 5 | 22.6% | 0.200 | 0.040 | 25 | 1.000 |
| 7 | 16.1% | 0.143 | 0.020 | 49 | 0.98 |
| … | … | … | … | … | … |
| 합계 | 52.3% | 52.3% | 1.000 | | K-factor 12.786 |

[source] ANSI C57-110

[비고] $I_h$[pf] = 기본파에 대한 각 차수별 고조파의 함유율[%], $I_h[\text{pu}] = \dfrac{I_h[\text{pf}]}{\sqrt{I_h^2[\text{pf}] + I_1^2[\text{pf}]}}$

**표 15-20 변압기의 K-factor와 부하특성의 구분**

| K | Typical Load Characteristics (대표적인 부하의 특성) |
|---|---|
| 1 | Purely Linear No Distortion(왜곡이 없는 선형부하 100%) |
| 7 | 50% 3 Phase Nonlinear(3상 선형부하 50% 비선형부하 50%) |
| 13 | 3 Phase Nonlinear(3상 비선형부하 100%) |
| 20 | Both Single And 3 Phase Nonlinear(단상과 3상 비선형의 양립) |
| 30 | Purely Single Phase Nonlinear(순수한 단상 비선형) |

## 5.9 고조파를 고려한 발전기 용량 선정

발전기에 고조파부하가 접속되면 발전기의 부하측에 고조파 전류원이 존재하는 것과 같기 때문에 발전기에 고조파전류가 흐르고 고정자 권선, 제동권선 등의 손실을 증가시켜 전압파형을 왜곡시킨다. 발전기에 미치는 고조파의 영향은 고조파 전류에 의한 역상전류 때문에 발생하는 손실이 같다고 보고 등가역상전류($I_{2eq}$)를 다음 식과 같이 구할 수 있다. 역상전류가 15%를 초과한 경우는 정격출력을 얻을 수 없기 때문에 초과의 출력을 선정하거나 필터 설치 등의 대책이 필요하다. 제작회사에 따라서는 등가역상전류 내량의 설계기준을 25%로 하는 경우도 있다. 고조파전류에 의한 등가역상전류의 계산은 다음 식(15.20)로 한다.

$$I_{2eq} = I_1 \times \sqrt{\{(I_5 + I_7) \times 1.316\}^2 + \{(I_{11} + I_{13}) \times 1.56\}^2 + \cdots\cdots} \qquad (15.20)$$

여기에서,

$I_1$ : 기본파 전류

$I_5$ : 제5고조파 전류

$I_7$ : 제7고조파 전류

**표 15-21 비상용 발전기에 고조파 부하가 있는 경우 필요 용량 배수**

| 정류 상수 | $I_R$ : 전력변환장치의 등가 역상전류 (단, 전력변환장치의 KVA BASE) | $I_G$ : 발전기측 허용등가역상전류(단, 발전기출력 KVA BASE) | | |
|---|---|---|---|---|
| | | 수소냉각발전기 9% | 공냉식 발전기 12% | 디젤발전기 15%~20% |
| | | $n=I_R/I_G$ : 고조파부하에 대응하는 최소 필요 발전기 용량배수 | | |
| 6 | 44.0 % | 4.89 | 3.66 | 2.94~ |
| 12 | 19.6 % | 2.17 | 1.63 | 1.3~1.0 |
| 18 | 13.4 % | 1.49 | 1.11 | 1.0 |
| 24 | 10.3 % | 1.14 | 1.0 | 1.0 |

# 6 고조파 분석

## 6.1 고조파 분석 용어

### 1) V_THD(Total Voltage distortion)

종합 고조파 왜형률은 고조파 전압 실효값과 기본파 전압실효값의 비율로서 나타내며 고조파 발생의 정도를 나타내는데 많이 사용된다.

$$\text{V\_THD} = \frac{\sqrt{V_2^2 + V_3^2 + \cdots + V_n^2}}{V_1} \times 100\% \qquad (15.21)$$

여기에서,

$V_1$ : 기본파 전압

$V_2, V_3, \cdots\cdots V_n$ : 각 차수별 고조파전압

### 2) V_RMS(True root mean square Voltage)

고조파 교류전압의 실효값은 아래 식으로 정의된다.

$$V_{rms} = \sqrt{\Sigma V_h^{\ 2}} \tag{15.22}$$

$h$ : 고조파 차수

$V_h$ : 각 고조파 전압레벨의 실효값

#### 3) V_TIF(Voltage telephone interference factor)

통신선이 근접하여 있는 경우 통신선에 영향을 미치는 유도장애전압계수로 기본파전압에 대한 유도장애전압의 비로 나타낸다.

$$V_{TIF} = \frac{\sqrt{\sum_{h=1}^{H}(T_h \times Z_h \times I_h)^2}}{V_1} \tag{15.23}$$

여기에서,

$V_1$ : 기본파 상전압의 실효값

$I_h$ : 각 차수별 고조파전류

$Z_h$ : 각 차수별 고조파 임피던스

$T_h$ : 각 차수별 유도장해 가중계수(TIF : ANSI/IEEE C57.110-1986)

$H$ : 5000 Hz

#### 4) I_THD(Total Current distortion)

고조파전류의 종합 왜형률이며, 다음 식(15.26)과 같이 고조파전류 실효값과 기본파전류 실효값의 비로 나타낸다.

$$I_{THD} = \frac{\sqrt{I_2^2 + I_3^2 + I_4^2 + \cdots\ I_n^2}}{I_1} \times 100\% \tag{15.24}$$

여기에서,

$I_1$ : 기본파전류

$I_2$, $I_3$, $I_4$, $I_5$, $\cdots$ $I_n$ : 각 차수별 고조파전류

#### 5) I_RMS(True rms Current)

고조파 교류전류의 실효값은 아래 식으로 정의된다.

$$I_{rms} = \sqrt{\Sigma I_h^2} \tag{15.25}$$

$h$ : 고조파차수

$I_h$ : 각 고조파 전류레벨의 실효값

### 6) I_T(Current telephone interference factor)

통신선에 영향을 미치는 유도장애전류로 각 차수의 고조파전류와 유도장애계수의 곱의 제곱에 합의 평방근으로 계산한다.

$$I_T = \sqrt{\sum_{h=1}^{H} (I_h T_h)^2} \tag{15.26}$$

### 7) I_K(K-factor : related to the harmonic order and the harmonic current)

$$\text{K-factor} = \frac{\sum_{h=1}^{N} I_h^2 h^2}{\sum_{n=1}^{N} I_h^2} \tag{15.27}$$

여기에서,

$h$ : 고조파 차수

$N$ : 최대고조파 차수

$I_h$ : 고조파전류

## 6.2 Harmonic Source의 Library 생성

1) 상위 Menu Document 〉〉 Library

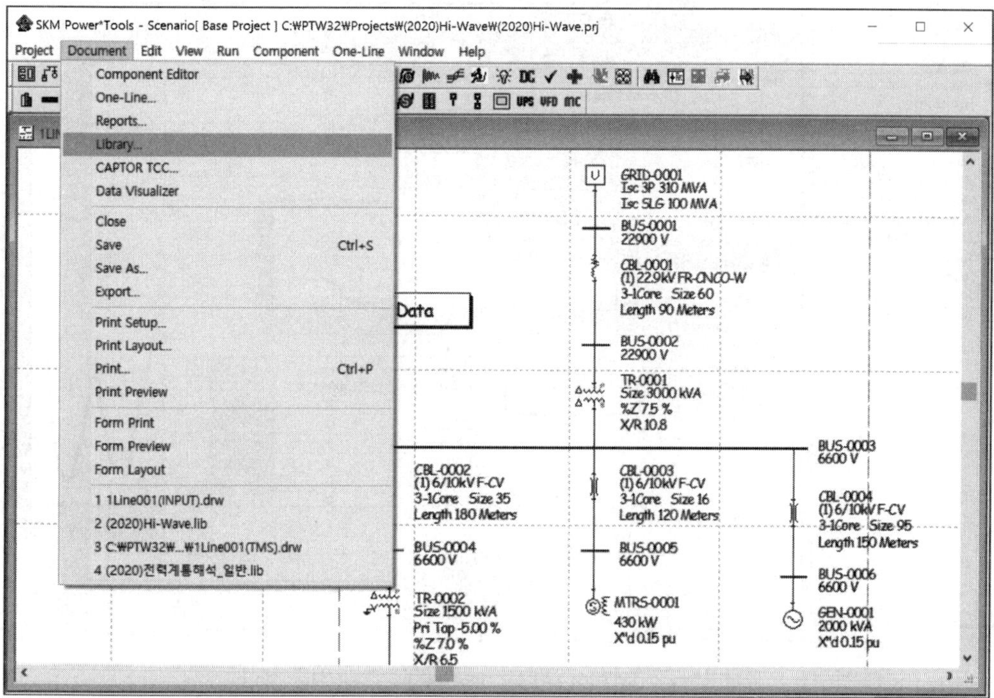


그림 15-20 Library 창 열기

2) Harmonic Source Model을 직접 생성

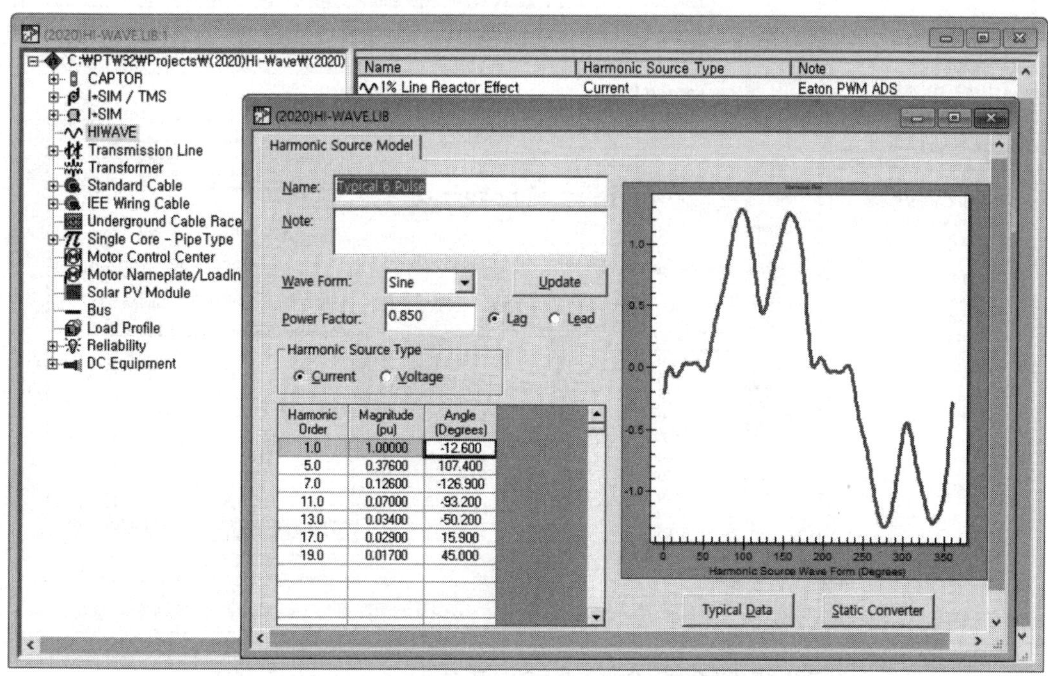


그림 15-21 Harmonic Source Model을 직접 생성

3) Typical Data Model에서 선택하여 적용

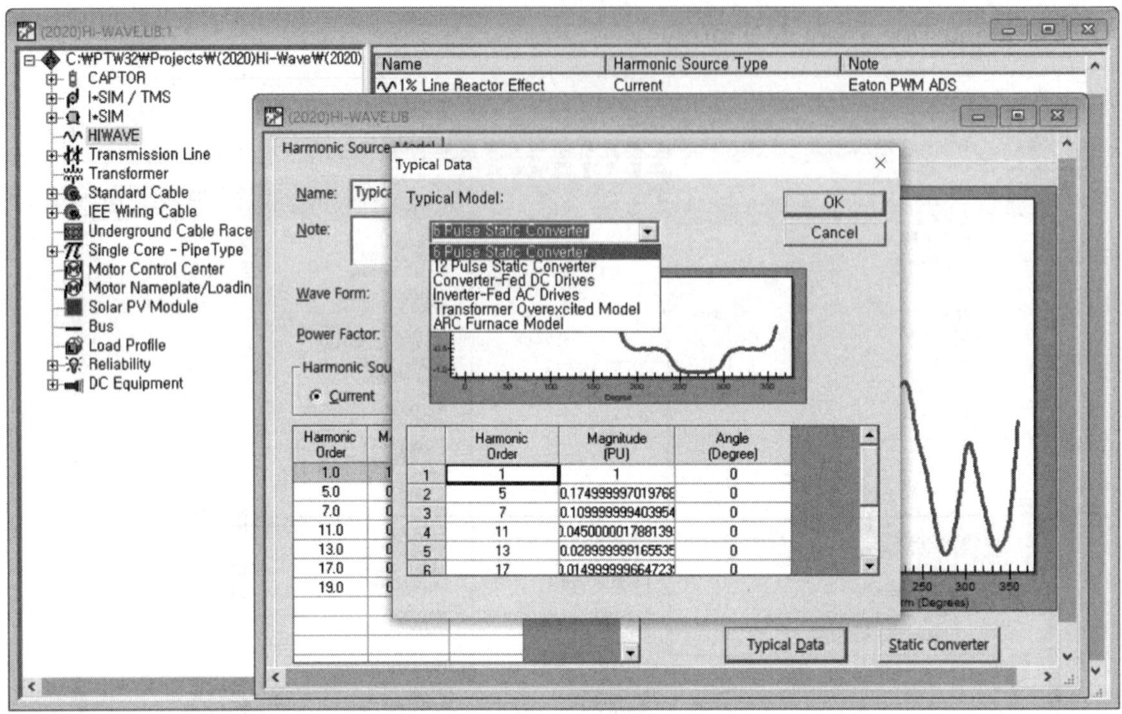


그림 15-22 Typical Data로 Harmonic Source를 생성

4) Static Converter Source에서 선택하여 적용

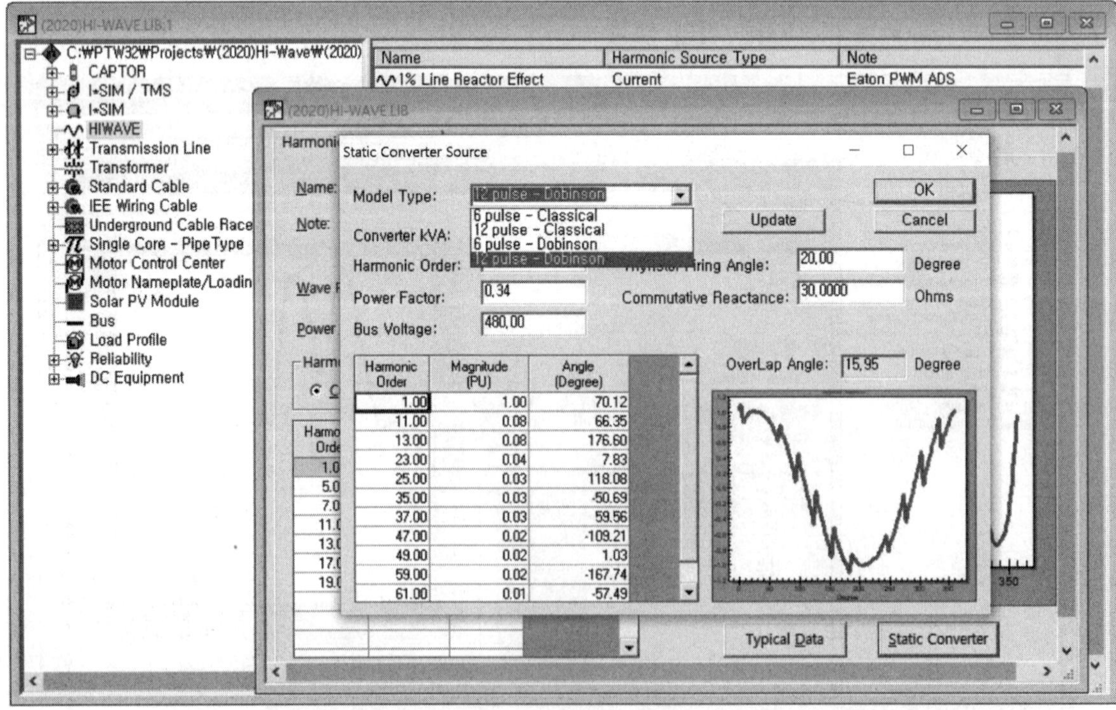


그림 15-23 Static Converter Data로 Harmonic Source를 생성

## 6.3 고조파 발생원의 Data 입력

그림 15-24의 One-Line 전력계통도의 입력 Data를 이용하여 고조파분석을 검토하여 본다.

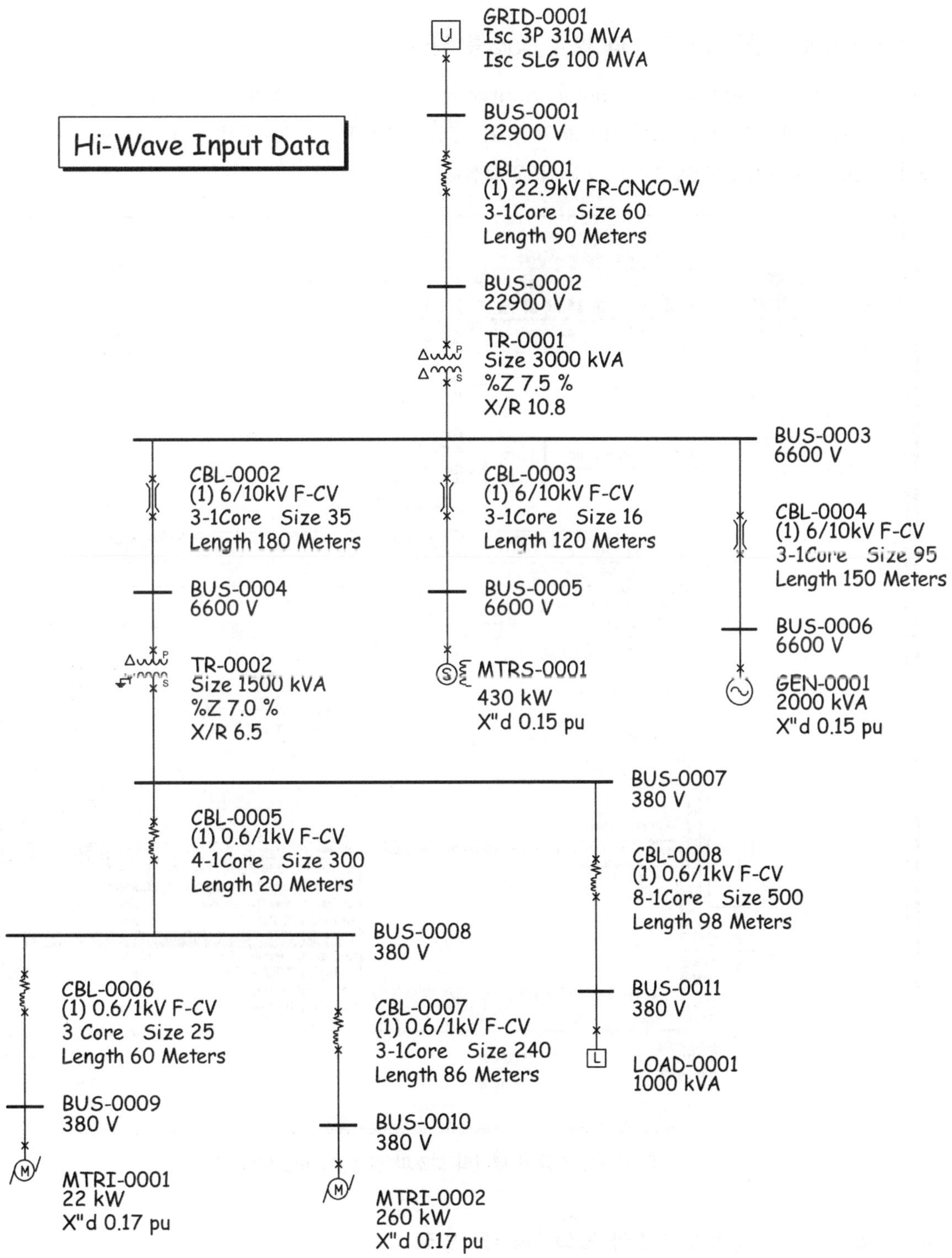

Hi-Wave Input Data

GRID-0001
Isc 3P 310 MVA
Isc SLG 100 MVA

BUS-0001
22900 V

CBL-0001
(1) 22.9kV FR-CNCO-W
3-1Core Size 60
Length 90 Meters

BUS-0002
22900 V

TR-0001
Size 3000 kVA
%Z 7.5 %
X/R 10.8

BUS-0003
6600 V

CBL-0002
(1) 6/10kV F-CV
3-1Core Size 35
Length 180 Meters

CBL-0003
(1) 6/10kV F-CV
3-1Core Size 16
Length 120 Meters

CBL-0004
(1) 6/10kV F-CV
3-1Core Size 95
Length 150 Meters

BUS-0004
6600 V

BUS-0005
6600 V

BUS-0006
6600 V

TR-0002
Size 1500 kVA
%Z 7.0 %
X/R 6.5

MTRS-0001
430 kW
X"d 0.15 pu

GEN-0001
2000 kVA
X"d 0.15 pu

BUS-0007
380 V

CBL-0005
(1) 0.6/1kV F-CV
4-1Core Size 300
Length 20 Meters

CBL-0008
(1) 0.6/1kV F-CV
8-1Core Size 500
Length 98 Meters

BUS-0008
380 V

CBL-0006
(1) 0.6/1kV F-CV
3 Core Size 25
Length 60 Meters

CBL-0007
(1) 0.6/1kV F-CV
3-1Core Size 240
Length 86 Meters

BUS-0011
380 V

LOAD-0001
1000 kVA

BUS-0009
380 V

BUS-0010
380 V

MTRI-0001
22 kW
X"d 0.17 pu

MTRI-0002
260 kW
X"d 0.17 pu

그림 15-24 Hi-Wave One-Line

### 1) 고조파 발생 전동기의 Component Editor 창 열기

고조파 발생부하가 전동기 'MTRI-0001, MTRI-0002'이라고 하면 마우스로 "MTRI-0001'을 더블 클릭하여 그림 15-25의 'Component Editor' 창을 나타나게 한다.

### 2) MTRI-0001 전동기의 고조파 발생 Data를 입력

'Component Subviews'는 'Harmonic Source'를 선택하고 오른쪽에 'Library' 버튼을 클릭하면 Library 선택 창이 나타난다. 그림 15-25와 같이 "Typical 6 Pulse"를 클릭한 후 "Apply"를 클릭하여 전동기 Component에 고조파 발생 Data를 입력한다.

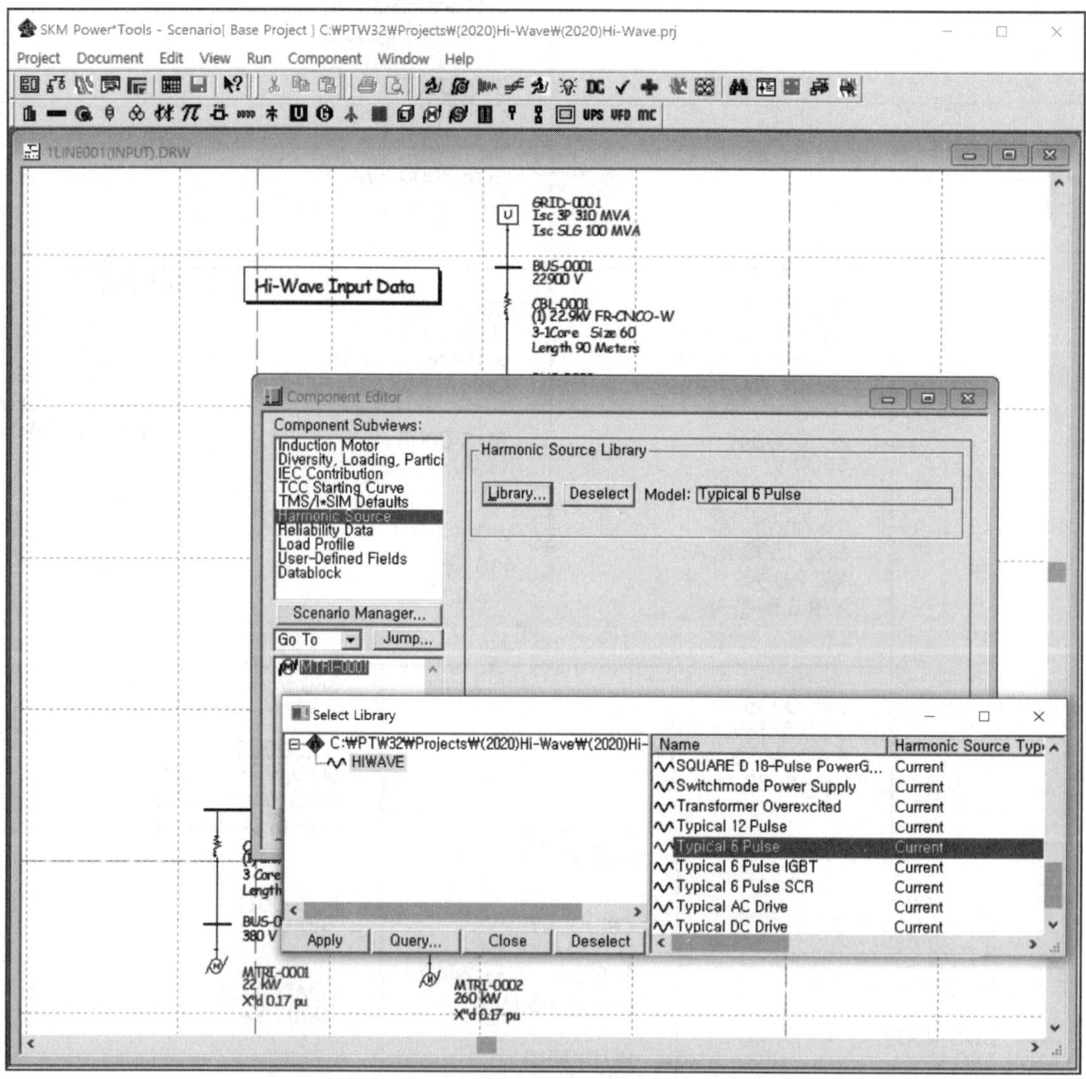

그림 15-25 전동기 부하의 고조파 발생 Source 입력

### 3) MTRI-0002 전동기의 고조파 발생 Data를 입력

MTRI-0001 전동기의 고조파 발생 Data 입력과 동일한 방법으로 Typical 6 Pulse IGBT를 입력한다.

## 6.4 Study Component의 선택

### 1) Harmonic Study의 실행

그림 15-26과 같이 Harmonic study를 실행하기 위하여 Run〉〉"Harmonic Analysis"를 클릭하면, 그림 15-27의 Component 선택창이 나타난다.

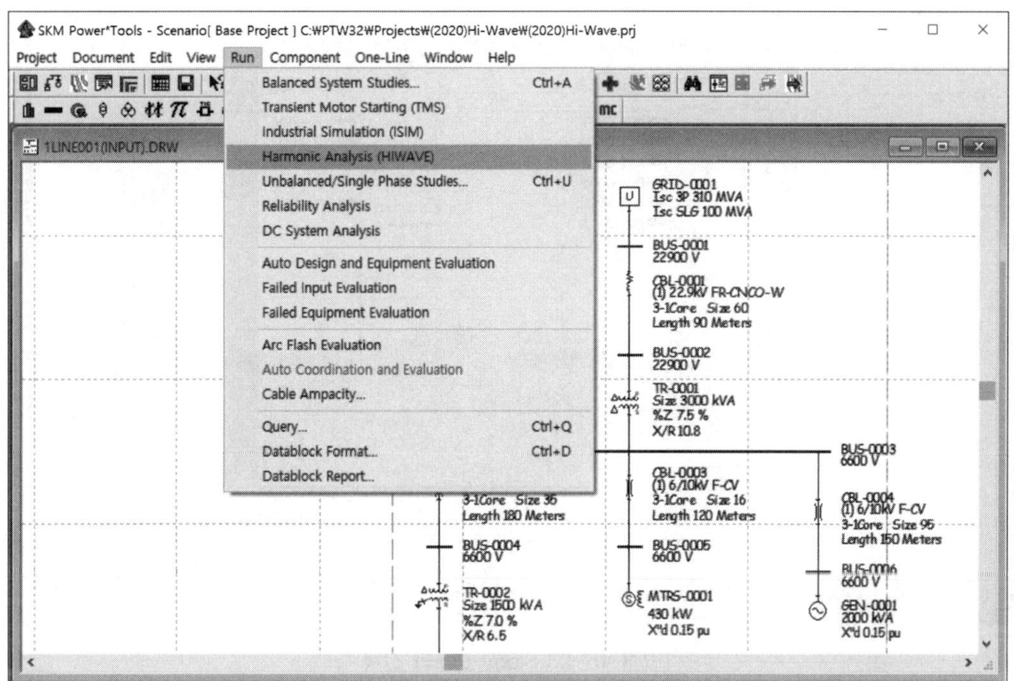


그림 15-26 Harmonic Study의 실행

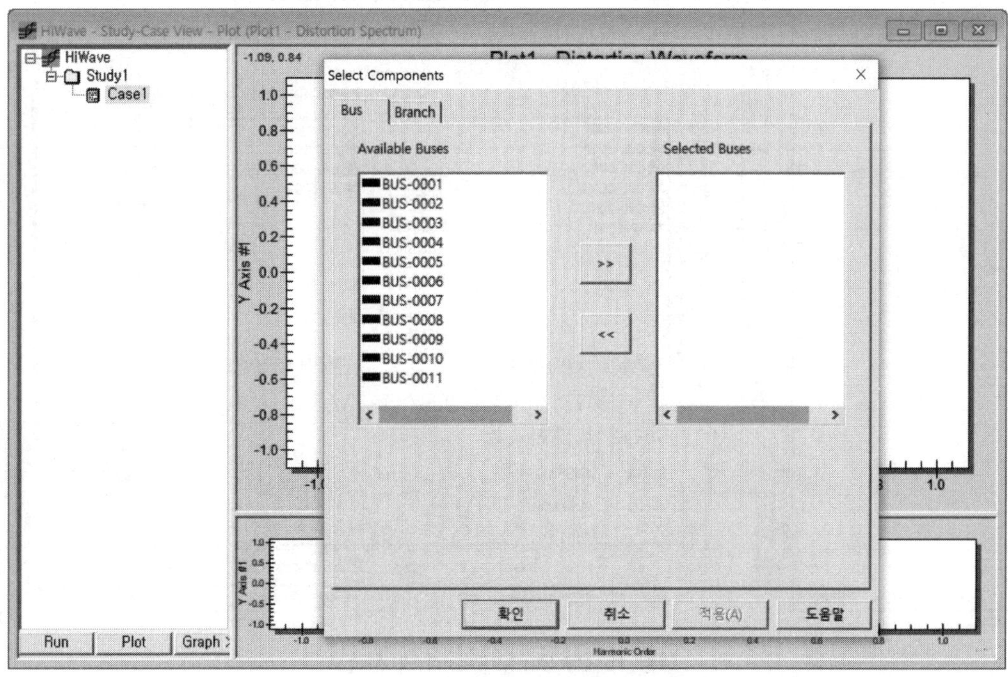


그림 15-27 Component 선택 창

### 2) Study Component의 선택

그림 15-27의 Select Component 창에서 그림 15-28, 그림 15-29와 같이 Modeling할 Bus와 Branch를 선택한다.

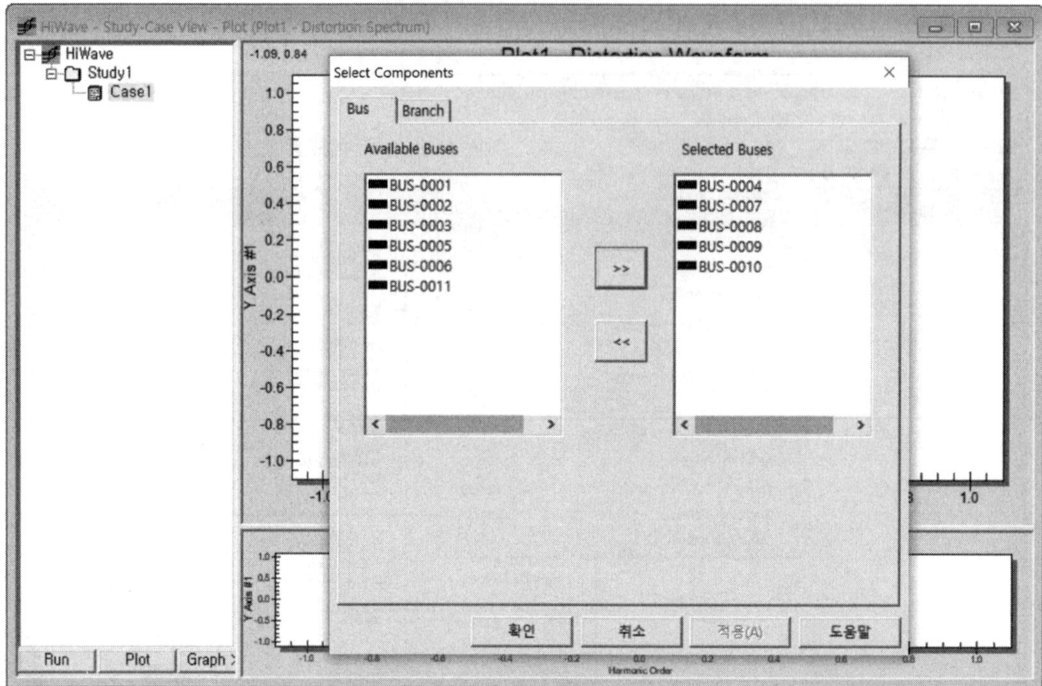


그림 15-28 Study Bus의 선택

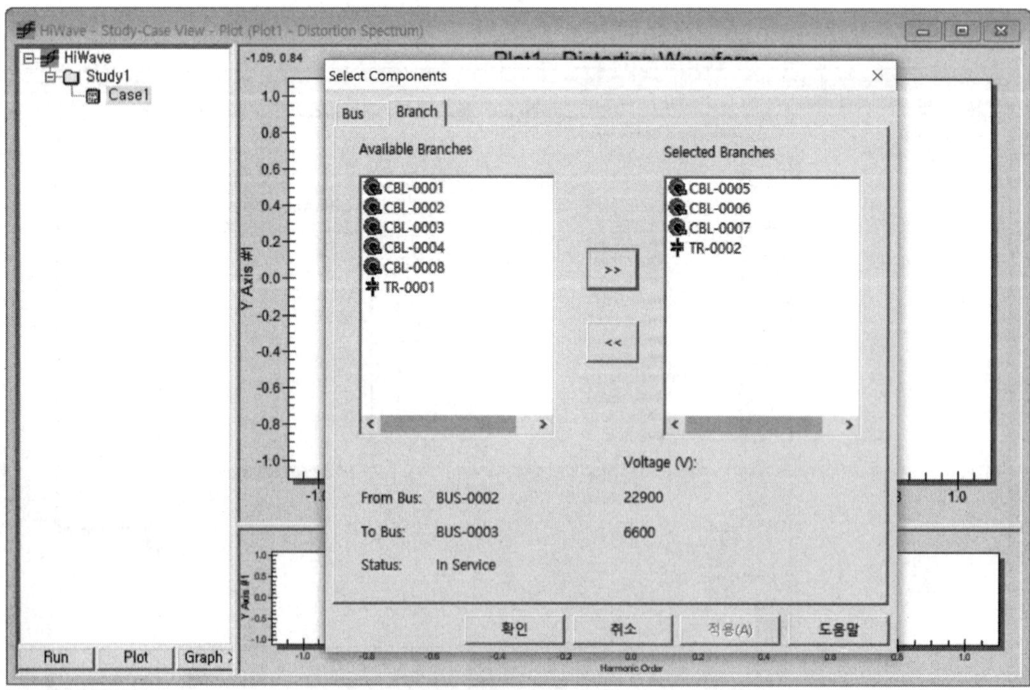


그림 15-29 Study Branch의 선택

### 3) Hi-Wave 창 열기

선택할 Bus와 Branch의 종류를 선택하고 '확인' 버튼을 클릭하면 Hi-wave 창이 뜨고 왼쪽편을 보면 선택한 Bus와 Branch의 종류를 확인할 수 있다. Plot을 선택하여 Hi-Wave Name을 추가하여 선택된 Component의 Curve를 볼 수 있다.

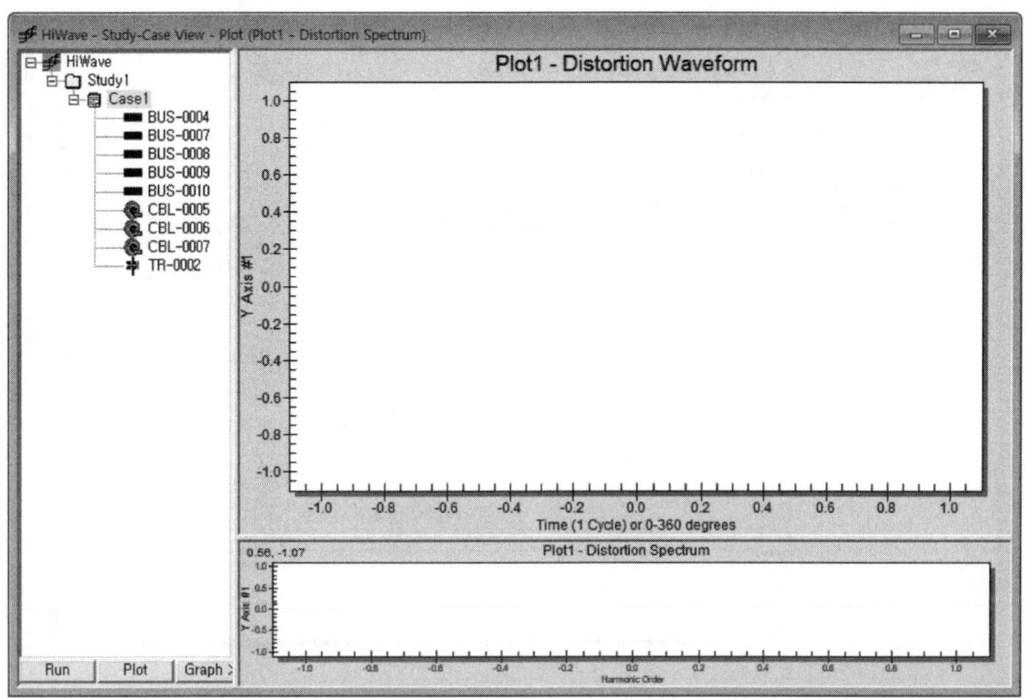


그림 15-30 Hi-wave 창

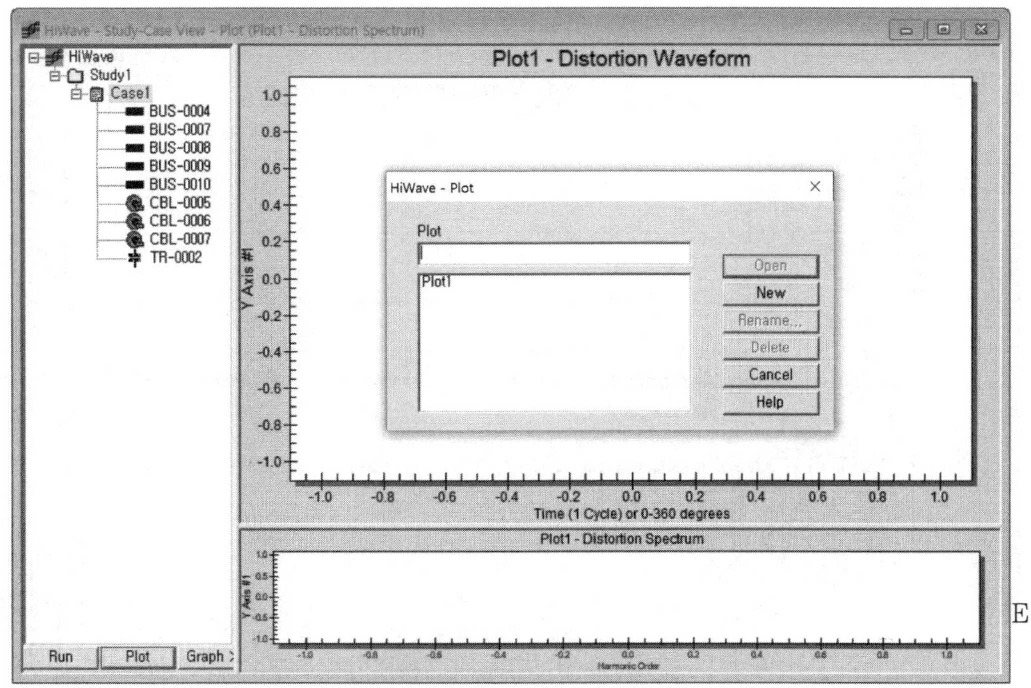


그림 15-31 Hi-wave 창

## 6.5 Harmonic Analysis Study

그림 15-32 Hi-Wave 창 아래쪽에 있는 'Run' 버튼을 클릭하면 'Hi-Wave Study' 창이 나타난다. 여기에서 'Setup' 버튼을 클릭하여 환경을 설정하고 'Run' 버튼을 클릭하면 그림 15-33의 'Study Messages'가 나타나고 이상이 없으면 'Close' 버튼을 누른다.

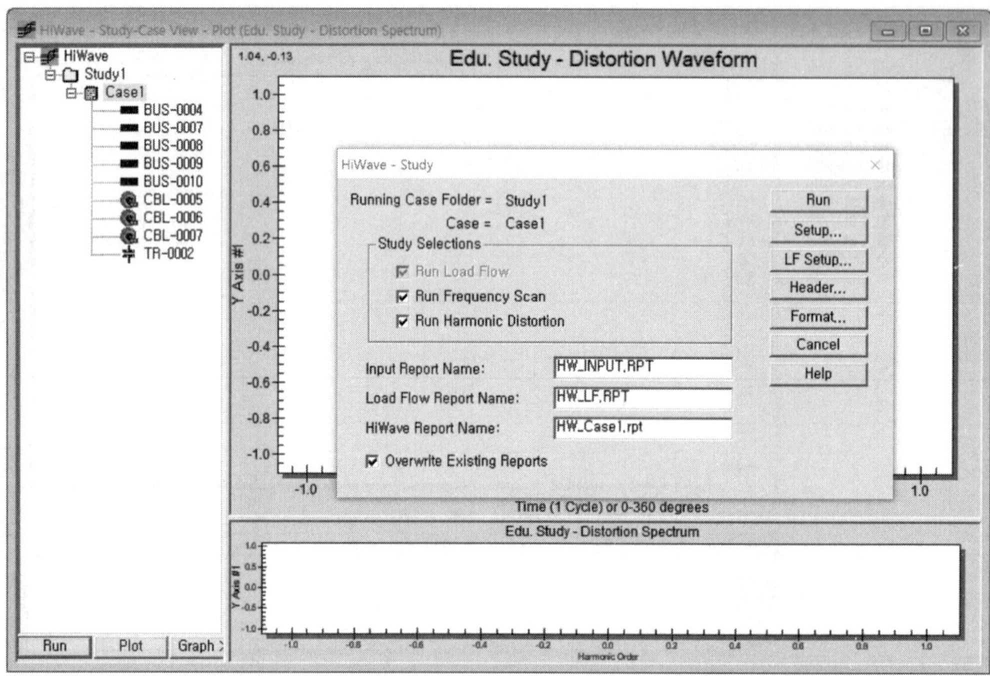


그림 15-32 Hi-wave Study

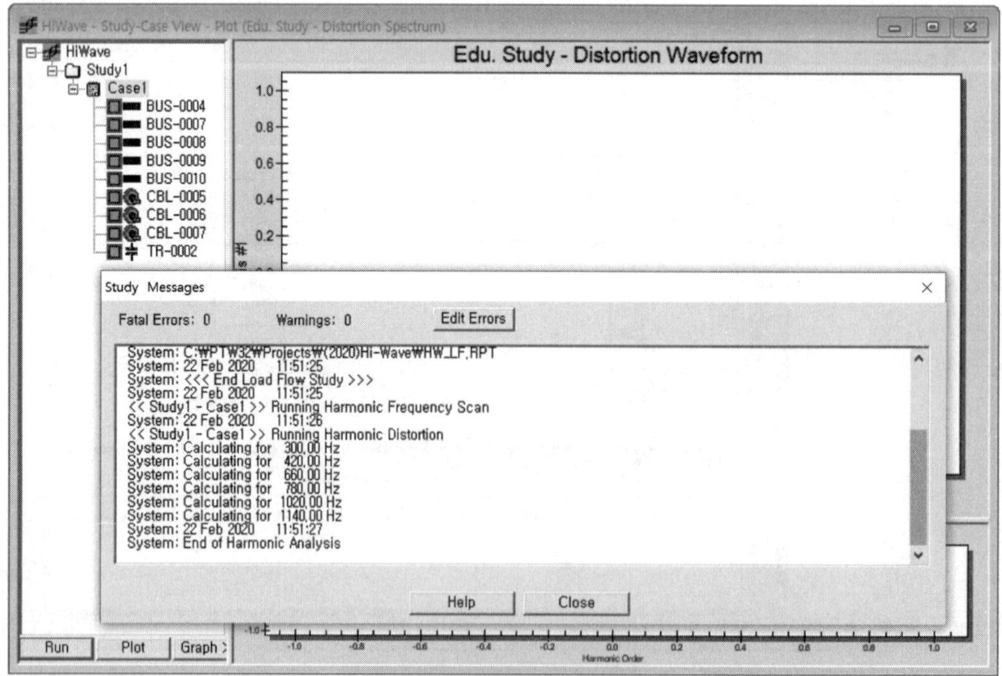


그림 15-33 Study Messages

## 6.6 고조파 분석 결과 검토

### 1) 고조파 Curve 확인

그림 15-34의 Hi-Wave 창의 Bus와 Branch의 체크박스에 체크하면 고조파 Curve를 확인할 수 있다.

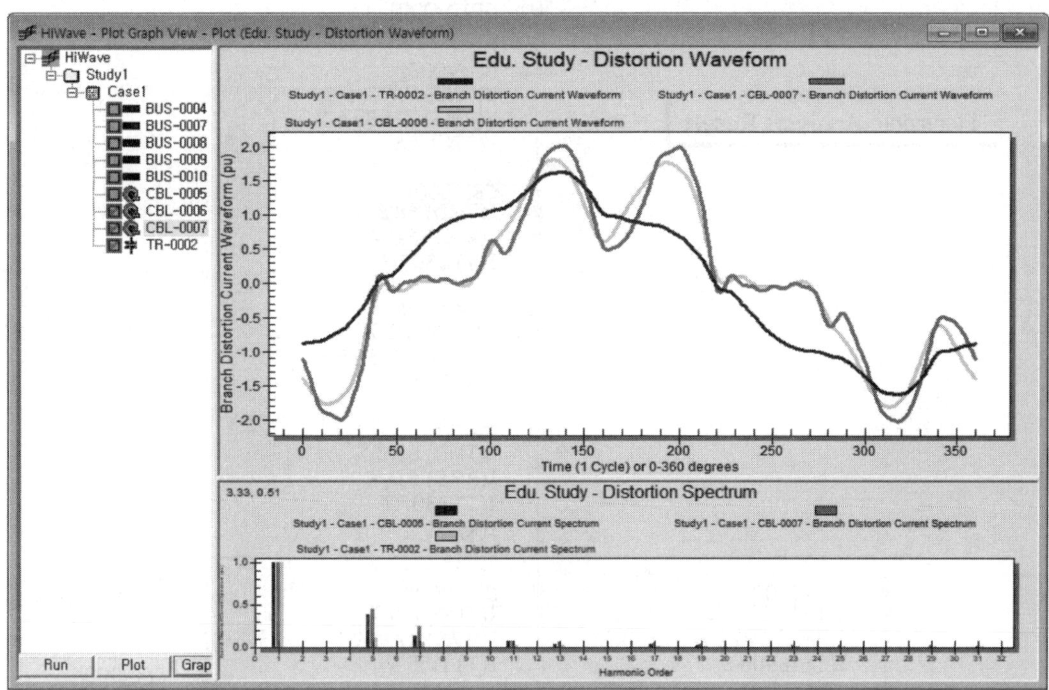


그림 15-34 Hi-wave Curve(1)

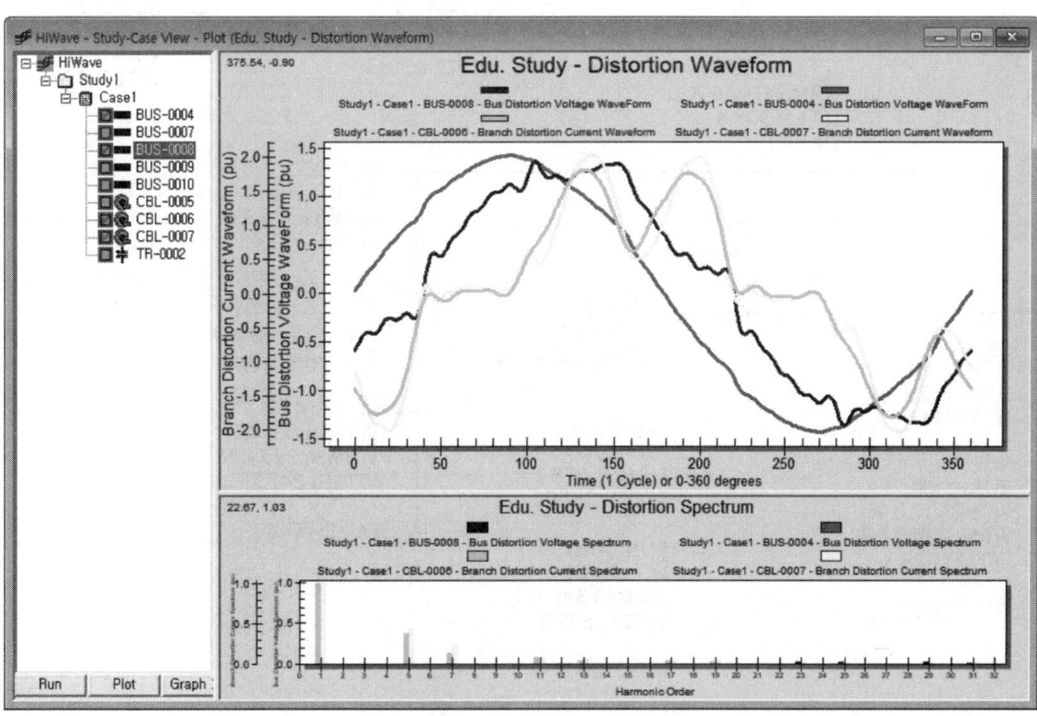


그림 15-35 Hi-wave Curve(2)

2) Hi-Wave Data Block Report Result

그림 15-36과 같이 One-Line의 BUS에는 고조파전압 왜형률, 고조파전압의 실효값, 각 Branch에는 고조파전류 왜형률, 고조파전류 실효값이 표시된다.

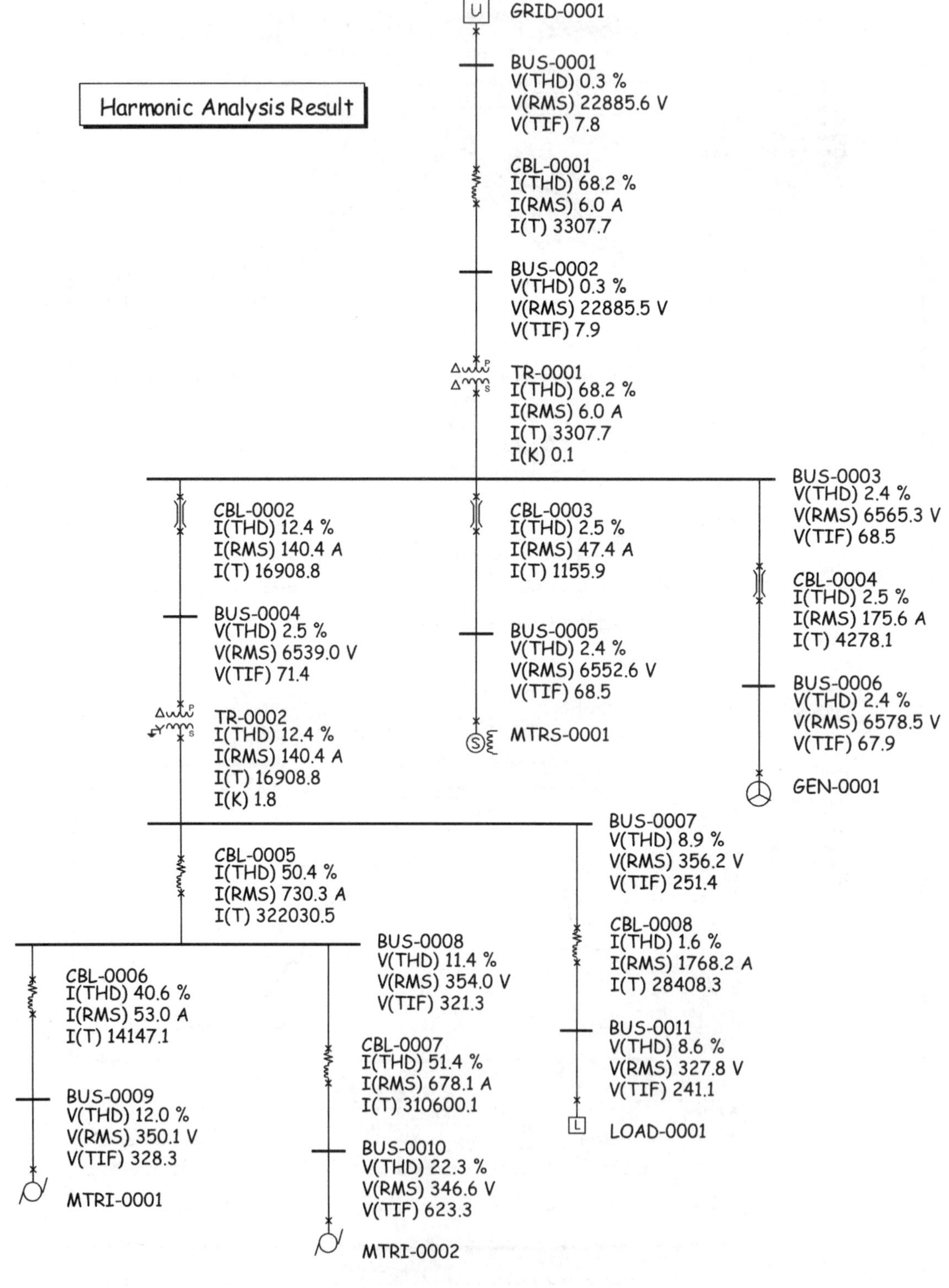


그림 15-36 Hi-wave Data Block Report

### 3) Passive Filter 설치

#### (1) Single Tuned Filter 설치

아래 그림과 같이 BUS-0010에 고조파 영향을 경감하기 위하여 Single Tuned Filter를 설치한다.

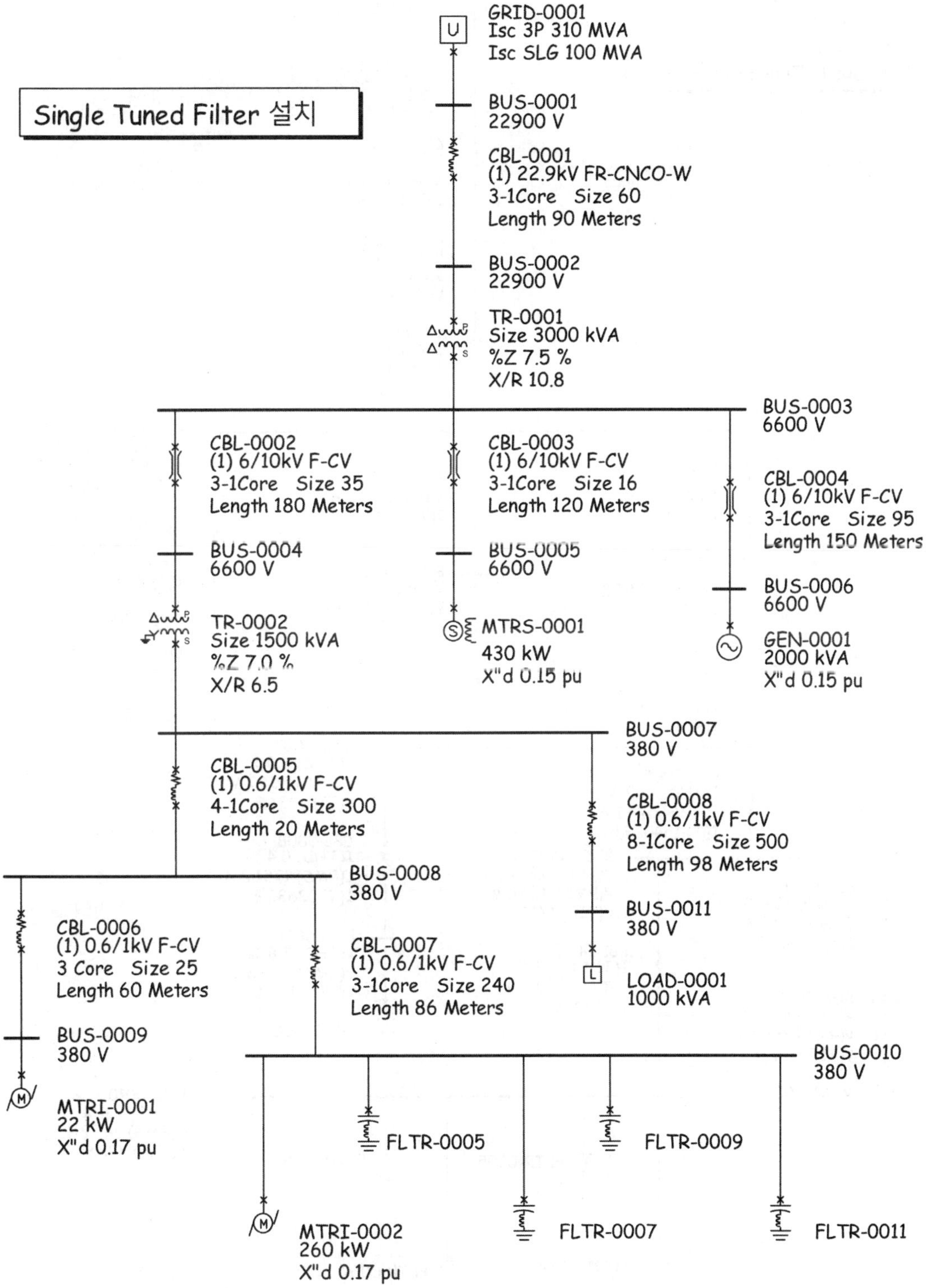

Single Tuned Filter 설치

GRID-0001
Isc 3P 310 MVA
Isc SLG 100 MVA

BUS-0001
22900 V

CBL-0001
(1) 22.9kV FR-CNCO-W
3-1Core Size 60
Length 90 Meters

BUS-0002
22900 V

TR-0001
Size 3000 kVA
%Z 7.5 %
X/R 10.8

BUS-0003
6600 V

CBL-0002
(1) 6/10kV F-CV
3-1Core Size 35
Length 180 Meters

CBL-0003
(1) 6/10kV F-CV
3-1Core Size 16
Length 120 Meters

CBL-0004
(1) 6/10kV F-CV
3-1Core Size 95
Length 150 Meters

BUS-0004
6600 V

BUS-0005
6600 V

BUS-0006
6600 V

TR-0002
Size 1500 kVA
%Z 7.0 %
X/R 6.5

MTRS-0001
430 kW
X"d 0.15 pu

GEN-0001
2000 kVA
X"d 0.15 pu

BUS-0007
380 V

CBL-0005
(1) 0.6/1kV F-CV
4-1Core Size 300
Length 20 Meters

CBL-0008
(1) 0.6/1kV F-CV
8-1Core Size 500
Length 98 Meters

BUS-0008
380 V

BUS-0011
380 V

CBL-0006
(1) 0.6/1kV F-CV
3 Core Size 25
Length 60 Meters

CBL-0007
(1) 0.6/1kV F-CV
3-1Core Size 240
Length 86 Meters

LOAD-0001
1000 kVA

BUS-0009
380 V

BUS-0010
380 V

MTRI-0001
22 kW
X"d 0.17 pu

FLTR-0005

FLTR-0009

MTRI-0002
260 kW
X"d 0.17 pu

FLTR-0007

FLTR-0011

그림 15-37 Single Tuned Filter 설치

### (2) Harmonic Analysis Result

Single Tuned Filter를 설치한 후 고조파 분석 결과이며, 고조파 전압 및 전류가 감소된 것을 확인할 수 있다.

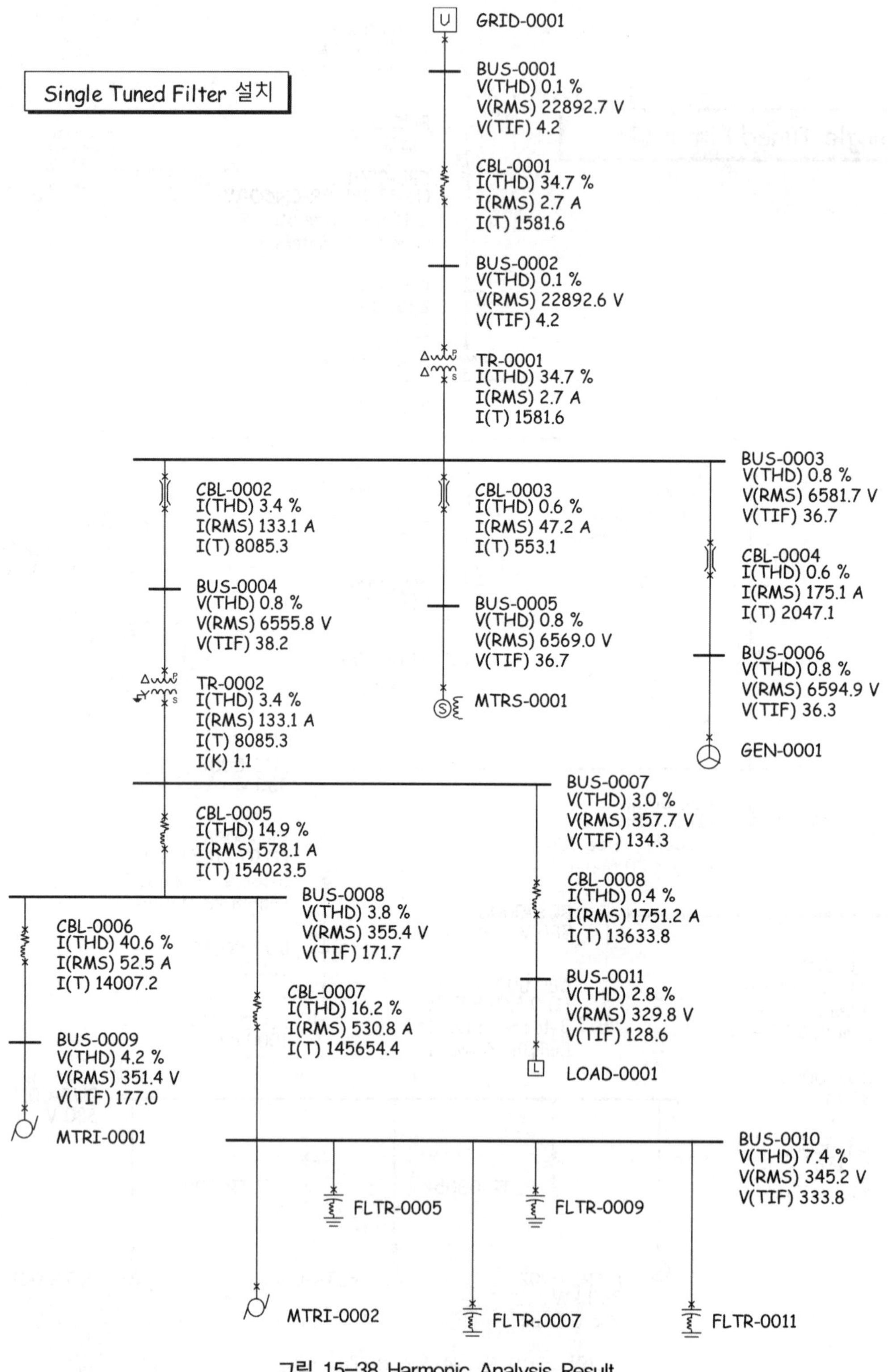


그림 15-38 Harmonic Analysis Result

### (3) Harmonic Distortion Waveform

Single Tuned Filter 적용 후 Harmonic Distortion Waveform은 다음과 같다.

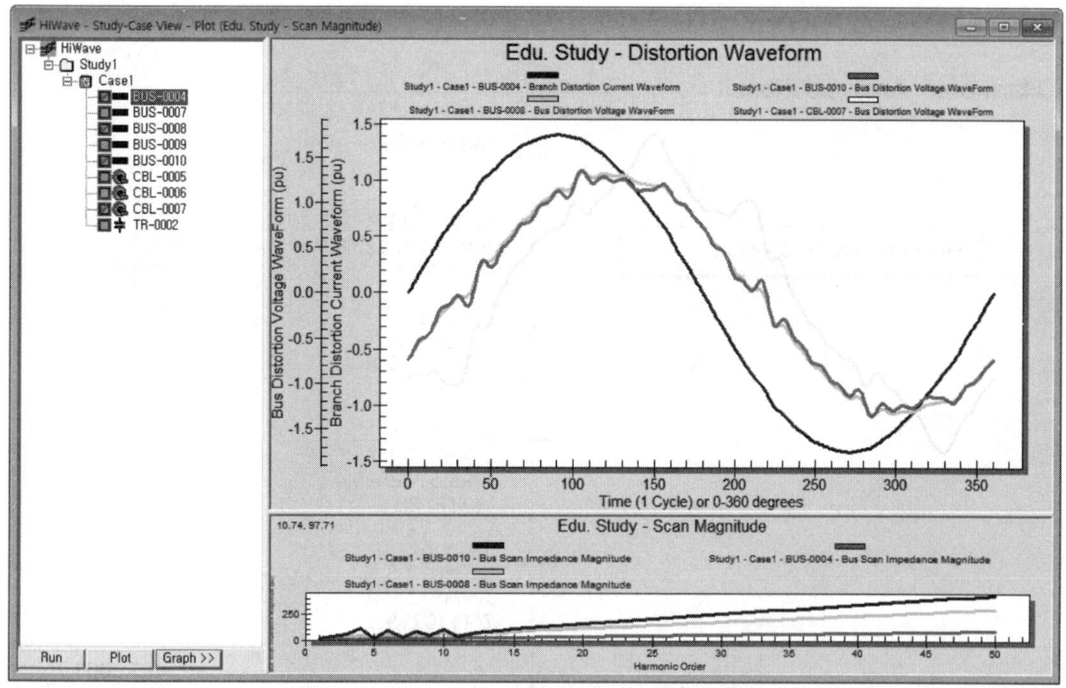


그림 15-39 Single Tuned Filter 설치 후 Hi-Wave

### (4) Single Tuned Filter 설치 비교

표 15-22 Single Tuned Filter 설치 전 후 비교

| Component | 항 목 | Filter 설치 전 | Filter 설치 후 | 증 감 |
|---|---|---|---|---|
| BUS-0008 | V(THD) | 11.4% | 3.8% | 7.6% 감소 |
| | V(RMS) | 354.0V | 355.4V | 1.4V 증가 |
| | V(TIF) | 321.3 | 171.7 | 149.6 감소 |
| | 역률(%) | 80% | 89% | 9% 증가 |
| | LF VD% | 7.45 | 6.54% | 0.91% 감소 |
| BUS-00010 | V(THD) | 22.3% | 7.4% | 14.9% 감소 |
| | V(RMS) | 346.6V | 345.2% | 1.4V 감소 |
| | V(TIF) | 623.3 | 333.8 | 289.5 감소 |
| | 역률(%) | 80% | 80% | – |
| | LF VD% | 10.99 | 9.42% | 1.57% 감소 |
| CBL-0007 | I(THD) | 51.4% | 16.2% | 35.2% 감소 |
| | I(RMS) | 678.1A | 530.8A | 147.3A 감소 |
| | I(T) | 310,600.1 | 145,654.4 | 164,945.7 감소 |
| | LF KVA | 376kVA | 322kVA | 54kVA 감소 |

### 4) 전력변환장치의 다펄스화

그림 15-40에서 MTRI-0002에 적용한 전력변환장치를 다펄스화 하기 위하여 Harmonic Source를 Library에서 Typical 6 Pulse IGBT를 Typical 12 Pulse로 변경한 후 분석결과이다.

#### (1) Harmonic Analysis Result

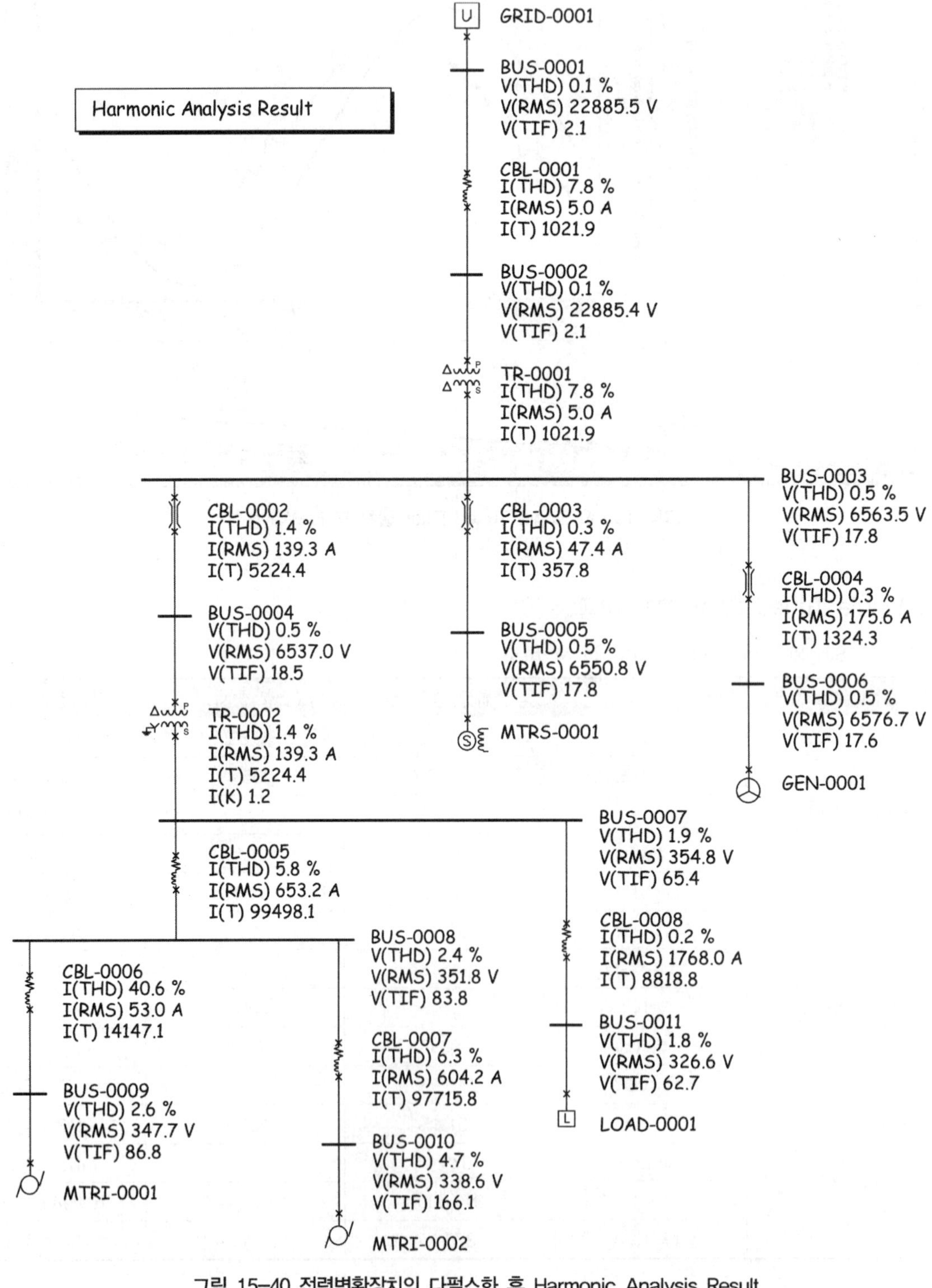


그림 15-40 전력변환장치의 다펄스화 후 Harmonic Analysis Result

## (2) Harmonic Distortion Waveform

전력변환장치의 다펄스화 후 Harmonic Distortion Waveform은 다음과 같다.

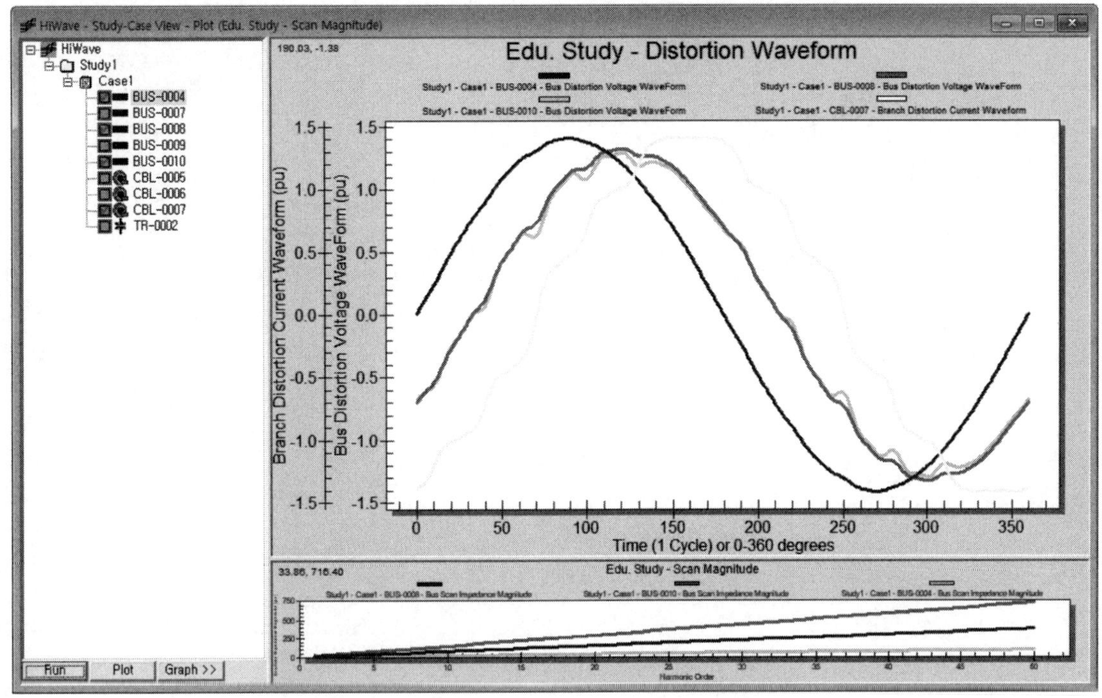


그림 15-41 전력변환장치의 다펄스화 후 Waveform

## (3) 전력변환장치의 디펄스화 비교

**표 15-23 전력변환장치의 다펄스화 전 후 비교**

| Component | 항 목 | 6 Pluse 변환장치 | 12 Pluse 변환장치 | 증감 |
|---|---|---|---|---|
| BUS-0008 | V(THD) | 11.4% | 2.4% | 9% 감소 |
| | V(RMS) | 354.0V | 351.8V | 2.2V 감소 |
| | V(TIF) | 321.3 | 83.8 | 237.5 감소 |
| | 역률(%) | 80% | 80% | - |
| | LF VD% | 7.45% | 7.45% | - |
| BUS-00010 | V(THD) | 22.3% | 4.7% | 17.6% 감소 |
| | V(RMS) | 346.6V | 338.6% | 8% 감소 |
| | V(TIF) | 623.3 | 166.1 | 457.2 감소 |
| | 역률(%) | 80% | 80% | - |
| | LF VD% | 10.99% | 10.99% | - |
| CBL-0007 | I(THD) | 51.4% | 6.3% | 45.1% 감소 |
| | I(RMS) | 678.1A | 604.2A | 73.9 감소 |
| | I(T) | 310,600.1 | 97,715.8 | 212,884.3 감소 |
| | LF KVA | 376kVA | 367kVA | - |

(2) Harmonic Distortion Analysis

# 16장 Ground Grid Design & Analysis

## 1 접지의 목적

전기설비에 대한 접지의 근본목적은 인체에 대한 감전으로부터의 안전성의 확립과 기기 및 설비의 기능향상이다. 사람이나 동물에 대한 감전의 방지와 전력시설이나 정보 · 통신설비 및 건축물의 재해방지, 전기설비회로의 특성 및 기능의 향상, 이상전압의 발생 억제, 보호계전기의 동작확보, 전로의 대지전압의 저감과 같은 접지효과에 의한 전기적 특성의 향상이나 대지귀로로 이용하는 것도 접지의 주요 목적이다. 접지의 목적을 용도별로 분류하면 낙뢰 또는 고 · 저압의 혼촉에 의한 과전압이나 누전 등에 의한 인축의 감전이나 전기설비의 절연파괴를 방지하기 위한 목적, 신호전송이나 직류급전을 위해 대지를 귀로도체로 사용하기 위한 목적, 전자회로 신호의 기준전위를 확보하기 위한 목적 등이 있다. 또한 접지의 종류는 접지의 역할과 효과에 따라 강전용 접지와 약전용접지로 크게 두 가지로 분류할 수 있다. 강전용 접지를 보안용 접지라 하며, 이 접지도선에는 평상상태에는 접지전류가 흐르지 않는다. 약전용 접지는 주로 회로기능의 향상을 목적으로 하기 때문에 평상시에도 접지도선에 전류가 흐르게 된다.

## 2 접지설계의 기본순서

접지설계를 효율적으로 하기 위해서는 설계의 기본요소를 바탕으로 순서에 따라 계획적으로 할 필요가 있다. 접지전극은 일반적으로 건물 지하부분에 매설되고 있는데 접지설계의 계획은 시기적으로 보아 시공계획보다 먼저 행해져야 한다. 따라서 기본설계는 물론 실시설계에서도 확실한 설계내용으로 정리하는 것이 중요한다. 여기서는 접지설계에 필요한 기본적인 요소를 바탕으로 설계의 흐름을 나타낸다.

### 1) 기준 접지저항의 결정

접지전극을 설계하는데 그 근거가 되는 기준접지저항을 결정할 필요가 있다. 먼저 접지계가 저압계통인가, 고압계통인가를 판단하고 지락사고시의 전류의 크기, 전위상승 등을 파악한다. 또 당해설비가 전기설비기술기준에 정한 기준을 따를 필요가 있으면 이에 규정된 접지저항으로 한다. 또 기준에 없는 설비인 경우 인체의 전기적 특성을 충분히 파악한 후 접촉전압, 보폭전압을 고려하여 옴의 법칙에 의해 목적으로 하는 접지저항을 계산하고, 이 값을 기준접지저항으로 한다.

### 2) 접지형태의 선정

빌딩, 공장, 발 · 변전소 등에서 필요로 하는 설비기기는 여러 종류가 있다. 먼저 접지설계전의 작업으로는 이들 기기를 선정하고 접지목적별로 분류한 다음 접지공사의 종류를 결정해야 한다. 그리고 접지공사 구역의 상황을 파악하고 분류한 설비를 단독접지를 하느냐, 공용접지를 하느냐의 접지형태를 선택할 필요가 있다. 이 작업은 접지시스템 설계에도 관련이 있으며 매우 어려운 작업이다. 그 이유는 현시점에서 접지시스템이 아직 체계화 되어 있지 않는 것이 있기 때문이다. 만약 단독접지 형태를 취하면 지락전류, 전위분포, 상호간섭계수, 피해를 받는 기기의 허용내전압 등을 파악할 필요가 있다.

### 3) 접지전극 설계의 기본순서

접지공사의 장소가 선정되고 기준접지저항이 결정되면 접지전극 설계에 들어가며 그림 16-1의 흐름에 따라 행한다.

#### (1) 소요접지저항

먼저 접지저항은 계절변동 특성이 있고, 접지장소의 기상조건, 접지전극의 종류 및 매설상황에도 관계가 있는데 모든 접지전극을 대상으로 하고 있는 것은 아니다. 그러나 설계의 신뢰도를 높이려면 계절변동계수를 도입하여 설계에 필요한 소요접지저항을 산정한다. 기준접지저항 R과 소요접지저항 $R_n$ 사이에는 $R_n \geq R/S$의 관계가 있고, S는 계절변동계수로서 $0 \leq S \leq 1$의 관계가 있다.

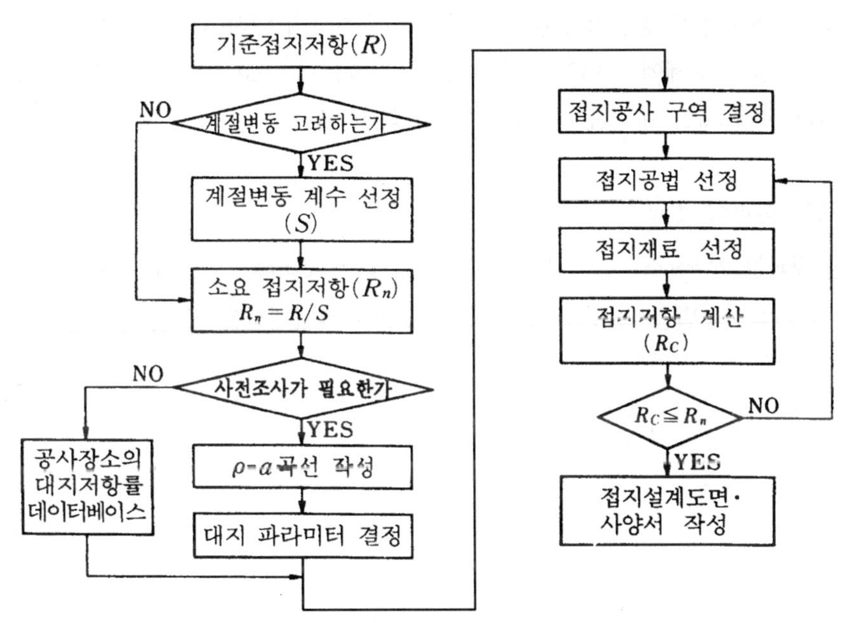


그림 16-1 접지전극설계의 기본순서도

#### (2) 대지저항률

다음으로 접지공사 장소의 대지저항률 정보가 필요한데 여기서 대지파라미터와 토질조사 등의 데이터를 얻기 위한 사전조사가 필요한지의 여부를 판단한다. 이때 이미 데이터베이스화 되어 있으면 이를 이용한다. 정보가 없으면 $\rho - \alpha$곡선을 작성하여 대지 파라미터를 결정해야 한다.

#### (3) 접지구역

이상의 작업으로 접지설계를 위한 기본적인 정보의 확보가 가능하고 더욱 구체적 접지설계에 들어가서 접지공법을 선정할 때 접지공사가 가능한 구역을 결정해 둘 필요가 있다. 최근에는 전기설비가 컴팩트화 되고, 대지를 확보하기가 어렵게 되고 낮은 접지저항을 얻기가 어려운 등 설계자로선 난점이 한두 가지가 아닌데 여하간 접지구역은 한정되어 있다.

(4) 접지공법

접지공법에는 봉상, 판상, 선상전극 등을 이용하는 소규모공법에서 보링전극에 의한 병렬접지, 메시접지, 루프형 대상접지와 같은 대규모공법이 있다. 이의 선정은 소요접지저항에 관계하는 것이고 그림 16-1에서처럼 설계변경을 반복하여 접지공법이 결정된다.

(5) 접지재료의 선정

접지공사 장소의 대지상황 접지계의 규모에 알맞은 접지재료를 선정한다. 접지전극은 한번 사용하면 적어도 30~50년간은 전기안전을 담당하는 파수꾼으로의 역할을 하여야 한다.

(6) 접지저항의 계산

접지저항의 계산식은 다양한 방법이 있는데 하나의 전극형상에 대하여 2~3가지가 있다. 이들 방법은 각각의 특징이 있어 실제 설계에서 어떤 것을 이용하면 좋은가 하고 망설이는 수가 있는데, 이때에는 "5.4 접지극의 접지저항 계산"에 있는 계산식을 참고하면 된다.

(7) 접지저항계산 결과값 비교

접지저항 계산 결과값 $R_c$와 소요접지저항(기준값) $R_n$을 비교하여 $R_c \leq R_n$ 이면 접지전극 설계는 끝난다. $R_c > R_n$ 이면 접지공법을 다시 살펴서 각각에 대해 접지계산을 한다.

# 3 접지선의 단면적 산정

일반적으로 접지선의 단면적을 결정하는 경우에는 ① 기계적강도 ② 내식성 ③ 전류용량의 세 가지 요소를 고려하여 결정한다. 또 전기설비기술기준, 내선규정으로 규정되어 있는 접지선의 단면적은 기계적으로 최소 수치이며, 실제의 고장 시에 흐르는 전류가 안전하게 통과할 수 있는 충분한 단면적(③ 전류용량)의 전선을 사용하여야 한다.

## 3.1 접지도체의 전류용량 계산식

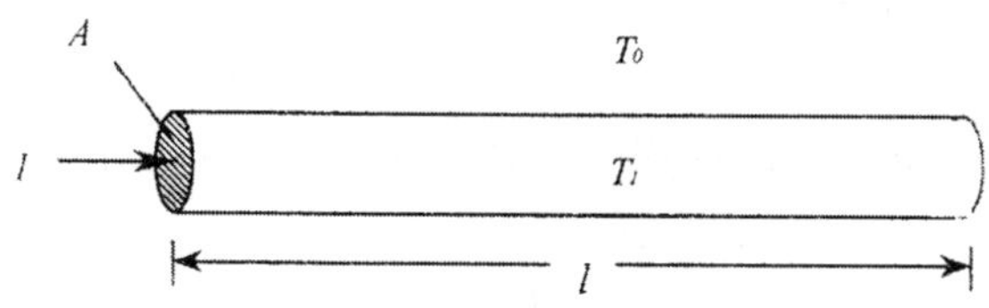


그림 16-2 접지도체의 전류용량

단면적 $A$ [㎟], 길이 $l$ [m], 온도 $T_1$ [℃]인 접지도체에 전류 $I$ [A]가 흐르게 되면 도체의 저항에 의하여 발생하는 Joule열에 의하여 접지도체의 온도가 상승하고 일부의 열은 방산된다. 즉 발생열은 접지도체의 온도상승과 방열량의 합이 같게 된다.

(발생열) (접지도체의 온도상승) (방열량)

$$\rho_c \frac{l}{A} I^2 dt = A\,l\,m\,C\,dT + A_0\,e\,(T_1 - T_0)\,dt \qquad (16.1)$$

여기에서,

$\rho_c$ : 도체의 저항률 [Ω·㎟/m]

$m$ : 도체의 비중 [g/㎤]

$C$ : 도체의 정질량 비열 [J/g/℃]

$A_0$ : 도체의 표면적 [㎟]

$T_0$ : 주위온도 [℃]

$e$ : 열방산계수

단시간 접지고장전류에 의하여 방열되는 열은 극히 적으므로 발생열은 주로 접지도체의 온도상승에 소요된다. 따라서 접지도체의 온도상승을 산출하기 위하여 식(16.1)의 1항만 고려하면 된다.

$$I^2 \rho_{20} [1 + \alpha_{20} (T - 20)]\, dt = A^2 m\,C\,dT \qquad (16.2)$$

여기에서,

$\alpha_{20}$ : 20℃에서의 도체의 저항온도계수

$\rho_{20}$ : 20℃에서의 도체의 저항률 [Ω·㎟/m]

식(16.2)를 적분하면 다음과 같다.

$$\int_0^t \rho_{20} I^2 \, dt = \int_{T_a}^{T_m} A^2 \, m C \frac{dT}{1+\alpha_{20}(T-20)} \tag{16.3}$$

식(16.3)을 상세 풀이하면 다음과 같다.

$$\int_0^t \rho_{20} I^2 \, dt = [\, \rho_{20} I^2 t]_0^t \; = \; \rho_{20} I^2 t \; - \; \rho_{20} I^2 \cdot 0 \; = \; \rho_{20} I^2 t \tag{16.4}$$

$$\int_{T_0}^{T_m} A^2 \, m C \frac{dT}{1+\alpha_{20}(T-20)} = \left[ A^2 m C \frac{1}{\alpha_{20}} \ln(1+\alpha_{20}(T-20)) \right]_{T_0}^{T_m}$$

$$= A^2 \; m \; C \frac{1}{\alpha_{20}} \; \{\log_e [1+\alpha_{20}(T_m-20)] - \log_e [1+\alpha_{20}(T_0-20)]\} \tag{16.5}$$

식(16.4)와 식(16.5)를 식(16.3)에 대입하면 다음 식으로 된다.

$$A^2 m C \frac{1}{\alpha_{20}} \; \log_e \frac{1+\alpha_{20}(T_m-20)}{1+\alpha_{20}(T_0-20)} \quad = \quad \rho_{20} \; I^2 \; t$$

$$A^2 \quad = \quad \frac{\alpha_{20} \, \rho_{20} \; I^2 \; t}{m \; C \; \log_e \dfrac{1+\alpha_{20}(T_m-20)}{1+\alpha_{20}(T_0-20)}}$$

$$A = \frac{I \sqrt{t}}{\sqrt{\dfrac{m \, C}{\alpha_{20} \;\; \rho_{20}} \; \log_e \dfrac{1+\alpha_{20}(T_m-20)}{1+\alpha_{20}(T_0-20)}}} \tag{16.6}$$

여기에서, 20℃에서의 저항온도계수는 $\alpha_{20} \; = \; \dfrac{\alpha_0}{1 \; + \; \alpha_0 \, t}$ 가 되며 분자와 분모에 0℃의 저항온도계수 $\alpha_0$로 나누어 주면 다음 식과 같이 된다.

$$\alpha_{20} \quad = \quad \frac{1}{\dfrac{1}{\alpha_0} + t}$$

$\frac{1}{\alpha_0} = K_0$라고 하면 $K_0$의 값은 다음과 같이 구한다.

$$K_0 = \frac{1}{\alpha_0} = \frac{1}{\alpha_{20}} - t = \frac{1}{0.00393} - 20 = 234.5$$

식(16.6)에서 $\log_e \frac{1+\alpha_{20}(T_m - 20)}{1+\alpha_{20}(T_a - 20)}$ 를 분자 분모에 $\alpha_{20}$를 나누어 주고 풀이하면 다음 식과 같이 된다.

$$\log_e \frac{\frac{1}{\alpha_{20}} - 20 + T_m}{\frac{1}{\alpha_{20}} - 20 + T_a} = \log_e \frac{K_0 + T_m}{K_0 + T_a} = \log_e \frac{K_0 + T_a + T_m - T_a}{K_0 + T_a}$$

$$= \log_e (1 + \frac{T_m - T_a}{K_0 + T_a})$$

따라서 식(16.6)은 다음과 같이 나타낼 수 있다.

$$A = \frac{I\sqrt{t}}{\sqrt{\frac{m\,C}{\alpha_{20}\ \rho_{20}}\ \log_e(1 + \frac{T_m - T_0}{K_0 + T_0})}} = \frac{I\sqrt{t}}{\sqrt{\frac{Q}{\alpha_{20}\,\rho_{20}} \log_e(1 + \frac{T_m - T_0}{K_0 + T_0})}} \tag{16.7}$$

여기에서,

$Q$ : 도체의 단위체적당 열용량 [J/℃ · ㎤] (동선 : 3.422, Al : 2.556)

**표 16-1 대표적인 접지전극 및 접지도선 재료의 물리적 · 전기적특성**

| 재료의 종류 | 저항온도계수 | 융점[℃] | 저항률[Ω㎟/m] | 비중[g/㎤] | 비열[J/g/℃] |
|---|---|---|---|---|---|
| 연동선 | 0.00393 | 1,083 | 0.0172 | 8.93 | 0.385 |
| 경동선 | 0.00382 | 1,084 | 0.0177 | 8.93 | 0.385 |
| 알루미늄선 | 0.00353 | 660 | 0.0265 | 2.69 | 0.895 |
| 철 선 | 0.0045 | 1535 | 0.093 | 7.86 | 0.46 |

[비고] 20℃에서의 값이다.

## 3.2 접지도체 단면적 계산의 간략식

접지선에 전류가 흐르면 Joule열이 발생하고 절연피복이 타거나 주위의 가연물에 위험을 미치거나, 최악의 경우 접지선 자체가 용단될 수도 있다. 전로로서의 기능을 만족하기 위하여 어느 정도의 도체단면적이 필요하다. 도체단면적은 전류, 통전시간, 온도, 재료의 특성값 등을 이용하여 다음과 같은 도체의 단면적 계산식(16.7)을 이용하여 접지도체 절연물의 종류, 설치장소에 따라 다음과 같이 계산한다.

### 1) 접지용 나연동선을 옥외에 설치할 경우

접지용 나연동선의 최고허용온도는 1,083℃, 주위온도는 접지단자 부근의 일사를 생각하여 55℃로 가정하고 다음의 간략식으로 계산한다.

$$S = \frac{\sqrt{t_s}}{\sqrt{\frac{Q}{\alpha r}\log_e\left\{1+\left(\frac{T_m - T_a}{K_0 + T_a}\right)\right\}}} \times I_g$$

$$= \frac{\sqrt{t_s}}{\sqrt{\frac{3.422}{0.00393 \times 0.017241}\log_e\left\{1+\left(\frac{1083-55}{234.5+55}\right)\right\}}} \times I_g \qquad (16.8)$$

$$= \frac{\sqrt{t_s}}{276} \times I_g \,[\text{mm}^2]$$

여기에서,

$S$ : 접지선의 단면적 [㎟]

$I_g$ : 접지선에 흐르는 전류(고장전류) [A]

$t_s$ : 고장계속시간 [sec]

$Q$ : 도체의 단위체적당 열용량 [J/℃ · ㎤] (동선 : 3.422, Al : 2.556)

$K_0$ : 연동선 : 234.5, 경동선 : 242, Al : 228

$T_m$ : 단시간 최대허용온도(나연동선 1083℃, PVC 절연전선 160℃, XLPE 250℃)

$T_a$ : 주위온도(옥내 30℃, 옥외 40℃, 옥외 직사일광 55℃)

### 2) 접지용 절연전선을 옥외에 사용할 경우

고장전류가 흐를 때 접지선(비닐절연전선)의 단시간 최대허용온도를 160℃로 하고, 주위온도가 55℃일 경우 다음의 간략식으로 계산한다.

$$S = \frac{\sqrt{t_s}}{\sqrt{\frac{3.422}{0.00393 \times 0.017241}\log_e\left\{1+\left(\frac{160-55}{234.5+55}\right)\right\}}} \times I_g$$

$$= \frac{\sqrt{t_s}}{126} \times I_g \,[\text{mm}^2] \qquad (16.9)$$

### 3) 접지용 절연전선을 옥내에 사용할 경우

고장전류가 흐를 때 접지선(비닐절연전선)의 최대허용온도를 160℃로 하고, 주위온도가 30℃ 일 경우 다음의 간략식으로 계산한다.

$$S = \frac{\sqrt{t_s}}{\sqrt{\frac{3.422}{0.00393 \times 0.017241} \log_e \left\{1 + \left(\frac{160-30}{234.5+30}\right)\right\}}} \times I_g \tag{16.10}$$

$$= \frac{\sqrt{t_s}}{143} \times I_g \ [\text{mm}^2]$$

### 4) 접지선에 CV Cable을 옥내에 사용할 경우

고장전류가 흐를 때 접지선(CV Cable)의 단시간 최대허용온도를 250 ℃로 하고, 주위온도가 30 ℃일 경우 다음의 간략식으로 계산한다.

$$S = \frac{\sqrt{t_s}}{\sqrt{\frac{3.422}{0.00393 \times 0.017241} \log_e \left\{1 + \left(\frac{250-30}{234.5+30}\right)\right\}}} \times I_g \tag{16.11}$$

$$= \frac{\sqrt{t_s}}{176} \times I_g \ [\text{mm}^2]$$

### 5) 계산식의 간략화

상기의 계산식에서와 같이 분모의 계수는 도체의 재료, 절연물의 종류, 주위온도에 따라 결정되는 상수로 생각할 수 있다. 접지도체에 동(cu)를 사용한다면 다음의 간략식으로 간단히 계산할 수 있다.

$$S = \frac{\sqrt{t_s}}{K} \times I_g \ [\text{mm}^2] \tag{16.12}$$

여기에서,

$t_s$ : 고장계속시간 [sec]

$I_g$ : 고장점의 최대지락전류 [A]

$K$ : 접지도체의 절연물의 종류 및 주위온도에 따라 정해지는 계수

**표 16-2 K의 값**

| 주위온도 \ 접지선의 종류 | 나연동선 (1083℃) | 나연동선 압축접속 (350℃) | PVC ≤ 300 (160℃) | PVC > 300 (140℃) | XLPE (250℃) |
|---|---|---|---|---|---|
| 30℃(옥내) | 286 | 201 | 143 | 133 | 176 |
| 40℃(옥외) | 283 | 196 | 136 | 126 | 170 |
| 55℃(옥외) | 278 | 189 | 126 | 115 | 162 |

(note) 접지선의 종류에 나타낸 (　)내의 값은 단시간 최대허용온도를 나타내고 있다.

[예제 16–1] 22.9 kV 특별고압으로 수전하는 수용설비의 특별고압측 접지도체의 단면적을 구하시오.

[풀이 16–1] 계산조건을 다음과 같이 정하고 풀이한다.

(1) 전원측 변압기 용량 및 %Z : 45MVA, 14.5%

(2) 수전점 최대 1선지락고장전류의 크기 : 3상 단락고장전류와 동일(전원측 및 배전선로의 임피던스는 0으로 가정한다).

(3) 접지선의 종류 : GV

(4) 수전설비 위치 : 옥내

(5) 고장지속시간 : 1.0초

(6) 1선 지락고장전류의 계산

$$I_g = I_{3S} = \frac{100}{\%Z} \times I_n = \frac{100}{14.5}\times\frac{45,000}{\sqrt{3}\times 22.9} = 7,825\ \text{A}$$

(7) 접지도체 단면적의 계산

$$S = \frac{\sqrt{t_s}}{K}\times I_g = \frac{\sqrt{1.0}}{143} \times 7,825 = 54.8\ \text{mm}^2$$

대부분의 22.9 kV로 인입하는 수용설비의 특별고압측 접지공사는 전원측 공급변압기의 용량이 45 MVA이고, %Z 값이 14.5% 일 경우에는 상기 계산값에 30% 정도의 안전율을 고려하여 95 ㎟ 정도의 접지선을 사용하면 된다. 단, 접지극에 연결하는 접지도체는 부식에 의한 동량 감소를 추가로 고려하여야 한다.

[예제 16–2] 22.9 kV 특별고압으로 수전하는 수용설비의 3상단락용량이 520 MVA일 경우 특별고압측 접지도체의 단면적을 구하시오.

[풀이 16–2] 수용지점에서의 최대1선지락고장전류는 3상단락고장전류와 동일한 것으로 하여 다음과 같이 계산한다.

$$I_g = I_{3S} = \frac{P_s}{\sqrt{3}\,V_n} = \frac{520\times 10^3}{\sqrt{3}\times 22.9} = 13,110\,\text{A}$$

접지선은 옥외에 설치하며, GV선을 사용할 경우에는 다음과 같이 계산한다.

$$S = \frac{\sqrt{t_s}}{K}\times I_g = \frac{\sqrt{1.0}}{126} \times 13,110 = 104.1\ \text{mm}^2$$

접지선의 계산단면적에 약 30% 정도의 여유를 두어 150 ㎟ 이상의 접지선을 선정하는 것으로 한다. 단, 단면적 선정은 전류용량만 고려한 것이며, 부식 및 기계적 강도를 추가로 고려하여야 한다.

## 3.3 KS C IEC 60364-5-54에 의한 보호도체의 최소단면적

보호도체(접지선 포함)의 단면적은 다음 (1), (2)항 중 어느 한 가지 방법을 선택하여 사용할 수 있으며, 두 경우 모두 (3)항을 고려하여야 한다.

### 1) 계산식을 이용하여 최소단면적을 산출

보호도체의 단면적은 아래의 계산값 이상이 되는 표준규격의 도체 단면적을 선정하여야 한다.

$$S = \frac{\sqrt{t}}{K} I_g (0 \le t \le 5.0) \tag{16.13}$$

여기에서,

$S$ : 도체의 단면적 [㎟]

$I_g$ : 접지선에 흐르는 지락고장전류 [A]

$t$ : 차단기의 동작시간 [sec]

$K$ : 보호도체의 절연재료와 초기온도 및 최종온도로 정해지는 계수

(도체의 초기온도가 30℃이고, 도체의 재료가 구리인 경우 PVC : 143, CV : 176, 부틸고무 : 166)

### 2) 보호도체의 단면적을 다음 표 16-3에서 선정

보호도체의 단면적은 아래 표값 이상의 표준규격의 도체 단면적을 선정하여야 한다. 단 이 표 값을 적용할 경우에는 상기 (1)항에 적합한지 여부를 확인할 필요는 없다.

**표 16-3 보호도체의 최소단면적**

| 설비의 상도체의 단면적 S [㎟] | 보호도체의 최소단면적 $S_F$ [㎟] |
|---|---|
| S ≦ 16 | S |
| 16 < S ≦ 35 | 16 |
| S > 35 | S/2 |

[비고] KS C IEC 60364-5-54(2012) 표 54.2

### 3) 보호도체의 최소 단면적

보호도체가 전원케이블 또는 케이블 용기의 일부로 구성되어 있지 않는 경우에는 단면적을 어떠한 경우에도 다음 값 이상으로 하여야 한다.

① 기계적 보호가 된 것은 2.5 ㎟

② 기계적보호가 되어 있지 않는 것은 4.0 ㎟

# 4 접지설계의 기본요소

## 4.1 감전전류의 한계

### 1) 감전전류의 한계

감전되어 외부에서 인체에 전류가 흘러도 전류값이 작으면 단순한 자극으로 느낄 뿐이다. 이정도의 전류를 감지전류라 한다. 인체 통과전류값이 크게 되면 손발의 근육이 수축되어 경련을 일으키고 스스로 이러한 상태를 벗어날 수 없게 된다. 이러한 범위의 전류를 이탈한계 전류라 한다. 또한 전류가 크게 되면 심실세동이 일어나며, 이를 심실세동 전류라 한다.

#### (1) Kőeppen의 안전한계

인체통과 전류의 위험도를 판단하는 데는 통과시간이 고려되고 있다. 전류가 크면 단시간에도 위험하고 전류가 작은 값이면 장시간 지속하여도 위험하게 되지 않는다. 이러한 개념에 근거하여 독일의 Kőeppen은 감전전류의 안전한계를 다음 식으로 나타내었다.

$$I \cdot t = 50\ \text{mA} \cdot \text{s} \quad (16.14)$$

여기에서,

$I$ : 인체통과전류 [mA]

$t$ : 인체통과시간 [sec]

이 식을 그래프로 나타내면 그림 16-3의 A가 된다.

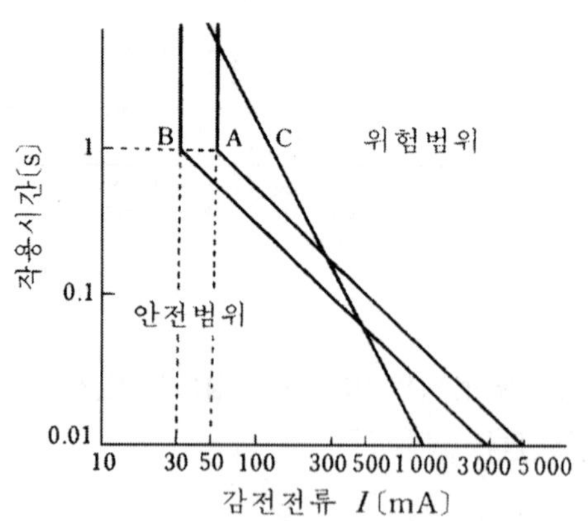


그림 16-3 감전전류의 안전한계

A를 경계로 하여 오른쪽이 위험범위이고 왼쪽이 안전범위이다. 그림의 B선은 A선에 1.67배의 안전율을 고려하고 있으며 유럽에서는 B선을 기초로 하고 있다. 이를 계산식으로 나타내면 다음 식이 된다.

$$I \cdot t = 30\ \text{mA} \cdot \text{s} \quad (16.15)$$

(2) Dalziel의 안전한계

미국의 Dalziel은 안전한계를 다음과 같이 나타내고 있다.

$$I^2 \cdot t = \text{Constant} \tag{16.16}$$

감전사고의 위험도는 전력에 비례한다는 관점에서 여러 동물실험에 의하여 그림 16-4와 같은 자료로 정리하여 인체의 감전전류를 평가하였다. 인체감전전류의 한계값 I와 작용시간 t의 관계를 나타내고 있다. D선을 계산식으로 나타내면 다음식과 같이 된다.

$$I_K = \frac{0.155}{\sqrt{t}} \text{[A]} \tag{16.17}$$

여기에서,

$I_K$ : 감전전류의 한계값 [A]

$t$ : 인체통과시간 [sec]

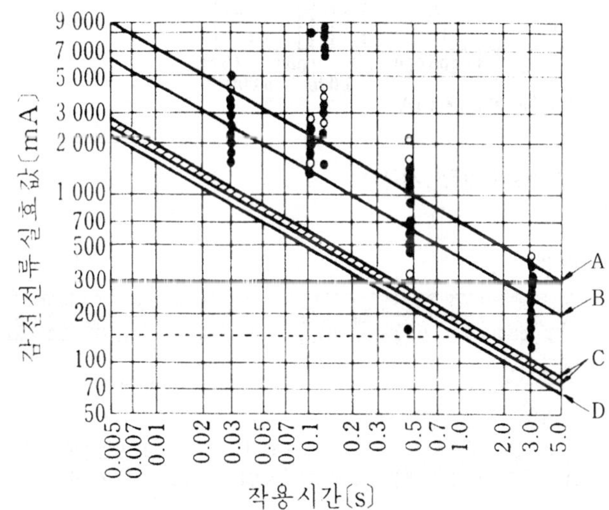


● : 실험결과
○ : 계산결과
A : 57kg의 동물이 99.5% 사망한 한계곡선
B : 57kg의 동물이 50% 사망한 한계곡선
C : 인간을 포함하여 70kg의 동물이 0.5% 사망한 한계곡선
D : 57kg의 동물이 0.5% 사망한 한계곡선

**그림 16-4 Dalziel의 실험결과 및 평가**

이는 57 kg의 동물이 0.5 % 확률로 사망하는 한계 값이다. Dalziel은 이 식을 바탕으로 평균체중을 고려하여 70 kg으로 환산한 다음 식을 이용하고 있다.

$$I_K = \frac{0.157}{\sqrt{t}} \text{[A]} \tag{16.18}$$

우리나라의 경우는 평균체중 50 kg으로 환산한 경우가 타당할 것으로 생각되며, 한국전력공사의 접지설계기준도 이 값을 적용하고 있다. 평균체중 50 kg으로 환산한 안전한계전류는 다음 식을 적용한다.

$$I_K = \frac{0.116}{\sqrt{t}} \text{[A]} \tag{16.19}$$

(3) Biegelmeier의 안전한계

인체의 감전 위험 요소는 인체를 통과하는 전류의 크기와 통전시간의 곱으로 평가된다. IEC(국제전기표준회의)에서는 미국의 Dalziel, 독일의 Kőeppen의 연구결과를 바탕으로 감전전류의 안전한계곡선을 작성하였지만, 최근에는 오스트리아의 Biegelmeier의 연구결과를 기초로 한 새로운 안전한계곡선으로 개정하였다. 교류 15~100 Hz가 왼손과 양다리 사이의 경로로 흐른 경우, 인체의 생리학적 영향을 평가한 전류와 작용시간의 관계를 그림 16-5에 나타낸다.

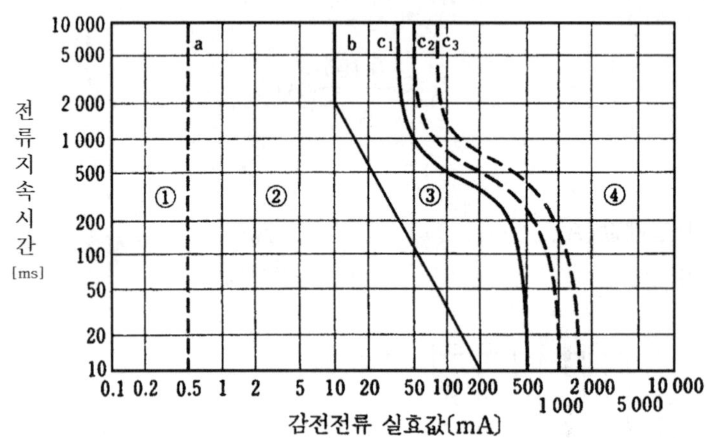


그림 16-5 감전전류의 안전한계곡선

표 16-4 시간-전류 영역에 따른 인체의 생리학적 영향

| 영역 | 영역한계 | 생리학적 영향 |
|---|---|---|
| ① | a선 이하 | 유해한 생리적 영향 없음 |
| ② | a선과 곡선 b사이 | 보통 예상되는 생리적 영향 없음 |
| ③ | 곡선 b와 $c_1$ 사이 | 근육경련 및 호흡곤란, 심장의 자극형성과 전도 가역성이 곤란해 질 가능성이 있다. 전류크기와 시간 경과에 따라 일시적 세동 및 심실세동이 없는 과도한 심박정지를 포함한다. |
| ④ | 곡선 $c_1$ 초과 영역 | 영역③ 영향과 함께 심실세동 발생확률은 곡선$C_2$의 5%에서 곡선$C_3$의 50%까지이며 곡선 $C_3$를 초과하면 50% 이상으로 증가한다. 전류크기와 시간의 경과에 따라 심박정지, 호흡정지, 심한 화상 등 병리생리학적 효과가 일어날 가능성이 있다. |

## 2) 허용접촉전압

저압전로에 연결되어 있는 전기기기 내에서 절연저하 등의 이유로 누전이 발생하면, 지락전류가 전기기기와 대지간에 흘러 지표면에 전위가 상승한다. 이것을 고장전압이라 하며, 이와 같은 상태에서 인간이 기기에 접촉하면 고장전압의 일부가 인체에 인가된다. 이것을 접촉전압이라 한다. KS C IEC 60364-41에서는 "일반상황(건조 또는 습한 시점)에서의 고장이 일어났을 때 교류 50 V(실효값) 또는 직류 120 V(리플 프리)를 초과하는 접촉전압이 생리학상 유해한 영향의 위험을 미치는 시간이 지속되지 않도록 고장전류를 빨리 차단해야 한다"라고 규정하고 있다.

## 4.2 접촉전압과 보폭전압

보폭전압이란 일반적으로 변전소 내에 고장전류가 유입하였을 때 지표면상 2점간 전위차를 말하며 접촉전압이란 접지한 도전성 구조물과 그 부근 지표상 점과의 사이의 전위차를 말한다. 이들 값은 접지사고시 시설장소의 안전상태를 판정하는 척도로 간주되고 있다. 보폭전압, 접촉전압 허용값은 인체 각부 대지접촉조건, 지표면 부근 대지저항률 등에 의해 복잡하게 변화하므로 일반적으로는 규정이 없으므로 주의를 요한다.

### 1) 인체의 전기임피던스

일반적인 상황(건조 또는 습한 장소)에서의 보호조건은 다음과 같은 전기적 임피던스 Z를 고려해 결정한다.

$$Z = 1000 + 0.5\, Z_{T5\%}\,[\Omega] \qquad (16.20)$$

여기에서,

1000 [Ω] : 신발(양쪽 발)과 바닥 양쪽을 고려해 선정한 값

$Z_{T5\%}$ : 인체 임피던스가 추정 접촉전압($V_t$)에 의존한다는 가정에 따라 선정한 값

0.5 : 한 손과 양발 사이의 접촉에 대해 양손, 양발의 이중접촉을 고려한 값

### 2) 추정접촉전압과 차단시간의 관계

위에서 설명한 개념에 따라 일반상태에서의 추정 접촉전압과 차단시간 사이의 관계는 표 16-5와 같이 나타내며, 그림 16-6의 L곡선으로 나타낸다.

**표 16-5 추정접촉전압과 최대차단시간의 관계**

| 추정접촉전압(Vt) [V] | 인체의 임피던스(Z) [Ω] | 인체 통과전류(I) [mA] | 최대차단시간(t) [sec] | 인체통과전기량 [mA · sec] |
|---|---|---|---|---|
| 50 | 1725 | 19 | ∞ | – |
| 75 | 1625 | 46 | 0.6 | 27.6 |
| 100 | 1600 | 62 | 0.4 | 24.8 |
| 125 | 1562 | 80 | 0.33 | 26.4 |
| 220 | 1500 | 147 | 0.18 | 26.46 |
| 300 | 1460 | 205 | 0.12 | 24.6 |
| 400 | 1425 | 280 | 0.07 | 19.6 |
| 500 | 1400 | 350 | 0.04 | 14.0 |

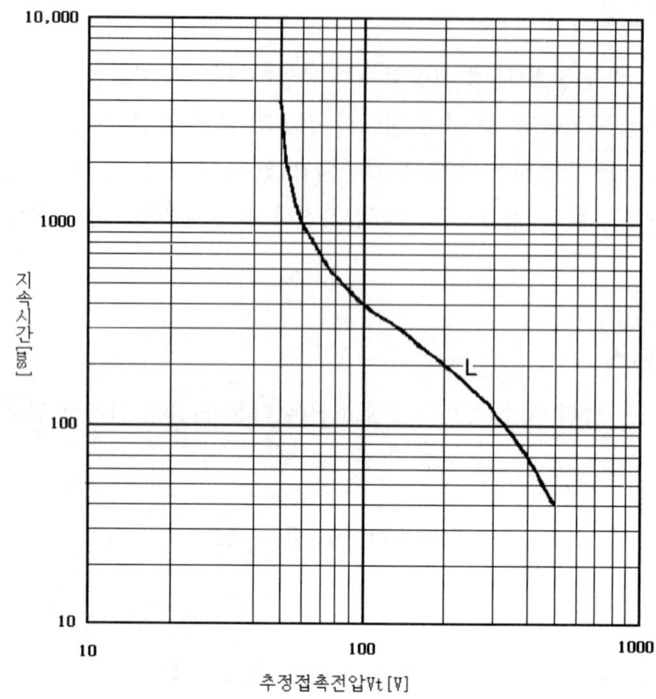


그림 16-6 일반상태에서 추정접촉전압($V_t$)의 최대시간

## 4) 접촉전압

접지를 한 구조물에 사고전류가 흘렀을 때 접지전극 주위에 전위가 상승한다. 이 때 근처에 있는 인축이 그림 16-7과 같이 구조물에 접촉했을 때의 전위차를 접촉전압(Etouch)이라 한다. 이 전위차는 접지전류와 전극근처의 접지저항 $R_1$의 곱으로 나타난다. 인체가 구조물에 접촉 하였을 때 인체에는 전류 $I_K$가 흐른다. 인체의 내부저항을 $R_K$, 손의 접촉저항을 $R_H$, 다리의 접촉저항을 $R_F$ 라 하면 접촉전압은 다음 식으로 계산할 수 있다.

$$E_{touch} = (R_H + R_K + \frac{R_F}{2}) \times I_K \tag{16.21}$$

IEEE의 정의에 의하면 접촉전압은 구조물과 대지면의 거리 1 m의 전위차이다. 접촉전압의 한계값(허용접촉전압)은 다음 식으로 계산한다.

$$E_{touch} = \left(R_H + R_K + \frac{R_F}{2}\right) \times \frac{0.155}{\sqrt{t}} \tag{16.22}$$

여기에서,

$R_K$ : 인체저항 [Ω]

$R_H$ : 손과 구조물과의 접촉저항 [Ω]

$R_F$ : 한쪽 발과 대지와의 접촉저항 [Ω]

$t$ : 고장지속시간 [sec]

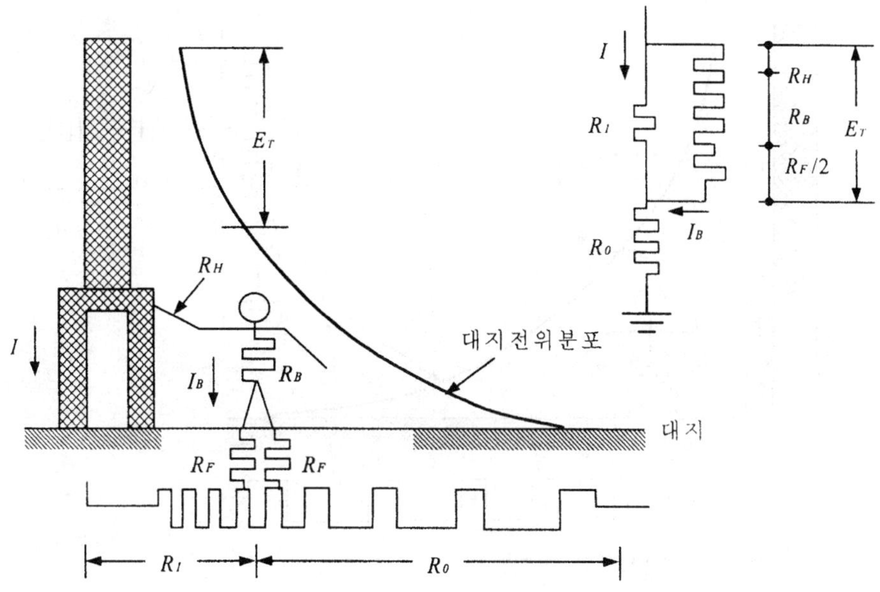


그림 16-7 접지를 한 구조물에 의한 접촉전압

## 5) 보폭전압

뇌격전류나 고압전로의 지락전류 등으로 접지전극 부근에 전위차가 생겼을 때 그림 16-8과 같이 인축의 양다리에 걸리는 전위차를 보폭전압($E_{step}$)이라 한다. 이 전위차는 접지전류와 전극부근의 양 다리 사이에 거리에 해당하는 접지저항 $R_2$의 곱으로 나타내고 이로 인해 생긴 전위에 의해 인체에 전류 $I_K$가 흐른다. 인체 배부의 저항을 $R_K$, 다리의 접촉저항을 $R_F$라 하면 보폭전압은 다음 식으로 계산할 수 있다.

$$E_{step} = (R_K + 2 \times R_F) \times I_K \tag{16.23}$$

IEEE의 정의에 의하면 보폭전압은 접지전극 부근의 대지면의 두 점간(양 다리)의 거리 1 m의 전위차이다. 보폭전압의 한계값(허용접촉전압)은 다음 식으로 계산한다.

$$E_{step} = (R_K + 2 \times R_F) \times \frac{0.155}{\sqrt{t}} \tag{16.24}$$

여기에서,

$R_K$ : 인체저항 [Ω]

$R_F$ : 한쪽 발과 대지와의 접촉저항 [Ω]

$t$ : 고장지속시간 [sec]

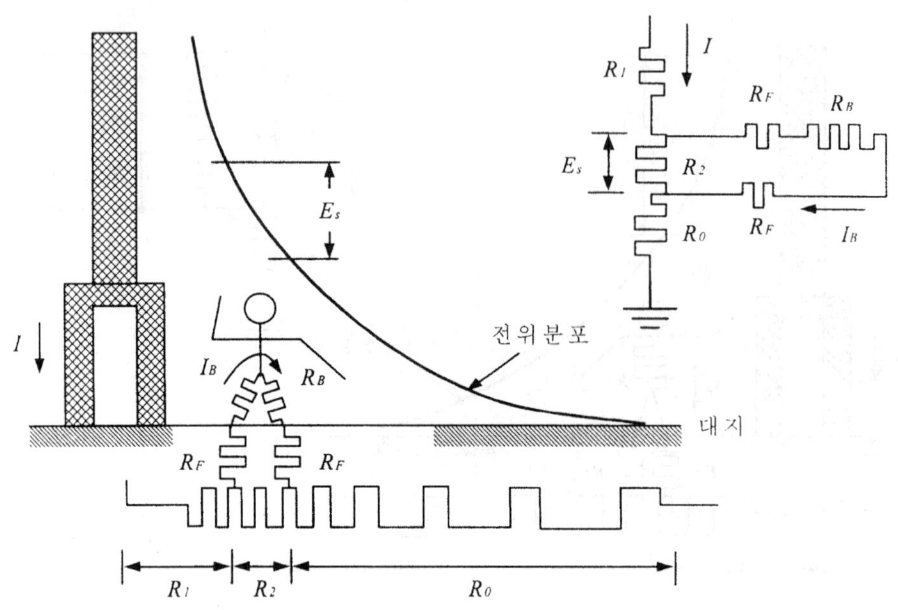


그림 16-8 접지를 한 구조물 주변에서의 보폭전압

## 4.3 대지의 저항률

접지저항 및 보폭전압, 접촉전압의 값은 전극의 형상, 크기 및 설치 깊이와 토질에 의해 결정되는데 중요한 결정요소는 흙의 저항률이다. 이 대지고유저항값은 측정조건에 따라 변하므로 측정은 신중해야 한다.

### 1) 토질의 종류에 따른 저항률

토질의 종류에 따른 흙의 저항률은 표 16-6에 나타낸다.

표 16-6 흙의 저항률

| 흙의 종류 | 저항률 [Ω · m] |
|---|---|
| 늪지 및 진흙 | 80 ~ 200 |
| 점토질 · 모래질 | 150 ~ 300 |
| 모래질 | 250 ~ 500 |
| 사암 및 암반지대 | 10,000 ~ 100,000 |

[비고] 접지기술입문 p.86

### 2) 토양의 저항률에 대한 수분의 영향

흙이 함유한 수분의 변화에 따른 흙의 저항률을 표 16-7에 나타낸다.

**표 16-7 흙의 저항률에 대한 수분의 영향**

| 흙이 함유한 수분 [%] | 저항률 [Ω · m] | | |
|---|---|---|---|
| | 모래 섞인 양토 | 표 토(상층토) | 적 토 |
| 2 | 1,800 | – | – |
| 4 | 600 | 2,000 | – |
| 6 | 380 | 1,300 | – |
| 8 | 290 | 900 | – |
| 10 | 220 | 560 | 2,000 |
| 12 | 170 | 360 | 1,800 |
| 16 | 130 | 190 | 180 |
| 20 | 90 | 110 | 130 |
| 24 | 70 | 90 | 110 |
| 28 | 60 | 80 | 100 |

[비고] 기술계산핸드북 Ⅰ–493

### 3) 온도의 영향

토양은 온도에 따라 영향을 받으므로 다음 식에 따라 보정하여 사용한다.

$$R_2 = R_1 \cdot \{1 + \alpha_1 (T_2 - T_1)\} \tag{16.25}$$

여기에서,

$R_1$ : 온도 $T_1$[℃]일 때의 저항[Ω]

$R_2$ : 온도 $T_2$[℃]일 때의 저항[Ω]

$\alpha_1$ : 온도 $T_1$에서의 저항의 온도계수(20℃에서 토양의 온도계수는 −0.023 ~−0.037이다)

**표 16-8 토양의 온도와 저항률**

| 온도[℃] | 대지저항률[Ω · m] | 비율 |
|---|---|---|
| 20 | 72 | 1.0 |
| 10 | 99 | 1.4 |
| 0 | 130 | 1.9 |
| 0(동결) | 300 | 4.2 |
| − 5 | 790 | 10.9 |
| − 15 | 3,300 | 45.9 |

[비고] 접지기술입문 p. 88

## 4.4 접지극의 접지저항 계산

대지의 저항률, 전극, 저항, 전극과 대지의 접촉저항, 접지선 저항이 합성된 것인데, 이중에서 90 %가 흙의 저항률에 의하여 정해진다. 각종 접지극의 접지저항값은 다음 계산식으로 구해진다.

### 1) 막대모양 전극의 접지저항

막대모양 전극의 형상은 그림 16-9와 같으며, 막대모양의 정의에는 막대의 반지름 a에 대하여 길이 $l$이 아주 크다는 조건이 있다. 막대모양 전극을 지표면에 설치하는 경우에 비하여 지표 아래 $t$ [m]에 설치하면 전위경도를 완화할 수 있는 효과가 있다.

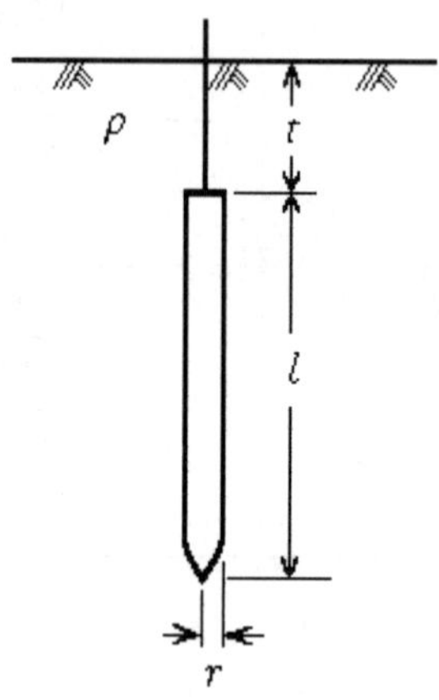


그림 16-9 막대모양의 전극

(1) Tagg, Ollendorff, 회전타원체 해석해, Zingraff

$$R_1 = \frac{\rho}{2\,\pi\,l}\ln\frac{2l}{r}\ [\Omega] \tag{16.26}$$

(2) Sunde, Dwight

$$R_2 = \frac{\rho}{2\,\pi\,l}(\ln\frac{4l}{r} - 1)\ [\Omega] \tag{16.27}$$

여기에서,

$l$ : 접지봉의 길이 [m]

$r$ : 접지봉의 반지름 [m]

$\rho$ : 대지고유저항 [Ω · m]

(3) 접지봉이 다수인 경우의 합성저항

$$R_n = K\frac{1}{\sum_{n=1}^{n}\frac{1}{R}}\ [\Omega] \tag{16.28}$$

여기에서,

$R_n$ : 접지봉 n개의 접지저항 [Ω]

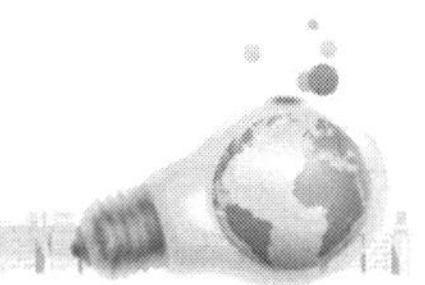

$R$ : 접지봉 1개의 접지저항 [Ω]
$K$ : 집합계수 (표 16-9 참조)
$n$ : 집합전극 매설 개수

**표 16-9 집합계수 K의 값**

| 길이 [m] \ 간격 [m] | 0 | 0.5 | 1 | 2 | 3 | 4 |
|---|---|---|---|---|---|---|
| 0.61 | 2.00 | 1.20 | 1.11 | 1.05 | 1.03 | 1.01 |
| 1.52 | 2.06 | 1.35 | 1.20 | 1.15 | 1.10 | 1.05 |
| 3.05 | 2.04 | 1.36 | 1.25 | 1.17 | 1.12 | 1.07 |

### 2) 선모양 전극의 접지저항

선모양 전극은 그림 16-10과 같으며, 이 전극은 매설지선으로 지표면 $t$[m] 깊이에 매설된다. 접지저항은 선의 치수와 매설 깊이에 따라 달라지는데 이 경우도 선의 길이, 매설깊이 사이에 $t < l$, $r \ll l$의 조건이 만족하여야 한다.

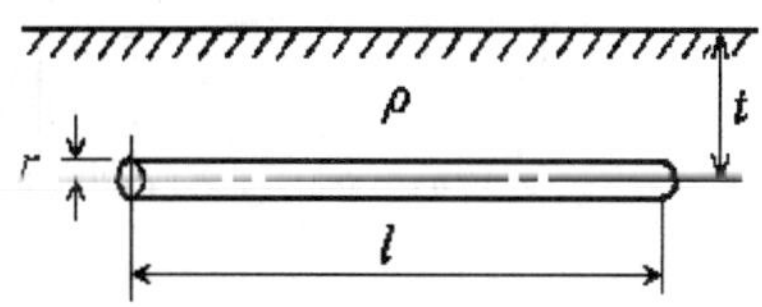


그림 16-10 선모양전극

(1) Rüdenberg, Zingraff

$$R_1 = \frac{\rho}{2\pi L}\ln\frac{l}{r}\left[1+\frac{\ln\frac{l}{2t}}{\ln\frac{l}{r}}\right][\Omega] \tag{16.29}$$

(2) Tagg, Dwight

$$R_2 = \frac{\rho}{2\pi l}\ln\left(\ln\frac{2l}{r}+\ln\frac{l}{t}-2+\frac{2t}{l}-\frac{t^2}{l^2}+\frac{t^4}{8l^2}\right)[\Omega] \tag{16.30}$$

(3) Sunde, Schwarz

$$R_3 = \frac{\rho}{\pi l}\left[\ln\frac{2l}{\sqrt{2rt}}-1\right][\Omega] \tag{16.31}$$

여기에서,

$t$ : 매설깊이 [m]
$l$ : 매설지선의 길이 [m]
$r$ : 매설지선의 반지름 [m]
$\rho$ : 대지고유저항 [Ω · m]

### 3) 판모양 전극의 접지저항

판모양 전극의 형상은 그림 16-11과 같은데 가로, 세로의 비와 매설 깊이를 고려한 식으로 다음의 것이 있으나, 여기서는 판 두께는 고려하지 않으며 물리적으로 만족하는 것이면 된다. $K_1$는 그림 16-12에 나타낸 바와 같이 $a, b, t$에 의해 결정되는 상수이다.

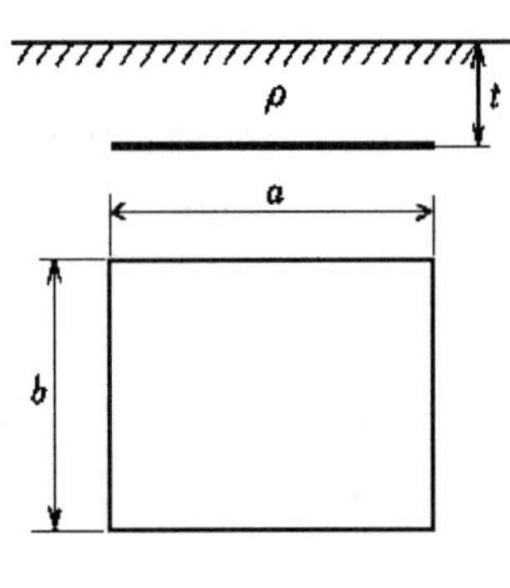

그림 16-11 판모양전극

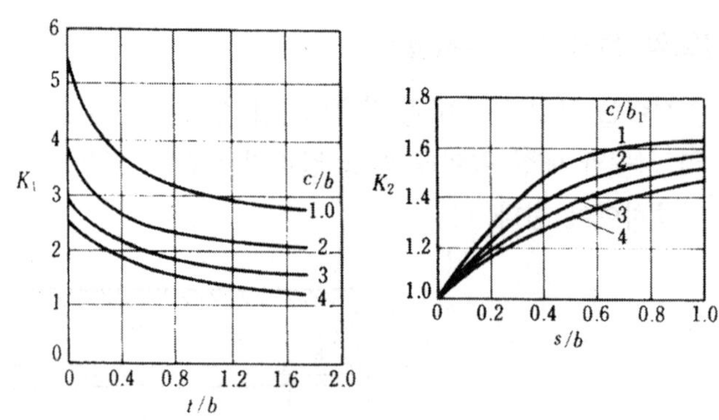

그림 16-12 McCroklin계수 K1, K2

(1) McCrocklin

$$R_1 = \frac{0.1 \cdot \rho \cdot K_1}{b} [\Omega] \tag{16.32}$$

(2) Tagg, 원판전극 치환

$$R_2 = \frac{\rho}{4} \sqrt{\frac{\pi}{ab}} [\Omega] \tag{16.33}$$

여기에서,
$t$ : 매설깊이 [cm]
$\rho$ : 150~300 : 대지고유저항 [Ω · m]

[예제 16-3] 판모양 전극의 접지저항 계산 예

대지고유저항 $\rho$가 100 [Ω · m], 접지판의 매설깊이 $t$가 0.8 m, 가로폭(장변) a에 1, 2 m, 세로폭(단변) b에 1 m일 경우 접지저항을 구하라.

[풀이 16-4]

(1) $a$=1 m, $b$=1 m의 정사각형 판모양의 전극

$K_1$의 값은 $t/b = 0.8$, $a/b = 1$의 교점을 그림 16-12에서 찾으면 3.2가 된다.

$$R_1 = \frac{0.1 \cdot \rho \cdot K_1}{b} = \frac{0.1 \cdot 100 \cdot 3.2}{1} = 32\ \Omega$$

$$R_2 = \frac{\rho}{4}\sqrt{\frac{\pi}{ab}} = \frac{100}{4} \times \sqrt{\frac{\pi}{1 \times 1}} = 44.3\ \Omega$$

(2) $a$=2 m, $b$=1 m의 직사각형 판모양의 전극

$K_1$의 값은 $t/b = 0.8$, $a/b = 2$의 교점을 그림 16-12에서 찾으면 2.4가 된다.

$$R_1 = \frac{0.1 \cdot \rho \cdot K_1}{b} = \frac{0.1 \cdot 100 \cdot 2.4}{1} = 24\ \Omega$$

$$R_2 = \frac{\rho}{4}\sqrt{\frac{\pi}{ab}} = \frac{100}{4} \times \sqrt{\frac{\pi}{2 \times 1}} = 31.3\ \Omega$$

### 4) 그물모양 전극의 접지저항

그물모양 전극의 형상은 그림 16-13과 같으며 이 전극은 보통 Mesh 전극이라 부르고 있다. 이 그림에서 s는 Mesh의 간격이며 Mesh 수가 무한대로 되면 그 전극은 판모양으로 간주할 수 있다는 성질을 이용한 방법이며, 이 기본은 원판의 계산식을 사용하는 것이다. 여기서는 매설 깊이를 고려한 대표적인 계산식을 나타내고 있으나 어느 것이든 계산조건이 다르다.

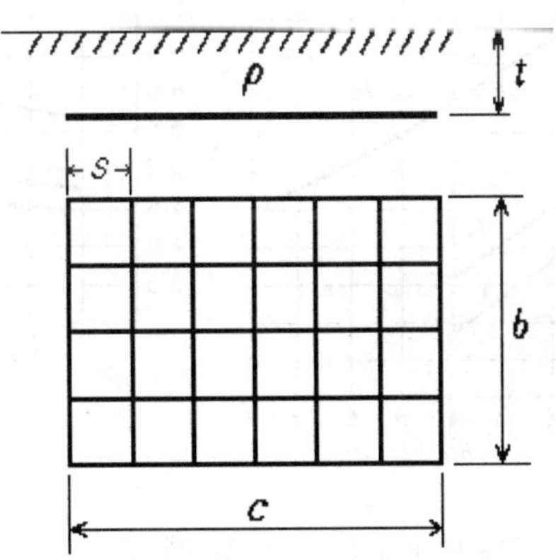


그림 16-13 그물모양 전극

(1) Schwarz

계산식에서는 전극의 형상이나 Mesh수의 개념은 고려되지 않으나 상수 $K_1$, $K_2$에서 이들을 포함하고 있다.

$$R_1 = \frac{\rho}{\pi L}\left(\ln\frac{2L}{a'} + K_1\frac{L}{\sqrt{A}} - K_2\right)[\Omega] \tag{16.34}$$

여기에서,

$L$ : 접지선의 전체길이 [m]

$a'$: $\sqrt{2rt}$ (지표면일 때에는 $t=r$로 한다)

$t$ : 매설깊이

$r$ : Mesh 도체의 반지름 [m]

$\rho$ : 대지고유저항 [Ω · m]

$A$ : 그물모양 전극의 면적

$K_1$, $K_2$ : 가로, 세로폭, 매설깊이에 따라 결정되는 상수(그림 16-14)

(2) McCrocklin

계산식은 판모양 전극식에 근거를 두고 만들어진 것으로 Mesh수의 개념은 고려되어 있으나 접지도체의 단면적은 들어 있지 않은 데, 이와 같은 때에도 보통의 접지선이면 문제가 없다.

$$R_2 = \frac{0.1 \cdot \rho \cdot K_1 \cdot K_2}{b}\ [\Omega] \tag{16.35}$$

여기에서,

$b$ : 세로 폭(단변)

$K_1$, $K_2$ : 전극의 형상비, Mesh의 간격, 매설깊이에 따라 결정되는 상수(그림 16-14)

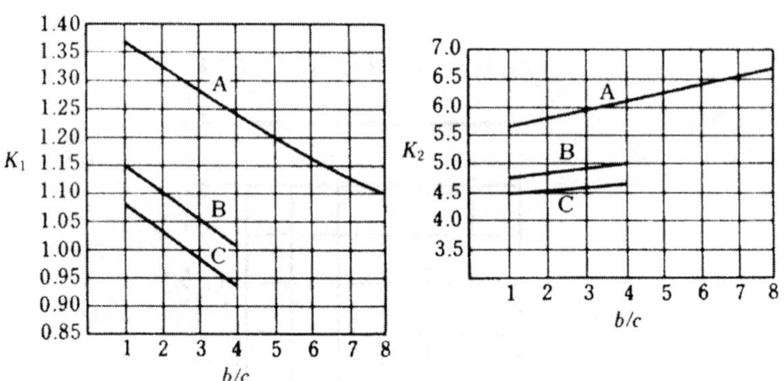


A : t≒0일 때 B : t≒ $\frac{\sqrt{A}}{10}$ 일 때, C : t≒ $\frac{\sqrt{A}}{6}$ 일 때

그림 16-14 Schwarz의 계수 $K_1$, $K_2$

## 5 IEC 60364 접지설비 및 보호도체

건축전기설비에 관한 안전 · 보호와 기기 · 장치의 정상동작을 확보하려면 전기설비의 기준전위를 확보하는 것이 하나의 해결방법이다. 접지는 그 기준점을 대지에서 찾고 있다. 본 장에서는 접지설비, 보호도체 및 기타 구비해야 될 조건을 규정한다. 접지를 목적별로 분류하면 다음 두 가지가 된다.

① 감전보호(안전확보) 관점에서의 보호접지

② 설비기기의 기능(정상동작)을 확보하기 위한 접지

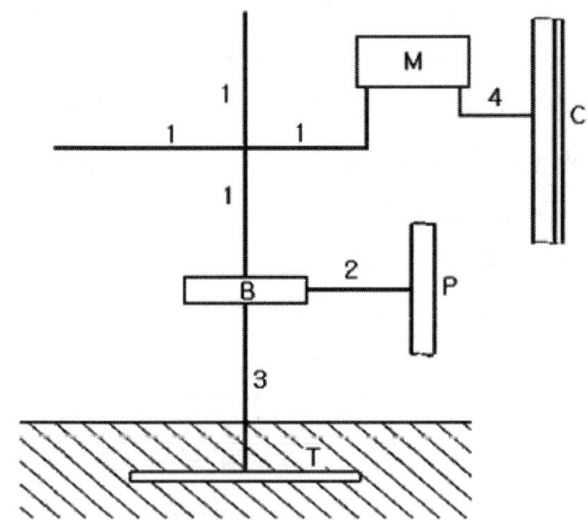


1 = 보호도체
2 = 보호등전위본딩용 도체
3 = 접지선
4 = 보조 보호등전위본딩용 도체
B = 주 접지단자
M = 전기기기의 노출도전부
C = 철골, 금속덕트 등 계통외 도전부
P = 수도관, 가스관 등 계통외 도전부
T = 접지극

**그림 16-15 접지선 및 보호도체**

이 두 가지의 접지방식을 하나로 겸용할 수 있다. 또한 뇌 보호에 관한 접지설비는 KS C IEC 60364의 적용을 하지 않으므로 제외하였다. 접지계통은 접지설비, 보호도체 및 기타 설비로 구성되어 있으며 이 관계를 대략적으로 나타내면 그림 16-15와 같다.

### 5.1 일반사항

접지설비에 대한 요구사항을 만족할 필요가 있다.

### 5.2 대지에 대한 접속

#### 1) 접지설비

접지설비 및 보호도체가 구비해야 할 기본적 조건은 다음과 같이 규정되어 있다.

(1) 접지설비 및 보호도체를 구성하는 재료는 접지장소의 환경(부식성 분위기, 토양의 특성, 외부 기계력, 전자기력 등)에 의해 부식 · 열화하지 않을 것.

(2) KS C IEC 60364-4-41의 413(간접접촉방식)에서 규정된 접지 저항값과 전기설비의 기계적 요구에 따라 정해진 접지 저항값을 만족할 것.

(3) 1년 동안 이 접지 저항값이 변동하지 않을 것.

단, 상수면(上水面)의 변동이나 습기 · 동결 · 건조 등 변동이 예상되는 경우는 그 최대값이 위에서 지정한 값 이하일 것.

(4) 지락고장 발생시 지락전류가 주변의 설비에 영향을 미치지 않고 안전하게 흘려보낼 수 있을 것.

(5) 부식에 관한 예방조치를 강구할 것.

(6) 부식 · 전식 방지가 곤란한 경우는 정기적으로 계측해 개보수하는 방법으로 대처할 것.

### 2) 접지극

접지극은 지락전류를 안전하게 땅속에 발산하기 위해 땅속에 매입한 금속체를 말한다. 따라서 접지극과 토양의 접촉저항값이 장기적이고 안정적으로 충분히 낮을 필요가 있다. 금속제 수도관, 케이블의 납외장 또는 기타 금속제 피복은 접지극이 될 수 있지만 소유자의 허가가 필요한 것과 그 설비의 변경 · 개보수가 이루어지는 점을 고려하면 전기설비 관리자가 모르는 사이에 단선되는 경우도 있을 수 있으므로 바람직하지 않다. 또한 가연성유체, 부식성유체용 금속제 배관은 접지극으로 하지 말아야 한다.

* 접지저항값 : 접지저항값은 계산식을 이용해 구하거나 실제로 측정하면 된다. 접지 저항값은 토양조건에 크게 의존한다. 따라서 몇 개소에서 접지극을 매입하는 것이 바람직하다. 접지극의 매입 깊이는 앞에서 설명한 구비조건을 만족하면 되므로 특별히 지정하지 않는다.

### 3) 접지선

접지선의 최소 단면적은 기본적으로 보호도체와 동일하므로 "6.3 보호도체"의 최소단면적을 참조할 것. 토양에 매입하는 경우는 부식 및 기계적 외력의 영향을 고려해 사용하는 금속재료별로 표 16-10에 그 단면적을 선정한다.

**표 16-10 토양에 매설된 접지도체의 최소단면적**

| 구 분 | | 기계적 보호 있음 | 기계적 보호 없음 |
|---|---|---|---|
| 부식에 대한 보호 있음 | Cu | 25 ㎟ | 16 ㎟ |
| | Fe | 10 ㎟ | 16 ㎟ |
| 부식에 대한 보호 없음 | Cu | 25 ㎟ | |
| | Fe | 50 ㎟ | |

### 4) 주접지 단자 또는 바

(1) 주접지 단자는 다음의 각종 도체와 접지선을 접속하기 위해 필요하다.

① 접지선

② 보호도체

③ 주요 등전위 본딩

(2) 주접지 단자의 필요성은 이 접속점에서 위의 각 도체를 동일한 전위로 하기 위해서이다.

(3) 접지선은 접지저항을 측정하기 위해 분리장치가 필요하다.

(4) 따라서 접속부에는 기계적 강도의 확보와 전기적 연속성이 요구된다.

(5) 이 접속부는 주접지 단자와 겸용이 가능하다.

## 5.3 보호도체(PE)

### 1) 보호도체(접지선 포함)의 최소단면적

보호도체의 최소단면적 산출은 계산식을 이용하거나 표 16-11을 이용해 선정한다. 즉 표에서의 선정값을 계산식으로 확인할 필요가 없다(KS C IEC 60364-5-54의 543.1).

#### (1) 계산식을 이용해 최소단면적을 산출하는 경우

보호도체의 단면적은 산출값 이상의 값을 이용해야 한다.

$$S = \frac{I \cdot \sqrt{t}}{k} \tag{16.36}$$

여기에서,

$S$ : 단면적 [㎟]

$I$ : 단락상태와 같은 상태에서의 지락에 의해 보호장치에 흐르는 고장전류, 즉 예상되는 최대 지락전류(교류실효값) [A]

$t$ : 차단장치의 동작시간 [sec]

$k$ : 보호도체, 절연 및 기타 부분의 재료, 초기 온도와 최종 온도로 결정되는 계수 $k$의 산출식은 KS C IEC 60364-5-54의 부속서 A에 나타나 있다. 계산식에서 절연물과 직접 관계하는 요인은 없지만 절연물의 종류에 따라 그 허용온도(장시간, 단시간)가 그 재질에 따라 정해져 있으므로 허용온도로써 $k$와 관계한다. KS C IEC 60364-5-54의 표 54B~54E에 각 조건하에서의 $k$값이 나타나 있다.

즉, 위 식을 변형하면 다음식이 된다.

$$S^2 k^2 = I^2 \cdot t \tag{16.37}$$

우변은 보호도체 단위 길이당 차단기의 동작시간 t초 이내에 발생하는 열에 해당되며 좌변은 보호도체와 그 절연물의 열용량에 해당되는 것으로 해석할 수 있다. 즉 위식을 적용할 때 다음 사항을 고려할 필요가 있다

① 위 계산식에서 산출된 단면적은 고장 루프임피던스에 관한 조건에 적합할 것

② 폭발성 분위기의 설비에 대한 온도한계(KS C IEC 60079-8 참조)

③ 접속부에 대한 최대허용온도를 고려할 것

#### (2) 보호도체의 단면적을 표에서 선정하는 경우

표 16-11을 사용해도 보호도체의 최소단면적은 산정할 수 있다. 다만, 이 표를 사용하는 경우는 상도체(충전용 도체 : 전압이 걸려 있는 도체. 즉, $L_1$, $L_2$, $L_3$)와 동일한 도전율을 가진 보호도체로 한정된다.

표 16-11 보호도체의 최소단면적

| 설비의 상도체의 단면적 S [㎟] | 보호도체의 최소단면적 $S_F$ [㎟] |
|---|---|
| S ≦ 16 | S |
| 16 < S ≦ 35 | 16 |
| S > 35 | S/2 |

(3) 계산과 표에서 일치하지 않는 경우

상기 "(1)", "(2)" 양쪽에서 산출된 값이 표준 사이즈에 일치하지 않는 경우는 바로 상위의 표준사이즈 단면적이 있는 도체를 사용할 것. 즉, 보호도체가 전원 케이블의 일부 또는 케이블 외함으로 구성되어 있지 않은 경우는 최소 단면적을 다음 값 이상으로 규정한다.

① 기계적 보호가 있는 경우 : 2.5 ㎟ 이상

② 기계적 보호가 없는 경우 : 4.0 ㎟ 이상

### 2) 보호도체의 종류

(1) 보호도체가 될 수 있는 것으로는 다음과 같은 것이 해당된다.

① 다심케이블의 도체

② 충전용 도체와 공통적인 외함에 수납된 절연도체 또는 나도체

③ 고정 배선된 나도체 또는 절연도체

④ 금속제 커버, 예를 들어 일종의 케이블 · 시스, 스크린 및 외장

⑤ 금속제 전선관 또는 전선의 엔클로저

⑥ 일정한 계통의 도전성 부분

(2) 금속제 폐쇄상자 또는 그 프레임, 일정한 케이블(예 : MI 케이블), 일정한 금속제 전선관 및 전기용 덕트 등의 금속제 엔클로저, 계통외도전부는 다음 조건하에서 보호도체가 될 수 있다. 도전율은 최소단면적 산출의 항에서 요구하는 값일 것.

① 기계적 강도, 부식에 대한 보호, 전기적 연속성 확보

② 견고한 접속이 가능할 것.

③ 해당 도전성 부분이 차단되지 않을 것.

④ 전기설비의 노출도전부를 다른 기기의 보호도체 일부로 사용하지 않을 것.

⑤ KS C IEC 60364-5-54 부속서 A의 계산식에서 요구하는 도전율을 갖고 있을 것.

⑥ 계통외도전부는 PEN 도체로 사용하지 말아야 한다. 또한 가스관은 보호도체로 사용할 수 없다.

### 3) 보호도체의 전기적 연속성 유지

보호도체의 전기적 연속성이란 갑자기 발생하는 지락전류를 항상 안정적으로 흘러 보내는 것이다. 이를 위해 전기적으로 필요한 사항은 다음과 같다.

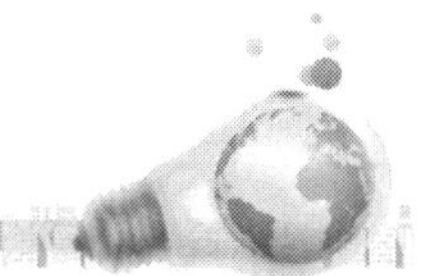

(1) 보호도체의 부식, 열화 방지대책

보호도체의 부식에 의한 도체 저항값 증가나 단선을 방지할 것

(2) 접속부는 견고하고 전기적 연속성을 확보할 수 있을 것

접속부에서의 접속성 확보와 부식 열화를 방지할 것

(3) 보호도체에 대한 개폐기 삽입을 원칙적으로 금지

예외사항으로서 시험 · 검사시에 해체할 수 있을 것

(4) 접지도통의 전기적 감시를 하는 경우 동작코일 삽입금지

목적 이외의 사용과 임피던스 증가에 의한 지락전류 유출 억제로 인해 지락검출 감도를 줄이기 위해 삽입을 금지할 필요가 있다.

(5) 전기기기의 노출도전부를 다른 기기의 보호도체로 하는 것은 원칙적으로 금지.

## 5.4 보호접지설비

감전으로부터 보호, 기기의 파손방지를 위해 접지계통의 보호수단에 대해서는 KS C IEC 60364-1의 312.2(계통접지의 방식) 및 KS C IEC 60364-4-41의 413(간접 접촉 보호)을 참조한다.

### 1) 과전류 보호 장치와 함께 사용하는 보호도체

보호도체는 감전방지 및 과전류 보호장치의 확실한 동작을 확보하기 위해 가능하면 충전용 도체와 접근해서 부설할 필요가 있다.

### 2) 전압 동작형 지락보호장치(전압동작형 누전차단기)에 대한 접지 및 보호도체

전압 동작형 지락보호장치와 관계하는 접지극은 일반적인 보호접지설비와 따로 설치해야 한다(보조접지극 필요). 이것은 일반적인 보호접지 설비의 주접지 단자에 접속한 경우 전압동작형 보호장치와 관계하는 전기설비 이외의 전기설비에 고장이 발생했을 때 발생한 대지전압이 해당 보호장치의 전위를 상승시켜 오동작을 일으킬 우려가 있기 때문이다. 주접지극과 보조접지극 사이의 거리는 서로 영향이 미치지 않는 거리이어야 한다. 누전차단기가 필요한 전기설비는 습기, 물기가 많은 곳에 설치되는 설비이기 때문에 안전상 이와 같은 오동작은 허용할 수 없다. 따라서 상호간의 보호도체, 접지극은 분리, 절연되어 있어야 한다.

## 5.5 기능 목적의 접지설비

최신 빌딩에는 정보 · 통신기기와 의료기기가 도입되고 있다. 이들 기기 · 장치는 일반적으로 전자기기이므로 소음에 약하다. 이들 기기의 정상 동작을 확보하려면 전원, 기타의 것에서 침입하는 노이즈 배제가 중요하다. 따라서 기능 목적의 접지설비를 보호접지 설비와 따로 설치하는 경우가 있다.

## 5.6 보호 및 기능목적 겸용 접지설비

### 1) 일반사항

보호 및 기능목적을 겸용하는 접지인 경우에는 안전우선 입장에서 보호수단의 요구사항이 우선시 된다.

### 2) PEN 도체

(1) TN계통에서는 누전 차단기로 보호되지 않는 경우 단일도체를 보호도체 및 중성선 겸용으로 사용할 수 있다.

(2) TN계통의 PEN 도체에 대해서는 도체 단면적의 최소 단면적에 제한이 있다.
이것은 도체저항에 의한 전압강하가 기기 · 장치에 영향을 미쳐 오동작하는 것을 방지하는 관점에서 허용한계가 정해졌다.

(3) 높은 전압선과 PEN 도체 사이의 부유용량에 의한 미주(迷走)전류 증가를 방지하기 위해 PEN 도체와 높은 전압선을 절연 이격해야 한다(미주(迷走)전류(Stray Current, Sneak Current)란 의도한 회로 이외의 통로로 흐르는 바람직하지 못한 전류, 즉 누설 분산전류이며 보호계전기에서 평형전류형 보호방식의 불평형 전류를 말한다. 단, 보호구간에서의 고장에 의한 불평형은 포함되지 않는다).

(4) 중성선과 보호도체를 개별적인 도체로 배선하는 경우 분리이후 접속하지 말아야 한다는 것은 여기에서 루프가 생겨 전자도체, 정전유도에 의한 순환전류가 흐르는 것에 의한 기기 오동작 발생을 방지하기 위해서이다.

## 5.7 등전위 본딩용 도체

등전위 본딩의 목적은 고장전류 발생시 노출도전부 상호간에 접촉전압 발생을 방지하는 것이다.

### 1) 최소 단면적

(1) 노출도전부 상호간에는 큰 고장전류가 흐른다고 생각하지 않는다. 따라서 주요 등전위 본딩용 도체는 설비 보호도체 최대 단면적의 1/2 이상이면 괜찮은 것으로 한다.

(2) 보조 등전위본딩용 도체의 단면적에 대해서는 거기에서 사용하는 작은 쪽 보호도체의 단면적 이상이면 괜찮은 것으로 한다.

(3) 노출도전부와 계통외도전부를 접속하는 보조 보호등전위본딩용 도체의 단면적은 거기에서 사용하는 보호도체 단면적의 1/2 이상으로 완화되어 있다.

(4) 금속제 수도관을 접지극 또는 보호도체로 사용할 때는 양수기가 전기적 연속성이 보증되어 있지 않으므로 양수기의 양쪽 끝을 전기적으로 접속할 필요가 있다.

## 5.8 건축물내의 1000 V 이하 접지계통의 종류

### 1) TN 계통

TN 계통이란 전원 한 점을 직접 접지하고 설비의 노출도전부를 보호도체(PE)를 이용하여 전원 한 점에 접속하는 접지 계통을 말한다. TN 계통은 중성선 및 보호 도체의 배치에 따라 TN-S계통, TN-C-S 계통 및 TN-C 계통의 3종류가 있다. 여기에서 사용된 코드가 갖는 의미는 다음과 같다.

제1문자 : 전력 계통과 대지의 관계

T = 한 점을 대지(Terra)에 직접 접속한다.

I = 모든 충전부를 대지(접지)로부터 절연(Insulation)시키거나 임피던스를 삽입하여 한 점을 대지에 직접 접속 한다.

제2문자 : 설비의 노출도전부와 대지와의 관계

T = 전력 계통의 접지와는 무관하며 노출도전부를 대지(Terra)로 직접 접속한다.

N = 노출도전부를 전력 계통의 접지점(교류 계통에서는 통상적으로 중성점(Neutral) 또는 중성점이 없을 경우는 단상)에 직접 접속한다.

그 다음 문자(문자가 있는 경우에 한함) : 중성선 또는 보호 도체의 처리

S = 보호 도체의 기능을 중성선 또는 접지측 도체(또는 교류계통에서는 접지측 상)와 분리(Separate)된 도체로 실시한다.

C = 중성선 및 보호 도체의 기능을 한 개의 도체로 겸용(Combined)하다(PEN 도체)

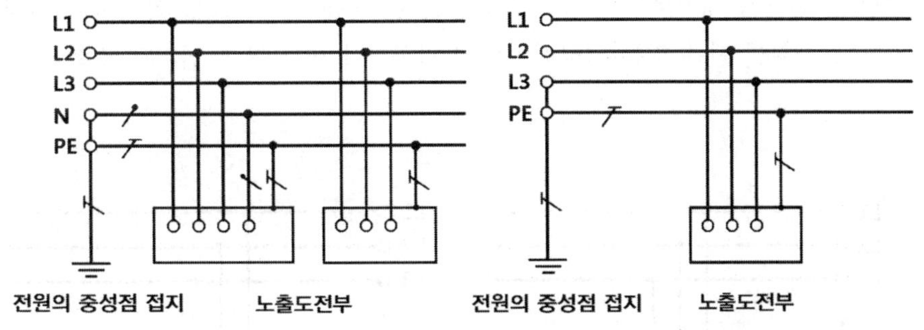


그림 16-16 TN-S 계통

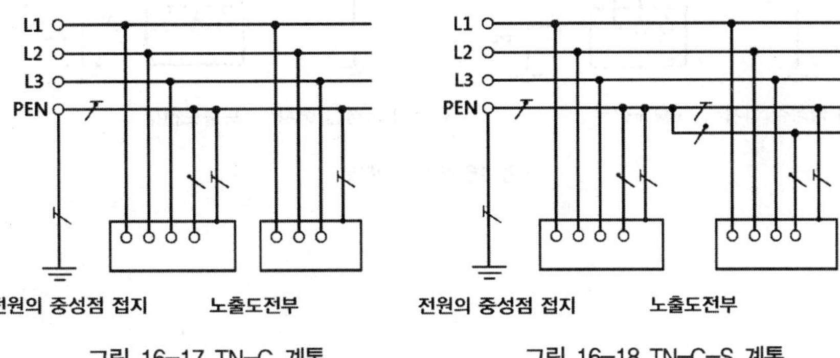


그림 16-17 TN-C 계통

그림 16-18 TN-C-S 계통

| 기호 설명 | |
|---|---|
| ─/─ | 중성선(N) |
| ─/─ | 보호도체(PE) |
| ─/─ | 중성선 겸용과 보호도체(PEN) |

### 2) TT 계통

TT 계통이란 전원의 한 점을 직접 접지하고 설비의 노출도전부를 전원 계통의 접지극과 전기적으로 독립한 접지극에 접지하는 접지계통을 말한다.

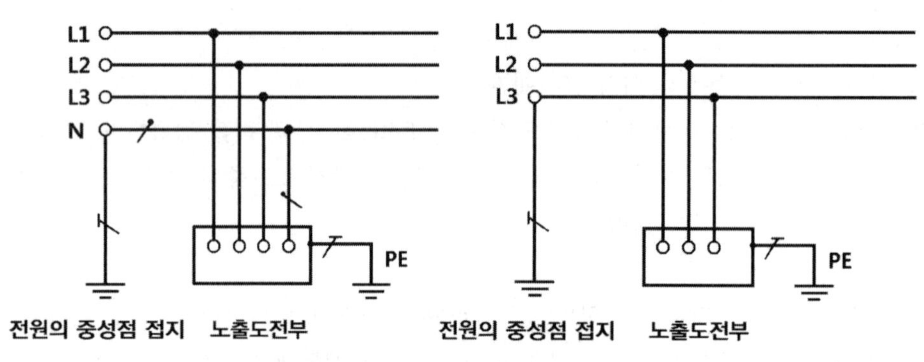


그림 16-19 TT 계통

### 3) IT 계통

IT 계통이란 충전부 전체를 대지로부터 절연시키거나, 한 점에 임피던스를 삽입하여 대지에 접속시키고, 전기기기의 노출도전부를 단독 또는 일괄적으로 접지하거나 또는 계통 접지로 접속하는 접지 계통을 말한다.

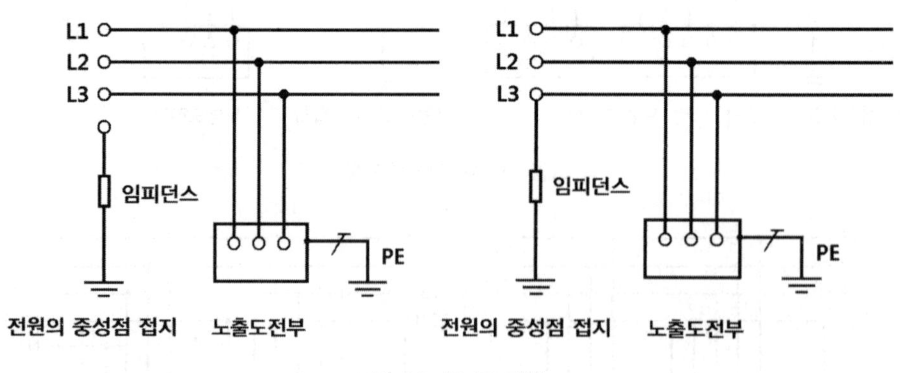


그림 16-20 IT 계통

# 6 접지설계(Ground Grid Design)

## 6.1 접지설계의 개요

저압전로나 빌딩의 전기설비 등의 접지설계와 비교하여 발전소, 변전소, 산업플렌트 등의 접지계는 대규모이고, 따라서 설계요소도 다양하다. 이들 대규모 접지계의 접지목적은 저압전로와 마찬가지로 감전방지, 기기손상방지 등인데 지락고장전류가 크므로 지표면의 전위상승을 억제하려면 소요 접지저항이 매우 작아야 한다. 접지설계방법은 우리나라와 미국간에는 약간의 차이가 있다. 그 중 큰 차이점의 하나는 우리나라에서는 소요 접지저항을 얻기 위한 접지전극설계를 위주로 하지만, 미국은 인체의 보폭전압, 접촉전압, 메시전압 등을 고려한 전위경도 경감대책을 주로 한다는 점이다. 이 장에서는 IEEE의 변전소 접지안전지침을 바탕으로 한 접지설계 순서를 기술하고자 한다.

## 6.2 접지설계의 기본요소

IEEE에서는 인체의 안전한계전류를 기초로 한 보폭 · 접촉전압의 평가는 Dalziel의 연구결과를 바탕으로 하고 있다. 또, 접지저항 계산식 등은 간략식을 이용하고 있는데, 그 이유는 대지의 접지저항은 복잡하여 대지 파라미터를 상세히 파악하여도 실제적이 아니라는 생각이 깔려 있기 때문에 현시점에서는 다층문제를 가이드에 도입하기에는 이르다고 할 수 있다. 그러나 미국에서는 전위에 대한 평가를 주로 하고 있으므로 메시전압 등의 개념을 접지설계에서 고려하고 있다.

### 1) 인체의 안전

(1) 인체의 안전한계전류

Dalziel에 의하면 인체의 안전한계전류 $I_B$는 인체를 통과하는 시간을 $t_s$[s]라 하면 다음 식으로 나타낸다.

$$I_B = \frac{k_w}{\sqrt{t_s}}\ [\mathrm{A}] \tag{16.38}$$

여기서, $K_w$는 상수로서 인체의 체중에 따라 결정되며, 그림 16-21의 실험 데이터를 바탕으로 다음과 같은 값이 된다.

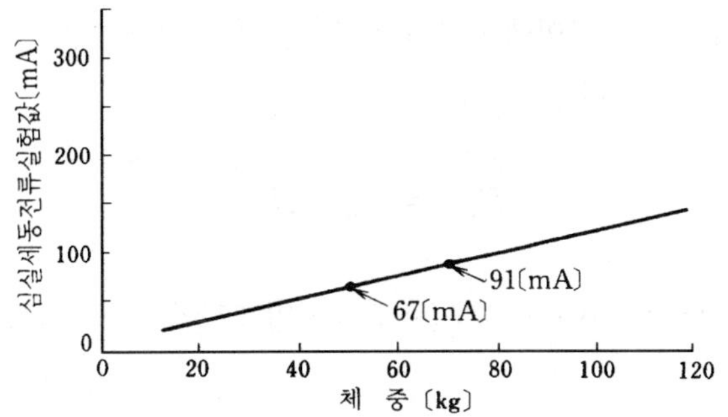


그림 16-21 체중과 심실세동과의 관계 동물실험(통전시간3초)

① 체중 70 kg의 경우

$k_{70} = 0.091\sqrt{3} = 0.157$

② 체중 50 kg의 경우

$k_{50} = 0.067\sqrt{3} = 0.116$

### (2) 인체의 전기저항

상용전원에서 인체의 전기저항 $R_B$는 손과 양발사이, 손과 손 사이, 발과 발 사이의 전류통과경로에서 $R_B = 1000\ \Omega$ 으로 하고 있다.

### (3) 사고시의 인체저항

지락사고시에 흐르는 전류를 $I_A$라 하면 안전한계전류 $I_B$는 항상 $I_A < I_B$ 의 관계이어야 한다. 그림 16-22와 같이 사람이 대지에 양발로 서 있다면 한쪽 발의 접촉저항을 $R_F$라 할 때 다음 식으로 나타낼 수 있다.

$$R_F = \frac{\rho}{4b}\,[\Omega] \tag{16.39}$$

여기에서

$\rho$ : 대지의 고유저항

$b$ : 한쪽 발 등가원판의 반지름

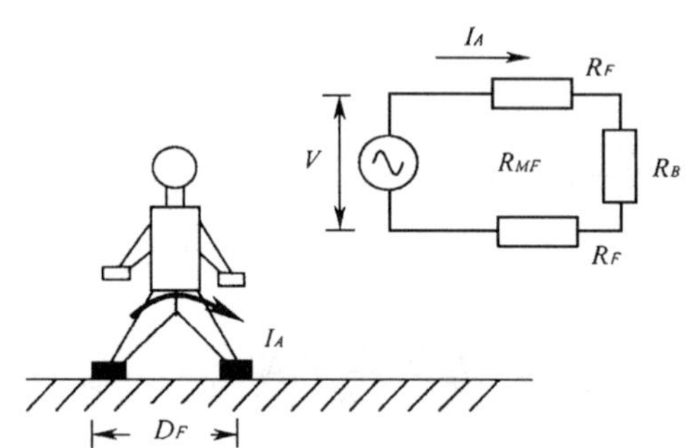


그림 16-22 서 있는 상태의 저항

그림 16-22의 등가회로에서 양발사이에서 사고가 났을 때를 가정하면 인체저항 $R_A$는 보폭전압회로가 되고 다음 식으로 나타낼 수 있다.

$$R_{step} = R_B + 2R_F \tag{16.40}$$

그림 16-23과 같이 손과 양발 사이의 경우는 접촉전압회로가 되고 다음 식으로 나타낸다.

$$R_{touch} = R_B + \frac{1}{2} R_F \tag{16.41}$$

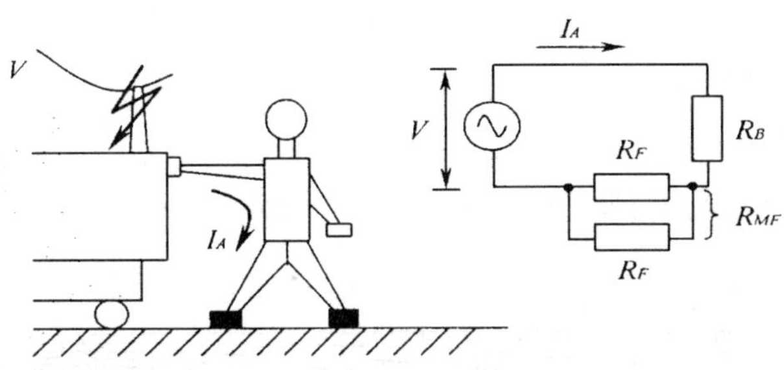


**그림 16-23 접촉상태의 저항**

또한 한쪽발이 대지에 접촉하는 면적의 등가반경 $b$를 0.08 m로 보면 양발이 대지에 직렬로 되어 있는 상태와 병렬로 되어 있는 상태의 저항은 개략적으로 대지저항을 $\rho$라 할 때 식(16.40), 식(16.41)의 저항은 다음과 같이 나타낼 수 있다.

$$R_{step} = R_B + 2R_F = 1000 + 6\rho \tag{16.42}$$

$$R_{touch} = R_B + \frac{1}{2} R_F = 1000 + 1.5\rho \tag{16.43}$$

(4) 지표면의 자갈층을 고려한 인체저항

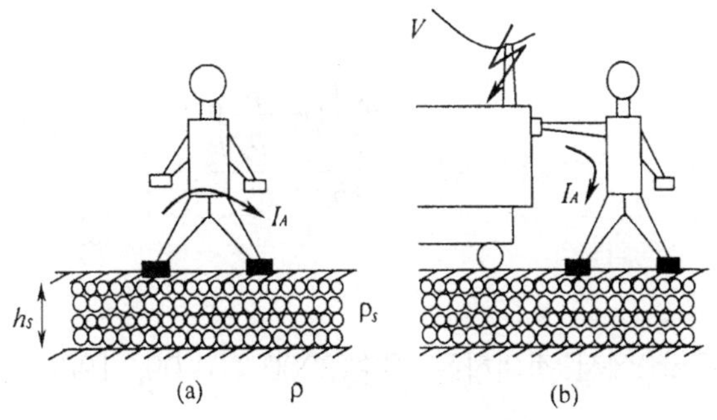


**그림 16-24 자갈층에서의 인체저항**

그림 16-24와 같이 지표면에 자갈 등이 깔려 있는 경우는 2층 구조로 상층과 하층의 대지저항률 차이에 의해 지락고장전류가 흐르는 양상이 다른 점에 유의하여야 하며, 인체저항은 다음과 같이 된다.

$$R_{touch} = R_B + \frac{1}{2} R_F = 1000 + 1.5 C_s(h_s, K)\rho_s \tag{16.44}$$

$$R_{step} = R_B + 2R_F = 1000 + 6.0 C_s(h_s, K)\rho_s \tag{16.45}$$

여기에서,

$K$ : 반사계수 $\left(K = \dfrac{\rho - \rho_s}{\rho + \rho_s}\right)$

$\rho$ : 대지저항률 [Ω · m]

$\rho_s$ : 자갈의 저항률 [Ω · m]

$h_s$ : 자갈층의 두께 [m]

$C_s$ : 자갈층을 고려한 인체저항 환산계수(그림 16-25)

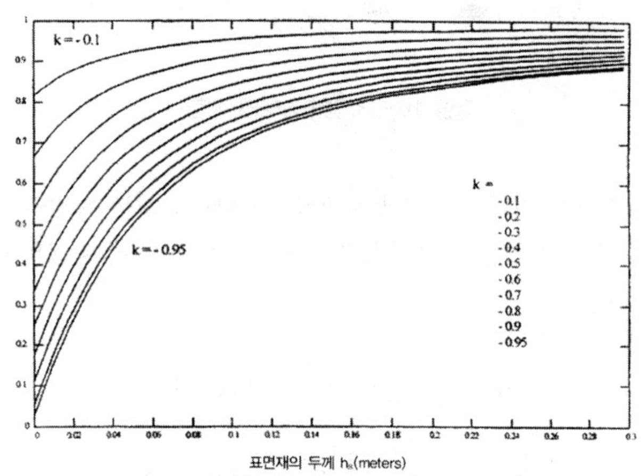


**그림 16-25 자갈층의 두께($h_s$)와 Cs의 관계**

$C_s$를 보다 정확하게 나타내면 다음의 계산식과 같다. 지표면이 자갈을 깔지 않은 경우 $C_S = 1.0$이 된다.

$$C_s = 1 - \frac{F_{cs}\left(1 - \dfrac{\rho}{\rho_s}\right)}{2h_s + F_{cs}} \tag{16.46}$$

여기에서,

$F_{cs}$ : IEEE 80 Standard에서 정의하는 계수(2000 : 0.09, 1986 : 0.106)

### 2) 인체에 인가되는 안전전압

변전소 구내에서 메시접지전극을 설치할 때 구내에 서 있는 작업자에 인가되는 전압은 그림 16-26의 개략도와 같이 된다. 여기서 GPR은 무한원점에서 본 변전소구내의 전위분포를 나타내고 있으며, 접촉전압과 보폭전압으로 구분된다.

#### (1) 허용보폭전압의 최대값

그림 16-22의 허용보폭전압은 다음 식으로 표시된다.

$$E_{step} = (R_B + 2R_F) \times I_B \tag{16.47}$$

인체 체중이 50kg인 경우와 70kg인 경우의 보폭전압 계산식은 다음 식으로 표시된다.

$$E_{step\,50} = (1000 + 6C_s(h_s, K)\rho_s \frac{0.116}{\sqrt{t_s}} \tag{16.48}$$

$$E_{step\,70} = (1000 + 6C_s(h_s, K)\rho_s \frac{0.157}{\sqrt{t_s}} \tag{16.49}$$

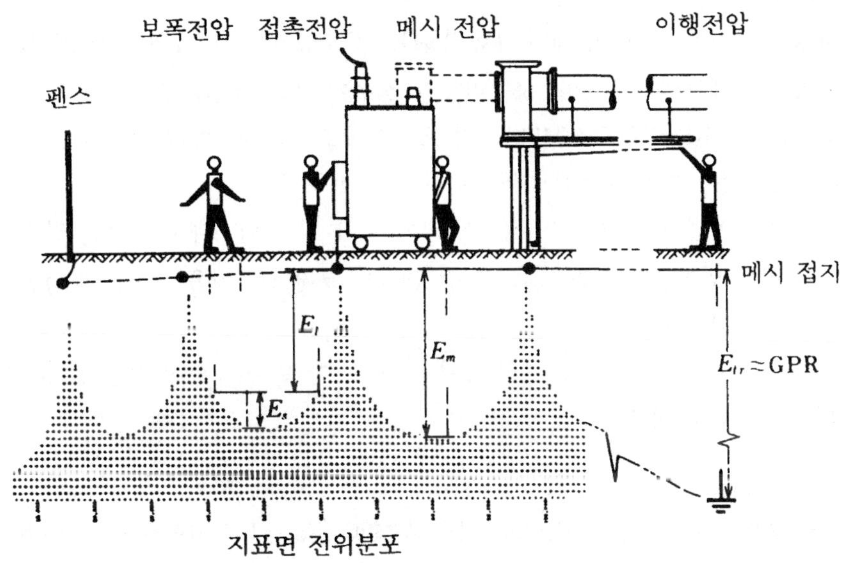


그림 16-26 인체에 인가되는 전압의 개략도

(2) 허용접촉전압의 최대값

그림 16-23에서 허용접촉전압은 다음 식으로 표시된다.

$$E_{touch} = \left(R_B + \frac{1}{2}R_F\right) \times I_B \tag{16.50}$$

인체 체중이 50 kg인 경우와 70 kg인 경우의 접촉전압 계산식은 다음 식으로 표시된다.

$$E_{touch\,50} = (1000 + 1.5C_s(h_s, K)\rho_s \frac{0.116}{\sqrt{t_s}} \tag{16.51}$$

$$E_{touch\,70} = (1000 + 1.5C_s(h_s, K)\rho_s \frac{0.157}{\sqrt{t_s}} \tag{16.52}$$

### 3) IEC 61936에 의한 허용접촉전압의 계산

KS C IEC 61936-1(교류 1 kV 초과 전력설비)의 부속서 B에 따른 허용접촉전압을 계산하는 방법은 다음과 같다.

$$U_{TP} = I_B(t_f) \times \frac{1}{HF} \times Z_T(U_T) \times BF \tag{16.53}$$

여기에서,

$U_T$ : 접촉전압

$U_{TP}$ : 허용접촉전압

$t_f$ : 고장지속시간

$I_B(t_f)$ : 고장지속시간에 대한 인체의 제한전류(KS C IEC 60479-1의 그림 20 및 표 11에서 c2로서 심실세동의 가능성이 5% 미만인 경우에 대한 것임)

$HF$ : 심장전류계수(KS C IEC 60479-1의 표 12 참조, 즉 왼손에서 발은 1.0 적용, 오른손에서 발은 0.8 적용, 한쪽 손에서 다른 쪽 손은 0.4 적용)

$Z_T(U_T)$ : 인체 임피던스(KS C IEC 60479-1의 표 1 및 그림 3에서 50%의 인구에 의해 초과되지 않는 임피던스가 접촉전압을 결정한다. 그러므로 처음 계산은 가정된 수준으로 시작해야 한다)

$BF$ : 인체 계수(KS C IEC 60479-1의 그림 3 참조, 한 쪽 손에서 양발은 0.75 적용, 양 손에서 양 발까지는 0.5 적용.

[Note 1] 다른 접촉전압 조건

왼손에서 발, 손에서 손은 다른 허용 접촉전압을 생성한다. KS C IEC 61936-1의 그림 4는 4개의 각각의 접촉전압에 가중값이 고려된 평균값을 기준으로 한 것이다. 왼손에서 발의 접촉전압(가중치 1.0), 오른손에서 발의 접촉전압(가중치 1.0), 양손에서 발의 접촉전압(가중치 1.0) 및 손에서 손의 접촉전압(가중치 0.7)

[Note 2] 일부 국가에서 적용하는 허용접촉전압 계산식

추가적인 저항을 특별히 고려하는 경우에 예상할 수 있는 허용접촉전압을 구하는 공식은 다음과 같다.

$$U_{vTP} = I_B(t_f) \times \frac{1}{HF} \times Z_T(U_T) \times BF + R_H + R_F$$

여기에서,

$U_{vTP}$ : 예상 허용접촉전압

$R_H$ : 추가된 손의 저항

$R_F$ : 추가된 발의 저항

### 4) 접지재료의 선정

접지선을 망상으로 포설하면 메시 접지전극의 형상이 되지만 재료가 구비해야 할 조건으로는 전극 자체에 전위차가 발생되지 않을 만큼 충분한 도전도를 가져야 한다. 지락고장전류에 의해 용단되지 않고 내부식성이 있어야 한다.

### 5) 토양의 전기적 성질

접지설계를 할 때 접지매체로서의 토양의 전기적 성질을 파악하는 것이 매우 중요하다. 토양은 그림 16-27과 같이 저항 r의 도체와 유전체로 간주한다. 고주파나 뇌전류의 경우를 제외하면 토양은 순저항으로 취급할 수 있다. 토양의 저항률은 임계값을 넘지 않으면 전위경도에 영향을 받지 않으며 일반토양은 단위 cm당 수 [kV]에 견딜 수 있으나 이를 넘으면 그 값으로 감소하기까지 전극표면에 아크가 발생하고 전극의 실효치수가 크게 되는데 이것은 뇌충격파가 유입할 때의 현상이다. 또, 전류의 크기에 대하여는 대개 1 초에 단위 $m^2$당 200 A 의 전류밀도를 가지며, 수분이나 온도 등의 영향을 받는다.

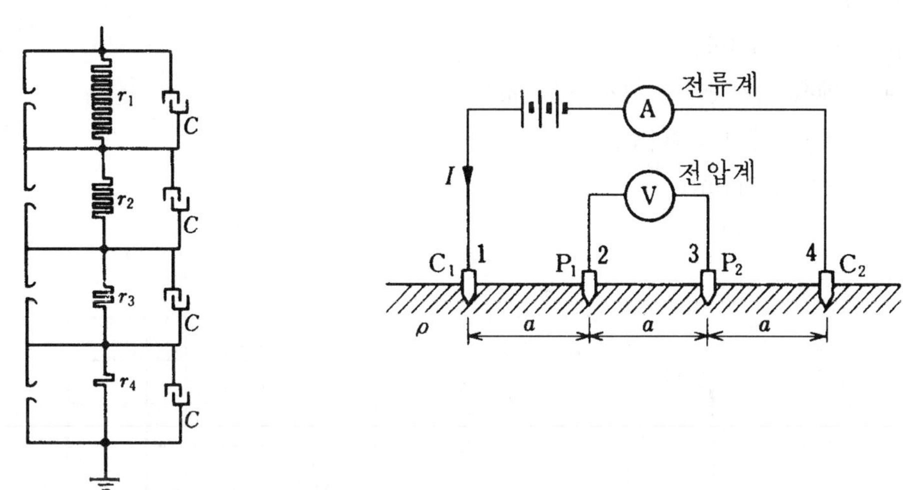


그림 16-27 토양의 전기적 등가회로

그림 16-28 Wenner의 4전극법 원리도

접지공사 구역의 대지저항을 추정하는 데에는 일반적으로 Wenner의 4전극법으로 측정한다. 아래의 그림 16-28과 같이 4개의 전극을 직선상 동일한 간격으로 배치하고 전극 $C_1$과 $C_2$ 사이에 전원을 접속하여 대지에 전류를 흘린다. 그리고 $P_1$과 $P_2$ 사이에 전위차를 측정하여 측정전압값을 대지로 흘린 전류값으로 나누면 저항값 $R$이 된다. 전극간격을 a[m]라 하면 대지저항률은 다음 식으로 구할 수 있다.

$$\rho = 2\pi a\, R\,[\Omega \cdot m] \tag{16.54}$$

여기에서,

$a$ : 전극간격 [m]

$R$ : 접지전극의 저항값

### 6) 접지저항의 계산

이상적인 접지저항은 0 Ω 이 바람직하지만 실제는 불가능한 일이다. 대규모 변전소의 접지저항은 1.0 Ω 이하가 요구되며, 소규모인 곳에서는 1~5 Ω 의 범위를 요구하고 있다. 접지설계에는 이 접지저항을 얻기 위한 전극설계를 하여야 한다. IEEE 지침에서는 원판상전극에 치환하는 기본식을 이용하고 있는데 이것은 어디까지나 개략적인 것이다.

(1) 메시접지전극의 접지저항 계산식

변전소내에서 지표아래 0.25~2.5 m 정도에 매설한 메시접지전극의 접지저항 $R_g$를 다음 식으로 계산하는데 Sverak의 식이라 한다.

$$R_g = \rho\left[\frac{1}{L} + \frac{1}{\sqrt{20A}}\left(1 + \frac{1}{1 + h\sqrt{20/A}}\right)\right] \tag{16.55}$$

여기에서,

$\rho$ : 평균대지저항률 [Ω·m]

$A$ : 메시 접지전극의 설치 면적 [m²]

$L$ : 메시도체의 길이 [m]

$h$ : 매설 깊이 [m]

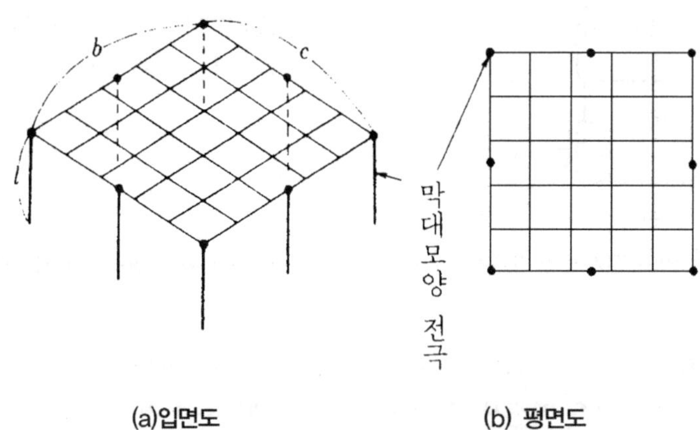


그림 16-29 막대모양과 그물모양전극의 병용접지공법

(2) 봉상전극과 메시접지전극의 병용시 접지저항계산식

봉상전극과 메시접지전극을 병용한 접지저항 계산식은 Schwarz식으로 계산하며, 다음과 같다.

① 메시접지전극의 접지저항

그림 16-29와 같이 그물모양 전극을 설치하고 여기에 막대모양의 전극을 박아 넣어 접지전극 시스템을 구성하는데 그물모양의 접지저항은 다음 식으로 주어진다.

$$R_{11} = \frac{\rho}{\pi L}\left(\log_e \frac{2L}{a'} + K_1 \frac{L}{\sqrt{A}} - K_2\right) \tag{16.56}$$

여기에서,

$L$ : 접지선의 전체길이

$a'$ : $\sqrt{2rt}$ (지표면일 때는 $t = r$)

$r$ : 접지선의 반지름

$t$ : 매설깊이

$A$ : 그물모양 전극의 포설면적

$K_1$, $K_2$ : 계수(그림 16-30), $b/c$ : Mesh의 길이에 대한 폭의 비

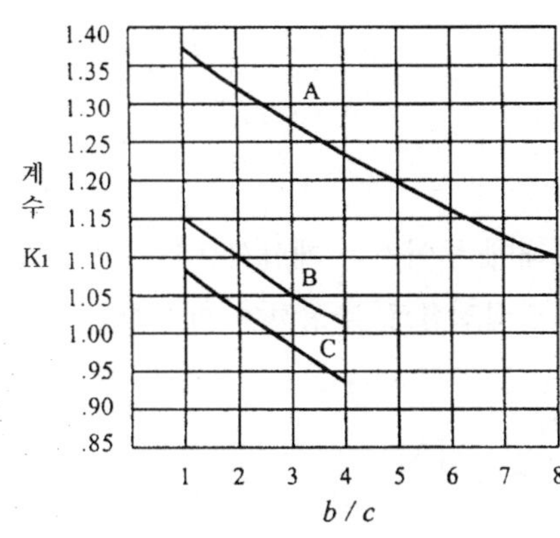


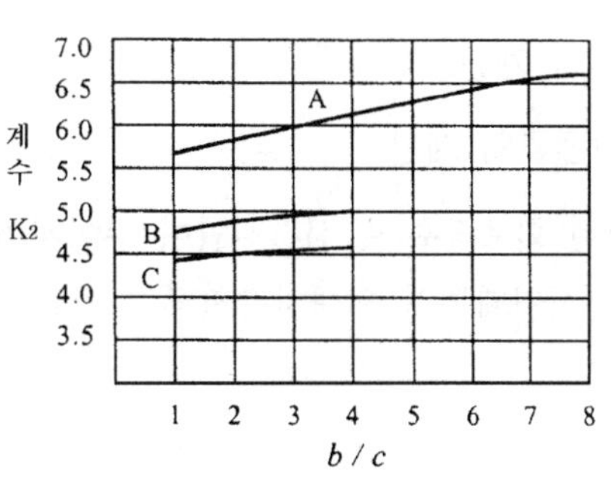


A : t≒0일 때 B : t≒ $\dfrac{\sqrt{A}}{10}$ 일 때, C : t≒ $\dfrac{\sqrt{A}}{6}$ 일 때

**그림 16-30 Schwarz의 계수 $K_1$, $K_2$**

② 막대전극의 접지저항

병용접지공법에서 막대모양전극의 접지저항은 다음 식으로 주어진다.

$$R_{22} = \frac{\rho}{2\pi n l}\left(\log_e \frac{4l}{r} - 1 + \frac{2K_1 l}{\sqrt{A}}(\sqrt{n}-1)^2\right) \tag{16.57}$$

여기에서,

$l$ : 접지봉의 길이

$n$ : 그물모양 전극의 포설면적 안에서의 접지봉의 개수

$r$ : 접지봉의 반지름

$K_1$ : 계수(그림 16-30)

③ 상호저항

두 종류의 전극을 병용한 경우 접지저항은 서로 전극의 영향을 받는데 이것을 상호저항이라 하며, 다음 식으로 주어진다.

$$R_{12} = R_{21} = \frac{\rho}{\pi L}\left(\log_e \frac{2L}{l} + K_1 \frac{L}{\sqrt{A}} - K_2 + 1\right) \tag{16.58}$$

여기에서,

계수 $K_1$, $K_2$는 그림 16-30의 그래프에서 얻을 수 있다.

④ 합성저항

막대모양의 전극과 그물모양의 전극을 병용한 경우의 합성저항은 다음 식으로 계산한다.

$$R = \frac{R_{11} \times R_{22} - R_{12}^2}{R_{11} + R_{22} - 2R_{12}} \tag{16.59}$$

### 7) 지락전류의 계산

#### (1) 지락고장전류의 계산

지락시 산정된 회로정수 및 선간전압이 주어지면 아래에 주어지는 계산식으로 1선 지락고장전류를 계산할 수 있다. 접지계통의 최대지락전류 크기는 선간단락전류로 추정하여 계산할 수 있다.

$$I_G = \frac{3E}{Z_1 + Z_2 + Z_0} \text{ [A]} \tag{16.60}$$

여기에서,

$I_G$ : 계통의 1선지락전류 [A]

$E$ : 계통의 대지전압 [V]

$Z_1$, $Z_2$, $Z_0$ : 계통의 정상, 역상, 영상 Impedance

#### (2) 접지전극에 흐르는 전류계산

접지사고에는 여러 가지 형태가 있다. 예를 들어 1선지락사고에서도 변전소구내의 접지계통에서 일어나는 경우도 있고, 구외의 다른 접지계통에서 지락사고가 발생하여, 그 전류가 구내에 들어오는 경우도 있다. 따라서 선로정수에 따라 지락전류도 달라지는데, 여기서는 개략적인 지락전류 계산법에 대하여 설명한다. 지락전류 $I_G$는 접지전극에 흐르는 전류를 $I_g$라 할 때 다음의 관계가 성립한다.

$$I_g = S_f \times I_G \tag{16.61}$$

여기에서,

$S_f$ : 지락전류의 분류계수

지락전류는 가공지선의 임피던스와 접지전극의 접지저항에 반비례하여 흐르는데, 정확한 회로 계산으로 추정할 필요가 있다.

#### (3) 비대칭의 영향

Grounding Grid의 설계는 비대칭전류를 고려하여야 한다. 감쇠계수 $D_f$는 DC 오프셋 전류의 영향이므로 계산에 의하여 얻을 수 있다. 일반적으로 비대칭 고장전류는 AC 성분과 DC 오프셋 전류성분을 포함하는 초기과도, 과도, 안정상태의 전류이다. AC 성분과 급격하게 감쇠하는 DC 성분의 초기과도 및

과도전류는 각각 다른 감쇄비율을 갖는다. $D_f$는 다음의 계산식으로 산출하며, 대표적인 $D_f$값은 표 16-12에 나타낸다.

$$D_f = \sqrt{1+\frac{T_a}{t_f}(1-e^{-\frac{2t_f}{T_a}})} \tag{16.62}$$

여기에서,

$D_f$ : 감쇄계수

$t_f$ : 고장지속시간 [sec]

$T_a$ : DC 오프셋 시정수 [sec]( $T_a = X/(\omega R)$)

**표 16-12 대표적인 감쇠계수 $D_f$ 의 값**

| 고장지속시간 | | 감쇠계수 $D_f$ | | | |
|---|---|---|---|---|---|
| sec | cycle at 60 Hz | X/R=10 | X/R=20 | X/R=30 | X/R=40 |
| 0.00833 | 0.5 | 1.576 | 1.648 | 1.675 | 1.688 |
| 0.05 | 3 | 1.232 | 1.378 | 1.462 | 1.515 |
| 0.10 | 6 | 1.125 | 1.232 | 1.316 | 1.378 |
| 0.20 | 12 | 1.064 | 1.125 | 1.181 | 1.232 |
| 0.30 | 18 | 1.043 | 1.085 | 1.125 | 1.063 |
| 0.40 | 24 | 1.033 | 1.064 | 1.095 | 1.125 |
| 0.50 | 30 | 1.026 | 1.052 | 1.077 | 1.101 |
| 0.75 | 45 | 1.018 | 1.035 | 1.052 | 1.068 |
| 1.00 | 60 | 1.013 | 1.026 | 1.039 | 1.052 |

[비고] IEEE 80 Std Table 10(Typical values of Df)

### 8) 사고시 인체에 인가되는 전압의 계산

(1) 대지표면의 전위상승(GPR)

접지전위상승 GPR(Ground Surface Potential Rise)은 지락전류와 접지저항의 곱이므로 다음과 같이 계산한다.

$$GPR = I_g \times R_g \, [V] \tag{16.63}$$

여기에서,

$I_g$ : 접지전극에 흐르는 전류 [A]

$R_g$ : 접지저항 [Ω]

(2) 최대 Mesh 접촉전압의 계산

① 한 방향의 도체 수

한 방향의 도체수 n은 다음과 같이 계산하여 적용한다.

$$n = n_a \times n_b \times n_c \times n_d \tag{16.64}$$

여기에서,

$n_a = \dfrac{2 \times L_c}{L_p}$

$n_b = 1$(정사각형 Mesh에 적용)

$n_c = 1$(정사각형 또는 직사각형 Mesh에 적용)

$n_d = 1$(정사각형, 직사각형 또는 L형 Mesh에 적용)

상기 $n_b$, $n_c$, $n_d$의 정사각형, 직사각형, L형의 Mesh가 아닌 경우에는 다음의 식으로 적용한다.

$n_b = \sqrt{\dfrac{L_p}{4 \times \sqrt{A}}}$

$n_c = \left[\dfrac{L_x \times L_y}{A}\right]^{\frac{0.7 \times A}{L_x \times L_y}}$

$n_d = \dfrac{D_m}{\sqrt{L_x^2 + L_y^2}}$

여기에서,

$L_C$ : Mesh 수평도체의 총길이[m]

$L_p$ : Mesh의 최외측 둘레 길이[m]

$A$ : Mesh의 면적[㎡]

$L_x$ : Mesh의 X 방향 최대길이[m]

$L_y$ : Mesh의 Y 방향 최대길이[m]

$D_m$ : Mesh에서 2점간의 최대길이[m]

② $K_{ii}$

Mesh의 코너 또는 최외측의 매설도선에 따라서 접지봉이 설치되는 경우에는 다음과 같이 적용한다.

$$K_{ii} = 1 \tag{16.65}$$

Mesh의 코너 또는 최외측에 접지봉이 설치되지 않는 경우에는 다음 식으로 계산하여 적용한다.

$$K_{ii} = \frac{1}{(2n)^{2/n}} \tag{16.66}$$

③ $K_h$

$K_h$는 다음의 방정식으로 계산하여 적용한다.

$$K_h = \sqrt{1+\frac{h}{h_0}} \tag{16.67}$$

여기에서,

$h$ : Mesh의 매설깊이 [m]

$h_0$ : 1 m(Mesh의 기준깊이)

④ Mesh 접촉전압을 평가하기 위한 간격계수

Mesh 접촉전압을 평가하기 위한 간격계수 $K_m$은 다음의 계산식으로 계산하여 적용한다.

$$K_m = \frac{1}{2\pi}\left[\ln\left(\frac{D^2}{16hd}+\frac{(D+2h)^2}{8Dh}-\frac{h}{4d}\right)+\frac{K_{ii}}{K_h}\ln\frac{8}{\pi(2n-1)}\right] \tag{16.68}$$

여기에서,

$D$ : Mesh 수평도체의 간격 [m]

$d$ : Mesh의 지름 [m]

⑤ Mesh 보전계수

접지전극에 불규칙적으로 흐르는 접지전류에 대한 Mesh 보정계수 $K_i$는 메시수, 즉 메시도체수에 의해 결정되며, 한 방향에서 본 도체수를 $n$이라 할 때 $K_i$는 다음과 같다.

$$K_i = 0.644 + 0.148\,n \tag{16.69}$$

⑥ Mesh 유효 길이

접지봉이 없거나, Mesh의 모서리나 둘레에 따라서 접지봉이 설치되지 않는 경우의 Mesh 유효길이는 다음의 방정식으로 계산하여 적용한다.

$$L_M = L_C + L_R \tag{16.70}$$

여기에서,

$L_C$ : Mesh 수평도체의 총길이[m]

$L_R$ : 접지봉의 총길이[m]

Mesh의 모서리나 둘레에 접지봉이 설치되는 경우에는 다음 식으로 계산하여 적용한다.

$$L_M = L_C + L_R\left[1.55 + 1.22\left(\frac{L_r}{\sqrt{L_x^2 + L_y^2}}\right)\right] \tag{16.71}$$

여기에서, $L_r$ : 접지봉 1개의 길이[m]

⑦ 최대 Mesh 접촉전압의 계산

최대 Mesh 접촉전압 $E_m$은 다음 식으로 계산하여 적용한다.

$$E_m = \frac{\rho \cdot I_g \cdot K_m \cdot K_i}{L_M} \text{ [V]} \tag{16.72}$$

여기에서,

$\rho$ : 평균대지저항률 [Ω·m]

$I_g$ : 접지전극에 유입되는 전류 [A]

$K_m$ : Mesh의 전극간격, 도체치수, 매설깊이, 도체수로 결정되는 Mesh 간격계수

$K_i$ : 접지전극에 불규칙적으로 흐르는 접지전류에 대한 보정계수

$L_M$ : Mesh의 유효 길이 [m]

(3) 최대 보폭전압의 계산

① Mesh 보폭전압을 평가하기 위한 간격계수

최대 Mesh 보폭전압을 평가하기 위한 간격계수 $K_s$는 다음 식으로 계산하여 적용한다.

$$K_s = \frac{1}{\pi}\left[\frac{1}{2h} + \frac{1}{D+h} + \frac{1}{D}(1 - 0.5^{n-2})\right] \tag{16.73}$$

② 최대 Mesh 보폭전압의 계산

대규모 메시전극에서 중심부와 모서리에서는 전위차가 생기고 모서리부분에 의해 많은 전류가 흘러 전위경도가 크게 된다. 그래서 메시전극의 4모서리에서 1 m 떨어진 지점의 전압을 보폭전압으로 정의하며, 다음 식으로 나타낸다.

$$E_s = \frac{\rho \times I_g \times K_s \times K_i}{0.75L_C + 0.85L_R} \text{[V]} \tag{16.74}$$

여기에서,

$K_s$ : 망상 접지전극에서 메시도체의 수, 간격, 매설깊이에 의하여 정해지는 계수

$I_g$ : 접지전극에 흐르는 전류 [A]

## 6.3 접지설계의 순서

앞 절에서 설명한 기본요소를 바탕으로 접지설계를 위한 순서를 정리하면 그림 16-31과 같다. 이것의 각 단계에 대한 작업내용 및 설계요소의 기호설명을 정리하면 다음과 같다.

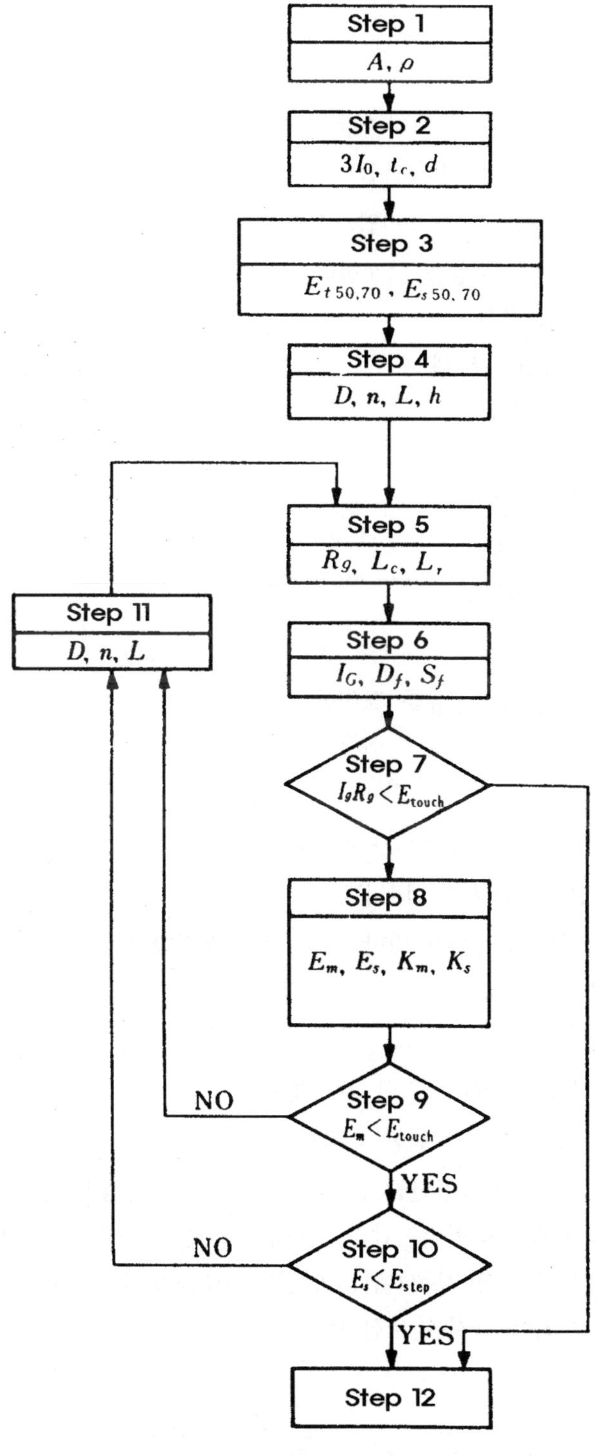


그림 16-31 접지설계순서

Step 1 : 현장 데이터 정보를 파악한다.

$A$ : 접지공사 가능한 면적 [$m^2$]

$\rho$ : 접지구역의 대지저항률 [$\Omega \cdot m$]

Step 2 : 접지선의 단면적을 결정한다.

$I_g$ : 지락고장전류 [A]

$t_c$ : 차단시간 [sec]

$d$ : Mesh 도체의 지름 [m]

Step 3 : 감전방지를 위한 안전한계의 기준값 결정

$E_{tw}$ : 체중 $w$ [kg]의 인체 허용접촉전압

$E_{sw}$ : 체중 $w$ [kg]의 인체 허용보폭전압

Step 4 : 초기설계의 접지전극 제원을 설정한다.

$D$ : Mesh 수평도체의 간격 [m]

$n$ : Mesh 접지전극의 1변의 도체 수

$L$ : Mesh 도체의 길이 합계[m]

$h$ : 전극의 매설 깊이 [m]

Step 5 : 접지저항을 계산한다.

$R_g$ : 접지저항 [$\Omega$]

$L_C$ : Mesh 수평도체의 길이 [m]

$L_R$ : 봉상 전극의 길이 [m]

Step 6 : 접지전극에 흐르는 지락전류를 결정한다.

$I_g$ : 최대지락전류 [A]

$S_f$ : 감쇠율

Step 7 : GPR과 접촉전압의 크기를 비교하여 판정한다.

$GPR = I_g \cdot R_g$ : 구내의 전위상승 GPR [V]

Step 8 : 구내의 전위경도를 평가하기 위한 목표 값을 결정한다.

$E_m$ : Mesh 접촉전압

$E_s$ : Mesh 보폭전압

$K_m$ : Mesh 접촉전압을 평가하기 위한 간격계수

$K_s$ : Mesh 보폭전압을 평가하기 위한 간격계수

Step 9 : Mesh 접촉전압과 접촉안전전압의 크기를 비교하여 판정한다.

Step 10 : Mesh 보폭전압과 보폭안전전압의 한계값 크기를 비교하여 판정한다.

Step 11 : Step 9, 10에서 접촉 및 보폭전압의 안전기준값을 만족하지 못하는 경우 설계제원을 수정하여 Step 5 이하를 다시 검토한다.

Step 12 : 설계완료

# 7 접지설계 사례

## 7.1 메시접지전극의 설계 사례

IEEE의 접지설계방법을 이해하기 위하여 다음과 같이 계산 예를 들어 보기로 한다. 설계에 필요한 기초적인 제원은 다음과 같다.

| | |
|---|---|
| 접지공사 가능구역 | A = 73m × 84m |
| 대지저항률 | $\rho$ = 400 Ω · m |
| 자갈층의 저항률 | $\rho_s$ = 2500 Ω · m |
| 자갈층의 두께 | $h_s$ = 0.1 m |
| 메시접지전극의 매설깊이 | h = 0.5 m |
| 지락차단시간 | $t_c$ = 0.5 sec |
| 지락시 정상임피던스 | $Z_1$ = 1.82 + j4.62 Ω |
| 지락시 영상임피던스 | $Z_0$ = 4.43 + j17.53 Ω |
| 분류율 | $S_f$ = 0.2 |
| 선간전압 | V = 154 kV |
| 변압기 임피던스($Z_1$ & $Z_0$)<br>(154/22.9kV, 45MVA, Z=11.0%, Δ−Y) | $Z_1$ & $Z_0$ = 0.043+j1.2812 Ω(22.9 kV 측) |

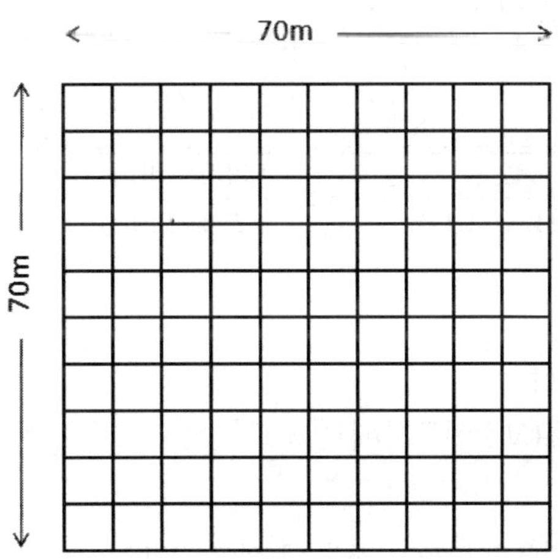


그림 16-32 메시전극의 설계

### 1) Step1(현장 데이터 정보를 파악한다)

주어진 접지공사 구역을 정사각형 70 m × 70 m로 설정하면 A = 4,900 ㎡가 되고, 접지구역의 대지저항률은 $\rho$ = 400 Ω · m로 한다.

### 2) Step2(접지선의 단면적을 결정한다)

지락시 산정된 회로정수, 선간전압이 주어지면 지락고장전류를 계산할 수 있다. 154 kV 측의 1선지락전류는 다음과 같이 계산한다.

$$I_G = \frac{3E}{Z_1 + Z_2 + Z_0} = \frac{3 \times 154{,}000/\sqrt{3}}{2 \times (1.82 + j4.62) + (4.43 + j17.53)} = 9{,}540\,\text{A}$$

22.9 kV 측 1선지락고장전류의 계산은 다음과 같이 된다.

$$I_G = \frac{3E}{Z_1 + Z_2 + Z_0} = \frac{3 \times 22{,}900/\sqrt{3}}{2 \times (0.0832 + j1.3833) + (0.043 + j1.2812)} = 9{,}786\,\text{A}$$

여기에서,

$$Z_1 = \left(\frac{V_2}{V_1}\right)^2 \times Z_1 + Z_t = \left(\frac{22.9}{154}\right)^2 \times (1.82 + j4.62) + (0.043 + j1.2812) = 0.0832 + j1.3833$$

접지선의 전류용량은 도체재료의 물리정수와 지락차단시간에 의하여 결정된다. 여기서, 지락전류의 차단시간이 0.5초이고, 도체가 나연동선이고 압축접속인 경우 접지도체의 최소단면적은 다음과 같이 계산한다.

$$S = \frac{\sqrt{t_s}}{\sqrt{\frac{Q}{\alpha r}\log_e\left\{1 + \left(\frac{T_m - T_a}{K_0 + T_a}\right)\right\}}} \times I_g$$

$$= \frac{\sqrt{0.5}}{\sqrt{\frac{3.42}{0.00393 \times 0.0172}\log_e\left\{1 + \left(\frac{350 - 40}{234 + 40}\right)\right\}}} \times 9{,}786 = 35.4\,\text{mm}^2$$

여기에서,

$S$ : 접지도체의 단면적 [mm²]

$I_g$ : 접지선에 흐르는 전류(고장전류) [A]

$t_s$ : 고장계속시간 [sec]

$Q$ : 도체의 단위체적당 열용량 [J/℃ · cm³] (동선 : 3.42, Al : 2.56)

$K_0$ : 연동선 : 234, 경동선 : 242, Al : 228

$T_m$ : 최대허용온도(나연동선 1083℃, 나연동선 압축접속 350℃, PVC 절연전선 160℃)

$T_a$ : 주위온도(옥내 30℃, 옥외 40℃, 옥외 직사일광 55℃)

만약, 도체재료를 동복강선(도전율 30%)를 사용한다면 물리정수는 아래와 같고, 이를 계산식에 대입하여 접지도체의 단면적을 계산할 수 있다.

① 동복강선의 물리정수

Q(도체의 단위체적당 열용량) : 3.85 J/℃ · cm³

$\alpha_{20}$(20℃에서의 도체의 저항온도계수) : 0.00378

$\rho_{20}$(20℃에서의 도체저항) : 0.0586 Ω/m

$T_m$(최대허용온도) : 700℃(용접접속)

$T_a$(주위온도) : 40℃

② 접지도체 단면적의 계산

$$S = \frac{\sqrt{t_s}}{\sqrt{\frac{Q}{\alpha_{20}\,\rho_{20}}\log_e\left\{1+\left(\frac{T_m - T_a}{K_0 + T_a}\right)\right\}}} \times I_g$$

$$= \frac{\sqrt{0.5}}{\sqrt{\frac{3.85}{0.00378 \times 0.0586}\log_e\left\{1+\left(\frac{700-40}{245+40}\right)\right\}}} \times 9,786 = 47.9\,\text{mm}^2$$

### 3) Step3(감전방지를 위한 안전한계 기준값을 결정한다)

접지 시공장소에서 지표면을 0.1 m 두께의 2500 Ω · m의 자갈을 깔면 반사율 $K$는

$$K = \frac{\rho - \rho_s}{\rho + \rho_s} = \frac{400 - 2500}{400 + 2500} = -0.72$$

가 된다. 그림 16-25에서 $h_s$=0.1, $K$=-0.72일 때 $C_s$를 구하면 0.74이 되고, 아래의 계산식에 의한 계산값은 0.739으로 동일한 값이 된다.

$$C_s = 1 - \frac{F_{cs}\left(1 - \frac{\rho}{\rho_s}\right)}{2h_s + F_{cs}}$$

$$= 1 - \frac{0.09 \times \left(1 - \frac{400}{2,500}\right)}{2 \times 0.1 + 0.09} = 0.7393$$

체중 70 kg인 사람과 50 kg인 사람의 보폭전압 안전한계값을 계산하면 다음과 같이 된다.

$$E_{step\,50} = (1000 + 6C_s(h_s, K)\rho_s\frac{0.116}{\sqrt{t_s}}$$

$$= (1000 + 6 \times 0.7393 \times 2500) \times \frac{0.116}{\sqrt{0.5}} = 1,983.3\,\text{V}$$

$$E_{step\,70} = (1000 + 6C_s(h_s, K)\rho_s\frac{0.157}{\sqrt{t_s}}$$

$$= (1000 + 6 \times 0.7393 \times 2500) \times \frac{0.157}{\sqrt{0.5}} = 2,684.3\,\text{V}$$

접촉전압의 안전한계값은 다음과 같이 된다.

$$E_{touch\,50} = (1000 + 1.5C_s(h_s, K)\rho_s) \times \frac{0.116}{\sqrt{t_s}}$$

$$= (1000 + 1.5 \times 0.7393 \times 2,500) \times \frac{0.116}{\sqrt{0.5}} = 618.9\,\mathrm{V}$$

$$E_{touch\,70} = (1000 + 1.5C_s(h_s, K)\rho_s) \times \frac{0.157}{\sqrt{t_s}}$$

$$= (1000 + 1.5 \times 0.7393 \times 2,500) \times \frac{0.157}{\sqrt{0.5}} = 837.6\,\mathrm{V}$$

#### 4) Step 4(초기설계의 접지전극 제원을 설정한다)

70 m × 70 m의 메시포설면적에서 메시도체의 간격을 D = 7 m, 매설깊이를 h = 0.5 m이라면, 메시도체의 길이는 L = 1,540 m가 된다.

#### 5) Step 5(접지저항을 계산한다)

메시접지전극의 접지저항은 식(16.56)으로 계산하면 다음과 같이 된다.

$$R_g = \rho\left[\frac{1}{L} + \frac{1}{\sqrt{20A}}\left(1 + \frac{1}{1 + h\sqrt{20/A}}\right)\right]$$

$$= 400 \times \left[\frac{1}{1540} + \frac{1}{\sqrt{20 \times 4900}}\left(1 + \frac{1}{1 + 0.5\sqrt{20/4900}}\right)\right] = 2.78\,\Omega$$

#### 6) Step 6(접지전극에 흐르는 지락전류를 결정한다)

22.9 kV Bus의 지락고장전류 10,440 A가 154 kV Bus의 지락고장전류 9,540 A 보다 크다고 할지라도 IEEE std. 80-2000의 8절에 따르면 22.9 kV측 변압기 $\Delta$-Y 결선은 고장전류의 “Local” 전원이며, GPR에 기여하지 않는다. 따라서 최대 Grid 전류는 9,540 A를 기준으로 계산한다.

비대칭계수 $D_f$는 다음과 같이 계산하여 적용한다.

$$D_f = \sqrt{1 + \frac{T_a}{t_f}\left(1 - e^{-\frac{2t_f}{T_a}}\right)} = \sqrt{1 + \frac{0.0088}{0.5}\left(1 - e^{-\frac{2 \times 0.5}{0.0088}}\right)} = 1.0088$$

여기에서,

$t_f$ : 고장지속시간(s)

$T_a$ : 직류 오프셋 시정수

$$T_a = \frac{X}{\omega R} = \frac{26.77}{120\pi \times 8.07} = 0.0088$$

접지전극에 흐르는 최대전류는 다음과 같이 계산한다.

$$I_g = D_f \times S_f \times I_G = 1.0088 \times 0.2 \times 9{,}540 = 1{,}924.8\,\text{A}$$

여기에서,

$S_f$ : 분류율($S_f = 0.2$)

### (7) Step 7(GPR과 접촉전압의 크기를 비교하여 판단한다)

구내의 전위상승 GPR은 지락전류와 접지저항의 곱이므로 다음과 같이 계산한다.

$$\text{GPR} = I_g \times R_g = 1{,}924.8 \times 2.78 = 5{,}350.9\,\text{V}$$

대지표면의 전위상승 GPR은 5,350.9V로 Step 3으로 구한 접촉전압의 한계값은 619 V보다 매우 높으므로 Mesh 접촉전압과 Mesh 보폭전압을 계산하여 평가할 필요가 있다.

### 8) Step 8(구내의 전위경도를 평가하기 위한 메시전압과 보폭전압을 계산한다)

① 최대 Mesh 접촉전압의 계산

그림 16-32에서 1변이 10 Mesh이고 접지면적은 A = 70 m × 70 m이며, 한 방향의 도체수는 다음과 같이 계산한다.

$$n = n_a \times n_b \times n_c \times n_d = 11 \times 1 \times 1 \times 1 = 11$$

$$n_a = \frac{2 \times L_C}{L_p} = \frac{2 \times 1540}{280} = 11$$

$n_b$, $n_c$, $n_d = 1$(정사각형 Mesh에 적용)

$K_{ii}$의 계산은

$$K_{ii} = \frac{1}{(2n)^{2/n}} = \frac{1}{(2 \times 11)^{2/11}} = 0.5701$$

$K_h$의 계산은

$$K_h = \sqrt{1 + h/h_0} = \sqrt{1 + 0.5/1.0} = 1.2247$$

메시간격계수 $K_m$은 다음과 같이 계산한다.

$$K_m = \frac{1}{2\pi}\left[\ln\left(\frac{D^2}{16hd}+\frac{(D+2h)^2}{8Dh}-\frac{h}{4d}\right)+\frac{K_{ii}}{K_h}\ln\frac{8}{\pi(2n-1)}\right]$$

$$=\frac{1}{2\pi}\left[\ln\left(\frac{7^2}{16\times0.5\times0.01}+\frac{(7+2\times0.5)^2}{8\times7\times0.01}-\frac{0.5}{4\times0.01}\right)+\frac{0.5701}{1.2247}\ln\frac{8}{\pi(2\times11-1)}\right]$$

$$=0.8895$$

Mesh 보정계수 $K_i$는

$$K_i = 0.644 + 0.148\,n = 0.644+0.148\times11 = 2.272$$

최대 Mesh 접촉전압 $E_m$은

$$E_m = \frac{\rho\times I_g\times K_m\times K_i}{L_C+L_R}$$

$$=\frac{400\times1{,}924.8\times0.8895\times2.272}{1{,}540+0}=1{,}010.4\,\text{V}$$

② Mesh 보폭전압의 계산

보폭전압을 평가하기 위한 Mesh 간격계수 $K_s$는

$$K_s = \frac{1}{\pi}\left[\frac{1}{2h}+\frac{1}{D+h}+\frac{1}{D}(1-0.5^{n-2})\right]$$

$$=\frac{1}{\pi}\left[\frac{1}{2\times0.5}+\frac{1}{7+0.5}+\frac{1}{7}(1-0.5^{11-2})\right]=0.4061$$

최대 Mesh 보폭전압 $E_s$는 다음과 같이 계산한다.

$$E_s = \frac{\rho\times I_g\times K_s\times K_i}{0.75L_C+0.85L_R}$$

$$=\frac{400\times1{,}924.8\times0.4061\times2.272}{0.75\times1{,}540+0.85\times0}=615.0\,\text{V}$$

### 9) Step 9(메시전압과 접촉전압의 한계값을 비교하여 판정한다)

Mesh 접촉전압을 계산해도 $E_m = 1{,}010.4$ V가 되고, 접촉전압의 한계값 $E_{touch50} = 618.9$ V보다 크다. 따라서 Step 5에서 설정한 초기 접지저항값을 다시 검토할 필요가 있다. Mesh 접촉전압이 접촉안전전압을 초과하여 감전의 위험성이 있는 경우에는 Mesh의 간격을 줄이고 봉상전극의 수를 증가하는 방안이 검토되어야 한다.

① 메시전극 저항의 저감

메시전극의 총저항을 저감시키면 최대 GPR과 메시전압, 보폭전압이 낮아진다. 메지전극저항을 저

감하는 가장 효과적인 방법은 메시전극 설치면적을 확대하는 것이다. 만일 접지가능면적이 제한되어 있는 경우에는 봉상전극을 깊게 박든가 우물을 파는 것도 가능하고 또 대지고유저항이 낮은 지층에 봉상전극이 도달하도록 타입하는 것도 방법이 된다.

② 메시간격의 조정

메시간격을 좁히면 판(plate)접지에 더욱 가까워진다. 이 경우 변전소 내의 위험한 전위는 제거될 수 있지만 특히 고유저항이 큰 소규모 변전소에서는 접지경계에서의 문제는 더욱 어려워진다. 그러나 메시 가장자리의 급준한 전위경도를 완화하기 위하여 울타리 밖에 메시도체를 매설하는 방법 등으로 해결이 가능하다. 이 전위경도를 조절하는 유효하고 경제적인 또 하나의 방법은 메시의 가장자리에 봉상도체를 증설하는 방법과 가장자리 부분의 메시도체 간격을 좁게 하는 방법도 있다.

③ 고장전류를 다른 통로로 돌리는 방법

송전선로의 가공지선을 연결하거나 변전소 근처에 있는 송전탑의 접지저항을 감소하여 메시전극에 흐르는 전류를 다른 경로로 분류시키는 방법이다.

### 10) Step 10(보폭전압과 보폭전압의 안전한계값과 크기를 비교하여 판정한다)

보폭전압은 $E_s$=615.0 V로 보폭전압의 한계값 $E_{step50}$ = 1,983.3 V보다 적어 안전하다고 할 수 있다.

## 7.2 메시도체과 봉상의 병용접지전극의 설계 사례

그림 16-32의 접지전극은 Step 9에서 접지설계가 불충분한 것을 알 수 있었다. 그래서 그림 16-33과 같이 메시도체 수위에 봉상선극을 설치하는 병용접지진극을 고려한다.

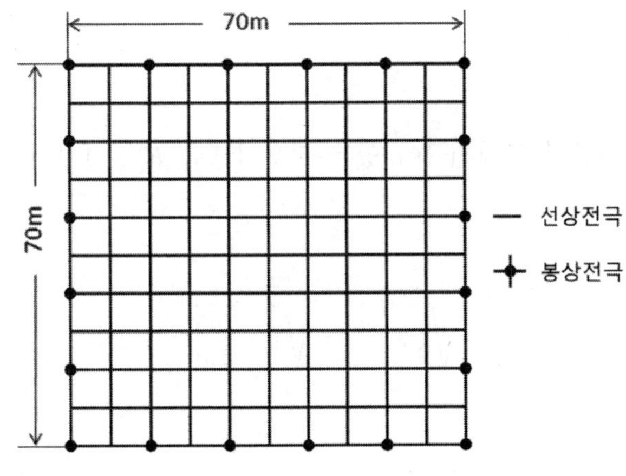


그림 16-33 메시와 봉상의 병용전극 설계

### 1) Step 11(설계제원을 수정한다)

설계제원의 수정은 그림 16-33과 같이 70 m × 70 m의 Mesh 수평도체에 병용하여 7.5 m 길이의 접지봉을 20본 설치한다. 따라서 매설한 도체의 길이는 다음과 같다.

Mesh 수평도체 길이 합계 : $L_C$ = 1,540 m

접지봉의 길이 합계 : $L_R$ = 7.5m × 20본 = 150 m

매설도체의 총길이 : $L$ = $L_C$ + $L_R$ = 1,690 m

### 2) Step 5(병용접지극의 접지저항을 계산한다)

$$R_g = \rho\left[\frac{1}{L} + \frac{1}{\sqrt{20A}}\left(1 + \frac{1}{1 + h\sqrt{20/A}}\right)\right]$$

$$= 400 \times \left[\frac{1}{1{,}690} + \frac{1}{\sqrt{20 \times 4900}}\left(1 + \frac{1}{1 + 0.5\sqrt{20/4900}}\right)\right] = 2.75\,\Omega$$

### 3) Step 6(접지전극에 흐르는 지락전류를 결정한다)

접지전극에 유입하는 전류는 Mesh 접지전극의 설계와 동일한 $I_g$ = 1,924.8 A이다.

### 4) Step 7(GPR과 접촉전압의 크기를 비교하여 판정한다)

구내의 전위상승 GPR은 지락전류와 접지저항의 곱이므로 다음과 같이 계산한다.

$$GPR = I_g \times R_g = 1{,}924.8 \times 2.75 = 5{,}293.2\,\text{V}$$

GPR은 5,293.2V가 되고, 접촉전압의 한계값 $E_{touch50} = 619\,\text{V}$보다 매우 크다.

### 5) Step 8(Mesh 접촉전압과 보폭전압을 계산한다)

(1) Mesh 접촉전압의 계산

$K_{ii}$는

Mesh 접지전극에 병용한 봉상전극이 있는 경우이므로 $K_{ii} = 1.0$이 된다.

$K_h$는

$$K_h = \sqrt{1 + \frac{h}{h_0}} = \sqrt{1 + \frac{0.5}{1.0}} = 1.2247$$

Mesh 간격계수 $K_m$은

$$K_m = \frac{1}{2\pi}\left[\ln\left(\frac{D^2}{16hd} + \frac{(D+2h)^2}{8Dh} - \frac{h}{4d}\right) + \frac{K_{ii}}{K_h}\ln\frac{8}{\pi(2n-1)}\right]$$

$$= \frac{1}{2\pi}\left[\ln\left(\frac{7^2}{16 \times 0.5 \times 0.01} + \frac{(7 + 2 \times 0.5)^2}{8 \times 7 \times 0.01} - \frac{0.5}{4 \times 0.01}\right) + \frac{1}{1.2247}\ln\frac{8}{\pi(2 \times 11 - 1)}\right]$$

$$= 0.7717$$

Mesh 보정계수 $K_i$는

$$K_i = 0.644 + 0.148\,n = 0.644 + 0.148 \times 11 = 2.272$$

Mesh의 유효 길이 $L_M$은

$$L_M = L_C + L_R\left[1.55 + 1.22\left(\frac{L_r}{\sqrt{L_x^2 + L_y^2}}\right)\right]$$

$$= 1540 + 150\left[1.55 + 1.22\left(\frac{7.5}{\sqrt{70^2 + 70^2}}\right)\right] = 1,786.4$$

최대 Mesh 접촉전압 $E_m$는

$$E_m = \frac{\rho \times I_g \times K_m \times K_i}{L_M}$$

$$= \frac{400 \times 1,924.8 \times 0.7717 \times 2.272}{1786.4} = 755.7\text{V}$$

(2) 보폭전압의 계산

보폭전압을 평가하기 위한 간격계수 $K_s$는

$$K_s = \frac{1}{\pi}\left[\frac{1}{2h} + \frac{1}{D+h} + \frac{1}{D}(1 - 0.5^{n-2})\right]$$

$$= \frac{1}{\pi}\left[\frac{1}{2 \times 0.5} + \frac{1}{7+0.5} + \frac{1}{7}(1 - 0.5^{11-2})\right] - 0.4061$$

최대 보폭전압 $E_s$는 다음과 같이 된다.

$$E_s = \frac{\rho \times I_g \times K_s \times K_i}{0.75L_C + 0.85L_R}$$

$$= \frac{400 \times 1,924.8 \times 0.4061 \times 2.272}{0.75 \times 1,540 + 0.85 \times 150} = 553.9\text{V}$$

### 6) Step 9(Mesh 접촉전압과 접촉안전전압을 비교하여 판정한다)

메시전압 $E_m$=755.7 V가 되고 "7.1 메시접지전극의 설계"에서 검토한 값(1,010.4 V)보다 작으나 접촉전압의 한계값 $E_{touch50}$=618.9 V보다는 크다. 따라서 Mesh 접촉전압이 접촉안전전압을 초과하여 감전의 우려가 있으므로 접지봉의 수를 증가하는 방법으로 재검토 한다.

## 7.3 접지봉의 추가 설치 설계 사례

그림 16-33의 접지전극은 Step 9에서 접지설계가 불충분한 것을 알 수 있었다. 그래서 그림 16-34

와 같이 Mesh 도체 주위에 봉상전극을 설치하는 병용접지전극을 고려한다.

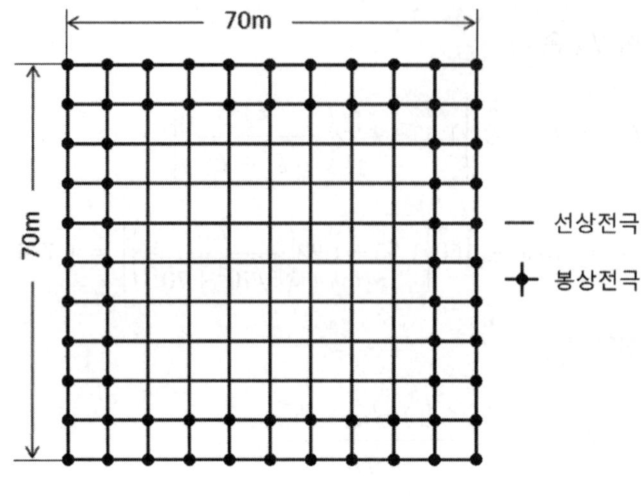


그림 16-34 접지봉의 추가 설치

### 1) Step 11(설계제원을 수정한다)

Mesh 전압을 낮추려면 전극 길이를 $\Delta L$ 만큼 길게 하면 되는데 봉상전극의 수를 늘리면 얻을 수 있다. 메시전압은 메시도체의 길이에 반비례하는 관계에서 다음 식으로 계산한다.

$$\Delta L = \left( \frac{E_m}{E_{touch}} - 1 \right) \times (L_c + L_r)$$

따라서

$$\Delta L = \left( \frac{755.7}{618.9} - 1 \right) \times (1{,}540 + 150) = 373.6\,\mathrm{m}$$

결론적으로 메시전압이 안전한계전압인 $E_{touch50} = 618.9$V보다 적게 되려면 접지도체길이를 $\Delta L$ =373.6m 이상 추가 설치하여야 할 필요가 있다. 봉상전극 7.5 m × 20본을 72본으로 변경하여 설치하면 $L_R$= 7.5 m × 72본 = 540 m(추가 길이 390m)가 된다. 이와 같이 설계제원을 다음과 같이 수정하여 Mesh 접촉전압 $E_m$과 보폭전압 $E_s$를 재계산한다.

메시도체 길이 : $L_c$ = 1,540 m
봉상전극 길이 : $L_r$ = 7.5 × 72 = 540 m
매설도체의 총길이 : $L = L_C + L_R$ = 2,080 m

### 2) Step 5(접지저항을 재계산한다)

$$R_g = \rho\left[\frac{1}{L} + \frac{1}{\sqrt{20A}}\left(1 + \frac{1}{1 + h\sqrt{20/A}}\right)\right]$$

$$= 400 \times \left[\frac{1}{2,080} + \frac{1}{\sqrt{20 \times 4900}}\left(1 + \frac{1}{1 + 0.5\sqrt{20/4900}}\right)\right] = 2.71$$

### 3) Step 8(구내의 전위경도를 평가하기 위한 Mesh 접촉전압과 보폭전압의 재계산 한다)

(1) Mesh 접촉전압의 계산

Mesh의 유효 길이 $L_M$은

$$L_M = L_C + L_R\left[1.55 + 1.22\left(\frac{L_r}{\sqrt{L_x^2 + L_y^2}}\right)\right]$$

$$= 1540 + 540\left[1.55 + 1.22\left(\frac{7.5}{\sqrt{70^2 + 70^2}}\right)\right] = 2,426.9$$

최대 Mesh 접촉전압 $E_m$는

$$E_m = \frac{\rho \times I_g \times K_m \times K_i}{L_M}$$

$$= \frac{400 \times 1,924.8 \times 0.7717 \times 2.272}{2,426.9} = 556.2\text{V}$$

(2) 보폭전압의 계산

보폭전압을 평가하기 위한 Mesh 간격계수 $K_s$는

$$K_s = \frac{1}{\pi}\left[\frac{1}{2h} + \frac{1}{D+h} + \frac{1}{D}(1 - 0.5^{n-2})\right]$$

$$= \frac{1}{\pi}\left[\frac{1}{2 \times 0.5} + \frac{1}{7 + 0.5} + \frac{1}{7}(1 - 0.5^{11-2})\right] = 0.4061$$

보폭전압 $E_s$는 다음과 같이 된다.

$$E_s = \frac{\rho \times I_g \times K_s \times K_i}{0.75L_C + 0.85L_R}$$

$$= \frac{400 \times 1,924.8 \times 0.4061 \times 2.272}{0.75 \times 1,540 + 0.85 \times 540} = 440.1\text{V}$$

### 4) Step 9(메시전압과 접촉전압의 한계값을 비교하여 판정한다)

결과는 Mesh전압이 $E_m$=556.2 V로 접촉전압의 한계값 $E_{touch50}$=618.9 V보다 작게 되어 안전한 값이 된다.

### 5) Step 10(보폭전압과 보폭전압의 안전한계값과 크기를 비교하여 판정한다)

보폭전압은 $E_s$=440.1 V로 줄어들고, 보폭전압의 한계값 $E_{step50}$=1,983.3 V보다 매우 적어 안전한 값이 된다.

### 6) Step 12(설계완료)

Step9, 10에서 판정이 "YES"이므로 설계가 완성되었다. 여기서, 유의할 것은 IEEE 설계방법으로 메시전압, 보폭전압 등을 고려하고 있는 것과 접지저항계산식에서 병용접지전극으로서 봉상전극의 배치 등을 전혀 고려하고 있지 않다는 점이다. 향후 개선되겠지만 전반적으로 보아 매우 개략적인 설계임에 유의하여야 한다.

## 7.4 접지봉을 병용 설치한 직사각형 Mesh

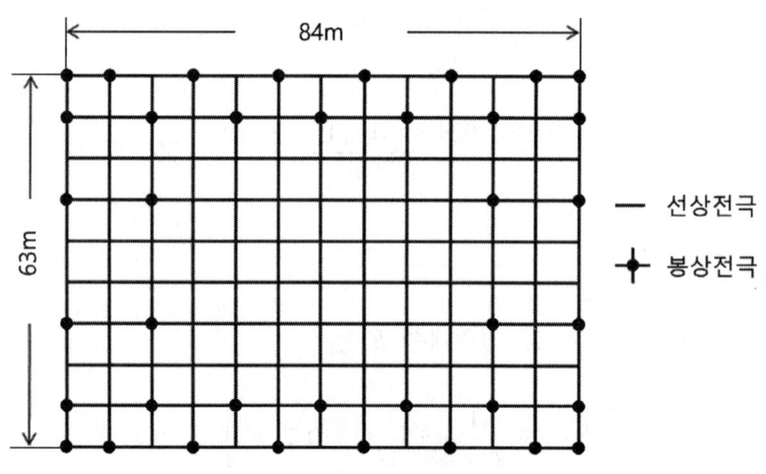


그림 16-35 접지봉을 병용한 직사각형 Mesh

### 4) Step 4(초기설계의 접지전극 제원을 설정한다)

직사각형 Mesh의 초기설계제원은 다음과 같다.

· Mesh X 축의 길이 : 84 m
· Mesh Y 축의 길이 : 63 m
· Mesh 간격 : 7m
· Mesh 길이 합계 : 1,659 m
· Mesh 면적 : 5,292 ㎡
· 접지봉 길이 : 10 m

· 접지봉 수량 : 38 개
· 접지봉 길이 합계 : 380 m
· Mesh와 접지봉 길이 합계 : 2,039 m

### 5) Step 5(접지저항을 계산한다)

$$R_g = \rho\left[\frac{1}{L} + \frac{1}{\sqrt{20A}}\left(1 + \frac{1}{1 + h\sqrt{20/A}}\right)\right]$$

$$= 400 \times \left[\frac{1}{2,039} + \frac{1}{\sqrt{20 \times 5292}}\left(1 + \frac{1}{1 + 0.5\sqrt{20/5292}}\right)\right] = 2.62\,\Omega$$

### 3) Step 8(구내의 전위경도를 평가하기 위한 Mesh 접촉전압과 보폭전압을 계산한다)

(1) 최대 Mesh 접촉전압의 계산

한 방향의 도체 수 $n$은

$$n = n_a \times n_b \times n_c \times n_d = 11.2857 \times 1.0052 \times 1 \times 1 = 11.3444$$

여기에서,

$$n_a = \frac{2 \times L_C}{L_p} = \frac{2 \times 1659}{294} = 11.2857$$

$$n_b = \sqrt{\frac{L_p}{4\sqrt{A}}} = \sqrt{\frac{294}{4 \times \sqrt{5,292}}} = 1.0052$$

$n_c$, $n_d = 1$(직사각형 Mesh에 적용)

$K_{ii}$는 $K_{ii} = 1$

$K_h$는 $K_h = \sqrt{1 + \frac{h}{h_0}} = \sqrt{1 + \frac{0.5}{1.0}} = 1.2247$

Mesh 간격계수 $K_m$은

$$K_m = \frac{1}{2\pi}\left[\ln\left(\frac{D^2}{16hd} + \frac{(D+2h)^2}{8Dh} - \frac{h}{4d}\right) + \frac{K_{ii}}{K_h}\ln\frac{8}{\pi(2n-1)}\right]$$

$$= \frac{1}{2\pi}\left[\ln\left(\frac{7^2}{16 \times 0.5 \times 0.01} + \frac{(7+2\times 0.5)^2}{8 \times 7 \times 0.01} - \frac{0.5}{4 \times 0.01}\right) + \frac{1.0}{1.2247}\ln\frac{8}{\pi(2 \times 11.3444 - 1)}\right]$$

$$= 0.7675$$

Mesh 보정계수 $K_i$는

$$K_i = 0.644 + 0.148\,n = 0.644 + 0.148 \times 11.3444 = 2.323$$

Mesh의 유효 길이 $L_M$은

$$L_M = L_C + L_R\left[1.55 + 1.22\left(\frac{L_r}{\sqrt{L_x^2 + L_y^2}}\right)\right]$$

$$= 1659 + 380\left[1.55 + 1.22\left(\frac{10}{\sqrt{84^2 + 63^2}}\right)\right] = 2,292.2$$

최대 Mesh 접촉전압 $E_m$는

$$E_m = \frac{\rho \times I_g \times K_m \times K_i}{L_M}$$

$$= \frac{400 \times 1,924.8 \times 0.7675 \times 2.323}{2,292.2} = 598.9\text{V}$$

(2) 보폭전압의 계산

보폭전압을 평가하기 위한 Mesh 간격계수 $K_s$는

$$K_s = \frac{1}{\pi}\left[\frac{1}{2h} + \frac{1}{D+h} + \frac{1}{D}(1 - 0.5^{n-2})\right]$$

$$= \frac{1}{\pi}\left[\frac{1}{2 \times 0.5} + \frac{1}{7+0.5} + \frac{1}{7}(1 - 0.5^{11.3444-2})\right] = 0.4062$$

보폭전압 $E_s$는 다음과 같이 된다.

$$E_s = \frac{\rho \times I_g \times K_s \times K_i}{0.75L_C + 0.85L_R}$$

$$= \frac{400 \times 1,924.8 \times 0.4062 \times 2.323}{0.75 \times 1,659 + 0.85 \times 380} = 463.5\,\text{V}$$

#### 4) Step 9(Mesh 접촉전압과 접촉안전전압을 비교하여 판정한다)

결과는 Mesh전압이 $E_m$=598.9 V로 접촉안전전압의 한계값 $E_{touch50}$=618.9 V보다 작게 되어 안전한 값이 된다.

#### 5) Step 10(Mesh 보폭전압과 보폭안전전압의 크기를 비교하여 판정한다)

Mesh 보폭전압은 $E_s$=463.5 V로 보폭안전전압 $E_{step50}$=1,983.3 V보다 매우 적어 안전한 값이 된다.

## 7.5 접지봉을 병용 설치한 L형 Mesh

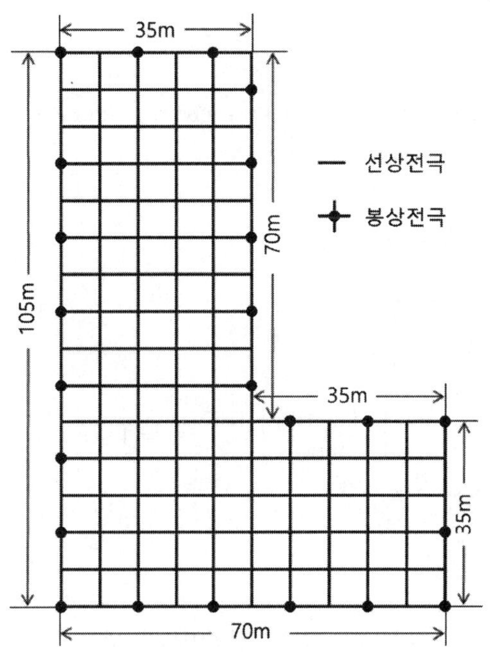


그림 16-36 접지봉을 병용한 L형 Mesh

### 4) Step 4(초기설계의 접지전극 제원을 설정한다)

직사각형 Mesh의 초기설계제원은 다음과 같다.

- Mesh X 축의 최대길이 : 70 m
- Mesh Y 축의 최대길이 : 105 m
- Mesh 간격 : 7m
- Mesh 길이 합계 : 1,575 m
- Mesh 면적 : 4900 ㎡
- 접지봉 길이 : 7.5 m
- 접지봉 수량 : 24 개
- 접지봉 길이 합계 : 180 m
- Mesh와 접지봉 길이 합계 : 1,755 m

### 5) Step 5(접지저항을 계산한다)

$$R_g = \rho\left[\frac{1}{L} + \frac{1}{\sqrt{20A}}\left(1 + \frac{1}{1 + h\sqrt{20/A}}\right)\right]$$

$$= 400 \times \left[\frac{1}{1{,}755} + \frac{1}{\sqrt{20 \times 4900}}\left(1 + \frac{1}{1 + 0.5\sqrt{20/4900}}\right)\right] = 2.74\,\Omega$$

### 3) Step 8(구내의 전위경도를 평가하기 위한 Mesh 접촉전압과 보폭전압의 계산한다)

(1) 최대 Mesh 접촉전압의 계산

한 방향의 도체 수 $n$은

$$n = n_a \times n_b \times n_c \times n_d = 9 \times 1.118 \times 1.2083 \times 1 = 12.1579$$

여기에서,

$$n_a = \frac{2 \times L_C}{L_p} = \frac{2 \times 1575}{350} = 9.0$$

$$n_b = \sqrt{\frac{L_p}{4\sqrt{A}}} = \sqrt{\frac{350}{4 \times \sqrt{4900}}} = 1.118$$

$$n_c = \left[\frac{L_x \times L_y}{A}\right]^{\frac{0.7A}{L_x \times L_y}} = \left[\frac{70 \times 105}{4900}\right]^{\frac{0.7 \times 4900}{70 \times 105}} = 1.2083$$

$n_d = 1$(L형 Mesh에 적용)

$K_{ii}$는

Mesh 접지전극에 병용한 봉상전극이 있는 경우이므로 $K_{ii} = 1.0$이 된다.

$K_h$는

$$K_h = \sqrt{1 + \frac{h}{h_0}} = \sqrt{1 + \frac{0.5}{1.0}} = 1.2247$$

Mesh 간격계수 $K_m$은

$$K_m = \frac{1}{2\pi}\left[\ln\left(\frac{D^2}{16hd} + \frac{(D+2h)^2}{8Dh} - \frac{h}{4d}\right) + \frac{K_{ii}}{K_h}\ln\frac{8}{\pi(2n-1)}\right]$$

$$= \frac{1}{2\pi}\left[\ln\left(\frac{7^2}{16 \times 0.5 \times 0.01} + \frac{(7+2\times0.5)^2}{8\times7\times0.01} - \frac{0.5}{4\times0.01}\right) + \frac{1.0}{1.2247}\ln\frac{8}{\pi(2\times12.1579-1)}\right]$$

$$= 0.7581$$

Mesh 보정계수 $K_i$는

$$K_i = 0.644 + 0.148\,n = 0.644 + 0.148 \times 12.1579 = 2.4434$$

Mesh의 유효 길이 $L_M$은

$$L_M = L_C + L_R\left[1.55 + 1.22\left(\frac{L_r}{\sqrt{L_x^2 + L_y^2}}\right)\right]$$

$$= 1575 + 180\left[1.55 + 1.22\left(\frac{7.5}{\sqrt{70^2 + 105^2}}\right)\right] = 1867.1$$

최대 Mesh 접촉전압 $E_m$는

$$E_m = \frac{\rho \times I_g \times K_m \times K_i}{L_M}$$

$$= \frac{400 \times 1,924.8 \times 0.7581 \times 2.4434}{1867.1} = 763.9\text{V}$$

(2) 보폭전압의 계산

보폭전압을 평가하기 위한 Mesh 간격계수 $K_s$는

$$K_s = \frac{1}{\pi}\left[\frac{1}{2h} + \frac{1}{D+h} + \frac{1}{D}(1-0.5^{n-2})\right]$$

$$= \frac{1}{\pi}\left[\frac{1}{2\times 0.5} + \frac{1}{7+0.5} + \frac{1}{7}(1-0.5^{12.1579-2})\right] = 0.4062$$

보폭전압 $E_s$는 다음과 같이 된다.

$$E_s = \frac{\rho \times I_q \times K_s \times K_i}{0.75L_C + 0.85L_R}$$

$$= \frac{400 \times 1,924.8 \times 0.4062 \times 2.443}{0.75 \times 1,575 + 0.85 \times 180} = 572.7\text{V}$$

#### 4) Step 9(메시전압과 접촉전압의 한계값을 비교하여 판정한다)

결과는 Mesh전압이 $E_m$=763.9 V로 접촉전압의 한계값 $E_{touch50}$=618.9 V보다 크게 되어 감전의 위험성이 있다.

#### 5) Step 10(보폭전압과 보폭전압의 안전한계값과 크기를 비교하여 판정한다)

보폭전압은 $E_s$=572.7 V로 보폭전압의 한계값 $E_{step50}$=1,983.3 V보다 매우 적어 안전한 값이 된다.

#### 6) Step 11(설계제원을 수정한다)

그림 16-36의 접지전극은 Step 9에서 접지설계가 불충분한 것을 알 수 있었다. Mesh 전압을 낮추려면 전극 길이를 $\Delta L$ 만큼 길게 하면 되는데 Mesh 도체 또는 봉상전극의 수를 늘리면 얻을 수 있다. 메시전압은 메시도체의 길이에 반비례하는 관계에서 다음 식으로 $\Delta L$을 계산한다.

$$\Delta L = \left(\frac{E_m}{E_{touch}} - 1\right) \times (L_c + L_r) = \left(\frac{763.9}{618.9} - 1\right) \times (1,575 + 180) = 411.2\text{m}$$

메시전압이 안전한계전압인 $E_{touch50}$ = 618.9 V보다 적게 되려면 접지도체길이를 $\Delta L$=411.2 m 이상 추가 설치하여야 할 필요가 있다. 봉상전극 7.5 m × 24본을 92본으로 변경하여 설치하면 $L_R$= 7.5 m×92본 = 690 m(추가 길이 510 m)가 된다. 그래서 그림 16-37과 같이 Mesh 도체 주위에 봉상전극을 추가로 설치하는 병용접지전극을 고려한다.

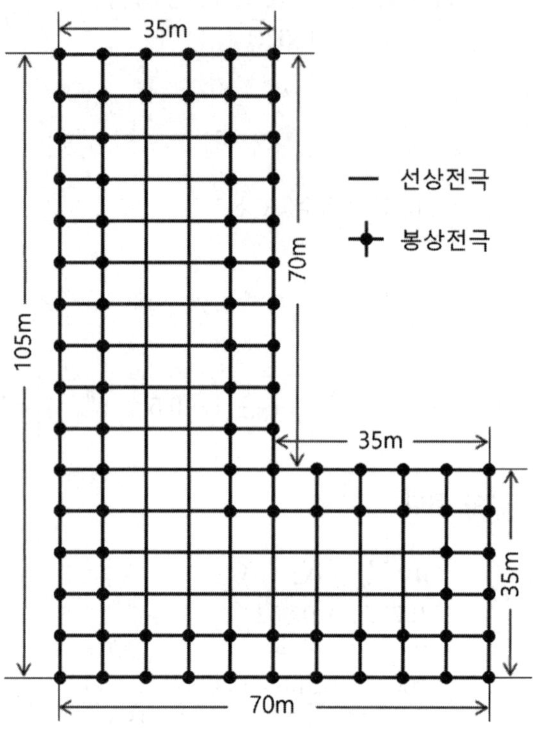


그림 16-37 접지봉을 추가 설치한 L형 Mesh

### 7) Step 5(접지저항을 재계산한다)

- Mesh 길이 합계 : 1,575 m
- 접지봉 길이 : 7.5 m
- 접지봉 수량 : 92 개
- 접지봉 길이 합계 : 690 m
- Mesh와 접지봉 길이 합계 : 2,265 m

$$R_g = \rho\left[\frac{1}{L} + \frac{1}{\sqrt{20A}}\left(1 + \frac{1}{1 + h\sqrt{20/A}}\right)\right]$$

$$= 400 \times \left[\frac{1}{2{,}265} + \frac{1}{\sqrt{20 \times 4900}}\left(1 + \frac{1}{1 + 0.5\sqrt{20/4900}}\right)\right] = 2.69$$

### 8) Step 8(구내의 전위경도를 평가하기 위한 Mesh 접촉전압과 보폭전압의 재계산 한다)

(1) Mesh 접촉전압의 계산

Mesh의 유효 길이 $L_M$은

$$L_M = L_C + L_R\left[1.55 + 1.22\left(\frac{L_r}{\sqrt{L_x^2 + L_y^2}}\right)\right]$$

$$= 1,575 + 690\left[1.55 + 1.22\left(\frac{7.5}{\sqrt{70^2 + 105^2}}\right)\right] = 2,694.5$$

최대 Mesh 접촉전압 $E_m$는

$$E_m = \frac{\rho \times I_g \times K_m \times K_i}{L_M}$$

$$= \frac{400 \times 1,924.8 \times 0.7581 \times 2.4434}{2,694.5} = 529.3\text{V}$$

(2) 보폭전압의 계산

보폭전압을 평가하기 위한 Mesh 간격계수 $K_s$는

$$K_s = \frac{1}{\pi}\left[\frac{1}{2h} + \frac{1}{D+h} + \frac{1}{D}(1 - 0.5^{n-2})\right]$$

$$= \frac{1}{\pi}\left[\frac{1}{2 \times 0.5} + \frac{1}{7 + 0.5} + \frac{1}{7}(1 - 0.5^{12.1579-2})\right] = 0.4062$$

보폭전압 $E_s$는 다음과 같이 된다.

$$E_s = \frac{\rho \times I_g \times K_s \times K_i}{0.75L_C + 0.85L_R}$$

$$= \frac{400 \times 1,924.8 \times 0.4062 \times 2.4434}{0.75 \times 1,575 + 0.85 \times 690} = 432.3\text{V}$$

### 9) Step 9(메시전압과 접촉전압의 한계값을 비교하여 판정한다)

결과는 Mesh전압이 접촉전압의 한계값 보다 작게 되어 감전으로부터 안전한 값이 된다.

### 10) Step 10(보폭전압과 보폭전압의 안전한계값과 크기를 비교하여 판정한다)

Mesh 보폭전압은 보폭안전전압보다 매우 적어 안전한 값이 된다.

### 11) Step 12(설계완료)

Step9, 10에서 판정이 "YES"이므로 설계가 완성되었다.

# 8 Power Tools을 이용한 접지설계 및 분석

## 8.1 접지설계 Data 입력

### 1) Program 실행 및 New Project 생성

Program을 실행하여 그림 16-38에서 'Project/New'를 클릭하면 그림 16-39의 창이 나타난다.

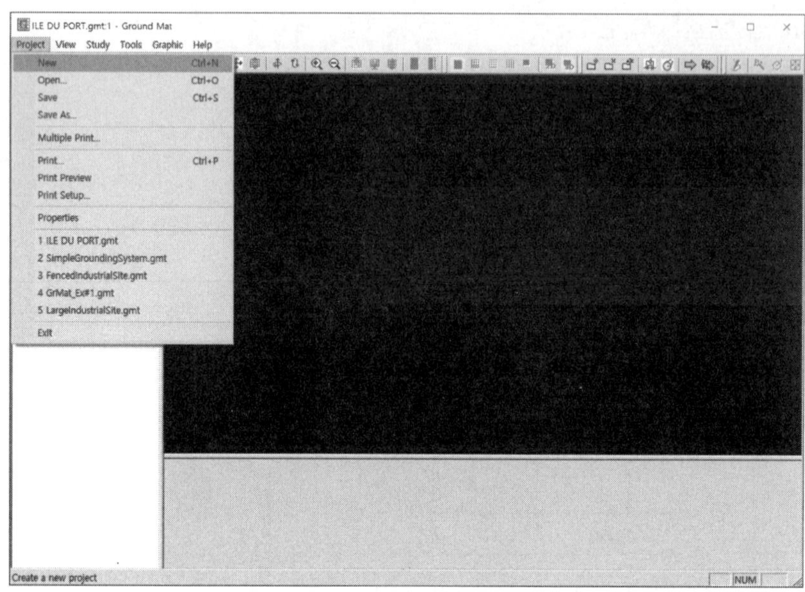

그림 16-38 Project 생성

### 2) Project Name 입력

아래 그림에서 Project Name 'Edu. Sample'을 입력하고 'OK' 버튼을 클릭한다.

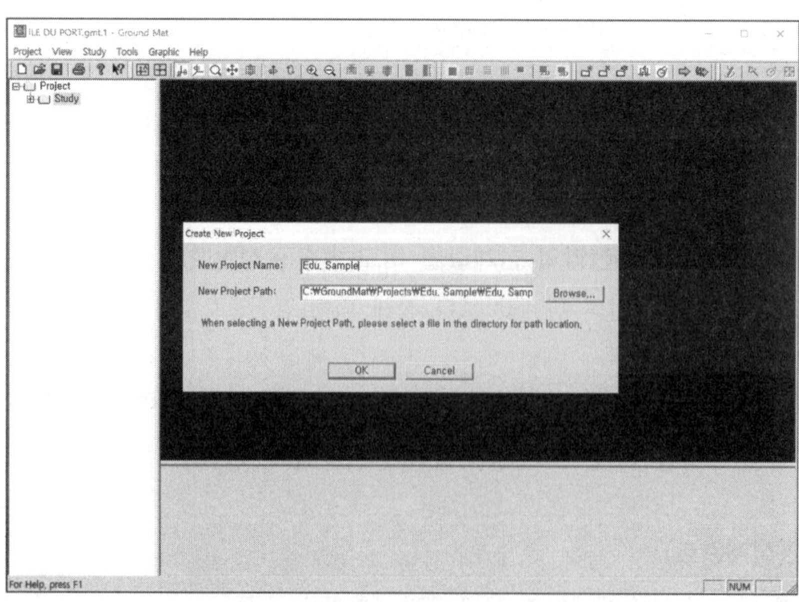

그림 16-39 Project Name 입력

### 3) Study Name 입력

다음의 대화창이 나오면 “Study Name"를 입력하고 ‘OK’ 버튼을 클릭한다.

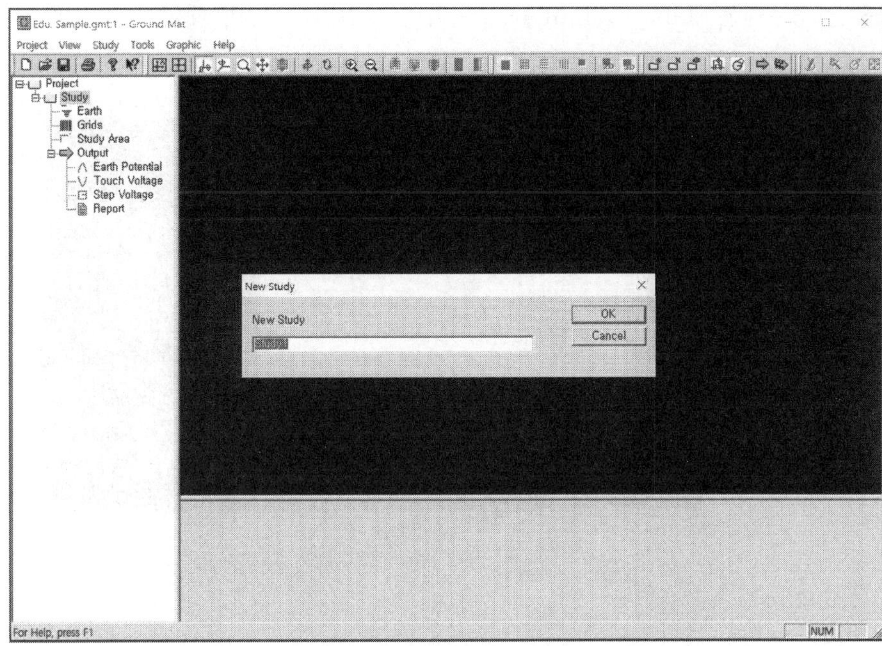


그림 16-40 New Study

### 4) Study 단위 설정

다음의 Study Unit Setup 대화창이 나타나면 ‘Metric’을 선택하고 ’OK’ 버튼을 클릭한다.

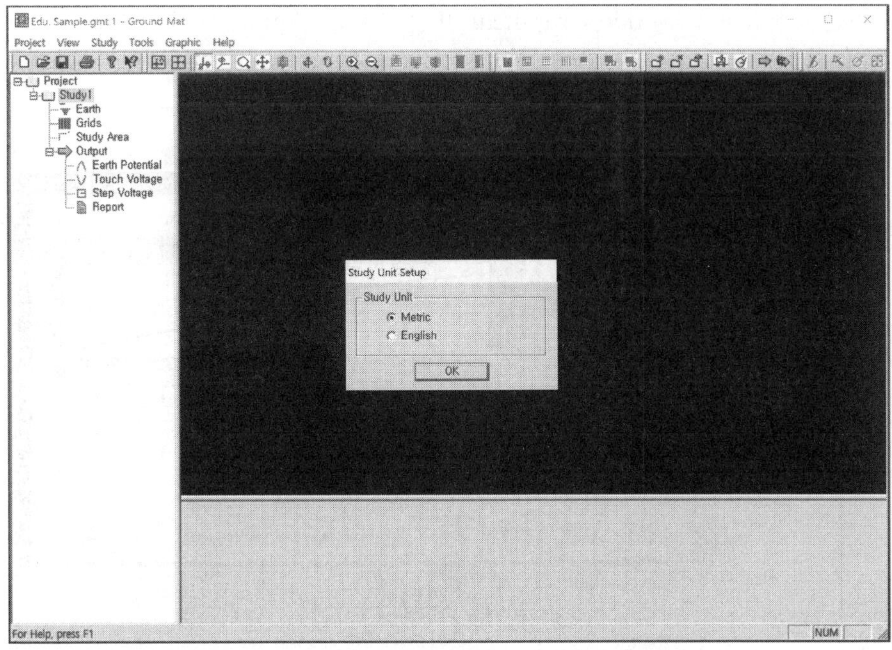


그림 16-41 Study Unit Setup

### 5) Earth Library Selection

그림 16-42에서 'Earth'를 선택하면 아래의 'Earth Library Selection'창이 나타난다. Earth Library를 사용할 경우에는 'Library Edit'를 클릭하면 그림 16-43의 대화창이 나타난다.

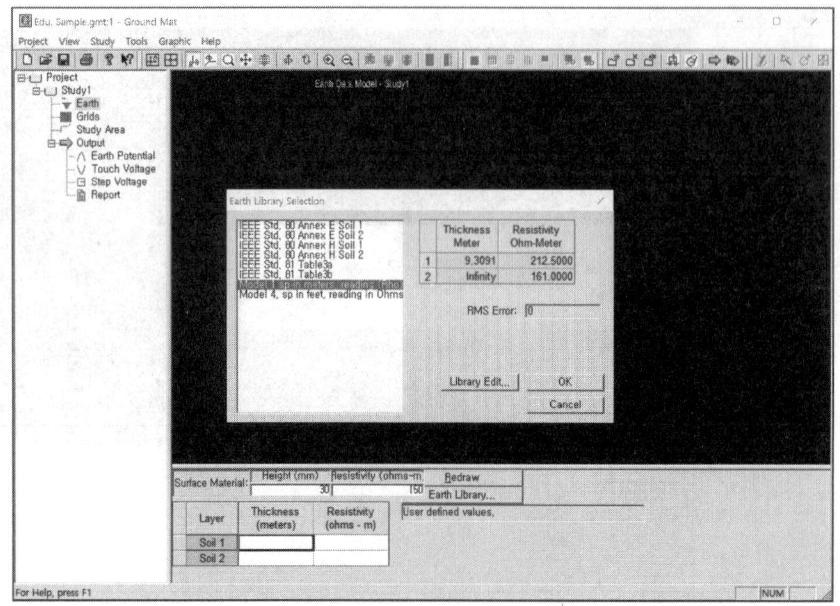

그림 16-42 Earth Library Selection

### 6) Soil Measurement Fitting Library

'Earth Model Entries'에서 접지모델을 선택한 후 접지측정 데이터를 입력한 후, 2층구조의 대지층으로 분할하기 위한 계산방식을 'Sunde Graphical' 또는 'Least Square'에서 선택한 후 'Fit Data'를 클릭하면, 그림에서 그래프가 나타난다.

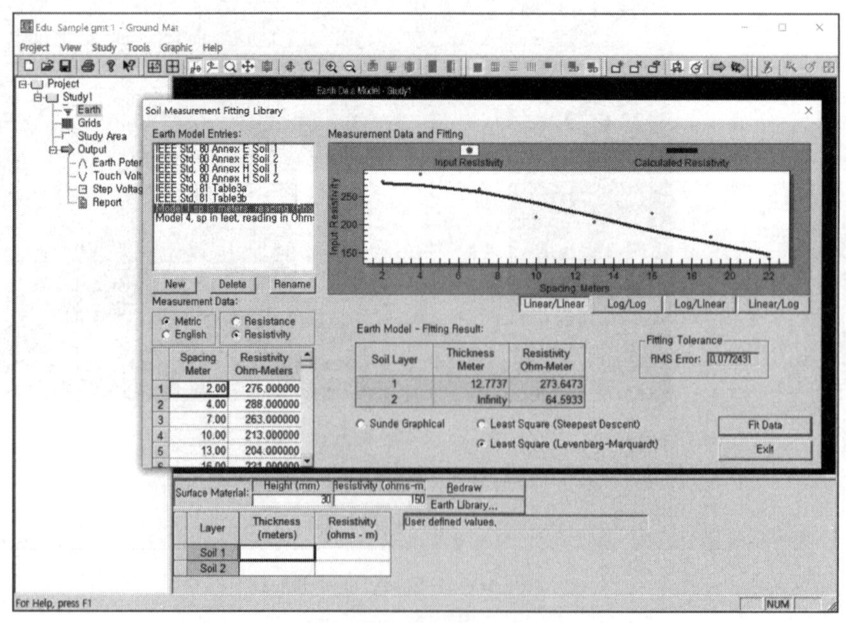

그림 16-43 Soil Measurement Fitting Library

## 7) 2층구조의 대지저항률

아래 그림에서 'OK' 버튼을 클릭하면 2층구조의 대지저항률이 그림 16-45과 같이 적용된다.

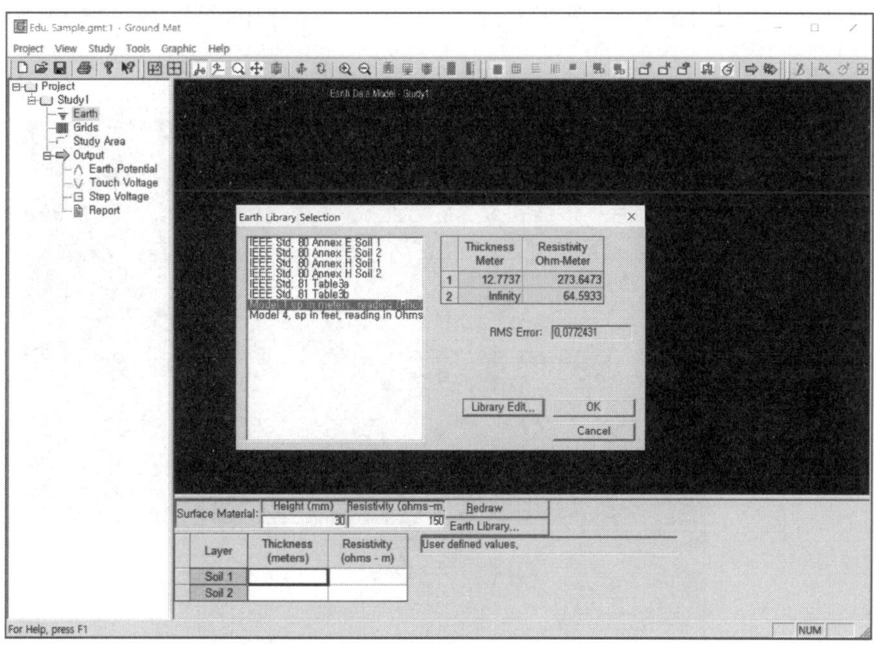


그림 16-44 2층구조의 대지저항률

## 8) 2층구조의 대지성분

다음 그림과 같이 각각의 대지저항률을 갖는 2층구조의 대지성분이 생성된 것을 확인할 수 있다. Ground mat에 자갈층이 있는 경우에는 자갈층의 깊이와 대지저항률을 입력한다.

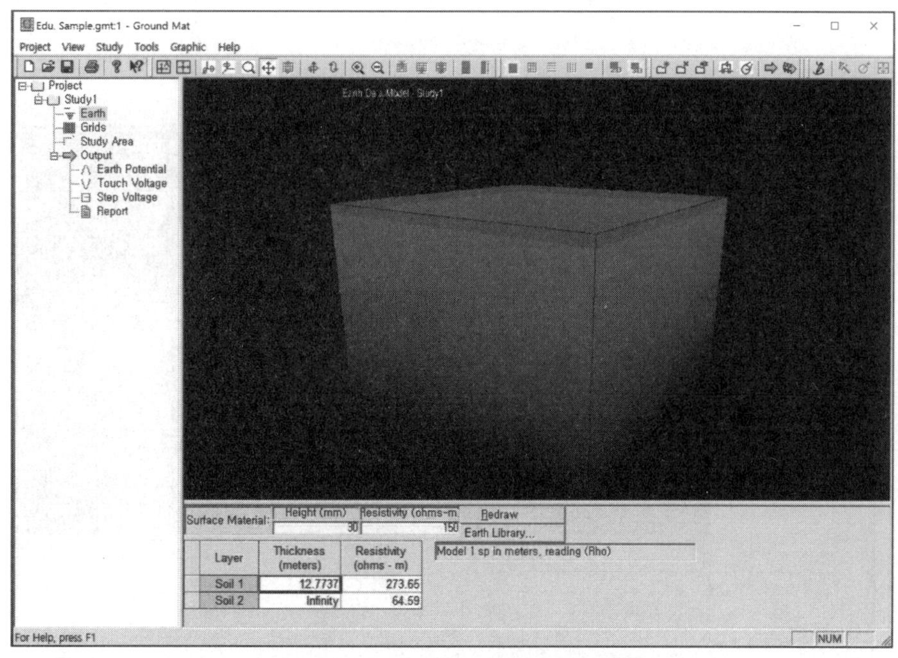


그림 16-45 2층구조의 대지 성분

### 9) 사용자 설정 대지성분의 입력

'Soil Measurement Fitting Library'를 사용하여 대지구조를 2층구조로 적용하지 않을 경우에는 아래 그림에서와 같이 대지깊이에 따른 대지저항률과 자갈층의 대지저항률을 직접 입력한다.

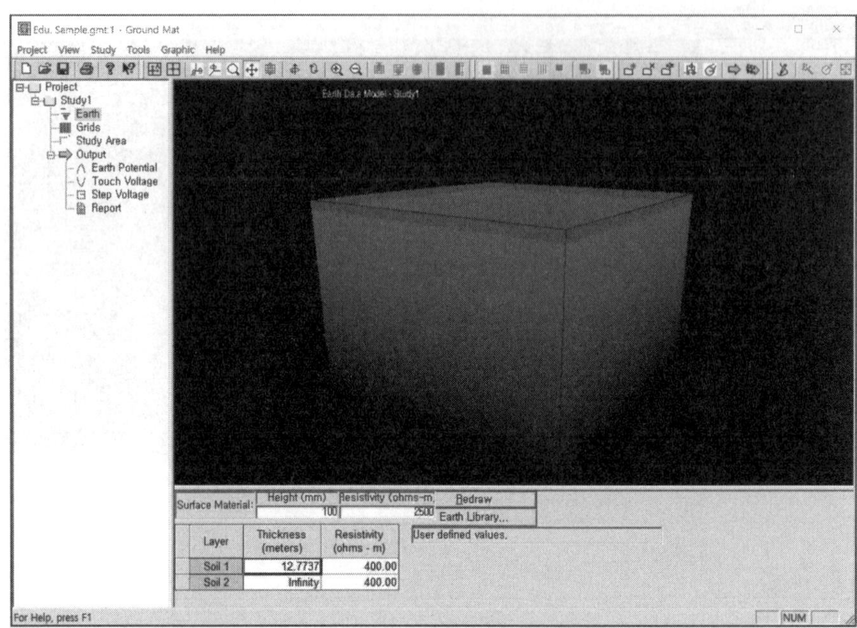


그림 16-46 사용자 설정 대지 성분

### 10) New Grid 생성

'Study/Grids'를 선택하고 다음 그림과 같이 'New Grid'명을 입력 후 'OK'를 클릭하여 'New Grid'를 생성한다.

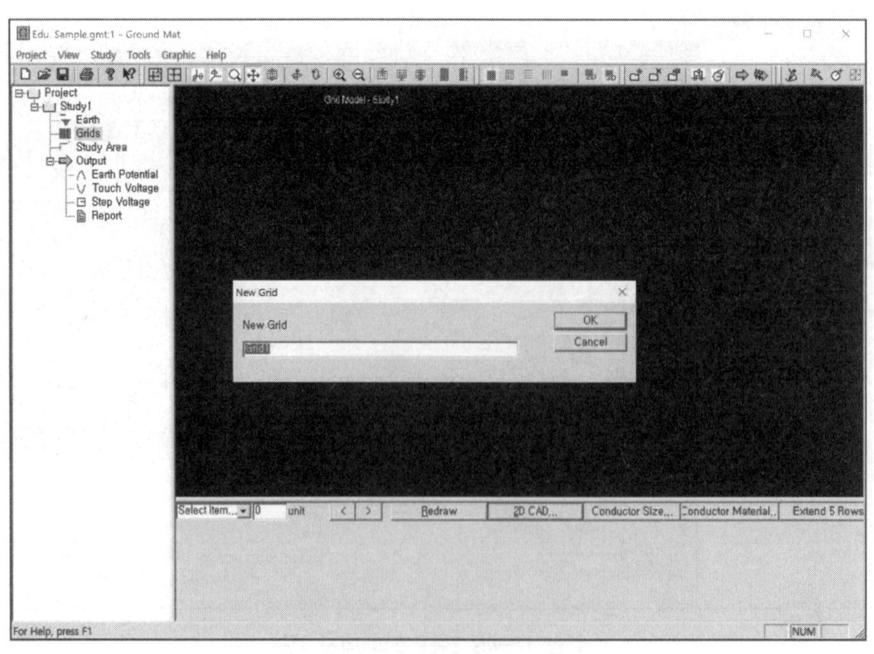


그림 16-47 New Grid 생성

### 11) 2D Grid CAD 대화창 열기

그림 16-47에서 '2D CAD' 버튼을 클릭하면 아래의 그림이 나타난다. 여기에서 그리기 도구 아이콘을 사용하여 Grid 접지전극을 그린다.

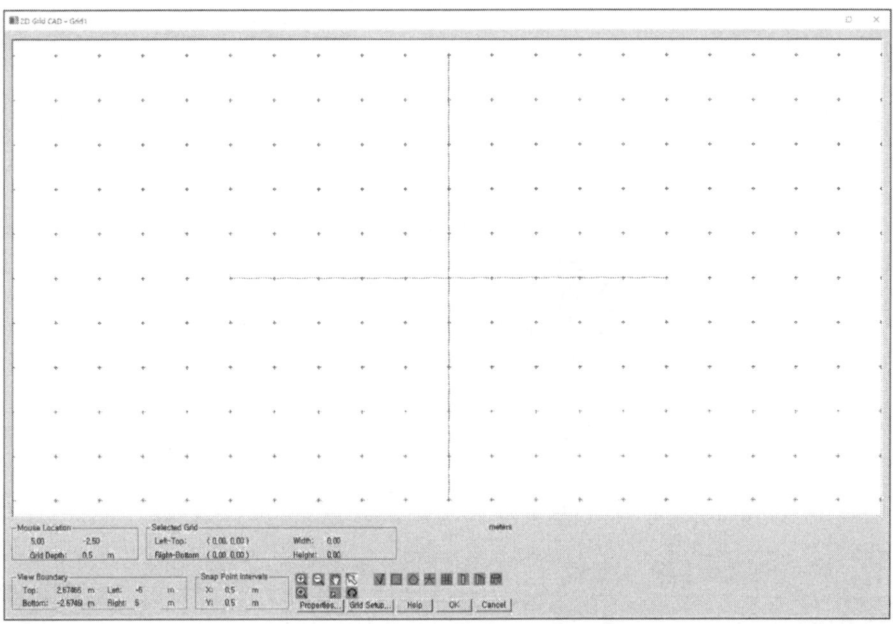

그림 16-48 2D Grid CAD 대화창 열기

### 12) 2D CAD 그리기 속성 설정

다음 그림에서 "Properties"를 클릭하면, "2D Grid CAD Properties" 창이 나타난다. 여기에서 'Viewing Area Boundary', 'Snap Point Intervals' 등의 그리기 속성을 설정한다.

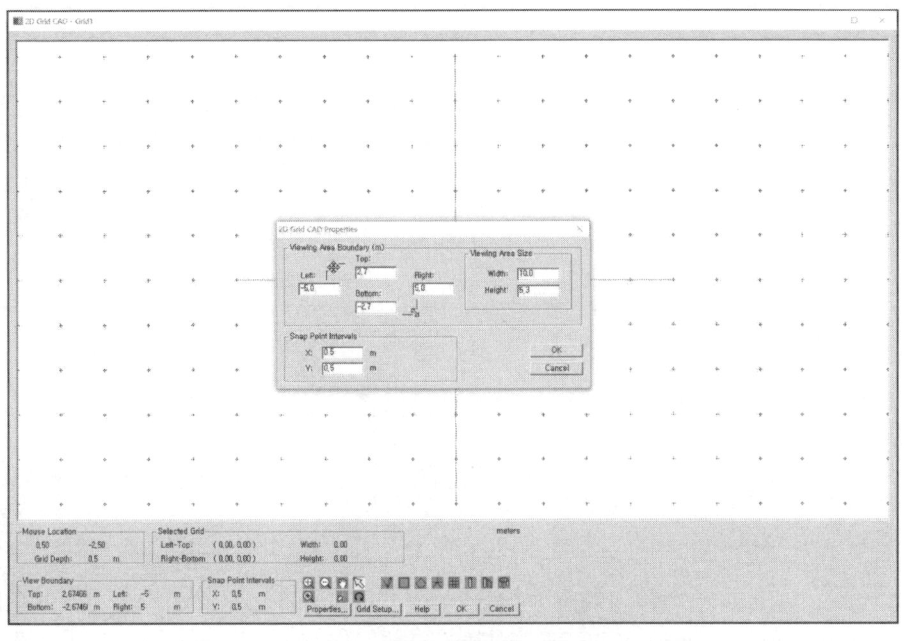

그림 16-49 그리기 속성 설정

### 13) Grid 설정

다음 그림과 같이 'Grid Setup'를 클릭하면 아래 그림의 대화창이 나타난다. 여기서 Grid 접지전극의 매설깊이, 도체의 반경, 접지봉의 반경, 접지봉의 길이 등을 입력한다.

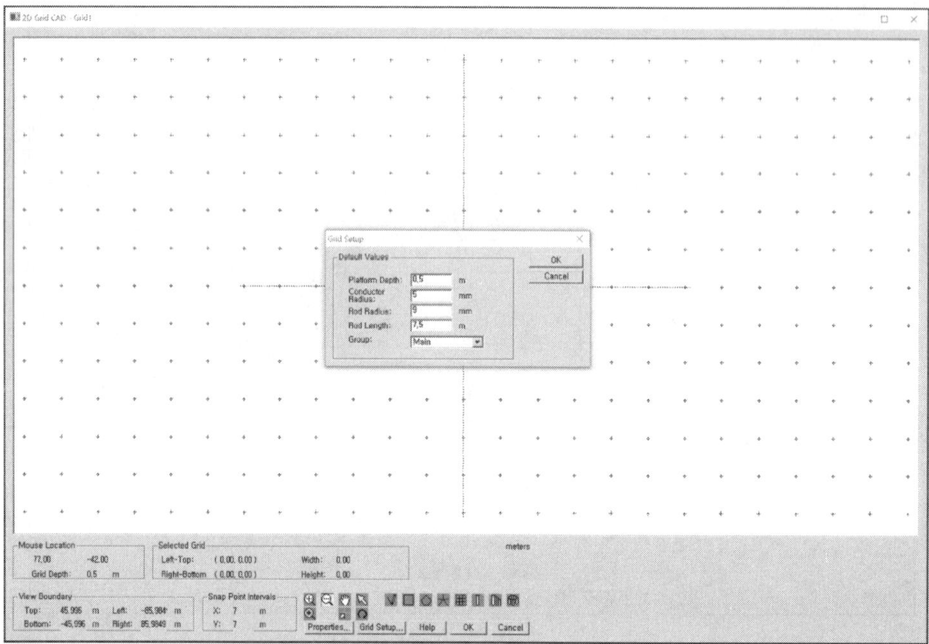

그림 16-50 Grid Setup

### 14) 직사각형 그리기

다음 그림과 같이 Rectangle 아이콘 클릭하여 Grid 가장자리 사각형을 그린다.

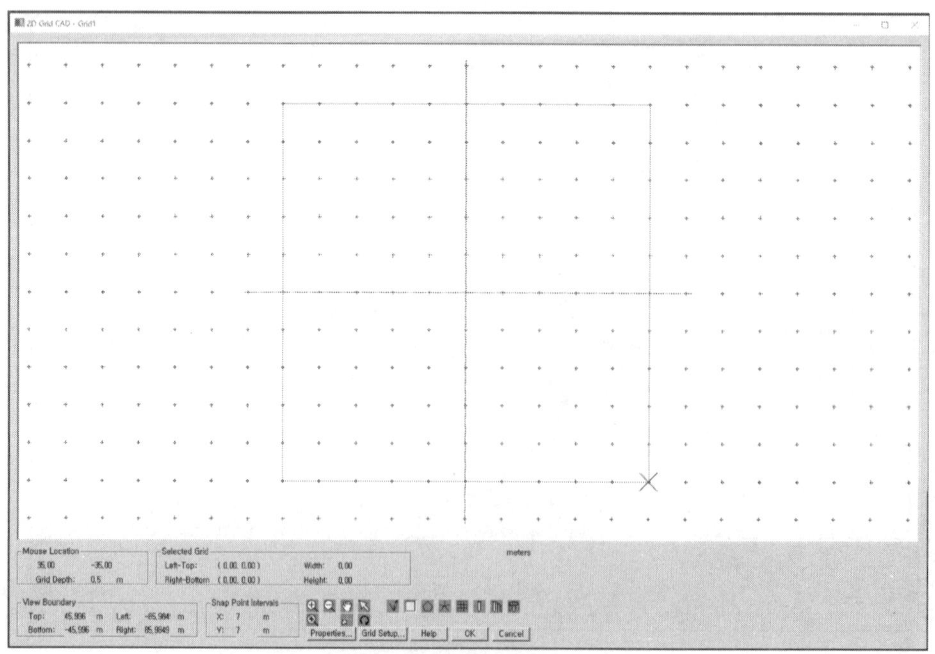

그림 16-51 Rectangle 그리기

### 15) Grid Line 설정

Grid를 완성하기 위하여 Grid Net 아이콘을 클릭하면 다음의 대화창이 나타난다. Grid Line의 간격 크기 또는 Grid Line의 개수를 입력할 수 있다. 여기서는 간격크기에 수평간격 7 m, 수직간격 7 m로 입력한다.

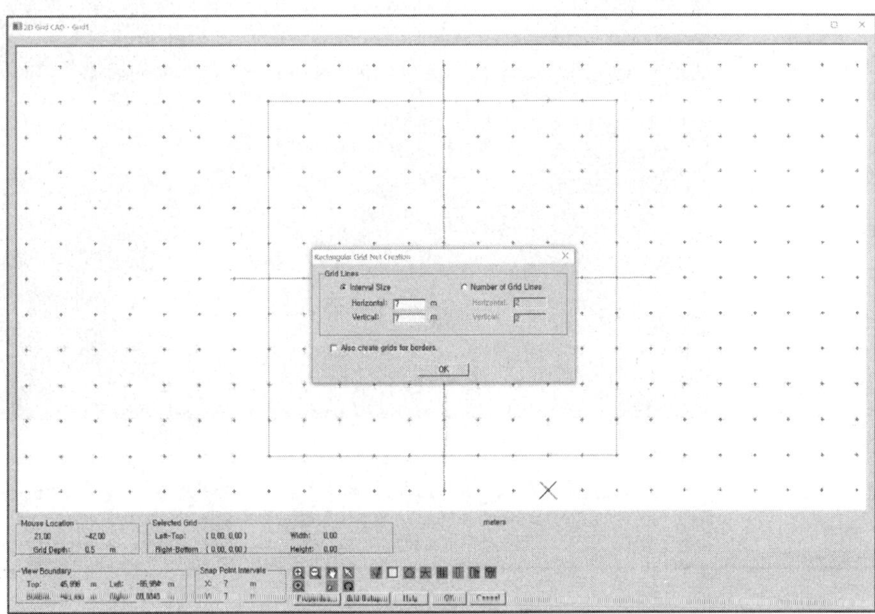

그림 16-52 Grid Line 설정

### 16) Grid Net 그리기

그림 16-52에서 Grid Line을 입력 후 'OK'를 클릭하여 설정을 완료한다. 마우스로 아래 그림 16-53와 같이 그리기를 완성한다.

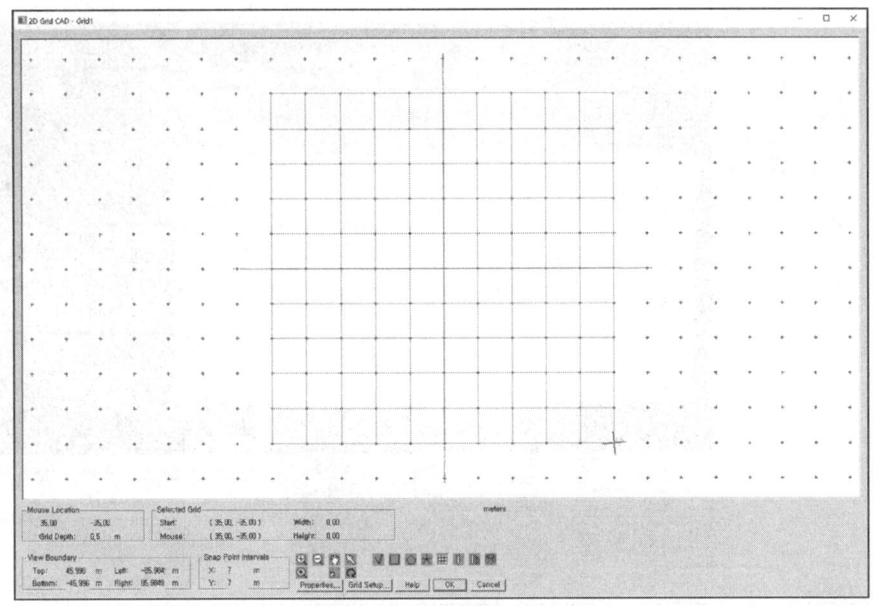

그림 16-53 Grid Net 그리기

### 17) Grid의 완성

그림 16-53에서 'OK'를 클릭하면 다음 그림과 같이 완성된 Grid를 볼 수 있다.

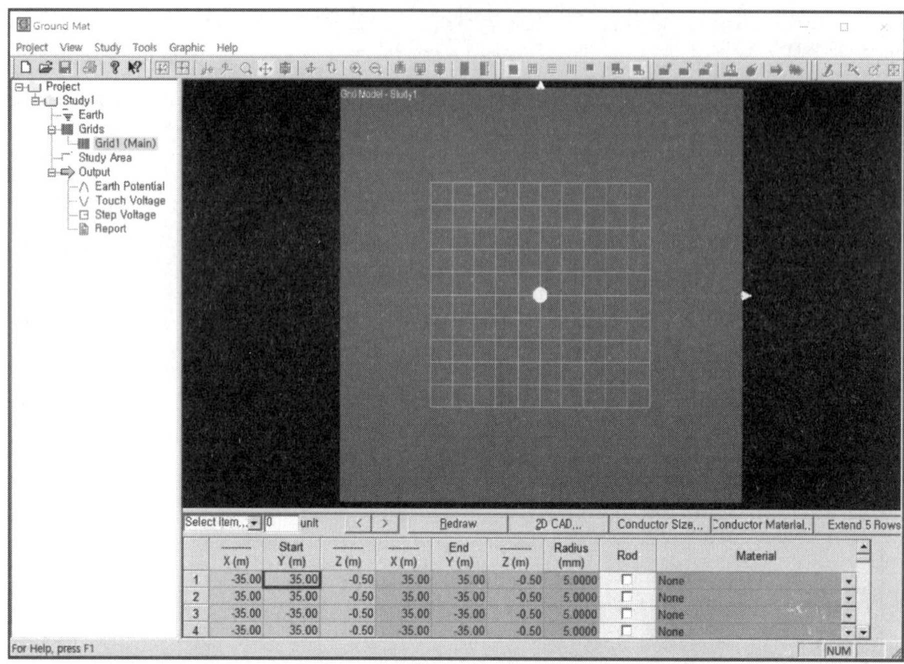

그림 16-54 Grid의 완성

### 18) Conductor Size Selection

'Conductor Size'를 클릭하면 아래 그림과 같이 'Conductor Size Selection' 창이 나타난다. Grid와 Rod의 굵기를 선정할 수 있다.

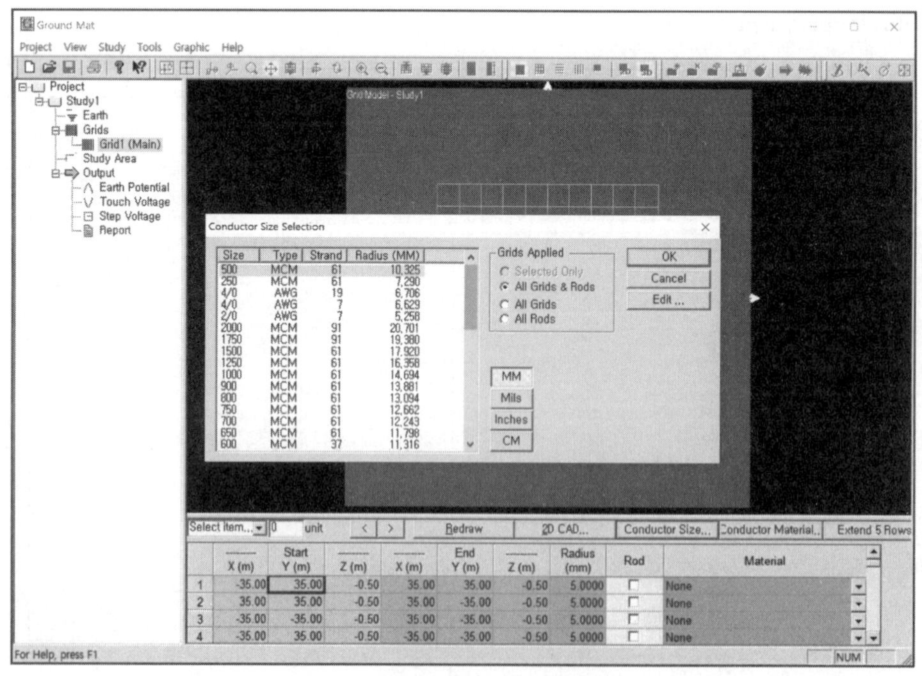

그림 16-55 Conductor Size Selection

## 19) Conductor Material의 선택

'Conductor Material'를 클릭하면 아래 그림과 같이 'Grid/Rod Material' 창이 나타난다. Grid와 Rod 재료의 종류를 선택한다.

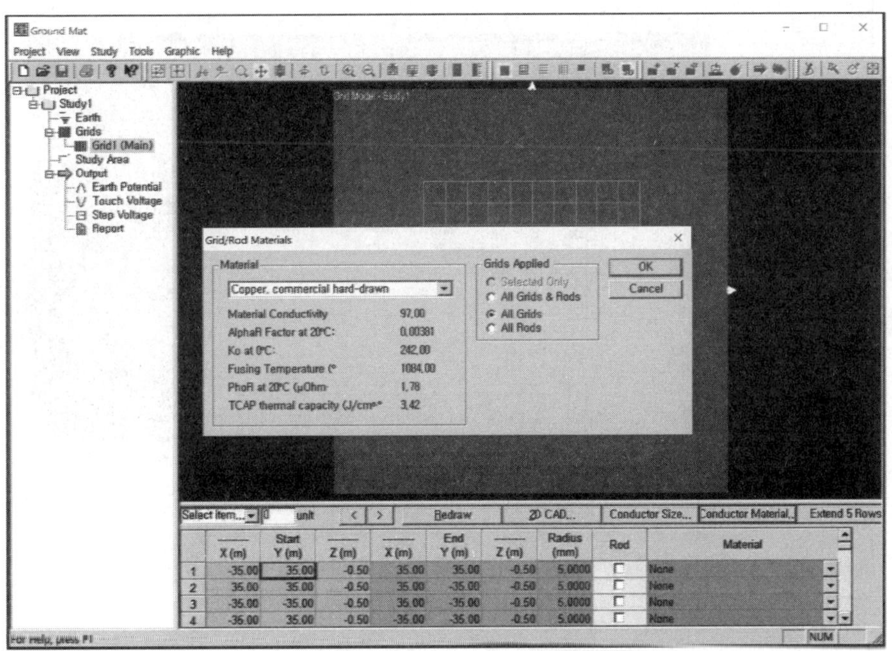


그림 16-56 Conductor Material의 선택

## 20) Study Area 생성

Study Area는 인체가 전위차에 노출되는 변전소 구내에 있는 구역이다. 다음 그림과 같이 'Study Area Generator'를 선택한다. Horizontal Margin과 Vertical Margin을 입력하고 'OK'버튼을 클릭한다.

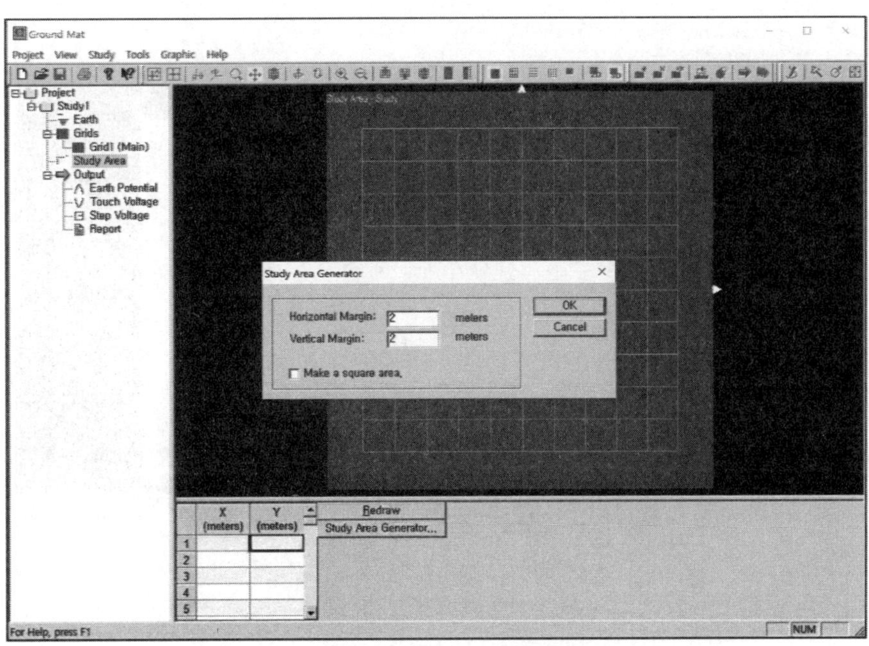


그림 16-57 Study Area 생성

### 21) Study Area의 위치

다음 그림과 같이 Study Area가 생성된 것을 볼 수 있다.

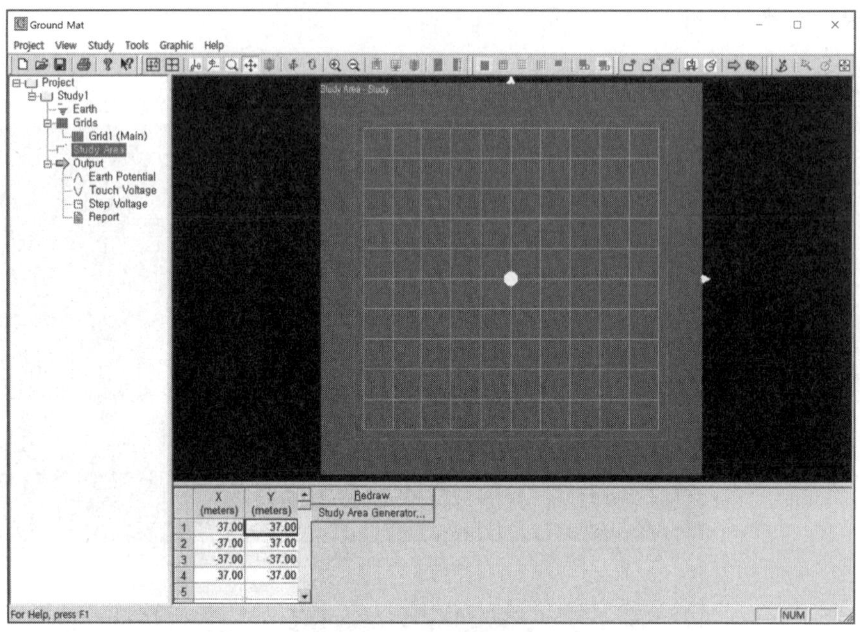


그림 16-58 Study Area의 위치

## 8.2 접지설계의 분석

### 1) 접지분석 조건 설정

메뉴의 'Study'에서 'Analysis'를 클릭하면 접지분석을 실행하기 위한 다음 그림 16-59의 'Analysis Options' 창이 나타난다. 이 창에서 접지분석 조건을 설정한다.

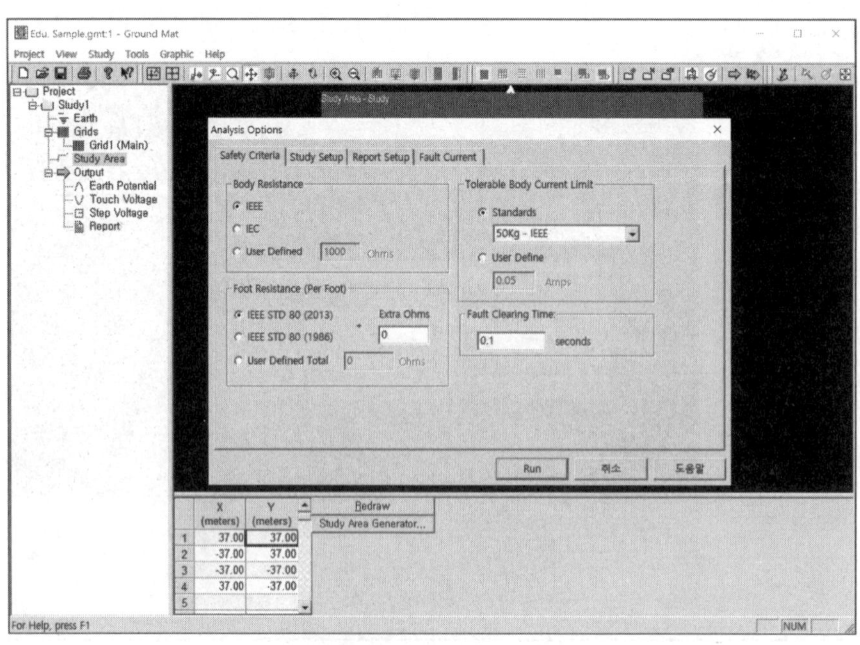


그림 16-59 접지분석 조건 설정(Safety Criteria)

## 2) 안전기준의 설정

아래 그림에서 인체저항은 'IEEE'에 체크(인체저항 $R_B$=1000$\Omega$), 발의 저항($R_F$)은 'IEEE Std. 80(2013)을 선택, 심실세동전류의 한계는 50 kg-IEEE을 선택하고, 고장제거시간은 $t_s$=0.5초를 입력한다.

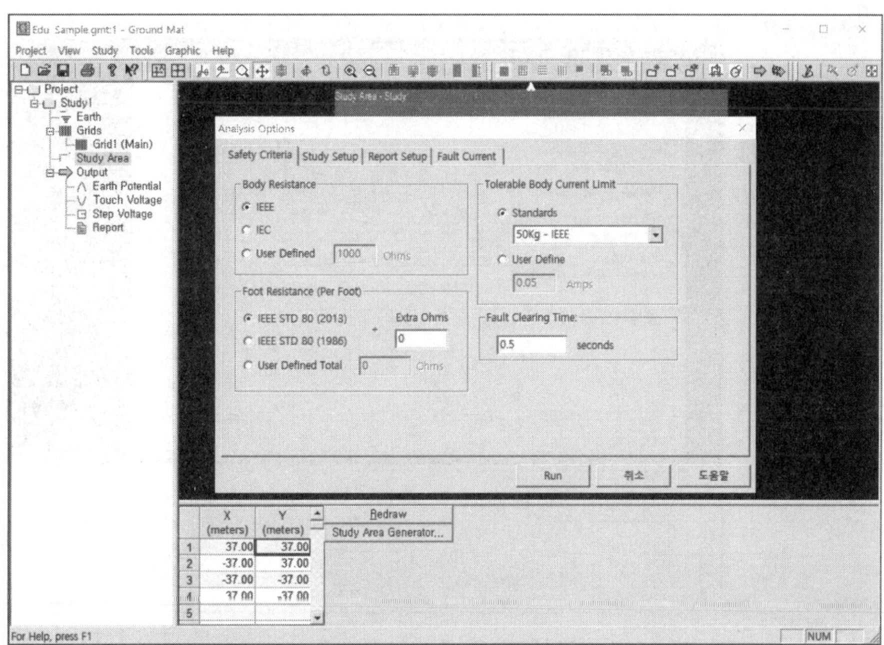


그림 16-60 접지 분석 조건 설정(Safety Criteria)

## 3) Study Setup 입력

Study Setup에서 각 항목의 값을 입력한다.

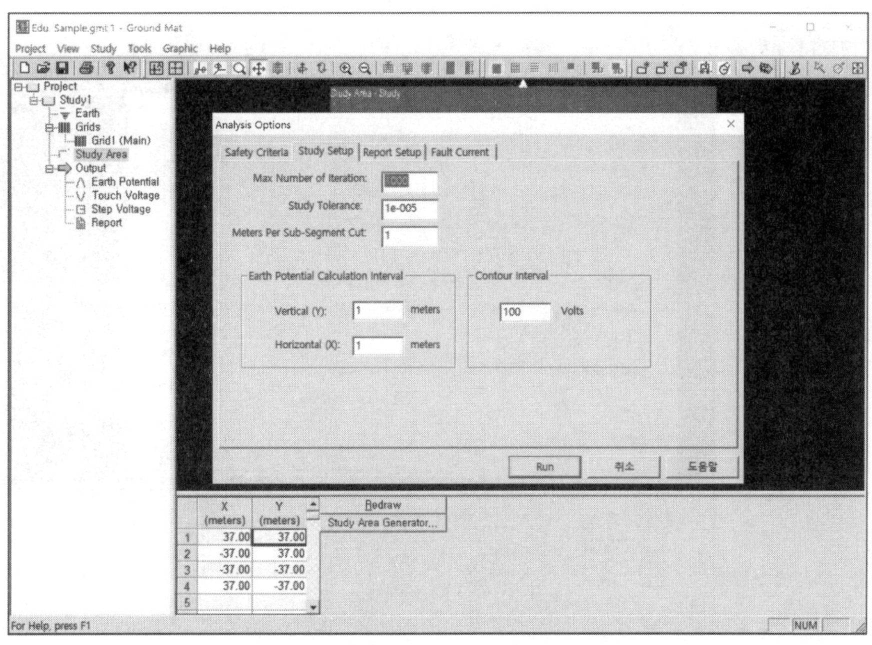


그림 16-61 Study Setup

### 4) Report 표시방법 설정

'Report Setup'에서는 Report에 접지설계자가 지정하는 접촉전압, 보폭전압 등의 포함 여부를 지정할 수 있다.

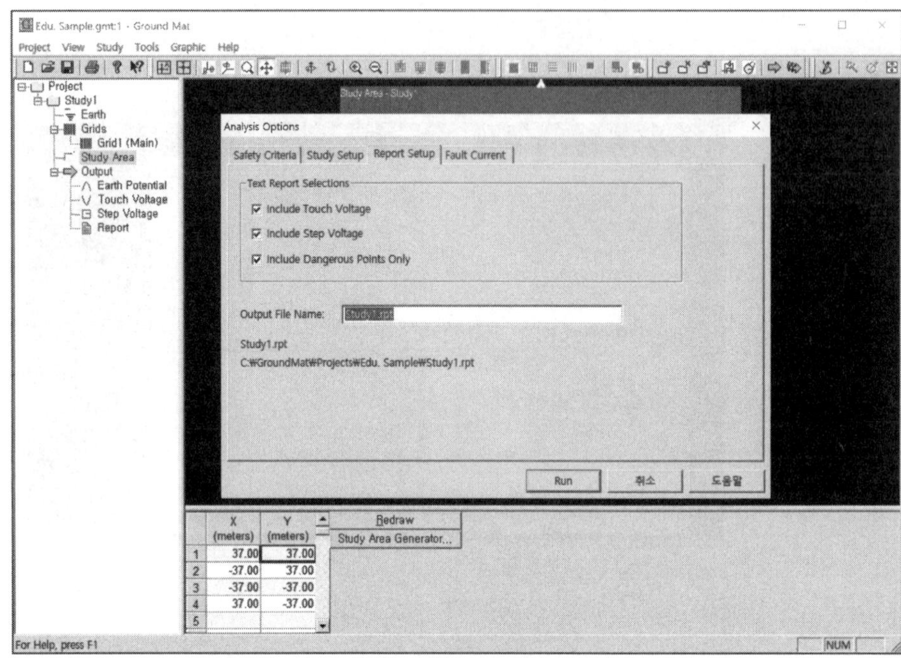

그림 16-62 Report Setup

### 5) 지락전류 값 입력

다음 그림과 같이 'Study Setup'에서는 지락전류의 값을 입력한다.

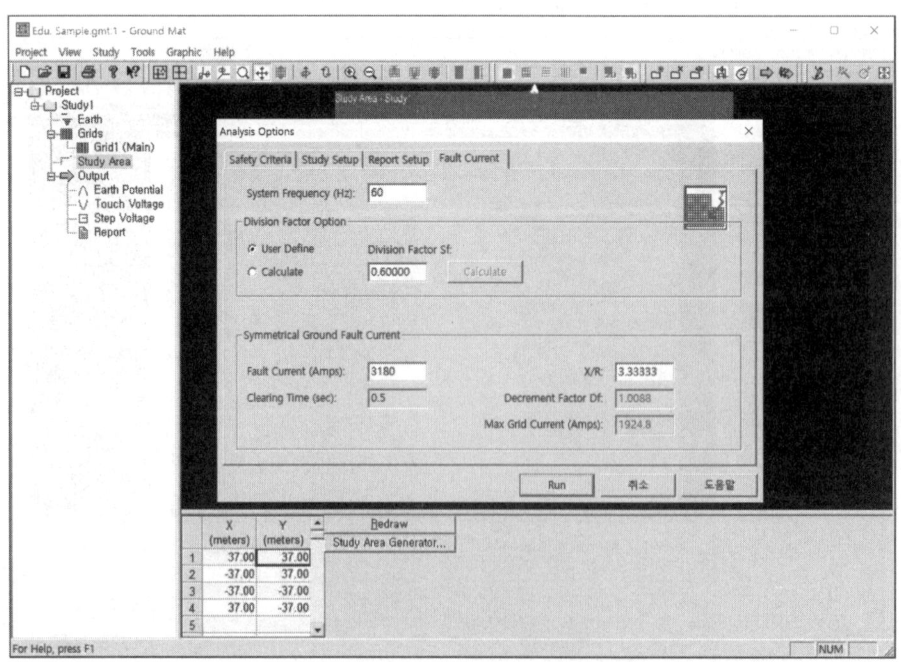

그림 16-63 Fault Current

## 6) 접지분석 실행

조건설정이 끝나면 그림 16-63에서 'Run' 버튼을 클릭하면 그림 16-64 창이 나타나면서 접지분석을 실행한다.

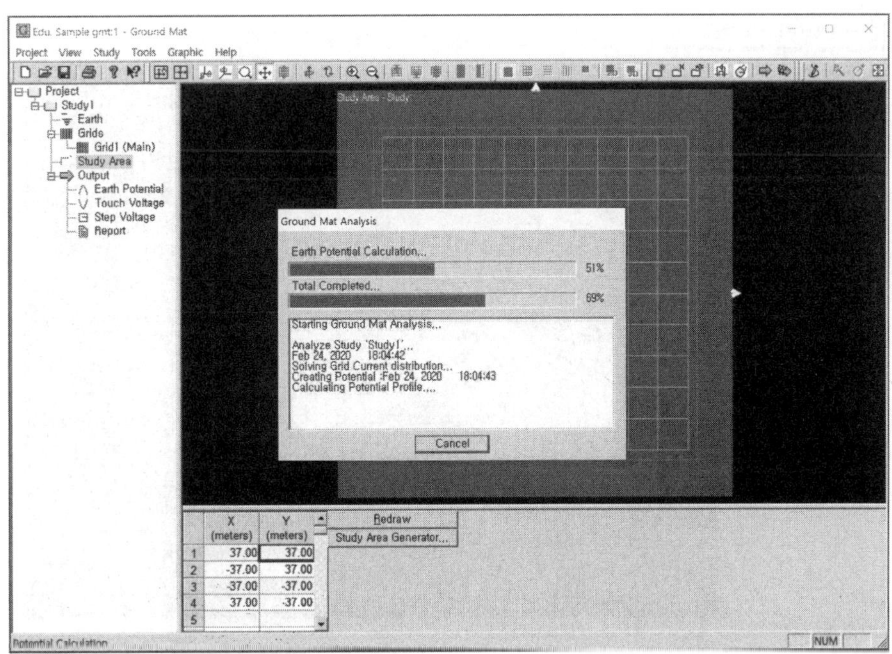


그림 16-64 접지분석

## 7) 접지분석 완료

접지분석이 완료된 상태이다.

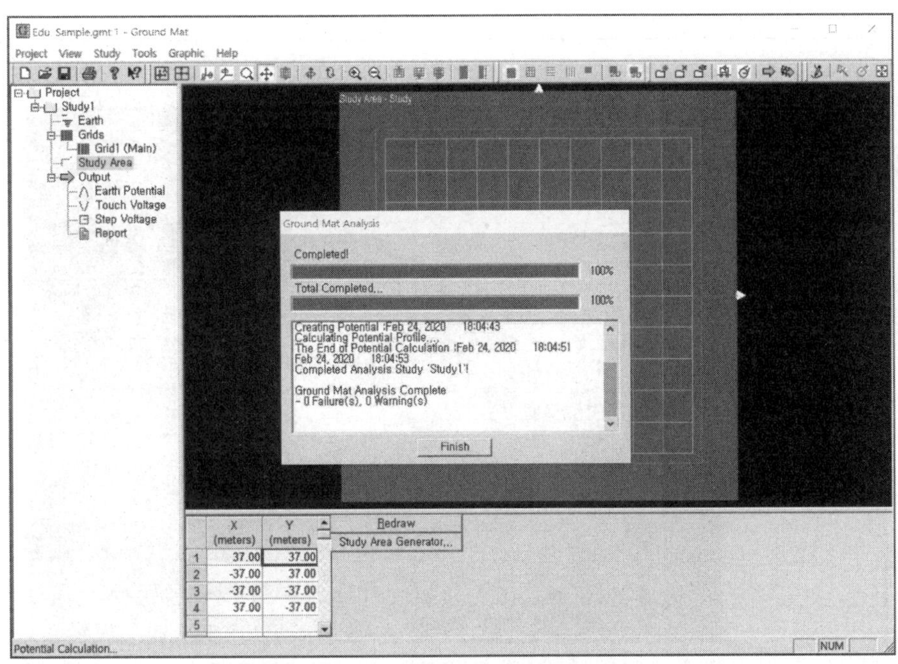


그림 16-65 접지분석 완료

### 8) 대지전위 분포

'Ground Mat Analysis'가 끝나면 'Earth Potential'을 선택하면 다음 그림과 같이 대지전위 분포를 볼 수 있다.

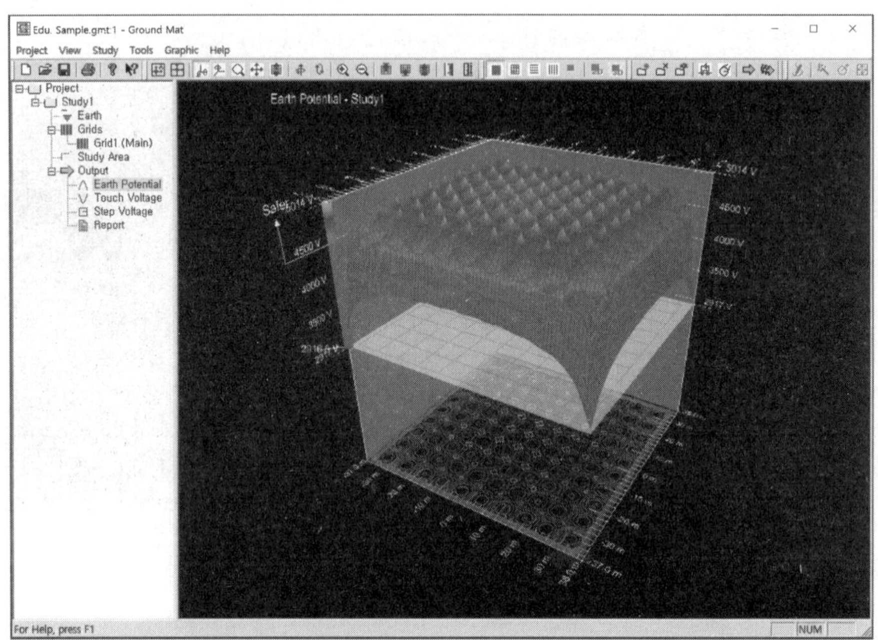


그림 16-66 대지전위 분포 검토

### 9) 접촉전압의 분석

접촉전압의 분석결과는 'Touch Voltage'를 클릭하면 아래 그림 16-67의 접촉전압 분석결과를 볼 수 있다.

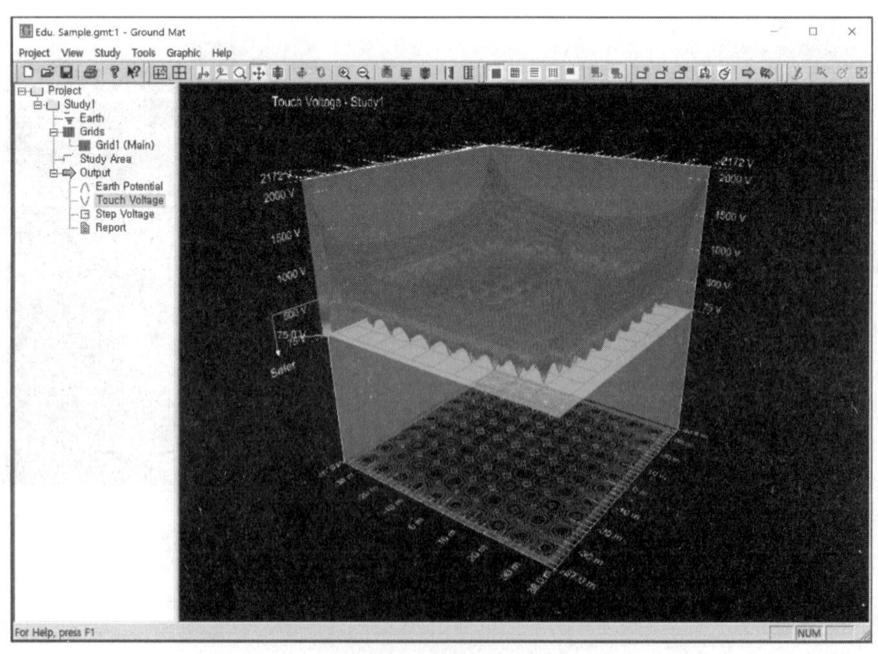


그림 16-67 접촉전압 분석결과

## 10) 보폭전압의 분석

보폭전압의 분석결과는 'Step Voltage'를 클릭하면 아래 그림 16-68의 보폭전압 분석결과를 볼 수 있다.

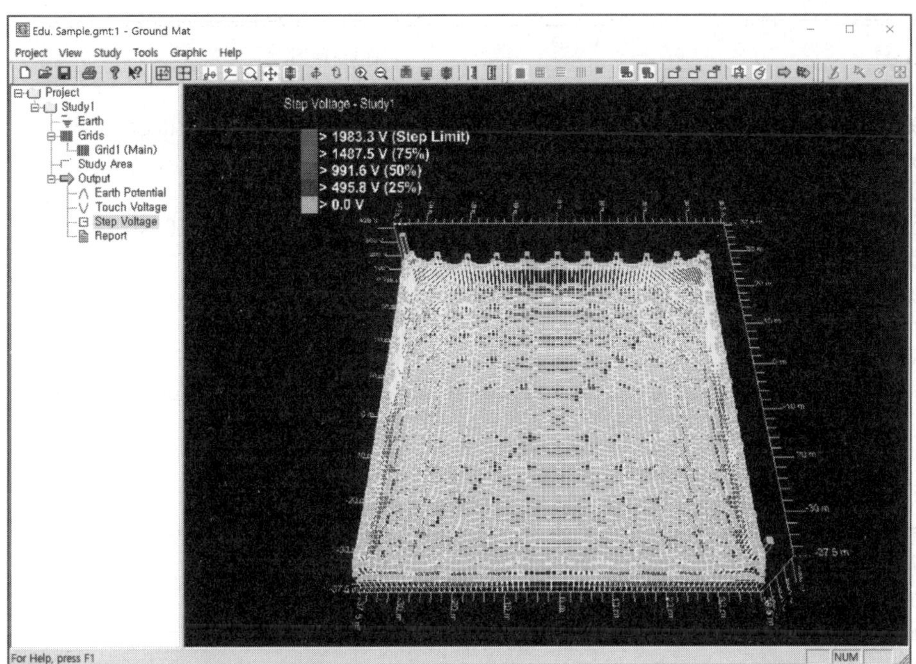


그림 16-68 보폭전압의 분석결과

## 11) 접지분석 Report

접지설계분석 Report를 아래와 같이 볼 수 있다.

```
-----------------------------------------------------------------------------
ALL INFORMATION PRESENTED IS FOR REVIEW, APPROVAL,
INTERPRETATION AND APPLICATION BY A REGISTERED ENGINEER ONLY
-----------------------------------------------------------------------------
GROUND MAT FOR WINDOWS
SAFETY ANALYSIS REPORT
COPYRIGHT SKM SYSTEMS ANALYSIS, INC. 2001-2018
-----------------------------------------------------------------------------

Summary for Grid: Main
===============================================================================
  Number of Grid Conductors:                      22
  Number of Ground Rods:                          0
  Total Length of Grid Conductors:                1540.00 Meters
  Total Length of Ground Rods:                    0.00 Meters
  Total Length of All Grid Conductors:            1540.00 Meters
  Symmetrical Ground Fault Current:               3180.00 Amps
  Maximum Grid Current:                           1924.80 Amps
  Grid Resistance Rg:                             2.64 Ohms
```

Grid Potential Rise (GPR): 5089.20 Volts

## Study Setup and Options

| | |
|---|---|
| Tolerance: | 1.00e-005 |
| Max Number of Iteration: | 1000 Series Terms |
| Body Resistance: | 1000 Ohms, IEEE Standard 80 |
| Foot Resistance: | 5544.83 Ohms |
| Fault Clearing Time: | 0.50 Seconds |
| Tolerable Body Current Limit: | 0.164 Amps, IEEE 50 kg body |
| Fault Current Division Factor Sf: | 0.60 |
| Division Factor Sf Calculation Method Used: | User Defined |
| Symmetrical Ground Fault Current If: | 3180.00 |
| Decrement Factor Df: | 1.00880 |

## Design Criteria

| | |
|---|---|
| Touch Voltage Limit: | 618.86 Volts |
| Step Voltage Limit: | 1983.29 Volts |
| Maximum Grid Current: | 1924.80 Amps |

## Earth Structure

| | |
|---|---|
| Surface Layer Thickness: | 0.10 Meters |
| Surface Layer Resistivity: | 2500.00 Ohm-Meter |
| Surface Layer Derating Factor Cs: | 0.739 |
| Surface Layer Reflection Factor Ks: | -0.724 |
| First Soil Layer Height: | 12.77 |
| First Soil Layer Resistivity: | 400.00 |
| Second Soil Layer Resistivity: | 400.00 |

## Bill of Material

| | |
|---|---|
| Copper, commercial hard-drawn: | 1540.00 Meters |

## Dimensions of Conductors and Rods in Grid: Main

| Segment | (x1 --- | y1 --- | z1) | (x2 --- | y2 --- | z2) | Length(M) | Radius | Current(A) |
|---|---|---|---|---|---|---|---|---|---|
| 1 | -35.00 | 35.00 | -0.50 | 35.00 | 35.00 | -0.50 | 70.00 | 0.0050 | 154.26 |
| 2 | 35.00 | 35.00 | -0.50 | 35.00 | -35.00 | -0.50 | 70.00 | 0.0050 | 154.26 |

| | | | | | | | | | |
|---|---|---|---|---|---|---|---|---|---|
| 3 | -35.00 | -35.00 | -0.50 | 35.00 | -35.00 | -0.50 | 70.00 | 0.0050 | 154.26 |
| 4 | -35.00 | 35.00 | -0.50 | -35.00 | -35.00 | -0.50 | 70.00 | 0.0050 | 154.26 |
| 5 | -28.00 | 35.00 | -0.50 | -28.00 | -35.00 | -0.50 | 70.00 | 0.0050 | 88.47 |
| 6 | -21.00 | 35.00 | -0.50 | -21.00 | -35.00 | -0.50 | 70.00 | 0.0050 | 73.82 |
| 7 | -14.00 | 35.00 | -0.50 | -14.00 | -35.00 | -0.50 | 70.00 | 0.0050 | 67.68 |
| 8 | -7.00 | 35.00 | -0.50 | -7.00 | -35.00 | -0.50 | 70.00 | 0.0050 | 64.91 |
| 9 | 0.00 | 35.00 | -0.50 | 0.00 | -35.00 | -0.50 | 70.00 | 0.0050 | 64.10 |
| 10 | 7.00 | 35.00 | -0.50 | 7.00 | -35.00 | -0.50 | 70.00 | 0.0050 | 64.91 |
| 11 | 14.00 | 35.00 | -0.50 | 14.00 | -35.00 | -0.50 | 70.00 | 0.0050 | 67.68 |
| 12 | 21.00 | 35.00 | -0.50 | 21.00 | -35.00 | -0.50 | 70.00 | 0.0050 | 73.82 |
| 13 | 28.00 | 35.00 | -0.50 | 28.00 | -35.00 | -0.50 | 70.00 | 0.0050 | 88.47 |
| 14 | -35.00 | 28.00 | -0.50 | 35.00 | 28.00 | -0.50 | 70.00 | 0.0050 | 88.47 |
| 15 | -35.00 | 21.00 | -0.50 | 35.00 | 21.00 | -0.50 | 70.00 | 0.0050 | 73.82 |
| 16 | -35.00 | 14.00 | -0.50 | 35.00 | 14.00 | -0.50 | 70.00 | 0.0050 | 67.68 |
| 17 | -35.00 | 7.00 | -0.50 | 35.00 | 7.00 | -0.50 | 70.00 | 0.0050 | 64.91 |
| 18 | -35.00 | 0.00 | -0.50 | 35.00 | 0.00 | -0.50 | 70.00 | 0.0050 | 64.10 |
| 19 | -35.00 | -7.00 | -0.50 | 35.00 | -7.00 | -0.50 | 70.00 | 0.0050 | 64.91 |
| 20 | -35.00 | -14.00 | -0.50 | 35.00 | -14.00 | -0.50 | 70.00 | 0.0050 | 67.68 |
| 21 | -35.00 | -21.00 | -0.50 | 35.00 | -21.00 | -0.50 | 70.00 | 0.0050 | 73.82 |
| 22 | -35.00 | -28.00 | -0.50 | 35.00 | -28.00 | -0.50 | 70.00 | 0.0050 | 88.47 |

Touch Voltage Limit = 618.86 Volts Clearing Time = 0.50 Sec

| Coordinate(X,Y) in Meters ----X---- | ----Y---- | Touch Volts | %Limit | Earth Volts | Remark |
|---|---|---|---|---|---|
| -37.00 | -37.00 | 1961.45 | 316.95 | 3127.75 | $Dangerous |
| -36.00 | -37.00 | 1830.96 | 295.86 | 3258.24 | $Dangerous |
| -35.00 | -37.00 | 1699.17 | 274.56 | 3390.03 | $Dangerous |
| -34.00 | -37.00 | 1588.49 | 256.68 | 3500.70 | $Dangerous |
| -33.00 | -37.00 | 1506.88 | 243.49 | 3582.31 | $Dangerous |
| -32.00 | -37.00 | 1446.11 | 233.67 | 3643.09 | $Dangerous |
| -31.00 | -37.00 | 1396.66 | 225.68 | 3692.53 | $Dangerous |
| -30.00 | -37.00 | 1351.74 | 218.42 | 3737.46 | $Dangerous |
| -29.00 | -37.00 | 1310.54 | 211.77 | 3778.66 | $Dangerous |
| -28.00 | -37.00 | 1278.32 | 206.56 | 3810.88 | $Dangerous |
| -27.00 | -37.00 | 1258.48 | 203.35 | 3830.72 | $Dangerous |
| -26.00 | -37.00 | 1245.28 | 201.22 | 3843.92 | $Dangerous |
| -25.00 | -37.00 | 1232.13 | 199.10 | 3857.06 | $Dangerous |
| -24.00 | -37.00 | 1216.17 | 196.52 | 3873.03 | $Dangerous |
| -23.00 | -37.00 | 1196.86 | 193.40 | 3892.33 | $Dangerous |
| -22.00 | -37.00 | 1176.51 | 190.11 | 3912.68 | $Dangerous |
| -21.00 | -37.00 | 1160.88 | 187.58 | 3928.32 | $Dangerous |
| -20.00 | -37.00 | 1153.86 | 186.45 | 3935.33 | $Dangerous |
| -19.00 | -37.00 | 1151.11 | 186.00 | 3938.09 | $Dangerous |
| -18.00 | -37.00 | 1147.02 | 185.34 | 3942.18 | $Dangerous |
| -17.00 | -37.00 | 1139.20 | 184.08 | 3949.99 | $Dangerous |
| -16.00 | -37.00 | 1127.50 | 182.19 | 3961.70 | $Dangerous |
| -15.00 | -37.00 | 1114.17 | 180.04 | 3975.02 | $Dangerous |

```
     -14.00       -37.00      1104.65       178.50      3984.54  $Dangerous
     -13.00       -37.00      1102.73       178.19      3986.46  $Dangerous
     -12.00       -37.00      1104.44       178.46      3984.75  $Dangerous
     -11.00       -37.00      1104.50       178.47      3984.69  $Dangerous
     -10.00       -37.00      1100.67       177.85      3988.53  $Dangerous
      -9.00       -37.00      1092.86       176.59      3996.34  $Dangerous
      -8.00       -37.00      1083.30       175.05      4005.90  $Dangerous
      -7.00       -37.00      1077.21       174.06      4011.99  $Dangerous
      -6.00       -37.00      1078.33       174.24      4010.87  $Dangerous
      -5.00       -37.00      1082.85       174.98      4006.34  $Dangerous
      -4.00       -37.00      1085.63       175.42      4003.57  $Dangerous
      -3.00       -37.00      1084.46       175.24      4004.74  $Dangerous
      -2.00       -37.00      1079.32       174.41      4009.87  $Dangerous
      -1.00       -37.00      1072.41       173.29      4016.79  $Dangerous
      -0.00       -37.00      1068.85       172.71      4020.34  $Dangerous
       1.00       -37.00      1072.41       173.29      4016.79  $Dangerous
       2.00       -37.00      1079.32       174.41      4009.87  $Dangerous
       3.00       -37.00      1084.46       175.24      4004.74  $Dangerous
       4.00       -37.00      1085.63       175.42      4003.57  $Dangerous
       5.00       -37.00      1082.85       174.98      4006.34  $Dangerous
       6.00       -37.00      1078.33       174.24      4010.87  $Dangerous
       7.00       -37.00      1077.21       174.06      4011.99  $Dangerous
       8.00       -37.00      1083.30       175.05      4005.90  $Dangerous

Step Voltage Limit =  1983.29 Volts      Clearing Time =  0.50 Sec
================================================================
     Coordinate(X,Y) in Meters  Step
      ----X----    ----Y----    Volts       %Limit  Remark
================================================================
```

## 8.3 접지동봉이 있는 Grid

### 1) 접지동봉의 생성

접지동봉 아이콘을 클릭하면 아래의 'Rod Creation' 창이 나타난다. 접지동봉의 반경과 길이를 아래 그림과 같이 입력한다(반경 7.0 mm, 길이 7.5 m).

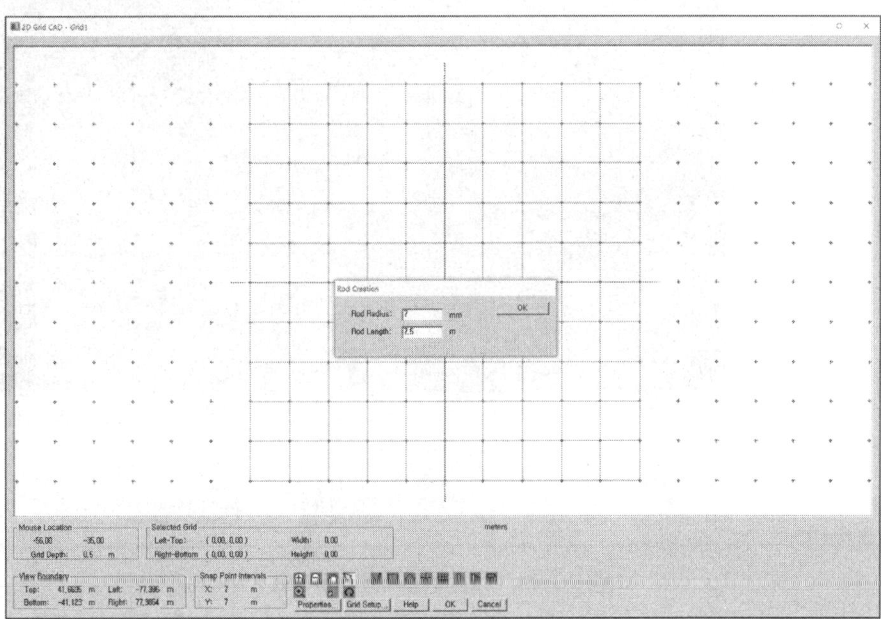

그림 16-69 Rod Creation

### 2) 접지동봉의 배치

접지동봉을 아래 그림과 같이 20개를 배치한다.

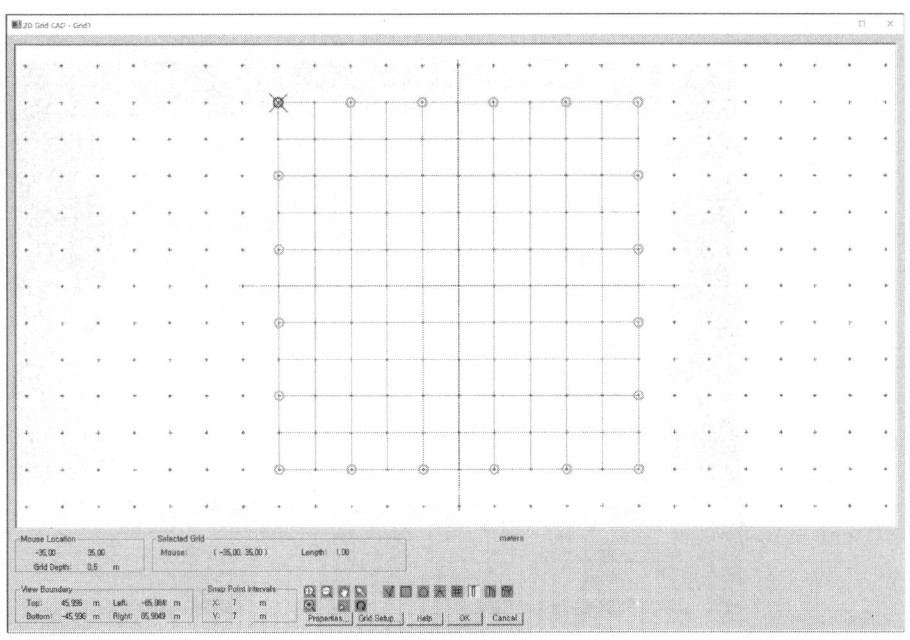

그림 16-70 접지동봉의 배치

### 3) Grid 및 접지동봉의 좌표

그림 16-70에서 'OK'를 클릭하면 아래의 그림과 같이 Grid 및 접지동봉의 위치가 좌표로 생성된다.

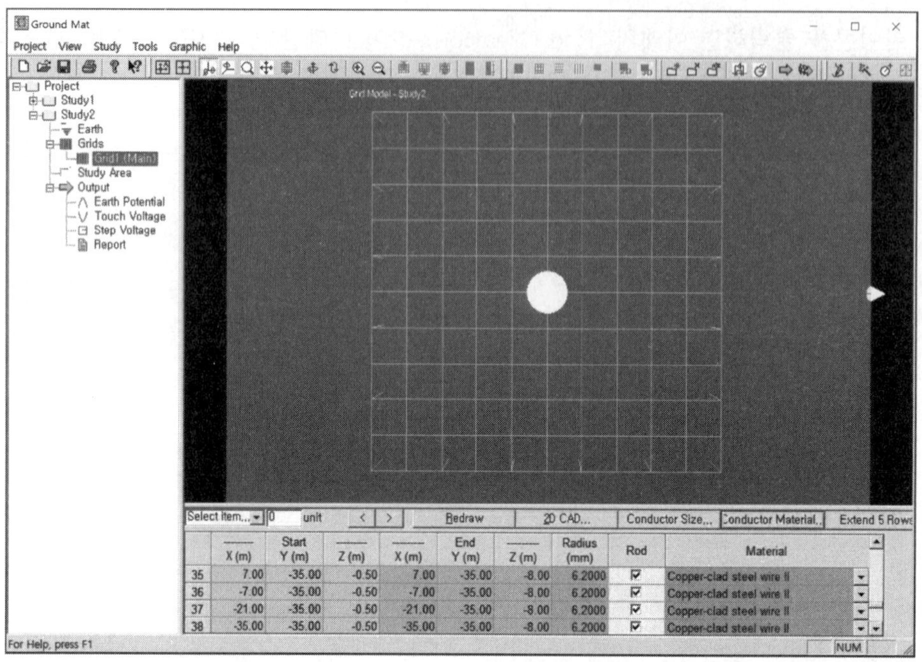

그림 16-71 Grid 및 접지동봉의 좌표

### 4) 접지계산의 수행

메뉴의 Study/Analysis를 클릭하면 아래의 'Analysis Options' 창이 나타난다. 'Run'을 클릭하면 계산을 수행한다.

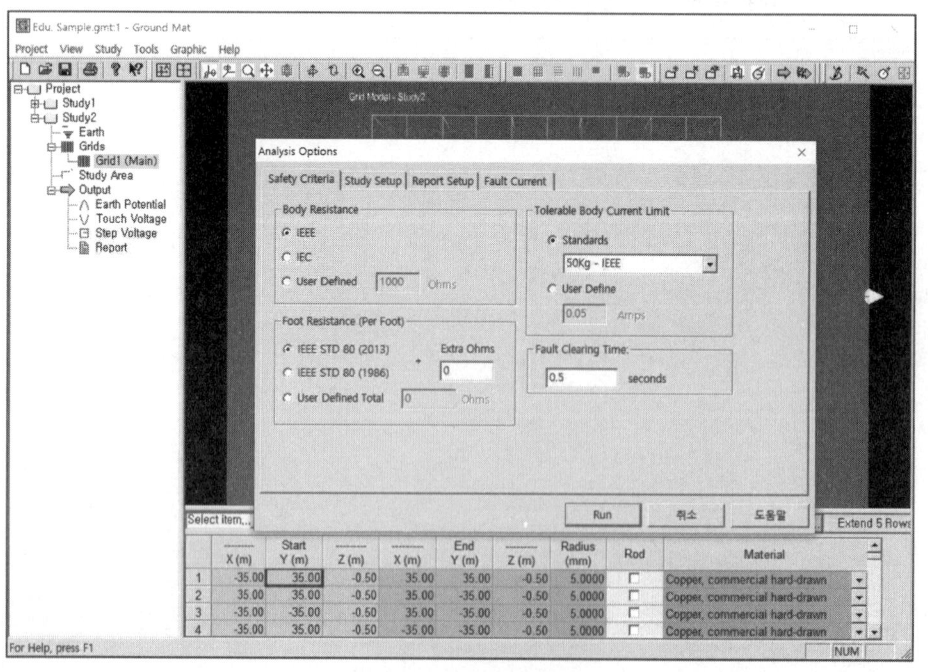

그림 16-72 접지계산의 수행

## 5) 접지계산의 완료

접지계산이 오류 없이 수행된 결과이다.

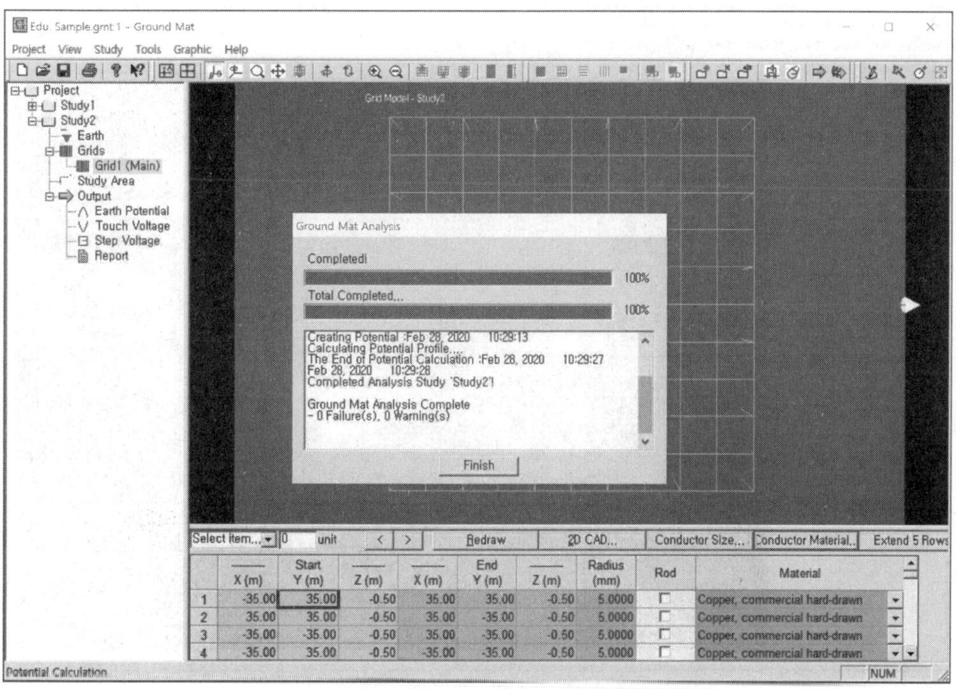


그림 16-73 Ground Mat Analysis Finish

## 6) Earth Potential

'Earth Potential'을 선택하면 다음 그림과 같이 대지전위분포의 분석결과를 볼 수 있다.

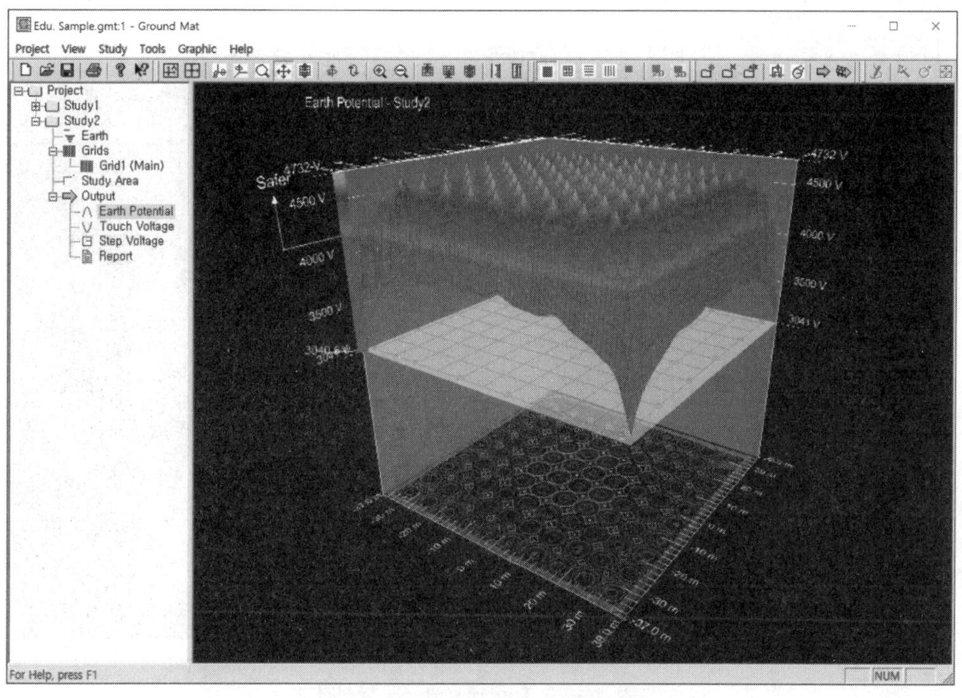


그림 16-74 Earth Potential 분석결과

### 7) Touch Voltage

'Touch Voltage'을 선택하면 다음 그림과 같이 분석결과를 볼 수 있다.

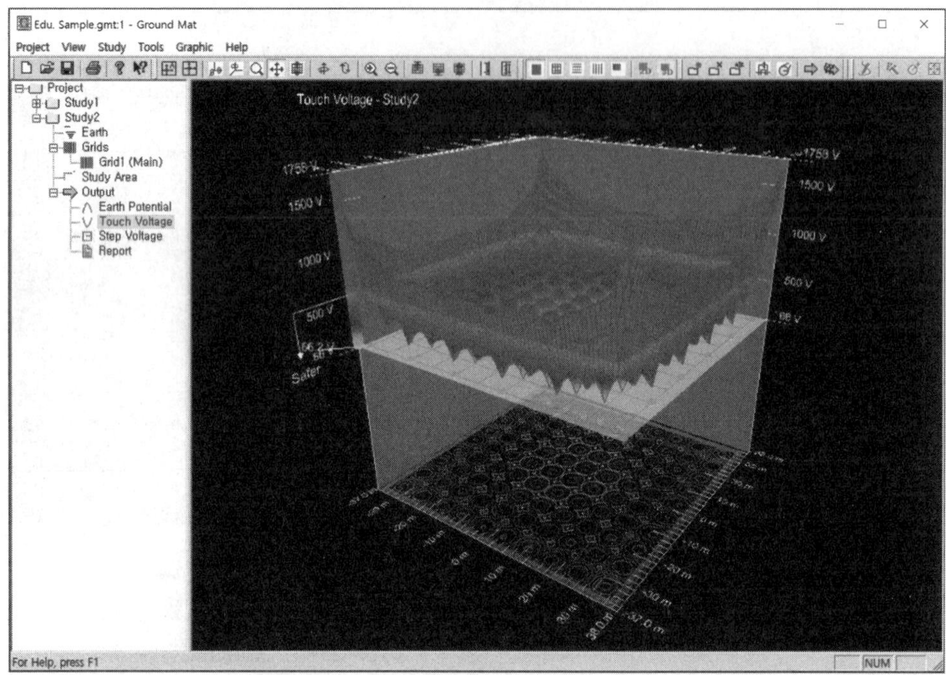


그림 16-75 Touch Voltage 분석결과

### 8) Step Voltage

'Step Voltage'을 선택하면 다음 그림과 같이 분석결과를 볼 수 있다.

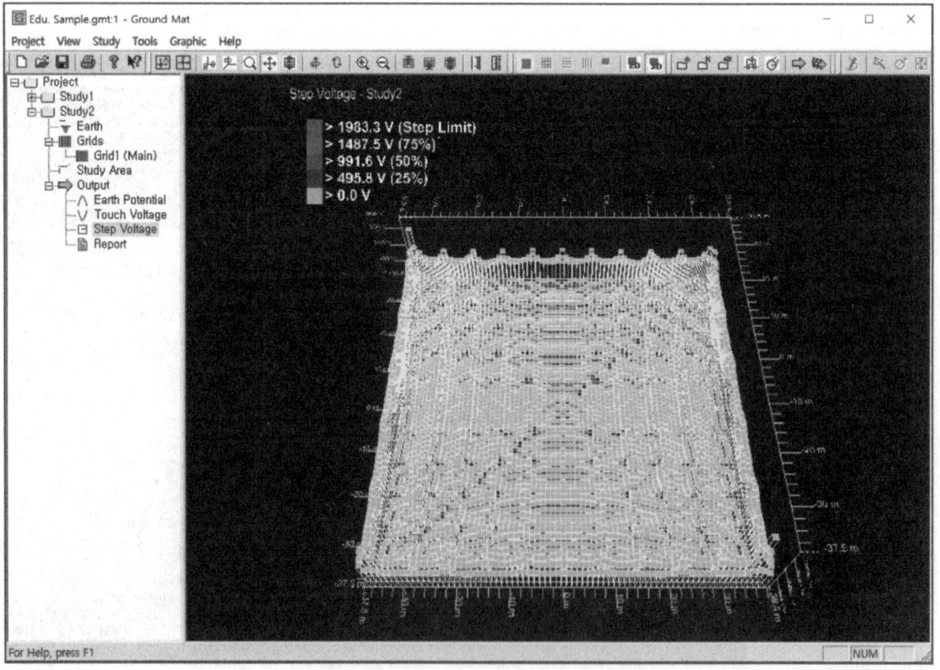


그림 16-76 Touch Voltage 분석결과

## 8.4 접지전극의 추가 설치

### 1) 접지동봉의 추가 생성

접지동봉을 추가 설치하기 위하여 'Rod' 아이콘을 클릭하면 아래의 'Rod Creation' 창이 나타난다. 접지동봉의 반경과 길이를 아래 그림과 같이 입력한다(반경 7 mm, 접지동봉 길이 12 m).

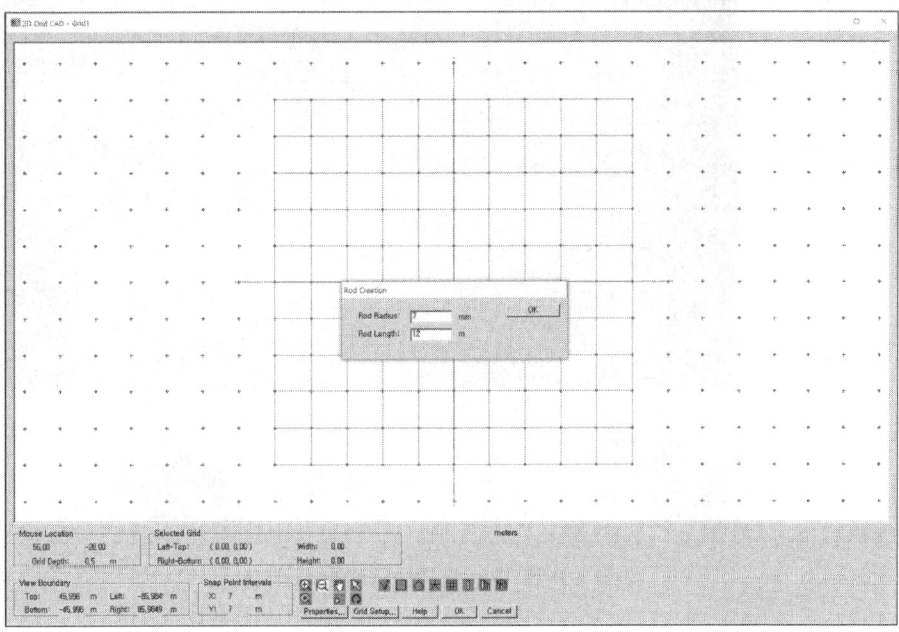


그림 16-77 접지동봉의 추가 생성

### 2) 접지동봉의 추가 배치

접지동봉을 아래 그림과 같이 72개를 추가 배치한다.

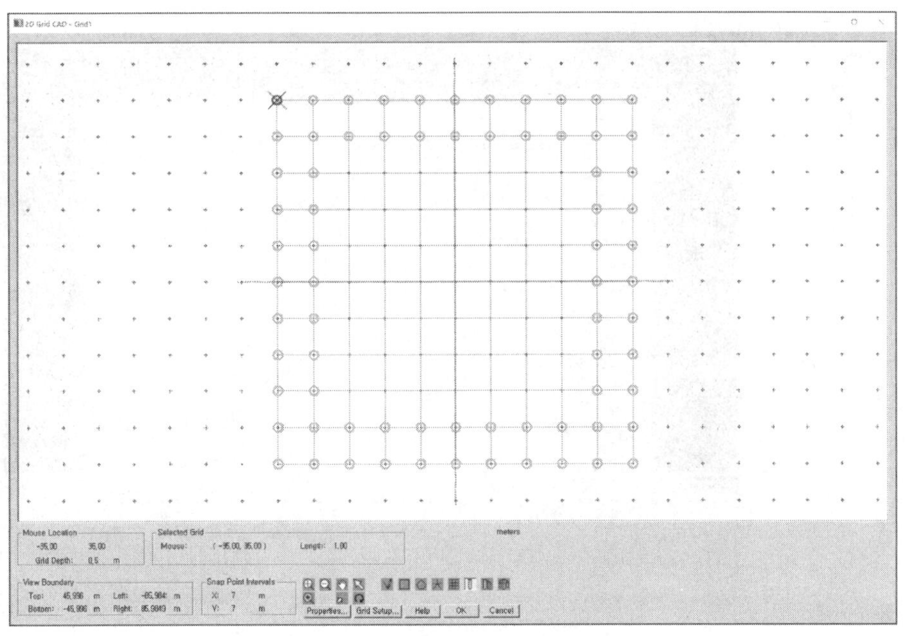


그림 16-78 접지동봉의 추가 배치

### 3) Grid 및 접지동봉의 좌표

그림 16-78에서 'OK'를 클릭하면 아래의 그림과 같이 Grid 및 동봉의 위치가 좌표로 생성된다.

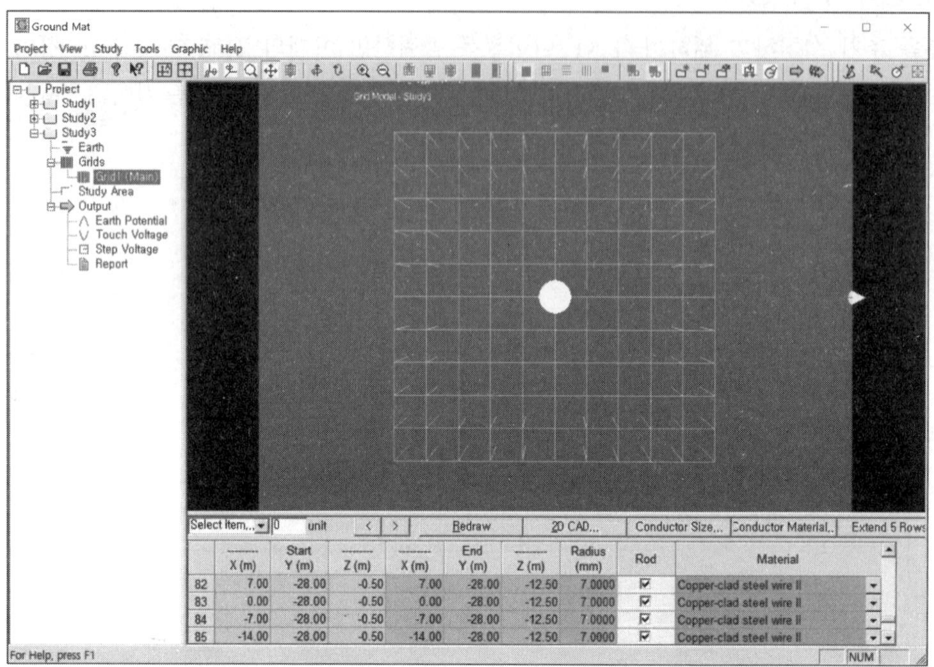

그림 16-79 Grid 및 접지동봉의 좌표

### 4) 접지분석 실행

메뉴의 Study/Analysis를 클릭하면 아래의 'Analysis Options' 창이 나타난다. 'Run'을 클릭하면 계산을 수행한다.

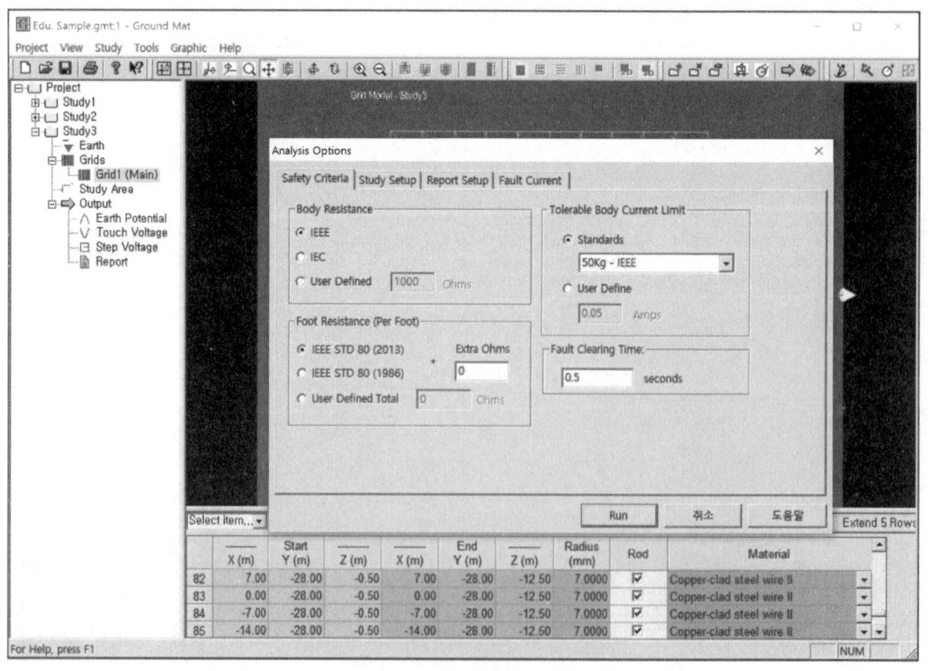

그림 16-80 접지분석 실행

## 5) 접지분석 완료

접지계산이 오류 없이 수행된 결과가 나타난다.

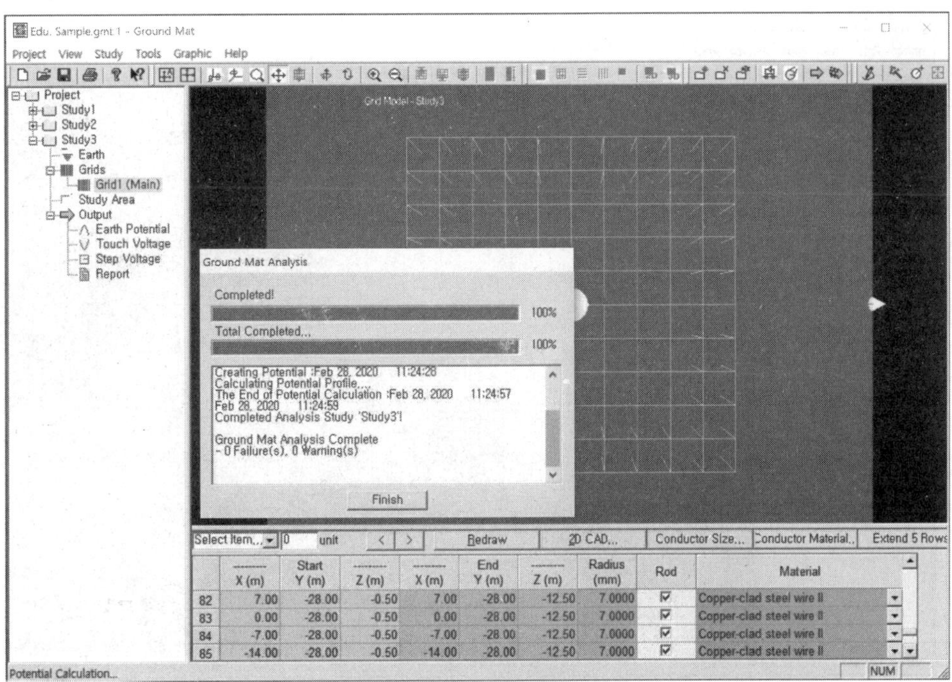


그림 16-82 접지분석 완료

## 6) Earth Potential

'Earth Potential'을 선택하면 다음 그림과 같이 대지전위분포의 분석결과를 볼 수 있다.

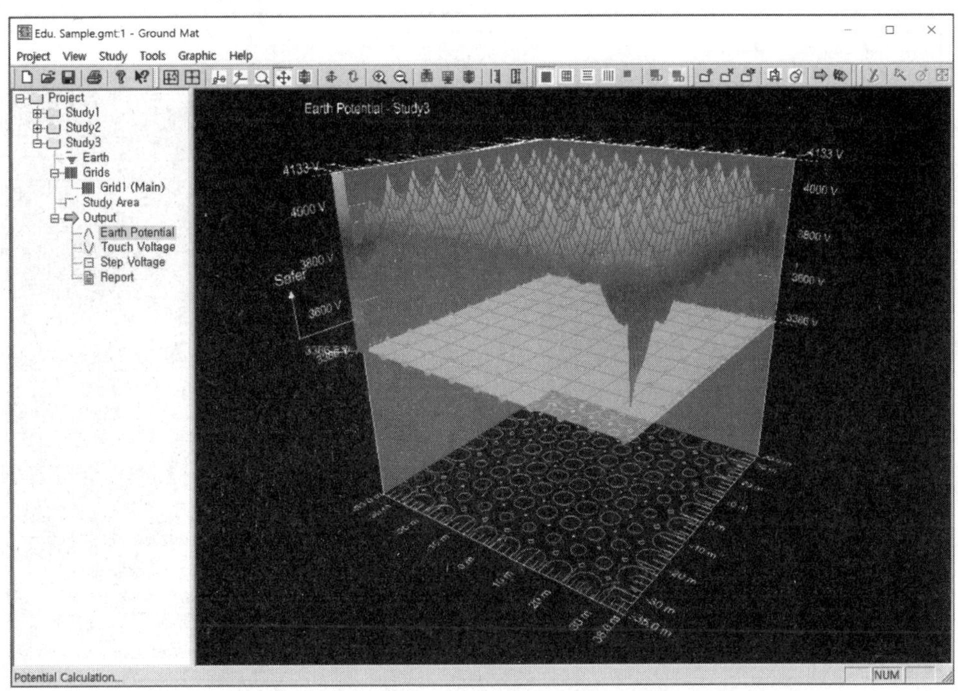


그림 16-83 Earth Potential 분석결과

### 7) Touch Voltage

'Touch Voltage'을 선택하면 다음 그림과 같이 분석결과를 볼 수 있다.

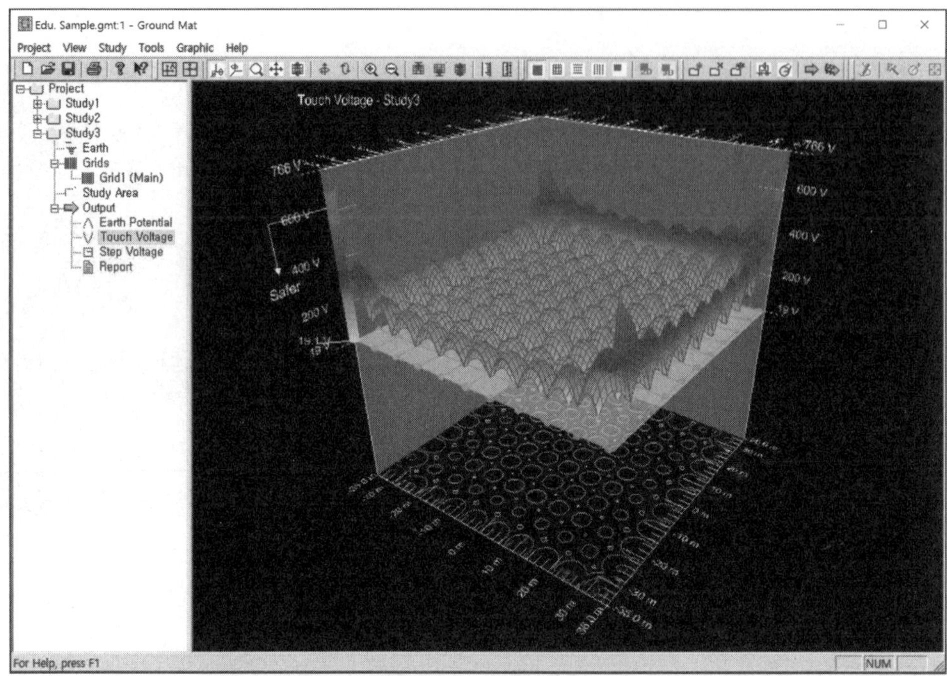


그림 16-84 Touch Voltage 분석결과

### 8) Step Voltage

'Step Voltage'을 선택하면 다음 그림과 같이 분석결과를 볼 수 있다.

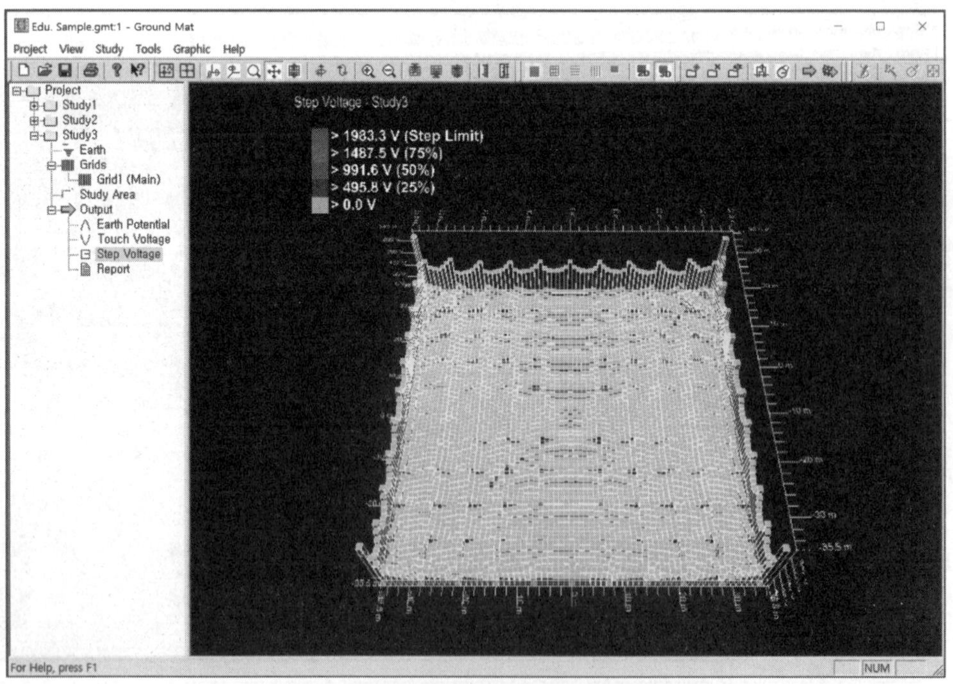


그림 16-85 Step Voltage 분석결과

### 9) 접지분석 Report

접지설계분석 Report를 아래와 같이 볼 수 있다.

```
--------------------------------------------------------------------------------
ALL INFORMATION PRESENTED IS FOR REVIEW, APPROVAL,
INTERPRETATION AND APPLICATION BY A REGISTERED ENGINEER ONLY
--------------------------------------------------------------------------------
GROUND MAT FOR WINDOWS
SAFETY ANALYSIS REPORT
COPYRIGHT SKM SYSTEMS ANALYSIS, INC. 2001-2018
--------------------------------------------------------------------------------


Summary for Grid: Main
================================================================================
  Number of Grid Conductors:                   22
  Number of Ground Rods:                       72
  Total Length of Grid Conductors:             1540.00 Meters
  Total Length of Ground Rods:                 864.00 Meters
  Total Length of All Grid Conductors:         2404.00 Meters
  Symmetrical Ground Fault Current:            3180.00 Amps
  Maximum Grid Current:                        1924.80 Amps
  Grid Resistance Rg:                          2.16 Ohms
  Grid Potential Rise (GPR):                   4152.37 Volts
================================================================================


Study Setup and Options
================================================================================
  Tolerance:                                    1.00e-005
  Max Number of Iteration:                      1000 Series Terms
  Body Resistance:                              1000 Ohms, IEEE Standard 80
  Foot Resistance:                              5544.83 Ohms
  Fault Clearing Time:                          0.50 Seconds
  Tolerable Body Current Limit:                 0.164 Amps, IEEE 50 kg body
  Fault Current Division Factor Sf:             0.60
  Division Factor Sf Calculation Method Used:   User Defined
  Symmetrical Ground Fault Current If:          3180.00
  Decrement Factor Df:                          1.00880
================================================================================


Design Criteria
================================================================================
  Touch Voltage Limit:                          618.86 Volts
  Step Voltage Limit:                           1983.29 Volts
  Maximum Grid Current:                         1924.80 Amps
================================================================================
```

Earth Structure

| | |
|---|---|
| Surface Layer Thickness: | 0.10 Meters |
| Surface Layer Resistivity: | 2500.00 Ohm-Meter |
| Surface Layer Derating Factor Cs: | 0.739 |
| Surface Layer Reflection Factor Ks: | -0.724 |
| First Soil Layer Height: | 12.77 |
| First Soil Layer Resistivity: | 400.00 |
| Second Soil Layer Resistivity: | 400.00 |

Bill of Material

| | |
|---|---|
| Copper, commercial hard-drawn: | 1540.00 Meters |
| Copper-clad steel wire II: | 864.00 Meters |

Dimensions of Conductors and Rods in Grid: Main

| Segment | (x1 --- | y1 --- | z1) | (x2 --- | y2 --- | z2) | Length(M) | Radius | Current(A) |
|---|---|---|---|---|---|---|---|---|---|
| 1 | -35.00 | 35.00 | -0.50 | 35.00 | 35.00 | -0.50 | 70.00 | 0.0050 | 57.13 |
| 2 | 35.00 | 35.00 | -0.50 | 35.00 | -35.00 | -0.50 | 70.00 | 0.0050 | 57.13 |
| 3 | -35.00 | -35.00 | -0.50 | 35.00 | -35.00 | -0.50 | 70.00 | 0.0050 | 58.14 |
| 4 | -35.00 | 35.00 | -0.50 | -35.00 | -35.00 | -0.50 | 70.00 | 0.0050 | 58.14 |
| 5 | -28.00 | 35.00 | -0.50 | -28.00 | -35.00 | -0.50 | 70.00 | 0.0050 | 26.04 |
| 6 | -21.00 | 35.00 | -0.50 | -21.00 | -35.00 | -0.50 | 70.00 | 0.0050 | 26.31 |
| 7 | -14.00 | 35.00 | -0.50 | -14.00 | -35.00 | -0.50 | 70.00 | 0.0050 | 27.01 |
| 8 | -7.00 | 35.00 | -0.50 | -7.00 | -35.00 | -0.50 | 70.00 | 0.0050 | 27.07 |
| 9 | 0.00 | 35.00 | -0.50 | 0.00 | -35.00 | -0.50 | 70.00 | 0.0050 | 27.04 |
| 10 | 7.00 | 35.00 | -0.50 | 7.00 | -35.00 | -0.50 | 70.00 | 0.0050 | 27.08 |
| 11 | 14.00 | 35.00 | -0.50 | 14.00 | -35.00 | -0.50 | 70.00 | 0.0050 | 27.03 |
| 12 | 21.00 | 35.00 | -0.50 | 21.00 | -35.00 | -0.50 | 70.00 | 0.0050 | 26.39 |
| 13 | 28.00 | 35.00 | -0.50 | 28.00 | -35.00 | -0.50 | 70.00 | 0.0050 | 25.96 |
| 14 | -35.00 | 28.00 | -0.50 | 35.00 | 28.00 | -0.50 | 70.00 | 0.0050 | 25.96 |
| 15 | -35.00 | 21.00 | -0.50 | 35.00 | 21.00 | -0.50 | 70.00 | 0.0050 | 26.39 |
| 16 | -35.00 | 14.00 | -0.50 | 35.00 | 14.00 | -0.50 | 70.00 | 0.0050 | 27.03 |
| 17 | -35.00 | 7.00 | -0.50 | 35.00 | 7.00 | -0.50 | 70.00 | 0.0050 | 27.08 |
| 18 | -35.00 | 0.00 | -0.50 | 35.00 | 0.00 | -0.50 | 70.00 | 0.0050 | 27.04 |
| 19 | -35.00 | -7.00 | -0.50 | 35.00 | -7.00 | -0.50 | 70.00 | 0.0050 | 27.07 |
| 20 | -35.00 | -14.00 | -0.50 | 35.00 | -14.00 | -0.50 | 70.00 | 0.0050 | 27.01 |
| 21 | -35.00 | -21.00 | -0.50 | 35.00 | -21.00 | -0.50 | 70.00 | 0.0050 | 26.31 |
| 22 | -35.00 | -28.00 | -0.50 | 35.00 | -28.00 | -0.50 | 70.00 | 0.0050 | 26.04 |
| 23 | -35.00 | 28.00 | -0.50 | -35.00 | 28.00 | -12.50 | 12.00 | 0.0070 | 21.83 |
| 24 | -35.00 | 35.00 | -0.50 | -35.00 | 35.00 | -12.50 | 12.00 | 0.0070 | 29.70 |
| 25 | -28.00 | 35.00 | -0.50 | -28.00 | 35.00 | -12.50 | 12.00 | 0.0070 | 21.93 |
| 26 | -21.00 | 35.00 | -0.50 | -21.00 | 35.00 | -12.50 | 12.00 | 0.0070 | 19.48 |
| 27 | -14.00 | 35.00 | -0.50 | -14.00 | 35.00 | -12.50 | 12.00 | 0.0070 | 18.46 |

| | | | | | | | | |
|---|---|---|---|---|---|---|---|---|
| 28 | -7.00 | 35.00 | -0.50 | -7.00 | 35.00 | -12.50 | 12.00 | 0.0070 | 18.00 |
| 29 | 0.00 | 35.00 | -0.50 | 0.00 | 35.00 | -12.50 | 12.00 | 0.0070 | 17.87 |
| 30 | 7.00 | 35.00 | -0.50 | 7.00 | 35.00 | -12.50 | 12.00 | 0.0070 | 18.01 |
| 31 | 14.00 | 35.00 | -0.50 | 14.00 | 35.00 | -12.50 | 12.00 | 0.0070 | 18.47 |
| 32 | 21.00 | 35.00 | -0.50 | 21.00 | 35.00 | -12.50 | 12.00 | 0.0070 | 19.49 |
| 33 | 28.00 | 35.00 | -0.50 | 28.00 | 35.00 | -12.50 | 12.00 | 0.0070 | 21.96 |
| 34 | 35.00 | 35.00 | -0.50 | 35.00 | 35.00 | -12.50 | 12.00 | 0.0070 | 29.83 |
| 35 | 35.00 | 28.00 | -0.50 | 35.00 | 28.00 | -12.50 | 12.00 | 0.0070 | 21.96 |
| 36 | 35.00 | 21.00 | -0.50 | 35.00 | 21.00 | -12.50 | 12.00 | 0.0070 | 19.49 |
| 37 | 35.00 | 14.00 | -0.50 | 35.00 | 14.00 | -12.50 | 12.00 | 0.0070 | 18.47 |
| 38 | 35.00 | 7.00 | -0.50 | 35.00 | 7.00 | -12.50 | 12.00 | 0.0070 | 18.01 |
| 39 | 35.00 | 0.00 | -0.50 | 35.00 | 0.00 | -12.50 | 12.00 | 0.0070 | 17.87 |
| 40 | 35.00 | -7.00 | -0.50 | 35.00 | -7.00 | -12.50 | 12.00 | 0.0070 | 18.00 |
| 41 | 35.00 | -14.00 | -0.50 | 35.00 | -14.00 | -12.50 | 12.00 | 0.0070 | 18.46 |
| 42 | 35.00 | -21.00 | -0.50 | 35.00 | -21.00 | -12.50 | 12.00 | 0.0070 | 19.48 |
| 43 | 35.00 | -28.00 | -0.50 | 35.00 | -28.00 | -12.50 | 12.00 | 0.0070 | 21.93 |
| 44 | 35.00 | -35.00 | -0.50 | 35.00 | -35.00 | -12.50 | 12.00 | 0.0070 | 29.70 |
| 45 | 28.00 | -35.00 | -0.50 | 28.00 | -35.00 | -12.50 | 12.00 | 0.0070 | 21.83 |
| 46 | 21.00 | -35.00 | -0.50 | 21.00 | -35.00 | -12.50 | 12.00 | 0.0070 | 19.36 |
| 47 | 14.00 | -35.00 | -0.50 | 14.00 | -35.00 | -12.50 | 12.00 | 0.0070 | 18.34 |

Dimensions of Conductors and Rods in Grid: Main

| Segment | (x1 --- | y1 --- | z1) | (x2 --- | y2 --- | z2) | Length(M) | Radius | Current(A) |
|---|---|---|---|---|---|---|---|---|---|
| 48 | 7.00 | -35.00 | -0.50 | 7.00 | -35.00 | -12.50 | 12.00 | 0.0070 | 17.88 |
| 49 | 0.00 | -35.00 | -0.50 | 0.00 | 35.00 | -12.50 | 12.00 | 0.0070 | 17.75 |
| 50 | -7.00 | -35.00 | -0.50 | -7.00 | -35.00 | -12.50 | 12.00 | 0.0070 | 17.88 |
| 51 | -14.00 | -35.00 | -0.50 | -14.00 | -35.00 | -12.50 | 12.00 | 0.0070 | 18.33 |
| 52 | -21.00 | -35.00 | -0.50 | -21.00 | -35.00 | -12.50 | 12.00 | 0.0070 | 19.35 |
| 53 | -28.00 | -35.00 | -0.50 | -28.00 | -35.00 | -12.50 | 12.00 | 0.0070 | 21.79 |
| 54 | -35.00 | -35.00 | -0.50 | -35.00 | -35.00 | -12.50 | 12.00 | 0.0070 | 29.56 |
| 55 | -35.00 | -28.00 | -0.50 | -35.00 | -28.00 | -12.50 | 12.00 | 0.0070 | 21.79 |
| 56 | -35.00 | -21.00 | -0.50 | -35.00 | -21.00 | -12.50 | 12.00 | 0.0070 | 19.35 |
| 57 | -35.00 | -14.00 | -0.50 | -35.00 | -14.00 | -12.50 | 12.00 | 0.0070 | 18.33 |
| 58 | -35.00 | -7.00 | -0.50 | -35.00 | -7.00 | -12.50 | 12.00 | 0.0070 | 17.88 |
| 59 | -35.00 | 0.00 | -0.50 | -35.00 | 0.00 | -12.50 | 12.00 | 0.0070 | 17.75 |
| 60 | -35.00 | 7.00 | -0.50 | -35.00 | 7.00 | -12.50 | 12.00 | 0.0070 | 17.88 |
| 61 | -35.00 | 14.00 | -0.50 | -35.00 | 14.00 | -12.50 | 12.00 | 0.0070 | 18.34 |
| 62 | -35.00 | 21.00 | -0.50 | -35.00 | 21.00 | -12.50 | 12.00 | 0.0070 | 19.36 |
| 63 | -28.00 | 28.00 | -0.50 | -28.00 | 28.00 | -12.50 | 12.00 | 0.0070 | 14.46 |
| 64 | -21.00 | 28.00 | -0.50 | -21.00 | 28.00 | -12.50 | 12.00 | 0.0070 | 12.82 |
| 65 | -14.00 | 28.00 | -0.50 | -14.00 | 28.00 | -12.50 | 12.00 | 0.0070 | 12.32 |
| 66 | -7.00 | 28.00 | -0.50 | -7.00 | 28.00 | -12.50 | 12.00 | 0.0070 | 12.08 |
| 67 | 0.00 | 28.00 | -0.50 | 0.00 | 28.00 | -12.50 | 12.00 | 0.0070 | 12.01 |
| 68 | 7.00 | 28.00 | -0.50 | 7.00 | 28.00 | -12.50 | 12.00 | 0.0070 | 12.09 |
| 69 | 14.00 | 28.00 | -0.50 | 14.00 | 28.00 | -12.50 | 12.00 | 0.0070 | 12.33 |
| 70 | 21.00 | 28.00 | -0.50 | 21.00 | 28.00 | -12.50 | 12.00 | 0.0070 | 12.83 |
| 71 | 28.00 | 28.00 | -0.50 | 28.00 | 28.00 | -12.50 | 12.00 | 0.0070 | 14.50 |
| 72 | 28.00 | 21.00 | -0.50 | 28.00 | 21.00 | -12.50 | 12.00 | 0.0070 | 12.83 |

```
  73   28.00   14.00   -0.50   28.00   14.00  -12.50      12.00   0.0070        12.33
  74   28.00    7.00   -0.50   28.00    7.00  -12.50      12.00   0.0070        12.09
  75   28.00    0.00   -0.50   28.00    0.00  -12.50      12.00   0.0070        12.01
  76   28.00   -7.00   -0.50   28.00   -7.00  -12.50      12.00   0.0070        12.08
  77   28.00  -14.00   -0.50   28.00  -14.00  -12.50      12.00   0.0070        12.32
  78   28.00  -21.00   -0.50   28.00  -21.00  -12.50      12.00   0.0070        12.82
  79   28.00  -28.00   -0.50   28.00  -28.00  -12.50      12.00   0.0070        14.46
  80   21.00  -28.00   -0.50   21.00  -28.00  -12.50      12.00   0.0070        12.80
  81   14.00  -28.00   -0.50   14.00  -28.00  -12.50      12.00   0.0070        12.29
  82    7.00  -28.00   -0.50    7.00  -28.00  -12.50      12.00   0.0070        12.05
  83    0.00  -28.00   -0.50    0.00  -28.00  -12.50      12.00   0.0070        11.98
  84   -7.00  -28.00   -0.50   -7.00  -28.00  -12.50      12.00   0.0070        12.05
  85  -14.00  -28.00   -0.50  -14.00  -28.00  -12.50      12.00   0.0070        12.29
  86  -21.00  -28.00   -0.50  -21.00  -28.00  -12.50      12.00   0.0070        12.79
  87  -28.00  -28.00   -0.50  -28.00  -28.00  -12.50      12.00   0.0070        14.43
  88  -28.00  -21.00   -0.50  -28.00  -21.00  -12.50      12.00   0.0070        12.79
  89  -28.00  -14.00   -0.50  -28.00  -14.00  -12.50      12.00   0.0070        12.29
  90  -28.00   -7.00   -0.50  -28.00   -7.00  -12.50      12.00   0.0070        12.05
  91  -28.00    0.00   -0.50  -28.00    0.00  -12.50      12.00   0.0070        11.98
  92  -28.00    7.00   -0.50  -28.00    7.00  -12.50      12.00   0.0070        12.05
  93  -28.00   14.00   -0.50  -28.00   14.00  -12.50      12.00   0.0070        12.29
  94  -28.00   21.00   -0.50  -28.00   21.00  -12.50      12.00   0.0070        12.80

Dimensions of Conductors and Rods in Grid: Main
======================================================================================
Segment      (x1 ---  y1 ---  z1)    (x2 ---  y2 ---  z2)  Length(M)  Radius Current(A)
======================================================================================
======================================================================================


Touch Voltage Limit =    618.86 Volts      Clearing Time =  0.50 Sec
=========================================================================
  Coordinate(X,Y) in Meters    Touch                      Earth
    ----X----    ----Y----     Volts        %Limit        Volts   Remark
=========================================================================


Step Voltage Limit =  1983.29 Volts      Clearing Time =  0.50 Sec
=================================================================
     Coordinate(X,Y) in Meters  Step
       ----X----     ----Y----   Volts      %Limit  Remark
=================================================================
```

# 17장 Arc Flash Evaluation

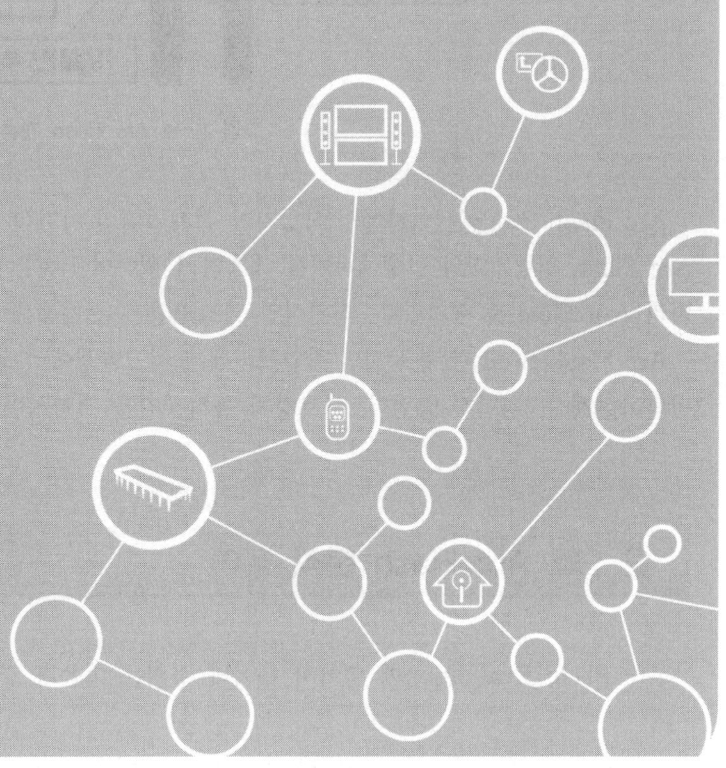

## 1 개 요

Arc Flash Study는 잠재하는 아크 발생원으로부터 일어나기 쉬운 Arc Flash 에너지에 대한 노출을 평가한다. Arc Flash Study의 목적을 이해하기 위하여, 단락회로 고장과 아크고장 사이의 차이점을 이해하는 것이 중요하다.

3상, 선간, 1선지락고장은 계통을 통하여 흐르는 대전류를 발생하고, 전류는 계통 내에 포함된다. 단락회로고장해석은 단락고장전류를 차단하고 견딜 수 있는 설비를 선택하기 위하여 사용된다. 아크고장은 전류가 2개의 전도재료 사이에 증기를 통하여 흐를 때 일어난다. 이러한 높은 온도의 아크는 아크로부터 1 m 정도 이내에 있을 때 치명적인 화상의 원인이 될 수 있다. 전기적인 아크는 주변지역에 열로 녹은 재료의 작은 입자로 쏟아지고, 더 나아가서 위험 원인이 된다. 아크고장전류는 증기가 전도재료 사이의 임피던스로 작용하기 때문에 단락회로 고장전류 보다 작다.

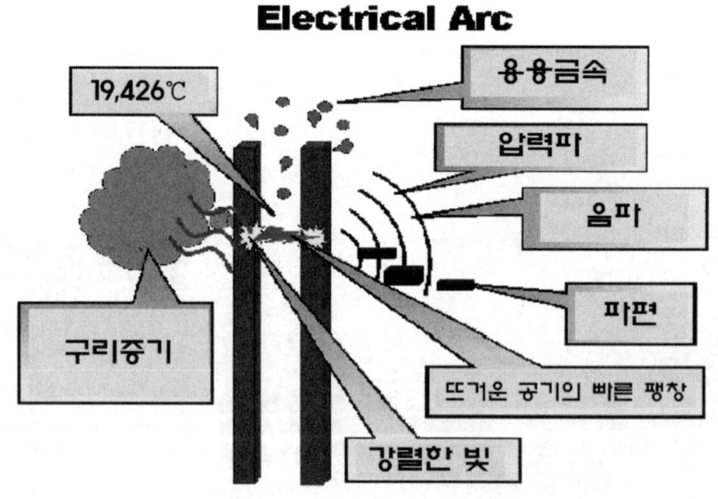


그림 17-1 Arc Flash 개념도

Arc Flash Study는 여기에서 작업자가 전기설비의 가까이 있거나 일할 때 위험에 노출될 수도 있는 Arc Flash 위험거리와 발생에너지를 결정하기 위하여 IEEE 1584-2018, NFPA 70E-2018 방법에 따라 Arc Flash를 평가한다. 전기적인 아크화상은 전기재해에서 높은 비율의 원인이 된다.

Arc Flash Study는 통상적인 작업거리에서 아크발생에너지와 보호복의 요구사항을 결정하기 위하여 단락고장계산, 경험적 방정식, 보호장치 동작시간을 결합하여 검토하는 것이다.

## 2 Arc Flash 분석 용어

Arc Flash Evaluation에 있어서 용어의 정의는 다음과 같다.

### 1) Bus Bolted Fault Current

2 이상의 도체 또는 Bus Bar 사이에서 발생하는 고장으로 인하여 도체 사이에 임피던스가 0인 곳에 흐르는 전류이다.

### 2) Bus Arcing Fault Current

고장 난 Bus에서 계산한 아크 전류를 나타낸다.

### 3) Flash Hazard

플래시 위험은 순식간에 임의의 물체를 강한 증기상태로 변환시키는 아크로 인하여 유발되는 에너지 방출과 관련된 위험한 상태를 말한다.

### 4) Shock Hazard

전격 위험은 충전부가 노출된 도체나 기기 등에 최소한의 공기 절연거리 이내로 가깝게 접근하거나 접촉시 발생하는 에너지 방출과 관련된 위험한 상태를 말한다.

### 5) 위험 보호범위

아크플래시가 일어날 수 있는 고장 지점 또는 전격 위험으로부터 작업자가 위험에 노출되지 않도록 접근을 제한하는 보호범위를 말한다.

### 6) Flash Protection Boundary

고장지점으로부터 작업자의 피부에 떨어지는 아크플래시를 에너지로 계산하였을 때 판단할 수 있는 보호거리를 말하며, 치료 가능한 2도 화상을 일으키기 직전의 보호에 해당한다.

### 7) Limited Approach Boundary

전격 위험이 존재하는 노출된 활선부분으로부터 접근 한계거리.

### 8) Restricted Approach Boundary

충전부분에 가까이서 일하고 있는 작업자에 대하여, 전격의 증가된 위험, 부주의 한 움직임과 결합된 전기아크로 인한 위험이 있는 노출된 활선부분으로부터 접근 제한거리.

### 9) Prohibited Approach Boundary

작업자가 활선부분에 접촉할 우려가 있는 것과 같이 간주되는 노출된 활선부분으로부터 접근 금지거리.

### 10) Trip/Delay Time

주어진 고장 조건에서 동작하기 위한 보호장치에 요구되는 시간.

### 11) Breaker Opening Time

운전되고 있는 Trip Unit으로 부터 동작신호를 받은 후 개로하는 차단기에 요구되는 시간이다.

### 12) Duration of Arc

아크지속시간으로 Trip/Delay Time과 Breaker Opening Time의 합계.

### 13) Equip Type

설비형식은 Switchgear, Panel, Cable 또는 Open Air 여부를 나타내기 위하여 사용한다.

### 14) Gap

아크 발생점의 Bus bar 또는 도체 사이의 간격을 나타낸다.

### 15) Arc Flash Boundary

사람이 2도 화상을 입을 수 있는 거리 이내에 있는 노출된 피부로부터 거리.

### 16) Working Distance

아크발생원으로부터 작업자의 얼굴 또는 가슴까지의 거리.

### 17) Incident Energy

Arc Flash로부터 일정한 거리에 있는 표면에 발생되는 에너지의 양.

### 18) Arc Type(In Box, Air)

고장점이 밀폐공간인지 개방된 공간인지 여부를 식별한다.

### 19) Required Protective FR Clothing Category(PPE)

아크고장이 지속되는 동안 작업거리에서 불치의 화상을 예방하기 위하여 요구되는 개인보호설비(PPE : Personal Protective Equipment)를 나타낸다.

### 20) 난연성(FR : Flame Resistant)

점화 중 또는 점화 후에 일련의 화염이 진행되는 것을 막거나 종결 또는 억제하는 물질의 특성.

### 21) 활선근접작업

전기적으로 안전한 작업조건에 속하지 않는 노출된 충전도체 또는 기기 등의 접근한계 내에서의 작업을 말한다.

### 22) 활선작업

노출 충전된 도체나 기기 등을 작업자의 보호구 착용 여부와 관계없이 손, 발 또는 신체의 기타 부분으로 만지거나 시험기기로 접촉하는 것을 말한다.

### 23) 유자격자

기기의 구조와 작동, 또는 특수 작업방법 등에 대한 교육을 받아 이를 숙지하고 있는 자를 말한다.

### 24) 무자격자

전기작업과 관련된 교육훈련이나 경험 등이 없는 사람을 말한다.

## 3 Arc Flash의 발생원인 및 수행목적

### 1) Arc Flash 발생원인

아크 플래시의 발생원인은 부적절한 설계 및 장비의 사용, 부적절한 작업절차에 따라 발생하며 대표적인 발생원인은 다음과 같다.

(1) 낙하공구 또는 풀린 부품으로부터 유효한 충전부분에 접촉
(2) 절연파괴
(3) 파진입
(4) 먼지
(5) 부식
(6) 응축

그림 17-2 Box에서 아크 폭발

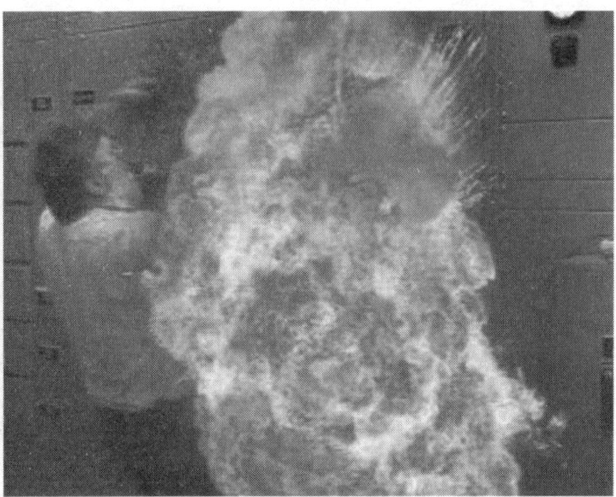

그림 17-3 Electrical Panel Board에서 아크 고장

## 2) 아크고장의 위험성

아크고장의 위험성은 다음과 같다.

### (1) 열의 발생

피해자가 아크에서 1 m 이내에 있을 때 치명적인 화상을 입을 수 있다. 심각한 화상은 3 m 이내의 거리에서 흔히 발생하고 있다. 모델 시험은 아크 폭풍으로부터 가까이 서있는 사람에 대하여 목부분과 손에 225℃의 온도보다 큰 온도가 나타난다.

### (2) 용융금속 및 파편의 확산

고속 압력에서 용융금속의 아크 분무가 발생한다. 폭발의 파편이 인체에 침투할 수 있다.

### (3) 폭발에 따른 압력파의 발생

폭발에 따른 압력파가 작업장의 사다리 위에서 작업하는 작업자를 사다리에서 떨어지게 하여 ㅊ락사고를 일으키게 된다. 가슴에 압박감은 2000 $lbs/ft^2$ 이상이 될 수 있다.

### (4) 의복에 의한 화상 확대

의복은 1 m 정도 떨어진 곳에서 불이 붙을 수 있다. 옷을 입은 부분은 노출된 피부보다 더욱 심각하게 화상을 입을 수 있다.

### (5) 굉음의 발생에 따른 청력 상실

굉음으로 인하여  청력을 상실할 수 있다. 아크로부터 0.6 m의 거리에서 140 dB 이상의 굉음을 발생할 수 있다.

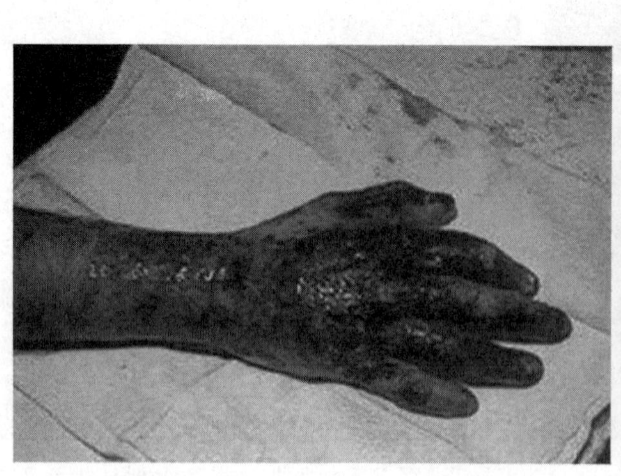

그림 17-4 Arc Flash에 의한 손의 화상

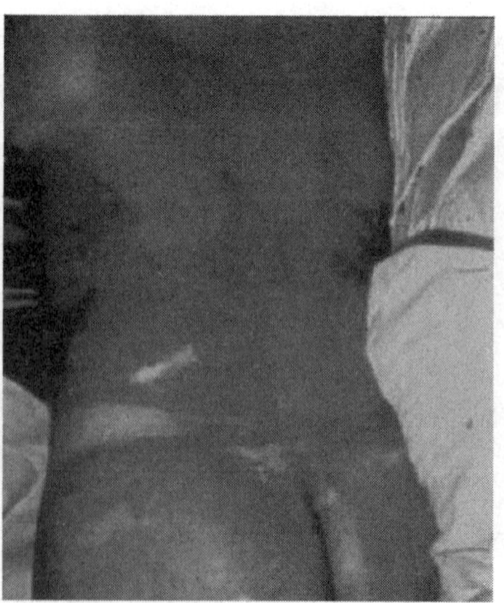

그림 17-5 피부 화상

### 3) Arc Flash Study 수행목적

(1) 작업자를 부상이나 사망사고로부터 보호(예방)
(2) 소송비용 회피
(3) 설비피해를 최소화
(4) 시스템의 정지시간을 최소화
(5) 표준과 안전규정(OSHA, NFPA, NEC) 준수
(6) 보험에서 요구

## 4 Arc Flash 계산식

### 4.1 IEEE 1584-2018

IEEE 1584-2018을 사용한 Arc Flash Evaluation은 Application Guide IEEE Std 1584-2018을 기반으로 하며 전극의 설치 형태 및 외함 치수가 추가된 IEEE 1584-2002와 유사한 매개 변수를 사용한다.

#### 1) 적용범위

IEEE 1584-2018의 Arc Flash Evaluation의 적용범위는 다음과 같으며, 이 범위를 벗어난 경우에는 직용하지 않는디.

(1) System Voltage

① 208V ~ 15kV

(2) 고장전류의 크기

① 208V ~ 600V : 500A ~ 106kA
② 601V ~ 15kV : 200A ~ 65kA

(3) Bus Bar Gap

① 208V ~ 600V : 6.35 ~ 76.2 mm
② 601V ~ 15kV : 19.05 ~ 254 mm

(4) Working Distance

① 304.8 mm

(5) 금속 외함의 치수

① 최대 높이 또는 폭 : 1244.6 mm
② 최대 개방면적 : 15,490 $cm^2$
③ 최소 폭 : Bus Bar Gap × 4 초과

### 2) 전극의 설치 형태

Incident Energy(IE), Arcing Current 및 Arc Flash Boundary(AFB)를 계산하기 위하여 전극은 다음의 5가지 유형으로 분류한다.

- VCB : 금속함 내부의 수직 전극
- VCBB : 금속함 내부의 수직 전극의 종단에 격벽 설치
- HCB : 금속함 내부의 수평 전극
- VOA : 공기중의 수직 전극
- HOA : 공기중의 수평 전극

### 3) Bus Bar Gap 및 금속 외함의 크기

System Voltage 및 설비 유형에 따른 일반적인 Bus Gap 및 금속외함 크기는 다음과 같다.

**표 17-1 Bus Gaps & Enclosure Size**

| 설비 유형 | Typical Bus Gaps (mm) | Enclosure Size(H×W×D) (mm) |
|---|---|---|
| 15 kV Switchgear | 152 | 1134 × 762 × 762 |
| 15 kV MCC | 152 | 914.4 × 914.4 × 914.4 |
| 5 kV Switchgear | 104 | 914.4 × 914.4 × 914.4 |
| 5 kV Switchgear | 104 | 1143 × 762 × 762 |
| 5 kV MCC | 104 | 660.4 × 660.4 × 660.4 |
| Low Voltage Switchgear | 32 | 508 × 508 × 508 |
| Shallow Low Voltage Switchgear | 25 | 355.6 × 304.8 × ≤203.2 |
| Deep Low Voltage Switchgear | 25 | 355.6 × 304.8 × >203.2 |
| Cable Junction Box | 13 | 355.6 × 304.8 × ≤203.2<br>or<br>355.6 × 304.8 × >203.2 |

(출처) IEEE 1584(2018) Table 8

### 4) Working Distance

System Voltage 및 설비 유형에 따른 일반적인 Working Distance는 다음과 같다.

**표 17-2 Working Distance**

| 설비 유형 | Working Distance (mm) |
|---|---|
| 15 kV Switchgear | 914.4 |
| 15 kV MCC | 914.4 |
| 5 kV Switchgear | 914.4 |
| 5 kV MCC | 914.4 |
| Low Voltage Switchgear | 609.6 |
| Shallow Low Voltage MCC & Switchgear | 457.2 |
| Deep Low Voltage MCCs & Switchgear | 457.2 |
| Cable Junction Box | 457.2 |

(출처) IEEE 1584(2018) Table 10

## 5) 계산식

### (1) Intermediate average arcing currents

중간 평균 아크전류는 다음의 식과 표 17-3에서 제공되는 계수를 사용하여 계산한다. 아크전류는 3가지의 개방회로전압으로 계산한다.

$$I_{\mathrm{arc\_}Voc} = 10^{(k1 + k2\lg I_{bf} + K3\lg G)}(k4I_{bf}^6 + k5I_{bf}^5 + k6I_{bf}^4 + k7I_{bf}^3 + k8I_{bf}^2 + k9I_{bf} + k10) \tag{17.1}$$

여기에서,

$I_{bf}$ : 3상 단락고장전류 대칭분 실효값(kA)

$I_{\mathrm{arc\_600}}$ : 개방회로전압 600V에서 평균아크전류 실효값(kA)

$I_{\mathrm{arc\_2700}}$ : 개방회로전압 2,700V에서 평균아크전류 실효값(kA)

$I_{\mathrm{arc\_14300}}$ : 개방회로전압 14,300V에서 평균아크전류 실효값(kA)

$G$ : 전극 사이의 간격(mm),  $k_1 \sim k_{10}$ : 표 17-3에서 제공되는 상수,  lg : $\log_{10}$

**표 17-3 방정식 (17.1)의 계수**

| E.C./ $V_{oc}$ | | k1 | k2 | k3 | k4 | k5 |
|---|---|---|---|---|---|---|
| VCB | 600V | -0.04287 | 1.035 | -0.083 | 0 | 0 |
| | 2,700V | 0.0065 | 1.001 | -0.024 | -1.557E-12 | 4.556E-10 |
| | 14,300V | 0.005795 | 1.015 | -0.011 | 1.557E-12 | 4.556E-10 |
| VCBB | 600V | -0.017432 | 0.98 | -0.05 | 0 | 0 |
| | 2,700V | 0.002823 | 0.995 | -0.0125 | 0 | -9.204E-11 |
| | 14,300V | 0.014827 | 1.01 | -0.01 | 0 | -9.204E-11 |
| HCB | 600V | 0.054922 | 0.988 | -0.11 | 0 | 0 |
| | 2,700V | 0.001011 | 1.003 | -0.0249 | 0 | 0 |
| | 14,300V | 0.008693 | 0.999 | -0.02 | 0 | -5.043E-11 |
| VOA | 600V | 0.043785 | 1.04 | -0.18 | 0 | 0 |
| | 2,700V | -0.02395 | 1.006 | -0.0188 | -1.557E-12 | 4.556E-10 |
| | 14,300V | 0.005371 | 1.0102 | -0.029 | -1.557E-12 | 4.556E-10 |
| HOA | 600V | 0.111147 | 1.008 | -0.24 | 0 | 0 |
| | 2,700V | 0.000435 | 1.006 | -0.038 | 0 | 0 |
| | 14,300V | 0.000904 | 0.999 | -0.02 | 0 | 0 |

| E.C./ $V_{oc}$ | | k6 | k7 | k8 | k9 | k10 |
|---|---|---|---|---|---|---|
| VCB | 600V | -4.783E-09 | 1.962E-06 | -0.000229 | 0.003141 | 1.092 |
| | 2,700V | -4.186E-08 | 8.346E-07 | 5.482E-05 | -0.003191 | 0.9729 |
| | 14,300V | -4.186E-08 | 8.346E-07 | 5.482E-05 | -0.003191 | 0.9729 |
| VCBB | 600V | -5.767E-09 | 2.524E-06 | -0.00034 | 0.01187 | 1.013 |
| | 2,700V | 2.901E-08 | -3.262E-06 | 0.0001569 | -0.004003 | 0.9825 |
| | 14,300V | 2.901E-08 | -3.262E-06 | 0.0001569 | -0.004003 | 0.9825 |
| HCB | 600V | -5.382E-09 | 2.316E-06 | -0.000302 | 0.0091 | 0.9725 |
| | 2,700V | 4.859E-10 | -1.814E-07 | -9.128E-06 | -0.0007 | 0.9881 |
| | 14,300V | 2.233E-08 | -3.046E-06 | 0.000116 | -0.001145 | 0.9839 |
| VOA | 600V | -4.783E-09 | 1.962E-06 | -0.000229 | 0.003141 | 1.092 |
| | 2,700V | -4.186E-08 | 8.346E-07 | 5.482E-05 | -0.003191 | 0.9729 |
| | 14,300V | -4.186E-08 | 8.346E-07 | 5.482E-05 | -0.003191 | 0.9729 |
| HOA | 600V | -3.895E-09 | 1.641E-06 | -0.000197 | 0.002615 | 1.1 |
| | 2,700V | 7.859E-10 | -1.914E-07 | -9.128E-06 | -0.0007 | 0.9981 |
| | 14,300V | 7.859E-10 | -1.914E-07 | -9.128E-06 | -0.0007 | 0.9981 |

(출처) IEEE 1584(2018) Table 1.

### (2) Arcing current variation correction factor

감소 된 아크 전류 $I_{arc_min}$을 사용하여 아크전류의 변화가 보호 장치의 작동 시간 및 결과적으로 발생에너지에 영향을 미치는지 확인한다. 아크전류 변동은 모델의 유효한 범위 (208V ~ 15,000V) 내의 모든 시스템 개방회로전압에 적용되지만 208V ~ 600V 사이에서 가장 큰 영향을 미칠 것으로 예상된다. 평균 아크 전류 실효값의 하한을 결정하려면 다음과 같이 방정식 (17.2)와 표 17-4에서 제공된 계수를 사용한다.

$$I_{\text{arc min}} = I_{\text{arc}} \times (1 - 0.5 \times VarC_f) \tag{17.2}$$

$$VarC_f = k1\,V_{oc}^6 + k2\,V_{oc}^5 + k3\,V_{oc}^4 + k4\,V_{oc}^3 + k5\,V_{oc}^2 + k6\,V_{oc} + k7 \tag{17.3}$$

여기에서,

$VarC_f$ : 아크전류 변동 보정계수

$I_{\text{arc}}$ : 최종 또는 중간 아크전류 실효값(kA)

$I_{\text{arc min}}$ : 변동보정계수에 따라 감소된 2번째 아크전류 실효값(kA)

$V_{oc}$ : 0.208kV~15.0kV 사이의 개방회로전압

$k_1 \sim k_7$ : 표 17-4에서 제공되는 상수

**표 17-4 방정식 (17.2)의 계수**

| E.C. | k1 | k2 | k3 | k4 | k5 | k6 | k7 |
|---|---|---|---|---|---|---|---|
| VCB | 0 | −0.0000014269 | 0.000083137 | −0.0019382 | 0.022366 | −0.12645 | 0.30226 |
| VCBB | 1.138e−06 | −6.0287e−05 | 0.0012758 | −0.013778 | 0.080217 | −0.24066 | 0.33524 |
| HCB | 0 | −3.097e−06 | 0.00016405 | −0.0033609 | 0.033308 | −0.16182 | 0.34627 |
| VOA | 9.5606E−07 | −5.1543E−05 | 0.0011161 | −0.01242 | 0.075125 | −0.23584 | 0.33696 |
| HOA | 0 | −3.1555e−06 | 0.0001682 | −0.0034607 | 0.034124 | −0.1599 | 0.34629 |

(출처) IEEE 1584(2018) Table 2

### (3) Intermediate incident energy(E)

발생에너지의 중간값을 결정하려면 다음과 같이 방정식 (17.4) ~ 방정식 (17.7)을 사용하고 표 17-5, 표 17-6 및 표 17-7을 사용한다.

$$E_{600} = \frac{12.552}{50} T \times 10^{\left(k1 + k2\lg G + \frac{k3 I_{arc\_600}}{k4 I_{bf}^7 + k5 I_{bf}^6 + k6 I_{bf}^5 + k7 I_{bf}^4 + k8 I_{bf}^3 + k9 I_{bf}^2 + k10 I_{bf}} + k11\lg I_{bf} + k12\lg D + k13\lg I_{arc\_600} + \lg\frac{1}{CF}\right)} \tag{17.4}$$

$$E_{2700} = \frac{12.552}{50} T \times 10^{\left(k1 + k2\lg G + \frac{k3 I_{arc\_2700}}{k4 I_{bf}^7 + k5 I_{bf}^6 + k6 I_{bf}^5 + k7 I_{bf}^4 + k8 I_{bf}^3 + k9 I_{bf}^2 + k10 I_{bf}} + k11\lg I_{bf} + k12\lg D + k13\lg I_{arc\_2700} + \lg\frac{1}{CF}\right)} \tag{17.5}$$

$$E_{14300} = \frac{12.552}{50} T \times 10^{\left(k1 + k2\lg G + \frac{k3 I_{arc\_14300}}{k4 I_{bf}^7 + k5 I_{bf}^6 + k6 I_{bf}^5 + k7 I_{bf}^4 + k8 I_{bf}^3 + k9 I_{bf}^2 + k10 I_{bf}} + k11\lg I_{bf} + k12\lg D + k13\lg I_{arc\_14300} + \lg\frac{1}{CF}\right)} \tag{17.6}$$

$$E_{\le 600} = \frac{12.552}{50} T \times 10^{\left(k1 + k2\lg G + \frac{k3 I_{arc\_600}}{k4 I_{bf}^7 + k5 I_{bf}^6 + k6 I_{bf}^5 + k7 I_{bf}^4 + k8 I_{bf}^3 + k9 I_{bf}^2 + k10 I_{bf}} + k11\lg I_{bf} + k12\lg D + k13\lg I_{arc} + \lg\frac{1}{CF}\right)} \tag{17.7}$$

여기에서,

$E_{600}$ : 개방회로전압 600V에서 발생에너지(J/$cm^2$)

$E_{2700}$ : 개방회로전압 2,700V에서 발생에너지(J/$cm^2$)

$E_{14300}$ : 개방회로전압 14,300V에서 발생에너지(J/$cm^2$)

$E_{\le 600}$ : 개방회로전압 600V 이하에서 발생에너지(J/$cm^2$)

$T$ : 아크지속시간(ms)

$I_{\rm arc}$ : 식(17.32)를 사용하여 얻은 600V 이하의 개방회로전압에 대한 아크전류의 실효값(kA)

$D$ : 작업거리(전극과 열량계 사이의 거리)(mm)

$CF$ : 금속외함 크기에 대한 보정계수(VOA 및 HOA 구성의 경우 CF = 1)

$k_1 \sim k_{13}$ : 표 17-5, 표 17-6 및 표 17-7에 제공된 계수를 사용합니다. 방정식 (17.4)의 경우 표 17-5를 사용하고, 방정식 (17.5)의 경우 표 17-6을 사용하고, 방정식 (17.6)의 경우 표 17-7을 사용하고, 방정식 (17.7)의 경우 표 17-5를 사용합니다.

**표 17-5 방정식 (17.4), 방정식 (17.7), 방정식 (17.8), 방정식 (17.11)의 계수**

| 600V | k1 | k2 | k3 | k4 | k5 | k6 |
|---|---|---|---|---|---|---|
| VCB | 0.753364 | 0.566 | 1.752636 | 0 | 0 | −4.783E-09 |
| VCBB | 3.068459 | 0.26 | −0.098107 | 0 | 0 | −5.767E-09 |
| HCB | 4.073745 | 0.344 | −0.370259 | 0 | 0 | −5.382E-09 |
| VOA | 0.679294 | 0.746 | 1.222636 | 0 | 0 | −4.783E-09 |
| HOA | 3.470417 | 0.465 | −0.261863 | 0 | 0 | −3.895E-09 |

| 600V | k7 | k8 | k9 | k10 | k11 | k12 | k13 |
|---|---|---|---|---|---|---|---|
| VCB | 0.000001962 | −0.000229 | 0.003141 | 1.092 | 0 | −1.598 | 0.957 |
| VCBB | 0.000002524 | −0.00034 | 0.01187 | 1.01 | −0.06 | −1.809 | 1.19 |
| HCB | 0.000002316 | −0.000302 | 0.0091 | 0.9725 | 0 | −2.03 | 1.036 |
| VOA | 0.000001962 | −0.000229 | 0.003141 | 1.092 | 0 | −1.598 | 0.997 |
| HOA | 0.000001641 | −0.000197 | 0.002615 | 1.1 | 0 | −1.99 | 1.04 |

(출처) IEEE 1584(2018) Table 3

**표 17-6 방정식 (17.5), 방정식 (17.9)의 계수**

| 2700V | k1 | k2 | k3 | k4 | k5 | k6 |
|---|---|---|---|---|---|---|
| VCB | 2.40021 | 0.165 | 0.354202 | −1.557E−12 | 4.556E−10 | −4.186E−08 |
| VCBB | 3.870592 | 0.185 | −0.736618 | 0 | −9.204E−11 | 2.901E−08 |
| HCB | 3.486391 | 0.177 | −0.193101 | 0 | 0 | 4.859E−10 |
| VOA | 3.880724 | 0.105 | −1.906033 | −1.557E−12 | 4.556E−10 | −4.186E−08 |
| HOA | 3.616266 | 0.149 | −0.761561 | 0 | 0 | 7.859E−10 |

| 2700V | k7 | k8 | k9 | k10 | k11 | k12 | k13 |
|---|---|---|---|---|---|---|---|
| VCB | 8.346E−07 | 5.482E−05 | −0.003191 | 0.9729 | 0 | −1.569 | 0.9778 |
| VCBB | −3.262E−06 | 0.0001569 | −0.004003 | 0.9825 | 0 | −1.742 | 1.09 |
| HCB | −1.814E−07 | −9.128E−06 | −0.0007 | 0.9881 | 0.027 | −1.723 | 1.055 |
| VOA | 8.346E−07 | 5.482E−05 | −0.003191 | 0.9729 | 0 | −1.515 | 1.115 |
| HOA | −1.914E−07 | −9.128E−06 | −0.0007 | 0.9981 | 0 | −1.639 | 1.078 |

(출처) IEEE 1584(2018) Table 4

**표 17-7 방정식 (17.6), 방정식 (17.10)의 계수**

| 14300V | k1 | k2 | k3 | k4 | k5 | k6 |
|---|---|---|---|---|---|---|
| VCB | 3.825917 | 0.11 | −0.999749 | −1.557E−12 | 4.556E−10 | −4.186E−08 |
| VCBB | 3.644309 | 0.215 | −0.585522 | 0 | −9.204E−11 | 2.901E−08 |
| HCB | 3.044516 | 0.125 | 0.245106 | 0 | −5.043E−11 | 2.233E−08 |
| VOA | 3.405454 | 0.12 | −0.93245 | −1.557E−12 | 4.556E−10 | −4.186E−08 |
| HOA | 2.04049 | 0.177 | 1.005092 | 0 | 0 | 7.859E−10 |

| 14300V | k7 | k8 | k9 | k10 | k11 | k12 | k13 |
|---|---|---|---|---|---|---|---|
| VCB | 8.346E−07 | 5.482E−05 | −0.003191 | 0.9729 | 0 | −1.568 | 0.99 |
| VCBB | −3.262E−06 | 0.0001569 | −0.004003 | 0.9825 | 0 | −1.677 | 1.06 |
| HCB | −3.046E−06 | 0.000116 | −0.001145 | 0.9839 | 0 | −1.655 | 1.084 |
| VOA | 8.346E−07 | 5.482E−05 | −0.003191 | 0.9729 | 0 | −1.534 | 0.979 |
| HOA | −1.914E−07 | −9.128E−06 | −0.0007 | 0.9981 | −0.05 | −1.633 | 1.151 |

(출처) IEEE 1584(2018) Table 5

### (4) Intermediate Arc Flash Boundary(AFB)

다음과 같은 식 (17.8) ~ 식 (17.11)을 사용하고 표 17-5, 표 17-6 및 표 17-7를 사용하여 아크 플래시 경계의 중간값을 결정한다.

$$AFB_{600} = 10^{\left[\frac{k1 + k2\lg G + \frac{k3 I_{arc\_600}}{k4 I_{bf}^7 + k5 I_{bf}^6 + k6 I_{bf}^5 + k7 I_{bf}^4 + k8 I_{bf}^3 + k9 I_{bf}^2 + k10 I_{bf}} + k11\lg I_{bf} + k13\lg I_{arc\_600} + \lg\left(\frac{1}{CF}\right) - \lg\left(\frac{20}{T}\right)}{-k12}\right]} \tag{17.8}$$

$$AFB_{2700} = 10^{\left[\frac{k1 + k2\lg G + \frac{k3 I_{arc\_2700}}{k4 I_{bf}^7 + k5 I_{bf}^6 + k6 I_{bf}^5 + k7 I_{bf}^4 + k8 I_{bf}^3 + k9 I_{bf}^2 + k10 I_{bf}} + k11\lg I_{bf} + k13\lg I_{arc\_2700} + \lg\left(\frac{1}{CF}\right) - \lg\left(\frac{20}{T}\right)}{-k12}\right]} \tag{17.9}$$

$$AFB_{14300} = 10^{\left[\frac{k1 + k2\lg G + \frac{k3 I_{arc\_14300}}{k4 I_{bf}^7 + k5 I_{bf}^6 + k6 I_{bf}^5 + k7 I_{bf}^4 + k8 I_{bf}^3 + k9 I_{bf}^2 + k10 I_{bf}} + k11\lg I_{bf} + k13\lg I_{arc\_14300} + \lg\left(\frac{1}{CF}\right) - \lg\left(\frac{20}{T}\right)}{-k12}\right]} \tag{17.10}$$

$$AFB_{\le 600} = 10^{\left[\frac{k1 + k2\lg G + \frac{k3 I_{arc\_600}}{k4 I_{bf}^7 + k5 I_{bf}^6 + k6 I_{bf}^5 + k7 I_{bf}^4 + k8 I_{bf}^3 + k9 I_{bf}^2 + k10 I_{bf}} + k11\lg I_{bf} + k13\lg I_{arc} + \lg\left(\frac{1}{CF}\right) - \lg\left(\frac{20}{T}\right)}{-k12}\right]} \tag{17.11}$$

여기에서,

$AFB_{600}$ : 개방회로전압 600V에서 아크플래시 한계거리(mm)

$AFB_{2700}$ : 개방회로전압 2,700V에서 아크플래시 한계거리(mm)

$AFB_{14300}$ : 개방회로전압 14,300V에서 아크플래시 한계거리(mm)

$AFB_{\le 600}$ : 개방회로전압 600V 이하에서 아크플래시 한계거리(mm)

$I_{arc}$ : 식(17.32)를 사용하여 얻은 600V 이하의 개방회로전압에 대한 아크전류의 실효값(kA)

$I_{bf}$ : 3상 단락고장전류 대칭분 실효값(kA)

$CF$ : 금속외함 크기에 대한 보정계수(VOA 및 HOA 구성의 경우 CF = 1)

$k1 \sim k13$ : 표 17-5, 표 17-6 및 표 17-7에 제공된 계수를 사용합니다. 방정식 (17.8)의 경우 표 17-5를 사용하고, 방정식 (17.9)의 경우 표 17-6을 사용하고, 방정식 (17.10)의 경우 표 17-7을 사용하고, 방정식 (17.11)의 경우 표 17-5를 사용합니다.

### (5) 외함 크기 보정계수

VCB, VCBB 및 HCB 방정식은 508mm × 508mm × 508mm (20 인치 × 20 인치 × 20 인치) 외함에 대해 정규화되어 있다. 방정식 (17.15) 및 방정식 (17.16)에서 결정된 보정 계수 (CF)를 사용하여 외함의 크기에 따른 발생에너지(E)를 조정하여야 합니다. 외함의 크기에 따라 발생에너지(E)를 조정하는 방법은 다음과 같습니다.

① 외함의 유형 결정

외함은 다음의 조건이 충족될 때 "Shallow"이고, 이러한 조건 중 하나라도 충족되지 않으면 "Typical"로 간주한다.

㉠ 계통전압이 600V AC 미만

㉡ 외함의 높이와 너비가 508mm(20inch) 미만

㉢ 외함의 깊이가 203.1mm(8inch) 이하

② 등가 높이 및 너비의 결정

외함의 유형이 분류되면 세 전극 구성 각각에 대한 특정 범위와 값을 비교하여 등가적인 높이와 너비를 결정해야 한다. 특정 범위의 경우 등가 높이와 너비는 다음과 같이 식 (17.12) 및 식 (17.13)를 사용하여 결정한다.

$$Width_1 = \left[660.4 + (Width - 660.4) \times \left(\frac{V_{oc} + A}{B}\right)\right] \times 25.4^{-1} \tag{17.12}$$

$$Height_1 = \left[660.4 + (Height - 660.4) \times \left(\frac{V_{oc} + A}{B}\right)\right] \times 25.4^{-1} \tag{17.13}$$

여기에서,

$Height_1$ : 외함의 등가 높이

$Width_1$ : 외함의 등가 폭

$Height$ : 외함의 실제 높이(mm)

$Width$ : 외함의 실제 폭(mm)

$V_{oc}$ : 개방회로전압(계통전압)(kV)

$A$ : VCB는 4, VCBB 및 HCB는 10

$B$ : VCB는 20, VCBB는 24, HCB는 22

**표 17-8 등가 높이와 폭을 결정하기 위한 기준**

| E.C. | Range | 〈508 (mm) | ≥508 and ≤660.4 (mm) | 〉660.4 and ≤1244.6 (mm) | 〉1244.6 (mm) |
|---|---|---|---|---|---|
| VCB | Width₁ | = 20(Typical)<br>= 0.03937×폭(Shallow) | = 0.03937×폭 | 식(17-12)과 실제 폭으로 계산 | 폭을 1244.6mm로 하여 식 (17-12)로 계산 |
| | Height₁ | = 20(Typical)<br>= 0.03937×폭(Shallow) | = 0.03937×높이 | = 0.03937×높이 | = 49 |
| VCBB | Width₁ | = 20(Typical)<br>= 0.03937×폭(Shallow) | = 0.03937×폭 | 식 (17-12)과 실제 폭으로 계산 | 폭을 1244.6mm로 하여 식 (17-12)로 계산 |
| | Height₁ | = 20(Typical)<br>= 0.03937×폭(Shallow) | = 0.03937×높이 | 식 (17-13)와 실제 높이로 계산 | 높이를 1244.6mm로 하여 식 (17-13)로 계산 |
| HCB | Width₁ | = 20(Typical)<br>= 0.03937×폭(Shallow) | = 0.03937×폭 | 식 (17-12)과 실제 폭으로 계산 | 폭을 1244.6mm로 하여 식 (17-12)로 계산 |
| | Height₁ | = 20(Typical)<br>= 0.03937×폭(Shallow) | = 0.03937×높이 | 식 (17-13)와 실제 높이로 계산 | 높이를 1244.6mm로 하여 식 (17-13)로 계산 |

(출처) IEEE 1584(2018) Table 6

③ 외함의 등가크기(EES) 결정

외함의 등가크기(EES)는 다음과 같이 방정식 (17.14)을 사용하여 등가 너비와 높이를 사용하여 결정된다.

$$EES = \frac{Height_1 - Width_1}{2} \tag{17.14}$$

여기에서,

$EES$ : 외함의 등가 크기

④ 외함 크기 보정계수(CF)의 결정

"Typical Enclosure"에 대한 보정 계수(CF)는 다음과 같이 방정식 (17.15)를 사용하여 구한다.

$$CF = b1 \times EES^2 + b2 \times EES + b3 \tag{17.15}$$

"Shallow Enclosure"에 대한 보정 계수에 대해 다음과 같이 방정식 (17.16)를 사용한다.

$$CF = \frac{1}{b1 \times EES^2 + b2 \times EES + b3} \tag{17.16}$$

여기에서,

$b1 \sim b3$ : 표 17-9에 제공되는 식 (17.15) 및 식 (17.16)에 대한 계수

$CF$ : 식 (17.4)에서 식 (17.11)까지 사용된 외함의 크기 조정 계수

$EES$ : 방정식 (17.14)을 사용하여 결정된 보정 계수를 찾는 데 사용되는 외함의 등가 크기. 외함의 유형이"Typical"인 경우 EES의 최소값은 20이다.

**표 17-9 방정식 (17.15) 및 방정식 (17.16)의 계수**

| Box Type | E.C. | b1 | b2 | b3 |
|---|---|---|---|---|
| Typical | VCB | −0.000302 | 0.03441 | 0.4325 |
| | VCBB | −0.0002976 | 0.032 | 0.479 |
| | HCB | −0.0001923 | 0.01935 | 0.6899 |
| Shallow | VCB | 0.002222 | −0.02556 | 0.6222 |
| | VCBB | −0.002778 | 0.1194 | −0.2778 |
| | HCB | −0.0005556 | 0.03722 | 0.4778 |

(출처) IEEE 1584(2018) Table 7

## (6) Arcing Current($I_{arc}$)

Incident Energy를 계산하기 위한 Arcing Current를 다음의 방법으로 계산하여 적용한다.

$$I_{arc\_1} = \frac{I_{arc\_2700} - I_{arc\_600}}{2.1}(V_{oc} - 2.7) + I_{arc\_2700} \tag{17.17}$$

$$I_{arc\_2} = \frac{I_{arc\_14300} - I_{arc\_27000}}{11.6}(V_{oc} - 14.3) + I_{arc\_14300} \tag{17.18}$$

$$I_{arc\_3} = \frac{I_{arc\_1}(2.7 - V_{oc})}{2.1} + \frac{I_{arc\_2}(V_{oc} - 0.6)}{2.1} \tag{17.19}$$

여기에서,

$I_{arc\_600}$ : $V_{oc} = 600\,V$에서 평균 아크전류 실효값(kA)

$I_{arc\_2700}$ : $V_{oc} = 2{,}700\,V$에서 평균 아크전류 실효값(kA)

$I_{arc\_14300}$ : $V_{oc}=14{,}300\,V$에서 평균 아크전류 실효값(kA)
$I_{arc\_1}$ : 600V ~ 2700V 사이의 첫 번째 Arcing Current(kA)
$I_{arc\_2}$ : 계통전압이 2,700V보다 클 때 사용하는 두 번째 Arcing Current(kA)
$I_{arc\_3}$ : 계통전압이 2,700V보다 작을 때 사용하는 세 번째 Arcing Current(kA)
$V_{oc}$ : 계통의 개방회로 전압(kV)

$V_{oc}$가 600V를 넘고 2,700V 이하인 경우에는 Arcing Current는 다음과 같이 결정한다.

$$I_{arc}=I_{arc\_3} \tag{17.20}$$

$V_{oc}$가 2,700V를 초과하는 경우에는 Arcing Current는 다음과 같이 결정한다.

$$I_{arc}=I_{arc\_2} \tag{17.21}$$

(7) Incident Energy(E)

Incident Energy는 다음의 방법으로 계산하여 적용한다.

$$E_1=\frac{E_{2700}-E_{600}}{2.1}(V_{oc}-2.7)+E_{2700} \tag{17.22}$$

$$E_2=\frac{E_{14300}-E_{2700}}{11.6}(V_{oc}-14.3)+E_{14300} \tag{17.23}$$

$$E_3=\frac{E_1(2.7-V_{oc})}{2.1}+\frac{E_2(V_{oc}-0.6)}{2.1} \tag{17.24}$$

여기에서,

$E_{600}$ : $V_{oc}=600\,V$에서 Incident Energy(J/cm$^2$)
$E_{2,700}$ : $V_{oc}=2{,}700\,V$에서 Incident Energy(J/cm$^2$)
$E_{14,300}$ : $V_{oc}=14{,}300\,V$에서 Incident Energy(J/cm$^2$)
$E_1$ : 600V ~ 2700V 사이의 첫 번째 Incident Energy(J/cm$^2$)
$E_2$ : 계통전압이 2,700V보다 클 때 사용하는 두 번째 Incident Energy(J/cm$^2$)
$E_3$ : 계통전압이 2,700V보다 작을 때 사용하는 세 번째 Incident Energy(J/cm$^2$)

$V_{oc}$가 600V를 넘고 2,700V 이하인 경우에는 Incident Energy 다음과 같이 결정한다.

$$E = E_3 \tag{17.25}$$

$V_{oc}$가 2700V를 초과하는 경우에는 Incident Energy 다음과 같이 결정한다.

$$E = E_2 \tag{17.26}$$

### (8) Arc Flash Boundary(AFB)

Arc Flash Boundary는 다음의 방법으로 계산하여 적용한다.

$$AFB_1 = \frac{AFB_{2700} - AFB_{600}}{2.1}(V_{oc} - 2.7) + AFB_{2700} \tag{17.27}$$

$$AFB_2 = \frac{AFB_{14300} - AFB_{2700}}{11.6}(AFB_{oc} - 14.3) + AFB_{14300} \tag{17.28}$$

$$AFB_3 - \frac{AFB_1(2.7 - V_{oc})}{2.1} + \frac{AFB_2(V_{oc} - 0.6)}{2.1} \tag{17.29}$$

여기에서,

$AFB_{600}$ : $V_{oc} = 600\,V$에서 Arc Flash Boundary(mm)

$AFB_{2,700}$ : $V_{oc} = 2,700\,V$에서 Arc Flash Boundary(mm)

$AFB_{14,300}$ : $V_{oc} = 14,300\,V$에서 Arc Flash Boundary(mm)

$AFB_1$ : 600V ~ 2,700V 사이의 첫 번째 Arc Flash Boundary(mm)

$AFB_2$ : 계통전압이 2,700V보다 클 때 사용하는 두 번째 Arc Flash Boundary(mm)

$AFB_3$ : 계통전압이 2,700V보다 작을 때 사용하는 세 번째 Arc Flash Boundary(mm)

$V_{oc}$가 600V를 넘고 2,700V 이하인 경우에는 Arc Flash Boundary는 다음과 같이 결정한다.

$$AFC = AFC_3 \tag{17.30}$$

$V_{oc}$가 2,700V를 초과하는 경우에는 Arc Flash Boundary는 다음과 같이 결정한다.

$$AFC = AFC_2 \tag{17.31}$$

### (9) 개방회로전압 600V 이하의 전압에서 아크전류, 발생에너지, Arc Flash Boundary

여기에서는 208V 이상 600V 이하의 개방회로전압에 대한 아크전류, 발생에너지 및 Arc Flash Boundary를 결정하는 방법에 대하여 기술한다. 먼저 식(17.32)를 사용하여 아크전류를 계산한다. 아크전류를 사용하여 아크 지속시간을 추정하고 발생에너지 및 Arc Flash Boundary를 결정한다.

최종아크전류($I_{arc}$)는 다음의 식을 사용하여 결정할 수 있다.

$$I_{arc} = \frac{1}{\sqrt{\left[\frac{0.6}{V_{oc}}\right]^2 \times \left[\frac{1}{I_{arc\_600}^2} - \left(\frac{0.6^2 - V_{oc}^2}{0.6^2 \times I_{bf}^2}\right)\right]}} \tag{17.32}$$

여기에서,

$V_{oc}$ : 개방회로전압(계통전압)(kV)

$I_{bf}$ : 3상 단락고장전류 대칭분 실효값(kA)

$I_{arc}$ : 지정된 개방회로전압에 대한 최종아크전류의 실효값(kA)

$I_{arc\_600}$ : 식(17.1)을 사용하여 얻은 개방회로전압 $V_{oc} = 600\,V$에서 아크전류 실효값(kA)

발생에너지($E$)는 다음과 같이 주어진다.

$$E = E_{\leq 600} \tag{17.33}$$

여기에서,

$E_{\leq 600}$ : 식(17.1)과 식(17.32)로부터 결정된 아크전류를 사용하여 식(17.7)로 계산한 개방회로전압 $V_{oc} \leq 600\,V$에 대한 발생에너지(J/cm$^2$)

$E$ : 지정된 개방회로전압 $V_{oc}$에서 최종 발생에너지(J/cm$^2$)

Arc Flash Boundary($AFB$)는 다음과 같이 주어진다.

$$AFB = AFB_{\leq 600} \tag{17.34}$$

여기에서,

$AFB_{\leq 600}$ : 식(17.1)과 식(17.32)로부터 결정된 아크전류를 사용하여 식(17.11)로 계산한 개방회로전압 $V_{oc} \leq 600\,V$에 대한 Arc Flash Boundary(mm)

$AFB$ : 지정된 개방회로전압 $V_{oc}$에서 최종 Arc Flash Boundary(mm)

## 4.2 IEEE 1584-2002(NFPA 70E 2018 Annex D.4)

이 절에서는 Incident Energy와 통계적 분석과 유효한 실험 데이터의 곡선에 기초한 Flash Protection Boundary를 평가하는 계산식을 제공한다. IEEE working group은 Incident Energy의 모델을 생성하기 위하여 수행한 실험으로부터 데이터를 만들었다. 표준개인보호장구(PPE) 레벨(1.2, 8, 25, 40 cal/cm$^2$)의 선택을 기초로 하여, 사고의 95%에서 2도 화상으로부터 작업자를 보호하기 위하여 PPE가 적합 또는 적합 이상이 되도록 판단하는 것이다.

### 1) 적용범위

① 208 V와 15 kV 사이의 Bus Voltage
② 700 A와 106 kA 사이의 Bus에서 단락고장전류
③ 13 mm에서 153 mm 사이의 Bus Bar Gap
이 범위를 벗어나는 전력계통은 LEE 방정식을 사용한다.

### 2) Bus에서의 아크고장전류 계산식

(1) 208V≦V<1 kV, 700A≦$I_B$≦106 kA의 전력계통

$$\begin{aligned}\log(I_a) = & K + 0.662\log(I_B) + 0.0966V + 0.000526G + 0.5588V\log(I_B) \\ & - 0.00304G\log(I_B)\end{aligned} \tag{17.35}$$

여기에서,

log : $\log_{10}$
$I_a$ : Bus에서의 아크고장전류
$K$ : 개방형 −0.153, Box(밀폐)형 −0.097
$I_B$ : Bus에서 3상대칭단락전류 실효값 [kA]
$V$ : Bus 전압 [kV]
$G$ : 도체 사이의 Bus Bar Gap [mm]

(2) 1 kV≦V≦15 kV, 700 A≦$I_B$≦106 kA의 전력계통

$$\log(I_a) = 0.00402 + 0.983\log(I_B) \tag{17.36}$$

여기에서,

$I_a = 10^{\log(I_a)}$

### 3) 아크발생에너지의 계산

작업거리 610 mm, 아크지속시간 0.2초의 아크에 의한 표준적인 아크발생에너지의 계산은 다음 식으로 계산한다.

$$\log(E_n) = K_1 + K_2 + 1.081 \log (I_a) + 0.0011\, G \qquad (17.37)$$

여기에서,

$E_n$ : 0.2초의 아크지속시간과 610 mm의 작업거리로 표준화된 아크발생에너지 [J/cm$^2$]

$$E_n = 10^{\log(E_n)}$$

$K_1$ : 개방형 −0.792, 박스형 −0.555(Switchgear, Panel, Cable)

$K_2$ : 비접지 및 고저항접지계통 0, 접지계통 −0.113

$G$ : Bus bar 도체사이의 간격 [mm]

**표 17-10 Bus Bar gap 및 거리지수**

| 전압 [kV] | 설비형식 | Gap [mm] | x |
|---|---|---|---|
| 0.208 ~ 1 | Open Air | 10 ~ 40 | 2.000 |
| | Switchgear | 32 | 1.473 |
| | MCCs, Panels | 25 | 1.641 |
| | Cables | 13 | 2.000 |
| 〉1 ~ 5 | Open Air | 102 | 2.000 |
| | Switchgear | 13 ~ 102 | 0.973 |
| | Cables | 13 | 2.000 |
| 〉5 ~ 15 | Open Air | 13 ~ 153 | 2.000 |
| | Switchgear | 153 | 0.973 |
| | Cables | 13 | 2.000 |

[비고] IEEE 1584 2002, Pg 8, Table 4

표준화된 아크발생에너지로부터 변환된 아크발생에너지는 다음 식으로 계산한다.

$$E = 1.184\ C_f\ E_n\ (t/0.2)\ (610^X / D^X) \qquad (17.38)$$

여기에서,

$E$ : 아크에너지 [J/cm$^2$]

$C_f$ : 1 kV 초과의 전압 1.0, 1 kV 이하의 전압 1.5

$t$ : 아크지속시간 [sec]

$D$ : 작업거리(IEEE 1584-2002, page 8, Table 3, 전압 및 설비형식에 따라 결정)

$x$ : 거리지수(IEEE 1584-2002, page 8, Table 4)

### 4) Arc Flash Boundary $D_B$의 계산

"Arc Flash Boundary"는 피부에 2도 화상을 입을 우려가 있는 아크발생원으로부터 거리를 말하며, 2도 화상은 피부가 5J/cm$^2$의 아크에너지를 받았을 때로 추정한다.

$$D_B = [4.184\ C_f\ E_n\ (t/0.2)\ (610^X / E^B)]^{1/X} \tag{17.39}$$

여기에서,

$D_B$ : $E_B$의 아크에너지에서 아크플래시 한계거리[mm]

$E_B$ : 노출된 피부에 2도 화상을 입힐 수 있는 한계에너지($E_B$ = 5.0 [J/cm$^2$]).

**표 17-11 작업거리(Working Distance)**

| kV | Equipment Type | Working Distance |
|---|---|---|
| 〈= 1 | Switchgear | 610 mm |
| 〈= 1 | Panel, MCC | 455 mm |
| 〉1 & 〈 35 | Switchgear | 910 mm |
| 〉35 | Switchgear | 1,829 mm |
| | Cable, all others | 455 mm |

[비고] IEEE 1584 2002, Pg 8, Table 3

### 5) IEEE 1584의 범위를 벗어난 계통

상기의 항목과 같이 IEEE Std. 1584에서 정하는 범위를 벗어난 계통에 대하여 다음의 LEE 방정식을 사용한다.

① Bus 전압이 208 V 미만 또는 15 kV 초과

② Bus에서 단락고장전류가 700 A 미만 또는 106 kA 초과

③ Bus bar 간격 13 mm 미만 또는 153 mm 초과

$$E = 2.142 \times 10^6 \times V \times I_{bf} \times (t/D^2) \tag{17.40}$$

여기에서,

$E$ : 아크발생에너지 [J/cm$^2$]

$V$ : 계통전압 [kV]

$t$ : 아크지속시간 [sec]

$D$ : 아크로부터 작업거리 [mm]

$I_{bf}$ : 단락고장전류 [kA]

Arc Flash Boundary는 한계거리에서의 발생에너지 E = 5.0 J/cm$^2$로 설정하여 위의 계산식으로부터 Arc Flash Boundary $D_B$를 계산 할 수 있다.

$$D_B = [2.142 \times 10^6 \times V \times I_{bf} \times (t/E_B)]^{1/2} \tag{17.41}$$

여기에서,

$D_B$ : 아크 발생점으로부터 Arc Flash Boundary의 거리 [mm]
$E_B$ : Arc Flash Boundary의 거리에서 발생에너지 [J/cm$^2$]

### 6) 전류제한 Fuse

다음의 방정식은 전류제한 Class L과 Class RK1 Fuse를 사용하여 아크플래시 에너지를 계산하기 위하여 개발되었다. 실험은 제조업체로부터 상용화 된 Fuse를 사용하여 전압 600 V와 작업거리 455 mm에서 이루어 졌다. 다음은 각각에 대한 설명이다.

$I_{bf}$ : 대칭3상단락고장전류 [kA]
$E$ : 아크발생에너지 [J/cm$^2$]

(1) Class L Fuse 1600~2000 A

① $I_{bf}$ < 22.6 kA
아크전류는 식(17.35)로 계산하고, 아크발생에너지는 시간–전류 Curve를 사용하여 식(17.37), 식(17.38), 식(17.39)으로 계산한다.

② 22.6 kA ≦ $I_{bf}$ ≦ 65.9 kA

$$E = 4.184(-0.1284\, I_{bf} + 32.262) \tag{17.42}$$

③ 65.9kA < $I_{bf}$ ≦ 106 kA

$$E = 4.184(-0.5177\, I_{bf} + 57.917) \tag{17.43}$$

④ $I_{bf}$ > 106 kA
제조사에서 제공하는 계산식으로 계산한다.

(2) Class L Fuse 1201~1600 A

① $I_{bf}$ < 15.7 kA
아크전류는 식(17.35)로 계산하고, 아크발생에너지는 시간–전류 Curve를 사용하여 식(17.37), 식(17.38), 식(17.39)으로 계산한다.

② 15.7 kA ≦ $I_{bf}$ ≦ 31.8 kA

$$E = 4.184(-0.1863\, I_{bf} + 27.926) \tag{17.44}$$

③ 31.8 kA < $I_{bf}$ < 44.1 kA

$$E = 4.184(-0.5504\, I_{bf} + 71.303) \tag{17.45}$$

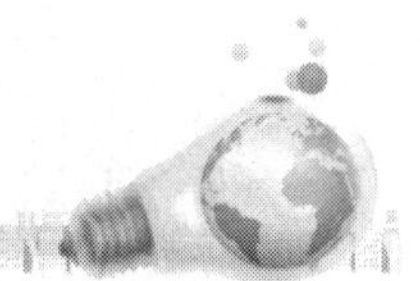

④ 44.1 kA ≦ $I_{bf}$ ≦ 65.9 kA

$$E = 123\,\mathrm{J/cm^2} \tag{17.46}$$

⑤ 65.9 kA < $I_{bf}$ ≦ 106 kA

$$E = 4.184(-0.0631\ I_{bf} + 7.0878) \tag{17.47}$$

⑥ $I_{bf}$ > 106 kA
제조사에서 제공하는 계산식으로 계산한다.

(3) Class L Fuse 801∼1200 A

① $I_{bf}$ < 15.7 kA
아크전류는 식(17.35)로 계산하고, 아크발생에너지는 시간–전류 Curve를 사용하여 식(17.37), 식(17.38), 식(17.39)으로 계산한다.

② 15.7 kA ≦ $I_{bf}$ ≦ 22.6 kA

$$E = 4.184(-0.1928\ I_{bf} + 14.226) \tag{17.48}$$

③ 22.6 kA < $I_{bf}$ ≦ 44.1 kA

$$E = 4.184(0.0143\ I_{bf}^2 - 1.3919\ I_{bf} + 34.045) \tag{17.49}$$

④ 44.1 kA < $I_{bf}$ ≦ 106 kA

$$E = 1.63\,\mathrm{J/cm^2} \tag{17.50}$$

⑤ $I_{bf}$ > 106 kA
제조사에서 제공하는 계산식으로 계산한다.

(4) Class L Fuse 601∼800 A

① $I_{bf}$ < 15.7 kA
아크전류는 식(17.35)로 계산하고, 아크발생에너지는 시간–전류 Curve를 사용하여 식(17.37), 식(17.38), 식(17.39)으로 계산한다.

② 15.7kA ≦ $I_{bf}$ ≦ 44.1 kA

$$E = 4.184(-0.0601\ I_{bf} + 2.8992) \tag{17.51}$$

③ 44.1kA < $I_{bf}$ ≦ 106kA

$$E = 1.046\ \text{J/cm}^2 \tag{17.52}$$

④ $I_{bf}\ >\ 106\ \text{kA}$

제조사에서 제공하는 계산식으로 계산한다.

(5) Class RK1 Fuse 401~600 A

① $I_{bf}\ <\ 8.5\ \text{kA}$

아크전류는 식(17.35)로 계산하고, 아크발생에너지는 시간-전류 Curve를 사용하여 식(17.37), 식(17.38), 식(17.39)으로 계산한다.

② $8.5\ \text{kA}\ \leqq\ I_{bf}\ \leqq\ 14\ \text{kA}$

$$E = 4.184(-3.0545\ I_{bf} + 43.364) \tag{17.53}$$

③ $14\ \text{kA}\ <\ I_{bf}\ \leqq\ 15.7\ \text{kA}$

$$E = 2.510\ \text{J/cm}^2 \tag{17.54}$$

④ $15.7\ \text{kA}\ <\ I_{bf}\ \leqq\ 22.6\ \text{kA}$

$$E = 4.184(-0.0507\ I_{bf} + 1.3964) \tag{17.55}$$

⑤ $22.6\ \text{kA}\ <\ I_{bf}\ \leqq\ 106\ \text{kA}$

$$E = 1.046\ \text{J/cm}^2 \tag{17.56}$$

⑥ $I_{bf}\ >\ 106\ \text{kA}$

제조사에서 제공하는 계산식으로 계산한다.

(6) Class RK1 Fuse 201~400 A

① $I_{bf}\ <\ 3.16\ \text{kA}$

아크전류는 식(17.35)로 계산하고, 아크발생에너지는 시간-전류 Curve를 사용하여 식(17.37), 식(17.38), 식(17.39)으로 계산한다.

② $3.16\ \text{kA}\ \leqq\ I_{bf}\ \leqq\ 5.04\ \text{kA}$

$$E = 4.184(-19.053\ I_{bf} + 96.808) \tag{17.57}$$

③ $5.04\ \text{kA}\ <\ I_{bf}\ \leqq\ 22.6\ \text{kA}$

$$E = 4.184(-0.0302\, I_{bf} + 0.9321) \tag{17.58}$$

④ $22.6\,\text{kA} < I_{bf} \leqq 106\,\text{kA}$

$$E = 1.046\ \text{J/cm}^2 \tag{17.59}$$

⑤ $I_{bf} > 106\,\text{kA}$

제조사에서 제공하는 계산식으로 계산한다.

(7) Class RK1 Fuse 101～200 A

① $I_{bf} < 1.16\,\text{kA}$

아크전류는 식(17.35)로 계산하고, 아크발생에너지는 시간-전류 Curve를 사용하여 식(17.37), 식(17.38), 식(17.39)으로 계산한다.

② $1.16\,\text{kA} \leqq I_{bf} \leqq 1.6\,\text{kA}$

$$E = 4.184(-18.409\, I_{bf} + 36.355) \tag{17.60}$$

③ $1.6\,\text{kA} < I_{bf} \leqq 3.16\,\text{kA}$

$$E = 4.184(-4.2628\, I_{bf} + 13.721) \tag{17.61}$$

④ $3.16\,\text{kA} < I_{bf} \leqq 106\,\text{kA}$

$$E = 1.046\ \text{J/cm}^2 \tag{17.62}$$

⑤ $I_{bf} > 106\,\text{kA}$

제조사에서 제공하는 계산식으로 계산한다.

(8) Class RK1 Fuse 1～100 A

① $I_{bf} < 0.65\,\text{kA}$

아크전류는 식(17.35)로 계산하고, 아크발생에너지는 시간-전류 Curve를 사용하여 식(17.37), 식(17.38), 식(17.39)으로 계산한다.

② $0.65\,\text{kA} \leqq I_{bf} \leqq 1.16\,\text{kA}$

$$E = 4.184(-11.176\, I_{bf} + 13.565) \tag{17.63}$$

③ $1.16\,\text{kA} < I_{bf} \leqq 1.4\,\text{kA}$

$$E = 4.184(-1.4583\, I_{bf} + 2.2917) \tag{17.64}$$

④ $1.4\,\text{kA} < I_{bf} \leqq 106\,\text{kA}$

$$E = 1.046\,\text{J/cm}^2 \tag{17.65}$$

⑤ $I_{bf} > 106\,\text{kA}$

제조사에서 제공하는 계산식으로 계산한다.

### 7) 저압차단기(Low Voltage Circuit Breakers)

아래 표의 식은 저전압회로 차단기가 설치된 계통에 사용할 수 있다. 방정식으로 계산한 결과는 $I_{bf}$가 주어진 범위 내에 있을 때 아크발생에너지 및 Arc Flash Boundary를 계산한다. 차단기의 시간-전류 곡선은 필요로 하지 않는다. $I_{bf}$가 나타낸 범위 아래에 있을 때, 아크전류는 식(17.35)로 계산하고, 식(17.37), 식(17.38), 식(17.39)를 사용하여 아크발생에너지를 결정하기 위하여 시간-전류 Curve를 사용하여 계산한다.

**표 17-12 저압차단기의 전압별 아크발생에너지 및 Arc Flash Boundary**

| Rating [A] | Breaker Type | Trip-Unit Type | 480 V 이하 | | 575-600 V | |
|---|---|---|---|---|---|---|
| | | | E [J/cm²][a] | $D_B$ [mm] | E [J/cm²] | $D_B$ [mm] |
| 100-400 | MCCB | TM, M | 0.189 $I_{bf}$ + 0.548 | 9.16 $I_{bf}$ + 194 | 0.271 $I_{bf}$ + 0.180 | 11.8 $I_{bf}$ + 196 |
| 600-1200 | MCCB | TM, M | 0.223 $I_{bf}$ + 1.590 | 8.45 $I_{bf}$ + 364 | 0.335 $I_{bf}$ + 0.380 | 11.4 $I_{bf}$ + 369 |
| 600-1200 | MCCB | E, LI | 0.377 $I_{bf}$ + 1.360 | 12.5 $I_{bf}$ + 428 | 0.468 $I_{bf}$ + 4.600 | 14.3 $I_{bf}$ + 568 |
| 1600-6000 | MCCB ICCB | TM, E LI | 0.448 $I_{bf}$ + 3.000 | 11.1 $I_{bf}$ + 696 | 0.686 $I_{bf}$ + 0.165 | 16.7 $I_{bf}$ + 606 |
| 800-6300 | LVPCB | E, LI | 0.636 $I_{bf}$ + 3.670 | 14.50 $I_{bf}$ + 786 | 0.958 $I_{bf}$ + 0.292 | 19.1 $I_{bf}$ + 864 |
| 800-6300 | LVPCB | E, LS[b] | 4.560 $I_{bf}$ + 27.230 | 47.20 $I_{bf}$ + 2660 | 6.860 $I_{bf}$ + 2.170 | 62.4 $I_{bf}$ + 2930 |

[비고] a : $I_{bf}$ (작업거리 455mm에서의 단락전류 [kA])
b : Short time delay는 최대값으로 설정
MCCB : Mold-case circuit breaker
ICCB : Insulated-case circuit breaker
LVPC : Low-voltage power circuit breaker
TM : Thermal-magnetic trip units
M : Magnetic(instantaneous only) trip units
E : Electronic trip units
L : Long time
S : Short time
I : Instantaneous

이용 가능한 3상단락고장전류의 범위는 700A~106,000 A이다. 각 방정식은 아래 범위에 한하여 적용한다.

$$I_1 < I_{bf} < I_2 \tag{17.66}$$

여기에서

$I_2$ : 사용전압에서 CB의 정격차단전류

$I_1$ : 적용 가능한 방법에서 최소 3상단락고장전류. $I_1$는 순시차단전류 또는 순시차단기능이 없는 차단기에서 차단시 발생하는 아크전류의 요인이 되는 3상단락전류의 가장 적은 값이다.

$I_1$을 찾기 위하여 차단기의 순시차단전류($I_t$)의 값을 알아야 한다. 이것은 시간-전류곡선으로 구하거나 차단기 정격전류가 100A를 초과하는 경우에는 그 전류의 10배로 하고, 차단기 정격전류가 100A 이하인 경우에는 $I_t$=1300A의 값을 사용한다. Short Time Delay를 사용할 경우에는 $I_t$는 Short Time Pickup Current이다.

3상단락고장전류 $I_{bf}$로 차단기의 순시차단전류 $I_t$를 방정식으로 풀어 구할 수 있다.

$$\log(1.3I_t) = 0.084 + 0.096\,V + 0.586(\log\ I_{bf}) + 0.599\,V(\log\ I_{bf}) \tag{17.67}$$

(1) 600 V

$$\log I_1 = 0.0281 + 1.09\log(1.3I_t) \tag{17.68}$$

(2) 480 V 이하

$$\log I_1 = 0.0407 + 1.17\log(1.3I_t) \tag{17.69}$$

$$I_{bf} = I_1 = 10^{\log(I_t)} \tag{17.70}$$

## 4.3 NFPA 70E-2018

### 1) Ralph Lee Calculation Method

#### (1) Arc Flash Boundary의 계산식

전력계통에서 발생하는 Arc Flash Boundary를 계산하기 위하여 NFPA 70E-2018 D.2에서 정하는 다음의 방정식으로 계산한다.

$$D_c = 304.8 \times (2.65 \times MVA_{bf} \times t)^{1/2} \tag{17.71}$$

$$D_C = 304.8 \times (53 \times MVA \times t)^{1/2} \tag{17.72}$$

여기에서,

$D_c$ : 2도 화상의 아크원으로부터 한계거리 [mm]

$MVA_{bf}$ : 임피던스 0인 고장용량 [MVA]

$MVA$ : 변압기용량 [MVA]

$t$ : 아크지속시간 [sec]

(2) Incident Energy의 계산식

600V 이상의 Bus 전압에 대하여 다음의 방정식으로 발생에너지를 계산한다.

$$E = 793 \times V \times F \times (t_A / D^2) \tag{17.73}$$

여기에서,

$E$ : 아크발생에너지 [cal/cm$^2$]

$F$ : 단락고장전류 [kA]

$V$ : 계통의 선간전압 [kV]

$t_A$ : 아크지속시간 [sec]

$D$ : 아크로부터 작업거리 [in]

### 2) Doughty Neal Paper

NFPA 70E-2018 D.3에서는 전압 600V 미만, 단락고장전류 16 kA 이상 50 kA 이하의 계통에 대하여 다음과 같이 계산하여 적용한다.

(1) 개방형(Open Air)

$$E_{MA} = 5271 D_A^{-1.9593} t_A [0.0016F^2 - 0.0076F + 0.8938] \tag{17.74}$$

여기에서,

$E_{MA}$ : 개방상태에서 최대 아크발생에너지 [cal/cm$^2$]

$D_A$ : 아크가 발생하는 전극으로부터 거리 [in](open 18in)

$t_A$ : 아크지속시간 [sec]

$F$ : 단락고장전류 [kA](16 kA 이상 50 kA 이하)

(2) 밀폐형(Cubic Box)

$$E_{MB} = 1038.7 D_B^{-1474} t_B [0.0039F^2 - 0.3451F + 5.9675] \tag{17.75}$$

여기에서,

$E_{MB}$ : 20in Cubic Box에서 최대 아크발생에너지 [cal/cm$^2$]

$D_B$ : 아크가 발생하는 전극으로부터 거리 [in](open 18in)

$t_B$ : 아크지속시간 [sec]

$F$ : 단락고장전류 [kA](16 kA 이상 50 kA 이하)

## 5 노출된 충전부로부터 전격 위험(Shock Hazard)

충전부가 노출된 도체나 기기 등에 최소한 공기 절연거리 이내로 가깝게 접근하거나 접촉시 발생하는 에너지 방출과 관련한 위험한 상태를 말하며, 노출된 충전부로부터 전격(Electrical Shock)을 보호하기 위하여 그림 17-6과 같이 접근제한, 접근한계, 접근금지의 범위를 정하고 있으며 충전부 접근제한거리는 표 17-13을 참조한다.

① Limited Approach Boundary

전격 위험이 존재하는 노출된 활선 부분으로부터 접근 제한거리. 자격 없는 작업자가 자격 있는 작업자와 동반하여 접근할 수 있는 작업범위.

② Restricted Approach Boundary

충전부분에 가까이서 일하고 있는 작업자에 대하여, Shock의 증가된 위험, 부주의한 움직임과 결합된 전기아크로 인한 위험이 있는 노출된 활선부분으로부터 접근 제한거리. 부주의에 의한 접촉에 대한 적당한 개인보호장구를 착용한 자격이 있는 작업자의 작업범위.

③ Prohibited Approach Boundary

작업자가 활선부분에 접촉할 우려가 있는 것과 같이 간주되는 노출된 활선부분으로부터 접근 제한거리. 직접접촉에 대한 적절한 개인보호장구를 착용한 자격을 갖춘 사람만이 작업할 수 있는 범위이다.

**표 17-13 Shock Approach Boundaries Table**

| 공칭선간전압 범위 | 접근 제한거리 [m] | | 접근한계거리 [m] |
|---|---|---|---|
| | 노출된 이동 가능한 도체 | 노출된 고정회로 부분 | |
| 50~300 V | 3.0 | 1.0 | – |
| 301~750 V | 3.0 | 1.0 | 0.3 |
| 751~15k V | 3.0 | 1.5 | 0.7 |
| 15.1~36 kV | 3.0 | 1.8 | 0.8 |
| 36.1~46 kV | 3.0 | 2.5 | 0.8 |
| 46.1~72.5 kV | 3.0 | 2.5 | 1.0 |
| 72.6~121 kV | 3.3 | 2.5 | 1.0 |
| 138~145 kV | 3.4 | 3.0 | 1.2 |
| 161~169 kV | 3.6 | 3.6 | 1.3 |
| 230~242 kV | 4.0 | 4.0 | 1.7 |
| 345~362 kV | 4.7 | 4.7 | 2.8 |
| 500~550 kV | 5.8 | 5.8 | 3.6 |
| 765~800 kV | 7.2 | 7.2 | 4.9 |

[비고] NFPA 70E-2018 Table 130.4(D)(a)

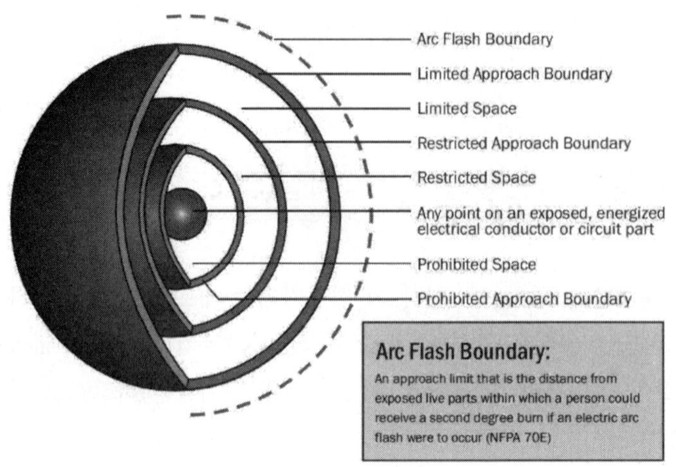


그림 17-6 위험 접근 한계

## 6 개인안전 보호구

Arc Flash Evaluation 결과에 근거하여 개인 안전보호구(PPE) 등급을 선정하여야 하여, 개인안전보호구의 체계는 다음 표를 참조한다.

1) Hazard Risk category 4는 보호기기의 동작특성을 개선하거나 단락전류 크기를 제한하여 위험등급을 낮추도록 권장하며, Hazard Risk category 4를 초과하는 경우에는 활선작업을 금지한다.
2) 난연성 작업복은 셔츠, 바지, 슈터, 재킷 등이 있으며, 다층구조 또는 겹쳐 입을수록 보호 등급이 높아진다.
3) Hazard Risk category 3 이상은 얼굴, 귀, 목, 어깨 등을 보호할 수 있도록 헤드기어를 착용한다.

**표 17-14 아크플래시 위험 등급에 따른 개인 안전보호구의 특성**

| 등급 | 발생에너지 범위 [cal/cm$^2$] | 개인 안전보호구의 특성 |
|---|---|---|
| 0 | 1.2 미만 | 개인보호구 착용을 요구하지 않는다. |
| 3 | 1.2~12 | 난연성 긴팔 셔츠 및 바지 또는 난연성의 상하가 붙은 작업복 또는 난연성 아크 플래시 슈트(2겹 또는 3겹)<br>난연성 안면 보호대, 난연성 겉옷(재킷, 파카, 비옷, 안전모 라이너), 난연성 장갑, 안전모, 보안경, 청력보호대, 가죽신발 |
| 4 | 12 초과 ~ 999 | 난연성 긴팔 셔츠 및 바지 또는 난연성의 상하가 붙은 작업복 또는 난연성 아크 플래시 슈트(3겹 이상)<br>난연성 아크플래시 슈트 후드, 난연성 겉옷(재킷, 파카, 비옷, 안전모 라이너), 난연성 장갑, 안전모, 보안경, 청력보호대, 가죽신발 |
| Dangerous | 999 초과 | 활선작업을 금지한다. 위험성이 높아 발생에너지 억제대책이 필요하다. |

[비고] NFPA 70E-2018 Table 130.5(G)

표 17-15 절연장갑의 등급

| Voltage | Glove Class |
|---|---|
| 500 V | 00 |
| 1,000 V | 0 |
| 7,500 V | 1 |
| 17,000 V | 2 |
| 26,500 V | 3 |
| 36,000 V | 4 |

[비고] ASTM D 120-95

(a) Jacket

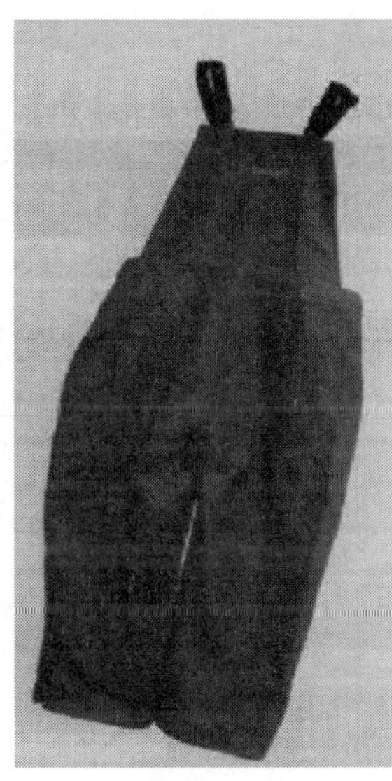

(b) Bib Overall

(c) Complete Flash Suit

그림 17-7 난연성 작업복

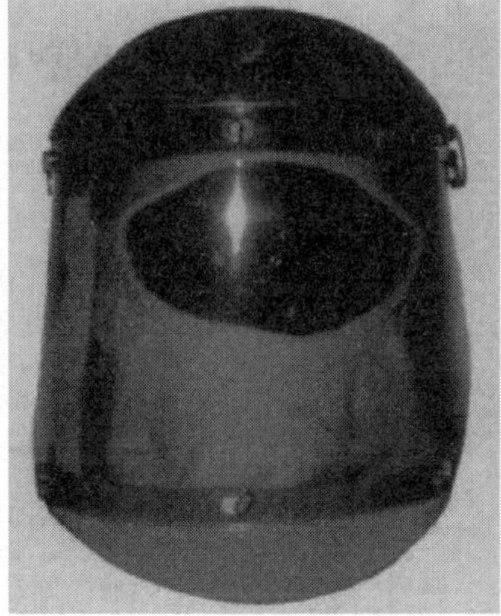

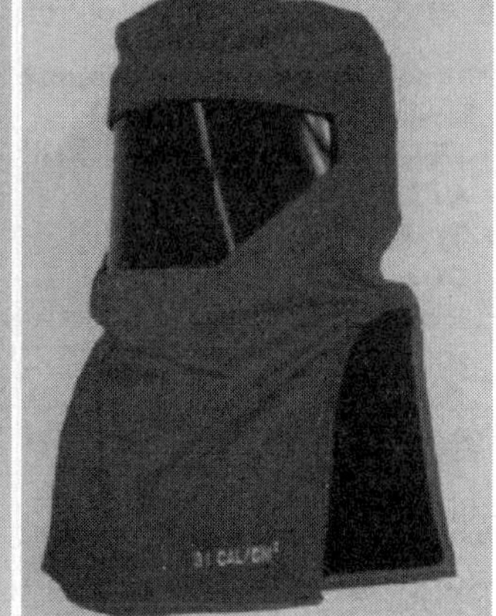

그림 17-8 Headgears

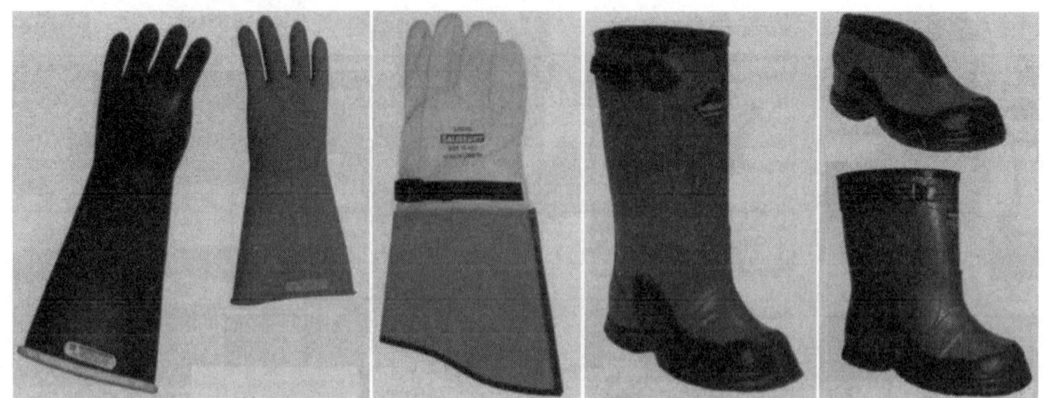

그림 17-9 Gloves and Boots

## 7 Arc Flash Warning Label

Arc Flash Evaluation 결과에 따라 전기설비에 접근하는 작업자에게 위험을 경고하는 라벨을 부착한다. 라벨의 형태에 대하여는 구체적인 기준은 없으나 식별과 판독이 용이하도록 다음 사항에 유의하여 제작하여야 한다.

### 1) 설치환경 및 경년변화 고려

시간이 경과되거나 주변이 고온인 환경에서는 부착된 라벨이 훼손될 수 있으므로 재질과 색상의 선택에 유의하여야 한다.

### 2) 동일한 함 내에서 PPE 등급이 다른 경우의 적용

동일한 함 내에서 PPE 등급이 다른 경우에는 높은 등급을 적용한다. 예를 들어 변압기를 함내에 설치하는 경우 변압기 1차측은 과전류계전기 순시동작에 의하여 위험등급이 낮지만 변압기 2차측은 1차측의 과전류 보호계전기 한시동작에 의하여 시간이 지연되므로 위험등급이 높게 된다.

### 3) PPE 등급을 결정하는 차단기

배분전반에서 PPE 등급을 결정하는 차단기는 전원측 차단기 동작조건으로 결정한다. 왜냐하면 어떤 위치의 배분전반 주차단기가 폭발하면 전원측 차단기로 보호되어야 하기 때문이다.

### 4) 위험 경고 라벨

다음의 위험 경고 라벨의 디자인은 아크플래시 보호범위, 발생에너지, PPE 등급별 개인안전장구를 나타내었고, 전격에 대한 위험을 경고하기 위하여 충전부 접근제한거리도 함께 나타내도록 하고 있다. 이 라벨은 계통구성 또는 기기가 변경되는 경우 다시 분석하여야 하므로 분석일자를 함께 나타내도록 한다.

**Arc Flash and Shock Risk**
**Appropriate PPE Required**

| | |
|---|---|
| 3124 mm | Arc Flash Boundary |
| 13.9 | cal/cm^2 Incident Energy at 914 mm |
| PPE | Cotton Underwear + FR Shirt & Pant + FR Coverall |
| 22900 VAC | Shock Risk when cover is removed |
| 3 | Glove Class |
| 1800 mm | Limited Approach |
| 800 mm | Restricted Approach |
| Bus: BUS-0002 | Prot: PD-0001 |

그림 17-10 Arc Flash Warning Label

# 8 Power Tool에 의한 Arc Flash Evaluation

## 8.1 One Line 생성 및 Component Data 입력

아래 그림과 같이 단선결선도를 생성하고 각 Component에 각 설비에 대한 Data를 입력한다.

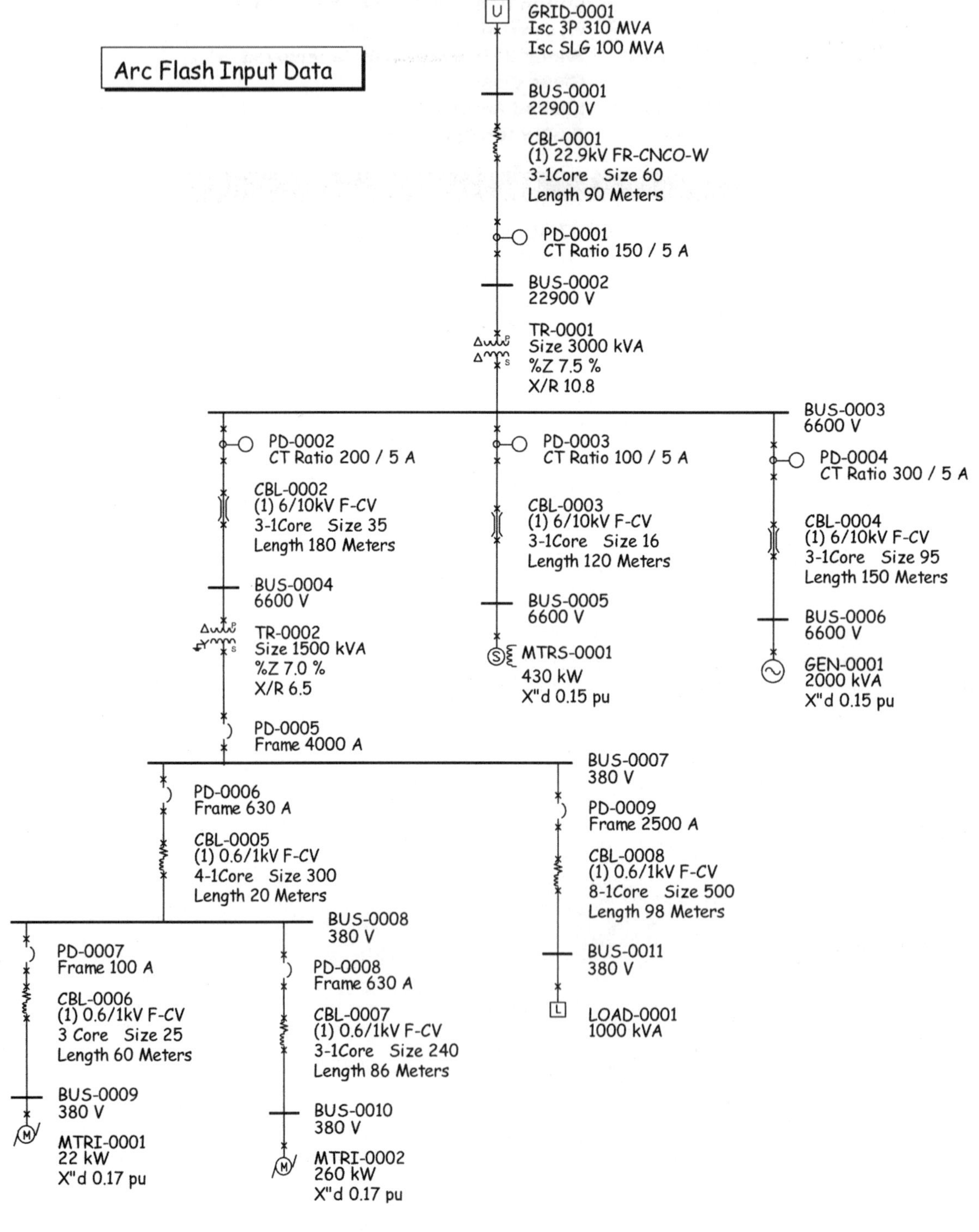


그림 17-11 One Line(Input Data)

## 8.2 보호장치 정정계산 Data 입력

아래의 Data Block은 보호계전기 정정에서 각 계전기의 Setting 값을 입력한 것으로 상위메뉴 'Run' 에서 'Datablock Format'를 클릭하면 "Data Block Format" 창이 나올 것이다. 이 창에서 "Protective Device Data"를 선택하고 'Apply'를 클릭하면 One-Line에서 그림 17-12와 같이 Setting 값를 Data Block로 볼 수 있다.

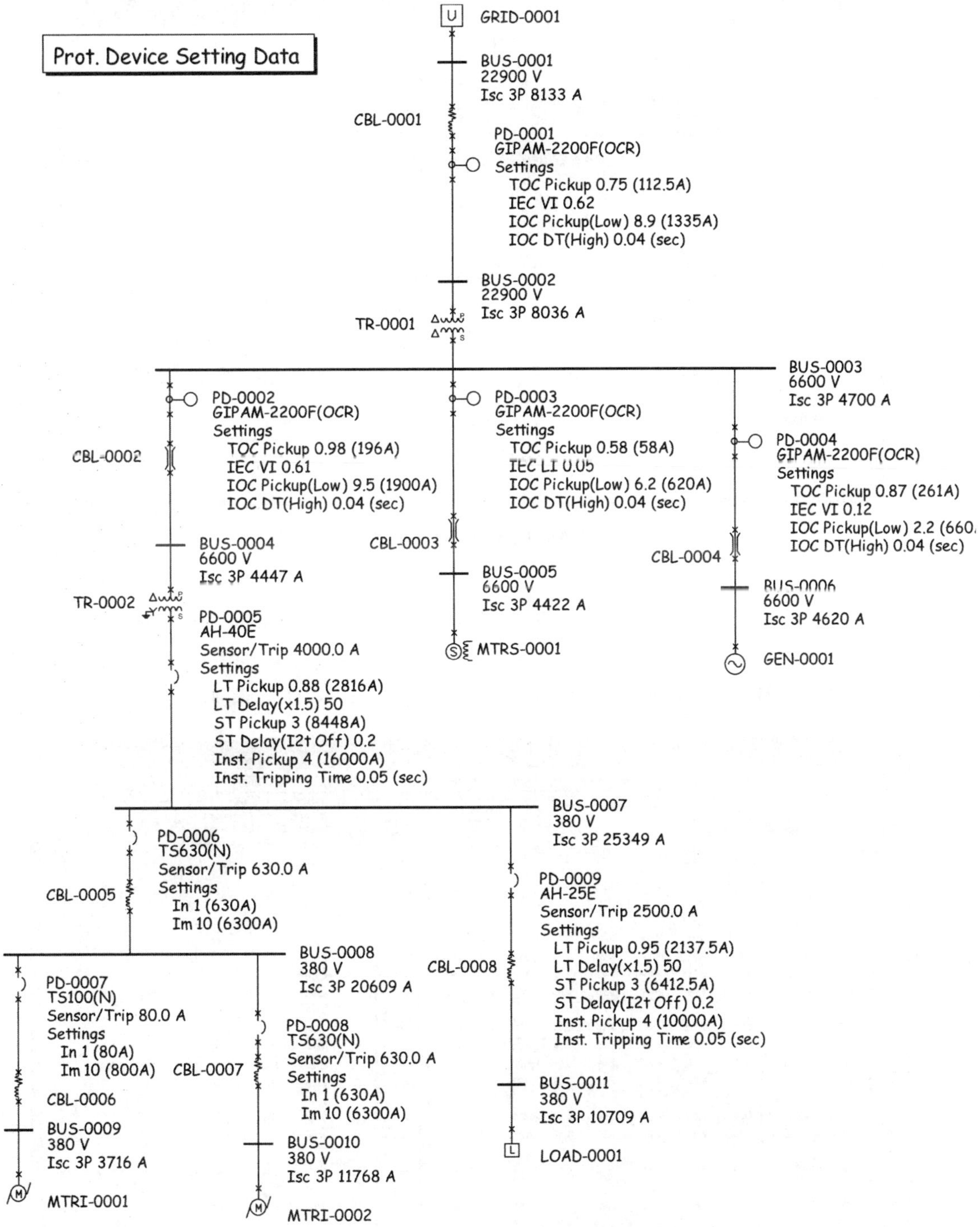

Prot. Device Setting Data

GRID-0001

BUS-0001
22900 V
Isc 3P 8133 A

CBL-0001

PD-0001
GIPAM-2200F(OCR)
Settings
TOC Pickup 0.75 (112.5A)
IEC VI 0.62
IOC Pickup(Low) 8.9 (1335A)
IOC DT(High) 0.04 (sec)

BUS-0002
22900 V
Isc 3P 8036 A

TR-0001

BUS-0003
6600 V
Isc 3P 4700 A

PD-0002
GIPAM-2200F(OCR)
Settings
TOC Pickup 0.98 (196A)
IEC VI 0.61
IOC Pickup(Low) 9.5 (1900A)
IOC DT(High) 0.04 (sec)

CBL-0002

PD-0003
GIPAM-2200F(OCR)
Settings
TOC Pickup 0.58 (58A)
IEC LI 0.05
IOC Pickup(Low) 6.2 (620A)
IOC DT(High) 0.04 (sec)

PD-0004
GIPAM-2200F(OCR)
Settings
TOC Pickup 0.87 (261A)
IEC VI 0.12
IOC Pickup(Low) 2.2 (660.
IOC DT(High) 0.04 (sec)

BUS-0004
6600 V
Isc 3P 4447 A

CBL-0003

CBL-0004

BUS-0005
6600 V
Isc 3P 4422 A

BUS-0006
6600 V
Isc 3P 4620 A

TR-0002

PD-0005
AH-40E
Sensor/Trip 4000.0 A
Settings
LT Pickup 0.88 (2816A)
LT Delay(x1.5) 50
ST Pickup 3 (8448A)
ST Delay(I2t Off) 0.2
Inst. Pickup 4 (16000A)
Inst. Tripping Time 0.05 (sec)

MTRS-0001

GEN-0001

BUS-0007
380 V
Isc 3P 25349 A

PD-0006
TS630(N)
Sensor/Trip 630.0 A
Settings
In 1 (630A)
Im 10 (6300A)

CBL-0005

PD-0009
AH-25E
Sensor/Trip 2500.0 A
Settings
LT Pickup 0.95 (2137.5A)
LT Delay(x1.5) 50
ST Pickup 3 (6412.5A)
ST Delay(I2t Off) 0.2
Inst. Pickup 4 (10000A)
Inst. Tripping Time 0.05 (sec)

BUS-0008
380 V
Isc 3P 20609 A

CBL-0008

PD-0007
TS100(N)
Sensor/Trip 80.0 A
Settings
In 1 (80A)
Im 10 (800A)

CBL-0007

PD-0008
TS630(N)
Sensor/Trip 630.0 A
Settings
In 1 (630A)
Im 10 (6300A)

CBL-0006

BUS-0009
380 V
Isc 3P 3716 A

BUS-0011
380 V
Isc 3P 10709 A

BUS-0010
380 V
Isc 3P 11768 A

LOAD-0001

MTRI-0001

MTRI-0002

그림 17-12 Protective Device Input Data

## 8.3 Arc Flash Evaluation 실행

아래의 그림에서 Run/Arc Flash Evaluation를 선택하여 클릭하면, 그림 17-14의 Arc Flash Evaluation 창이 나타난다.

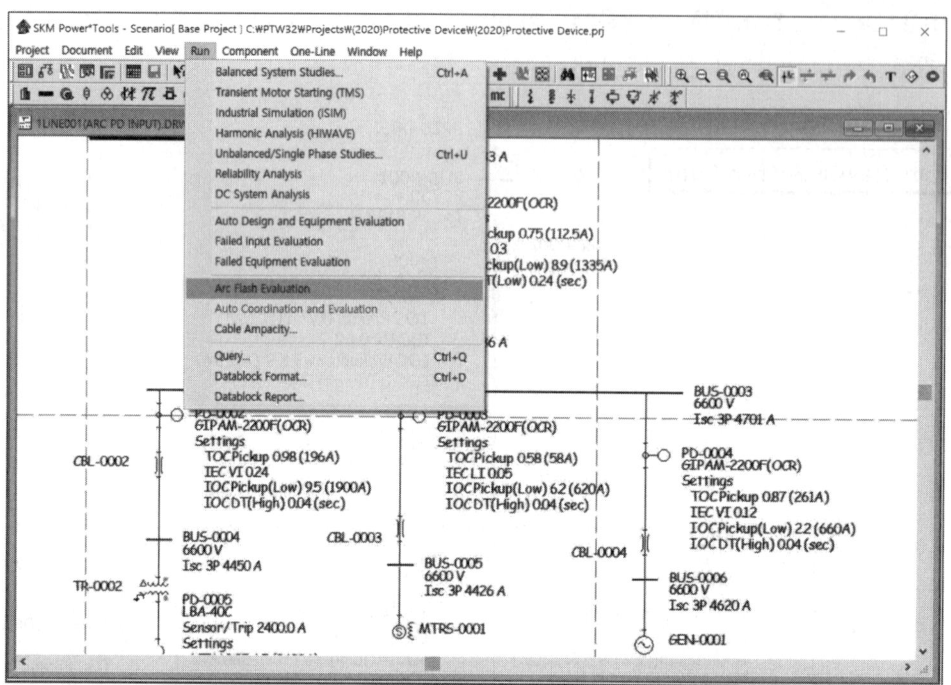


그림 17-13 Arc Flash Evaluation Study의 실행

Arc Flash Study는 계통에서 각 Bus에 대한 일반적인 목록(아크고장을 차단하는 보호장치, 아크 차단시간, 아크에너지, 플래시 한계거리, PPE 의복 등급)이 표시되도록 한다. 이 보고서에 나열된 항목은 사용자에 의하여 변경할 수 있으며, Arc Flash Study "Option" 창에서 변경할 수 있다.

Arc Flash Evaluation - Base Project - IEEE 1584 2002

Detail | Summary | Scenarios... | Custom Label... | Work Permit... | Re-Run Study | Options... | PPE Table... | Equip Default... | All | Go

| | Bus Name | Protective Device Name | Bus kV | Bus Bolted Fault (kA) | Bus Arcing Fault (kA) | Prot Dev Bolted Fault (kA) | Prot Dev Arcing Fault (kA) | Trip/ Delay Time (sec.) | Breaker Opening Time/Tol (sec.) | Ground | Equip Type | Gap (mm) | Arc Flash Boundary (mm) | Working Distance (mm) | Incident Energy (cal/cm2) | PPE Level / Notes (*N) | Label # | Cal Length Trip D |
|---|---|---|---|---|---|---|---|---|---|---|---|---|---|---|---|---|---|---|
| 1 | BUS-0001 | PD-0001 | 22.90 | 8.13 | 8.13 | 0.32 | 0.32 | 1.917 | 0.0833 | Yes | SWG | 152 | 12614 | 910 | 229.6 | (*N2) (*N9) (*N11) | | 90. |
| 2 | BUS-0001 | MaxTripTime @2.0s | 22.90 | 8.13 | 8.13 | 7.82 | 7.82 | 2 | 0.0000 | Yes | SWG | 152 | 12614 | 910 | 229.6 | (*N2) (*N9) (*N11) | # 0001 | |
| 3 | | | | | | | | | | | | | | | | | | |
| 4 | BUS-0002 | PD-0002 | 22.90 | 8.04 | 8.04 | 0.03 | 0.03 | 0.0833 | 0.0000 | Yes | SWG | 152 | 2562 | 910 | 9.47 | (*N11) | | |
| 5 | BUS-0002 | PD-0004 | 22.90 | 8.04 | 8.04 | 0.23 | 0.23 | 0.04 | 0.0833 | Yes | SWG | 152 | 3115 | 910 | 14.0 | (*N11) | | |
| 6 | BUS-0002 | PD-0001 | 22.90 | 8.04 | 8.04 | 7.72 | 7.72 | 0.24 | 0.0833 | Yes | SWG | 152 | 4996 | 910 | 36.0 | (*N11) | # 0002 | |
| 7 | BUS-0002 | PD-0003 | 22.90 | 8.04 | 8.04 | 0.06 | 0.06 | 1.917 | 0.0833 | Yes | SWG | 152 | 5100 | 910 | 37.5 | (*N9) (*N11) | | |
| 8 | | | | | | | | | | | | | | | | | | |
| 9 | BUS-0003 | PD-0002 | 6.60 | 4.70 | 4.62 | 0.14 | 0.14 | 0.0833 | 0.0000 | No | SWG | 152 | 452 | 910 | 0.60 | | | |
| 10 | BUS-0003 | PD-0004 | 6.60 | 4.70 | 4.62 | 1.16 | 1.14 | 0.04 | 0.0833 | No | SWG | 152 | 669 | 910 | 0.89 | | | |
| 11 | BUS-0003 | PD-0001 | 6.60 | 4.70 | 4.62 | 3.09 | 3.04 | 0.5962 | 0.0833 | No | SWG | 152 | 2950 | 910 | 3.75 | | # 0002 | |
| 12 | BUS-0003 | PD-0003 | 6.60 | 4.70 | 4.62 | 0.31 | 0.31 | 1.398 | 0.0833 | No | SWG | 152 | 3206 | 910 | 4.07 | | | |
| 13 | | | | | | | | | | | | | | | | | | |
| 14 | BUS-0004 | PD-0005 | 6.60 | 4.45 | 4.38 | 0.14 | 0.14 | 0.0833 | 0.0000 | No | SWG | 152 | 426 | 910 | 0.57 | (*N21a) | | |
| 15 | BUS-0004 | PD-0002 | 6.60 | 4.45 | 4.38 | 4.31 | 4.24 | 0.04 | 0.0833 | No | SWG | 152 | 629 | 910 | 0.83 | | # 0003 | 180 |
| 16 | | | | | | | | | | | | | | | | | | |
| 17 | BUS-0005 | PD-0003 | 6.60 | 4.43 | 4.36 | 4.12 | 4.06 | 0.04 | 0.0833 | No | SWG | 152 | 627 | 910 | 0.83 | | # 0004 | 120 |
| 18 | | | | | | | | | | | | | | | | | | |
| 19 | BUS-0006 | PD-0004 | 6.60 | 4.62 | 4.54 | 3.46 | 3.40 | 0.04 | 0.0833 | No | SWG | 152 | 657 | 910 | 0.87 | (*N2) | | 150 |

그림 17-14 Arc Flash Evaluation 대화창

## 8.4 Arc Flash Study Options

### 1) Standard and Unit

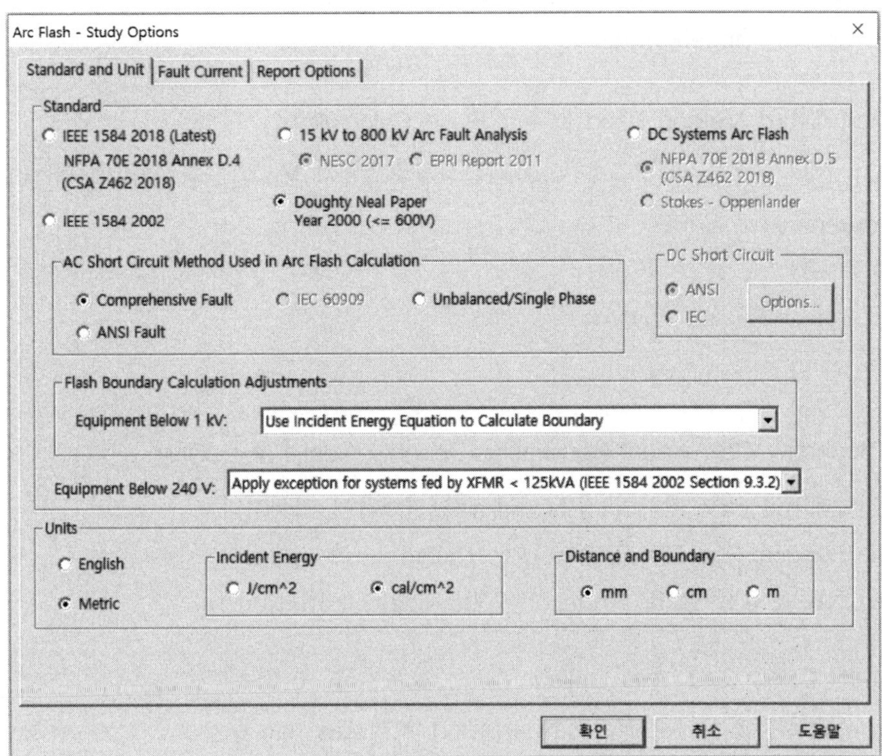


그림 17-15 Study Option(Standard and Unit)

#### (1) 계산 Standard의 선택

표준은 IEEE 1584, Doughty Neal Paper, NESC(또는 EPRI), DC System 방법 등을 선택할 수 있다. IEEE 1584 방식을 선택한 경우, IEEE 1584-2018 또는 IEEE 1584-2002(NFPA 70E-2018 부속서 D.4)에 게시된 방정식은 아크고장전류, 사고 에너지 및 플래시 경계를 계산하는 데 사용된다. IEEE 1584 방식은 광범위한 실험 데이터를 기반으로 하고 있으며, 최근에 선호하는 방법이다. 또한 IEEE 1584 방식은 NFPA 70E-2018의 일부이기 때문에, IEEE 1584 방식을 사용하는 것은 IEEE 1584 방식뿐 아니라 NFPA-70E를 준수하는 것으로 간주할 수 있다. NESC 방법을 선택하면 NESC에 대한 테이블은 Incident Energy와 Flash Boundary를 계산하는 데 사용된다. Doughty Neal Paper 방법을 선택하면 NFPA 70E-2018년에 출간된 부록 D.3 방정식은 Incident Energy와 Flash Boundary를 계산하는 데 사용된다.

- ⊙ IEEE 1584 2018(Latest) NFPA 70E 2018 Annex D.4(CSA Z462 2018)
- O IEEE 1584 2002
- O 15 kV to 800 kV Arc Flash Analysis
  - O NESC 2017
  - O EPRI Report 2011

O Doughty Neal Paper Year 2000(〈=600V)

O DC Systems Arc Flash

  O NFPA 70E 2018 Annex D.5(CSA Z462 2018)

  O Stokes – Oppenlander

(2) AC Short Circuit Method Used in Arc Flash Calculation

Arc Flash Calculation에 적용할 교류 단락고장전류계산 방식을 아래에서 선택한다.

⊙ Comprehensive Fault

O IEC 60909

O Unbalanced/Single Phase

O ANSI Fault

(3) Flash Boundary Calculation Adjustments(Doughty Neal Paper Only)

설비의 전압레벨이 1kV 이하의 경우 아래에서 선택하여 적용한다.

- Use Incident Energy Equation to Calculate Boundary
- Use NFPA 70E-2018 Annex D.2 Boundary Equation

(4) Equipment Below 240 Volts Options

설비의 전압레벨이 240V 이하의 경우 아래에서 선택하여 적용한다.

① IEEE 1584-2018

- Apply exception if Bolted Fault Current 〈 2000A(IEEE 1584 2018 Section 4.3)
- Report Calculated Values From Equations

② IEEE 1584-2002

- Apply exception for System fed by XFMR 〈 125kVA(IEEE 1584 2002 Section 9.3.2)
- Report Calculated Values From Equations

③ Doughty Neal Paper Year 2000

- Apply exception for System fed by XFMR 〈 125kVA(IEEE 1584 2002 Section 9.3.2)
  Nore : NFPA 70E-2014, Section 130.3
- Report Calculated Values From Equations

(5) English or Metric Unit

단위의 선택은 English 또는 Metric을 클릭하여 선택할 수 있다.

⊙ English(inch, feet)

O Metric(J/cm^2 or cal.cm^2, mm or cm or m)

## 2) Fault Current

아크고장전류를 계산하기 위한 조건을 다음과 같이 설정한다.

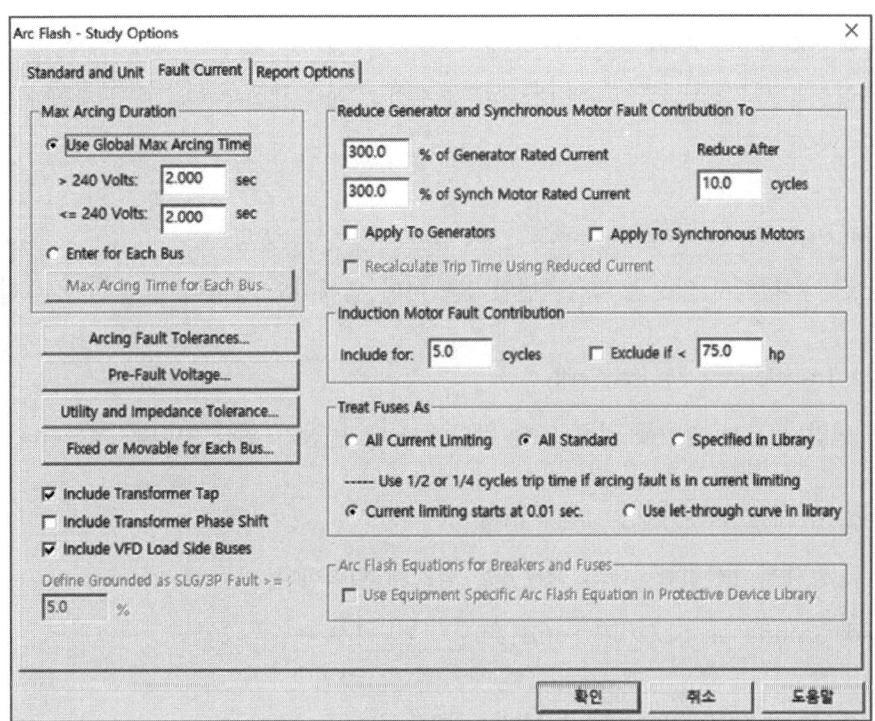


그림 17-16 Study Option(Fault Current)

### (1) Max Arcing Duration

아크발생에너지 및 Arc Flash Boundary 계산을 위한 최대시간을 지정한다.

⊙ Use Global Max Arcing Time

〉240 Volts : 2.0 sec

〈= 240 Volts : 2.0 sec

⊙ Enter for Each Bus

Max Arcing Time for Each Bus 버튼을 클릭하여 각 Bus에 Max Arcing Time을 입력할 수 있다.

### (2) Arcing Fault Tolerances

아크 고장전류 계산을 위하여 고저의 허용오차를 조건으로 지정할 수 있다.

### (3) Pre-Fault Voltage

단락고장의 고장전 전압의 지정을 사용자에게 허용한다. 상세한 내용은 제5장 Comprehensive Short Circuit Study를 참조한다.

### (4) Utility and Impedance Tolerance

이 버튼은 사용자가 Utility와 Impedance에 대한 허용오차를 지정할 수 있는 대화창을 나타나게 한다. 상세한 내용은 제4장 Load Flow Study를 참조한다.

(5) Fixed or Movable Conductor for Each Bus

이 버튼 클릭으로 사용자는 각 Bus에 대하여 "고정회로" 또는 "이동가능"으로 정의할 수 있는지 여부를 지정할 수 있다.

(6) Include Transformer Tap

Check Box를 선택하지 않으면, 모든 변압기는 어떤 탭에서도 영향이 없는 것으로 나타난다.

(7) Include Transformer Phase Shift

이 설정은 변압기 결선 형태를 기초로 한 각도에서 각 변압기 위상 차이를 계산한다.

(8) Defined Ground as SLG/3P Fault in %

3상단락전류에 대한 1선지락전류의 백분율을 박스에 입력한다.

Defined Ground as SLG/3P Fault >= [ 5 ] %

(9) Reduce Generator/Synchronous Motor Fault Contribution To

[ 300 ] % of Rated Current [ 10 ] cycle

□ Apply To Generator □ Apply To Synchronous Motor

□ Recalculate Trip Time Using Reduced Current

(10) Induction Motor Fault Contribution

Include for : [ 5.0 ] cycles □ Exclude if < [ 75.0 ] hp

(11) Treat Fuses As

⊙ All Current Limiting ○ All Standard ○ Specified in Library

Use 1/2 or 1/4 cycle trip time if arcing fault is in current limiting range

⊙ Current limiting starts at 0.01sec ○ Use let-through curved in library

(12) Arc Flash Equation for Breakers and Fuses

□ Use Equipment Specific Arc Flash Equations In Protective Device Library

### 3) Report Options

"Report Options" Tab를 클릭하면 다음 그림의 창이 열린다.

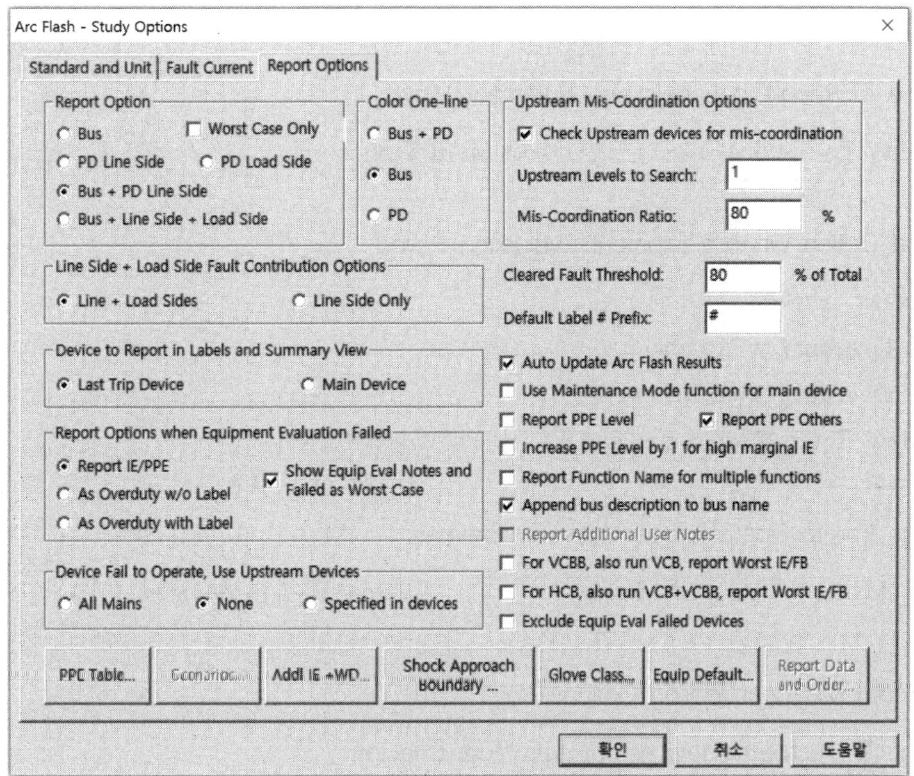


그림 17-17 Study Option(Report Option)

#### (1) Report Option

⊙ Bus　　　　　　□ Worst Case Only

○ PD Line Side　　　○ PD Load Side

○ Bus + PD Line Side

○ Bus + Line Side + Load Side

Worst Case Only는 'Bus + PD Line Side' 또는 'Bus + Line Side + Load Side'이 선택되어 있으면, 이 체크박스를 사용할 수 있다. 이 체크박스를 선택하였다면, Bus, Line 또는 부하측 보고서로부터 가장 가혹한 결과(한 개의 가장 높은 에너지)를 보고서에 보여준다.

#### (2) Color One-Line

이 Option을 사용하면 선택한 장치에서 Arc Flash Category 색상을 One-Line에 표시할 수 있다.

○ Bus + PD

⊙ Bus

○ PD

(3) Line + Load Sides Fault Contribution Options

⊙ Line + Load Sides    O Line Side Only

(4) Device to Report in Labels and Summary View

⊙ Last Trip Device    O Main Device

(5) Report Option When Equipment Evaluation Failed

⊙ Report IE/PPE

O As Overduty w/o Label

O As Overduty with Label

☑ Show Equip Evel Notes and Failed as Worst Case

(6) Device Fail to Operate, Use Upstream devices

O All Mains    ⊙ None    O Specified in devices

(7) Upstream Mis-coordination Options

☑ Check Upstream devices for mis-coordination

Upstream Levels to Search : [ 1 ]

Mis-Coordination Ratio : [ 80 ] %

(8) Cleared Fault Threshold

Cleared Fault Threshold : [ 80 ] % of Total

(9) Label Options

Default Label # Prefix : [ # ]

(10) Auto Update Arc Flash Results

☑ Auto Update Arc Flash Results

(11) Use Maintenance Mode function for main device

☑ Use Maintenance Mode function for main device

(12) Report PPE Level

☑ Report PPE Level

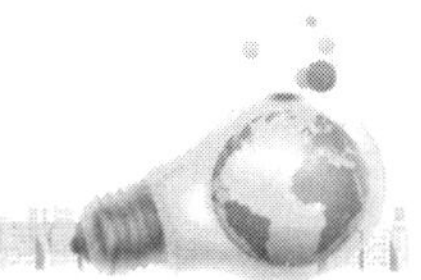

(13) Report PPE Others

☑ Report PPE Others

이 체크박스가 선택되면 Arc Flash 보고서의 Note Section에 추가적인 PPE 정보가 추가될 것이다.

(14) Increase PPE Category by 1 for high marginal IE

☑ Increase PPE Category by 1 for high marginal IE

(15) Report Function Name for multiple functions

☑ Report Function Name for multiple functions

이 체크박스를 선택하면, 보호장치가 하나 이상의 함수를 가지고 있다면, "Prot Dev Name"의 열은 함수의 이름과 함께 보호장치의 이름이 출력될 것이다.

(16) Append bus description to bus name

☑ Append bus description to bus name

(17) Report Additional User Notes

☑ Report Additional User Notes

(18) For VCBB, also run VCB, report Worst IE/FB

☑ For VCBB, also run VCB, report Worst IE/FB

(19) For HCB, also run VCB+VCBB, report Worst IE/FB

☑ For HCB, also run VCB+VCBB, report Worst IE/FB

(20) Exclude Equip Eval Failed Devices

☑ Exclude Equip Eval Failed Devices

(21) PPE(Personal Protective Equipment) Table

이 버튼은 Report와 Label에 사용되는 개인 보호장구의 의복등급을 정의하는 PPE Table을 불러온다.

(22) Scenarios

이 버튼은 사용자가 현재 열려있는 시나리오를 기반으로 아크 플래시 결과를 보고하도록 지정할 수 있는 창이 나타난다. 또는 Project가 여러 개의 시나리오가 있는 경우, 사용자는 선택한 모든 시나리오 중에서 최악의 경우(가장 높은 사고 에너지)를 보고서에 나타내는 아크 플래시 결과를 선택할 수 있다. 또한, 사용자는 "Best Case Scenario"를 보고서에 나타내기 위하여 위해 아크 플래시 결과를 선택할 수 있다. "Best Case Scenario"는 모든 선택된 시나리오 중에서 가장 낮은 사고 에너지의 하나이다.

(23) Additional Incident Energy and Flash Boundary

이 버튼은 아크발생에너지를 계산하여 PPE를 선정하기 위한 작업거리를 추가적으로 지정할 수 있으며, Arc Flash Boundary를 계산하기 위한 아크발생에너지를 추가적으로 지정할 수 있다.

(24) Shock Approach Boundaries

이 버튼을 클릭하면 사용자가 전격 접근 한계거리를 지정하여 입력할 수 있다.

(25) Glove Class Table

이 버튼은 “Shock approach boundary table”을 원하는 대로 만들 수 있도록 사용자에게 허용한다.

| Voltage Range | Glove Class |
|---|---|
| 500 | 00 |
| 1,000 | 0 |
| 7,500 | 1 |
| 17,000 | 2 |
| 26,500 | 3 |
| 36,000 | 4 |

(26) Report Data & Order

이 버튼을 클릭하면 아크 플래시 스프레드시트 보고서에 표시할 수 있는 20개의 사용 가능한 필드 및 순서를 지정할 수 있다.

## 8.5 Arc Flash Evaluation Result

### 1) Data Block Report IEEE 1584-2018

Arc Flash Evaluation Result

GRID-0001

BUS-0001
224.4 Cal/cm^2
@ 914 mm
PPE Category Dangerous!

CBL-0001

PD-0001

BUS-0002
13.9 Cal/cm^2
@ 914 mm
PPE Category 3

TR-0001

BUS-0003
5.5 Cal/cm^2
@ 914 mm
PPE Category 2

PD-0002

CBL-0002

BUS-0004
0.7 Cal/cm^2
@ 914 mm
PPE Category 0

TR-0002

PD-0005

PD-0003

CBL-0003

BUS-0005
0.7 Cal/cm^2
@ 914 mm
PPE Category 0

MTRS-0001

PD-0004

CBL-0004

BUS-0006
0.7 Cal/cm^2
@ 914 mm
PPE Category 0

GEN-0001

BUS-0007
9.7 Cal/cm^2
@ 457 mm
PPE Category 3

PD-0006

CBL-0005

BUS-0008
0.7 Cal/cm^2
@ 457 mm
PPE Category 0

PD-0007

CBL-0006

BUS-0009
0.1 Cal/cm^2
@ 457 mm
PPE Category 0

MTRI-0001

PD-0008

CBL-0007

BUS-0010
26 Cal/cm^2
@ 457 mm
PPE Category 4

MTRI-0002

PD-0009

CBL-0008

BUS-0011
29 Cal/cm^2
@ 457 mm
PPE Category 4

LOAD-0001

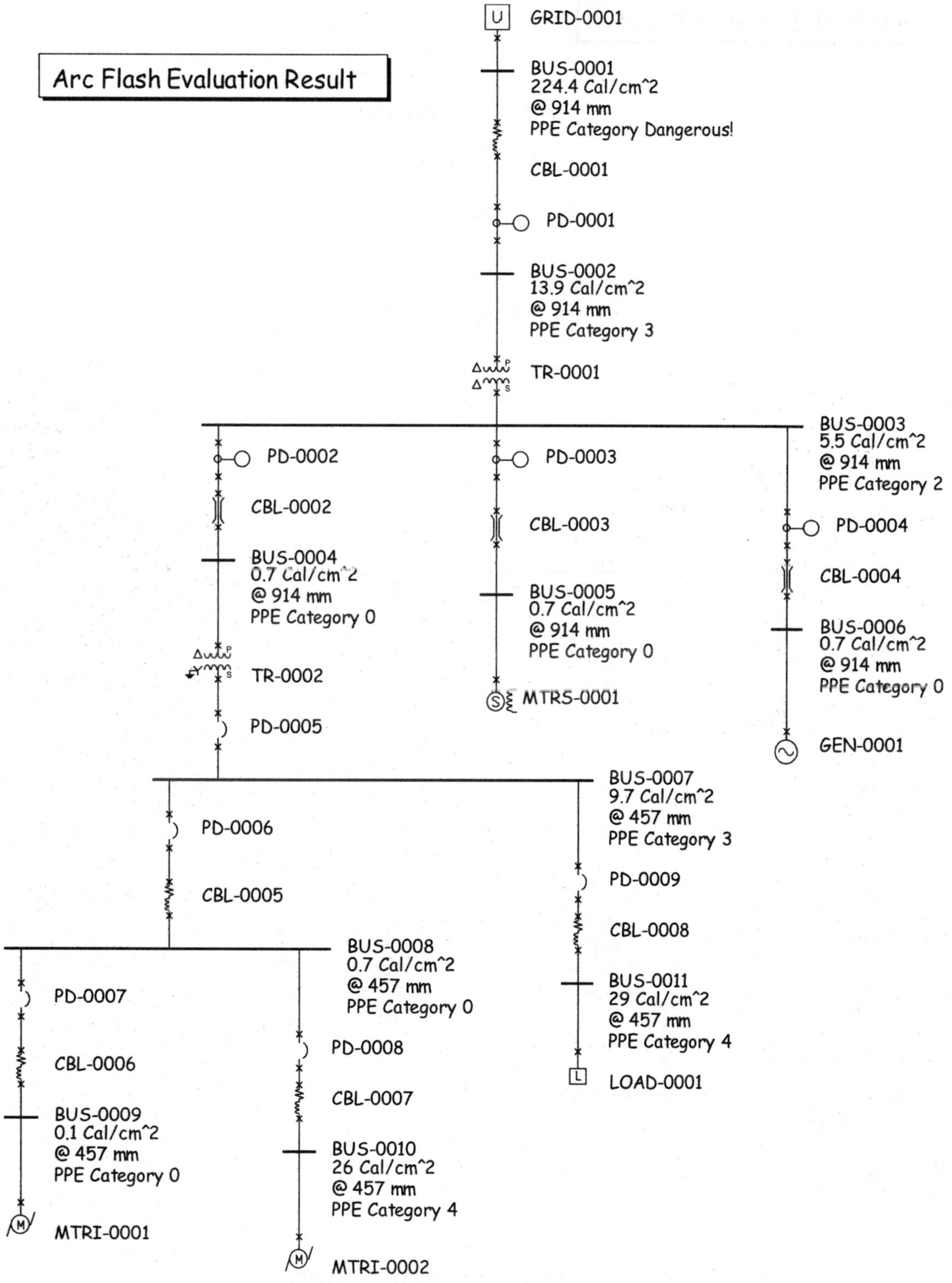

그림 17-18 Datablock Report IEEE 1584-2018

2) Data Block Report IEEE 1584-2002(NFPA 70E 2018 Annex D.4)

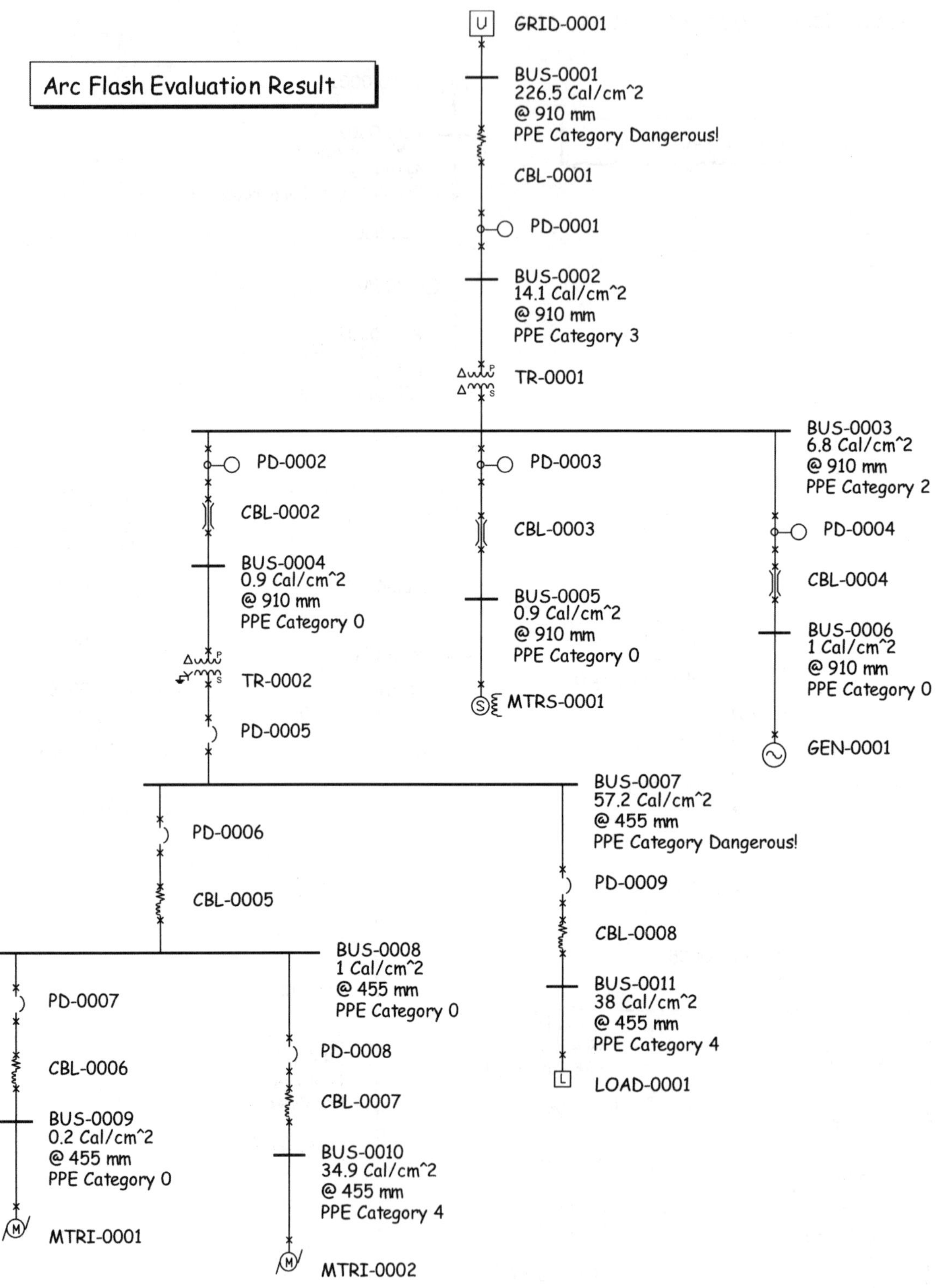


그림 17-19 Datablock Report IEEE 1584-2002

3) Data Block Report NESC 2017

Arc Flash Evaluation Result

GRID-0001

BUS-0001
42.2 Cal/cm^2
@ 381 mm
PPE Category Dangerous!

CBL-0001

PD-0001

BUS-0002
4 Cal/cm^2
@ 381 mm
PPE Category 1

TR-0001

BUS-0003
@ 381 mm
PPE Category

PD-0002

CBL-0002

BUS-0004
@ 381 mm
PPE Category

TR-0002

PD-0005

PD-0003

CBL-0003

BUS-0005
@ 381 mm
PPE Category

MTRS-0001

PD-0004

CBL-0004

BUS-0006
@ 381 mm
PPE Category

GEN-0001

BUS-0007
40 Cal/cm^2
@ 457 mm
PPE Category 4

PD-0006

CBL-0005

PD-0009

CBL-0008

BUS-0011
40 Cal/cm^2
@ 457 mm
PPE Category 4

LOAD-0001

BUS-0008
40 Cal/cm^2
@ 457 mm
PPE Category 4

PD-0007

CBL-0006

BUS-0009
40 Cal/cm^2
@ 457 mm
PPE Category 4

MTRI-0001

PD-0008

CBL-0007

BUS-0010
40 Cal/cm^2
@ 457 mm
PPE Category 4

MTRI-0002

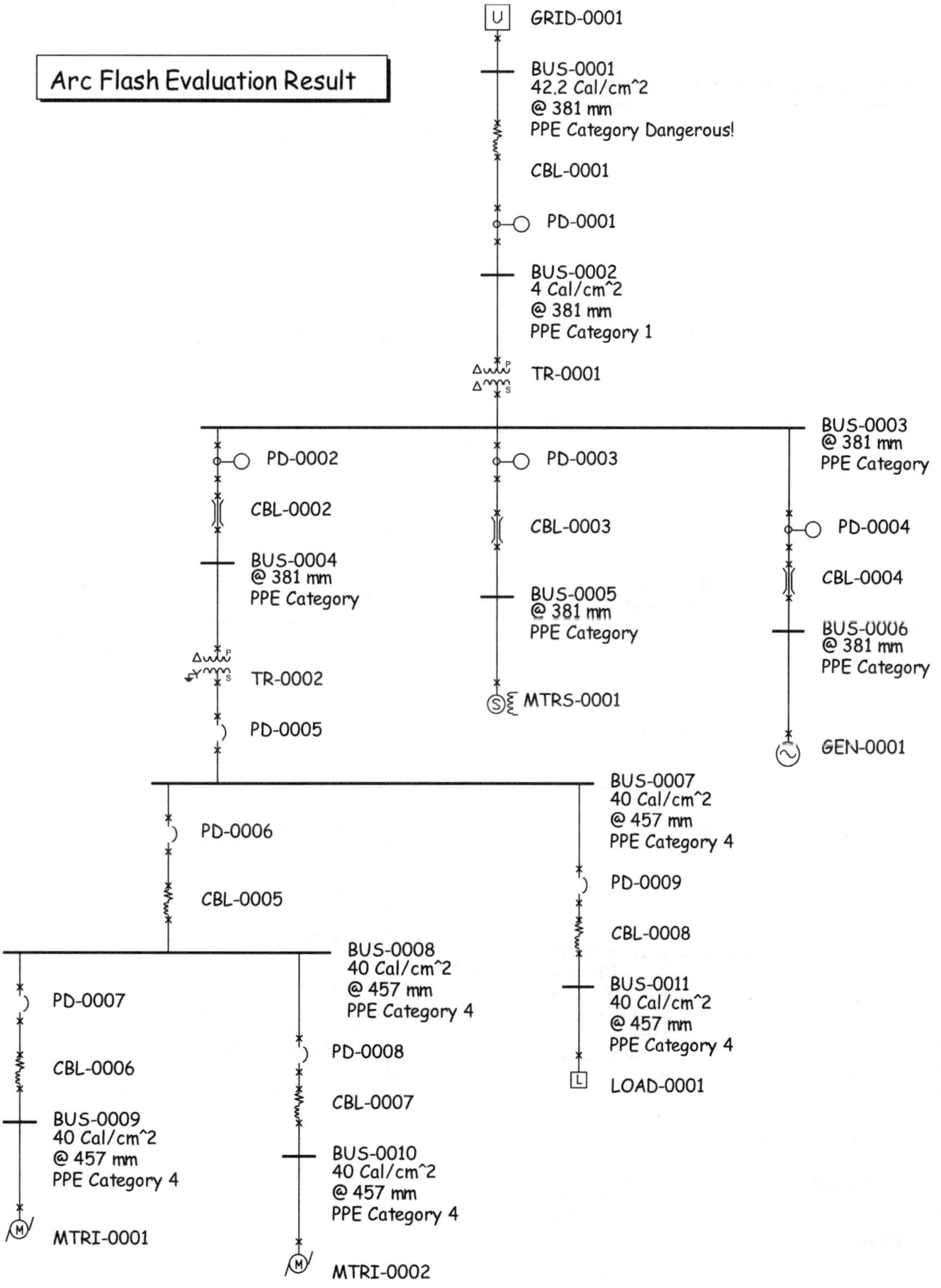

그림 17-20 Datablock Report NESC 2017

4) Data Block Report EPRI Report 2011

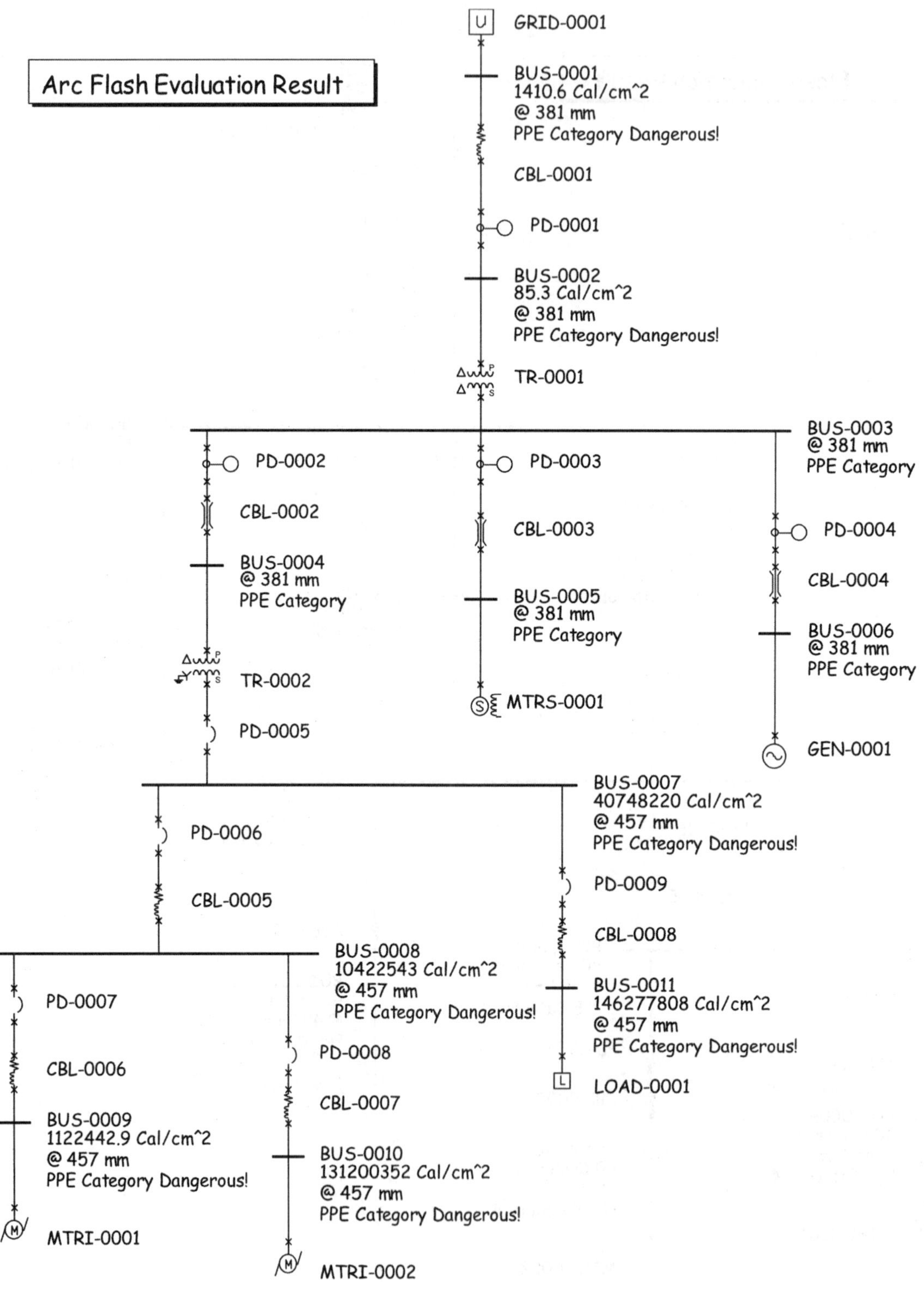


그림 17-21 Datablock Report EPRI Report 2011

5) Data Block Report Doughty Neal Paper

Arc Flash Evaluation Result

GRID-0001

BUS-0001
226 Cal/cm^2
@ 910 mm
PPE Category Dangerous!

CBL-0001

PD-0001

BUS-0002
14 Cal/cm^2
@ 910 mm
PPE Category 3

TR-0001

BUS-0003
17.8 Cal/cm^2
@ 910 mm
PPE Category 3

PD-0002

CBL-0002

BUS-0004
2.2 Cal/cm^2
@ 910 mm
PPE Category 1

TR-0002

PD-0005

PD-0003

CBL-0003

BUS-0005
2.2 Cal/cm^2
@ 910 mm
PPE Category 1

MTRS-0001

PD-0004

CBL-0004

BUS-0006
2.5 Cal/cm^2
@ 910 mm
PPE Category 1

GEN-0001

BUS-0007
42.8 Cal/cm^2
@ 455 mm
PPE Category Dangerous!

PD-0006

CBL-0005

PD-0009

CBL-0008

BUS-0011
19.8 Cal/cm^2
@ 455 mm
PPE Category 3

LOAD-0001

BUS-0008
0.9 Cal/cm^2
@ 455 mm
PPE Category 0

PD-0007

CBL-0006

BUS-0009
0.2 Cal/cm^2
@ 455 mm
PPE Category 0

MTRI-0001

PD-0008

CBL-0007

BUS-0010
17.3 Cal/cm^2
@ 455 mm
PPE Category 3

MTRI-0002

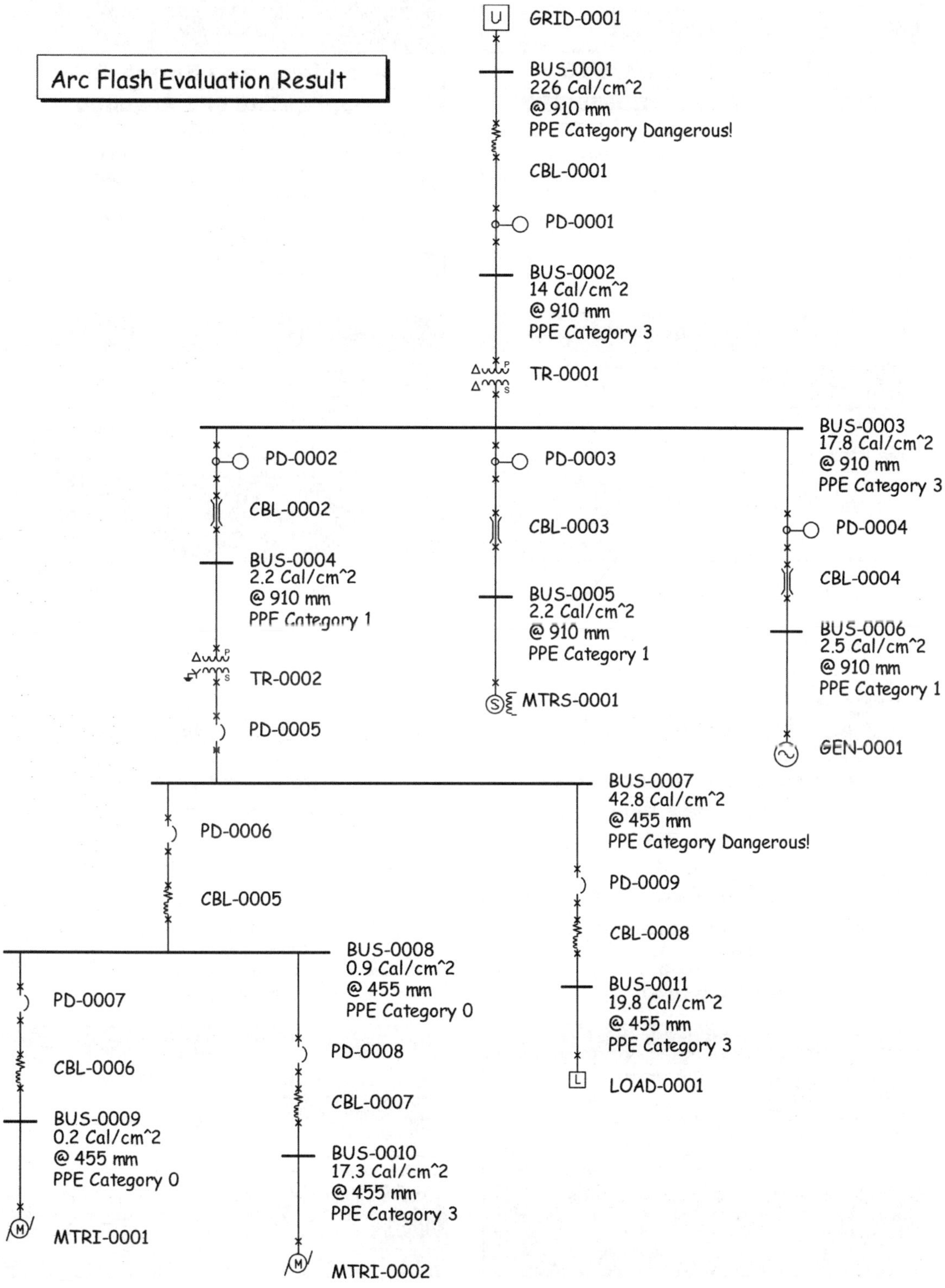

그림 17-22 Datablock Report Doughty Neal Paper

6) Custom Label

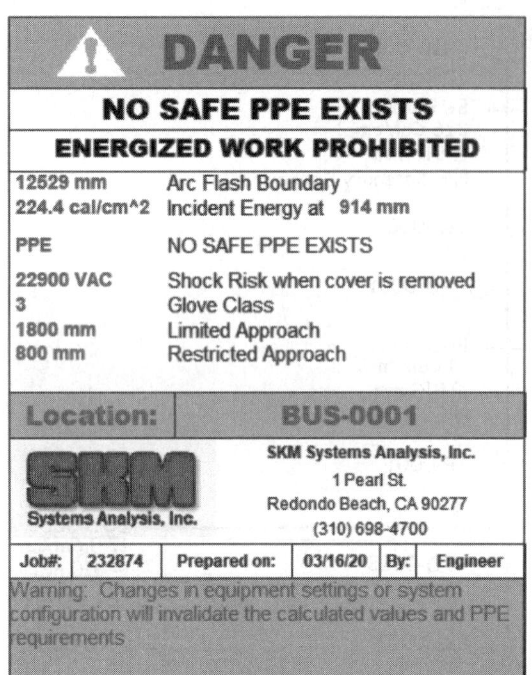


그림 17-23 Custom Label Bus-0001

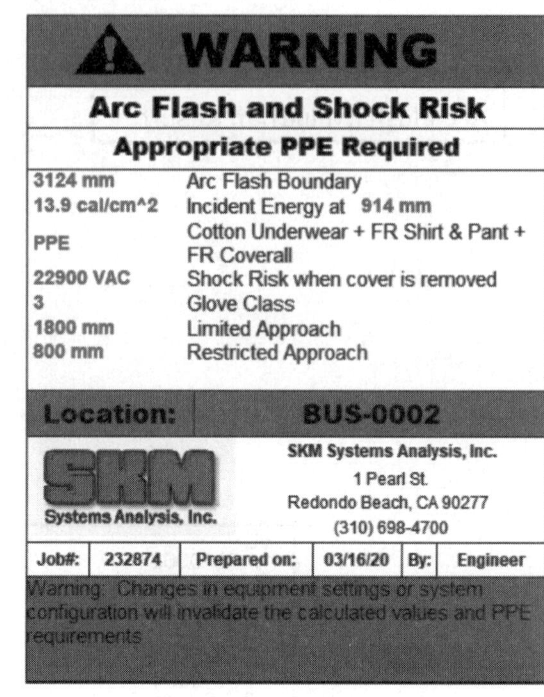


그림 17-24 Custom Label Bus-0002(Cat.3)

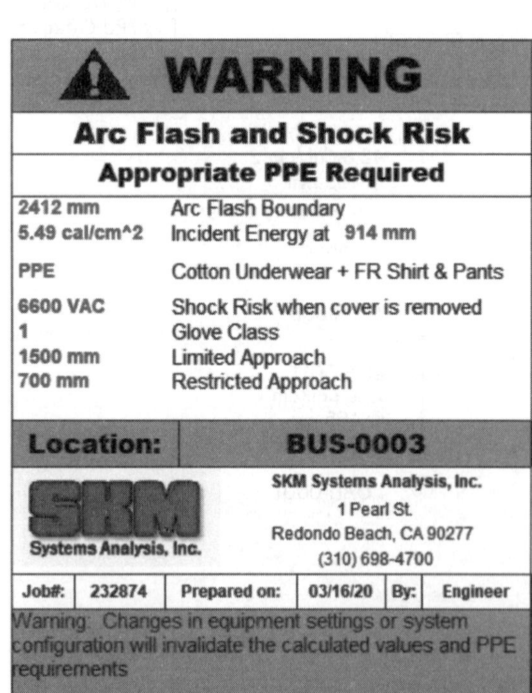


그림 17-25 Custom Label Bus-0003(Cat.1)

그림 17-26 Custom Label Bus-0004(Cat.0)

**WARNING**

**Arc Flash and Shock Risk**

**Appropriate PPE Required**

| | |
|---|---|
| 673 mm | Arc Flash Boundary |
| 0.74 cal/cm^2 | Incident Energy at 914 mm |
| PPE | Untreated Cotton |
| 6600 VAC | Shock Risk when cover is removed |
| 1 | Glove Class |
| 1500 mm | Limited Approach |
| 700 mm | Restricted Approach |

| Location: | BUS-0006 |
|---|---|

Systems Analysis, Inc.

SKM Systems Analysis, Inc.
1 Pearl St.
Redondo Beach, CA 90277
(310) 698-4700

| Job#: | 232874 | Prepared on: | 03/16/20 | By: | Engineer |
|---|---|---|---|---|---|

Warning: Changes in equipment settings or system configuration will invalidate the calculated values and PPE requirements

그림 17-27 Custom Label Bus-0006(Cat.0)

**WARNING**

**Arc Flash and Shock Risk**

**Appropriate PPE Required**

| | |
|---|---|
| 1688 mm | Arc Flash Boundary |
| 9.67 cal/cm^2 | Incident Energy at 457 mm |
| PPE | Cotton Underwear + FR Shirt & Pant + FR Coverall |
| 380 VAC | Shock Risk when cover is removed |
| 00 | Glove Class |
| 1000 mm | Limited Approach |
| 300 mm | Restricted Approach |

| Location: | BUS-0007 |
|---|---|

Systems Analysis, Inc.

SKM Systems Analysis, Inc.
1 Pearl St.
Redondo Beach, CA 90277
(310) 698-4700

| Job#: | 232874 | Prepared on: | 03/16/20 | By: | Engineer |
|---|---|---|---|---|---|

Warning: Changes in equipment settings or system configuration will invalidate the calculated values and PPE requirements

그림 17-28 Custom Label Bus-0007(Cat.3)

**WARNING**

**Arc Flash and Shock Risk**

**Appropriate PPE Required**

| | |
|---|---|
| 3134 mm | Arc Flash Boundary |
| 26.0 cal/cm^2 | Incident Energy at 457 mm |
| PPE | Cotton Underwear + FR Shirt & Pant + Multi Layer Flash Suit |
| 380 VAC | Shock Risk when cover is removed |
| 00 | Glove Class |
| 1000 mm | Limited Approach |
| 300 mm | Restricted Approach |

| Location: | BUS-0010 |
|---|---|

SKM Systems Analysis, Inc.
1 Pearl St.
Redondo Beach, CA 90277
(310) 698-4700

| Job#: | 232874 | Prepared on: | 03/16/20 | By: | Engineer |
|---|---|---|---|---|---|

Warning: Changes in equipment settings or system configuration will invalidate the calculated values and PPE requirements

그림 17-29 Custom Label Bus-0010(Cat.4)

**WARNING**

**Arc Flash and Shock Risk**

**Appropriate PPE Required**

| | |
|---|---|
| 3358 mm | Arc Flash Boundary |
| 29.0 cal/cm^2 | Incident Energy at 457 mm |
| PPE | Cotton Underwear + FR Shirt & Pant + Multi Layer Flash Suit |
| 380 VAC | Shock Risk when cover is removed |
| 00 | Glove Class |
| 1000 mm | Limited Approach |
| 300 mm | Restricted Approach |

| Location: | BUS-0011 |
|---|---|

SKM Systems Analysis, Inc.
1 Pearl St.
Redondo Beach, CA 90277
(310) 698-4700

| Job#: | 232874 | Prepared on: | 03/16/20 | By: | Engineer |
|---|---|---|---|---|---|

Warning: Changes in equipment settings or system configuration will invalidate the calculated values and PPE requirements

그림 17-30 Custom Label Bus-0011(Cat.4)

## 9 Work Permit

활선작업허가서는 사용자가 선택한 Bus에 대하여 Arc Flash Evaluation 결과 자동으로 생성된다. 활선작업허가서를 인쇄하기 전에 자신의 텍스트를 입력하여 출력할 수 있는 대화형 리포트이다.

**ENERGIZED ELECTRICAL WORK PERMIT**

**PART I: TO BE COMPLETED BY THE REQUESTER:**

Job/Work Order Number: ________

(1) Description of circuit/equipment/job location:
BUS-0001

(2) Description of work to be done:

(3) Justification of why the circuit/equipment cannot be de-energized or the work deferred until the next scheduled outage:

Requester/Title ________ Date ________

**PART II: TO BE COMPLETED BY THE ELECTRICALLY QUALIFIED PERSONS DOING THE WORK:**

Check When Complete

(1) Detailed job description procedure to be used in performing the above detailed work: ☐

(2) Description of the Safe Work Practices to be employed: ☐

| Arc Flash Boundary | 13126 mm | Incident Energy | 248.6 cal/cm^2 | Working Distance | 910 mm |
|---|---|---|---|---|---|
| Shock Hazard | 22900 VAC | Limited Approach<br>Restricted Approach | 1800 mm<br>800 mm | Glove Class | 3 |
| Required PPE | NO SAFE PPE EXISTS | | | | |

(3) Means employed to restrict the access of unqualified persons from the work area: ☐

(4) Evidence of completion of a job briefing including discussion of any job-related hazards:

(5) Do you agree the above described work can be done safely? ☐ Yes ☐ No (If no, return to requester)

Electrically Qualified Person(s) ________ Date ________

Electrically Qualified Person(s) ________ Date ________

**PART III: APPROVAL(S) TO PERFORM THE WORK WHILE ELECTRICALLY ENERGIZED:**

Maintenance/Engineering Manager ________ Manufacturing Manager ________

Safety Manager ________ Electrically Knowledgeable Person ________

General Manager ________ Date ________

그림 17-31 Work PERMIT

## 10 PPE Table

"PPE Table" 버튼을 누르면, 아래 그림과 같이 프로그램에 내장된 개인 보호설비(PPE) 표가 나타난다.

Personal Protective Equipment Table

| | Incident Energy From (cal/cm^2) | Incident Energy To (cal/cm^2) | IE Low Marginal (cal/cm^2) | IE High Marginal (cal/cm^2) | PPE Level # | PPE Level | Clothing Layers | Required Minimum Arc Rating of PPE (cal/cm^2) | Notes | Level Background Color | Level Foreground Color | Warning Label Text | Head & Eye & Hearing Protection |
|---|---|---|---|---|---|---|---|---|---|---|---|---|---|
| 1 | 0.0 | 1.2 | 0.000 | 1.190 | 0 | Untreated Cotton | 1 | N/A | | | | WARNING | Hardhat + Polycarbonate Face Shield + Safety Glasses |
| 2 | 1.2 | 4.0 | 1.210 | 11.800 | 1 | FR Shirt & Pants | 1 | 4 | | | | WARNING | Hardhat + Polycarbonate Face Shield + Safety Glasses |
| 3 | 4.0 | 8.0 | 12.200 | 38.000 | 2 | Cotton Underwear + FR Shirt & Pants | 1 or 2 | 8 | | | | WARNING | Hardhat + Polycarbonate Face Shield + Safety Glasses |
| 4 | 8.0 | 25.0 | 41.000 | 998.000 | 3 | Cotton Underwear + FR Shirt & Pant + FR Coverall | 2 or 3 | 25 | | | | WARNING | Hardhat + Polycarbonate Face Shield + Safety Glasses |
| 5 | 25.0 | 40.0 | | | 4 | Cotton Underwear + FR Shirt & Pant + Multi Layer | 3 or more | 40 | | | | WARNING | Hardhat + Polycarbonate Face Shield + Safety Glasses |
| 6 | | | | | | | | | | | | | |

IE Low/High Margin... | Insert Row | Save As Default | Reset Default | OK | Cancel | Print | Help

Project Specific PPE Table Location: C:₩PTW32₩Projects₩(2020)Arc Flash₩FR_Clothing.ss3

Load | Save

그림 17-32 Personal Protective Equipment Table

PPE Table은 보고서와 라벨에 사용되는 개인보호설비 카테고리와 착용 의복에 대한 설명을 정의한다. 다른 라벨 색상은 각 PPE Category에서 지정할 수 있으며, Bus Detail 과 Arc Flash Label은 계산된 PPE 카테고리를 기초로 하여 색상을 적용할 것이다. 기본적으로 제공되는 데이터는 NFPA 70E-2012, page 39(Table 130.7(C)(16))에서 가져온 것이다.

## 11 Bus Detail Data

Bus Detail Label은 상위 메뉴에서 Arc Flash≫Bus Detail를 클릭하면 아래 그림의 라벨이 생성된다. Bus Detail의 선택은 보호장치 설정과 여러 다른 작업거리에서의 아크에너지의 목록을 포함한 상세 라벨이 생성된다.

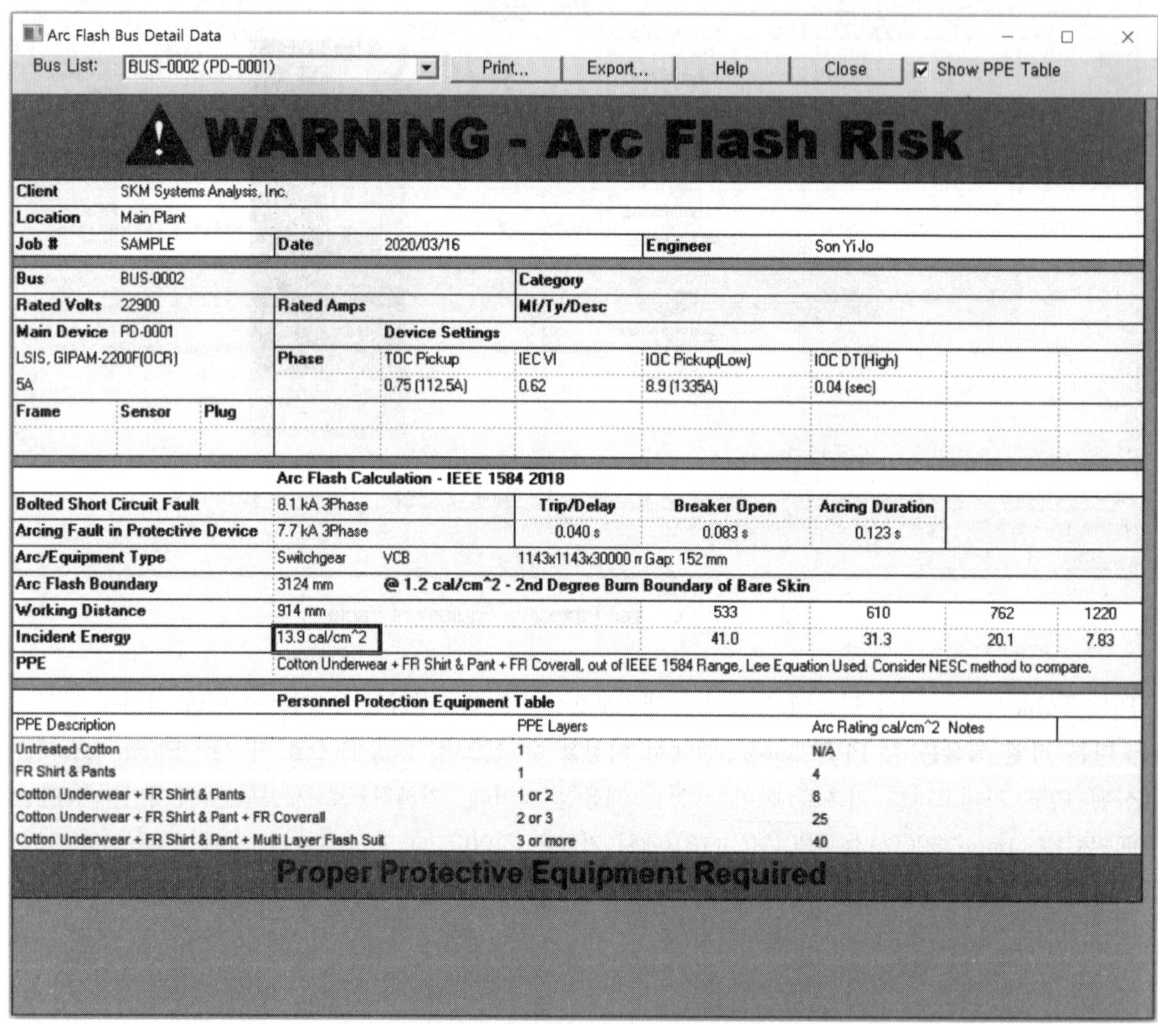


그림 17-33 Arc Flash Detail Data

Bus detail은 다음의 네 가지 영역을 가진다.

① 고객 정보, 사용자는 고객 정보를 수정할 수 있으며, 모든 Bus에 대하여 재사용 할 수 있다.

② Bus와 보호장치 정보, 모든 Data는 Program에 의하여 생성된다.

③ Arc Flash Data, Bus에서 3상고장전류, 보호장치를 통과하는 아크고장전류, 그리고 아크 플래시 한계거리, 주어진 작업거리에서 아크발생에너지 등을 목록으로 만들어 나타낸다.

④ 개인 보호장비 목록표는 PPE Table로 나타낸다.

# 18장 Transient Stability

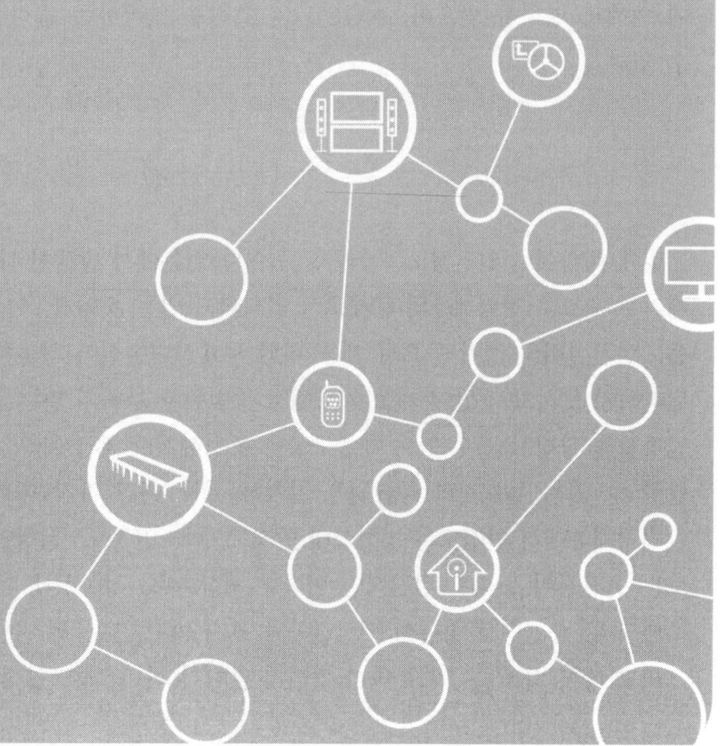

## 1 개요

전력계통의 안정도는 계통이 정상상태에서 운전되다가 어떤 충격(이것을 외란이라고 하며, 부하라든지 발전력의 급변 또는 뇌에 의한 송전선의 차단, 단락 및 지락고장으로 인한 선로의 차단 및 재폐로 투입 등을 의미한다)이 발생하여도 동기를 상실하지 않고 다른 정상상태 운전점으로 회복하는 능력을 의미한다. 이에는 다음의 두 가지로 구분한다.

① 발전기의 동기운전 여부를 분석하는 위상각 안정도
② 전압 붕괴의 유무를 분석하는 전압안정도

위상각 안정도란 계통에 접속되어 있는 발전기가 모두 같은 속도(동기 속도)로 회전하고 있는 상태에서, 그 어떤 외란이 발생하였을 때 일부의 발전기 또는 전 발전기가 동기운전을 계속하거나 아니면 동기운전에서 벗어나(이것을 탈조라고 한다) 병렬운전을 계속할 수 없게 되는가 하는 것을 가리키는 척도로서 일반적으로는 안정극한전력의 크기로 나타낸다.

전력계통에서 연결된 발전기가 동기운전을 하기 위해서는 모든 발전기가 같은 속도로 회전하여야 한다. 만일 임의의 발전기가 어떤 원인으로 가속되어서 그 회전자의 위치 $\delta$가 처음에 있던 위치보다 앞서게 되면 이것을 먼저 있던 위치로 회복시키려는 힘이 작용한다. 즉, 발전기의 기계적 입력이 일정하면 $\delta$가 증가한 경우에는 발전기의 전기적 출력 P가 증가되고, 이 증가분에 상당하는 것만큼 회전체의 축적 에너지를 방출해서 회전체 자체는 감속된다. 따라서 동기운전이 유지되기 위해서는 다음 식(18.1)의 조건이 유지되어야 하며, 이 식의 값을 동기화력이라고 한다. 이것은 발전기의 운전상태, 즉 발전기로부터의 유효전력출력(P), 무효전력출력(Q) 및 여자상태, 연결되고 있는 계통의 부하특성 등 여러 가지 요소에 의해서 영향을 받으며, 식(18.1)의 조건을 만족하는 출력상태가 발전기의 안정영역으로 된다고 할 수 있다.

$$\frac{dP}{d\theta} > 0 \qquad (18.1)$$

이에 대하여 전압안정도는 최근 유럽이나 일본에서 발생한 대정전의 원인이 된 급격한 전압저하현상을 계기로 새로운 전력계통의 문제로서 인식되고 있는 것이다. 이 현상은 수요의 급격한 증가라든지 복수의 송 · 변전설비의 정지 등으로 계통 내의 무효전력손실이 급증하였을 때 이에 대응하는 유효전력 공급이 뒤따르지 못하고 전압이 계속 저하해서 광범위한 부하의 탈락을 초래하는 것이다. 따라서 최근에는 전압안정성을 향상시킬 수 있는 계통구성을 형성하거나 계통 내의 동기조상기라든지 SVC 등의 고속으로 응답할 수 있는 무효전력 공급원을 설치하는 등 여러 가지 대책을 취하고 있다.

전력계통에서 안정도는 정상상태 안정도, 과도안정도, 동적안정도 세 가지로 분류한다. 정상상태 안정도는 운전점이 느리고 점진적인 변화를 포함한다. 정상상태 안정도해석은 주로 조류계산 프로그램으로 수행되며, 송전선로 양단의 위상각차가 크지 않고, 모선전압이 정격에 가깝고, 발전기, 송전선, 변압기, 그리고 다른 설비들이 과부하가 걸리지 않아야 한다. 과도안정도는 전력계통이 어떤 조건하에서 안정하

게 운전하고 있을 때 급격한 외란(각종 계통사고, 계통분리 등)이 발생하더라도 다시 안정상태를 회복하여 운전할 수 있는 능력을 말한다. 이때 그 안정을 유지할 수 있는 범위 내의 최대전력을 과도안정극한전력이라 하는데 그 크기는 외란의 종류, 장소, 계속시간, 계통구성에 따라 달라진다. 전력계통 안정도 해석의 목적은 전력계통의 정상 및 비정상운전 경우에 대한 계통 응답특성을 해석하여 안정되고 신뢰성 있는 전력계통을 구성하고 그에 따른 발전기 제어 및 운용 방안을 수립하는 것이다. 전력조류 계산 및 고장전류계산이 정특성면에서 검토되는데 반하여 계통 안정도해석은 동특성(Dynamic State)면에서 해석된다.

## 2 정상상태의 송전전력

그림 18–1과 같이 동기리액턴스 $x_d$의 원통형 발전기가 무한대 모선에 리액턴스 $x_e$로 접속되어 있는 1기 무한대 모선계통에서의 송전전력을 계산한다. 단, 여기서는 계산의 단순화를 위하여 제어계는 고려하지 않는 것으로 한다.

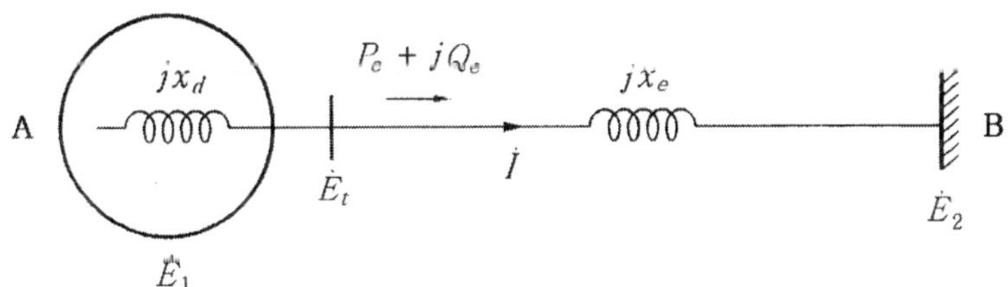


그림 18–1 1기 무한대모선 계통

### 1) 발전기의 전기적 출력 계산식

① 계산조건

무한대 모선전압 : $\dot{E}_2 = E_2 \angle 0$

발전기 단자전압 : $\dot{E}_t = E_t \angle \beta$

발전기 내부전압 : $\dot{E}_1 = E_1 \angle \theta$

② 발전기의 단자전압과 내부전압 계산식

계산조건과 주어진 임피던스에 따라 발전기의 단자전압과 내부전압의 계산식은 다음과 같이 된다.

$$\dot{E}_t = \dot{E}_2 + jx_e \dot{I} \tag{18.2}$$

$$\dot{E}_1 = \dot{E}_t + jx_d \dot{I} = \dot{E}_2 + j(x_d + x_e) \dot{I} \tag{18.3}$$

상기의 관계식으로부터 다음의 벡터도를 그릴 수 있다.

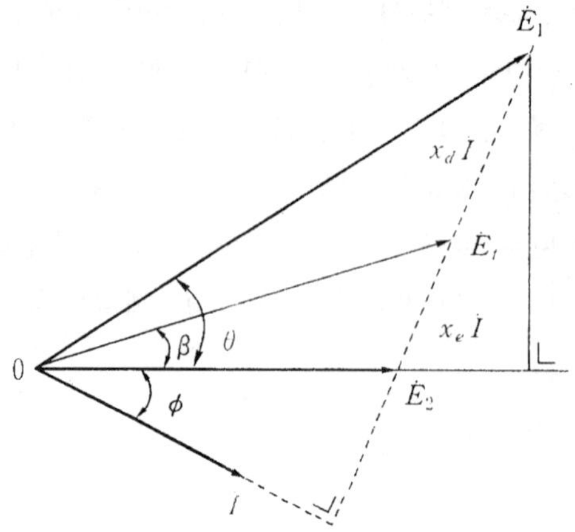


그림 18-2 1기 무한대 계통의 벡터도

③ 발전기의 전기적 출력

이 벡터도로부터 발전기의 내부전압 $E_1$에서 본 전력 $P_e$는 다음과 같이 구해진다.

$$\dot{W}=\dot{E}_1\dot{I}^* = P_e + jQ_e = \dot{E}_1\left(\frac{\dot{E}_1-\dot{E}_2}{jx_d+jx_e}\right)^* \\ = \frac{E_1E_2}{x_d+x_e}\sin\theta + j\frac{E_1^2 - E_1E_2\cos\theta}{x_e+x_d} \tag{18.4}$$

상기 식에서 발전기의 전기적 유효출력 $P_e$는 다음과 같이 된다.

$$P_e = \frac{E_1E_2}{x_d+x_e}\sin\theta \tag{18.5}$$

## 2) 동기화력에 의한 안정 판별

그림 18-3은 이 $P_e$와 $\theta$의 관계, 즉 전력-상차각 곡선을 보인 것이다.

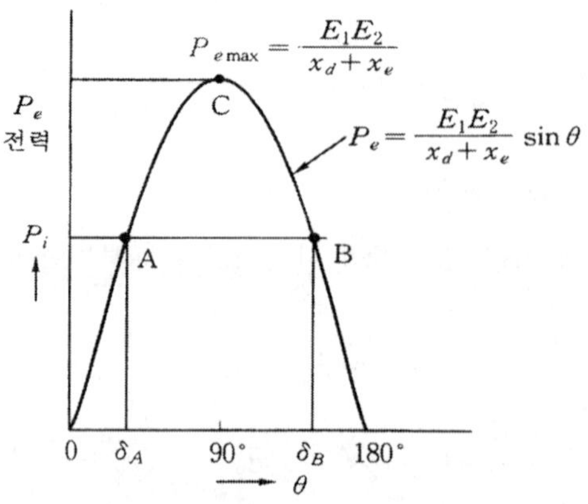


그림 18-3 전력-상차각 곡선

이 그림에서 원동기의 기계적 입력 $P_i$일 때 전기적 출력 $P_e$가 $P_i$와 같게 되는 점으로서는 A, B의 2개의 점이 존재하지만 A점은 안정, B점은 불안정이다. 이것은 $\Delta\theta>0$ 일 때 $\Delta P>0$이면 안정이고, $\Delta P<0$이면 불안정으로 된다는 것을 의미한다. 따라서 1기 무한대 계통에서의 안정조건은 다음 식으로 판별한다.

$$\frac{dP}{d\theta} > 0$$

일반적으로 $d\theta$에 대한 $dP$의 비율 $dP/d\theta$는 전력-상차각 곡선의 접선의 경사와 같고, $dP/d\theta$는 상차각이 $d\theta$ 증가하였을 때 이것을 원상태로 되돌리려고 하는 회복력의 세기를 나타내기 때문에 이를 동기화력이라 하며 다음과 같이 나타낸다.

$$\frac{dP_e}{d\theta} = \frac{E_1E_2}{x_d+x_e}\cos\theta \tag{18.6}$$

$P_e>0$인 발전기 영역에서, $\theta$의 변화에 따른 안정과 불안정의 판별은 다음과 같이 한다.

$$0° < \theta < 90°\text{에서는 } \frac{dP}{d\theta} > 0\text{으로 안정}$$

$$90° < \theta < 180°\text{에서는 } \frac{dP}{d\theta} < 0\text{으로 불안정}$$

### (3) 인징극한진력

$\theta = 90°$일 때 $\frac{dP}{d\theta} = 0$으로 안정 한계가 되고 안정극한전력 $P_{e\max}$는 다음과 같이 구해지는데, 일반적으로 이 값을 초과하여 송전할 수 없다.

$$P_{e\max} = \frac{E_1E_2}{x_d+x_e} \tag{18.7}$$

## 3 고장시 송전전력 및 전달 임피던스

송전선로에서 고장이 발생하면 송전전력은 고장전에 비해서 저하한다. 이 때문에 발전기의 입 · 출력의 균형이 무너져서 고장점에 가까운 발전기는 일제히 가속하게 된다. 이때 각 발전기가 어느 정도 가속하게 되는가 하는 것은 계통구성 및 고장전의 운전상태 외에 고장의 종류 및 고장 발생점에 따라 크게 달라진다. 고장시에 전달 임피던스가 어떻게 변화하고, 이것이 안정도에 어떠한 영향을 미치는가 검토한다.

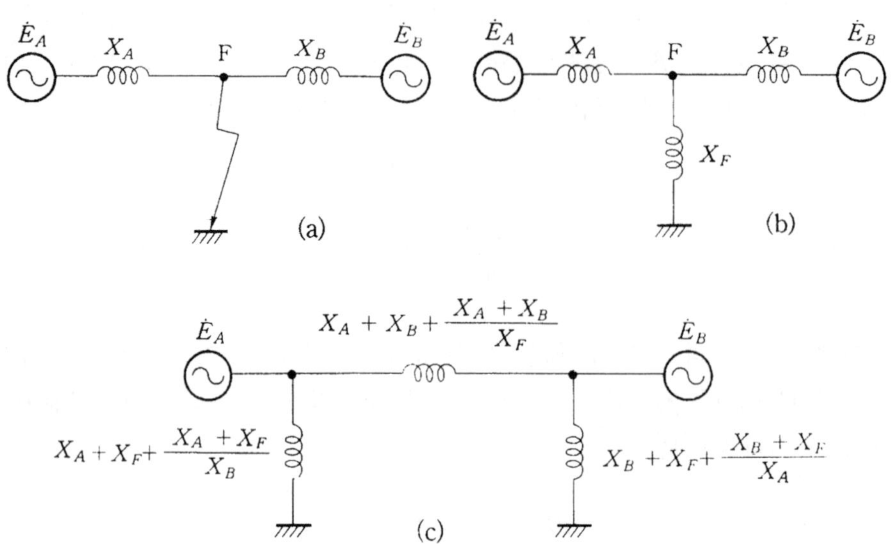


그림 18-4 선로 고장시의 등가회로

### 1) 고장 중의 전달 임피던스

그림 18-4 (a)의 송전선에서 고장이 발생하였다고 가정하면, 고장시 등가회로는 그림 18-4 (b)와 같이 된다. 이것을 Y-$\Delta$로 변환하면 그림 18-4 (c)가 된다. 이 결과 고장 중의 전달임피던스는 다음과 같이 된다.

$$X = X_A + X_B + \frac{X_A X_B}{X_F} \tag{18.8}$$

### 2) 고장시 송전전력

이때의 송전전력 $P'$는 다음과 같이 된다.

$$P' = \frac{E_A\ E_B \sin\theta}{X_A + X_B + \frac{X_A\ X_B}{X_F}} \tag{18.9}$$

상기 식에서 알 수 있듯이 고장 중의 송전전력은 $X_F$의 크기가 작은 고장일수록 작아진다. 3상 단락고장의 경우에는 $X_F = 0$이므로 이론상 전달임피던스는 무한대로 되어 송전전력 $P' = 0$가 된다. 이 결과 3상단락사고가 발생하면 발전기의 출력이 P로부터 0으로 급변되기 때문에 안정도 측면에서는 가장 가혹한 사고가 되는 것을 알 수 있다.

### 3) 고장 임피던스의 크기와 안정도에 미치는 영향

다음은 각종 고장시 임피던스의 크기를 나타내며, 이러한 값들을 통해서 안정도는 고장이 1선지락 〉〉 2선지락 〉〉 3상단락으로 되어 가면서 점점 더 가혹하게 되는 것을 알 수 있다.

**표 18-1 고장시 등가 대칭분 임피던스**

| 고장의 종류 | 등가 고장임피던스 | 고장 등가 회로 |
|---|---|---|
| 1선 지락 | $Z_F = Z_0 + Z_2$ | A $\dot{Z}_A$ $\dot{Z}_B$ B $\dot{Z}_F$ |
| 2선 지락 | $Z_F = \dfrac{Z_0 Z_2}{Z_0 + Z_2}$ | |
| 선간 단락 | $Z_F = Z_2$ | |
| 3선 단락 | $Z_F = 0$ | |
| 1선 단선 | $Z_F = \dfrac{Z_0 Z_2}{Z_0 + Z_2}$ | A $\dot{Z}_A$ $\dot{Z}_F$ $\dot{Z}_B$ B |
| 2선 단선 | $Z_F = Z_0 + Z_2$ | |

## 4 회전체의 운동방정식

### 1) 회전체의 운동방정식

아래 그림과 같이 발전기의 과도내부전압이 $E_a$, 관성정수 $M$인 발전기가 $X$인 리액턴스를 통하여 무한대 모선에 접속되어 있는 경우를 생각한다.

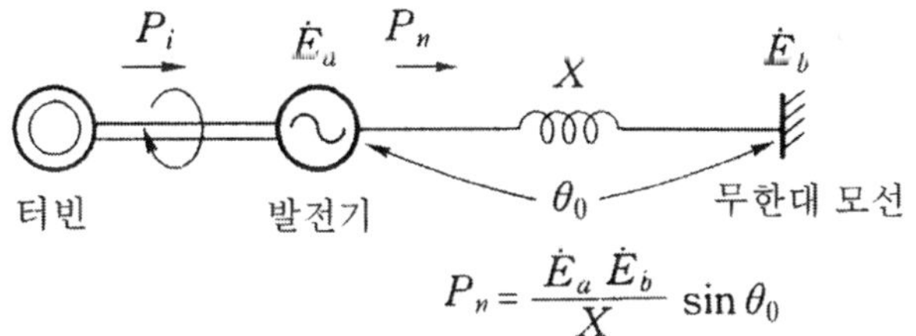


**그림 18-5 1기 무한대 모선 계통의 입출력 관계**

동기기의 운동방정식은 다음과 같이 된다.

$$J\frac{d\omega}{dt} = J\frac{d^2\theta}{dt^2} = \Delta T \tag{18.10}$$

$$\frac{d\omega}{dt} = \frac{d^2\theta}{dt^2} = \frac{\Delta T}{J} = \frac{\Delta T\,\omega\,\omega}{J\omega^2} = \frac{\omega}{M}\Delta P \tag{18.11}$$

여기에서,

$J$ : 관성모멘트

$\omega$ : 회전체의 각속도 $\left(\omega = \dfrac{d\theta}{dt}\right)$

$\theta$ : 회전체의 변위각($\theta = \omega t$)

$\Delta T$ : 회전체의 각속도를 변화하기 위하여 필요한 토크

$M$ : 관성정수($M = J\omega^2$)

$\Delta P$ : 원동기로부터 입력되는 기계적 입력 $P_i$와 발전기에서 발생되는 전기적 출력 $P_n$의 차 ($\Delta P = \Delta T \cdot \omega$)

다음에 각속도와 변위각을 다음과 같이 정의하면 식(18.12)와 같이 나타낼 수 있다.

$\omega_0$ : 회전체의 동기속도

$\theta_0$ : $\omega_0$일 때의 변위각

$\omega$ : 회전체의 각속도($\omega = \omega_0 + \Delta_\omega$)

$\theta$ : $\omega$일 때의 변위각($\theta = \theta_0 + \Delta\theta$)

$$\frac{d^2\theta}{dt^2} = \frac{d^2(\theta_0 + \Delta\theta)}{dt^2} = \frac{\omega}{M}\Delta P \tag{18.12}$$

동요전은 $d^2\theta_0/dt^2 = 0$이므로, $\Delta\omega \ll \omega_0$ 이므로 다음과 같이 바꾸어 쓸 수 있다.

$$\frac{d^2\theta}{dt^2} = \frac{d^2(\Delta\theta)}{dt^2} = \frac{\omega_0}{M}\Delta P \tag{18.13}$$

전력변환량 $\Delta P$는 터빈으로부터 입력되는 기계적 입력 $P_i$와 발전기에서 발생되는 전기적출력 $P_n$의 차로서 다음과 같이 된다.

$$\Delta P = P_i - P_n \tag{18.14}$$

상기 식으로부터 다음의 결과(회전체의 운동방정식)를 얻는다.

$$\frac{d^2\theta}{dt^2} = \frac{d^2(\Delta\theta)}{dt^2} = \frac{\omega}{M}(P_i - P_n) \tag{18.15}$$

### 2) 과도안정도의 해석

전력계통에서 식(18.15)의 회전기의 우변과 같은 입출력의 차가 생겼을 경우에는 회전자가 좌변과 같은 속도변화를 받는다는 것을 나타낸 것으로 과도안정도란 결국 이 식으로부터 $\theta$ 와 $\Delta$P 및 이들의 시간적 관계를 구하는 것으로 요약된다.

### 3) 고장발생전의 입출력전력

고장발생전 $t = 0$의 정상상태에서 입 · 출력이 평형을 유지하고 있으므로 $\Delta P = 0$이고, $\omega = \omega_0$인 동기각속도에서 회전하므로 상차각 $\theta = \theta_0$(일정)로 되어 입 · 출력은 다음과 같이 된다.

$$P_i = P_n = P_0 \tag{18.16}$$

$$P_0 = \frac{\dot{E}_a \dot{E}_b}{X} \sin\theta_0 = P_m \sin\theta_0 \tag{18.17}$$

여기에서,

$P_0$ : 동기속도에서의 전기적 출력

$P_m$ : 최대출력

#### 4) 고장발생시 전력

고장이 발생하면 상차각이 $\theta_0$에서 $\theta$로 이동하여 전기적인 출력은 다음과 같이 변화한다.

$$P_n = \frac{\dot{E}_a \dot{E}_b}{X} \sin\theta \tag{18.18}$$

한편 기계적 입력 $P_i$는 짧은 시간에 적응할 수 없으므로 $P_i = P_0$로 일정한 크기를 유지한다.

#### 5) 과도안정도의 동요방정식

따라서 1기 무한대 모선 계통에서의 과도안정도의 동요방정식은 다음 식과 같이 된다.

$$\frac{d^2\theta}{dt^2} = \frac{d^2(\Delta\theta)}{dt^2} = \frac{\omega_0}{M}(P_i - P_m \sin\theta) \tag{18.19}$$

## 5 과도안정도 해석방법

### 5.1 등면적법에 의한 안정도 해석

#### 1) 등면적법에 의한 안정도 해석방법

과도안정도에서 계통이 안정한가 또는 불안정한가는 고장발생 후의 상차각-시간곡선, 즉 동요곡선을 그려보면 되고 만일 시간이 경과함에 따라 상차각이 계속 벌어져 간다면 그 계통은 불안정한 것이다. 한편 이때 상차각이 일단 최대값에 도달한 후 다시 감소되는 경우에는 일반적으로 안정하다고 볼 수 있다. 다기 계통에 있어서는 때로는 1기가 최초의 제1차 동요에서는 동기를 유지하지만 제2차 동요에서는 탈조하는 수가 있다. 그러나 2기 계통에서는 기계적 입력 일정, 과도내부전압 일정, 제동계수 0이라는 통상적인 가정하에서는 상차각은 제한 없이 증대하거나 아니면 일정한 진폭으로 진동하든지 하는 어느 한쪽을 나타내는 것이 보통이므로 최초의 1차 동요만을 조사하여 안정 판별을 할 수 있다. 등면적법은 주로 2기 계통 문제에 대해서 적용되는 방법으로서 계통의 안정도 판별을 간단한 도면을 써서 쉽게 할 수 있다는 장점이 있으나 위상각 변동의 시간적 관계는 알 수 없는 단점이 있다.

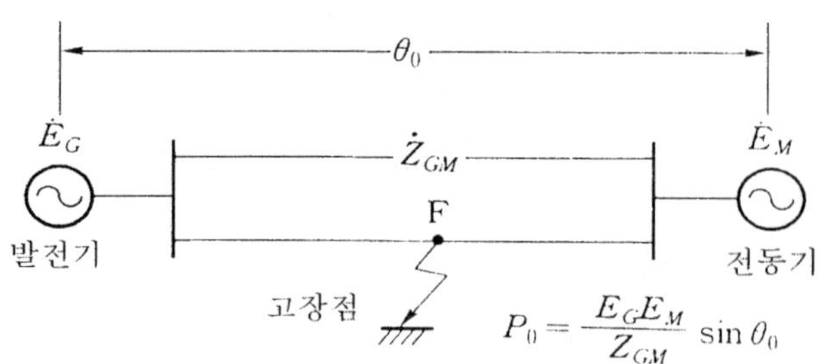


그림 18-6 모델 고장 계통도

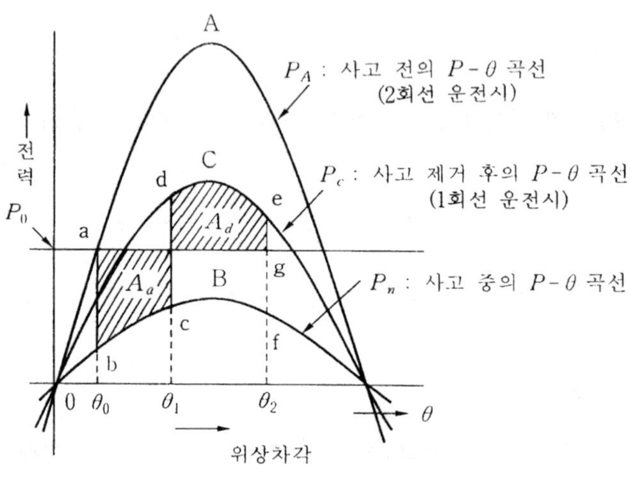


그림 18-7 고장시 전력-위상차의 특성

### 2) 고장시 전력-상차각의 변화

그림 18-6과 같은 간단한 모델계통의 F점에서 고장이 일어났다고 할 경우 고장전, 고장중, 고장후(고장구간 제거)의 전력-상차각 곡선을 그림 18-7에 보인다. 이때 양 기간의 전력-위상차각은 고장에 따른 계통 상태의 변화에 따라 3단계로 변화한다. 즉 그림 18-7에서 곡선 A는 고장 전, 곡선 B는 고장 중, 곡선 C는 고장 구간이 선택 차단된 상태의 특성을 나타낸 것이다.

① 고장전 송전전력

고장전 송전전력은 동기운전으로 다음과 같이 된다.

$$P_0 = \frac{E_G E_M}{Z_{GM}} \sin\theta_0 \tag{18.20}$$

② 고장시 송전전력

고장상태에서는 전달 임피던스가 $Z_{GM}$에서 $Z_F$로 바뀌어 송전전력은 다음과 같이 된다.

$$P_0 = \frac{E_G E_M}{Z_F} \sin\theta_F \tag{18.21}$$

여기에서 $\theta_F$는 $\theta_0$에서 $\theta_1$의 값을 갖는다.

③ 고장구간 선택차단시 송전전력

고장구간 선택차단시에는 전달임피던스 $Z_F$에서 $Z_{GM}'$로 되어 송전전력은 다음과 같이 된다.

$$P_0 = \frac{E_G E_M}{Z_{GM}'} \sin\theta' \tag{18.22}$$

여기에서 $\theta'$는 $\theta_1 \sim \theta_2$ 범위의 값을 갖는다.

### 3) 고장시 계통 동요

#### (1) 동작점 a에서 b로 이동

그림 18-7의 고장시 전력-위상차각 변동곡선에서의 고장시의 계통 동요상태를 설명하면 다음과 같다. 처음 a 점, 즉 $P_0$, $\theta_0$에서 운전하고 있던 것이 고장발생과 더불어 동작점은 b 점으로 이동한다.

#### (2) 동작점 b에서 c로 이동

이때 발전기 쪽은 $P_0 - P_B \sin\theta_0$ 만큼 입력이 여유가 있어 가속하게 된다. 이러한 관계를 유지하면서 고장이 계속되는 동안 시간의 경과와 더불어 발전기와 전동기의 상차각은 곡선 B를 따라 이동한다. 즉, b → c점까지는 발전기의 입력과잉, 전동기는 입력부족으로 양 기간의 위상차각을 증대시키는 방향으로 가속된다

#### (3) 동작점 c에서 d로 이동

이렇게 해서 동작점이 b로부터 c에 도달 했을 때 차단기가 동작하여 고장회선을 차단하였다고 하면 동작점은 곡선 C의 d점으로 이동하게 된다. d점에서는 발전기출력이 입력 이상의 것을 요구하므로 회전자는 감속되고 전동기 쪽은 입력이 출력보다 커지므로 가속한다. d점 이후에서는 반대로 양기간의 위상차를 줄이는 방향으로 감속된다.

#### (4) 동작점 d에서 e로 이동

회전체의 관성 때문에 위상차 각은 다음의 조건이 만족되는 $\theta_2$까지 벌어진다.

$$\int_{\theta_0}^{\theta_1} (P_0 - P_B \sin\theta) d\theta = \int_{\theta_1}^{\theta_2} (P_C \sin\theta - P_0) d\theta \tag{18.23}$$

면적 abcd　　　　　면적 fdeg

이와 같이 일단 d점을 지나쳐서 앞의 조건을 만족하는 $\theta_2$까지 증대되었다가 다시 되돌아가는 왕복진동을 되풀이하는 동안에 제동작용에 의하여 동요가 점점 감쇠되어 안전한 상태의 운전을 하게 된다.

#### 4) 고장 차단이 늦어진 경우 전력-상차각 변화

만일 이때 고장차단시간이 늦어져서 그림 18-8에 나타낸 바와 같이 면적 abc'f' > f'd'h로 되면 이때는 회복력이 부족될 뿐 아니라 h점을 통과 후는 위상차각의 증가와 더불어 더욱더 회복력이 마이너스로 되어 탈조하게 된다. 따라서 과도안정 극한이란 차단시간을 파라미터로 하여 면적 abc'f' = f'd'h의 상태로 될 때까지 고장구간 선택차단을 조정함으로서 얻을 수 있고, 또 이러한 검토로부터 계통의 안정도 여부를 판단할 수 있다.

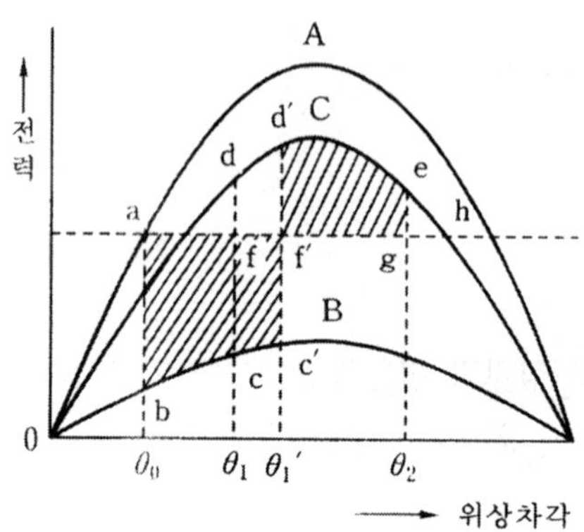


그림 18-8 고장 차단이 늦어졌을 경우 전력-위상차 특성

### 5.2 단단법에 의한 안정도 해석

앞에서 설명한 등면적법은 2기 계통이나 2기 계통으로 등가화 할 수 있는 간단한 계통에 대해서만 적용 가능한 방법이다. 과도안정도 해석은 회전기의 운동방정식, 발전기 및 여자기를 포함한 각종 기기의 특성방정식, 그리고 계통적으로 본 방정식 등에 관한 비선형 연립미분방정식과 비선형 연립대수방정식의 연립계를 해석하는 것이다. 미분방정식의 수치 해석을 원용한 단단법은 다기 계통에 사용할 수 있는 방법으로 보다 구체적이며 또한 실용적인 계산방법이라 할 수 있다. 이 방법은 계통에 외란이 발생하였을 때에 연속적으로 변동하는 입·출력, 전압, 각속도 등의 제량이 아주 짧은 기간에서는 계단적으로 변화하는 것으로 간주하고 각 계단마다의 미소변화를 축차 계산하여 그 결과를 차례로 연결해 나가고 있다.

#### 1) 동요방정식

지금 운전 중인 임의의 동기기가 계통에 외란이 발생해서 입·출력의 평형이 깨어지게 되면 각속도, 위상각이 이에 따라서 변동하게 되는데 이때의 변동 상황은 다음의 동요방정식을 풀면 구할 수 있다.

$$\frac{d^2\delta}{dt^2} = \frac{\omega}{M}(P_i - P_n) \tag{18.24}$$

이 식의 의미는 고장이 발생한 과도시에 우변의 입·출력의 차이가 발생하였을 경우 회전체는 좌변처럼 속도변화를 하게 되는 것이다. 따라서 과도안정도 문제는 식(18.24)로부터 $\delta$ 와 $\Delta$P의 시간적 관계를 구하는 것으로 귀착된다.

### 2) 각속도 및 위상각의 계산

단단법은 두 가지 계산절차를 반복해 주면 된다. 그 하나는 각 단계 기간에서의 $\delta$와 $\omega$의 최초값으로부터 그 단계 기간의 $\delta$와 $\omega$의 최종값을 구하는 것이고, 또 하나는 계통내의 각 동기기의 가속력을 구하기 위해서 전기적 출력 $P_n$을 각 기간마다 위에서 얻어진 $\delta$를 사용하여 계산하는 것이다.

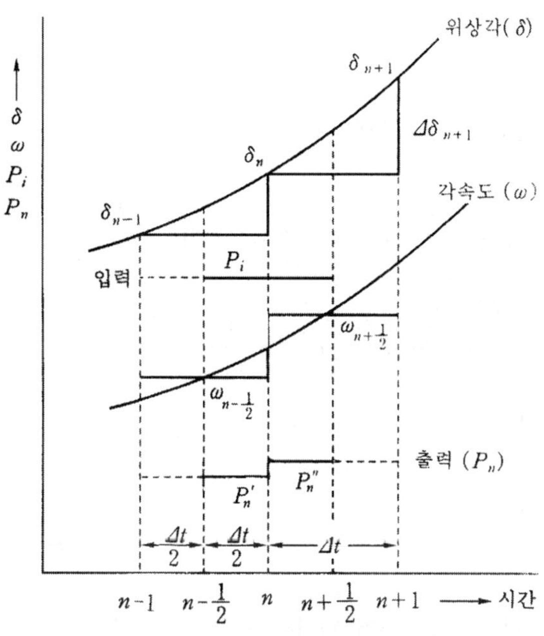


**그림 18-9 단단법 설명도**

그림 18-9에서 $(n-1/2)$로부터 $n$까지의 시간 사이에서는 출력은 $P_n'$로 일정하며, 또, $n$으로부터 $(n+1/2)$까지의 시간 사이에는 $P_n''$로 일정하다면 이들 시간 중 각속도의 변화는 식(18.24)로부터 다음과 같이 표시된다.

$$\Delta\omega_{(n-\frac{1}{2})} = \frac{\omega}{M}(P_i - P_n')\frac{\Delta t}{2} \tag{18.25}$$

$$\Delta\omega_{(n+\frac{1}{2})} = \frac{\omega}{M}(P_i - P_n'')\frac{\Delta t}{2} \tag{18.26}$$

그러므로, $(n+\frac{1}{2})$에서의 각속도는 다음과 같이 된다.

$$\begin{aligned}\omega_{(n+\frac{1}{2})} &= \omega_{(n-\frac{1}{2})} + \Delta\omega_{(n-\frac{1}{2})} + \Delta\omega_{(n+\frac{1}{2})} \\ &= \omega_{(n-\frac{1}{2})} + \frac{\omega}{M}\Delta t\left(P_i - \frac{P_n' + P_n''}{2}\right)\end{aligned} \tag{18.27}$$

한편, 위상각이 $(n-1)$에서 $n$까지, 또 $n$으로부터 $(n+1)$까지의 각 시간 중에 변화한 값을 $\Delta\delta$ 및 $\Delta\delta(n+1)$로 나타내면 그 사이의 평균각속도는 다음과 같다.

$$\omega_{(n-\frac{1}{2})} = \frac{\Delta\delta_n}{\Delta t} \tag{18.28}$$

$$\omega_{(n+\frac{1}{2})} = \frac{\Delta\delta_{(n+1)}}{\Delta t} \tag{18.29}$$

이것을 식(18.27)에 대입하면 다음과 같이 된다.

$$\begin{aligned} \Delta\delta_{(n+1)} &= \Delta\delta_n + \frac{2\pi f}{M}(\Delta t)^2 (P_i - \frac{P_n' + P_n''}{2}) \\ &= \Delta\delta_n + k(P_i - \frac{P_n' + P_n''}{2}) \end{aligned} \tag{18.30}$$

$$\delta_{(n+1)} = \delta_n + \Delta\delta_{(n+1)} \tag{18.31}$$

여기에서 $k = \frac{2\pi f}{M}(\Delta t)^2$이 된다.

단단법에서는 위의 식(18.31)을 사용하여 위상각을 차례로 구해나가는 것이다. 그림 18-10에 위의 단단법 계산식을 풀어서 구한 상차각 시간곡선의 일례를 보인다. 곡선 A는 상차각이 계속 증가하고 있어 계통이 불안정하다는 것을 보이고 있고, 곡선 B는 벌어졌던 상차각이 다시 회복되어 계통은 안전하게 됨을 보이고 있다. 일반적으로 동요의 주기는 1초정도이며 계통이 안정되는 케이스에서는 상차각의 최대값은 대개 0.5초 부근에서 나타나고 있다.

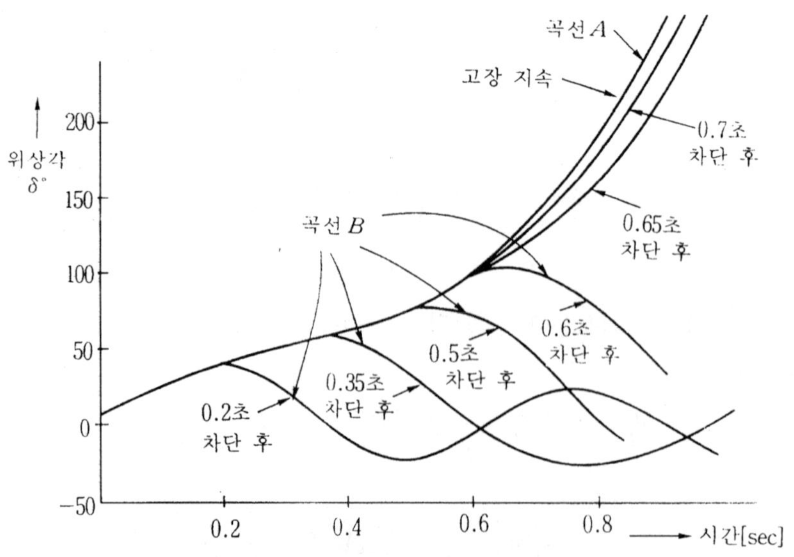


그림 18-10 단단법에 해석에 의한 상차각-시간 곡선

## 6 과도안정도 계산방법

그림 18-11과 같은 계통에서 $L_1$ 송전선에 시각 $t=0$로 3상단락고장이 발생하고 0.1초 후에 $L_1$ 송전선을 차단하고 $t=0.5$초 후에 3상 재폐로를 행한 경우 각 발전기의 동요를 $t=T_{max}$까지 계산하는 경우에는 그림 18-12와 같이 모든 계산시간 $T_{max}$를 $d_t$초(예를 들어 0.01~0.02초)씩 분할하여 각 시간마다 발전기의 운동방정식 등에 의해 발전기의 위상각 등을 차례대로 계산하는 단단법이 이용된다. 과도안정도의 계산순서 및 개요는 다음과 같다.

(1) 고장전의 계통구성, 발전, 부하구성에 의하여 조류계산을 한다.

(2) 발전기의 내부전압, 위상각, 출력 등의 초기값 $E$, $\delta$, $P$(이것을 묶어서 $x$라 한다)을 구한다.

(3) 발전기 내부전압간의 전달임피던스 $X_{(0)}$를 구한다. 비대칭 고장의 경우에는 영상, 역상회로정수도 계산한다.

(4) $t=0$에 세트한다.

(5) 고장발생이나 차단기 개폐 등 회로조건의 변화유무를 조사한다.

(6) 회로조건의 변화가 있는 경우 변화 후의 회로정수 $X$를 계산한다.

(7) 발전기 특성을 나타내는 연립미분방정식을 풀어 $\Delta t$초 후($t=t+\Delta t$)의 $x_{i(t+\Delta t)}$를 다음의 운동방정식으로 계산한다.

고장시 발전기의 전기적출력 $P_n = \dfrac{\dot{E}_A\,\dot{E}_B}{X}\sin\theta$

회전기의 운동방정식 $\dfrac{d^2\theta}{dt^2} = \dfrac{d^2(\Delta\theta)}{dt^2} = \dfrac{\omega_0}{M}(P_i - P_m\sin\theta)$

(8) 시간을 $t=t+\Delta T$로 세트한다.

(9) $t<T_{max}$ 일 때에는 (5)로 되돌아가 $\Delta T$초 후의 모든 양을 계산한다. 이하 (5)~(9)의 스탭을 $t \geq T_{max}$가 될 때까지 반복한다.

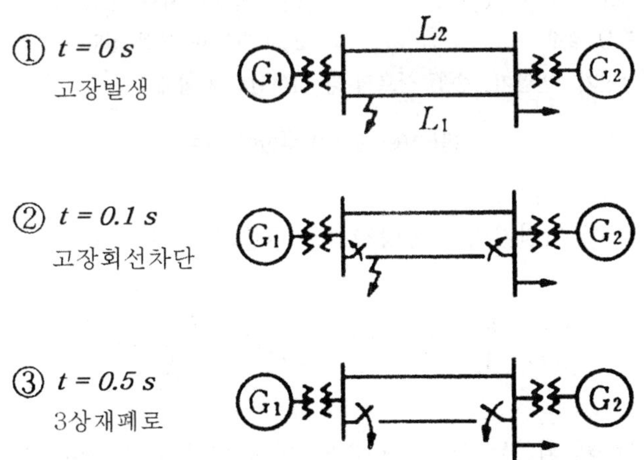


그림 18-11 고장발생-차단-재폐로 계통

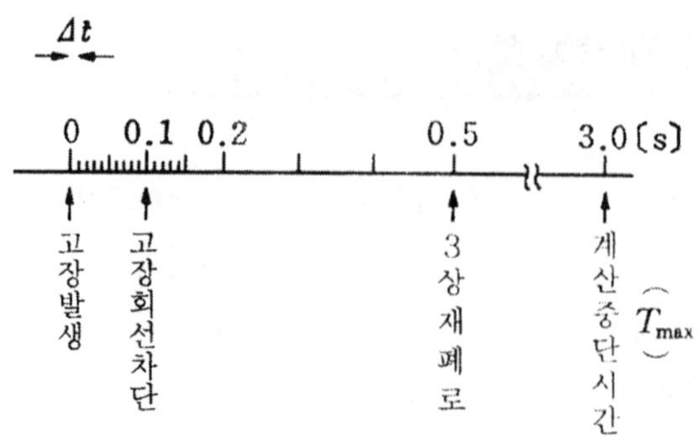


그림 18-12 고장 시퀀스(예)

## 7 과도안정도 향상대책

### 1) 발전기 입 · 출력의 평형화

일반적으로 사고가 발생하면 발전기는 가속하여 종국적으로 탈조에까지 이르게 되는 것이므로 과도안정도 향상을 위해서는 우선 무엇보다도 발전기의 가속을 억제하는 대책을 취하지 않으면 안 된다. 지금 그림 18-13과 같이 1기 무한대 계통을 사용하여 이 문제를 설명한다.

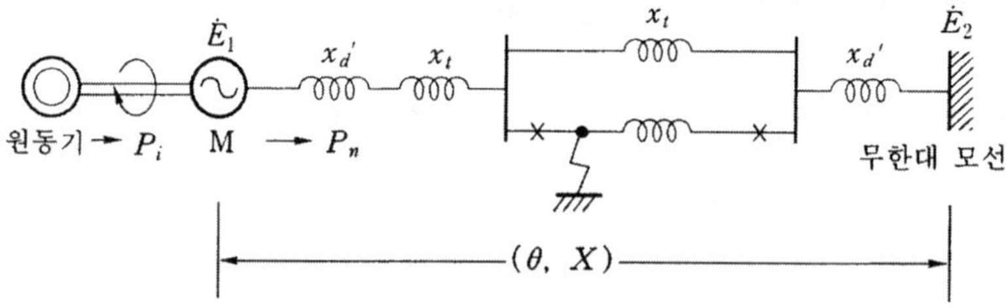


$P_i$ : 원동기로부터의 입력 　　 $P_n$ : 전기적 출력
$\theta$ : $\dot{E}_1 \sim \dot{E}_2$간의 상차각 　　 $\dot{E}_1$ : 발전기 내부 전압
$M$ : 관성 정수 　　 $\dot{E}_2$ : 무한대 모선 전압
$X$ : 발전기, 변압기, 송전 선로의 각 리액턴스의 합계

그림 18-13 1기 무한대 계통

앞의 식(18.24)에서와 같이 발전기의 운동방정식은 다음과 같다.

$$\frac{d^2\theta}{dt^2} = \frac{\omega}{M}(P_i - P_n) = \frac{\omega}{M}\left(P_i - \frac{E_1E_2}{X}\sin\theta\right) \tag{18.32}$$

발전기가 가속하여 탈조하게 된다는 것은 식(18.32)의 우변이 고장 중에 급격히 커지든지 또는 고장 제거 후(가령 1회선 차단 후)에서도 상당한 시간 동안 다음과 같이 정의 값으로 계속해서 시간이 지속될 경우에는 가속 탈조하기 쉽게 된다.

① 고장 계속 중 : $P_i \gg \frac{E_1 E_2}{X'} \sin\theta$ ($X'$는 고장 중의 전달 임피던스)

② 고장 제거 후 : $P_i \gg \frac{E_1 E_2}{X''} \sin\theta$ ($X''$는 고장 제거 후의 전달 임피던스)

이 때문에 발전기의 가속을 억제하기 위해서는 강제적으로 전기적 출력($P_n$)을 증대시키거나 원동기로부터 공급되는 기계적 입력($P_i$)을 경감시켜 주면 된다는 것을 알 수 있다.

### 2) 발전기의 큰 관성정수 M, 낮은 과도 리액턴스

발전기의 관성 상수 M을 증가시키면 각가속도$\left(\frac{d^2\theta}{dt^2}\right)$를 감소시키고, 그로 인한 위상각 동요가 줄어들고 임계고장제거시간이 증가한다. 발전기의 과도리액턴스의 감소는 안정도를 향상시키고, 고장이나 고장 제거 후 전력전송 능력을 증가시킨다. 그러나 최근 발전기는 점차 M 상수를 낮추고, 기기의 리액턴스를 증가시키는 추세이기 때문에 안정도에 나쁜 영향을 끼친다.

### 3) 전달리액턴스를 감소시킨다.

계통의 전달리액턴스의 감소는 발전기의 전기적 출력을 증대시켜 안정도 향상에 기여할 수 있다.

### 4) 고속 고장 제거

고속 고장 제거는 과도안정도 유지를 위한 기본 방법이다. 현장에서는 초고압 시스템에서의 고장에 대해서는 계전기 동작 1 Hz, 차단기 동작 2 Hz, 합하여 3 Hz(50 ms) 이내 고장제거를 실시하고 있다. 현재는 계전기 동작 0.5 Hz, 차단기 동작 1 Hz 이내를 목표로 연구를 진행하고 있다.

### 5) 고속 회로차단기의 재폐로

대부분의 송전선 단락고장은 일시적이며, 선로가 차단된 후 고장아크는 5~40 cycle 동안에 자동으로 소멸된다. 차단기의 고속 재폐로는 고장 후의 전력전송능력을 향상시키고, 과도안정도를 향상시킨다. 현장에서는 EHV 시스템에 대하여 영구고장에 대하여 재폐로, 재개방을 실시해서 과도안정도가 유지되는 경우에만 보수적으로 고속 재폐로를 적용한다.

### 6) 단일극 스위칭

단락회로의 대부분은 1선 지락고장이기 때문에 고장상만 차단하는 계전기 기술과 독립극 차단기를 적용하여, 고장이 발생하지 않은 건전상의 선로는 운전을 유지한다. 이렇게 하면 건전상의 전력전송 능력을 일부 유지할 수 있다. 연구에 따르면 고장이 발생한 상의 전원을 끊어도 1선 지락고장은 스스로 제거될 수 있다. 전원이 인가된 건전상의 전원이 끊긴 고장상 사이의 용량성 커플링은 아크단락을 유지할 정도로 강하지 못하다.

### 7) 고속 응답, 높은 이득의 여자기

고속 사이리스트 제어와 높은 증폭 이득(발전기 포화를 극복하기 위한)을 가지는(발전기 포화를 없애기 위해) 특성을 가진 최신 여자시스템은 고장이 발생한 경우 낮은 단자전압을 검출하여 발전기의 여자를 빠르게 증가시킨다. 이러한 효과는 고장발생 동안 기기 내부전압을 빠르게 증가시키고, 그로 인해 고장 시 고장 제거 후 발전기의 출력 전력을 증가시키고 임계고장제거시간을 증가하게 된다.

### 8) 고속밸브 응동

몇몇 증기 터빈은 증기 흐름을 전환하고 터빈의 기계적 출력을 빠르게 감소시키기 위하여 고속 밸브장치가 있다. 발전기 근처에서 고장이 지속되는 동안 발전기의 전기적 출력이 감소하므로 고속밸브는 터빈 기계적출력과 전기적출력 사이의 균형을 맞추기 위하여 작동하여 가속력을 감소시키고 임계고장제거시간도 길어진다. 터빈은 빠른 밸브동작에 의하여 열 스트레스를 견디도록 설계된다.

### 9) 제동저항기

부하 영역과 일시적으로 분리될 수 있는 발전기 영역을 가지는 전력계통에서는 제동저항이 안정도를 향상시킬 수 있다. 분리가 일어나는 경우 발전기 영역에 제동저항을 1~2초 정도 끼워 발전기 영역의 가속화를 막거나 늦춘다.

### 10) 정상상태 안정도의 개선

① 높은 계통전압 레벨
② 송전선로의 추가
③ 송전선로 직렬 리액턴스 값을 감소시킨다.
④ 변압기 누설리액턴스 값을 감소시킴
⑤ 송전선로에 직렬 커패시턴스 설치
⑥ 무효전력 보상장치와 FACTS 설비

외란이 발생한 동안 고장이 발생하지 않은 전력계통의 부분을 통해 전력전송을 증가시키기 때문에, 정상상태에서 최대전력 전송능력을 증가시키는 것은 과도안정도를 향상시킬 수 있다. 현재의 송전선로의 전압을 높이거나 새로 건설되는 송전선로의 전압을 높여 선로의 부하공급능력을 증가 시킨다①. 선로를 병렬로 추가하면 전력전송능력이 증가한다②. 전력계통의 리액턴스를 감소시키는 것 역시 전력전송능력을 증진시킨다. 여러 다발로 이루어진 선로는 이루어지지 않은 선로보다 직렬리액턴스가 낮다③. 누설리액턴스가 낮은 큰 용량의 변압기 또한 도움이 된다④. 직렬커패시턴스는 직렬선로 인덕턴스를 보상함으로써 선로 전체의 직렬 리액턴스를 감소시킨다⑤. 선로의 전송 능력을 향상시키고 안정도를 유지하기 위하여 무효전력보상장치(SVC : Static Var Compensator)와 FACTS(Flexible AC Transmission Systems) 설비의 설치 등이 있다⑥.

## 8 Power Tools을 활용한 과도안정도 해석

### 8.1 One-Line

전력계통의 과도안정도를 해석하기 위하여 아래 그림과 같이 One-Line을 작성한다.

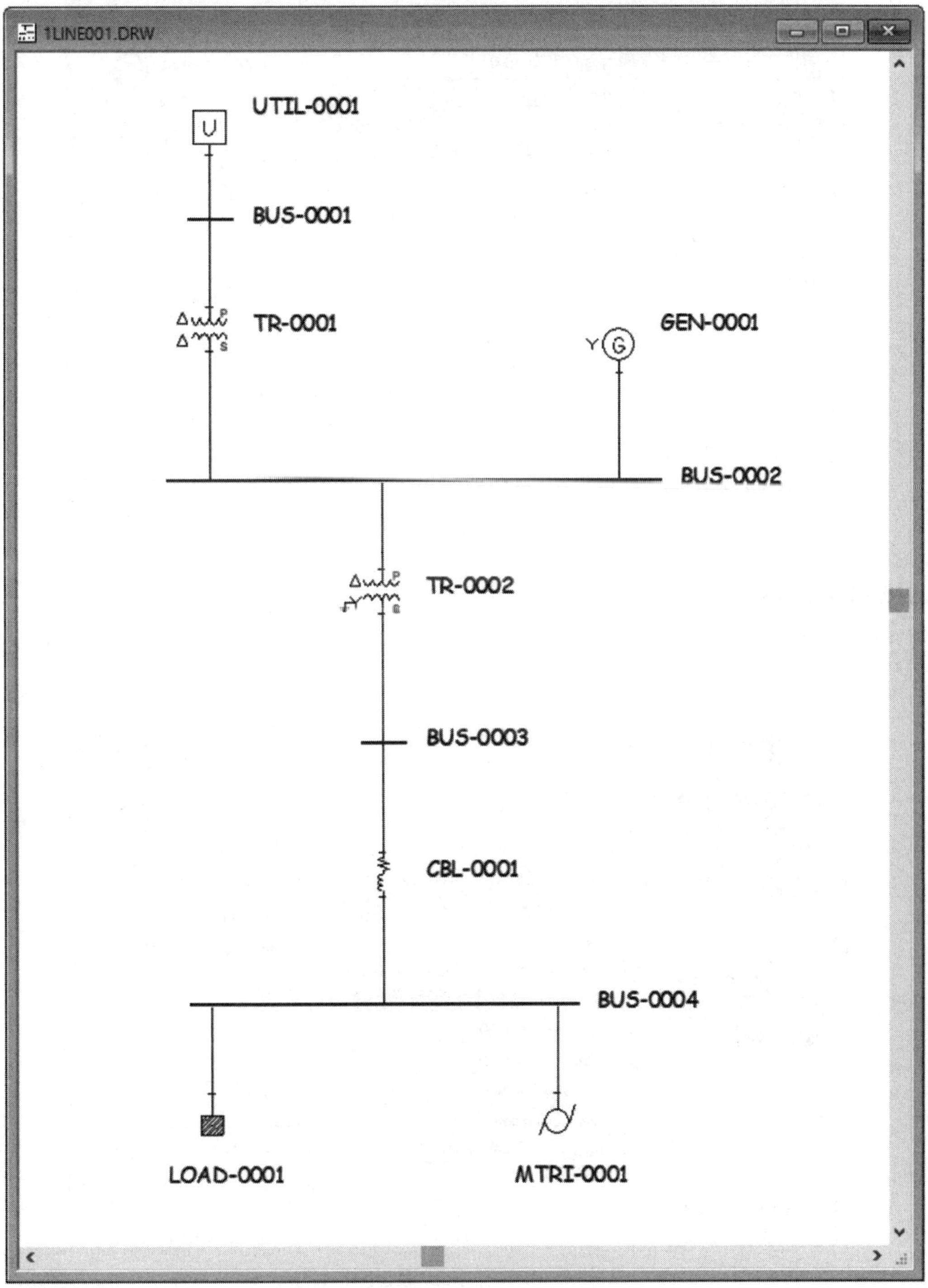

그림 18-14 One-Line

## 8.2 설비 Data 입력

### 1) 발전기 정격용량

"GEN-01" Symbol을 더블 클릭하여 Component Editor 창을 연다. 아래 그림에서 발전기 정격용량을 "1000 kVA"로 입력한다.

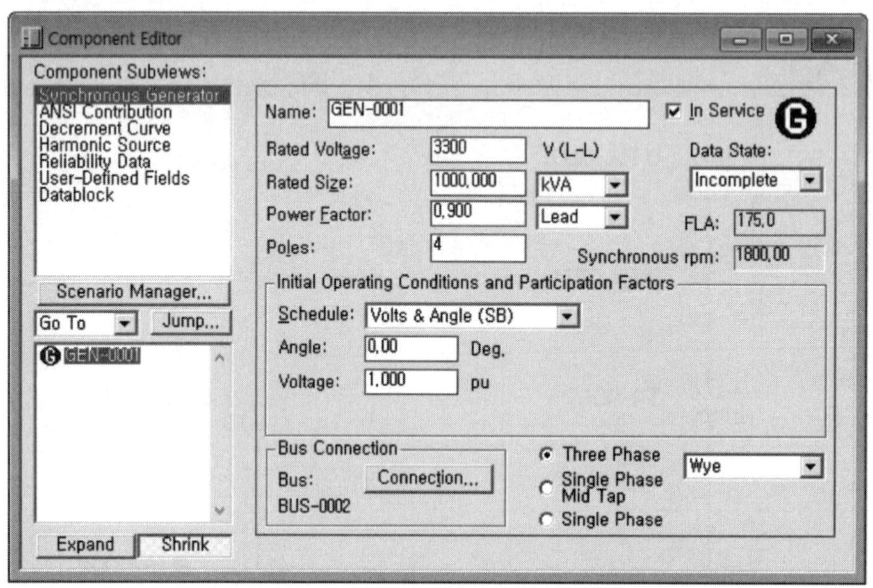


그림 18-15 발전기 용량 입력

### 2) 발전기 초기운전상태 설정

발전기의 정격용량을 입력하였으면 "Initial Operation Conditions"의 Schedule을 "kW & kvar(PQ)"로 변경하고 kW는 40을 kVar은 30을 입력한다.

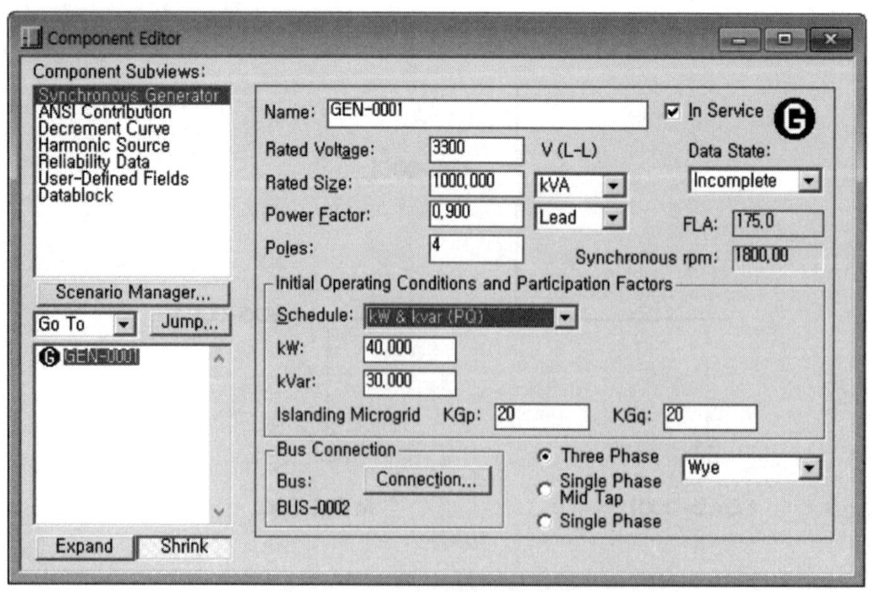


그림 18-16 발전기 초기운전상태 설정

### 3) 설비 Data 입력

TR, Cable, Motor 등 각 설비의 Data를 입력하기 위하여 각 설비의 아이콘을 더블클릭하여 Component Editor 창을 연 다음 아래의 그림과 같이 Data를 입력한다.

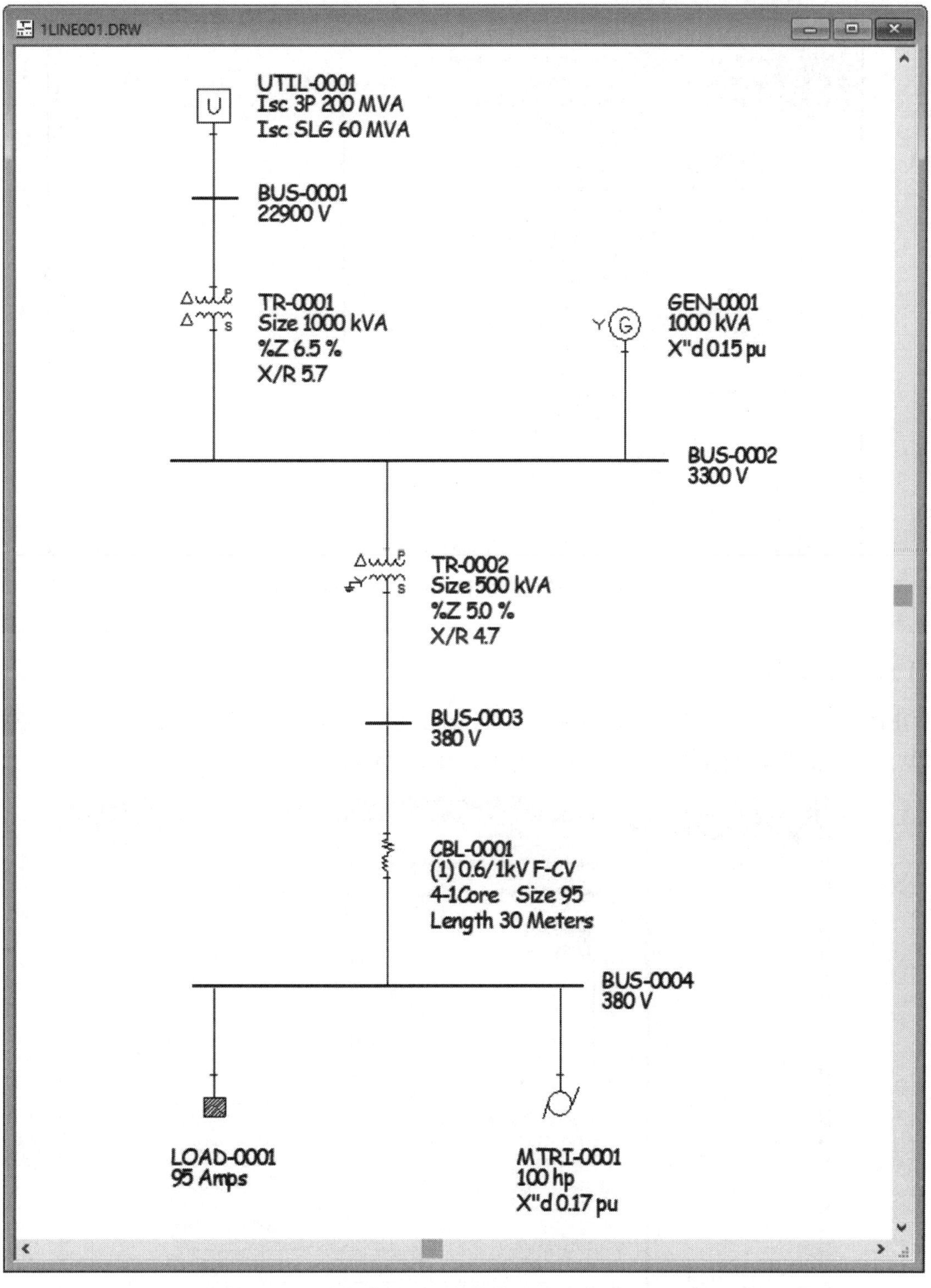

그림 18-17 설비 Data 입력

## 8.3 Simulation Component 선택

### 1) Industrial Simulation(ISIM) 선택

상위메뉴 Run에서 Industrial Simulation(ISIM)를 선택하여 클릭한다.

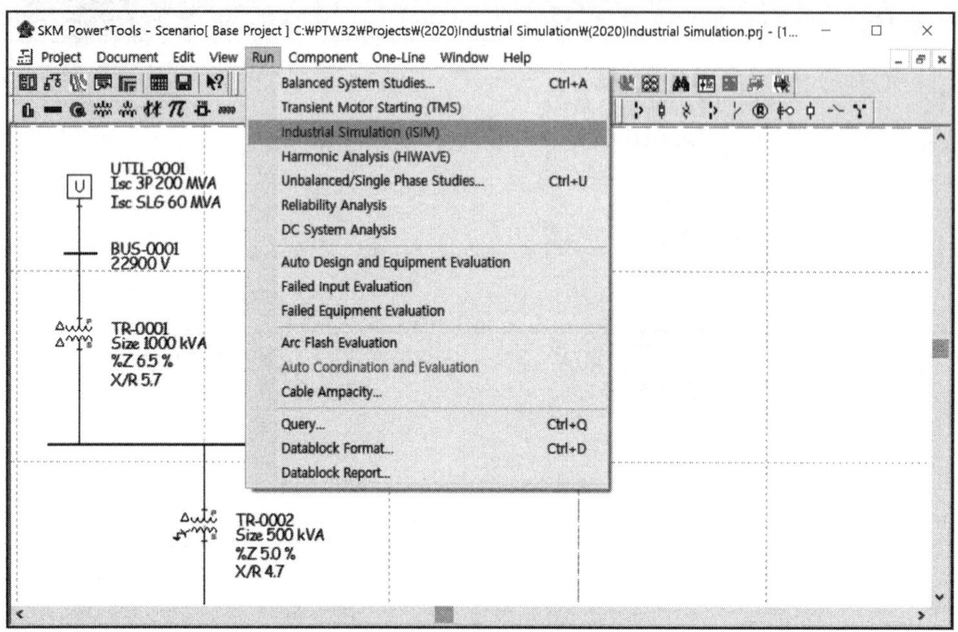


그림 18-18 Industrial Simulation(ISIM) 선택

### 2) Source의 선택

"GEN-0001"와 "UTIL-0001"을 선택하여 "Available Sources"에서 "Selected Sources"으로 이동한다. 그들을 각각 더블클릭 또는 "〉〉" 버튼을 사용하여 이동한다.

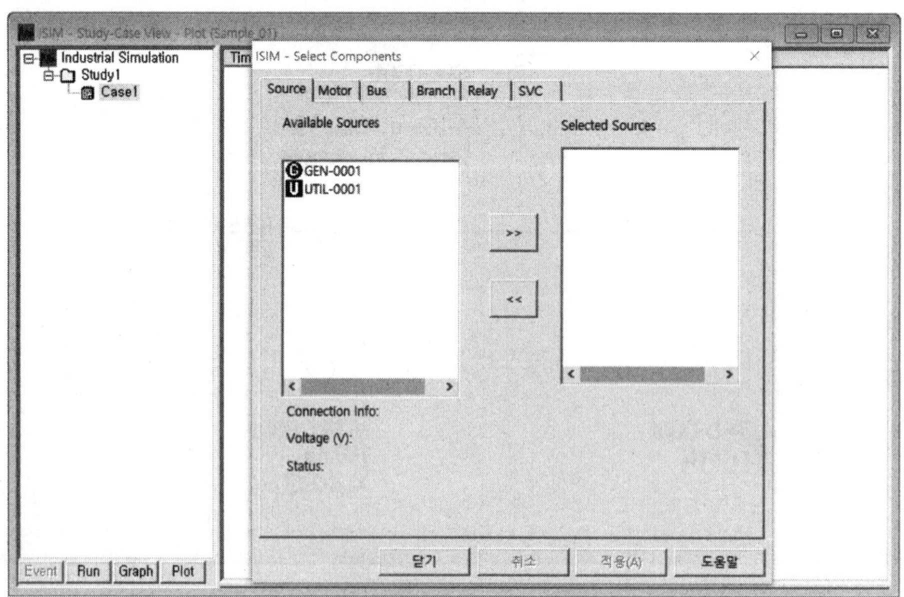


그림 18-19 Source의 선택

아래의 그림은 Source의 "GEN-0001"와 "UTIL-0001"이 선택된 것을 볼 수 있다.

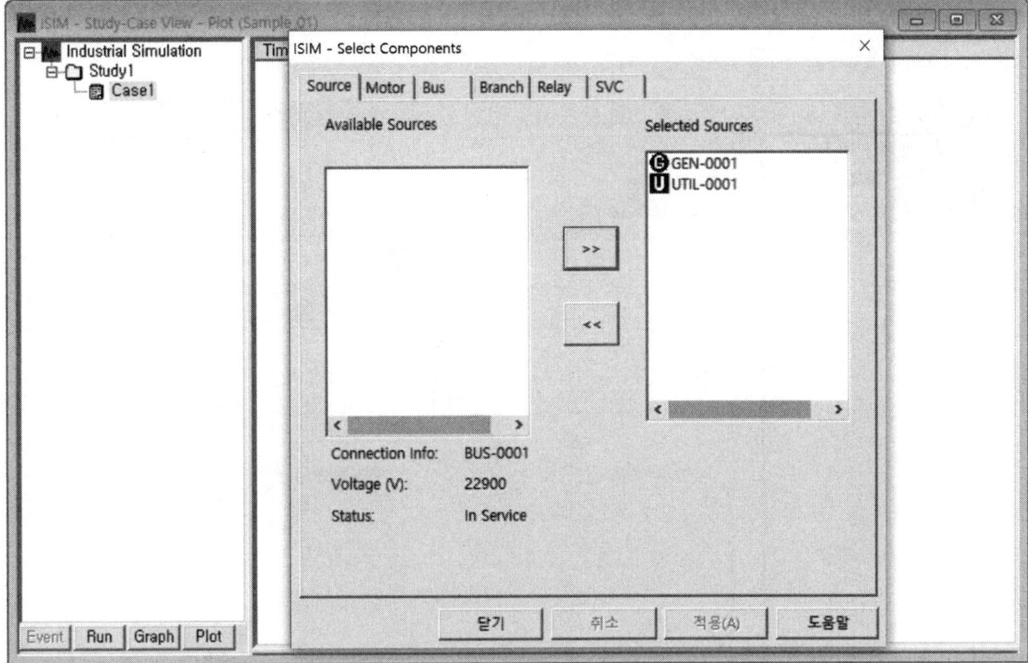


그림 18-20 Source의 선택

### 3) Motor의 선택

Motor tab을 선택하고, 그림에서 보여주는 것과 같이 "Selected Motors"로 Motor MTRI-0001을 이동한다.

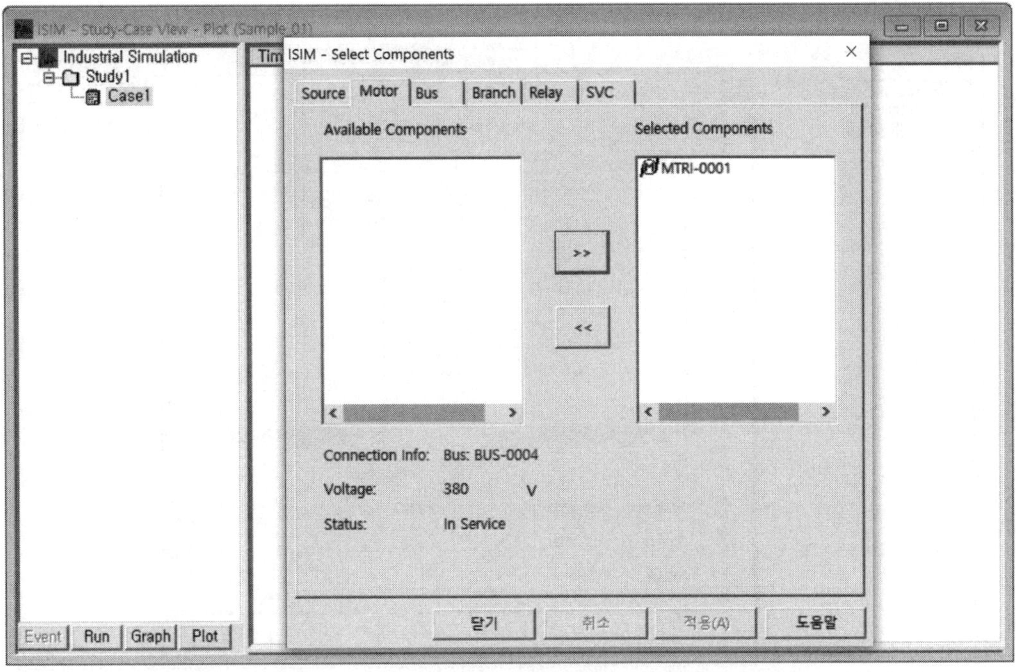


18-21 Motor의 선택

### 4) Bus의 선택

Bus tab을 선택하고, 그림에서 보여주는 것과 같이 "Selected Buses"로 BUS-0001, Bus-0002, Bus-0003, Bus-0004을 이동한다.

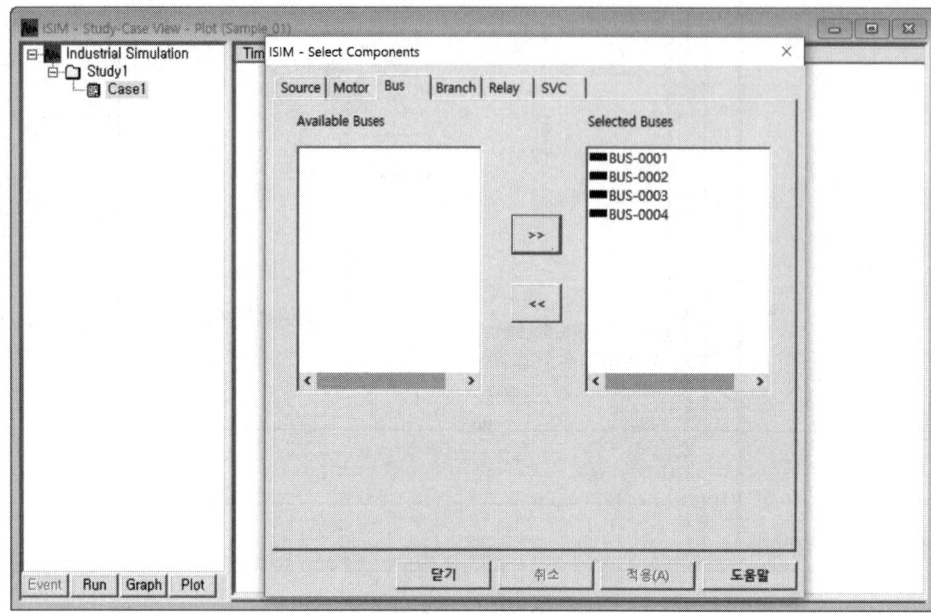


그림 18-22 Bus의 선택

### 5) Branch의 선택

Branch tab을 선택한 후 그림에서 보여주는 것과 같이 "Selected Branches"로 CBL-01, TR-01, TR-02를 이동한다.

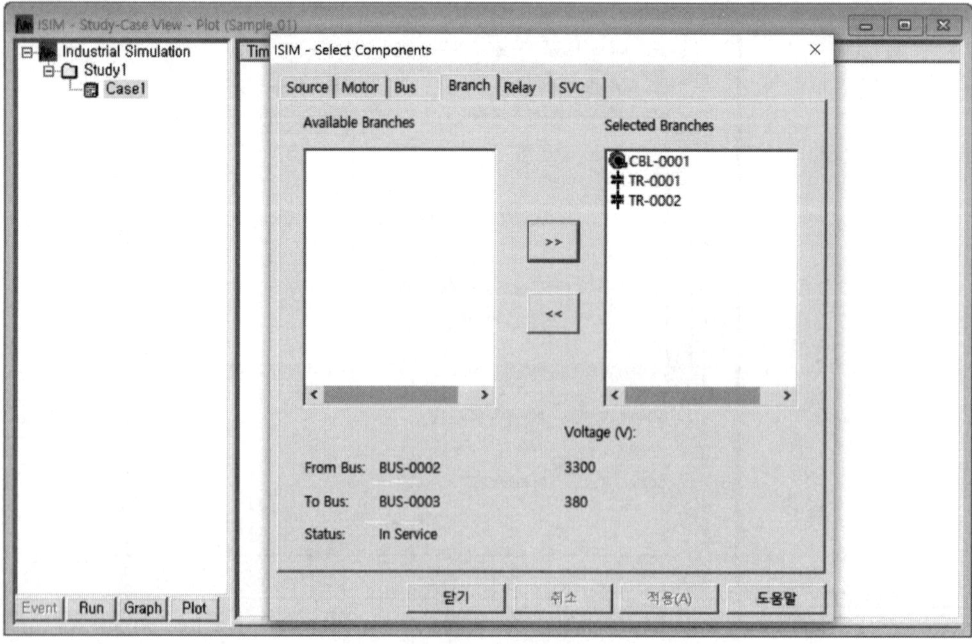


그림 18-23 Branch의 선택

## 8.4 Source Model Setup

### 1) ISIM Study Case View

Simulation Component 선택한 후 "닫기" 버튼을 클릭하면 아래의 창이 나타나며 "GEN-0001", "UTIL-0001", "MTRI-0001"이 노란색의 느낌표가 나타난 것을 볼 수 있다. 안정도해석을 하기 위한 동적모델(Dynamic Model) 및 Event를 할당하고, 시뮬레이션 결과를 나타낼 초기의 ISIM 대화창이다.

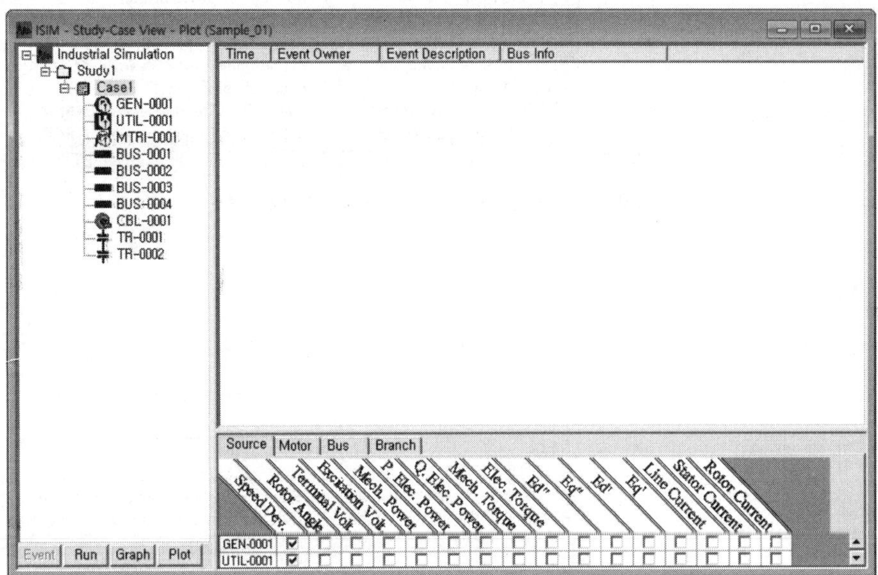

그림 18-24 ISIM Study Case View

### 2) Generator

Case1 리스트에서 "GEN-0001"을 더블클릭하면 Source model Setup & Dynamic Events 창이 나타난다. 여기에서 "Library" 버튼을 클릭하여 Machine, Exciter, Governor의 Source Model을 선택한다.

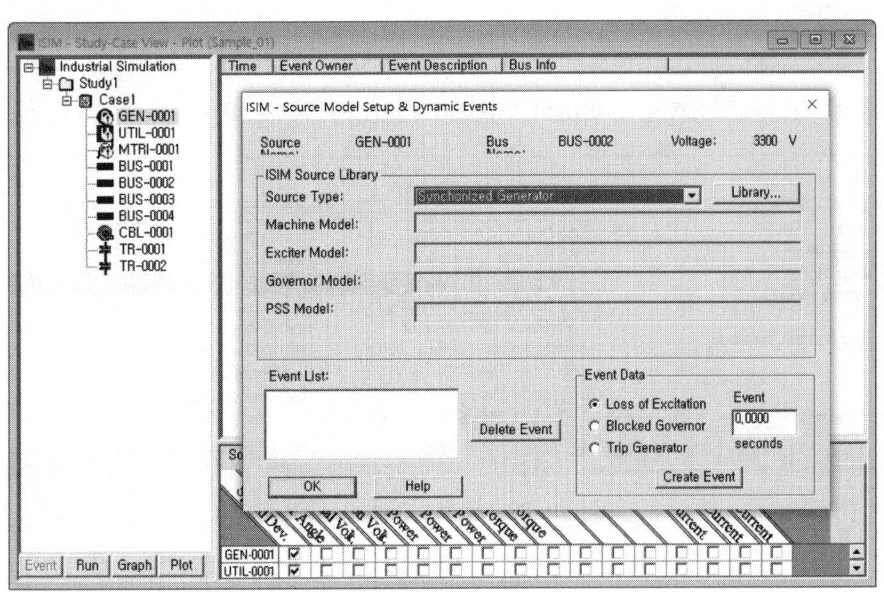

그림 18-25 Generator Source

(1) Machine Model

Round Rotor Gas Turbine Model을 선택하기 위하여 더블클릭하거나 “Apply" 버튼을 클릭한다.

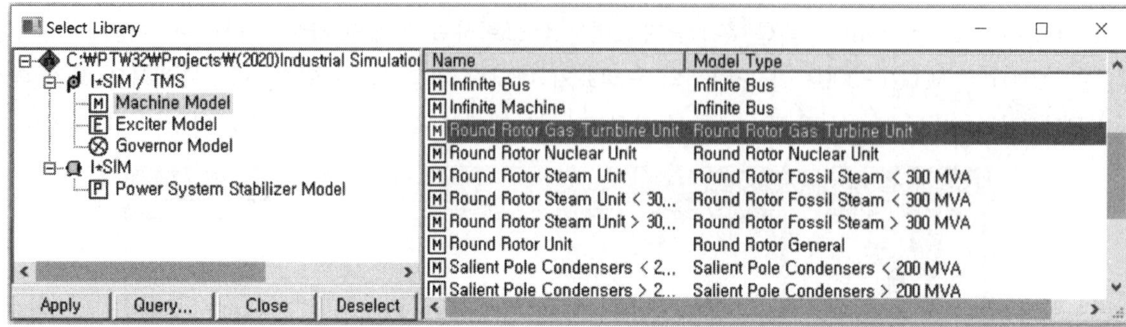


그림 18-26 Generator Machine Model 선택

(2) Exciter Model

Exciter Model을 클릭하여 1979 IEEE Type1 Exciter를 적용한다.

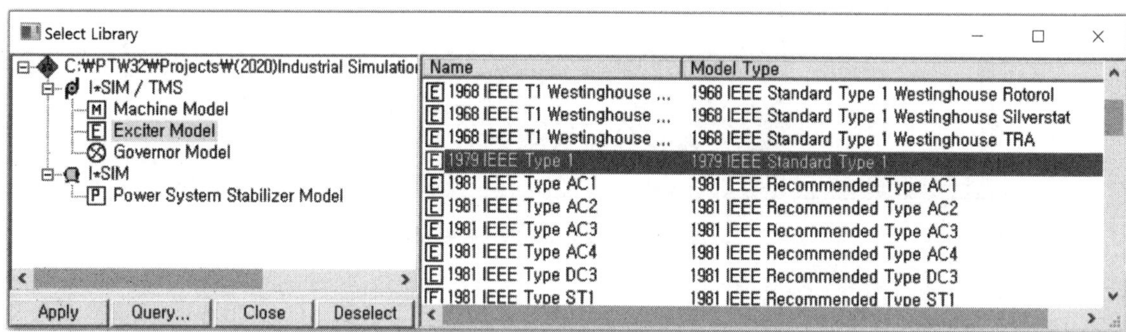


그림 18-27 Exciter Model

(3) Turbine Governor Model

Turbine Governor Model을 선택한다. 아래 그림에서 “General Use" 항목을 적용한다. Governor Model을 적용 후 "Close" 버튼을 클릭하여 “Select Library" 창을 닫는다.

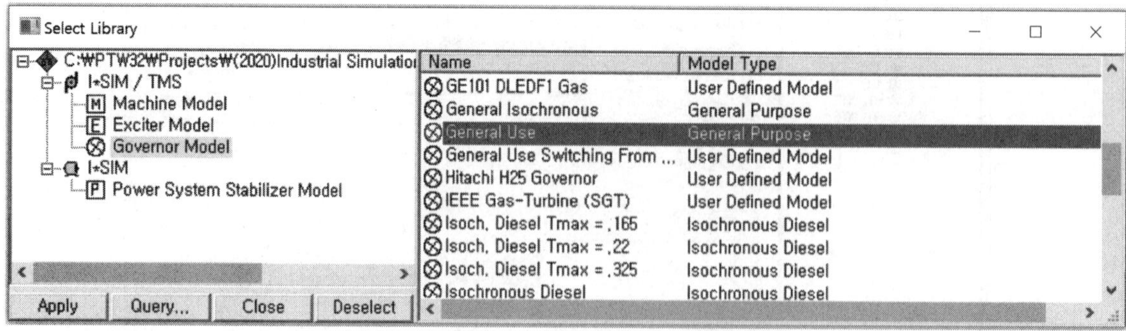


그림 18-28 Turbine Governor Model

3개의 Library 선택은 ISIM Source Model을 나타내기 위해서는 반드시 필요하다. 계속하기 위하여 "OK" 버튼을 클릭한다.

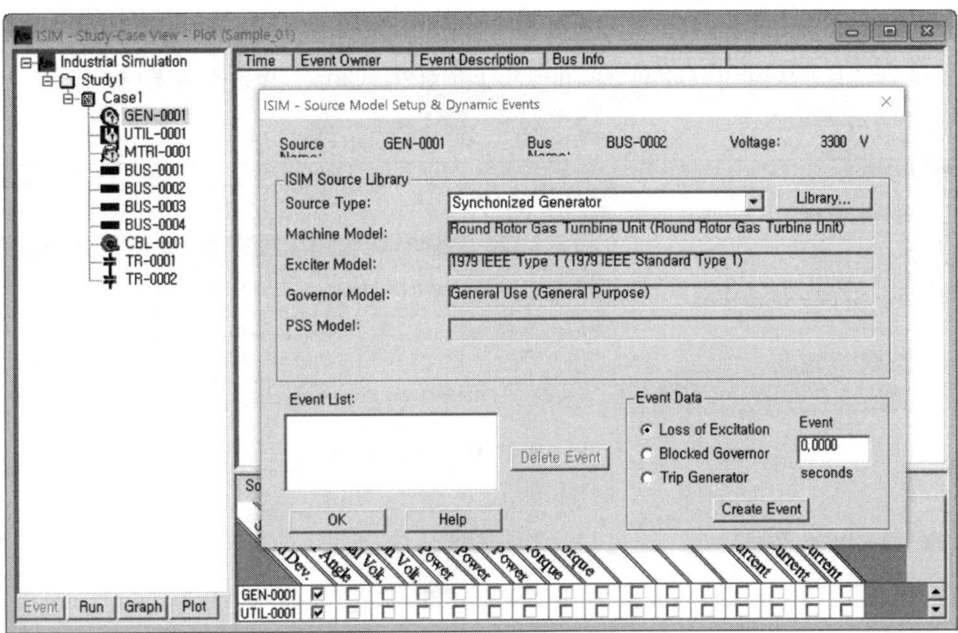

그림 18-29 발전기 Model Library

### 3) Utility

#### (1) Utility Library 선택

Dynamic Model을 할당하기 위하여 Case1에서 “UTIL-0001"를 더블클릭한다. 그리고 그림에서 "Library“ 버튼을 클릭한다.

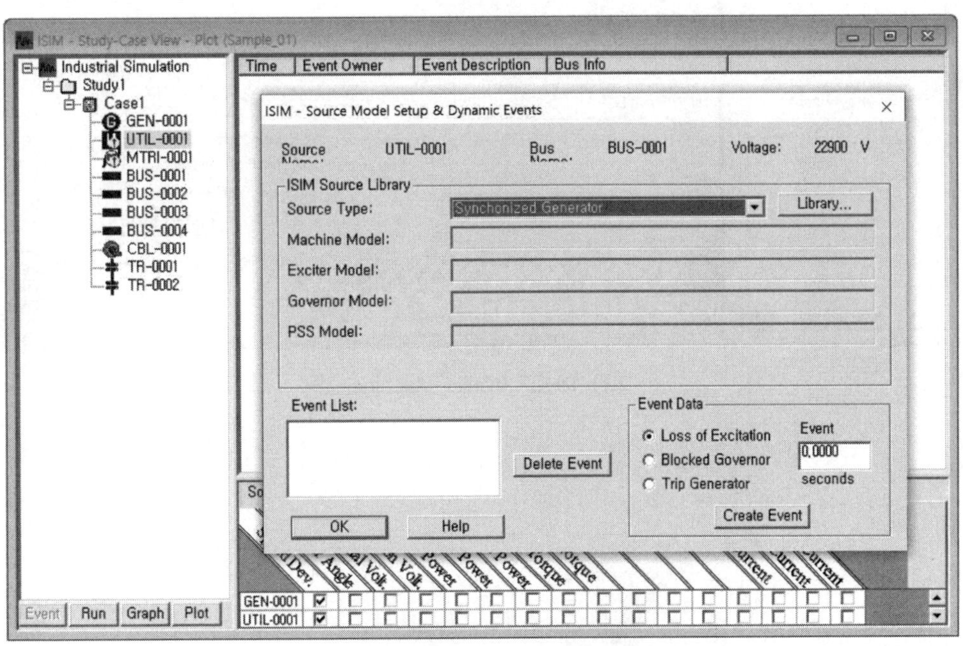

그림 18-30 Utility Library

(2) 무한대 모선 적용

Utility는 아주 큰 발전기이거나 무한대 모선을 의미한다. 이 시뮬레이션은 Infinite Bus model을 근거로 하여 Infinite Machine 항목을 선택한다. 무한대 모선을 사용할 때는 여자기나 가버너가 필요하지 않다. 무한대 모선을 선택하고 적용한 후 계속하기 위하여 "Close" 버튼을 누른다.

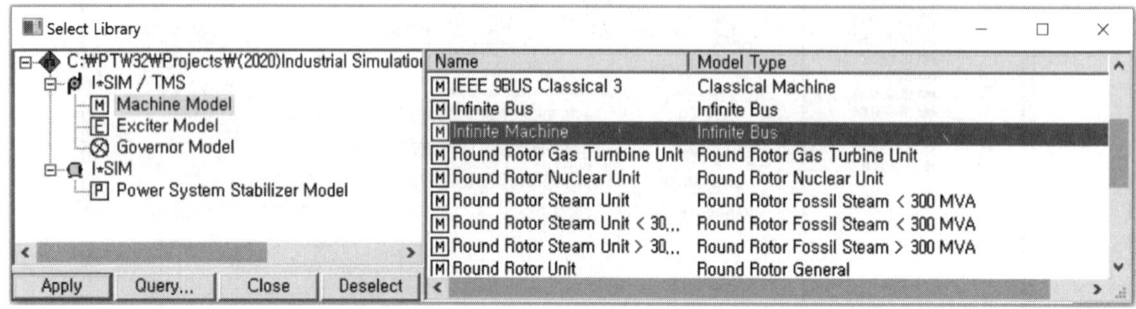


그림 18-31 Machine Model

(3) Infinite Machine 적용

Machine Model에 "Infinite Machine(Infinite Bus)"가 나타난 것을 확인한 후 "OK" 버튼을 클릭한다.

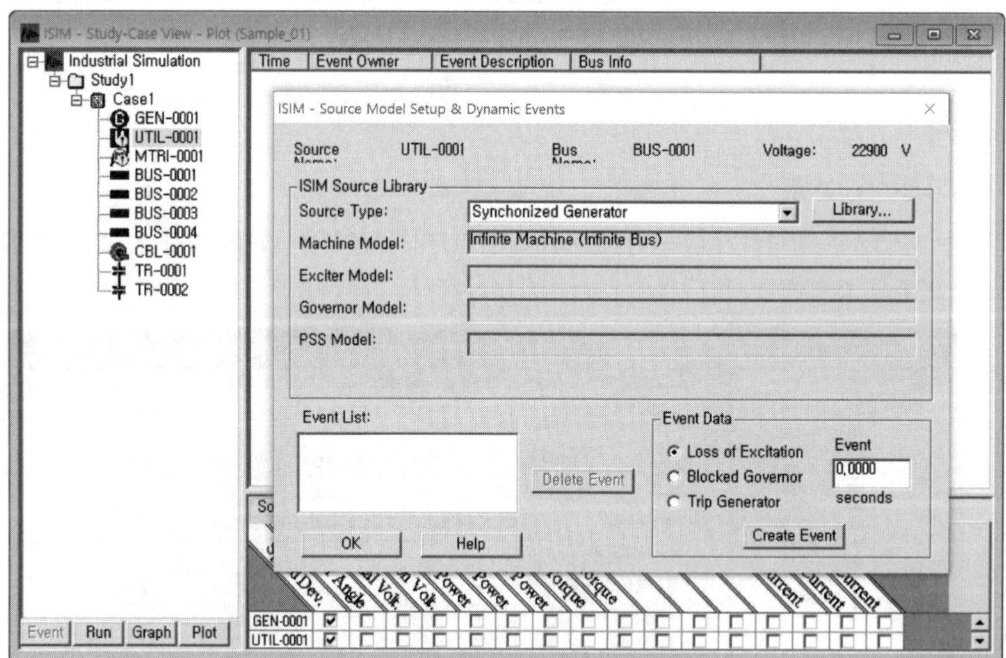


그림 18-32 Infinite Machine 적용

### 4) Induction Motor

#### (1) Motor Library

전동기는 주문 모델로 Library를 생성하여 사용하기로 한다. 메뉴의 Document에서 "Library를 선택하여 클릭한다. 그림의 ISIM Library List에서 "Induction Motor Model" 카테고리를 선택한다. Library 창의 우측에 마우스 우측버튼을 클릭하여 그림의 "pop-up" 메뉴로부터 "New"를 선택한다.

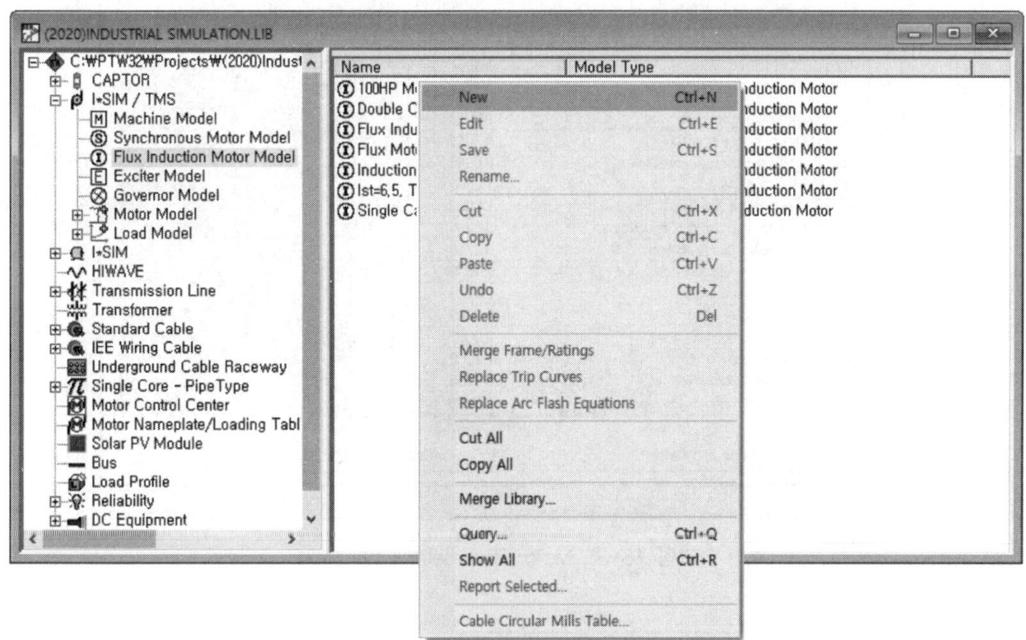


그림 18-33 ISIM Induction Motor Library 생성

#### (6) Double Cage Flux Level Induction Motor 선택

Model 창에서 "Double Cage Flux Level Induction Motor"을 선택하고 "OK" 버튼을 클릭한다.

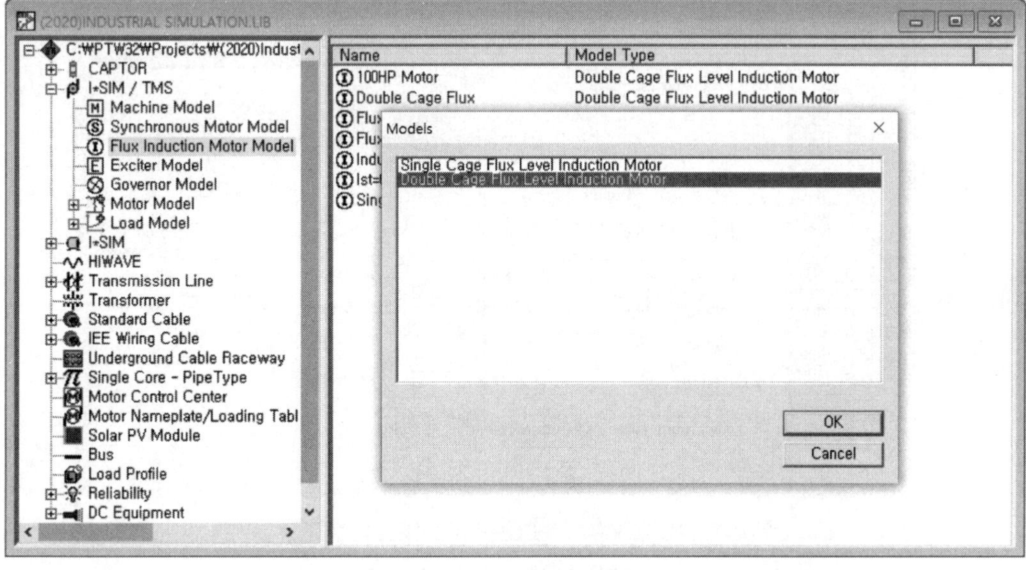


그림 18-34 Double Cage Flux Level Induction Motor 선택

(7) Motor Parameter Estimation

아래 그림에서 초기 이름과 대표적인 값들의 새로운 모델을 볼 수 있다. 적합한 매개변수 값을 계산하기 위하여 "Motor Parameter Estimation" 버튼을 클릭한다.

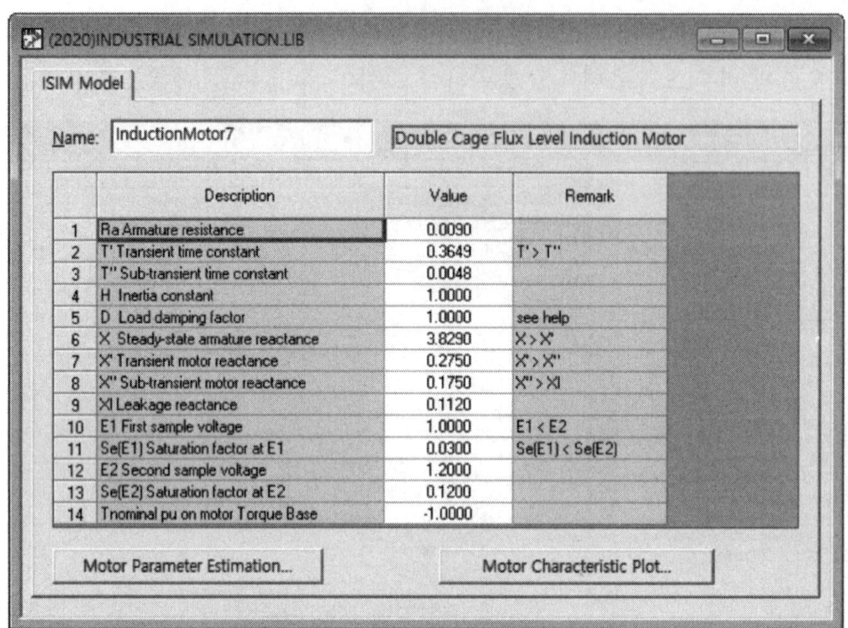


그림 18-35 Motor Parameter Estimation

(8) Desired 값 입력

그림에서 전동기의 전류, 토크, 역률 등 희망 값을 입력하고 "Calculation" 버튼을 클릭한다. 이 "Estimating Tool"은 모델로부터 전류, 토크, 역률을 계산하여 전동기모델의 매개변수를 산출하는 것이다.

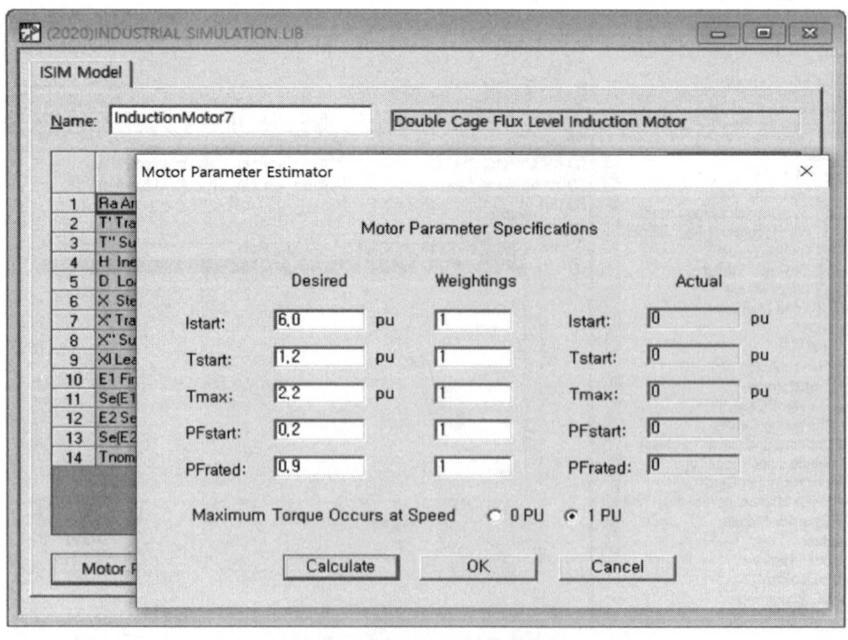


그림 18-36 Desired 값 입력

(9) Motor Name 입력

아래 그림에서 전동기 Name를 "100HP Motor"로 바꾼다.

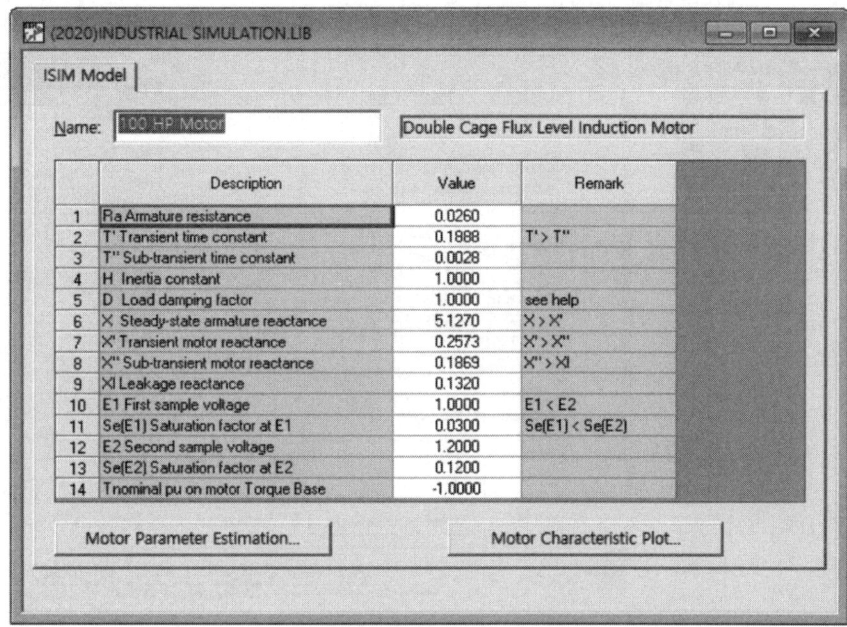



| | Description | Value | Remark |
|---|---|---|---|
| 1 | Ra Armature resistance | 0.0260 | |
| 2 | T' Transient time constant | 0.1888 | T' > T" |
| 3 | T" Sub-transient time constant | 0.0028 | |
| 4 | H Inertia constant | 1.0000 | |
| 5 | D Load damping factor | 1.0000 | see help |
| 6 | X Steady-state armature reactance | 5.1270 | X > X' |
| 7 | X' Transient motor reactance | 0.2573 | X' > X" |
| 8 | X" Sub-transient motor reactance | 0.1869 | X" > Xl |
| 9 | Xl Leakage reactance | 0.1320 | |
| 10 | E1 First sample voltage | 1.0000 | E1 < E2 |
| 11 | Se(E1) Saturation factor at E1 | 0.0300 | Se(E1) < Se(E2) |
| 12 | E2 Second sample voltage | 1.2000 | |
| 13 | Se(E2) Saturation factor at E2 | 0.1200 | |
| 14 | Tnominal pu on motor Torque Base | -1.0000 | |



그림 18-37 Motor Name 입력

(10) Motor Parameter 값 입력

"Inertia Constant"를 3.0으로 "Load damping factor"을 2.0으로 "Nominal pu on Torque Base"를 -0.9로 바꾼나.

(2020)INDUSTRIAL SIMULATION.LIB

ISIM Model

Name: 100 HP Motor

Double Cage Flux Level Induction Motor

| | Description | Value | Remark |
|---|---|---|---|
| 1 | Ra Armature resistance | 0.0260 | |
| 2 | T' Transient time constant | 0.1888 | T' > T" |
| 3 | T" Sub-transient time constant | 0.0028 | |
| 4 | H Inertia constant | 3.0000 | |
| 5 | D Load damping factor | 2.0000 | see help |
| 6 | X Steady-state armature reactance | 5.1270 | X > X' |
| 7 | X' Transient motor reactance | 0.2573 | X' > X" |
| 8 | X" Sub-transient motor reactance | 0.1869 | X" > Xl |
| 9 | Xl Leakage reactance | 0.1320 | |
| 10 | E1 First sample voltage | 1.0000 | E1 < E2 |
| 11 | Se(E1) Saturation factor at E1 | 0.0300 | Se(E1) < Se(E2) |
| 12 | E2 Second sample voltage | 1.2000 | |
| 13 | Se(E2) Saturation factor at E2 | 0.1200 | |
| 14 | Tnominal pu on motor Torque Base | -0.9000 | |

Motor Parameter Estimation...

Motor Characteristic Plot...

그림 18-38 Motor Parameter 값 입력

(11) Motor Model Setup 창 열기

Library를 닫고, ISIM-Study-Case View 창으로 되돌아간다. 그림의 Motor Model Setup 창을 열기 위하여 Study1에서 전동기 MTRI-0001을 더블클릭한다.

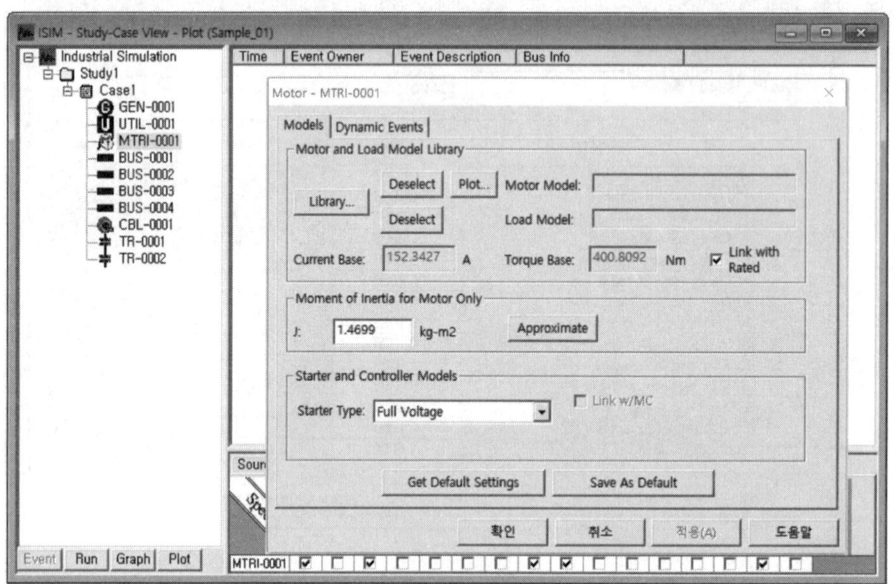


그림 18-39 Motor Model Setup 창 열기

(12) Motor Model Library 선택 및 확인

100 HP Motor를 Library에서 선택하고 "Apply" 버튼을 클릭하여 Motor Model에 선택되었는지 확인한다.

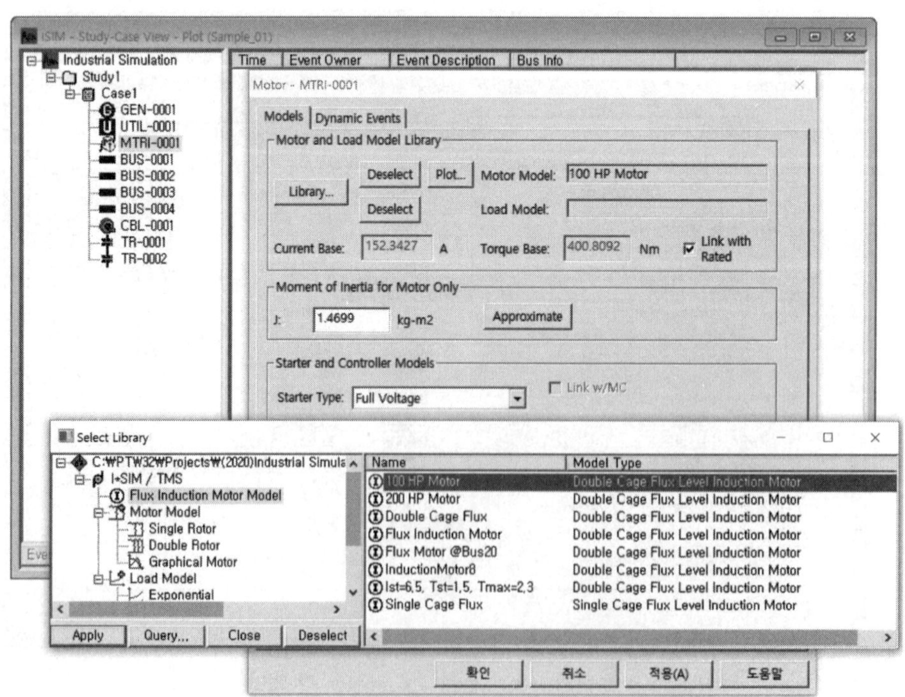


그림 18-40 Motor Model Library 선택 및 확인

## 8.5 Dynamic Event Data Input

### 1) Bus Model Event Data 입력

"Bus Model Setup & Dynamic Event" 창을 열기 위하여 Case1에서 Bus-0001을 더블클릭한다. "Apply Fault" 선택버튼을 클릭하고 "Event Time" 필드에 0.1초를 입력한다. "Event Data"를 저장하기 위하여 "Create Event"를 클릭한다.

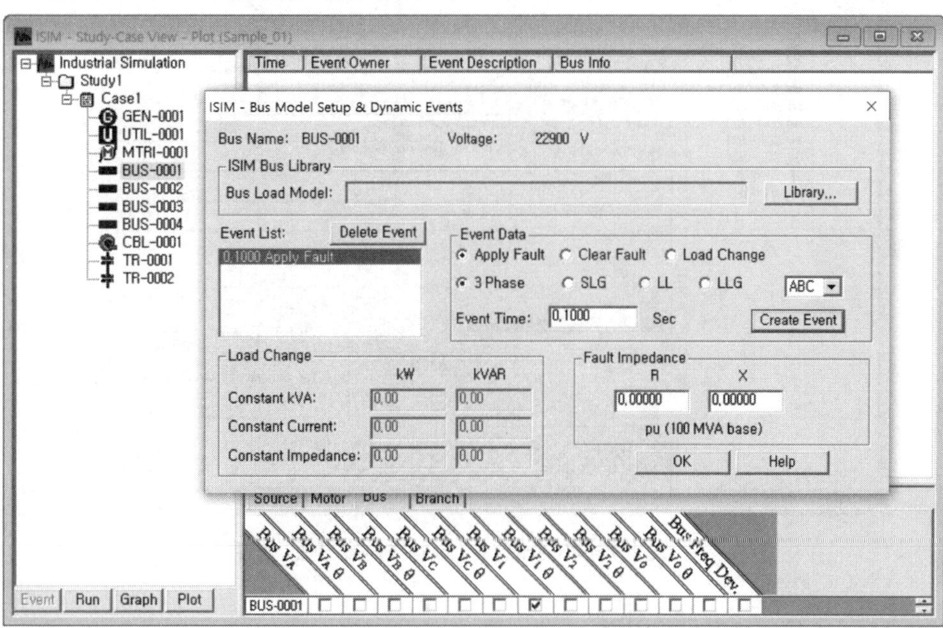


그림 18-41 Bus Model Event Data 입력

이번에는 "Clear Fault" 선택버튼을 클릭하여 "Event Time" 필드에 0.24초를 입력한다. "Event Data"를 저장하기 위하여 "Create Event"를 클릭한다.

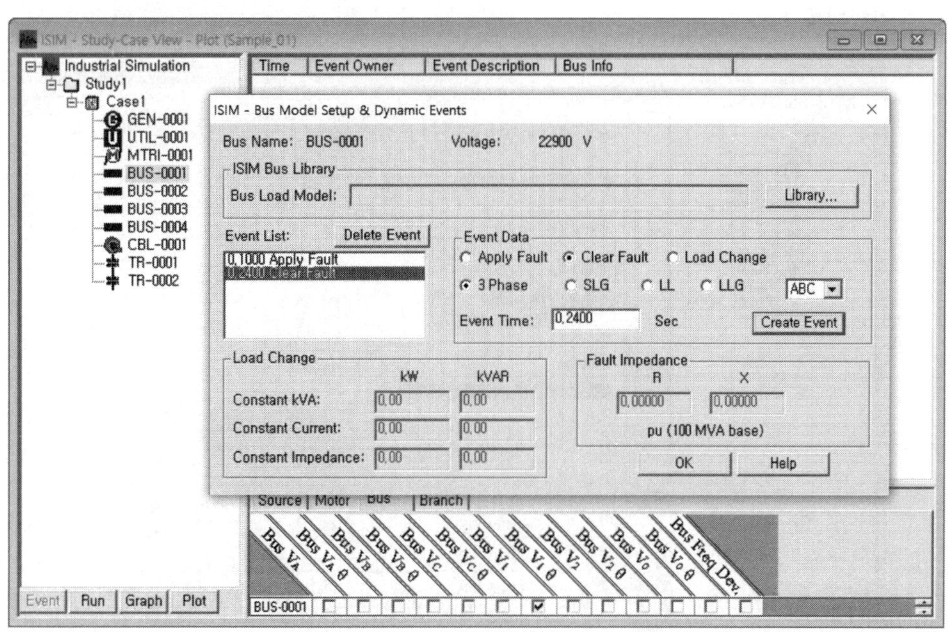


그림 18-42 Bus Model Event Data 입력

### 2) Source Model Event Data 입력

Case1에서 "Source Model Setup & Event"창을 열기위하여 "UTIL-0001"을 더블클릭한다. "Trip Generator"를 선택하고 "Event Time"에 0.24초를 입력한다. "Event Data"를 저장하기 위하여 "Create Event"를 클릭한다.

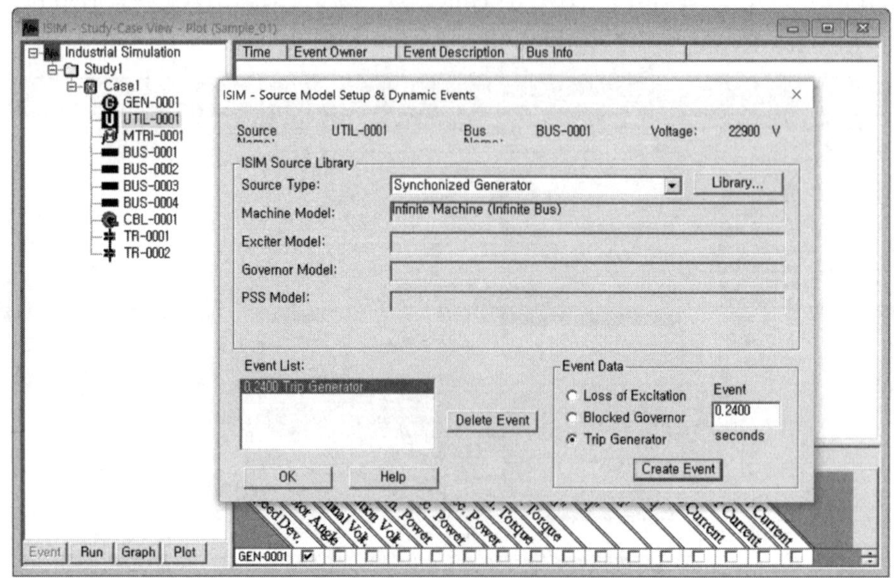

그림 18-43 Source Model Event Data 입력

### 3) Motor Model Event Data 입력

Case1에서 "Motor Model Setup & Event"창을 열기 위하여 "MTRI-0001"을 더블클릭한다. Initial Status는 "Off Line"을 선택한다. Event Data에서 "Event Time"는 5.0초를 입력하고, Time Dependent Event는 "Start Motor"를 선택하고, "Event Data"를 저장하기 위하여 "Create Event"를 클릭한다.

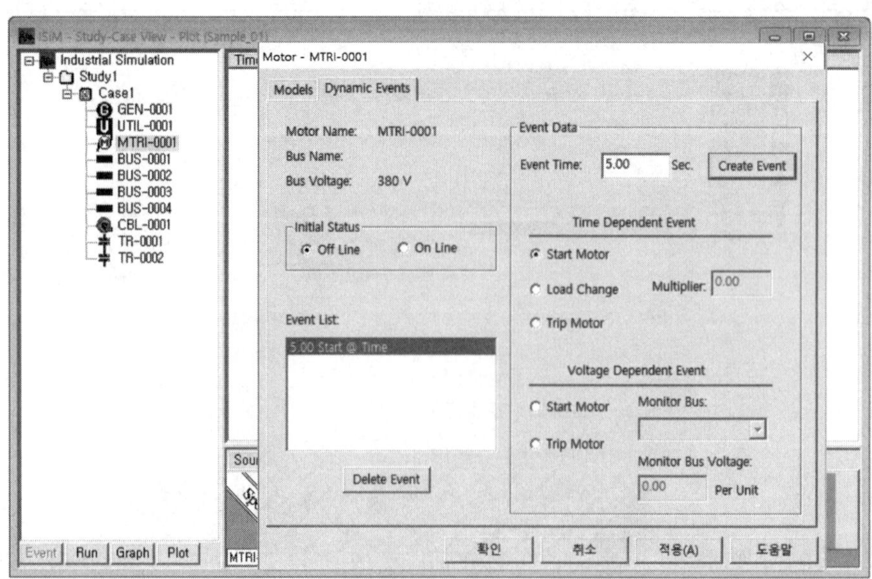

그림 18-44 Motor Model Event Data 입력

### 4) Event Data 확인 및 Source Plot 선택

Case1을 선택하여 그림에서 4개의 "Event Data"가 나타난 것을 확인한다. 그림의 아래측에 "GEN-0001"과 "UTIL-0001"의 Plot channel을 체크하여 둔다. 이러한 선택은 ISIM을 수행하는 동안 저장하여 두는 매개변수를 의미한다.

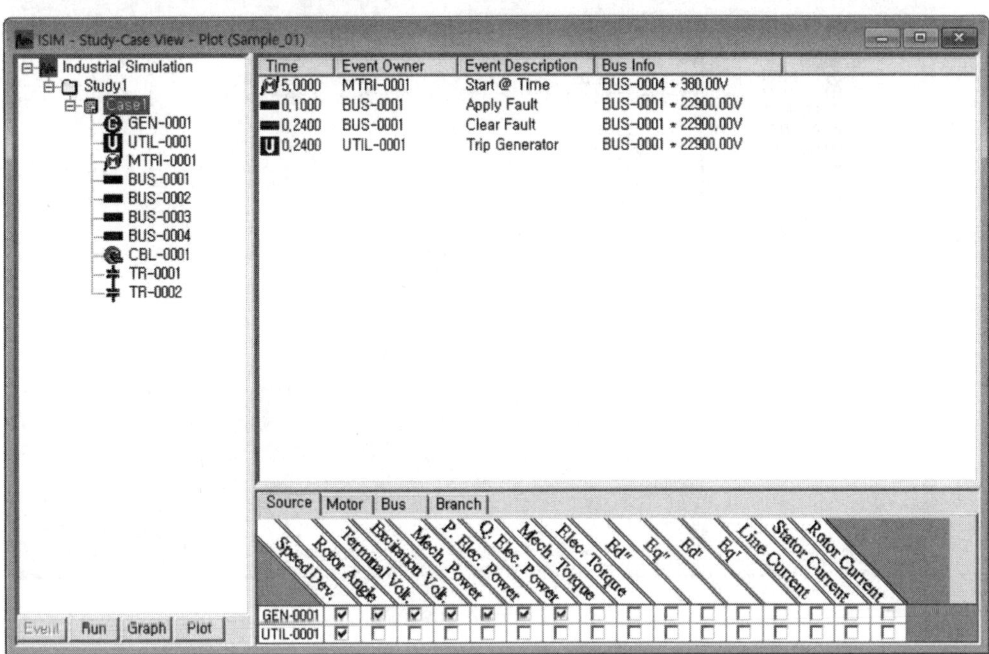


그림 18-45 Event Data 확인 및 Source Plot 선택

### 5) Motor Parameter 선택

"Motor" tab을 선택하여 그림의 아래 부분에 보여주고 있는 Motor 요소를 체크하여 추가한다.

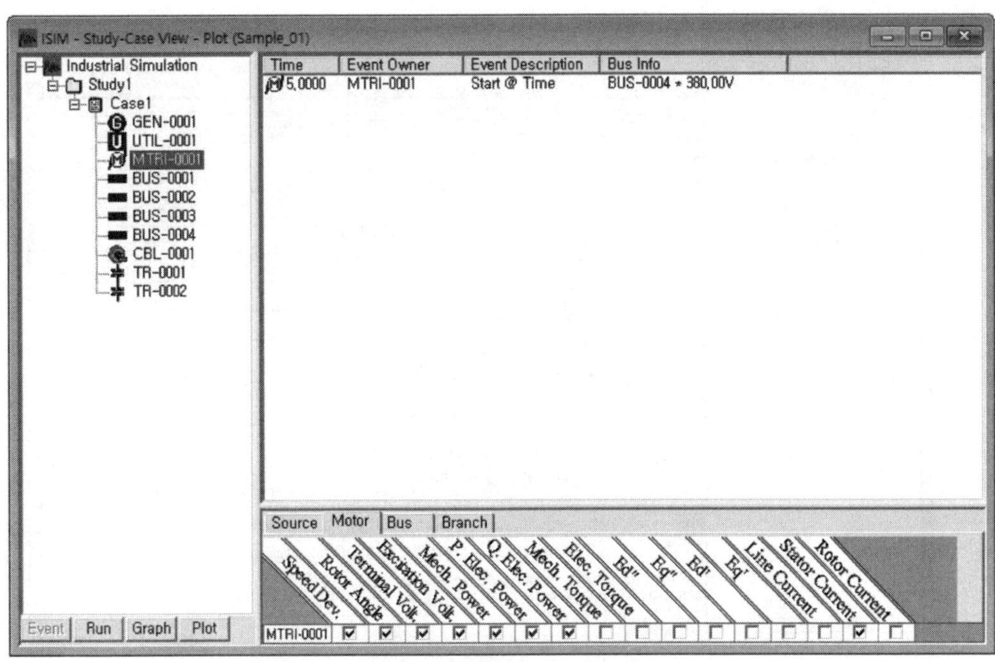


그림 18-46 Motor Parameter 선택

### 6) Bus의 선택

“Bus” 탭을 선택하고 그림에 나타난 Bus들에서 Bus 전압과 Bus 주파수를 저장하기 위하여 체크하여 추가한다. “Simulation”을 처리하기 위하여 “Run” 버튼을 클릭한다.

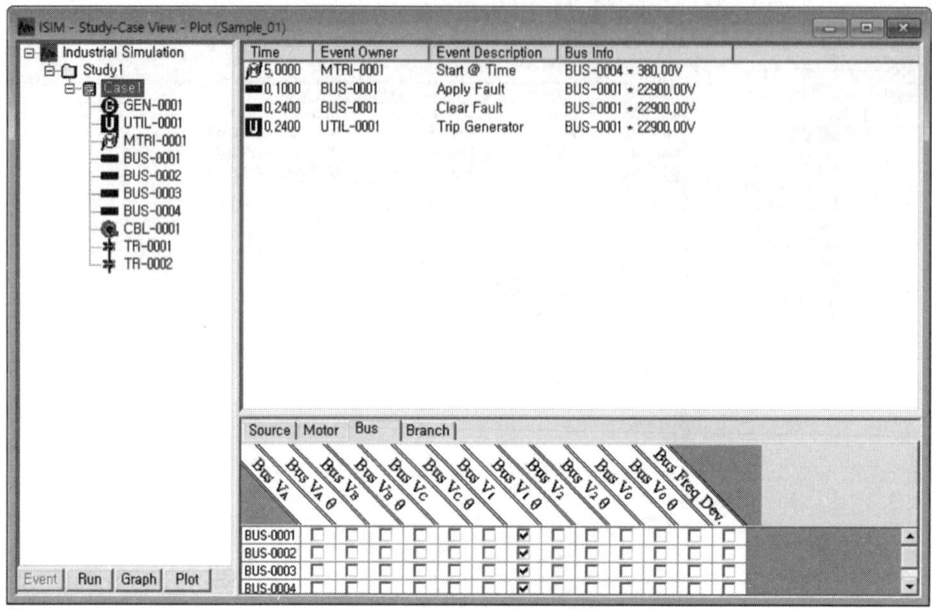


그림 18-47 Bus 선택

## 8.6 Simulation

### 1) Simulation Time 설정

그림에서 “Maximum Simulation Time”을 15초로 바꾼다. Simulation을 시작하기 위하여 “Run” 버튼을 클릭한다.

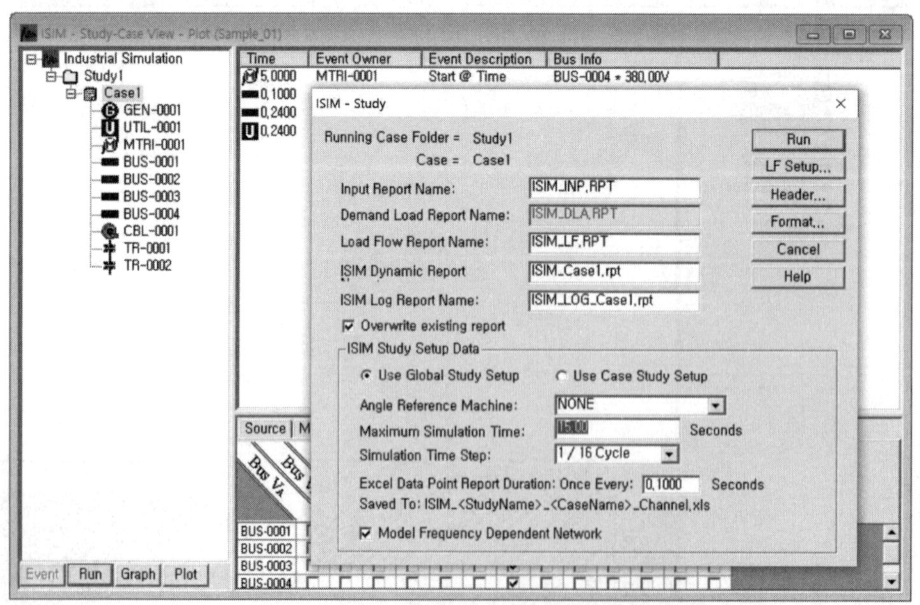


그림 18-48 Maximum Simulation Time 설정

## 2) Study Messages

이 Simulation의 계산을 종료하기 위하여 1분 또는 2분 정도의 시간이 요구될 것이다. 오류가 없는 것을 확인하기 위하여 "Study Messages" 대화창을 검토하고, 계속하기 위하여 대화창을 닫는다.

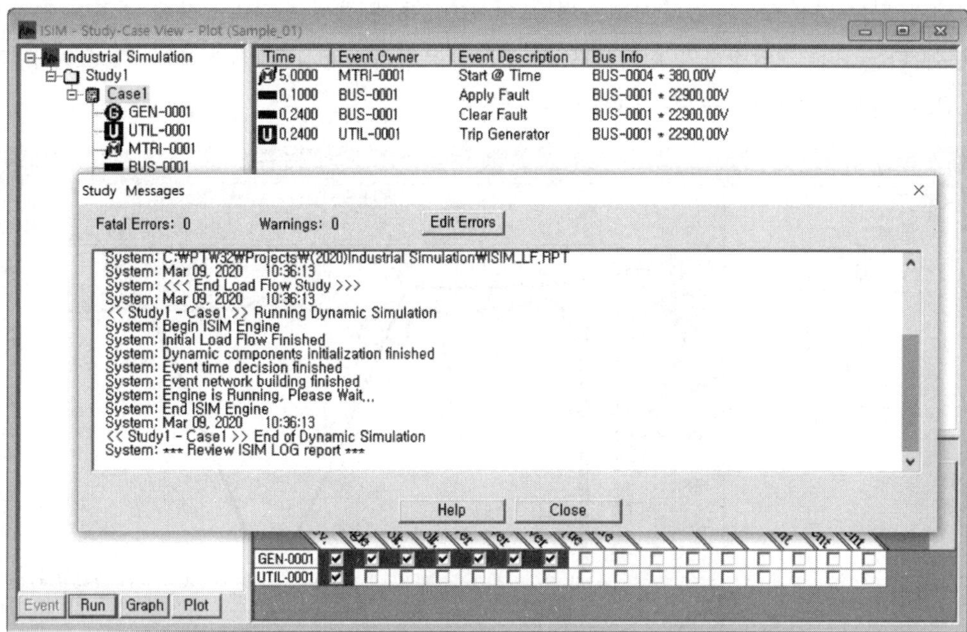


그림 18-49 Study Messages

## 3) 발전기 Speed Deviation 체크

"Graph" 버튼을 선택하고, 그림의 아래 부분에 발전기 GEN-0001의 "Speed Deviation"을 체크한다. 아래 Graph에서 5초에 기동한 전동기에 의하여 발전기 속도의 저하와 회복되는 과정을 볼 수 있다.

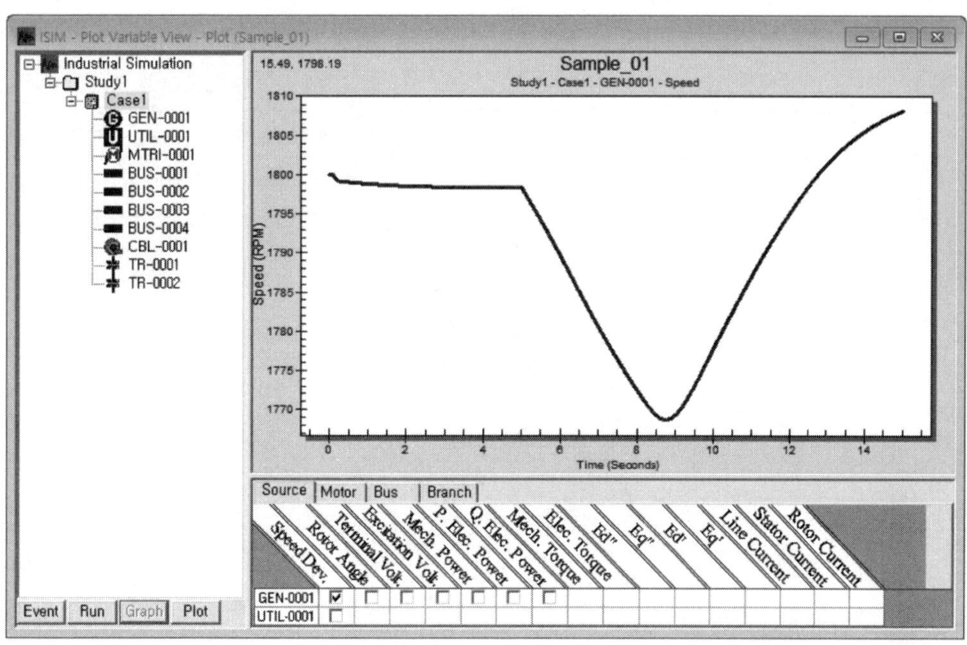


그림 18-50 발전기 Speed Plot

### 4) Bus 전압강하 및 과도과전압의 검토

"Bus" 탭을 선택한다. 그림에서 Bus-0002의 "Bus Voltage"에 체크한다. 고장이 발생되었을 때 0에 접근하는 전압강하와 전동기가 기동할 때 전압강하를 볼 수 있다. 전동기가 최저속도에 도달할 때 과도과전압상태가 되는 것을 볼 수 있다.(Bus-0001에서 0.1초에 발생한 단락고장에 의하여 전압강하와 전동기 기동에 따른 Bus 전압강하와 회복을 볼 수 있다. 유틸리티는 0.24초에 제거되었으며, 발전기 전원에 의한 Bus 전압의 변화로 볼 수 있다)

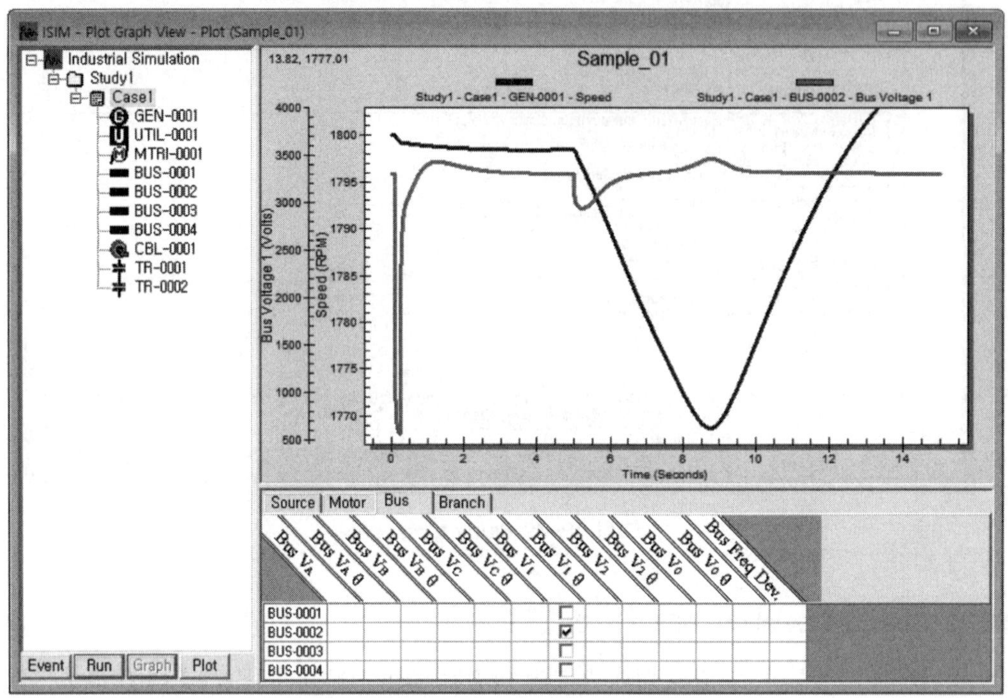


그림 18-51 Bus Voltage Plot

# 19장 Reliability Analysis

# 1 개요

전력계통의 신뢰도(Reliability)란 일정한 시간 간격을 두고 동일한 조건의 대상에 대하여 반복적으로 측정하였을 때 각 반복 측정값들 사이에 일관성 정도에 대하여 측정하는 것을 말한다. 전력계통의 신뢰도 지수는 고장발생률(λ), 정전시간(r), 연간정전시간(U) 이 3개의 지수가 가장 중요하지만, 항상 전력계통의 특성이나 반응을 완전하게 표현할 수 있는 것은 아니다. 계통에서 발생하는 각 정전의 심각성이나 중요성을 판별하고 구분 짓기 위해서는 추가적인 신뢰도 지수를 통해 평가해야 한다. 고객 관점의 지수 평가에서 가장 중요한 변수는 각 부하점에서 고객 전체 수 혹은 정전을 경험한 고객 수이다.

### 1) 신뢰도 분석의 목적

신뢰도 분석은 전력공급계통에 대한 다음의 항목을 분석하는 것을 목적으로 한다.

- 부하점 신뢰도지수 계산
- 보호구역 신뢰도 지수 계산
- 유틸리티 계통 평가
- 전력배전계통 평가

### 2) 부하점 신뢰도

부하점 신뢰도는 전력계통에서 각 부하와 전동기에 대한 다음의 지수를 계산한다.

MTTF : 고장까지의 시간을 의미하며, 1사고 당 평균운전시간이다.

λ : 고장발생률, 1사고 당 평균운전시간의 역수이며, 사고발생 횟수이다.

$\lambda = 1/MTTF$

$MTTR$ : 평균정전시간

$MTBF$ : 고장과 고장 사이의 시간을 의미한다.

$$MTBE = MTTF + MTTR$$

$U$ : 연간정전시간($hr$)

$$U = \lambda \times MTTR$$

연간이용률[%] : $(1-U/8760) \times 100$

EENS : 연간 공급하지 못한 예상전력

ECOST : 정전으로 인한 연간 총 피해금액

### 3) 보호구역 신뢰도

보호구역 신뢰도는 전력계통에서 각 보호구역에 대한 다음의 IEEE 지수를 계산한다.

SAIFI : 계통 평균 정전빈도 지수

CAIDI : 계통 평균 정전시간 지수

ASAI : 평균 공급신뢰도 지수

ASUI : 평균 공급 비신뢰도 지수

EENS : 정전으로 인하여 연간 공급되지 못하는 전력량 [kWh/year]
AENS : 공급되지 못한 평균 전력량 [kWh/고객 · year]
ECOST : 정전으로 인한 연간 총 피해금액

#### 4) 유틸리티 계통 평가

유틸리티 계통의 평가는 전력계통의 유틸리티 부분의 다음과 같은 측면을 평가한다.

- 설치비용 : 장비비용
- 운전 : 계통변경과 잠금 복잡성
- 신뢰도 : 실패의 확률과 복구시간을 의미
- 확장 : 유지보수 및 확장을 위하여 종료해야 하는 과정
- 복구 : 공급라인 고장으로부터 분리하는 능력
  장비 및 Bus 고장으로부터 복구하는 능력
  차단기 고장으로부터 복구하는 능력
- 평가 : 전체 시스템 평가

## 2 사고발생률과 고장 정지시간

전력계통에서 공급신뢰도를 예상하는 경우 계통을 구성하는 각 구성요소의 사고확률 및 정전시간을 과거의 실적 등을 고려하여 구해야 한다. 먼저 사고확률은 다음과 같은 방식으로 구한다. 각 구성요소의 상태는 운용상 운전상태와 정지상태로 나눌 수 있다. 이 정지상태에는 보수를 위한 작업정지와 우발사고로 인한 수리를 위한 사고정지가 있다. 이 중에서 작업정지는 대개 예측할 수 있으므로 운용상 지장이 없도록 미리 대책을 세울 수 있다. 따라서 신뢰도의 검토 대상이 되는 것은 우발사고로 인한 사고정지이다. 지금 설비가 운전상태에 있는 확률 $p$와 사고정지상태에 있는 확률 $q$와의 사이에는 다음의 관계식이 성립한다.

$$p = \frac{R}{R+S} \qquad q = \frac{S}{R+S} \tag{19.1}$$

여기에서,

$R$ : 대상기간 중의 운전시간 누계
$S$ : 대상기간 중의 사고정지시간 누계

한편 각 구성요소는 대상기간 중에 운전, 사고정지, 운전을 반복한다고 생각되므로 1회당 평균운계속시간 MTTF 마다 사고를 일으키게 된다. 따라서 운전단위시간당 사고발생회수는 다음 식으로 표시되며 $\lambda$ 를 사고발생률이라고 부르기도 한다.

$$\lambda = \frac{1}{MTTF} \tag{19.2}$$

다음에 고장복구시간, 즉 정지시간은 다음과 같이 생각해서 구한다. 각 구성요소마다 정전시간은 설비의 종류, 규모, 고장의 정도, 설치장소, 인원, 자재의 준비상황 등 여러 가지 요인에 따라 달라진다. 그러므로 보통 과거의 실적에서 구하고 있다. 위에 기술한 사고발생률의 경우와 같이 1회 사고당 평균정전시간 $MTTR(r)$라고 하면, 다음 식으로 표시되며 $\mu$를 사고복구율이라고 한다.

$$\mu = \frac{1}{MTTR} \tag{19.2}$$

## 3 신뢰도 계산식

### 3.1 Load Point Indices(부하점 지수)

#### 1) 부하점 신뢰도 지수의 계산

부하점 신뢰도는 전력계통에서 각 부하와 전동기에 대한 다음의 지수를 계산한다.

(1) 사고발생률($\lambda$)

구성요소의 연간 평균 고장 회수 [f/year]

(2) MTTR(r)

1사고 당 평균정전시간 [hr](고장복구시간)

(3) MTTF

고장까지의 시간을 의미하며, 1사고 당 평균운전시간이다. 사고발생률($\lambda$)의 역수를 의미한다.

$$MTTF = \frac{1}{\lambda}\ [\mathrm{hr}] \tag{19.3}$$

(4) 신뢰도(R)

규정된 시간동안 예정된 기능을 수행하기 위한 구성요소나 계통의 능력을 표시한다.

$$R = e^{-\lambda r} \tag{19.4}$$

(5) MTBF

고장 사이의 평균시간, 평균운전시간과 평균정전시간의 합이다.

$$MTBF = MTTF + MTTR \tag{19.5}$$

(6) 연간 정전시간(U)

$$U = \lambda_1 r_1 + \lambda_2 r_2 + \lambda_3 r_3 + \cdots [\text{hr/year}] \tag{19.6}$$

(7) 연간 이용률 [%]

$$\text{연간 이용률} = \left(1 - \frac{U[\text{hr}]}{8760}\right) \times 100\% \tag{19.7}$$

(8) ECOST

정전으로 인한 연간 총 피해금액

$$ECOST = c(r) \times P \times \lambda \, [\$/\text{yr}] \tag{19.8}$$

여기에서,

$c(r)$ : 정전시간에 의존하는 비용($/kW), 이것은 각 부하의 고객피해함수(CDF)으로부터 얻을 수 있다. 자세한 내용은 신뢰도계산의 Subview를 참조한다(Note 신뢰도 라이버러리에 입력되어 있어야 사용이 가능하다)

$P$ : 이용할 수 없는 전력의 합계(Total Unavailable Power)

$\lambda$: 연간 사고발생률(Failure Rate [f/year])

(9) EENS(Expected Energy Not Supplied)

공급되지 못한 예상에너지를 의미하며, 다음의 식으로 계산한다.

$$EENS = L_a \, U \tag{19.9}$$

여기에서,

$L_a$ : 부하점에 접속된 평균부하

### 2) 직렬로 된 구성요소 신뢰도지수 계산

전력계통의 공급신뢰도를 산출하려면 데이터로서 각 구성요소의 사고발생률($\lambda$), 평균정전시간($r$)을 사용하여 다음과 같이 산출한다.

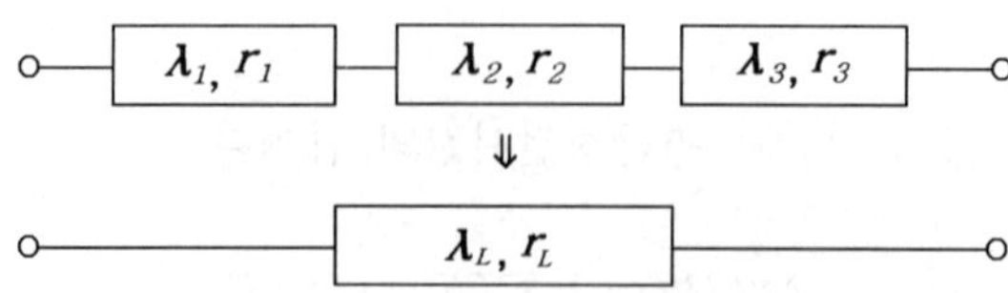


그림 19-1 직렬로 구성된 구성요소

(1) 직렬 구성요소의 연간고장발생률($\lambda_L$)

$$\lambda_L = \Sigma\lambda_i = \lambda_1 + \lambda_2 + \lambda_3 \,[\text{f/yr}] \tag{19.10}$$

(2) 연간 정전시간(U : Annual Outage Time)

$$U_L = \Sigma(\lambda_i\, r_i) = \lambda_1 r_1 + \lambda_2 r_2 + \lambda_3 r_3 \,[\text{hr/yr}] \tag{19.11}$$

(3) 고장시간(r)

$$r_L = \frac{U_L}{\lambda_L} = \frac{\Sigma\lambda_i r_i}{\Sigma\lambda_i} = \frac{\lambda_1 r_1 + \lambda_2 r_2 + \lambda_3 r_3}{\lambda_1 + \lambda_2 + \lambda_3} \,[\text{hr}] \tag{19.12}$$

(4) 신뢰도(R)

$$R_L = R_1 \times R_2 \times R_3 \ = e^{-\lambda_L r_L} \tag{19.13}$$

### 3) 병렬로 접속된 구성요소의 신뢰도 지수 계산

아래의 그림과 같이 병렬로 연결된 구성요소의 신뢰도 지수는 다음과 같이 계산한다.

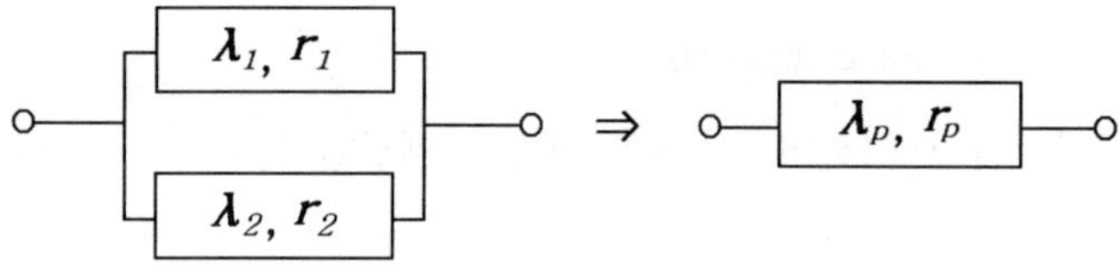


그림 19-2 병렬로 연결된 구성요소

(1) 병렬접속된 구성요소의 연간사고발생률($\lambda_P$)

$$\lambda_p = \frac{\lambda_1\lambda_2(r_1 + r_2)}{8760} \,[\text{f/yr}] \tag{19.14}$$

여기에서,

$\lambda_1$, $\lambda_2$ : 각각의 병렬로 접속된 설비의 사고발생률 [fail/yr]

$r_1$, $r_2$ : 각 병렬지로의 고장시간 [hr]

(2) 고장시간(r)

$$r_p = \frac{(\lambda_1 r_1)(\lambda_2 r_2)}{\lambda_1 \lambda_2 (r_1 + r_2)} = \frac{r_1 r_2}{r_1 + r_2} [\text{hr}] \tag{19.15}$$

(3) 연간 정전시간(U)

$$U_p = \lambda_p r_p [\text{hr/yr}] \tag{19.16}$$

#### 4) 병렬접속된 구성요소를 절체할 수 있는 개폐기가 있는 경우

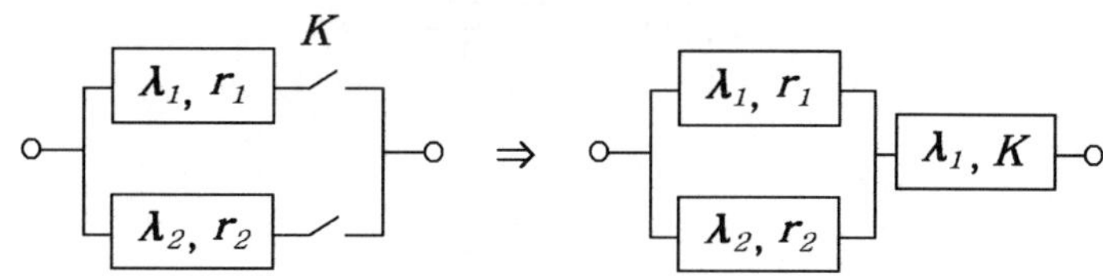


그림 19-3 병렬구성요소에 Tie-Breaker가 있는 경우

(1) 구성요소의 연간사고발생률($\lambda_P$)

$$\lambda_p = \lambda_1 \lambda_2 (r_1 + r_2) + \lambda_1 [\text{f/yr}] \tag{19.17}$$

(2) 고장시간(r)

$$r_p = \frac{(\lambda_1 r_1)(\lambda_2 r_2) + (\lambda_1 K)}{\lambda_p} [\text{hr}] \tag{19.18}$$

(3) 절환시간(K)

개폐기의 절체에 요구되는 시간으로 보통 0.02초 정도이다.

(4) 연간 정전시간(U)

$$U_p = \lambda_p r_p [\text{hr/yr}] \tag{19.19}$$

### 3.2 IEEE 시스템지수

#### 1) SAIFI(System Average Interruption Frequency Index)

시스템 평균중단 빈도지수(interruptions/customer-yr.)

$$SAIFI = \frac{\Sigma \lambda_i N_i}{\Sigma N_i} \tag{19.20}$$

여기서,

$\lambda_i$ : 고장횟수

$N_i$ : 부하점 $i$의 고객수

$\Sigma N_i$ : 공급되는 고객의 합계

$\Sigma\lambda_i N_i$ : 공급이 중단된 고객의 합계

### 2) SAIDI(System Average Interruption Duration Index)

시스템 평균 중단지속지수[hours/customer · yr]를 의미하며, 다음의 식으로 계산한다.

$$SAIDI = \frac{\sum U_i N_i}{\sum N_i} \tag{19.21}$$

여기에서,

$U_i$ : 연간 평균 중지시간

$N_i$ : 부하점 $i$에서 고객 수

### 3) CAIDI(Customer Average Interruption Frequency Index)

고객 평균 중단 빈도수[hours/customer−interruption]를 의미하며, 다음의 식으로 계산한다.

$$CAIDE = \frac{\text{고객정전시간}}{\text{고객정전 호수의 합계}} = \frac{\sum U_i N_i}{\sum \lambda_i N_i} = \frac{SAIDI}{SAIFI} \tag{19.22}$$

### 4) ASAI(Average Service Availability Index : **평균 공급 가능 지수**)

$$SAAI = \frac{\text{고객평균공급시간}}{\text{년간최대고객시간}} = \frac{\sum N_i \times 8760 - \sum U_i N_i}{\sum N_i \times 8760} \tag{19.23}$$

### 5) ASUI(verage Service Unavailability Index : **평균 공급 불가능 지수**)

$$ASUI = \frac{\text{고객에 공급 불가능 시간}}{\text{고객최대시간}} = 1 - ASAI \tag{19.24}$$

### 6) ENS(Energy Not Supplied Index : **공급되지 못한 에너지지수**)

$$ENS = \text{계통에서 공급되지 못한 에너지합계} = \sum L_{a(i)} U_i \ [\text{kWh/yr}] \tag{19.25}$$

여기에서,

$L_{a(i)}$ : 부하점 $i$에 접속된 평균부하

#### 7) AENS(Average Energy not Supplied : 공급되지 못한 평균에너지)

$$AENS = \frac{\text{계통에서 공급되지 못하는 총에너지}}{\text{공급되는 고객의 합계}} = \frac{\sum L_{a(i)} U_i}{\sum N_i} \text{[kWh/customer} \cdot \text{yr]} \quad (19.26)$$

여기에서,

$L_{a(i)}$ : 부하점 $i$ 에 접속된 평균부하

## 4 Reliability Study Setup

신뢰도 계산에서 설정할 수 있는 항목은 그림 19-4의 우측에 있는 항목이다. 각각에 대한 상세한 설정은 다음과 같이 기술한다.

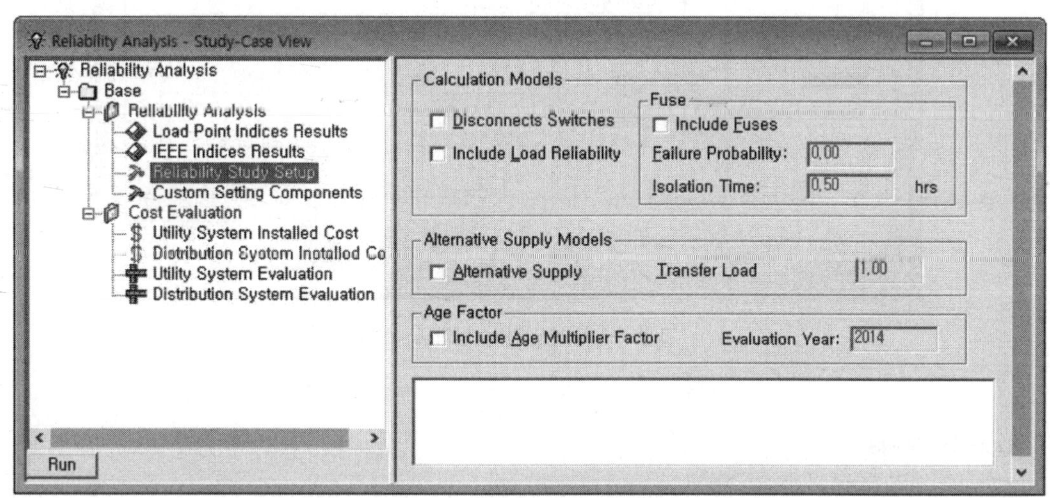


**그림 19-4 Reliability 설정창**

### 1) Calculation Models

#### (1) Disconnect Switches

분리 스위치는 복구과정이 완료되기 전에 공급점과 분리점과의 사이에 모든 부하점의 복구를 허용한다. 옵션은 사용자가 문제 있는 지역을 분리하는 것과 영향을 받지 않는 지역을 재송전할 수 있는 분리 스위치를 가졌다고 가정한다. 추가적인 제어는 각각의 지로에 대하여 적절하게 보수와 절환시간을 설정에 의하여 달성할 수 있다.

#### (2) Include Load Reliability

Include Load Reliability를 체크 한다면, 신뢰도 분석은 부하점 결과에 부하의 고장률과 보수시간을 포함한다.

(3) Replace or Repair Transformers

보수 또는 교체를 선택한다. 보수가 선택된 경우, 신뢰도 분석은 복구시간계산에 대하여 보수시간을 사용한다. 그렇지 않으면 교체시간을 사용한다. 구성요소 편집기로부터 입력된 대응교체 또는 복구시간은 계산에 사용된다. 이것은 현재 수행중인 Project에서 모든 변압기에 대하여 적용되는 설정(전역 설정)이다. 전역 설정으로 설정된 다른 모든 변압기 수리시간을 사용하는 동안 교체시간을 사용하려는 몇 대의 변압기를 설정하려는 경우, 사용자는 사용자 설정 구성요소 목록에서 그들을 선택하는 것이 필요하고, 그곳에서 변경하여야 한다.

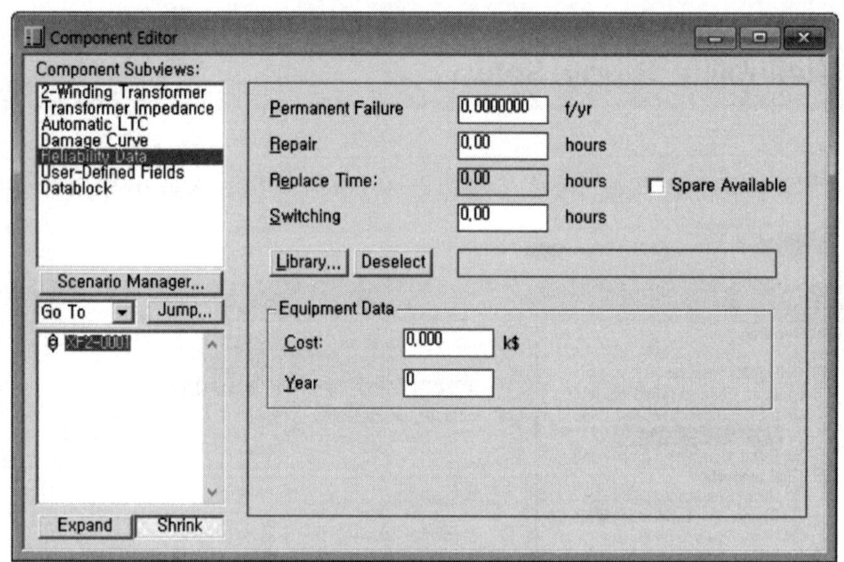


그림 19-5 변압기의 신뢰도 데이터

(4) Fuse Settings

① Fuses

퓨즈는 고장이 복구될 때까지 부하점의 분리를 허용한다. 따라서 다른 부하점에 영향을 미치거나 분리의 원인이 되지 않는다.

② Failure Probability

실패확률이 0.1인 경우, 퓨즈는 10번 중 9번을 성공적으로 동작하는 것이 요구된다.

③ Isolation Time

모든 고장을 분리할 수 있는 시간이다.

고장이 복구될 때까지 퓨즈는 부하점에서 분리할 수 있다. 따라서 다른 부하점을 분리하거나 영향을 미치지 않는다. 퓨즈의 고장 확률은 퓨즈의 가능성이 성공적으로 동작할 수 없다는 것이다. 고장 확률이 0.1라고 한다면, 퓨즈는 10회중 9회는 성공적으로 동작되는 것이 요구된다. 퓨즈의 분리시간은 분리되기까지 모든 고장에 대하여 소요되는 시간이다.

### 2) Alternative Supply Models

#### (1) Alternative Supply(대체 공급)

계통에서 고장이 발생한 경우, 일반적으로 열려있는 tie-breaker는 접속되지 않은 부하를 복구하기 위하여 닫아 버릴 수 있다.

#### (2) Transfer Load Probability(부하 확률 변경)

항상 개방된 지점을 통하여 다른 Feeder로 분배 시스템에서 손실된 모든 부하를 전송(변환)하는 것은 가능하지 않다. 확률이 1.0이면 손실된 모든 부하가 전송된다.

Transfer Load Probability는 Alternative Supply가 선택되었을 때 활성화된다.

### 3) Age Factor

#### (1) Include Age Multiplier Factor

"Include Age Multiplier Factor"가 체크된 경우 신뢰도해석 프로그램은 설비의 고장률과 보수시간을 조정하기 위하여 평가연도와 설비설치연도가 사용된다.

Reliability Data Fitting Library는 Age Factor 계산식과 과거 데이터를 비교하기 위하여 사용한다.

$$\text{Age Factor} = C_5X^5 + C_4X^4 + C_3X^3 + C_2X^2 + C_1X^1 + C_0 \tag{19.27}$$

사용자는 $C_0$에 $C_5$까지 직접 값을 입력하거나 과거 데이터나 적합한 모델을 기초로 하여 $C_0 - C_5$의 값을 프로그램이 계산할 수 있도록 시킨다. 과거 자료와 Age Factor 계산식 데이터 둘 다 그래프로 보여진다. 입력 데이터를 변경하였을 때 그래프를 새로 고치려면 "Refresh" 버튼을 클릭한다.

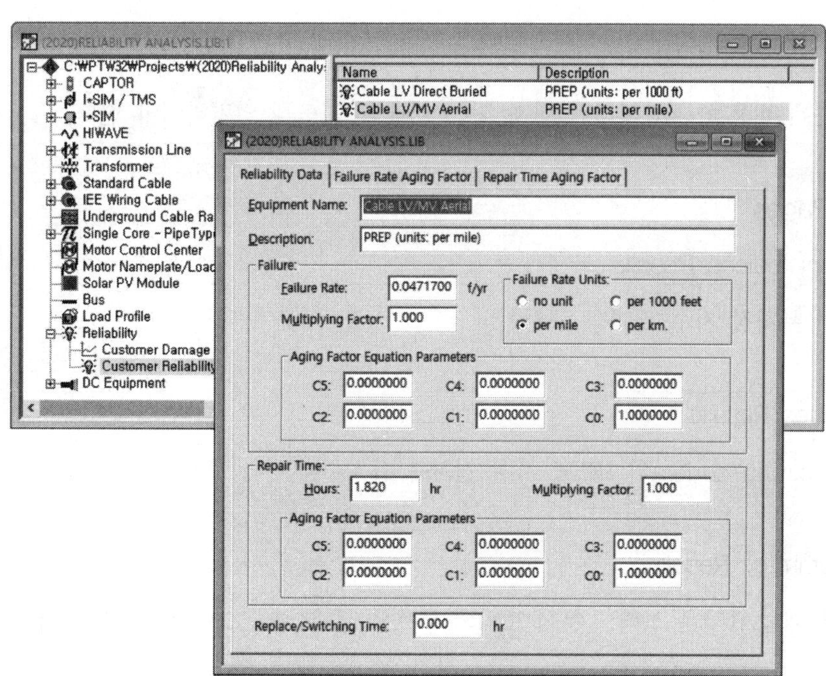


그림 19-6 Reliability Data Fitting Library

사용자 신뢰도 데이터 라이브러리는 과거에 매년 고장률 및 복구시간에 대한 과거 데이터를 입력할 수 있다. Curve Fitting Program은 설치연도를 기준으로 하여 함수적으로 고장률 및 복구시간에 대하여 수학적 표현을 정의하는데 사용된다. Include Age Multiplying Factor를 체크했다면, Evaluation Year 분야는 고장비율과 복구시간을 조정하기 위한 평가연도와 설치연도를 사용할 것이다. 자세한 내용은 신뢰도 데이터 라이브러리를 참조하여야 한다.

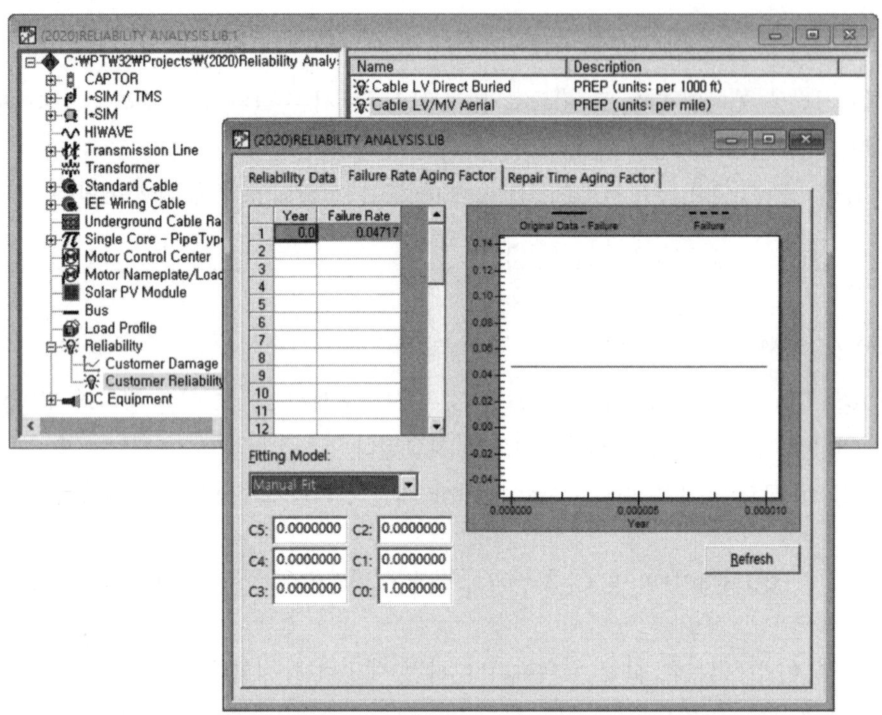


그림 19-7 Failure Rate Aging Factor

(2) Evaluation Year

신뢰도와 관련된 비용을 계산하려면 현재 또는 미래의 연도를 입력하여야 한다.

#### 4) Results Pages

(1) Load Point Indices Results

부하 Bus에서 부하점 지수 결과를 표시한다.

(2) IEEE Indices Results

보호구역(protection zones)의 IEEE 지수 결과를 표시한다.

(3) Study Summary Results

모든 Study에 대한 요약은 신뢰도 분석 트리의 루트를 선택한다. 그림 19-8의 요약 분석내용을 확인할 수 있다.

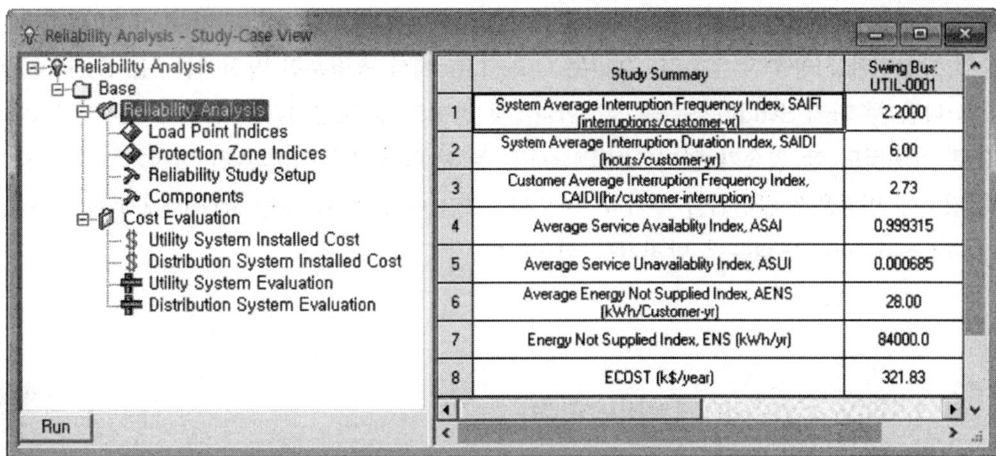


| | Study Summary | Swing Bus: UTIL-0001 |
|---|---|---|
| 1 | System Average Interruption Frequency Index, SAIFI [interruptions/customer-yr] | 2.2000 |
| 2 | System Average Interruption Duration Index, SAIDI [hours/customer-yr] | 6.00 |
| 3 | Customer Average Interruption Frequency Index, CAIDI[hr/customer-interruption] | 2.73 |
| 4 | Average Service Availablity Index, ASAI | 0.999315 |
| 5 | Average Service Unavailablity Index, ASUI | 0.000685 |
| 6 | Average Energy Not Supplied Index, AENS [kWh/Customer-yr] | 28.00 |
| 7 | Energy Not Supplied Index, ENS [kWh/yr] | 84000.0 |
| 8 | ECOST [k$/year] | 321.83 |

그림 19-8 Study Summary Results

## 5) Custom Setting Components

사용자는 선택하는 장치가 “Out of Service”인 경우에 로컬설정에서 지정할 수 있다.

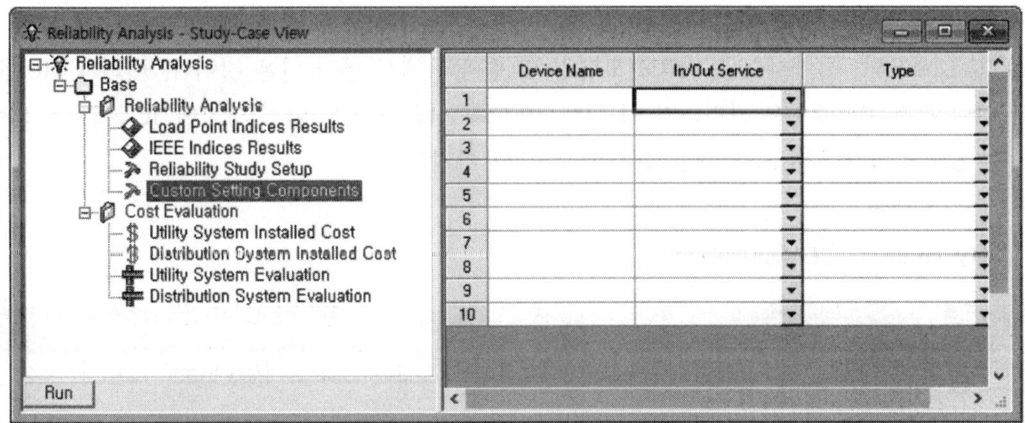


그림 19-9 Custom Setting Component

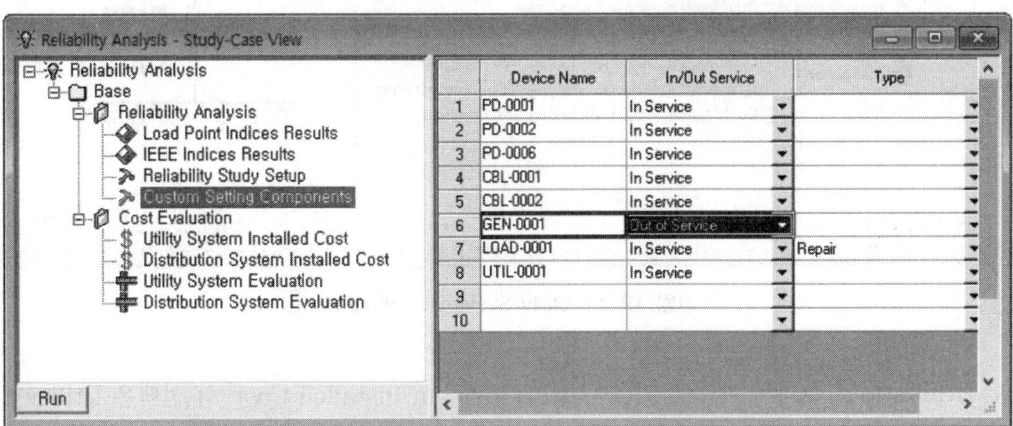


| | Device Name | In/Out Service | Type |
|---|---|---|---|
| 1 | PD-0001 | In Service | |
| 2 | PD-0002 | In Service | |
| 3 | PD-0006 | In Service | |
| 4 | CBL-0001 | In Service | |
| 5 | CBL-0002 | In Service | |
| 6 | GEN-0001 | Out of Service | |
| 7 | LOAD-0001 | In Service | Repair |
| 8 | UTIL-0001 | In Service | |
| 9 | | | |
| 10 | | | |

그림 19-10 Custom Setting Component(Out of Service)

예를 들어 우리는 2개의 Study를 생성하기를 원하고, 하나는 병렬운전 발전기를 사용하고, 다른 하나는 병렬운전 발전기를 사용하지 않는다. 우리는 One-Line에서 병렬운전 발전기를 "In Service"로 만들 수 있다. 그 다음 두 가지 Study 경우를 생성한다. 첫 번째의 경우(병렬운전 발전기 사용), 우리는 사용자 설정으로 아무것도 할 필요가 없다(그림 19-9). 두 번째의 경우(병렬운전 발전기 사용하지 않음), 우리는 이 경우에 병렬운전 발전기를 추가할 수 있다. 그런 다음, 다음 그림 19-10에서 볼 수 있는 것과 같이 "Out of Service" 병렬운전 발전기를 확인한다.

## 5 Utility System Evaluation

비용-신뢰도 평가에 대한 경제성 분석은 일반적인 의미에서 고려될 수 없다. 이유와 정당성의 대부분은 당신의 사업 목표에 따라 만들어 질수 있는 경영의사 결정이다. Load Point Reliability Indices와 IEEE Protection Zone Reliability Indices에서 처리한 신뢰도 분석은 당신의 의사결정을 만드는 과정에서 가장 중요한 입력 매개변수 중의 하나로 사용자에게 제공한다. Utility와 공급시스템 평가를 위한 프로그램에서 사용하는 방법에 대한 기준은 IEEE paper No. PCIC 2000-02(John E. Propst와 Daniel R. Doan)의 "전력시스템 신뢰도 모델링 및 평가의 개선"에서 나온 것이다. 이러한 시스템 평가 방법과 신뢰성 지수의 결합은 관리하기 쉽도록 신뢰도와 비용 고려를 함께 당신이 효과적으로 의사결정을 할 수 있도록 도와주는 Scenario-Based Tool을 가져온다.

### 1) Utility System Configurations

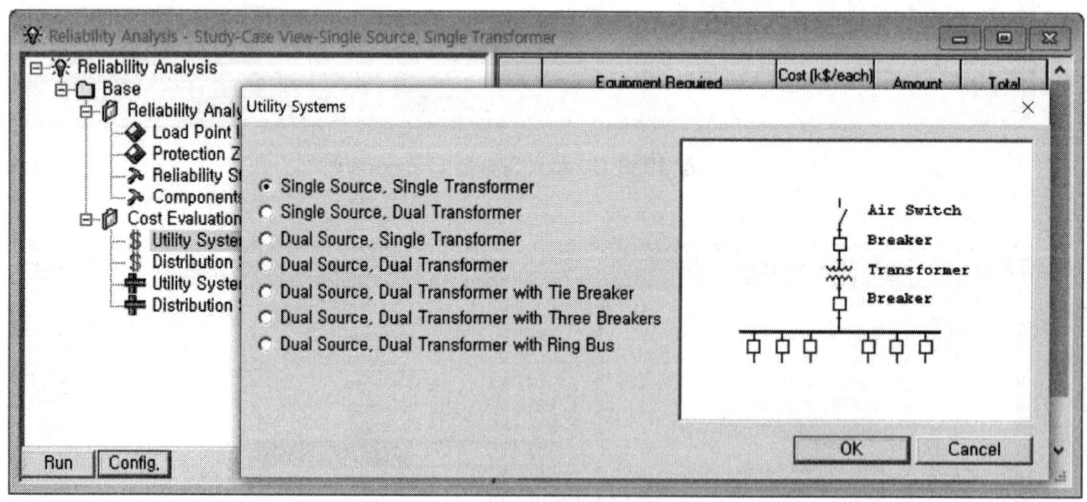


그림 19-11 Utility System Configurations

"Cost Evaluation" 폴더의 아래에 있는 "Utility System Installed Cost"의 선택은 Utility System 구성을 선택할 수 있는 다음의 창을 불러온다. 간단한 단일전원(가장 값싸고 신뢰도가 낮은), 단일 변압기로부터 가장 복잡한 2중 전원, 환상 Bus로 구성된 이중변압기(가장 비싸고, 신뢰도가 높은)까지 7가지

의 선택이 있다. 다른 구성을 선택하면 그 구성에 해당하는 기본적으로 설계된 샘플 One-line을 볼 수 있다.

(1) Utility System Installed Cost – Single Source, Single Transformer

Single Source-Single Transformer를 선택하면, Program은 계통을 구성하는 Utility 부분에 대하여 이 구성에 대한 "Equipment Required"에서 설비의 각 부분에 대한 가격과 총가격을 채워 넣을 것이다.

Reliability Analysis - Study-Case View-Single Source, Single Transformer

Reliability Analysis
Base
Reliability Analysis
Load Point Indices
Protection Zone Indices
Reliability Study Setup
Components
Cost Evaluation
Utility System Installed Cost
Distribution System Installed Cost
Utility System Evaluation
Distribution System Evaluation

Run | Config.

| | Equipment Required | Cost (k$/each) | Amount | Total (k$) |
|---|---|---|---|---|
| 1 | High Side Bus - Util | 40.00 | 1 | 40.00 |
| 2 | HV Metering Section | 50.00 | 1 | 50.00 |
| 3 | HV Breaker Section | 150.00 | 1 | 150.00 |
| 4 | Air Breaker Switches | 45.00 | 1 | 45.00 |
| 5 | MainTransformer w/Prot. | 595.00 | 1 | 595.00 |
| 6 | | | | |
| 7 | | | | |
| 8 | | | | |
| 9 | | | | |
| 10 | | | | |
| 11 | Total | | | 880.00 |
| 12 | | | | |
| 13 | | | | |
| 14 | | | | |
| 15 | | | | |
| 16 | | | | |

그림 19-12 Utility System Installed Cost

(2) Customize the a Dcfault Configuration

사용자는 각각의 비용과 수량과 함께 새로운 장비를 입력하여 각 초기구성에서 무엇으로 할 것인가 정할 수 있다(여기에서 6번 A New Equipment 항목을 추가하였음). 일단 사용자가 "Save As Template"을 선택하면, 목록은 새로운 기본값으로 저장된다. 사용자는 동일한 구성을 선택한 다음, 계통의 Utility 부분에 대한 사용자 정의 설비 목록과 가격을 볼 수 있다.

Reliability Analysis - Data View-Single Source, Single Transformer

Reliability Analysis
Base
Reliability Analysis
Load Point Indices
Protection Zone Indices
Reliability Study Setup
Components
Cost Evaluation
Utility System Installed Cost
Distribution System Installed Cost
Utility System Evaluation
Distribution System Evaluation

Run | Config.

| | Equipment Required | Cost (k$/each) | Amount | Total (k$) |
|---|---|---|---|---|
| 1 | High Side Bus - Util | 40.00 | 1 | 40.00 |
| 2 | HV Metering Section | 50.00 | 1 | 50.00 |
| 3 | HV Breaker Section | 150.00 | 1 | 150.00 |
| 4 | Air Breaker Switches | 45.00 | 1 | 45.00 |
| 5 | MainTransformer w/Prot. | 595.00 | 1 | 595.00 |
| 6 | A New Equipment | 100.00 | 2 | 200.00 |
| 7 | | | | |
| 8 | | | | |
| 9 | | | | |
| 10 | | | | |
| 11 | Total | | | 1080.00 |
| 12 | | | | |
| 13 | | | | |
| 14 | | | | |
| 15 | | | | |
| 16 | | | | |

Select Components...
Run Study
Export
Save As Template
Print
Print Preview

그림 19-13 Customize the a Default Configuration

(3) Utility System Evaluation – Single Source, Single Transformer

Utility System 구성이 선택되고, 설치비용이 알려지면, 사용자는 Study 폴더 아래쪽에 있는 "Utility System Evaluation"을 처리할 수 있다. 기본 가중값은 다음 3가지 중 하나를 선택하고 OK 버튼을 누른다.

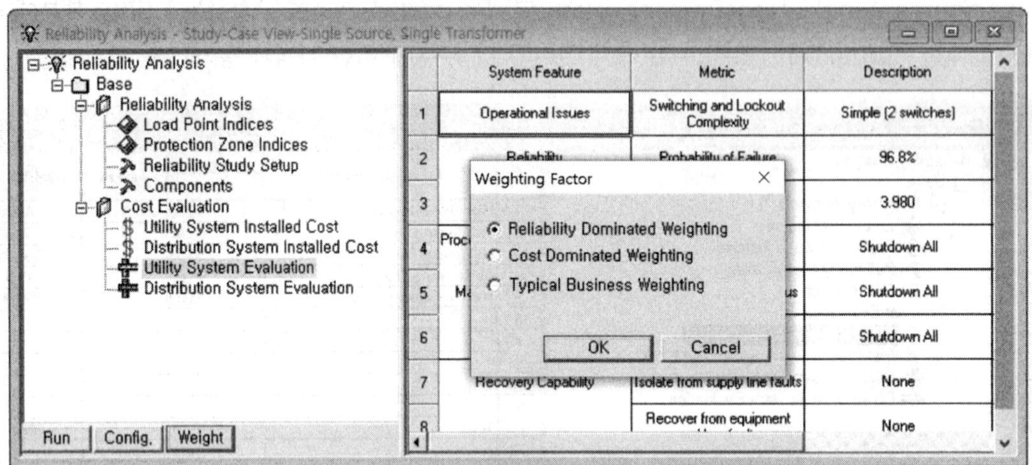


그림 19-14 Utility System Evaluation의 가중값 선택

기본 가중값의 각 형태는 결정에 영향을 미치는 다른 측면을 강조하고 있다. 기본 가중값은 John E. Propst 와 Daniel R. Doan의 논문 표 1, 3, 7을 참조한 것이다. 당신의 사업 또는 시스템의 특정 요구를 기반으로 하여, System Evaluation에 영향을 미치는 각 부분의 "Value"과 "Weights %"의 조정한다. 전체 시스템값은 구성에서 140이다(초기 구성값). 이것은 다른 제안된 구성과 비교되는 상대적인 값이다.

Reliability Analysis - Study-Case View-Single Source, Single Transformer

| | System Feature | Metric | Description | Value | Weights % | Total |
|---|---|---|---|---|---|---|
| 1 | Operational Issues | Switching and Lockout Complexity | Simple (2 switches) | 5 | 5.00 | 25.00 |
| 2 | Reliability | Probability of Failure | 96.8% | 1 | 40.00 | 40.00 |
| 3 | | Mean Time to Repair | 3.980 | 1 | 20.00 | 20.00 |
| 4 | Process that must be Shutdown for | Utility Line | Shutdown All | 1 | 5.00 | 5.00 |
| 5 | Maintenance or Expansion | Primary Equipment and Bus | Shutdown All | 1 | 5.00 | 5.00 |
| 6 | | Main Transformer | Shutdown All | 1 | 5.00 | 5.00 |
| 7 | Recovery Capability | Isolate from supply line faults | None | 1 | 3.75 | 3.75 |
| 8 | | Recover from equipment and bus faults | None | 1 | 3.75 | 3.75 |
| 9 | | Recover from Transformer faults | None | 1 | 3.75 | 3.75 |
| 10 | | Recover from breaker failure | Shutdown until repaired | 1 | 3.75 | 3.75 |
| 11 | Cost | Capital Estimate | 1080.00 | 5 | 5.00 | 25.00 |
| 12 | System Evaluation Value | | | | | 140.00 |

그림 19-15 Utility System Evaluation

사용자는 그들을 수정하고, "Save As Template"를 선택하여, 각 초기구성에서 "Value"과 "Weights %"의 값을 정의 할 수 있다. 좀 더 복잡한 구성과 사용자가 선택한 간단한 구성을 비교하기 위하여, Study Name을 "Base"을 클릭하여 "Single SRC-TX"로 이름을 변경하거나, 메뉴 항목에서 "Rename" 기능을 사용한다. 그런 다음 "Single SRC-TX"를 "Copy" 하여, 트리의 루트를 선택하여 복사한 "Single SRC-TX"를 붙여넣기를 한다. 복사 및 붙여넣기 기능은 오른쪽 마우스 메뉴와 Edit 메뉴로부터 가능하다. 다른 Study의 Study를 붙여넣기는 허용되지 않으며, 반드시 선택된 메인 루트 (Reliability Analysis)에서 붙여넣기를 하여야 한다. 즉시 복사된 Study Name를 "Dual SRC-TX, Ring Bus"로 변경한다. 사용자는 다음 그림에 표시된 2개의 서로 다른 Study 폴더를 볼 수 있다.

Reliability Analysis - Study-Case View

| | Comparison Summary | Study 1 | Study 2 |
|---|---|---|---|
| | Study Name | Single SRC-TX | Dual SRC-TX, Ring Bus |
| | Source Bus Name | UTIL-0001 | UTIL-0001 |
| | SAIFI (interruptions/customer-yr) | 2.2000 | 2.2000 |
| | SAID (hours/customers-yr) | 6.00 | 6.00 |
| | CAID (hr/customers interruption) | 2.73 | 2.73 |
| | ASAI | 0.999315 | 0.999315 |
| | ASUI | 0.000685 | 0.000685 |
| | AENS (kWh/customer-yr) | 28.00 | 28.00 |
| 9 | ENS (kWh/yr) | 84000.0 | 84000.0 |
| 10 | ECOST (k$/year) | 321.83 | 321.83 |
| 11 | Utility System Installed Cost (k$) | 1080.00 | 1080.00 |
| 12 | Distribution System Installed Cost (k$) | 0.00 | 0.00 |
| 13 | Utility System Evaluation Ranking | 140 | 140 |
| 14 | Distribution System Evaluation Ranking | 0 | 0 |

New Study / Rename / Select Components... / Run Study / Export / Cut / Copy / Paste / Print / Print Preview

그림 19-16 Utility System Evaluation - 구성의 비교

(4) Utility System Installed Cost - Dual Source, Dual Transformer with Ring Bus

새로운 Study에 대한 Utility System을 "Dual Source, Dual Transformer with Ring Bus"으로 선택하여, 이전의 평가 데이터를 덮어쓰기 한다. 사용자는 총 Utility System 비용이 "Single Source, Single Transformer" 경우에 대하여 $880,000으로부터 "Dual Source, Dual Transformer with Ring Bus" 경우에 $ 2,670,000로 변경된 것을 볼 수 있다.

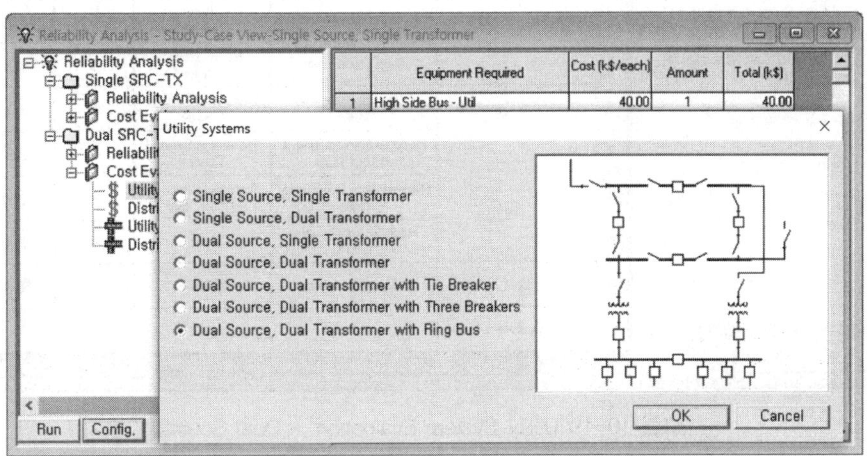


그림 19-17 Utility System Installed Cost - Dual Source

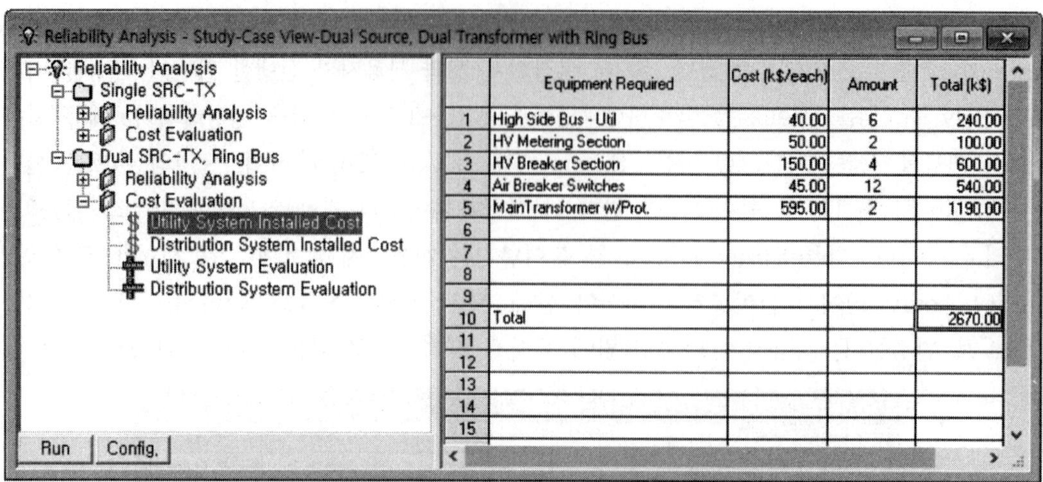

Reliability Analysis - Study-Case View-Dual Source, Dual Transformer with Ring Bus

|  | Equipment Required | Cost (k$/each) | Amount | Total (k$) |
|---|---|---|---|---|
| 1 | High Side Bus - Util | 40.00 | 6 | 240.00 |
| 2 | HV Metering Section | 50.00 | 2 | 100.00 |
| 3 | HV Breaker Section | 150.00 | 4 | 600.00 |
| 4 | Air Breaker Switches | 45.00 | 12 | 540.00 |
| 5 | MainTransformer w/Prot. | 595.00 | 2 | 1190.00 |
| 6 |  |  |  |  |
| 7 |  |  |  |  |
| 8 |  |  |  |  |
| 9 |  |  |  |  |
| 10 | Total |  |  | 2670.00 |
| 11 |  |  |  |  |
| 12 |  |  |  |  |
| 13 |  |  |  |  |
| 14 |  |  |  |  |
| 15 |  |  |  |  |



그림 19-18 Utility System Installed Cost

다시 한 번, 새로운 Study에 대한 기본가중계수 "Reliability Dominated Weighting"를 선택하고, OK 버튼을 클릭한다.

(5) Utility System Evaluation - Dual Source, Dual Transformer with Ring Bus

시스템 값에 영향을 주는 각 부분에 대하여 Value" 와 "Weights%"를 조정하기 위해 "Dual SRC-TX, Ring Bus" Study 아래에 있는 "Utility System Evaluation" 폴더를 선택한다(기본값을 아래 그림의 값으로 변경한다).

Reliability Analysis - Study-Case View-Dual Source, Dual Transformer with Ring Bus

|  | System Feature | Metric | Description | Value | Weights % | Total |
|---|---|---|---|---|---|---|
| 1 | Operational Issues | Switching and Lockout Complexity | Complex (16 switches) | 1 | 15.00 | 15.00 |
| 2 | Reliability | Probability of Failure | 40.5% | 4 | 10.00 | 40.00 |
| 3 |  | Mean Time to Repair | < 0.001 | 5 | 5.00 | 25.00 |
| 4 | Process that must be Shutdown for | Utility Line | No Shutdown Required | 5 | 3.33 | 16.65 |
| 5 | Maintenance or Expansion | Primary Equipment and Bus | No Shutdown Required | 5 | 3.33 | 16.65 |
| 6 |  | Main Transformer | No Shutdown Required | 5 | 3.34 | 16.70 |
| 7 | Recovery Capability | Isolate from supply line faults | Transfer to Second Source | 5 | 2.50 | 12.50 |
| 8 |  | Recover from equipment and bus faults | Transfer to Second Source | 5 | 2.50 | 12.50 |
| 9 |  | Recover from Transformer faults | Transfer to Second Transformer | 5 | 2.50 | 12.50 |
| 10 |  | Recover from breaker failure | No Shutdown | 5 | 2.50 | 12.50 |
| 11 | Cost | Capital Estimate | 2670.00 | 1 | 50.00 | 50.00 |
| 12 | System Evaluation Value |  |  |  |  | 230.00 |

Reliability Analysis
Single SRC-TX
Reliability Analysis
Cost Evaluation
Utility System Installed Cost
Distribution System Installed
Utility System Evaluation
Distribution System Evaluati
Dual SRC-TX, Ring Bus
Reliability Analysis
Cost Evaluation
Utility System Installed Cost
Distribution System Installed
Utility System Evaluation
Distribution System Evaluati
Run | Config. | Weight

그림 19-19 Utility System Evaluation - Dual Source

(6) Utility System Evaluation – Result Comparisons(결과 비교)

"Single Source, Single Transformer" 경우에 대한 k$880로부터 "Dual Source, Dual Transformer with Ring Bus"의 경우 k$2670로 투자 자본의 증가 후 시스템의 신뢰성, 유지보수, 복구 및 조작성의 측면에서 얼마나 많이 개선되었는가에 대한 Study는 "System Evaluation value"가 140에서 230으로 증가된 것을 보여 준다. 이는 양적 방법에 질적 요소를 비교하는 상대적인 숫자임을 기억하여야 한다. 가중값과 이 평가 모델을 사용한 재정상의 위험에서 더욱 깊이 있는 검토에 대하여, IEEE 논문 No. PCIC 2000-02(John E. Propst와 Daniel R. Doan의 Improvements in Modeling and Evaluation of Electrical Power System Reliability)를 참조한다.

## 2) Distribution System Evaluation

Distribution System의 구성을 선택하기 구하여 다음의 대화창에 나타난 "Cost Evaluation" 폴더 아래에 있는 "Distribution System Installed Cost"를 선택한다. 간단한 방사형(최소 비용과 최소 신뢰성)으로부터 가장 복잡한 2중 Bus(또는 차단기) 1차 선택 구성(가장 비싸고, 가장 신뢰도가 높다)까지 8가지 범위의 선택이 있다. 다른 구성을 선택하면, One-Line 선택창에 일반적인 설계에 해당하는 구성도를 보여준다. 또는 사용자는 완전한 Distribution System을 포함하는 상세한 One-Line을 구축할 수 있다.

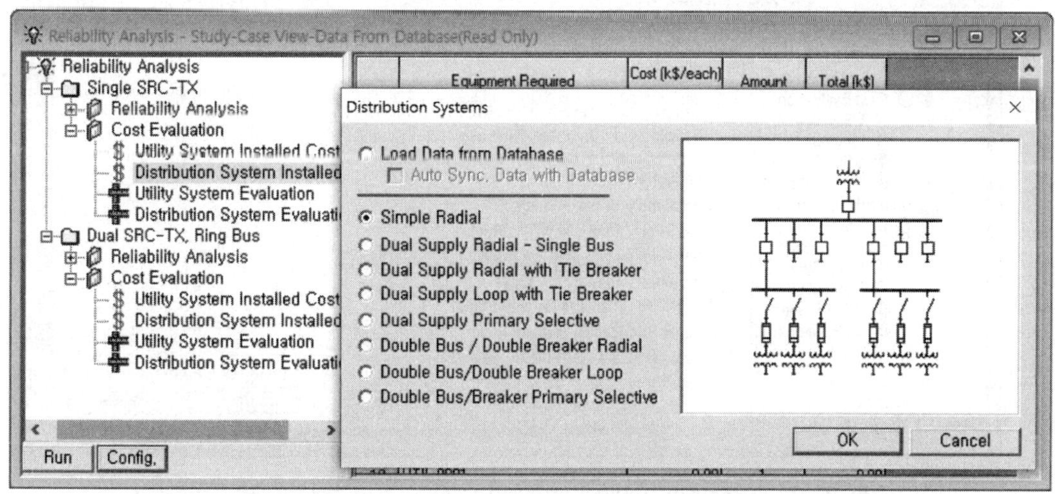


그림 19-20 Distribution System의 구성 선택

(1) Distribution System Installed Cost – Single Radial

"Single SRC-TX"의 "Distribution System Installed Cost" 폴더에서 "Single Radial"을 선택하고 OK 버튼을 클릭한다. 다음 그림의 비용 목록이 설치된 일반적인 단일 방사형 배전시스템의 표가 나타난다.

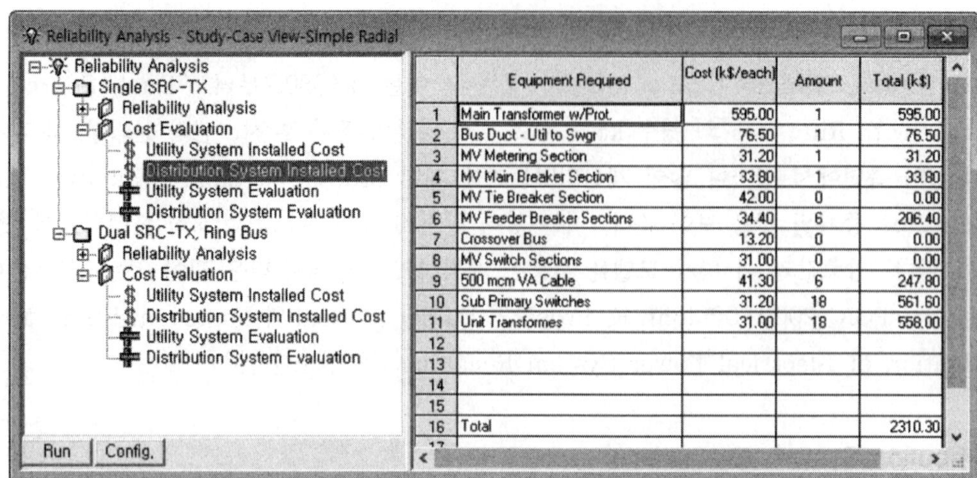


그림 19-21 Distribution System Installed Cost – Single Radial

(2) Distribution System Installed Cost - Load Data From Database

8가지의 고정된 구성의 상단에 가장 유용한 옵션은 "Load Data from Database"이다. 일단 사용자가 이 옵션을 선택하고, "Auto Sync. Data with Database"의 체크박스를 활성화한다.

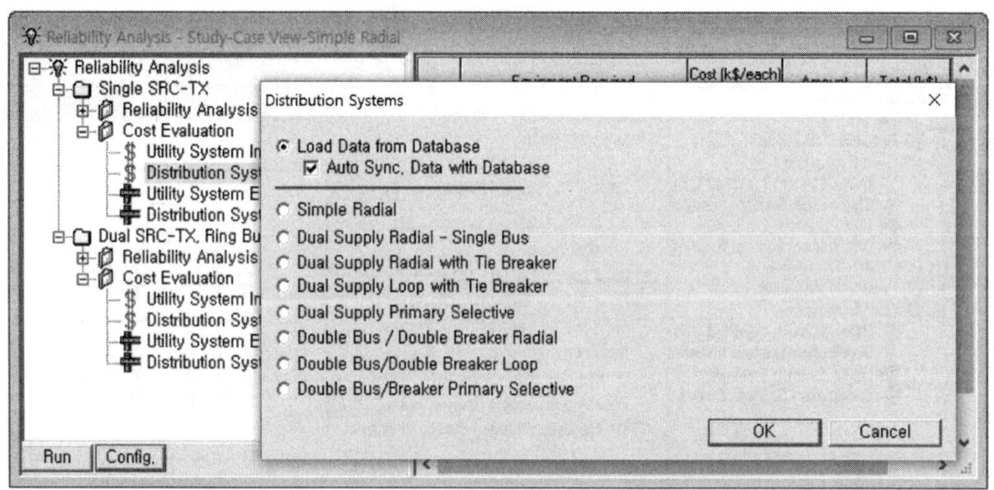


그림 19-22 Distribution System Installed Cost - Load Data From Database

"Distribution System Installed Cost" 폴더는 프로젝트 데이터베이스에서 입력된 구성요소로부터 읽은 각각의 비용(여분이 있든지 없든지 포함한다)과 함께 이 프로젝트에서 모든 설비와 보호장치를 보여 줄 것이다. 사용자는 프로그램이 자동으로 데이터를 동기화 하도록 선택하면, 배전시스템 설치비용 목록은 읽기 전용이 될 것이다. 프로젝트에 대한 모든 변경(구성요소의 추가 또는 삭제, 구성요소 편집기에서 비용 데이터를 변경)은 자동으로 배전시스템 설치비용 목록으로 업데이트 된다.

| | Equipment Required | Cost (k$/each) | Amount | Total (k$) |
|---|---|---|---|---|
| 1 | BUS-0001 | 0.00 | 1 | 0.00 |
| 2 | BUS-0002 | 0.00 | 1 | 0.00 |
| 3 | BUS-0003 | 0.00 | 1 | 0.00 |
| 4 | BUS-0004 | 0.00 | 1 | 0.00 |
| 5 | CBL-0001 | 0.00 | 1 | 0.00 |
| 6 | T-0001 | 85.00 | 2 | 170.00 |
| 7 | XF2-0002 | 40.00 | 1 | 40.00 |
| 8 | UTIL-0001 | 0.00 | 1 | 0.00 |
| 9 | LOAD-0001 | 0.00 | 1 | 0.00 |
| 10 | MTRI-0001 | 0.00 | 1 | 0.00 |
| 11 | PD-0001 | 0.22 | 1 | 0.22 |
| 12 | PD-0002 | 7.50 | 1 | 7.50 |
| 13 | PD-0003 | 8.70 | 1 | 8.70 |
| 14 | PD-0004 | 1.40 | 1 | 1.40 |
| 15 | PD-0005 | 0.50 | 1 | 0.50 |
| 16 | PD-0006 | 20.00 | 1 | 20.00 |
| 17 | | | | |
| 18 | | | | |
| 19 | | | | |
| 20 | | | | |
| 21 | Total | | | 248.32 |

그림 19-23 Distribution System Installed Cost

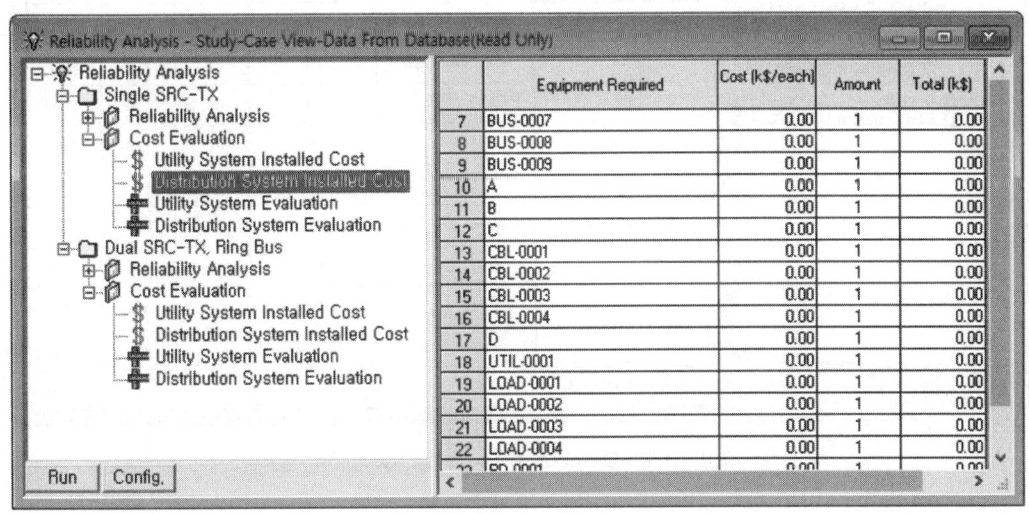


| | Equipment Required | Cost (k$/each) | Amount | Total (k$) |
|---|---|---|---|---|
| 7 | BUS-0007 | 0.00 | 1 | 0.00 |
| 8 | BUS-0008 | 0.00 | 1 | 0.00 |
| 9 | BUS-0009 | 0.00 | 1 | 0.00 |
| 10 | A | 0.00 | 1 | 0.00 |
| 11 | B | 0.00 | 1 | 0.00 |
| 12 | C | 0.00 | 1 | 0.00 |
| 13 | CBL-0001 | 0.00 | 1 | 0.00 |
| 14 | CBL-0002 | 0.00 | 1 | 0.00 |
| 15 | CBL-0003 | 0.00 | 1 | 0.00 |
| 16 | CBL-0004 | 0.00 | 1 | 0.00 |
| 17 | D | 0.00 | 1 | 0.00 |
| 18 | UTIL-0001 | 0.00 | 1 | 0.00 |
| 19 | LOAD-0001 | 0.00 | 1 | 0.00 |
| 20 | LOAD-0002 | 0.00 | 1 | 0.00 |
| 21 | LOAD-0003 | 0.00 | 1 | 0.00 |
| 22 | LOAD-0004 | 0.00 | 1 | 0.00 |

그림 19-24 Distribution System Installed Cost

(3) Distribution System Evaluation – Single Radial

"Single SRC-TX"의 아래쪽에 있는 "Distribution System Evaluation" 폴더로 이동한다. 기본적인 "Value"과 "Weights%"를 적용하는 그림 19-25의 "Reliability Dominated Weighting"를 선택한다. 다음 그림 19-26과 같은 배전시스템 평가결과가 나타난다. 다시 말하지만, 사용자는 각각의 기본적인 구성에서 배전시스템 설치비용 목록 또는 배전시스템 평가 "가치"와 "가중값%"를 사용자가 변경하여 정할 수 있으며, 저장하기 위하여 "Save As Template"를 선택한다.

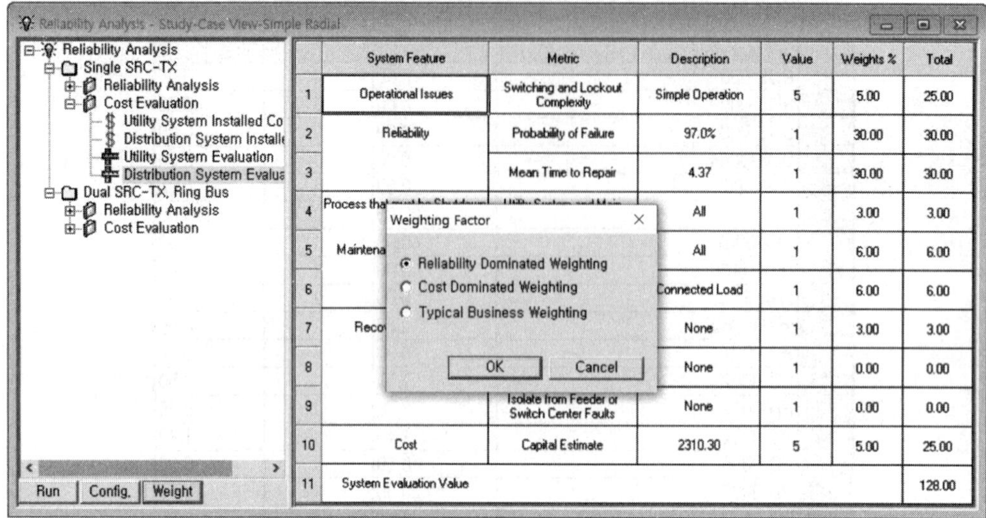


그림 19-25 Distribution System Evaluation – Weighting Factor

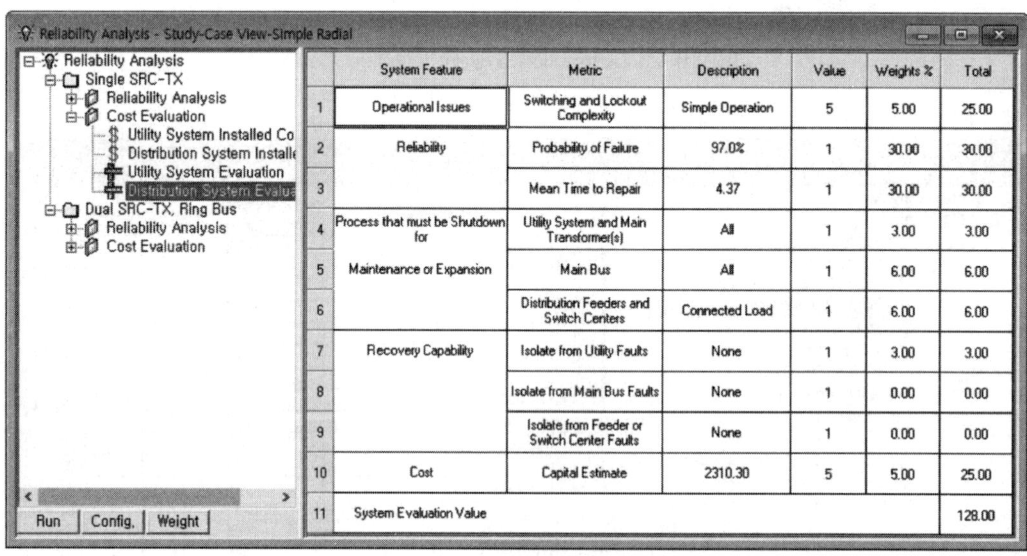


그림 19-26 Distribution System Evaluation

(4) Distribution System Installed Cost – Dual Supply Radial with Tie Breaker

비교의 목적은 "Dual SRC-TX, Ring Bus" Study 폴더에 대한 배전시스템 구성에서 "Dual Supply Radial with Tie Breaker"를 선택하고, Weighting Factor는 "Reliability Dominated Weighting"을 선택한다. "Single Radial"과 "Dual Supply Radial with Tie Breaker"의 배전시스템 구성은 설치비용이 $2,310,000에서 $3,088,000로 증가한 것을 보여준다. 그리고 전체 배전시스템 평가값이 128에서 268로 개선된다.

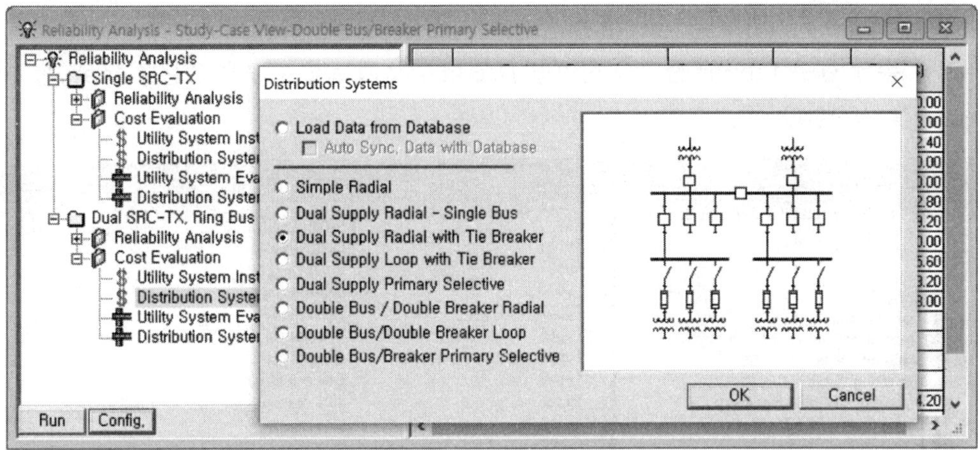


그림 19-27 Distribution System Installed Cost – 구성 선택

Reliability Analysis - Study-Case View-Dual Supply Radial-Tie Breaker

Reliability Analysis
- Single SRC-TX
  - Reliability Analysis
  - Cost Evaluation
    - Utility System Installed Cost
    - Distribution System Installed Cost
    - Utility System Evaluation
    - Distribution System Evaluation
- Dual SRC-TX, Ring Bus
  - Reliability Analysis
  - Cost Evaluation
    - Utility System Installed Cost
    - Distribution System Installed Cost
    - Utility System Evaluation
    - Distribution System Evaluation

Run | Config.

| | Equipment Required | Cost (k$/each) | Amount | Total (k$) |
|---|---|---|---|---|
| 1 | Main Transformer w/Prot. | 595.00 | 2 | 1190.00 |
| 2 | Bus Duct - Util to Swgr | 76.50 | 2 | 153.00 |
| 3 | MV Metering Section | 31.20 | 2 | 62.40 |
| 4 | MV Main Breaker Section | 33.80 | 2 | 67.60 |
| 5 | MV Tie Breaker Section | 42.00 | 1 | 42.00 |
| 6 | MV Feeder Breaker Sections | 34.40 | 6 | 206.40 |
| 7 | Crossover Bus | 13.20 | 0 | 0.00 |
| 8 | MV Switch Sections | 31.00 | 0 | 0.00 |
| 9 | 500 mcm VA Cable | 41.30 | 6 | 247.80 |
| 10 | Sub Primary Switches | 31.20 | 18 | 561.60 |
| 11 | Unit Transformes | 31.00 | 18 | 558.00 |
| 12 | | | | |
| 13 | | | | |
| 14 | | | | |
| 15 | | | | |
| 16 | Total | | | 3088.80 |
| 17 | | | | |
| 18 | | | | |

그림 19-28 Distribution System Installed Cost

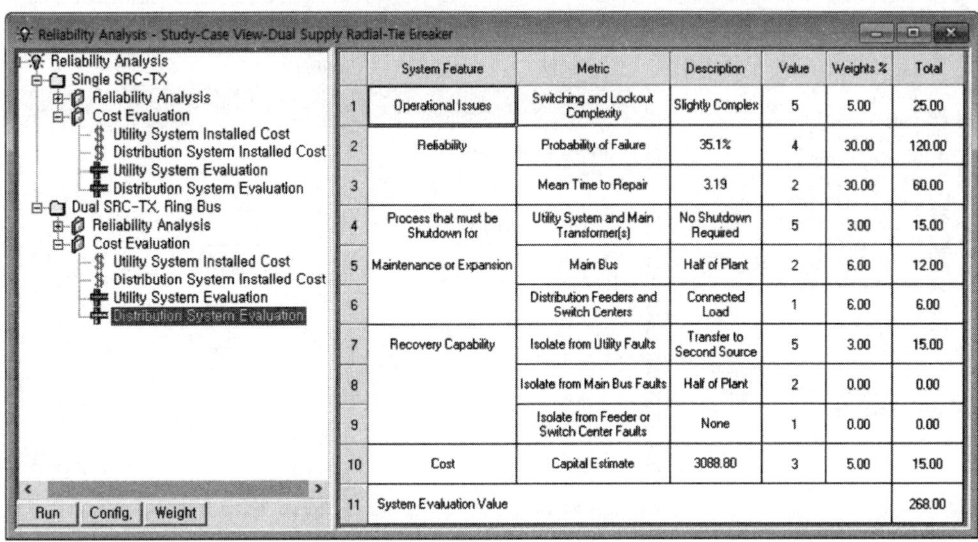


| | System Feature | Metric | Description | Value | Weights % | Total |
|---|---|---|---|---|---|---|
| 1 | Operational Issues | Switching and Lockout Complexity | Slightly Complex | 5 | 5.00 | 25.00 |
| 2 | Reliability | Probability of Failure | 35.1% | 4 | 30.00 | 120.00 |
| 3 | | Mean Time to Repair | 3.19 | 2 | 30.00 | 60.00 |
| 4 | Process that must be Shutdown for | Utility System and Main Transformer(s) | No Shutdown Required | 5 | 3.00 | 15.00 |
| 5 | Maintenance or Expansion | Main Bus | Half of Plant | 2 | 6.00 | 12.00 |
| 6 | | Distribution Feeders and Switch Centers | Connected Load | 1 | 6.00 | 6.00 |
| 7 | Recovery Capability | Isolate from Utility Faults | Transfer to Second Source | 5 | 3.00 | 15.00 |
| 8 | | Isolate from Main Bus Faults | Half of Plant | 2 | 0.00 | 0.00 |
| 9 | | Isolate from Feeder or Switch Center Faults | None | 1 | 0.00 | 0.00 |
| 10 | Cost | Capital Estimate | 3088.80 | 3 | 5.00 | 15.00 |
| 11 | System Evaluation Value | | | | | 268.00 |

그림 19-29 Distribution System Evaluation

### 3) Custom Damage Function Library

사용자 지정 손상 함수 Library를 표시하려면 Document 메뉴의 아래에 있는 Library를 선택하고 PTW Library를 선택한다.

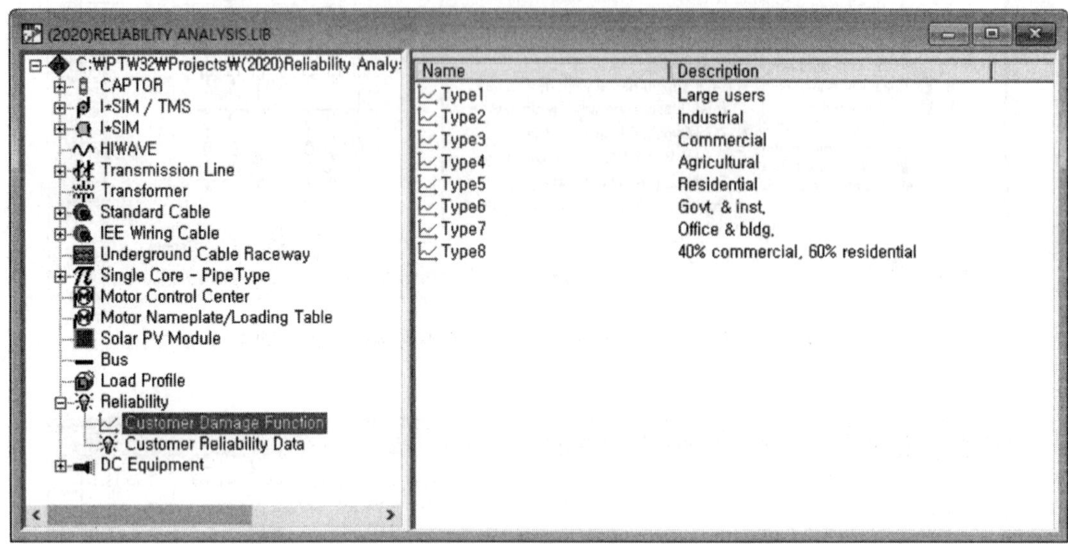


그림 19-30 Custom Damage Function Library

사용자는 다른 Library 유형으로부터 배운 모든 Library 관련 기능은 여기에 적용한다. 이들은 동일한 Library 또는 다른 Library들 사이에 복사와 붙여넣기를 포함한다.

전형적인 Customer Damage Function의 Library는 다음과 같다. 표의 각 행은 고장지속시간을 나타내고, 그것의 부하에 공급 가능한 전력이 공급되지 못한 매 kW에 대한 관련 비용이다. 표는 긴 고장기간이 비용이 증가하는 것을 보여준다. 예를 들어 일부 공정시설에서 전력의 적은 손실에서의 비용이 최소화 할 수 있지만, 보다 긴 전력손실에 대하여 생산손실 비용이 클 수 있다.

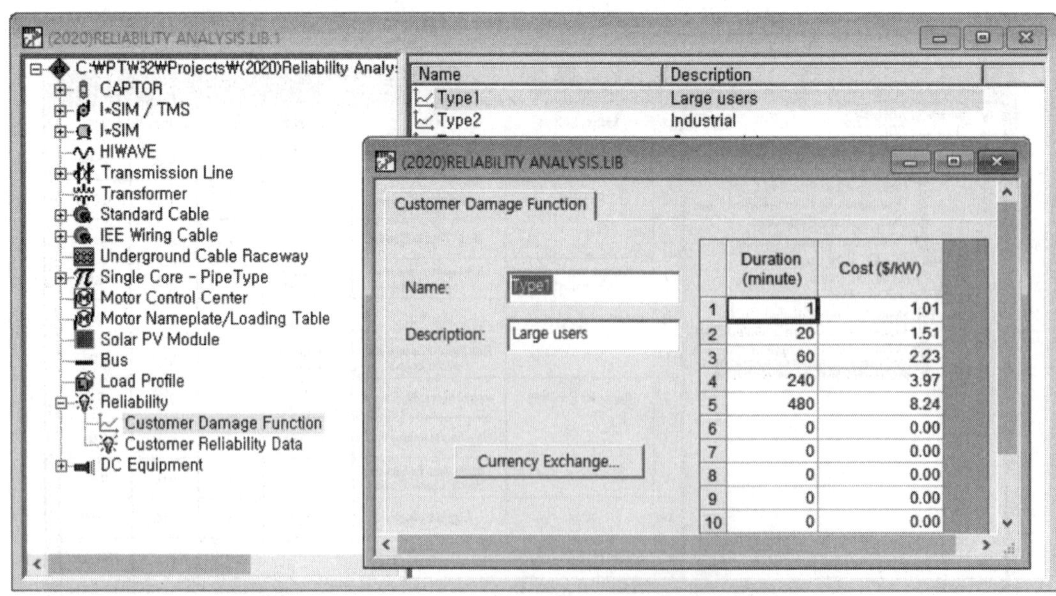


그림 19-31 Custom Damage Function

이러한 사용자 정의 Library를 갖는 장점은 정확하게 플랜트를 모델링하는 것을 사용자에게 허용한다. 사용자는 동일한 특성을 갖는 모든 부하에 동일한 Library를 선택할 수 있다. 사용자가 사용자의 손상 함수를 수정하거나 Update가 필요하다면, 사용자는 단순히 부하를 변경하지 않고 Library를 변경할 수 있다.

### 4) Custom Reliability Data Library

사용자 정의 신뢰도 데이터 Library는 사용자 지정 손상함수의 바로 다음에 있다.

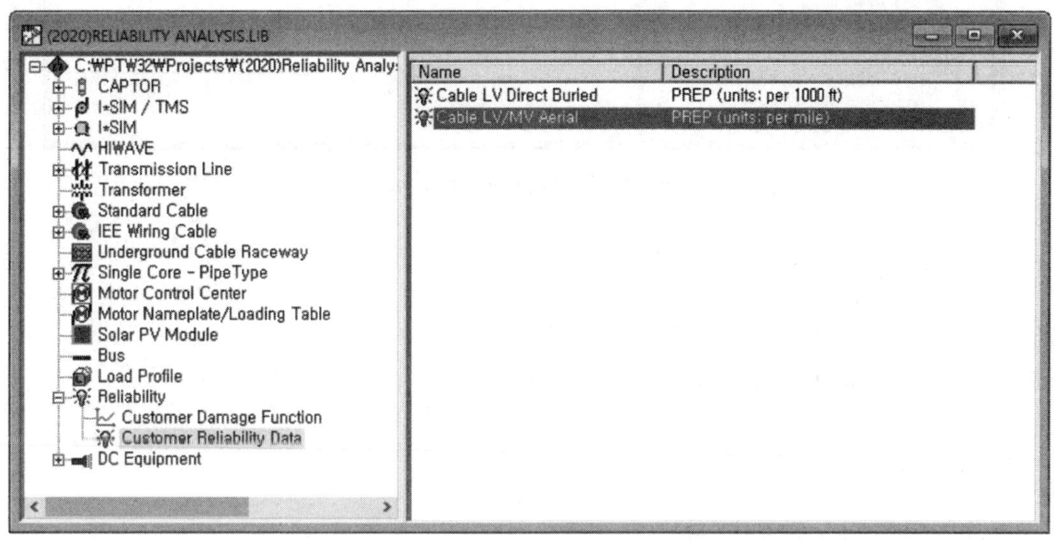


그림 19-32 Custom Reliability Data Library

기존에 있는 Library 항목의 긴 목록이 Program과 함께 제공된다. 대부분의 데이터는 IEEE 논문에 포함된 내용에서 온 것이다(저자명 : Peyton S. Hale와 Robert G. Arno, 제목 : 신뢰도, 전원 배전에 대한 가능성 정보, 발전, 상업적인 HVAC 구성, Utility 설치의 조사). Library는 완벽하게 사용자 정의로 하고 자신의 산업에 관련된 많은 과거 실적 데이터를 사용할 수 있도록 Updated 하여야 한다.

### 5) Reliability Data Page

모든 장비 유형에 대한 사용자 신뢰도 데이터는 동일한 Library에 보관된다. 그들을 구별할 수 있는 하위 카테고리는 없다. 그것은 사용자가 각 항목에 대하여 의미 있는 이름과 설명을 입력하는 것이 중요하다. 고장률 단위는 구성요소에 길이를 갖는 케이블과 송전선에 대하여 유용하다. Single Core 또는 Pipe Type의 Library를 사용하는 Pi-equivalent 역시 고장률 단위를 선택하는 조정 가능한 구성요소에서 길이를 가진다. 다른 모든 구성요소는 단순히 구성요소에 대한 연간 고장의 의미로 단위 없음을 선택한다.

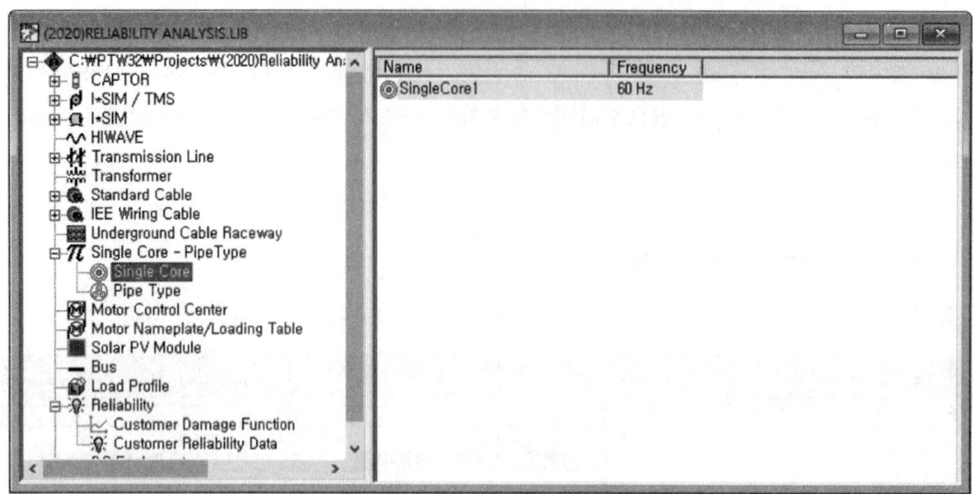


그림 19-33 Reliability Data Page

### (1) 고장률 에이징계수 방정식

고장률 에이징계수 방정식은 다음과 같이 정의한다.

Failure Rate Aging Factor = $C_5X^5 + C_4X^4 + C_3X^3 + C_2X^2 + C_1X^1 + C^0$

### (2) Total Failure Rate

총 고장률은 다음 식으로 계산한다.

Total Failure Rate = Failure Rate × Multiplying Factor × Failure Rate Aging Factor

### (3) 보수시간 에이징계수

보수시간 에이징계수 계산식은 다음과 같이 정의한다.

Repair Time Aging Factor = $C_5X^5 + C_4X^4 + C_3X^3 + C_2X^2 + C_1X^1 + C^0$

### (4) Total Repair Time

총 보수시간은 다음과 같이 계산한다.

Total Repair Time = Failure Rate × Multiplying Factor × Repair Time Aging Factor

그들은 "Failure Rate Aging Factor"의 페이지와 "Repair Time Aging Factor"의 페이지에서 입력된 과거 기록 데이터로부터 계산되기 때문에 매개변수 C5, C4, C3, C2, C1, C0은 사용할 수 없다. 2와 3페이지에서 과거 실적 데이터가 입력되지 않았다면 이 매개변수는 사용자가 입력하면 활성화 된다(7.0은 2, 3페이지에의 입력과 상관없이 활성화되어 있음)

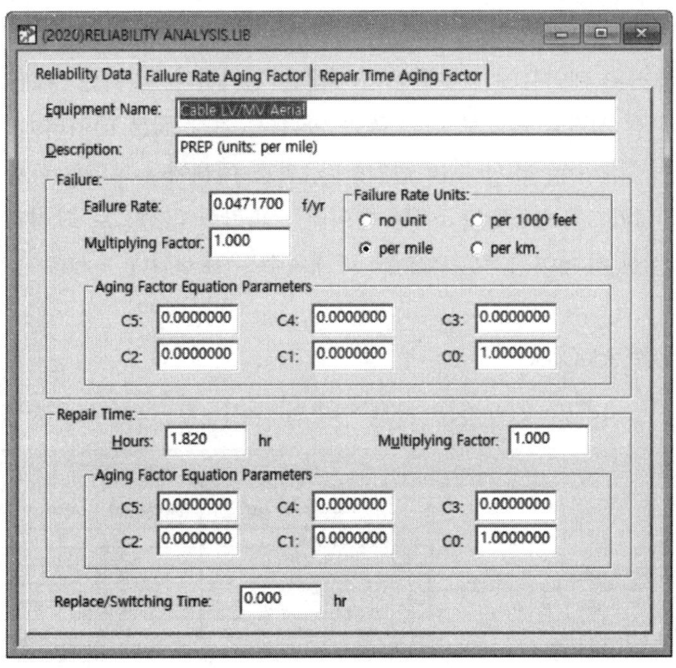


그림 19-34 Reliability Data

### 6) Failure Rate Aging Factor

연차(서비스의 사용연수)와 테이블에 연관된 고장률을 입력한다. 오래된 설비는 대부분의 경우 고장이 발생할 가능성이 높다. Aging Factor는 유지보수 및 환경 요인의 서로 다른 수준을 조정하기 위하여 사용된다. 가장 원본 데이터에 적합한 방정식의 매개변수 집합을 찾기 위하여 "Fitting Model"을 선택한다. 다음 예제에서 우리는 C4와 C5가 0을 의미하는 3-Order fitting model을 선택한다. 원본 데이터는 파란색 곡선으로 그려지고, 곡선 피팅 결과는 빨간색으로 그려지고, 계산된 에이징계수 계산식 매개변수는 표시된다.

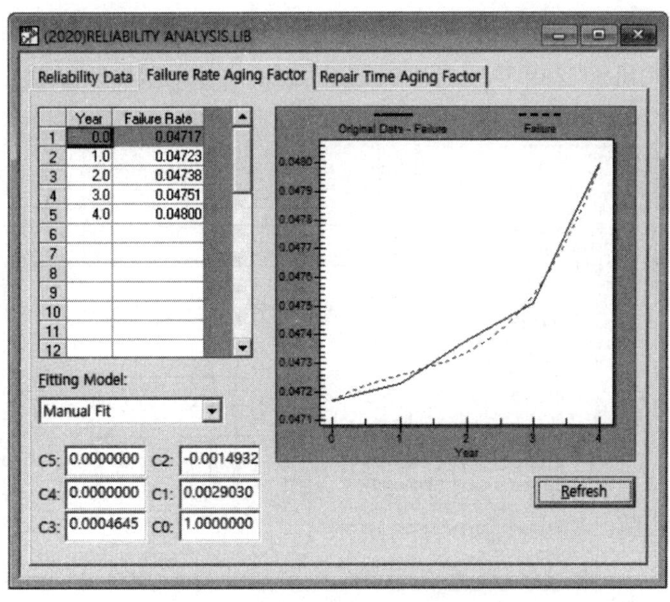


그림 19-35 Failure Rate Aging Factor

### 7) Repair Time Aging Factor

연차(서비스의 사용연수)와 테이블에 연관된 보수시간을 입력한다. 설비는 오랜 기간 사용한다고 할지라도 반드시 복구하는데 긴 시간을 필요로 하는 것은 아니다. 가장 원본 데이터에 적합한 방정식의 매개변수 집합을 찾기 위하여 "Fitting Model"을 선택한다. 다음 예제에서 우리는 C3, C4와 C5가 0을 의미하는 2-Order fitting model을 선택한다. 원본 데이터는 파란색 곡선으로 그려지고, 곡선 피팅 결과는 빨간색으로 그려지고, 계산된 에이징계수 계산식 매개변수는 표시된다.

#### (1) Utility System Installed Cost

utility system의 총 설치비용. 사용자는 기본 연결과 수정 데이터로부터 선택할 수 있다.

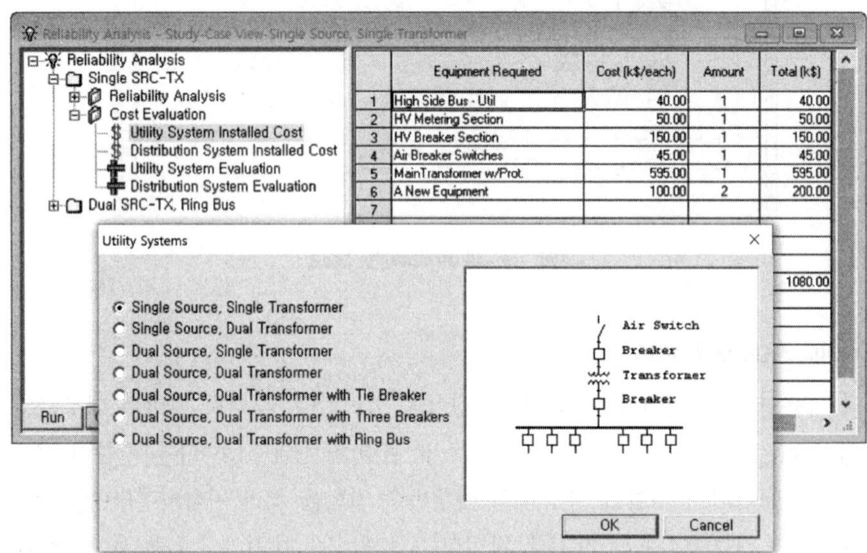


그림 19-36 Utility System Installed Cost

#### (2) Distribution System Install Cost

공급시스템의 총 설치비용. 사용자는 기본 연결과 수정 데이터로부터 선택할 수 있다.

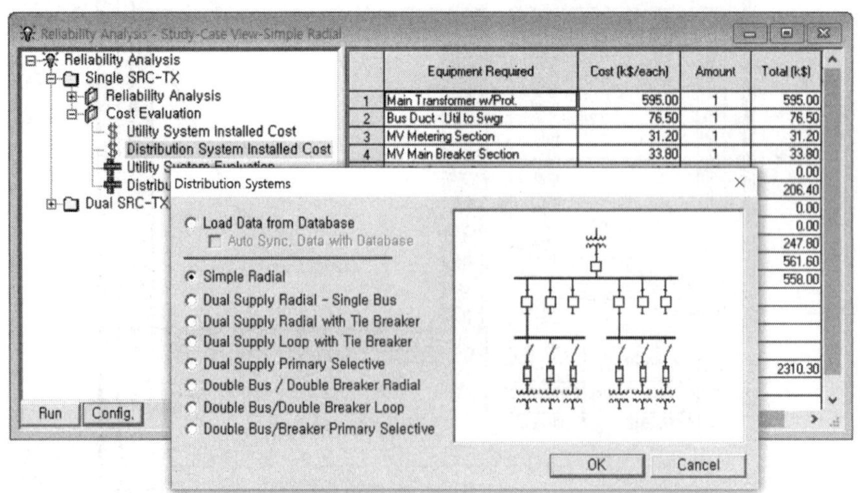


그림 19-37 Distribution System Install Cost

(3) Utility System Evaluation

많은 인자의 고려와 함께 사용자는 각 인자에 대한 가중값을 입력하거나 기본 가중값으로 구성된 기본 구성을 선택한다. 인자의 가중값은 상업적인의 필요에 의하여 수정할 수 있다.

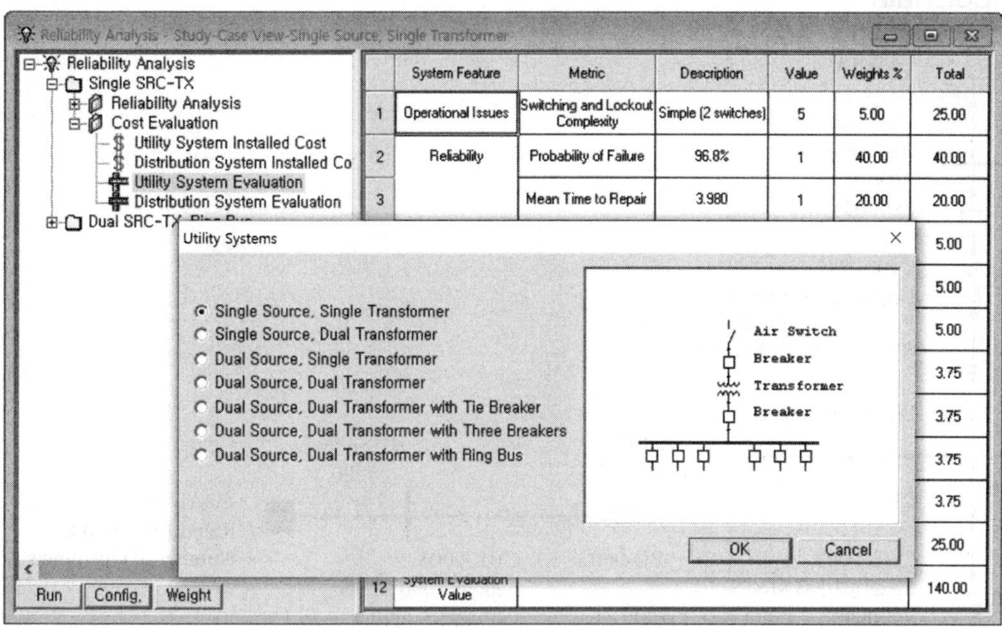


그림 19-38 Utility System Evaluation

(4) Distribution System Evaluation

많은 인자의 고려와 함께 사용자는 각 인자에 대한 가중값을 입력하거나 기본 가중치로 구성된 기본 구성을 선택한다. 인자의 가중값은 상업적인의 필요에 의하여 수정할 수 있다.

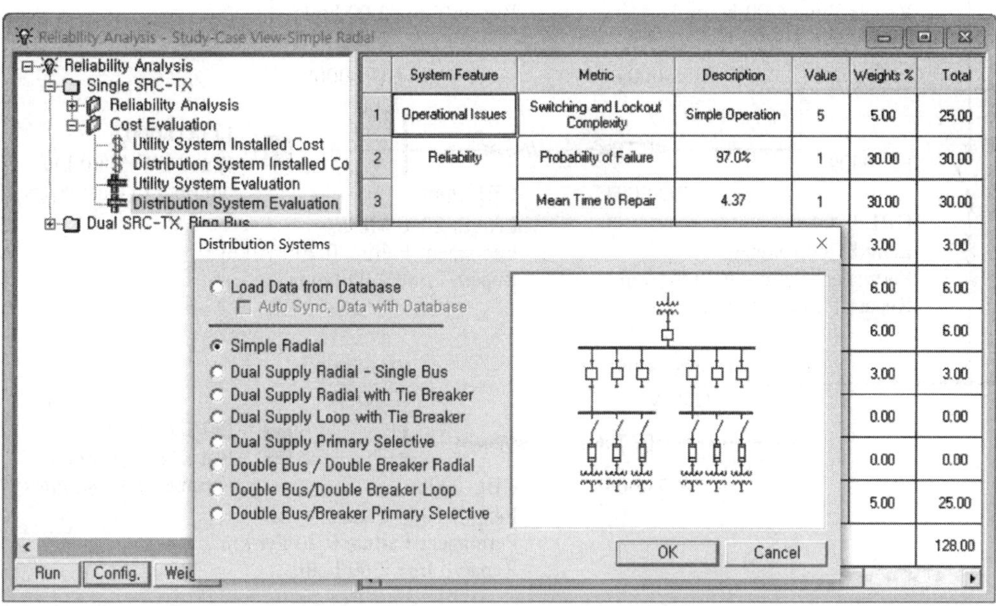


그림 19-39 Distribution System Evaluation

# 6 신뢰도 계산 예제

## 6.1 Input Data

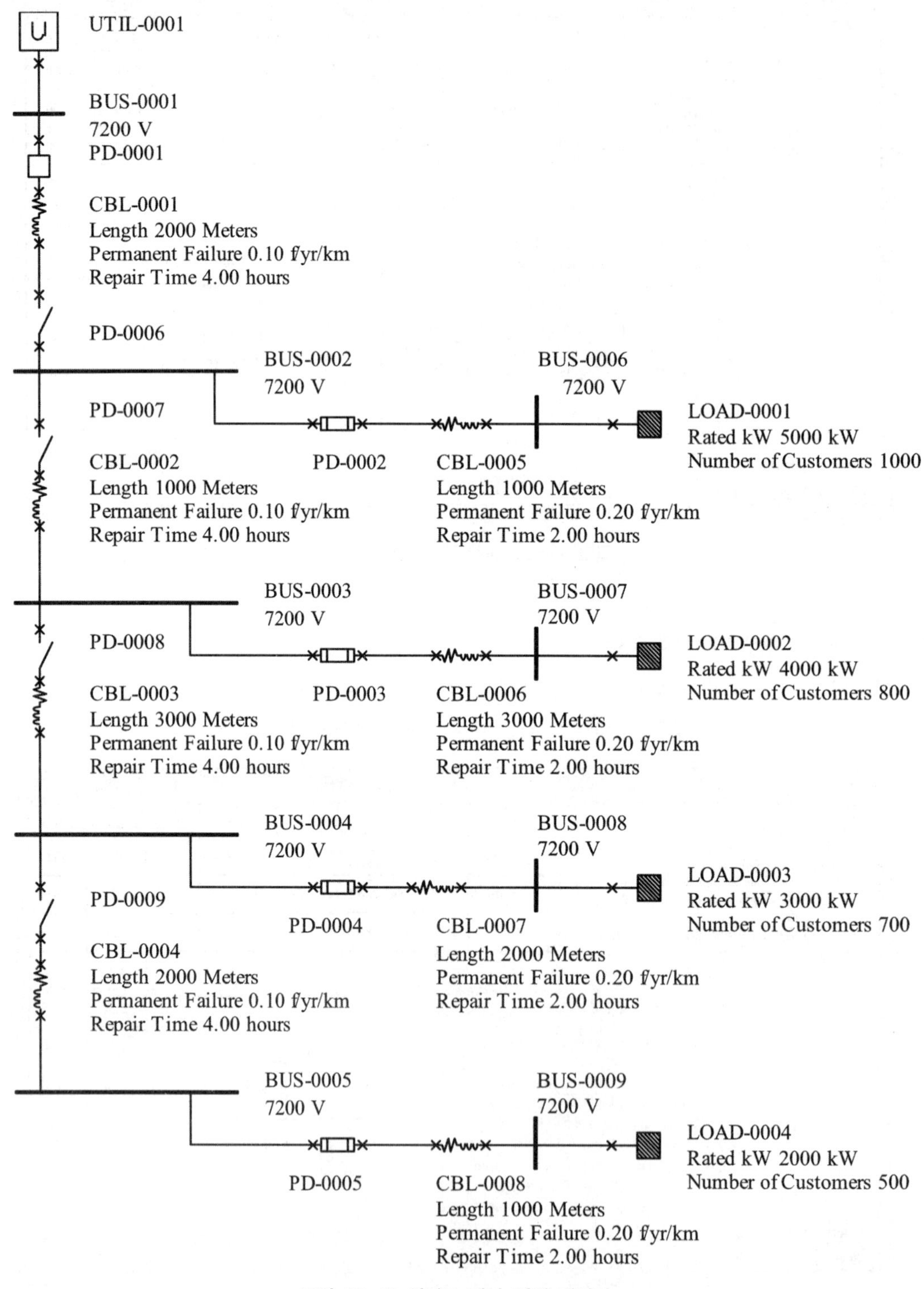


그림 19-40 신뢰도 계산 입력 데이터

### 1) Branch Data

| Cable | Length [m] | λ [f/yr] | r [hours] |
|---|---|---|---|
| CBL-0001 | 2,000 | 0.2 | 4 |
| CBL-0002 | 1,000 | 0.1 | 4 |
| CBL-0003 | 3,000 | 0.3 | 4 |
| CBL-0004 | 2,000 | 0.2 | 4 |
| CBL-0005 | 1,000 | 0.2 | 2 |
| CBL-0006 | 3,000 | 0.6 | 2 |
| CBL-0007 | 2,000 | 0.4 | 2 |
| CBL-0008 | 1,000 | 0.2 | 2 |

### 2) Load Data

| Load | 고객의 수 | 평균연결 부하전력 [kW] |
|---|---|---|
| Load-0001 | 1000 | 5000 |
| Load-0002 | 800 | 4000 |
| Load-0003 | 700 | 3000 |
| Load-0004 | 500 | 2000 |

### 3) Customer Damage Function Data(CDFD)

| 시간 [분] | 금액 [ $ /kW] |
|---|---|
| 0.017(1) | 0.1530 |
| 0.333(20) | 1.2434 |
| 0.5(30) | 1.8614 |
| 1(60) | 3.7100 |
| 2(120) | 7.5771 |
| 4(240) | 15.4752 |
| 8(480) | 42.6172 |

## 6.2 예제1 Fuse 없는 방사상 전력공급계통

### 1) 신뢰도 계산 설정

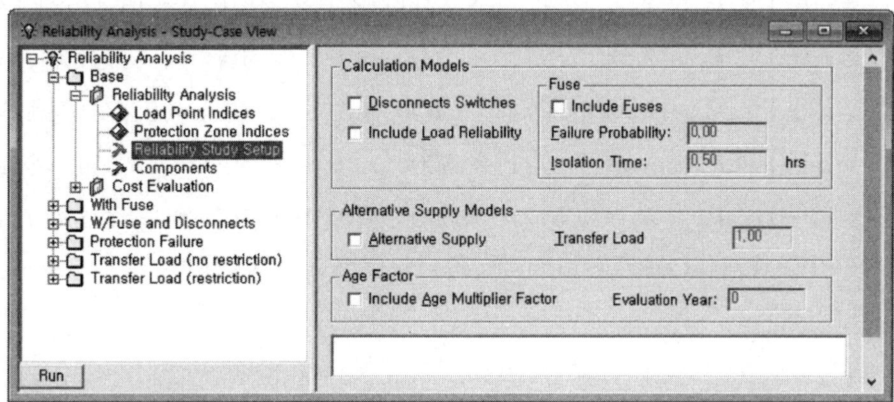


그림 19-41 Base Study Setup

## 2) 신뢰도 계산

### (1) Load Point LOAD-0001

① 연간고장 발생률($\lambda_L$)

$$\lambda_L = \Sigma\lambda_i = \lambda_1 + \lambda_2 + \lambda_3 + \lambda_4 + \lambda_5 + \lambda_6 + \lambda_7 + \lambda_8 = 2.2 \text{ f/yr}$$

② 연간정전시간($U_L$)

$$U_L = \Sigma(\lambda_i r_i) = \lambda_1 r_1 + \lambda_2 r_2 + \lambda_3 r_3 + \lambda_4 r_4 + \lambda_5 r_5 + \lambda_6 r_6 + \lambda_7 r_7 + \lambda_8 r_8 = 6.0 \text{ hr/yr}$$

③ 고장시간($r_L$)

$$r_L = \frac{U_L}{\lambda_L} = \frac{6.0}{2.2} = 2.727 \text{ hr}$$

④ Cost

Cost는 주어진 입력데이터인 고객피해함수 Data(CDFD)로부터 적용한다.

정전시간 4시간(240분) : 15.4752 $/kW

정전시간 2시간(120분) : 7.5771 $/kW

⑤ 평균연결 부하전력($P$) : 5000 kW

⑥ ECOST

Load Point LOAD-0001의 ECOST의 계산은 다음과 같다.

$\text{ECOST}_1 = c_1(r_1) \times P_1 \times \lambda_1 = 15.4752 \times 5000 \times 0.2 \times 10^{-3} = 15.4752 \text{ k\$/kW}$

$\text{ECOST}_2 = c_2(r_2) \times P_2 \times \lambda_2 = 15.4752 \times 5000 \times 0.1 \times 10^{-3} = 7.7376 \text{ k\$/kW}$

$\text{ECOST}_3 = c_3(r_3) \times P_3 \times \lambda_3 = 15.4752 \times 5000 \times 0.3 \times 10^{-3} = 23.2128 \text{ k\$/kW}$

$\text{ECOST}_4 = c_4(r_4) \times P_4 \times \lambda_4 = 15.4752 \times 5000 \times 0.2 \times 10^{-3} = 15.4752 \text{ k\$/kW}$

$\text{ECOST}_5 = c_5(r_5) \times P_5 \times \lambda_5 = 7.5771 \times 5000 \times 0.2 \times 10^{-3} = 7.5771 \text{ k\$/kW}$

$\text{ECOST}_6 = c_6(r_6) \times P_6 \times \lambda_6 = 7.5771 \times 5000 \times 0.6 \times 10^{-3} = 22.7313 \text{ k\$/kW}$

$\text{ECOST}_7 = c_7(r_7) \times P_7 \times \lambda_7 = 7.5771 \times 5000 \times 0.4 \times 10^{-3} = 15.1542 \text{ k\$/kW}$

$\text{ECOST}_8 = c_8(r_8) \times P_8 \times \lambda_8 = 7.5771 \times 5000 \times 0.2 \times 10^{-3} = 7.5771 \text{ k\$/kW}$

$\text{ECOST} = \text{ECOST}_1 + \text{ECOST}_2 + \text{ECOST}_3 + \cdots = 114.9405 \text{ k\$/kW}$

| 구분 | λ [f/yr] | r [hr] | U | Cost | ECOST |
|---|---|---|---|---|---|
| CBL-0001 | 0.2 | 4 | 0.8 | 15.4752 | 15.4752 |
| CBL-0002 | 0.1 | 4 | 0.4 | 15.4752 | 7.7376 |
| CBL-0003 | 0.3 | 4 | 1.2 | 15.4752 | 23.2128 |
| CBL-0004 | 0.2 | 4 | 0.8 | 15.4752 | 15.4752 |
| CBL-0005 | 0.2 | 2 | 0.4 | 7.5771 | 7.5771 |
| CBL-0006 | 0.6 | 2 | 1.2 | 7.5771 | 22.7313 |
| CBL-0007 | 0.4 | 2 | 0.8 | 7.5771 | 15.1542 |
| CBL-0008 | 0.2 | 2 | 0.4 | 7.5771 | 7.5771 |
| 합계 | 2.2 | 2.727 | 6.0 | | 114.9405 |

### (2) Load Point LOAD-0002

① 연간고장 발생률($\lambda_L$)

$$\lambda_L = \Sigma\lambda_i = \lambda_1 + \lambda_2 + \lambda_3 + \lambda_4 + \lambda_5 + \lambda_6 + \lambda_7 + \lambda_8 = 2.2 \text{ f/yr}$$

② 연간정전시간($U_L$)

$$U_L = \Sigma(\lambda_i r_i) = \lambda_1 r_1 + \lambda_2 r_2 + \lambda_3 r_3 + \lambda_4 r_4 + \lambda_5 r_5 + \lambda_6 r_6 + \lambda_7 r_7 + \lambda_8 r_8 = 6.0 \text{ hr/yr}$$

③ 고장시간($r_L$)

$$r_L = \frac{U_L}{\lambda_L} = \frac{6.0}{2.2} = 2.727 \text{ hr}$$

④ Cost

Cost는 주어진 입력데이터인 고객피해함수 Data(CDFD)로부터 적용한다.

정전시간 4시간(240분) : 15.4752 $/kW

정전시간 2시간(120분) : 7.5771 $/kW

⑤ 평균연결 부하전력($P$) : 4000 kW

⑥ ECOST

Load Point LOAD-0002의 ECOST의 계산은 다음과 같다.

$\text{ECOST}_1 = c_1(r_1) \times P_1 \times \lambda_1 = 15.4752 \times 4000 \times 0.2 \times 10^{-3} = 12.38016 \text{ k\$/kW}$

$\text{ECOST}_2 = c_2(r_2) \times P_2 \times \lambda_2 = 15.4752 \times 4000 \times 0.1 \times 10^{-3} = 6.19008 \text{ k\$/kW}$

$\text{ECOST}_3 = c_3(r_3) \times P_3 \times \lambda_3 = 15.4752 \times 4000 \times 0.3 \times 10^{-3} = 18.57024 \text{ k\$/kW}$

$\text{ECOST}_4 = c_4(r_4) \times P_4 \times \lambda_4 = 15.4752 \times 4000 \times 0.2 \times 10^{-3} = 12.38016 \text{ k\$/kW}$

$$\text{ECOST}_5 = c_5(r_5) \times P_5 \times \lambda_5 = 0\ 7.5771 \times 4000 \times 0.2 \times 10^{-3} = 6.06168\ \text{k\$/kW}$$
$$\text{ECOST}_6 = c_6(r_6) \times P_6 \times \lambda_6 = 7.5771 \times 4000 \times 0.6 \times 10^{-3} = 18.18504\ \text{k\$/kW}$$
$$\text{ECOST}_7 = c_7(r_7) \times P_7 \times \lambda_7 = 7.5771 \times 4000 \times 0.4 \times 10^{-3} = 12.12336\ \text{k\$/kW}$$
$$\text{ECOST}_8 = c_8(r_8) \times P_8 \times \lambda_8 = 7.5771 \times 4000 \times 0.2 \times 10^{-3} = 6.06168\ \text{k\$/kW}$$
$$\text{ECOST} = \text{ECOST}_1 + \text{ECOST}_2 + \text{ECOST}_3 + \cdots = 91.9524\ \text{k\$/kW}$$

| 구분 | λ [f/yr] | r [hr] | U | Cost | ECOST |
|---|---|---|---|---|---|
| CBL-0001 | 0.2 | 4 | 0.8 | 15.4752 | 12.38016 |
| CBL-0002 | 0.1 | 4 | 0.4 | 15.4752 | 6.19008 |
| CBL-0003 | 0.3 | 4 | 1.2 | 15.4752 | 18.57024 |
| CBL-0004 | 0.2 | 4 | 0.8 | 15.4752 | 12.38016 |
| CBL-0005 | 0.2 | 2 | 0.4 | 7.5771 | 6.06168 |
| CBL-0006 | 0.6 | 2 | 1.2 | 7.5771 | 18.18504 |
| CBL-0007 | 0.4 | 2 | 0.8 | 7.5771 | 12.12336 |
| CBL-0008 | 0.2 | 2 | 0.4 | 7.5771 | 6.06168 |
| 합계 | 2.2 | 2.727 | 6.0 | | 91.9524 |

(3) Load Point LOAD-0003

① 연간고장 발생률($\lambda_L$)

$$\lambda_L = \Sigma\lambda_i = \lambda_1 + \lambda_2 + \lambda_3 + \lambda_4 + \lambda_5 + \lambda_6 + \lambda_7 + \lambda_8 = 2.2\ \text{f/yr}$$

② 연간정전시간($U_L$)

$$U_L = \Sigma(\lambda_i\, r_i) = \lambda_1 r_1 + \lambda_2 r_2 + \lambda_3 r_3 + \lambda_4 r_4 + \lambda_5 r_5 + \lambda_6 r_6 + \lambda_7 r_7 + \lambda_8 r_8 = 6.0\ \text{hr/yr}$$

③ 고장시간($r_L$)

$$r_L = \frac{U_L}{\lambda_L} = \frac{6.0}{2.2} = 2.727\ \text{hr}$$

④ Cost

Cost는 주어진 입력데이터인 고객피해함수 Data(CDFD)로부터 적용한다.
정전시간 4시간(240분) : 15.4752 \$/kW
정전시간 2시간(120분) : 7.5771 \$/kW

⑤ 평균연결 부하전력($P$) : 3000 kW

⑥ ECOST

Load Point LOAD-0003의 ECOST의 계산은 다음과 같다.

$ECOST_1 = c_1(r_1) \times P_1 \times \lambda_1 = 15.4752 \times 3000 \times 0.2 \times 10^{-3} = 9.28512\ k\$/kW$

$ECOST_2 = c_2(r_2) \times P_2 \times \lambda_2 = 15.4752 \times 3000 \times 0.1 \times 10^{-3} = 4.64256\ k\$/kW$

$ECOST_3 = c_3(r_3) \times P_3 \times \lambda_3 = 15.4752 \times 3000 \times 0.3 \times 10^{-3} = 13.92768\ k\$/kW$

$ECOST_4 = c_4(r_4) \times P_4 \times \lambda_4 = 15.4752 \times 3000 \times 0.2 \times 10^{-3} = 9.28512\ k\$/kW$

$ECOST_5 = c_5(r_5) \times P_5 \times \lambda_5 = 7.5771 \times 3000 \times 0.2 \times 10^{-3} = 4.54626\ k\$/kW$

$ECOST_6 = c_6(r_6) \times P_6 \times \lambda_6 = 7.5771 \times 3000 \times 0.6 \times 10^{-3} = 13.63878\ k\$/kW$

$ECOST_7 = c_7(r_7) \times P_7 \times \lambda_7 = 7.5771 \times 3000 \times 0.4 \times 10^{-3} = 9.09252\ k\$/kW$

$ECOST_8 = c_8(r_8) \times P_8 \times \lambda_8 = 7.5771 \times 3000 \times 0.2 \times 10^{-3} = 4.54626\ k\$/kW$

$ECOST = ECOST_1 + ECOST_2 + ECOST_3 + \cdots = 68.9643\ k\$/kW$

| 구분 | λ[f/yr] | r[hr] | U | Cost | ECOST |
|---|---|---|---|---|---|
| CBL-0001 | 0.2 | 4 | 0.8 | 15.4752 | 9.28512 |
| CBL-0002 | 0.1 | 4 | 0.4 | 15.4752 | 4.64256 |
| CBL-0003 | 0.3 | 4 | 1.2 | 15.4752 | 13.92768 |
| CBL-0004 | 0.2 | 4 | 0.8 | 15.4752 | 9.28512 |
| CBL-0005 | 0.2 | 2 | 0.4 | 7.5771 | 4.54626 |
| CBL-0006 | 0.6 | 2 | 1.2 | 7.5771 | 13.63878 |
| CBL-0007 | 0.4 | 2 | 0.8 | 7.5771 | 9.09252 |
| CBL-0008 | 0.2 | 2 | 0.4 | 7.5771 | 4.54626 |
| 합계 | 2.2 | 2.727 | 6.0 | | 68.9643 |

(4) Load Point LOAD-0004

① 연간고장 발생률($\lambda_L$)

$$\lambda_L = \sum \lambda_i = \lambda_1 + \lambda_2 + \lambda_3 + \lambda_4 + \lambda_5 + \lambda_6 + \lambda_7 + \lambda_8 = 2.2\ \text{f/yr}$$

② 연간정전시간($U_L$)

$$U_L = \sum(\lambda_i r_i) = \lambda_1 r_1 + \lambda_2 r_2 + \lambda_3 r_3 + \lambda_4 r_4 + \lambda_5 r_5 + \lambda_6 r_6 + \lambda_7 r_7 + \lambda_8 r_8 = 6.0\ \text{hr/yr}$$

③ 고장시간($r_L$)

$$r_L = \frac{U_L}{\lambda_L} = \frac{6.0}{2.2} = 2.727\ \text{hr}$$

④ Cost

Cost는 주어진 입력데이터인 고객피해함수 Data(CDFD)로부터 적용한다.

정전시간 4시간(240분) : 15.4752 $/kW
정전시간 2시간(120분) : 7.5771 $/kW

⑤ 평균연결 부하전력($P$) : 2000 kW

⑥ ECOST

Load Point LOAD-0004의 ECOST의 계산은 다음과 같다.

$\text{ECOST}_1 = c_1(r_1) \times P_1 \times \lambda_1 = 15.4752 \times 2000 \times 0.2 \times 10^{-3} = 6.19008$ k$/kW

$\text{ECOST}_2 = c_2(r_2) \times P_2 \times \lambda_2 = 15.4752 \times 2000 \times 0.1 \times 10^{-3} = 3.09504$ k$/kW

$\text{ECOST}_3 = c_3(r_3) \times P_3 \times \lambda_3 = 15.4752 \times 2000 \times 0.3 \times 10^{-3} = 9.28512$ k$/kW

$\text{ECOST}_4 = c_4(r_4) \times P_4 \times \lambda_4 = 15.4752 \times 2000 \times 0.2 \times 10^{-3} = 6.19008$ k$/kW

$\text{ECOST}_5 = c_5(r_5) \times P_5 \times \lambda_5 = 7.5771 \times 2000 \times 0.2 \times 10^{-3} = 3.03084$ k$/kW

$\text{ECOST}_6 = c_6(r_6) \times P_6 \times \lambda_6 = 7.5771 \times 2000 \times 0.6 \times 10^{-3} = 9.09252$ k$/kW

$\text{ECOST}_7 = c_7(r_7) \times P_7 \times \lambda_7 = 7.5771 \times 2000 \times 0.4 \times 10^{-3} = 6.06168$ k$/kW

$\text{ECOST}_8 = c_8(r_8) \times P_8 \times \lambda_8 = 7.5771 \times 2000 \times 0.2 \times 10^{-3} = 3.03084$ k$/kW

$\text{ECOST} = \text{ECOST}_1 + \text{ECOST}_2 + \text{ECOST}_3 + \cdots = 45.9762$ k$/kW

| 구분 | λ [f/yr] | r [hr] | U | Cost | ECOST |
|---|---|---|---|---|---|
| CBL-0001 | 0.2 | 4 | 0.8 | 15.4752 | 6.19008 |
| CBL-0002 | 0.1 | 4 | 0.4 | 15.4752 | 3.09504 |
| CBL-0003 | 0.3 | 4 | 1.2 | 15.4752 | 9.28512 |
| CBL-0004 | 0.2 | 4 | 0.8 | 15.4752 | 6.19008 |
| CBL-0005 | 0.2 | 2 | 0.4 | 7.5771 | 3.03084 |
| CBL-0006 | 0.6 | 2 | 1.2 | 7.5771 | 9.09252 |
| CBL-0007 | 0.4 | 2 | 0.8 | 7.5771 | 6.06168 |
| CBL-0008 | 0.2 | 2 | 0.4 | 7.5771 | 3.03084 |
| 합계 | 2.2 | 2.727 | 6.0 | | 45.9762 |

### 3) Data Block Report

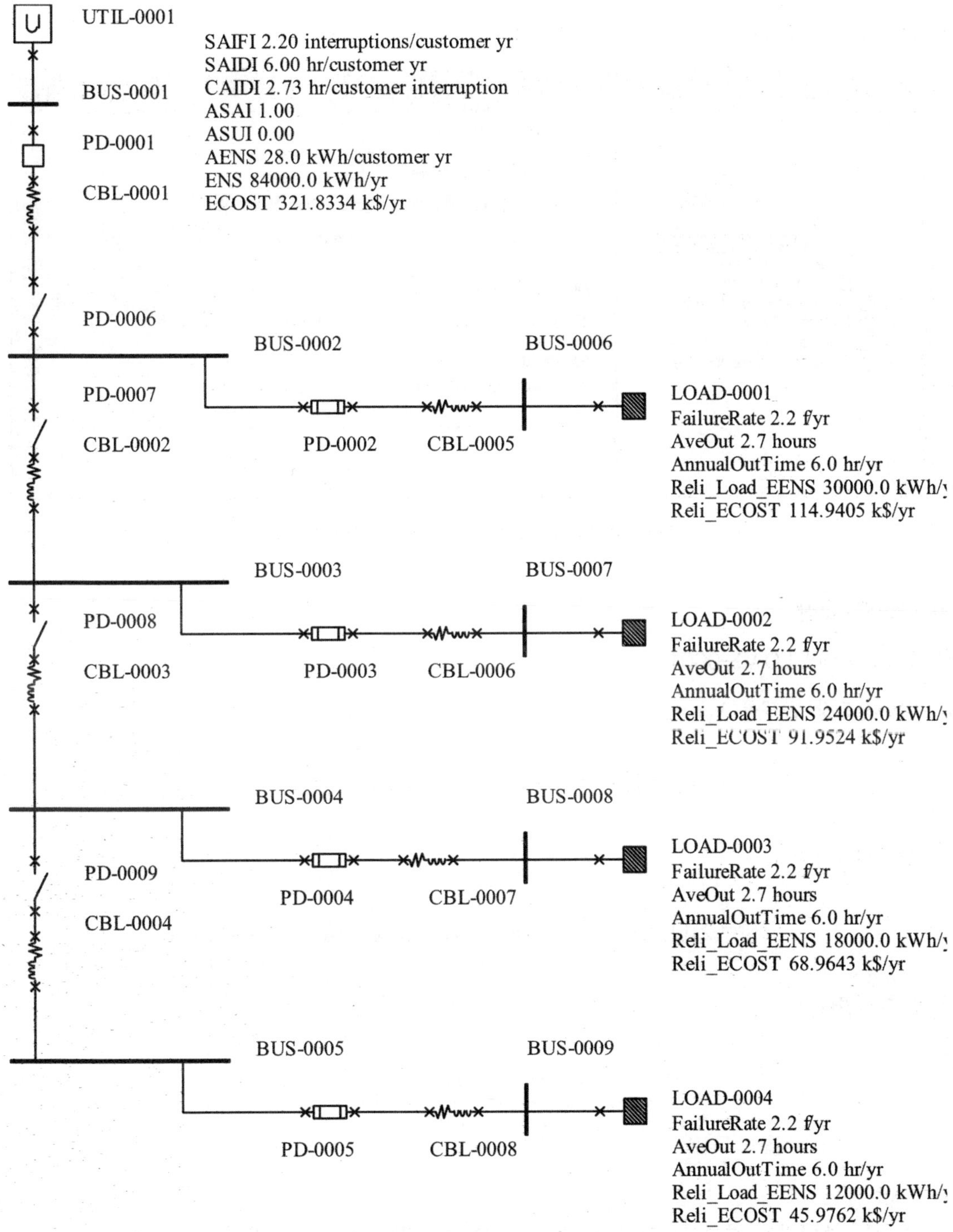

UTIL-0001

SAIFI 2.20 interruptions/customer yr
SAIDI 6.00 hr/customer yr
CAIDI 2.73 hr/customer interruption
ASAI 1.00
ASUI 0.00
AENS 28.0 kWh/customer yr
ENS 84000.0 kWh/yr
ECOST 321.8334 k$/yr

BUS-0001
PD-0001
CBL-0001
PD-0006
BUS-0002
BUS-0006
PD-0007
CBL-0002
PD-0002
CBL-0005

LOAD-0001
FailureRate 2.2 f/yr
AveOut 2.7 hours
AnnualOutTime 6.0 hr/yr
Reli_Load_EENS 30000.0 kWh/y
Reli_ECOST 114.9405 k$/yr

BUS-0003
BUS-0007
PD-0008
CBL-0003
PD-0003
CBL-0006

LOAD-0002
FailureRate 2.2 f/yr
AveOut 2.7 hours
AnnualOutTime 6.0 hr/yr
Reli_Load_EENS 24000.0 kWh/y
Reli_ECOST 91.9524 k$/yr

BUS-0004
BUS-0008
PD-0009
CBL-0004
PD-0004
CBL-0007

LOAD-0003
FailureRate 2.2 f/yr
AveOut 2.7 hours
AnnualOutTime 6.0 hr/yr
Reli_Load_EENS 18000.0 kWh/y
Reli_ECOST 68.9643 k$/yr

BUS-0005
BUS-0009
PD-0005
CBL-0008

LOAD-0004
FailureRate 2.2 f/yr
AveOut 2.7 hours
AnnualOutTime 6.0 hr/yr
Reli_Load_EENS 12000.0 kWh/y
Reli_ECOST 45.9762 k$/yr

그림 19-42 Base Study Data Block Report

## 6.3 예제2 측면 Fuse의 효과

### 1) 신뢰도 계산 설정

신뢰도 계산을 수행하기 위하여 다음 그림과 같이 Fuse를 설정한다.

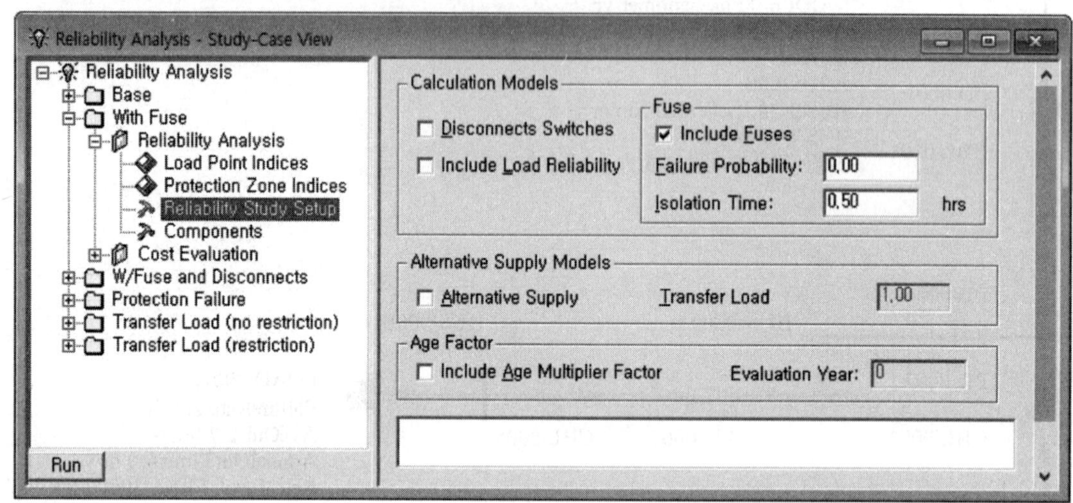


그림 19-43 Reliability Study Setup(With Fuse)

### 2) 신뢰도 계산

(1) Load Point LOAD-0001

① 연년간고장 발생률($\lambda_L$)

$$\lambda_L = \Sigma\lambda_i = \lambda_1 + \lambda_2 + \lambda_3 + \lambda_4 + \lambda_5 = 1.0 \text{ f/yr}$$

② 연간정전시간($U_L$)

$$U_L = \Sigma(\lambda_i r_i) = \lambda_1 r_1 + \lambda_2 r_2 + \lambda_3 r_3 + \lambda_4 r_4 + \lambda_5 r_5 = 3.6 \text{ hr/yr}$$

③ 고장시간($r_L$)

$$r_L = \frac{U_L}{\lambda_L} = \frac{3.6}{1.0} = 3.6 \text{ hr}$$

④ Cost

Cost는 주어진 입력데이터인 고객피해함수 Data(CDFD)로부터 적용한다.
정전시간 4시간(240분) : 15.4752 $/kW
정전시간 2시간(120분) : 7.5771 $/kW

⑤ 평균연결 부하전력($P$) : 5000 kW

⑥ ECOST

Load Point LOAD-0001의 ECOST의 계산은 다음과 같다.

$\text{ECOST}_1 = c_1(r_1) \times P_1 \times \lambda_1 = 15.4752 \times 5000 \times 0.2 \times 10^{-3} = 15.4752\ \text{k\$/kW}$

$\text{ECOST}_2 = c_2(r_2) \times P_2 \times \lambda_2 = 15.4752 \times 5000 \times 0.1 \times 10^{-3} = 7.7376\ \text{k\$/kW}$

$\text{ECOST}_3 = c_3(r_3) \times P_3 \times \lambda_3 = 15.4752 \times 5000 \times 0.3 \times 10^{-3} = 23.2128\ \text{k\$/kW}$

$\text{ECOST}_4 = c_4(r_4) \times P_4 \times \lambda_4 = 15.4752 \times 5000 \times 0.2 \times 10^{-3} = 15.4752\ \text{k\$/kW}$

$\text{ECOST}_5 = c_5(r_5) \times P_5 \times \lambda_5 = 7.5771 \times 5000 \times 0.2 \times 10^{-3} = 7.5771\ \text{k\$/kW}$

$\text{ECOST} = \text{ECOST}_1 + \text{ECOST}_2 + \text{ECOST}_3 + \cdots = 69.4779\ \text{k\$/kW}$

| 구분 | λ[f/yr] | r [hr] | U | Cost | ECOST |
|---|---|---|---|---|---|
| CBL-0001 | 0.2 | 4 | 0.8 | 15.4752 | 15.4752 |
| CBL-0002 | 0.1 | 4 | 0.4 | 15.4752 | 7.7376 |
| CBL-0003 | 0.3 | 4 | 1.2 | 15.4752 | 23.2128 |
| CBL-0004 | 0.2 | 4 | 0.8 | 15.4752 | 15.4752 |
| CBL-0005 | 0.2 | 2 | 0.4 | 7.5771 | 7.5771 |
| 합계 | 1.0 | 3.6 | 3.6 | | 69.4779 |

(2) Load Point LOAD-0002

① 연간고장 발생률($\lambda_L$)

$$\lambda_L = \Sigma\lambda_i = \lambda_1 + \lambda_2 + \lambda_3 + \lambda_4 + \lambda_6 = 1.4\ \text{f/yr}$$

② 연간정전시간($U_L$)

$$U_L = \Sigma(\lambda_i r_i) = \lambda_1 r_1 + \lambda_2 r_2 + \lambda_3 r_3 + \lambda_4 r_4 + \lambda_6 r_6 = 4.4\ \text{hr/yr}$$

③ 고장시간($r_L$)

$$r_L = \frac{U_L}{\lambda_L} = \frac{4.4}{1.4} = 3.143\ \text{hr}$$

④ Cost

Cost는 주어진 입력데이터인 고객피해함수 Data(CDFD)로부터 적용한다.

정전시간 4시간(240분) : 15.4752 \$/kW

정전시간 2시간(120분) : 7.5771 \$/kW

⑤ 평균연결 부하전력($P$) : 4000 kW

⑥ ECOST

Load Point LOAD-0002의 ECOST의 계산은 다음과 같다.

$ECOST_1 = c_1(r_1) \times P_1 \times \lambda_1 = 15.4752 \times 4000 \times 0.2 \times 10^{-3} = 12.38016$ k$/kW

$ECOST_2 = c_2(r_2) \times P_2 \times \lambda_2 = 15.4752 \times 4000 \times 0.1 \times 10^{-3} = 6.19008$ k$/kW

$ECOST_3 = c_3(r_3) \times P_3 \times \lambda_3 = 15.4752 \times 4000 \times 0.3 \times 10^{-3} = 18.57024$ k$/kW

$ECOST_4 = c_4(r_4) \times P_4 \times \lambda_4 = 15.4752 \times 4000 \times 0.2 \times 10^{-3} = 12.38016$ k$/kW

$ECOST_6 = c_6(r_6) \times P_6 \times \lambda_6 = 7.5771 \times 4000 \times 0.6 \times 10^{-3} = 18.18504$ k$/kW

$ECOST = ECOST_1 + ECOST_2 + ECOST_3 + \cdots = 67.7057$ [k$/kW]

| 구분 | λ[f/yr] | r [hr] | U | Cost | ECOST |
|---|---|---|---|---|---|
| CBL-0001 | 0.2 | 4 | 0.8 | 15.4752 | 12.38016 |
| CBL-0002 | 0.1 | 4 | 0.4 | 15.4752 | 6.19008 |
| CBL-0003 | 0.3 | 4 | 1.2 | 15.4752 | 18.57024 |
| CBL-0004 | 0.2 | 4 | 0.8 | 15.4752 | 12.38016 |
| CBL-0006 | 0.6 | 2 | 1.2 | 7.5771 | 18.18504 |
| 합계 | 1.4 | 3.143 | 4.4 | | 67.7057 |

(3) Load Point LOAD-0003

① 연간고장 발생률($\lambda_L$)

$$\lambda_L = \Sigma\lambda_i = \lambda_1 + \lambda_2 + \lambda_3 + \lambda_4 + \lambda_7 = 1.2 \text{ f/yr}$$

② 연간정전시간($U_L$)

$$U_L = \Sigma(\lambda_i r_i) = \lambda_1 r_1 + \lambda_2 r_2 + \lambda_3 r_3 + \lambda_4 r_4 + \lambda_7 r_7 = 4.0 \text{ hr/yr}$$

③ 고장시간($r_L$)

$$r_L = \frac{U_L}{\lambda_L} = \frac{4.0}{1.2} = 3.333 \text{ hr}$$

④ Cost

Cost는 주어진 입력데이터인 고객피해함수 Data(CDFD)로부터 적용한다.

정전시간 4시간(240분) : 15.4752 $/kW

정전시간 2시간(120분) : 7.5771 $/kW

⑤ 평균연결 부하전력($P$) : 3000 kW

⑥ ECOST

Load Point LOAD-0003의 ECOST의 계산은 다음과 같다.

$ECOST_1 = c_1(r_1) \times P_1 \times \lambda_1 = 15.4752 \times 3000 \times 0.2 \times 10^{-3} = 9.28512$ k$/kW

$ECOST_2 = c_2(r_2) \times P_2 \times \lambda_2 = 15.4752 \times 3000 \times 0.1 \times 10^{-3} = 4.64256$ k$/kW

$ECOST_3 = c_3(r_3) \times P_3 \times \lambda_3 = 15.4752 \times 3000 \times 0.3 \times 10^{-3} = 13.92768$ k$/kW

$ECOST_4 = c_4(r_4) \times P_4 \times \lambda_4 = 15.4752 \times 3000 \times 0.2 \times 10^{-3} = 9.28512$ k$/kW

$ECOST_7 = c_7(r_7) \times P_7 \times \lambda_7 = 7.5771 \times 3000 \times 0.4 \times 10^{-3} = 9.09252$ k$/kW

$ECOST = ECOST_1 + ECOST_2 + ECOST_3 + \cdots = 46.2330$ k$/kW

| 구분 | λ[f/yr] | r[hr] | U | Cost | ECOST |
|---|---|---|---|---|---|
| CBL-0001 | 0.2 | 4 | 0.8 | 15.4752 | 9.28512 |
| CBL-0002 | 0.1 | 4 | 0.4 | 15.4752 | 4.64256 |
| CBL-0003 | 0.3 | 4 | 1.2 | 15.4752 | 13.92768 |
| CBL-0004 | 0.2 | 4 | 0.8 | 15.4752 | 9.28512 |
| CBL-0007 | 0.4 | 2 | 0.8 | 7.5771 | 9.09252 |
| 합계 | 1.2 | 3.333 | 4.0 | | 46.2330 |

(4) Load Point LOAD-0004

① 연간고장 발생률($\lambda_L$)

$$\lambda_L = \Sigma\lambda_i = \lambda_1 + \lambda_2 + \lambda_3 + \lambda_4 + \lambda_8 = 1.0 \text{ f/yr}$$

② 연간정전시간($U_L$)

$$U_L = \Sigma(\lambda_i r_i) = \lambda_1 r_1 + \lambda_2 r_2 + \lambda_3 r_3 + \lambda_4 r_4 + \lambda_8 r_8 = 3.6 \text{ hr/yr}$$

③ 고장시간($r_L$)

$$r_L = \frac{U_L}{\lambda_L} = \frac{3.6}{1.0} = 3.6 \text{ hr}$$

④ Cost

Cost는 주어진 입력데이터인 고객피해함수 Data(CDFD)로부터 적용한다.

정전시간 4시간(240분) : 15.4752 $/kW

정전시간 2시간(120분) : 7.5771 $/kW

⑤ 평균연결 부하전력($P$) : 2000 kW

⑥ ECOST

Load Point LOAD-0004의 ECOST의 계산은 다음과 같다.

$\mathrm{ECOST}_1 = c_1(r_1) \times P_1 \times \lambda_1 = 15.4752 \times 2000 \times 0.2 \times 10^{-3} = 6.19008\ \mathrm{k\$/kW}$

$\mathrm{ECOST}_2 = c_2(r_2) \times P_2 \times \lambda_2 = 15.4752 \times 2000 \times 0.1 \times 10^{-3} = 3.09504\ \mathrm{k\$/kW}$

$\mathrm{ECOST}_3 = c_3(r_3) \times P_3 \times \lambda_3 = 15.4752 \times 2000 \times 0.3 \times 10^{-3} = 9.28512\ \mathrm{k\$/kW}$

$\mathrm{ECOST}_4 = c_4(r_4) \times P_4 \times \lambda_4 = 15.4752 \times 2000 \times 0.2 \times 10^{-3} = 6.19008\ \mathrm{k\$/kW}$

$\mathrm{ECOST}_8 = c_8(r_8) \times P_8 \times \lambda_8 = 7.5771 \times 2000 \times 0.2 \times 10^{-3} = 3.03084\ \mathrm{k\$/kW}$

$\mathrm{ECOST} = \mathrm{ECOST}_1 + \mathrm{ECOST}_2 + \mathrm{ECOST}_3 + \cdots = 27.7912\ \mathrm{k\$/kW}$

| 구분 | λ [f/yr] | r [hr] | U | Cost | ECOST |
|---|---|---|---|---|---|
| CBL-0001 | 0.2 | 4 | 0.8 | 15.4752 | 6.19008 |
| CBL-0002 | 0.1 | 4 | 0.4 | 15.4752 | 3.09504 |
| CBL-0003 | 0.3 | 4 | 1.2 | 15.4752 | 9.28512 |
| CBL-0004 | 0.2 | 4 | 0.8 | 15.4752 | 6.19008 |
| CBL-0008 | 0.2 | 2 | 0.4 | 7.5771 | 3.03084 |
| 합계 | 1.0 | 3.6 | 3.6 | | 27.7912 |

## [3] Data Block Report

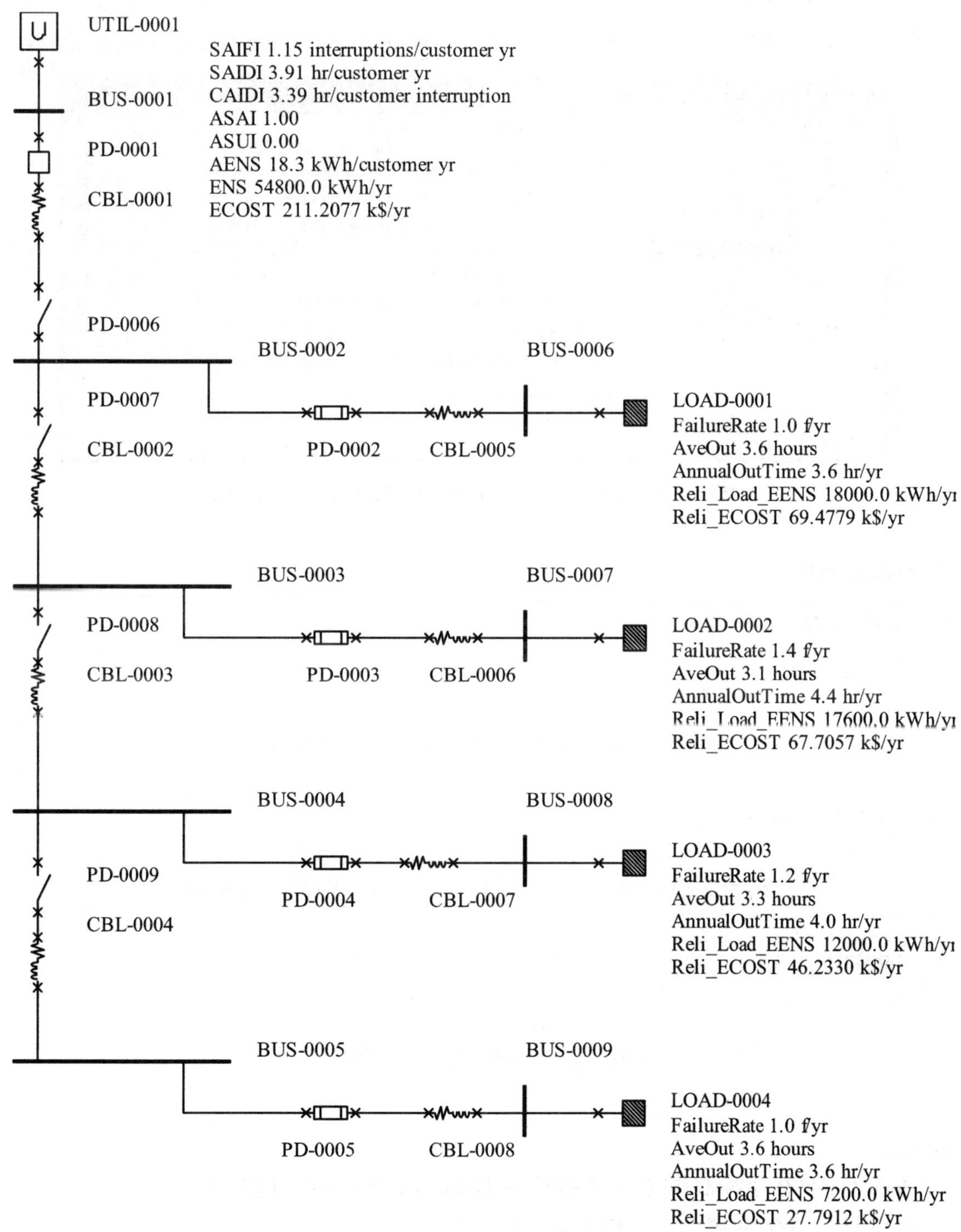


그림 19-44 Reliability Study Data Block Report(With Fuse)

## 6.4 예제3 Fuse와 Disconnects Switches의 효과

### 1) 신뢰도 계산 설정

신뢰도 계산을 수행하기 위하여 다음 그림과 같이 Fuse와 Disconnects Switches를 설정한다.

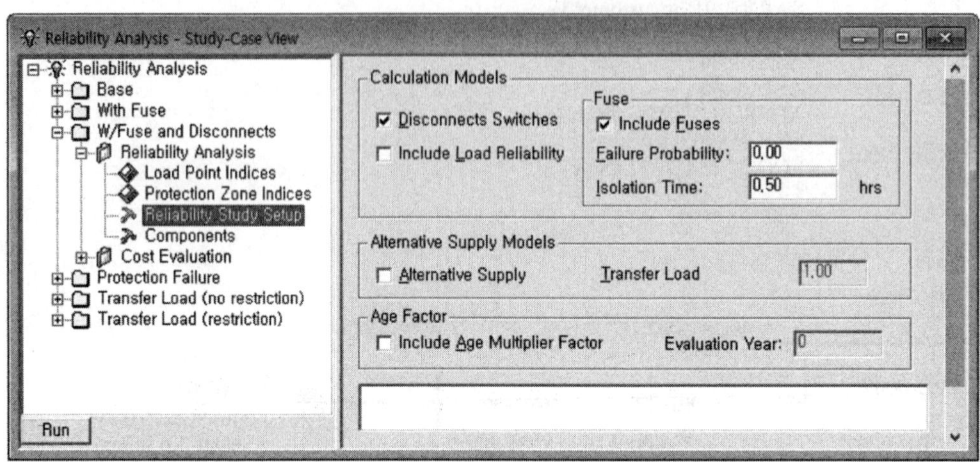


그림 19-45 Reliability Study Setup(With Fuse & Disconnects)

### 2) 신뢰도 계산

(1) Load Point LOAD-0001

① 연간고장 발생률($\lambda_L$)

$$\lambda_L = \Sigma\lambda_i = \lambda_1 + \lambda_2 + \lambda_3 + \lambda_4 + \lambda_5 = 1.0 \text{ f/yr}$$

② 연간정전시간($U_L$)

$$U_L = \Sigma(\lambda_i r_i) = \lambda_1 r_1 + \lambda_2 r_2 + \lambda_3 r_3 + \lambda_4 r_4 + \lambda_5 r_5 = 1.5 \text{ hr/yr}$$

③ 고장시간($r_L$)

$$r_L = \frac{U_L}{\lambda_L} = \frac{1.5}{1.0} = 1.5 \text{ hr}$$

④ Cost

Cost는 주어진 입력데이터인 고객피해함수 Data(CDFD)로부터 적용한다.
정전시간 4시간(240분) : 15.4752 $/kW
정전시간 2시간(120분) : 7.5771 $/kW
정전시간 0.5시간(30분) : 1.8614 $/kW

⑤ 평균연결 부하전력($P$) : 5000 kW

⑥ ECOST

Load Point LOAD-0001의 ECOST의 계산은 다음과 같다.

$\mathrm{ECOST}_1 = c_1(r_1) \times P_1 \times \lambda_1 = 15.4752 \times 5000 \times 0.2 \times 10^{-3} = 15.4752\,\mathrm{k\$/kW}$

$\mathrm{ECOST}_2 = c_2(r_2) \times P_2 \times \lambda_2 = 1.8614 \times 5000 \times 0.1 \times 10^{-3} = 0.9307\,\mathrm{k\$/kW}$

$\mathrm{ECOST}_3 = c_3(r_3) \times P_3 \times \lambda_3 = 1.8614 \times 5000 \times 0.3 \times 10^{-3} = 2.7921\,\mathrm{k\$/kW}$

$\mathrm{ECOST}_4 = c_4(r_4) \times P_4 \times \lambda_4 = 1.8614 \times 5000 \times 0.2 \times 10^{-3} = 1.8614\,\mathrm{k\$/kW}$

$\mathrm{ECOST}_5 = c_5(r_5) \times P_5 \times \lambda_5 = 7.5771 \times 5000 \times 0.2 \times 10^{-3} = 7.5771\,\mathrm{k\$/kW}$

$\mathrm{ECOST} = \mathrm{ECOST}_1 + \mathrm{ECOST}_2 + \mathrm{ECOST}_3 + \cdots = 28.6365\,\mathrm{k\$/kW}$

| 구분 | λ[f/yr] | r [hr] | U | Cost | ECOST |
|---|---|---|---|---|---|
| CBL-0001 | 0.2 | 4 | 0.8 | 15.4752 | 15.4752 |
| CBL-0002 | 0.1 | 0.5 | 0.05 | 1.8614 | 0.9307 |
| CBL-0003 | 0.3 | 0.5 | 0.15 | 1.8614 | 2.7921 |
| CBL-0004 | 0.2 | 0.5 | 0.1 | 1.8614 | 1.8614 |
| CBL-0005 | 0.2 | 2 | 0.4 | 7.5771 | 7.5771 |
| 합계 | 1.0 | 1.5 | 1.5 | | 28.6365 |

(2) Load Point LOAD-0002

① 연간고장 발생률($\lambda_L$)

$$\lambda_L = \Sigma\lambda_i = \lambda_1 + \lambda_2 + \lambda_3 + \lambda_4 + \lambda_6 = 1.4\ \mathrm{f/yr}$$

② 연간정전시간($U_L$)

$$U_L = \Sigma(\lambda_i r_i) = \lambda_1 r_1 + \lambda_2 r_2 + \lambda_3 r_3 + \lambda_4 r_4 + \lambda_6 r_6 = 2.65\ \mathrm{hr/yr}$$

③ 고장시간($r_L$)

$$r_L = \frac{U_L}{\lambda_L} = \frac{2.65}{1.4} = 1.893\ \mathrm{hr}$$

④ Cost

Cost는 주어진 입력데이터인 고객피해함수 Data(CDFD)로부터 적용한다.

정전시간 4시간(240분) : 15.4752 \$/kW

정전시간 2시간(120분) : 7.5771 \$/kW

정전시간 0.5시간(30분) : 1.8614 \$/kW

⑤ 평균연결 부하전력($P$) : 4000 kW

⑥ ECOST

Load Point LOAD-0002의 ECOST의 계산은 다음과 같다.

$\text{ECOST}_1 = c_1(r_1) \times P_1 \times \lambda_1 = 15.4752 \times 4000 \times 0.2 \times 10^{-3} = 12.38016$ k$/kW

$\text{ECOST}_2 = c_2(r_2) \times P_2 \times \lambda_2 = 15.4752 \times 4000 \times 0.1 \times 10^{-3} = 6.19008$ k$/kW

$\text{ECOST}_3 = c_3(r_3) \times P_3 \times \lambda_3 = 1.8614 \times 4000 \times 0.3 \times 10^{-3} = 2.23368$ k$/kW

$\text{ECOST}_4 = c_4(r_4) \times P_4 \times \lambda_4 = 1.8614 \times 4000 \times 0.2 \times 10^{-3} = 1.48912$ k$/kW

$\text{ECOST}_6 = c_6(r_6) \times P_6 \times \lambda_6 = 7.5771 \times 4000 \times 0.6 \times 10^{-3} = 18.18504$ k$/kW

$\text{ECOST} = \text{ECOST}_1 + \text{ECOST}_2 + \text{ECOST}_3 + \cdots = 40.4781$ k$/kW

| 구분 | λ [f/yr] | r [hr] | U | Cost | ECOST |
|---|---|---|---|---|---|
| CBL-0001 | 0.2 | 4 | 0.8 | 15.4752 | 12.38016 |
| CBL-0002 | 0.1 | 4 | 0.4 | 15.4752 | 6.19008 |
| CBL-0003 | 0.3 | 0.5 | 0.15 | 1.8614 | 2.23368 |
| CBL-0004 | 0.2 | 0.5 | 0.1 | 1.8614 | 1.48912 |
| CBL-0006 | 0.6 | 2 | 1.2 | 7.5771 | 18.18504 |
| 합계 | 1.4 | 1.893 | 2.65 | | 40.4781 |

(3) Load Point LOAD-0003

① 연간고장 발생률($\lambda_L$)

$$\lambda_L = \Sigma\lambda_i = \lambda_1 + \lambda_2 + \lambda_3 + \lambda_4 + \lambda_7 = 1.2 \text{ f/yr}$$

② 연간정전시간($U_L$)

$$U_L = \Sigma(\lambda_i r_i) = \lambda_1 r_1 + \lambda_2 r_2 + \lambda_3 r_3 + \lambda_4 r_4 + \lambda_7 r_7 = 3.3 \text{ hr/yr}$$

③ 고장시간($r_L$)

$$r_L = \frac{U_L}{\lambda_L} = \frac{3.3}{1.2} = 2.75 \text{ hr}$$

④ Cost

Cost는 주어진 입력데이터인 고객피해함수 Data(CDFD)로부터 적용한다.

정전시간 4시간(240분) : 15.4752 $/kW

정전시간 2시간(120분) : 7.5771 $/kW

정전시간 0.5시간(30분) : 1.8614 $/kW

⑤ 평균연결 부하전력($P$) : 3000 kW

⑥ ECOST

Load Point LOAD-0003의 ECOST의 계산은 다음과 같다.

$\text{ECOST}_1 = c_1(r_1) \times P_1 \times \lambda_1 = 15.4752 \times 3000 \times 0.2 \times 10^{-3} = 9.28512\ \text{k\$/kW}$

$\text{ECOST}_2 = c_2(r_2) \times P_2 \times \lambda_2 = 15.4752 \times 3000 \times 0.1 \times 10^{-3} = 4.64256\ \text{k\$/kW}$

$\text{ECOST}_3 = c_3(r_3) \times P_3 \times \lambda_3 = 15.4752 \times 3000 \times 0.3 \times 10^{-3} = 13.92768\ \text{k\$/kW}$

$\text{ECOST}_4 = c_4(r_4) \times P_4 \times \lambda_4 = 1.8614 \times 3000 \times 0.2 \times 10^{-3} = 1.11684\ \text{k\$/kW}$

$\text{ECOST}_7 = c_7(r_7) \times P_7 \times \lambda_7 = 7.5771 \times 3000 \times 0.4 \times 10^{-3} = 9.09252\ \text{k\$/kW}$

$\text{ECOST} = \text{ECOST}_1 + \text{ECOST}_2 + \text{ECOST}_3 + \cdots = 38.0647\ \text{k\$/kW}$

| 구분 | λ[f/yr] | r [hr] | U | Cost | ECOST |
|---|---|---|---|---|---|
| CBL-0001 | 0.2 | 4 | 0.8 | 15.4752 | 9.28512 |
| CBL-0002 | 0.1 | 4 | 0.4 | 15.4752 | 4.64256 |
| CBL-0003 | 0.3 | 4 | 1.2 | 15.4752 | 13.92768 |
| CBL-0004 | 0.2 | 0.5 | 0.1 | 1.8614 | 1.11684 |
| CBL-0007 | 0.4 | 2 | 0.8 | 7.5771 | 9.09252 |
| 합계 | 1.2 | 2.75 | 3.3 | | 38.0647 |

(4) Load Point LOAD-0004

① 연간고장 발생률($\lambda_L$)

$$\lambda_L = \Sigma\lambda_i = \lambda_1 + \lambda_2 + \lambda_3 + \lambda_4 + \lambda_8 = 1.0 \text{ f/yr}$$

② 연간정전시간($U_L$)

$$U_L = \Sigma(\lambda_i r_i) = \lambda_1 r_1 + \lambda_2 r_2 + \lambda_3 r_3 + \lambda_4 r_4 + \lambda_8 r_8 = 3.6 \text{ hr/yr}$$

③ 고장시간($r_L$)

$$r_L = \frac{U_L}{\lambda_L} = \frac{3.6}{1.0} = 3.6 \text{ hr}$$

④ Cost

Cost는 주어진 입력데이터인 고객피해함수 Data(CDFD)로부터 적용한다.

정전시간 4시간(240분) : 15.4752 $/kW

정전시간 2시간(120분) : 7.5771 $/kW

⑤ 평균연결 부하전력($P$) : 2000 kW

⑥ ECOST

Load Point LOAD-0004의 ECOST의 계산은 다음과 같다.

$\mathrm{ECOST}_1 = c_1(r_1) \times P_1 \times \lambda_1 = 15.4752 \times 2000 \times 0.2 \times 10^{-3} = 6.19008$ k$/kW

$\mathrm{ECOST}_2 = c_2(r_2) \times P_2 \times \lambda_2 = 15.4752 \times 2000 \times 0.1 \times 10^{-3} = 3.09504$ k$/kW

$\mathrm{ECOST}_3 = c_3(r_3) \times P_3 \times \lambda_3 = 15.4752 \times 2000 \times 0.3 \times 10^{-3} = 9.28512$ k$/kW

$\mathrm{ECOST}_4 = c_4(r_4) \times P_4 \times \lambda_4 = 15.4752 \times 2000 \times 0.2 \times 10^{-3} = 9.28512$ k$/kW

$\mathrm{ECOST}_8 = c_8(r_8) \times P_8 \times \lambda_8 = 7.5771 \times 2000 \times 0.2 \times 10^{-3} = 3.03084$ k$/kW

$\mathrm{ECOST} = \mathrm{ECOST}_1 + \mathrm{ECOST}_2 + \mathrm{ECOST}_3 + \cdots = 27.7912$ k$/kW

| 구분 | λ[f/yr] | r [hr] | U | Cost | ECOST |
|---|---|---|---|---|---|
| CBL-0001 | 0.2 | 4 | 0.8 | 15.4752 | 6.19008 |
| CBL-0002 | 0.1 | 4 | 0.4 | 15.4752 | 3.09504 |
| CBL-0003 | 0.3 | 4 | 1.2 | 15.4752 | 9.28512 |
| CBL-0004 | 0.2 | 4 | 0.8 | 15.4752 | 6.19008 |
| CBL-0008 | 0.2 | 2 | 0.4 | 7.5771 | 3.03084 |
| 합계 | 1.0 | 3.6 | 3.6 | | 27.7912 |

[3] Data Block Report

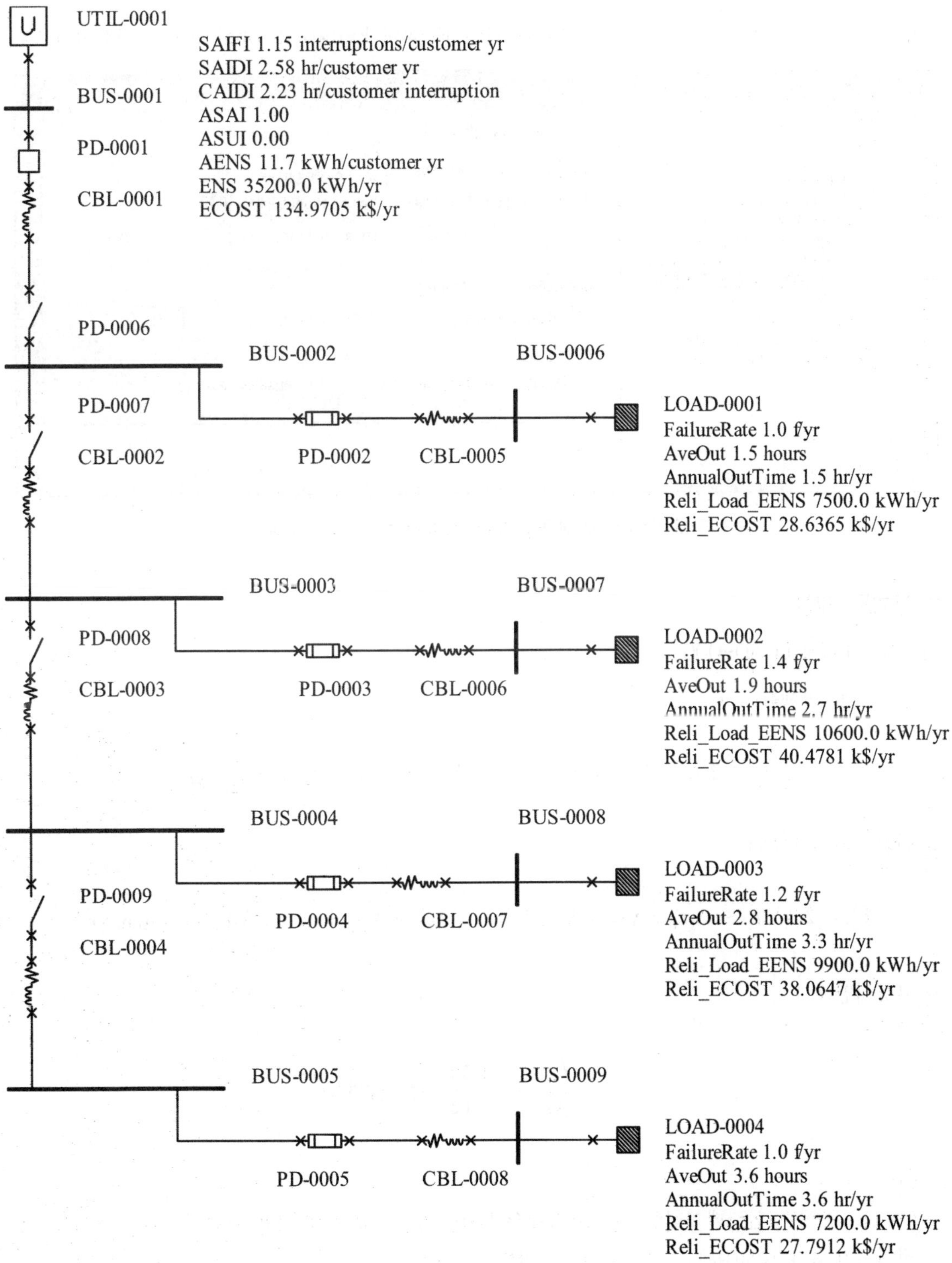

그림 19-46 Reliability Study Data Block Report(With Fuse & Disconnects)

## 6.5 예제4 보호실패의 효과

### 1) 신뢰도 계산 설정

신뢰도 계산을 수행하기 위하여 다음 그림과 같이 Fuse의 Failure Probability를 설정한다.

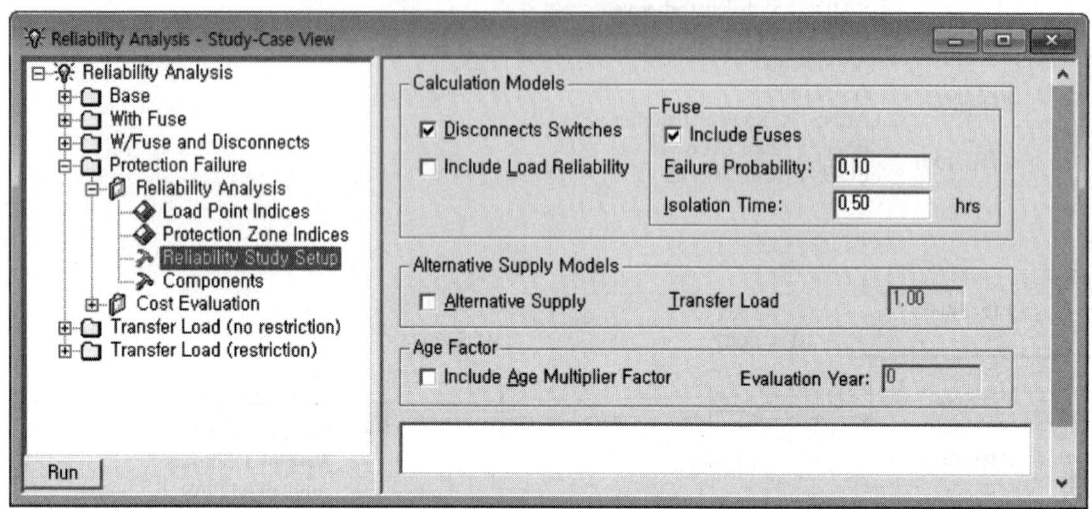


그림 19-47 Reliability Study Setup(Protection Failure)

### 2) 신뢰도 계산

(1) Load Point LOAD-0001

① 연간고장 발생률($\lambda_L$)

$$\lambda_L = \Sigma\lambda_i = \lambda_1 + \lambda_2 + \lambda_3 + \lambda_4 + \lambda_5 + \lambda_6 + \lambda_7 + \lambda_8 = 1.12 \text{ f/yr}$$

② 연간정전시간($U_L$)

$$U_L = \Sigma(\lambda_i r_i) = \lambda_1 r_1 + \lambda_2 r_2 + \lambda_3 r_3 + \lambda_4 r_4 + \lambda_5 r_5 + \lambda_6 r_6 + \lambda_7 r_7 + \lambda_8 r_8 = 1.56 \text{ hr/yr}$$

③ 고장시간($r_L$)

$$r_L = \frac{U_L}{\lambda_L} = \frac{1.56}{1.12} = 1.393 \text{ hr}$$

④ Cost

Cost는 주어진 입력데이터인 고객피해함수 Data(CDFD)로부터 적용한다.
정전시간 4시간(240분) : 15.4752 $/kW
정전시간 2시간(120분) : 7.5771 $/kW
정전시간 0.5시간(30분) : 1.8614 $/kW

⑤ 평균연결 부하전력($P$) : 5000 kW

⑥ ECOST

Load Point LOAD-0001의 ECOST의 계산은 다음과 같다.

$ECOST_1 = c_1(r_1) \times P_1 \times \lambda_1 = 15.4752 \times 5000 \times 0.2 \times 10^{-3} = 15.4752$ k\$ /kW

$ECOST_2 = c_2(r_2) \times P_2 \times \lambda_2 = 1.8614 \times 5000 \times 0.1 \times 10^{-3} = 0.9307$ k\$ /kW

$ECOST_3 = c_3(r_3) \times P_3 \times \lambda_3 = 1.8614 \times 5000 \times 0.3 \times 10^{-3} = 2.7921$ k\$ /kW

$ECOST_4 = c_4(r_4) \times P_4 \times \lambda_4 = 1.8614 \times 5000 \times 0.2 \times 10^{-3} = 1.8614$ k\$ /kW

$ECOST_5 = c_5(r_5) \times P_5 \times \lambda_5 = 7.5771 \times 5000 \times 0.2 \times 10^{-3} = 7.5771$ k\$ /kW

$ECOST_6 = c_6(r_6) \times P_6 \times \lambda_6 = 1.8614 \times 5000 \times 0.06 \times 10^{-3} = 0.55842$ k\$ /kW

$ECOST_7 = c_7(r_7) \times P_7 \times \lambda_7 = 1.8614 \times 5000 \times 0.04 \times 10^{-3} = 0.37228$ k\$ /kW

$ECOST_8 = c_8(r_8) \times P_8 \times \lambda_8 = 1.8614 \times 5000 \times 0.02 \times 10^{-3} = 0.18614$ k\$ /kW

$ECOST = ECOST_1 + ECOST_2 + ECOST_3 + \cdots = 29.7533$ k\$ /kW

| 구분 | λ[f/yr] | r [hr] | U | Cost | ECOST |
|---|---|---|---|---|---|
| CBL-0001 | 0.2 | 4 | 0.8 | 15.4752 | 15.4752 |
| CBL-0002 | 0.1 | 0.5 | 0.05 | 1.8614 | 0.9307 |
| CBL-0003 | 0.3 | 0.5 | 0.15 | 1.8614 | 2.7921 |
| CBL-0004 | 0.2 | 0.5 | 0.1 | 1.8614 | 1.8614 |
| CBL-0005 | 0.2 | 2 | 0.4 | 7.5771 | 7.5771 |
| CBL-0006 | 0.06 | 0.5 | 0.03 | 1.8614 | 0.55842 |
| CBL-0007 | 0.04 | 0.5 | 0.02 | 1.8614 | 0.37228 |
| CBL-0008 | 0.02 | 0.5 | 0.01 | 1.8614 | 0.18614 |
| 합계 | 1.12 | 1.393 | 1.56 | | 29.7533 |

(2) Load Point LOAD-0002

① 연간고장 발생률($\lambda_L$)

$$\lambda_L = \Sigma\lambda_i = \lambda_1 + \lambda_2 + \lambda_3 + \lambda_4 + \lambda_5 + \lambda_6 + \lambda_7 + \lambda_8 = 1.48 \text{ f/yr}$$

② 연간정전시간($U_L$)

$$U_L = \Sigma(\lambda_i r_i) = \lambda_1 r_1 + \lambda_2 r_2 + \lambda_3 r_3 + \lambda_4 r_4 + \lambda_5 r_5 + \lambda_6 r_6 + \lambda_7 r_7 + \lambda_8 r_8 = 2.69 \text{ hr/yr}$$

③ 고장시간($r_L$)

$$r_L = \frac{U_L}{\lambda_L} = \frac{2.69}{1.48} = 1.818 \text{ hr}$$

④ Cost

Cost는 주어진 입력데이터인 고객피해함수 Data(CDFD)로부터 적용한다.

정전시간 4시간(240분) : 15.4752 \$/kW
정전시간 2시간(120분) : 7.5771 \$/kW
정전시간 0.5시간(30분) : 1.8614 \$/kW

⑤ 평균연결 부하전력($P$) : 4000 kW

⑥ ECOST
Load Point LOAD-0002의 ECOST의 계산은 다음과 같다.

$\text{ECOST}_1 = c_1(r_1) \times P_1 \times \lambda_1 = 15.4752 \times 4000 \times 0.2 \times 10^{-3} = 12.38016\,\text{k\$/kW}$

$\text{ECOST}_2 = c_2(r_2) \times P_2 \times \lambda_2 = 15.4752 \times 4000 \times 0.1 \times 10^{-3} = 6.19008\,\text{k\$/kW}$

$\text{ECOST}_3 = c_3(r_3) \times P_3 \times \lambda_3 = 1.8614 \times 4000 \times 0.3 \times 10^{-3} = 2.23368\,\text{k\$/kW}$

$\text{ECOST}_4 = c_4(r_4) \times P_4 \times \lambda_4 = 1.8614 \times 4000 \times 0.2 \times 10^{-3} = 1.48912\,\text{k\$/kW}$

$\text{ECOST}_5 = c_5(r_5) \times P_5 \times \lambda_5 = 1.8614 \times 4000 \times 0.02 \times 10^{-3} = 0.148912\,\text{k\$/kW}$

$\text{ECOST}_6 = c_6(r_6) \times P_6 \times \lambda_6 = 7.5771 \times 4000 \times 0.6 \times 10^{-3} = 18.18504\,\text{k\$/kW}$

$\text{ECOST}_7 = c_7(r_7) \times P_7 \times \lambda_7 = 1.8614 \times 4000 \times 0.04 \times 10^{-3} = 0.297824\,\text{k\$/kW}$

$\text{ECOST}_8 = c_8(r_8) \times P_8 \times \lambda_8 = 1.8614 \times 4000 \times 0.02 \times 10^{-3} = 0.148912\,\text{k\$/kW}$

$\text{ECOST} = \text{ECOST}_1 + \text{ECOST}_2 + \text{ECOST}_3 + \cdots = 41.0737\,\text{k\$/kW}$

| 구분 | λ[f/yr] | r [hr] | U | Cost | ECOST |
|---|---|---|---|---|---|
| CBL-0001 | 0.2 | 4 | 0.8 | 15.4752 | 12.38016 |
| CBL-0002 | 0.1 | 4 | 0.4 | 15.4752 | 6.19008 |
| CBL-0003 | 0.3 | 0.5 | 0.15 | 1.8614 | 2.23368 |
| CBL-0004 | 0.2 | 0.5 | 0.1 | 1.8614 | 1.48912 |
| CBL-0005 | 0.02 | 0.5 | 0.01 | 1.8614 | 0.148912 |
| CBL-0006 | 0.6 | 2 | 1.2 | 7.5771 | 18.18504 |
| CBL-0007 | 0.04 | 0.5 | 0.02 | 1.8614 | 0.297824 |
| CBL-0008 | 0.02 | 0.5 | 0.01 | 1.8614 | 0.148912 |
| 합계 | 1.48 | 1.818 | 2.69 | | 41.0737 |

(3) Load Point LOAD-0003

① 연간고장 발생률($\lambda_L$)

$$\lambda_L = \Sigma\lambda_i = \lambda_1 + \lambda_2 + \lambda_3 + \lambda_4 + \lambda_5 + \lambda_6 + \lambda_7 + \lambda_8 = 1.3\ \text{f/yr}$$

② 연간정전시간($U_L$)

$$U_L = \Sigma(\lambda_i r_i) = \lambda_1 r_1 + \lambda_2 r_2 + \lambda_3 r_3 + \lambda_4 r_4 + \lambda_5 r_5 + \lambda_6 r_6 + \lambda_7 r_7 + \lambda_8 r_8 = 3.35\ \text{hr/yr}$$

③ 고장시간($r_L$)

$$r_L = \frac{U_L}{\lambda_L} = \frac{3.35}{1.3} = 2.577 \text{ hr}$$

④ Cost

Cost는 주어진 입력데이터인 고객피해함수 Data(CDFD)로부터 적용한다.
정전시간 4시간(240분) : 15.4752 \$/kW
정전시간 2시간(120분) : 7.5771 \$/kW
정전시간 0.5시간(30분) : 1.8614 \$/kW

⑤ 평균연결 부하전력($P$) : 3000 kW

⑥ ECOST

Load Point LOAD-0003의 ECOST의 계산은 다음과 같다.

$ECOST_1 = c_1(r_1) \times P_1 \times \lambda_1 = 15.4752 \times 3000 \times 0.2 \times 10^{-3} = 9.28512$ k\$/kW
$ECOST_2 = c_2(r_2) \times P_2 \times \lambda_2 = 15.4752 \times 3000 \times 0.1 \times 10^{-3} = 4.64256$ k\$/kW
$ECOST_3 = c_3(r_3) \times P_3 \times \lambda_3 = 15.4752 \times 3000 \times 0.3 \times 10^{-3} = 13.92768$ k\$/kW
$ECOST_4 = c_4(r_4) \times P_4 \times \lambda_4 = 1.8614 \times 3000 \times 0.2 \times 10^{-3} = 1.11684$ k\$/kW
$ECOST_5 = c_5(r_5) \times P_5 \times \lambda_5 = 1.8614 \times 3000 \times 0.02 \times 10^{-3} = 0.111684$ k\$/kW
$ECOST_6 = c_6(r_6) \times P_6 \times \lambda_6 = 1.8614 \times 3000 \times 0.06 \times 10^{-3} = 0.335052$ k\$/kW
$ECOST_7 = c_7(r_7) \times P_7 \times \lambda_7 = 7.5771 \times 3000 \times 0.4 \times 10^{-3} = 9.09252$ k\$/kW
$ECOST_8 = c_8(r_8) \times P_8 \times \lambda_8 = 1.8614 \times 3000 \times 0.02 \times 10^{-3} = 0.111684$ k\$/kW
$ECOST = ECOST_1 + ECOST_2 + ECOST_3 + \cdots = 38.6231$ k\$/kW

| 구분 | λ[f/yr] | r [hr] | U | Cost | ECOST |
|---|---|---|---|---|---|
| CBL-0001 | 0.2 | 4 | 0.8 | 15.4752 | 9.28512 |
| CBL-0002 | 0.1 | 4 | 0.4 | 15.4752 | 4.64256 |
| CBL-0003 | 0.3 | 4 | 1.2 | 15.4752 | 13.92768 |
| CBL-0004 | 0.2 | 0.5 | 0.1 | 1.8614 | 1.11684 |
| CBL-0005 | 0.02 | 0.5 | 0.01 | 1.8614 | 0.111684 |
| CBL-0006 | 0.06 | 0.5 | 0.03 | 1.8614 | 0.335052 |
| CBL-0007 | 0.4 | 2 | 0.8 | 7.5771 | 9.09252 |
| CBL-0008 | 0.02 | 0.5 | 0.01 | 1.8614 | 0.111684 |
| 합계 | 1.3 | 2.577 | 3.35 | | 38.6231 |

(4) Load Point LOAD-0004

① 연간고장 발생률($\lambda_L$)

$$\lambda_L = \Sigma\lambda_i = \lambda_1 + \lambda_2 + \lambda_3 + \lambda_4 + \lambda_5 + \lambda_6 + \lambda_7 + \lambda_8 = 1.12 \text{ f/yr}$$

② 연간정전시간($U_L$)

$$U_L = \Sigma(\lambda_i r_i) = \lambda_1 r_1 + \lambda_2 r_2 + \lambda_3 r_3 + \lambda_4 r_4 + \lambda_5 r_5 + \lambda_6 r_6 + \lambda_7 r_7 + \lambda_8 r_8 = 3.66 \text{ hr/yr}$$

③ 고장시간($r_L$)

$$r_L = \frac{U_L}{\lambda_L} = \frac{3.66}{1.12} = 3.268 \text{ hr}$$

④ Cost

Cost는 주어진 입력데이터인 고객피해함수 Data(CDFD)로부터 적용한다.

정전시간 4시간(240분) : 15.4752 $/kW

정전시간 2시간(120분) : 7.5771 $/kW

정전시간 0.5시간(30분) : 1.8614 $/kW

⑤ 평균연결 부하전력($P$) : 2000 kW

⑥ ECOST

Load Point LOAD-0004의 ECOST의 계산은 다음과 같다.

$\text{ECOST}_1 = c_1(r_1) \times P_1 \times \lambda_1 = 15.4752 \times 2000 \times 0.2 \times 10^{-3} = 6.19008$ k$/kW

$\text{ECOST}_2 = c_2(r_2) \times P_2 \times \lambda_2 = 15.4752 \times 2000 \times 0.1 \times 10^{-3} = 3.09504$ k$/kW

$\text{ECOST}_3 = c_3(r_3) \times P_3 \times \lambda_3 = 15.4752 \times 2000 \times 0.3 \times 10^{-3} = 9.28512$ k$/kW

$\text{ECOST}_4 = c_4(r_4) \times P_4 \times \lambda_4 = 15.4752 \times 2000 \times 0.2 \times 10^{-3} = 6.19008$ k$/kW

$\text{ECOST}_5 = c_5(r_5) \times P_5 \times \lambda_5 = 1.8614 \times 2000 \times 0.02 \times 10^{-3} = 0.074456$ k$/kW

$\text{ECOST}_6 = c_6(r_6) \times P_6 \times \lambda_6 = 1.8614 \times 2000 \times 0.06 \times 10^{-3} = 0.223368$ k$/kW

$\text{ECOST}_7 = c_7(r_7) \times P_7 \times \lambda_7 = 1.8614 \times 2000 \times 0.04 \times 10^{-3} = 0.148912$ k$/kW

$\text{ECOST}_8 = c_8(r_8) \times P_8 \times \lambda_8 = 7.5771 \times 2000 \times 0.2 \times 10^{-3} = 3.03084$ k$/kW

$\text{ECOST} = \text{ECOST}_1 + \text{ECOST}_2 + \text{ECOST}_3 + \cdots = 28.2379$ k$/kW

| 구분 | λ[f/yr] | r [hr] | U | Cost | ECOST |
|---|---|---|---|---|---|
| CBL-0001 | 0.2 | 4 | 0.8 | 15.4752 | 6.19008 |
| CBL-0002 | 0.1 | 4 | 0.4 | 15.4752 | 3.09504 |
| CBL-0003 | 0.3 | 4 | 1.2 | 15.4752 | 9.28512 |
| CBL-0004 | 0.2 | 4 | 0.8 | 15.4752 | 6.19008 |
| CBL-0005 | 0.02 | 0.5 | 0.01 | 1.8614 | 0.074456 |
| CBL-0006 | 0.06 | 0.5 | 0.03 | 1.8614 | 0.223368 |
| CBL-0007 | 0.04 | 0.5 | 0.02 | 1.8614 | 0.148912 |
| CBL-0008 | 0.2 | 2 | 0.4 | 7.5771 | 3.03084 |
| 합계 | 1.12 | 3.268 | 3.66 | | 28.2379 |

### 3) Data Block Report

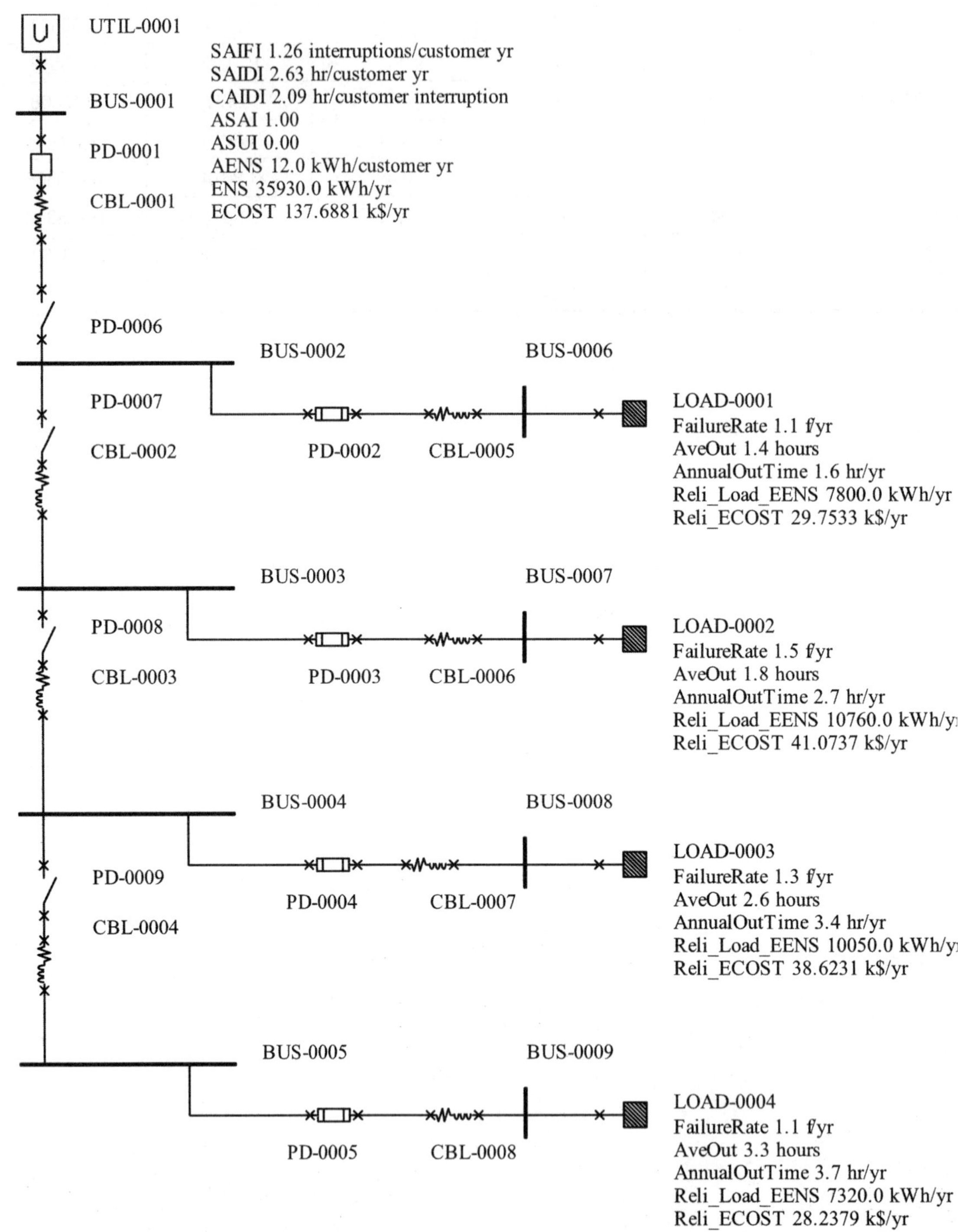


그림 19-48 Reliability Study Data Block Report(Protection Failure)

## 6.6 예제5 전송 제한 없는 송전부하의 영향

### 1) 신뢰도 계산 설정

신뢰도 계산을 수행하기 위하여 다음 그림과 같이 Fuse와 Alternative Supply Models를 설정한다.

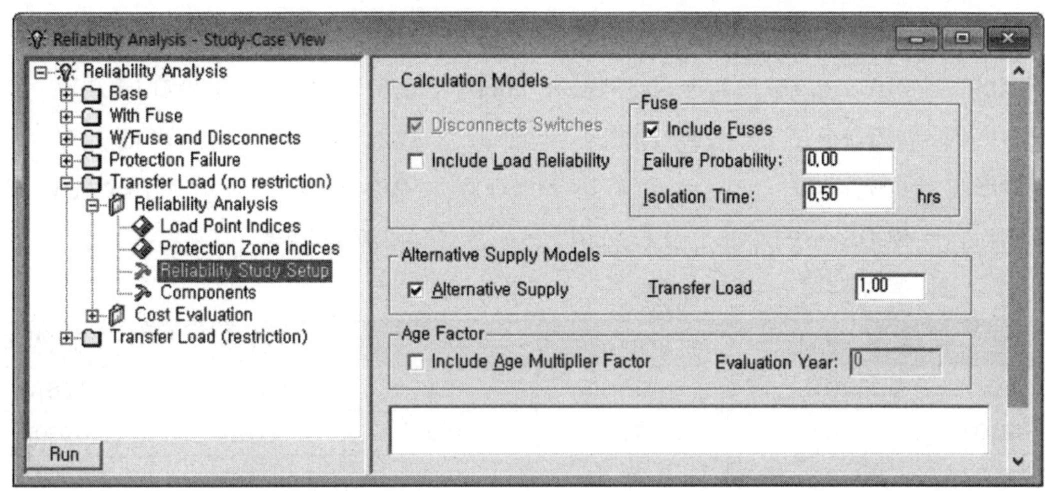


그림 19-49 Reliability Study Setup(Transfer Load – no restriction)

### 2) 신뢰도 계산

(1) Load Point LOAD-0001

① 연간고장 발생률($\lambda_L$)

$$\lambda_L = \Sigma\lambda_i = \lambda_1 + \lambda_2 + \lambda_3 + \lambda_4 + \lambda_5 = 1.0 \text{ f/yr}$$

② 연간정전시간($U_L$)

$$U_L = \Sigma(\lambda_i r_i) = \lambda_1 r_1 + \lambda_2 r_2 + \lambda_3 r_3 + \lambda_4 r_4 + \lambda_5 r_5 = 0.8 \text{ hr/yr}$$

③ 고장시간($r_L$)

$$r_L = \frac{U_L}{\lambda_L} = \frac{0.8}{1.0} = 0.8 \text{ hr}$$

④ Cost

Cost는 주어진 입력데이터인 고객피해함수 Data(CDFD)로부터 적용한다.

정전시간 2시간(120분) : 7.5771 $/kW

정전시간 0.5시간(30분) : 1.8614 $/kW

⑤ 평균연결 부하전력($P$) : 5000 kW

⑥ ECOST

Load Point LOAD-0001의 ECOST의 계산은 다음과 같다.

$\mathrm{ECOST}_1 = c_1(r_1) \times P_1 \times \lambda_1 = 1.8614 \times 5000 \times 0.2 \times 10^{-3} = 1.8614$ k$/kW

$\mathrm{ECOST}_2 = c_2(r_2) \times P_2 \times \lambda_2 = 1.8614 \times 5000 \times 0.1 \times 10^{-3} = 0.9307$ k$/kW

$\mathrm{ECOST}_3 = c_3(r_3) \times P_3 \times \lambda_3 = 1.8614 \times 5000 \times 0.3 \times 10^{-3} = 2.7921$ k$/kW

$\mathrm{ECOST}_4 = c_4(r_4) \times P_4 \times \lambda_4 = 1.8614 \times 5000 \times 0.2 \times 10^{-3} = 1.8614$ k$/kW

$\mathrm{ECOST}_5 = c_5(r_5) \times P_5 \times \lambda_5 = 7.5771 \times 5000 \times 0.2 \times 10^{-3} = 7.5771$ k$/kW

$\mathrm{ECOST} = \mathrm{ECOST}_1 + \mathrm{ECOST}_2 + \mathrm{ECOST}_3 + \cdots = 15.0227$ k$/kW

| 구분 | λ [f/yr] | r [hr] | U | Cost | ECOST |
|---|---|---|---|---|---|
| CBL-0001 | 0.2 | 0.5 | 0.1 | 1.8614 | 1.8614 |
| CBL-0002 | 0.1 | 0.5 | 0.05 | 1.8614 | 0.9307 |
| CBL-0003 | 0.3 | 0.5 | 0.15 | 1.8614 | 2.7921 |
| CBL-0004 | 0.2 | 0.5 | 0.1 | 1.8614 | 1.8614 |
| CBL-0005 | 0.2 | 2 | 0.4 | 7.5771 | 7.5771 |
| 합계 | 1.0 | 0.8 | 0.8 | | 15.0227 |

(2) Load Point LOAD-0002

① 연간고장 발생률($\lambda_L$)

$$\lambda_L = \Sigma\lambda_i = \lambda_1 + \lambda_2 + \lambda_3 + \lambda_4 + \lambda_6 = 1.4 \text{ f/yr}$$

② 연간정전시간($U_L$)

$$U_L = \Sigma(\lambda_i r_i) = \lambda_1 r_1 + \lambda_2 r_2 + \lambda_3 r_3 + \lambda_4 r_4 + \lambda_6 r_6 = 1.6 \text{ hr/yr}$$

③ 고장시간($r_L$)

$$r_L = \frac{U_L}{\lambda_L} = \frac{1.6}{1.4} = 1.142857 \text{ hr}$$

④ Cost

Cost는 주어진 입력데이터인 고객피해함수 Data(CDFD)로부터 적용한다.

정전시간 2시간(120분) : 7.5771 $/kW

정전시간 0.5시간(30분) : 1.8614 $/kW

⑤ 평균연결 부하전력($P$) : 4000 kW

⑥ ECOST

Load Point LOAD-0002의 ECOST의 계산은 다음과 같다.

$\mathrm{ECOST}_1 = c_1(r_1) \times P_1 \times \lambda_1 = 1.8614 \times 4000 \times 0.2 \times 10^{-3} = 1.48912$ k$ /kW

$\mathrm{ECOST}_2 = c_2(r_2) \times P_2 \times \lambda_2 = 1.8614 \times 4000 \times 0.1 \times 10^{-3} = 0.74456$ k$ /kW

$\mathrm{ECOST}_3 = c_3(r_3) \times P_3 \times \lambda_3 = 1.8614 \times 4000 \times 0.3 \times 10^{-3} = 2.23368$ k$ /kW

$\mathrm{ECOST}_4 = c_4(r_4) \times P_4 \times \lambda_4 = 1.8614 \times 4000 \times 0.2 \times 10^{-3} = 1.48912$ k$ /kW

$\mathrm{ECOST}_6 = c_6(r_6) \times P_6 \times \lambda_6 = 7.5771 \times 4000 \times 0.6 \times 10^{-3} = 18.18504$ k$ /kW

$\mathrm{ECOST} = \mathrm{ECOST}_1 + \mathrm{ECOST}_2 + \mathrm{ECOST}_3 + \cdots = 24.14152$ k$ /kW

| 구분 | λ [f/yr] | r [hr] | U | Cost | ECOST |
|---|---|---|---|---|---|
| CBL-0001 | 0.2 | 0.5 | 0.1 | 1.8614 | 1.48912 |
| CBL-0002 | 0.1 | 0.5 | 0.05 | 1.8614 | 0.74456 |
| CBL-0003 | 0.3 | 0.5 | 0.15 | 1.8614 | 2.23368 |
| CBL-0004 | 0.2 | 0.5 | 0.1 | 1.8614 | 1.48912 |
| CBL-0006 | 0.6 | 2 | 1.2 | 7.5771 | 18.18504 |
| 합계 | 1.4 | 1.142857 | 1.6 | | 24.14152 |

(3) Load Point LOAD-0003

① 연간고상 발생률($\lambda_L$)

$$\lambda_L = \Sigma\lambda_i = \lambda_1 + \lambda_2 + \lambda_3 + \lambda_4 + \lambda_7 = 1.2 \text{ f/yr}$$

② 년간정전시간($U_L$)

$$U_L = \Sigma(\lambda_i r_i) = \lambda_1 r_1 + \lambda_2 r_2 + \lambda_3 r_3 + \lambda_4 r_4 + \lambda_7 r_7 = 1.2 \text{ hr/yr}$$

③ 고장시간($r_L$)

$$r_L = \frac{U_L}{\lambda_L} = \frac{1.2}{1.2} = 1.0 \text{ hr}$$

④ Cost

Cost는 주어진 입력데이터인 고객피해함수 Data(CDFD)로부터 적용한다.

정전시간 2시간(120분) : 7.5771 $ /kW

정전시간 0.5시간(30분) : 1.8614 $ /kW

⑤ 평균연결 부하전력($P$) : 3000 kW

⑥ ECOST

Load Point LOAD-0003의 ECOST의 계산은 다음과 같다.

$\mathrm{ECOST}_1 = c_1(r_1) \times P_1 \times \lambda_1 = 1.8614 \times 3000 \times 0.2 \times 10^{-3} = 1.11684$ k$ /kW

$\mathrm{ECOST}_2 = c_2(r_2) \times P_2 \times \lambda_2 = 1.8614 \times 3000 \times 0.1 \times 10^{-3} = 0.55842$ k$ /kW

$\mathrm{ECOST}_3 = c_3(r_3) \times P_3 \times \lambda_3 = 1.8614 \times 3000 \times 0.3 \times 10^{-3} = 1.67526$ k$ /kW

$\mathrm{ECOST}_4 = c_4(r_4) \times P_4 \times \lambda_4 = 1.8614 \times 3000 \times 0.2 \times 10^{-3} = 1.11684$ k$ /kW

$\mathrm{ECOST}_7 = c_7(r_7) \times P_7 \times \lambda_7 = 7.5771 \times 3000 \times 0.4 \times 10^{-3} = 9.09252$ k$ /kW

$\mathrm{ECOST} = \mathrm{ECOST}_1 + \mathrm{ECOST}_2 + \mathrm{ECOST}_3 + \cdots = 13.55988$ k$ /kW

| 구분 | λ [f/yr] | r [hr] | U | Cost | ECOST |
|---|---|---|---|---|---|
| CBL-0001 | 0.2 | 0.5 | 0.1 | 1.8614 | 1.11684 |
| CBL-0002 | 0.1 | 0.5 | 0.05 | 1.8614 | 0.55842 |
| CBL-0003 | 0.3 | 0.5 | 0.15 | 1.8614 | 1.67526 |
| CBL-0004 | 0.2 | 0.5 | 0.1 | 1.8614 | 1.11684 |
| CBL-0007 | 0.4 | 2 | 0.8 | 7.5771 | 9.09252 |
| 합계 | 1.2 | 1.0 | 1.2 | | 13.55988 |

(4) Load Point LOAD-0004

① 연간고장 발생률($\lambda_L$)

$$\lambda_L = \Sigma\lambda_i = \lambda_1 + \lambda_2 + \lambda_3 + \lambda_4 + \lambda_8 = 1.0 \text{ f/yr}$$

② 연간정전시간($U_L$)

$$U_L = \Sigma(\lambda_i r_i) = \lambda_1 r_1 + \lambda_2 r_2 + \lambda_3 r_3 + \lambda_4 r_4 + \lambda_8 r_8 = 0.8 \text{ hr/yr}$$

③ 고장시간($r_L$)

$$r_L = \frac{U_L}{\lambda_L} = \frac{0.8}{1.0} = 0.8$$

④ Cost

Cost는 주어진 입력데이터인 고객피해함수 Data(CDFD)로부터 적용한다.

정전시간 2시간(120분) : 7.5771 $ /kW

정전시간 0.5시간(30분) : 1.8614 $ /kW

⑤ 평균연결 부하전력($P$) : 2000 kW

⑥ ECOST

Load Point LOAD-0004의 ECOST의 계산은 다음과 같다.

$\mathrm{ECOST}_1 = c_1(r_1) \times P_1 \times \lambda_1 = 1.8614 \times 2000 \times 0.2 \times 10^{-3} = 0.74456\,\mathrm{k\$/kW}$

$\mathrm{ECOST}_2 = c_2(r_2) \times P_2 \times \lambda_2 = 1.8614 \times 2000 \times 0.1 \times 10^{-3} = 0.37228\,\mathrm{k\$/kW}$

$\mathrm{ECOST}_3 = c_3(r_3) \times P_3 \times \lambda_3 = 1.8614 \times 2000 \times 0.3 \times 10^{-3} = 1.11684\,\mathrm{k\$/kW}$

$\mathrm{ECOST}_4 = c_4(r_4) \times P_4 \times \lambda_4 = 1.8614 \times 2000 \times 0.2 \times 10^{-3} = 0.74456\,\mathrm{k\$/kW}$

$\mathrm{ECOST}_8 = c_8(r_8) \times P_8 \times \lambda_8 = 7.5771 \times 2000 \times 0.2 \times 10^{-3} = 3.03084\,\mathrm{k\$/kW}$

$\mathrm{ECOST} = \mathrm{ECOST}_1 + \mathrm{ECOST}_2 + \mathrm{ECOST}_3 + \cdots = 6.00908\,\mathrm{k\$/kW}$

| 구분 | λ [f/yr] | r [hr] | U | Cost | ECOST |
|---|---|---|---|---|---|
| CBL-0001 | 0.2 | 0.5 | 0.1 | 1.8614 | 0.74456 |
| CBL-0002 | 0.1 | 0.5 | 0.05 | 1.8614 | 0.37228 |
| CBL-0003 | 0.3 | 0.5 | 0.15 | 1.8614 | 1.11684 |
| CBL-0004 | 0.2 | 0.5 | 0.1 | 1.8614 | 0.74456 |
| CBL-0008 | 0.2 | 2 | 0.4 | 7.5771 | 3.03084 |
| 합계 | 1.0 | 0.8 | 0.8 | | 6.00908 |

[3] Data Block Report

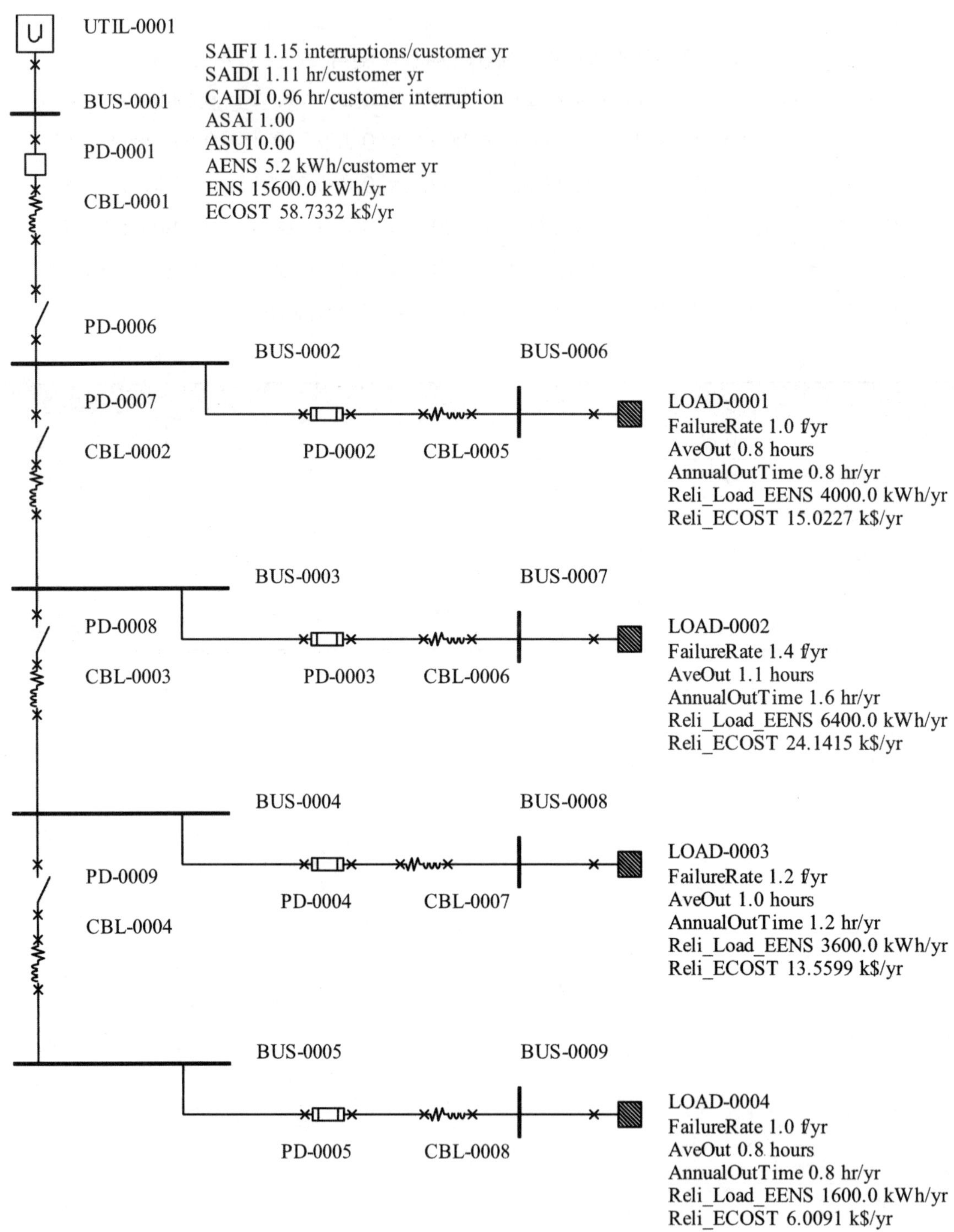


그림 19-50 Reliability Study Data Block Report(Transfer Load – no restriction)

## 6.7 예제6 전송제한을 포함하는 송전부하의 영향

### 1) 신뢰도 계산 설정

신뢰도 계산을 수행하기 위하여 다음 그림과 같이 Fuse와 Transfer Load를 설정한다.

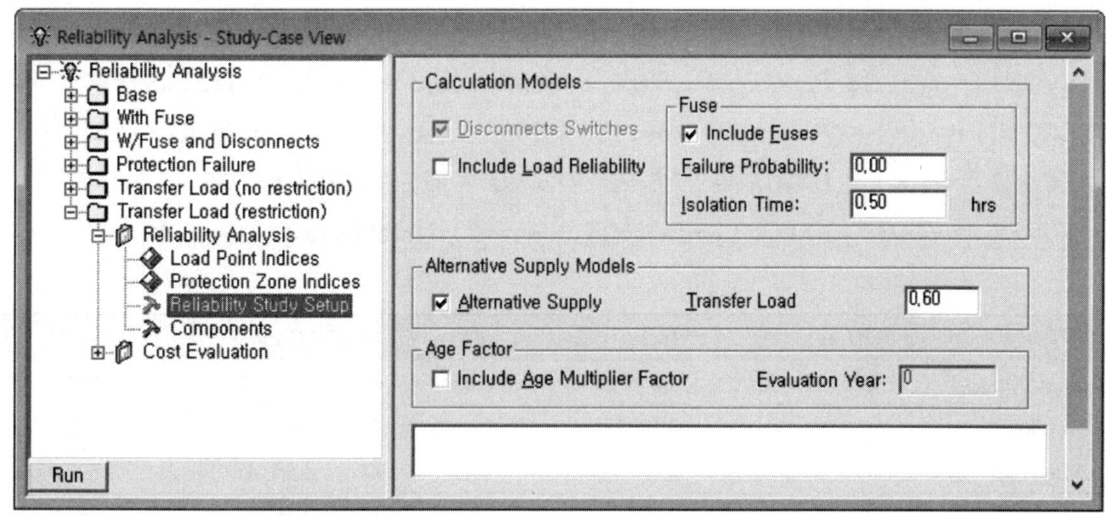


그림 19-51 Reliability Study Setup(Transfer Load – restriction)

### 2) 신뢰도 계산

(1) Load Point LOAD-0001

① 연간고장 빌생률($\lambda_L$)

$$\lambda_L = \Sigma\lambda_i = \lambda_1 + \lambda_2 + \lambda_3 + \lambda_4 + \lambda_5 = 1.0 \text{ f/yr}$$

② 연간정전시간($U_L$)

$$U_L = \Sigma(\lambda_i r_i) = \lambda_1 r_1 + \lambda_2 r_2 + \lambda_3 r_3 + \lambda_4 r_4 + \lambda_5 r_5 = 1.08 \text{ hr/yr}$$

③ 고장시간($r_L$)

$$r_L = \frac{U_L}{\lambda_L} = \frac{1.08}{1.0} = 1.08 \text{ hr}$$

④ Cost

Cost는 주어진 입력데이터인 고객피해함수 Data(CDFD)로부터 적용한다.

정전시간 2시간(120분) : 7.5771 \$/kW

정전시간 1.9시간(114분) : 7.18709 \$/kW

정전시간 0.5시간(30분) : 1.8614 \$/kW

⑤ 평균연결 부하전력($P$) : 5000 kW

⑥ ECOST

Load Point LOAD-0001의 ECOST의 계산은 다음과 같다

$ECOST_1 = c_1(r_1) \times P_1 \times \lambda_1 = 7.18709 \times 5000 \times 0.2 \times 10^{-3} = 7.18709$ k$ /kW

$ECOST_2 = c_2(r_2) \times P_2 \times \lambda_2 = 1.8614 \times 5000 \times 0.1 \times 10^{-3} = 0.9307$ k$ /kW

$ECOST_3 = c_3(r_3) \times P_3 \times \lambda_3 = 1.8614 \times 5000 \times 0.3 \times 10^{-3} = 2.7921$ k$ /kW

$ECOST_4 = c_4(r_4) \times P_4 \times \lambda_4 = 1.8614 \times 5000 \times 0.2 \times 10^{-3} = 1.8614$ k$ /kW

$ECOST_5 = c_5(r_5) \times P_5 \times \lambda_5 = 7.5771 \times 5000 \times 0.2 \times 10^{-3} = 7.5771$ k$ /kW

$ECOST = ECOST_1 + ECOST_2 + ECOST_3 + \cdots = 20.34839$ k$ /kW

| 구분 | λ [f/yr] | r [hr] | U | Cost | ECOST |
|---|---|---|---|---|---|
| CBL-0001 | 0.2 | 1.9 | 0.38 | 7.18709 | 7.18709 |
| CBL-0002 | 0.1 | 0.5 | 0.05 | 1.8614 | 0.9307 |
| CBL-0003 | 0.3 | 0.5 | 0.15 | 1.8614 | 2.7921 |
| CBL-0004 | 0.2 | 0.5 | 0.1 | 1.8614 | 1.8614 |
| CBL-0005 | 0.2 | 2 | 0.4 | 7.5771 | 7.5771 |
| 합계 | 1.0 | 1.08 | 1.08 | | 20.34839 |

(2) Load Point LOAD-0002

① 연간고장 발생률($\lambda_L$)

$$\lambda_L = \Sigma\lambda_i = \lambda_1 + \lambda_2 + \lambda_3 + \lambda_4 + \lambda_6 = 1.4 \text{ f/yr}$$

② 연간정전시간($U_L$)

$$U_L = \Sigma(\lambda_i r_i) = \lambda_1 r_1 + \lambda_2 r_2 + \lambda_3 r_3 + \lambda_4 r_4 + \lambda_6 r_6 = 2.02 \text{ hr/yr}$$

③ 고장시간($r_L$)

$$r_L = \frac{U_L}{\lambda_L} = \frac{2.02}{1.4} = 1.4428571 \text{ hr}$$

④ Cost

Cost는 주어진 입력데이터인 고객피해함수 Data(CDFD)로부터 적용한다.

정전시간 2시간(120분) : 7.5771 $ /kW

정전시간 1.9시간(114분) : 7.18709 $ /kW

정전시간 0.5시간(30분) : 1.8614 $ /kW

⑤ 평균연결 부하전력($P$) : 4000 kW

⑥ ECOST

Load Point LOAD-0002의 ECOST의 계산은 다음과 같다.

$\mathrm{ECOST}_1 = c_1(r_1) \times P_1 \times \lambda_1 = 7.18709 \times 4000 \times 0.2 \times 10^{-3} = 5.749672\ \mathrm{k\$/kW}$

$\mathrm{ECOST}_2 = c_2(r_2) \times P_2 \times \lambda_2 = 7.18709 \times 4000 \times 0.1 \times 10^{-3} = 2.874836\ \mathrm{k\$/kW}$

$\mathrm{ECOST}_3 = c_3(r_3) \times P_3 \times \lambda_3 = 1.8614 \times 4000 \times 0.3 \times 10^{-3} = 2.23368\ \mathrm{k\$/kW}$

$\mathrm{ECOST}_4 = c_4(r_4) \times P_4 \times \lambda_4 = 1.8614 \times 4000 \times 0.2 \times 10^{-3} = 1.48912\ \mathrm{k\$/kW}$

$\mathrm{ECOST}_6 = c_6(r_6) \times P_6 \times \lambda_6 = 7.5771 \times 4000 \times 0.6 \times 10^{-3} = 18.18504\ \mathrm{k\$/kW}$

$\mathrm{ECOST} = \mathrm{ECOST}_1 + \mathrm{ECOST}_2 + \mathrm{ECOST}_3 + \cdots = 30.53235\ \mathrm{k\$/kW}$

| 구분 | λ [f/yr] | r [hr] | U | Cost | ECOST |
|---|---|---|---|---|---|
| CBL-0001 | 0.2 | 1.9 | 0.38 | 7.18709 | 5.749672 |
| CBL-0002 | 0.1 | 1.9 | 0.19 | 7.18709 | 2.874836 |
| CBL-0003 | 0.3 | 0.5 | 0.15 | 1.8614 | 2.23368 |
| CBL-0004 | 0.2 | 0.5 | 0.1 | 1.8614 | 1.48912 |
| CBL-0006 | 0.6 | 2 | 1.2 | 7.5771 | 18.18504 |
| 합계 | 1.4 | 1.4428571 | 2.02 | | 30.53235 |

(3) Load Point LOAD-0003

① 연간고장 발생률($\lambda_L$)

$$\lambda_L = \Sigma\lambda_i = \lambda_1 + \lambda_2 + \lambda_3 + \lambda_4 + \lambda_7 = 1.2\ \mathrm{f/yr}$$

② 연간정전시간($U_L$)

$$U_L = \Sigma(\lambda_i r_i) = \lambda_1 r_1 + \lambda_2 r_2 + \lambda_3 r_3 + \lambda_4 r_4 + \lambda_7 r_7 = 2.04\ \mathrm{hr/yr}$$

③ 고장시간($r_L$)

$$r_L = \frac{U_L}{\lambda_L} = \frac{2.04}{1.2} = 1.7\ \mathrm{hr}$$

④ Cost

Cost는 주어진 입력데이터인 고객피해함수 Data(CDFD)로부터 적용한다.

정전시간 2시간(120분) : 7.5771 \$/kW

정전시간 1.9시간(114분) : 7.18709 $/kW
정전시간 0.5시간(30분) : 1.8614 $/kW

⑤ 평균연결 부하전력($P$) : 3000 kW

⑥ ECOST
Load Point LOAD-0003의 ECOST의 계산은 다음과 같다.
$\mathrm{ECOST}_1 = c_1(r_1) \times P_1 \times \lambda_1 = 7.18709 \times 3000 \times 0.2 \times 10^{-3} = 4.312254\,\mathrm{k\$/kW}$
$\mathrm{ECOST}_2 = c_2(r_2) \times P_2 \times \lambda_2 = 7.18709 \times 3000 \times 0.1 \times 10^{-3} = 2.156127\,\mathrm{k\$/kW}$
$\mathrm{ECOST}_3 = c_3(r_3) \times P_3 \times \lambda_3 = 7.18709 \times 3000 \times 0.3 \times 10^{-3} = 6.468381\,\mathrm{k\$/kW}$
$\mathrm{ECOST}_4 = c_4(r_4) \times P_4 \times \lambda_4 = 1.8614 \times 3000 \times 0.2 \times 10^{-3} = 1.11684\,\mathrm{k\$/kW}$
$\mathrm{ECOST}_7 = c_7(r_7) \times P_7 \times \lambda_7 = 7.5771 \times 3000 \times 0.4 \times 10^{-3} = 9.09252\,\mathrm{k\$/kW}$
$\mathrm{ECOST} = \mathrm{ECOST}_1 + \mathrm{ECOST}_2 + \mathrm{ECOST}_3 + \cdots = 23.14612\,\mathrm{k\$/kW}$

| 구분 | λ [f/yr] | r [hr] | U | Cost | ECOST |
|---|---|---|---|---|---|
| CBL-0001 | 0.2 | 1.9 | 0.38 | 7.18709 | 4.312254 |
| CBL-0002 | 0.1 | 1.9 | 0.19 | 7.18709 | 2.156127 |
| CBL-0003 | 0.3 | 1.9 | 0.57 | 7.18709 | 6.468381 |
| CBL-0004 | 0.2 | 0.5 | 0.1 | 1.8614 | 1.11684 |
| CBL-0007 | 0.4 | 2 | 0.8 | 7.5771 | 9.09252 |
| 합계 | 1.2 | 1.7 | 2.04 | | 23.14612 |

(4) Load Point LOAD-0004

① 연간고장 발생률($\lambda_L$)

$$\lambda_L = \Sigma\lambda_i = \lambda_1 + \lambda_2 + \lambda_3 + \lambda_4 + \lambda_8 = 1.0\ \mathrm{f/yr}$$

② 연간정전시간($U_L$)

$$U_L = \Sigma(\lambda_i r_i) = \lambda_1 r_1 + \lambda_2 r_2 + \lambda_3 r_3 + \lambda_4 r_4 + \lambda_8 r_8 = 1.92\ \mathrm{hr/yr}$$

③ 고장시간($r_L$)

$$r_L = \frac{U_L}{\lambda_L} = \frac{1.92}{1.0} = 1.92\ \mathrm{hr}$$

④ Cost

Cost는 주어진 입력데이터인 고객피해함수 Data(CDFD)로부터 적용한다.
정전시간 2시간(120분) : 7.5771 $/kW
정전시간 1.9시간(114분) : 7.18709 $/kW
정전시간 0.5시간(30분) : 1.8614 $/kW

⑤ 평균연결 부하전력($P$) : 2000 kW

⑥ ECOST
Load Point LOAD-0004의 ECOST의 계산은 다음과 같다.

$ECOST_1 = c_1(r_1) \times P_1 \times \lambda_1 = 7.18709 \times 2000 \times 0.2 \times 10^{-3} = 2.874836\,k\$/kW$

$ECOST_2 = c_2(r_2) \times P_2 \times \lambda_2 = 7.18709 \times 2000 \times 0.1 \times 10^{-3} = 1.437418\,k\$/kW$

$ECOST_3 = c_3(r_3) \times P_3 \times \lambda_3 = 7.18709 \times 2000 \times 0.3 \times 10^{-3} = 4.312254\,k\$/kW$

$ECOST_4 = c_4(r_4) \times P_4 \times \lambda_4 = 7.18709 \times 2000 \times 0.2 \times 10^{-3} = 2.874836\,k\$/kW$

$ECOST_8 = c_8(r_8) \times P_8 \times \lambda_8 = 7.5771 \times 2000 \times 0.2 \times 10^{-3} = 3.03084\,k\$/kW$

$ECOST = ECOST_1 + ECOST_2 + ECOST_3 + \cdots = 14.53018\,k\$/kW$

| 구분 | λ [f/yr] | r [hr] | U | Cost | ECOST |
|---|---|---|---|---|---|
| CBL-0001 | 0.2 | 1.9 | 0.38 | 7.18709 | 2.874836 |
| CBL-0002 | 0.1 | 1.9 | 0.19 | 7.18709 | 1.437418 |
| CBL-0003 | 0.3 | 1.9 | 0.57 | 7.18709 | 4.312254 |
| CBL-0004 | 0.2 | 1.9 | 0.38 | 7.18709 | 2.874836 |
| CBL-0008 | 0.2 | 2 | 0.4 | 7.5771 | 3.03084 |
| 합계 | 1.0 | 1.92 | 1.92 | | 14.53018 |

[3] Data Block Report

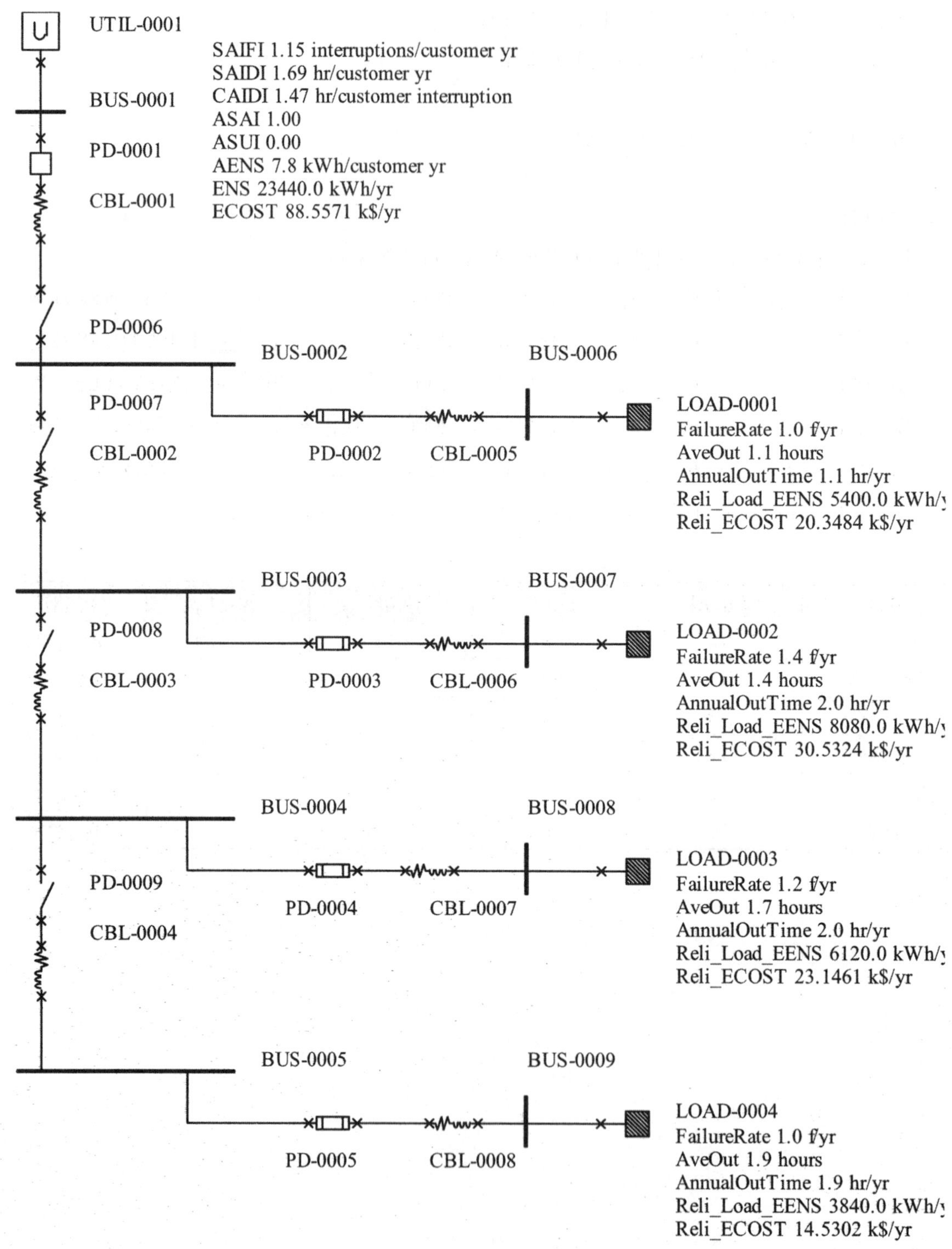


그림 19-52 Reliability Study Data Block Report(Transfer Load – restriction)

## ■ 참고문헌


1. 전력계통기술계산 기초, 도서출판 의제, 1997
2. 전력계통기술계산 응용, 도서출판 의제, 1997
3. 보호계전시스템의 실무활용기술, 도서출판 기다리, 2004
4. 보호계전 시스템기술, 도서출판 기다리, 1993
5. 한국전력공사, 설계기준 Ⅰ, Ⅱ, 1997.
6. 한국전력공사, 보호계전기 실무 Ⅰ, Ⅱ, 2003.
7. Hadi Saadat, Power System Analysis, McGraw-Hill, 1999
8. 신전기설비기술계산핸드북, 도서출판 의제, 1998
9. 전기설비설계 · 공사감리 · 시공가이드북, 도서출판 기다리, 2006
10. 건축설비설계기준, 일본공공건축협회, 1994
11. 건축전기설비 설계기준, 건설교통부, 2005
12. 단락전류 활용기술과 고조파해석 및 대책, 도서출판 기다리, 2010.
13. 전력계통구성과 IEC에 의한 해석, 도서출판 기다리, 2009
14. IEC에 의한 전력계통보호, 도서출판 기다리, 2009
15. 산업용 전력계통의 해석과 보호협조, 도서출판 기다리, 2006
16. 전기설비의 핵심 기초 기술, 도서출판 의제, 1999
17. 접지기술입문, 동일출판사, 1995
18. 접지설계입문, 동일출판사, 1993
19. 접지의 핵심 기초 기술, 도서출판 의제, 1999
20. 접지 · 등전위본딩 설계실무지식, 성안당, 2008
21. IEC 60364에 의한 설계 · 시공가이드, 일본전기설비학회, 2004
22. IEC 표준에 의한 전기설비 설계가이드, 대한전기협회, 2009
23. IEC 60364 건축전기설비 기술기준핸드북, 도서출판 의제, 2000
24. 대한전기협회, 배전규정, 1985.
25. 대한전기협회, 내선규정, 2006
26. KS C IEC 60364-4-43(2012) 저압전기설비 제4-43부 : 안전을 위한보호-과전류에 대한 보호
27. KS C IEC 60364-5-52(2012) 저압전기설비 제5-52부 : 전기기기의 선정 및 배치-배선설비
28. KS C IEC 60364-5-54(2012) 저압전기설비 제5-54부 : 전기기기의 선정 및 설치-접지설비 및 보호도체
29. IEEE Std 80(2000) IEEE Guide for Safety in AC Substation Grounding
30. IEEE Std 81(1983) IEEE Guide for Measuring Earth Resistivity, Grounding Impedance, and Earth Surface Potentials of a Ground System
31. IEEE Std 141(1993) IEEE Recommended Practice for Electric Power Distribution for Industrial Plants
32. IEEE Std 142(1991) IEEE Recommended Practice for Grounding of Industrial and Commercial Power Systems
33. IEEE Std 241(1990) IIEEE Recommended Practice for Electric Power Systems in Commercial Buildings
34. IEEE Std 242(2001) IEEE Recommended Practice for Protection and Coordination of Industrial and Commercial Power Systems
35. IEEE Std 399(1997) IEEE Recommended Practice for Industrial and Commercial Power Systems Analysis

36. IEEE Std 446(1995) IEEE Recommended Practice for Emergency and Standby Power Systems for Industrial and Commercial Applications
37. IEEE Std 519(1982) IEEE Recommended Practice and Requirements for Harmonic Control in Electrical Power Systems
38. IEEE Std 666(1991) IEEE Design Guide for Electric Power Service Systems for Generating Stations
39. ANSI/IEEE C37.5(1979) IEEE Guide for Calculation of Fault Currents for Application of AC High Voltage Circuit Breakers Rated on a Total Current Basis
40. ANSI/IEEE C37.010(1979) Application Guide for AC High Voltage Circuit Breakers Rated on a Symmetrical Current Basis
41. ANSI/IEEE C37.13(1990) IEEE Standard for Low Voltage AC Power Circuit Breakers Used in Enclosures
42. ANSI/IEEE C37.91(1985) IEEE Guide for protective relay applications to power transformers
43. ANSI/IEEE C37.96(1976) IEEE Guide for AC Motor protection
44. KS C IEC 60909-0(2014) 3상교류계통 단락전류-제0부 전류의 계산
45. IEC 60909-1(2002) Short Circuit Currents in three phase AC System - Part1 Factors for the calculation of short circuit currents according to IEC 60909-0
46. KS C IEC 60909-3(2014) 3상교류계통 단락전류-제3부 독립된 두 개의 동시 접지단락 중의 전류와 대지를 통해 흐르는 부분 단락전류
47. IEC 60909-4(2000) Short-circuit currents in three phase a.c. systems Part4 Examples for the calculation of short-circuit currents
48. 보호계전기 정정지침, 한국전력공사
49. SKM Power Tools for Windows user's fee Guide
50. SKM Power Tools for Windows Version 9.0.0.5
51. NFPA 70E 2004 Edition
52. NFPA 70E 2009 Edition
53. NFPA 70E 2012 Annex D.7(IEEE 1584-Preferred Method)
54. NFPA 70E 2012 Annex D.5
55. NFPA 70E 2015 Annex D.4(IEEE 1584-Preferred Method)
56. NFPA 70E 2015 Annex D.3
57. OSHA & NFPA 70E Electrical Regulations Simplified 2011 Edition
58. UGLY'S Electrical Safety & NFPA 70E 2009 Edition
59. IEEE Std. 1584(2018) IEEE Guide for Performing Arc-Flash Hazard Calculations
60. NFPA 70E 2018 Annex D.2
61. NFPA 70E 2018 Annex D.3

■ 찾아보기

**【저자소개】**

**손이조**

- 한양대학교 대학원 전기공학전공 석사
- 한국전기안전공사 근무
- 에너지관리공단 근무
- 남광토건 및 (주)일신 근무
- 한조엔지니어링 근무
- 한양대학교 공학대학원 강사
- 오산대학교 전기과 겸임교수
- 한국전기기술인협회 설계과정, 감리과정, 안전관리과정 교육강사(현)
- 대전광역시 인재개발원 교육강사
- (주)세홍이엔씨 대표이사(현)
- 건축전기설비기술사
- 대한전기협회 보호설비분과위원회 위원
- 서울시교육청 자재(공법) 선정위원회 위원후보자 선정을 위한 심사위원회 심사위원
- 서울특별시 자동차전용도로 전기설비분야 기술자문위원
- 전기기술인협회 계통보호 및 보호협조분야 기술전문위원
- 저서 ;

  전기설비설계 · 감리 · 시공가이드북, 도서출판 기다리, 2006
  전기설비기술계산( I ), 전기기술인협회, 2004
  전기설비기술계산( II ), 전기기술인협회, 2009
  계통보호협조, 전기기술인협회, 2011
  KS C IEC 60364 및 62305 해설, 전기기술인협회, 2012
  전기설비기술계산(설계), 전기기술인협회, 2013
  전력계통해석, 전기기술인협회, 2013
  전력계통해석 및 설계, 전기기술인협회, 2013
  차단기선정 전문기술, 전기기술인협회, 2014
  전기설비기술계산(감리), 전기기술인협회, 2014
  고장계산 및 차단기선정, 전기기술인협회, 2014
  디지털 · 아날로그 보호계전기실무, 전기기술인협회, 2015
  감전 및 과전류보호 설계방법에 관한 기술지침, 대한전기협회, 2019
  KEC 핸드북(안전보호분야), 대한전기협회, 2020
  KEC에 의한 감전 및 과전류보호 적용방법, 전기기술인협회, 2020

**제5판**

**Power Tools를 활용한**

**전력계통해석 및 최적설계기술**

**초 판 발 행** | 2014년 11월 15일
**5판1쇄발행** | 2022년 9월 26일

**저 자** | 손이조
**발 행 인** | 이성범
**발 행 처** | 문운당
**주 소** | 서울시 종로구 혜화로5길 16 (명륜1가 45-3)
**전 화** | (02)762-6010
**팩 스** | 영업 (02)745-0265 / 편집 (02)762-8758
**이 메 일** | 영업 munun2@chol.com
편집 munundang@naver.com
**홈페이지** | http://munundang.co.kr

ISBN 979-11-5692-628-3 93560

* 저자와의 협의에 의하여 인지를 생략합니다.

* 저작권법에 의해 보호를 받는 저작물이므로 무단 전재와
복제를 금합니다.

**정가 75,000원**